"十二五"普通高等教育本科国家级规划教材

信号与系统

第2版

张延华　刘鹏宇　编著

机　械　工　业　出　版　社

《信号与系统》第 2 版为“十二五”普通高等教育本科国家级规划教材。本书是在吸收国内外同类经典教材经验的基础上，结合目前大部分高校对该课程的教学改革成果，考虑到工程学科相关专业领域的需求，引入先进的计算软件编写而成的。本书共分 6 章，论述了信号与系统的基本概念、基本理论和基本分析方法。其中，第 1 章介绍了信号与系统的基本概念和必要的预备知识；第 2、3 章分别讨论了连续时间和离散时间信号与系统；第 4 章介绍傅里叶分析；第 5 章讨论了拉普拉斯变换与传递函数描述；第 6 章讨论 z 变换方法。

本书内容取材适当，体系结构合理，融信号分析、系统分析及系统设计于一体，适合用作工科电气、电子、信息、计算机等学科和专业“信号与系统”课程的教材，也可供从事相关领域工作的工程技术人员参考。

图书在版编目（CIP）数据

信号与系统/张延华，刘鹏宇编著. —2 版. —北京：机械工业出版社，2017.6（2025.1 重印）
“十二五”普通高等教育本科国家级规划教材
ISBN 978-7-111-56884-1

Ⅰ.①信…　Ⅱ.①张…　②刘…　Ⅲ.①信号系统-高等学校-教材
Ⅳ.①TN911.6

中国版本图书馆 CIP 数据核字（2017）第 108542 号

机械工业出版社（北京市百万庄大街 22 号　邮政编码 100037）
策划编辑：于苏华　路乙达　责任编辑：于苏华　路乙达　刘琴琴
责任校对：樊钟英　　　　　封面设计：张　静
责任印制：常天培
北京机工印刷厂有限公司印刷
2025 年 1 月第 2 版第 8 次印刷
184mm×260mm · 30.75 印张 · 760 千字
标准书号：ISBN 978-7-111-56884-1
定价：65.00 元

电话服务　　　　　　　　　　网络服务
客服电话：010-88361066　　机　工　官　网：www.cmpbook.com
　　　　　010-88379833　　机　工　官　博：weibo.com/cmp1952
　　　　　010-68326294　　金　　书　　网：www.golden-book.com
封底无防伪标均为盗版　　机工教育服务网：www.cmpedu.com

第2版前言

第 1 版自 2013 年出版以来，先后印刷了 4 次，其间，作者经过广泛调研，从使用第 1 版的教师、学生(含备考研究生的高年级学生)和同行专家处得到许多意见和建议，在此基础上，结合多年来作者在教学实践中的体会，对第 1 版进行了补充和修订。

本书沿袭第 1 版的风格和组织架构。但与第 1 版相比，本书在保留原有特色的基础上强化了系统方程(微分和差分方程)、图(方框图和仿真框图)与系统传递函数之间的内在联系，突出了它们与变换域系统响应的关系。特别是针对第 1 版中的特色内容“应用示例及 MATLAB 实践”，通过引入不同领域且具有实际应用背景的真实数据以及逼近工程实际问题的应用案例，强化了物理概念、应用数学和工程背景的深入理解与融合，使读者在处理多域(时/频/s/z 域)问题时思路清晰，能够自由地从一个域转换到另一个域。本书主要修订之处如下：

第 1 章，根据读者的反馈意见，对本章内容进行了重新组织，删减了概括性的介绍内容，重写了 1.1 节和 1.2 节，重点介绍了信号的软件算法生成以及系统建模的概念。

第 2 章，本章的核心是信号的建模和系统微分方程的解算。根据教学中的反馈，对本章部分内容进行了重新组织，全面更新了应用示例及 MATLAB 实践一节的内容。特别针对常微分方程的标准求解问题，通过引入算法仿真的概念和基本的 MATLAB 程序代码，给读者展示了基于先进计算软件进行物理信息系统建模机理的探索及方程解算器的调用技术；同时针对一般常微分方程的解析求解问题，则通过介绍 MATLAB 符号运算的基本概念和基本编程技术，以期帮助读者建立机器推理的概念。

第 4 章，为突出信号与系统的谱分析，对本章相关章节进行了删减重组，增加了“信号与系统的傅里叶分析”一节。另外针对傅里叶分析的应用难点，通过引进全新的案例全面改写和更新了应用示例及 MATLAB 实践一节。

第 5 章，通过对相关章节的增删重组，进一步强化了 5.9 节，即电气系统与机电系统相似性的介绍。更新了 5.11 节(应用示例及 MATLAB 实践)的部分内容，增加了基于 MATLAB 符号运算的微分方程变换域应用案例。

第 6 章，通过对相关章节的内容调整，新独立出两节，更新了应用示例及 MATLAB 实践一节，增加了太阳黑子活动周期分析的应用案例。

本书保留了第 1 版的大部分习题，补充了一些新习题，并在每章习题页附加参考答案的二维码，供读者扫码阅读。

本书的修订得益于许多使用第 1 版的教师、选修该课程的学生、备考研究生的高年级学生以及广大读者的意见和建议。另外，本书的一些新观点和新思想则来源于与加拿大 Carleton 大学的 Fei. Richard Yu 教授的科研合作和范围广泛的研讨。研究生刘硕、杨磊、杨旭月、国珉、陈雅雯和毕瑞琪等修改整理了书中部分应用案例，毕瑞琪对全书的习题部分进行了系统的整理和补充。在此一并致谢！

第1版前言

“信号与系统”是电子、电气工程领域的重要技术基础课，主要研究信号分析与系统分析的基本理论、基本方法与应用。然而，随着现代科学技术的飞速发展，原本以“电”为核心的内容架构正面临着机电工程与信号处理技术、应用数学与计算机科学技术的渗透与融合。例如，传统上信号与系统侧重于对电系统及其应用的讨论，往往先研究连续时间信号与系统模型，继而讨论离散时间信号与系统模型。但如今，电子、电气工程专业的毕业生，却更有可能从事软件编程或者数字组网，而不是单纯的电路分析工作。这就意味着信号与系统应适应于无线通信系统、微机电系统、生物医学仪器、计算机组网、嵌入式系统以及流媒体信息处理等系统中存在的共性问题，当然也包括解决电路系统问题。

本书基于工程数学和电路分析，涉及连续时间和离散时间信号与系统、傅里叶级数、傅里叶变换、拉普拉斯变换和 z 变换等经典内容。通过对时域、频域重要概念及其时-频转换关系的讨论，希望读者掌握变换和滤波的基本原理，并能够在时域和频域中进行自由的转换。

关于读者

本书要求读者对初等微积分和复变函数有一定的了解，对矩阵代数也有初步的认识。

本书的组成

全书共 6 章。其中，第 1 章讨论信号与系统中的基本概念；第 2 章讨论连续时间信号与系统的一般特性及其建模方法；第 3 章讨论离散时间信号与系统的一般特性及其建模方法；第 4 章介绍连续时间信号的谱分析；第 5 章是对连续时间线性时不变系统的变换域分析；第 6 章是对离散时间线性时不变系统的变换域分析。

本书的使用

本书一方面可作为普通大专院校“信号与系统”课程的教科书，另一方面也能够成为多学科工程技术人员的基础参考书。作为教科书，它首先面向 IT 类(包括电子、电气)专业的学生；而作为参考书，则试图通过引入具有实际应用背景的真实数据以及逼近工程实际问题的应用例题或独立论题来扩大视野。

本书各章的例题来源于不同的应用领域，具有较强的工程背景。特别强化了(信号与系统的) 频域、s 域和 z 域的分析，重点突出了系统的频率特性和传递函数的概念及其应用。对于离散信号与系统，加强了双边 z 变换与非因果系统的分析。

本书的特点

与同类教材相比，本书具有如下特点：

- 本书注重物理概念和应用背景的理解与融合，强调信号与系统的基本理论和变换思想的重要意义。其宗旨是使学生在处理时域、频域问题时思路清晰，并能够比较容易地从一个域转换到另一个域。

- 本书内容取材新颖先进，充分反映了信号与系统和相关交叉学科的最新发展，所涵盖的内容既有经典理论，又有最新的应用，便于组织课堂教学。
- 本书强调理论与应用的紧密结合。全书每章都从基本理论出发，循序渐进地引导读者理解、消化和掌握所学的内容，激发读者的学习热情，加深读者对本课程重要地位的认识。
- 本书结构、层次清晰，疑难之处处理得体，如书中关于傅里叶变换的应用、吉布斯现象的讨论以及真实金融数据的分析就很有特色。
- 本书给出许多经典而又内容丰富的应用实例，特别是有些例子直接来源于真实数据，因此具有很强的工程意义。
- 在传统的基础理论和先进的计算工具——MATLAB/Simulink 之间进行了整合，这样有助于读者用计算机实践信号与系统的众多理论和算法，同时也为把这些理论和算法应用于工程实际打下基础。
- 书中所有例子和应用的 MATLAB 程序（包括 Simulink 仿真模型）可以在机械工业出版社教育服务网站注册下载，网址是：www. cmpedu. com。
- 为了便于查阅，本书在附录中列出了 3 个变换的变换表。

软件说明

本书在信号与系统的基础理论和先进的计算软件——MATLAB/Simulink 之间进行了整合，为每章的论题提供了相应的 MATLAB 子程序或者 Simulink 仿真模型。这些子程序可以进行自身演示，也可以用来加深印象、巩固基本概念和验证算法结果，并且有助于解决一些实际的设计问题。当然，作者的主要目的是介绍信号与系统的理论及应用而不是计算软件，所以在正文中没有引入 MATLAB/Simulink 的使用介绍。如果读者需要了解 MATLAB/Simulink 的有关知识，可以浏览 MATLAB 的官方网站 http://www. mathworks. com。

致谢

本书的编写工作量很大，单凭作者是无法完成的，感谢北京工业大学为本书的出版提供的资助，感谢北京工业大学孙景琦教授及电子信息与控制工程学院同事的鼓励和建议，特别要感谢孙恩昌、孙艳华、司鹏博和杨睿哲博士对全书初稿的审阅给予的极大帮助，还要感谢研究生张然、李磊、卢丹蕾、陈刚、黄鑫、张黎、张蜜、张肖、宋治坤、王洋、张琳、陈慧琪在文档整理和绘图方面的工作。

编　者

目 录

Chapter 1

第1章 概述

信号(Signals)携载信息，而系统(Systems)变换信号。本书涉及这两个基本术语的研究。由于信号总是通过系统进行传播和变换，因此在内容上将侧重于研究系统的输入(激励)信号与输出(响应)信号之间的关系，以及系统将输入信号变换为输出信号的过程。前者是对系统的一种描述或者建模，后者则是对信号的一种运算或者处理。

例如，声音是一种信号，但针对信号本身有关其声学特性的描述并不是本书讨论的议题，我们真正关心的是如何将声音信号进行分解，并理解各分量具有的意义。图像也是一种信号，本书同样不研究图像可视的生物、生理学特性，而是考虑对于图像信号的有效分解问题，比如应用中经常利用这种分解研究导致图像模糊的原因，并据此设计相应的图像处理算法来恢复或者重构图像。

信号是一个比具体的声音或者图像更为抽象的概念。例如，信号可以是来自传感器的电压，也可以是一个指令序列，甚至是一张表单。概念上，信号是一种将时间或者空间定义域变换成某个值域的函数，这类值域在工程上一般属于物理测量的范畴，如温度、压力或发光强度等。系统则是一种将来自定义域内的输入信号变换成属于值域范围内的输出信号的函数。这里定义域和值域均为信号的集合，也称为信号空间。因此，系统就是对信号进行运算的函数。

信号与系统不同于一般学科领域，主要体现在它所涉及的特殊数据类型——信号。通常，这些信号来源于现实世界中的各种传感器数据，如地震波形、大气压力、视频流、医学影像、遥测、遥感以及无线电波等。信号与系统的任务就是为此类信号以及对这类信号进行变换的系统利用数学工具构建其函数模型，并对其进行分析。这种分析事实上可以认为是包含多种意图和目的的数学及算法的特殊运用，比如提高视频流的播放质量、语音识别及合成、数据压缩、信号重构等。

1.1 信号

1.1.1 信号的特征和分类

可以根据自变量的特性和函数值来定义信号。例如：自变量可以是连续变量或离散变量，这样，信号就可以被划分为连续函数或离散函数。此外，信号还可以被分为实值函数和复值函数。

信号可以由一个或多个信号源产生，前者是一个标量信号，而后者一般是一个矢量信号(或称作多路信号)。

一维信号(1-D)是拥有一个自变量的函数。二维信号(2-D)是拥有两个自变量的函数。多维信号(M-D)是拥有两个以上自变量的函数。例如，语音信号是典型的以时间为自变量的一维信号；一幅照片是以二维空间为自变量的二维信号。黑白视频信号的每一帧是一个二维图像信号，它是二维离散空间变量的函数，又因为它的每一帧都以固定(离散)的时间间隔顺序出现，因此黑白视频信号可以认为是一个三维信号的例子(三个自变量分别是两个空间变量加一个时间变量)。彩色视频信号是由三个分别代表红、绿、蓝(RGB)三基色的三维信号组成的。为了方便传输，RGB 电视信号通常被转换成一种由亮度信号分量和两个色度信号分量组成的三通道信号。

当信号的自变量取确定值时，信号的取值被称作幅值。信号的幅值随自变量的变化而变化，这种变化的图形描述称作信号的波形。

对于一维信号，自变量通常被标定为时间。如果自变量是连续的，信号就称为连续时间信号；如果自变量是离散的，信号则被称为离散时间信号。连续时间信号在时间坐标的每一点上都有定义；而离散时间信号则在时间坐标的离散点上才有定义，因此它是一个时间序列。

具有连续幅值的连续时间信号一般被称作模拟信号，它在现实世界中随处可见。语音信号是典型的模拟信号。有限数字描述的具有离散幅值的离散时间信号被称为数字信号，比如 MP3 格式的数字音频信号。另外，时间上离散、幅值上连续的信号被称作抽样信号。数字信号是被量化的抽样信号。最后，具有离散幅值的连续时间信号可以被看成是量化的矩形信号。

在数学表示上可以清楚地看到信号的函数相关性。对一维连续时间信号，其自变量通常用时间 t 表示；对一维离散时间信号，其自变量一般用时间的离散值 n 表示。这样，$u(t)$ 代表一维连续时间信号，而 $\{v(n)\}$ 表示一维离散时间信号，$\{v(n)\}$ 中的每一个元 $v(n)$ 是离散时间信号的一个样本。在许多应用中，离散时间信号是由连续时间信号在归一化时间区间上抽样产生的。如果离散时间信号的时间间隔是均匀分布的，那么离散时间自变量 n 可以被归一化为整数值。

在二维连续时间信号中，自变量一般是空间坐标，可用 x 和 y 表示。例如，一幅黑白图像的亮度可以用 $u(x, y)$ 表示，而一幅数字化图像则是二维离散时间信号，它的两个自变量是离散的空间坐标变量 m 和 n，因此数字图像可以用 $v(m, n)$ 表示。同样，黑白视频信号是三维信号，可用 $u(x, y, t)$ 表示，这里 x、y 分别代表两个空间坐标变量，而 t 代表时间变量。彩色视频信号是由代表红、绿、蓝三基色的三个信号分量组成的信号矢量：

$$\boldsymbol{u}(x, y, t)=\begin{bmatrix} r(x, y, t) \\ g(x, y, t) \\ b(x, y, t) \end{bmatrix}$$

信号还可以根据信号的统计特性来分类。其中，可以用数学表达式、规则或者表查寻来完全描述的信号被称为确定性信号，而那些随机产生的或者不可预测的信号则被称为随机信号。本书主要讨论确定性时间连续和时间离散信号。现已发现，把一些相关信号表示为随机信号并用统计学方法进行分析有其方便之处。

1.1.2 信号的工程实例

为了更好地理解信号与系统的概念，下面给出一些典型的工程应用信号实例。

1. 信号的采样和重构——音叉实验

音叉信号的采样和重构可以通过设计一个简单的实验过程实现，如图 1.1.1 所示。首先需要准备一台配置 A-D 转换器的(基于 Windows 操作系统)计算机、一个麦克风和一个音叉，安装好 MATLAB 软件。

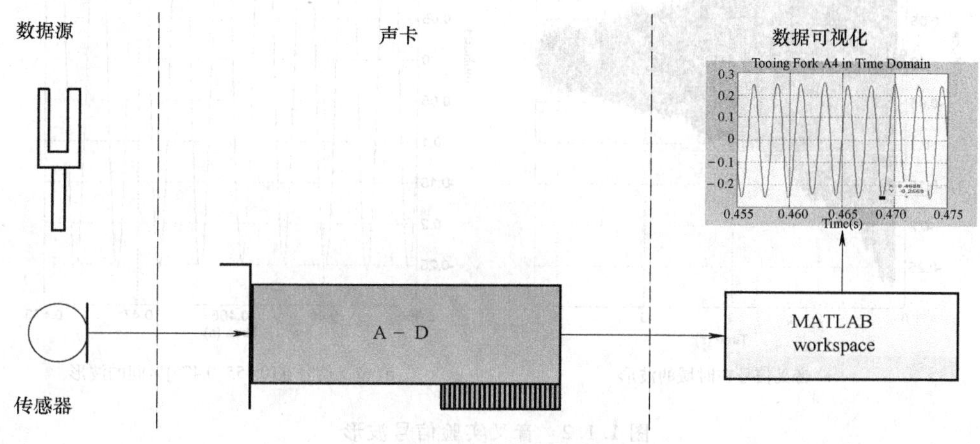

图 1.1.1 音叉实验

启动 Windows 自带的录音程序或者第三方录音软件，敲击音叉并对产生的声音信号录音。麦克风将音叉声音信号转换成电信号，计算机上的 A-D 转换器将原来模拟的声音信号经过采样和量化转换成数字数据(信号)并存储；播放这段录音时，计算机又通过 D-A 转换器将存储的数据恢复为模拟的声音信号。音叉信号在时域的波形如图 1.1.2a 所示，它的 MATLAB 源程序如下：

```
[y,Fs] = audioread('tuning_fork_A4.wav');
Nsamps = length(y);
t = (1/Fs)*(1:Nsamps);       % Prepare time data for plot
% Plot Sound File in Time Domain
figure
subplot(121),plot(t,y)
xlabel('Time (s)'),ylabel('Amplitude')
title('Tuning Fork A4 in Time Domain')
subplot(122),plot(t(9501:10000),y(9501:10000))
xlabel('Time (s)'),ylabel('Amplitude')
title('Tuning Fork A4 in Time Domain')
```

代码中 tuning_fork_A4. wav 是存储的音叉信号的 . wav 文件。

图 1.1.2b 所示的音叉信号在[0.455 0.475]区间的波形与正弦信号非常相似，它在对称的幅度范围内振荡，而且呈周期重复的特征(A-440 音叉)，周期大约是 0.00227s(2.27ms)。这是偶然现象，还是在音叉的振动与数学上的正弦波之间存在紧密的联系呢？下面从信号分析的角度对音叉振动现象进行分析。可以看到，当音叉于静止状态受到一个敲

击(即从平衡位置产生一个位移)时，听到的声音信号就是一个正弦振动。

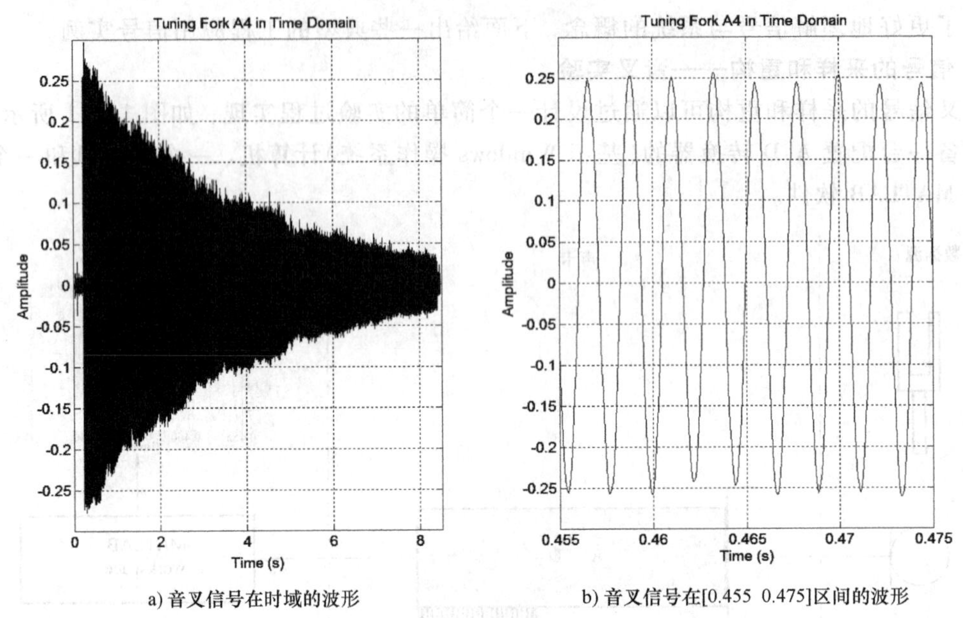

a) 音叉信号在时域的波形　　b) 音叉信号在[0.455　0.475]区间的波形

图 1.1.2　音叉实验信号波形

音叉受力分析如图 1.1.3 所示，当敲击音叉的一个叉子时，它从静止状态发生轻微变形并且往复回弹，从而发出一种似乎很“单纯”的声音。假设当发生微小变形时音叉可视为一种弹性材料，则根据胡克定律可知回弹力 F 与形变的大小 x 成正比，基于图 1.1.3 所示的参考坐标，则形变基本是沿 x 轴发生的，因此音叉受力 F 为

$$F=-kx \tag{1.1.1}$$

式中，参数 k 是音叉金属材料的弹性系数，负号表示当音叉受力变形是沿 x 轴的正方向时，回弹力是在负方向上，也就是说回弹力的作用是使音叉回到平衡位置。

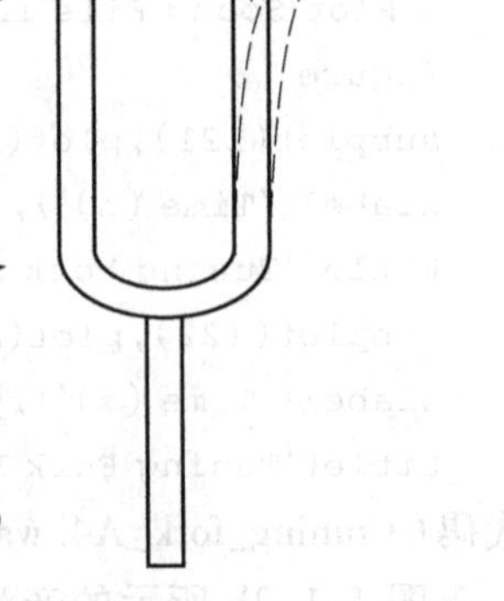

图 1.1.3　音叉受力分析

音叉受力产生的回弹力还将产生一个加速度(牛顿第二定律)，即

$$F=ma=m\frac{\mathrm{d}^2x}{\mathrm{d}t^2} \tag{1.1.2}$$

式中，m 是音叉的质量。根据式(1.1.1)和式(1.1.2)可知，这两个力应该互相平衡，因此就可以得到描述音叉受敲击产生的运动 $x(t)$ 与时间 t 的二阶微分方程，即

$$m\frac{\mathrm{d}^2x(t)}{\mathrm{d}t^2}=-kx(t) \tag{1.1.3}$$

上述微分方程的一个标准解是

$$x(t)=\cos\omega_0 t$$

式中，角频率 ω_0 是一个待定系数。欲确定 ω_0，只需将 $x(t)=\cos\omega_0 t$ 代入式(1.1.3)，有

$$m\frac{d^2}{dt^2}(\cos\omega_0 t) = -k\cos\omega_0 t$$

则可解出 ω_0 为

$$\omega_0 = \pm\sqrt{\frac{k}{m}} \tag{1.1.4}$$

因此，音叉振动微分方程的一个解是

$$x(t) = \cos\left(\sqrt{\frac{k}{m}}t\right) \tag{1.1.5}$$

由式(1.1.5)可知，$x(t)$描述了音叉的运动并且这个运动是标准的正弦波振动。另外，根据角频率公式(1.1.4)还可以得到下面两个结论：

1）如果两个音叉质量相同（m 相同），则更硬（k 更大）的一个具有更高的频率，因为音叉振动的角频率 ω_0 正比于$\sqrt{k}$。

2）如果两个音叉硬度相同（k 相同），则更重（m 更大）的一个具有更低的频率，因为音叉振动的角频率 ω_0 反比于$\sqrt{m}$。

讨论题 1.1.1 选用一个音频软件录制一段音叉音频信号，要求：

1）对该音频信号进行格式转换，选择音频标准、采样速率和量化等级；根据这些指标计算出数字音频的数据速率。

2）调用函数 audioread 对音频信号进行读操作，播放录音。

3）调用函数 audioinfo 查询音频文件的所有属性，并且将该音频文件存成数据文件。

2. 实验室信号生成

工程设计和实验室中广泛使用各种信号，如周期和非周期信号、冲激序列、多路信号和随机序列等。这些信号可以由专业信号发生器产生，但在众多领域的先进仿真应用中则一般基于信号生成算法由计算机程序产生。下面将通过调用 MATLAB 信号生成函数产生一些常用的工程试验信号。

（1）周期信号　MATLAB 及其专业工具箱预置了多种周期信号生成函数，包括正弦、余弦、锯齿波（Sawtooth）和矩形波（Square）等。图 1.1.4 给出了频率 50Hz、采样率 10kHz 并且持续 1.5s 的周期锯齿波和矩形波信号，源程序如下：

```
fs = 10000;t = 0:1/fs:1.5;
x1 = sawtooth(2*pi*50*t);
x2 = square(2*pi*50*t);
subplot(211),plot(t,x1), axis([0 0.2-1.2 1.2])
xlabel('Time (sec)');ylabel('Amplitude'); title('Sawtooth Periodic
Wave')
subplot(212),plot(t,x2), axis([0 0.2-1.2 1.2])
xlabel('Time (sec)');ylabel('Amplitude'); title('Square Periodic Wave')
```

（2）非周期信号　MATLAB 及其专业工具箱预置了多种非周期信号生成函数，包括三角脉冲（Tripuls）、矩形脉冲（Rectpuls）和高斯脉冲（Gauspuls）等。图 1.1.5 给出了一个脉冲宽度 20ms、采样率 10kHz 并且持续 2s 的三角脉冲和矩形脉冲信号，源程序如下：

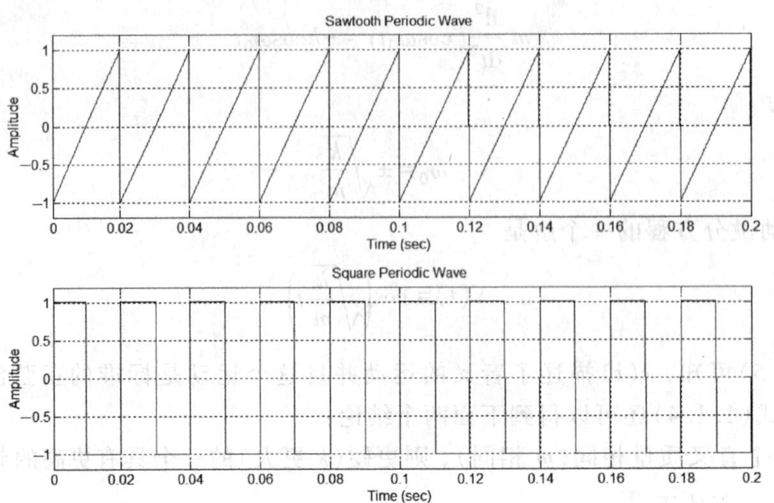

图 1.1.4　频率 50Hz、采样率 10kHz 并且持续 1.5s 的周期锯齿波和矩形波

```
fs = 10000;t =-1:1/fs:1;
x1 = tripuls(t,20e-3);
x2 = rectpuls(t,20e-3);
subplot(211),plot(t,x1), axis([-0.1 0.1-0.2 1.2])
xlabel('Time (sec)');ylabel('Amplitude');
title('Triangular Aperiodic Pulse')
subplot(212),plot(t,x2), axis([-0.1 0.1-0.2 1.2])
xlabel('Time (sec)');ylabel('Amplitude');
title('Rectangular Aperiodic Pulse')
set(gcf,'Color',[1 1 1])
```

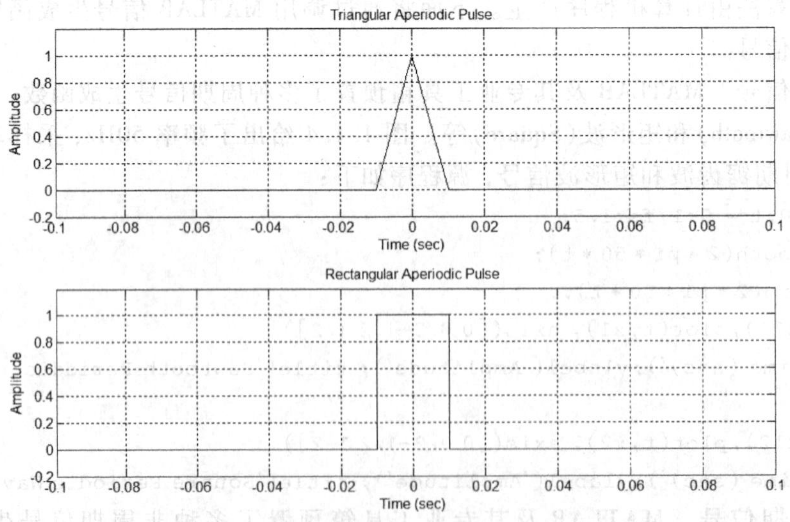

图 1.1.5　脉冲宽度 20ms、采样率 10kHz 并且持续 2s 的三角脉冲和矩形脉冲

其他常用的非周期函数还有高斯脉冲(Gauspuls)函数和辛格(Sinc)函数。gauspuls 函数生成一个高斯调制正弦脉冲，指定时间、中心频率和部分带宽。sinc 函数是连续矩形脉冲的

逆傅里叶变换，后续章节中会专门讨论。图 1.1.6 给出了一个 50kHz、采样速率 1MHz 且 60%带宽的高斯射频脉冲和辛格函数，该脉冲在其包络线低于峰值 40dB 处截断信号，源程序如下：

```
% Generate a 50 kHz Gaussian RF pulse with 60% bandwidth, sampled at
% a rate of 1 MHz
tc = gauspuls('cutoff',50e3,0.6,[],-40);
t1 = -tc : 1e-6 : tc;
y1 = gauspuls(t1,50e3,0.6);
% Generate the sinc function for a linearly spaced vector
t2 = linspace(-5,5);
y2 = sinc(t2);
subplot(211),plot(t1*1e3,y1);
xlabel('Time (ms)');ylabel('Amplitude'); title('Gaussian Pulse')
subplot(212),plot(t2,y2);
xlabel('Time (sec)');ylabel('Amplitude'); title('Sinc Function')
```

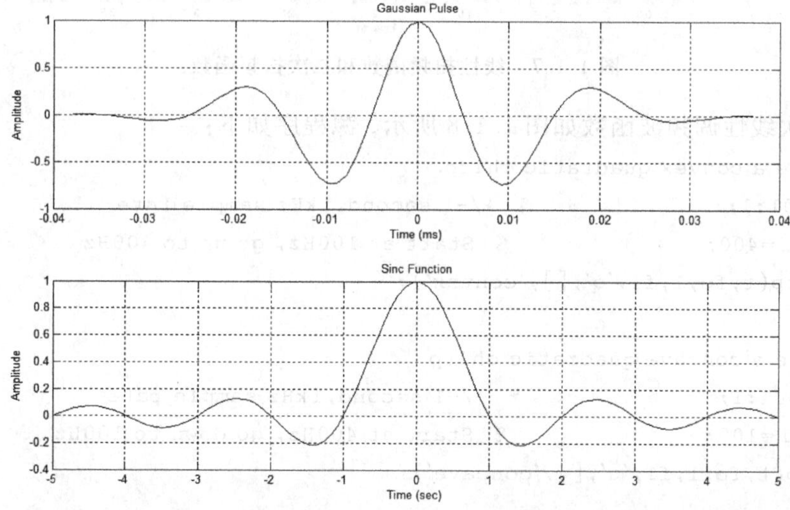

图 1.1.6　50kHz、采样速率 1MHz 且 60%带宽的高斯射频脉冲和辛格函数

（3）扫频波形　扫频信号，例如 chirp 函数也是工程实验室常用的信号。MATLAB 内嵌的 chirp 函数有两个可选参数指定要选择的扫描法和初始相位。线性扫频函数和二次扫频函数如图 1.1.7 所示，源程序如下：

```
% Generate a linear chirp
t = 0:0.001:2;                  % 2 secs,1kHz sample rate
ylin = chirp(t,0,1,150);        % Start DC, cross 150Hz at t=1sec

% Generate a quadratic chirp
t =-2:0.001:2;                  % +/-2 secs,1kHz sample rate
yq = chirp(t,100,1,200,'q');    % Start 100Hz, cross 200Hz at t=1sec

% Compute and display the spectrograms
```

```
subplot(211),spectrogram(ylin,256,250,256,1E3,'yaxis');
title('Linear Chirp')
subplot(212),spectrogram(yq,128,120,128,1E3,'yaxis');
title('Quadratic Chirp')
```

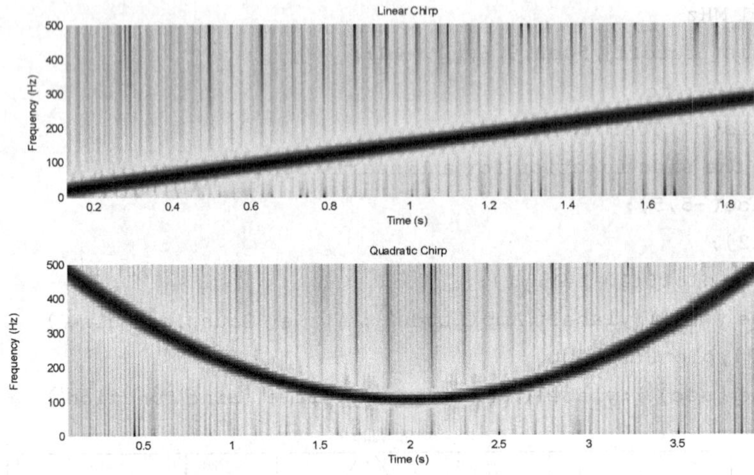

图 1.1.7　线性扫频函数和二次扫频函数

凸、凹二次线性调频波函数如图 1.1.8 所示，源程序如下：

```
% Generate a convex quadratic chirp.
t =-1:0.001:1;                    % +/-1 second,1kHz sample rate
fo=100; f1=400;                   % Start at 100Hz, go up to 400Hz
ycx = chirp(t,fo,1,f1,'q',[],'convex');

% Generate a concave quadratic chirp:
t = -1:0.001:1;                   % +/-1 second,1kHz sample rate
fo=400; f1=100;                   % Start at 400Hz, go down to 100Hz
ycv=chirp(t,fo,1,f1,'q',[],'concave');

% Compute and display the spectrograms
subplot(211),spectrogram(ycx,256,255,128,1000,'yaxis');
title('Convex Chirp')
subplot(212),spectrogram(ycv,256,255,128,1000,'yaxis');
title('Concave Chirp')
```

除此之外，还有一个常用的信号是压控振荡器(Voltage Controlled Oscillator, VCO)，它能生成一个由输入矢量控制其频率的振荡信号。图 1.1.9 给出了用 VCO 分别生成的三角波和矩形波，源程序如下：

```
% Generate 2 seconds of a signal sampled at 10kHz whose instantaneous
% frequency is a triangle (respectively a rectangle) function of time:
fs = 10000;
t = 0:1/fs:2;
x1 = vco(sawtooth(2* pi* t,0.75),[0.1 0.4]* fs,fs);
```

```
x2 = vco(square(2* pi* t),[0.1 0.4]* fs,fs);

% Plot the spectrograms of the generated signals:
subplot(211),spectrogram(x1,kaiser(256,5),220,512,fs,'yaxis');
title('VCO Triangle')
subplot(212),spectrogram(x2,256,255,256,fs,'yaxis')
title('VCO Rectangle')
```

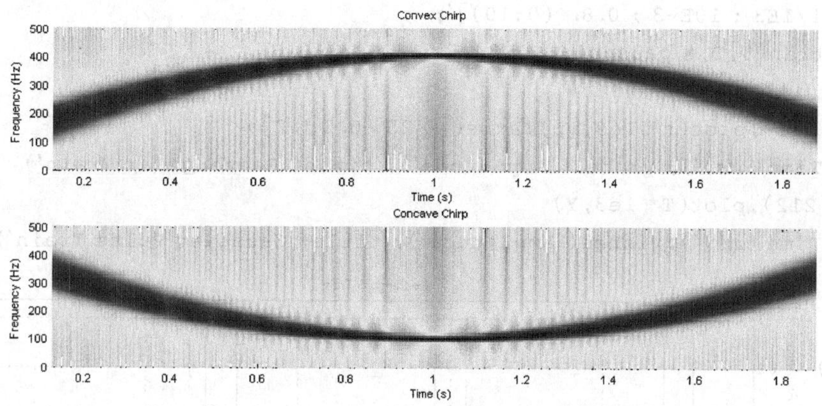

图 1.1.8 凸、凹二次线性调频波函数

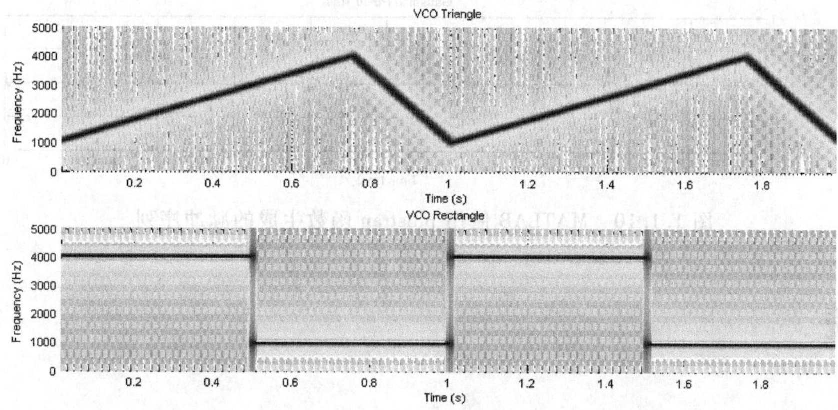

图 1.1.9 用 VCO 分别生成的三角波和矩形波

(4)脉冲序列 图 1.1.10 给出了 MATLAB 使用 pulstran 函数生成的脉冲序列。图 1.1.10a 为一个采样频率 100GHz，间距 7.5ns 的 2GHz 矩形脉冲信号，图 1.1.10b 为一个 10kHz、50%带宽的周期性的高斯脉冲信号，源程序如下：

```
% Pulse Trains
% Construct a train of 2 GHz rectangular pulses sampled at a rate of
% 100 GHz at a spacing of 7.5nS.
fs = 100E9;                        % sample freq
D = [2.5 10 17.5]' * 1e-9;         % pulse delay times
t = 0 : 1/fs : 2500/fs;            % signal evaluation time
w = 1e-9;                          % width of each pulse
```

```
yp = pulstran(t,D,@ rectpuls,w);

% Generate a periodic Gaussian pulse signal at 10kHz, with 50%
% bandwidth.The pulse repetition frequency is 1kHz, sample rate is
% 50kHz, and pulse train length is 10msec.The repetition amplitude
% should attenuate by 0.8
T = 0 : 1/50E3 : 10E-3;
D = [0 : 1/1E3 : 10E-3 ; 0.8.^(0:10)]';
Y = pulstran(T,D,@ gauspuls,10E3,.5);

subplot(211),plot(t* 1e9,yp);axis([0 25 -0.2 1.2])
xlabel('Time (ns)'); ylabel('Amplitude'); title('Rectangular Train')
subplot(212),plot(T* 1e3,Y)
xlabel('Time (ms)');ylabel('Amplitude'); title('Gaussian Pulse Train')
```

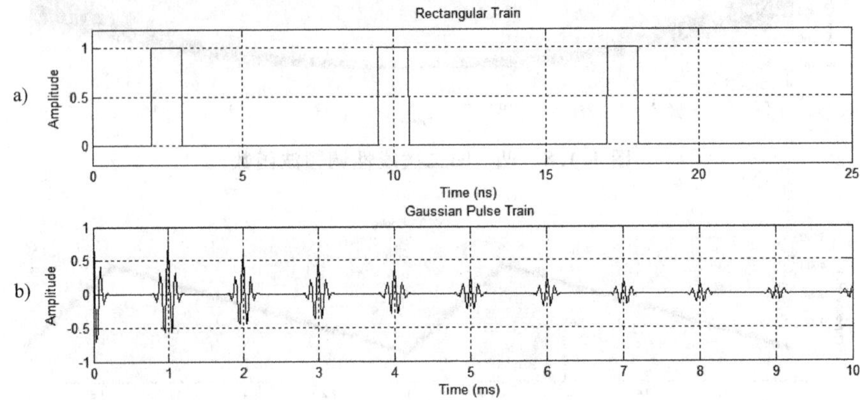

图 1.1.10 MATLAB 使用 pulstran 函数生成的脉冲序列

1.2 系统

1.2.1 系统的概念

根据系统在时间域上的连续与否，可以分为连续时间系统和离散时间系统。系统一般是一个或者多个组织、装置、处理器或者由计算机实现的算法集成，具有一个或者多个输入/输出端口。如果系统的输入信号和输出信号都是连续时间信号，则称系统是连续时间系统或者模拟系统。但若系统的输入信号和输出信号都是离散时间信号，则称系统是离散时间系统或者数字系统。

如果系统当前的输出取决于系统过去的输入，则系统定义为动态的；如果系统当前的输出只取决于系统当前的输入，则系统定义为静态的。在一个动态系统中，如果系统处于不平衡状态，则系统的输出将随时间而变化。系统动力学就是研究动态系统的建模以及动态系统的响应分析，从而理解系统的动态特性并且改进系统的性能。工程中通常使用高性能计算机(包括先进软件)仿真动态系统，进行全面的响应分析。

系统的概念不局限于物理现象或者过程，它可以延伸到更抽象的学科领域，如经济学、交通运输、人口增长、生物学等。本书主要讨论动态系统。

1.2.2 数学模型

分析及设计任何系统均需要在工程设计或构建实际系统前仿真或者预测系统的性能指标。这种仿真及预测的过程必须基于系统动态特性的数学描述。系统的数学描述又称为系统的数学模型，获得数学模型的过程则称为数学建模。对于连续时间系统，可以用微分方程建模，而离散时间系统则需用差分方程进行建模。

1.2.3 线性及非线性微分/差分方程

线性微分方程可分为线性时不变(Linear Time Invariant, LTI)微分方程和线性时变微分方程。在 LTI 微分方程中，因变量及其各阶导数是以线性组合的形式出现且各项系数均为常系数。例如方程

$$\frac{\mathrm{d}^2x}{\mathrm{d}t^2}+8\frac{\mathrm{d}x}{\mathrm{d}t}+9x=0$$

就是一个 LTI 微分方程。由于 LTI 微分方程中所有项的系数都是常数，故 LTI 微分方程也称为常系数线性微分方程。

对于线性时变微分方程，它的因变量及其各阶导数虽然也是以线性组合的形式出现，但方程中的系数或者项的系数可以包含自变量，例如方程

$$\frac{\mathrm{d}^2x}{\mathrm{d}t^2}+(1-\cos 2t)x=0$$

特别要注意的是，为了保证系统的线性，微分方程中不能够包含因变量及其导数的幂、其他函数或者乘积。

不满足线性的微分方程称为非线性微分方程。下面是两个非线性微分方程的例子：

$$\frac{\mathrm{d}^2x}{\mathrm{d}t^2}+(x^2-1)\frac{\mathrm{d}x}{\mathrm{d}t}+x=0 \quad 和 \quad \frac{\mathrm{d}^2x}{\mathrm{d}t^2}+\frac{\mathrm{d}x}{\mathrm{d}t}+x+x^3=\sin\omega t$$

类似地，线性差分方程也分为线性时不变差分方程和线性时变差分方程。例如，n 阶线性时不变(LTI)常系数差分方程的通式为

$$\sum_{k=0}^{N}a_ky(n-k)=\sum_{k=0}^{M}b_kx(n-k)$$

式中，$x(n)$和$y(n)$分别是系统的输入和输出序列；系数 $a_k(k=0,1,\cdots,N)$和 $b_k(k=0,1,\cdots,M)$是常数。

1.2.4 动态系统的数学建模

1. 数学建模

数学建模是指利用一组数学方程对系统的主要动态特性进行描述，通过将合理的物理定律应用于某个具体的物理过程或者系统，就有可能获得描述该系统动力学行为的数学模型。

这种模型允许包括未知的系统参数，但这些参数必须能够通过其他方法(例如测试)获得。但是，如果约束系统动态行为的物理规律不是完全确定的，则用数学公式就不能描述它的数学模型。此时，基于实验建模的系统辨识方法就有了用武之地。在系统辨识过程中，需要对系统施加必要的输入(激励)，同时测量系统的输出，根据对实验及测试的输入/输出数据的分析推导，给出这个系统的数学模型。

2. 模型简化与建模精度

在系统建模的过程中，模型的简化(降阶)和建模精度之间存在紧密的联系。在对系统模型进行简化的过程中，必须考虑哪些物理量及关系可以忽略，以及哪些参量决定建模精度。对于线性微分方程模型，则必须忽略可能存在于这个物理系统中的分布参数项及非线性项的影响(前提是忽略这些因素仍然能够满足建模精度要求)。

应用中，通常是先构建一个对象或者过程的简单模型，以便获得关于问题解决方案的思路或者线索，之后则可以构建更完善的数学模型用于详细的系统分析和设计。需要注意，系统分析的结果仅在用模型近似或者逼近一个给定物理对象的某个工作区间才有效。

3. 数学模型的注释

系统建模及系统仿真人员必须明确的一个重要前提条件是，任何模型都是真实物理对象或者物理过程的近似数学描述，数学模型仅仅是系统的一个模型，而不是物理系统本身。事实是，所有数学模型都包含了或多或少的近似和条件假设，因此理论上就没有任何一个数学模型能够确切表示任何一个物理对象或者过程。因此，数学建模过程中包含的这些近似和假设虽然导致了建模精度问题，但从另一个层面考虑，这些近似和假设同时又约束了模型适用的条件，自然也就明确了模型使用的范围。所以，在进行系统分析及系统仿真时，有关模型的任何近似和假设均需谨慎处理。

4. 建模过程

构建一个物理系统数学模型的过程如下：

1）绘出建模对象或者过程的框图，确定系统的变量及其关系。

2）应用物理、化学等定律和规律，或者通过实验测试，对于框图中的各个子框图或子系统推导出其微分/差分数学方程。

3）根据系统框图中各个模块间的输入输出关系，即可获得整个系统的数学模型。

4）模型的有效性需要验证。这一步可以通过求解数学模型(一般是求解模型的输出或者响应)，或者通过计算机仿真，与实验结果进行比较。

5）如果数学解算或计算机仿真结果与实验结果相差太大，则提示系统的建模精度太差。这时需要进行模型修正，导出新模型后重复模型有效性验证过程，直至达到希望的建模精度为止。

1.2.5　LTI 动态系统的分析与设计

1. 分析

系统分析是指在特定条件下对已知数学模型的性能指标进行分析研究的过程。动态系统分析的第一步是导出系统的数学模型，由于任何物理对象或者过程都是由元件或者组件构成的，故分析就必须从导出(或实验测试)每个元(组)件的数学模型开始，并且综合所有组件模型以建立完整系统的数学模型。一旦获得整个系统的数学模型，系统分析就可以通过调整模型参数并解算系统的数学方程，或者通过计算机仿真方法进行。当然，系统分析人员需要比较方程的解或者仿真结果，解释并且应用这些分析结果于研究的问题中。

注意，系统分析的方法与实际系统的具体形式（如机械系统、电气系统、生化系统、社会系统等）无关。

2. 设计

系统设计是指寻求满足系统性能指标的过程。通常，系统设计过程不总是前向的，而是一个反复试验甚至试凑的过程。

3. 综合

系统综合是指用确定的方法寻求一种以恰当方式实现系统特定功能或者任务的系统。这里首先需要假设系统具有的所预期的特性，之后应用各种数学方法综合出满足这些特性的系统。一般而言，系统综合的过程始终都是数学的或者是计算机仿真的过程。

4. 设计过程

启动一个设计过程之前，需要已知系统应满足的技术性能指标，以及系统各组件的动力学（输入输出）特性，其中还包括设计参数。技术指标要求可以是精确的一组设计数据，也可能是模糊的一种定性描述（可能包括成本、可靠性、空间、体积、重量、维护等方面的文本陈述）。特别地，技术要求允许随设计进程而改变。

一旦启动设计过程，设计及研发人员就必须运用任何可以运用的系统综合方法和技术建立系统的数学模型。

上述过程其实就是将设计问题根据模型进行公式化的过程。一旦实现了设计指标的公式化，设计及研发人员就可以进行系统的数学设计，并得到设计问题的数学解（解析解或者数值解）。随着数学设计的完成，即可针对模型开始计算机仿真研究，以便实验或者测试系统对于各种输入及扰动的响应特性。如果初始系统建模不能满足要求，则需重新设计或者修改系统，并进行相应分析。这一设计和分析过程可能需要反复进行，直到满足系统设计指标为止。

最后一步是构建原型系统。注意，构建原型系统的过程是系统数学建模的反过程。原型系统是一种以合理的精度表示数学模型的物理系统。当有了原型系统，就需要对它进行各种测试，检验它是否满足设计要求。如果原型系统满足全部的设计指标，则原型设计就是成功的，否则需对原型系统进行修正并重新进行测试。这个过程一般会反复进行，直至获得满意的原型系统。

1.2.6 典型系统实例

为了更好地理解系统分析面临的任务，下面给出一些典型的系统实例。

1. 直流伺服电机系统

伺服系统（Servomechanism）又称随动系统，通常专指被控量（系统的输出量）是机械位移、位移的速度和加速度的反馈控制系统，其作用是使输出的机械位移（或转角）准确跟踪输入的位移（或转角）。伺服系统主要由伺服电动机、反馈装置和控制器三大功能模块组成。若按其驱动装置划分，有步进式伺服系统、直流电动机伺服系统和交流电动机伺服系统。

下面考虑伺服系统中的直流伺服电动机系统，它的电路模型如图 1.2.1 所示。

根据物理学电磁理论知，电动机产生的转矩 T 与电枢电流 i_a 及气隙磁通 Φ 的乘积成正比，气隙磁通 Φ 与励磁电流 i_f 成正比，即

$$\Phi=K_f i_f$$

式中，K_f 是常数。因此，转矩 T 可以写成

$$T=K_f i_f K_1 i_a$$

式中，K_1 是常数。

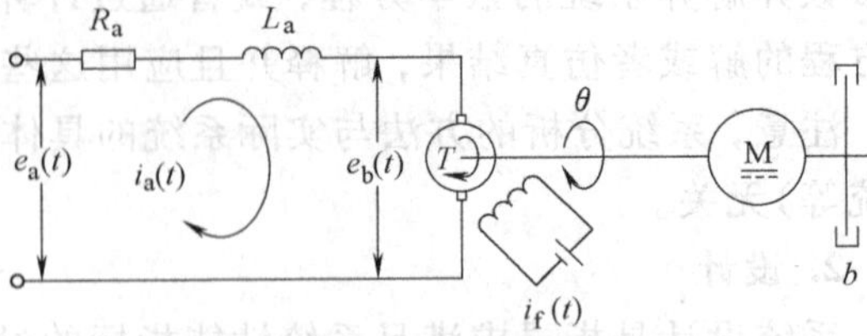

对于常数励磁电流，磁通量亦为常数，并且转矩也与电枢电流 i_a 成正比，即

$$T=Ki_a$$

式中，K 是电动机转矩常数。注意，如果电枢电流 i_a 变符号，则转矩 T 的符号也改变，电动机反转。

图 1.2.1　直流伺服电动机

R_a—电枢电阻(Ω)　L_a—电枢电感(H)　i_a—电枢电流(A)　i_f—励磁电流(A)　e_a—外加电枢电压(V)　e_b—反向电动势(V)　θ—转子角位移(rad)　T—电动机转矩(N·m)　M—电动机转动惯量(kg·m²)　b—电动机轴负载粘性摩擦系数(N·m/rad/s)

当电枢转动时，电枢电压与磁通量及角速度的乘积成正比。如果磁通量是常数，感应电动势 e_b 与角速度$\frac{d\theta}{dt}$成正比，即

$$e_b=K_b\frac{d\theta}{dt} \tag{1.2.1}$$

式中，e_b 是反向电动势；K_b 是常数反向电动势。

电枢控制直流伺服电动机的速度(由电枢电压 e_a)控制，电枢电路的微分方程为

$$L_a\frac{di_a}{dt}+R_a i_a+e_b=e_a \tag{1.2.2}$$

电枢电流产生惯性和摩擦转矩，因此

$$M\frac{d^2\theta}{dt^2}+b\frac{d\theta}{dt}=T=Ki_a \tag{1.2.3}$$

式(1.2.1)、式(1.2.2)和式(1.2.3)就是直流伺服电动机的微分方程模型。第5章中还会进一步研究这个模型。

2. ATM 交换机

现代计算机通信网络中传送数据包(数据包是现代计算机通信网络传送信息的最小数据单元，通常具有固定长度)的主要技术之一是所谓的异步传输模式(Asynchronous Transfer Mode，ATM)。ATM 适用于局域网和广域网，它具有高速数据传输率和支持多种数据格式(如音频、传真、图像和视频)的特点。ATM 交换机的描述需要用到离散时间序列模型。

在计算机网络，包括 ATM 交换机中传输的数据包存储于网络相关节点的缓存区中，假设数据包队列长度是 $q(n)$，数据包到达 ATM 交换机的到达率是 $\gamma(n)$，则存储数据和/或安排数据包路径的数学模型可以用差分方程描述如下：

$$\begin{cases} q(n+1)=q(n)+\gamma(n+1-d)-f(n) \\ \gamma(n+1)=\gamma(n)-\sum_{j=0}^{l}\alpha_j[q(n-j)-q^0]-\sum_{i=0}^{d}\beta_i\gamma(n-i) \end{cases} \tag{1.2.4}$$

式中，$f(n)$是缓存区的服务率（表示容量有限的交换存储）；q^0 是期望的缓存区稳态队列长度；d 是信源和交换机之间的时间离散往返传送时延；α_j 和 β_i 是网络工程师设置的增益（为保证网络稳定并消除数据包流动拥塞）。通常，$\sum_{i=0}^{d}\beta_i=0$ 且 $\sum_{j=0}^{d}\alpha_j>0$，并且还可以假设服务率 $f(n)=\mu$ 是常数，且仅当 $q(n)\geqslant\mu$ 时系统才提供该服务率。另外，如果 $q(n)<\mu$，则 ATM 服务率 $f(n)=q(n)$。

现针对上述 ATM 交换机的模型，假设在信源和交换机之间没有时延，即 $d=0$，则简化后的 ATM 交换机的模型为

$$\begin{cases}q(n+1)=q(n)+\gamma(n+1)-f(n)\\ \gamma(n+1)=\gamma(n)-\alpha_0(q(n)-q^0)-\alpha_1(q(n-1)-q^0)\end{cases}\tag{1.2.5}$$

式中，$\alpha_j(j=0,1)$是设置的数据包传输增益，并且假设服务率 $f(n)=\mu$ 是常数。

如果将式(1.2.5)改写成后向移位运算，则 ATM 交换机的模型又可以写成

$$\begin{cases}q(n)=q(n-1)+\gamma(n)-f(n-1)\\ \gamma(n)=\gamma(n-1)-\alpha_0(q(n-1)-q^0)-\alpha_1(q(n-2)-q^0)\end{cases}\tag{1.2.6}$$

引入变量 $e(n-i)=q(n-i)-q^0(i=0,1,2)$ 表示队列长度与其要求的稳态值之间的偏差，则有

$$\begin{cases}e(n)=e(n-1)+\gamma(n)-f(n-1)\\ \gamma(n)=\gamma(n-1)-\alpha_0 e(n-1)-\alpha_1 e(n-2)\end{cases}\tag{1.2.7}$$

式(1.2.7)就是在理论分析中常用的 ATM 交换机模型。第 6 章将继续讨论 ATM 交换机的动态行为。

1.3　关于 MATLAB 的说明

MATLAB 是由美国 Mathworks 公司发布的面向科学计算、可视化以及交互式程序设计的高技术计算环境。它将数值分析、矩阵计算、科学数据可视化以及非线性动态系统的建模和仿真等诸多强大功能集成在一个易于使用的视窗环境之中，为科学研究、工程设计以及必须进行有效数值计算的众多学科领域提供了一种全面的解决方案。它在很大程度上摆脱了传统非交互式程序设计语言（如 C、Fortran）的编程模式，代表了当今国际科学计算软件的先进水平。

为适应现代科学和高技术发展的迫切需要，Mathworks 公司为高级专业用户提供了一个庞大的、称之为应用工具箱的特殊应用子程序集。它为众多科学和工程领域的各类特殊问题及应用定制 MATLAB 运行环境，并为全面解决各学科复杂数值计算问题以及可视化、计算机仿真研究等提供了一个综合解决方案。

MATLAB 应用工具箱代表着当今世界一流专家学者在诸如最优化、偏微分方程、符号运算、样条分析、统计、金融、非线性系统仿真、自动控制、鲁棒控制、非线性控制、神经网络、系统辨识、信号处理、图像处理、模糊逻辑、通信、小波分析等领域内的工作。它们将预先打包的各专业先进理论与 MATLAB 计算环境的内在效力及灵活性有机地集成为一体，其特点集中体现在：

1）高级用户可无缝链接相关专业工具箱，并可快捷获得特定问题的准确答案，因为每个专业工具箱都建立在 MATLAB 快速及高度可靠的数值算法基础之上。

2）强大的科学数据可视化处理能力使用户能够随时对各类计算或测试数据进行可视化处理，包括二维、三维图形，透视、消隐、动画等。

3）MATLAB 的开放式体系结构使用户能够进入工具箱源码以便修改、定制、扩展算法和工具箱功能以适应用户的特殊需要。

4）全部工具箱共享 MATLAB 资源，因此它们可以平滑地互相调用。

5）所有工具箱对运行 MATLAB 的各种计算机平台兼容。

Mathworks 为用户提供了大量应用工具箱，其中与信号与系统有关的工具箱有如下几种。

1. Simulink

Simulink 是一种针对各种物理、数学系统，尤其是控制系统以及基于 DSP（数字信号处理）系统的先进可视化建模、分析及仿真环境。它广泛应用于线性系统、非线性系统、离散时间系统、连续时间系统、单输入单输出系统、多输入多输出系统、多速率系统和混合系统的仿真等。

作为 MATLAB 扩展工具箱中最有影响的软件包，Simulink 为用户构造各类动态系统（物理的或非物理的）的可视化模型提供了一个十分方便且功能强大的图形用户界面（GUI）。有了这个图形界面，用户只需使用鼠标对其大型内置模型库有关子模块进行拖放操作即可建立模型，并单击按钮启动或结束仿真。

Simulink 的主要特征是拥有先进的可视化仿真和分析技术，具备开放的和可扩展的体系结构。其中内嵌虚拟示波器功能允许用户在仿真进程中任意观测各点的波形（可接入多达 30 个虚拟示波器），并可随时改变系统参数，实时观看输出效果。另外，仿真结果还可存入工作区进行可视化处理或作进一步的数据处理等。

2. Signal Processing Toolbox 和 Signal Processing Blockset

Signal Processing Toolbox（信号处理工具箱）和 Signal Processing Blockset（信号处理模块库）是一组基于 MATLAB 和动态仿真环境 Simulink 的信号分析算法集。它拓展了 MATLAB 和 Simulink 的应用领域，支持各种信号处理运算，如波形产生、滤波器设计及实现、参数化建模、谱分析等，并为研究、设计人员提供了如下三类工具：

1）信号处理函数。

2）交互式 GUI 工具。

3）DSP Blockset。

其中，第一类工具是由用户从自己的应用程序或从窗口命令行中调用的函数组成；第二类工具提供许多交互式工具以便用户可以通过 GUI 访问大量函数；第三类工具是一组用于 Simulink 动态系统仿真环境的模块库，它是专门为 DSP 应用设计的，包括经典、多速率和自适应滤波，复数和矩阵算术运算，超越函数及统计运算，卷积和傅里叶变换。

3. Control System Toolbox 和 Simulink Control Design

Control System Toolbox（控制系统工具箱）和 Simulink Control Design（Simulink 控制设计）是一组基于 MATLAB 和动态仿真环境 Simulink 的系统分析和设计算法集。它拓展了 MATLAB 和 Simulink 的应用领域，适用于构建和分析线性动态系统模型，可以方便地对现代控制系统进行分析、仿真及原型设计。

MATLAB 的其他应用工具箱还有许多，限于主题此处从略，感兴趣的读者可通过查询 Mathworks 公司的主页 http://www.mathworks.com 和参考文献获得更多信息。

本书为每章的论题都提供了相应的 MATLAB 子程序或者 Simulink 仿真模型。这些子程序可以进行自身演示，也可以用来加深印象、巩固基本概念和验证算法结果，并且有助于解决一些实际的设计问题。当然，本书主要目的是介绍信号与系统课程而不是应用软件，所以并未对 MATLAB 的使用进行介绍，相信这样处理不会对读者造成太大的困惑。

第 2 章 连续时间信号与系统

Chapter 2

在工程实践中，一般需要针对两种完全不同的物理现象或者过程进行数学描述。一种是针对某个真实系统的物理过程构建数学方程，例如线性电路可以用一个微分方程进行描述；另一种是针对某种物理现象（或者称之为信号）构建数学函数，例如手机天线耦合的射频无线电波，可以用一个函数表达式描述。

对一个物理过程或者物理现象进行数学描述的过程也叫建模。在信号与系统的分析中，信号是携带信息的真实物理现象，而数学函数是信号的数学描述。系统则在很大程度上取决于它们是如何响应任意的或者指定的信号。在时域，连续时间系统可以基于微分方程对任意信号产生的响应进行描述或者建模。但对于大多数实际系统，由于本身具有的复杂性，通过构建系统模型进行模型分析，既可保留系统的主要特性又简化了分析计算，这在系统的设计中是非常有用的。

本章首先讨论连续时间信号的基本运算及信号的一般特性；其次，讨论连续时间系统的重要概念以及基本的分析方法，对系统的一般特性、描述及模型也将继续定义。这些特性、运算、描述及模型分析有助于对信号与系统的深入理解和应用。

2.1 信号的基本运算

2.1.1 连续时间信号的变换

信号携带的信息包含诸如电压、电流、温度等物理量。本章讨论一维连续时间信号，它们通常是时间或频率的连续函数。本节首先研究连续时间信号针对时间 t 的三个基本变换以及针对幅度的三个基本变换。它们将在后续相关章节中发挥作用。

2.1.2 时间变换

1. 反折

在反折（或称反转）运算中，将原信号 $x(t)$ 的时间自变量 t 直接用 $-t$ 置换，在几何意义上就是将原信号 $x(t)$ 对 $t=0$ 进行翻转，从而得到一个折叠后的信号 $y(t)$。反折（转）运算其实是信号 $x(t)$ 关于原点 $t=0$ 的一个镜像。反折运算表示为

$$y(t)=x(-t) \tag{2.1.1}$$

对于任意时间 $t=t_0$，反折运算的结果是使

$$y(t_0)=x(-t_0) \tag{2.1.2}$$

或

$$y(-t_0)=x(t_0) \tag{2.1.3}$$

例 2.1.1　三角脉冲信号 $x(t)$ 的波形如图 2.1.1a 所示，试求 $x(t)$ 关于纵轴的反折。

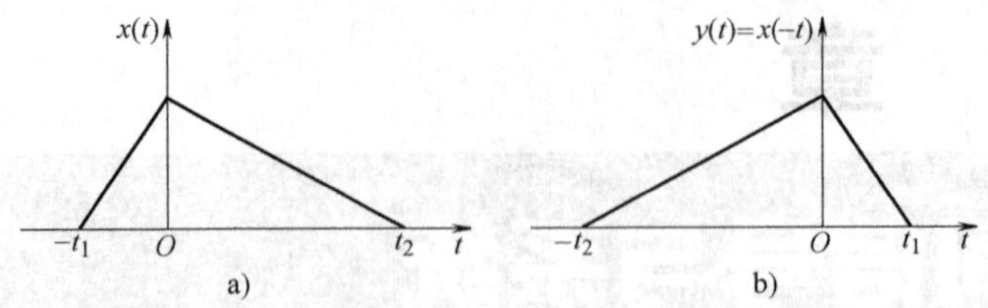

图 2.1.1　反折运算

a）原信号 $x(t)$　b）$x(t)$ 关于纵轴的反折

解：将原信号 $x(t)$ 的时间自变量 t 直接用 $-t$ 置换，即可得到 $x(t)$ 关于纵轴的反折信号 $y(t)=x(-t)$，波形如图 2.1.1b 所示。

注意，对这个例子，有

$$x(t)=0,\ t<-t_1、t>t_2 \quad 和 \quad y(t)=x(-t)=0,\quad t>t_1、t<-t_2$$

2. 尺度变换

设信号 $x(t)$ 是连续时间信号，时间尺度变换是指对 $x(t)$ 的自变量进行 $t\to at$ 的置换，即

$$y(t)=x(at) \tag{2.1.4}$$

式中，a 是尺度因子。这里若 $|a|>1$，则 $y(t)$ 是将原信号 $x(t)$ 沿横轴(时间轴)压缩；若 $|a|<1$，则 $y(t)$ 是将原信号 $x(t)$ 沿横轴(时间轴)扩展。尺度变换的一种应用是滤波器的设计。

图 2.1.2 给出了时间尺度变换在 $|a|>1$ 和 $|a|<1$ 两种情况的波形。

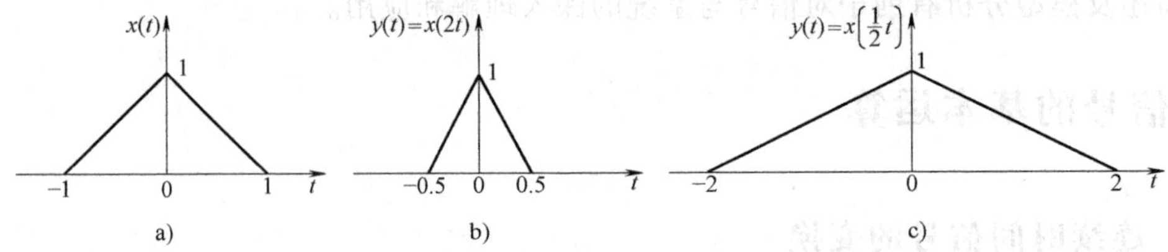

图 2.1.2　尺度变换在 $|a|>1$ 和 $|a|<1$ 两种情况的波形

a）原信号 $x(t)$　b）对 $x(t)$ 压缩 1/2　c）对 $x(t)$ 扩展 2 倍

3. 时移

设 $x(t)$ 是连续时间信号，时移运算是指对 $x(t)$ 的自变量进行 $t\to t-t_0$ 的置换，即

$$y(t)=x(t-t_0) \tag{2.1.5}$$

式中，t_0 是时移量。式(2.1.5)表明，如果 $t_0>0$，则 $y(t)=x(t-t_0)$ 的波形沿时间轴右移(延迟)t_0 个单位；如果 $t_0<0$，则 $y(t)=x(t-t_0)$ 的波形沿时间轴左移(超前)t_0 个单位。换句话说，如果信号 $x(t)$ 在 $t=T$ 处开始，则移位运算后的信号 $x(t-t_0)$ 将在 $t=T\pm t_0$ 处开始。比如，信号 $y(t)=x(t-5)$ 是 $x(t)$ 右移(延迟)5 个单位的信号，而 $g(t)=x(t+5)$ 则是 $x(t)$ 左移(超前)5 个单位的信号。

讨论题 2.1.2　如果信号既有移位又有反折，比如 $y(t)=x(-t-\alpha)$，则有两种方法可由 $x(t)$ 生成 $y(t)=x(-t-\alpha)$。

(1) 先右移后反折：先对 $x(t)$ 右移 α 单位，得到 $x(t-\alpha)$，再对 $x(t-\alpha)$ 反折得到 $x(-t-$

α）。注意，这一步仅对自变量 t 进行反折运算，具体运算过程可表示为

$$x(t)\rightarrow\text{右移（延迟）}\alpha\text{ 单位}\rightarrow x(t-\alpha)\rightarrow\text{反折}\rightarrow x(-t-\alpha)$$

（2）先反折后左移：先对 $x(t)$ 反折得到 $x(-t)$，再对 $x(-t)$ 左移（超前）α 单位得到 $x(-t-\alpha)$。具体运算过程可表示为

$$x(t)\rightarrow\text{反折}\rightarrow x(-t)\rightarrow\text{左移（超前）}\alpha\text{ 单位}\rightarrow x(-t-\alpha)$$

4. 时间变换的一般形式

上述三种时间变换的一般形式为

$$y(t)=x(at+b) \tag{2.1.6}$$

式中，a、b 为实数常数。信号 $x(at+b)$ 可以通过对原信号 $x(t)$ 进行时移、反折（若 $a<0$）和尺度变换运算来获得。

例 2.1.3　信号波形如图 2.1.3 所示，试画出 $y(t)=x(-2t-3)$ 的波形

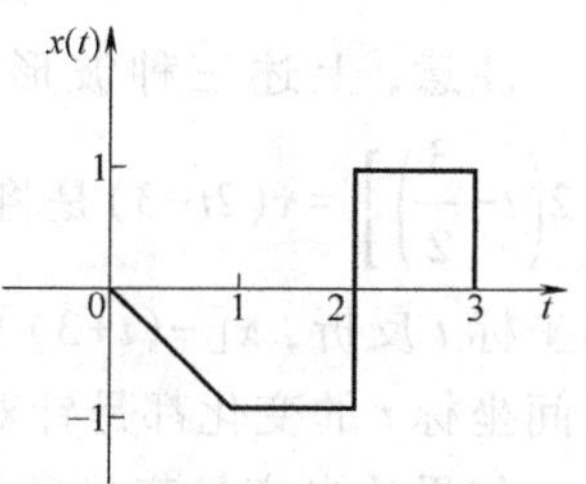

图 2.1.3　例 2.1.3 的信号波形

解：$y(t)=x(-2t-3)$ 的波形需要进行时移、反折和尺度变换运算来获得，根据不同组合，共有六种顺序。下面给出其中的三种组合顺序。

（1）右移→压缩→反折，如图 2.1.4 所示。

$$x(t)\xrightarrow{\text{右移 3 单位}}x(t-3)\xrightarrow{\text{压缩 1/2 倍}}x(2t-3)\xrightarrow{\text{反折}}x(-2t-3)=y(t)$$

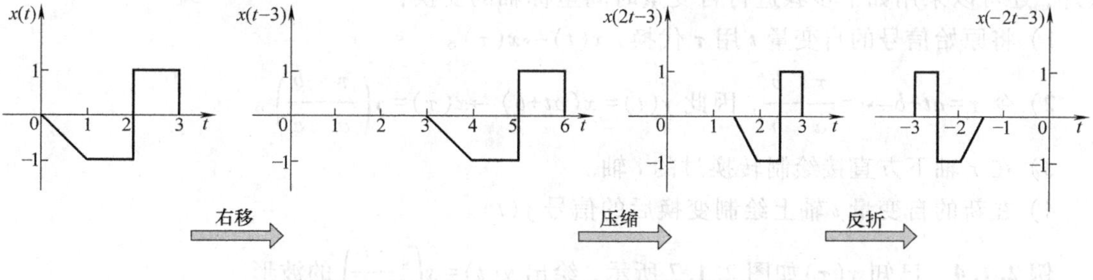

图 2.1.4　$x(t)$ 经右移→压缩→反折运算后的波形

（2）反折→左移→压缩，如图 2.1.5 所示。

$$x(t)\xrightarrow{\text{反折}}x(-t)\xrightarrow{\text{左移3单位}}x[-(t+3)]=x(-t-3)\xrightarrow{\text{压缩1/2}}x(-2t-3)=y(t)$$

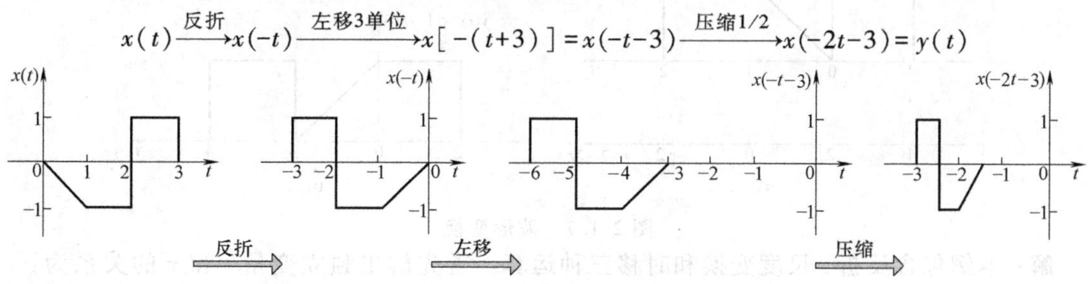

图 2.1.5　$x(t)$ 经反折→左移→压缩运算后的波形

（3）压缩→右移→反折，如图 1.1.6 所示。

$$x(t)\xrightarrow{\text{压缩1/2}}x(2t)\xrightarrow{\text{右移3/2单位}}x\left[2\left(t-\frac{3}{2}\right)\right]=x(2t-3)\xrightarrow{\text{反折}}x(-2t-3)=y(t)$$

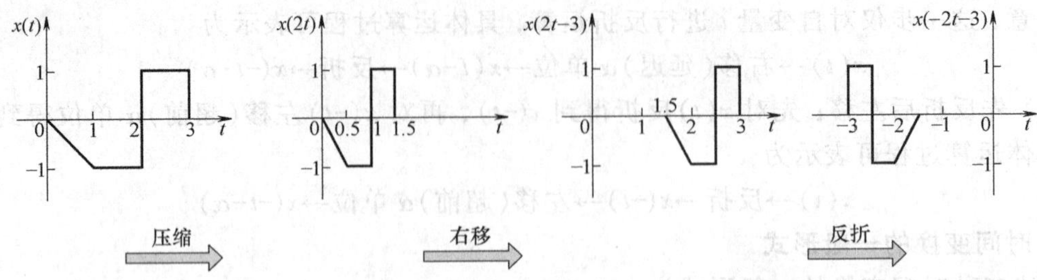

图 2.1.6　$x(t)$经压缩→右移→反折运算后的波形

注意，上述三种波形变换中各项的含义是：$x(2t)$是将$x(t)$沿时间坐标t压缩1/2，$x\left[2\left(t-\frac{3}{2}\right)\right]=x(2t-3)$是将$x(2t)$沿时间坐标$t$右移3/2个单位，$x(-2t-3)$是将$x(2t-3)$沿时间坐标$t$反折，$x[-(t+3)]=x(-t-3)$是将$x(-t)$沿时间坐标$t$左移3个单位。显然，所有关于时间坐标$t$的变化都是针对时间自变量$t$的。

如果从自变量变换的角度考虑，令τ为原信号的时间变量，则变换前后关于时间坐标轴的方程为：$\tau=at+b$，由此得到

$$t=\frac{\tau}{a}-\frac{b}{a} \tag{2.1.7}$$

其中，若$a<0$，则表示时间反折变换。因此除例 2.1.3 中讨论的绘制时间变换信号波形的方法外，还可以采用如下步骤进行自变量时间坐标轴的变换：

1）将原始信号的自变量t用τ代换，$x(t)\to x(\tau)$。

2）令$\tau=at+b\to t=\frac{\tau}{a}-\frac{b}{a}$，因此$y(t)=x(at+b)\to x(\tau)=y\left(\frac{\tau}{a}-\frac{b}{a}\right)$。

3）在τ轴下方直接绘制转换过的t轴。

4）在新的自变量t轴上绘制变换后的信号$y(t)$。

例 2.1.4　已知$x(\tau)$如图 2.1.7 所示，绘出$y(t)=x\left(1-\frac{t}{2}\right)$的波形。

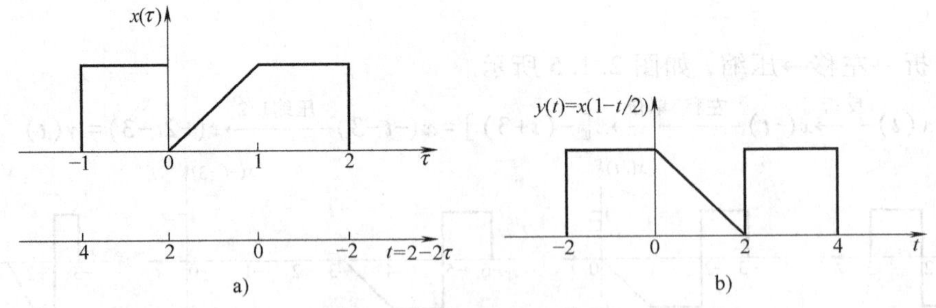

图 2.1.7　波形变换

解：本例包含反折、尺度变换和时移三种运算。首先解出独立变量t和τ的关系为：$\tau=1-\frac{t}{2}$，由此得

$$t=2-2\tau$$

将t轴标在时间轴τ的下方，如图 2.1.7a 所示。在新的自变量时间t轴上画出变换后的信号波形，所求波形如图 2.1.7b 所示。

为验证变换的正确性，利用函数的某些特殊点，并且引入独立变量相同，函数值相同的概念，对于任意 $t=t_0$，由式(2.1.7)有

$$y(t_0)=x(at_0+b)\rightarrow x(t_0)=y\left(\frac{t_0}{a}-\frac{b}{a}\right)$$

则验证结果见表 2.1.1。

表 2.1.1　验证结果

独立变量相同，函数值相同				求新坐标	
t	$x(t)$	$1-\frac{t}{2}$	$x\left(1-\frac{t}{2}\right)$	t	$x\left(1-\frac{t}{2}\right)$
-1	1	-1	1	4	1
0	0	0	0	2	0
1	1	1	1	0	1
2	1	2	1	-2	1

例 2.1.5　已知信号

$$x(t)=\begin{cases}0 & t<0\\ t & 0<t<1\\ 1 & 1<t<2\\ 0 & t>2\end{cases}$$

试求 $x(2t)$，$x\left(\frac{1}{2}t\right)$，$x(-2t)$，$x(-2t+2)$。

解： $x(2t)=\begin{cases}0 & 2t<0\\ 2t & 0<2t<1\\ 1 & 1<2t<2\\ 0 & 2t>2\end{cases}=\begin{cases}0 & t<0\\ 2t & 0<t<0.5\\ 1 & 0.5<t<1\\ 0 & t>1\end{cases}$

$x(t)$ 和 $x(2t)$ 的波形如图 2.1.8 所示。

$$x\left(\frac{t}{2}\right)=\begin{cases}0 & \frac{1}{2}t<0\\ \frac{1}{2}t & 0<\frac{1}{2}t<1\\ 1 & 1<\frac{1}{2}t<2\\ 0 & \frac{1}{2}t>2\end{cases}=\begin{cases}0 & t<0\\ \frac{1}{2}t & 0<t<2\\ 1 & 2<t<4\\ 0 & t>4\end{cases}$$

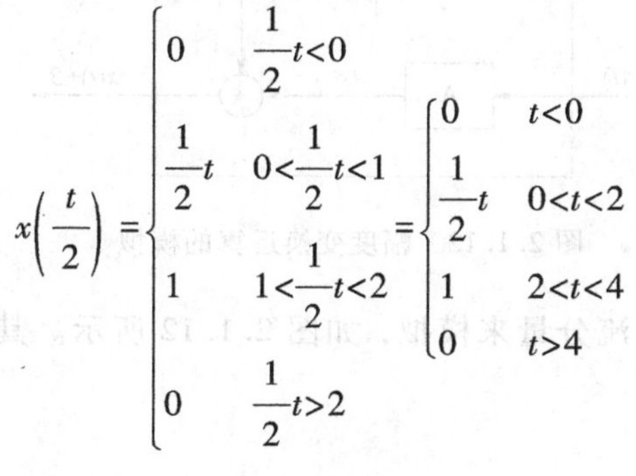

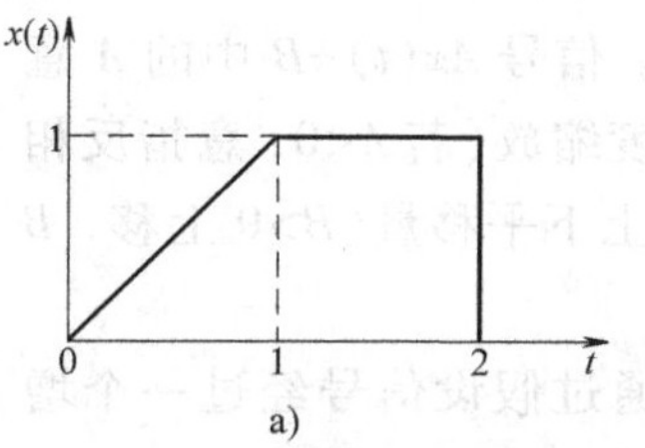

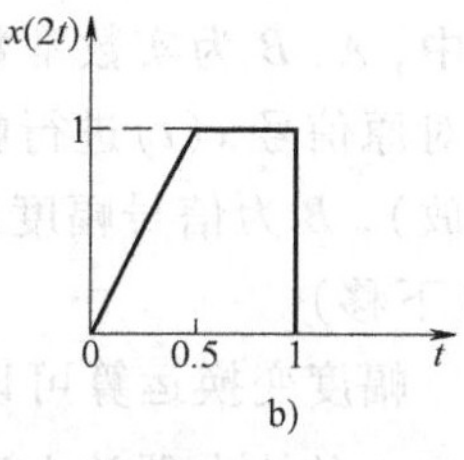

图 2.1.8　$x(t)$ 和 $x(2t)$ 的波形

$x(t)$ 和 $x\left(\frac{t}{2}\right)$ 的波形如图 2.1.9 所示。

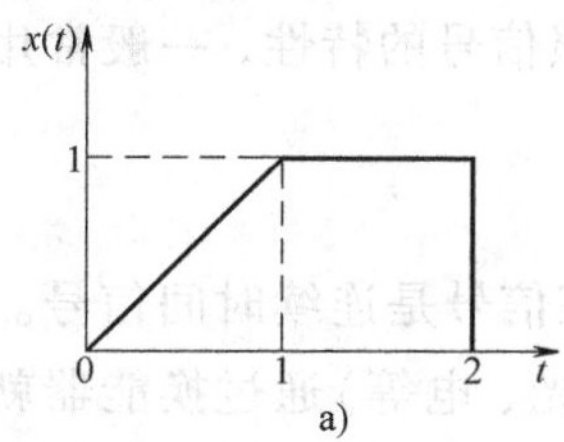

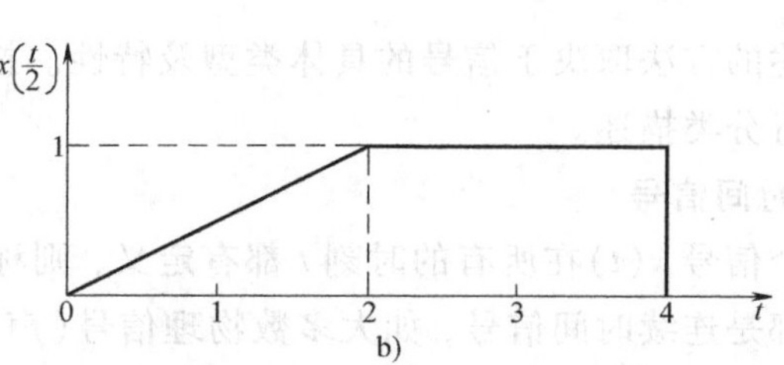

图 2.1.9　$x(t)$ 和 $x\left(\frac{t}{2}\right)$ 的波形

$$x(-2t)=\begin{cases}0 & -2t<0\\ -2t & 0<-2t<1\\ 1 & 1<-2t<2\\ 0 & -2t>2\end{cases}=\begin{cases}0 & t>0\\ -2t & -0.5<t<0\\ 1 & -1<t<-0.5\\ 0 & t<-1\end{cases}$$

$x(t)$ 和 $x(-2t)$ 的波形如图 2.1.10 所示。

$$x(-2t+2)=\begin{cases}0 & -2t+2<0\\ -2t+2 & 0<-2t+2<1\\ 1 & 1<-2t+2<2\\ 0 & -2t+2>2\end{cases}=\begin{cases}0 & t>1\\ -2t+2 & 0.5<t<1\\ 1 & 0<t<0.5\\ 0 & t<0\end{cases}$$

$x(t)$ 和 $x(-2t+2)$ 的波形如图 2.1.11 所示。

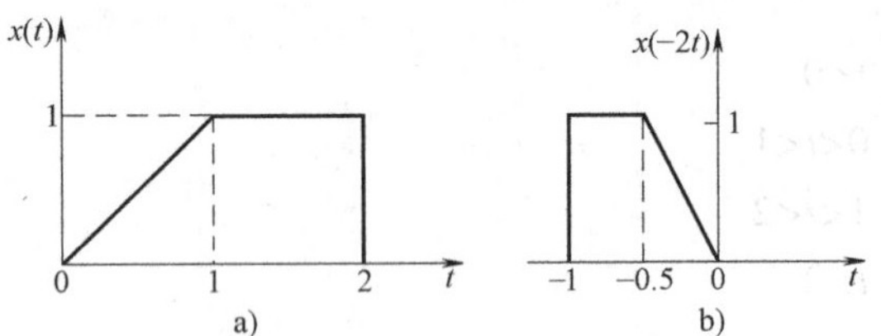

图 2.1.10　$x(t)$ 和 $x(-2t)$ 的波形

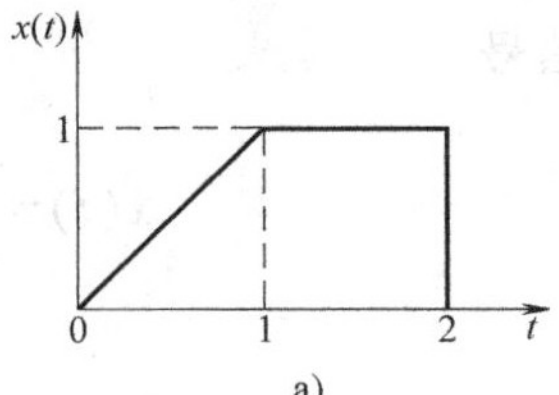

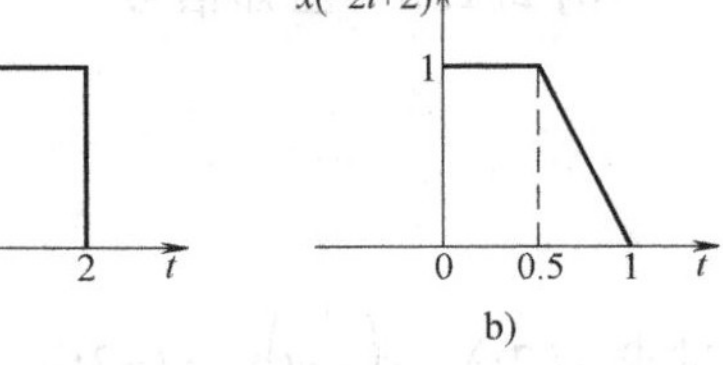

图 2.1.11　$x(t)$ 和 $x(-2t+2)$ 的波形

2.1.3　幅度变换

信号变换中除时间变换外，还存在三种与时间变换遵循同样运算规则的幅度变换。信号的这三种幅度变换的一般形式为

$$y(t)=Ax(t)+B \tag{2.1.8}$$

式中，A、B 为实数常数。信号 $Ax(t)+B$ 中的 A 意指对原信号 $x(t)$ 进行幅度缩放（若 $A<0$，意指反相缩放），B 为信号幅度的上下平移量（$B>0$ 上移，$B<0$ 下移）。

图 2.1.12　幅度变换运算的模拟

幅度变换运算可以通过假设信号经过一个增益为 A 的放大器放大后又引入一个偏置电压为 B 的直流分量来模拟，如图 2.1.12 所示。其中增益 A 和偏置电压 B 可正可负。

2.2　信号的特性

信号描述的方法取决于信号的具体类型及特性。按照信号的特性，一般常用下述五种方法对信号进行分类描述。

1. 连续时间信号

如果一个信号 $x(t)$ 在所有的时刻 t 都有定义，则称该信号是连续时间信号。工程实践中的许多信号都是连续时间信号，如大多数物理信号（声、光、电等）通过换能器就可转化为连续时间电信号。传声器将声压的变化转化为相应的电信号，微光夜视仪将暗弱光的光强变化转化为相应的电信号进而被处理成可视的场景图像，都是连续时间信号的例子。

2. 偶信号与奇信号

如果一个连续时间信号 $x(t)$ 对所有的时刻 t 满足

$$x(t)=x(-t) \tag{2.2.1}$$

则称该连续时间信号为偶信号或偶函数。偶信号关于纵坐标轴或时间原点反对称，即 $t<0$ 时的函数 $x(t)$ 是 $t>0$ 时的函数的镜像。例如，函数 $x(t)=\cos\omega t$ 是偶函数，因为 $\cos\omega t=\cos(-\omega t)$。图 2.2.1 给出了关于偶函数的又一个例子。

如果一个连续时间信号 $x(t)$ 对所有的时刻 t 满足

$$x(t)=-x(-t) \tag{2.2.2}$$

则称该连续时间信号为奇信号或奇函数。奇信号是关于原点反对称的。例如，函数 $x(t)=\sin\omega t$ 是奇函数，因为 $\sin\omega t=-\sin(-\omega t)$。图 2.2.2 给出了关于奇函数的另一个例子。

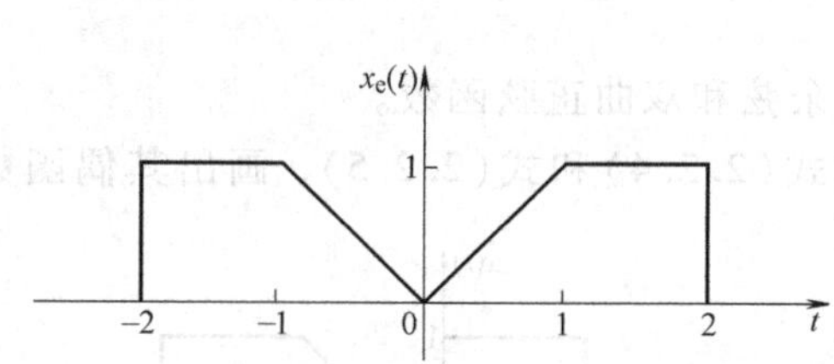

图 2.2.1　偶信号关于纵坐标轴或时间原点对称

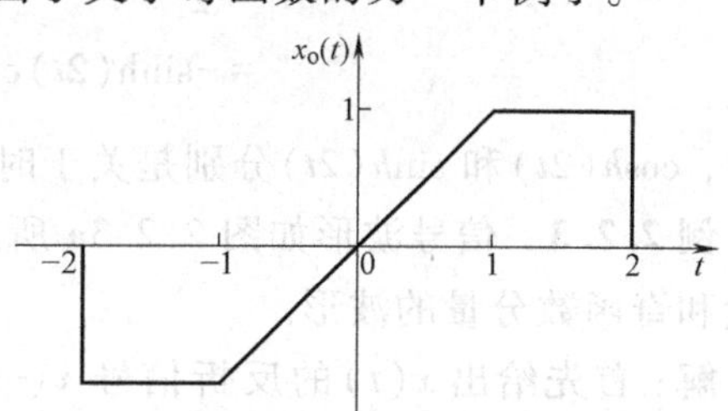

图 2.2.2　奇信号关于原点反对称

例 2.2.1　设信号

$$x(t)=\begin{cases}\sin\left(\dfrac{\pi t}{T}\right) & -T\leqslant t\leqslant T\\ 0 & 其他\end{cases}$$

$x(t)$ 是偶信号还是奇信号？

解： 因为对于所有 t，有

$$x(-t)=\begin{cases}\sin\left(-\dfrac{\pi t}{T}\right) & -T\leqslant t\leqslant T\\ 0 & 其他\end{cases}=\begin{cases}-\sin\left(\dfrac{\pi t}{T}\right) & -T\leqslant t\leqslant T\\ 0 & 其他\end{cases}$$
$$=-x(t)$$

故上式满足式(2.2.2)，因此信号 $x(t)$ 是奇信号。

任何信号 $x(t)$ 都可以分解为偶信号分量 $x_e(t)$ 和奇信号分量 $x_o(t)$ 之和的形式，即

$$x(t)=x_e(t)+x_o(t) \tag{2.2.3}$$

其中偶信号分量具有如下关系式：

$$x_e(t)=\frac{1}{2}\{x(t)+x(-t)\} \tag{2.2.4}$$

奇信号分量具有如下关系式：

$$x_o(t)=\frac{1}{2}\{x(t)-x(-t)\} \tag{2.2.5}$$

例 2.2.2　求出信号 $x(t)=e^{-2t}\cos t$ 的偶函数分量和奇函数分量。

解： 根据式(2.2.4)和式(2.2.5)，显然有

$$x_e(t)=\frac{1}{2}\{x(t)+x(-t)\}=\frac{1}{2}\{e^{-2t}\cos t+e^{2t}\cos(-t)\}$$
$$=\frac{1}{2}\{e^{-2t}\cos t+e^{2t}\cos t\}=\frac{1}{2}(e^{-2t}+e^{2t})\cos t$$
$$=\cosh(2t)\cos t$$

和

$$x_o(t)=\frac{1}{2}\{x(t)-x(-t)\}=\frac{1}{2}\{e^{-2t}\cos t-e^{2t}\cos(-t)\}$$
$$=\frac{1}{2}\{e^{-2t}\cos t-e^{2t}\cos t\}=\frac{1}{2}(e^{-2t}-e^{2t})\cos t$$
$$=-\sinh(2t)\cos t$$

式中，$\cosh(2t)$ 和 $\sinh(2t)$ 分别是关于时间 t 的双曲余弦和双曲正弦函数。

例 2.2.3 信号波形如图 2.2.3a 所示。试根据式(2.2.4)和式(2.2.5)，画出其偶函数分量和奇函数分量的波形。

解：首先给出 $x(t)$ 的反折信号 $x(-t)$，如图 2.2.3b 所示。根据式(2.2.4)将 $x(t)$ 和 $x(-t)$ 相加并将幅度缩小 1/2，即得到信号 $x(t)$ 的偶函数分量 $x_e(t)$，如图 2.2.3c 所示。同理，根据式(2.2.5)将 $x(t)$ 和 $x(-t)$ 相减并将幅度缩小 1/2，即得到信号 $x(t)$ 的奇函数分量 $x_o(t)$，如图 2.2.3d 所示。

另外，如果将图 2.2.3c 和图 2.2.3d 相加，即 $x_e(t)+x_o(t)$，可验证结果为原信号 $x(t)$。

复(数)信号的奇偶性与实信号略有不同。对于一个复信号 $x(t)$，如果对于所有 t 满足

$$x(t)=x^*(-t)$$

则称复信号 $x(t)$ 是共轭对称的；如果对于所有 t 有

$$x(t)=-x^*(-t)$$

则称复信号 $x(t)$ 是共轭反对称的。

任何一个复信号都可以分解为一个共轭对称信号和一个共轭反对称信号之和的形式。换句话说，如果一个复信号的实部是偶函数而虚部是奇函数，则该复信号是共轭对称信号。

一个连续时间信号 $x(t)$ 的平均值 x_A 定义为

$$x_A=\lim_{T\to\infty}\frac{1}{2T}\int_{-T}^{T}x(t)\,dt \qquad (2.2.6)$$

可以证明，信号的平均值包含在该信号的偶分量

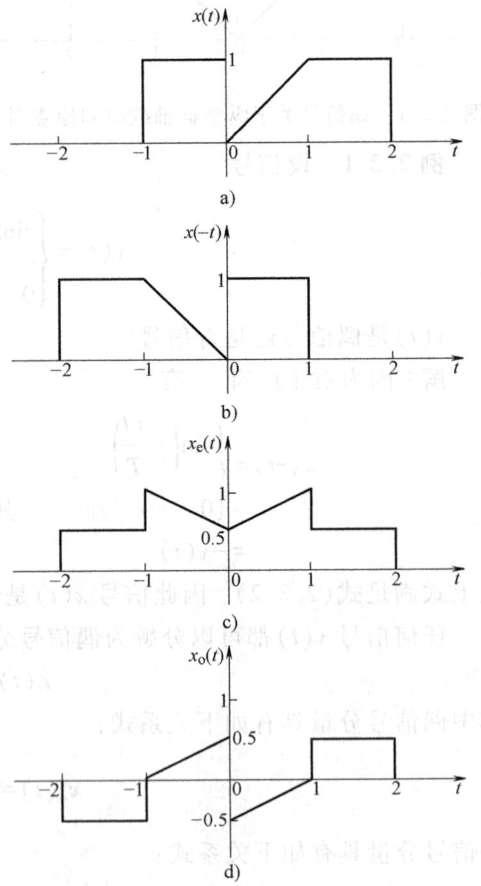

图 2.2.3 信号的奇偶性

a) 原信号 $x(t)$ b) 反折信号 $x(-t)$ c) 偶分量 $x_e(t)$ d) 奇分量 $x_o(t)$

部分中，因为奇信号的平均值为零。

偶信号和奇信号具有以下特性：

1）两个偶信号之和仍然为偶信号。

2）两个奇信号之和仍然为奇信号。

3）一个偶信号与一个奇信号的和既非偶信号也非奇信号。

4）两个偶信号之积仍然为偶信号。

5）两个奇信号之积为偶信号。

6）一个偶信号与一个奇信号的乘积是奇信号。

函数或者信号的奇偶性将在信号的傅里叶分析中发挥重要作用。

3. 周期信号和非周期信号

如果一个连续时间信号 $x(t)$ 对所有时间 t 满足

$$x(t)=x(t+T) \tag{2.2.7}$$

则称连续时间信号 $x(t)$ 是周期信号，其中 T 是常数，且 $T>0$。满足式(2.2.7)的最小 T 值称为 $x(t)$ 的基本周期。显然，如果一个信号是以 $T=T_0$ 为周期的，那么它对于 $T=2T_0$，$3T_0$，$4T_0$，…以及所有其他 T 的整数倍都是周期的。换句话说，周期信号满足 $x(t)=x(t+kT)$，这里 k 为任意整数，并且 kT 也是 $x(t)$ 的周期。

根据式(2.2.7)可知，基本周期 T 是 $x(t)$ 完成一个循环所用的时间，T 的倒数显然就是周期信号 $x(t)$ 重复的快慢，因此称之为基本频率，记为

$$f=\frac{1}{T} \tag{2.2.8}$$

频率 f 的量纲是赫兹(Hz)，或周/s。由于信号的一次循环对应于 2π 弧度，因此信号的角频率 ω 就定义为

$$\omega=2\pi f=\frac{2\pi}{T} \tag{2.2.9}$$

它的量纲是弧度/秒(rad/s)。

如果信号 $x(t)$ 对于任何 T 值都不满足式(2.2.7)，则称 $x(t)$ 为非周期信号。

实践中最常用的周期信号是正弦信号 $\sin\omega t$ 和余弦信号 $\cos\omega t$。许多物理现象或过程(如钟摆的运动、交流电电压)都可以用正(余)弦函数来建模，尽管它们也许不是精确的正(余)弦信号。

周期信号有一个特例，即 $x(t)$ 为一个常数。这时，对于任意 T，这个常数将满足周期性的定义式 $x(t)=x(t+T)$。但由于 T 没有一个最小值，因此也就无法给常数定义基本周期。不过若将常数，比如 A 视为余弦信号 $x(t)=A\cos\omega t$ 在 ω 趋于零时的极限，则周期 T 即为无穷大。

例 2.2.4　验证下列信号的周期性：(1) $x(t)=e^{\sin t}$；2) $x(t)=te^{\sin t}$

解：(1) 对于信号 $x(t)=e^{\sin t}$，因为当 $T=2\pi$ 时 $\sin(t+T)=\sin t$，故有

$$x(t+T)=e^{\sin(t+T)}=e^{\sin t}=x(t)$$

因此(1)是周期信号。

对于信号 $x(t)=te^{\sin t}$，当 $T=2\pi$ 时有

$$x(t+T)=(t+T)e^{\sin(t+T)}=(t+T)e^{\sin t}\neq x(t)$$

所以(2)是非周期的。

对于组合信号，例如多个连续时间周期信号的和仍为周期信号的条件是，当且仅当各个信号周期的比值是整数比。如果需要判断 N 个连续时间信号的和是否是周期信号，可采用以下方法：

1）如果第一个信号的周期 T_{01} 与其他信号周期 $T_{0i}(2\leqslant i\leqslant N)$ 的比值$\left(\text{即}\dfrac{T_{01}}{T_{0i}},\ 2\leqslant i\leqslant N\right)$有一个或多个不是有理数，则该 N 个连续时间信号的和不是周期的。

2）消去各个信号周期比值中分子、分母的最大公约数，即 $\gcd(T_{01}/T_{0i},\ 2\leqslant i\leqslant N)$。

3）N 个连续时间信号之和的基本周期是 $T_0=k_0T_{01}$，其中 k_0 是各个信号周期比值中分母的最小公倍数。

例 2.2.5 已知四个周期正弦信号为 $x_1(t)=\cos3.5t$，$x_2(t)=\sin(2t)$，$x_3(t)=2\cos(7t/6)$ 和 $x_4(t)=2.5\sin5\pi t$。试判断：

(1) 组合信号 $v(t)=x_1(t)+x_2(t)+x_3(t)$ 是否是周期的；若为周期信号，其基本周期是多少。

(2) 组合信号 $w(t)=v(t)+x_4(t)$ 是否是周期的；若为周期信号，其基本周期是多少。

解：(1) 欲判断组合信号 $v(t)=x_1(t)+x_2(t)+x_3(t)$ 是否是周期信号，需求出信号 $x_1(t)$ 与 $x_2(t)$ 和 $x_3(t)$ 的周期的比值 $T_{01}/T_{0i}(2\leqslant i\leqslant 3)$。

因为
$$T_{01}=\frac{2\pi}{\omega_1}=\frac{2\pi}{3.5},\ T_{02}=\frac{2\pi}{\omega_2}=\frac{2\pi}{2},\ T_{03}=\frac{2\pi}{\omega_3}=\frac{2\pi}{7/6}$$

周期比为
$$\frac{T_{01}}{T_{02}}=\frac{2\pi/3.5}{2\pi/2}=\frac{2}{3.5}=\frac{4}{7}$$

和
$$\frac{T_{01}}{T_{03}}=\frac{2\pi/3.5}{2\pi/(7/6)}=\frac{7/6}{3.5}=\frac{1}{3}$$

可见 $x_1(t)$ 与 $x_2(t)$ 和 $x_3(t)$ 的周期的比值 $T_{01}/T_{0i}(2\leqslant i\leqslant 3)$ 均为整数比，因此组合信号 $v(t)=x_1(t)+x_2(t)+x_3(t)$ 是周期信号。

求解组合信号 $v(t)$ 的基本周期，需要对两个有理分式 T_{01}/T_{02} 和 T_{01}/T_{03} 消去分子、分母中的公约数，则可得到 $T_{01}/T_{02}=4/7$ 以及 $T_{01}/T_{03}=1/3$。显然这两个有理分式 T_{01}/T_{02} 和 T_{01}/T_{03} 中分母的最小公倍数 $\rho=3\times7=21$，因此组合信号 $v(t)$ 的基本周期为

$$T_0=\rho T_{01}=21\times\frac{2\pi}{3.5}=12\pi$$

(2) 求出信号 $x_1(t)$ 与 $x_4(t)$ 的周期的比值 T_{01}/T_{04} 为

$$\frac{T_{01}}{T_{04}}=\frac{2\pi/3.5}{2\pi/5\pi}=\frac{5\pi}{3.5}$$

因为 π 是无理数，故 $x_1(t)$ 与 $x_4(t)$ 周期的比值 T_{01}/T_{04} 亦为无理数，因此组合信号 $w(t)=v(t)+x_4(t)$ 是非周期信号。

4. 随机信号

在实际工作中除了能用数学解析式描述的连续时间信号外，工程中还可能遇到许多不能或不方便用数学解析式描述的信号。这些信号一般称之为随机或统计信号，对它们的描述通

常需要用到所谓的概率密度函数(PDF)。

随机或统计信号也能用它们的各阶矩进行描述，矩(Moment)是根据面积度量信号“大小”的一种方法。n 阶矩定义如下：

$$m_n = \int_{-\infty}^{\infty} t^n x(t)\,\mathrm{d}t \tag{2.2.10}$$

其中，$n=0$ 时其为零阶矩，定义为

$$m_0 = \int_{-\infty}^{\infty} t^0 x(t)\,\mathrm{d}t = \int_{-\infty}^{\infty} x(t)\,\mathrm{d}t \tag{2.2.11}$$

它是函数 $x(t)$ 的面积。

用零阶矩 m_0 对一阶矩 m_1 进行归一化后的一阶矩 $\mu=\dfrac{m_1}{m_0}$，称为(平)均值，即

$$\mu = \frac{m_1}{m_0} = \frac{\int_{-\infty}^{\infty} t x(t)\,\mathrm{d}t}{\int_{-\infty}^{\infty} x(t)\,\mathrm{d}t} \tag{2.2.12}$$

均值 μ 的矩定义为中心矩(Central Moment)，n 阶中心矩 μ_n 定义如下：

$$\mu_n = \int_{-\infty}^{\infty} (t-\mu)^n x(t)\,\mathrm{d}t \tag{2.2.13}$$

二阶中心矩 μ_2 就是众所周知的方差(Variance)，常用 σ^2 表示，定义为

$$\mu_2 = \sigma^2 = \frac{m_2}{m_0} - \mu^2 \tag{2.2.14}$$

矩的概念用途很广。针对随机信号，若 $x(t)$ 表示随机变量的概率密度函数，则归一化一阶矩 m_1/m_0 等于平均值，二阶中心矩 μ_2 等于方差 σ^2，σ 等于标准偏差。在物理学中，若 $x(t)$ 表示物质的密度，则归一化一阶矩 m_1/m_0 就等于质心，二阶中心矩 μ_2 等于惯性矩 σ^2，σ 等于旋转半径。

对于下面将要讨论的能量信号，归一化一阶矩 m_1/m_0 是信号的延迟，σ 则为信号的有效宽度，也叫持续时间。而针对功率信号，归一化二阶矩 m_2/m_0 是信号的总功率，二阶中心矩 μ_2 等于交流功率。

例 2.2.6 求出能量信号 $x(t)=\mathrm{e}^{-t}u(t)$ 的延迟及持续时间。

解： 能量信号 $x(t)=\mathrm{e}^{-t}u(t)$ 的零阶矩、一阶矩和二阶矩分别为

$$m_0 = \int_0^{\infty} \mathrm{e}^{-t}\,\mathrm{d}t = 1$$

$$m_1 = \int_0^{\infty} t\mathrm{e}^{-t}\,\mathrm{d}t = 1$$

$$m_2 = \int_0^{\infty} t^2\mathrm{e}^{-t}\,\mathrm{d}t = 2$$

因此，信号 $x(t)$ 的延迟是

$$\mu = \frac{m_1}{m_0} = 1$$

持续时间则为

$$\sigma = \left(\frac{m_2}{m_0} - \mu^2\right)^{1/2} = (2-1)^{1/2} = 1$$

5. 能量信号和功率信号

连续时间信号 $x(t)$ 的能量由下式给出：

$$E = \lim_{T\to\infty}\int_{-T/2}^{T/2} x^2(t)\,dt = \int_{-\infty}^{\infty} x^2(t)\,dt \tag{2.2.15}$$

它的时间平均值，就是通常所说的平均功率，定义如下：

$$P = \lim_{T\to\infty}\frac{1}{T}\int_{-T/2}^{T/2} x^2(t)\,dt \tag{2.2.16}$$

由式(2.2.16)容易看出，基本周期为 T 的周期信号 $x(t)$ 的平均功率应为

$$P = \frac{1}{T}\int_{-\frac{T}{2}}^{\frac{T}{2}} x^2(t)\,dt \tag{2.2.17}$$

一个信号是能量信号，则该信号必须满足以下条件：

$$0<E<\infty$$

而一个信号是功率信号，则该信号必须满足以下条件：

$$0<P<\infty$$

需要指出的是，能量信号和功率信号是互斥的，能量信号的平均功率为零，而功率信号的总能量则是无穷大。一般而言，周期信号和随机信号是功率信号，而确定性的非周期信号是能量信号。

2.3 奇异函数族

奇异函数是与冲激函数有关的一个函数族。工程中常用的有阶跃函数、冲激函数和斜坡函数，它们彼此之间通过广义微分、积分建立联系，是信号与系统中的一类重要函数。奇异函数族不仅是许多实际物理信号的基本建模函数，而且还可以用它们构造更为复杂的信号。

2.3.1 单位阶跃信号

连续时间单位阶跃信号有三种存在微小差异的定义，其中常见的定义有两个，它们是

$$u(t)=\begin{cases}1 & t>0\\ 0 & t<0\end{cases} \tag{2.3.1}$$

和

$$u(t)=\begin{cases}1 & t\geqslant 0\\ 0 & t<0\end{cases} \tag{2.3.2}$$

注意，定义式(2.3.1)中在 $t=0$ 时，函数值 $u(0)$ 没有定义。

单位阶跃信号的第三个定义，也叫 Heaviside(海维赛)阶跃函数，为

$$u(t)=\begin{cases}1 & t>0\\ \dfrac{1}{2} & t=0\\ 0 & t<0\end{cases} \tag{2.3.3}$$

定义式(2.3.1)和式(2.3.2)比定义式(2.3.3)要简单和易用。从系统分析的角度考虑，这三种单位阶跃信号在 $t=0$ 时刻的函数值 $u(0)$ 有没有确切定义并不重要。因为在傅里叶分

析（本书第4章）中将会看到上述三种单位阶跃信号的定义具有相同的傅里叶变换，只是求其逆傅里叶变换时重构的总是Heaviside单位阶跃函数，也就是说在$t=0$时函数值$u(0)=1/2$。其实，单位阶跃信号的三个定义在$t=0$时刻均存在一个不连续的间断点，即$u(0_-)\neq u(0_+)$，在这种不连续的间断点处，逆傅里叶变换的值是信号在该给定点的平均值。针对单位阶跃信号，在$t=0$时刻其均值是$\dfrac{0+1}{2}=0.5$。

为简单起见，除明确指出采用哪种单位阶跃函数的定义外，通常用式（2.3.1）给出的定义。

若考虑时移运算，单位阶跃信号的一般形式为

$$u(t-t_0)=\begin{cases}1 & t>t_0\\ 0 & t<t_0\end{cases} \tag{2.3.4}$$

式中，若$t_0>0$，$u(t)$右移t_0个单位，即为$u(t-t_0)$；若$t_0<0$，$u(t)$左移t_0个单位。

单位阶跃信号$u(t)$及移位单位阶跃信号$u(t-t_0)$的波形如图2.3.1所示。

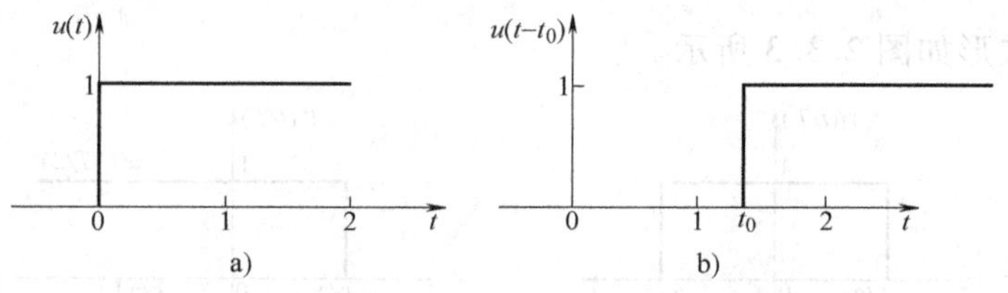

图2.3.1　$u(t)$和$u(t-t_0)$的波形

a）$u(t)$的波形　b）$u(t-t_0)$在$t_0>0$时的波形

对于任意正整数k，单位阶跃信号有以下性质

性质1：

$$u(t-t_0)=[u(t-t_0)]^2=[u(t-t_0)]^k \tag{2.3.5}$$

这个性质基于关系式$(0)^k=0$和$(1)^k=1$，$k=1,2,\cdots$。

性质2：

$$u(at-b)=\begin{cases}u\left(t-\dfrac{b}{a}\right) & a>0\\ u\left(-t+\dfrac{b}{a}\right) & a<0\end{cases} \tag{2.3.6}$$

单位阶跃信号$u(t)$是一个非常有用的基本信号，它通常作为开关信号（或函数）施加于信号或者系统中，例如

$$\cos\omega t u(t)=\begin{cases}\cos\omega t & t>0\\ 0 & t<0\end{cases}$$

利用$u(t)$的开关特性描述了余弦函数$\cos\omega t$在$t=0$时的接入特性。又如$v(t)=5u(t)$V，表示5V电压有一个“通、断”过程，即在$t<0$时$v(t)=0$V，在$t>0$时$v(t)=5$V。另外，通过分析系统对单位阶跃输入信号的响应，可以获得系统对于突变输入信号的快速响应的信息。

另一个有用的开关函数是单位矩形脉冲信号，用符号$\Pi(t/T)$描述，定义为

$$\Pi(t/T)=\begin{cases}1 & 0\leqslant|t|<T/2\\0 & |t|>T/2\end{cases}=\begin{cases}1 & -T/2<t<T/2\\0 & 其他\end{cases}\tag{2.3.7}$$

式中，T 是矩形脉冲的宽度，其波形如图 2.3.2a 所示。单位矩形脉冲信号 $\Pi(t/T)$ 可以用三种单位阶跃信号来描述，即

$$\Pi(t/T)=\begin{cases}u(t+T/2)-u(t-T/2)\\u(T/2-t)-u(-T/2-t)\\u(t+T/2)u(T/2-t)\end{cases}\tag{2.3.8}$$

式中，$u(t+T/2)$ 是 $u(t)$ 左移 $T/2$ 个单位的阶跃信号，$u(t-T/2)$ 是 $u(t)$ 右移 $T/2$ 个单位的阶跃信号，$u(T/2-t)$ 是 $u(t)$ 反折后再右移 $T/2$ 个单位的阶跃信号，而 $u(-T/2-t)$ 是 $u(t)$ 反折后再左移 $T/2$ 个单位的阶跃信号。它们的波形如图 2.3.2b、图 2.3.2c 所示。

时移 t_0 个单位的单位矩形脉冲信号可以表示为

$$\Pi[(t-t_0)/T]=\begin{cases}1 & t_0-T/2<t<t_0+T/2\\0 & 其他\end{cases}\tag{2.3.9}$$

$\Pi[(t-t_0)/T]$ 的波形如图 2.3.3 所示。

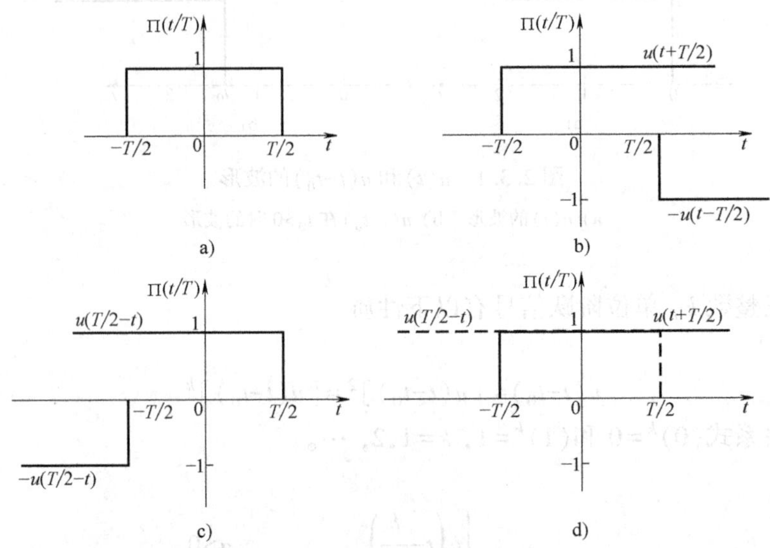

图 2.3.2　单位矩形脉冲信号的合成

单位矩形脉冲信号也叫门（或窗）信号。门信号在对信号进行截取（也叫加窗）操作时非常有用，因为 $\Pi(t/T)$ 可以沿时间坐标轴滑动，也可以用它乘以某个信号从而截取该信号的门内部分。例如，若需要截取正弦信号 $x(t)=\sin t$ 以 $t=0$ 为起始点的一个周期内的信号部分，考虑到该信号的周期 $T_0=2\pi/\omega=2\pi$，则这个信号可以表示为

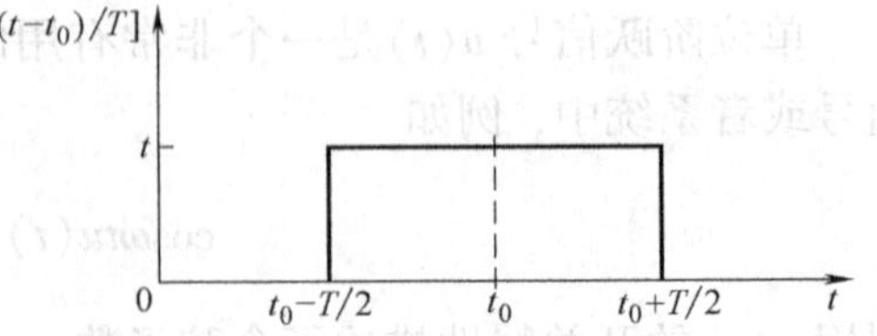

图 2.3.3　时移单位矩形脉冲信号

$$x(t)=\sin t[u(t)-u(t-2\pi)]=\begin{cases}\sin t & 0<t<2\pi\\0 & 其他\end{cases}$$

或者用门信号进行描述为

$$x(t)=\sin t\prod\left[\frac{(t-\pi)}{2\pi}\right]=\begin{cases}\sin t & 0<t<2\pi\\0 & 其他\end{cases}$$

截取以后的信号如图 2.3.4 所示。

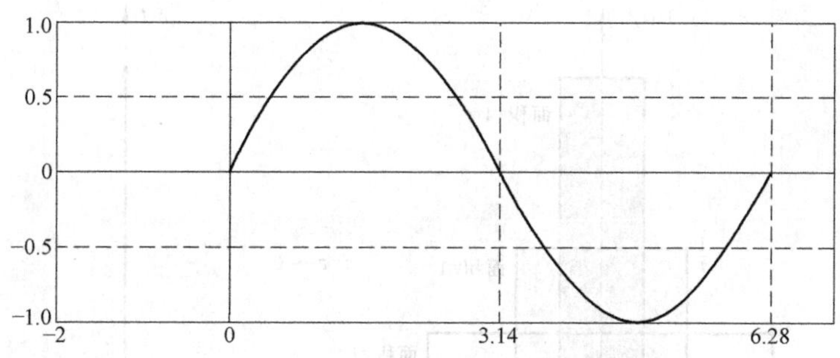

图 2.3.4　$x(t)=\sin t\prod[(t-\pi)/2\pi]$的波形

讨论题 2.3.1　图 2.3.5 所示的电压信号称为半波整流信号。它由正弦信号产生，但正弦波的负半周被置零，而正半周则保持不变。图中 T_0 是正弦信号的周期。

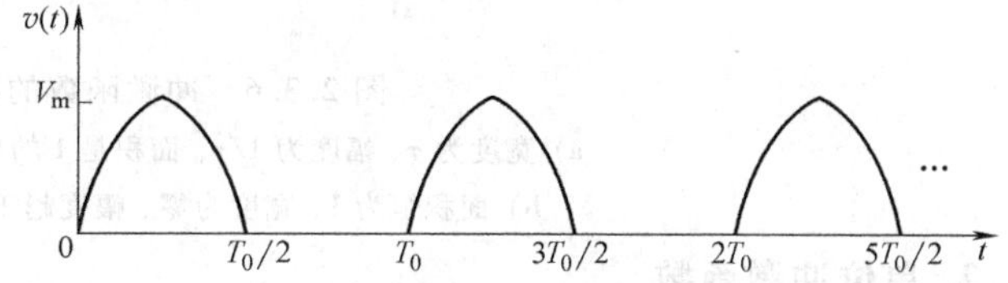

图 2.3.5　半波整流信号

现假设 $v(t)=0$，$t<0$，若要对半波整流信号 $v(t)$ 建模，可先给出$v(t)$在一个周期内(即 $0<t<T_0$)的信号描述，即

$$v_0(t)=V_m\sin\omega_0 t[u(t)-u(t-T_0/2)]=V_m\sin\omega_0 t\prod[(t-T_0/4)/(T_0/2)]$$

式中，$T_0=2\pi/\omega_0$，信号 $v_0(t)$ 在 $0<t<T_0$ 内等于半波整流信号 $v(t)$，在其他区间 $v_0(t)=0$。因此，半波整流信号 $v(t)$ 可以表示成 $v_0(t)$ 及其时移信号的和式，即

$$v(t)=v_0(t)+v_0(t-T_0)+v_0(t-2T_0)+\cdots$$

$$=\sum_{k=0}^{\infty}v_0(t-kT_0)$$

式中，$v_0(t-kT_0)$是 $v_0(t)$时延 k 个周期的信号。注意，如果半波整流信号 $v(t)$ 是定义在$-\infty<t<\infty$ 区间的周期信号，则上式求和号的下限应该扩展到$-\infty$。

本例还隐含了一个事实，即对周期信号进行建模，其数学模型通常是无穷多个多项式的和式。

2.3.2　单位冲激信号

1. 冲激函数的概念

冲激函数是一个奇异函数，就非严格意义而言，这个奇异函数没有时间结构，但可以通过对图 2.3.6a 所示的单位矩形脉冲信号面积的讨论，得到冲激函数概念的直观描述。

设图 2.3.6a 所示的单位矩形脉冲信号的宽度为 τ，幅度(高度)为 $1/\tau$，所以矩形脉冲信

号的面积为 $\tau\times\frac{1}{\tau}=1$。如果保持脉冲信号的面积不变，但令宽度 $\tau\to0$，则脉冲的宽度和高度将分别趋于零及无穷大，如图 2.3.6b 所示。将这个面积恒为 1，但宽度为零、幅度却趋于无穷大的信号称为单位冲激(或脉冲)函数[或狄拉克(Dirac)函数]，用 $\delta(t)$ 表示。

这个函数之所以“奇异”，从直观上就可以发现，除了 $t=0$ 这一点外，$\delta(t)$ 在其他时间轴处处为零，但在原点它等于什么？显然只可能是∞。

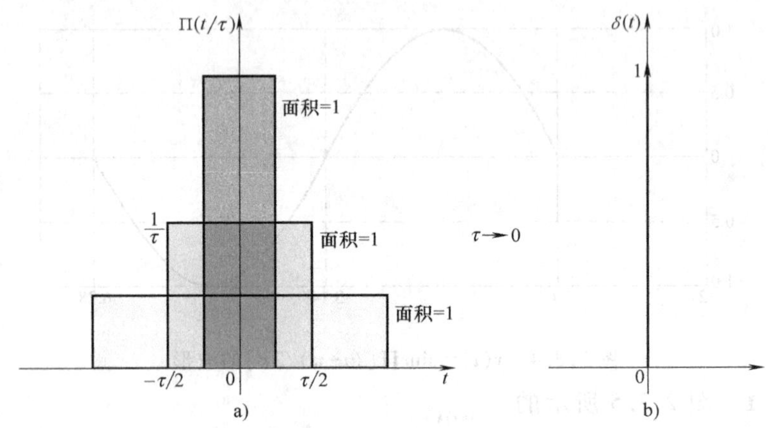

图 2.3.6　冲激函数的概念

a) 宽度为 τ、幅度为 1/τ，面积是 1 的单位矩形脉冲信号

b) 面积恒为 1、宽度为零、幅度趋于无穷大的 δ(t)

2. 单位冲激函数

前面已经提到，单位冲激函数 $\delta(t)$ 不是通常意义下的数学函数，因为它在 $t=0$ 处有一个幅度无穷大的冲激，而在 $t\neq0$ 的所有点上函数值均为零。但由于单位冲激函数曲线下的面积是 1，则用积分可以定义这个广义函数。

连续时间单位冲激函数一般用以下两个联立的公式定义：

$$\begin{cases}\delta(t)=0,\ t\neq t_0\\ \int_{-\infty}^{\infty}\delta(t)\,\mathrm{d}t=\int_{0_-}^{0_+}\delta(t)\,\mathrm{d}t=1\end{cases}\tag{2.3.10}$$

如果单位冲激函数具有 t_0 个单位的时移，则时移单位冲激函数的定义是

$$\begin{cases}\delta(t-t_0)=0,\ t\neq t_0\\ \int_{-\infty}^{\infty}\delta(t-t_0)\,\mathrm{d}t=\int_{t_{0-}}^{t_{0+}}\delta(t-t_0)\,\mathrm{d}t=1\end{cases}\tag{2.3.11}$$

上面给出的单位冲激函数的定义有人认为并不严密。一个更严密的定义是，对于一个在 $t=t_0$ 处连续的任意函数 $f(t)$，单位冲激函数 $\delta(t-t_0)$ 定义为

$$\int_{-\infty}^{\infty}f(t)\delta(t-t_0)\,\mathrm{d}t=f(t_0)\tag{2.3.12}$$

注意，以上两个关于单位冲激函数的定义式(2.3.11)和式(2.3.12)不是完全等价的。根据单位矩形脉冲信号获得的 $\delta(t)$ 或 $\delta(t-t_0)$ 的定义[(式(2.3.10)或式(2.3.11)]在数学上不够严密，故在应用中需要小心。但据此可以推导出冲激函数的关键性质，即式(2.3.12)。

如果用变量 $\tau=t-t_0$ 代入式(2.3.12)，则可获得单位冲激函数的另一个积分关系：

$$\int_{-\infty}^{\infty} f(\tau+t_0)\delta(\tau)\mathrm{d}\tau=f(t_0) \tag{2.3.13}$$

工程中还会用到的一个重要关系是冲激函数与另一个函数的乘积，即 $f(t)A\delta(t-t_0)$ 的运算。这里 $A\delta(t-t_0)$ 可以看作是一个面积为 A，且位于 $t=t_0$ 处的冲激函数，其中系数 A 也叫冲激函数的强度。根据式(2.3.12)，显然 $f(t)A\delta(t-t_0)$ 应为

$$f(t)A\delta(t-t_0)=Af(t_0)\delta(t-t_0) \tag{2.3.14}$$

式(2.3.14)说明，$A\delta(t-t_0)$ 与 $f(t)$ 的乘积仍然是一个冲激函数，其冲激强度为 $Af(t)$ 在 $t=t_0$ 处的函数值 $Af(t_0)$。式(2.3.12)和式(2.3.14)清楚地表明了冲激函数具有抽样特性(或筛选特性)。

应用中常用单位冲激函数构建所谓的单位梳状函数 $\delta_p(t)$。它是由等间隔单位冲激函数组成的一个脉冲序列，表示为

$$\delta_p(t)=\sum_{m=-\infty}^{\infty}\delta(t-m) \quad m\text{ 是整数} \tag{2.3.15}$$

式(2.3.15)说明单位梳状函数 $\delta_p(t)$ 的每个冲激的强度、冲激之间的间隔及函数的均值均为 1。单位梳状函数的图形如图 2.3.7 所示。

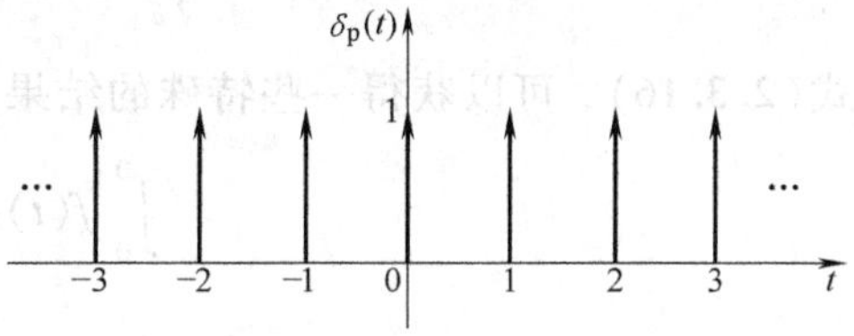

图 2.3.7 单位梳状函数

表 2.3.1 给出了单位冲激函数的常用性质，它们在信号与系统的分析中有重要应用。

表 2.3.1 单位冲激函数的常用性质

序 号	性 质	注 释
1	$\int_{-\infty}^{\infty} f(t)\delta(t-t_0)\mathrm{d}t=f(t_0)$	$f(t)$ 在 $t=t_0$ 处连续
2	$\int_{-\infty}^{\infty} f(t-t_0)\delta(t)\mathrm{d}t=f(-t_0)$	$f(t)$ 在 $t=-t_0$ 处连续
3	$\int_{-\infty}^{\infty} f(t)\delta(at-t_0)\mathrm{d}t=\frac{1}{\lvert a\rvert}f\left(\frac{t_0}{a}\right)$	$f(t)$ 在 $t=\frac{t_0}{a}$ 处连续
4	$f(t)\delta(t-t_0)=f(t_0)\delta(t-t_0)$	$f(t)$ 在 $t=t_0$ 处连续
5	$\delta(t-t_0)=\frac{\mathrm{d}}{\mathrm{d}t}u(t-t_0)$	
6	$u(t-t_0)=\int_{-\infty}^{t}\delta(\tau-t_0)\mathrm{d}\tau=\begin{cases}1 & t>t_0\\0 & t<t_0\end{cases}$	
7	$\delta(at-t_0)=\frac{1}{\lvert a\rvert}\delta\left(t-\frac{t_0}{a}\right)$	
8	$\delta(-t)=\delta(t)$	

例 2.3.2 计算积分 $\int_{-\infty}^{1.5}\{[\mathrm{e}^{-5t}\cos(2t)+t^2]\delta(t)+(2t+1)\delta(t-2)\}\mathrm{d}t$。

解：
$$\int_{-\infty}^{1.5}\{[\mathrm{e}^{-5t}\cos(2t)+t^2]\delta(t)+(2t+1)\delta(t-2)\}\mathrm{d}t$$
$$=[\mathrm{e}^{-5\times0}\cos(2\times0)+0^2]+0=1+0=1$$

注意，积分 $\int_{-\infty}^{1.5}(2t+1)\delta(t-2)\mathrm{d}t=0$，因为冲激函数 $\delta(t-2)$ 位于积分区间以外。

例 2.3.3　计算积分 $\int_{-\infty}^{\infty}\mathrm{e}^{-3t}\sin(\pi t)\delta(2t-1)\mathrm{d}t$。

解： $\int_{-\infty}^{\infty}\mathrm{e}^{-3t}\sin(\pi t)\delta(2t-1)\mathrm{d}t=\frac{1}{2}\mathrm{e}^{-3/2}\sin\left(\frac{\pi}{2}\right)=\frac{1}{2}\mathrm{e}^{-3/2}$

例 2.3.4　计算积分 $\int_{a}^{b}f(t)\delta(b-t)\mathrm{d}t$。其中积分限 $a<b$，$f(t)$ 是在 $t=b$ 处连续的任意函数。

解： 这个积分关系在理论公式的推导中有应用。根据分配函数理论，有

$$\int_{a}^{b}f(t)\delta(b-t)\mathrm{d}t=\frac{1}{2}f(b) \tag{2.3.16}$$

由式(2.3.16)，可以获得一些特殊的结果，如

$$\int_{0_-}^{0}f(t)\delta(t)\mathrm{d}t=\frac{1}{2}f(0)$$

$$\int_{-1}^{1}f(t)\delta(t-1)\mathrm{d}t=\frac{1}{2}f(1)$$

3. 冲激函数的积分

冲激函数 $\delta(t)$ 的积分定义如下：

$$\int_{-\infty}^{t}\delta(\tau)\mathrm{d}\tau=\begin{cases}1 & t>0\\ 0 & t<0\end{cases} \tag{2.3.17}$$

由于 $\delta(t)$ 的面积 1 集中于 $t=0$ 点处，故在 $t=0$ 点处的积分值是不确定的。若将式(2.3.17)与式(2.3.1)定义的单位阶跃信号 $u(t)$ 进行比较，显然可见

$$u(t)=\int_{-\infty}^{t}\delta(\tau)\mathrm{d}\tau=\begin{cases}1 & t>0\\ 0 & t<0\end{cases} \tag{2.3.18}$$

式(2.3.18)说明，对 $\delta(t)$ 的参变量积分就是单位阶跃函数 $u(t)$。

事实上，单位冲激函数 $\delta(t)$ 和单位阶跃函数是相互联系的，给定其中的一个，就可以唯一地确定另一个。这一点只需要对式(2.3.18)求(广义)导数，就可知悉 $\delta(t)$ 是 $u(t)$ 对时间的导数，即

$$\delta(t)=\frac{\mathrm{d}}{\mathrm{d}t}u(t) \tag{2.3.19}$$

如果对 $\delta(t)$ 进行两次积分，则有

$$\int_{-\infty}^{t}\int_{-\infty}^{\lambda}\delta(\tau)\mathrm{d}\tau\mathrm{d}\lambda=\int_{-\infty}^{t}u(\lambda)\mathrm{d}\lambda=\begin{cases}t & t>0\\ 0 & t<0\end{cases} \tag{2.3.20}$$

式(2.3.20)可以用开关函数 $u(t)$ 进行描述，即

$$\int_{-\infty}^{t}\int_{-\infty}^{\lambda}\delta(\tau)\mathrm{d}\tau\mathrm{d}\lambda=\int_{-\infty}^{t}u(\lambda)\mathrm{d}\lambda=tu(t) \tag{2.3.21}$$

其中，对单位阶跃函数 $u(t)$ 的参变量积分是 $tu(t)$，它又称为单位斜坡函数，用 $r(t)$ 表示，即

$$r(t)=tu(t)=\begin{cases}t & t>0\\0 & t<0\end{cases} \tag{2.3.22}$$

一般情况下，斜坡函数可描述为

$$r(at-b)=(at-b)u(at-b)=\begin{cases}at-b & t>\dfrac{b}{a}\\[2ex]0 & t<\dfrac{b}{a}\end{cases} \tag{2.3.23}$$

这个一般斜坡函数的非零部分的斜率为 a。

例 2.3.5　画出下列信号的波形：(1) $x_1(t)=u(-t+2)+r(t+1)-r(t-1)$；(2) $x_2(t)=3u(t+3)-r(t+2)+2r(t)-2u(t-2)-r(t-3)-2u(t-4)$。

解：(1) $x_1(t)$可用分段函数 $u(-t+2)$、$r(t+1)$和$-r(t-1)$合成，如图 2.3.8 所示。

(2) $x_2(t)$可用分段函数合成，如图 2.3.9 所示。

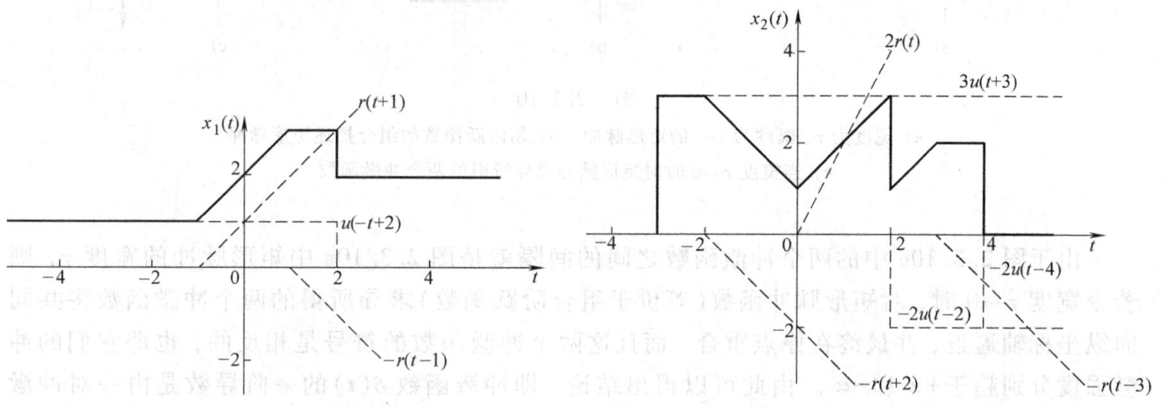

图 2.3.8　$x_1(t)$用分段函数合成　　　　图 2.3.9　$x_2(t)$用分段函数合成

4. 奇异函数

奇异函数是与冲激函数有关的一个函数族。工程中常用的有阶跃函数、冲激函数和斜坡函数，它们彼此之间通过广义微分、积分建立联系。为方便起见，有时用一个统一的符号$u^{(k)}(t)$描述奇异函数族，其中上角标 k 表示对冲激函数进行何种操作。具体规定是，$k=0$ 是标准单位冲激函数$\delta(t)$，$k<0$ 表示对冲激函数进行 k 次积分运算，$k>0$ 表示对冲激函数进行 k 次微分运算，例如

$$u^{(0)}(t)=\delta(t)$$

$$u^{(-1)}=\int_{-\infty}^{t}\delta(\tau)\mathrm{d}\tau=u(t)=\begin{cases}1 & t>0\\0 & t<0\end{cases}$$

$$u^{(-2)}(t)=\int_{-\infty}^{t}\int_{-\infty}^{\lambda}\delta(\tau)\mathrm{d}\tau\mathrm{d}\lambda=\int_{-\infty}^{t}u(\lambda)\mathrm{d}\lambda=tu(t)$$

由于 $k>0$ 时表示对冲激函数进行 k 阶导数运算，现取 $k=1$，则表示是对$\delta(t)$的一阶导数。那么$\delta(t)$的一阶导数是什么？这就引入了冲激偶的概念。

由图 2.3.6 可知，冲激函数是宽度为τ、幅度为 $1/\tau$ 的矩形脉冲函数当 $\tau\to 0$ 时的极限。因此，可以将$\delta(t)$的一阶导数视为是矩形脉冲函数的一阶导数当 $\tau\to 0$ 时的极限。如果将一个宽度为τ、幅度为 $1/\tau$ 的矩形脉冲函数(见图 2.3.10a)用阶跃函数的组合(见图 2.3.10b)

来描述，则根据式(2.3.19)，该矩形脉冲对时间的一阶导数等价于对组合阶跃函数的导数。由于已知阶跃函数的一阶导数等于冲激函数，所以该矩形脉冲对时间 t 求导得到的是一对冲激函数(见图 2.3.10c)：

1）第一个冲激函数是$\frac{1}{\tau}\delta\left(t+\frac{\tau}{2}\right)$，位于 $t=-\frac{\tau}{2}$处，强度为$\frac{1}{\tau}$。

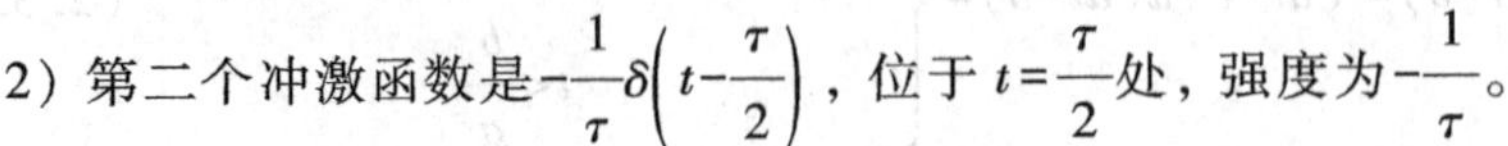

2）第二个冲激函数是$-\frac{1}{\tau}\delta\left(t-\frac{\tau}{2}\right)$，位于 $t=\frac{\tau}{2}$处，强度为$-\frac{1}{\tau}$。

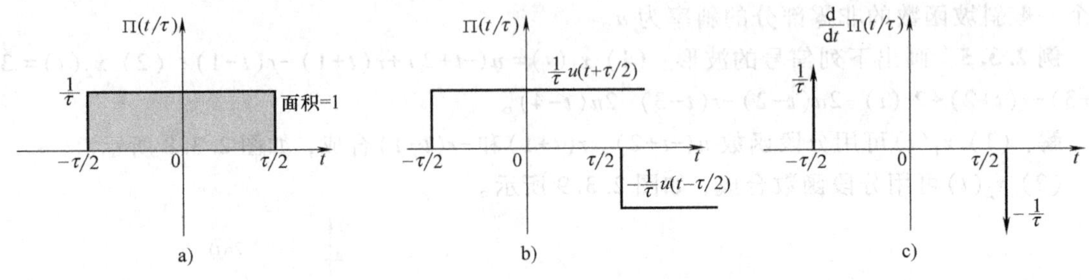

图　2.3.10

a）宽度为 τ、幅度为 $1/\tau$ 的矩形脉冲　b）用阶跃函数的组合描述矩形脉冲

c）当宽度 $\tau\to0$ 时对矩形脉冲求导所得的两个冲激函数

由于图 2.3.10c 中的两个冲激函数之间的间隔就是图 2.3.10a 中矩形脉冲的宽度 τ，则若令宽度 $\tau\to0$ 时，对矩形脉冲函数(等价于组合阶跃函数)求导所得的两个冲激函数将共同向纵坐标轴逼近，并最终在原点重合，而且这两个冲激函数的符号是相反的，也即它们的冲激强度分别趋于$+\infty$ 和$-\infty$。由此可以得出结论，即冲激函数 $\delta(t)$ 的一阶导数是由一对冲激函数构成，其中一个位于 $t=0_-$处，强度趋于∞；另一个位于 $t=0_+$处，强度趋于$-\infty$。这里$t=0_-$和 $t=0_+$分别表示冲激函数从负方向和正方向逼近 $t=0$ 这一点。单位冲激函数 $\delta(t)$ 的一阶导数称为冲激偶，记为

$$u^{(1)}(t)=\frac{\mathrm{d}}{\mathrm{d}t}\delta(t)=\delta'(t) \tag{2.3.24}$$

从冲激函数本身的特性出发，可以得到冲激偶的特性。例如，利用冲激偶是两个冲激函数的极限，即

$$u^{(1)}(t)=\delta'(t)=\lim_{\tau\to0}\frac{1}{\tau}\left[\delta\left(t+\frac{\tau}{2}\right)-\delta\left(t-\frac{\tau}{2}\right)\right] \tag{2.3.25}$$

可以证明冲激偶具有以下性质：

$$\int_{-\infty}^{\infty}\delta'(t)\,\mathrm{d}t=0 \tag{2.3.26}$$

$$\int_{-\infty}^{\infty}f(t)\delta'(t-t_0)\,\mathrm{d}t=-\frac{\mathrm{d}}{\mathrm{d}t}f(t)\bigg|_{t=t_0} \tag{2.3.27}$$

式(2.3.27)中，$f(t)$是时间的连续函数且在 $t=t_0$ 处导数连续。式(2.3.27)表现的特性类似于冲激函数的抽样(筛选)特性。

利用式(2.3.25)还可以确定单位冲激函数 $\delta(t)$ 的高阶导数。特别的是，$\delta(t)$ 的二阶导数

是冲激偶的一阶导数，即

$$u^{(2)}(t)=\frac{\mathrm{d}^2}{\mathrm{d}t^2}\delta(t)=\frac{\mathrm{d}}{\mathrm{d}t}\delta'(t) \tag{2.3.28}$$

继续对式(2.3.28)推广，可定义单位冲激函数$\delta(t)$的n阶导数，记为$\delta^n(t)$。

顺便说明一下，单位冲激函数$\delta(t)$的n阶导数的抽样特性为

$$\int_{-\infty}^{\infty} f(t)\delta^n(t-t_0)\,\mathrm{d}t=(-1)^n\frac{\mathrm{d}^n}{\mathrm{d}t^n}f(t)\bigg|_{t=t_0} \tag{2.3.29}$$

例 2.3.6　计算积分$\int_{-\infty}^{3}(t^3+2\sin\pi t-2)\delta'(t-1)\,\mathrm{d}t$。

解：$\int_{-\infty}^{3}(t^3+2\sin\pi t-2)\delta'(t-1)\,\mathrm{d}t=(-1)\frac{\mathrm{d}}{\mathrm{d}t}(t^3+2\sin\pi t-2)\bigg|_{t=1}$

$$=-(3+2\pi\cos\pi)=-3+2\pi$$

5. 符号函数

符号函数和单位阶跃函数的关系非常密切，因此其定义也与单位阶跃函数类同，存在几种定义方式。通常，符号函数可定义如下：

$$\operatorname{sgn}(t)=\begin{cases}1 & t>0\\ -1 & t<0\end{cases} \tag{2.3.30}$$

或

$$\operatorname{sgn}(t)=\begin{cases}1 & t>0\\ 0 & t=0\\ -1 & t<0\end{cases}=2u(t)-1 \tag{2.3.31}$$

注意，定义式(2.3.30)在$t=0$时，符号函数值sgn(0)没有定义。从应用角度考虑，符号函数在$t=0$时刻的函数值sgn(0)有没有确切定义并不重要。为简单起见，除明确指出采用哪种定义外，通常用式(2.3.30)给出的定义。

符号函数及其带时延的符号函数的波形如图2.3.11所示。

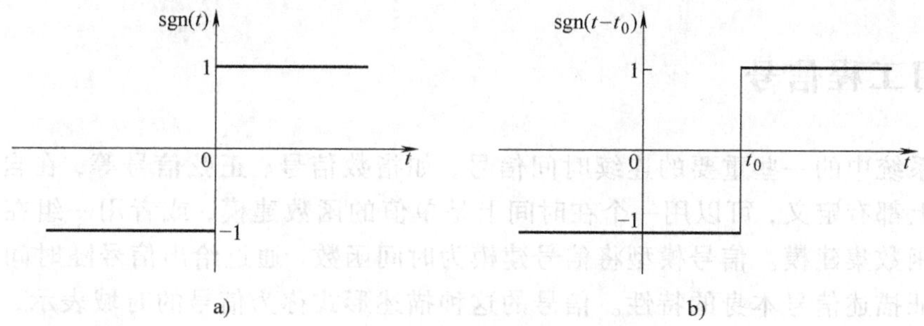

图2.3.11　符号函数的波形
a）标准符号函数　b）时延符号函数

6. 单位抽样函数

单位抽样函数是一个与单位矩形脉冲函数密切相关的函数，它的高和面积均为1，且是单位矩形脉冲函数的傅里叶变换(见第4章)。

单位抽样函数有多种描述方式，常用的有

$$\operatorname{sinc}(t)=\frac{\sin(\pi t)}{\pi t} \tag{2.3.32}$$

和

$$\operatorname{sinc}(t)=\frac{\sin(t)}{t} \tag{2.3.33}$$

式(2.3.33)又称为 Sa 函数，即

$$Sa(t)=\frac{\sin(t)}{t} \tag{2.3.34}$$

sinc 函数定义中当 $t=0$ 时，需要用罗比塔法则确定 sinc(0)的值，即

$$\operatorname{sinc}(0)=\lim_{t\to 0}\operatorname{sinc}(t)=\lim_{t\to 0}\frac{\sin(\pi t)}{\pi t}=\lim_{t\to 0}\frac{\pi\cos(\pi t)}{\pi}=1 \tag{2.3.35}$$

显然，sinc(t)在 $t=0$ 点连续。

sinc 函数的波形如图 2.3.12 所示。

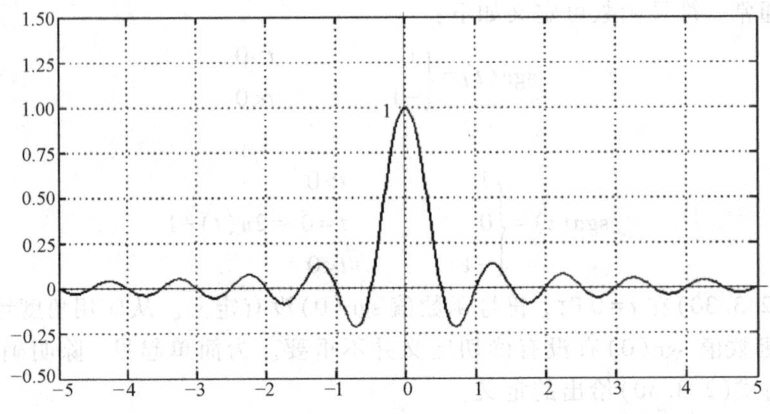

图 2.3.12　sinc 函数的波形

2.4　常用工程信号

信号与系统中的一些重要的连续时间信号，如指数信号、正弦信号等，在自变量 t 的每一个时间点上都有定义，可以用一个在时间上是单值的函数建模，或者用一组在相邻区间上分别定义的函数集建模。信号模型将信号建模为时间函数，通过给出信号随时间的变化或显示波形的特征描述信号本身的特性。信号的这种描述形式称为信号的时域表示，或者简称为信号。因此可以说，信号就是描述相应自然和人工物理现象或者行为的数学函数。

本节主要讨论在信号与系统的分析中常用的几种典型的工程应用信号。

2.4.1　复指数信号和正弦信号

连续时间复指数信号具有如下形式：

$$x(t)=C\mathrm{e}^{at} \tag{2.4.1}$$

式中，参数 C 和 a 一般是复数。

注释：尽管实际工程信号中不存在复信号，但通过引入复信号分析系统的输入和输出，往往可以简化微分方程的求解。并且，在对系统的解或者响应进行物理解释时，只需应用方程解的实部分量或虚部分量。

根据参数 C 和 a 取值的不同，复指数信号可有几种不同的形式。

1. 实指数信号

如果式(2.4.1)中的参数 C 和 a 取实数值，则 $x(t)$ 成为实指数信号。实指数信号存在两种特性，取决于 $a>0$ 还是 $a<0$。若 $a>0$，则信号 $x(t)$ 随时间 t 指数增长。这种特性可用于核裂变过程或者人口增长过程的建模。若 $a<0$，则信号 $x(t)$ 随时间 t 指数衰减。指数衰减特性可用于描述同位素放射性衰变过程或者 RC 电路的放电过程。对于 $a=0$，则 $x(t)$ 成为一常数。

图 2.4.1 给出 $x(t)=Ce^{at}$ 在 $C>0$ 时关于 $a>0$、$a<0$ 和 $a=0$ 三种情况下的信号波形。

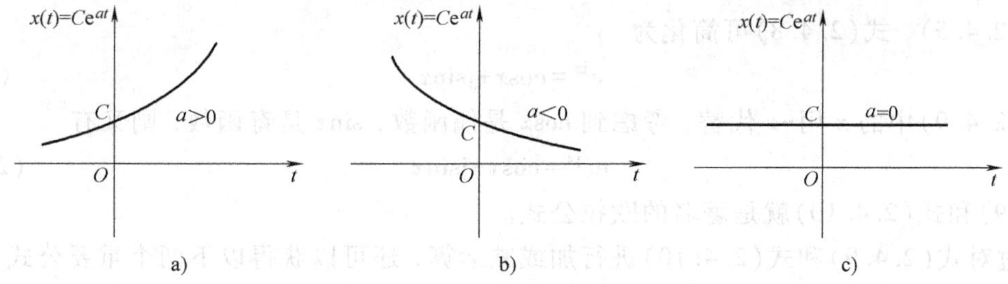

图 2.4.1　$x(t)=Ce^{at}$ 关于 $a>0$、$a<0$ 和 $a=0$ 三种情况下的信号波形

2. 周期复指数信号和欧拉公式

如果式(2.4.1)中的参数 a 取虚数，特别是当 $a=\mathrm{j}\omega_0$ 和 $C=1$ 时，$x(t)$ 成为周期复指数信号，即

$$x(t)=\mathrm{e}^{\mathrm{j}\omega_0 t} \tag{2.4.2}$$

式(2.4.2)所示信号之所以是周期的，是因为可以证明存在一个 T 并使下式成立：

$$\mathrm{e}^{\mathrm{j}\omega_0 t}=\mathrm{e}^{\mathrm{j}\omega_0(t+T)}=\mathrm{e}^{\mathrm{j}\omega_0 t}\mathrm{e}^{\mathrm{j}\omega_0 T}$$

这里

$$\mathrm{e}^{\mathrm{j}\omega_0 T}=1 \tag{2.4.3}$$

成立的条件是最小的正 T 值，即基本周期 T_0 应为

$$T_0=\frac{2\pi}{|\omega_0|} \tag{2.4.4}$$

同理可知，$\mathrm{e}^{-\mathrm{j}\omega_0 t}$ 亦为同一基本周期的周期信号。

在讨论正弦信号之前，有必要先研究信号分析中的一个重要公式——欧拉(Euler)公式。根据微积分中的级数理论，有以下三个幂级数展开式：

$$\begin{cases}\mathrm{e}^x=1+x+\dfrac{x^2}{2!}+\dfrac{x^3}{3!}+\cdots\\ \cos x=1-\dfrac{x^2}{2!}+\dfrac{x^4}{4!}-\dfrac{x^6}{6!}+\cdots\\ \sin x=x-\dfrac{x^3}{3!}+\dfrac{x^5}{5!}-\dfrac{x^7}{7!}+\cdots\end{cases} \tag{2.4.5}$$

上述三个公式中的自变量 x 可以是实数或者虚数。

现考虑复指数 e^{jx} 信号，根据式(2.4.5)，显然有

$$e^{jx}=1+jx+\frac{(jx)^2}{2!}+\frac{(jx)^3}{3!}+\frac{(jx)^4}{4!}+\cdots \tag{2.4.6}$$

根据递推关系可知

$$(j)^n=\begin{cases} j & n=1 \\ (j)^2(j)^{n-2} & n\geqslant 2 \end{cases} = \begin{cases} j & n=1 \\ (-1)(j)^{n-2} & n\geqslant 2 \end{cases} \tag{2.4.7}$$

则复指数信号[式(2.4.6)]可以改写为

$$e^{jx}=\left[1-\frac{x^2}{2!}+\frac{x^4}{4!}-\cdots\right]+j\left[x-\frac{x^3}{3!}+\frac{x^5}{5!}-\cdots\right] \tag{2.4.8}$$

参考式(2.4.5)，式(2.4.8)可简化为

$$e^{jx}=\cos x+j\sin x \tag{2.4.9}$$

若将式(2.4.9)中的 x 用 $-x$ 代替，考虑到 $\cos x$ 是偶函数，$\sin x$ 是奇函数，则又有

$$e^{-jx}=\cos x-j\sin x \tag{2.4.10}$$

式(2.4.9)和式(2.4.10)就是著名的欧拉公式。

通过对式(2.4.9)和式(2.4.10)进行加或减运算，还可以获得以下两个重要公式：

$$\cos x=\frac{e^{jx}+e^{-jx}}{2} \tag{2.4.11}$$

$$\sin x=\frac{e^{jx}-e^{-jx}}{2j} \tag{2.4.12}$$

3. 正弦函数

正弦函数与周期复指数信号密切相关，形如

$$x(t)=A\cos(\omega_0 t+\phi)=A\sin(\omega_0 t+\phi_s) \tag{2.4.13}$$

式中，时间 t 的单位若为 s，则相移 $\phi_s=\phi+\frac{\pi}{2}$ 的单位就是 rad，角频率 $\omega_0=2\pi f_0=\frac{2\pi}{T_0}$ 的单位是 rad/s，其中周期 T_0 的单位是 s，频率 f_0 的单位是周期数/s(Hz)。和复指数信号一样，正弦信号也是周期信号，其基本周期 T_0 由式(2.4.4)确定。

针对式(2.4.13)如果进行如下变形，有

$$\begin{aligned} x(t)=A\cos(\omega_0 t+\phi)&=A\cos\left\{\omega_0\left[t-\left(-\frac{\phi}{\omega_0}\right)\right]\right\} \\ &=A\cos[\omega_0(t-t_d)] \end{aligned}$$

可以发现，$x(t)$ 相对于标准正弦信号 $x_s(t)=A\cos\omega_0 t$ 的时间延迟 t_d 与 $x(t)$ 的相移 ϕ 成正比，即

$$t_d=-\left(\frac{1}{\omega_0}\right)\phi=-\left(\frac{1}{2\pi f_0}\right)\phi$$

式中，比例因子是负数，意指负相移对应正时延，而正相移对应负时延(时间超前)。

图 2.4.2 说明了正弦信号 $x(t)=A\cos(\omega_0 t+\phi)$ 的参数以及相对于标准正弦信号 $x_s(t)=A\cos\omega_0 t$ 的时间延迟。可以看出，已知幅度 A、角频率 ω_0 和相位 ϕ 这三个参数就可完全确定

正弦信号。

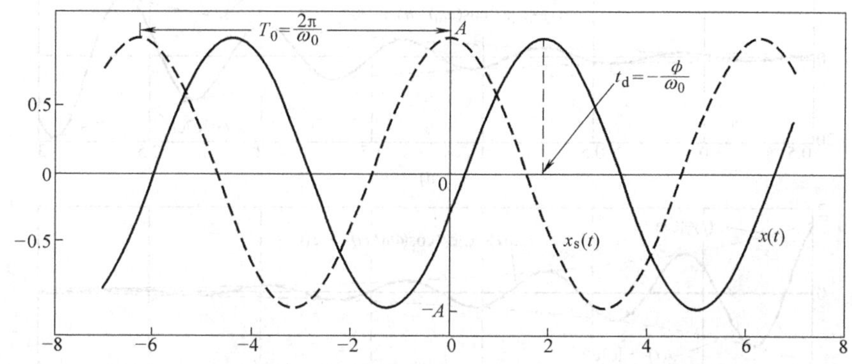

图 2.4.2　$x(t)=A\cos(\omega_0 t+\phi)$ 的参数与 $x_s(t)=A\cos\omega_0 t$ 的时间延迟

4. 正弦信号与复指数信号之间的关系

利用欧拉公式，复指数信号可以用与之具有相同基本周期的正弦信号表示，即

$$e^{j\omega_0 t}=\cos\omega_0 t+j\sin\omega_0 t \tag{2.4.14}$$

式(2.4.13)给出的正弦函数也可以用具有相同基本周期的复指数信号表示为

$$\begin{aligned} x(t)&=A\cos(\omega_0 t+\phi) \\ &=\frac{A}{2}e^{j\phi}e^{j\omega_0 t}+\frac{A}{2}e^{-j\phi}e^{-j\omega_0 t} \end{aligned} \tag{2.4.15}$$

式(2.4.15)中的两个指数项信号均有复数振幅，因此正弦信号还可以用复指数信号描述，即

$$x(t)=A\cos(\omega_0 t+\phi)=A\mathrm{Re}\{e^{j(\omega_0 t+\phi)}\} \tag{2.4.16}$$

同理，有

$$x(t)=A\sin(\omega_0 t+\phi)=A\mathrm{Im}\{e^{j(\omega_0 t+\phi)}\} \tag{2.4.17}$$

5. 一般复指数信号

通常，复指数信号可以基于实指数信号和周期复指数信号进行讨论。设连续时间复指数信号 $x(t)=Ce^{at}$，若将常数 C 用极坐标描述为 $C=|C|e^{j\theta}$，a 用直角坐标描述为 $a=r+j\omega_0$，则

$$Ce^{at}=|C|e^{j\theta}e^{(r+j\omega_0)t}=|C|e^{rt}e^{j(\omega_0 t+\theta)} \tag{2.4.18}$$

利用欧拉公式，式(2.4.18)可以进一步展开为

$$\begin{aligned} Ce^{at}&=|C|e^{rt}e^{j(\omega_0 t+\theta)}=|C|e^{rt}\{\cos(\omega_0 t+\theta)+j\sin(\omega_0 t+\theta)\} \\ &=|C|e^{rt}\cos(\omega_0 t+\theta)+j|C|e^{rt}\sin(\omega_0 t+\theta) \end{aligned} \tag{2.4.19}$$

式(2.4.19)说明，若 $r=0$，则复指数信号的实部和虚部都是正弦型函数；对于 $r>0$，则其实部和虚部均为一个幅度为指数增长的正弦函数；对于 $r<0$，则其实部和虚部均为一个幅度为指数衰减的正弦函数。后两种情况如图 2.4.3 所示，其中虚线对应于 $\pm|C|e^{rt}$ 函数。

由图 2.4.3 可知，$\pm|C|e^{rt}$ 是复指数信号的幅度，每次波形振荡的最大值落在这两条虚线上，因此 $\pm|C|e^{rt}$ 起着幅度振荡变化的包络作用。由此可见，信号的包络线能够给出幅度振荡的变化趋势，具有重要的应用价值。

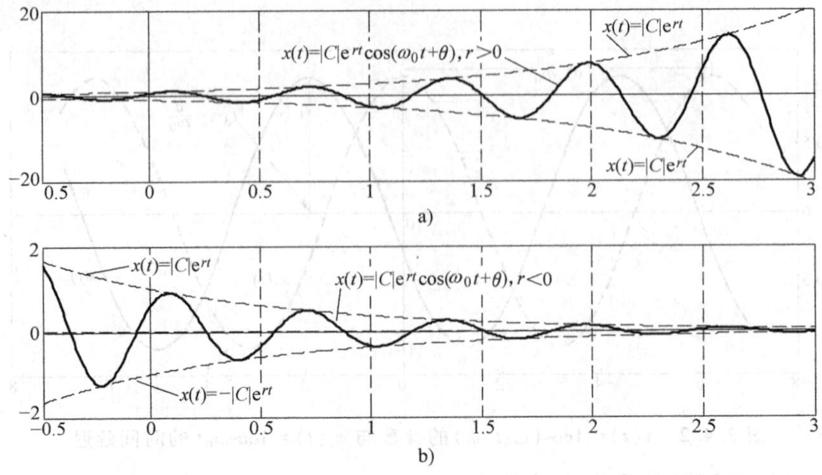

图 2.4.3 复指数函数的表示

a）幅度指数增长的正弦函数，虚线对应于$\pm|C|e^{rt}$函数

b）幅度指数衰减的正弦函数，虚线对应于$\pm|C|e^{rt}$函数

2.4.2 正弦谐波信号的两种描述形式

在信号与系统的分析中，复指数信号和正弦信号是最常用的数学函数之一。根据自变量定义的不同，正弦谐波信号存在两种描述形式：以频率f为自变量的形式$A\cos(2\pi ft+\theta)$和以角频率ω为自变量的形式$A\cos(\omega t+\theta)$。这两种形式具有各自的特点，在实践中可依据需求选择应用。

以频率f为自变量的描述形式的优点为：

1）基本周期T和基本周期频率f互为倒数，即$T=\dfrac{1}{f}$。

2）信号的频谱分析（如频谱分析仪）单位一般是Hz而不是rad/s，所以f是一个直观的物理变量。

3）定义傅里叶变换及其某些变换关系时使用f为自变量的描述形式比使用ω为自变量的描述形式简单。

以角频率ω为自变量的描述形式的优点为：

1）当需要用系统的某些物理参数描述系统的物理特性，有时用角频率ω为自变量的描述形式比用f为自变量的描述形式更为简单，比如研究系统的共振频率、讨论系统的时间常数与截止频率之间的关系等。

2）以角频率ω为自变量定义拉普拉斯变换（第5章）比用f为自变量定义更为简单。

3）某些函数的傅里叶变换用ω形式表示更为简洁。

2.5 信号的广义傅里叶级数描述

本章2.2节中指出，任何信号$x(t)$都可以分解为偶信号分量$x_e(t)$和奇信号分量$x_o(t)$之和的形式，即$x(t)=x_e(t)+x_o(t)$。其实，信号分解为信号分量之和的形式，可以更好地展现信号的重要特征。例如，图 2.5.1a 所示的信号 $x(t)$ 被分解为图 2.5.1b 和图 2.5.1c 所示的信号分量 $x_1(t)$ 和 $x_2(t)$，这两个信号分量清楚地展示了信号 $x(t)$ 的两个特性，即信号非零部分的均值分量和信号的斜率。

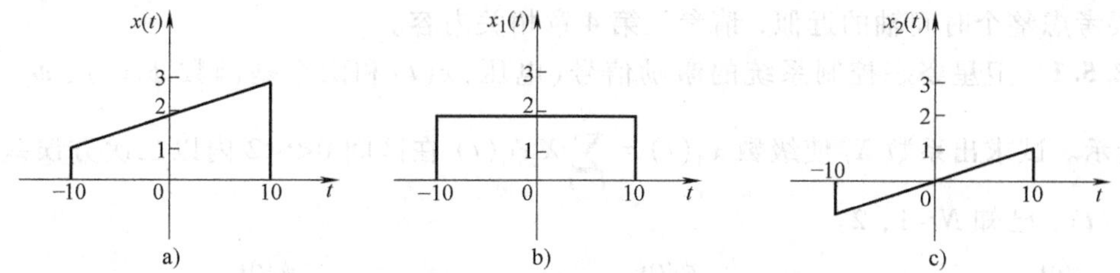

图 2.5.1 信号 $x(t)$ 及其分量

a) 信号 $x(t)$ b) 信号非零部分的均值分量 $x_1(t)$ c) 信号的分量 $x_2(t)$

将一个复杂信号分解成易于识别且具有简单特性的信号分量需要用到级数理论。假设在区间 $t_1<t<t_2$ 内，用一组函数的线性加权组合逼近一个信号，即通过级数

$$x_A(t)=\sum_{i=1}^{N}X_i\phi_i(t) \tag{2.5.1}$$

逼近信号 $x(t)$。式中，$\phi_i(t)$ 称为基函数（或信号），X_i 为权系数，通过选择基函数和权系数在区间 $t_1<t<t_2$ 内用式(2.5.1)重构（或近似）信号 $x(t)$。显然，可以选择基函数 $\phi_i(t)$ 强调信号的某种具体特性，亦可以选择基函数 $\phi_i(t)$ 作为系统分析用的信号分量。

应用中组合基函数 $\phi_i(t)$ 的项数选择取决于逼近精度的要求，一般选取的项数越多，$x_A(t)$ 越接近 $x(t)$，有时使 N 趋于无穷大也是必要的。本节首先考虑基函数 $\phi_i(t)$ 和信号 $x(t)$ 是实函数的情况，再扩展到对复函数信号的讨论。

$x_A(t)-x(t)$ 称为信号的建模误差。$x_A(t)$ 和 $x(t)$ 在区间 $t_1<t<t_2$ 内的近似程度的度量由近似准则确定。应用中一般考虑所谓的似然近似准则，典型的有：

最大误差信号最小值准则

$$\min\{\max|x_A(t)-x(t)|\} \tag{2.5.2}$$

误差信号最小面积准则

$$\min\left\{\int_{t_1}^{t_2}|x_A(t)-x(t)|\mathrm{d}t\right\} \tag{2.5.3}$$

误差信号二次方最小面积准则

$$\min\left\{\int_{t_1}^{t_2}[x_A(t)-x(t)]^2\mathrm{d}t\right\} \tag{2.5.4}$$

其中，最小值是对于一组基函数 $\phi_i(t)$ 选择权系数 X_i，使得 $x_A(t)$ 在区间 $t_1<t<t_2$ 内尽可能逼近 $x(t)$。另外，式(2.5.2)近似准则基于信号建模误差的最大值，并使建模误差最小化；式(2.5.3)近似准则包括区间内信号的建模误差，并使其包围的面积最小化，因此它比式(2.5.2)有更小的建模误差；式(2.5.4)近似准则基于信号建模误差的能量，其优点在于给较大的建模误差匹配较大的权重，因此它比式(2.5.2)和式(2.5.3)应用更为灵活。基于此，本书在后面的讨论中将使用误差信号二次方最小面积准则，即式(2.5.4)作为信号建模的误差近似准则，这就意味着对于一组给定的基函数，将调整权系数 X_i 使下式给出的二次方误差积分为最小：

$$\varepsilon_N=\int_{t_1}^{t_2}[x_A(t)-x(t)]^2\mathrm{d}t=\int_{t_1}^{t_2}\Big[\sum_{i=1}^{N}X_i\phi_i(t)-x(t)\Big]^2\mathrm{d}t \tag{2.5.5}$$

注意，上述建模误差的近似准则局限在区间 $t_1<t<t_2$ 内，故在区间外求 $x_A(t)$ 是没有意义的。若要考虑整个时间轴的近似，请参见第 4 章相关内容。

例 2.5.1　卫星姿态控制系统的激励信号(电压)$x(t)$和两个基函数 $\phi_1(t)$、$\phi_2(t)$如图 2.5.2 所示。试求出系数 X_i 使级数 $x_A(t)=\sum_{i=1}^{N}X_i\phi_i(t)$ 在区间 $0<t<2$ 内以二次方误差积分准则逼近 $x(t)$，已知 $N=1$，2。

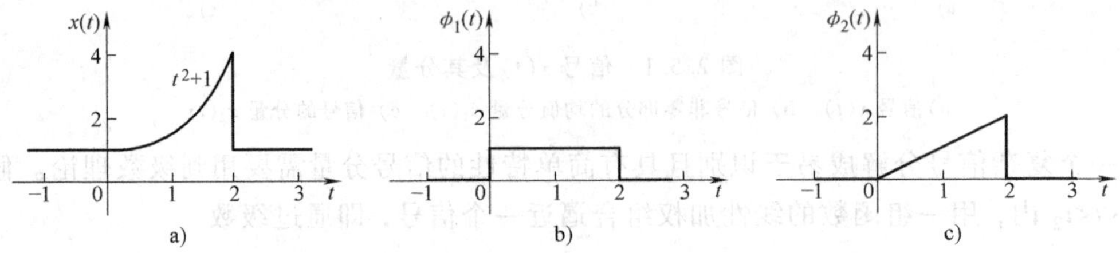

图 2.5.2　卫星姿态控制系统的激励信号和基函数

解：由图 2.5.2 已知 $x(t)=t^2+1$，因此，对于 $N=1$，有

$$x_A(t)=\sum_{i=1}^{1}X_i\phi_i(t)=X_1\phi_1(t)$$

以及

$$\varepsilon_1=\int_0^2[X_1-(t^2+1)]^2\mathrm{d}t=2X_1^2-\frac{28}{3}X_1+\frac{206}{15}$$

欲使 ε_1 为最小，需要计算

$$\frac{\mathrm{d}\varepsilon_1}{\mathrm{d}X_1}=4X_1-\frac{28}{3}=0$$

可求出 $X_1=7/3$，将其代入 ε_1 中，得到 $\varepsilon_1=128/45\approx2.8444$。原信号 $x(t)$和逼近信号 $x_A(t)$的波形如图 2.5.3a 所示。

对于 $N=2$，有

$$x_A(t)=\sum_{i=1}^{2}X_i\phi_i(t)=X_1\phi_1(t)+X_2\phi_2(t)$$

以及

$$\begin{aligned}\varepsilon_2&=\int_0^2[X_1+X_2t-(t^2+1)]^2\mathrm{d}t\\&=2X_1^2+\frac{8}{3}X_2^2+4X_1X_2-\frac{28}{3}X_1-12X_2+\frac{206}{15}\end{aligned}$$

欲使 ε_2 为最小，需要联立计算

$$\frac{\mathrm{d}\varepsilon_2}{\mathrm{d}X_1}=4X_1+4X_2-\frac{28}{3}=0$$

$$\frac{\mathrm{d}\varepsilon_2}{\mathrm{d}X_2}=4X_1+\frac{16}{3}X_2-12=0$$

联立解上述方程，得到

$$X_1 = \frac{1}{3},\ X_2 = 2$$

将它们代入 ε_2，得到积分二次方误差为 $\varepsilon_2 = 8/45 \approx 0.1778$，$N=2$ 时原信号 $x(t)$ 和逼近信号 $x_A(t)$ 的波形如图 2.5.3b 所示。

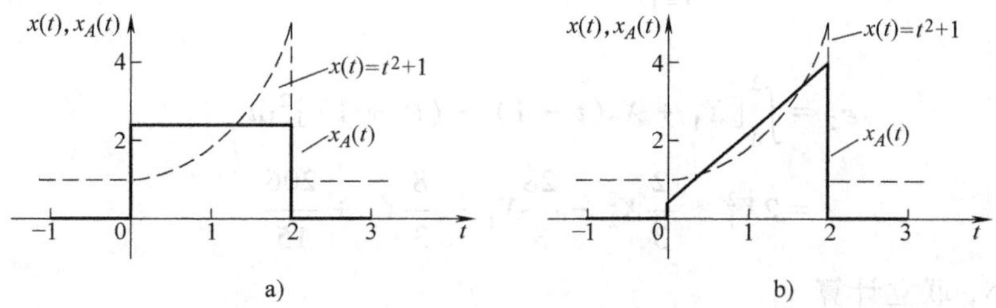

图 2.5.3 例 2.5.1 图

a) $N=1$ 时 $x(t)$ 和 $x_A(t)$ 的波形 b) $N=2$ 时 $x(t)$ 和 $x_A(t)$ 的波形

由图 2.5.3 可见，在积分二次方误差意义上，在区间 $0<t<2$ 内，$N=2$ 时 $x_A(t)$ 更为接近 $x(t)$。另外，ε_N 由 $\varepsilon_1 \approx 2.8444$ 减小到 $\varepsilon_2 \approx 0.1778$ 也说明了这一点。

例 2.5.1 在信号重构过程中分别用一项和二项对信号 $x(t)$ 进行了逼近。可以发现，当用二项逼近时，随着第二项的加入导致了第一项的系数发生了变化，这是由于选定了特殊基函数的结果。为便于计算，工程中希望在为提高信号建模精度而不得不增加更多项时，前面各项的系数不会发生变化。级数展开中的这种系数的不变性可以避免系数的重复计算问题。

例 2.5.2 例 2.5.1 中的基函数由图 2.5.4 给出时，重新计算系数 X_i 使级数 $x_A(t) = \sum_{i=1}^{N} X_i \phi_i(t)$ 在区间 $0<t<2$ 内以二次方误差积分准则逼近 $x(t)$，已知 $N=1, 2$。

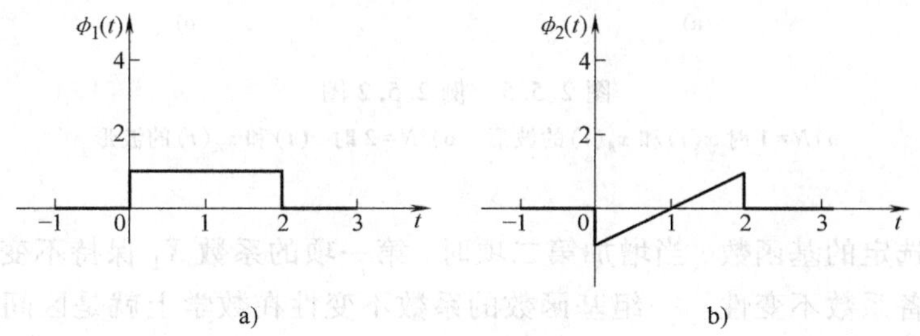

图 2.5.4 基函数

解： 对于 $N=1$，有

$$x_A(t) = \sum_{i=1}^{1} X_i \phi_i(t) = X_1 \phi_1(t)$$

以及

$$\varepsilon_1 = \int_0^2 [X_1 - (t^2+1)]^2 \mathrm{d}t = 2X_1^2 - \frac{28}{3}X_1 + \frac{206}{15}$$

欲使 ε_1 为最小，计算

$$\frac{\mathrm{d}\varepsilon_1}{\mathrm{d}X_1} = 4X_1 - \frac{28}{3} = 0$$

求出 $X_1=7/3$，将其代入 ε_1 中，得到 $\varepsilon_1=128/45\approx2.8444$。原信号 $x(t)$ 和逼近信号 $x_A(t)$ 的波形如图 2.5.5a 所示。

对于 $N=2$，有

$$x_A(t)=\sum_{i=1}^{2}X_i\phi_i(t)=X_1\phi_1(t)+X_2\phi_2(t)$$

以及

$$\begin{aligned}\varepsilon_2&=\int_0^2[X_1+X_2(t-1)-(t^2+1)]^2\mathrm{d}t\\&=2X_1^2+\frac{2}{3}X_2^2-\frac{28}{3}X_1-\frac{8}{3}X_2+\frac{206}{15}\end{aligned}$$

欲使 ε_2 为最小，联立计算

$$\begin{cases}\dfrac{\mathrm{d}\varepsilon_2}{\mathrm{d}X_1}=4X_1-\dfrac{28}{3}=0\\\dfrac{\mathrm{d}\varepsilon_2}{\mathrm{d}X_2}=4X_1+\dfrac{16}{3}X_2-12=0\end{cases}\Rightarrow\begin{cases}X_1=\dfrac{7}{3}\\X_2=2\end{cases}$$

将它们代入 ε_2，得到积分二次方误差为 $\varepsilon_2=8/45\approx0.1778$。$N=2$ 时原信号 $x(t)$ 和逼近信号 $x_A(t)$ 的波形如图 2.5.5b 所示。

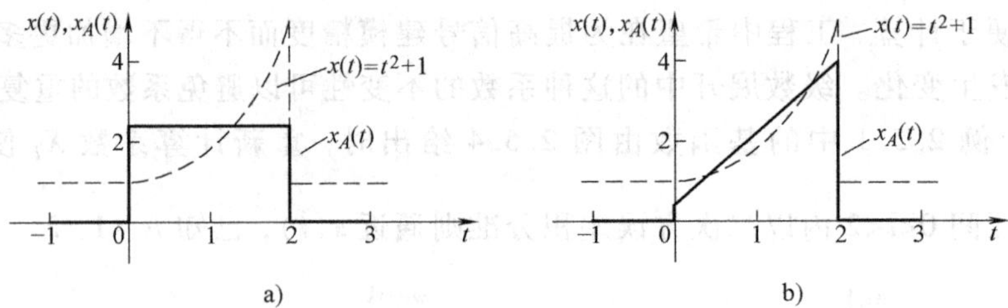

图 2.5.5 例 2.5.2 图

a) $N=1$ 时 $x(t)$ 和 $x_A(t)$ 的波形 b) $N=2$ 时 $x(t)$ 和 $x_A(t)$ 的波形

本例中对于选定的基函数，当增加第二项时，第一项的系数 X_1 保持不变。而例 2.5.1 中的基函数则不具备系数不变性。一组基函数的系数不变性在数学上就是区间的正交性。

定义：实数基函数 $\phi_i(t)$ 在区间 $t_1<t<t_2$ 是正交的，当且仅当

$$\int_{t_1}^{t_2}\phi_n(t)\phi_m(t)\mathrm{d}t=\begin{cases}\lambda_n & n=m\\0 & n\neq m\end{cases}\tag{2.5.6}$$

式中，$\lambda_n>0$。

为了说明基函数的正交性与基函数的系数不变性的等价关系，不妨针对例 2.5.1 和例 2.5.2 中的基函数进行讨论。在例 2.5.1 中，当 $n=m=1$、2 时，即 $\phi_1(t)=\phi_2(t)$ 时，由式(2.5.6)可得

$$\int_0^2\phi_n(t)\phi_m(t)\mathrm{d}t=\int_0^2\phi_1^2(t)\mathrm{d}t=\int_0^2\mathrm{d}t=2$$

和

$$\int_0^2 \phi_n(t)\phi_m(t)\mathrm{d}t = \int_0^2 \phi_2^2(t)\mathrm{d}t = \int_0^2 t^2\mathrm{d}t = \frac{8}{3}$$

当 $n \neq m$，即 $\phi_1(t) \neq \phi_2(t)$ 时，由式(2.5.6)可得

$$\int_0^2 \phi_1(t)\phi_2(t)\mathrm{d}t = \int_0^2 (1 \times t)\mathrm{d}t = 2 \neq 0$$

故例2.5.1中的基函数不是正交的，其系数也不是不变的。

在例2.5.2中，当 $\phi_1(t)=\phi_2(t)$ 时，由式(2.5.6)可得

$$\int_0^2 \phi_1(t)\phi_2(t)\mathrm{d}t = \int_0^2 \phi_1{}^2(t)\mathrm{d}t = \int_0^2 \mathrm{d}t = 2$$

和

$$\int_0^2 \phi_1(t)\phi_2(t)\mathrm{d}t = \int_0^2 \phi_2{}^2(t)\mathrm{d}t = \int_0^2 (t-1)^2\mathrm{d}t = \frac{2}{3}$$

当 $\phi_1(t) \neq \phi_2(t)$ 时，由式(2.5.6)可得

$$\int_0^2 \phi_1(t)\phi_2(t)\mathrm{d}t = \int_0^2 [1 \times (t-1)]\mathrm{d}t = 0$$

故例2.5.2中的基函数是正交的，其系数也是不变的。

广义傅里叶级数是一组正交基函数的线性加权和。这一组基函数在某个区间 $t_1<t<t_2$ 通过使信号建模误差二次方的积分 ε_n 为最小来逼近原信号。一个信号在区间 $t_1<t<t_2$ 中的广义傅里叶级数一般称之为信号在这个区间的广义傅里叶级数展开，区间 $t_1<t<t_2$ 称为级数的展开区间。

应用中往往需要在某个区间 $t_1<t<t_2$ 中寻求一个信号的近似函数。因为广义傅里叶级数是一组正交基函数的集合，因此，在区间 $t_1<t<t_2$ 中用信号的广义傅里叶级数展开作为原信号的近似函数就需要得到使 ε_N 为最小的广义傅里叶级数的系数 X_i。文献[20]给出这个系数公式如下：

$$X_i = \frac{1}{\lambda_i}\int_{t_1}^{t_2} x(t)\phi_i(t)\mathrm{d}t \tag{2.5.7}$$

式中，$1 \leqslant i \leqslant N$。从式(2.5.7)可以看出，系数 X_i 只取决于基函数 $\phi_i(t)$，与其他基函数无关。

当用 N 项逼近原信号 $x(t)$ 时，信号建模误差二次方的积分 ε_N 为

$$\varepsilon_N = \int_{t_1}^{t_2} x^2(t)\mathrm{d}t - \sum_{i=1}^{N} \lambda_i X_i^2 \tag{2.5.8}$$

例2.5.3　针对例2.5.2中给出的正交基函数，试用式(2.5.7)和式(2.5.8)计算其广义傅里叶级数展开的系数 X_i 和误差二次方的积分 ε_N。

解：首先由式(2.5.6)可以给出

$$\lambda_1 = \int_0^2 \phi_1^2(t)\mathrm{d}t = \int_0^2 (1)\mathrm{d}t = 2$$

$$\lambda_2 = \int_0^2 \phi_2^2(t)\mathrm{d}t = \int_0^2 (t-1)^2\mathrm{d}t = \frac{2}{3}$$

根据式(2.5.7)计算 X_i，$i=1, 2$，可得出

$$X_1=\frac{1}{\lambda_1}\int_0^2 x(t)\phi_1(t)\,\mathrm{d}t=\frac{1}{2}\int_0^2(t^2+1)(1)\,\mathrm{d}t=\frac{7}{3}$$

和

$$X_2=\frac{1}{\lambda_2}\int_0^2 x(t)\phi_2(t)\,\mathrm{d}t=\frac{3}{2}\int_0^2(t^2+1)(t-1)\,\mathrm{d}t=2$$

最后，误差二次方积分 ε_2 为

$$\varepsilon_2=\int_0^2(t^2+1)^2(t)\,\mathrm{d}t-\sum_{i=1}^{2}\lambda_i X_i^2=\frac{206}{15}-2\times\left(\frac{7}{3}\right)^2-\frac{2}{3}\times 2^2=\frac{8}{45}$$

可以看出，计算结果和例 2.5.2 中相同。

下面引入完备性的概念。如果一个基函数的集合对所有存在广义傅里叶级数展开的信号，当 $N\to\infty$ 时有 $\varepsilon_N\to 0$，则称该基函数集是完备的。换句话说，对一个完备的基函数集可以通过在其广义傅里叶级数展开式中增加项数使得误差二次方积分趋于任意小。注意，$\varepsilon_N\to 0$ 是指信号建模误差的能量趋于零，但不能理解为当 $N\to\infty$ 对任意时间坐标 t 有 $x_A(t)\to x(t)$。$x_A(t)$ 对任意时间坐标 t 均趋于 $x(t)$ 的条件将在第 4 章中讨论。

当用一组完备的正交基函数集对信号建模时，在定义区间各级数项的能量之和等于信号的能量。因此，当 $N\to\infty$ 时必有 $\varepsilon_N\to 0$，由式(2.5.8)可得

$$\varepsilon_\infty=\int_{t_1}^{t_2}x^2(t)\,\mathrm{d}t-\sum_{i=1}^{\infty}\lambda_i X_i^2=0$$

或者

$$\int_{t_1}^{t_2}x^2(t)\,\mathrm{d}t=\sum_{i=1}^{\infty}\lambda_i X_i^2 \tag{2.5.9}$$

式(2.5.9)等式左端为信号在区间 $t_1<t<t_2$ 内的能量。而广义傅里叶级数展开式中第 i 项提供的能量是

$$\int_{t_1}^{t_2}[X_i\phi_i(t)]^2\mathrm{d}t=X_i^2\int_{t_1}^{t_2}\phi_i(t)\phi_i(t)\,\mathrm{d}t=\lambda_i X_i^2 \tag{2.5.10}$$

因此，式(2.5.9)表明在区间 $t_1<t<t_2$ 内信号的能量等于广义傅里叶级数展开式中各项能量之和。这个结论就是著名的帕塞瓦尔(Parseval)定理。

实数域广义傅里叶级数展开可以方便地推广到复数域(信号及基函数)的广义傅里叶级数展开中。其中主要的结论有：

1）复基函数正交性定义为

$$\int_{t_1}^{t_2}\phi_n(t)\phi_m^*(t)\,\mathrm{d}t=\begin{cases}\lambda_n & n=m\\ 0 & n\neq m\end{cases} \tag{2.5.11}$$

式中，$\phi_m^*(t)$ 是 $\phi_m(t)$ 的复数共轭。

2）系数公式为

$$X_i=\frac{1}{\lambda_i}\int_{t_1}^{t_2}x(t)\phi_i^*(t)\,\mathrm{d}t \tag{2.5.12}$$

3）二次方积分(信号建模)误差为

$$\varepsilon_N=\int_{t_1}^{t_2}|x_A(t)-x(t)|^2(t)\,\mathrm{d}t=\int_{t_1}^{t_2}|x(t)|^2\mathrm{d}t-\sum_{i=1}^{N}\lambda_i|X_i|^2 \tag{2.5.13}$$

4) 帕塞瓦尔定理(完备的基函数集)为

$$\int_{t_1}^{t_2} |x(t)|^2 \mathrm{d}t = \sum_{i=1}^{\infty} \lambda_i |X_i|^2 \tag{2.5.14}$$

从式(2.5.12)可知，复信号或复基函数的系数也是复数。

2.6　连续时间系统

本书涉及的系统限于连续和离散线性时不变动态系统。线性时不变动态系统的理论和方法是现代科学和工程学科的基础，如电路、控制系统、信号处理系统、通信系统、网络、生态系统、社会系统等。

讨论系统对信号激励的表示方法，就是构建合理的系统数学模型的过程。这个过程需要充分描述信号与系统的相互作用以及与系统的因果关系。一般而言，将某些感兴趣的“因”(cause)称为输入(或激励)信号，而将由此产生的“果”(effect)称为输出(或响应)信号。对一个系统构建数学模型的过程也叫系统建模。

2.6.1　系统描述

一个连续时间系统是指输入该系统的信号若是连续时间信号，则系统产生的输出也将是连续时间信号。从数学角度观察，系统可以认为是一种将输入信号映射为输出信号的运算。如果设算子 H 表示系统的某种映射或运算，则施加一个连续时间信号 $x(t)$ 到系统的输入端将得到一个输出信号 $y(t)$，表示为

$$y(t)=H\{x(t)\} \tag{2.6.1}$$

读作 $y(t)$ 是 H 对 $x(t)$ 的响应，其中包括系统相应的初始条件(如果存在)。式(2.6.1)中算子 H 承担标志系统及约束 $x(t)\rightarrow y(t)$ 运算的双重作用。注意，对于多输入-多输出系统，系统的输入信号 $x(t)$、输出信号 $y(t)$ 均为矢量。

2.6.2　系统的数学模型

一般物理系统的建模，是基于相关物理定律导出描述该系统行为特征的数学方程。而其他诸如社会学、生物学、化学等领域的系统也受相应科学规律的约束，其数学模型(可能需要化简)可以用微分方程或者差分方程描述。本节主要讨论连续时间域的线性时不变系统，将给出一些简单的微分方程，用以描述动态电路、机械系统和作战过程等。

1. 动态电路

考虑图2.6.1所示的简单 RLC 电路，应用基本电路(电压、电流)定律，可得

$$v_{\mathrm{i}}(t)=L\frac{\mathrm{d}i_1(t)}{\mathrm{d}t}+R_1 i_1(t)+v_{\mathrm{o}}(t) \tag{2.6.2}$$

和

$$v_{\mathrm{o}}(t)=R_2 i_2(t)=\frac{1}{C}\int_0^t i_3(\tau)\mathrm{d}\tau+v_c(0) \tag{2.6.3}$$

式中

$$i_3(t)=C\frac{\mathrm{d}v_o(t)}{\mathrm{d}t} \tag{2.6.4}$$

$$i_1(t)=i_2(t)+i_3(t)=\frac{1}{R_2}v_o(t)+C\frac{\mathrm{d}v_o(t)}{\mathrm{d}t} \tag{2.6.5}$$

将式(2.6.5)代入式(2.6.2)，即可得到系统输入、输出的二阶微分方程为

$$\frac{\mathrm{d}^2v_o(t)}{\mathrm{d}t^2}+\left(\frac{L+R_1R_2C}{R_2LC}\right)\frac{\mathrm{d}v_o(t)}{\mathrm{d}t}+\left(\frac{R_1+R_2}{R_2LC}\right)v_o(t)=\frac{1}{LC}v_i(t) \tag{2.6.6}$$

2. 机械系统

设一质量为m的质点被固定在弹簧上，该质点沿水平轴在有阻力的介质中振动。质点的平衡位置为$x=0$，根据胡克(Hooke)定律，弹簧作用在质点上的弹力是$-bx$，而介质阻力$-a\frac{\mathrm{d}x}{\mathrm{d}t}$正比于质点的运动速度，则由牛顿运动定律，有

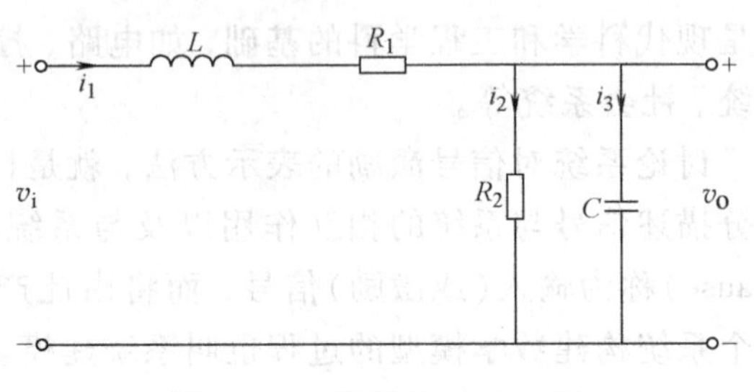

图 2.6.1　简单的 RLC 电路

$$m\frac{\mathrm{d}^2x}{\mathrm{d}t^2}=-bx-a\frac{\mathrm{d}x}{\mathrm{d}t}+f(t) \tag{2.6.7}$$

整理后得

$$\frac{\mathrm{d}^2x}{\mathrm{d}t^2}+\frac{a}{m}\frac{\mathrm{d}x}{\mathrm{d}t}+\frac{b}{m}x=\frac{1}{m}f(t) \tag{2.6.8}$$

式中，$f(t)$是外力。式(2.6.8)反映的是线性振动的数学模型。

3. 加速度计

微型加速度计(MEMS)可以用图 2.6.2 所示的二阶质块弹簧阻尼系统作为其模型。由于外部加速度的作用，检测块相对于支撑结构发生了位移，这个位移将使悬挂弹簧的内压力产生相应的变化。

现用M代表检测块的质量，K代表等效弹簧的弹性模量，D代表阻尼器的阻尼系数。设$x(t)$表示由外力产生的加速度，$y(t)$表示检测块的位移。由于平衡时作用于检测块上的净合力为零，而检测块所受力为惯性力$M\frac{\mathrm{d}^2y(t)}{\mathrm{d}t^2}$、阻尼力$D\frac{\mathrm{d}y(t)}{\mathrm{d}t}$以及弹簧力$Ky(t)$，令这三个力的合力等于由外部加速度引起的力$Mx(t)$，得

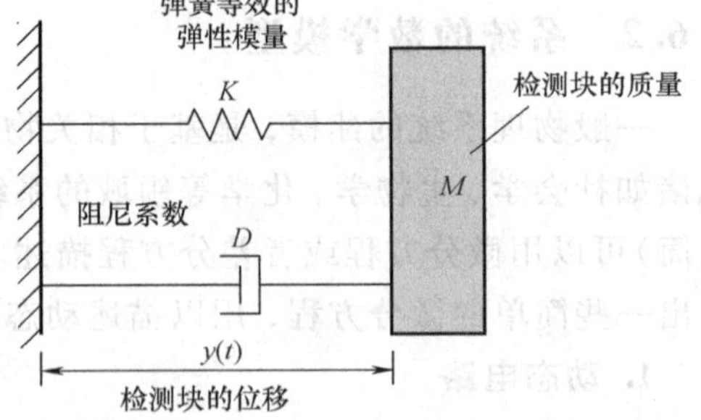

图 2.6.2　加速度计的机械模型

$$Mx(t)=M\frac{\mathrm{d}^2y(t)}{\mathrm{d}t^2}+D\frac{\mathrm{d}y(t)}{\mathrm{d}t}+Ky(t)$$

整理后为

$$\frac{d^2y(t)}{dt^2}+\frac{D}{M}\frac{dy(t)}{dt}+\frac{K}{M}y(t)=x(t) \tag{2.6.9}$$

如果定义 $\omega_n=\sqrt{\frac{K}{M}}$ 为加速度计的固有频率，$Q=\frac{\sqrt{KM}}{D}$ 为加速度计的品质因数，其中质量 M 以 g 为单位，弹性模量 K 以 g/s^2 为单位，因此固有频率 ω_n 的单位为 rad/s，并且阻尼系数 D 的单位为 g/s，而品质因数 Q 为无量纲常数。上述方程中由于定义了这两个新物理量，可将式(2.6.9)改写为含有 ω_n 和 Q 两个参数的二阶微分方程：

$$\frac{d^2y(t)}{dt^2}+\frac{\omega_n}{Q}\frac{dy(t)}{dt}+\omega_n^2y(t)=x(t) \tag{2.6.10}$$

从式(2.6.10) 可以看出，增大弹性系数 K 和减小检测块的质量 M 可以提高固有频率 ω_n；同时，增大弹性模量 K 和检测块的质量 M，减小阻尼系数 D 则可以提高品质因数 Q。特别地，低 Q 值($Q\leqslant1$)可以对更多种类的输入信号作出响应。

注意，比较上述三个例子中给出的微分方程式(2.6.6)、式(2.6.8)和式(2.6.10)，可以发现针对这样三个完全不同的物理系统，其数学模型在形式上是完全一致的，它们都是二阶微分方程

$$\frac{d^2y(t)}{dt^2}+a_1\frac{dy(t)}{dt}+a_2y(t)=bx(t) \tag{2.6.11}$$

用于描述三个不同系统的特例。其中，$y(t)$是系统的输出，$x(t)$是系统的输入，a_1、a_2 和 b 都是常数。

4. 作战模型

Lanchester 战斗理论源自英国汽车和航空工程师 F. W. 兰彻斯特(Frederick William Lanchester, 1868—1946)于 1914 年开始在英国工程杂志上发表的一系列研究论文。这些论文主要基于古代冷兵器战斗和近代枪炮战斗的特点，给定约束条件，建立了一系列描述交战过程中双方兵力变化数量关系的微分方程组，即著名的 Lanchester 战争方程(作战模型)。Lanchester 作战模型现已成为现代化作战仿真或称为兵棋推演的基础。

令 $x(t)$、$y(t)$代表红、蓝双方的战斗力，$p(t)$、$q(t)$分别表示 x 方(红方)和 y 方(蓝方)的增援(补充)率，a、b、c、d、h、g 为非负常数。Lanchester 战争方程描述了如下作战过程。

(1) 正规军对正规军

$$\begin{cases}\dfrac{dx(t)}{dt}=-ax(t)-by(t)+p(t)\\[2ex]\dfrac{dy(t)}{dt}=-cx(t)-dy(t)+q(t)\end{cases} \tag{2.6.12}$$

式中，$-ax(t)$与$-dy(t)$分别表示 x 方和 y 方的非战斗减员率，如疾病、开小差等，这种非战斗减员率与军队总人数成正比；$-by(t)$与$-cx(t)$分别表示 x 方和 y 方的战斗减员(伤亡)率，其中 x 方战斗减员率与 y 方的军队总人数成正比，y 方战斗减员率与 x 方的军队总人数成正比。式(2.6.12)成为正规军之间作战的一个合理的模型。

(2) 正规军对非正规军(游击队)

$$\begin{cases}\dfrac{\mathrm{d}x(t)}{\mathrm{d}t}=-ax(t)-gx(t)y(t)+p(t)\\[2ex]\dfrac{\mathrm{d}y(t)}{\mathrm{d}t}=-cx(t)-dy(t)+q(t)\end{cases}\tag{2.6.13}$$

式中，x 是游击队，y 是正规军。设 $x(t)$ 是固守于某一区域的游击队，y 对 x 进行攻击，造成 x 的伤亡与 $x(t)$ 成正比；又因为 y 的数量越多，给 x 造成的伤亡也越多，故 x 的伤亡率与 $y(t)$ 成正比，所以 x 方(游击队)的战斗减员率是 $-gx(t)y(t)$。式(2.6.13)成为正规军与游击队作战的一个合理的模型。

(3) 非正规军对非正规军(游击队对游击队)

$$\begin{cases}\dfrac{\mathrm{d}x(t)}{\mathrm{d}t}=-ax(t)-gx(t)y(t)+p(t)\\[2ex]\dfrac{\mathrm{d}y(t)}{\mathrm{d}t}=-\mathrm{d}y(t)-hx(t)y(t)+q(t)\end{cases}\tag{2.6.14}$$

式中，y 对 x 进行攻击，造成 x 的伤亡与 $x(t)$ 成正比；又因为 y 的数量越多，给 x 造成的伤亡也越多，故 x 的伤亡率与 $y(t)$ 成正比，所以 x 方(游击队)的战斗减员率是 $-gx(t)y(t)$。同理知 y 方(游击队)的战斗减员率是 $-hx(t)y(t)$。式(2.6.10)成为游击队与游击队作战的一个合理的模型。

上述系统的实例说明，不同应用领域的实际系统或者过程，它们的数学模型往往具有许多共性。基于这一点，使得在信号与系统的分析中能够建立起普遍适用的方法，并在现代科学和工程的各个领域获得广泛而深入的应用。

2.6.3　系统的互联

本书中一个重要的概念是系统的互联。通常，一个复杂系统往往可以视为若干个子系统的某种组合形式，这种组合基于式(2.6.1)的运算关系，形成了子系统间的互联。根据子系统间的互联关系，不但可以分析整个系统的工作状况及行为属性，还可以综合出由这些较为简单的子系统(或基本构造单元)所组成的复杂系统。

系统互联中有三种构成系统框图的基本运算单元需要定义：

第一种基本运算单元如图 2.6.3a 所示，用一个方框表示式(2.6.1)给出的系统运算关系。系统运算关系的这种框图描述形式称之为框图(block diagrams)。

第二种基本运算单元是加法器，它的输出是所有输入信号的和，如图 2.6.3b 所示。

第三种基本运算单元是乘法器，它的输出是所有输入信号的乘积，如图 2.6.3c 所示。

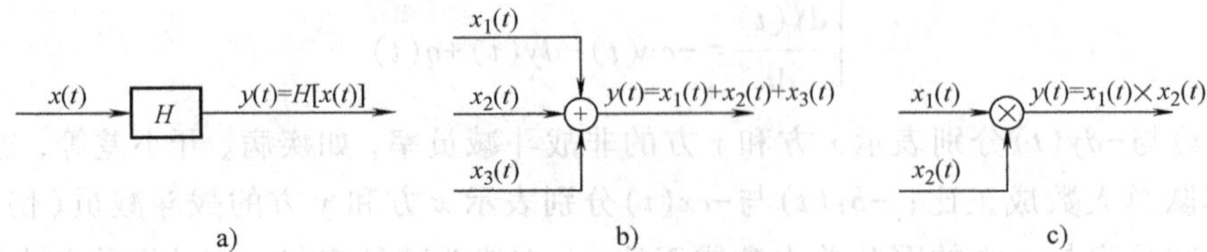

图 2.6.3　基本运算单元

a) 系统的运算关系　b) 加法运算　c) 乘法运算

虽然可以构造各种形式的系统互联，但是基本的互联形式只有三种，它们是串(或级)联、并联和反馈。

两个系统的串(或级)联如图 2.6.4 所示。框图中系统 H_1 的输出 $y_1(t)=H_1[x(t)]$ 就是系统 H_2 的输入，而整个系统的运算关系是输入信号 $x(t)$ 首先由系统 H_1 处理，之后再由系统 H_2 处理。因此，两个级联系统的输出为

$$y(t)=H_2[y_1(t)]=H_2(H_1[x(t)]) \tag{2.6.15}$$

多个系统的级联可以依此类推。

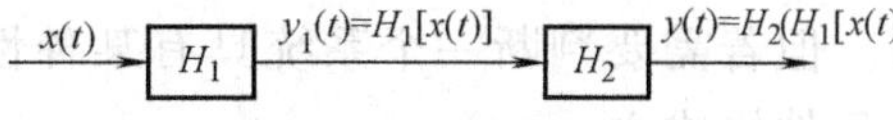

图 2.6.4 两个系统的串(或级)联

两个系统的并联如图 2.6.5 所示。框图中系统 H_1 和 H_2 有相同的输入信号 $x(t)$，而并联系统的输出是子系统 H_1 的输出 $y_1(t)=H_1[x(t)]$ 和子系统 H_2 的输出 $y_2(t)=H_2[x(t)]$ 之和。并联系统的特点是输入信号 $x(t)$ 由系统 H_1 和系统 H_2 同步处理。因此，两个并联系统的输出为

$$y(t)=y_1(t)+y_2(t)=H_1[x(t)]+H_2[x(t)]=H[x(t)] \tag{2.6.16}$$

多个系统的并联可以依此类推。

上述串、并联的分析基于一个基本的假设，即系统的互联不能改变原有系统的内部特性。

讨论题 2.6.1 系统如图 2.6.6 所示。

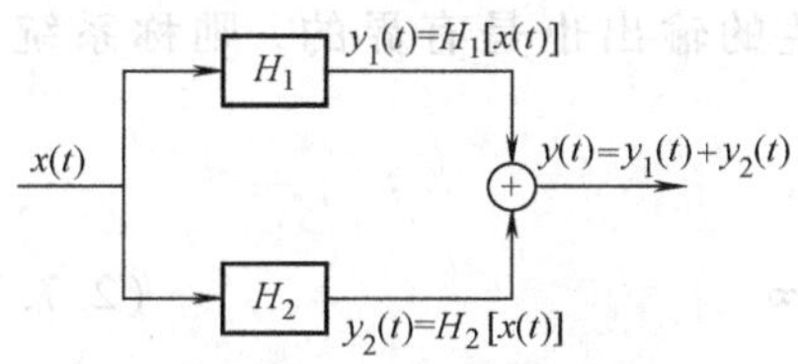

图 2.6.5 两个系统的并联

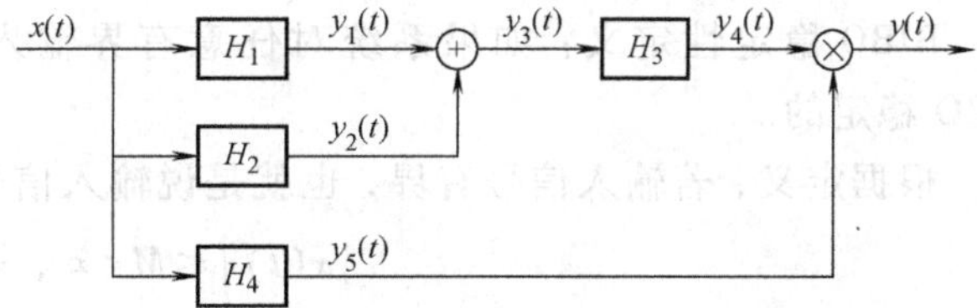

图 2.6.6 讨论题 2.6.1 系统图

对于该系统，因为

$$y_3(t)=y_1(t)+y_2(t)=H_1[x(t)]+H_2[x(t)]$$

$$y_4(t)=H_3[y_3(t)]=H_3(H_1[x(t)]+H_2[x(t)])$$

$$y_5(t)=H_4[x(t)]$$

故有

$$y(t)=y_4(t)\times y_5(t)=\{H_3(H_1[x(t)]+H_2[x(t)])\}H_4[x(t)]$$

该式描述了各子系统之间的连接关系。组合系统的数学模型与各子系统的数学模型有关。

反馈系统是自动控制领域中的核心系统连接形式。图 2.6.7 给出了一个基本反馈系统的框图。其中，H_1 是一个过程或者对象，H_2 是反馈回路，误差信号 $e(t)$ 定义为系统输入的期望值 $x(t)$ 和测量值 $r(t)$ 的差值，即

$$e(t)=x(t)-r(t)=x(t)-H_2[y(t)] \tag{2.6.17}$$

而系统的输出为

$$y(t)=H_1[e(t)] \tag{2.6.18}$$

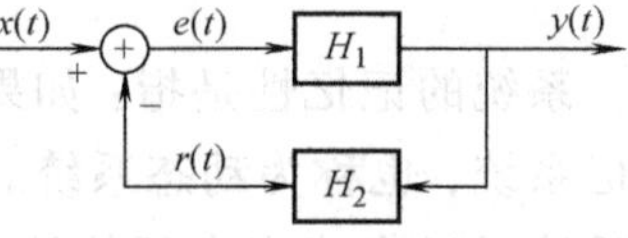

图 2.6.7 基本反馈系统的框图

因此，反馈系统的输出信号可表示为

$$y(t)=H_1[e(t)]=H_1[x(t)-H_2[y(t)]] \tag{2.6.19}$$

2.7 连续时间系统的特性

上一节对连续时间系统进行了介绍，本节重点讨论连续时间系统的基本性质，并研究系统的具体数学描述以便判断其特性。

判断或者检验一个系统不具有某种性质较为容易，因为只需要找到不符合该性质的反例即可。但若需要判断一个系统具有某种性质，则需要对系统进行理论分析，证明其对任意的输入条件均成立。

设 $x(t)$、$y(t)$ 分别表示系统的输入和输出信号，则定义关系式

$$x(t)\rightarrow y(t) \tag{2.7.1}$$

表示“由 $x(t)$ 产生 $y(t)$”，该式与式(2.6.1)的含义相同。

以下讨论连续时间系统的六种性质。

2.7.1 稳定性

系统稳定性的定义很多，本节给出有界输入有界输出(Bounded-input Bounded-output, BIBO)意义下的稳定性定义和含义。

BIBO 稳定性定义：如果系统对任意有界输入，产生的输出也是有界的，则称系统为 BIBO 稳定的。

根据定义，若输入信号有界，也就是说输入信号满足

$$|x(t)|\leqslant M<\infty\ ,\ -\infty<t<\infty \tag{2.7.2}$$

则一定存在一个正数 R 使输出信号满足

$$|y(t)|\leqslant R<\infty\ ,\ -\infty<t<\infty \tag{2.7.3}$$

其中，M 和 R 均为有界正常数，则称系统满足 BIBO 稳定性条件；否则系统就是不稳定的。为了判断一个系统是否满足 BIBO 稳定性，对于任意给定的一个 M，必须找到一个满足式(2.7.3)的 R(通常为 M 的函数)。

BIBO 稳定性定义有两层含义：首先，系统的输入、输出信号的幅度必须在 $-\infty<t<\infty$ 区间满足有界条件；其次，如果输入信号收敛，则输出信号就不会发散，但若输入信号是无界的，则输出信号可能也是无界的。BIBO 稳定性还意味着几乎所有的物理系统都需要进行稳定性分析。一般而言，实用系统在所有可能的工作条件下都保持稳定是至关重要的，因为不稳定的系统无法控制，因而也是不期望的。

2.7.2 记忆性

系统的记忆性是指：如果一个系统的输出取决于过去的输入或将来的输入，则称系统为记忆系统，也称为动态系统。输出对过去或未来输入信号在时间跨度上的依赖程度决定了记忆系统对过去或未来延伸的广度。反之，如果系统的输出只取决于当前的输入，则称系统为无记忆系统。

例如，电阻是无记忆元件，因为电阻的端口特性，即流过电阻的电流 $i(t)$ 与电阻两端的

电压 $v(t)$ 的关系由欧姆定律约束：

$$i(t)=\frac{1}{R}v(t)$$

式中，R 是电阻值。但是，电感却是记忆元件，因为电感的端口特性，即流过电感的电流 $i(t)$ 与电感两端的电压 $v(t)$ 的关系为

$$i(t)=\frac{1}{L}\int_{-\infty}^{t}v(\tau)\mathrm{d}\tau$$

式中，L 是电感量。显见，t 时刻流过电感的电流取决于 t 时刻之前所有的电压值 $v(t)$，电感的记忆回溯到无限的过去。

例 2.7.1　半导体二极管的输入-输出关系为

$$i(t)=a_0+a_1v(t)+a_2v^2(t)+a_3v^3(t)+\cdots$$

式中，$v(t)$ 是二极管两端的端电压，$i(t)$ 是流过二极管的电流，a_0，a_1，a_2，…均为常数。试问二极管是记忆元件吗？

解： 因为在 t_0 时刻流过二极管的电流 $i(t_0)$ 只取决于该时刻二极管的端电压 $v(t_0)$，与其他时刻的端电压 $v(t)$ 无关，故二极管是无记忆元件。

2.7.3　因果性

如果系统在 t_0 时刻的输出只与 $t\leqslant t_0$ 时刻的输入（即只与现在或过去的输入）有关，则称该系统为因果系统。反之，若系统的输出依赖于输入信号的一个或多个未来值，则称系统为非因果系统。

因果系统也称为不可预测系统。另外，几乎所有的物理系统都是因果系统。

例 2.7.2　设一延迟系统的方程为

$$y(t)=x(t-3)$$

其中时间 t 的单位为 s。该系统是因果系统吗？

解： 因为系统当前的输出 $y(t)$ 等于系统在 3s 前的输入，故系统是因果的。该系统的一个工程实例是磁带录音机。对于需要记录在磁带上的信号 $x(t)$，只要将放音磁头放置在落后录音磁头 3s 的位置，即可实现这种延迟效应。

例 2.7.3　设一系统的方程为

$$y(t)=x(t+3)$$

其中时间 t 的单位为 s。该系统是因果系统吗？

解： 如果设 $t=0$，则系统在 $t=0$ 时刻的输出将等于 $t=3$ 时刻的输入。也就是说，系统当前的输出 $y(t)$ 等于系统 3s 以后的输入，显然该系统是非因果的。非因果系统因为是时间超前系统，故物理上是不可实现的。

例 2.7.4　微分和积分运算是研究系统的基本运算。通常，对一个脉冲进行锐化时需要微分操作，而积分运算对输入信号具有平滑作用。设 $x(t)$ 和 $y(t)$ 分别代表微分器的输入和输出信号，则理想微分器由下式定义：

$$y(t)=\frac{\mathrm{d}}{\mathrm{d}t}x(t)$$

图 2.7.1a 所示的 RC 电路是理想微分器的近似，它的输入-输出关系为

$$v_2(t)+\frac{1}{RC}\int_{-\infty}^{t}v_2(\tau)\mathrm{d}\tau=v_1(t)$$

整理后有

$$\frac{\mathrm{d}}{\mathrm{d}t}v_2(t)+\frac{1}{RC}v_2(t)=\frac{\mathrm{d}}{\mathrm{d}t}v_1(t)$$

根据因果性的概念，可知微分器的输出 $v_2(t)$ 只与输入信号 $v_1(t)$ 的现在或过去的输入有关，因此系统是因果的。另外，如果时间常数 RC 取得足够小，则上式左边的第二项 $(1/RC)v_2(t)$ 将占主导地位，上式可近似为

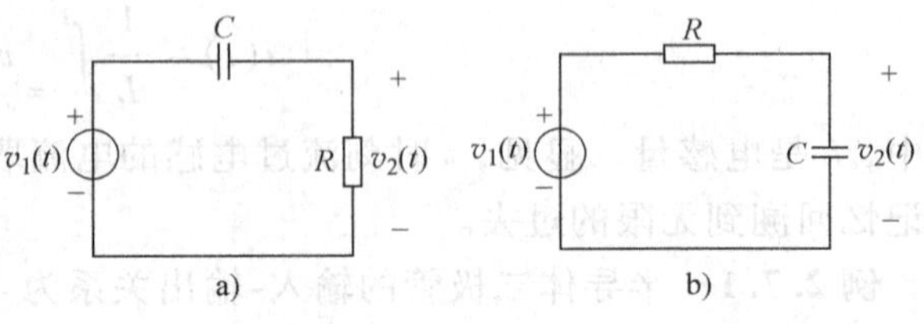

图 2.7.1 例 2.7.4 图

a) 小 RC 值电路可近似微分器 b) 大 RC 值电路可近似积分器

$$\frac{1}{RC}v_2(t)\approx\frac{\mathrm{d}}{\mathrm{d}t}v_1(t)$$

或

$$v_2(t)\approx RC\frac{\mathrm{d}}{\mathrm{d}t}v_1(t)$$

若与微分定义式比较，可以看出输入 $x(t)=RCv_1(t)$，输出 $y(t)=v_2(t)$。

对于积分运算，用 $x(t)$ 代表输入信号，$y(t)$ 代表输出，则理想积分器由下式定义：

$$y(t)=\int_{-\infty}^{t}x(\tau)\mathrm{d}\tau$$

图 2.7.1b 所示的 RC 电路是理想积分器的近似，它的输入-输出关系为

$$RC\frac{\mathrm{d}}{\mathrm{d}t}v_2(t)+v_2(t)=v_1(t)$$

整理后为

$$RCv_2(t)+\int_{-\infty}^{t}v_2(\tau)\mathrm{d}\tau=\int_{-\infty}^{t}v_1(\tau)\mathrm{d}\tau$$

根据因果性的概念，可知积分器的输出 $v_2(t)$ 只与输入信号 $v_1(t)$ 的现在及过去的输入有关，因此系统是因果的。另外，如取 RC 的值足够大，则上式等号左边的第一项 $RCv_2(t)$ 将占主导地位，上式可近似为

$$RCv_2(t)=\int_{-\infty}^{t}v_1(\tau)\mathrm{d}\tau$$

或

$$v_2(t)=\frac{1}{RC}\int_{-\infty}^{t}v_1(\tau)\mathrm{d}\tau$$

若与积分定义式比较，可以看出输入 $x(t)=\frac{1}{RC}v_1(t)$，输出 $y(t)=v_2(t)$。

综上所述，根据记忆性和因果性的概念，判断系统的记忆性及因果性可以按照以下准则：

1）如果系统输出 $y(t)$ 并不取决于系统未来的输入[例如 $x(t+3)$]，系统就是因果的。

2）如果系统输出 $y(t_0)$ 仅仅依赖于系统输入 $x(t_0)$ 的瞬时值，系统就是静态（非记忆）的。

3）如果系统有能量储存，并且系统输出 $y(t_0)$ 依赖于输出本身的过去值，系统就是记忆(动态)的。

由系统微分方程判断系统的非因果性和系统的非记忆(静态)性，可按以下准则：

1）如果系统输出项具有 $y(t)$ 的形式，而且任意一个系统的输入项中包含了 $x(t+\alpha)$，$\alpha>0$的形式，系统就是非因果的。

2）如果系统方程中没有微分运算，且系统输入 $x(t)$ 和输出 $y(t)$ 中的每一项都有相同的自变量，那么系统就是非记忆(静态)的。

讨论题 2.7.5　讨论以下系统的因果性和记忆性。

1）$\dfrac{dy(t)}{dt}-5y(t)=x(t+5)$，微分方程是非因果且记忆(动态)的。

2）$\dfrac{d^2y(t)}{dt^2}-3t\dfrac{dy(t)}{dt}=3x(t)$，微分方程是因果、记忆(动态)的。

3）$y(t)=x(t+2)$，方程是非因果且记忆(动态)的(x 和 y 的自变量不同)。

4）$y(t)=2x(\alpha t)$，当 $\alpha=1$，方程是因果、瞬时的；当 $\alpha<1$，方程是因果、动态的；当 $\alpha>1$，方程是非因果但为动态的；当 $\alpha\neq1$ 时，方程是时变的。

5）$y(t)=x(t)+3$，方程是因果但瞬时的(而且是非线性的)。

6）$y(t)=2(t+1)x(t)$，方程是因果但瞬时的(而且是时变的)。

2.7.4　可逆性

如果系统在不同的输入信号激励下产生出不同的输出信号，则称系统为可逆的。对于可逆系统而言，系统的输入可由系统的输出唯一确定。反之，若系统的输入不能由系统的输出唯一确定，则系统是不可逆的。

例 2.7.6　考虑一个二次方律电路，它的输入、输出关系为

$$y(t)=x^2(t)$$

根据可逆性的定义，可求出该系统的输入信号为

$$x(t)=\pm\sqrt{y(t)}$$

显而易见，如果给定系统一个输出，则系统输入存在两种可能性，即$+\sqrt{y(t)}$和$-\sqrt{y(t)}$。或者说二次方律电路对不同的输入 $x(t)$ 和$-x(t)$产生了相同的输出 $y(t)$，因此二次方律电路是不可逆的。

与系统可逆性相关的一个重要概念是系统的逆，或称为逆系统。在给出逆系统的定义之前，需要先给出恒等系统(Identity System)的概念。

所谓恒等系统，是指输出信号与输入信号相同的系统。恒等系统的一个例子是增益等于1的理想放大器。

有了恒等系统的概念，就可以给出逆系统的定义如下：

如果一个系统 H 与另一个系统 H_{inv} 级联后构成一个恒等系统，则称第二个系统是第一个系统的逆系统。

现设算子 H 表示第一个连续时间系统(系统Ⅰ)，其输入信号为 $x(t)$，输出信号为 $y(t)$，则

$$y(t)=H[x(t)] \tag{2.7.4}$$

若将系统Ⅰ与第二个连续时间系统 H_{inv}（系统Ⅱ）级联，因此系统Ⅰ的输出 $y(t)$ 就是系统Ⅱ的输入，如图 2.7.2 所示。这样，系统Ⅱ的输出信号由下式确定：

$$x(t)=H_{inv}[y(t)]=H_{inv}(H[x(t)])=H_{inv}H[x(t)] \tag{2.7.5}$$

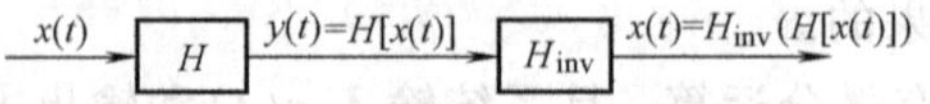

$x(t)$ → H → $y(t)=H[x(t)]$ → H_{inv} → $x(t)=H_{inv}(H[x(t)])$

图 2.7.2　系统的可逆性（第二个算子 H_{inv} 是第一个算子 H 的逆算子）

这里利用了两个算子 H 和 H_{inv} 的级联等效于单个算子 $H_{inv}H$ 这样一个事实。显然，为使输出信号等于原来的输入信号 $x(t)$，必须有

$$H_{inv}H=I \tag{2.7.6}$$

式中，I 代表单位算子，由单位算子表示的系统，其输出完全等于输入。式（2.7.5）表示从 $y(t)$ 恢复出原输入信号 $x(t)$ 时，新算子 H_{inv} 与给定算子 H 之间必须满足的条件。这个新的算子 H_{inv} 就是逆算子，它对应的系统就是逆系统。因此，输入 $x(t)$ 经过 H 和 H_{inv} 的级联后完全没有变化。

通常，求出给定系统的逆系统是很困难的，在一般情况下，一个可逆系统对于不同的输入必须产生不同的输出，也就是说，可逆系统的输出和输入必须是一一对应的。

系统的可逆性在现代通信系统的设计中具有重要应用。例如，当射频信号通过信道传输时，信道的物理特性不可避免地会引入失真。而抑制这种失真的有效方法是在接收机中设置一个均衡电路，该均衡电路一般级联于信道之后（类似于图 2.7.2 的连接方式）。将均衡电路设计成信道的逆，则已失真的发射信号通过均衡电路便可恢复成原信号（假定信道是理想的，即不存在噪声）。

例 2.7.7　电感元件的输入-输出关系（端口特性）如下：

$$y(t)=\frac{1}{L}\int_{-\infty}^{t}x(\tau)\mathrm{d}\tau \tag{2.7.7}$$

试求出电感系统的逆系统。

解：积分的逆运算是微分运算，故对式（2.7.7）等式两端同取微分运算，即可获得电感元件的逆系统为

$$x(t)=L\frac{\mathrm{d}}{\mathrm{d}t}y(t)$$

2.7.5　时不变性

如果系统的输入信号延迟或超前一段时间，其输出信号也延迟或超前一段相同的时间，则称系统为时不变系统。时不变性意味着系统的特性不随时间而变化，否则就称为时变系统。

对于时不变系统，如果一个输入信号 $x(t)$ 产生一个输出信号 $y(t)$，即 $x(t)\to y(t)$。又当输入信号 $x(t)$ 延迟一个 t_0 单位，即 $x(t)\to x(t-t_0)$，产生的输出由 $y(t)\to y(t-t_0)$。换句话说，时不变系统满足 $x(t-t_0)\to y(t-t_0)$。

如果系统的输出信号 $y(t)$ 可以表示成系统输入信号 $x(t)$ 的显函数，则可以依据下面的关系式判定系统的时不变性：

$$y(t)\big|_{t\to t-t_0}=y(t)\big|_{x(t)\to x(t-t_0)} \tag{2.7.8}$$

式中，等式左端项 $y(t)\big|_{t\to t-t_0}$ 表示将 $y(t)$ 中的自变量 t 直接置换成 $t-t_0$，而右端项 $y(t)\big|_{x(t)\to x(t-t_0)}$ 则表示将 $y(t)$ 中显含的 $x(t)$ 直接置换成 $x(t-t_0)$。系统时不变性的具体判定方法如图 2.7.3 所示。其中，信号 $y(t-t_0)$ 是输出信号 $y(t)$ 延迟 t_0 个单位，而 $y_d(t)$ 是延迟输入信号 $x(t-t_0)$ 对于系统的输出，即

$$x(t-t_0)\to y_d(t) \tag{2.7.9}$$

如果图 2.7.3 中的系统满足条件

$$y(t-t_0)=y_d(t) \tag{2.7.10}$$

则系统是时不变的，反之系统就是时变的。

例 2.7.8　系统的输入、输出具有如下关系：

$$y(t)=e^{x(t)}$$

试判断该系统是否满足时不变性条件。

解：根据式(2.7.8)，有

$$y_d(t)=y(t)\big|_{x(t)\to x(t-t_0)}=e^{x(t)}\big|_{x(t)\to x(t-t_0)}=e^{x(t-t_0)}$$

又根据式(2.7.10)，可得

$$y(t-t_0)=y(t)\big|_{t\to t-t_0}=e^{x(t)}\big|_{t\to t-t_0}=e^{x(t-t_0)}$$

显然

$$y(t-t_0)=y_d(t)$$

故系统是时不变的。

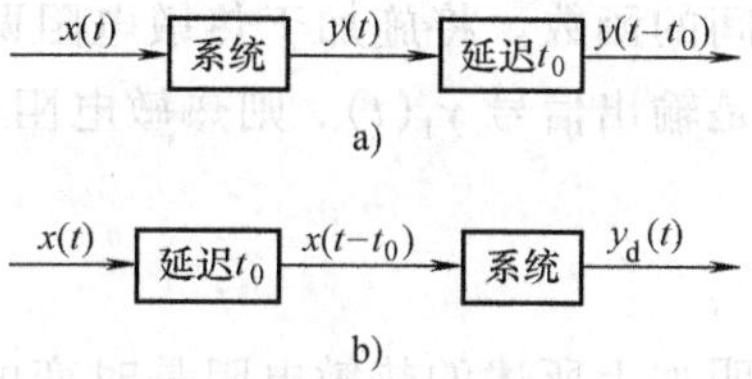

$x(t)$ → 系统 → $y(t)$ → 延迟t_0 → $y(t-t_0)$

a)

$x(t)$ → 延迟t_0 → $x(t-t_0)$ → 系统 → $y_d(t)$

b)

图 2.7.3　系统时不变性的判定

例 2.7.9　系统的输入-输出关系为

$$y(t)=e^{-t}x(t)$$

试判断该系统是否满足时不变性条件。

解：根据式(2.7.8)，有

$$y_d(t)=y(t)\big|_{x(t)\to x(t-t_0)}=e^{-t}x(t)\big|_{x(t)\to x(t-t_0)}=e^{-t}x(t-t_0)$$

又由式(2.7.10)，可得

$$y(t-t_0)=y(t)\big|_{t\to t-t_0}=e^{-t}x(t)\big|_{t\to t-t_0}=e^{-(t-t_0)}x(t-t_0)$$

显然

$$y(t-t_0)\neq y_d(t)$$

故系统是时变的。

例 2.7.10　已知电感元件的输入-输出关系（端口特征）为

$$i(t)=\frac{1}{L}\int_{-\infty}^{t}v(\tau)\,d\tau$$

式中，L 是电感量。若取电感两端电压 $v(t)$ 作为输入信号，用流过电感的电流 $i(t)$ 作为输出信号，证明电感元件是非时变的。

证明：首先设输入信号（电感电压）$v(t)$ 延迟 t_0 个单位，成为 $v(t-t_0)$。电感对延迟输入 $v(t-t_0)$ 的输出设为 $i_1(t)$，则有

$$i_1(t)=\frac{1}{L}\int_{-\infty}^{t}v(\tau-t_0)\,d\tau$$

其次，设输出信号(电感电流)延迟 t_0 个单位，成为 $i(t-t_0)$，则

$$i(t-t_0)=\frac{1}{L}\int_{-\infty}^{t-t_0}v(\tau)\mathrm{d}\tau$$

$i_1(t)$ 与 $i(t-t_0)$ 相等吗？答案是肯定的，因为只要做一个简单的变量代换即可。记 $\tau'=\tau-t_0$，则 $\mathrm{d}\tau'=\mathrm{d}\tau$。因此，改变积分的上下限，$i_1(t)$ 可表示为

$$i_1(t)=\frac{1}{L}\int_{-\infty}^{t-t_0}v(\tau')\mathrm{d}\tau'$$

显然，$i_1(t)=i(t-t_0)$。这就证明了电感是非时变的。

例 2.7.11　热敏电阻的阻值随温度的变化而变化。用 $R(t)$ 表示热敏电阻的阻值，它是时间的函数。将施加于热敏电阻两端的电压看成是输入信号 $x_1(t)$，流过热敏电阻的电流看成是输出信号 $y_1(t)$，则热敏电阻的输入-输出关系可表示为

$$y_1(t)=\frac{x_1(t)}{R(t)}$$

证明如上所述的热敏电阻是时变的。

证明： 用 $y_2(t)$ 表示热敏电阻对时移输入信号 $x_1(t-t_0)$ 所产生的响应，则有

$$y_2(t)=\frac{x_1(t-t_0)}{R(t)}$$

其次，对输出 $y_1(t)$ 时移 t_0 得 $y_1(t-t_0)$，则热敏电阻的输入-输出关系变为

$$y_1(t-t_0)=\frac{x_1(t-t_0)}{R(t-t_0)}$$

显然，当 $t_0\neq 0$ 时，$R(t)\neq R(t-t_0)$，于是

$$y_1(t-t_0)\neq y_2(t)$$

因此，热敏电阻是时变的。

2.7.6　线性

线性性质是系统的重要性质之一。这里仍假设 $x(t)$ 是系统的输入信号，$y(t)$ 为输出信号。如果系统具有以下两种性质，则该系统是线性的：

1）叠加性。对于任意输入 $x_1(t)$ 和 $x_2(t)$，若 $x_1(t)\to y_1(t)$，$x_2(t)\to y_2(t)$，则有

$$x_1(t)+x_2(t)\to y_1(t)+y_2(t) \tag{2.7.11}$$

2）齐次性。对于任意常数 a，若 $x_1(t)\to y_1(t)$，则有

$$ax_1(t)\to ay_1(t) \tag{2.7.12}$$

如果系统不满足叠加性或者齐次性，则称该系统为非线性系统。

通过对叠加性和齐次性进行加权组合操作，即可获得叠加原理。叠加原理指出，满足叠加性和齐次性的系统，即

$$a_1x_1(t)+a_2x_2(t)\to a_1y_1(t)+a_2y_2(t) \tag{2.7.13}$$

则系统满足叠加原理。满足叠加原理的系统是线性系统。

例 2.7.12　考虑二次方律电路，它的输入-输出关系为

$$y(t)=x^2(t)$$

当系统的输入为 $x_1(t)$ 和 $x_2(t)$ 时，系统相应的输出分别为

$$x_1(t)\rightarrow y_1(t)=x_1^2(t)$$
$$x_2(t)\rightarrow y_2(t)=x_2^2(t)$$

另一方面，当输入信号为 $x_1(t)+x_2(t)$ 时，系统输出信号为

$$\begin{aligned}x_1(t)+x_2(t)&\rightarrow[x_1(t)+x_2(t)]^2\\&=x_1^2(t)+2x_1(t)x_2(t)+x_2^2(t)=y_1(t)+y_2(t)+2x_1(t)x_2(t)\end{aligned}$$

显然，系统在 $x_1(t)+x_2(t)$ 作用下的输出不是 $y_1(t)+y_2(t)$，所以二次方律电路是非线性的。

与线性和时不变性密切相关的系统是所谓的线性时不变系统(Linear Time-invariant System，LTI 系统)。LTI 系统是指具有时不变特性的线性系统，通常用常微分方程进行描述。检验由微分方程描述的系统的线性或/和时不变性，可以严格地对方程的每一项和每个运算进行线性或者时不变性的检验，也可以通过下面总结的一般性结论进行系统的线性或者时不变性的识别。

针对 LTI 系统，叠加性意味着对系统施加了三个约束条件：

1）系统方程中只能包括线性运算。

2）系统中不能存在内部独立源，也就是说不能有独立的常数项存在。

3）系统必须是松弛的，即初始条件为零。

上述三个约束条件其实强调的是，有下面三个因素导致了系统的非线性：

1）非线性单元(或元件)。

2）系统非零初始条件。

3）系统存在内部独立源或者独立常数项。

在线性系统中，对输入的增减将导致对输出的比例增减。这就意味着零输入导致零输出，而且系统的线性输入-输出关系是通过原点的。这个条件只有当系统每个元件的端口特性都遵循线性输入-输出关系时才有可能。另外，独立源都具有输出为常数且不经过原点的输出特性，因此包括独立源或者独立常数项的系统就是非线性的。但是，尽管包括这些非线性项(独立源、独立常数项或者非零初始条件)的系统是非线性的，若视这些非线性项为系统的额外输入项(也就是将系统看作是多输入系统)，则由叠加性可将系统作为线性系统进行分析。

注释：线性系统和线性函数(信号)是两个不同的概念。信号(一般可用时变函数描述)通过系统传输和变换，描述一个系统将输入信号 $x(t)$ 变换或映射成输出信号 $y(t)$ 的过程可以用以下两种方式：

1)映射函数。

$$y(t)=f[x(t)] \tag{2.7.14}$$

2)系统特性曲线的映射关系，如图 2.7.4 所示。

图 2.7.4 所示的特性曲线可以通过一个高阶多项式(指数级数)

$$y=b_0+b_1x+b_2x^2+b_3x^3+\cdots \tag{2.7.15}$$

逼近。因此，利用映射函数对系统建模与利用特性曲线对系统建模是等价的描述。

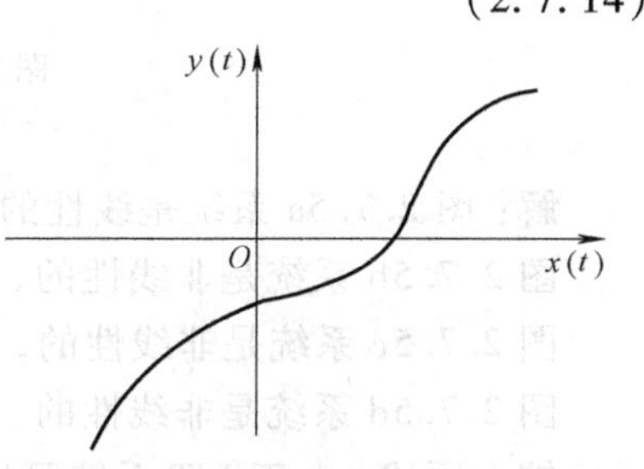

图 2.7.4　系统特性曲线的映射关系

数学上，称式(2.7.15)的一阶多项式

$$y=b_0+b_1x \tag{2.7.16}$$

为线性函数。然而，在系统理论中，满足约束条件$b_0=0$的系统才能称之为线性系统。这时，系统的特性曲线必须通过坐标原点。

讨论题 2.7.13　一个叠加有直流分量的放大器由下式描述：

$$y(t)=5x(t)+2$$

根据叠加原理，有

$$y(t)=5[a_1x_1(t)+a_2x_2(t)]+2\neq a_1y_1(t)+a_2y_2(t)$$

由于不满足式(2.7.13)，其中一部分输出信号与输入信号无关，故系统是非线性的。

例 2.7.14　试判断输入、输出关系为$y(t)=\sin 2tx(t)$的系统的性质。

解：可将该系统看做一个增益为$\sin 2t$，在$[-1,1]$之间变化的放大器。该系统有以下六个特性：

1）系统是无记忆的，因为系统的输出只是当前输入信号的函数。

2）系统是不可逆的，如当$y(t)|_{t=\pi}=0$时，系统的输出与输入无关。

3）系统是因果的，因为系统的输出与未来的输入信号无关。

4）系统是稳定的，因为当输入有界时，输出也有界。

5）系统是时变的，因为根据式(2.7.8)和式(2.7.10)，有

$$y(t)|_{t\to t-t_0}=\sin 2(t-t_0)x(t-t_0)$$

和

$$y(t)|_{x(t)\to x(t-t_0)}=\sin 2tx(t-t_0)$$

因此

$$y(t)|_{t\to t-t_0}\neq y(t)|_{x(t)\to x(t-t_0)}$$

6）系统是线性的，因为

$$\begin{aligned}a_1x_1(t)+a_2x_2(t)\to\sin 2t[a_1x_1(t)+a_2x_2(t)]&=a_1\sin 2tx_1(t)+a_2\sin 2tx_2(t)\\&=a_1y_1(t)+a_2y_2(t)\end{aligned}$$

例 2.7.15　图 2.7.5 给出四个系统的输入-输出关系曲线，其中$x(t)$是系统输入信号，$y(t)$是系统输出信号。试问哪一个是线性系统。

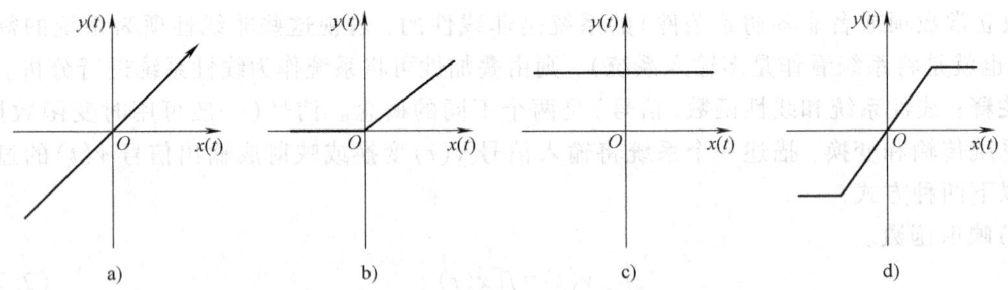

图 2.7.5　四个系统的输入-输出关系

解：图 2.7.5a 系统是线性的，因为其输入-输出关系曲线为通过原点的一条直线；

图 2.7.5b 系统是非线性的，事实上这是一个半波整流器；

图 2.7.5c 系统是非线性的，因为这是一个内部源，也可能是一个常数；

图 2.7.5d 系统是非线性的，因为这是一个运算放大器。

综上所述，对于 LIT 系统可以按照下面一般化的结论进行识别：

1）包含系统输入$x(t)$和/或输出$y(t)$乘积项的运算将使系统方程呈现非线性。

2）方程中包含独立常数项也使方程呈现非线性。

3）方程中若有任何一项是输入 $x(t)$ 或输出 $y(t)$ 的非线性函数，则系统方程呈现非线性。

4）如果系统的输入 $x(t)$ 或者输出 $y(t)$ 及其各阶导数项的系数是时间 t 的显函数，则系统是时变的。

5）系统输入或者输出的时间展缩运算［如 $y(3t)$］也使系统呈现时变性。

讨论题 2.7.16　讨论以下系统的线性与时不变性：

（1）$\dfrac{dy(t)}{dt}-5y(t)=3x(t)$，微分方程是线性时不变的。

（2）$\dfrac{d^2y(t)}{dt^2}-3t\dfrac{dy(t)}{dt}=3x(t)$，微分方程是线性时变的。

（3）$\dfrac{dy(t)}{dt}-5y^2(t)=2\dfrac{dx(t)}{dt}-x(t)$，微分方程是非线性的，但具有时不变性。

（4）$\dfrac{dy(t)}{dt}-y(t)=e^{x(t)}x(t)$，微分方程是非线性的，但具有时不变性。

（5）$\dfrac{dy(t)}{dt}-2y(t)y(3t)=x(t)$，微分方程是非线性且时变的。

例 2.7.17　对于图 2.7.6 所示的电路，讨论其线性及时不变性。

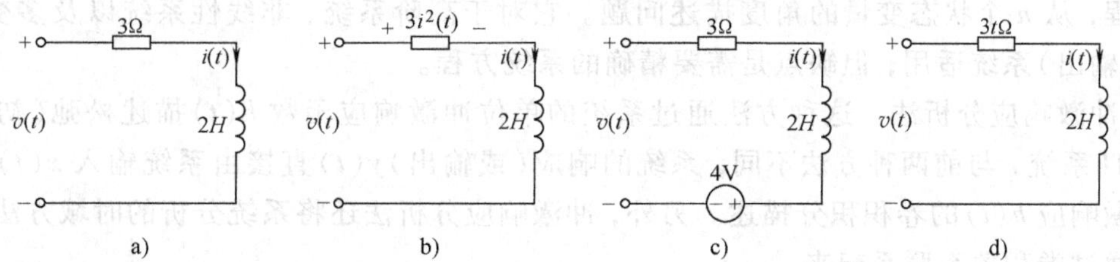

图 2.7.6　电路的线性及时不变性

解：图 2.7.6a 电路的微分方程为$2\dfrac{di(t)}{dt}+3i(t)=v(t)$，由于电路元件均为常数，所以是 LTI 电路。

图 2.7.6b 电路的微分方程为 $2\dfrac{di(t)}{dt}+3i^2(t)=v(t)$，由于电路中电阻元件非线性，所以是非线性时不变电路。

图 2.7.6c 电路的微分方程为 $2\dfrac{di(t)}{dt}+3i(t)+4=v(t)$，由于电路存在 4V 的独立源，所以是非线性电路。

图 2.7.6d 电路的微分方程为 $2\dfrac{di(t)}{dt}+3ti(t)=v(t)$，由于存在时变电阻，所以是时变电路。

2.8　卷积积分

本节开始研究连续时间 LTI 系统的建模和分析问题。连续时间 LTI 系统之所以重要，是因为它们在工程应用中具有以下特点：

1）一般的工程系统可以用 LTI 系统进行建模和仿真，例如基本电路模型、机械模型都是 LTI 系统模型。

2）LTI 系统的方程可以用标准数学方法进行精确的描述和求解。

3）通过对 LTI 系统进行相关的分析，可以获得关于系统行为属性的重要信息。

4）LTI 系统的分析结果是对系统进行自动控制设计的基础。事实上，自动控制的核心理论就是建立在线性系统分析基础上的。

5）在对非 LTI 系统进行分析和设计之前，通常会对这个非 LTI 系统在其工作点附近进行线性化处理，得到一个关于原系统的线性近似模型。虽然这个 LTI 系统模型可能不够精确，但用它却可以按照标准设计方法来启动一个设计过程。

6）最后一个更直接的原因是，叠加原理适用于 LTI 系统。

在时域中，连续时间 LTI 系统有三种分析方法：

1）微分方程分析法。这是连续时间 LTI 系统的经典解法，甚至还可以用于分析非线性及时变系统的解。微分方程分析法的优点是，叠加原理适用于 LTI 系统的输出或响应的计算。但其缺点也同样明显，即当微分方程的阶次较高时，方程的求解比较困难。

2）状态变量分析法。这种方法用状态方程组求解一个 n 阶系统。它基于 n 个联立一阶微分方程，从 n 个状态变量的角度描述问题。它对于高阶系统、非线性系统以及多变量（多输入-多输出）系统适用，但缺点是需要精确的系统方程。

3）冲激响应分析法。这种方法通过系统的单位冲激响应函数 $h(t)$ 描述松弛（初始条件为零）LTI 系统，与前两种方法不同，系统的响应（或输出）$y(t)$ 直接由系统输入 $x(t)$ 与系统单位冲激响应 $h(t)$ 的卷积积分描述。另外，冲激响应分析法还将系统分析的时域方法与变换域方法通过卷积关系联系起来。

2.8.1　连续时间信号的脉冲分量描述

信号 $x(t)$ 与冲激函数 $\delta(t)$ 之间的关系是信号与系统教程中的一个非常重要的关系。首先回顾一下前面关于冲激函数的基本概念。根据式（2.3.11），冲激函数由以下两个联立方程定义：

$$\begin{cases}\delta(t-t_0)=0,\ t\neq t_0\\ \int_{-\infty}^{\infty}\delta(t-t_0)\,\mathrm{d}t=\int_{t_{0-}}^{t_{0+}}\delta(t-t_0)\,\mathrm{d}t=1\end{cases}\tag{2.8.1}$$

而一个更严密的定义是，对于一个在 $t=t_0$ 处连续的任意函数 $x(t)$，单位冲激函数 $\delta(t-t_0)$ 定义为

$$\int_{-\infty}^{\infty}x(t)\delta(t-t_0)\,\mathrm{d}t=x(t_0)\tag{2.8.2}$$

根据式（2.8.2），冲激函数的筛选性质为

$$x(t)\delta(t-t_0)=x(t_0)\delta(t-t_0)\tag{2.8.3}$$

若要给出信号 $x(t)$ 与冲激函数 $\delta(t)$ 之间的关系，对于式（2.8.3），令 $t_0=\tau$，则有

$$x(t)\delta(t-\tau)=x(\tau)\delta(t-\tau)\tag{2.8.4}$$

对式（2.8.4）求积分，并根据定义式（2.8.1），有

$$\int_{-\infty}^{\infty} x(\tau)\delta(t-\tau)\mathrm{d}\tau = \int_{-\infty}^{\infty} x(t)\delta(t-\tau)\mathrm{d}\tau = x(t)\int_{-\infty}^{\infty}\delta(t-\tau)\mathrm{d}\tau = x(t)$$

或

$$x(t) = \int_{-\infty}^{\infty} x(\tau)\delta(t-\tau)\mathrm{d}\tau \tag{2.8.5}$$

式(2.8.5)说明，任意信号 $x(t)$ 都可以表示为时移单位冲激函数的一个加权积分。其中，时移量由连续变量 τ 给出，而加权系数 $x(\tau)\mathrm{d}\tau$ 正比于 τ 时刻冲激函数对信号的抽样值。

2.8.2 卷积积分概念

设算子 H 表示一个输入信号为 $x(t)$ 的系统，若用式(2.8.5)给出的信号作为系统的输入，则系统的输出响应为

$$y(t) = H[x(t)] = H\left[\int_{-\infty}^{\infty} x(\tau)\delta(t-\tau)\mathrm{d}\tau\right]$$

假设可以交换积分和算子 H 的顺序，则有

$$y(t) = H[x(t)] = \int_{-\infty}^{\infty} x(\tau)H[\delta(t-\tau)]\mathrm{d}\tau \tag{2.8.6}$$

显然，连续时间线性系统对时移单位冲激函数的响应完全体现了系统的输入-输出特性。

若选取单位冲激函数 $\delta(t)$ 作为系统的输入信号，则系统的输出(也就是响应)就定义为系统的单位冲激响应 $h(t)$，即

$$h(t) = H[\delta(t)] \tag{2.8.7}$$

如果系统同时还是时不变的，则有

$$h(t-\tau) = H[\delta(t-\tau)] \tag{2.8.8}$$

式(2.8.8)说明，时不变性意味着时移的单位冲激信号将产生具有相同时移量的单位冲激响应。将式(2.8.8)代入到式(2.8.6)中，得

$$y(t) = H[x(t)] = \int_{-\infty}^{\infty} x(\tau)h(t-\tau)\mathrm{d}\tau \tag{2.8.9}$$

式(2.8.9)指出，LTI 系统的输出 $y(t)$ 等于时移量为 τ 的单位冲激响应的加权积分。这个积分就是在信号与系统中占据特殊位置的卷积积分(Convolution)，一般用符号“ $*$ ”表示，即

$$y(t) = x(t) * h(t) = \int_{-\infty}^{\infty} x(\tau)h(t-\tau)\mathrm{d}\tau \tag{2.8.10}$$

式中，单位冲激响应 $h(t)$ 表征了一个 LTI 系统的时域特征。换言之，一旦 $h(t)$ 已知，这个系统对于任何输入 $x(t)$ 的响应都可以求得。

注意，引入式(2.8.10)之后，它就给出了连续时间 LTI 系统分析中的一个重要的概念：松弛系统(Relaxed Systems，即初始状态为零的微分方程系统)的响应 $y(t)$ 是任意输入信号 $x(t)$ 与系统单位冲激响应 $h(t)$ 的卷积积分。这个概念，其实就是连续时间系统零状态响应的概念。

2.8.3 卷积积分的性质

将式(2.8.10)定义的卷积积分作 $\nu = t-\tau$ 的变量代换，可以得到卷积积分的另一种表示形式：

$$y(t)=\int_{-\infty}^{\infty}x(t-\nu)h(\nu)\mathrm{d}\nu \tag{2.8.11}$$

式(2.8.11)说明卷积积分满足交换律。如果用变量 τ 替换式(2.8.11)积分中的 ν，则卷积积分还可表示为

$$y(t)=x(t)*h(t)=\int_{-\infty}^{\infty}x(\tau)h(t-\tau)\mathrm{d}\tau=\int_{-\infty}^{\infty}x(t-\tau)h(\tau)\mathrm{d}\tau=h(t)*x(t) \tag{2.8.12}$$

若系统的激励为单位冲激信号，还可推导出卷积积分的另一个性质：当 $x(t)=\delta(t)$ 时，$y(t)=\delta(t)*h(t)$，根据定义，系统的输出等于冲激响应 $h(t)$，即

$$y(t)=\delta(t)*h(t)=h(t) \tag{2.8.13}$$

这个性质与 $h(t)$ 的形式无关。因此，任意函数 $f(t)$ 与单位冲激函数卷积积分的结果仍然是函数 $f(t)$ 本身。利用系统的时不变特性，式(2.8.13)可进一步表示为

$$y(t-t_0)=\delta(t-t_0)*h(t)=h(t-t_0) \tag{2.8.14}$$

对于任意函数 $f(t)$，卷积积分的性质可描述为

$$\delta(t)*f(t)=f(t) \tag{2.8.15}$$

和

$$\delta(t-t_0)*f(t)=f(t-t_0)*\delta(t)=f(t-t_0) \tag{2.8.16}$$

注意，不要将冲激函数的卷积运算与乘积运算相混淆。根据表 2.3.1，冲激函数的乘积性质(筛选特性)可以描述为

$$\delta(t-t_0)f(t)=f(t_0)\delta(t-t_0)$$

和

$$f(t-t_0)\delta(t)=f(-t_0)\delta(t)$$

卷积积分的其他几个性质如下，它们的证明留作习题。

1) $h(t)*[ax(t)]=a[h(t)*x(t)]$ (2.8.17)

2) $h(t)*[x_1(t)+x_2(t)]=h(t)*x_1(t)+h(t)*x_2(t)$ (2.8.18)

3) $h(t)*[x_1(t)*x_2(t)]=[h(t)*x_1(t)]*x_2(t)$ (2.8.19)

4) 如果 $h(t)$ 在 $t\in(a,b)$ 定义，$x(t)$ 在 $t\in(c,d)$ 定义，则 $h(t)*x(t)$ 在 $t\in(a+c,b+d)$ 内定义。

5) 如果 $h(t)$ 曲线包围的面积为 A_1，$x(t)$ 曲线包围的面积为 A_2，则 $h(t)*x(t)$ 曲线包围的面积为 A_1A_2。

另外需要说明的是，卷积积分是一种数学运算，它适用于任意函数。例如对于任意两个连续时间函数 $x_1(t)$ 和 $x_2(t)$，其卷积积分为

$$x(t)=\int_{-\infty}^{\infty}x_1(\tau)x_2(t-\tau)\mathrm{d}\tau=\int_{-\infty}^{\infty}x_1(t-\tau)x_2(\tau)\mathrm{d}\tau \tag{2.8.20}$$

2.8.4 卷积积分计算

现考虑将式(2.8.10)给出的卷积积分

$$y(t)=x(t)*h(t)=\int_{-\infty}^{\infty}x(\tau)h(t-\tau)\mathrm{d}\tau$$

中的被积函数 $x(\tau)h(t-\tau)$ 定义为一个中间信号

$$w_t(\tau)=x(\tau)h(t-\tau) \tag{2.8.21}$$

则式(2.8.10)可简写为

$$y(t)=x(t)*h(t)=\int_{-\infty}^{\infty}w_t(\tau)\,\mathrm{d}\tau \tag{2.8.22}$$

式中，自变量是 τ，t 则视为常数。时移冲激响应 $h(t-\tau)=h[-(\tau-t)]$ 是 $h(\tau)$ 的反折 $h(-\tau)$ 经平移运算(平移 $-t$ 个单位)后的信号。因此，如果 $t<0$，则由 $h(-\tau)$ 向左移 $|t|$ 个单位就可得到 $h(t-\tau)$；如果 $t>0$，则 $h(-\tau)$ 经右移 t 个单位获得 $h(t-\tau)$。t 从 $-\infty$ 变化到 ∞ 的效果相当于首先将反折后的单位冲激响应 $h(-\tau)$ 平移到时间轴的最左端($-\infty$ 远处)，然后让它自左向右平移扫描到时间轴的最右端(∞ 远处)，期间必然平滑扫过 $x(\tau)$。因此，平移量 t 就决定了计算松弛系统在 t 时刻的输出或者响应，而系统中任意时刻 t 的输出就是中间信号 $w_t(\tau)=x(\tau)h(t-\tau)$ 波形下的面积。

一般而言，中间信号 $w_t(\tau)=x(\tau)h(t-\tau)$ 的计算取决于 t 从 $-\infty$ 变化到 ∞ 的取值。但若根据信号的特征将 t 的时间区间划分为不同的区间，比如画出信号 $x(\tau)$ 和 $h(t-\tau)$ 的波形就有助于划分 t 的区间，则只需要对各区间应用相应的 $w_t(\tau)$ 计算卷积积分式(2.8.21)。具体计算过程如下：

1) 换元：进行变量代换，将 $h(t)$ 中的 t 换成 τ，得到 $h(\tau)$。

2) 反转(反折)：对 $h(\tau)$ 做关于 $\tau=0$ 的反转，得到反折信号 $h(-\tau)$。

3) 平移：对 $h(-\tau)$ 平移 $t(-\infty<t<\infty)$ 得到 $h(t-\tau)$。平移规则是，如果 $t>0$，将 $h(-\tau)$ 右移 t 个单位，得到 $h(t-\tau)$；如果 $t<0$，将 $h(-\tau)$ 左移 t 个单位，得到 $h(t-\tau)$。

4) 相乘：求信号 $x(\tau)$ 与 $h(t-\tau)$ 的乘积 $w_t(\tau)=x(\tau)h(t-\tau)$，得到中间信号 $w_t(\tau)$。

5) 求积分：松弛系统的响应(输出)$y(t)$ 是中间信号 $w_t(\tau)$ 对所有 τ 从 $-\infty$ 到 ∞ 的积分。

需要注意，t 从 $-\infty$ 变化到 ∞ 的过程相当于 $h(-\tau)$ 从左向右扫过 $x(\tau)$，计算 $w_t(\tau)$ 的积分相当于求 $w_t(\tau)$ 曲线下面的面积。

计算卷积积分的过程还可以用图 2.8.1 说明。

卷积积分计算的图形方法有助于更好地理解卷积积分计算的五个步骤，下面举例说明。

例 2.8.1　考虑图 2.8.2 所示的积分器，它的输出-输入关系(端口特性)为

$$y(t)=\int_{-\infty}^{t}x(\tau)\,\mathrm{d}\tau$$

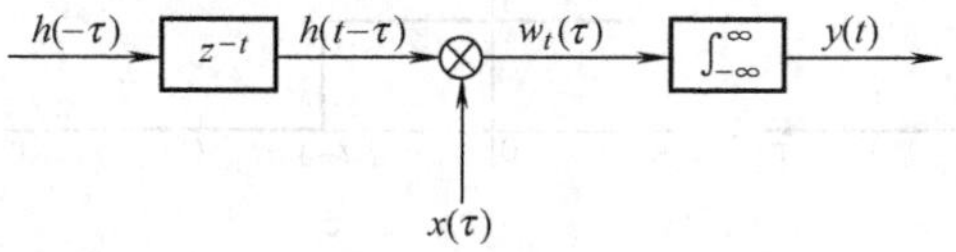

图 2.8.1　卷积积分计算过程

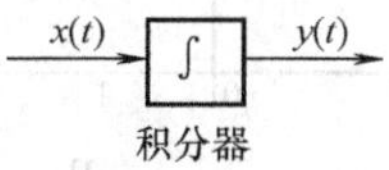

图 2.8.2　积分器系统

可以看到，若系统输入 $x(t)=\delta(t)$，则系统的输出就是单位冲激响应 $h(t)$：

$$h(t)=\int_{-\infty}^{t}\delta(\tau)\,\mathrm{d}\tau=u(t)=\begin{cases}0, & t<0\\ 1, & t>0\end{cases}$$

现设系统的输入信号为单位斜坡函数 $x(t)=tu(t)$，则利用卷积积分可以求其作用于系统的响应 $y(t)$，即

$$y(t)=x(t)*h(t)=tu(t)*u(t)=\int_{-\infty}^{\infty}\tau u(\tau)u(t-\tau)\,\mathrm{d}\tau$$

计算这个积分时，把 t 看作常量，又因为当 $\tau<0$ 时单位阶跃函数 $u(\tau)=0$，所以上式的积分下

限可以从零开始，即

$$y(t)=\int_0^{\infty}\tau u(t-\tau)\,\mathrm{d}\tau$$

另外，由于 $u(t-\tau)$ 已知为

$$u(t-\tau)=\begin{cases}0, & \tau>t\\ 1, & \tau<t\end{cases}$$

故卷积积分的上限就为 t，因此有

$$y(t)=\int_0^t \tau\,\mathrm{d}\tau=\frac{\tau^2}{2}\bigg|_0^t=\frac{t^2}{2}u(t)$$

若直接利用积分器的输入-输出关系，也容易得出

$$y(t)=\int_{-\infty}^{t}x(\tau)\,\mathrm{d}\tau=\int_{-\infty}^{\infty}\tau u(\tau)\,\mathrm{d}\tau=\int_0^t\tau\,\mathrm{d}\tau=\frac{t^2}{2}u(t)$$

例 2.8.1 说明了如何利用卷积积分求取 LTI 系统对给定输入的响应。当然该例还说明，卷积积分通常不是求系统响应最有效的方法。然而，卷积积分概念常用于 LTI 系统性质的研究或者有关 LTI 系统应用的研究。实际上，还可以利用系统仿真的方法求取系统的时域响应。

讨论题 2.8.2　本例用图解法（几何方法）继续求积分器的响应问题。卷积计算的图解法可以把一些抽象的关系图形化，便于理解卷积积分的概念和性质。由例 2.8.1 可知，积分器的单位冲激响应是单位阶跃函数，即 $h(t)=u(t)$。而系统的响应为单位冲激响应与输入信号的卷积：

$$y(t)=\int_{-\infty}^{\infty}x(\tau)h(t-\tau)\,\mathrm{d}\tau$$

注意，式中的积分变量为 τ，而 t 则看作参量。另外，冲激响应 $h(t-\tau)$ 可看成是将 $h(\tau)$ 反折得到 $h(-\tau)$，再时移 t 之后的结果，如图 2.8.3 所示。

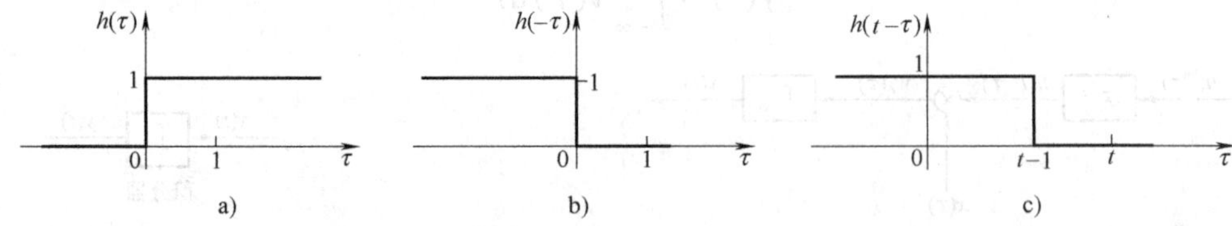

图 2.8.3　卷积运算中 $h(\tau)$ 的反折和时移运算

图 2.8.4a 绘出了当 $t<0$ 时，$w_t(\tau)=x(\tau)h(t-\tau)=\tau u(\tau)h(t-\tau)=0$ 的图形，由于 $h(t-\tau)$ 此时位于纵轴的左端，故两个函数的乘积为零。图 2.8.4b 给出了当 $0<t<1$ 时，$w_t(\tau)=\tau u(\tau)h(t-\tau)$ 的图形，根据卷积积分式，系统响应 $y(t)$ 等于图 2.8.4b 中 $\tau u(\tau)$ 和 $h(t-\tau)$ 与横轴共同包围的面积（图中灰色部分）。由于所包围的面积（乘积函数）是三角形，故其面积等于底乘高的一半：

$$y(t)=\frac{1}{2}t\times t=\frac{t^2}{2},\quad 0<t\leqslant 1$$

图 2.8.4c 绘出了当 $1<t<\infty$ 时，$w_t(\tau)=\tau u(\tau)h(t-\tau)$ 的图形，由于 $h(t-\tau)$ 已经位于 $t>1$

的区域，故两个函数的乘积为零，$w_t(\tau)=\tau\times h(t-\tau)=0$。

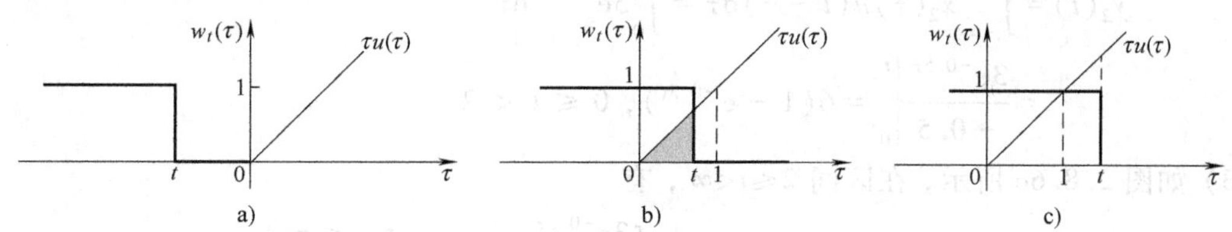

图 2.8.4 卷积运算的图解方法

该结果与例 2.8.1 相同。

例 2.8.3 已知 LTI 系统的输入信号 $x(t)$ 和系统单位冲激响应 $h(t)$ 的波形分别如图 2.8.5a 和 b 所示。求系统的响应 $y(t)$。

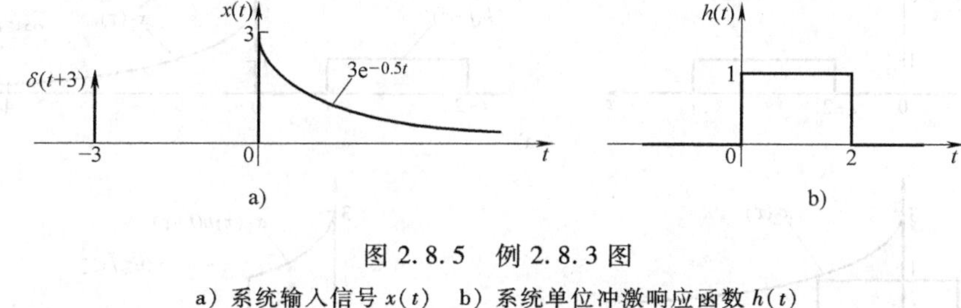

图 2.8.5 例 2.8.3 图

a）系统输入信号 $x(t)$ b）系统单位冲激响应函数 $h(t)$

解： 根据图 2.8.5a 可知，系统输入信号 $x(t)$ 是两个分量信号 $x_1(t)=\delta(t+3)$ 和 $x_2(t)=3e^{-0.5t}u(t)$ 的叠加，如若求出系统在 $x_1(t)$ 和 $x_2(t)$ 分别作用下系统的响应 $y_1(t)$ 和 $y_2(t)$，则根据叠加原理，系统的响应为各个输入信号的响应之和。

根据式(2.8.14)，系统对输入信号 $x_1(t)$ 的响应 $y_1(t)$ 为

$$y_1(t)=h(t)*x_1(t)=h(t)*\delta(t+3)=h(t+3)$$

由于

$$h(t)=u(t)-u(t-2)\rightarrow h(t+3)=u(t+3)-u(t+3-2)=u(t+3)-u(t+1)$$

因此

$$y_1(t)=h(t+3)=u(t+3)-u(t+1)$$

为求出系统对输入信号 $x_2(t)$ 的响应 $y_2(t)$，根据卷积积分的几何意义，可先画出 $h(t-\tau)$ 和 $x_2(\tau)$ 的波形如图 2.8.6a 所示［$h(t-\tau)$ 的波形是通过对 $h(\tau)$ 反折并进行时移得到的］。为了计算卷积积分，可将中间信号 $w_t(\tau)=x(\tau)h(t-\tau)$ 按需要分为三段处理：

1）如图 2.8.6a 所示，在区间 $-\infty<t<0$，由于不存在同时使 $x_2(\tau)$ 和 $h(t-\tau)$ 均不为零的 τ 值，故有

$$w_t(\tau)=x_2(\tau)h(t-\tau)=0\times h(t-\tau)=0$$

$$y_2(t)=\int_{-\infty}^{0}w_t(\tau)\mathrm{d}\tau=\int_{-\infty}^{\infty}x_2(\tau)h(t-\tau)\mathrm{d}\tau=0,\ t\leqslant 0$$

注意，当 $t\rightarrow 0$ 时，$h(t-\tau)$ 的右边沿与 $x_2(\tau)$ 的左边沿开始重合。

2）如图 2.8.6b 所示，在区间 $0\leqslant\tau<t$，$h(t-\tau)$ 开始扫过 $x_2(\tau)$，并且在 t 增加到 $t=2$ 之前一直保持不变。当 $t\rightarrow 2$ 时，$h(t-\tau)$ 的左边沿刚好扫描到 $x_2(\tau)$ 的左边沿，故

$$w_t(\tau)=x_2(\tau)h(t-\tau)=\begin{cases}3e^{-0.5\tau} & 0\leqslant\tau<t\\0 & 其他\end{cases}$$

$$y_2(t)=\int_{-\infty}^{\infty}x_2(\tau)h(t-\tau)\mathrm{d}\tau=\int_0^t 3\mathrm{e}^{-0.5\tau}\mathrm{d}\tau$$

$$=\left.\frac{3\mathrm{e}^{-0.5\tau}}{-0.5}\right|_0^t=6(1-\mathrm{e}^{-0.5t}),\ 0\leqslant t<2$$

3）如图 2.8.6c 所示，在区间 $2\leqslant t<\infty$，有

$$w_t(\tau)=x_2(\tau)h(t-\tau)=\begin{cases}3\mathrm{e}^{-0.5\tau} & t-2\leqslant\tau<t\\ 0 & \text{其他}\end{cases}$$

$$y_2(t)=\int_{t-2}^{t}3\mathrm{e}^{-0.5\tau}\mathrm{d}\tau=\left.\frac{3\mathrm{e}^{-0.5\tau}}{-0.5}\right|_{t-2}^{t}=6(\mathrm{e}^{-0.5(t-2)}-\mathrm{e}^{-0.5t})$$

$$=6\mathrm{e}^{-0.5t}(\mathrm{e}^1-1)=10.31\mathrm{e}^{-0.5t},\ \ 2\leqslant t<\infty$$

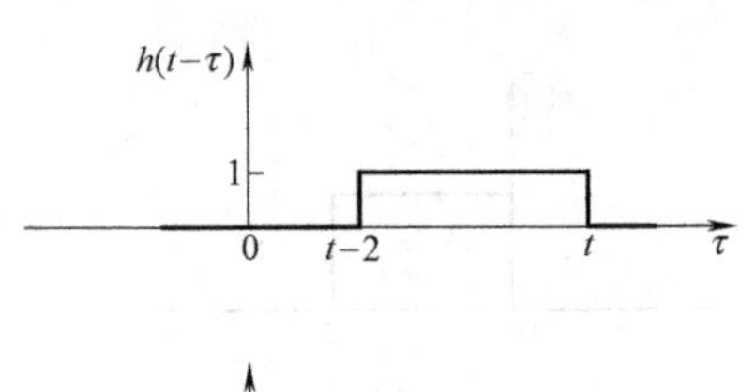

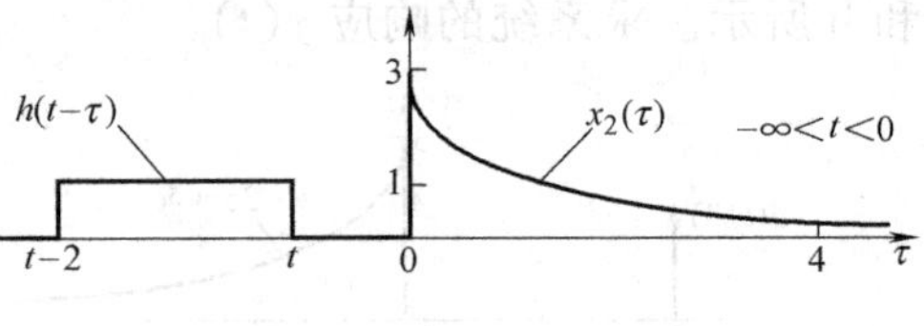

a)

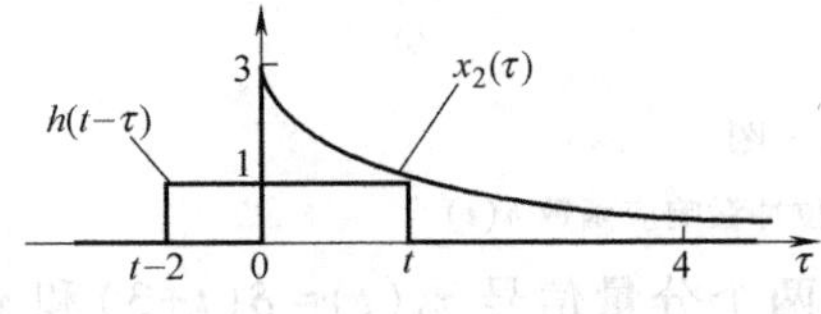

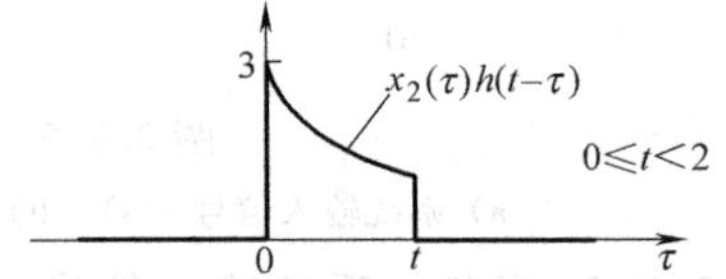

b)

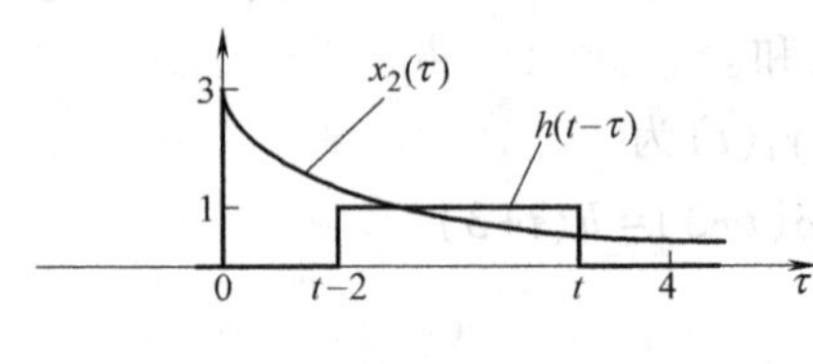

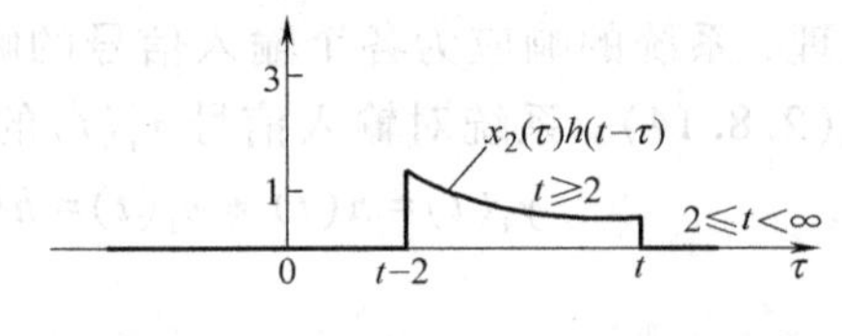

c)

图 2.8.6　例 2.8.3 的信号

系统的响应 $y(t)$ 由 $y_1(t)$ 和 $y_2(t)$ 两部分组成，其波形如图 2.8.7 所示。

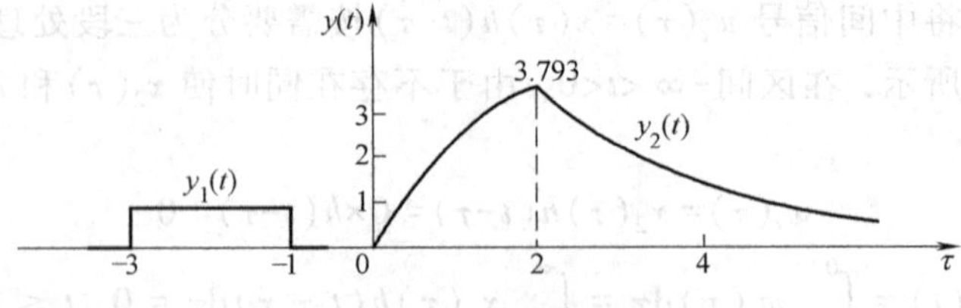

图 2.8.7　例 2.8.3 的输出信号

例 2.8.4　已知系统的单位冲激响应 $h(t)=\mathrm{e}^{-t}u(t-1)$，输入信号 $x(t)=\mathrm{e}^{t}u(-1-t)$。试求出系统的响应 $y(t)$。

解：$h(t)=\mathrm{e}^{-t}u(t-1)$ 和 $x(t)=\mathrm{e}^{t}u(-1-t)$ 的波形分别如图 2.8.8a、b 所示。现用图解法计算系统的响应 $y(t)=x(t)*h(t)$。首先绘出单位冲激响应 $h(t-\tau)$ 的波形（经反折、移位），如

图 2.8.8c 所示。由图 2.8.8c 可知，$h(t-\tau)$只在$-\infty<\tau\leqslant t-1$区间上不为零，而输入信号$x(\tau)$在$-\infty<\tau\leqslant -1$区间内不为零，因此当$t\leqslant 0$时，中间信号$w_t(\tau)=x(\tau)h(t-\tau)$不为零，此时积分区间为$-\infty<\tau\leqslant t-1$，系统的输出响应为

$$y(t)=x(t)*h(t)=\int_{-\infty}^{\infty}w_t(\tau)\mathrm{d}\tau=\int_{-\infty}^{t-1}\mathrm{e}^{\tau}\mathrm{e}^{-(t-\tau)}\mathrm{d}\tau$$

$$=\int_{-\infty}^{t-1}\mathrm{e}^{-t}\mathrm{e}^{2\tau}\mathrm{d}\tau=\frac{\mathrm{e}^{-2}\mathrm{e}^{t}}{2},\quad -\infty<t\leqslant 0$$

因为$x(\tau)$当$\tau>-1$时为零，所以当$t>0$时上式的积分区间为$-\infty<\tau\leqslant -1$，此时系统的输出为

$$y(t)=\int_{-\infty}^{\infty}w_t(\tau)\mathrm{d}\tau=\int_{-\infty}^{-1}\mathrm{e}^{\tau}\mathrm{e}^{-(t-\tau)}\mathrm{d}\tau=\mathrm{e}^{-t}\int_{-\infty}^{-1}\mathrm{e}^{2\tau}\mathrm{d}\tau=\frac{\mathrm{e}^{-2}\mathrm{e}^{-t}}{2},\quad t>0$$

系统的响应波形如图 2.8.8d 所示，它是一个偶函数，因为$x(t)=h(-t)$。

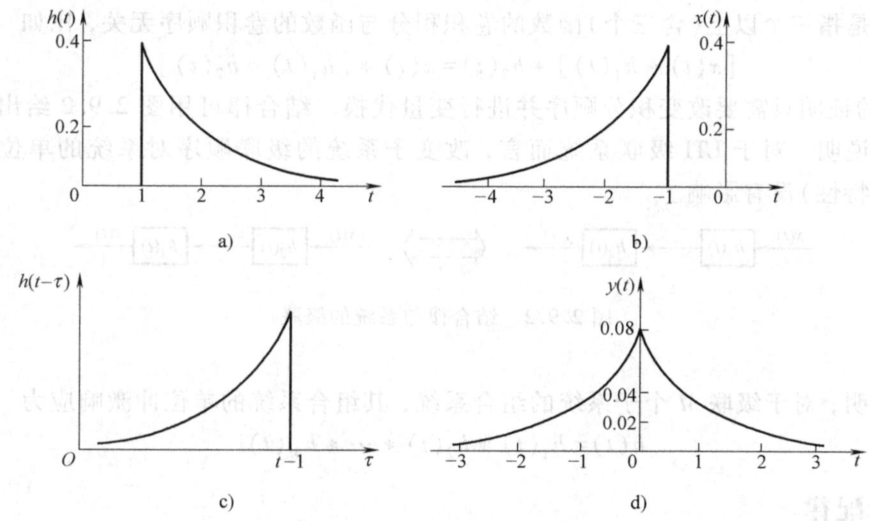

图 2.8.8　例 2.8.4 中的信号

2.9　卷积积分的性质

卷积积分$y(t)=x(t)*h(t)=\int_{-\infty}^{\infty}x(\tau)h(t-\tau)\mathrm{d}\tau$具有一些重要的性质，其中最常用的性质有如下三个。

2.9.1　交换律

将式(2.8.10)定义的卷积积分作$v=t-\tau$的变量代换，有$\tau=t-v$，且$\mathrm{d}\tau=-\mathrm{d}v$，代入式(2.8.10)可得

$$y(t)=x(t)*h(t)=\int_{-\infty}^{\infty}x(\tau)h(t-\tau)\mathrm{d}\tau=\int_{\infty}^{-\infty}x(t-v)h(v)(-\mathrm{d}v)$$

$$= \int_{-\infty}^{\infty} x(t-v)h(v)\mathrm{d}v$$

如果用变量 τ 替换上式积分中的 v，则可以得到卷积积分的另一种表示形式：

$$y(t) = \int_{-\infty}^{\infty} x(\tau)h(t-\tau)\mathrm{d}\tau = \int_{-\infty}^{\infty} x(t-\tau)h(\tau)\mathrm{d}\tau \tag{2.9.1}$$

可以看出卷积积分关于输入信号 $x(t)$ 和系统的单位冲激响应 $h(t)$ 是对称的，这种对称性说明卷积积分满足交换律，即

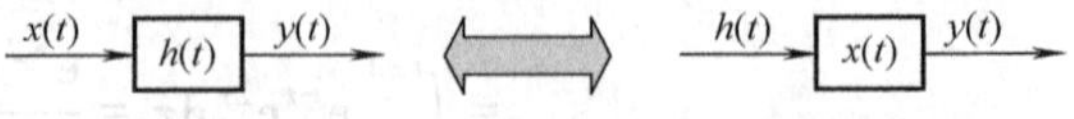

图 2.9.1 卷积积分的对称性

$$y(t) = x(t) * h(t) = h(t) * x(t) \tag{2.9.2}$$

卷积积分的对称性可以用图 2.9.1 予以说明，其中 LTI 系统用方框内嵌入单位冲激响应 $h(t)$ 表示。根据式(2.9.2)，图 2.9.1 中两个系统的输出是相同的。

2.9.2 结合律

结合律是指三个以上(含三个)函数的卷积积分与函数的卷积顺序无关，比如

$$[x(t) * h_1(t)] * h_2(t) = x(t) * [h_1(t) * h_2(t)] \tag{2.9.3}$$

式(2.9.3)的证明只需要改变积分顺序并进行变量代换。结合律可用图 2.9.2 给出的系统级联关系予以说明。对于 LTI 级联系统而言，改变子系统的级联顺序对系统的单位冲激响应(输入-输出特性)没有影响。

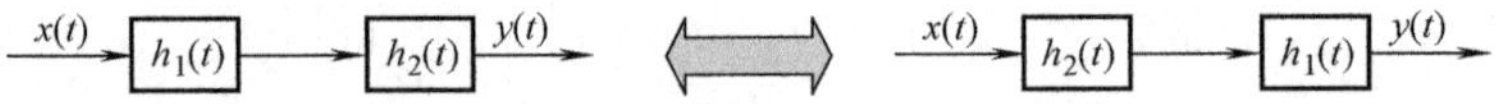

图 2.9.2 结合律与系统的级联

容易证明，对于级联 M 个子系统的组合系统，其组合系统的单位冲激响应为

$$h(t) = h_1(t) * h_2(t) * \cdots * h_M(t) \tag{2.9.4}$$

2.9.3 分配律

分配律是指三个以上(含三个)函数的组合卷积运算满足如下关系：

$$x(t) * [h_1(t) + h_2(t)] = x(t) * h_1(t) + x(t) * h_2(t) \tag{2.9.5}$$

式(2.9.5)的证明利用式(2.8.10)定义的卷积积分直接可以得到。

分配律可用图 2.9.3 给出的系统并联关系予以说明。

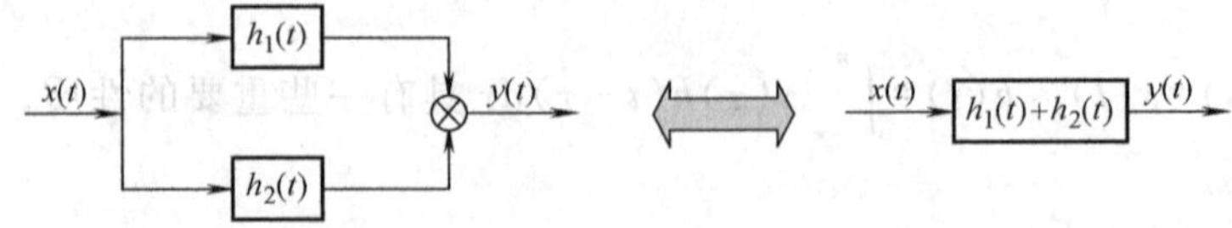

图 2.9.3 分配律与系统的并联

对于 LTI 并联系统而言，并联 M 个子系统的组合系统，其组合系统的单位冲激响应为各个子系统单位冲激响应之和，即

$$h(t) = h_1(t) + h_2(t) + \cdots + h_M(t) = \sum_{i=1}^{M} h_i(t) \tag{2.9.6}$$

综上所述，系统的单位冲激响应可以完全描述 LTI 系统的输入-输出特性，而且利用卷积积分的交换律、结合律和分配律还能够方便地确定 LTI 组合系统的冲激响应。

例 2.9.1　试求图 2.9.4a 给出的组合系统的单位冲激响应。

解： 确定组合系统的单位冲激响应，首先根据图 2.9.4a，求出并联子系统 $h_1(t)$ 和 $h_2(t)$ 的冲激响应为

$$h_a(t)=h_1(t)+h_2(t)$$

结果如图 2.9.4b 所示。在图 2.9.4b 中，子系统 $h_a(t)=h_1(t)+h_2(t)$ 与 $h_3(t)$ 是级联关系，因此该级联系统的单位冲激响应为

$$h_b(t)=h_a(t)*h_3(t)=[h_1(t)+h_2(t)]*h_3(t)$$

结果如图 2.9.4c 所示。显然，并联子系统 $h_b(t)$ 和 $h_4(t)$ 的单位冲激响应为

$$h(t)=h_b(t)+h_4(t)=[h_1(t)+h_2(t)]*h_3(t)+h_4(t)$$

结果如图 2.9.4d 所示。

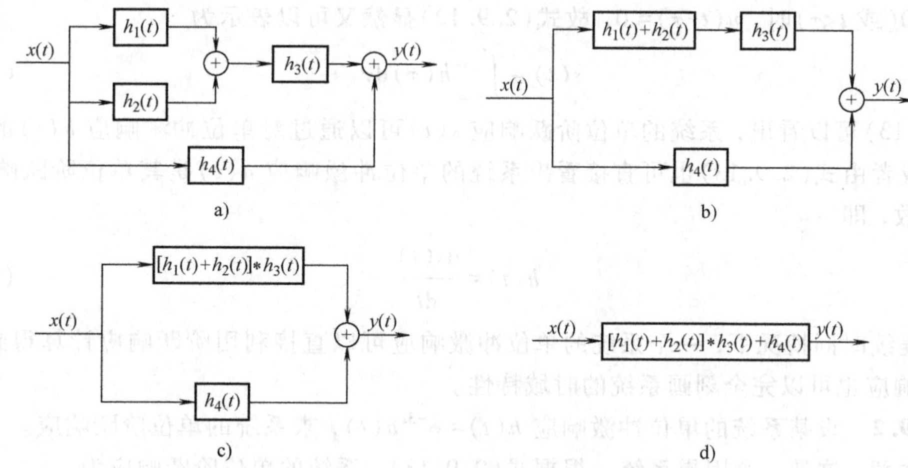

图 2.9.4　组合系统的单位冲激响应

2.9.4　$\delta(t)$ 函数与卷积积分

若系统的激励为单位冲激信号，前面已经推导出卷积积分的一个重要性质，即当 $x(t)=\delta(t)$ 时，$y(t)=\delta(t)*h(t)$。又根据系统单位冲激响应的定义，系统的输出就是冲激响应 $h(t)$：

$$y(t)=\delta(t)*h(t)=h(t) \tag{2.9.7}$$

这个性质显然与 $h(t)$ 的形式无关。因此，任意函数 $f(t)$ 与单位冲激函数卷积积分的结果仍然是函数 $f(t)$ 本身。利用系统的时不变特性，式(2.9.7)可进一步表示为

$$y(t-t_0)=\delta(t-t_0)*h(t)=h(t-t_0) \tag{2.9.8}$$

如果针对任意函数 $f(t)$，函数 $\delta(t)$ 与 $f(t)$ 的卷积积分为

$$\delta(t)*f(t)=f(t) \tag{2.9.9}$$

和

$$\delta(t-t_0)*f(t)=f(t-t_0)*\delta(t)=f(t-t_0) \tag{2.9.10}$$

2.9.5　单位阶跃函数 $u(t)$ 与卷积积分

前面已经提到，单位冲激响应 $h(t)$ 表征了一个 LTI 系统的时域特征。换言之，$h(t)$ 完全

描述了系统的输入-输出特性。下面将证明，LTI 系统的单位冲激响应 $h(t)$ 可以由所谓的单位阶跃响应来求出。

根据卷积积分的定义式(2.8.10)，如果已知 $h(t)$，那么这个系统对于任何输入 $x(t)$ 作用下的系统响应 $y(t)$ 为

$$y(t)=x(t)*h(t)=\int_{-\infty}^{\infty}x(\tau)h(t-\tau)\mathrm{d}\tau$$

若设系统的输入信号 $x(t)$ 为单位阶跃信号 $u(t)$，则系统在 $u(t)$ 作用下的响应就称为单位阶跃响应，用 $s(t)$ 表示。因此，系统的单位阶跃响应 $s(t)$ 应为

$$s(t)=u(t)*h(t)=\int_{-\infty}^{\infty}u(\tau)h(t-\tau)\mathrm{d}\tau \tag{2.9.11}$$

考虑到卷积的交换律，有

$$s(t)=\int_{-\infty}^{\infty}u(\tau)h(t-\tau)\mathrm{d}\tau=\int_{-\infty}^{\infty}u(t-\tau)h(\tau)\mathrm{d}\tau \tag{2.9.12}$$

由于 $t-\tau<0$（或 $t<\tau$）时，$u(t-\tau)=0$，故式(2.9.12)显然又可以表示为

$$s(t)=\int_{-\infty}^{t}h(\tau)\mathrm{d}\tau \tag{2.9.13}$$

由式(2.9.13)可以看出，系统的单位阶跃响应 $s(t)$ 可以通过对单位冲激响应 $h(t)$ 的积分直接得到，或者由式(2.9.13)也可直接看出系统的单位冲激响应 $h(t)$ 是其单位阶跃响应 $s(t)$ 的一阶导数，即

$$h(t)=\frac{\mathrm{d}s(t)}{\mathrm{d}t} \tag{2.9.14}$$

因此，在连续时间情况下，一个系统的单位冲激响应可以直接利用阶跃响应计算得到，所以单位阶跃响应也可以完全刻画系统的时域特性。

例 2.9.2　设某系统的单位冲激响应 $h(t)=\mathrm{e}^{-3t}u(t)$，求系统的单位阶跃响应。

解：注意，这是一个因果系统。根据式(2.9.13)，系统的单位阶跃响应为

$$s(t)=\int_{-\infty}^{t}h(\tau)\mathrm{d}\tau=\int_{-\infty}^{t}\mathrm{e}^{-3\tau}u(\tau)\mathrm{d}\tau=\left.\frac{\mathrm{e}^{-3\tau}}{-3}\right|_{0}^{t}=\frac{1}{3}(1-\mathrm{e}^{-3t})u(t)$$

该结果可以利用冲激响应和阶跃响应之间的关系式(2.9.14)来验证。根据式(2.9.14)，有

$$h(t)=\frac{\mathrm{d}s(t)}{\mathrm{d}t}=\frac{1}{3}(1-\mathrm{e}^{-3t})\delta(t)+\frac{1}{3}(-\mathrm{e}^{-3t})(-3)u(t)=\mathrm{e}^{-3t}u(t)$$

2.10　LTI 系统的微分方程描述

虽然在前面的章节中已经讨论了连续 LTI 系统的一些性质，但并未讨论对这些系统特性进行建模的具体数学方程。本节基于连续 LTI 系统的微分方程，在时域对系统的输入-输出特性进行系统的描述。但需注意，建模的对象一般是一个物理系统，而模型本身是描述这个物理系统的数学模型（不是物理系统本身）。

微分方程建模的最简单的形式是一阶线性微分方程，例如

$$\frac{\mathrm{d}y(t)}{\mathrm{d}t}-ay(t)=bx(t) \tag{2.10.1}$$

式中，系数 a、b 是常量；$x(t)$是输入信号，施加于系统的输入端；$y(t)$是系统的响应或输出信号。这个方程的特点是，由于不含有偏微分，所以是常微分方程；式中的变量及其微分都是一阶的，并且各项系数也都是常数。

方程的线性特性和时不变性可以验证如下：

首先设 $y_i(t)$为微分方程式(2.10.1)在输入 $x_i(t)(i=1, 2)$作用下的响应，因此有

$$\frac{\mathrm{d}y_i(t)}{\mathrm{d}t}-ay_i(t)=bx_i(t), \quad i=1, 2 \tag{2.10.2}$$

线性特性要求证明当系统的输入为$[a_1x_1(t)+a_2x_2(t)]$时，系统的输出$[a_1y_1(t)+a_2y_2(t)]$是微分方程式(2.10.1)的解。现将它们直接代入式(2.10.1)，有

$$\frac{\mathrm{d}}{\mathrm{d}t}[a_1y_1(t)+a_2y_2(t)]-a[a_1y_1(t)+a_2y_2(t)]=b[a_1x_1(t)+a_2x_2(t)]$$

对上式整理后可得

$$a_1\left[\frac{\mathrm{d}y_1(t)}{\mathrm{d}t}-ay_1(t)-bx_1(t)\right]+a_2\left[\frac{\mathrm{d}y_2(t)}{\mathrm{d}t}-ay_2(t)-bx_2(t)\right]=0 \tag{2.10.3}$$

根据式(2.10.2)，等式左端的两项都为零，这就说明微分方程式(2.10.1)满足齐次性和叠加性，因而是线性的。

至于系统的时不变性，如果用$(t-t_0)$替代方程式(2.10.1)中的 t，有

$$\frac{\mathrm{d}y(t-t_0)}{\mathrm{d}t}-ay(t-t_0)=bx(t-t_0) \tag{2.10.4}$$

这个结果说明当输入信号 $x(t)$延迟 t_0 单位，方程的解也同样延迟 t_0 个单位，因此该系统是时不变的。

n 阶 LTI 常系数微分方程的一般形式为

$$a_n\frac{\mathrm{d}^ny(t)}{\mathrm{d}t^n}+a_{n-1}\frac{\mathrm{d}^{n-1}y(t)}{\mathrm{d}t^{n-1}}+\cdots+a_1\frac{\mathrm{d}y(t)}{\mathrm{d}t}+a_0y(t)$$

$$=b_m\frac{\mathrm{d}^mx(t)}{\mathrm{d}t^m}+b_{m-1}\frac{\mathrm{d}^{m-1}x(t)}{\mathrm{d}t^{m-1}}+\cdots+b_1\frac{\mathrm{d}x(t)}{\mathrm{d}t}+b_0x(t) \tag{2.10.5}$$

式(2.10.5)还可以写成紧凑形式为

$$\sum_{k=0}^{n}a_k\frac{\mathrm{d}^ky(t)}{\mathrm{d}t^k}=\sum_{k=0}^{m}b_k\frac{\mathrm{d}^kx(t)}{\mathrm{d}t^k} \tag{2.10.6}$$

式中，$a_k(k=0,1,\cdots n$,且 $a_n\neq0)$和 $b_k(k=0,1,\cdots,m)$是与时间无关的实常数；$x(t)$是系统的输入信号；$y(t)$是系统的输出信号。而且容易证明，n 阶 LTI 常系数微分方程式是线性时不变的。

作为 LTI 常系数微分方程描述实际系统的范例，重新考察本章第 6 节中给出的动态电路和加速度计系统。两者的示意图如图 2.10.1 所示。

对于图 2.10.1a 所示的 RLC 动态电路，其微分方程模型已经由式(2.6.6)给出，即

$$\frac{\mathrm{d}^2v_o(t)}{\mathrm{d}t^2}+\left(\frac{L+R_1R_2C}{R_2LC}\right)\frac{\mathrm{d}v_o(t)}{\mathrm{d}t}+\left(\frac{R_1+R_2}{R_2LC}\right)v_o(t)=\frac{1}{LC}v_i(t)$$

如果设系统的输入 $x(t)=v_i(t)$，系统输出 $y(t)=v_o(t)$，则电路输入、输出之间的关系可以改写为

$$\frac{d^2y(t)}{dt^2}+\left(\frac{L+R_1R_2C}{R_2LC}\right)\frac{dy(t)}{dt}+\left(\frac{R_1+R_2}{R_2LC}\right)y(t)=\frac{1}{LC}x(t) \tag{2.10.7}$$

这个微分方程描述了电路中电压 $v_i(t)=x(t)$ 和 $v_o(t)=y(t)$ 之间的关系，其中方程的阶次 $n=2$（注意它包含两个独立的储能元件，一个为电感，一个为电容），因此它是一个典型的二阶微分方程。

对于图 2.10.1b 所示的加速度计系统，通过应用牛顿定律，这个机械系统也可以用微分方程来描述。根据式(2.6.10)，加速度计可以用含有固有频率 $\omega_n=\sqrt{K/M}$ 和品质因数 $Q=\sqrt{KM}/D$ 两个参数的二阶微分方程来建模，即

$$\frac{d^2y(t)}{dt^2}+\frac{\omega_n}{Q}\frac{dy(t)}{dt}+\omega_n^2y(t)=x(t) \tag{2.10.8}$$

式中，输出 $y(t)$ 是检测块的位移量；系统输入 $x(t)$ 为外部的加速度。这个系统包含两种储能元件，即弹簧和质量块。

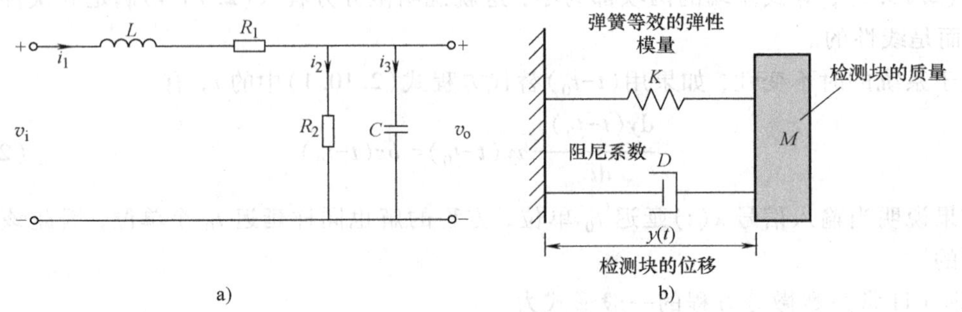

图 2.10.1　动态电路和加速度计系统的示意图
a) RLC 动态电路　b) 加速度计系统

观察图 2.10.1 可以发现，两个系统显然完全不相同。但电路的微分方程式(2.10.7)和机械系统的微分方程式(2.10.8)却在形式上是类同的，因为它们都是 LTI 常系数二阶微分方程。如果要说不同的话，两个方程只是各自对应项前面的系数不同。因此，上述观察告诉我们一个事实，那就是不同的系统可以由(形式上)相同的(输入-输出)方程描述。但问题是，二阶微分方程描述的到底是哪一个对象或者系统？答案应该是，对每一个方程，必须给出准确、合理的物理解释。

2.11　LTI 微分方程的求解

本节研究具有初始状态的连续时间 LTI 系统在外部强制输入信号作用下的系统输出(或者响应)问题。这里仅讨论常系数微分方程解法中涉及本课程内容的基本方法。

连续时间 LTI 系统的动态特性可用 n 阶常系数微分方程来描述，其一般形式为

$$\sum_{k=0}^{n}a_k\frac{d^ky(t)}{dt^k}=\sum_{k=0}^{m}b_k\frac{d^kx(t)}{dt^k},\ t\geq 0 \tag{2.11.1}$$

式中，$x(t)$和$y(t)$分别表示系统的输入和输出信号；$a_k(k=0,1,\cdots n$，且$a_n\neq0)$和$b_k(k=0,1,\cdots,m)$是与时间无关的实常数。如果式(2.11.1)要与一个真实的物理系统完全对应，还要求满足$n\geqslant m$。

系统的初始状态(或条件)是式(2.11.1)中隐含的一个约束条件。因为形式上式(2.11.1)除了外部输入信号$x(t)$作用之外，方程还被来自系统内部的初始状态(一般由系统的过去到初始时刻累积的系统能量确定)产生的内部作用所驱动。从微分方程基础理论可知，要解n阶常系数微分方程[式(2.11.1)]，必须给定一组初始条件：$y(0_-)$，$y^{(1)}(0_-)$，$\cdots$，$y^{(n-1)}(0_-)$。这组初始状态包含输出$y(t)$及其$n-1$阶导数在系统的初始时刻$t=0_-$时的信息，也就是说系统的初始状态$y(0_-)$，$y^{(1)}(0_-)$，$\cdots$，$y^{(n-1)}(0_-)$必须是已知的，或者是可以求出的。这里需要说明的是，在数学中初始状态或者初始条件一般是指“0”，而在电路、信号与系统问题中有时给出“0_-”条件，有时又讨论“0_+”条件。区别是，“0_-”条件是输入施加于系统之前瞬间($t=0_-$)系统输出$y(t)$及其各阶导数在该时刻的数值所构成的一组只决定系统原始储能的数据集合，与$t\geqslant0$时所施加的输入无关；“0_+”条件是输入施加于系统之后瞬间($t=0_+$)系统输出$y(t)$及其各阶导数在该时刻的数值所构成的一组数据集合，它完全由系统的原始储能及$t\geqslant0$时所施加的输入共同决定。数学中的“0”状态(条件)通常就是这里所述的“0_+”状态(条件)。

系统的初始状态要求在$t=0_-$时刻包含两方面的含义：一方面，如果需要获得$t=0$时刻系统对单位冲激信号$\delta(t)$作用下的系统的单位冲激响应$h(t)$，积分的下限必须从0_-时刻开始，以便在整个积分区间完全包含信号$\delta(t)$；另一方面，系统在输入信号为零时的响应或输出(称为零输入响应)是由系统的初始状态产生的，而系统的初始状态在输入信号施加于系统之前就已经存在。换句话说，假设输入信号在$t=0$时刻施加于系统的输入端，那么系统的初始状态必定定义在$t=0$时刻之前，也就是$t=0_-$时刻。解系统的微分方程，就是求出在$t\geqslant0$的任意时刻，在系统初始状态$y(0_-)$，$y^{(1)}(0_-)$，$\cdots$，$y^{(n-1)}(0_-)$和系统输入信号$x(t)$共同作用下的系统响应(或输出)$y(t)$。

从常微分方程基础理论可知，n阶常系数微分方程式(2.11.1)的解由齐次解和特解两部分组成。其中，齐次解是微分方程的齐次方程的解，记为$y_h(t)$；而特解是微分方程的任意一个解，记为$y_p(t)$。一般而言，系统的初始状态决定方程的齐次解，系统的外部输入信号决定方程的特解。应用中，齐次解有时也称为系统的自然(自由)响应，特解则被称为系统的强迫(受迫)响应。因此，微分方程的完全解就是

$$y(t)=y_h(t)+y_p(t) \tag{2.11.2}$$

注意，齐次解$y_h(t)$满足相应的微分方程的齐次方程，即令式(2.11.1)中$x(t)=0$，可得到

$$\sum_{k=0}^{n}a_k\frac{d^ky_h(t)}{dt^k}=a_n\frac{d^ny_h(t)}{dt^n}+a_{n-1}\frac{d^{n-1}y_h(t)}{dt^{n-1}}+\cdots+a_1\frac{dy_h(t)}{dt}+a_0y_h(t)=0,\ t\geqslant0 \tag{2.11.3}$$

而特解$y_p(t)$是任何满足微分方程式(2.11.1)的解，它不取决于系统的初始状态是什么。

讨论了系统的齐次解和特解之后，下面还需要引入所谓的零输入响应和零状态响应的概念。在通常情况下，零输入响应和零状态响应分别对应着动态系统微分方程解中的齐次解部

分和特解部分。它们的定义是：

定义 2.11.1　仅由系统的(内部)初始状态产生的LTI系统的响应称为系统的零输入响应，记为 $y_{zi}(t)$。此时系统的外部输入信号置为零。

定义 2.11.2　仅由系统的外部输入信号产生的LTI系统的响应称为系统的零状态响应，记为 $y_{zs}(t)$。此时系统的(内部)初始状态置为零。

由零输入响应和零状态响应的定义可知，LTI系统的响应包括两个分量：一个分量是由系统的初始状态决定的零输入响应 $y_{zi}(t)$，另一个分量是由系统的外部输入信号产生的零状态响应 $y_{zs}(t)$。因此，对于连续时间LTI系统，式(2.11.1)的解又可以由 $y(t)=y_{zi}(t)+y_{zs}(t)$ 给出。

2.11.1　齐次解

将微分方程[式(2.11.1)]中与输入信号 $x(t)$ 相关的项全部置为零，即可得到系统微分方程的齐次方程。因此，对于连续时间LTI系统而言，$y_h(t)$就是齐次方程

$$\sum_{k=0}^{n} a_k \frac{d^k}{dt^k}y(t)=0 \tag{2.11.4}$$

的解。设齐次微分方程的解 $y_h(t)=Ce^{\lambda t}$。对 $Ce^{\lambda t}$求各阶导数，有

$$\frac{dy_h(t)}{dt}=C\lambda e^{\lambda t}$$

$$\frac{d^2y_h(t)}{dt^2}=C\lambda^2e^{\lambda t}$$

$$\vdots$$

$$\frac{d^ny_h(t)}{dt^n}=C\lambda^ne^{\lambda t}$$

将上述各项代入式(2.11.4)，有

$$(a_n\lambda^n+a_{n-1}\lambda^{n-1}+\cdots+a_1\lambda+a_0)Ce^{\lambda t}=0$$

如果假设齐次解 $y_h(t)=Ce^{\lambda t}$是非平凡解($C\neq0$)，那么由上式可得

$$a_n\lambda^n+a_{n-1}\lambda^{n-1}+\cdots+a_1\lambda+a_0=0$$

这个方程称为微分方程[式(2.11.1)]的特征方程(Characteristics Equation)，它是关于参量 λ 的一个(特征)多项式，记为

$$\Delta(\lambda)=\sum_{k=0}^{n}a_k\lambda^k=a_n\lambda^n+a_{n-1}\lambda^{n-1}+\cdots+a_1\lambda+a_0=0 \tag{2.11.5}$$

特征多项式可分解为

$$\Delta(\lambda)=a_n\lambda^n+a_{n-1}\lambda^{n-1}+\cdots+a_1\lambda+a_0=a_n(\lambda-\lambda_1)(\lambda-\lambda_2)\cdots(\lambda-\lambda_n)=0 \tag{2.11.6}$$

因此，满足该方程的 λ 有 n 个值，记为 $\lambda_i(i=1,\ 2,\ \cdots,\ n)$。式(2.11.6)中 λ_i 的 n 个值称为系统的特征值，所对应的 $y_i(t)=C_ie^{\lambda_i t}$满足齐次方程式(2.11.4)，其中 C_i 为常数。由于微分方程是线性的，这些解的和仍然是方程的解。常微分方程的基础理论指出，根据系统特征方

程的特征值的特性(单根、重根还是复数根)，可以用系统的方法推测出齐次解的表达式。

1. 系统的特征值是单根

若设系统的特征值是单根，即

$$\Delta(\lambda)=(\lambda-\lambda_1)(\lambda-\lambda_2)\cdots(\lambda-\lambda_n)=0 \tag{2.11.7}$$

的根满足 $\lambda_1 \neq \lambda_2 \neq \cdots \neq \lambda_n$。由于微分方程是线性的，这些解(单根)的和仍然是方程的解，对于这些单根，式(2.11.4)的齐次解具有如下形式：

$$y_{\mathrm{h}}(t)=\sum_{i=1}^{n} C_i \mathrm{e}^{\lambda_i t}=C_1 \mathrm{e}^{\lambda_1 t}+C_2 \mathrm{e}^{\lambda_2 t}+\cdots+C_n \mathrm{e}^{\lambda_n t},\ t \geqslant 0 \tag{2.11.8}$$

式中，常数 $C_i(i=1,2,\cdots,n)$ 的值与系统的特解有关，因此留待后面确定。

例 2.11.1　一连续时间 LTI 系统可以用一个齐次线性微分方程

$$\frac{\mathrm{d}^2 y(t)}{\mathrm{d}t^2}+4\frac{\mathrm{d}y(t)}{\mathrm{d}t}+3y(t)=0,\ t \geqslant 0$$

建模。该微分方程的特征方程为

$$\Delta(\lambda)=\lambda^2+4\lambda+3=(\lambda+1)(\lambda+3)=0$$

从上式中解出特征值 $\lambda_1=-1$，$\lambda_2=-3$，故其对应的系统齐次解为

$$y_{\mathrm{h}}(t)=C_1 \mathrm{e}^{\lambda_1 t}+C_2 \mathrm{e}^{\lambda_2 t}=C_1 \mathrm{e}^{-t}+C_2 \mathrm{e}^{-3t},\ t \geqslant 0$$

2. 系统的特征值是共轭复数对

在特征根问题中，复数特征根总是成对出现的，即表现为共轭复数对的形式。因此，一对复数特征根的共轭复数对 $\lambda_{1,2}=\alpha \pm \mathrm{j}\beta$，可视为两个不同的特征根。这样，具有单根特征的微分方程齐次解的通式(2.11.8)自然就可以推广到处理具有复数特征根的特殊情况。只不过需要对复数共轭对进行代数处理，即

$$\begin{aligned} y_{\mathrm{h}}(t) &= \hat{C}_1 \mathrm{e}^{\lambda_1 t}+\hat{C}_2 \mathrm{e}^{\lambda_2 t} \\ &= \hat{C}_1 \mathrm{e}^{(\alpha+\mathrm{j}\beta)t}+\hat{C}_2 \mathrm{e}^{(\alpha-\mathrm{j}\beta)t}=\mathrm{e}^{\alpha t}(\hat{C}_1 \mathrm{e}^{\mathrm{j}\beta t}+\hat{C}_2 \mathrm{e}^{-\mathrm{j}\beta t}) \end{aligned} \tag{2.11.9}$$

对于式(2.11.9)，如果继续应用欧拉公式并从系统初始状态中确定常数 $\hat{C}_1$ 和 $\hat{C}_2$，能够更进一步简化这个解。其实，由于 $y_{\mathrm{h}}(t)$ 是以时间为自变量的实函数，故其最终的表达式中不可能包含复数成分。而且，由一对复数共轭特征根描述的系统响应是临界或者不稳定的，因此由欧拉公式就可以在 $y_{\mathrm{h}}(t)$ 的最终表达式中将复数化为包含正弦和余弦的函数形式。鉴于上述理由，当系统特征方程中存在复数共轭特征根时，齐次解的一种更为简便的形式为

$$y_{\mathrm{h}}(t)=\hat{C}_1 \mathrm{e}^{(\alpha+\mathrm{j}\beta)t}+\hat{C}_2 \mathrm{e}^{(\alpha-\mathrm{j}\beta)t}=C_1 \mathrm{e}^{\alpha t}\cos\beta t+C_2 \mathrm{e}^{\alpha t}\sin\beta t \tag{2.11.10}$$

例 2.11.2　一连续时间 LTI 系统的齐次微分方程为

$$\frac{\mathrm{d}^2 y(t)}{\mathrm{d}t^2}+2\frac{\mathrm{d}y(t)}{\mathrm{d}t}+2y(t)=0,\ t \geqslant 0$$

该齐次方程的特征方程为

$$\Delta(\lambda)=\lambda^2+2\lambda+2=(\lambda+1+\mathrm{j})(\lambda+1-\mathrm{j})=0$$

上式具有一个复数共轭特征根对：$\lambda_1=-1-\mathrm{j}$，$\lambda_2=-1+\mathrm{j}$。故由式(2.11.10)可知其对应的系统齐次解为

$$y_{\mathrm{h}}(t)=C_1 \mathrm{e}^{-t}\cos t+C_2 \mathrm{e}^{-t}\sin t,\ t \geqslant 0$$

3. 系统的特征值是重根

当式(2.11.5)给出的系统特征方程的特征根有多重根时，齐次解的形式与单根时略有不同。现设系统存在 r 个相同的特征值 λ_1，并且其他特征值彼此互不相同，则式(2.11.4)的齐次解具有如下形式：

$$y_h(t)=(C_1+tC_2+\cdots+t^{r-1}C_r)e^{\lambda_1 t}+C_{r+1}e^{\lambda_{r+1}t}+\cdots+C_n e^{\lambda_n t},\ t\geqslant 0 \qquad (2.11.11)$$

一般而言，对于系统特征方程的特征根中包含的每个 r_j 重的特征值 λ_j，在对应的微分方程齐次解中都会产生如下形式的一项：

$$(C_j+tC_{j+1}+\cdots+t^{r_j-2}C_{j+r_j-2}+t^{r_j-1}C_{j+r_j-1})e^{\lambda_j t} \qquad (2.11.12)$$

在具有多重复数特征值的情况下，例如存在 r 重特征值 $\lambda_j=\alpha_j+j\beta_j$，则在齐次解的对应项将具有以下形式(类似于存在多重实数特征值的情况)：

$$\begin{aligned}y_h^j(t)=&e^{\alpha_j t}(C_1^j\cos\beta_j t+C_2^j\sin\beta_j t)+te^{\alpha_j t}(C_3^j\cos\beta_j t+C_4^j\sin\beta_j t)\\&+t^2e^{\alpha_j t}(C_5^j\cos\beta_j t+C_6^j\sin\beta_j t)+\cdots\\&+t^{r-1}e^{\alpha_j t}(C_{2r-1}^j\cos\beta_j t+C_{2r}^j\sin\beta_j t)\end{aligned} \qquad (2.11.13)$$

例 2.11.3　一连续时间 LTI 系统的齐次微分方程为

$$\frac{d^3y(t)}{dt^3}+5\frac{d^2y(t)}{dt^2}+8\frac{dy(t)}{dt}+4y(t)=0,\ t\geqslant 0$$

该齐次方程的特征方程为

$$\Delta(\lambda)=\lambda^3+5\lambda^2+8\lambda+4=(\lambda+1)(\lambda+2)^2=0$$

上式有一个 $\lambda_1=-1$ 的单根和一个二重根 $\lambda_2=\lambda_3=-2$。故由式(2.11.11)可知其对应的系统齐次解为

$$y_h(t)=C_1e^{-t}+(C_2+tC_3)e^{-2t},\ t\geqslant 0$$

例 2.11.4　一连续时间 LTI 系统的齐次微分方程为

$$\frac{d^3y(t)}{dt^3}+3\frac{d^2y(t)}{dt^2}+3\frac{dy(t)}{dt}+y(t)=0,\ t\geqslant 0$$

该齐次方程的特征方程为

$$\Delta(\lambda)=\lambda^3+3\lambda^2+3\lambda+1=(\lambda+1)^3=0$$

上式有一个三重根 $\lambda_1=\lambda_2=\lambda_3=-1$。故由式(2.11.12)可知其对应的系统齐次解为

$$y_h(t)=C_1e^{-t}+tC_2e^{-t}+t^2C_3e^{-t},\ t\geqslant 0$$

2.11.2　特解

式(2.11.2)中的 $y_p(t)$ 称为微分方程的特解，它是微分方程系统对给定输入 $x(t)$ 的任意一个解，因此不是唯一的。一般可通过假设输出与输入具有相同的函数形式来求解 $y_p(t)$。

如果输入信号与齐次解中某一项具有相同的函数形式时，求特解的步骤将略有不同。这时，需假定一个与齐次解中所有项的函数形式均不同的特解项。具体讲，可将特解乘以最低幂次的 t，使其相异于齐次解中所有项的函数形式，然后将假定的特解代入原微分方程以便确定系数。

常用输入信号激励下系统微分方程所对应的特解形式见表 2.11.1。

表 2.11.1　常用输入信号对应的特解形式

输入信号 $x(t)$	特解形式
K(常数)	c(常数)
t	c_1t+c_0
t^m	$c_mt^m+c_{m-1}t^{m-1}+\cdots+c_1t+c_0$
$e^{\alpha t}$(α 不是特征方程的特征根)	$ce^{\alpha t}$
$e^{\alpha t}$(α 是特征方程的单根)	$(c_1t+c_0)e^{\alpha t}$
$e^{\alpha t}$(α 是特征方程的 k 重根)	$\sum_{i=0}^{k}c_it^ie^{\alpha t}$
$\cos\beta t$ 或 $\sin\beta t$	$c_1\cos\beta t+c_2\sin\beta t$

另外，在 2.8 节中曾经指出，松弛系统的响应 $y(t)$ 是任意输入信号 $x(t)$ 与系统单位冲激响应 $h(t)$ 的卷积积分，即

$$y(t)=x(t)*h(t)=\int_{-\infty}^{\infty}x(t-\tau)h(\tau)\mathrm{d}\tau \tag{2.11.14}$$

这里需指出，松弛系统的响应 $y(t)$ 其实就是通过卷积积分给出的特殊形式的一个微分方程系统的特解 $y_p(t)$。而卷积积分的积分下限必须选择为 0_-，以便在 $t=0$ 时刻的单位冲激函数 $\delta(t)$ 能够被包括在积分限内。注意，当 $n=m$ 时，系统的单位冲激响应中将包括在原点处的函数 $\delta(t)$，这一点将在下一个例子中予以说明。还要强调的是，卷积积分式(2.11.14)所给出的系统特解代表了系统的所谓零状态响应 $y_{zs}(t)$，即

$$y_p(t)=x(t)*h(t)=\int_{-\infty}^{\infty}x(t-\tau)h(\tau)\mathrm{d}\tau=y_{zs}(t) \tag{2.11.15}$$

由于特解 $y_p(t)$ 是满足式(2.11.1)的任意解，而不论系统初始状态是什么。但是，根据式(2.11.2)可知，对于任意的 $y_p(t)$，在初始时刻都必须满足下列关系：

$$\begin{cases}y(0)=y_h(0)+y_p(0)\\ y^{(1)}(0)=y_h^{(1)}(0)+y_p^{(1)}(0)\\ \qquad\vdots\\ y^{(n-1)}(0)=y_h^{(n-1)}(0)+y_p^{(n-1)}(0)\end{cases} \tag{2.11.16}$$

由于系统的初始条件指定在 $t=0_-$，因此对式(2.11.16)需要有进一步的解释。下面通过一个简单的一阶系统说明这个问题。

例 2.11.5　考虑微分方程

$$\frac{\mathrm{d}y(t)}{\mathrm{d}t}+2y(t)=\frac{\mathrm{d}x(t)}{\mathrm{d}t}+3x(t) \tag{2.11.17}$$

其中系统的输入信号 $x(t)=e^{-5t}u(t)$，系统初始条件为 $y(0_-)=1$。这个系统的解为

$$y(t)=e^{-2t}+\frac{1}{3}e^{-2t}+\frac{2}{3}e^{-5t}=\frac{4}{3}e^{-2t}+\frac{2}{3}e^{-5t},\qquad t\geqslant 0$$

注意，在 $t=0_+$ 时刻有 $y(0_+)=4/3+2/3=2$，而系统初始条件 $y(0_-)=1$。显然，在系统的初始时刻 $t=0$，当 t 从 $0_-\to0_+$ 时，从 $y(0_-)=1$ 到 $y(0_+)=2$ 存在一个跳变。系统在 $t=0$ 时刻的这种跳变起因于输入信号的微分运算，通常是由输入信号中包含的开关运算或者加窗运算所引起的，例如本例中输入信号的微分为 $\frac{\mathrm{d}x(t)}{\mathrm{d}t}=\frac{\mathrm{d}}{\mathrm{d}x}[e^{-5t}u(t)]=-5e^{-5t}u(t)+e^{-5t}\delta(t)$。方程中一旦存

在 $\delta(t)$ 函数，则能够瞬间改变系统的初始状态。

现在可以求出上述微分方程的齐次解和特解。该微分方程的齐次方程为

$$\frac{\mathrm{d}y(t)}{\mathrm{d}t}+2y(t)=0,\quad t\geqslant 0$$

它的齐次解为 $y_h(t)=C_1\mathrm{e}^{-2t}$，$t\geqslant 0$。为了求出一个特解，不妨假设特解的形式为 $y_p(t)=\alpha\mathrm{e}^{-5t}$，并将其代入原微分方程式(2.11.17)，可以解出 $\alpha=2/3$，因此系统的一个特解就是 $y_p(t)=\frac{2}{3}\mathrm{e}^{-5t}$。显见，系统的解就是

$$y(t)=y_h(t)+y_p(t)=C_1\mathrm{e}^{-2t}+2/3\mathrm{e}^{-5t},\quad t\geqslant 0 \tag{2.11.18}$$

方程解中待定系数 C_1 应该如何确定？如果使用系统的初始状态，也就是 $t=0_-$ 时刻的值 $y(0_-)=1$，代入式(2.11.18)中，有

$$y(0_-)=1=C_1+\frac{2}{3}$$

可以解出 $C_1=1/3$，即

$$y(t)=y_h(t)+y_p(t)=\frac{1}{3}\mathrm{e}^{-2t}+\frac{2}{3}\mathrm{e}^{-5t},\quad t\geqslant 0 \tag{2.11.19}$$

与式(2.11.18)比较，显然 $C_1=1/3\neq 4/3$，因此式(2.11.19)给出的是一个错误的方程解。那么如何获得正确的待定系数 C_1 呢？答案是必须使用 $t=0_+$ 时刻的值 $y(0_+)$。在本例中这个 $y(0_+)=2$[$y(0_+)$ 可以用第 5 章中拉普拉斯变换的初值定律求出]，将其代入式(2.11.18)中，有

$$y(0_+)=2=C_1+\frac{2}{3}\rightarrow C_1=\frac{4}{3}$$

从而获得了正确的答案。但是，在大多数情况下，关于系统在 $t=0_+$ 时刻的值 $y(0_+)$ 并未给出或者无法给出。

其实，在 2.8 节中曾经指出，松弛系统的(零状态)响应 $y(t)$ 是任意输入信号 $x(t)$ 与系统单位冲激响应 $h(t)$ 的卷积积分。由于松弛系统的初始状态为零，故系统的这个响应 $y(t)$ 就是在 $t\geqslant 0$ 时对于 $t=0$ 时刻施加于系统的输入信号 $x(t)$ 的响应。这时，系统的特解表征的就是系统的这个零状态解(即系统的初始状态为零时系统的解)，而齐次解此时表征的则是系统的零输入解(即系统输入信号为零时系统的解)。

综上所述，式(2.8.12)给出的卷积积分就是系统的特解，它可以表示为三个积分的和：

$$\begin{aligned}y(t)&=\int_{-\infty}^{\infty}x(\tau)h(t-\tau)\mathrm{d}\tau\\&=\int_{-\infty}^{0_-}x(\tau)h(t-\tau)\mathrm{d}\tau+\int_{0_-}^{t}x(\tau)h(t-\tau)\mathrm{d}\tau+\int_{t}^{\infty}x(\tau)h(t-\tau)\mathrm{d}\tau\end{aligned} \tag{2.11.20}$$

由于 $t<0$ 时，$x(t)=0$(因果输入信号)，所以第一个积分项为零；而第三个积分项中的积分区间为 $t<\tau$，又由于系统是因果的，此时 $h(t-\tau)=0$，故这一项也为零。从而式(2.11.20)变为

$$y_p(t)=\int_{0_-}^{t}x(\tau)h(t-\tau)\mathrm{d}\tau \tag{2.11.21}$$

式(2.11.21)说明，时刻 t 的系统特解(零状态响应)取决于输入信号 $x(t)$。通过引入变量代换，式(2.11.21)还可以表示为

$$y_p(t)=\int_{0_-}^{t}x(\tau)h(t-\tau)\mathrm{d}\tau=\int_{0_-}^{t}x(t-\tau)h(\tau)\mathrm{d}\tau$$

在上述例子中，系统的单位冲激响应 $h(t)$(具体求法见第5章拉普拉斯变换)为

$$h(t)=\delta(t)+\mathrm{e}^{-2t}$$

因此，由卷积积分概念可得到系统的特解为

$$y_p(t)=x(t)*h(t)=\int_{-\infty}^{\infty}h(\tau)x(t-\tau)\mathrm{d}\tau$$

$$=\int_{0_-}^{t}[\delta(\tau)+\mathrm{e}^{-2\tau}]\mathrm{e}^{-5(t-\tau)}\mathrm{d}\tau=\frac{1}{3}\mathrm{e}^{-2t}+\frac{2}{3}\mathrm{e}^{-5t}$$

现在，可以从下式求出齐次解中的系数 C_1：

$$y_h(0_-)=C_1=y(0_-)=1\rightarrow C_1=1$$

因此

$$y(t)=y_h(t)+y_p(t)=y(t)=y_h(t)+y_p(t)=\mathrm{e}^{-2t}+\left(\frac{1}{3}\mathrm{e}^{-2t}+\frac{2}{3}\mathrm{e}^{-5t}\right)$$

$$=\frac{4}{3}\mathrm{e}^{-2t}+\frac{2}{3}\mathrm{e}^{-5t}$$

从上述例子可知，当系统微分方程等式右端包含对输入信号的微分运算时，只有应用卷积积分的概念获得特解，或者在 $t=0_+$ 时刻系统的初始状态已知时，求解系统微分方程的经典法才适用于求解 LTI 系统的响应。事实上，$t=0_+$ 时刻的系统初始状态通常是未知的，而且也很难从 $t=0_-$ 时刻的系统初始状态信息中推导得到。由于依据卷积积分概念求出的系统特解受系统初始状态为零的条件约束，因此这个特解又称为系统的零状态解(响应)。与之对应的是，系统的齐次解由于受输入为零的条件约束，故又称为零输入解(响应)。由此可见，系统的响应还可划分为零输入响应 $y_{zi}(t)$ 和零状态响应 $y_{zs}(t)$ 分量，而且零状态响应用系统的单位冲激响应 $h(t)$ 和输入信号 $x(t)$ 的卷积积分来描述。在这种情况下，有

$$y(t)=y_h(t)+y_p(t)=y_{zi}(t)+y_{zs}(t) \tag{2.11.22}$$

因此，系统微分方程齐次解 $y_h(t)$ 中的待定系数就可以根据下式求出：

$$\begin{cases}y_h(0_-)=y(0_-)\\ y_h^{(1)}(0_-)=y^{(1)}(0_-)\\ \qquad\vdots\\ y_h^{(n-1)}(0_-)=y^{(n-1)}(0_-)\end{cases} \tag{2.11.23}$$

顺便说明一下，求出常系数线性微分方程特解的过程称之为不定系数法。它是基于推测给出方程的一个特解，通常是多项式、指数函数及正弦函数的某种线性组合。然而，这种方法不是系统的方法，并且有时还会给求解特解带来麻烦。另一种系统求解微分方程系统特解的方法是所谓的变参数法，它虽然系统，但计算更为复杂。

以下两个例子用不定系数法求系统的特解，但请注意计算过程中存在的问题。

讨论题 2.11.6 本例说明通过推测二阶微分方程的一个特解时，可能遇到的困难。设系统的微分方程为

$$\frac{\mathrm{d}y^2(t)}{\mathrm{d}t^2}+2\frac{\mathrm{d}y(t)}{\mathrm{d}t}=t^2,\quad t>0$$

一种自然的推测就是采用形如 $y_p(t)=a+bt+ct^2$ 作为特解的一个候选解，然后尝试确定系数 a、b 和 c。现将 $y_p(t)=a+bt+ct^2$ 代入原微分方程，容易验证不存在这样的 a、b 和 c 使得推测的解 $a+bt+ct^2$ 是微分方程的一个特解（即满足原微分方程）。显然，特解应该有更复杂的形式，不妨设 $y_p(t)=a+bt+ct^2+dt^3$ 是特解的又一个候选解，将其代入原微分方程，并比较方程等式两边的系数，得到所需要的系统特解为

$$y_p(t)=a+\frac{1}{4}t-\frac{1}{4}t^2+\frac{1}{6}t^3,\quad t>0$$

式中，a 是任意常数，为简单计，不妨取 $a=0$，于是

$$y_p(t)=\frac{1}{4}t-\frac{1}{4}t^2+\frac{1}{6}t^3,\quad t>0$$

如果应用卷积积分概念，则求得的系统的特解为

$$y_p(t)=-\frac{1}{8}+\frac{1}{8}\mathrm{e}^{-2t}+\frac{1}{4}t-\frac{1}{4}t^2+\frac{1}{6}t^3,\quad t>0$$

注意，用卷积积分概念求得的系统特解中包含 $\frac{1}{8}\mathrm{e}^{-2t}$ 项，而用不定系数法求得的系统特解中不含该项。

上面的问题并不困难。但若将原微分方程修改为

$$\frac{\mathrm{d}y^2(t)}{\mathrm{d}t^2}+2\frac{\mathrm{d}y(t)}{\mathrm{d}t}+y(t)=5t+t^2\mathrm{e}^{-t},\quad t>0$$

则用不定系数法推测一个满足原微分方程的特解将变得非常困难。但若用卷积积分，则可以方便地获得该方程的特解。

讨论题 2.11.7 例 2.11.6 给出系统的微分方程为

$$\frac{\mathrm{d}y^2(t)}{\mathrm{d}t^2}+2\frac{\mathrm{d}y(t)}{\mathrm{d}t}=t^2=x(t),\quad t>0$$

该系统的初始状态设定为 $y(0_-)=1$，$y^{(1)}(0_-)=2$。

该系统微分方程的特征值 $\lambda_1=0$，$\lambda_2=-2$，因此系统的齐次解为 $y_h(t)=C_1+C_2\mathrm{e}^{-2t}$。如果使用例 2.11.6 通过不定系数法给出的特解 $y_p(t)=\frac{1}{4}t-\frac{1}{4}t^2+\frac{1}{6}t^3(t>0)$，则该系统微分方程的解就具有如下形式：

$$y(t)=y_h(t)+y_p(t)=C_1+C_2\mathrm{e}^{-2t}+\frac{1}{4}t-\frac{1}{4}t^2+\frac{1}{6}t^3$$

由给定的系统初始条件确定系数 C_1 和 C_2，需要解下列联立方程：

$$\begin{cases}y(0_-)=1=C_1+C_2\\ y^{(1)}(0_-)=2=-2C_2+\frac{1}{4}\end{cases}\Rightarrow\begin{cases}C_1=\frac{15}{8}\\ C_2=-\frac{7}{8}\end{cases}$$

因此，通过不定系数法得到的系统的解为

$$y(t)=y_{\mathrm{h}}(t)+y_{\mathrm{p}}(t)=\frac{15}{8}-\frac{7}{8}\mathrm{e}^{-2t}+\frac{1}{4}t-\frac{1}{4}t^{2}+\frac{1}{6}t^{3}$$

如果应用卷积积分法得到系统的一个特解，则系数 C_1 和 C_2 就必须通过解下列联立方程来确定：

$$\begin{cases}y(0_-)=1=y_{\mathrm{h}}(0_-)=C_1+C_2\\ y^{(1)}(0_-)=2=y_{\mathrm{h}}^{(1)}(0_-)=-2C_2\end{cases}\Rightarrow\begin{cases}C_1=2\\ C_2=-1\end{cases}$$

此时，通过卷积积分法得到的系统的解为

$$\begin{aligned}y(t)=y_{\mathrm{h}}(t)+y_{\mathrm{p}}^{c}(t)&=2-\mathrm{e}^{-2t}-\frac{1}{8}+\frac{1}{4}t-\frac{1}{4}t^{2}+\frac{1}{6}t^{3}+\frac{1}{8}\mathrm{e}^{-2t}\\&=\frac{15}{8}-\frac{7}{8}\mathrm{e}^{-2t}+\frac{1}{4}t-\frac{1}{4}t^{2}+\frac{1}{6}t^{3}\end{aligned}$$

上式中的上角标 c 表示特解是通过卷积积分得到的。显然，两种方法得到的系统解是相同的。

通过上面的讨论，我们又一次强调了当 LTI 系统的微分方程中不存在对输入信号的微分运算时，可以用任何方法确定该微分方程的特解。然而，当微分方程中存在对输入信号的微分，则必须用卷积积分法求出系统的特解。至于系统的齐次解，方法上是不存在任何问题的。

2.11.3 完全解

系统的完全解是系统齐次(或零输入)解和特(零状态)解之和，但需要根据系统初始状态确定出齐次(或零输入)解中的待定系数。解系统微分方程的完全解的步骤如下：

1）根据系统特征方程的特征值写出齐次解的 $y_{\mathrm{h}}(t)$ [或 $y_{\mathrm{zi}}(t)$] 的标准形式。

2）设特解(零状态解)的形式与系统输入信号形式相同(但不能与齐次解的各项相同)，代入原微分方程，确定系数，得出系统的一个特解 $y_{\mathrm{p}}(t)$ [或 $y_{\mathrm{zs}}(t)$]。

3）确定齐次解中的待定系数，使系统的完全解 $y(t)=y_{\mathrm{h}}(t)+y_{\mathrm{p}}(t)$ [或 $y(t)=y_{\mathrm{zi}}(t)+y_{\mathrm{zs}}(t)$] 满足系统的初始状态。

如果假设在 $t=0$ 时刻输入信号才作用于系统，则系统特解只对 $t>0$ 成立。由于在连续时间条件下，已知的往往是 $t=0_-$ 时刻的初始状态，故必须将 $t=0_-$ 时刻的系统初始状态变换成 $t=0_+$ 时刻的系统初始条件，以便反映系统在 $t=0$ 时刻所施加的输入的影响。系统初始状态从 $t=0_-$ 向 $t=0_+$ 时刻的变换，虽然在电路问题中(涉及储能元件电感和电容)比较容易解决，但面向描述一般物理过程的微分方程进行这种初始状态的变换却非常困难。

如果问题简化到要求系统对于给定的输入，$t=0_-$ 时刻的系统初始状态等于 $t=0_+$ 时刻的系统初始条件，其充分必要条件是系统微分方程式(2.11.1)的右端 $\sum_{k=0}^{m}b_k\frac{\mathrm{d}^k}{\mathrm{d}t^k}x(t)$ 不包含冲激函数或者冲激函数的导数。例如，若 $m=0$，则只需 $x(t)$ 中不存在冲激函数就无需变换初始状态；若 $m=1$，因为微分方程右端包含 $\frac{\mathrm{d}}{\mathrm{d}t}x(t)$ 项，则 $x(t)$ 在 $t=0$ 时刻的阶跃函数将生成一个冲激函数项，此时 $t=0_-$ 时刻的系统初始状态将不等于 $t=0_+$ 时刻的系统初始条件。针对微分方程求解中出现的初始状态变换问题，将在拉普拉斯变换一章中给出一个较为完善的解决方案。

2.12　微分方程系统的特性

如果需要获得关于 LTI 系统的更多信息，可以进一步将描述系统的微分方程的响应分解成两个响应分量的叠加：其中一个响应分量只由系统的初始状态（或条件）决定，称为系统的自然响应（Natural Response）[记为 $y_n(t)$]，由于此时系统的输入被置为零，故又称为零输入响应[记为 $y_{zi}(t)$]；另一个响应分量则由系统的外部输入信号产生，称为系统的受迫响应（Forced Response）[记为 $y_f(t)$]，由于此时系统的初始状态被置为零，故又称为零状态响应[记为 $y_{zs}(t)$]。因此，对于连续时间 LTI 系统，其微分方程的完全响应（解）就可以有以下 3 种描述形式：

齐次解-特解描述形式：$y(t)=y_h(t)+y_p(t)$

自然响应-受迫响应描述形式：$y(t)=y_n(t)+y_f(t)$

零输入响应-零状态响应描述形式：$y(t)=y_{zi}(t)+y_{zs}(t)$

2.12.1　自然响应

前面已经强调，微分方程系统的初始状态决定方程的齐次解 $y_h(t)$，而齐次解在完全解中的分量又被称为系统的自然响应 $y_n(t)$。注意到自然响应假定了零输入条件（如果输入不为零则强迫置零），描述的是由非零初始状态所体现的系统储能的方式，故又称为零输入响应 $y_{zi}(t)$。显然这三个术语彼此是等价的。

由于自然响应有零输入条件约束，故其响应形式应如齐次解形式，并且与特解无关。而齐次解中的待定系数 C_i，可根据系统的初始状态确定。除此之外，因为齐次解满足整个时间区间，不需要进行初始条件的变换就可求出系统的自然响应。

2.12.2　受迫响应

受迫响应 $y_f(t)$ 是系统的初始状态为零，仅由系统外部输入信号产生的响应。这里，初始状态为零称为系统处于零状态，而零状态意味着系统中没有储能，因此 $y_f(t)$ 描述了当系统处于零状态时系统受输入信号驱动的结果。显然，受迫响应在形式上与系统的特解是相同的。

受迫响应 $y_f(t)$ 依赖于系统的特解，仅仅在 $t>0$ 时成立。

2.12.3　冲激响应

如果在零初始状态条件下考虑构建连续时间 LTI 系统的数学模型，则获得系统的另一种描述形式，即卷积积分（或叠加积分）模型。在卷积积分模型中，系统的特性是用单位冲激响应（Impulse Response）描述的，故需首先定义连续时间 LTI 系统的单位冲激响应。

定义　连续时间 LTI 系统的单位冲激响应是以单位冲激函数 $\delta(t)$ 作为系统的输入信号，并且假设系统的初始状态为零时的系统输出，记为 $h(t)$。需要强调的是，单位冲激函数 $\delta(t)$ 仅仅在系统的初始时刻（$t=0$ 时）驱动系统。

如前所述，连续时间 LTI 系统的动态特性可用 n 阶常系数微分方程来建模，其一般形式由式（2.11.1）描述。如果令系统的输入信号 $x(t)=\delta(t)$，则系统的单位冲激响应根据定义

应为

$$\sum_{k=0}^{n} a_k \frac{\mathrm{d}^k h(t)}{\mathrm{d}t^k} = \sum_{k=0}^{m} b_k \frac{\mathrm{d}^k \delta(t)}{\mathrm{d}t^k} \tag{2.12.1}$$

式中，$h(t)$是系统的单位冲激响应，且根据定义有 $h(0_-)=0$，$h^{(1)}(0_-)=0$，…，$h^{(n-1)}(0_-)=0$。

对于 $t\geqslant 0_+$，因为有 $\delta(0_+)=0$，$\delta^{(1)}(0_+)=0$，…，$\delta^{(m)}(0_+)=0$，故式(2.12.1)在形式上就等同于齐次方程，即

$$\sum_{k=0}^{n} a_k \frac{\mathrm{d}^k h(t)}{\mathrm{d}t^k} = 0 \tag{2.12.2}$$

但系统在 $t\geqslant 0_+$时的初始条件 $h^{(i)}(0_+)(i=0, 1, \cdots, n-1)$必须另行确定。

一般情况下，系统在 $t\geqslant 0_+$时的初始条件 $h^{(i)}(0_+)(i=0, 1, \cdots, n-1)$可以通过奇异函数匹配法(直接法)或者系统的线性及时不变性得到。但在时域中奇异函数匹配法较为烦琐，所以下面的内容将局限在基于线性及时不变性的方法上。

对于式(2.12.2)，可将系统的单位冲激响应 $h(t)$分解为两部分，再用线性性质和叠加原理求解，步骤如下：

第一步：定义一个基本单位冲激响应 $h_0(t)$为

$$\sum_{k=0}^{n} a_k \frac{\mathrm{d}^k h_0(t)}{\mathrm{d}t^k} = a_n \frac{\mathrm{d}^n h_0(t)}{\mathrm{d}t^n} + a_{n-1} \frac{\mathrm{d}^{n-1} h_0(t)}{\mathrm{d}t^{n-1}} + \cdots + a_0 h_0(t) = \delta(t) \tag{2.12.3}$$

$$h_0(0_-)=0,\ h_0^{(1)}(0_-)=0,\ \cdots,\ h_0^{(n-1)}(0_-)=0$$

对于 $t\geqslant 0_+$，因为有 $\delta(0_+)=0$，故式(2.12.3)在形式上就等同于齐次方程，即

$$a_n \frac{\mathrm{d}^n h_0(t)}{\mathrm{d}t^n} + a_{n-1} \frac{\mathrm{d}^{n-1} h_0(t)}{\mathrm{d}t^{n-1}} + \cdots + a_0 h_0(t) = 0 \tag{2.12.4}$$

该系统的初始条件是 $h^{(i)}(0_+)$，$i=0, 1, \cdots, n-1$，为方便计，不妨令式(2.12.4)中系数$a_n=1$。

通过推理可知，在 $t=0$ 时刻，式(2.12.3)等式右端是一个单位冲激函数 $\delta(t)$，因此式(2.12.3)在等式左端必存在一个函数 $\delta(t)$以便匹配方程两端。显然，方程左端只有$\frac{\mathrm{d}^n h_0(t)}{\mathrm{d}t^n}$项能够包含函数项 $\delta(t)$，相应地，$\frac{\mathrm{d}^n h_0(t)}{\mathrm{d}t^n}$的积分项$\frac{\mathrm{d}^{n-1} h_0(t)}{\mathrm{d}t^{n-1}}$中只能包含单位阶跃函数项 $u(t)\left[\text{若包含 }\delta(t)\text{，则}\frac{\mathrm{d}^n h_0(t)}{\mathrm{d}t^n}\text{将包含}\frac{\mathrm{d}}{\mathrm{d}t}\delta(t)\text{，而不是 }\delta(t)\right]$，因此初始条件必有 $h^{(n-1)}(0_+) \neq h^{(n-1)}(0_-)$。这就说明$\frac{\mathrm{d}^{n-1} h_0(t)}{\mathrm{d}t^{n-1}}$在 $t=0$ 处存在一个跳跃间断点，且这个跳跃必须等于 1，而其他各项$\frac{\mathrm{d}^{n-2} h_0(t)}{\mathrm{d}t^{n-2}}$，…，$\frac{\mathrm{d}h_0(t)}{\mathrm{d}t}$，$h_0(t)$在 $t=0$ 处均不存在跳跃间断点，这也就意味着 $h^{(n-2)}(0_+)=h^{(n-2)}(0_-)=0$，…，$h^{(1)}(0_+)=h^{(1)}(0_-)=0$，$h(0_+)=h(0_-)=0$。

综上所述，可以得到结论：在 $t=0_+$时刻，基本单位冲激响应 $h_0(t)$的初始条件为

$$\begin{cases} h^{(i)}(0_+)=0 & i=0,\ 1,\ \cdots,\ n-2 \\ h^{(n-1)}(0_+)=1 \end{cases} \tag{2.12.5}$$

第二步：根据 LTI 系统的线性性质和微分特性，可得到由式(2.12.1)定义的 LTI 系统的单位冲激响应为

$$h(t)=\sum_{k=0}^{m} b_k \frac{\mathrm{d}^k h_0(t)}{\mathrm{d}t^k}, \quad t \geqslant 0 \tag{2.12.6}$$

例 2.12.1　系统微分方程如下：

$$\frac{\mathrm{d}^2 y(t)}{\mathrm{d}t^2}+3\frac{\mathrm{d}y(t)}{\mathrm{d}t}+2y(t)=\frac{\mathrm{d}x(t)}{\mathrm{d}t}+3x(t)$$

试求其单位冲激响应。

解：系统的单位冲激响应将满足

$$\frac{\mathrm{d}^2 h(t)}{\mathrm{d}t^2}+3\frac{\mathrm{d}h(t)}{\mathrm{d}t}+2h(t)=\frac{\mathrm{d}\delta(t)}{\mathrm{d}t}+3\delta(t)$$

$$h(0_-)=0, \quad \frac{\mathrm{d}}{\mathrm{d}t}h(0_-)=0$$

由式(2.12.6)可知，上述微分方程的单位冲激响应为

$$h(t)=\sum_{k=0}^{1} b_k \frac{\mathrm{d}^k h_0(t)}{\mathrm{d}t^k}=\frac{\mathrm{d}h_0(t)}{\mathrm{d}t}+3h_0(t)$$

其中，基本单位冲激响应 $h_0(t)$ 求解如下：

$$\frac{\mathrm{d}^2 h_0(t)}{\mathrm{d}t^2}+3\frac{\mathrm{d}h_0(t)}{\mathrm{d}t}+2h_0(t)=0$$

$$h(0_+)=0, \ \frac{\mathrm{d}}{\mathrm{d}t}h(0_+)=1$$

针对上式可解出

$$h_0(t)=C_1\mathrm{e}^{-t}+C_2\mathrm{e}^{-2t}, \quad t \geqslant 0$$

代入 $t=0_+$ 时刻由函数 $\delta(t)$ 引入的初始条件，可得到 $C_1=1$，$C_2=-1$。因此，基本单位冲激响应 $h_0(t)$ 为

$$h_0(t)=C_1\mathrm{e}^{-t}+C_2\mathrm{e}^{-2t}=(\mathrm{e}^{-t}-\mathrm{e}^{-2t}), \quad t \geqslant 0$$

为求导方便，上式改写成由单位阶跃函数 $u(t)$ 的单边约束形式，即

$$h_0(t)=(C_1\mathrm{e}^{-t}+C_2\mathrm{e}^{-2t})u(t)=(\mathrm{e}^{-t}-\mathrm{e}^{-2t})u(t)$$

它的一阶导数为

$$\frac{\mathrm{d}}{\mathrm{d}t}h_0(t)=(\mathrm{e}^{-t}-\mathrm{e}^{-2t})\delta(t)+(-\mathrm{e}^{-t}+2\mathrm{e}^{-2t})u(t)=(-\mathrm{e}^{-t}+2\mathrm{e}^{-2t})u(t)$$

因此，系统的单位冲激响应为

$$h(t)=\frac{\mathrm{d}h_0(t)}{\mathrm{d}t}+3h_0(t)=(-\mathrm{e}^{-t}+2\mathrm{e}^{-2t})u(t)+3(\mathrm{e}^{-t}-\mathrm{e}^{-2t})u(t)=(2\mathrm{e}^{-t}-\mathrm{e}^{-2t})u(t)$$

例 2.12.2　描述系统的微分方程设为

$$\frac{\mathrm{d}^2y(t)}{\mathrm{d}t^2}+5\frac{\mathrm{d}y(t)}{\mathrm{d}t}+6y(t)=\frac{\mathrm{d}^2x(t)}{\mathrm{d}t^2}+2\frac{\mathrm{d}x(t)}{\mathrm{d}t}+3x(t)$$

试求其单位冲激响应。

解：系统的单位冲激响应将满足

$$\frac{\mathrm{d}^2h(t)}{\mathrm{d}t^2}+5\frac{\mathrm{d}h(t)}{\mathrm{d}t}+6h(t)=\frac{\mathrm{d}^2\delta(t)}{\mathrm{d}t^2}+2\frac{\mathrm{d}\delta(t)}{\mathrm{d}t}+3\delta(t)$$

$$h(0_-)=0,\quad \frac{\mathrm{d}}{\mathrm{d}t}h(0_-)=0$$

由式(2.12.6)可知，上述微分方程的单位冲激响应为

$$h(t)=\sum_{k=0}^{2}b_k\frac{\mathrm{d}^kh_0(t)}{\mathrm{d}t^k}=\frac{\mathrm{d}^2h_0(t)}{\mathrm{d}t^2}+2\frac{\mathrm{d}h_0(t)}{\mathrm{d}t}+3h_0(t)$$

其中，基本单位冲激响应 $h_0(t)$ 求解如下：

$$\frac{\mathrm{d}^2h_0(t)}{\mathrm{d}t^2}+5\frac{\mathrm{d}h_0(t)}{\mathrm{d}t}+6h_0(t)=0$$

$$h(0_+)=0,\quad \frac{\mathrm{d}}{\mathrm{d}t}h(0_+)=1$$

针对上式可解出

$$h_0(t)=C_1\mathrm{e}^{-2t}+C_2\mathrm{e}^{-3t},\quad t\geqslant 0$$

代入 $t=0_+$ 时刻由函数 $\delta(t)$ 引入的初始条件，可得到 $C_1=1$，$C_2=-1$。因此，基本单位冲激响应 $h_0(t)$ 为

$$h_0(t)=C_1\mathrm{e}^{-2t}+C_2\mathrm{e}^{-3t}=(\mathrm{e}^{-2t}-\mathrm{e}^{-3t}),\quad t\geqslant 0$$

为求导方便，上式改写成由单位阶跃函数 $u(t)$ 的单边约束形式，即

$$h_0(t)=(C_1\mathrm{e}^{-2t}+C_2\mathrm{e}^{-3t})u(t)=(\mathrm{e}^{-2t}-\mathrm{e}^{-3t})u(t)$$

它的一阶和二阶导数分别为

$$\frac{\mathrm{d}}{\mathrm{d}t}h_0(t)=(\mathrm{e}^{-2t}-\mathrm{e}^{-3t})\delta(t)+(-2\mathrm{e}^{-2t}+3\mathrm{e}^{-3t})u(t)=(-2\mathrm{e}^{-2t}+3\mathrm{e}^{-3t})u(t)$$

$$\frac{\mathrm{d}^2}{\mathrm{d}t^2}h_0(t)=(-2\mathrm{e}^{-2t}+3\mathrm{e}^{-3t})\delta(t)+(4\mathrm{e}^{-2t}-9\mathrm{e}^{-3t})u(t)=\delta(t)+(4\mathrm{e}^{-2t}-9\mathrm{e}^{-3t})u(t)$$

因此，系统的单位冲激响应为

$$h(t)=\frac{\mathrm{d}^2h_0(t)}{\mathrm{d}t^2}+2\frac{\mathrm{d}h_0(t)}{\mathrm{d}t}+3h_0(t)=\delta(t)+(3\mathrm{e}^{-2t}-6\mathrm{e}^{-3t})u(t)$$

2.12.4　零状态响应、零输入响应和阶跃响应

1. 零状态响应

在本章第8节中曾经指出，松弛系统的响应 $y(t)$ 是任意输入信号 $x(t)$ 与系统单位冲激响应 $h(t)$ 的卷积积分。这个结论给出了一个重要的概念，即根据系统的单位冲激响应、输入信号和卷积积分模型，可以完全确定连续时间 LTI 系统的零状态响应 $y_{zs}(t)$，即

$$y_{zs}(t)=\int_{-\infty}^{\infty}x(\tau)h(t-\tau)\mathrm{d}\tau=\int_{-\infty}^{\infty}x(t-\tau)h(\tau)\mathrm{d}\tau \tag{2.12.7}$$

因此，系统的单位冲激响应模型描述了 LTI 系统在零初始条件下的特性。

卷积积分还可以说明系统在 $t<0$ 时，$h(t)=0$ 是线性时不变系统因果性的充分条件。因为若给出系统在 $t=t_1$ 时的零状态响应

$$y_{zs}(t_1)=\int_{-\infty}^{\infty}x(\tau)h(t_1-\tau)\mathrm{d}\tau \tag{2.12.8}$$

则当 $\tau>t_1$ 时 $h(t_1-\tau)=0$，就意味着在 $t>t_1$ 时，$y_{zs}(t_1)$不依赖于系统输入 $x(t)$，即系统是因果的。用变量代换令 $t=t_1-\tau$，如果 $t<0$ 时，$h(t)=0$，可见系统是因果的。事实上这个条件是系统因果性的充分必要条件，即一个连续时间 LTI 系统是因果的，当且仅当在 $t<0$ 时，$h(t)=0$。对于因果系统而言，式(2.12.7)等价于

$$y_{zs}(t)=\int_{-\infty}^{t}x(\tau)h(t-\tau)\mathrm{d}\tau=\int_{-\infty}^{t}x(t-\tau)h(\tau)\mathrm{d}\tau \tag{2.12.9}$$

2. 零输入响应

系统的零输入响应 $y_{zi}(t)$因为与系统微分方程的齐次方程完全相同，故求解与齐次解方法没有差别。

3. 阶跃响应

连续时间 LTI 系统的单位阶跃响应(Step Response)与系统的冲激响应有密切的关系，应用中经常用阶跃输入信号分析 LTI 系统对突变信号的响应特性。

定义：连续时间 LTI 系统的单位阶跃响应是以单位阶跃函数 $u(t)$作为系统的输入信号，并且假设系统的初始状态为零时的系统输出，记为 $s(t)$。需要指出的是，单位阶跃函数$u(t)$在 $t=0$ 时对系统的跳跃(由 0 跳跃到 1)驱动。

根据卷积积分的概念，当系统的输入信号 $x(t)=u(t)$时，连续时间 LTI 系统的零状态响应 $y_{zs}(t)$就等于系统的单位阶跃响应 $s(t)$。因此，$s(t)$就是 $u(t)$与 $h(t)$的卷积，即

$$s(t)=h(t)*u(t)=\int_{-\infty}^{t}u(t-\tau)h(\tau)\mathrm{d}\tau=\int_{-\infty}^{t}h(\tau)\mathrm{d}\tau \tag{2.12.10}$$

式(2.12.10)说明，连续时间 LTI 系统的单位阶跃响应是其单位冲激响应的积分。对式(2.12.10)等式两边求导数，有

$$h(t)=\frac{\mathrm{d}}{\mathrm{d}t}s(t)=s'(t) \tag{2.12.11}$$

可见连续时间 LTI 系统的单位冲激响应是其单位阶跃响应的一阶导数。

2.12.5　线性和时不变性

1. 强迫响应对输入呈线性

由微分方程描述的连续时间 LTI 系统的强迫响应对系统的输入信号呈现线性性质。也就是说，假如 $y_f^{(1)}(t)$是系统针对输入信号 $x_1(t)$产生的强迫响应，$y_f^{(2)}(t)$是系统针对输入信号 $x_2(t)$产生的强迫响应，则线性加权组合输入信号 $\alpha x_1(t)+\beta x_2(t)$作用于系统时将产生线性加权组合的强迫响应 $\alpha y_f^{(1)}(t)+\beta y_f^{(2)}(t)$。

2. 自然响应对初始条件呈线性

由微分方程描述的连续时间 LTI 系统的自然响应对系统的初始条件呈现线性性质。也就

是说，假如 $y_n^{(1)}(t)$ 是系统针对初始条件 I_1 产生的自然响应，$y_n^{(2)}(t)$ 是系统针对初始条件 I_2 产生的自然响应，则线性加权组合初始条件 $\alpha I_1+\beta I_2$ 作用于系统时将产生线性加权组合的自然响应 $\alpha y_n^{(1)}(t)+\beta y_n^{(2)}(t)$。

3. 强迫响应的时不变性和因果性

系统的强迫响应具有时不变特性。这是因为强迫响应要求系统是零状态(初始条件)的，当系统输入信号延迟一个时间，则强迫响应相应地也将延迟同样的时间。可以证明，强迫响应还满足因果性，因为系统处于零状态时，系统的输出不可能超前于系统的输入信号。

另一方面，由微分方程描述的连续时间 LTI 系统的完全响应却不是时不变的，因为系统的初始条件将产生一个不随输入延迟而延迟的输出项。

2.12.6　特征值

连续时间 LTI 系统的受迫响应既取决于系统的输入，也取决于系统特征方程的特征值，因为它既包含微分方程的特解，也包含方程的齐次解。而系统的自然响应则完全取决于系统特征方程的特征值。除此之外，系统的单位冲激响应也取决于系统特征方程的特征值，因为它也包含有与自然响应的函数形式相同的项。因此，系统特征方程的特征值能够提供许多关于 LTI 系统特性的信息。

连续时间 LTI 系统特征方程的特征值对系统的稳定性有重要影响。因为系统的 BIBO 稳定性定义要求一个稳定系统对零输入的响应必须在任意初始条件下都是有界的，这就意味着系统的自然响应也必须有界。而要求自然响应有界，对于由微分方程描述的连续时间 LTI 系统，其系统特征方程的特征值 r_i 必须满足下述条件：

$$|e^{r_i t}|<\infty \tag{2.12.12}$$

或

$$\mathrm{Re}\{r_i\}<0 \tag{2.12.13}$$

综上所述，对于连续时间 LTI 系统，只要任意一个特征值的实部大于零，则系统就不稳定。

连续时间 LTI 系统的响应时间也取决于系统的特征值。一旦自然响应衰减到零，系统的动态特性将仅仅由(与系统输入有相同函数形式的)特解所决定。因此，自然响应描述系统的暂态特性，即描述系统由初始状态过渡到只由输入决定的平衡态的暂态过程。由此可见，连续时间 LTI 系统对突变的响应时间就由系统自然响应衰减到零时所需要的时间决定，由于连续时间系统的自然响应包含有形如 $e^{r_i t}$ 的项，则连续时间 LTI 系统对突变的响应时间就由实部最大的系统特征值 $\max\{e^{r_i t}\}$ 决定。如果需要连续时间 LTI 系统具有快速的响应时间，则系统全部特征值的实部必须小于零且特征值的模应尽可能大。

2.13　系统的图形化建模与仿真

系统的图形化建模与仿真需要融合先进的计算机软、硬件技术，它在很大程度上可以实现工程系统的所谓图形化建模—可视化仿真(计算)—全过程分析的一体化方法论模式。本节简单介绍基于基本运算单元或模块实现连续时间动力学系统的建模及仿真问题。

2.13.1　基本运算单元

系统的图形化描述在信号与系统中可具体化为框图表示。因此，框图将描述系统的基本结构、组成及各模块(子系统)彼此之间的运算关系。与冲激响应或微分方程表示相比，框图可以更详细地描述系统，因为它可以清楚地给出系统的拓扑结构、模块间的关系及信号路径，而冲激响应或微分方程只能将系统视为一个“黑箱”，描述的是系统输入-输出之间的关系特性。其实，对于给定了输入-输出特性的系统，都可以用框图进行描述，其中每个方框均给出一组(子)系统内部基本运算关系的描述。

框图中包含三种对信号进行运算的基本运算单元：

1）加法器：对多个输入信号进行相加运算，如 $y(t)=x_1(t)+x_2(t)$。

2）乘法器：包括标量乘和算数乘两种，实现定义的乘法运算，如 $y(t)=cx(t)$ 或者 $y(t)=x_1(t)\times x_2(t)$。

3）积分器：对输入信号进行连续时间积分运算，即

$$y(t)=\int_{-\infty}^{t}x(\tau)\mathrm{d}\tau=\int_{-\infty}^{0_-}x(\tau)\mathrm{d}\tau+\int_{0_-}^{t}x(\tau)\mathrm{d}\tau=y(0_-)+\int_{0_-}^{t}x(\tau)\mathrm{d}\tau \qquad (2.13.1)$$

如果积分器的初始条件为0，则

$$y(t)=\int_{0_-}^{t}x(\tau)\mathrm{d}\tau \qquad (2.13.2)$$

任意 n 阶的连续时间LTI系统的微分方程都可以基于上述三种基本运算单元构建其图形化或者框图模型。这种框图模型也称为系统的仿真模型。一般而言，当已经构建了系统的仿真模型时，就可以用下面两种方法实现仿真：①用运算放大器电路模拟实现加法器、乘法器和积分器，当给定系统的输入电压信号，电路的输出就是微分方程的解，显然这种系统仿真的实现是近似的；②用计算机程序实现系统的仿真，其中积分运算由数值积分算法完成。所谓仿真，就是关于描述系统微分方程的机器解。

表2.13.1给出了三种基本运算单元的框图描述及对应的模拟和数值实现。当用数字积分算法代替模拟积分器时，就可以用数字计算机求解微分方程，并得到方程的数值解。这个数值机器解称为数值仿真。

表2.13.1 三种基本运算单元的框图描述及对应的模拟和数值实现

基本运算	框图描述	运算放大器实现	程序实现
加法	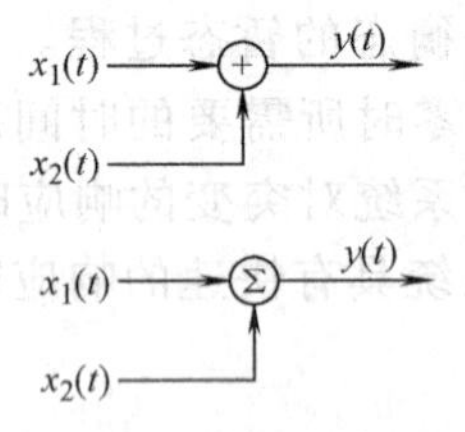 $x_1(t)$ → (+) → $y(t)$，$x_2(t)$；$x_1(t)$ → (Σ) → $y(t)$，$x_2(t)$ $y(t)=x_1(t)+x_2(t)$	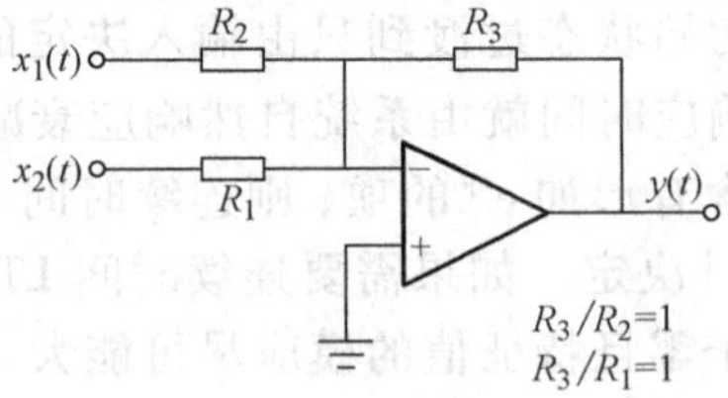 $x_1(t)$，$x_2(t)$，R_2，R_1，R_3，$y(t)$ $R_3/R_2=1$ $R_3/R_1=1$ $y(t)=-(x_1(t)+x_2(t))$	加法算法
乘法	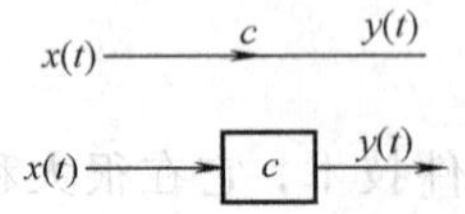 $x(t)$ —c→ $y(t)$；$x(t)$ → [c] → $y(t)$ $y(t)=cx(t)$ $x_1(t)$ → (×) → $y(t)$，$x_2(t)$ 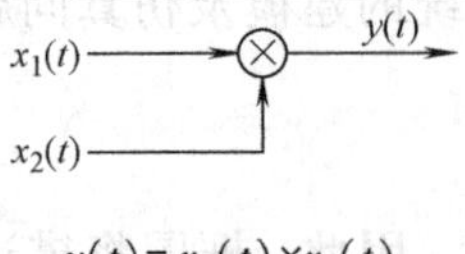 $y(t)=x_1(t)\times x_2(t)$	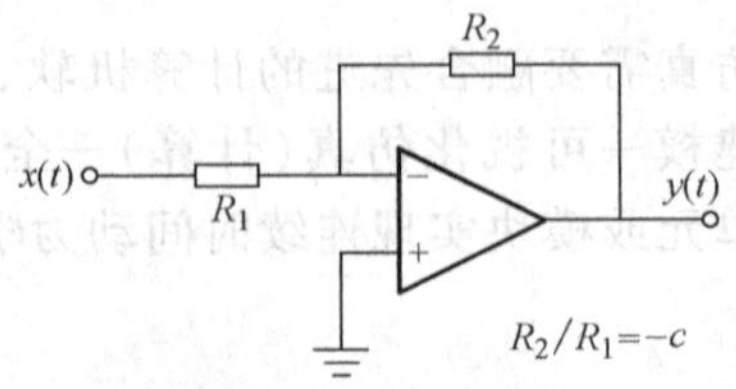 $x(t)$，R_1，R_2，$y(t)$ $R_2/R_1=-c$	乘法算法

（续）

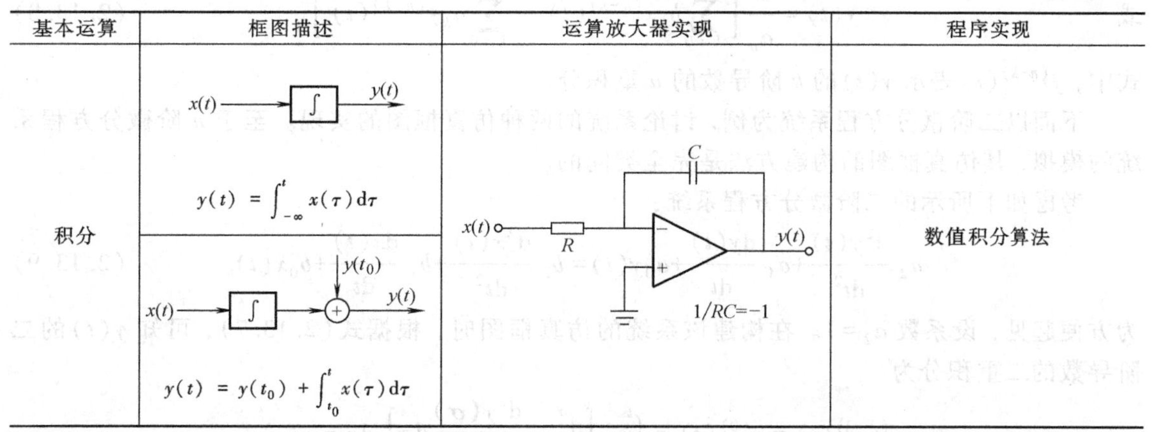

基本运算	框图描述	运算放大器实现	程序实现
积分	$y(t)=\int_{-\infty}^{t}x(\tau)\mathrm{d}\tau$ $y(t)=y(t_0)+\int_{t_0}^{t}x(\tau)\mathrm{d}\tau$	$1/RC=-1$	数值积分算法

通常，模拟一个动态系统的微分方程时，其中的微分运算（器）一般要用积分器去替换。因为在连续时间系统中构建积分器比构建微分器要容易，故在系统的框图表示中就用积分运算代替微分运算。此外，积分运算只会放大低频噪声并平滑系统中的高频噪声，而微分运算却会加大系统的高频噪声（回顾一下对单位阶跃信号的微分）。一般而言，高频噪声比低频噪声更难处理。因此，为了用积分运算描述连续时间动态系统，需要将微分方程转换为积分方程。

2.13.2　连续时间动态系统的建模与仿真

按框图中基本运算单元的拓扑关系及信号流经的路径，从加法器的输出端求和，即可得到描述系统的微分方程。然而，为了更容易地用积分器描述连续时间 LTI 系统，首先必须将系统的原微分方程

$$\sum_{k=0}^{n}a_k\frac{\mathrm{d}^k y(t)}{\mathrm{d}t^k}=\sum_{k=0}^{m}b_k\frac{\mathrm{d}^k x(t)}{\mathrm{d}t^k} \tag{2.13.3}$$

变换成积分方程。为了实施这一步变换，可以将多重积分改写成递归形式，即设 $v^{(0)}(t)=v(t)$为任意函数，定义

$$v^{(n)}(t)=\int_{-\infty}^{t}v^{(n-1)}(\tau)\mathrm{d}\tau,\ n=1,2,\cdots \tag{2.13.4}$$

这样，$v^{(n)}(t)$就表示 $v(t)$对 t 的 n 重积分。如果考虑积分的初始条件，则式(2.13.4)变为

$$v^{(n)}(t)=v^{(n)}(0_-)+\int_{0_-}^{t}v^{(n-1)}(\tau)\mathrm{d}\tau,\quad n=1,2,\cdots \tag{2.13.5}$$

如果初始条件全部为零，则积分和微分互为逆运算，因此有

$$\frac{\mathrm{d}}{\mathrm{d}t}v^{(n)}(t)=v^{(n-1)}(t),\quad t>0\text{ 且 }n=1,2,\cdots \tag{2.13.6}$$

这样，如果式(2.13.3)满足 $n\geqslant m$，则对式(2.13.3)的方程两边同时进行 n 重积分，即可得到描述这个 n 阶 LTI 系统的积分方程为

$$\sum_{k=0}^{n}a_k y^{(n-k)}(t)=\sum_{k=0}^{m}b_k x^{(n-k)}(t) \tag{2.13.7}$$

或
$$y(t)=\frac{1}{a_n}\left[\sum_{k=0}^{m}b_kx^{(n-k)}(t)-\sum_{k=0}^{n-1}a_ky^{(n-k)}(t)\right] \tag{2.13.8}$$

式中，$y^{(n-k)}(t)$表示$y(t)$的k阶导数的n重积分。

下面以二阶微分方程系统为例，讨论系统的两种仿真框图的实现。至于n阶微分方程系统的模拟，其仿真框图的构建方法是完全类同的。

考虑如下所示的二阶微分方程系统：
$$a_2\frac{\mathrm{d}^2y(t)}{\mathrm{d}t^2}+a_1\frac{\mathrm{d}y(t)}{\mathrm{d}t}+a_0y(t)=b_2\frac{\mathrm{d}^2x(t)}{\mathrm{d}t^2}+b_1\frac{\mathrm{d}x(t)}{\mathrm{d}t}+b_0x(t) \tag{2.13.9}$$

为方便起见，设系数$a_2=1$。在构建该系统的仿真框图时，根据式(2.13.7)，可知$y(t)$的二阶导数的二重积分为
$$y^{(2-2)}(t)=y^{(0)}(t)=\int_{-\infty}^{t}\left[\int_{-\infty}^{\tau}\frac{\mathrm{d}^2y(\sigma)}{\mathrm{d}\sigma^2}\mathrm{d}\sigma\right]\mathrm{d}\tau=y(t)$$

而式(2.13.9)左端其他两项的二重积分则分别为
$$y^{(2-1)}(t)=y^{(1)}(t)=\int_{-\infty}^{t}\int_{-\infty}^{\tau}\frac{\mathrm{d}y(\sigma)}{\mathrm{d}\sigma}\mathrm{d}\sigma\mathrm{d}\tau=\int_{-\infty}^{t}y(\tau)\mathrm{d}\tau$$
$$y^{(2-0)}(t)=y^{(2)}(t)=\int_{-\infty}^{t}\int_{-\infty}^{\tau}y(\sigma)\mathrm{d}\sigma\mathrm{d}\tau$$

注意，式中符号$y^{(i)}(t)$表示$y(t)$的i重积分。

同理可得式(2.13.9)等式右端3项的二重积分为
$$x^{(2-2)}(t)=x^{(0)}(t)=x(t)$$
$$x^{(2-1)}(t)=x^{(1)}(t)$$
$$x^{(2-0)}(t)=x^{(2)}(t)$$

(1)直接Ⅰ型实现　对微分方程式(2.13.9)等式两端积分两次得其对应的积分方程为
$$y(t)+a_1y^{(1)}(t)+a_0y^{(2)}(t)=b_2x(t)+b_1x^{(1)}(t)+b_0x^{(2)}(t) \tag{2.13.10}$$

设中间变量$w(t)$为
$$w(t)=b_2x(t)+b_1x^{(1)}(t)+b_0x^{(2)}(t) \tag{2.13.11}$$

则式(2.13.11)又可写为
$$y(t)+a_1y^{(1)}(t)+a_0y^{(2)}(t)=w(t) \tag{2.13.12}$$

或
$$y(t)=w(t)-a_1y^{(1)}(t)-a_0y^{(2)}(t) \tag{2.13.13}$$

针对式(2.13.11)的中间变量$w(t)$的仿真框图如图2.13.1的点画线左边所示。而式(2.13.13)的仿真框图如图2.13.1的点画线右边所示。整个二阶微分方程的实现实际上是图2.13.1中点画线两边两个子系统的级联。这个仿真框图称为直接Ⅰ型仿真框图。

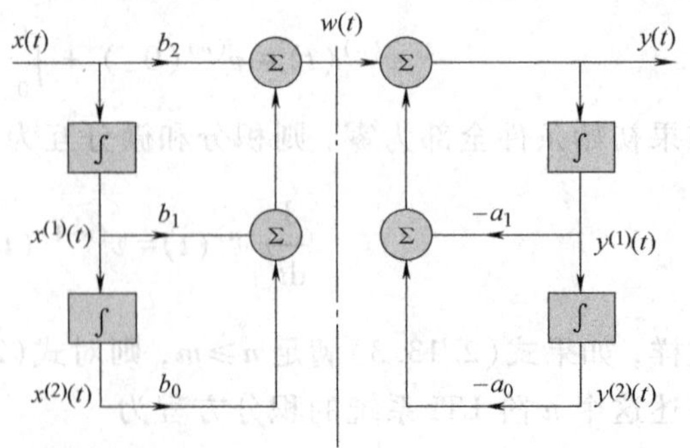

图2.13.1　二阶微分方程直接Ⅰ型仿真框图

(2)直接Ⅱ型实现　二阶线性微分方程的直接Ⅱ型仿真框图的实现方法可以从图2.13.1中的直接Ⅰ型实现中推导而得。这个二阶系统可以看作是两个子系统的级联，一

个子系统用来实现 $w(t)$，另一个用来实现$y(t)$。因为系统是线性的，子系统级联顺序的改变并不会影响组合系统的输入-输出特性，故针对图 2.13.1 交换级联顺序后的系统仿真框图如图 2.13.2a 所示。显见，因为相同的信号被两组级联的积分器积分，所以标注为(1)的两个积分器的输出相等，标注为(2)的两个积分器输出也相等，因此可以将这两组积分器合并成一组积分器。合并后的二阶微分方程的系统仿真框图如图 2.13.2b 所示，图中节省了两个积分器。这种形式的仿真框图称为系统直接Ⅱ型实现。

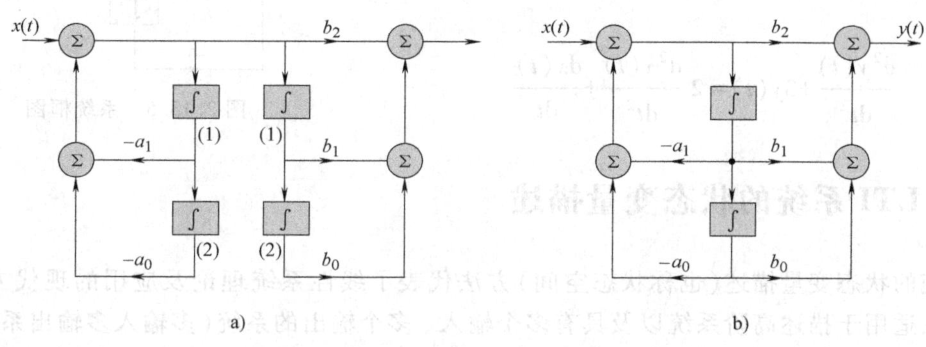

图 2.13.2 二阶微分方程直接Ⅱ型仿真框图

例 2.13.1 *RLC* 电路如图 2.13.3 所示，试用积分器实现该电路系统。

解： 图示电路的输入信号是电流 $x(t)$，输出响应为电容端电压 $v(t)$。描述该电路输入-输出特性的微分-积分方程为

$$\frac{v(t)}{R}+\frac{1}{L}\int_{-\infty}^{t}v(\tau)\,\mathrm{d}\tau+C\frac{\mathrm{d}v(t)}{\mathrm{d}t}=x(t)$$

对上式等式两端积分一次就可得到其对应的积分方程为

$$Cv(t)+\frac{1}{R}v^{(1)}(t)+\frac{1}{L}v^{(2)}(t)=x^{(1)}(t)$$

或

$$v(t)+\frac{1}{RC}v^{(1)}(t)+\frac{1}{LC}v^{(2)}(t)=\frac{1}{C}x^{(1)}(t)$$

根据图 2.13.1，可得到上式的直接Ⅰ型仿真框图如图 2.13.4 所示。

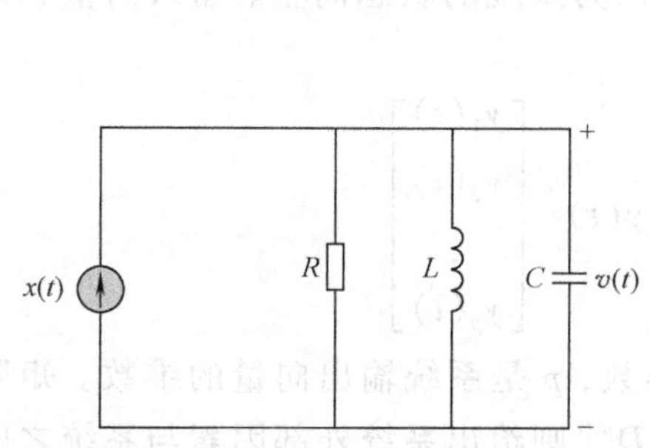

图 2.13.3 *RLC* 电路

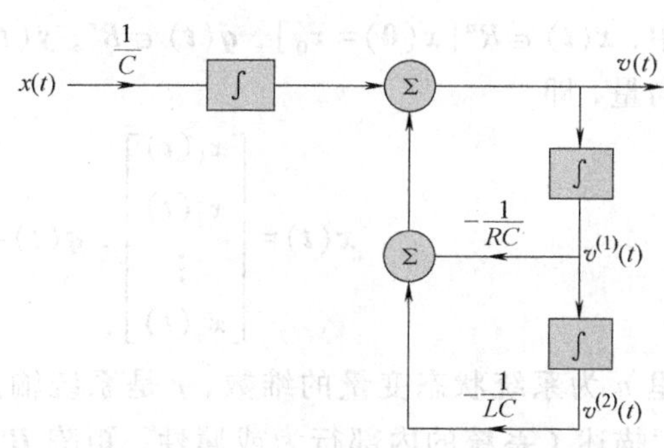

图 2.13.4 例 2.13.1 的直接Ⅰ型仿真框图

例 2.13.2 给出图 2.13.5 所示系统的微分方程。

解： 根据图 2.13.2 给出的二阶微分方程直接Ⅱ型的仿真框图比较可知，本例中系数 $a_0=3$，$a_1=0$，$b_0=0$，$b_1=1$ 以及 $b_2=2$。故图 2.13.5 所示系统的积分方程[由式(2.13.10)]为

$$y(t)+a_0y^{(2)}(t)=b_2x(t)+b_1x^{(1)}(t)$$

对上式等式两端微分两次就可得到其对应的系统微分方程为

$$\frac{d^2y(t)}{dt^2}+3y(t)=2\frac{d^2x(t)}{dt^2}+\frac{dx(t)}{dt}$$

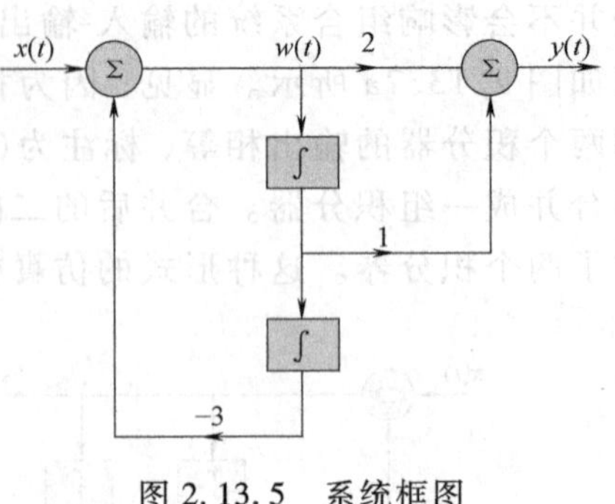

图 2.13.5 系统框图

2.14 LTI 系统的状态变量描述

系统的状态变量描述(也称状态空间)方法代表了线性系统理论及应用的现代方法。状态变量法适用于描述高阶系统以及具有多个输入、多个输出的系统(多输入多输出系统)。但必须指出，连续时间 LTI 系统借助于状态变量描述，虽然比系统的微分方程描述方法更为通用，却对系统的建模精度敏感，在实际工程问题中这是一个限制。

所谓系统的状态可定义为代表系统过去全部记忆或历史的一组最少数目的信号，换句话说，只要给定了时间起始点 t_i 时刻系统的状态值，以及 $t \geqslant t_i$ 时刻之后的输入，就可以完全确定 $t \geqslant t_i$ 时刻之后所有时间的输出。表示系统状态的状态变量的选择并不是唯一的，对于一个给定了输入-输出特性的系统，可以用多个不同的状态变量来描述。

2.14.1 状态变量方程的形式

连续时间 LTI 系统的状态变量模型包含一组描述系统状态变化的一阶微分方程(称为状态方程)，以及一个将系统的输出与其状态变量及输入相联系的代数方程(称为输出方程)。状态方程和输出方程统称为状态方程组，一般可以通过一个 n 阶线性微分方程来导入。状态方程组若用矩阵形式表示，则为

$$\frac{d}{dt}\boldsymbol{x}(t)=\dot{\boldsymbol{x}}(t)=\boldsymbol{A}\boldsymbol{x}(t)+\boldsymbol{B}\boldsymbol{q}(t) \tag{2.14.1}$$

$$\boldsymbol{y}(t)=\boldsymbol{C}\boldsymbol{x}(t)+\boldsymbol{D}\boldsymbol{q}(t) \tag{2.14.2}$$

式中，$\boldsymbol{x}(t)\in R^n[\boldsymbol{x}(\boldsymbol{0})=\boldsymbol{x}_0]$，$\boldsymbol{q}(t)\in R^r$，$\boldsymbol{y}(t)\in R^p$，分别为系统的状态向量、输入向量和输出向量，即

$$\boldsymbol{x}(t)=\begin{bmatrix}x_1(t)\\x_2(t)\\\vdots\\x_n(t)\end{bmatrix},\ \boldsymbol{q}(t)=\begin{bmatrix}q_1(t)\\q_2(t)\\\vdots\\q_r(t)\end{bmatrix},\ \boldsymbol{y}(t)=\begin{bmatrix}y_1(t)\\y_2(t)\\\vdots\\y_p(t)\end{bmatrix}$$

这里 n 为系统状态变量的维数，r 是系统输入向量的维数，p 是系统输出向量的维数。矩阵 $\boldsymbol{A}^{n\times n}$ 描述了系统的内部行为或属性，矩阵 $\boldsymbol{B}^{n\times r}$、$\boldsymbol{C}^{p\times n}$ 和 $\boldsymbol{D}^{p\times r}$ 则给出系统外部因素与系统之间的联系。如果系统的输入和输出之间不存在直通路径，则矩阵 $\boldsymbol{D}^{p\times r}=\boldsymbol{0}$。由于本书只讨论 LTI

系统，故这些矩阵中的元素均为常数。另外，实际工程系统的动态特性都可以通过式(2.14.1)和式(2.14.2)定义的状态空间形式建模，其中对应的矩阵维数分别是n、r、p，而对应的矩阵元素是a_{ij}、b_{ij}、c_{ij}和d_{ij}。

连续时间LTI系统的记忆通常存储在系统的储能元件中，因此可选择与这些元件有关的物理量作为系统的状态变量。例如，电气系统的储能元件是电容和电感，故可选取电容的端电压和流过电感的电流作为状态变量；在机械系统中，储能器件是弹簧和质块，这样弹簧的位移或质块的速度可选为状态变量。式(2.14.1)及式(2.14.2)给出的状态变量方程可以方便地将储能元件的动态行为和输入-输出特性联系起来，下面的例子对此进行了说明。

例2.14.1　考虑图2.6.1所示的简单RLC电路，其数学模型已经由式(2.6.6)给出如下：

$$\frac{\mathrm{d}^2 v_o(t)}{\mathrm{d}t^2}+\left(\frac{L+R_1R_2C}{R_2LC}\right)\frac{\mathrm{d}v_o(t)}{\mathrm{d}t}+\left(\frac{R_1+R_2}{R_2LC}\right)v_o(t)=\frac{1}{LC}v_i(t) \tag{2.14.3}$$

设系统的输入为$v_i(t)$，输出是$v_o(t)$，试用状态变量描述该电路。

解：进行如下变量代换：

$$x_1(t)=v_o(t) \tag{2.14.4}$$

$$x_2(t)=\frac{\mathrm{d}v_o(t)}{\mathrm{d}t}=\frac{\mathrm{d}x_1(t)}{\mathrm{d}t}\rightarrow\frac{\mathrm{d}x_1(t)}{\mathrm{d}t}=x_2(t) \tag{2.14.5}$$

因此，对式(2.14.5)求导得到

$$\begin{aligned}\frac{\mathrm{d}x_2(t)}{\mathrm{d}t}&=\frac{\mathrm{d}^2v_o(t)}{\mathrm{d}t^2}\\&=-\left(\frac{L+R_1R_2C}{R_2LC}\right)\frac{\mathrm{d}v_o(t)}{\mathrm{d}t}-\left(\frac{R_1+R_2}{R_2LC}\right)v_o(t)+\frac{1}{LC}v_i(t)\end{aligned}$$

若令

$$q(t)=v_i(t) \tag{2.14.6}$$

$$y(t)=v_o(t)\rightarrow y(t)=x_1(t) \tag{2.14.7}$$

将上面各式代入式(2.14.6)中，有

$$\frac{\mathrm{d}x_2(t)}{\mathrm{d}t}=-\left(\frac{L+R_1R_2C}{R_2LC}\right)x_2(t)-\left(\frac{R_1+R_2}{R_2LC}\right)x_1(t)+\frac{1}{LC}q(t) \tag{2.14.8}$$

现将式(2.14.5)和式(2.14.8)写成矩阵形式，可得到系统的状态方程为

$$\begin{bmatrix}\dot{x}_1(t)\\\dot{x}_2(t)\end{bmatrix}=\begin{bmatrix}0 & 1\\-\dfrac{R_1+R_2}{R_2LC} & -\dfrac{L+R_1R_2C}{R_2LC}\end{bmatrix}\begin{bmatrix}x_1(t)\\x_2(t)\end{bmatrix}+\begin{bmatrix}0\\\dfrac{1}{LC}\end{bmatrix}q(t) \tag{2.14.9}$$

而系统的输出方程，由式(2.14.7)直接可以写成矩阵形式，为

$$\boldsymbol{y}(t)=[1\quad 0]\begin{bmatrix}x_1(t)\\x_2(t)\end{bmatrix} \tag{2.14.10}$$

显然，由式(2.14.9)及式(2.14.10)给出的系统状态变量模型对应的状态变量矩阵为

$$\boldsymbol{A}=\begin{bmatrix}0 & 1\\-\dfrac{R_1+R_2}{R_2LC} & -\dfrac{L+R_1R_2C}{R_2LC}\end{bmatrix},\quad \boldsymbol{B}=\begin{bmatrix}0\\\dfrac{1}{LC}\end{bmatrix},\quad \boldsymbol{C}=[1\quad 0],\quad \boldsymbol{D}=0$$

顺便说明一下，系统的状态变量模型描述不是唯一的，选择不同的状态变量，就有不同

的状态变量模型。

例 2.14.2　考虑图 2.14.1 所示的平移机械系统。其中 B_1、B_2 是系统的阻尼模量，k_1、k_2 是弹性模量，m_1、m_2 是质量块的质量。该系统有两个输入力 F_1 和 F_2，以及两个输出（位移量）$y_1(t)$ 和 $y_2(t)$，试用状态变量描述该机械系统。

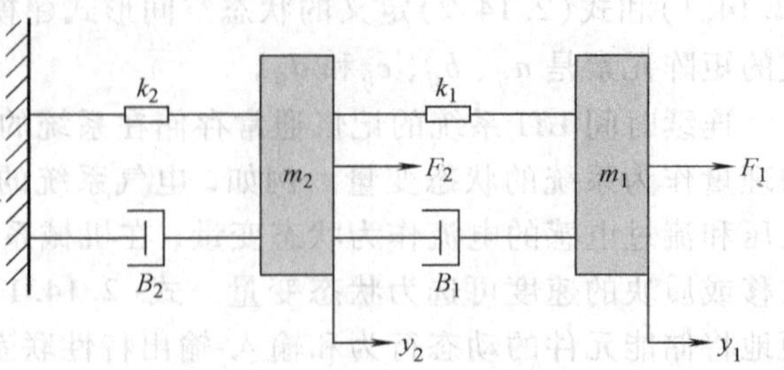

图 2.14.1　平移机械系统

解：根据动力学的基本定律，可给出该系统的数学模型为

$$\begin{cases} m_1\dfrac{\mathrm{d}^2y_1(t)}{\mathrm{d}t^2}+B_1\dfrac{\mathrm{d}y_1(t)}{\mathrm{d}t}+k_1y_1(t)-B_1\dfrac{\mathrm{d}y_2(t)}{\mathrm{d}t}-k_1y_2(t)=F_1 \\ -B_1\dfrac{\mathrm{d}y_1(t)}{\mathrm{d}t}-k_1y_1(t)+m_2\dfrac{\mathrm{d}^2y_2(t)}{\mathrm{d}t^2}+(B_1+B_2)\dfrac{\mathrm{d}y_2(t)}{\mathrm{d}t}+(k_1+k_2)y_2(t)=F_2 \end{cases} \tag{2.14.11}$$

选择状态变量如下：

$$\begin{cases} x_1(t)=y_1(t) \\ x_2(t)=\dfrac{\mathrm{d}y_1(t)}{\mathrm{d}t} \\ x_3(t)=y_2(t) \\ x_4(t)=\dfrac{\mathrm{d}y_2(t)}{\mathrm{d}t} \\ q_1(t)=F_1 \\ q_2(t)=F_2 \end{cases} \tag{2.14.12}$$

将式(2.14.12)代入式(2.14.11)中，整理后写成矩阵形式，可得到系统的状态方程为

$$\begin{bmatrix} \dot{x}_1(t) \\ \dot{x}_2(t) \\ \dot{x}_3(t) \\ \dot{x}_4(t) \end{bmatrix}=\begin{bmatrix} 0 & 1 & 0 & 0 \\ -\dfrac{k_1}{m_1} & -\dfrac{B_1}{m_1} & \dfrac{k_1}{m_1} & \dfrac{B_1}{m_1} \\ 0 & 0 & 0 & 1 \\ \dfrac{k_1}{m_2} & \dfrac{B_1}{m_2} & -\dfrac{k_1+k_2}{m_2} & -\dfrac{B_1+B_2}{m_2} \end{bmatrix}\begin{bmatrix} x_1(t) \\ x_2(t) \\ x_3(t) \\ x_4(t) \end{bmatrix}+\begin{bmatrix} 0 & 0 \\ \dfrac{1}{m_1} & 0 \\ 0 & 0 \\ 0 & \dfrac{1}{m_2} \end{bmatrix}\begin{bmatrix} q_1(t) \\ q_2(t) \end{bmatrix} \tag{2.14.13}$$

而输出方程如下：

$$\begin{bmatrix} y_1(t) \\ y_2(t) \end{bmatrix}=\begin{bmatrix} 1 & 0 & 0 & 0 \\ 0 & 0 & 1 & 0 \end{bmatrix}\begin{bmatrix} x_1(t) \\ x_2(t) \\ x_3(t) \\ x_4(t) \end{bmatrix} \tag{2.14.14}$$

2.14.2　状态变量模型

考虑一般动态系统的 n 阶微分方程模型

$$\sum_{k=0}^{n} a_k \frac{\mathrm{d}^k y(t)}{\mathrm{d}t^k} = \sum_{k=0}^{m} b_k \frac{\mathrm{d}^k q(t)}{\mathrm{d}t^k} \tag{2.14.15}$$

式中，$q(t)$为系统的输入信号；$y(t)$是系统的输出信号。为方便起见，设微分方程的初始条件为零，即 $y(0_-)=0$，$\mathrm{d}y(0_-)/\mathrm{d}t=0$，…，$\mathrm{d}^{n-1}y(0_-)/\mathrm{d}t^{n-1}=0$，并且 $a_n=1$。

首先考虑输入信号没有导数的情况，这时式(2.14.15)简化为

$$\sum_{k=0}^{n} a_k \frac{\mathrm{d}^k y(t)}{\mathrm{d}t^k} = q(t) \tag{2.14.16}$$

引入(状态)变量代换：

$$x_1(t)=y(t),\ x_2(t)=\frac{\mathrm{d}y(t)}{\mathrm{d}t},\ x_3(t)=\frac{\mathrm{d}^2y(t)}{\mathrm{d}t^2},\ \cdots,\ x_n(t)=\frac{\mathrm{d}^{n-1}y(t)}{\mathrm{d}t^{n-1}} \tag{2.14.17}$$

对式(2.14.17)求导并经整理得

$$\begin{cases} \dot{x}_1(t)=\dfrac{\mathrm{d}x_1(t)}{\mathrm{d}t}=\dfrac{\mathrm{d}y(t)}{\mathrm{d}t}=x_2(t) \\ \dot{x}_2(t)=\dfrac{\mathrm{d}x_2(t)}{\mathrm{d}t}=\dfrac{\mathrm{d}^2y(t)}{\mathrm{d}t^2}=x_3(t) \\ \dot{x}_3(t)=\dfrac{\mathrm{d}x_3(t)}{\mathrm{d}t}=\dfrac{\mathrm{d}^3y(t)}{\mathrm{d}t^3}=x_4(t) \\ \qquad\vdots \\ \dot{x}_n(t)=\dfrac{\mathrm{d}x_n(t)}{\mathrm{d}t}=\dfrac{\mathrm{d}^ny(t)}{\mathrm{d}t^n}=-\displaystyle\sum_{k=0}^{n-1} a_k\frac{\mathrm{d}^k y(t)}{\mathrm{d}t^k}+q(t) \\ \qquad =-a_0x_1(t)-a_1x_2(t)-\cdots-a_{n-1}x_n(t)+q(t) \end{cases} \tag{2.14.18}$$

将式(2.14.18)写成矩阵形式，则得到微分方程式(2.14.16)的状态变量模型为

$$\begin{bmatrix} \dot{x}_1(t) \\ \dot{x}_2(t) \\ \vdots \\ \dot{x}_{n-1}(t) \\ \dot{x}_n(t) \end{bmatrix} = \begin{bmatrix} 0 & 1 & 0 & \cdots & 0 & 0 \\ 0 & 0 & 1 & & 0 & 0 \\ \vdots & \vdots & & \ddots & \vdots & \vdots \\ 0 & 0 & \cdots & & 0 & 1 \\ -a_0 & -a_1 & \cdots & & a_{n-2} & a_{n-1} \end{bmatrix} \begin{bmatrix} x_1(t) \\ x_2(t) \\ \vdots \\ x_{n-1}(t) \\ x_n(t) \end{bmatrix} + \begin{bmatrix} 0 \\ 0 \\ \vdots \\ 0 \\ 1 \end{bmatrix} q(t) \tag{2.14.19}$$

对应的系统输出方程由式(2.14.17)可直接给出为

$$y(t)=[1\quad 0\quad \cdots\quad 0]\begin{bmatrix} x_1(t) \\ x_2(t) \\ \vdots \\ x_n(t) \end{bmatrix} \tag{2.14.20}$$

式(2.14.19)和式(2.14.20)联合给出了微分方程系统的状态变量规范形式。

针对式(2.14.15)给出的更一般情况，可以构造一个形如式(2.14.16)的辅助方程，即

$$\sum_{k=0}^{n} a_k \frac{\mathrm{d}^k \xi(t)}{\mathrm{d}t^k} = q(t) \tag{2.14.21}$$

式中，设 $a_n=1$。对式(2.14.21)引入式(2.14.17)定义的状态变量，则有

$$\begin{cases} x_1(t)=\xi(t) \\ x_2(t)=\dfrac{\mathrm{d}\xi(t)}{\mathrm{d}t} \\ x_3(t)=\dfrac{\mathrm{d}^2\xi(t)}{\mathrm{d}t^2} \\ \quad\vdots \\ x_n(t)=\dfrac{\mathrm{d}^{n-1}\xi(t)}{\mathrm{d}t^{n-1}} \end{cases} \tag{2.14.22}$$

对式(2.14.22)求导并经整理得

$$\begin{cases} \dot{x}_1(t)=\dfrac{\mathrm{d}\xi(t)}{\mathrm{d}t}=x_2(t) \\ \dot{x}_2(t)=\dfrac{\mathrm{d}^2\xi(t)}{\mathrm{d}t^2}=x_3(t) \\ \dot{x}_3(t)=\dfrac{\mathrm{d}^3\xi(t)}{\mathrm{d}t^3}=x_4(t) \\ \quad\vdots \\ \dot{x}_n(t)=\dfrac{\mathrm{d}^n\xi(t)}{\mathrm{d}t^n}=-\displaystyle\sum_{k=0}^{n-1} a_k \frac{\mathrm{d}^k\xi(t)}{\mathrm{d}t^k}+q(t) \\ \qquad\quad =-a_0x_1(t)-a_1x_2(t)-\cdots-a_{n-1}x_n(t)+q(t) \end{cases} \tag{2.14.23}$$

另外，对式(2.14.15)和式(2.14.21)应用叠加原理，考虑到 $\xi(t)$ 是式(2.14.21)的输出，故由叠加原理可获得式(2.14.15)的输出，即

$$\begin{aligned} y(t) &= b_0\xi(t)+b_1\frac{\mathrm{d}\xi(t)}{\mathrm{d}t}+\cdots+b_{n-1}\frac{\mathrm{d}^{n-1}\xi(t)}{\mathrm{d}t^{n-1}}+b_n\frac{\mathrm{d}^n\xi(t)}{\mathrm{d}t^n} \\ &= b_0x_1(t)+b_1x_2(t)+\cdots+b_{n-1}x_n(t)+b_n(-a_0x_1(t)-a_1x_2(t)-\cdots-a_{n-1}x_n(t)+q(t)) \\ &= (b_0-a_0b_n)x_1(t)+(b_1-a_1b_n)x_2(t)+\cdots+(b_{n-1}-a_{n-1}b_n)x_n(t)+b_nq(t) \end{aligned}$$

将上式写成矩阵形式为

$$\boldsymbol{y}(t)=\begin{bmatrix}(b_0-a_0b_n) & (b_1-a_1b_n) & \cdots & (b_{n-1}-a_{n-1}b_n)\end{bmatrix}\begin{bmatrix}x_1(t)\\x_2(t)\\\vdots\\x_n(t)\end{bmatrix}+b_nq(t) \tag{2.14.24}$$

注意，如果 $b_n=0$，则式(2.14.24)演变成为在各种文献中频繁出现的一种简洁形式，即

$$y(t)=\begin{bmatrix}b_0 & b_1 & \cdots & b_{n-1}\end{bmatrix}\begin{bmatrix}x_1(t)\\ x_2(t)\\ \vdots\\ x_n(t)\end{bmatrix} \tag{2.14.25}$$

综上所述，将一般动态系统的 n 阶微分方程模型[式(2.14.15)]变换成状态变量描述，即式(2.14.19)和式(2.14.25)的形式，需要辨识出系数 a_i 和 $b_i(i=0,1,2,\cdots,n-1)$，并用它们构造状态变量矩阵 $\boldsymbol{A}$ 和输出矩阵 $\boldsymbol{C}$。

例 2.14.3　设一动态系统的微分方程为

$$\frac{\mathrm{d}^6y(t)}{\mathrm{d}t^6}+6\frac{\mathrm{d}^5y(t)}{\mathrm{d}t^5}-2\frac{\mathrm{d}^4y(t)}{\mathrm{d}t^4}+\frac{\mathrm{d}^2y(t)}{\mathrm{d}t^2}-5\frac{\mathrm{d}y(t)}{\mathrm{d}t}+3y(t)=7\frac{\mathrm{d}^3q(t)}{\mathrm{d}t^3}+\frac{\mathrm{d}q(t)}{\mathrm{d}t}+4q(t)$$

试写成系统的状态变量描述矩阵。

解：根据式(2.14.19)和式(2.14.24)，可直接写出该微分方程的状态变量描述矩阵为

$$\boldsymbol{A}=\begin{bmatrix}0&1&0&0&0&0\\0&0&1&0&0&0\\0&0&0&1&0&0\\0&0&0&0&1&0\\0&0&0&0&0&1\\-3&5&-1&0&2&-6\end{bmatrix},\quad \boldsymbol{B}=\begin{bmatrix}0\\0\\0\\0\\0\\1\end{bmatrix}$$

$$\boldsymbol{C}=\begin{bmatrix}4&1&0&7&0&0\end{bmatrix},\quad \boldsymbol{D}=0$$

2.14.3　状态方程的时域解

状态方程组[式(2.14.1)和式(2.14.2)]的求解有时域及频域两种方法。前者在时域直接求解对应的矩阵微分方程，而后者则需利用拉普拉斯变换在频域中获得。本节仅讨论时域求解方法。

为求解状态方程组，考虑式(2.14.1)和式(2.14.2)，为方便起见，方程重写如下：

$$\begin{cases}\dot{\boldsymbol{x}}(t)=\boldsymbol{A}\boldsymbol{x}(t)+\boldsymbol{B}\boldsymbol{q}(t)\\ \boldsymbol{y}(t)=\boldsymbol{C}\boldsymbol{x}(t)+\boldsymbol{D}\boldsymbol{q}(t)\end{cases} \tag{2.14.26}$$

初始条件为 $\boldsymbol{x}(t_0)=\boldsymbol{x}_0$。

求解状态方程直接的方法是构造一个随时间变化的解。假设将 $t\geqslant t_0$ 区间分为间隔为 Δt 的无穷多个子区间，则当 Δt 足够小时有

$$\dot{\boldsymbol{x}}(t_1)=\frac{\boldsymbol{x}(t_1+\Delta t)-\boldsymbol{x}(t_1)}{\Delta t}=\frac{\Delta \boldsymbol{x}}{\Delta t} \tag{2.14.27}$$

其中，对于任意 $t_1=t_0+k\Delta t(k=0,1,2,\cdots)$，$\Delta\boldsymbol{x}=\boldsymbol{x}(t_1+\Delta t)-\boldsymbol{x}(t_1)$ 表示 x 在从 t_1 到 $t_1+\Delta t$ 时间间隔上的变化量。由式(2.14.27)可推知，在从 t_0 到 $t_0+\Delta t$ 间隔上 $\Delta\boldsymbol{x}$ 的变化量应为

$$\Delta\boldsymbol{x}=\boldsymbol{x}(t_0+\Delta t)-\boldsymbol{x}(t_0)=\dot{\boldsymbol{x}}(t_0)\Delta t \tag{2.14.28}$$

因此，在 $t_0+\Delta t$ 时，有

$$\boldsymbol{x}(t_0+\Delta t)=\boldsymbol{x}(t_0)+\dot{\boldsymbol{x}}(t_0)\Delta t \tag{2.14.29}$$

由于 $\boldsymbol{x}(t_0)=\boldsymbol{x}_0$ 为初始条件，而由式(2.14.26)可以求出 $\dot{\boldsymbol{x}}(t_0)$ 为

$$\dot{\boldsymbol{x}}(t_0)=\boldsymbol{A}\boldsymbol{x}(t_0)+\boldsymbol{B}\boldsymbol{q}(t_0)=\boldsymbol{A}\boldsymbol{x}_0+\boldsymbol{B}\boldsymbol{q}(t_0) \tag{2.14.30}$$

则式(2.14.29)中左端的 $\boldsymbol{x}(t_0+\Delta t)$ 即可确定。

同理可以求出 $\dot{\boldsymbol{x}}(t_0+\Delta t)$，并据此求出 $\boldsymbol{x}(t_0+2\Delta t)$。重复上述递推过程(每次可解出方程的一步)，便可获得状态方程的一个数值近似解。由于解的精度取决于步长 Δt 的大小，故当 $\Delta t\to 0$ 时，其解将逼近方程的精确解。这种方法(包括修正后的方法)显然是数值方法，适合用计算机求解。

总结上述方法，可以将这种数值求解过程归纳为一个简单的递归关系。具体而言，针对式(2.14.27)，代入 $t_1=t_0+k\Delta t$，得到

$$\dot{\boldsymbol{x}}(t_0+k\Delta t)=\frac{\boldsymbol{x}(t_0+k\Delta t+\Delta t)-\boldsymbol{x}(t_0+k\Delta t)}{\Delta t}=\frac{\boldsymbol{x}(t_0+(k+1)\Delta t)-\boldsymbol{x}(t_0+k\Delta t)}{\Delta t} \tag{2.14.31}$$

式中，$k=0,1,2,\cdots$。将式(2.14.31)代入状态方程组[式(2.14.26)]，即可获得 $t=t_0+k\Delta t$ 时刻的系统状态方程为

$$\dot{\boldsymbol{x}}(t_0+k\Delta t)=\frac{\boldsymbol{x}(t_0+(k+1)\Delta t)-\boldsymbol{x}(t_0+k\Delta t)}{\Delta t}=\boldsymbol{A}\boldsymbol{x}(t_0+k\Delta t)+\boldsymbol{B}\boldsymbol{q}(t_0+k\Delta t) \tag{2.14.32}$$

或

$$\boldsymbol{x}(t_0+(k+1)\Delta t)=\boldsymbol{x}(t_0+k\Delta t)+\Delta t[\boldsymbol{A}\boldsymbol{x}(t_0+k\Delta t)+\boldsymbol{B}\boldsymbol{q}(t_0+k\Delta t)] \tag{2.14.33}$$

可以看出，如果将 $\boldsymbol{x}(t_0+k\Delta t)$ 视为 $\boldsymbol{x}$ 的当前值，则由式(2.14.33)即可求解出下一时刻的值，由于 $k=0,1,2,\cdots$，这就构成了时域解的数值解。显然，式(2.14.33)本质上就是后面将要讨论的差分方程形式。

以上讨论了状态方程的数值解。数值算法虽然直观且计算简单，但一般不能获得闭合形式的解析解。为了解析求解状态方程组，首先不妨求解矩阵状态方程的特例——标量系统方程，即

$$\dot{x}(t)=ax(t)+bq(t),\quad x(0)=x_0 \tag{2.14.34}$$

根据微分方程理论知式(2.14.34)的解为

$$x(t)=\mathrm{e}^{at}x_0+\int_0^t \mathrm{e}^{a(t-\tau)}bq(\tau)\mathrm{d}\tau \tag{2.14.35}$$

式(2.14.35)中的指数项 e^{at} 在 $t_0=0$ 处用泰勒级数可以展开为

$$\mathrm{e}^{at}=1+at+\frac{1}{2!}a^2t^2+\frac{1}{3!}a^3t^3+\cdots=\sum_{i=0}^{\infty}\frac{1}{i!}(at)^i \tag{2.14.36}$$

针对矩阵状态方程[式(2.14.26)]，可以证明 n 阶状态变量微分方程的解为

$$\boldsymbol{x}(t)=\mathrm{e}^{\boldsymbol{A}t}\boldsymbol{x}(0)+\int_0^t \mathrm{e}^{\boldsymbol{A}(t-\tau)}\boldsymbol{B}\boldsymbol{q}(\tau)\mathrm{d}\tau \tag{2.14.37}$$

式中，矩阵指数 $\mathrm{e}^{\boldsymbol{A}t}$ 的泰勒级数展开定义为

$$\mathrm{e}^{\boldsymbol{A}t}=\boldsymbol{I}+\boldsymbol{A}t+\frac{1}{2!}\boldsymbol{A}^2t^2+\frac{1}{3!}\boldsymbol{A}^3t^3+\cdots=\sum_{i=0}^{\infty}\frac{1}{i!}\boldsymbol{A}^it^i \tag{2.14.38}$$

矩阵指数 $\mathrm{e}^{\boldsymbol{A}t}$ 又被称为状态转移矩阵，记为

$$\boldsymbol{\Phi}(t)=\mathrm{e}^{\boldsymbol{A}t} \tag{2.14.39}$$

$\boldsymbol{\Phi}(t)$ 作为一个时间函数显然只依赖于状态矩阵 $\boldsymbol{A}$，也就是说当不存在外部激励时($\boldsymbol{q}(t)=0$)，

$\boldsymbol{\Phi}(t)$完全描述了系统的内部行为。因此，系统的状态转移矩阵 $\boldsymbol{\Phi}(t)=\mathrm{e}^{At}$在线性动态系统理论中扮演着一个重要的角色。

状态转移矩阵具有以下几个重要的性质：

1) $\boldsymbol{\Phi}(0)=\boldsymbol{I}$($\boldsymbol{I}$是单位矩阵)。

2) $\boldsymbol{\Phi}^{-1}(t)=\boldsymbol{\Phi}(-t)$[$\boldsymbol{\Phi}(t)$对于任意 t 是非奇异的]。

3) $\boldsymbol{\Phi}(t_2-t_0)=\boldsymbol{\Phi}(t_2-t_1)\boldsymbol{\Phi}(t_1-t_0)$。

4) $\boldsymbol{\Phi}^i(t)=\boldsymbol{\Phi}(it)$，对于 $i\in\mathbf{N}$。

5) $\dfrac{\mathrm{d}}{\mathrm{d}t}\boldsymbol{\Phi}(t)=\boldsymbol{A}\boldsymbol{\Phi}(t)$。

注释：状态转移矩阵 $\boldsymbol{\Phi}(t)$有多种求法，其中一种方法就是式(2.14.38)中给出的泰勒级数展开法，还有线性代数中常用的凯莱-汉密尔顿法以及状态转移矩阵的拉普拉斯变换法等。

现将状态转移矩阵 $\boldsymbol{\Phi}(t)$代入式(2.14.37)中，则系统状态变量的解又可表示成

$$\boldsymbol{x}(t)=\boldsymbol{\Phi}(t)\boldsymbol{x}(0)+\int_0^t\boldsymbol{\Phi}(t-\tau)\boldsymbol{B}\boldsymbol{q}(\tau)\mathrm{d}\tau \tag{2.14.40}$$

当系统的初始状态已知为 $t=t_0$(不是 $t=0$)时，系统状态变量方程的解为

$$\begin{aligned}\boldsymbol{x}(t)&=\boldsymbol{\Phi}(t-t_0)\boldsymbol{x}(t_0)+\int_{t_0}^t\boldsymbol{\Phi}(t-\tau)\boldsymbol{B}\boldsymbol{q}(\tau)\mathrm{d}\tau\\&=\mathrm{e}^{\boldsymbol{A}(t-t_0)}\boldsymbol{x}(t_0)+\int_{t_0}^t\mathrm{e}^{\boldsymbol{A}(t-\tau)}\boldsymbol{B}\boldsymbol{q}(\tau)\mathrm{d}\tau\end{aligned} \tag{2.14.41}$$

式(2.14.40)和式(2.14.41)给出的解是系统的状态响应。而系统的输出响应则由式(2.14.26)和式(2.14.41)给出，为

$$\begin{aligned}\boldsymbol{y}(t)&=\boldsymbol{C}\boldsymbol{\Phi}(t-t_0)\boldsymbol{x}(t_0)+\int_{t_0}^t\boldsymbol{C}\boldsymbol{\Phi}(t-\tau)\boldsymbol{B}\boldsymbol{q}(\tau)\mathrm{d}\tau+\boldsymbol{D}\boldsymbol{q}(t)\\&=\boldsymbol{C}\mathrm{e}^{\boldsymbol{A}(t-t_0)}\boldsymbol{x}(t_0)+\int_{t_0}^t\boldsymbol{C}\mathrm{e}^{\boldsymbol{A}(t-\tau)}\boldsymbol{B}\boldsymbol{q}(\tau)\mathrm{d}\tau+\boldsymbol{D}\boldsymbol{q}(t)\end{aligned} \tag{2.14.42}$$

通过以上讨论可知，时域求解系统的状态方程必须已知系统的状态转移矩阵 $\boldsymbol{\Phi}(t)=\mathrm{e}^{At}$。下面给出两个例子说明 $\boldsymbol{\Phi}(t)$的时域求解。

例 2.14.4　用级数展开法求状态转移矩阵 $\boldsymbol{\Phi}(t)=\mathrm{e}^{At}$，其中状态矩阵 $\boldsymbol{A}=\begin{bmatrix}-1&0\\0&-2\end{bmatrix}$。

解：因为

$$\boldsymbol{A}^2=\begin{bmatrix}1&0\\0&4\end{bmatrix},\ \boldsymbol{A}^3=\begin{bmatrix}-1&0\\0&-8\end{bmatrix},\ \cdots,\ \boldsymbol{A}^n=\begin{bmatrix}(-1)^n&0\\0&(-2)^n\end{bmatrix}$$

故由式(2.14.38)，有

$$\begin{aligned}\boldsymbol{\Phi}(t)=\mathrm{e}^{At}&=\begin{bmatrix}1&0\\0&1\end{bmatrix}+\begin{bmatrix}-1&0\\0&-2\end{bmatrix}t+\begin{bmatrix}1&0\\0&4\end{bmatrix}\frac{t^2}{2}+\begin{bmatrix}-1&0\\0&-8\end{bmatrix}\frac{t^3}{6}+\cdots\\&=\begin{bmatrix}1-t+\dfrac{t^2}{2}-\dfrac{t^3}{6}+\cdots&0\\0&1-2t+\dfrac{4t^2}{2}-\dfrac{8t^3}{6}+\cdots\end{bmatrix}\end{aligned}$$

可以看出矩阵对角线上的元素分别是 e^{-t} 和 e^{-2t} 的级数展开，因此

$$\boldsymbol{\Phi}(t)=e^{\boldsymbol{A}t}=\begin{bmatrix} e^{-t} & 0 \\ 0 & e^{-2t} \end{bmatrix}$$

例 2.14.5 已知状态矩阵 $\boldsymbol{A}=\begin{bmatrix} 0 & 1 \\ -6 & -5 \end{bmatrix}$，试用级数展开法求状态转移矩阵 $\boldsymbol{\Phi}(t)=e^{\boldsymbol{A}t}$。

解：因为

$$\boldsymbol{A}^2=\begin{bmatrix} -6 & -5 \\ 30 & 19 \end{bmatrix},\ \boldsymbol{A}^3=\begin{bmatrix} 30 & 19 \\ -114 & -65 \end{bmatrix},\ \boldsymbol{A}^4=\begin{bmatrix} -114 & -65 \\ 390 & 211 \end{bmatrix},\ \cdots$$

根据式(2.14.38)，有

$$\boldsymbol{\Phi}(t)=e^{\boldsymbol{A}t}=\begin{bmatrix} 1 & 0 \\ 0 & 1 \end{bmatrix}+\begin{bmatrix} 0 & 1 \\ -6 & -5 \end{bmatrix}t+\begin{bmatrix} -6 & -5 \\ 30 & 19 \end{bmatrix}\frac{t^2}{2}+\begin{bmatrix} 30 & 19 \\ -114 & -65 \end{bmatrix}\frac{t^3}{6}+\cdots$$

$$=\begin{bmatrix} 1-\dfrac{6t^2}{2!}+\dfrac{30t^3}{3!}-\dfrac{114t^4}{4!}+\cdots & t-\dfrac{5t^2}{2!}+\dfrac{19t^3}{3!}-\dfrac{65t^4}{4!}+\cdots \\ -6t+\dfrac{30t^2}{2!}-\dfrac{114t^3}{3!}+\dfrac{390t^4}{4!}+\cdots & 1-5t+\dfrac{19t^2}{2!}-\dfrac{65t^3}{3!}+\dfrac{211t^4}{4!}+\cdots \end{bmatrix}$$

可以证明，$\boldsymbol{\Phi}(t)=e^{\boldsymbol{A}t}$ 的解析式是下式的前 5 项，即

$$\boldsymbol{\Phi}(t)=e^{\boldsymbol{A}t}=\begin{bmatrix} 3e^{-2t}-2e^{-3t} & e^{-2t}-e^{-3t} \\ -6e^{-2t}+6e^{-3t} & -2e^{-2t}+3e^{-3t} \end{bmatrix}$$

由以上两例可知，除非已知答案，否则很难求解出 $\boldsymbol{\Phi}(t)=e^{\boldsymbol{A}t}$ 的解析式。

2.15 应用示例及 MATLAB 实践

2.15.1 卷积应用示例——多径失真抑制

前面章节已经详细介绍了卷积及其性质，在后续章节中还将多处涉及这个重要的概念。在开始系统学习谱分析之前，先来考虑卷积概念的一个实际应用，以期进一步强化这个知识点。

实践中要求无失真地记录一个信号往往是非常困难的，比如室内环境下的录音，其拾音器接收到的音频信号一般认为主要是由三部分构成的：来自声源的直达波，经过墙壁有限次数反射的前期波和经过墙壁多次反射形成的后期波。由于传播路径的不同，这三种声波信号到达拾音器的先后顺序就有所不同，并且存在互相混叠的现象。如果忽略多次反射的后期波，则模拟这种回声现象的最简单的方法是定义拾音器所接收的信号为直达波与一个反射分量的和，可建模为

$$y(t)=x(t)+\alpha x(t-t_{\rm d}) \tag{2.15.1}$$

式中，α 是反射系数，表示声波经过反射后产生的衰减，$|\alpha|<1$；$t_{\rm d}$ 为声波经反射造成的时

延。当 $x(t)$ 是一个声音信号且时延 $t_d \geqslant 100$ms 时，人耳能够感觉到一个明显的回声；但若 t_d 很小并且存在多个反射，则听到的会是一个混合声。

任一信号与一个时移冲激信号 $\delta(t-t_d)$ 的卷积只是对该信号进行了平移，即

$$x(t) * \delta(t-t_d) = x(t-t_d) \tag{2.15.2}$$

因此若令 $x(t)=\delta(t)$，代入式(2.15.1)，则可以用具有如下冲激响应的 LTI 系统模拟或仿真室内回声模型：

$$h(t) = \delta(t) + \alpha\delta(t-t_d) \tag{2.15.3}$$

由此可知，式(2.15.3)给出的回声模型其实就是单位冲激响应 $h(t)$ 与信号 $x(t)$ 的卷积 $y(t)=h(t) * x(t)$。如果信号的室内回波不止一条(多径)，处理上只需要简单叠加具有不同衰减系数和时延因子的冲激信号，就可以根据下面的冲激响应来定义一般意义上的 LTI 系统的回波模型：

$$h(t) = \sum_{k=0}^{N} \alpha_k \delta(t - t_k) \tag{2.15.4}$$

顺便说明一下，上述模型描述的多径回波可模拟所谓的混响效果。

当记录的信号存在回波和混响时，往往需要抑制掉信号中的回波或混响成分，也就是说需要从 $y(t)$ 中恢复出 $x(t)$。这个问题一般而言需要用到后续章节中将要讨论的谱分析和滤波技术，但若仅考虑单一回波，有无简单的方法从 $y(t)$ 中恢复 $x(t)$？

下面证明只要满足一个简单的条件，就可以从 $y(t)$ 中恢复 $x(t)$。设想让已录制好的信号 $y(t)$ 通过一个在前面曾经介绍过的所谓的逆系统，可以用图 2.15.1 所示的框图描述这个运算过程，图中虚线框部分表示回波子系统与逆系统的级联，其目的是希望获得一个冲激响应为单一冲激的总的系统。

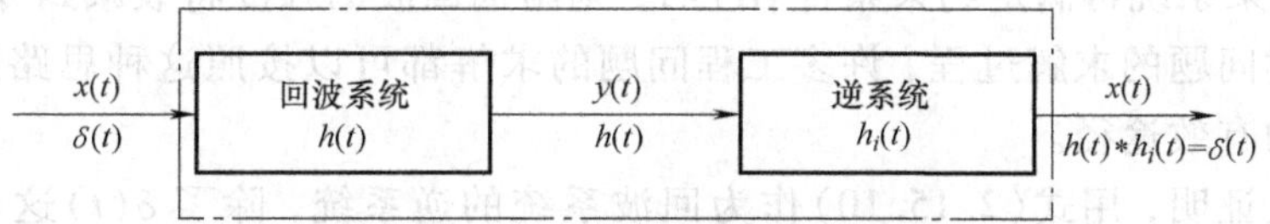

图 2.15.1　用逆系统均衡室内回波

根据系统零状态响应的定义，针对第二个子系统 $h_i(t)$ 的输出，显然有

$$x(t) = y(t) * h_i(t) = x(t) * [h(t) * h_i(t)] \tag{2.15.5}$$

回顾一下 $\delta(t)$ 的卷积特性[即 $x(t)=x(t) * \delta(t)$]，可知欲从式(2.15.5)中解出 $h_i(t)$，必须满足

$$\delta(t) = h(t) * h_i(t) = [\delta(t) + \alpha\delta(t-t_d)] * h_i(t) \tag{2.15.6}$$

为了找到逆系统，需要从式(2.15.6)中解出 $h_i(t)$。虽然看上去式(2.15.6)并不复杂，但解这类卷积方程却没有通用的解析方法。这时，观察法及尝试法就有用了。可以按照以下思路来解这个问题：

第一步，首先注意 $h_i(t)$ 中应该包含一个冲激，因为式(2.15.6)等式的左边是一个冲激。

第二步，由于希望消除幅度为 α、时延为 t_d 的回波，可以考虑给系统引入一个幅度为 $-\alpha$、时延为 t_d 的冲激。因此，假设

$$\hat{h}_i(t)=\delta(t)-\alpha\delta(t-t_d) \tag{2.15.7}$$

为系统的逆系统，用它代替式(2.15.6)中的 $h_i(t)$，则有

$$h(t)*\hat{h}_i(t)=[\delta(t)+\alpha\delta(t-t_d)]*[\delta(t)-\alpha\delta(t-t_d)]=\delta(t)-\alpha^2\delta(t-2t_d)$$

显然，上式表明已经消除了幅度为 α、时延为 t_d 的回波，但又引入了一个幅度为 $-\alpha^2$、时延为 $2t_d$ 的附加回波。

到这一步，读者可能会问，虽然消除了幅度为 α、时延为 t_d 的回波，却又引入了一个附加的、幅度为 $-\alpha^2$ 且时延为 $2t_d$ 的回波，这有意义吗？回答是肯定的，但应该满足第三步的条件。

第三步，如果 $|\alpha|<1$，虽然第二步的运算在消除第一个回波的同时又引入了额外的回波分量，但显然这个回波分量的强度已受到更大的衰减，尽管到目前为止还没有完全消除它。那么怎样才能消除时延为 $2t_d$ 的回波呢？不妨假设在式(2.15.7)中增加第二项，就是说在 $2t_d$ 处再加一个幅度为 α^2 的冲激：

$$\hat{h}_i(t)=\delta(t)-\alpha\delta(t-t_d)+\alpha^2\delta(t-2t_d) \tag{2.15.8}$$

重复第二步的运算可得到：

$$h(t)*\hat{h}_i(t)=\delta(t)+\alpha^3\delta(t-3t_d) \tag{2.15.9}$$

如前所述，如果 $|\alpha|<1$，由逆系统 $\hat{h}_i(t)$ 引入的附加回波分量的强度更小。

第四步，按上述思路继续扩展下去，就可以获得问题的真解为

$$h_i(t)=\sum_{k=0}^{\infty}(-\alpha)^k\delta(t-kt_d) \tag{2.15.10}$$

式(2.15.10)说明，用 $h_i(t)$ 作为系统的逆系统，将使由这种方案产生的额外回波被扩展到无穷远处，如果系统再满足约束条件 $|\alpha|<1$，则附加回波的强度将衰减到零。

这就是上述问题的求解过程，许多工程问题的求解都可以按照这种思路来思考，并由此找到解决问题的有效途径。

请读者自己证明，用式(2.15.10)作为回波系统的逆系统，除了 $\delta(t)$ 这一项之外，在等式右端引入的所有附加冲激都已被消除。

注意：本例中多次出现 $|\alpha|<1$ 这个条件。在这个约束条件下，逆系统是由无穷多个其强度(也即反射系数)按指数衰减的冲激项的和构成。如果条件变为 $|\alpha|\geqslant 1$，则逆系统冲激项中的强度因子将随着时间的延续而发散，从而导致系统的不稳定，也就失去了应用(抑制回波)的价值。该示例的意义在于，多数情况下本例给出的逆系统至少可以对回波及其他线性失真问题进行部分的补偿。其实，求逆系统更著名的应用在通信系统中就是针对信道失真进行的所谓均衡算法。

2.15.2 蹦极过程的建模和仿真

高空弹跳蹦极起源于新西兰，是毛利族人的成人仪式，现已发展成为风靡世界广受青年喜爱的一种极限运动。

1. 问题描述

某人准备蹦极，他首先需要确保弹力绳匹配他的体重(设为90kg)。假设现场有30m(未拉伸)长的A、B、C三根弹力绳，它们的弹性系数分别为5N/m、40N/m和500N/m，而蹦极

起跳点距水面80m，如图2.15.2a所示。

又根据空气动力学知识已知跳蹦极时空气对人的阻力为

$$R=a_1v+a_2|v|v \tag{2.15.11}$$

式中，a_1 和 a_2 分别是空气阻力系数和空气密度，简单计可取值为1。为了求解这个物理问题，需要：①决定作用在人体上的所有力；②画出人体自由下落时的受力图；③应用牛顿第二定律；④解方程。

2. 问题建模

1）决定作用在人体上的所有力：根据胡克定律，弹力绳受到的拉力 F_e 为

$$F_e=\begin{cases}kx & x>0\\ 0 & x<0\end{cases} \tag{2.15.12}$$

2）人体自由下落时的受力图如图2.15.2b所示，注意，选择向下为正方向。

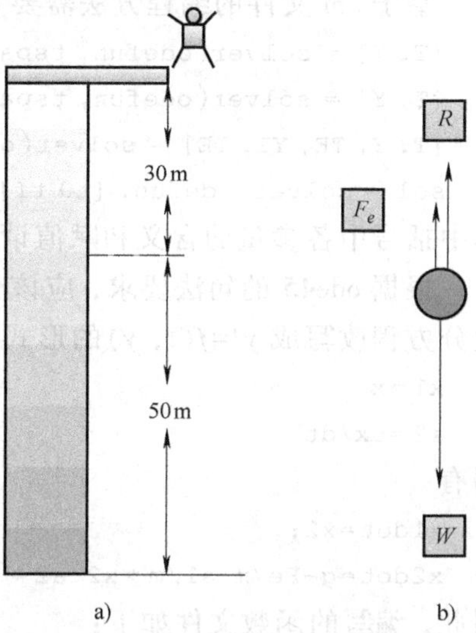

图2.15.2　蹦极过程的建模

a)示意图　b)人体自由下落时的受力图

3）应用牛顿第二定律 $F=ma$，由图2.15.2b可知

$$W-R-F_e=ma$$

或

$$mg-F_e-a_1v-a_2|v|v=ma$$

将速度 $v=\dfrac{dx}{dt}$，加速度 $a=\dfrac{dv}{dt}=\dfrac{d^2x}{dt^2}$ 代入上式，整理后得到

$$\frac{d^2x}{dt^2}=g-\frac{F_e}{m}-\frac{a_1}{m}\frac{dx}{dt}-\frac{a_2}{m}\left|\frac{dx}{dt}\right|\frac{dx}{dt} \tag{2.15.13}$$

上式就是蹦极的微分方程模型。

4）解蹦极微分方程：该方程是常系数非线性微分方程，其解析解难以获得。因此，基于数值计算方法，采用MATLAB常微分方程解算子ode解该问题。

ode是MATLAB内嵌的微分方程解算子函数。该求解器有变步长(Variable-step)和定步长(Fixed-step)两种类型，适用于不同初值问题的求解，其中常用的ode求解器见表2.15.1。

表2.15.1　ode求解器

求解器	解决这些问题	方法
ode45	非刚性微分方程	Runge-Kutta
ode23	非刚性微分方程	Runge-Kutta
ode113	非刚性微分方程	Adams
ode15s	刚性微分方程和微分代数方程	NDFs (BDFs)
ode23s	刚性微分方程	Rosenbrock
ode23t	中等刚性微分方程和微分代数方程	Trapezoidal rule
ode23tb	刚性微分方程	TR-BDF2
ode15i	全隐式微分方程	BDFs

在MATLAB环境中可以采用基于.m文件的编程或者基于Simulink的动态系统仿真方法。下面分别用这两种方法解算这个问题。

基于.m文件的编程方法需要直接调用ode解算器，这里用ode45，其句法如下：

```
[T, Y] = solver(odefun, tspan, y0)
[T, Y] = solver(odefun, tspan, y0, options)
[T, Y, TE, YE, IE] = solver(odefun, tspan, y0, options)
sol = solver(odefun, [t0 tf], y0...)
```

其中括号中各参量的含义和赋值请参考MATLAB帮助文档。

根据ode45的句法要求，应该先构建一个函数文件(Function File) odefun。为此，需要将微分方程改写成 $y'=f(t, y)$ 的形式，并且令

```
x1=x
x2=dx/dt
```

则有

```
x1dot=x2;
x2dot=g-Fe/m-a1/m*x2-a2*|x2|*x2;
```

因此，编写的函数文件如下：

```
function dxdt = bungeeode (t, x, k)
m=90; g=10;
a1=1; a2=1;
    W=m*g;
    R= a1*x(2)+a2*abs(x(2))*x(2);
        if x(1)>0
            Fe = k*x(1);
        else
            Fe = 0;
        end
dxdt= [ x(2); (W-Fe-R)/m];
```

为了调用这个函数文件，可以另写一个脚本文件(Script File)如下：

```
figure
[t, xs]=ode45(@ bungeeode, [0 50], [-30 0], [], 5);
subplot(311)
plot(t, 50-xs(:,1))
xlabel('Time (s)'), ylabel('Length')
title('Bungee Jumping')

[t, xs]=ode45(@ bungeeode, [0 50], [-30 0], [], 40);
subplot(312)
plot(t, 50-xs(:,1))
xlabel('Time (s)'), ylabel('Length')

[t, xs]=ode45(@ bungeeode, [0 50], [-30 0], [], 500);
subplot(313)
plot(t, 50-xs(:,1))
xlabel('Time (s)'), ylabel('Length')
```

运行以上脚本文件，得到一个体重 90kg 的蹦极者采用三根弹力绳时的仿真结果如图 2.15.3 所示，显然弹力绳 B 是最适合的。

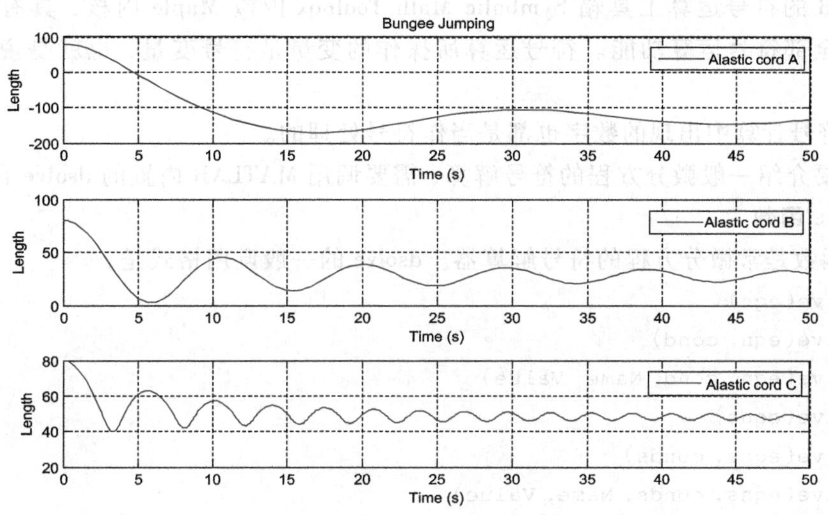

图 2.15.3 一个体重 90kg 的蹦极者采用三根弹力绳时的仿真结果

基于 Simulink 的动态系统仿真方法，需要采用 MATLAB/Simulink 动态系统仿真环境，分解蹦极方程式(2.15.13)，将其拆分成加、减、乘及微(积)分运算单元，之后从 Simulink 模型库调用需要的这些基本运算单元模块，并将它们组合生成蹦极系统仿真模型，如图 2.15.4 所示。

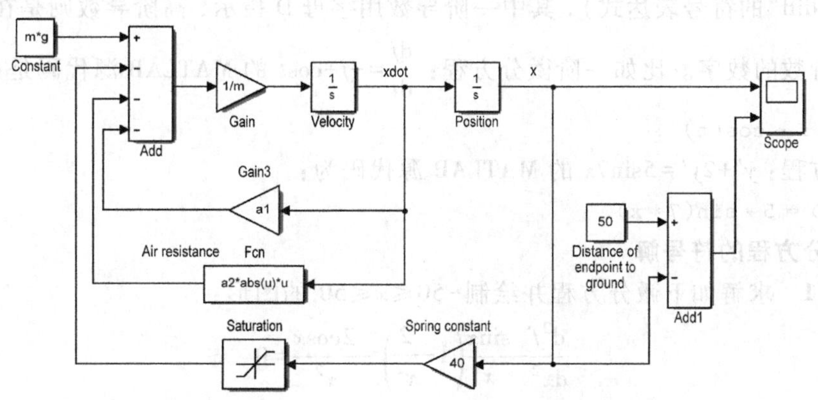

图 2.15.4 蹦极方程的 Simulink 仿真模型

3. 蹦极方程的 Simulink 仿真

对图 2.15.4 的蹦极方程的 Simulink 仿真模型，指定仿真初始条件，即 m=90，g=10，a1=1，a2=1；仿真模型中的位置积分器的初始条件取-30，速度积分器的初始条件取 0，Saturation 模块限制输入信号的的上、下界，根据胡克定律分别取 inf 和 0。之后点选菜单 Simulation/Model Configuration Parameters 选择相应参数值，比如可选 ode45 数值积分算法，再依次调整弹力系数 k 进行仿真运算。也可以通过编写 script M 文件由程序自动将所需仿真算法及相关参量装入仿真工作区，再回调仿真模型，进行仿真进程。

2.15.3　基本符号运算和微分方程

MATLAB 的符号运算工具箱 Symbolic Math Toolbox 内嵌 Maple 内核，具有符号运算软件 Maple 的全部符号运算功能。符号运算所操作的变量是符号变量，也就是说是字母或者字符。

注意，符号计算中出现的数字也都是当作符号处理的。

下面主要介绍一般微分方程的符号解算，需要调用 MATLAB 内置的 dsolve 函数。

1. dsolve 函数

dsolve 函数是常微分方程的符号解算器。dsolve 的一般调用格式是：

```
S = dsolve(eqn)
S = dsolve(eqn, cond)
S = dsolve(eqn, cond, Name, Value)
Y = dsolve(eqns)
Y = dsolve(eqns, conds)
Y = dsolve(eqns, conds, Name, Value)
[Y1,..., yN] = dsolve(eqns)
[Y1,..., yN] = dsolve(eqns, conds)
[Y1,..., yN] = dsolve(eqns, conds, Name, Value)
```

其中 eqn(eqns)是用于描述常微分方程(组)的字符串，cond(conds)是需要指定的初始或者边界条件。执行这个命令将返回一个带有任意常量的符号解。

当调用 dsolve 时，需要先将 ode 指定为用大写字母 D 指示微分的字符串(也可以将 ode 指定为包含“diff”的符号表达式)，其中一阶导数用字母 D 指示，高阶导数则是在 D 的后面直接附加指示阶数的数字。比如一阶微分方程：$\dfrac{\mathrm{d}f}{\mathrm{d}t}=-f+\cos t$ 的 MATLAB 源代码是：

```
Df = -1 * f + cos(t)
```

而二阶微分方程：$y''+2y'=5\sin 7x$ 的 MATLAB 源代码为：

```
D2y + 2yD = 5 * sin(7 * x)
```

2. 常微分方程的符号解

例 2.15.1　求解如下微分方程并绘制 $-50\leqslant x\leqslant 50$ 的图形：

$$\frac{\mathrm{d}^2 f}{\mathrm{d}x^2}-\frac{\sin x}{x}\left(1-\frac{2}{x^2}\right)-\frac{2\cos x}{x^2}=0$$

$$f(0)=2,\quad f'(0)=0$$

符号解：dsolve 默认符号 t 作为自(独立)变量，若用其他符号变量，则需要在命令行的末尾附加欲使用的独立变量名。因此，调用 dsolve 的句法是：

```
f=dsolve('D2f-sin(x)/x-2 * cos(x)/x^2+2 * sin(x)/x^3=0','f(0)=2','Df(0)=0','x')
```

执行程序，MATLAB 给出的符号解如下：

```
f =3 - sin(x)/x
```

执行绘图指令：

```
ezplot(f, [-50 50])
```

获得原微分方程的图形，如图 2.15.5 所示。

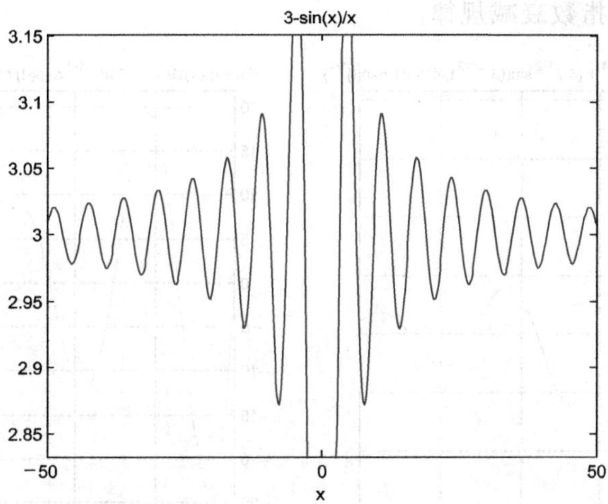

图 2.15.5 例 2.15.1 微分方程的图形

例 2.15.2 一弹簧质量系统服从阻尼振动方程：

$$2\frac{d^2x}{dt^2}+\frac{dx}{dt}+8x=0 \qquad \frac{dp}{dt}=-p-17x \qquad x(0)=2,\ p(0)=0,\ x'(0)=0$$

式中，$x(t)$表示质量弹簧系统的质心位置，$p(t)$表示其动量。试用 MATLAB 计算 $x(t)$和 $p(t)$的符号解，并绘制系统的相平面图。

符号解：用 dsolve 计算常微分方程组的符号解，需要将每个微分方程传递给 dsolve，句法是：

```
s = dsolve('2 * D2x+Dx+8 * x=0','Dp=-p- 17 * x','x(0)=4','Dx(0)=0','p(0)=0')
```

执行程序，MATLAB 给出如下结果：

```
s =
   p: [1x1 sym]
   x: [1x1 sym]
```

键入 s.x 和 s.p 即可访问方程的符号解，也就是质量弹簧系统的质心位置和动量：

```
>> s.x
  ans =
  (4 * cos((3 * 7^(1/2) * t)/4))/exp(t)^(1/4)+ (4 * 7^(1/2) * sin((3 * 7^(1/2) * t)/
4))/(21 * exp(t)^(1/4))
>> s.p
  ans =
  (68 * exp(-t))/9 - (68 * exp(-t) * cos((3 * 7^(1/2) * t)/4) * exp(t)^(3/4))/9 -
(748 * 7^(1/2) * exp(-t) * sin((3 * 7^(1/2) * t)/4) * exp(t)^(3/4))/63s.x
```

现在绘制质心位置和动量随时间变化的函数图形，源代码如下：

```
subplot(121),
ezplot(s.x, [0 10])
subplot(122),
ezplot(s.p, [0 10])
```

执行上述程序，获得微分方程组的位置和动量图形如图 2.15.6 所示。显然，质量弹簧系统的质心位置和动量均服从指数衰减规律。

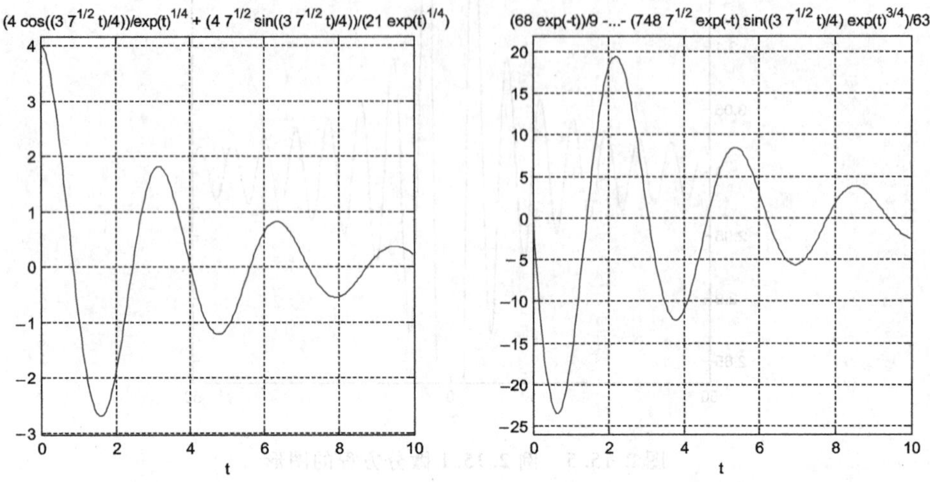

图 2.15.6　质心位置 x 和动量 p 随时间变化的函数图形

相平面图可以是动量 $p(t)$ 与质心位置 $x(t)$ 的图像，ezplot 画图指令为：

```
ezplot(s.x, s.p, [-5 5]), axis([-8 8 -25 20])
```

结果如图 2.15.7a 所示，但比例失真。为使相平面图看上去自然，首先定义一个时间间隔：

```
ts = (0: 0.1: 10);
```

现在使用符号置换(Symbolic substitution)函数 subs，置换时间 t 和 ts：

```
xval = subs(s.x,'t', ts);
pval = subs(s.p,'t', ts);
```

再用 plot 绘制动量 $p(t)$ 与质心位置 $x(t)$ 的相平面图，如图 2.15.7b 所示，指令为：

```
plot(xval, pval), xlabel('x'), ylabel('p'), title('Phase-plane for p(t)-x(t)')
```

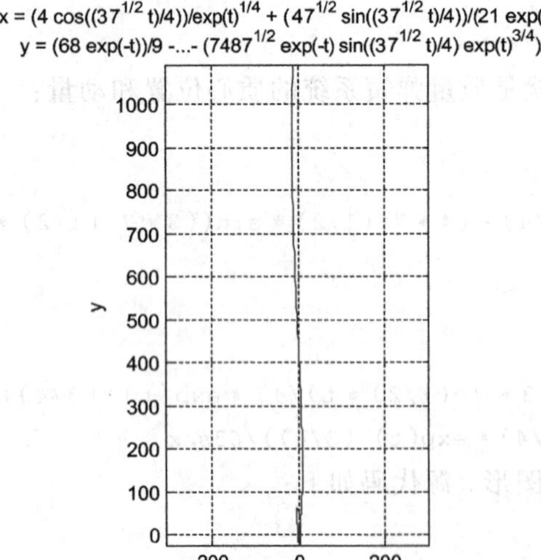

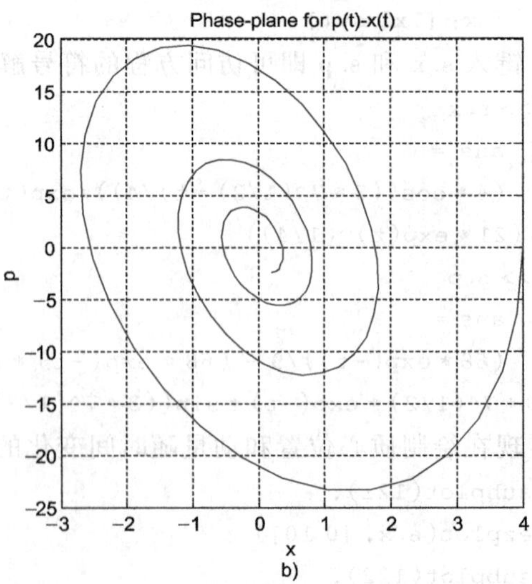

图　2.15.7

a）有失真的 $p(t)$-$x(t)$ 的相平面图　b）$p(t)$-$x(t)$ 的相平面图

习　　题

2.1　思考题

2.1.1　两个周期信号的和是周期信号吗？试举例说明。

2.1.2　周期信号的周期如何确定？

2.1.3　什么是因果信号？

2.1.4　用单位阶跃信号 $u(t)$ 乘以任何信号，得到的都是因果信号吗？

2.1.5　为何任意实际物理信号都可以用一个因果信号来描述？

2.1.6　常数和正弦信号都可以用指数信号表示吗？

2.1.7　门信号是因果信号吗？

2.1.8　函数 $x(t)$ 时移后为 $x(t-t_0)$，当 $t_0>0$ 时 $x(t-t_0)$ 是在 $x(t)$ 的左边还是右边？

2.1.9　函数 $x(t)$ 反折后为 $x(-t)$，其时移方向与 $x(t)$ 的时移方向有何区别？

2.1.10　函数 $x(t)$ 的尺度变换 $x(at)$ 的波形与 $x(t)$ 相比，是扩展还是压缩了？

2.1.11　可否将单位冲激函数 $\delta(t)$ 视为 $t\neq 0$ 时为 0、$t=0$ 时为无穷大的函数？它与一般函数的区别是什么？

2.1.12　在概念上，$x(t)\delta(t)$ 与 $\int_{-\infty}^{t} x(\tau)\delta(\tau)\mathrm{d}\tau$ 的区别是什么？

2.1.13　$\int_{-\infty}^{\infty} x(t)\mathrm{d}t$ 与 $\int_{-\infty}^{t} x(\tau)\mathrm{d}\tau$ 的区别是什么？

2.1.14　如何用单位冲激函数 $\delta(t)$ 表示任意信号 $x(t)$？

2.1.15　什么是系统建模？什么是信号建模？

2.1.16　什么是系统的状态？它们有什么含义？

2.1.17　怎样判断系统是否满足线性？

2.1.18　线性系统可以是时变的吗？试举例说明。

2.1.19　动态系统与系统的时不变性有关吗？试举例说明。

2.1.20　什么是系统的自然响应、强迫响应？什么是系统的零输入响应、零状态响应？它们分别由哪些因素决定？

2.1.21　LTI 系统的有界输入有界输出（BIBO）稳定性的条件是什么？

2.1.22　系统的零输入响应是由系统初始状态引起的响应，与系统的输入无关。试说明一个稳定系统的零输入响应项都是指数衰减函数。

2.1.23　系统的单位冲激响应 $h(t)$ 的物理意义是什么？系统的初始状态不为零时可否求系统的单位冲激响应？

2.1.24　卷积积分的图解意义是什么？

2.1.25　卷积积分形式上是一种带参变量的定积分，应该如何计算？

2.1.26　如何理解卷积积分的物理意义就是叠加积分？

2.1.27　当系统的初始状态不为零时，怎样求系统的零状态响应？

2.1.28　试解释因果系统的单位冲激响应 $h(t)$ 一定是因果信号。

2.1.29　试解释两个因果信号进行卷积积分运算时，其结果也是因果信号。

2.1.30　试归纳总结卷积积分的积分限如何定？

2.1.31　分段函数进行卷积或者卷积结果是分段函数时，应该注意哪些问题？

2.1.32　某 LTI 系统的单位冲激响应若为 $h(t)=\mathrm{e}^{-t}u(t)+t\cos(2t)u(t)$，则该系统是几阶系统？

2.1.33　一个理想低通滤波器由 $h(t)=\mathrm{sinc}(Bt)$ 冲激响应描述。由于这个 $h(t)$ 在 $t<0$ 时不为零，且 sinc

函数不是绝对可积的，故该滤波器物理上是否可实现？系统是否稳定？

2.2　练习题

2.2.1　试求下列信号的能量和功率。

1) $x_1(t)=\mathrm{e}^{-2t}u(t)$　　2) $x_2(t)=\mathrm{e}^{\mathrm{j}(2t+\pi/4)}$　　3) $x_3(t)=\sin t$

2.2.2　一连续时间信号 $x(t)$ 如题图 2.2.1 所示，试根据 $x(t)$ 绘出以下信号并标明坐标值。

1) $x(2-t)$　　2) $x(2t+1)$

3) $x(4-t/2)$　　4) $[x(t)+x(-t)]u(t)$

2.2.3　将图 2.2.2 所示对称三角信号用单位阶跃函数的形式表示。

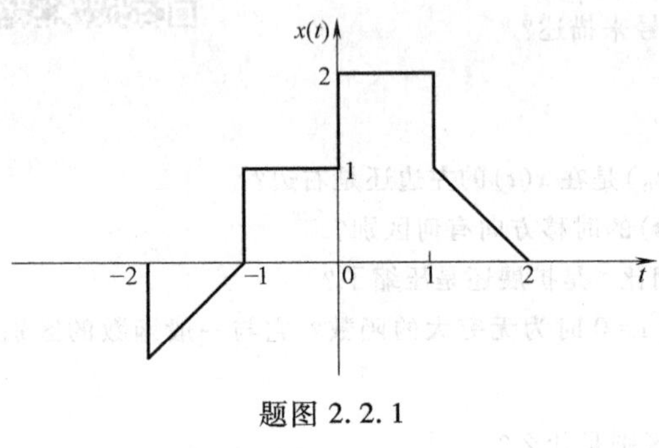

题图 2.2.1

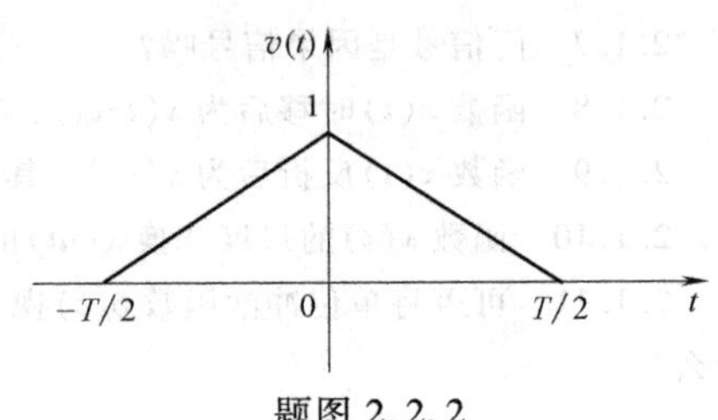

题图 2.2.2

2.2.4　确定并画出题图 2.2.3 所示信号的偶部和奇部，并标明坐标值。

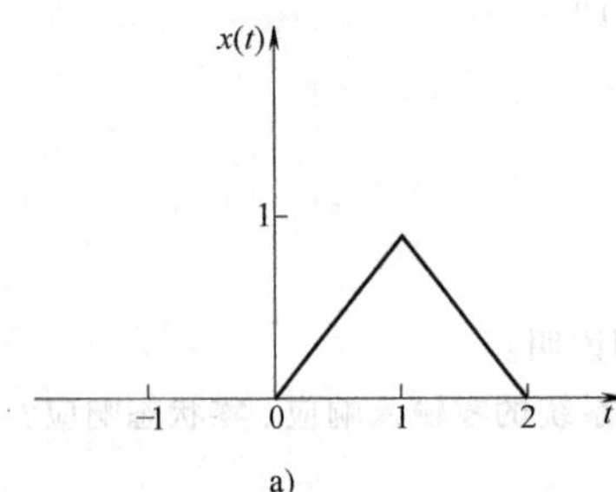

a)

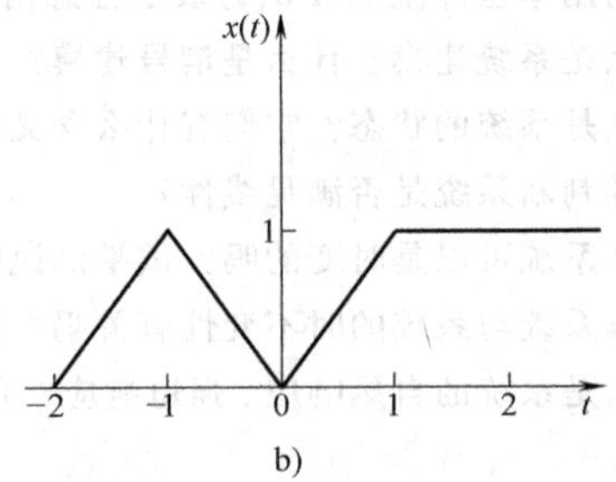

b)

题图 2.2.3

2.2.5　一时间函数 $f(t)$ 的波形如题图 2.2.4 所示，请画出函数 $2f(1-2t)$ 的波形并标明坐标值。

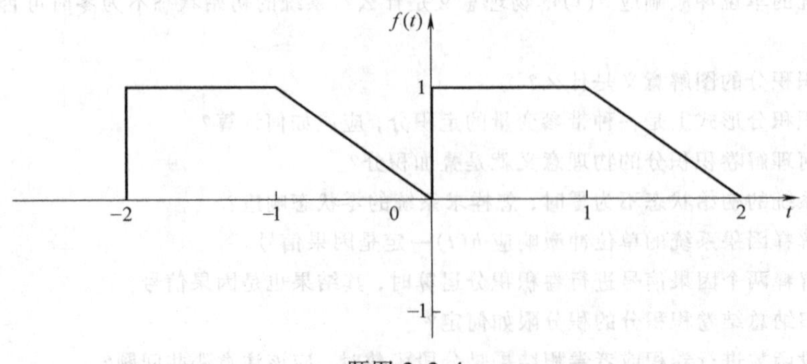

题图 2.2.4

2.2.6　针对下列连续时间信号，试判断它们的周期性，并对周期信号确定其基本周期。

1）$x(t)=\cos\left(4t+\frac{\pi}{3}\right)$　　2）$x(t)=e^{j(\pi t-1)}$

3）$x(t)=\left[\cos\left(2t-\frac{\pi}{3}\right)\right]^2$　　4）$x(t)=\sum_{n=-\infty}^{\infty}e^{-(2t-n)}$

2.2.7　连续时间系统可能具有：①无记忆性；②时不变性；③线性；④因果性；⑤稳定性。试判断以下系统具有上述哪些性质。

1）$y(t)=x(t-2)+x(2-t)$　　2）$y(t)=[\cos(3t)]x(t)$

3）$y(t)=\int_{-\infty}^{2t}x(\tau)\mathrm{d}\tau$　　4）$y(t)=\begin{cases}0, & t<0\\ x(t)+x(t-2), & t\geqslant 0\end{cases}$

5）$y(t)=x(t/3)$　　6）$y(t)=\frac{\mathrm{d}x(t)}{\mathrm{d}t}$

2.2.8　求信号 $x(t)=2\cos(10t+1)-\sin(4t-1)$ 的周期。

2.2.9　试求周期信号 $f(t)=5\cos\frac{t}{2}+2\sin\left(\frac{3}{4}t+30°\right)+\frac{1}{2}\cos(2t-45°)$ 的周期。

2.2.10　试计算：

1）$\int_{0_-}^{0_+}\frac{\mathrm{d}^2\delta(t)}{\mathrm{d}t^2}e^{-2t}\mathrm{d}t$　　2）$\int_{-3}^{3}t^2\delta(2t-2)\mathrm{d}t$

3）$\int_{-\infty}^{t}e^{-2\tau}[\delta'(\tau)-\delta(\tau)]\mathrm{d}\tau$　　4）$\frac{\mathrm{d}}{\mathrm{d}t}\left[\cos\left(t+\frac{\pi}{4}\right)\delta(t)\right]$

5）$\int_{-4}^{2}\cos(2\pi t)\delta(2t+1)\mathrm{d}t$

2.2.11　设 $h(t)=e^{2t}u(-t+4)+e^{-2t}u(t-5)$，试确定常数 A 和 B 使下式成立：

$$h(t-\tau)=\begin{cases}e^{-2(t-\tau)} & \tau<A\\ 0 & A<\tau\leqslant B\\ e^{2(t-\tau)} & B<\tau\end{cases}$$

2.2.12　设函数 $x_1(t)=\begin{cases}t+1 & 0\leqslant t\leqslant 1\\ 2-t & 1<t\leqslant 2\\ 0 & \text{其他}\end{cases}$，$x_2(t)=\delta(t+2)+2\delta(t+1)$。试求卷积积分并概略画图。

2.2.13　试计算：

1）$f(t-3)*\delta(t+2)$　　2）$f(t+t_0)*\delta'(-t-t_0)$

3）$e^{-at}\delta(t)*t^n u(t)$　　4）$\int_{-\infty}^{\infty}\delta(1-t)(t^2+4)\mathrm{d}t$

2.2.14　试计算：

1）$3t^4\delta(t-1)$　　2）$\int_{-\infty}^{\infty}t\delta(t-2)\mathrm{d}t$　　3）$t^2\delta'(t-3)$

2.2.15　设函数 $x(t)=\begin{cases}1 & 0\leqslant t\leqslant 1\\ 0 & \text{其他}\end{cases}$，$h(t)=x(t/\alpha)$，$0<\alpha\leqslant 1$。

1）求出 $y(t)=x(t)*h(t)$，并画图。

2）若 $\frac{\mathrm{d}y(t)}{\mathrm{d}t}$ 包含三个不连续点，试问 α 值为多少。

2.2.16　信号 $x_1(t)=\sin t u(t)$，$x_2(t)=\delta'(t)+u(t)$，试求 $x_1(t)*x_2(t)$。

2.2.17　设 $x(t)=u(t-3)-u(t-5)$，$h(t)=e^{-3t}u(t)$。试求：

1）$y(t)=x(t)*h(t)$　　2）$g(t)=\frac{\mathrm{d}x(t)}{\mathrm{d}t}*h(t)$　　3）$g(t)$ 与 $y(t)$ 的关系

2.2.18　已知 $x(t)=x_1(t)*x_2(t)$，其中 $x_1(t)$ 的取值区间是 $[A,\ B]$，$x_2(t)$ 的取值区间是 $[C,\ D]$，试求 $x(t)$ 的取值区间。

2.2.19　计算 $v_1(t)*v_2(t)$ 的值，其中：

$$v_1(t)=\begin{cases}4t & t\geqslant 0\\ 0 & t<0\end{cases},\quad v_2(t)=\mathrm{e}^{-2t}u(t)$$

2.2.20　设 $y(t)=\mathrm{e}^{-t}u(t)*\sum\limits_{k=-\infty}^{\infty}\delta(t-3k)$。

1）证明：$y(t)=A\mathrm{e}^{-t}$，$0\leqslant t\leqslant 3$。

2）求出 A 的值。

2.2.21　设 LTI 系统的单位阶跃响应 $s(t)=(1-\mathrm{e}^{-2t})u(t)$，试求该系统的单位冲激响应 $h(t)$。

2.2.22　某一阶 LTI 系统，在相同的初始状态下，当输入为 $e(t)$ 时其全响应为 $r_1(t)=(3\mathrm{e}^{-t}+\cos 2t)u(t)$；当输入为 $2e(t)$ 时，其全响应为 $r_2(t)=(\mathrm{e}^{-t}+2\cos 2t)u(t)$。试求在同样的初始状态下，若输入为 $4e(t)$ 时的系统全响应 $r(t)$。

2.2.23　某一线性系统的零输入响应是 $(\mathrm{e}^{-2t}+\mathrm{e}^{-3t})u(t)$，零状态响应是 $\left(-\dfrac{1}{15}\mathrm{e}^{-2t}+\dfrac{2}{3}\mathrm{e}^{-3t}+\dfrac{5}{6}\right)u(t)$，试确定该系统的阶数。

2.2.24　某无储能 LTI 系统的单位冲激响应已知为 $h(t)=\left(\dfrac{1}{RC}\right)\mathrm{e}^{\frac{-t}{RC}}u(t)$。若系统的激励是阶跃信号 $x(t)=Vu(t)$，试求系统的输出响应 $y(t)$。

2.2.25　下面均为 LTI 系统的单位冲激响应，试判断每一系统的因果性和稳定性。

1）$h(t)=\mathrm{e}^{-4t}u(t-2)$　　2）$h(t)=\mathrm{e}^{-6t}u(3-t)$

3）$h(t)=\mathrm{e}^{-2t}u(t+50)$　　4）$h(t)=\mathrm{e}^{2t}u(-1-t)$

5）$h(t)=\mathrm{e}^{-6|t|}$　　6）$h(t)=[2\mathrm{e}^{-t}-\mathrm{e}^{(t-100)/100}]u(t)$

2.2.26　下述系统的单位冲激响应中哪个对应于稳定的 LTI 系统？

1）$h_1(t)=\mathrm{e}^{-(1-2\mathrm{j})t}u(t)$　　2）$h_2(t)=\mathrm{e}^{-t}\cos(2t)u(t)$

2.2.27　计算题图 2.2.5 电路的脉冲响应，R 和 C 均为常数，响应可以认作是通过电容的电压，且 $v_C(0^-)=0$。计算流过电容的电流。

2.2.28　试列写题图 2.2.6 所示电路的状态方程和输出方程。要求以 $x_1(t)$、$x_2(t)$ 为状态变量，以 $y_1(t)$、$y_2(t)$ 为输出变量。

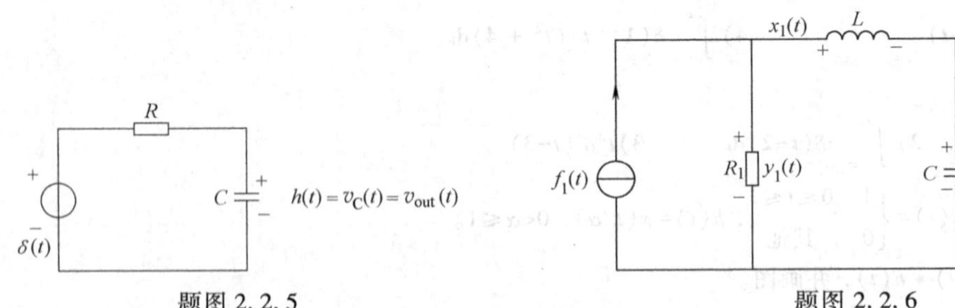

题图 2.2.5　　　　题图 2.2.6

2.2.29　设描述系统的微分方程为

$$\frac{\mathrm{d}^3y}{\mathrm{d}t^3}+7\frac{\mathrm{d}^2y}{\mathrm{d}t^2}+14\frac{\mathrm{d}y}{\mathrm{d}t}+8y=3u$$

试以 $x_1=y$，$x_2=\dfrac{\mathrm{d}y}{\mathrm{d}t}$，$x_3=\dfrac{\mathrm{d}^2y}{\mathrm{d}t^2}$ 为状态变量建立该系统的状态方程和输出方程。

2.3　综合题

2.3.1　*RLC* 电路如题图 2.3.1 所示，其中输入信号是电流 $x(t)$，输出响应为电容端电压 $v(t)$。试用积分器构建该系统的实现框图，也就是系统的仿真框图。

2.3.2　如题图 2.3.2 所示，求：

1）将题图 2.3.2 中电压 $v(t)$ 表示为单位阶跃函数的形式，其中 $0<t<7\text{s}$。

2）使用 1)部分的结果，计算 $v(t)$ 的导数，画出其波形。

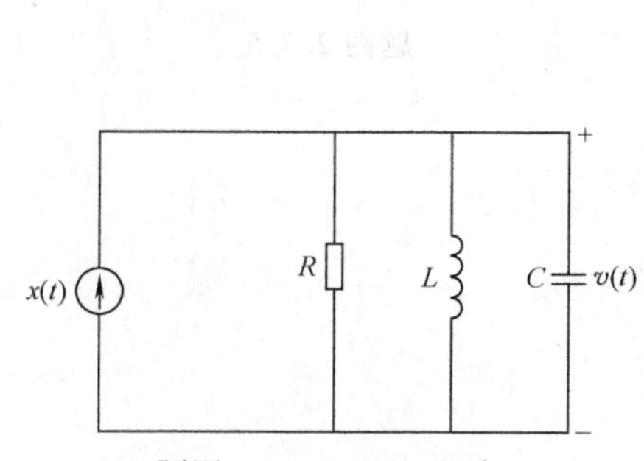

题图 2.3.1　*RLC* 电路

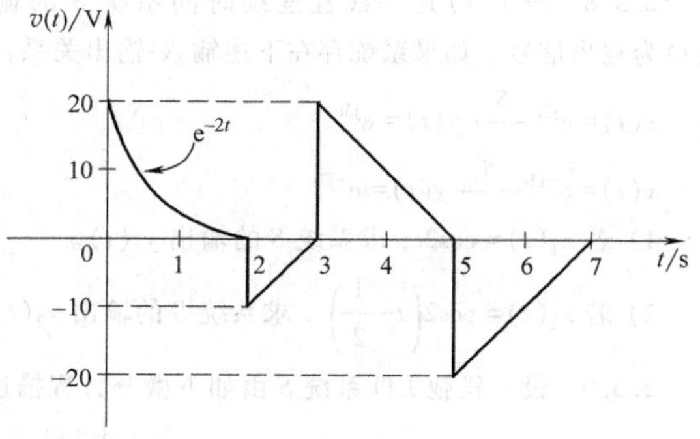

题图 2.3.2

2.3.3　计算题图 2.3.3 的脉冲响应 $h(t)=i_L(t)$，并计算电感的电压 $v_L(t)$。

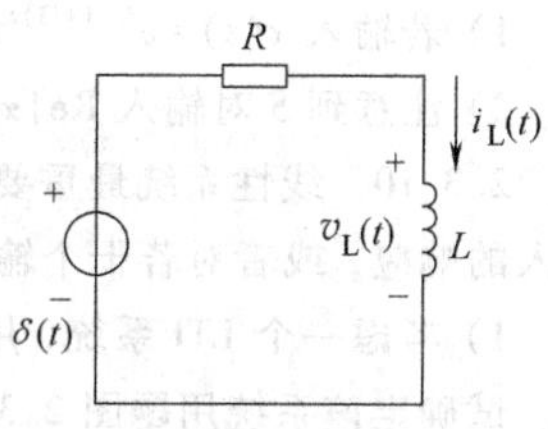

题图 2.3.3

2.3.4　在题图 2.3.4a 所示系统中，开二次方运算产生正的二次方根。

1）求出 $y(t)$ 与 $x(t)$ 之间的解析式。

2）该系统是否是线性系统？

3）该系统是否是时不变系统？

4）若 $x(t)$ 的波形如题图 2.3.4b 所示时，请画出 $y(t)$ 的波形。

2.3.5　某 LTI 系统，在以下三种情况下其初始条件完全相同。现已知系统激励 $x_1(t)=\delta(t)$ 时，系统全响应 $y_1(t)=\delta(t)+e^{-t}u(t)$；当系统激励 $x_2(t)=u(t)$ 时，其全响应 $y_2(t)=3e^{-t}u(t)$。求当系统激励为 $x_3(t)=tu(t)-(t-1)u(t-1)-u(t-1)$ 时的系统全响应 $y_3(t)$。

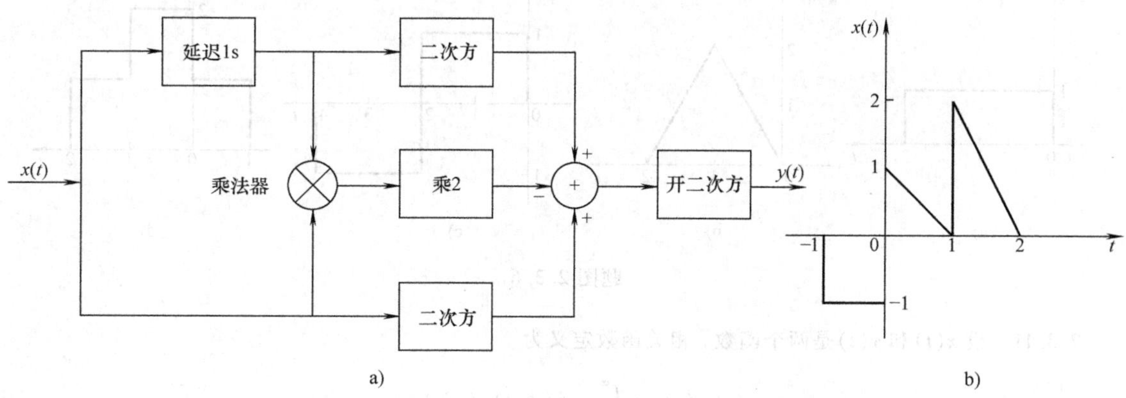

题图 2.3.4

2.3.6　考虑一个 LTI 系统 S 和一个输入信号 $x(t)=2e^{-3t}u(t-1)$，若

$$x(t)\rightarrow y(t)$$

和

$$\frac{dx(t)}{dt}\rightarrow -3y(t)+e^{-2t}u(t)$$

试求系统 S 的单位冲激响应 $h(t)$。

2.3.7　微分和积分运算是关系非常密切的两种运算，有人据此得出结论说二者互为逆运算。

1）为什么从严格意义上讲这个结论有可能是错误的？

2）题图 2.3.5 给出的两个 LR 电路可分别作为微分和积分电路的近似。为保证这种近似关系能够成立，试给出这两个 LR 电路必须满足的参数条件。

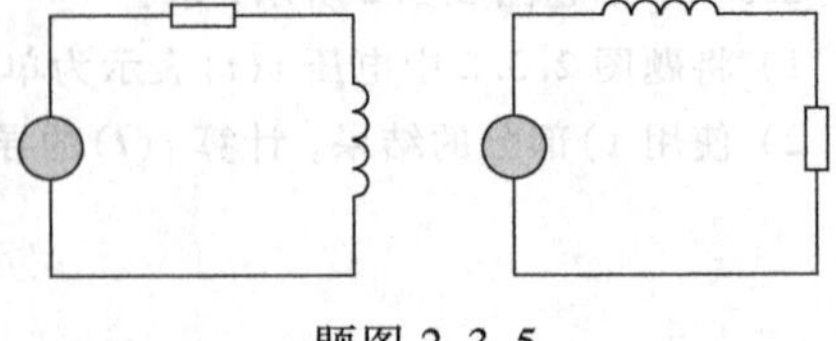

题图 2.3.5

2.3.8　设 $x(t)$ 是一线性连续时间系统 S 的输入信号，$y(t)$ 为输出信号。如果系统存在下述输入-输出关系：

$$x(t)=\mathrm{e}^{\mathrm{j}2t}\xrightarrow{S}y(t)=\mathrm{e}^{\mathrm{j}3t}$$

$$x(t)=\mathrm{e}^{-\mathrm{j}2t}\xrightarrow{S}y(t)=\mathrm{e}^{-\mathrm{j}3t}$$

1）若 $x_1(t)=\cos 2t$，求系统 S 的输出 $y_1(t)$。

2）若 $x_2(t)=\cos 2\left(t-\dfrac{1}{2}\right)$，求系统 S 的输出 $y_2(t)$。

2.3.9　设一松弛 LTI 系统 S 由如下微分方程描述：

$$\frac{\mathrm{d}y(t)}{\mathrm{d}t}+4y(t)=x(t)$$

1）若输入 $x(t)=e^{(-1+\mathrm{j}3)t}u(t)$，试求 S 的输出信号 $y(t)$。

2）注意到 S 对输入 $\mathrm{Re}\{x(t)\}$ 将产生输出 $\mathrm{Re}\{y(t)\}$，如果 $x(t)=\mathrm{e}^{-t}\cos 3t u(t)$，试求 S 的输出信号 $y(t)$。

2.3.10　线性系统最重要的一个特性是可叠加性。该特性可理解为：如果知道一个线性系统对某单一输入的响应，或者对若干个输入的响应，就能够计算出对许多其他输入信号的响应。

1）考虑一个 LTI 系统，用题图 2.3.6a 所示的信号 $x_1(t)$ 作为输入，产生的响应 $y_1(t)$ 示于题图 2.3.6b 中。试确定该系统用题图 2.3.6c 所示的信号 $x_2(t)$ 作为输入产生的响应。

2）试确定该系统用题图 2.3.6d 所示的信号 $x_3(t)$ 作为输入产生的响应。

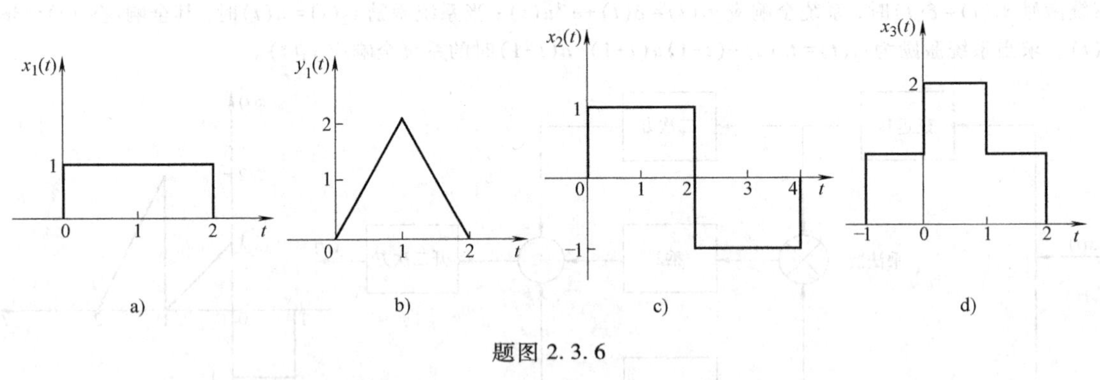

题图 2.3.6

2.3.11　设 $x(t)$ 和 $y(t)$ 是两个函数，相关函数定义为

$$\phi_{xy}(t)=\int_{-\infty}^{\infty}x(t+\tau)y(\tau)\mathrm{d}\tau$$

函数 $\phi_{xx}(t)$ 通常称为信号 $x(t)$ 的自相关函数，而 $\phi_{xy}(t)$ 则称为互相关函数。

1）$\phi_{xy}(t)$ 和 $\phi_{yx}(t)$ 之间是什么关系？

2）求 $\phi_{xx}(t)$ 的奇部。

3）设 $y(t)=x(t+T)$，将 $\phi_{xy}(t)$ 和 $\phi_{yy}(t)$ 用 $\phi_{xx}(t)$ 表示。

2.3.12　相关函数 $\phi_{hx}(t)$ 的计算在实践中有重要的应用。$h(t)$ 一般是一个预知函数，而 $x(t)$ 可以是任意传感器信号。通常，需要设计一个系统 S，其输入为 $x(t)$，输出为 $\phi_{hx}(t)$。

1）S 需要满足线性、时不变性以及因果性吗？为什么？

2）如果需要输出 $\phi_{xh}(t)$ 而不是 $\phi_{hx}(t)$，则 1）中条件需要改变吗？

2.3.13　考虑一个 LTI 系统，其输入-输出关系由如下微分方程建模：

$$\frac{\mathrm{d}}{\mathrm{d}t}y(t)+4y(t)=x(t)$$

另外，系统满足零初始条件。

1）令输入 $x(t)=\mathrm{e}^{(-1+3\mathrm{j})t}u(t)$，试求系统的输出 $y(t)$。

2）令输入 $x(t)=\mathrm{e}^{-t}\cos(3t)u(t)$，试求系统的输出 $y(t)$。

2.3.14　已知 LTI 系统的单位冲激响应为 $h_0(t)$。当输入信号为 $x_0(t)$ 时，系统输出 $y_0(t)$ 如题图 2.3.7 所示。

现给出下列一组输入信号和系统的单位冲激响应。

序号	输入信号 $x(t)$	单位冲激响应 $h(t)$
1	$x(t)=2x_0(t)$	$h(t)=h_0(t)$
2	$x(t)=x_0(t)-x_0(t-2)$	$h(t)=h_0(t)$
3	$x(t)=x_0(t-2)$	$h(t)=h_0(t+1)$
4	$x(t)=x_0(-t)$	$h(t)=h_0(t)$
5	$x(t)=x_0(-t)$	$h(t)=h_0(-t)$
6	$x(t)=x_0'(t)$	$h(t)=h_0'(t)$

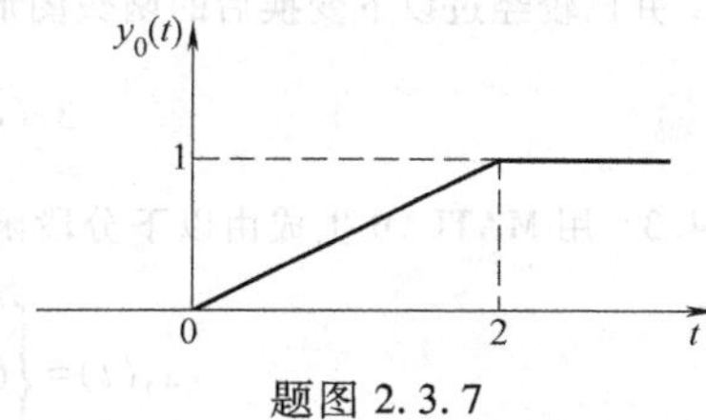

题图 2.3.7

在以上每一种情况下，判断当系统的输入为 $x(t)$、单位冲激响应为 $h(t)$ 时，可否确定系统的输出 $y(t)$。如果可以，请画出 $y(t)$，并标注坐标。

2.3.15　一只小船往湖中播撒化学药品。随着所载化学药品的减少，小船的质量按照 $M(t)=M_0-kt$ 的规律变化，其中 M_0 是小船的初始质量，k 为常数。水对小船施加的牵引力为 $\alpha v(t)$。因此，小船的运动方程为

$$\frac{\mathrm{d}}{\mathrm{d}t}[Mv(t)]+\alpha v(t)=F(t)$$

或

$$(M_0-kt)\frac{\mathrm{d}v(t)}{\mathrm{d}t}+(\alpha-k)v(t)=F(t)$$

式中，$F(t)$ 是小船的动力。

1）如果力 $F(t)$ 是在 $t=\tau$ 时刻作用的单位冲激函数，证明小船的冲激响应是

$$h(t,\tau)=\frac{(M_0-kt)^{\frac{(\alpha-k)}{k}}}{(M_0-k\tau)^{\frac{\alpha}{k}}},\quad t>\tau>0$$

2）设 $M=10\mathrm{kg}$，$\alpha=2$，$k=1$，求小船对 $t=0$ 时刻作用的阶跃函数产生的响应。

2.3.16　根据题图 2.3.8，计算脉冲响应 $h(t)=v_{\mathrm{C}}(t)$，初始条件 $i_{\mathrm{L}}(0^-)=0$，$v_{\mathrm{C}}(0^-)=0$。

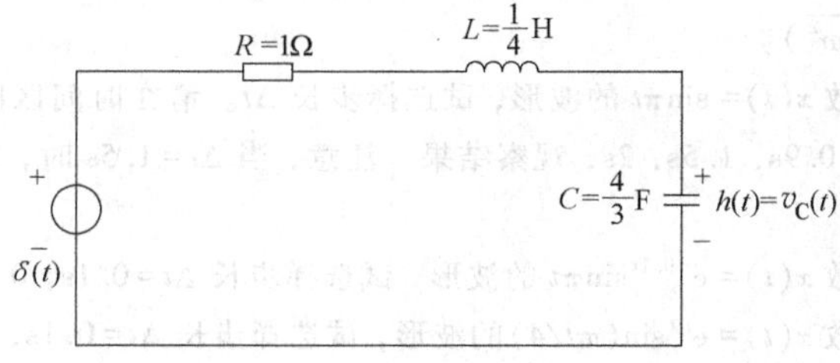

题图 2.3.8

2.4 计算机实践题

2.4.1 给出用 MATLAB 绘制以下信号的源程序：

(a)单位阶跃信号 $u(t)$；

(b)单位矩形脉冲信号 $\prod(t/T)$，其中脉冲宽度 $T=6$；

(c)单位斜坡信号 $r(t)$；

(d)单位抽样函数 $\mathrm{sinc}(t)$。

2.4.2 用 MATLAB 绘制函数

$$x(t)=\begin{cases}0 & t<-2\\ -4-2t & -2<t<0\\ -4+3t & 0<t<4\\ 16-2t & 4<t<8\\ 0 & t>8\end{cases}$$

的图形，并比较经过以下变换后的函数图形：

$$3x(t+1),\ \frac{1}{2}x(3t),\ -2x\left(\frac{t-1}{2}\right)$$

2.4.3 用 MATLAB 生成由以下分段函数定义的信号波形，其中信号的时间区间为$-5\leqslant t\leqslant 5$。

$$x_1(t)=\begin{cases}t^2+4t+4 & -2\leqslant t<-1\\ 0.16t^2-0.48t+0.36 & -1\leqslant t<1.5\\ 0 & \text{其他}\end{cases}$$

和

$$x_2(t)=\begin{cases}\mathrm{e}^{0.5t+1} & t<-2\\ -0.5t & -2\leqslant t<-0.5\\ 1.21 & -0.5\leqslant t<1.5\\ -t^2+3t-1.04 & 1.5\leqslant t<2.6\\ \sin(\pi t-1.6\pi) & 2.6\leqslant t\end{cases}$$

2.4.4 连续时间系统的输出为

$$y(t)=\frac{x(t-1)-2x(t)+x(t+1)}{1+0.4|t|}$$

试求出系统对下列信号激励下的响应并绘出波形。

1) $x_1(t)$ 2) $x_2(t)$ 3) $x_1(t)+x_2(t)$ 4) $x_2(t-1)$，$-4\leqslant t\leqslant 4$

其中，$x_1(t)$ 和 $x_2(t)$ 已由题 2.4.3 定义。

2.4.5 已知连续时间信号 $f(t)=(2-\mathrm{e}^{-2t})u(t)$，用 MATLAB 绘制连续时间函数 $f(2t)$ 和 $f(2-t)$ 的波形。

2.4.6 用计算机生成连续时间信号波形，需要选择步长 Δt（两点之间的间距）。实践中步长 Δt 选取得越小，生成的曲线越平滑，但 Δt 选取过大则生成的波形将呈锯齿状且有可能出现波形的混叠。根据经验，定义计算机生成的正弦函数 $x(t)=\cos(\omega t+\theta)$ 时，选择 $\Delta t\leqslant\pi/\omega$，定义指数衰减正弦函数 $x(t)=\mathrm{e}^{-at}\cos(\omega t+\theta)$ 时，选择 $\Delta t\leqslant\pi/(4\sqrt{a^2+\omega^2})$。

1) 用 MATLAB 绘制函数 $x(t)=\sin\pi t$ 的波形，试选择步长 Δt。请在时间区间 $0\leqslant t\leqslant 20\mathrm{s}$ 绘制 $x(t)$ 的波形，试选择 $\Delta t=0.1\mathrm{s}$，$0.5\mathrm{s}$，$0.9\mathrm{s}$，$1.5\mathrm{s}$，$2\mathrm{s}$，观察结果。注意，当 $\Delta t=1.5\mathrm{s}$ 时，波形将出现混叠并且信号的频率成分也将发生改变。

2) 用 MATLAB 绘制函数 $x(t)=\mathrm{e}^{-0.1t}\sin\pi t$ 的波形，试选择步长 $\Delta t=0.1\mathrm{s}$，$0.5\mathrm{s}$，$1.5\mathrm{s}$，$2\mathrm{s}$，观察结果。

3) 用 MATLAB 绘制函数 $x(t)=\mathrm{e}^{-t}\sin(\pi t/4)$ 的波形，试选择步长 $\Delta t=0.1\mathrm{s}$，$1\mathrm{s}$，$2\mathrm{s}$，$3\mathrm{s}$，观察结果。

2.4.7 对某激光切割工具编程，用以切割一块长×宽×高为 150mm×90mm×6mm 的钢板。其中在长度 X

和宽度 Y 方向上控制激光切割头的两个信号为

$$\begin{aligned}x(t)=&2+r(t)-0.293r(t-3)-1.414r(t-4.414)-\\&0.293r(t-5.828)+r(t-6.828)+r(t-7.828)-\\&0.143r(t-9.828)+0.143r(t-15.659)-r(t-17.659)-\\&r(t-20.659)+0.106r(t-22.659)-0.106r(t-27.132)+\\&r(t-32.123)\end{aligned}$$

和

$$\begin{aligned}y(t)=&7-0.707r(t-3)+0.707r(t-5.828)-r(t-6.828)+\\&r(t-7.828)+0.515r(t-9.828)-0.515r(t-15.659)-\\&r(t-17.659)+r(t-20.659)-0.447r(t-22.659)-\\&0.447r(t-27.132)+r(t-32.123)\end{aligned}$$

1）画出两个信号的波形。

2）画出 $y(t)$ 和 $x(t)$ 的关系曲线，观察切割出的构件形状。

2.4.8 利用 MATLAB 的卷积函数 conv 计算近似的连续时间卷积，并画出其图形。

1）$f_3(x)=f_1(x)*f_2(x)$，其中

$$f_1(x)=\begin{cases}-2 & 0.5\leqslant x<1.5\\0 & 其他\end{cases},\qquad f_2(x)=\begin{cases}2x+3 & -1\leqslant x<2\\0 & 其他\end{cases}$$

2）$z(t)=v(t)*w(t)$，其中

$$v(t)=\begin{cases}(2t-3)/3 & 1.5\leqslant t<3\\2 & 3\leqslant t<3.5\\-2t+9 & 3.5\leqslant t<5\\(4t-25)/5 & 5\leqslant t<6.5\\0 & 6.5\leqslant t<7\\(4t-25)/3 & 7\leqslant t<7.75\\2 & 7.75\leqslant t<8\\0 & 其他\end{cases},\qquad w(t)=\begin{cases}0.5 & 9\leqslant t<10\\1 & 10\leqslant t<11\\1.5 & 11\leqslant t<12\\1 & 9\leqslant t<13\\0 & 其他\end{cases}$$

2.4.9 心电图仪给出一个与心脏跳动时产生的心电成正比的电压。这个电压用于产生所谓的心电图（信号）。医生根据心电图的波形诊断病人心脏的问题。为了减少心电信号中的高频干扰，使用具有冲激响应

$$\begin{aligned}h(t)=&568\mathrm{e}^{-300t}-\mathrm{e}^{-234t}(485\cos176t-668\sin176t)-\\&\mathrm{e}^{-93t}(83\cos285t+255\sin285t)\end{aligned}$$

的滤波器对信号进行滤波。试用 MATLAB 画出原始心电图的波形及通过滤波器输出的波形。

2.4.10 对微分方程进行仿真，有时需要构建它的框图模型。假设某系统的微分方程为

$$2\frac{\mathrm{d}^2y(t)}{\mathrm{d}t^2}+5\frac{\mathrm{d}y(t)}{\mathrm{d}t}+4y(t)=x(t)$$

若将上式改写成

$$y(t)=\frac{1}{4}x(t)-\frac{5}{4}\frac{\mathrm{d}y(t)}{\mathrm{d}t}-\frac{1}{2}\frac{\mathrm{d}^2y(t)}{\mathrm{d}t^2}$$

则可以用微分算子构造系统的框图描述，如题图 2.4.1 所示。

显然，从输入输出关系上看，题图 2.4.1 的框图是正确的，但由于微分算子会增强系统的高频噪声，故它并非是对系统进行仿真的合适模型。实践中通常用积分算子代替微分算子（积分算子具有平滑的特性），请读者用 MATLAB/Simulink 构建积分型的系统仿真框图。

2.4.11 试用 MATLAB/Simulink 构建题 2.3.15 中系统的仿真模型，验证上述结果。注意，在 Simulink

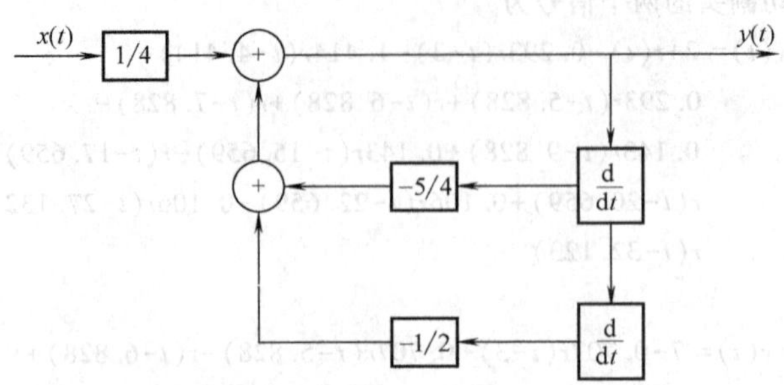

题图 2.4.1　用微分算子构造系统

模块库中，在阶跃函数模块的输出端接入微分模块，即可近似得到冲激函数。

2.4.12　设方程$\frac{d^2y(t)}{dt^2}+5\frac{dy(t)}{dt}+6y(t)=2e^{-t}u(t)$，试用 MATLAB 求解系统的零状态响应 $y(t)$。

2.4.13　已知某 LTI 系统的微分方程为

$$\frac{d^2y(t)}{dt^2}+2\frac{dy(t)}{dt}+100y(t)=f(t)$$

其中，$y(0)=y'(0)=0$，$f(t)=10\sin 2\pi t$，试用 MATLAB 求解系统的输出 $y(t)$。

2.4.14　已知描述系统的微分方程和激励信号 $f(t)$ 如下：

$$\frac{d^2y(t)}{dt^2}+4\frac{dy(t)}{dt}+4y(t)=\frac{df(t)}{dt}+3f(t)\text{ , }f(t)=\exp(-t)u(t)$$

试用解析法求系统的零状态响应 $y(t)$，并用 MATLAB 绘出系统零状态响应的时域仿真波形，验证结果是否相同。

2.4.15　已知描述系统的微分方程如下：

$$\frac{d^2y(t)}{dt^2}+3\frac{dy(t)}{dt}+2y(t)=f(t)$$

$$\frac{d^2y(t)}{dt^2}+2\frac{dy(t)}{dt}+2y(t)=\frac{df(t)}{dt}$$

试用 MATLAB 求系统在 0~10s 范围内冲激响应和阶跃响应的数值解，并用 MATLAB 绘出系统冲激响应和阶跃响应的时域波形。

Chapter 3

第 3 章 离散时间信号与系统

本章讨论离散时间信号与系统的基本概念以及若干重要的信号类型。首先给出离散时间信号的含义，然后提出几种基本运算以及一些常用的基本信号序列。给出线性、移位不变性、因果性、稳定性和可逆性这几个具有特殊重要性的概念，讨论用卷积和来表示线性移不变系统的输入输出关系。

由于其在数字信号处理中的重要性，本章对卷积、相关和差分方程描述给予了特别的注意。

3.1 离散时间序列

3.1.1 信号与序列

信号一般可以粗略划分为模拟信号和数字信号。模拟信号可用 $x(t)$ 表示，其中变量 t 可以表示任何物理量，但通常假定以秒为单位的时间连续变量；离散时间信号通过对连续时间信号进行采样，从而获得一组离散样本值。离散样本值之间的间隔 T 称为采样间隔，离散时间样本出现的频率（即单位时间的样本数）为

$$f_s = \frac{1}{T}$$

f_s 又称为采样率。一般而言，即使样本值不是对连续时间信号的采样，还是使用样本、采样间隔和采样率这些术语。

离散时间信号 $x(nT)$ 是采样间隔 T 和整数 n 的函数。例如离散时间信号 $x(nT)=0.5T(0.8)^{nT}$ 中的整数 n 表示从参考时间点开始的样本序号，所以 $n=0$ 对应于参考时间点，$-n$ 对应于负时间，也就是参考时间点之前的时间。有时将离散时间信号表示为样本序号 n 的函数而非采样时间 nT 的函数会更方便。前者对应于离散时间信号 $x(nT)$ 的序列 $x(n)$，函数波形是 n 的函数。图 3.1.1 给出了离散时间信号 $x(nT)=0.5T(0.8)^{nT}$ 及其对应的离散时间序列 $x(n)$ 的波形。注意，序列 $x(n)$ 是对信号 $x(nT)$ 进行时间归一化后的结果，其中归一化因子就是采样间隔 T。

如果离散时间信号的样本值不依赖于采样间隔 T，那么它所对应的序列就是所谓的离散时间序列。这时对于任何 T，序列值均一样，如图 3.1.2 所示。因此，在信号与系统的分析中，可以不必定义采样间隔而直接使用序列，并且由于分析结果也不依赖于采样间隔 T，故如此描述序列是有一般性的。其实，如果必须考虑某个具体的采样间隔，只需要对一般结果施加合适的尺度变换即可。

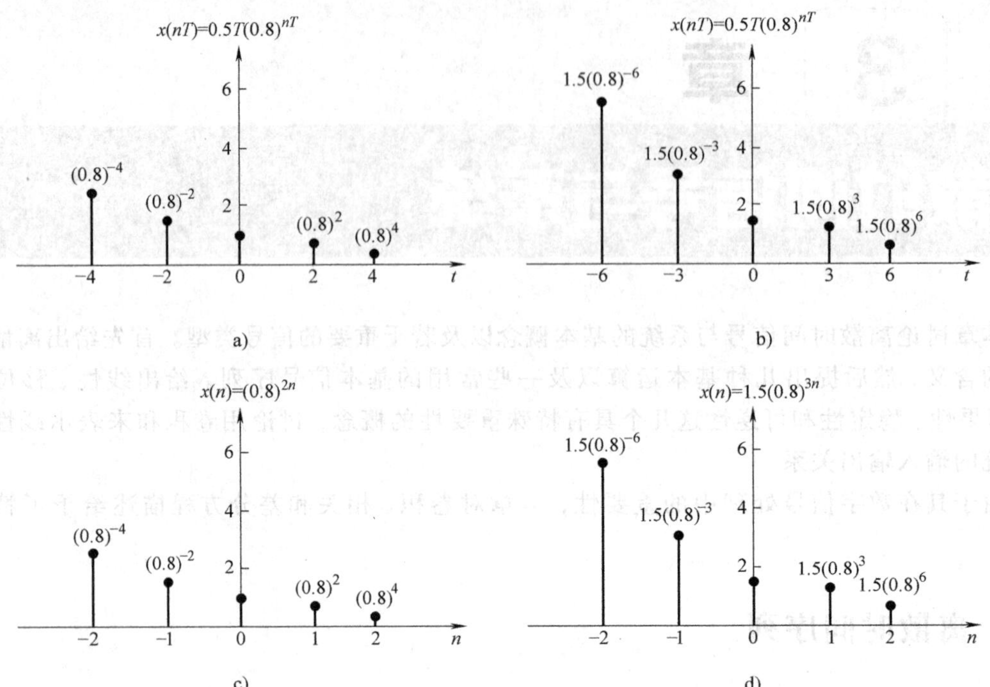

图 3.1.1　$T=2$ 和 $T=3$ 时 $x(nT)=0.5T(0.8)^{nT}$ 的波形及对应序列 $x(n)$

a) $T=2$ 时的离散信号　b) $T=3$ 时的离散信号

c) $T=2$ 时的离散序列　d) $T=3$ 时的离散序列

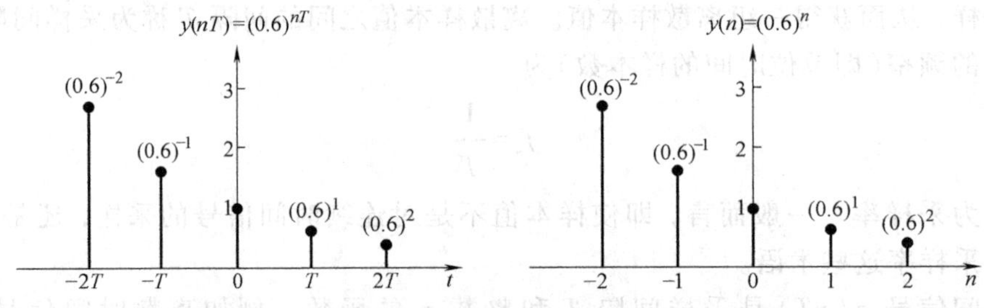

图 3.1.2　不依赖于采样间隔 T 的信号与序列

综上所述，离散时间序列可以认为是在时间上取离散值但不考虑其幅度是否离散化(或量化)的时间信号。离散序列一般用 $x(n)$ 表示，其中变量 n 为整数并表示时间的离散时刻。离散时间信号可用序列来表示。序列是指按一定顺序排列的数值 $x(n)$ 的集合，可用下式之一描述：

$$\{x(-\infty),\cdots,x(-2),x(-1),x(0),x(1),x(2),\cdots,x(\infty)\} \tag{3.1.1}$$

或

$$\{x(n)\},\ -\infty<n<\infty \tag{3.1.2}$$

或

$$x(n)=\{x(n)\}=\left\{\cdots,x(-1),\underset{\uparrow}{x(0)},x(1),\cdots\right\} \tag{3.1.3}$$

其中，式(3.1.3)右端中向上的箭头表示在 $n=0$ 处的样本值。为简便记，往往把序列 $\{x(n)\}$ 直接写成 $x(n)$。

注意，$x(n)$只有在自变量n取整数值时才有定义，对于n为非整数情况，$x(n)$则未予定义，但不能将其视为零。另外，自变量n还可以是力、距离、温度或者个数等，这样离散时间信号与系统的概念就比其名字所代表的含义要更为广泛。

3.1.2 序列的类型

对于信号与系统的分析计算，一般用如下方式描述序列$x(n)$：

1）对于全部n，将$x(n)$表示为某种简单函数的解析式（序列的简单定义）。

2）对于全部n，在不相重叠的区间，将$x(n)$表示为一组简单函数的和式（序列的分段定义）。

为了后续分析的需要，下面介绍几种在信号与系统中常用的典型序列。

1. 单位样值序列

离散时间单位样值序列的定义为

$$\delta(n)=\begin{cases}1 & n=0\\0 & n\neq 0\end{cases}=\{\cdots,0,0,\underset{\uparrow}{1},0,0,\cdots\} \tag{3.1.4}$$

单位样值序列$\delta(n)$是数字域中的基本函数，它可以视为图3.1.3所示的单位采样序列，但$\delta(n)$并不是对连续时间冲激函数$\delta(t)$采样而得到的。移位单位样值序列$\delta(n-n_0)$在$n=n_0$处的值为1，在其余各处均为0。将任意离散时间序列$x(n)$与$\delta(n-n_0)$相乘，其结果$x(n)\delta(n-n_0)$除$n=n_0$点外其他处都为0。由此可得出离散时间单位样值序列的抽样性质：

$$x(n)\delta(n-n_0)=x(n_0)\delta(n-n_0)=\begin{cases}x(n_0), & n=n_0\\0, & n\neq n_0\end{cases} \tag{3.1.5}$$

及

$$\sum_{n=a}^{b}x(n)\delta(n-n_0)=\sum_{n=a}^{b}x(n_0)\delta(n-n_0)=x(n_0) \tag{3.1.6}$$

式中，$a<n_0<b$。

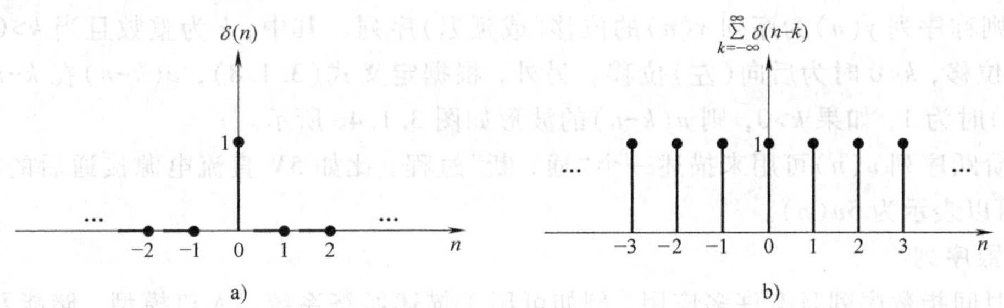

图3.1.3 单位样值

a）单位样值序列 b）单位样值序列串

式（3.1.5）的意义在于，它指出任何离散序列$x(n)$都可以用单位样值序列来描述。这是因为乘积$x(0)\delta(n)$表示序列$x(n)$在$n=0$处的样本值是$x(0)$，乘积$x(1)\delta(n-1)$表示序列$x(n)$在$n=1$处的样本值是$x(1)$，依此类推，任意序列$x(n)$就可以描述为如下形式：

$$\begin{aligned}x(n)&=\cdots+x(-1)\delta(n+1)+x(0)\delta(n)+x(1)\delta(n-1)+\cdots\\&=\sum_{k=-\infty}^{\infty}x(k)\delta(n-k)\end{aligned} \tag{3.1.7}$$

式中，$\sum_{k=-\infty}^{\infty}\delta(n-k)$ 称为单位样值序列串，简称冲激串。

单位样值序列 $\delta(n)$ 的意义和单位冲激函数 $\delta(t)$ 的意义相近，不同之处在于，当 $n=0$ 时，$\delta(n)=1$，而不是无穷大。

2. 单位阶跃序列

离散时间单位阶跃序列的定义为

$$u(n)=\begin{cases}1 & n\geqslant 0\\ 0 & n<0\end{cases}=\{\cdots,0,0,\underset{\uparrow}{1},1,1,\cdots\} \tag{3.1.8}$$

它的波形如图 3.1.4 所示。

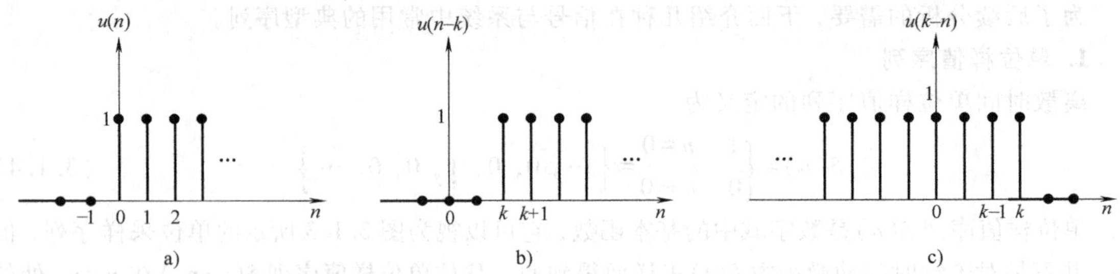

图 3.1.4　$u(n)$、$u(n-k)$ 和 $u(k-n)$ 的波形
a）单位阶跃序列　b）右移单位阶跃序列　c）反因果阶跃序列

根据式(3.1.7)，$u(n)$可以用冲激串描述：

$$u(n)=\sum_{k=0}^{\infty}\delta(n-k) \tag{3.1.9}$$

同理，单位样值序列 $\delta(n)$ 也可以用移位阶跃序列来描述：

$$\delta(n)=u(n)-u(n-1) \tag{3.1.10}$$

式中，$u(n-1)$ 是 $u(n)$ 的位移序列。一般而言，若序列 $y(n)$ 与序列 $x(n)$ 满足关系 $y(n)=x(n-k)$，则称序列 $y(n)$ 为序列 $x(n)$ 的位移（或延迟）序列。其中，k 为整数且当 $k>0$ 时为前向（或右）位移，$k<0$ 时为后向（左）位移。另外，根据定义式(3.1.8)，$u(k-n)$ 在 $k-n\geqslant 0$（也就是 $n\leqslant k$）时为 1，如果 $k>0$，则 $u(k-n)$ 的波形如图 3.1.4c 所示。

单位阶跃序列 $u(n)$ 可用来描述一个"通、断"过程，比如 5V 直流电源接通后的状态（或样本值）可以表示为 $5u(n)$。

3. 指数序列

离散时间指数序列具有许多应用，例如可用于描述经济系统、人口模型、储能及能耗系统中存在的增长和衰落过程等。它可以定义为

$$x(n)=\begin{cases}A(K)^n, & n\geqslant n_1\\ 0, & n<n_1\end{cases} \tag{3.1.11}$$

式中，A 和 K 为实数或复数，且增长和衰落过程始于 n_1 时刻。若 $|K|>1$，则当 $n\to\infty$ 时序列 $x(n)$ 将发散；若 $|K|<1$，则当 $n\to\infty$ 时 $x(n)$ 将衰减到 0；若 $0<K<1$，则 $x(n)$ 单调递减；若 $-1<K<0$，则 $x(n)$ 在趋于 0 的过程中将在正负值之间振荡；若 $K<-1$，则 $x(n)$ 将在正负值之间振荡发散，如图 3.1.5 所示。

如果 A 和 K 为复数，即

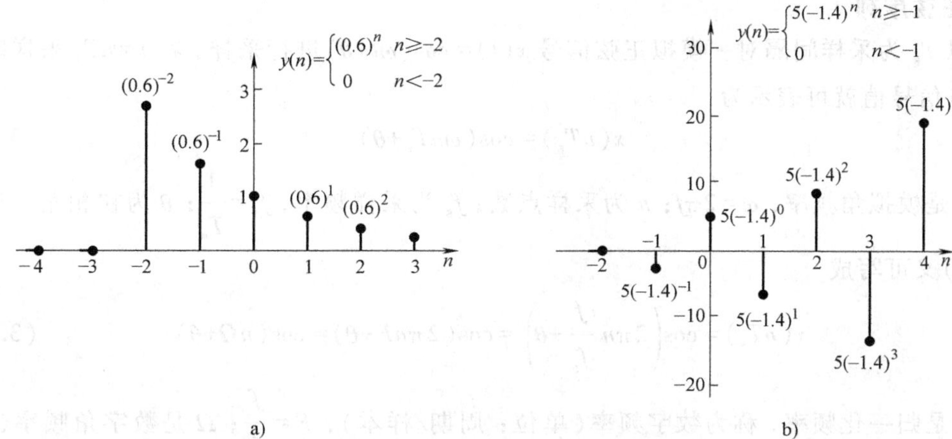

图 3.1.5　指数序列的增减和振荡特性

a) $|K|<1$ 时序列衰减　b) K 为负时序列振荡

$$K=\mathrm{e}^{(\sigma_0+\mathrm{j}\omega_0)}$$

和

$$A=|A|\mathrm{e}^{\mathrm{j}\varphi}$$

则式(3.1.11)可以重新写成

$$\begin{aligned}x(n)=AK^n=A\mathrm{e}^{(\sigma_0+\mathrm{j}\omega_0)n}&=|A|\mathrm{e}^{\sigma_0 n}\mathrm{e}^{\mathrm{j}(\omega_0 n+\phi)}\\&=|A|\mathrm{e}^{\sigma_0 n}[\cos(\omega_0 n+\phi)+\mathrm{j}\sin(\omega_0 n+\phi)]\end{aligned}\tag{3.1.12}$$

式中，σ_0、ϕ 和 ω_0 都是实数。

复数序列的实部和虚部可以分别绘图描述。此外，也可以对式(3.1.12)分别绘制其幅度和相位图。特别对相位而言，它的取值范围一般为$(-\pi,\pi)$，可以通过用实际相位减 2π 的整数倍来实现。但通常绘制相位图时，相位 $\phi_n=\omega_0 n$ 需要进行 2π 的取模运算。图 3.1.6 给出了 $x(n)=\mathrm{e}^{(-0.1+\mathrm{j}0.3)n}(-10\leqslant n\leqslant 10)$ 的幅度、相位、实部和虚部的波形。

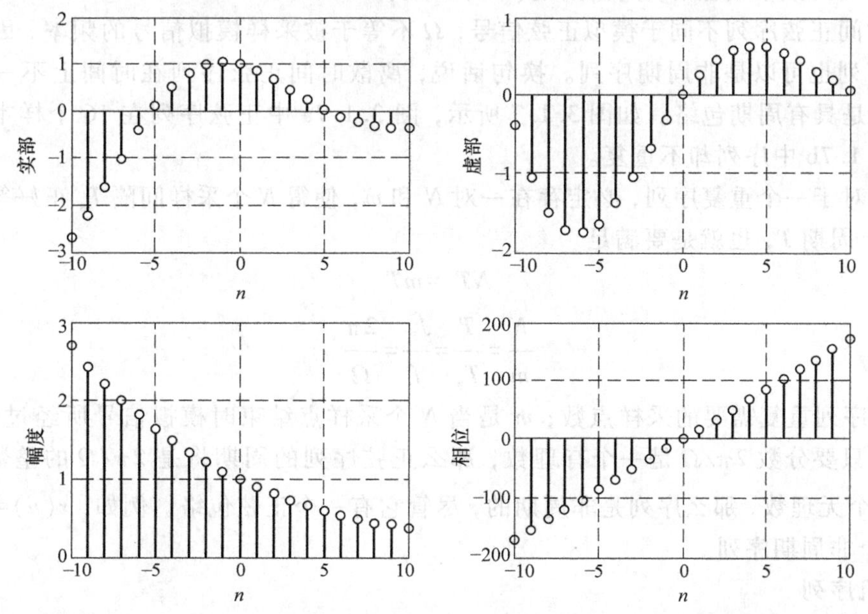

图 3.1.6　$x(n)=\mathrm{e}^{(-0.1+\mathrm{j}0.3)n}(-10\leqslant n\leqslant 10)$ 的幅度、相位、实部和虚部的波形

4. 正弦序列

若以 T_s 为采样间隔对一模拟正弦信号 $x(t)=\cos(\omega t+\theta)$ 进行采样，在 $t=nT_s$ 采样时刻的模拟正弦信号值就可表示为

$$x(nT_s)=\cos(\omega nT_s+\theta) \tag{3.1.13}$$

式中，ω 是模拟角频率，$\omega=2\pi f$；n 为采样点数；f_s 为采样频率，$f_s=\dfrac{1}{T_s}$；θ 为初相角。于是式(3.1.13)又可写成

$$x(nT_s)=\cos\left(2\pi n\frac{f}{f_s}+\theta\right)=\cos(2\pi nF+\theta)=\cos(n\Omega+\theta) \tag{3.1.14}$$

式中，F 是归一化频率，称为数字频率(单位：周期/样本)，$F=\dfrac{f}{f_s}$；Ω 是数字角频率(单位：rad)，$\Omega=2\pi F$。

由于模拟域中的采样值在数字域中通常被记为 $x(n)=x(nT_s)$，因此在不考虑量化误差的情况下就有

$$x(n)=\cos\left(2\pi n\frac{f}{f_s}+\theta\right)=\cos(2\pi nF+\theta)=\cos(n\Omega+\theta) \tag{3.1.15}$$

显然，式(3.1.15)中

$$\Omega=2\pi F=2\pi\frac{f}{f_s}=\frac{\omega}{f_s} \tag{3.1.16}$$

建立了模拟频率 f(或角频率 $\omega=2\pi f$)与数字频率 F(或数字角频率 $\Omega=2\pi F$)之间的关系。除此之外，假设 $f=f_s$，则有 $\Omega=2\pi$，即采样频率 f_s 对应于数字频率 2π。同样，$f_s/2$ 也就对应于数字频率 π。在后面将看到离散序列信号的频率响应是以 2π 为周期的周期函数，故习惯上绘制离散序列的频率响应时，其范围是 $(-\pi,\ \pi)$ 或 $(0,\ 2\pi)$。

离散时间正弦序列不同于模拟正弦信号，Ω 不等于被采样模拟信号的频率，因此它既可以是周期序列也可以是非周期序列。换句话说，离散时间正弦序列在时间上不一定是周期的，但它总是具有周期包络。如图 3.1.7 所示，图 3.1.7a 中正弦序列在 16 个样本后开始重复，而图 3.1.7b 中序列却不重复。

总之，对于一个重复序列，必定存在一对 N 和 m，使得 N 个采样间隔 T_s 正好等于该模拟信号的 m 个周期 T，也就是要满足

$$NT_s=mT$$

或

$$\frac{N}{m}=\frac{T}{T_s}=\frac{f_s}{f}=\frac{2\pi}{\Omega} \tag{3.1.17}$$

式中，N 为序列重复需要的采样点数；m 是当 N 个采样点结束时模拟信号所经过的周期数。可以看出，只要分数 $2\pi/\Omega$ 是一个有理数，那么正弦序列的周期将是 $2\pi/\Omega$ 的整数倍；如果 $2\pi/\Omega$ 是一个无理数，那么序列是非周期的，尽管它有一个正弦包络。例如，$x(n)=\cos(\sqrt{3}n+\phi)$ 就是一个非周期序列。

5. 随机序列

在实际工作中除了能用数学解析式描述的离散信号序列外(这些序列可以通过它们的频

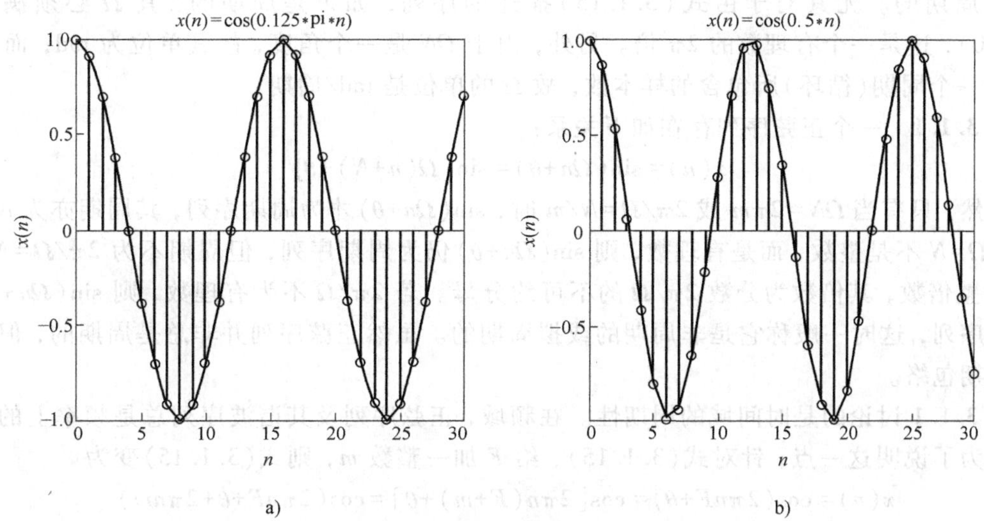

图 3.1.7 正弦序列的周期与包络周期

a) $x(n)$是周期正弦、周期包络，周期 $N=16$ b) $x(n)$是非周期正弦、周期包络

谱以某种确定的形式给予表征)，还可能遇到许多不能或不方便用数学解析式描述的离散信号序列。这些离散信号序列一般称为随机或统计序列，对它们的描述通常需要用到所谓的概率密度函数(PDF)。

随机或统计序列也能用它们的各阶矩进行描述，如一阶矩(均值μ)、二阶矩(方差σ^2)以及高阶矩的概念。一般而言，一个随机序列完全由它的概率密度函数所定义，而它又唯一地被映射到各阶矩上。针对工程信号，仅仅由均值μ和方差σ^2就可以给出该序列的概率密度函数，比如高斯分布型随机变量x的概率密度函数如下：

$$f_x(x)=\frac{1}{\sqrt{2\pi\sigma}}\mathrm{e}^{-(x-\mu)^2/2\sigma^2} \tag{3.1.18}$$

式(3.1.18)给出的概率密度函数如果随时间变化，则信号序列就是非平稳的。

6. 周期与非周期序列

如果序列

$$x(n)=x(n+N),\quad \forall n \tag{3.1.19}$$

成立，且N为满足关系式的最小正整数，则定义$x(n)$为周期序列，N为基本周期。如果一个序列是以N为周期的，那么它对于$2N$、$3N$以及所有其他N的整数倍都是周期的。如果式(3.1.19)对于任何整数N都不满足，则$x(n)$称为非周期序列。

由于周期为N的周期序列必然对于所有的n和某些整数N满足式(3.1.19)，因此若在式(3.1.15)中用$n+N$代替n，得到

$$x(n+N)=\cos(\Omega n+\Omega N+\theta)$$

为满足式(3.1.19)，必有$\Omega N=2\pi m$，或

$$\Omega=2\pi\frac{m}{N}\quad m、N\text{ 为整数} \tag{3.1.20}$$

这里再一次强调，与连续时间正弦信号不同，离散时间正弦序列在角频率Ω取任意值时并不

一定是周期的。尤其对于由式(3.1.15)描述的序列，如果是周期的，其 Ω 必须满足式(3.1.20)，这是一个有理数的 2π 倍。另外，由于 ΩN 是一个角度，故其单位为 rad；而 N 是 $x(n)$ 的一个周期(循环)所包含的样本数，故 Ω 的单位是 rad/周期。

例 3.1.1　一个正弦序列存在如下关系：

$$x(n)=\sin(\Omega n+\theta)=\sin[\Omega(n+N)+\theta]$$

显然，只有当 $\Omega N=2\pi m$ 或 $2\pi/\Omega=N/m$ 时，$\sin(\Omega n+\theta)$ 才为周期序列，其周期亦为 N。如果 $2\pi/\Omega=N$ 不是整数，而是有理数，则 $\sin(\Omega n+\theta)$ 仍为周期序列，但周期不为 $2\pi/\Omega=N$，而是 N 的整倍数，其倍数为分数 $2\pi/\Omega$ 的不可约分母。若 $2\pi/\Omega$ 不为有理数，则 $\sin(\Omega n+\theta)$ 不是周期序列，这时一般称它是非周期的或拟周期的。虽然正弦序列并非总是周期的，但它却具有周期包络。

例 3.1.1 讨论的是时间域的周期性。在频域，正弦序列及其谐波序列总是频率上的周期序列。为了说明这一点，针对式(3.1.15)，给 F 加一整数 m，则式(3.1.15)变为

$$x(n)=\cos(2\pi nF+\theta)=\cos[2\pi n(F+m)+\theta]=\cos(2\pi nF+\theta+2\pi nm)$$

上式表明，如果 m 是整数，则 nm 亦为整数，因此正弦序列在数字频率 $F\pm m$ 处是一样的。也就是说，正弦序列具有频率上(即频域)的周期性，它的周期是 $F=1$。

总之，正弦序列只有在其数字频率 F 是一个有理分数时才有时间上的周期性，但它总是具有频率上的周期性且周期 $F=1$。

如果设 $x_1(n)$ 是周期为 N_1 的序列，$x_2(n)$ 是周期为 N_2 的序列，则两者之和

$$x(n)=x_1(n)+x_2(n)$$

仍然是周期序列，且新序列的基本周期为

$$N=\frac{N_1N_2}{\gcd(N_1,\ N_2)}\tag{3.1.21}$$

式中，$\gcd(N_1,\ N_2)$ 表示 N_1、N_2 的最大公约数。这种情况对于两个周期序列相乘也成立，即

$$x(n)=x_1(n)x_2(n)\tag{3.1.22}$$

是周期序列，其周期也可用式(3.1.21)确定。不过，此时其基本周期可能更小。

给定任意序列 $x(n)$，可用以下方式复制 $x(n)$，从而总可以构造出一个周期序列：

$$y(n)=\sum_{k=-\infty}^{\infty}x(n-kN)\tag{3.1.23}$$

式中，N 为正整数。显然，$y(n)$ 是以 N 为周期的。

例 3.1.2　设两个正弦序列

$$x_1(n)=\sin(5\pi n)\quad 和\quad x_2(n)=\sqrt{3}\cos(5\pi n)$$

它们是周期序列吗？若是，求出它们的基本周期。

解：$x_1(n)$ 和 $x_2(n)$ 的角频率均为 $\Omega=5\pi$rad/周期，为确定周期 N，根据式(3.1.21)有

$$N=2\pi\frac{m}{\Omega}=\frac{2\pi m}{5\pi}=\frac{2m}{5}$$

显然，为使 $x_1(n)$ 和 $x_2(n)$ 是周期序列，N 必须是整数。因此，只有当 $m=5,\ 10,\ 15,\ \cdots$ 时，N 才能取整数 $N=2,\ 4,\ 6,\ \cdots$。

例 3.1.3　序列 $x(n)=\cos\dfrac{\pi}{3}n+\sin\dfrac{\pi}{4}n$ 是否为周期序列，若是，求出其基本周期。

解：
$$x(n)=\cos\frac{\pi}{3}n+\sin\frac{\pi}{4}n=x_1(n)+x_2(n)$$

其中

$$x_1(n)=\cos\frac{\pi}{3}n=\cos\Omega_1 n\rightarrow\Omega_1=\frac{\pi}{3}$$

$$x_2(n)=\sin\frac{\pi}{4}n=\sin\Omega_2 n\rightarrow\Omega_2=\frac{\pi}{4}$$

因为

$\frac{\Omega_1}{2\pi}=\frac{1}{6}$是有理数，$x_1(n)$是周期序列且基本周期 $N_1=6$。

$\frac{\Omega_2}{2\pi}=\frac{1}{8}$是有理数，$x_2(n)$是周期序列且基本周期 $N_2=8$。

又由式(3.1.21)知，$x(n)=x_1(n)+x_2(n)$是周期序列，其基本周期是

$$N=\frac{N_1N_2}{\gcd(N_1,\ N_2)}=\frac{6\times8}{\gcd(6,\ 8)}=\frac{48}{2}=24$$

例 3.1.4　证明复指数序列

$$x(n)=\mathrm{e}^{\mathrm{j}\Omega n}$$

只有在$\frac{\Omega}{2\pi}$是有理数时才为周期序列。

证明：根据式(3.1.19)，若

$$x(n+N)=\mathrm{e}^{\mathrm{j}\Omega(n+N)}=\mathrm{e}^{\mathrm{j}\Omega n}\mathrm{e}^{\mathrm{j}\Omega N}=\mathrm{e}^{\mathrm{j}\Omega n}=x(n)$$

或

$$\mathrm{e}^{\mathrm{j}\Omega N}=1$$

复指数序列 $x(n)=\mathrm{e}^{\mathrm{j}\Omega n}$就是周期的。

显然，$\mathrm{e}^{\mathrm{j}\Omega N}=1$只有在　$\Omega N=2\pi m$(m为整数)或者$\Omega/(2\pi)=m/N$为有理数时才成立。因此，只有在$\Omega/(2\pi)$是有理数时，$x(n)=\mathrm{e}^{\mathrm{j}\Omega n}$才为周期序列。

7. 偶部与奇部

已知任何信号 $x(n)$都可以分解为其偶部 $x_{\mathrm{e}}(n)$和奇部 $x_{\mathrm{o}}(n)$之和的形式，也就是说

$$x(n)=x_{\mathrm{e}}(n)+x_{\mathrm{o}}(n) \tag{3.1.24}$$

其中偶部具有如下关系式：

$$x_{\mathrm{e}}(n)=\frac{1}{2}\{x(n)+x(-n)\} \tag{3.1.25}$$

奇部具有如下关系式：

$$x_{\mathrm{o}}(n)=\frac{1}{2}\{x(n)-x(-n)\} \tag{3.1.26}$$

复数序列的对称形式与实数序列略有不同。事实上，如果对于所有 n，有

$$x(n)=x^*(-n) \tag{3.1.27}$$

则称复信号 $x(n)$是共轭对称的；如果对于所有 n，有

$$x(n)=-x^*(-n) \tag{3.1.28}$$

则称复信号 $x(n)$ 是共轭反对称的。

任何复信号都可以分解为一个共轭对称信号和一个共轭反对称信号之和。

8. 对称序列

离散时间信号常常具有某种形式的对称性，其中最为有用的两种对称形式是偶对称和奇对称，如图 3.1.8 所示。

若序列 $x(n)$ 与它的镜像 $x(-n)$ 相同，则为偶对称序列；若序列 $x(n)$ 与它的镜像 $x(-n)$ 只相差一个正负号，则为奇对称序列。偶对称和奇对称分别存在如下关系：

$$x_e(n)=x_e(-n) \tag{3.1.29}$$

$$x_o(n)=-x_o(-n) \tag{3.1.30}$$

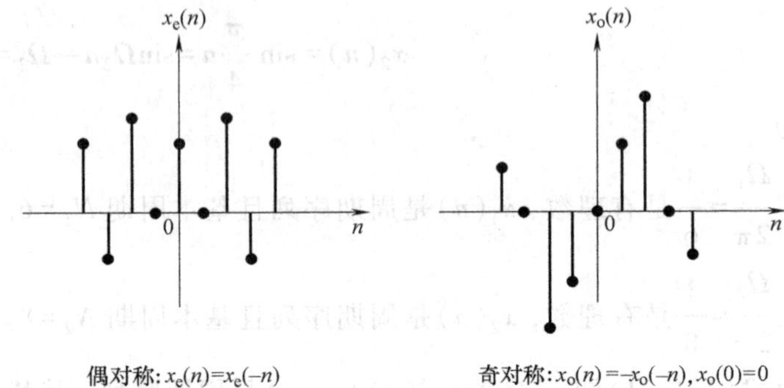

图 3.1.8　序列的对称性

在对称条件下，序列均具有对称的定义域 $-N \leqslant n \leqslant N$，$N$ 为任意整数。不过对于奇对称序列，还存在 $x_o(0)=0$，并且 $x_o(n)$ 在对称定义域 $(-\alpha, \alpha)$ 上的和为零，即

$$\sum_{k=-M}^{M} x_o(k)=0 \tag{3.1.31}$$

3.1.3 序列波形生成

1. 时间向量

计算机程序一般要求用一个向量描述时间轴。例如，考虑生成一个抽样频率为 1000Hz 的数据，则用 MATLAB 可以给出一个 1001 点且持续时间 1s 的时间向量如下：

```
t = (0: 0.001: 1)';
```

一旦定义了时间变量 t，就可以创建一个包含 50Hz 正弦序列和 120Hz 正弦序列的样本信号 y：

```
y = sin(2*pi*50*t)+2*sin(2*pi*120*t);
```

基于时间变量 t 生成的新变量 y 同样具有 1001 点且持续时间 1s。下面源程序对 y 加入了正态分布白噪声，并且绘制出信号序列的前 50 个样本波形，如图 3.1.9a 所示。

```
randn('state', 0);
yn = y + 0.5*randn(size(t));
plot(t(1: 50), yn(1: 50))
```

2. 常用序列波形

用 MATLAB 可以生成多种形式的信号序列。下面源程序生成几个工程中常用的序列，其中包括单位样值序列、单位阶跃序列和单位斜坡序列：

```
t = (0: 0.001: 1)';
imp= [1; zeros(99, 1)];              % Impulse
unit_step = ones(100, 1);            % Step (with 0 initial cond.)
```

```
ramp_sig= t;                          % Ramp
quad_sig=t.^2;                        % Quadratic
sq_wave = square(4*pi*t);             % Square wave with period 0.5
```

注意，所有生成的序列都是列向量，且后三个序列的波形直接源自时基序列 t。

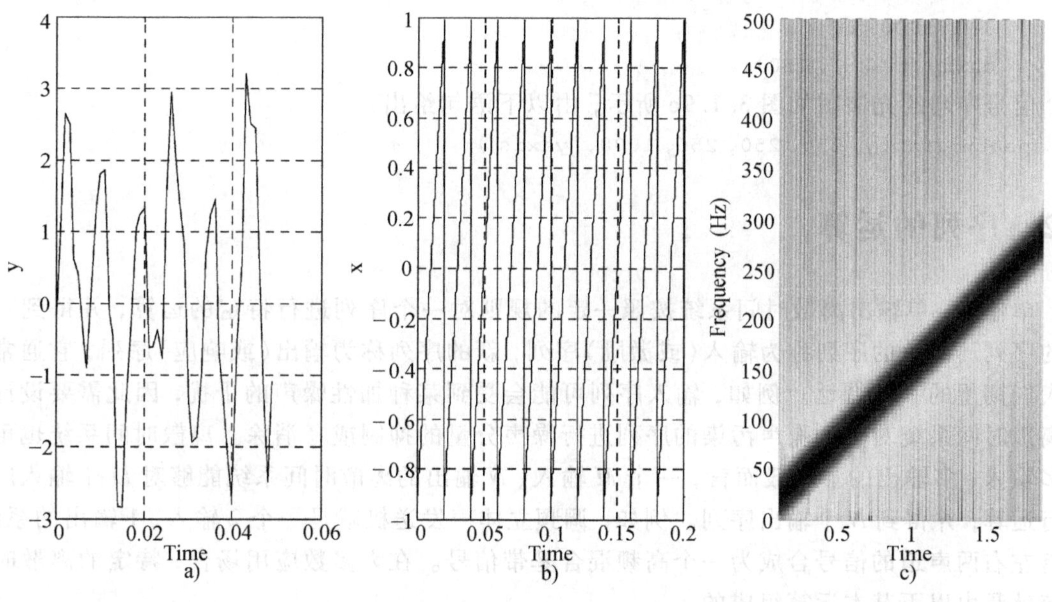

图 3.1.9　序列的波形

3. 多通道序列波形

处理多通道序列调用 MATLAB 的标准数组语句是很方便的。例如，由上述程序中最后三个语句生成的序列组成一个多通道序列的源程序是

```
z = [ramp_sig quad_sig sq_wave];
```

如果调用矢量积算子还可以生成一个多通道单位函数。例如，生成一个除第一个元素是 1 外，其余元素均为 0 的 6 元列向量的源程序是

```
a = [1 zeros(1, 5)]';
```

若需要将这个列向量 a 复制成一个矩阵，用 MATLAB(：)算子和 ones 函数就可以省去乘法运算。例如语句

```
c = a(:, ones(1, 3));
```

将 6 元列向量 a 复制成一个 6×3 的矩阵 c。

4. 常用周期序列波形

MATLAB 提供了生成多种周期序列波形的函数，如锯齿波 sawtooth 函数和方波 square 函数。下面源程序基于 10kHz 抽样率生成一个持续时间 1.5s，频率为 50Hz 的锯齿波，波形图如图 3.1.9b 所示(为清楚起见仅画出前 0.2s 的波形)。

```
fs = 10000;
t = 0:1/fs:1.5;
x = sawtooth(2*pi*50*t);
plot(t, x), axis([0  0.2  -1  1])
```

5. 常用非周期序列波形

MATLAB 还提供了生成多种非周期序列波形的函数，如高斯调制正弦脉冲 gauspuls 函数和线性扫频 chirp 函数。下面源程序基于 1kHz 抽样率生成一个持续时间 2s，在 1s 内从直流扫频到 150Hz 的线性扫频波。

```
t = 0: 1/1000: 2;
y = chirp(t, 0, 1, 150);
```

这个信号序列的光谱图如图 3.1.9c 所示，由以下语句给出：

```
spectrogram(y, 256, 250, 256, 1000, 'yaxis')
```

3.2　序列的运算

单输入、单输出离散时间系统按照一定的规则对一个序列进行特定的运算，并得到一个新的序列。原始的序列称为输入(或激励)序列，新的序列称为输出(或响应)序列，它通常具有人们期望的一些特性。例如，输入序列可能会受到某种加性噪声的干扰，因此需要设计一个离散时间系统对受到噪声污染的序列进行噪声分量的抑制或者消除。离散时间系统也可以是多输入、多输出的。一般而言，一个 M 输入、N 输出的离散时间系统能够对 M 个输入序列进行运算，并得到 N 个输出序列。例如，调频立体声发送机就是一个 2 输入、1 输出的系统，它将左右两声道的信号合成为一个高频混合基带信号。在大多数应用场合，特定的离散时间系统就是由以下基本运算组成的。

3.2.1　对因变量的基本运算

设 $x_1(n)$ 和 $x_2(n)$ 是两个已知序列。对因变量的基本运算包括序列的相加、相乘、标量相乘。

1. 序列相加

两个离散序列 $x_1(n)$ 和 $x_2(n)$ 的相加是对序列样本值的逐点相加运算，表示为

$$y(n)=x_1(n)+x_2(n) \tag{3.2.1}$$

实现加运算的运算单元(器件)称为加法器，其运算功能框图如图 3.2.1 所示。注意，实现加法运算不需要存储任何一个序列，这就意味着加法运算无记忆。

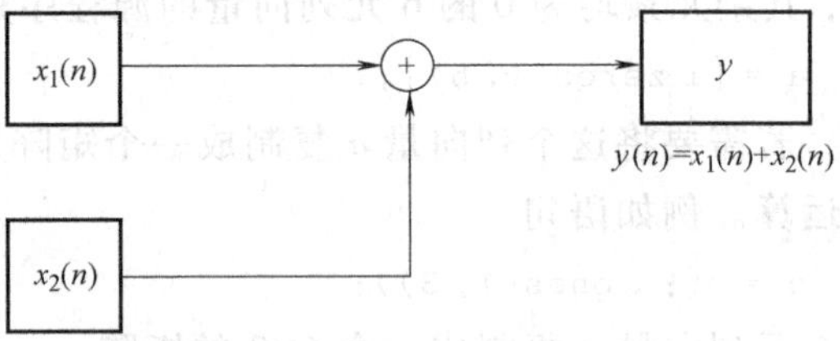

图 3.2.1　序列加运算功能框图

2. 序列乘积

两个信号序列 $x_1(n)$ 和 $x_2(n)$ 的乘积是对信号样本值的逐点相乘运算(即“点乘”)，表示为

$$y(n)=x_1(n)\cdot x_2(n) \tag{3.2.2}$$

注意，序列乘积运算特别强调了“逐点”相乘，这是因为 MATLAB 定义的乘法算子有矩阵乘法和阵列乘法之分。其中矩阵乘是标准的矩阵运算，而阵列乘则规定了元素对元素的运算(即“点乘”)。这种差别在编程中是需要特别注意的。

乘积运算有时也称为调制。实现乘积或调制运算的运算单元称为乘法器或者调制器，其运算功能框图如图 3.2.2 所示。

相乘运算的一个应用是根据一个无限长的序列生成一个有限长的序列。实现上只需要用一个有限长的窗函数序列与这个无限长的序列进行相乘运算即可，这个过程就是所谓的加窗运算。

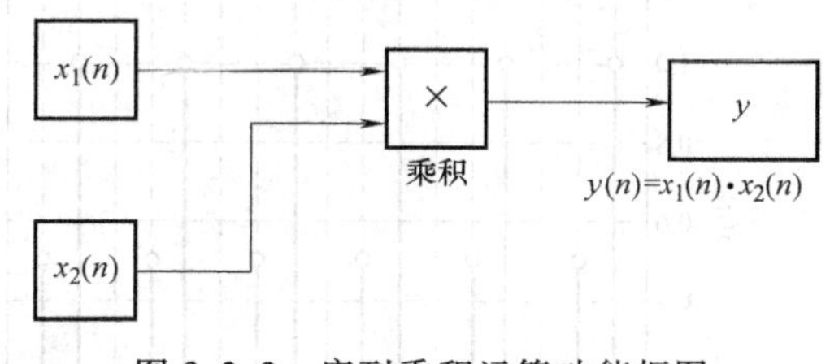

图 3.2.2 序列乘积运算功能框图

3. 数乘

序列 $x(n)$ 的数乘运算是把序列的每个样本值都乘以常数 a：

$$y(n)=ax(n) \tag{3.2.3}$$

这个运算也可以看作是两个信号序列 $x(n)$ 和$f(n)=a$的乘积运算。注意，该运算也是无记忆的。

实现数乘运算的运算单元同样是乘法器，其运算功能框图如图 3.2.3 所示。

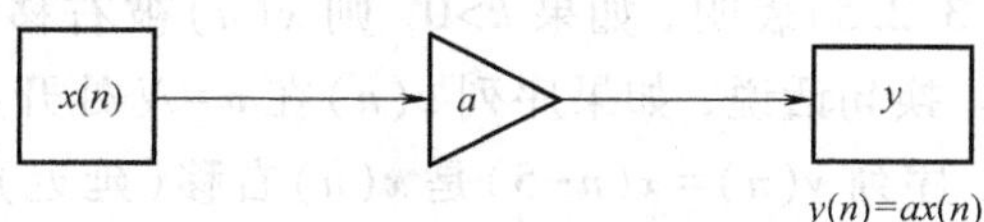

图 3.2.3 序列数乘运算功能框图

上述基本运算要求所有序列具有相同的长度并且定义在相同的序号 n 的范围内。如果参与运算的序列的长度不同，则可以对较短的序列采用插入零(样本)值的方法，使得所有序列都定义在相同的序号 n 的范围内。

例 3.2.1 设有序列

$$x_1(n)=\{3.2, 41, 36, -9.5, 0\}$$

$$x_2(n)=\{-21, 1.5, 3\}$$

很明显这两个序列不能直接进行相加和相乘运算，但是可以通过对 $x_2(n)$进行补零，使它的长度和 $x_1(n)$的长度相等，即

$$x_{2+}(n)=\{-21, 1.5, 3, 0, 0\}$$

然后就可以进行相应运算。例如

$$y_1(n)=x_1(n)+x_{2+}(n)=\{-17.8, 42.5, 39, -9.5, 0\}$$

$$y_2(n)=x_1(n)\cdot x_{2+}(n)=\{-67.2, 61.5, 108, 0, 0\}$$

3.2.2 对自变量的基本运算

1. 时间变换(展缩)

对序列 $x(n)$ 的自变量序号 n 进行乘系数的运算，可得

$$y(n)=x(kn),\quad k>0 \tag{3.2.4}$$

式中，k 取整数且 $k>1$。离散时间序列 $y(n)$ 将丢失一些样本值。

例 3.2.2 设序列 $x(n)=\Big\{1, 0.5, 0, 1, 0.5, 0, 1, 0.5, \underset{\uparrow}{0}, 1, 0.5, 0, 1, 0.5, 0, 1, 0.5\Big\}$，试求序列 $y(n)=x(2n)$。

解：序列 $y(n)=x(kn)$ 中令 $k=2$ 将丢失序列 $x(n)$ 在 $n=\pm1, \pm3, \pm5, \cdots$时的序列样本值，因此可知

$$y(n)=x(2n)=\Big\{1, 0, 0.5, 1, \underset{\uparrow}{0}, 0.5, 1, 0, 0.5\Big\}$$

序列 $x(n)$ 和变换后的 $y(n)=x(2n)$ 的波形如图 3.2.4 所示。可见，由 $x(n)$ 按系数 2 压缩后所得到的序列 $x(2n)$ 丢失了原序列的某些样本值。

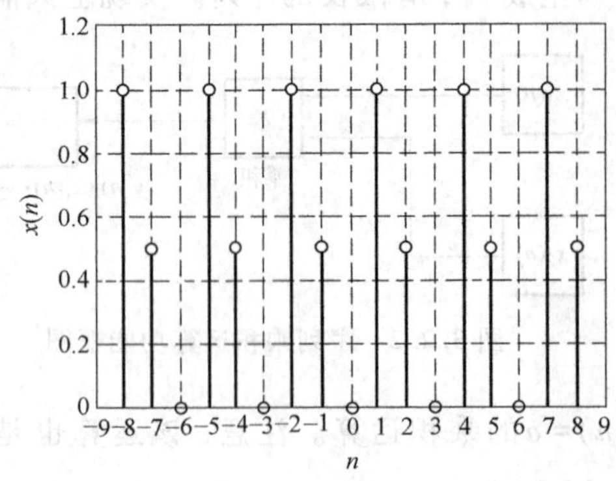
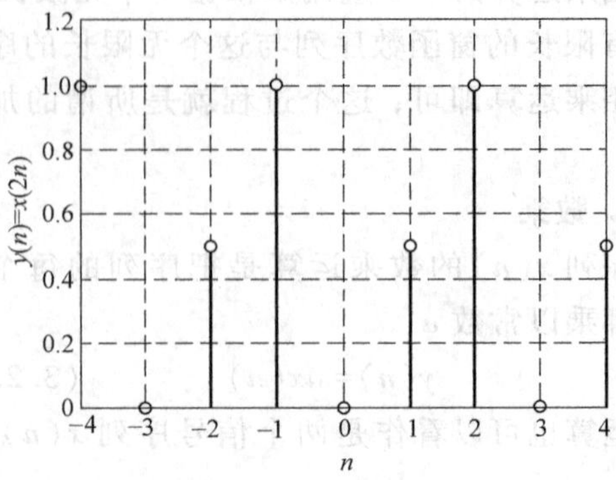

图 3.2.4 $x(n)$和变换后的$y(n)=x(2n)$的波形

2. 移位

在移位运算中，$x(n)$的每个样本都移动k位，移位后的序列$y(n)$表示为

$$y(n)=x(n-k) \tag{3.2.5}$$

式(3.2.5)表明，如果$k>0$，则$x(n)$被右移(延迟)k位；如果$k<0$，则$x(n)$被左移(超前)k位。换句话说，如果序列$x(n)$在$n=N$处开始，则移位运算后的序列将在$n=N\pm a$处开始。比如，序列$y(n)=x(n-5)$是$x(n)$右移(延迟)5个单位的序列，而$g(n)=x(n+5)$则是$x(n)$左移(超前)5个单位的序列。

移位运算功能框图如图3.2.5所示。

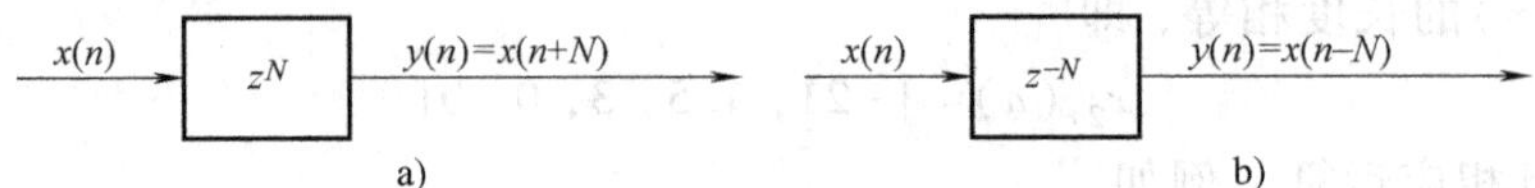

图 3.2.5 移位运算功能框图

a)序列左移N位 b)序列右移N位

当$N=1$时，实现单位延迟运算的运算单元称为单位延迟器，其运算功能框图如图3.2.6所示。

3. 反折(转)

在反折(转)运算中，$x(n)$的每个样本都对$n=0$翻转，从而得到一个折叠后的新序列$y(n)$。反折(转)运算其实是序列$x(n)$关于原点$n=0$的一个镜像。反折运算表示为

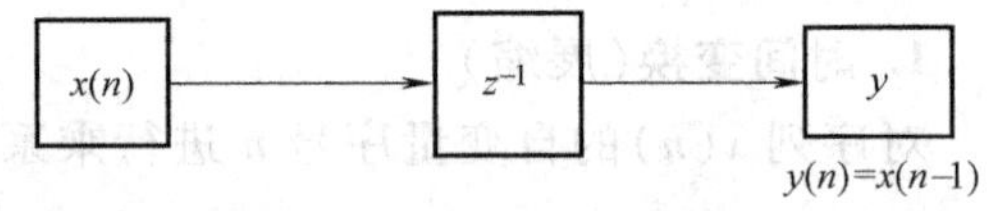

图 3.2.6 序列的单位延迟运算功能框图

$$y(n)=x(-n) \tag{3.2.6}$$

如果序列既有移位又有反折，比如$y(n)=x(-n-\alpha)$，则有两种方法可由$x(n)$生成$y(n)=x(-n-\alpha)$。

1) 先右移后反折。先对$x(n)$右移α单位，得到$x(n-\alpha)$，再对$x(n-\alpha)$反折得到$x(-n-\alpha)$。注意，这一步仅对n进行反折运算。具体运算过程可表示为

$$x(n)\rightarrow 右移(延迟)\alpha位\rightarrow x(n-\alpha)\rightarrow 反折\rightarrow x(-n-\alpha)$$

2) 先反折后左移。先对$x(n)$反折得到$x(-n)$，再对$x(-n)$左移(超前)α位得到$x(-n-\alpha)$。具体运算过程可表示为

$$x(n)\rightarrow 反折\rightarrow x(-n)\rightarrow 左移(超前)\alpha位\rightarrow x(-n-\alpha)$$

例 3.2.3 设有离散时间序列

$$x(n)=\begin{cases}1 & n=1,\ 2\\ -1 & n=-1,\ -2\\ 0 & n=0\ 或\ |n|>2\end{cases}$$

试求 $y(n)=x(2n+3)$。

解： 序列 $x(n)$ 的波形如图 3.2.7a 所示。图 3.2.7b 是将序列 $x(n)$ 向左平移 3 个单位后获得的移位序列 $v(n)=x(n+3)$，再将这个中间序列 $v(n)$ 中的 n 变换为 $2n$，即可得到如图 3.2.7c 所示的最终结果 $y(n)=v(2n)=x(2n+3)$。

注意，从中间序列 $v(n)$ 压缩到 $y(n)=v(2n)=x(2n+3)$ 时，$v(n)=x(n+3)$ 在 $n=-5$ 和 $n=-1$[即 $x(n)$ 在 $n=-2$ 和 $n=2$]处的非零样本值丢失了。

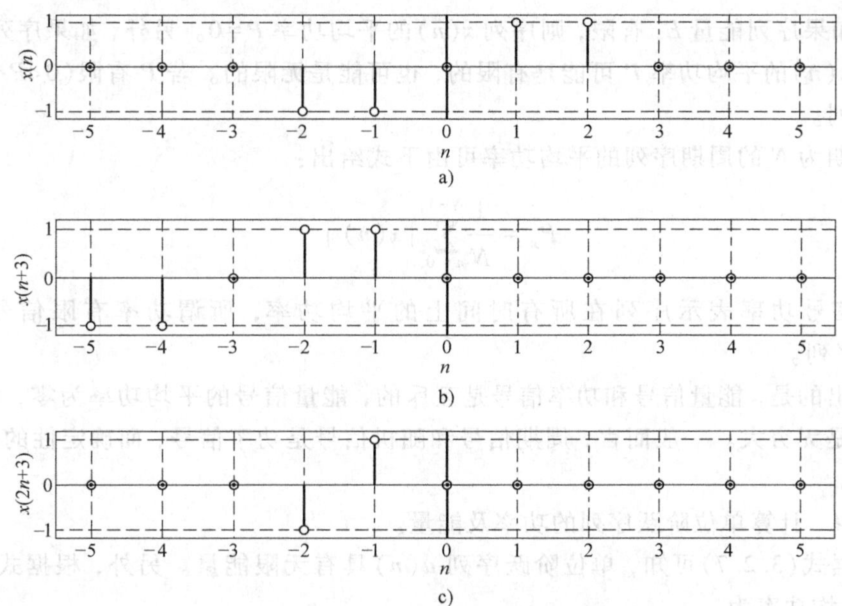

图 3.2.7 离散时间序列展缩和移位运算的顺序

a) 离散时间序列 $x(n)$ 关于原点反对称 b) $x(n)$ 向左平移 3 个单位后的移位序列 $v(n)=x(n+3)$
c) 对序列 $v(n)$ 按系数 2 压缩得到序列 $y(n)=v(2n)=x(2n+3)$

3.2.3 其他基本运算

1. 序列能量

序列 $x(n)$ 的能量由下式给出：

$$E_x=\sum_{n=-\infty}^{\infty} x(n)x^*(n)=\sum_{n=-\infty}^{\infty}|x(n)|^2 \tag{3.2.7}$$

式中，上角标 * 表示共轭转置运算。注意，序列能量表示序列在所有时间上的能量总和，它可以是有限的，也可以是无限的。如果能量 E_x 有限，即满足 $0<E_x<\infty$，则称序列是能量序列。

2. 序列功率

许多具有无限能量的序列只存在有限功率。离散时间序列 $x(n)$ 的平均功率定义为

$$P=\lim_{N\to\infty}\frac{1}{2N+1}\sum_{n=-N}^{N}|x(n)|^2 \tag{3.2.8}$$

如果在有限区间$-N\leqslant n\leqslant N$内定义序列$x(n)$的能量为

$$E_N=\sum_{n=-N}^{N}|x(n)|^2$$

那么序列能量E_x可以表示为

$$E_x=\lim_{N\to\infty}E_N$$

因而序列$x(n)$的平均功率可以表示为

$$P=\lim_{N\to\infty}\frac{1}{2N+1}E_N \tag{3.2.9}$$

显然，如果序列能量E_x有限，则序列$x(n)$的平均功率$P=0$。另外，如果序列能量E_x无限，则序列$x(n)$的平均功率P可能是有限的，也可能是无限的。若P有限($0<P<\infty$)则序列称为功率序列。

基本周期为N的周期序列的平均功率可由下式给出：

$$P_x=\frac{1}{N}\sum_{n=0}^{N-1}|x(n)|^2 \tag{3.2.10}$$

注意，信号功率表示序列在所有时间上的平均功率，所谓功率有限信号是指满足$0<P_x<\infty$的序列。

需要指出的是，能量信号和功率信号是互斥的，能量信号的平均功率为零，而功率信号的总能量则是无穷大。一般而言，周期信号和随机信号是功率信号，而确定性的非周期信号是能量信号。

例 3.2.4　计算单位阶跃序列的功率及能量。

解：根据式(3.2.7)可知，单位阶跃序列$u(n)$具有无限能量。另外，根据式(3.2.8)可得$u(n)$的平均功率为

$$P=\lim_{N\to\infty}\frac{1}{2N+1}\sum_{n=0}^{N}|u(n)|^2=\lim_{N\to\infty}\frac{N+1}{2N+1}=\lim_{N\to\infty}\frac{1+1/N}{2+1/N}=\frac{1}{2}$$

因此，单位阶跃序列是功率序列。

3. 序列相关

相关运算用于度量序列之间的相似程度，它在数字信号处理应用中具有重要作用。

已知两个长度相同、能量有限的离散时间序列由$x(n)$和$y(n)$给出，则定义$x(n)$、$y(n)$的互相关运算为一个新序列

$$r_{xy}(l)=\sum_{n=-\infty}^{\infty}x(n)y(n-l) \tag{3.2.11}$$

式中，指标(变量)l称为移位参数。

如果取$x(n)=y(n)$，则式(3.2.11)变为

$$r_{xx}(l)=\sum_{n=-\infty}^{\infty}x(n)x(n-l) \tag{3.2.12}$$

它是式(3.2.11)的特例，称为自相关序列运算。其几何意义为序列本身及其移位之后它们自相似程度的度量。

3.2.4　基本组合运算

在许多应用中，系统的功能往往是对上述基本运算进行某些形式的组合运算。下面用例子说明组合运算。

例 3.2.5　图 3.2.8 是一个由基本运算单元组成的离散时间系统的框图。试分析该框图，说明系统是如何从序列 $x(n)$ 生成序列 $y(n)$ 的。

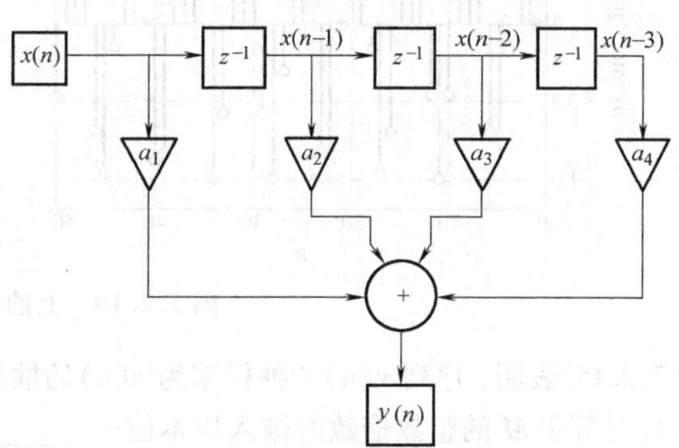

图 3.2.8　例 3.2.5 描述的离散时间系统

解：由图 3.2.8 可知，序列 $x(n)$ 通过系统最左边的延时单元后输出序列是 $x(n-1)$，该序列通过中间的延时单元后输出$x(n-2)$，在通过最右边的延时单元后输出序列是 $x(n-3)$。它们通过 a_1、a_2、a_3、a_4 的标量乘法器后分别得到序列 $a_1x(n)$、$a_2x(n-1)$、$a_3x(n-2)$ 和 $a_4x(n-3)$。将它们相加得到序列 $y(n)$：

$$y(n)=a_1x(n)+a_2x(n-1)+a_3x(n-2)+a_4x(n-3)$$

3.2.5　抽样率变换

另一种非常有用的运算是抽样率变换。抽样率变换运算对给定序列 $x(n)$ 可以获得抽样率高于或者低于 $x(n)$ 的新序列。因此，如果 $x(n)$ 是一个抽样率为 f_T 的序列，希望根据它获得抽样率为 f_T' 的新序列 $y(n)$，则抽样率变换比为

$$\frac{f_T'}{f_T}=r \tag{3.2.13}$$

式(3.2.13)中如果抽样率变换比 $r>1$，则称该过程为内插，抽样率变换将获得一个具有更高抽样率的新序列；如果抽样率变换比 $r<1$，则称该过程为抽取，抽取运算的抽样率将降低。

抽样率变换过程中的基本运算有两种：上抽样和下抽样。在整数因子 $L>1$ 的上抽样中，上抽样器按以下关系将 $L-1$ 个零样本值插入到输入序列 $x(n)$ 的两两相邻的样本之间，得到一个新的输出序列 $x_{\text{insert}}(n)$：

$$x_{\text{insert}}(n)=\begin{cases}x(n/L) & n=0,\ \pm L,\ \pm 2L,\ \cdots \\ 0 & \text{其他}\end{cases} \tag{3.2.14}$$

式(3.2.14)中 $x_{\text{insert}}(n)$ 的抽样率是原序列 $x(n)$ 的抽样率的 L 倍。

上抽样器的框图如图 3.2.9 所示。图 3.2.10 给出了上抽样因子 $L=3$ 时的正弦序列的上抽样运算。

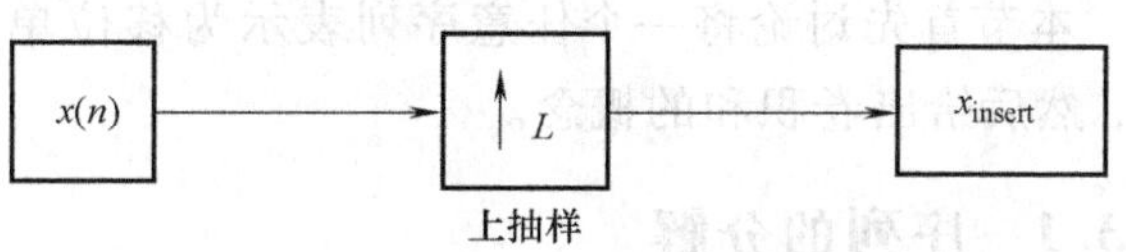

图 3.2.9　基本抽样率变换运算：上抽样

与上抽样运算相反，整数因子 $M>1$ 的下抽样运算通过保留序列 $x(n)$ 中每 M 个样本并除去这些样本之间的 $M-1$ 个样本值来实现，也就是按照如下关系生成输出序列 $x_{\text{exsert}}(n)$：

$$y(n)=x_{\text{exsert}}(n)=x(nM) \tag{3.2.15}$$

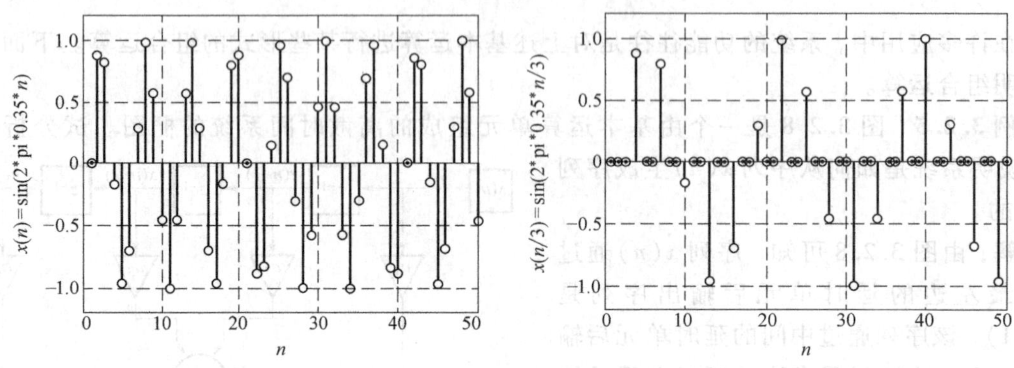

图 3.2.10　上抽样过程($L=3$)

式(3.2.15)表明，序列 $y(n)$ 的抽样率为 $x(n)$ 的抽样率的 $1/M$。事实上，输入序列$x(n)$中所有(时间)序号等于 M 的整数倍数的输入样本值被保留，其他的样本值被除去。

下抽样器的框图如图 3.2.11 所示。图 3.2.12 给出了下抽样因子 $M=3$ 时的正弦序列的下抽样运算。

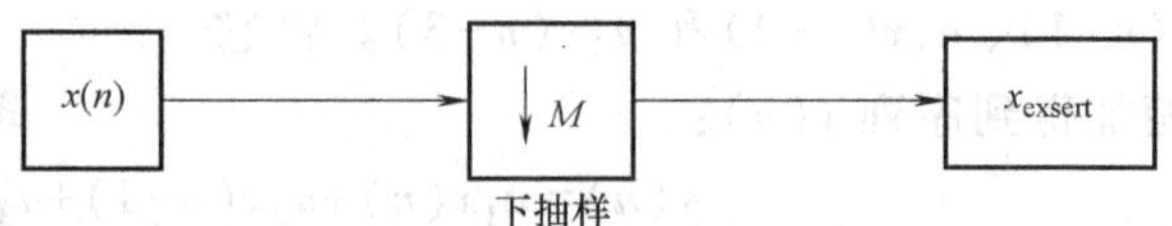

图 3.2.11　基本抽样率变换运算：下抽样

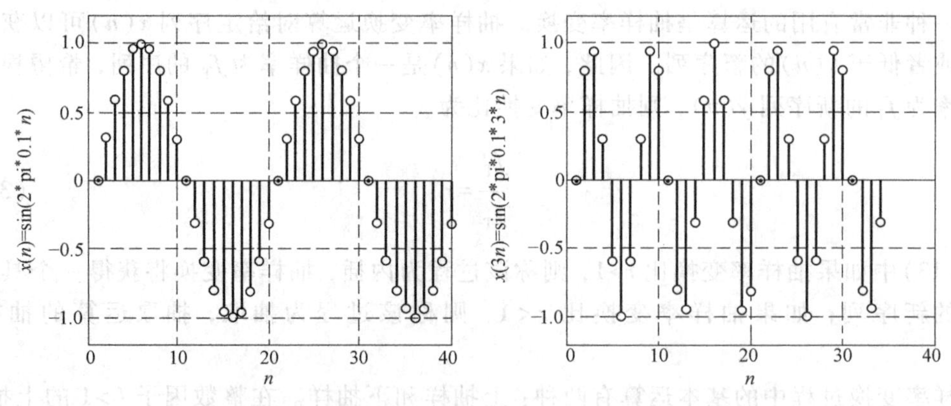

图 3.2.12　下抽样过程($M=3$)

3.3　序列的分解与卷积和

本节首先讨论将一个任意序列表示为移位单位样值序列(或叫移位冲激序列)的加权叠加，然后给出卷积和的概念。

3.3.1　序列的分解

设离散时间序列 $x(n)$ 乘以单位样值序列 $\delta(n)$，应用 $\delta(n)$ 的抽样性质，有

$$x(n)\delta(n)=x(0)\delta(n)$$

若将上式扩展到一般情况，即用带移位的单位样值序列 $\delta(n-k)$ 乘以序列 $x(n)$，继续应用抽样性质可得到

$$x(n)\delta(n-k)=x(k)\delta(n-k)$$

式中，n 表示时间序号。这里离散时间序列 $x(n)$ 代表整个序列，而 $x(k)$ 表示序列 $x(n)$ 在 k 时刻的样本值。显然，将一个序列 $x(n)$ 乘以移位 k 个单位的单位样值序列 $\delta(n-k)$，其结果等于一个冲激强度为 $x(k)$ 的移位单位样值序列。$\delta(n)$ 的这个特点使得可以用单位样值序列把任意离散时间序列 $x(n)$ 分解为具有如下形式的加权移位的单位样值序列的和：

$$\begin{aligned}x(n)=&\cdots+x(-2)\delta(n+2)+x(-1)\delta(n+1)+\\&x(0)\delta(n)+x(1)\delta(n-1)+\\&x(2)\delta(n-2)+\cdots\end{aligned}$$

上式表示成通式为

$$x(n)=\sum_{k=-\infty}^{\infty}x(k)\delta(n-k)\qquad(3.3.1)$$

式(3.3.1)将任意离散时间序列 $x(n)$ 分解成一个基本函数，也就是移位单位样值序列的加权和，这里权重是对应移位处序列的样本值。图3.3.1说明了序列的这种分解过程。

式(3.3.1)又被称为离散时间单位样值序列的筛选(或抽样)性质。这是因为移位单位样值序列 $\delta(n-k)$ 仅当 $k=n$ 时为非零，因此式(3.3.1)等式右边的和式就对序列 $x(n)$ 进行了筛除，仅仅保留对应于 $k=n$ 时的序列样本值 $x(k)$。

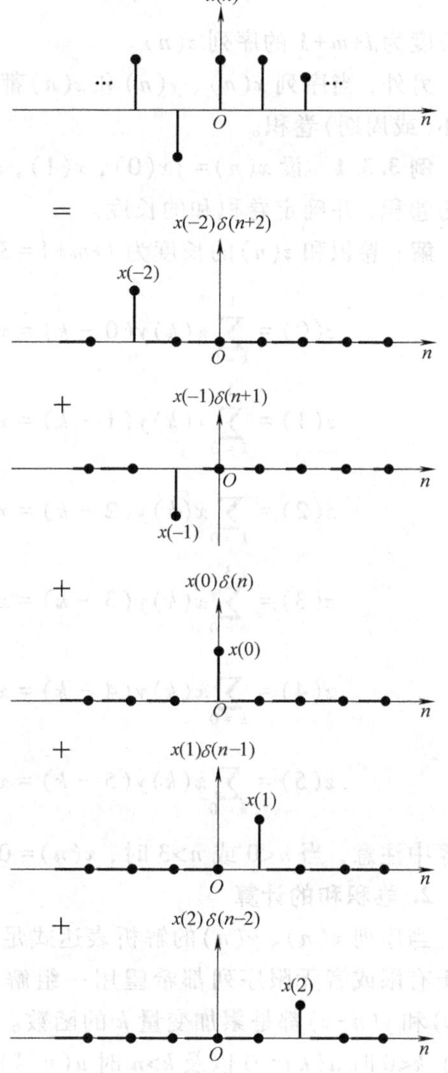

图3.3.1　序列分解为一组加权移位样值之和

3.3.2　序列的卷积和

1. 定义

设给定两个具有相同采样间隔的序列 $x(n)$ 和 $y(n)$，定义一个新序列

$$z(n)=\sum_{k=-\infty}^{\infty}x(k)y(n-k)\qquad(3.3.2)$$

称 $z(n)$ 为序列 $x(n)$ 和 $y(n)$ 的卷积和，记为 $z(n)=x(n)*y(n)$。

工程应用中的信号序列一般都是物理可实现的有限长度信号序列，故对于式(3.3.2)，如果 $x(n)$ 和 $y(n)$ 都是有限的因果序列，即当 $n<0$ 时，$x(n)=0$；$n<k$ 时，$y(n-k)=0$，则有

$$z(n)=\sum_{k=-\infty}^{\infty}x(k)y(n-k)=\sum_{k=0}^{\infty}x(k)y(n-k)=\sum_{k=0}^{n}x(k)y(n-k) \qquad (3.3.3)$$

对于这种有限长度序列，其卷积和 $z(n)$ 的长度怎样计算？假设这里的 $x(n)$ 和 $y(n)$ 分别有 $l+1$ 和 $m+1$ 个样值，也就是说 $x(n)=\{x(0),x(1),\cdots,x(l)\}$ 和 $y(n)=\{y(0),y(1),\cdots,y(m)\}$，则其卷积和

$$z(n)=\sum_{k=0}^{n}x(k)y(n-k),\quad n=0,1,\cdots,l+m \qquad (3.3.4)$$

是长度为 $l+m+1$ 的序列 $z(n)$。

另外，当序列 $x(n)$、$y(n)$ 和 $z(n)$ 都是周期序列时，则 $z(n)$ 就是数字信号处理中定义的循环(或周期)卷积。

例 3.3.1　设 $x(n)=\{x(0),x(1),x(2),x(3)\}$，$y(n)=\{y(0),y(1),y(2)\}$。试求序列的卷积，并确定卷积和的长度。

解：卷积和 $z(n)$ 的长度为 $l+m+1=3+2+1=6$，代入式(3.3.4)，有

$$z(0)=\sum_{k=0}^{0}x(k)y(0-k)=x(0)y(0),\ n=0$$

$$z(1)=\sum_{k=0}^{1}x(k)y(1-k)=x(0)y(1)+x(1)y(0),\ n=1$$

$$z(2)=\sum_{k=0}^{2}x(k)y(2-k)=x(0)y(2)+x(1)y(1)+x(2)y(0),\ n=2$$

$$z(3)=\sum_{k=0}^{3}x(k)y(3-k)=x(1)y(2)+x(2)y(1)+x(3)y(0),\ n=3$$

$$z(4)=\sum_{k=0}^{4}x(k)y(4-k)=x(2)y(2)+x(3)y(1),\ n=4$$

$$z(5)=\sum_{k=0}^{5}x(k)y(5-k)=x(3)y(2),\ n=5$$

计算中注意，当 $n<0$ 或 $n>3$ 时，$x(n)=0$；当 $n<0$ 或 $n>2$ 时，$y(n)=0$。

2. 卷积和的计算

当序列 $x(n)$、$y(n)$ 的解析表达式足够简单时，卷积和的计算也就比较简单。一般而言，对于有限或者无限序列都希望用一组解析闭式给出计算结果。但在具体计算时，需要记住 $x(n)$ 和 $y(n-k)$ 都是累加变量 k 的函数。累加时一般会用到形如 $u(n)$ 和 $u(n-k)$ 的阶跃序列。由于 $k<0$ 时 $u(k)=0$ 以及 $k>n$ 时 $u(n-k)=0$，所以可将累加上、下限限制在 $k=0$ 和 $k=n$ 区间。

因为卷积和是分析和描述线性离散时不变系统的基础，因此工程应用中已发展出多种求卷积和的方法。

(1)序列折叠法　序列折叠法算法的步骤见表 3.3.1。

由表 3.3.1 可见，将两序列中的一个序列(通常选两者中的长序列)放在表中第一列，另一序列(通常选短序列)放在表中第一行，行列相交处的空格填写行指标元素与列指标元素的乘积，然后按照对角线(表中虚线)相加，分别得到卷积和样值 $z(0)$，$z(1)$，$z(2)$，$\cdots$，$z(n)$。

表 3.3.1　序列折叠法

$x(i)$ \ $y(i)$	$y(0)$	$y(1)$	$y(2)$	…
$x(0)$	$x(0)y(0)$	$x(0)y(1)$	$x(0)y(2)$	…
$x(1)$	$x(1)y(0)$	$x(1)y(1)$	$x(1)y(2)$	…
$x(2)$	$x(2)y(0)$	$x(2)y(1)$	$x(2)y(2)$	…
$x(3)$	$x(3)y(0)$	$x(3)y(1)$	$x(3)y(2)$	…
…	…	…	…	…

(2)序列求和法　序列求和法首先将两序列中的一个序列(通常选两者中的短序列)进行逆序运算(例如 $y(n)=\{y(0), y(1), y(2)\}$ 的逆序是 $y(\hat{n})=\{y(2), y(1), y(0)\}$)，之后将两样本序列的起始点对齐相乘，之后依次顺序右移第 2 个序列(或左移第一个序列)并相乘、求和，操作过程依次如下所示：

$$\begin{matrix} & & x(0) & x(1) & x(2) & x(3) \\ y(2) & y(1) & y(0) & & & \end{matrix}$$

上、下行样本起始点对齐相乘→

$z(0)=x(0)y(0)$

$$\begin{matrix} & x(0) & x(1) & x(2) & x(3) \\ y(2) & y(1) & y(0) & & \end{matrix}$$

下行样本右移一位两行对齐相乘求和→

$z(1)=x(0)y(1)+x(1)y(0)$

$$\begin{matrix} x(0) & x(1) & x(2) & x(3) \\ y(2) & y(1) & y(0) & \end{matrix}$$

下行样本右移二位两行对齐相乘求和→

$z(2)=x(0)y(2)+x(1)y(1)+x(2)y(0)$

$$\begin{matrix} x(0) & x(1) & x(2) & x(3) \\ & y(2) & y(1) & y(0) \end{matrix}$$

下行样本右移三位两行对齐相乘求和→

$z(3)=x(1)y(2)+x(2)y(1)+x(3)y(0)$

$$\begin{matrix} x(0) & x(1) & x(2) & x(3) & \\ & & y(2) & y(1) & y(0) \end{matrix}$$

下行样本右移四位两行对齐相乘求和→

$z(4)=x(2)y(0)+x(3)y(1)$

$$\begin{matrix} x(0) & x(1) & x(2) & x(3) & & \\ & & & y(2) & y(1) & y(0) \end{matrix}$$

下行样本右移五位两行对齐相乘求和→

$z(5)=x(3)y(2)$

上述运算可以总结为以下四个步骤。

1）反折：将 $y(n)$(通常选两者中的短序列)进行逆序运算，也就是将其按纵轴反转变为 $y(-n)$，如上例 $y(n)=\{y(0), y(1), y(2)\}=\{1, 2, 3\}$，则 $y(-n)=\{y(-2), y(-1), y(0)\}=\{3, 2, 1\}$。

2）移位：将 $y(-n)$ 在横轴上右移 k，得 $y(k-n)$。

3）相乘：将 $y(k-n)$ 和 $x(k)$ 相乘。

4）求和：将相乘序列求和即得卷积和 $z(n)$。

(3)矩阵表示法　例 3.3.1 已经指出序列 $x(n)=\{x(0), x(1), x(2), x(3)\}$ 和序列 $y(n)=\{y(0), y(1), y(2)\}$ 的卷积和 $z(n)$ 的长度为 $l+m+1=3+2+1=6$，因此可以用 6 阶矩阵表示该卷积和为

$$\begin{bmatrix} x(0) & & & & & \\ x(1) & x(0) & & & & \\ x(2) & x(1) & x(0) & & & \\ x(3) & x(2) & x(1) & x(0) & & \\ & x(3) & x(2) & x(1) & x(0) & \\ & & x(3) & x(2) & x(1) & x(0) \end{bmatrix} \begin{bmatrix} y(0) \\ y(1) \\ y(2) \\ 0 \\ 0 \\ 0 \end{bmatrix} = \begin{bmatrix} z(0) \\ z(1) \\ z(2) \\ z(3) \\ z(4) \\ z(5) \end{bmatrix}$$

更一般地，对于序列 $x(n)=\{x(0), x(1), \cdots, x(l)\}$ 和序列 $y(n)=\{y(0), y(1), \cdots, y(m)\}$，可用 $l+m+1$ 阶矩阵表示卷积和为

$$z(n)=x(n) * y(n)$$

$$= \begin{bmatrix} x(0) & 0 & \cdots & 0 & \cdots & 0 & 0 \\ x(1) & x(0) & \cdots & 0 & \cdots & 0 & 0 \\ \vdots & \vdots & & \vdots & & \vdots & \vdots \\ x(l) & x(l-1) & \cdots & x(0) & \cdots & 0 & 0 \\ 0 & x(l) & \cdots & x(1) & \cdots & 0 & 0 \\ \vdots & \vdots & & \vdots & & \vdots & \vdots \\ 0 & 0 & \cdots & x(m) & \cdots & x(1) & x(0) \end{bmatrix} \begin{bmatrix} y(0) \\ y(1) \\ \vdots \\ y(m) \\ 0 \\ \vdots \\ 0 \end{bmatrix} = \begin{bmatrix} z(0) \\ z(1) \\ \vdots \\ z(l) \\ z(l+1) \\ \vdots \\ z(l+m) \end{bmatrix}$$

(4)变换域算法　离散时间序列卷积和的变换域算法基于后续章节中将要讨论的 z 变换概念，具体方法见第 6 章相关内容。

例 3.3.2　计算卷积和。

(1)令 $x(n)=h(n)=u(n)$，则 $x(k)=u(k)$ 且 $h(n-k)=u(n-k)$。因为 $k<0$ 时，$u(k)=0$，所以卷积和的下限可简化为 $k=0$；又因为 $k>n$ 时，$u(n-k)=0$，所以卷积和的上限可简化为 $k=n$。因此有

$$y(n)=\sum_{k=-\infty}^{\infty} u(k)u(n-k)=\sum_{k=0}^{n} 1=(n+1)u(n)=ramp(n+1)$$

式中，$ramp(n)=nu(n)$ 是斜坡序列。注意，$(n+1)u(n)$ 也等于 $ramp(n+1)$，因此 $u(n) * u(n)=ramp(n+1)$。

(2)令 $x(n)=h(n)=a^n u(n)$，$a<1$，故有 $x(k)=a^k u(k)$ 和 $h(n-k)=a^{n-k}u(n-k)$。因为 $k<0$ 时，$u(k)=0$，所以卷积和的下限可简化为 $k=0$；又因为 $k>n$ 时，$u(n-k)=0$，所以卷积和的上限可简化为 $k=n$。因此有

$$y(n)=\sum_{k=-\infty}^{\infty} a^k a^{n-k} u(k)u(n-k)=\sum_{k=0}^{n} a^k a^{n-k}=a^n \sum_{k=0}^{n} 1=(n+1)a^n u(n)$$

(3)令 $x(n)=u(n)$，$h(n)=a^n u(n)$，则

$$u(n) * a^n u(n)=\sum_{k=-\infty}^{\infty} a^k u(k)u(n-k)=\sum_{k=0}^{\infty} a^k=\frac{1-a^{n+1}}{1-a}, \ |a|<1$$

(4)令 $x(n)=nu(n+1)$，$h(n)=a^{-n}u(n)$，$a<1$，根据 $h(n-k)=a^{-(n-k)}u(n-k)$ 和 $x(k)=ku(k+1)$，卷积和的下限可简化为 $k=-1$，上限可简化为 $k=n$。因此有

$$y(n)=\sum_{k=-1}^{n} ka^{-(n-k)}=-a^{-n-1}+a^{-n}\sum_{k=0}^{n} ka^k=-a^{-n-1}+\frac{a^{-n+1}}{(1-a)^2}[1-(n+1)a^n+na^{n+1}]$$

卷积和的计算通常会涉及有限或者无限级数的求和运算。有时利用已知结果可以获得闭

式(如上例)，但在多数情况下，闭式是难以获得的。

3. 卷积和的性质

卷积是一个线性算子，它的许多性质都是基于线性和时不变的。容易证明，卷积和的代数运算与连续系统中卷积的代数运算规律相似，都服从交换律、分配律和结合律。但是，其他一些性质则需作部分修改。

离散时间序列卷积和的主要性质如下：

(1)交换律

$$x_1(n) * x_2(n) = x_2(n) * x_1(n) \tag{3.3.5}$$

(2)分配律

$$x_1(n) * \{x_2(n)+x_3(n)\} = x_1(n) * x_2(n) + x_1(n) * x_3(n) \tag{3.3.6}$$

(3)结合律

$$x_1(n) * \{x_2(n) * x_3(n)\} = \{x_1(n) * x_2(n)\} * x_3(n) \tag{3.3.7}$$

(4)区间性　离散时间序列卷积和的区间性是指，有离散时刻 k_s 和 k_e，对于在区间$[k_s, k_e]$之外的任何时刻 k，都有离散时间序列 $x(k)=0$。现用 M 表示离散时间序列的区间，即 $M=k_e-k_s$。若设序列 $x_1(n)$ 和 $x_2(n)$ 的区间分别由 M_1 和 M_2 定义，则其卷积和 $x(n)=x_1(n) * x_2(n)$ 的区间由 M_1+M_2 确定。

离散时间序列卷积和的区间性也可以用序列的样本数来描述。设一个序列有 L 个样本，也就是样本数是 L，那么 $L=M+1$，这里 $M=k_e-k_s$。若设两个序列 $x_1(n)$ 和 $x_2(n)$ 的样本数分别是 L_1 和 L_2，则其卷积和的样本数等于 L_1+L_2-1，与之对应的区间是 $L_1+L_2-2=M_1+M_2$。

(5)移位性　令 $x(n)=x_1(n) * x_2(n)$，则序列有移位后的卷积由下式给出：

$$x_1(n-k_1) * x_2(n) = x(n-k_1) \tag{3.3.8}$$

$$x_1(n) * x_2(n-k_2) = x(n-k_2) \tag{3.3.9}$$

$$x_1(n-k_1) * x_2(n-k_2) = x(n-k_1-k_2) \tag{3.3.10}$$

4. 卷积性质举例

1）两个重要的卷积结果：

$$\begin{cases} x(n) * \delta(n) = x(n) \\ \delta(n) * \delta(n) = \delta(n) \end{cases} \tag{3.3.11}$$

2）由于已知单位阶跃序列是单位样值序列的连续和，所以序列 $x(n)$ 与单位阶跃序列 $u(n)$ 的卷积和就是序列 $x(n)$ 的和：

$$x(n) * u(n) = \sum_{k=-\infty}^{n} x(k)$$

3）离散矩形脉冲序列 $\Pi(n/2N)$ 与自身的卷积(自变量相同)是一个离散三角脉冲序列 tri 函数：设 $y(n)=\Pi(n/2N) * \Pi(n/2N)$，其中 $\Pi(n/2N)=u(n+N)-u(n-N-1)$。这个卷积展开后包括四项：

$$\begin{aligned} y(n) = & u(n+N) * u(n+N) - u(n+N) * u(n-N-1) - \\ & u(n-N-1) * u(n+N) + u(n-N-1) * u(n-N-1) \end{aligned}$$

利用单位阶跃序列卷积的一个结果$[u(n) * u(n)=r(n+1)$，这里 $r(n)=nu(n)$ 是斜坡序列$]$以及移位性质，可得

$$y(n) = r(n+2N+1) - 2r(n) + r(n-2N-1) = (2N+1)\,tri\left(\frac{n}{2N+1}\right)$$

上式中，三角脉冲序列 $tri\left(\frac{n}{2N+1}\right)=\begin{cases}1-\frac{|n|}{2N+1} & |n|\leqslant 2N+1\\ 0 & 其他\end{cases}$

3.4 序列的相关性

3.4.1 序列的相关

相关运算和卷积一样，都是一种广义的线性滤波操作。但与卷积不同的是，相关运算的目的是度量信号彼此之间的相似程度。相关同样是信号分析领域中的一种基本运算，特别是在噪声抑制、目标识别、系统辨识等方面具有重要的应用。

1. 定义

设 $x(n)$ 和 $y(n)$ 均为能量有限的离散时间序列，对于任意整数 $k=0$，±1，±2，…，令

$$r_{xx}(k)=\sum_{n=-\infty}^{\infty}x(n)x(n-k) \tag{3.4.1}$$

和

$$r_{xy}(k)=\sum_{n=-\infty}^{\infty}x(n)y(n-k) \tag{3.4.2}$$

则称 $r_{xx}(k)$ 为 $x(n)$ 的自相关序列；$r_{xy}(k)$ 为 $x(n)$ 和 $y(n)$ 的互相关序列。定义式中的变量 k 是移位因子。

对于互相关序列 $r_{xy}(k)$，有等价关系：

$$r_{xy}(k)=\sum_{n=-\infty}^{\infty}x(n+k)y(n) \tag{3.4.3}$$

互相关序列 $r_{xy}(k)$ 中的下标 xy 表明了关联的序列顺序。下标顺序 x 在 y 之前，表示一个序列相对于另一个序列的移动方向。比如，式(3.4.2)中 $x(n)$ 未移动，而 $y(n)$ 在时间上移动了 k 个单位，其中 $k>0$ 向右移位，$k<0$ 向左移位。同样，在式(3.4.3)中 $y(n)$ 未移动，而 $x(n)$ 在时间上移动了 k 个单位，这时 $k>0$ 向左移位，$k<0$ 向右移位。显然，由于 $x(n)$ 相对于 $y(n)$ 向左移位 k 个单位等价于 $y(n)$ 相对于 $x(n)$ 向右移位 k 个单位，因此式(3.4.2)和式(3.4.3)得到相同的互相关序列 $r_{xy}(k)$。

如果将式(3.4.2)和式(3.4.3)中的 $x(n)$ 和 $y(n)$ 交换顺序，则必须相应地将下标 xy 的顺序交换为 yx，得到的互相关序列为

$$r_{yx}(k)=\sum_{n=-\infty}^{\infty}y(n)x(n-k) \tag{3.4.4}$$

或等价为

$$r_{yx}(k)=\sum_{n=-\infty}^{\infty}y(n+k)x(n) \tag{3.4.5}$$

比较 $r_{xy}(k)$ 和 $r_{yx}(k)$ 的定义式，可知

$$r_{xy}(k)=r_{yx}(-k) \tag{3.4.6}$$

式(3.4.6)表明，$r_{yx}(k)$ 是 $r_{xy}(k)$ 的对偶对称序列，它们关于 $k=0$ 对称。因此，关于序列 $x(n)$ 和 $y(n)$ 的相似性，$r_{yx}(k)$ 和 $r_{xy}(k)$ 将提供完全相同的信息。

例 3.4.1 设

$$x(n)=\left\{\cdots,0,0,2,-1,3,7,\underset{\uparrow}{1},2,-3,0,0,\cdots\right\}$$

$$y(n)=\left\{\cdots,0,0,1,-1,2,-2,\underset{\uparrow}{4},1,-2,5,0,0,\cdots\right\}$$

试计算序列 $x(n)$ 和 $y(n)$ 的互相关序列 $r_{xy}(k)$。

解：根据定义式(3.4.2)，对于 $k=0$ 有

$$r_{xy}(0)=\sum_{n=-\infty}^{\infty}x(n)y(n)=\sum_{n=-\infty}^{\infty}v_0(n)$$

其中点乘 $v_0(n)=x(n)y(n)$ 为

$$v_0(n)=x(n)y(n)=\left\{\cdots,0,0,2,1,6,-14,\underset{\uparrow}{4},2,6,0,0,\cdots\right\}$$

因此，$v_0(n)$ 的累加值为

$$r_{xy}(0)=\sum_{n=-\infty}^{\infty}v_0(n)=7$$

对于 $k>0$，只要将 $y(n)$ 相对于 $x(n)$ 向右移位 k 个单位，计算点乘序列 $v_k(n)=x(n)y(n-k)$ 并将点乘序列的所有值相加，即可得到

$$r_{xy}(1)=13,\quad r_{xy}(2)=-18,\quad r_{xy}(3)=16,\quad r_{xy}(4)=-7$$

$$r_{xy}(5)=5,\quad r_{xy}(6)=-3$$

$$r_{xy}(k)=0,\quad k\geqslant 7$$

对于 $k<0$，只要将 $y(n)$ 相对于 $x(n)$ 向左移位 k 个单位，计算点乘序列 $v_k(n)=x(n)y(n+k)$ 并将点乘序列的所有值相加，即可得到

$$r_{xy}(-1)=0,\quad r_{xy}(-2)=33,\quad r_{xy}(-3)=-14,\quad r_{xy}(-4)=36$$

$$r_{xy}(-5)=19,\quad r_{xy}(-6)=-9,\quad r_{xy}(-7)=10$$

$$r_{xy}(k)=0,\quad k\leqslant -8$$

所以，序列 $x(n)$ 和 $y(n)$ 的互相关序列 $r_{xy}(k)$ 为

$$r_{xy}(k)=\sum_{n=-\infty}^{\infty}v_k(n)=\left\{10,-9,19,36,-14,33,0,\underset{\uparrow}{7},13,-18,16,-7,5,-3\right\}$$

2. 相关的计算

相关运算与卷积运算有密切联系。通过比较相关的定义式(3.4.2)和卷积和的定义式(3.16.2)，可知两者的不同之处仅仅在于相关运算无需进行卷积和运算的第一步——逆序运算，即不必将其中一个序列按纵轴进行反转。其他步骤(即按定义式进行移位、相乘及求和)是完全相同的。

序列 $x(n)$ 和 $y(n)$ 的互相关运算同样可以用序列求和法，只不过省略了逆序运算这一步。具体而言就是将两样本序列的起始点对齐相乘，之后依次顺序右移第 2 个序列(或左移第一个序列)并相乘、求和，操作过程如下所示：

$$\begin{matrix} x(0) & x(1) & x(2) & x(3) \\ y(0) & y(1) & y(2) & \end{matrix}$$

上、下行样本起始点对齐相乘→

$$r_{xy}(0)=x(0)y(0)+x(1)y(1)+x(2)y(2)$$

$$\begin{matrix} x(0) & x(1) & x(2) & x(3) \\ & y(0) & y(1) & y(2) \end{matrix}$$

下行样本右移一位两行对齐相乘求和→

$$r_{xy}(1)=x(0)\times0+x(1)y(0)+x(2)y(1)+x(3)y(2)$$
$$=x(1)y(0)+x(2)y(1)+x(3)y(2)$$

$x(0)\quad x(1)\quad x(2)\quad x(3)$

$\qquad\qquad\quad y(0)\quad y(1)\quad y(2)$

下行样本右移二位两行对齐相乘求和→

$$r_{xy}(2)=x(2)y(0)+x(3)y(1)$$

$x(0)\quad x(1)\quad x(2)\quad x(3)$

$\qquad\qquad\qquad\quad y(0)\quad y(1)\quad y(2)$

下行样本右移三位两行对齐相乘求和→

$$r_{xy}(3)=x(3)y(0)$$

3.4.2 相关序列的性质

对于自相关序列，其常用的性质有：

性质 1 $r_{xx}(k)$是 k 的偶函数，即 $r_{xx}(k)=r_{xx}(-k)$。

性质 2 对任何 k 有 $|r_{xx}(k)|\leqslant r_{xx}(0)=E_x$，这里 $E_x=\sum_{n=-\infty}^{\infty}x^2(n)$ 是序列 $x(n)$的能量。

性质 3 $\lim_{k\to\infty}r_{xx}(k)=0$。

上述三个性质表明，自相关序列是偶函数，$r_{xx}(0)$是其最大值，且当 $k\to\infty$ 时自相关值趋于零。

对于互相关序列，比较重要的性质有：

性质 4 通常 $r_{xy}(k)\neq r_{xy}(-k)$，即 $r_{xy}(k)$不是 k 的偶函数。

性质 5 $r_{xy}(k)\neq r_{yx}(k)$，但 $r_{xy}(k)=r_{yx}(-k)$。

性质 6 存在某个 k_0 值，使得对所有 k 有$|r_{xy}(k)|\leqslant|r_{xy}(k_0)|$。

性质 7 对任何 k 有$|r_{xy}(k)|\leqslant\sqrt{r_{xx}(0)r_{yy}(0)}=\sqrt{E_xE_y}$，这里 E_x、E_y 分别是序列 $x(n)$和 $y(n)$的能量。

性质 8 $\lim_{k\to\infty}r_{xy}(k)=0$。

上述性质的证明可参见文献[1, 17]。

可以证明，序列经过展缩运算后再进行互相关运算，其(互相关)序列的形状不发生改变，变化的仅仅是互相关序列的幅度。在实际工作中，常常利用这个特性将自相关及互相关运算归一化到[-1, 1]的区间范围。针对自相关序列，归一化运算只需除以 $r_{xx}(0)$。因此，归一化的自相关序列 $\rho_{xx}(k)$就被定义为

$$\rho_{xx}(k)=\frac{r_{xx}(k)}{r_{xx}(0)} \tag{3.4.7}$$

同理，归一化互相关运算 $\rho_{xy}(k)$定义为

$$\rho_{xy}(k)=\frac{r_{xy}(k)}{\sqrt{r_{xx}(0)r_{yy}(0)}} \tag{3.4.8}$$

显然，$|\rho_{xx}(k)|\leqslant1$，$|\rho_{xy}(k)|\leqslant1$，它们与信号序列的展缩没有关系。

例 3.4.2 计算序列 $x(n)=a^nu(n)\,(0<a<1)$的自相关序列。

解： $x(n)$是无限长序列，故其自相关序列也是无限长的。现分两种情况进行讨论。

对于 $k \geqslant 0$，从图 3.4.1 可以看出

$$r_{xx}(k)=\sum_{n=1}^{\infty}x(n)x(n-k)=\sum_{n=1}^{\infty}a^{n}a^{n-k}=a^{-k}\sum_{n=1}^{\infty}(a^{2})^{n}$$

由于 $0<a<1$，故 $r_{xx}(k)$收敛且

$$r_{xx}(k)=\frac{1}{1-a^{2}}a^{|k|},\quad k\geqslant 0$$

对于 $k<0$，则有

$$r_{xx}(k)=\sum_{n=0}^{\infty}x(n)x(n-k)=\sum_{n=0}^{\infty}a^{n}a^{n-k}=a^{-k}\sum_{n=0}^{\infty}(a^{2})^{n}=\frac{1}{1-a^{2}}a^{-k},\quad k<0$$

事实上，在 $k<0$ 时，$a^{-k}=a^{|k|}$，故上述关于 $r_{xx}(k)$的两个关系式可以合并成下式：

$$r_{xx}(k)=\frac{1}{1-a^{2}}a^{|k|},\quad -\infty<k<\infty$$

由图 3.4.1 显见，$r_{xx}(k)=r_{xx}(-k)$和 $r_{xx}(0)=\dfrac{1}{1-a^{2}}$，因此归一化自相关序列 $\rho_{xx}(k)$为

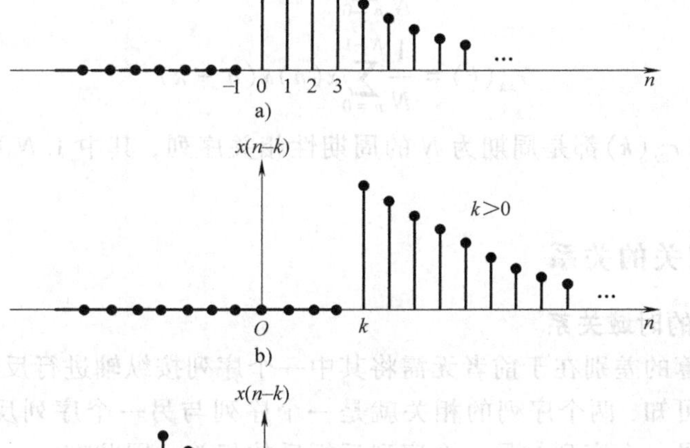

x(n−k)

k<0

...

k　O　n

c)

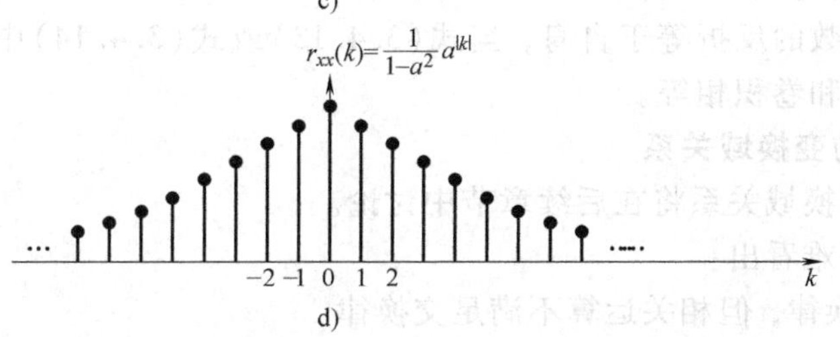

图 3.4.1　序列 $x(n)=a^{n}u(n)\,(0<a<1)$的自相关运算

$$\rho_{xx}(k)=\frac{r_{xx}(k)}{r_{xx}(0)}=a^{|k|},\qquad -\infty<k<\infty$$

3.4.3 周期序列的相关性

针对能量信号序列，已在3.4.1节定义了自相关和互相关序列运算。本节考虑功率有限信号序列，特别是周期信号序列的自相关运算。

设$x(n)$和$y(n)$均为功率有限的离散时间序列，对于任意整数$k=0, \pm1, \pm2, \cdots$，定义它们的互相关序列为

$$r_{xy}(k)=\lim_{M\to\infty}\frac{1}{2M+1}\sum_{n=-M}^{M}x(n)y(n-k) \tag{3.4.9}$$

式中，M是一个整数边界值。

式(3.4.9)中，若$x(n)=y(n)$，则定义功率有限序列的自相关序列为

$$r_{xx}(k)=\lim_{M\to\infty}\frac{1}{2M+1}\sum_{n=-M}^{M}x(n)x(n-k) \tag{3.4.10}$$

特别地，如果$x(n)$和$y(n)$都是周期为N的周期序列，则式(3.4.9)和式(3.4.10)中的无限长平均区间将完全等价于序列单个周期的平均，因此式(3.4.9)和式(3.4.10)定义的相关运算就可简化为

$$r_{xy}(k)=\frac{1}{N}\sum_{n=0}^{N-1}x(n)y(n-k) \tag{3.4.11}$$

和

$$r_{xx}(k)=\frac{1}{N}\sum_{n=0}^{N-1}x(n)x(n-k) \tag{3.4.12}$$

可以看出，$r_{xy}(k)$和$r_{xx}(k)$都是周期为N的周期性相关序列，其中$1/N$可以认为是归一化比例因子。

3.4.4 卷积与相关的关系

1. 卷积与相关的时域关系

相关与卷积运算的差别在于前者无需将其中一个序列按纵轴进行反转，其他运算步骤两者是相同的。由此可知，两个序列的相关就是一个序列与另一个序列反折后的卷积；同理，两个序列的卷积也是一个序列与另一个序列反折后的相关。因此有

$$x(n)*y(n)=x(n)\circledast y(-n) \tag{3.4.13}$$

$$x(n)\circledast y(n)=x(n)*y(-n) \tag{3.4.14}$$

式中，$*$为卷积算子，$\circledast$为相关算子。

另外，由于偶函数的反折等于自身，当式(3.4.13)或式(3.4.14)中序列$y(n)$为偶函数时，两个序列的相关和卷积相等。

2. 卷积与相关的变换域关系

卷积与相关的变换域关系将在后续章节中讨论。

通过上述讨论不难看出：

1）卷积满足交换律，但相关运算不满足交换律。

2）$y(n)$为偶函数时，卷积和就等于相关运算。

3.4.5 相关分析讨论

在对一个函数建模时，正确的做法是首先确定各个(测定)量之间是否存在着某种关系。相关运算是当两个(测定)量之间存在线性关系时构建概率分布模型的一种方法。如果两个量之间不存在相关，则当一个量的值变化时另一个量的值没有随之变化的趋势。

在各种类型(如工程、科学、经济)的数据分析中，相关性主要有两方面的典型应用。其一是变量之间的相关程度，而相关系数是度量变量之间相关程度的一个重要指标，因此相关系数的计算就显得尤为重要。另外一个应用是识别含噪声信号序列中是否存在周期性分量，其典型问题及解决方案如下。

设有一含随机噪声的信号序列为

$$y(n)=x(n)+w(n) \tag{3.4.15}$$

其中，$x(n)$是感兴趣的时间序列，可能具有周期性但周期N是未知的；$w(n)$则是加性高斯白噪声干扰。假设观测量$y(n)$有M个样本，则样本序号n满足$0\leqslant n\leqslant M-1$，这里要求$M\gg N$。为更接近于工程实际，不妨进一步假设在$n<0$及$n\geqslant M$时，$y(n)=0$。显然，此时已假设$y(n)$是一个因果有限长时间序列。

如果使用归一化因子$1/M$，则由式(3.4.12)可给出$y(n)$的归一化自相关序列为

$$r_{yy}(k)=\frac{1}{M}\sum_{n=0}^{M-1}y(n)y(n-k) \tag{3.4.16}$$

将$y(n)=x(n)+w(n)$代入式(3.4.16)，有

$$\begin{aligned} r_{yy}(k)&=\frac{1}{M}\sum_{n=0}^{M-1}[x(n)+w(n)][x(n-k)+w(n-k)] \\ &=\frac{1}{M}\sum_{n=0}^{M-1}x(n)x(n-k)+\frac{1}{M}\sum_{n=0}^{M-1}[x(n)w(n-k)+w(n)x(n-k)]+\frac{1}{M}\sum_{n=0}^{M-1}w(n)w(n-k) \\ &=r_{xx}(k)+r_{xw}(k)+r_{wx}(k)+r_{ww}(k) \end{aligned} \tag{3.4.17}$$

式中，$r_{xx}(k)$是$x(n)$的自相关序列，如果$x(n)$是周期的，则它的自相关序列$r_{xx}(k)$就具有与$x(n)$相同的周期。因此，$r_{xx}(k)$将在$k=0$, N, $2N$, …等处包含相对较大的峰值。但是，当平移k到接近(样本数)M时，峰值在幅度上将减小，这是因为样本数M是有限值，在$k\to M$时的乘积$x(n)x(n-k)$都为零。因此，运算中应避免计算较大移位(比如$k>M/2$)时的$r_{yy}(k)$。

由于感兴趣序列$x(n)$和加性高斯白噪声序列$w(n)$可以认为彼此无关，故式(3.4.17)中的两个互相关序列$r_{xw}(k)$和$r_{wx}(k)$在通常意义上是相对很小的。至于加性高斯白噪声序列$w(n)$的自相关序列$r_{ww}(k)$，由于$w(n)$本身具有的随机特性，使得它只是在$k=0$处有一个峰值，而且这个峰值$r_{ww}(k)$快速衰减到零。

由此可见，$k>0$时$r_{yy}(k)$的峰值基本上是由感兴趣序列$x(n)$的自相关序列$r_{xx}(k)$的峰值引起的，如果这些峰值以一定的周期间隔出现，就可以识别(或检测)出淹没在随机噪声中的周期信号序列的存在并且确定出它的周期。

例 3.4.3 正弦序列$x(n)=\cos 0.25\pi n$，其中$0\leqslant n\leqslant 95$，它受到在$[-0.5, 0.5]$内均匀分布的加性随机噪声的污染，试根据该受到污染的信号序列确定正弦序列的周期。

解：本例说明如何用 MATLAB 计算受到噪声污染的周期序列的周期。源程序如下：

```
M=30;
n=1: M;
xn=cos(0.25*pi*n);        % Generate the sinusoidal sequence
d=rand(1, M)-0.5;         % Generate the noise sequence
yn=xn+d;                  % Generate the noise-corrupted sinusoidal sequence
ryy=conv(yn, fliplr(yn)); % Compute the correlation sequence
rdd=conv(d, fliplr(d));   % Compute the noise correlation sequence
k=-29: 29;
subplot(121);
stem(k, ryy);
xlabel('Lag index'); ylabel('Amplitude');
subplot(122);
stem(k, rdd);
xlabel('Lag index'); ylabel('Amplitude');
```

运行程序，结果如图 3.4.2 所示。由图 3.4.2a 可知，在 $k=0$(移位为零)处有一个最大的峰值，并且在 $k=8$ 的整数倍处都有幅度不等的峰值，这就说明该正弦序列的周期为 8。而图 3.4.2b 给出了噪声序列的自相关序列，图中 $r_{dd}(k)$ 仅仅在 $k=0$(移位为零)处有一个最大的峰值。这是因为噪声序列的样本值互不相关，在其他位移量处的 $r_{dd}(k)$ 峰值都很小。

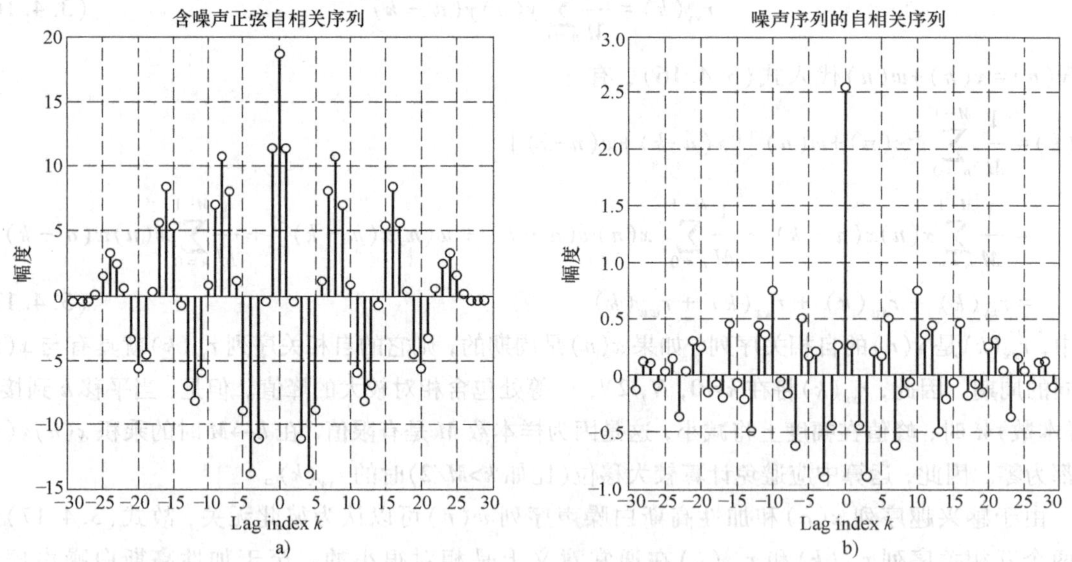

图 3.4.2　程序运行结果

3.5　卷积和与单位样值响应

3.5.1　单位样值响应

如果用算子 T 表示一种运算或变换，则可用 T 描述输入序列为 $x(n)$ 的系统。现将任意输入序列 $x(n)$ 分解成单位样值序列的加权和[式(3.3.1)的形式]后，就可以计算松弛系统对任意输入序列的输出或者响应。这里松弛系统是指初始状态为零的差分方程系统。

为方便起见，首先考虑一种特例，即(松弛)系统对单位样值序列作为输入时在 $n=k$ 处的响应 $y(n,k)$，可以用特殊符号 $h(n,k)$ 专门表示这个响应，故有

$$y(n,k)=h(n,k)=T\{\delta(n-k)\} \tag{3.5.1}$$

注意到式(3.5.1)中 n 是时间序号，k 为表征输入单位样值位置的参数。如果系统的输入由式(3.3.1)定义，那么系统对 $x(n)$ 的响应也是相应加权输出的和，即

$$y(n)=T\{x(n)\}=T\left\{\sum_{k=-\infty}^{\infty}x(k)\delta(n-k)\right\}$$

应用线性特性，可知算子 T 与求和运算可以交换次序，于是

$$y(n)=\sum_{k=-\infty}^{\infty}T\{x(k)\delta(n-k)\}$$

上式中由于 k 时刻的样本值 $x(k)$ 对于算子 T 而言是一个常数，因此继续应用线性特性，将 T 与 $x(k)$ 交换次序可得

$$y(n)=\sum_{k=-\infty}^{\infty}x(k)T\{\delta(n-k)\}=\sum_{k=-\infty}^{\infty}x(k)h(n,k) \tag{3.5.2}$$

式(3.5.2)是 LTI 系统对任意输入序列 $x(n)$ 的响应表达式，这个表达式既是 $x(n)$ 的函数，也是系统对移位单位样值序列 $\delta(n-k)$ 的响应 $h(n,k)$ 的函数。由此可见，式(3.5.2)体现了系统的输入-输出行为，是线性系统的一个基本特性。而且由于在推导式(3.5.2)的过程中仅仅利用了系统的线性特性，对系统的时不变性未加约束，因此上述结论也可以应用于一般的松弛线性(时变)系统。

如果进一步假定系统是非时变的，则输入序列的移位将产生相同位移量的输出(或响应)。实际上，如果定义 LTI 系统对单位样值序列 $\delta(n)$ 的响应为 $h(n)$，即

$$h(n)=T\{\delta(n)\} \tag{3.5.3}$$

这个 $h(n)$ 就是所谓的系统单位样值响应(有时与连续时间系统一样，称之为冲激响应)。因此根据时不变特性，系统对移位 k 个单位的单位样值序列 $\delta(n-k)$ 的响应将等于系统对单位样值响应 $h(n)$ 移位 k 个单位，也就是

$$h(n-k)=T\{\delta(n-k)\} \tag{3.5.4}$$

若将式(3.5.4)代入式(3.5.2)，则系统的输出(响应)可以重写为

$$y(n)=\sum_{k=-\infty}^{\infty}x(k)h(n-k) \tag{3.5.5}$$

显见，LTI 离散系统的特性完全可以由单位样值响应 $h(n)$ 进行描述。

式(3.5.5)表明的另一层意思是，LTI 系统的输出或响应 $y(n)$ 等于移位单位样值响应 $h(n-k)$ 的加权和，这里加权因子是样本值 $x(k)$。回顾卷积和的定义，式(3.5.5)显然是 $x(n)$ 与 $h(n)$ 的卷积和，记为

$$y(n)=\sum_{k=-\infty}^{\infty}x(k)h(n-k)=x(n)*h(n) \tag{3.5.6}$$

式中，单位样值响应 $h(n)$ 表征了一个 LTI 系统的时域特征。换言之，一旦 $h(n)$ 已知，这个系统对于任何输入 $x(n)$ 的响应都可以求得。

注意，引入式(3.5.6)之后，它就给出了离散时间系统分析中的一个最重要的概念：松弛

系统（即初始状态为零的差分方程系统）的响应 $y(n)$ 是任意输入序列 $x(n)$ 与系统单位样值响应 $h(n)$ 的卷积和。这个概念，其实就是离散时间系统零状态响应的概念。

将式(3.5.6)定义的卷积和作 $l=n-k$ 的变量代换，可以得到卷积和的另一种表示形式：

$$y(n)=\sum_{l=-\infty}^{\infty}x(n-l)h(l)=\sum_{k=-\infty}^{\infty}x(n-k)h(k) \tag{3.5.7}$$

式(3.5.7)说明卷积和满足交换律。

另外需要说明的是，卷积和是一种数学运算，它适用于任意序列。例如对于任意两个离散序列 $x_1(n)$ 和 $x_2(n)$，其卷积和为

$$x(n)=\sum_{k=-\infty}^{\infty}x_1(k)x_2(n-k)=\sum_{k=-\infty}^{\infty}x_2(k)x_1(n-k) \tag{3.5.8}$$

3.5.2 单位样值响应的计算

现考虑将任意输入序列 $x(n)$ 与移位 k 个单位的单位样值响应 $h(n-k)$ 的乘积 $x(k)h(n-k)$ 定义为一个中间序列 $w_n(k)$：

$$w_n(k)=x(k)h(n-k) \tag{3.5.9}$$

则式(3.5.6)可简写为

$$y(n)=\sum_{k=-\infty}^{\infty}x(k)h(n-k)=\sum_{k=-\infty}^{\infty}w_n(k) \tag{3.5.10}$$

式中，自变量是 k，n 则视为常数。其中，$h(n-k)=h[-(k-n)]$ 是 $h(k)$ 的反折 $h(-k)$ 经过移位运算（移位 $-n$ 个单位）后的序列。因此，如果 $n<0$，则由 $h(-k)$ 向左移 $|n|$ 个单位就可得到 $h(n-k)$；如果 $n>0$，则 $h(-k)$ 经右移 n 个单位获得 $h(n-k)$。n 从 $-\infty$ 变化到 ∞ 的效果相当于首先将反折后的单位样值响应 $h(-k)$ 平移到时间轴的最左端（$-\infty$ 远处），然后让它自左向右平移扫描到时间轴的最右端（∞ 远处），期间必然平滑扫过 $x(k)$。

显然，式(3.5.10)中的位移量 n 决定了计算的是松弛系统在 n 时刻的响应或者输出。注意，经过上述处理，现在确定松弛系统在每个 n 时刻的响应时只需要处理一个序列 $w_n(k)$。

例 3.5.1 已知系统单位样值响应为

$$h(n)=\left(\frac{3}{4}\right)^n u(n)$$

当系统的输入序列 $x(n)=u(n)$ 时，试求系统在 $n=-5$ 和 $n=5$ 时的响应。

解：根据式(3.5.9)，对于已知的 n，需要构造中间序列 $w_n(k)=x(k)h(n-k)$。其中

$$h(n-k)=\left(\frac{3}{4}\right)^{n-k}u(n-k)=\begin{cases}\left(\dfrac{3}{4}\right)^{n-k} & n-k\geqslant 0 \text{ 或 } k\leqslant n\\ 0 & \text{其他}\end{cases}$$

$$x(k)=u(k)$$

于是，当 $n=-5$ 时，由于

$$h(-5-k)=\left(\frac{3}{4}\right)^{-5-k}u(-5-k)=\begin{cases}\left(\dfrac{3}{4}\right)^{-5-k} & k\leqslant -5\\ 0 & \text{其他}\end{cases}$$

$$x(k)=u(k)\big|_{k\leqslant -5}=0$$

因此
$$w_{-5}(k)=x(k)h(n-k)=u(k)h(-5-k)=0$$
$$y(-5)=\sum_{k=-\infty}^{\infty}w_{-5}(k)=0$$

对于 $n=5$，有

$$h(5-k)=\left(\frac{3}{4}\right)^{5-k}u(5-k)=\begin{cases}\left(\frac{3}{4}\right)^{5-k} & k\leqslant 5\\ 0 & \text{其他}\end{cases}$$
$$x(k)=u(k)\mid_{k\geqslant 0}=1$$

因此
$$w_5(k)=x(k)h(5-k)=u(k)h(5-k)=\begin{cases}\left(\frac{3}{4}\right)^{5-k} & 0\leqslant k\leqslant 5\\ 0 & \text{其他}\end{cases}$$

$$y(5)=\sum_{k=0}^{5}w_5(k)=\sum_{k=0}^{5}\left(\frac{3}{4}\right)^{5-k}=\left(\frac{3}{4}\right)^5\sum_{k=0}^{5}\left(\frac{4}{3}\right)^k=\left(\frac{3}{4}\right)^5\frac{1-(4/3)^6}{1-(4/3)}=3.29$$

于是，对于任意的 n，只要求出正确的 $w_n(k)$，就可求出系统的响应。

下面解释卷积和计算的几何意义，也就是说给定输入序列 $x(n)$ 及系统的单位样值响应 $h(n)$，计算松弛系统的输出或响应的过程。

根据式(3.5.10)，在 $n=n_0$ 时刻的系统响应为

$$y(n_0)=\sum_{k=-\infty}^{\infty}x(k)h(n_0-k)=\sum_{k=-\infty}^{\infty}w_{n_0}(k) \tag{3.5.11}$$

式(3.5.11)有两个特点，其一是求和变量为 k，故系统的任意输入序列 $x(k)$ 和单位样值响应 $h(n_0-k)$ 均为 k 的函数；其二是序列 $x(k)$ 与 $h(n_0-k)$ 的乘积 $x(k)h(n_0-k)$ 构成了一个中间序列 $w_{n_0}(k)$，系统的响应 $y(n_0)$ 仅仅是中间序列 $w_{n_0}(k)$ 对所有 k 的求和。这里 $h(n_0-k)$ 是由 $h(n)$ 经过变换得到的，首先进行变量代换，将 $h(n)$ 中的 n 换成 k，得到 $h(k)$；其次对 $h(k)$ 做关于 $k=0$（离散时刻原点）的反转（反折），从而得到反折序列 $h(-k)$；最后将反折序列 $h(-k)$ 移位 n_0 个单位得到 $h(n_0-k)$。总之，计算序列 $x(n)$ 和 $h(n)$ 的卷积和将包括下列五个步骤。

1）换元：进行变量代换，将 $h(n)$ 中的 n 换成 k，得到 $h(k)$。

2）反转（反折）：对 $h(k)$ 做关于 $k=0$（离散时刻原点）的反转，得到反折序列 $h(-k)$。

3）移位：对序列 $h(-k)$ 移位 n_0 个单位得到 $h(n_0-k)$。移位规则是，如果 $n_0>0$，将 $h(-k)$ 右移 n_0 个单位，得到 $h(n_0-k)$；如果 $n_0<0$，将 $h(-k)$ 左移 n_0 个单位，得到 $h(n_0-k)$。

4）相乘：求序列 $x(k)$ 与 $h(n_0-k)$ 的乘积 $x(k)h(n_0-k)$，得到中间序列 $w_{n_0}(k)$。

5）求和：松弛系统的响应（输出）$y(n_0)$ 是中间序列 $w_{n_0}(k)$ 对所有 k 在 $n=n_0$ 时刻的求和。

需要注意，经过上述步骤得到的仅仅是在某个单一时刻（如 $n=n_0$）的松弛系统的输出/响应。由于还需要计算系统输出在所有时刻 $-\infty<n<\infty$ 的响应值，因此在求和时，对所有可能的时间移位（$-\infty<n<\infty$），均需重复步骤 3 到步骤 5 的计算过程。

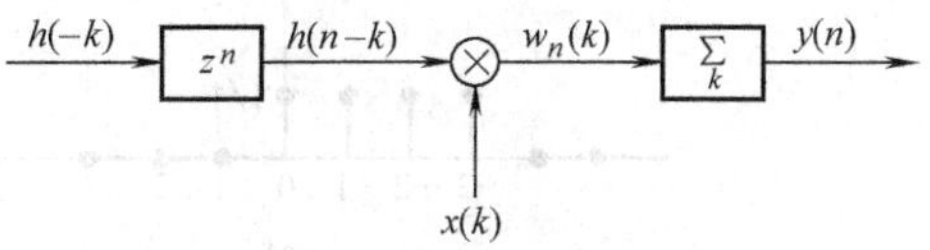

图 3.5.1　计算卷积和的过程

计算卷积和的过程还可以用图 3.5.1 所示框图说明。

卷积和计算的图形方法有助于更好地理解计算卷积和的五个步骤，下面举例说明。

例 3.5.2　4 点移动平均系统的输入、输出之间的关系为

$$y(n)=\frac{1}{4}\sum_{k=0}^{3}x(n-k)$$

若令输入 $x(n)=\delta(n)$，则系统的单位样值响应 $h(n)$ 为

$$h(n)=\frac{1}{4}(u(n)-u(n-4))$$

现设系统的输入序列 $x(n)$ 由门序列

$$x(n)=u(n)-u(n-6)$$

给出，求系统的输出序列 $y(n)$。

解：系统单位样值响应及系统输入序列的波形如图 3.5.2 所示。

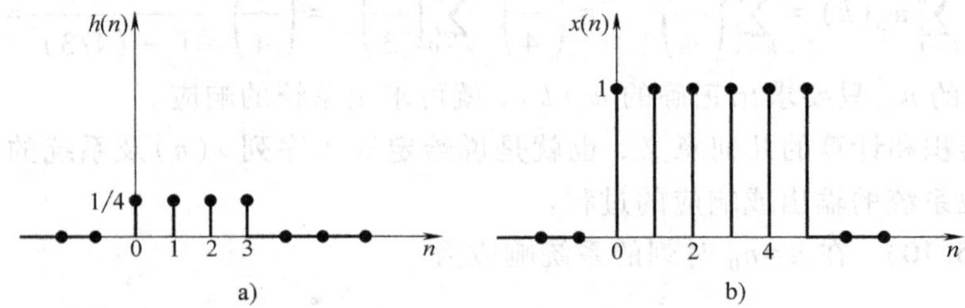

图 3.5.2　系统单位样值响应 $h(n)$ 及系统输入序列 $x(n)$ 的波形

根据卷积和的计算步骤，第 1 步进行换元，即将 $h(n)$ 和 $x(n)$ 中的 n 换成 k，得到 $h(k)$ 和 $x(k)$，如图 3.5.3 所示；第 2 步对 $h(k)$ 做关于 $k=0$ 的反转，得到反折序列 $h(-k)$；第 3 步进行移位操作，将 $h(-k)$ 移位 n 个单位，得到 $h\{-(k-n)\}=h(n-k)$。第 2、3 步实际上是将 $h(k)$ 在时间上反转后再右移 n 个单位，如图 3.5.4 所示。

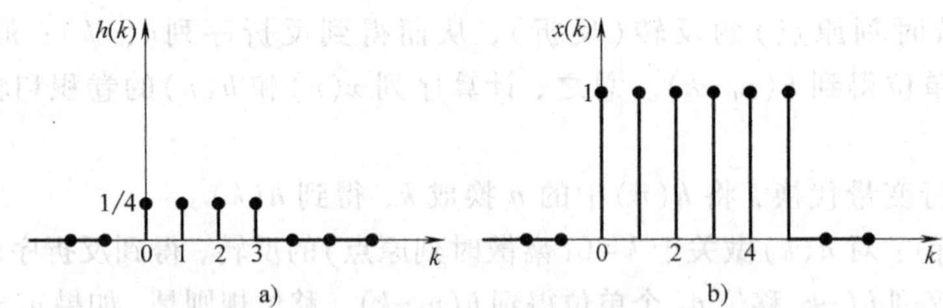

图 3.5.3　换元后 $h(k)$ 及 $x(k)$ 的波形

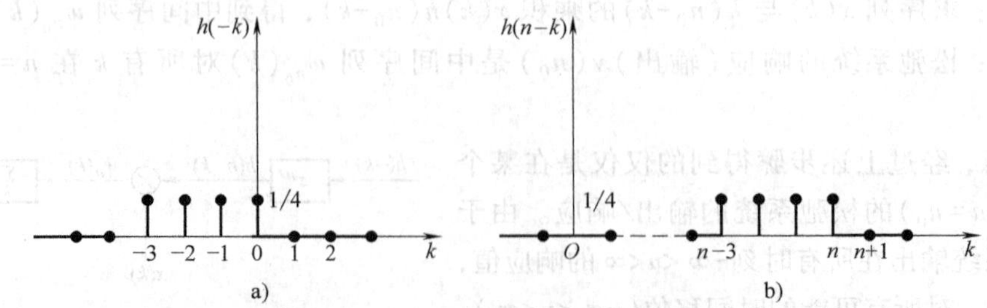

图 3.5.4　$h(-k)$ 及右移 n 个单位后的波形

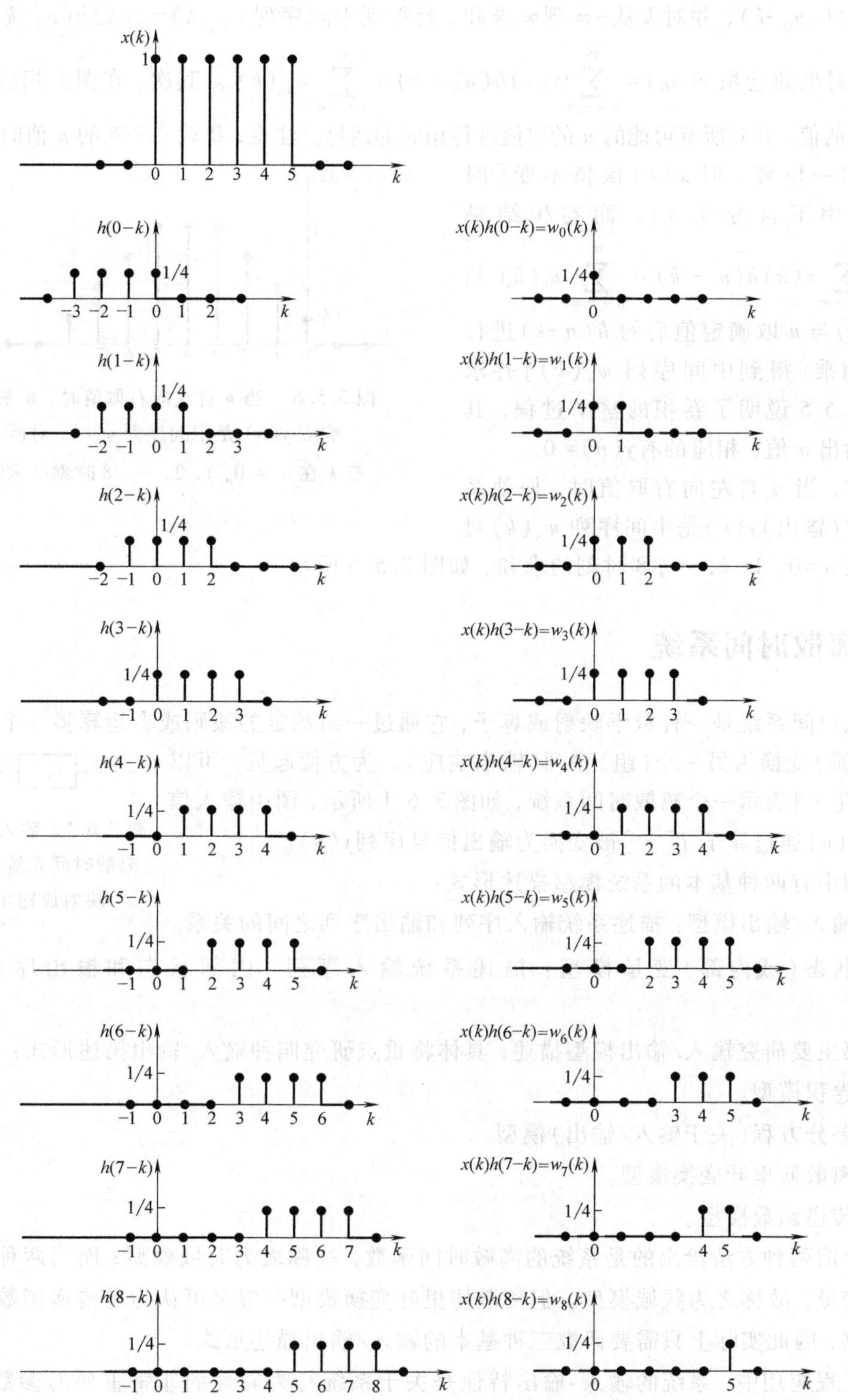

图 3.5.5　$n=0, 1, 2, \cdots, 8$ 时的卷积 $y(n)$

图形法求卷积和 $y(n)$ 随 n 变化的过程如下：首先，令 $n=n_0$，求序列 $x(k)$ 与 $h(n_0-k)$ 的

乘积 $x(k)h(n_0-k)$，并对 k 从 $-\infty$ 到 ∞ 求和，就得到中间序列 $w_{n_0}(k)=x(k)h(n_0-k)$ 对所有 k 在 $n=n_0$ 时刻的卷积 $y(n_0)=\sum_{k=-\infty}^{\infty}x(k)h(n_0-k)=\sum_{k=-\infty}^{\infty}w_{n_0}(k)$。其次，在图上相应位置处标上 $y(n_0)$ 的值，并对所有可能的 n 的取值进行相同的运算。注意，每取一个新的 n 值时，$h(n-k)$ 就移向另一位置，但 $x(k)$ 保持不变[因为 $x(k)$ 中不含变元 n]。而卷积结果 $y(n)=\sum_{k=-\infty}^{\infty}x(k)h(n-k)=\sum_{k=-\infty}^{\infty}w_n(k)$ 只是将 $x(k)$ 与 n 取确定值后的 $h(n-k)$ 进行简单的相乘[得到中间序列 $w_n(k)$]并求和。图 3.5.5 说明了卷积的整个过程，其中没有给出 n 值，相应的有 $y(n)=0$。

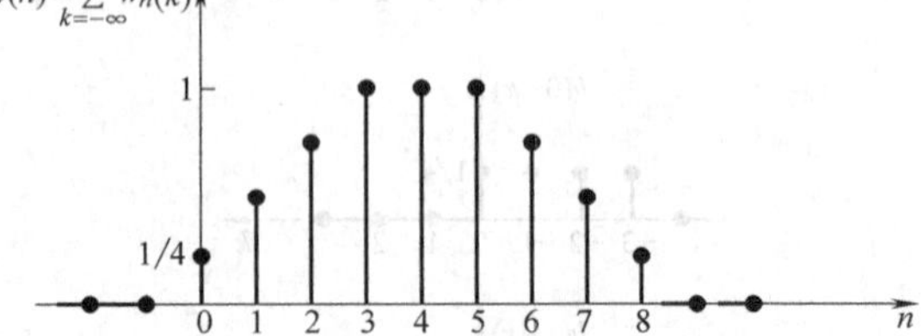

图 3.5.6　当 n 自左向右取值时，系统的响应 $y(n)$ 是中间序列 $w_n(k)$ 对所有 k 在 $n=0$，1，2，…，8 时刻的求和

显然，当 n 自左向右取值时，松弛系统的响应(输出)$y(n)$是中间序列 $w_n(k)$对所有 k 在 $n=0$，1，2，…，8 时刻的求和，如图 3.5.6 所示。

3.6　离散时间系统

离散时间系统是一种数学映射或算子，它通过一组约定的法则或者运算将一个(组)序列(输入激励)变换为另一个(组)序列(输出响应)。为方便起见，可以用算子 $T[\cdot]$表示一个离散时间系统，如图 3.6.1 所示，图中输入信号序列 $x(n)$通过算子 $T[\cdot]$被变换为输出信号序列$y(n)$。

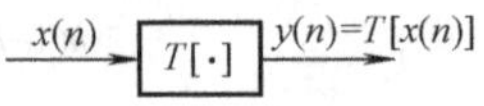

$x(n)$ → $T[\cdot]$ → $y(n)=T[x(n)]$

图 3.6.1　输入序列通过离散时间系统($T[\cdot]$)映射成输出序列

应用中有两种基本的系统模型描述形式：

1）输入/输出模型：描述系统输入序列和输出序列之间的关系。

2）状态(或内部)变量模型：描述系统输入序列、内部状态和输出序列之间的关系。

本书主要研究输入/输出模型描述，具体将重点研究四种输入/输出描述形式：

1）卷积模型。

2）差分方程(关于输入/输出)模型。

3）离散傅里叶变换模型。

4）传递函数模型。

其中前两种方法给出的是系统的离散时间函数，故称之为时域模型；而后两种方法是以频率为变量，故称之为频域模型。但离散傅里叶变换模型一般又可认为是传递函数表示法的一种特例，因此实际上只需要研究三种基本的输入/输出描述形式。

在工程应用中，系统的输入-输出特性是关于系统行为属性的非常重要的参数，可以用多种方法获得。例如，输入输出之间的关系可以如上所述用数学表达式或函数关系进行描述，也可以用某种算法来估计，甚至在某些情况下还可以用表格(表查询)来确定一个系统，这个表格可能定义了相关的输入-输出序列对的某种集合。

3.6.1　离散时间系统的运算

前已述及，离散时间系统的描述模型之一是差分方程。差分方程中包含序列及其移位序列，移位序列一般可用运算符号方便地加以描述。通常，单位延迟或后向(右)移位运算可以用运算符号 z^{-1} 表示，它将 $x(n)$ 变换为 $x(n-1)$，因此可用算子 $z^{-1}\{x(n)\}=x(n-1)$ 表示。至于延迟或右移 k 个单位，则一般表示为 z^{-k}。前向(或左)移位算子则用 z 的正幂表示，也就是说 z^k 表示超前或左移 k 个单位，即将 $x(n)$ 变换为 $x(n+k)$，用运算符号表示则为 $z^k\{x(n)\}=x(n+k)$。可以看出，借助于算子可以将一种函数变换为另外一种函数。如前所述，如果用算子 T 表示一种运算或变换，那么用 T 将系统输入、输出关系表示为

$$y(n)=T\{x(n)\} \tag{3.6.1}$$

读作：$y(n)$ 是 T 对 $x(n)$ 的响应，其中包括相应的系统初始条件(如果存在)。式中，算子 T 起着标记系统及说明由输入序列 $x(n)$ 产生输出序列 $y(n)$ 的作用。对于多输入、多输出系统，$\boldsymbol{x}(n)$ 和 $\boldsymbol{y}(n)$ 为矢量。

式(3.6.1)实际上表示的是函数 $x(n)$ 在算子 T 的操作(或运算)下，得到一个新的函数 $y(n)$ 的过程。例如，算子运算

$$T\{\ \}=4z^3\{\ \}+6$$

表示 $y(n)$ 是通过将 $x(n)$ 左移 3 个单位再乘 4 加 6 得到，即

$$4z^3\{x(n)\}+6=4x(n+3)+6=y(n)$$

在讨论离散时间系统的性质之前，首先需要引入线性运算和叠加性的概念。若称一个系统是可加的，是指对于任意序列 $x_1(n)$ 和 $x_2(n)$，有

$$T\{x_1(n)+x_2(n)\}=T\{x_1(n)\}+T\{x_2(n)\} \quad (\text{对可加运算}) \tag{3.6.2}$$

称一个系统是齐次(均匀)的，是指对于任意复常数 c 和任意输入序列 $x(n)$，有

$$T\{cx(n)\}=cT\{x(n)\} \quad (\text{对齐次运算}) \tag{3.6.3}$$

例 3.6.1　由 $y(n)=\dfrac{x^2(n)}{x(n-1)}$ 定义的运算是可加的吗？

解：$y(n)=\dfrac{x^2(n)}{x(n-1)}$ 的运算不是可加的，因为

$$T\{x_1(n)+x_2(n)\}=\frac{[x_1(n)+x_2(n)]^2}{x_1(n-1)+x_2(n-1)}$$

与
$$T\{x_1(n)\}+T\{x_2(n)\}=\frac{x_1{}^2(n)}{x_1(n-1)}+\frac{x_2{}^2(n)}{x_2(n-1)}$$

不相同。但该系统却是齐次的，因为对于 $cx(n)$ 运算，有

$$T\{cx(n)\}=\frac{[cx(n)]^2}{cx(n-1)}=c\frac{x^2(n)}{x(n-1)}=cT\{x(n)\}$$

例 3.6.2　讨论由 $y(n)=x(n)+x^*(n-1)$ 定义的系统是否具有可加性和齐次性。

解：由 $y(n)=x(n)+x^*(n-1)$ 定义的系统是可加但非齐次的，因为

$$\{x_1(n)+x_2(n)\}+\{x_1(n-1)+x_2(n-1)\}^*=\{x_1(n)+x_1^*(n-1)\}+\{x_2(n)+x_2^*(n-1)\}$$

但显然

$$T\{cx(n)\}=cx(n)+c^*x^*(n-1)\neq cx(n)+cx^*(n-1)$$

3.6.2　离散系统的性质

1. 线性系统

满足叠加性的系统定义为线性系统。叠加性是指系统即满足齐次性又满足可加性，同时还隐含系统是松弛的（具有零初始条件），而且系统差分方程中只包含线性运算。换句话说，线性性质需要满足三个要素，即齐次性、可加性和叠加性。

于是，一个系统若为线性，则对任意两个输入 $x_1(n)$ 和 $x_2(n)$，以及任意实或者复常数 c_1 和 c_2，有

$$T\{c_1x_1(n)+c_2x_2(n)\}=c_1T\{x_1(n)\}+c_2T\{x_2(n)\} \tag{3.6.4}$$

图 3.6.2 给出了线性性质三要素（齐次性、可加性和叠加性）的图解形式。

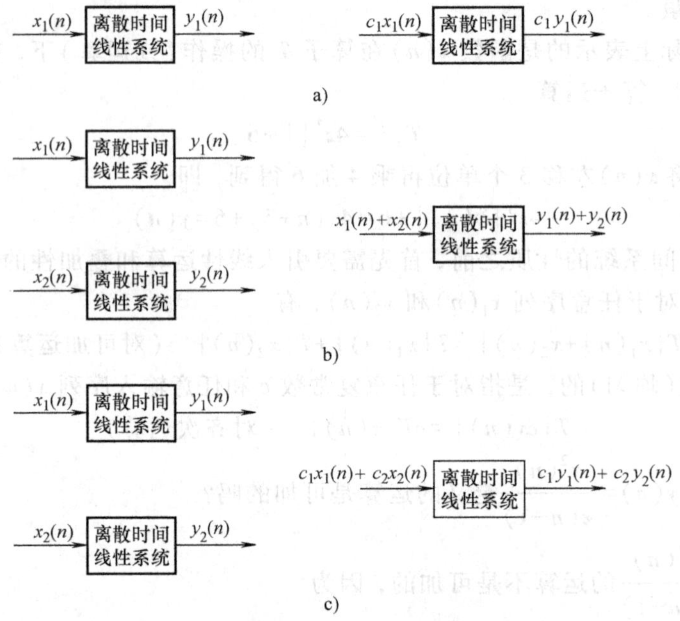

图 3.6.2　线性性质三要素的图解形式

a）齐次性　b）可加性　c）叠加性

例 3.6.3　一个离散时间系统由其输入、输出方程 $y(n)=Kx(n)+A$ 描述，其中 K 和 A 均为实常数。试验证该系统的线性性质。

解：对于输入 $x_1(n)$，系统输出为 $y_1(n)=Kx_1(n)+A$；对于输入 $x_2(n)$，系统输出为 $y_2(n)=Kx_2(n)+A$。现设系统输入 $x_3(n)=c_1x_1(n)+c_2x_2(n)$，则系统输出为

$$y_3(n)=Kx_3(n)+A=K[c_1x_1(n)+c_2x_2(n)]+A$$

但是

$$c_1y_1(n)+c_2y_2(n)=c_1[Kx_1(n)+A]+c_2[Kx_2(n)+A]$$

显然，$y_3(n)\neq c_1y_1(n)+c_2y_2(n)$，因此系统是非线性的。

注意，若 $A=0$，则系统是线性的。读者可依此例证明之。

2. 移位(时)不变性

设 $y(n)$ 为一个系统对任意输入 $x(n)$ 的响应。时不变意指，如果对于任意延迟 k，系统对 $x(n-k)$ 的响应是 $y(n-k)$，即输入序列中的 k 个移位(延迟)只会引起输出序列中的 k 个移位。严格讲，如果算子 T 将输入序列 $x(n)$ 变换到 $y(n)$，即

$$T\{x(n)\}=y(n)$$

则时不变性的条件是

$$T\{x(n-k)\}=y(n-k)\quad(\text{对于时不变性})\tag{3.6.5}$$

图 3.6.3 给出了离散时间系统时不变性质的图解形式。

事实上，如果一个系统其性质或特征不随时间变化就是时不变的。一般而言，为了验证系统的时不变性，需要比较 $T\{x(n-k)\}$ 和 $y(n-k)$。如果它们对任意输入 $x(n)$ 和所有移位 k 都是相同的，这个系统就是移位不变的。

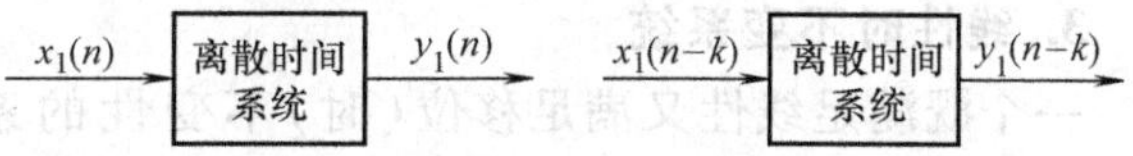

图 3.6.3　时不变性

例 3.6.4　例 3.6.3 中系统是时不变的还是时变的?

解：对于输入 $x_1(n)$，系统输出 $y_1(n)=Kx_1(n)+A$；对于移位输入 $x_2(n)=x_1(n-k)$，系统输出 $y_2(n)=Kx_2(n)+A=Kx_1(n-k)+A$。

现设系统的输出 $y_1(n)$ 移位 k 个单位，即 $y_1(n-k)=Kx_1(n-k)+A$，显然有

$$y_2(n)=y_1(n-k)$$

因此系统是时不变的。

例 3.6.5　检验下列运算的线性与时不变性：(1) $y(n)=nx(n)$；(2) $y(n)=x(n)x(n-1)$；(3) $y(n)=2^{x(n)}x(n)$；(4) $y(n)=x(n-2)$；(5) $y(n)=x(2n)$。

解：

(1) $y(n)=nx(n)$ 的运算为 $T\{\ \}=n\{\ \}$，因此有

$$AT\{x(n)\}=A(nx(n))\text{ 和 }T\{Ax(n)\}=n(Ax(n))$$

两式相等，系统是线性的。然而

$$T\{x(n-k)\}=n\{x(n-k)\}\text{ 和 }y(n-k)=(n-k)x(n-k)$$

两式不相等，故系统是时变的。

(2) $y(n)=x(n)x(n-1)$ 的运算为 $T\{\ \}=(\{\ \})(z^{-1}\{\ \})$，因此有

$$AT\{x(n)\}=A(x(n)x(n-1))\text{ 和 }T\{Ax(n)\}=(Ax(n))(Ax(n-1))$$

显然两式不相等，系统是非线性的。然而

$$T\{x(n-k)\}=x(n-k)x(n-k-1)\text{ 和 }y(n-k)=x(n-k)x(n-k-1)$$

两式相等，系统是时不变的。

(3) $y(n)=2^{x(n)}x(n)$ 的运算为 $T\{\ \}=(2)^{\{\ \}}\{\ \}$，因此有

$$AT\{x(n)\}=A(2)^{x(n)}x(n)\text{ 和 }T\{Ax(n)\}=(2)^{Ax(n)}(Ax(n))$$

两式不相等，系统是非线性的。然而

$$T\{x(n-k)\}=(2)^{x(n-k)}x(n-k)\text{ 和 }y(n-k)=(2)^{x(n-k)}x(n-k)$$

两式相等，系统是时不变的。

(4) $y(n)=x(n-2)$ 的运算为 $n\Rightarrow n-2$，因此有

$$AT\{x(n)\}=A(x(n-2))\text{ 和 }T\{Ax(n)\}=(Ax(n-2))$$

两式相等，系统是线性的。同时

$$T\{x(n-k)\}=x(n-k-2) \text{ 和 } y(n-k)=x(n-k-2)$$

两式相等，系统是时不变的。

(5) $y(n)=x(2n)$的运算为$n\Rightarrow 2n$，因此有

$$AT\{x(n)\}=A(x(2n)) \text{ 和 } T\{Ax(n)\}=(Ax(2n))$$

两式相等，系统是线性的。然而

$$T\{x(n-k)\}=x(2n-k) \text{ 和 } y(n-k)=x(2(n-k))$$

两式不相等，系统是时变的。

3. 线性时不变系统

一个既满足线性又满足移位（时）不变性的系统称为线性移位（时）不变（LTI）系统，用LTI[·]表示 LTI 系统。令$x(n)$和$y(n)$分别是一个 LTI 系统的输入和输出序列，则前面引入的时变样值响应$h(n, k)$就成为一个时不变样值响应$h(n-k)$，所以式(3.5.2)给出的输出就成为

$$y(n)=\mathrm{LTI}[x(n)]=\sum_{k=-\infty}^{\infty} x(k)h(n-k) \tag{3.6.6}$$

回顾卷积和的定义，式(3.6.6)显然是 LTI 系统输入序列$x(n)$与系统单位样值响应$h(n)$的卷积和，记为

$$y(n)=x(n)*h(n) \tag{3.6.7}$$

式中，单位样值响应$h(n)$表征了一个 LTI 系统的时域特征。换言之，一旦$h(n)$已知，这个系统对于任何输入$x(n)$的响应都可以求得。

另外，为了检验系统的线性或者时不变性，可以对系统差分方程的每一项进行检查，也可以将上面例子的结果进行如下推广，从而识别系统的非线性或者时变运算：

1) 包含输入$x(n)$和/或输出$y(n)$乘积的运算项将使系统成为非线性的。

2) 如果有一项是常数，或者是输入$x(n)$或输出$y(n)$的非线性函数，则它是非线性的。

3) 输入$x(n)$或输出$y(n)$中的某一项是n的显式函数，则它是时变的。

4) 输入$x(n)$或输出$y(n)$的时间展缩运算也将使系统成为时变的[如$y(2n)$]。

例 3.6.6 检验系统的线性与时不变性。

(1) $y(n)-2y(n-1)=4x(n)$ 线性时不变系统

(2) $y(n)-2ny(n-1)=x(n)$ 线性时变系统

(3) $y(n)+2y^2(n-1)=2x(n)-x(n-1)$ 非线性时不变系统

(4) $y(n)-2y(n-1)=(2)^{x(n)}x(n)$ 非线性时不变系统

(5) $y(n)-4y(n)y(2n)=x(n)$ 非线性时变系统

4. 因果性

物理可实现的系统均为因果系统。如果对于任意n_0，系统在时刻n_0的响应$y(n_0)$仅取决于其输入序列$x(n)$在$n\leqslant n_0$时的值，则称该系统为因果系统。系统满足因果性的充分必要条件为

$$h(n)=0, \quad n<0 \tag{3.6.8}$$

可以看出，对于一个因果系统，当前响应$y(n)$不取决于未来的输入序列，如$x(n+3)$。换句话说，因果系统输出的变化不领先于其输入的变化。如果当前响应$y(n)$要用未来的输

入序列确定，则称系统为非因果的。因果性可以通过检查根据系统差分方程导出的系统传输(递)函数 $H(z)$ 的阶次来判断。如果系统传输(递)函数 $H(z)$ 的分子多项式阶次高于分母多项式阶次，则系统就是非因果的。

例 3.6.7 由式 $y(n)=x(n)+x(n-1)$ 描述的系统是因果性的，因为在任意 $n=n_0$ 时刻输出值仅取决于输入 $x(n)$ 在时刻 n_0 和 n_0-1 的值。

由 $y(n)=x(n)+x(n+1)$ 所描述的系统是非因果的，因为在 $n=n_0$ 时刻的输出依赖于输入在 n_0+1 时刻的值。

5. 稳定性

如果对于一个有界输入 $x(n)$，系统产生一个有界输出 $y(n)$，即对于任何有界输入 $|x(n)|\leqslant A<\infty$，存在有界输出 $|y(n)|\leqslant B<\infty$，则称系统为有界输入-有界输出(BIBO)稳定的。

一个 LTI 系统是 BIBO 稳定的，当且仅当其单位样值响应 $h(n)$ 是绝对可加的，即

$$\sum_{n=-\infty}^{\infty}|h(n)|<\infty \tag{3.6.9}$$

例 3.6.8 已知系统的单位样值响应序列 $h(n)$ 如下，试说明系统是否是：(1)因果的；(2)稳定的。

(1) $\dfrac{1}{n^2}u(n)$ (2) $3^n u(n)$ (3) $0.3^n u(-n-1)$ (4) $\delta(n+4)$

解：由于已知 LTI 系统的单位样值响应，因此可用 $h(n)=0(n<0)$ 来判断因果性，用 $\sum\limits_{n=-\infty}^{\infty}|h(n)|=M<\infty$ 来判断稳定性。

(1) 由于 $n<0$ 时，$h(n)=0$，所以系统是因果的。

又因为 $\sum\limits_{n=-\infty}^{\infty}|h(n)|=\dfrac{1}{0^2}+\dfrac{1}{1^2}+\cdots\Rightarrow\infty$，故系统不稳定。

(2) 由于 $n<0$ 时，$h(n)=0$，所以系统是因果的。

又因为 $\sum\limits_{n=-\infty}^{\infty}|h(n)|=3^0+3^1+3^2+\cdots\Rightarrow\infty$，故系统不稳定。

(3) 由于 $n<0$ 时，$h(n)\neq0$，所以系统是非因果的。

又因为 $\sum\limits_{n=-\infty}^{\infty}|h(n)|=0.3^{-1}+0.3^{-2}+\cdots\Rightarrow\infty$，所以系统不稳定。

(4) 由于 $n<0$ 时，$h(n)\neq0$，所以系统是非因果的。

又因为 $\sum\limits_{n=-\infty}^{\infty}|h(n)|=1$，故系统稳定。

6. 可逆性和反卷积

逆系统在信道均衡以及反卷积等应用方面具有重要意义。称一个系统是可逆的，是指一个系统的输出(响应)可以唯一地根据其输入(激励)确定。为了保证系统的可逆性，要求对不同的输入产生不同的输出。换句话说，任何两个给定输入 $x_1(n)$ 与 $x_2(n)$ 且 $x_1(n)\neq x_2(n)$，必有 $y_1(n)\neq y_2(n)$ 成立。

与系统可逆性相关的概念是逆系统。逆系统是指，若一个系统 T 与另一个系统 T_i 经过级联组合后构成一个恒等系统，则称第二个系统是第一个系统的逆系统。恒等系统定义为$y(n)=x(n)$。

讨论题 3.6.9　由 $y(n)=x(n)g(n)$定义的系统是可逆的，当且仅当 $g(n)\neq 0$。特别地，对所有给定 n 的 $y(n)$并且令 $g(n)$非零，则 $x(n)$可以根据下式从 $y(n)$中恢复：

$$x(n)=\frac{y(n)}{g(n)}$$

讨论题 3.6.10　怎样求 LTI 系统的逆系统？

只需要将输入序列和输出序列互换。例如，系统

$$y(n)+2y(n-1)=3x(n)+4x(n-1)$$

的逆系统为

$$3y(n)+4y(n-1)=x(n)+2x(n-1)$$

至于由系统的单位样值响应 $h(n)$求其逆系统，可以先求出系统的差分方程，再将输入、输出互换。

LTI 系统的响应 $y(n)$是由系统的单位样值响应 $h(n)$和输入序列 $x(n)$的卷积限定的，即 $y(n)=h(n)*x(n)$。但在信号处理的许多方面还需要作逆运算，即由给定的$h(n)$、$y(n)$求解 $x(n)$，或者由给定的 $x(n)$、$y(n)$求解 $h(n)$。这两类问题就是所谓的解(反)卷积，也叫反演卷积或逆卷积。有时也将由给定的 $x(n)$和 $y(n)$求解 $h(n)$这类问题，称之为系统辨识，即由系统给定的输入、输出信号求解系统的数学模型。

对于离散时间系统，可以给出解(反)卷积运算的一般表达式。根据卷积和的定义，对因果、有限序列可写出

$$y(n)=\sum_{k=0}^{n}x(k)h(n-k) \tag{3.6.10}$$

式(3.6.10)的矩阵形式为

$$\begin{bmatrix} y(0)\\ y(1)\\ y(2)\\ \vdots\\ y(n) \end{bmatrix}=\begin{bmatrix} h(0) & 0 & 0 & \cdots & 0\\ h(1) & h(0) & 0 & \cdots & 0\\ h(2) & h(1) & h(0) & \cdots & 0\\ \vdots & \vdots & \vdots & & \vdots\\ h(n) & h(n-1) & h(n-2) & \cdots & h(0) \end{bmatrix}\begin{bmatrix} x(0)\\ x(1)\\ x(2)\\ \vdots\\ x(n) \end{bmatrix} \tag{3.6.11}$$

对式(3.6.11)经逐次反求可以获得 $x(n)$的值：

$x(0)=y(0)/h(0)$

$x(1)=[y(1)-x(0)h(1)]/h(0)$

$x(2)=[y(2)-x(0)h(2)-x(1)h(1)]/h(0)$

$\vdots$

依此类推，可得到关于 $x(n)$的表达式为

$$x(n)=\left[y(n)-\sum_{k=0}^{n-1}x(k)h(n-k)\right]\Big/h(0) \tag{3.6.12}$$

式(3.6.12)就是给定 $h(n)$、$y(n)$求解 $x(n)$的公式，式中需要用到 $n-1$ 位之前的所有 x 值。

同理可得出给定 $x(n)$、$y(n)$ 求解 $h(n)$ 的公式如下：

$$h(n) = [y(n) - \sum_{k=0}^{n-1} h(k)x(n-k)]/x(0) \tag{3.6.13}$$

解卷积算法的研究与应用是信号处理的一个重要课题，具有广泛的应用价值。比如，某些测量仪器(如电子血压计)具有近似的线性特性，这样就可以由它的传递函数的逆 $h(n)$ 以及测量输出信号 $y(n)$，利用解卷积算法求出待测信号也就是输入信号 $x(n)$。地质勘探以及地震信号处理等问题，往往是对待测目标区域发送信号 $x(n)$，根据接收的回波信号 $y(n)$ 估计被测区域地下层面的 $h(n)$，以此判断地层的物理特性。

例 3.6.11 解卷积运算有时也称为多项式除，是卷积的逆运算。它可应用于对一个已知给定滤波输出的滤波器恢复或者重构其输入信号序列。可是，这种方法存在着滤波器的权系数对噪声敏感的问题，因此，使用时需要特别小心。

MATLAB 的解卷积函数是 deconv，调用它的句法是

```
[q, r]=deconv(b, a)
```

这里 b 是多项式的被除数，a 是除数，q 是商并且 r 是余数。为理解解卷积的含义，首先对两个简单序列 a 和 b 求卷积，得到卷积序列 c：

```
a=[1 2 3];
b=[4 5 6];
c=conv(a, b)
c=
    4    13    28    27    18
```

现在，用 deconv 从卷积序列 c 中解卷积(恢复)出序列 b：

```
[q, r]=deconv(c,a)
q=
      4     5     6
r=
    0     0     0     0     0
```

7. 记忆性

如果系统中 n_0 时刻的输出 $y(n_0)$ 不仅依赖于该时刻的输入 $x(n_0)$，而且还与其他时刻的输入有关，则称该系统为记忆系统，否则称为非记忆系统。

非记忆系统又称为静态系统(static system)，例如 $y(n)=7x(n)$ 就是一个简单的静态系统。

记忆系统又称为动态系统(Dynamic System)。

3.7 差分方程

在一些应用中，因果时不变离散系统的输入/输出差分方程描述形式较其输入/输出卷积模型更为方便。如考虑银行贷款偿还问题的差分方程描述是这样的，当月份 $n=1, 2, 3, \cdots$ 时，方程输入 $x(n)$ 是第 n 个月偿还的贷款总量，方程输出 $y(n)$ 是第 n 个月后贷款的差额，方程初始值 $y(0)$ 是贷款总量。通常，月还款额 $x(n)$ 可以是固定值，即 $x(n)=c$，$n=1, 2, 3, \cdots$，c 是常数。但考虑更符合实际的情况，即允许月还款额 $x(n)$ 是每月变动的。

上述的贷款偿还问题可用如下差分方程描述：

$$y(n)-\left(1+\frac{\beta}{12}\right)y(n-1)=-x(n),\quad n=1,\ 2,\ \cdots \tag{3.7.1}$$

或

$$y(n)=\left(1+\frac{\beta}{12}\right)y(n-1)-x(n),\quad n=1,\ 2,\ \cdots \tag{3.7.2}$$

式中，β 是年利率，比如年利率为 5%，$\beta=0.05$；$\frac{\beta}{12}y(n-1)$ 项是贷款在第 n 个月的利息。式(3.7.2)是研究贷款偿还过程的一阶差分方程。与输入/输出卷积模型相比，该式的输出 $y(n)$ 是在 $n\geqslant 1$ 且初始条件为 $y(0)$ 时的响应，而卷积模型是没有初始条件的。

3.7.1　N 阶输入/输出差分方程

对于连续时间系统，其输入/输出之间的关系可以用微分方程来描述；类似地，对于离散时间系统，其输入与输出之间的关系则可用差分方程描述。通常，n 阶 LTI 离散时间系统可用一个常系数线性差分方程描述为

$$\sum_{k=0}^{N}a_k y(n-k)=\sum_{k=0}^{M}b_k x(n-k) \tag{3.7.3}$$

式中，$x(n)$ 和 $y(n)$ 分别是系统的输入和输出序列；系数 $a_i(i=0,\ 1,\ \cdots,\ N)$ 和 $b_i(i=0,\ 1,\ \cdots,\ M)$ 是常数。式(3.7.3)的初始条件通过给定值 $y(-1)$，$y(-2)$，…，$y(-N)$ 定义，并假设均为已知。如果系统又是因果的，则有 $N\geqslant M$。所谓求解差分方程，就是寻求对于任意非负 k 值，在系统输入函数 $x(n)$ 及系统初始条件共同作用下的系统响应 $y(n)$。

另外，如果 $a_N\neq 0$，则称差分方程是 N 阶的。该方程给出了根据系统输入及输出的从前值来计算当前输出序列的一个递推算法。可以看出，该方程是按离散时刻从 $n=-\infty$ 到 $n=\infty$ 向前递推的。因此，方程的另一个形式为

$$y(n)=\sum_{k=0}^{M}b_k x(n-k)-\sum_{k=1}^{N}a_k y(n-k) \tag{3.7.4}$$

如果上述差分方程有一个或多个 a_i 项非零，则称这个差分方程是递归的。反之，如果所有系数项 a_i 都等于零，则称差分方程是非递归的。需注意，$y(n)$ 的系数 $a_0=1$。

3.7.2　差分方程的求解

对任意输入序列 $x(n)$，差分方程提供了计算系统响应 $y(n)$ 的一种方法。但求解差分方程需要已知系统的初始条件。当初始条件为零时，称系统是零初始状态的。一般而言，解系统差分方程有如下几种方法。

1. 经典解法

差分方程式(3.7.3)的完全解或通解是(差分方程的)齐次解和特解两部分的和。具体讲，若已知一个线性常系数差分方程，其通解可写成

$$y(n)=y_c(n)+y_p(n) \tag{3.7.5}$$

式中，$y_c(n)$ 是满足齐次差分方程的齐次解，通过令式(3.7.3)中对应输入序列的所有项的系数为零[等价于 $x(n)=0$]就可以得到，即

$$\sum_{k=0}^{N} a_k y_c(n-k) = 0 \tag{3.7.6}$$

(1) 齐次解部分　齐次解 $y_c(n)$ 的形式取决于式(3.7.3)的特征方程解的特性和式(3.7.6)。为说明这一点，首先需要定义线性常系数差分方程的特征方程。

线性常系数差分方程的特征方程定义如下：

$$\Delta(r) = \sum_{k=0}^{N} a_k r^{N-k} = a_0 r^N + a_1 r^{N-1} + \cdots + a_{N-1} r + a_N = 0 \tag{3.7.7}$$

特征方程的解(特征多项式的根)称为特征值。

当特征值互不相同时，即 $r_1 \neq r_2 \neq \cdots \neq r_N$，通过求解齐次差分方程式(3.7.6)得到式(3.7.3)的齐次解为

$$y_c(n) = \sum_{k=1}^{N} c_k r_k^n = c_1 r_1^n + c_2 r_2^n + \cdots + c_N r_N^n \tag{3.7.8}$$

系数 $c_i(i=1, 2, \cdots, N)$ 必须由系统的初始条件确定。齐次解有时也称为初始状态解。

例 3.7.1　一因果 LTI 系统由差分方程

$$y(n)-0.25y(n-1)-0.125y(n-2)=3x(n)$$

描述。试求其特征方程及齐次解。

解：系统的特征方程为

$$r^2-0.25r-0.125=(r-0.5)(r+0.25)=0$$

它的特征根显然是 $r_1=0.5$ 和 $r_2=-0.25$。

系统的齐次解为

$$y_c(n) = \sum_{k=1}^{2} c_k r_k^n = c_1 r_1^n + c_2 r_2^n = c_1(0.5)^n + c_2(-0.25)^n$$

上式中若已知 $y(-1)$ 和 $y(-2)$，则系数 c_1 和 c_2 就可求出。

当式(3.7.7)特征方程的特征根包含有重根时，齐次解的形式略有不同。例如，当存在一个 p 重根时(即具有 $r_1=r_2=\cdots=r_p$ 个特征值，且其他特征值互不相同)，齐次解的形式为

$$y_c(n) = \sum_{k=1}^{N} c_k r_k^n = (c_1 + c_2 n + c_3 n^2 + \cdots + c_p n^{p-1}) r_1^n + c_{p+1} r_{p+1}^n + \cdots + c_N r_N^n \tag{3.7.9}$$

一般而言，任何一个 p 重根 r_j，在离散域中都会在对应差分方程的齐次解中包含有与 r_j 有关的 p 个不同的项，即

$$(c_j+c_{j+1}n+\cdots+c_{j+p-2}n^{p-2}+c_{j+p-1}n^{p-1})r_j^n \tag{3.7.10}$$

例 3.7.2　设某系统差分方程的特征方程为

$$\Delta(r)=r^3+\frac{2}{3}r^2+\frac{3}{4}r+\frac{1}{8}=\left(r+\frac{1}{2}\right)^3=0$$

解出特征根为

$$r_1=r_2=r_3=-\frac{1}{2}$$

根据式(3.7.9)可知，齐次解的形式为

$$y_c(n)=(c_1+c_2n+c_3n^2)\left(-\frac{1}{2}\right)^n$$

例 3.7.3 设某系统差分方程的特征方程为

$$\Delta(r)=\left(r-\frac{1}{2}\right)\left(r+\frac{1}{4}\right)^3(r+1)^2=0$$

解出特征根为

$$r_1=\frac{1}{2},\quad r_2=r_3=r_4=-\frac{1}{4},\quad r_5=r_6=-1$$

根据式(3.7.9)可知，齐次解的形式为

$$y_c(n)=c_1\left(\frac{1}{2}\right)^n+(c_2+c_3n+c_4n^2)\left(-\frac{1}{4}\right)^n+(c_5+c_6n)(-1)^n$$

另外，一对共轭复数特征根，比如 $r_{1,2}=\alpha_1\pm j\beta_1=a_1e^{\pm j\varphi_1}$，可以视为两个不同的特征值。通常，一对共轭复数根产生一个振荡的响应分量，在齐次解中将包含正弦和余弦函数，因此其对应的解的形式为

$$y_c(n)=c_1a_1^n\cos(\varphi_1n)+c_2a_1^n\sin(\varphi_1n)\tag{3.7.11}$$

如果齐次解中包含 q 重复数特征值 $r_1=r_2=\cdots=r_q$，$r_j=\alpha_j\pm j\beta_j=a_je^{\pm j\varphi_j}$，$j=1,2,\cdots,q$，则对应的齐次解部分具有的形式为

$$\begin{aligned}y_c^j(n)=&a_j^n\{c_1^j\cos(\varphi_jn)+c_2^j\sin(\varphi_jn)\}+na_j^n\{c_3^j\cos(\varphi_jn)+c_4^j\sin(\varphi_jn)\}+\\&n^2a_j^n\{c_5^j\cos(\varphi_jn)+c_6^j\sin(\varphi_jn)\}+\cdots+\\&n^{q-1}a_j^n\{c_{2q-1}^j\cos(\varphi_jn)+c_{2q}^j\sin(\varphi_jn)\}\end{aligned}\tag{3.7.12}$$

可以证明，式(3.7.12)中的所有系数都能够由初始条件唯一确定。

例 3.7.4 试求齐次差分方程

$$y(n)-2y(n-1)+2y(n-2)-2y(n-3)+y(n-4)=0$$

的解。已知初始条件 $y(0)=0$，$y(1)=1$，$y(2)=2$，$y(3)=5$。

解：差分方程对应的特征方程为

$$r^4-2r^3+2r^2-2r+1=(r-1)^2(r^2+1)=0$$

其特征根为

$$r_1=r_2=1\text{（二重根）}$$

$$r_3=j,\quad r_4=-j\text{（共轭复根）}$$

因此差分方程的齐次解为

$$\begin{aligned}y_c(n)&=(c_1+c_2n)(1)^n+c_3(j)^n+c_4(-j)^n\\&=c_1+c_2n+c_3e^{j\pi n/2}+c_4e^{-j\pi n/2}\\&=c_1+c_2n+P\cos\frac{\pi n}{2}+Q\sin\frac{\pi n}{2}\end{aligned}$$

式中，系数由初始条件确定：

$$y_c(0)=c_1+P=0$$

$$y_c(1)=c_1+c_2+Q=1$$

$$y_c(2)=c_1+2c_2-P=2$$

$$y_c(3)=c_1+3c_2-Q=5$$

解出 $c_1=-1$，$c_2=2$，$P=1$，$Q=0$。故齐次差分方程的解为

$$y_c(n)=-1+2n+\cos\frac{\pi n}{2},\quad n\geqslant 0$$

需要说明的是，齐次解中各项的性质取决于各个特征根 r_k 是实数根、虚数根还是复数根。一般而言，实数根对应于实指数，虚数根对应于正弦项，而复数根对应于指数增加或指数衰减的正弦项。

注释：齐次解还可以直接利用数值计算来求解。确切讲，对于已知的一组初始条件 $y(-1)$，$y(-2)$，…，$y(-N)$，在整数 n 的某些限定区间，系统响应或者输出序列 $y(n)$ 可以通过一个迭代过程求出。首先，针对式(3.7.4)，设 $n=0$，可得

$$y(0)=-\sum_{k=1}^{N}a_k y(-k)=-a_1 y(-1)-a_2 y(-2)-\cdots-a_N y(-N)$$

显见，在 $n=0$ 时刻，输出 $y(0)$ 是 $y(-1)$，$y(-2)$，…，$y(-N)$ 的线性组合。

其次在式(3.7.4)中设 $n=1$，可得

$$y(1)=-\sum_{k=1}^{N}a_k y(1-k)=-a_1 y(0)-a_2 y(-1)-\cdots-a_N y(-N+1)$$

显见，在 $n=1$ 时刻，输出 $y(1)$ 是 $y(0)$，$y(-1)$，…，$y(-N+1)$ 的线性组合。

继续这个过程，输出序列的下一个样本值将是前 N 个输出样本值的线性组合。数值计算时每一步计算，都必须存储前 N 个输出样本值，这个过程也叫做 N 阶递归。通常，这种迭代解一般给不出解析式，它只是一个齐次解的序列 $\{y(n)\}$。

(2) 特解部分　式(3.7.5)中的 $y_p(n)$ 称为特解，它是在零初始条件下，差分方程系统对任意给定输入 $x(n)$ 的一个解或响应。因此，$y_p(n)$ 不是唯一的，一般可通过假设输出与输入具有相同的函数形式来求解。例如，若差分方程系统的输入序列 $x(n)=a^n$，则可假定其特解具有 $y_p(n)=ca^n$ 的形式，之后将 $y_p(n)$ 代入原差分方程，求出使其满足差分方程解的常数 c；如果输入序列 $x(n)=A\cos(\Omega n+\phi)$，则假定其特解具有 $y_p(n)=c_1\cos(\Omega n)+c_2\sin(\Omega n)$ 的形式，之后确定出使 $y_p(n)$ 满足差分方程解的常数 c_1 和 c_2。

如果输入序列 $x(n)$ 与齐次解中某一项具有相同的函数形式时，求特解的步骤将略有不同。这时，需假定一个与齐次解中所有项的函数形式均不同的特解项。具体讲，可将特解乘以最低幂次的 n，使其相异于齐次解中所有项的函数形式，然后将假定的特解代入原差分方程以便确定系数。

常用输入序列激励下系统差分方程所对应的特解形式见表3.7.1。

表3.7.1　常用输入序列对应的特解形式

输入序列 $x(n)$	特解形式
K(常数)	c(常数)
n	$c_1+c_2 n$
n^k	$c_k n^k+c_{k-1}n^{k-1}+\cdots+c_1 n+c_0$
e^{an}(a 为实数)	ce^{an}
$e^{j\omega n}$	$Ce^{j\omega n}$(C 为复数)
a^n(a 不是特征方程的特征根)	ca^n
a^n(a 是特征方程的单根)	$(c_1 n+c_2)a^n$

（续）

输入序列 $x(n)$	特解形式
a^n（a 是特征方程的 k 重根）	$a^n(c_1n^k+c_2n^{k-1}+\cdots+c_kn+c_{k+1})$
$\cos(\Omega n+\phi)$ 或 $\sin(\Omega n+\phi)$	$c_1\cos(\Omega n)+c_2\sin(\Omega n)$
$a^n\cos(\Omega n+\phi)$ 或 $a^n\sin(\Omega n+\phi)$	$a^n[c_1\cos(\Omega n)+c_2\sin(\Omega n)]$

例 3.7.5　求一阶递归系统

$$y(n)-\rho y(n-1)=x(n)$$

的齐次解和特解。已知输入序列 $x(n)=(1/2)^n$。

解：系统差分方程的齐次方程是

$$y(n)-\rho y(n-1)=0$$

它的特征方程为 $r_1-\rho=0$，故可解出特征根 $r_1=\rho$。

在式(3.7.8)中令 $N=1$，即可得到系统的齐次解为

$$y_c(n)=c_1r_1^n=c_1\rho^n$$

对于特解，可设原系统差分方程特解的函数形式为 $y_p(n)=c_p(1/2)^n$，将其代入原系统，得

$$c_p\left(\frac{1}{2}\right)^n-\rho c_p\left(\frac{1}{2}\right)^{n-1}=\left(\frac{1}{2}\right)^n$$

对上式等式两端同乘$(1/2)^{-n}$，得到

$$c_p(1-2\rho)=1$$

或

$$c_p=\frac{1}{1-2\rho}$$

因此系统的特解为

$$y_p(n)=\frac{1}{1-2\rho}\left(\frac{1}{2}\right)^n$$

注意，如果取 $\rho=1/2$，则特解的形式就与齐次解的形式相同。在这种情况下，c_p 显然无法确定，故必须假设特解的形式为 $y_p(n)=c_pn(1/2)^n$，将该特解代入原方程可得

$$c_pn\left(\frac{1}{2}\right)^n-\rho c_p(n-1)\left(\frac{1}{2}\right)^{n-1}=\left(\frac{1}{2}\right)^n$$

对上式等式两端同乘$(1/2)^{-n}$，得到

$$c_pn(1-2\rho)+2\rho c_p=1$$

若代入 $\rho=1/2$，则可求出 $c_p=1$。

(3) 通解　求出差分方程的齐次解和特解后，将两者相加，并根据初始条件确定出齐次解中的待定系数，即可获得系统的通解或完全解。具体求解步骤如下：

1）根据系统特征方程的特征根写出齐次解 $y_c(n)$ 的函数形式。

2）假定系统的特解与系统的输入序列在函数形式上相同（但需相异于齐次解的各项），代入原系统的差分方程，确定出系数，得到一个特解 $y_p(n)$。

3）确定出系统齐次解中的待定系数，使完全解 $y(n)=y_c(n)+y_p(n)$ 满足系统的初始条件。

如果假定在 $n=0$ 时刻系统的输入序列 $x(n)$ 作用在系统的输入端，则特解就只对 $n\geqslant0$ 成立。因此，在执行步骤 3 之前，系统的初始条件 $y(-N)$，…，$y(-1)$ 必须变换成新的初始条件 $y(0)$，…，$y(N-1)$。初始条件的变换可以通过差分方程的递归运算来实现。

例 3.7.6　试求一阶递归系统

$$y(n)-\frac{1}{4}y(n-1)=x(n)$$

的全解。已知输入 $x(n)=(1/2)^n u(n)$，初始条件 $y(-1)=8$。

解：系统差分方程的齐次方程是

$$y(n)-\frac{1}{4}y(n-1)=0$$

它的特征方程为 $r_1-1/4=0$，特征根 $r_1=1/4$。

显然，系统的齐次解为

$$y_c(n)=c_1 r_1^n=c_1\left(\frac{1}{4}\right)^n$$

系统的特解可由例 3.7.5 给出，其中令 $\rho=1/4$，即

$$y_p(n)=\frac{1}{1-2\rho}\left(\frac{1}{2}\right)^n=2\left(\frac{1}{2}\right)^n$$

故系统的完全解为

$$y(n)=y_c(n)+y_p(n)=2\left(\frac{1}{2}\right)^n+c_1\left(\frac{1}{4}\right)^n,\quad n\geqslant0$$

系数 c_1 由初始条件确定。首先，将初始条件由 $n=-1$ 变换到 $n=0$ 时刻，这一步需要将 $n=0$ 代入原系统差分方程，即

$$y(0)=x(0)+\frac{1}{4}y(-1)=1+\frac{1}{4}\times8=3$$

其次，将 $y(0)=3$ 代入完全解中，得到

$$y(0)=2\left(\frac{1}{2}\right)^0+c_1\left(\frac{1}{4}\right)^0=3$$

可解出 $c_1=1$，因此系统的完全解为

$$y(n)=2\left(\frac{1}{2}\right)^n+\left(\frac{1}{4}\right)^n,\quad n\geqslant0$$

2. 递归方法

利用系统的初始条件和输入 $x(n)$，可获得 $y(n)$ 的完全解。利用逐步求解计算出系统输出序列的每一个样本值，由此获得的差分方程的解就称为递归解。其含义是指在计算输出序列的每一个样本值时，都需要用到之前求出的所有输出序列的样本值。递归方法非常适合于计算机数值求解。

下面简要叙述基于递归方法求解系统输出序列 $y(n)$ $(n\geqslant n_0)$ 的步骤。

1）针对式(3.7.4)，利用已知的 N 个初始条件 $y(n_0-1)$，…，$y(n_0-N)$ 以及输入序列样本值 $x(n_0)$，…，$x(n_0-m)$ 计算 $y(n)$。例如，当 $N=2$ 和 $m=1$，计算过程如下：

$$y(n_0)=-a_1y(n_0-1)-a_2y(n_0-2)+b_0x(n_0)+b_1x(n_0-1) \tag{3.7.13}$$

2）利用式(3.7.13)已经求出的 $y(n_0)$、初始条件 $y(n_0-1)$，…，$y(n_0-N+1)$ 以及 $x(n_0+1)$，…，$x(n_0-m+1)$，求出 $y(n_0+1)$，即

$$y(n_0+1)=-a_1y(n_0)-a_2y(n_0-1)+b_0x(n_0+1)+b_1x(n_0) \tag{3.7.14}$$

3）重复上述过程，即可求出输出序列 $y(n)$ 的后续样本值。

上述过程可通过一阶线性方程

$$y(n)=-ay(n-1)+bx(n),\quad n=1,2,\cdots \tag{3.7.15}$$

来说明。系统的初始条件是 $y(0)$。针对式(3.7.15)，取 $n=1, 2, 3$，可得到

$$y(1)=-ay(0)+bx(1)$$
$$y(2)=-ay(1)+bx(2)$$
$$y(3)=-ay(2)+bx(3)$$

把 $y(1)$ 代入 $y(2)$，$y(2)$ 代入 $y(3)$，整理后得到

$$y(3)=-a^3y(0)+a^2bx(1)-abx(2)+bx(3)$$

依此类推，对于 $n\geqslant1$，可以看出

$$y(n)=(-a)^ny(0)+\sum_{k=1}^{n}(-a)^{n-k}bx(k) \tag{3.7.16}$$

这就是在已知 $y(0)$ 和 $n\geqslant1$ 条件下，由输入 $x(n)$ 确定的系统输出 $y(n)$ 的完全解。

注意，递归方法一般不能给出关于输出序列的闭式，但只要求出的输出样本值足够多，其解就可以用来逼近系统的响应特性。

例 3.7.7 某系统的框图如图 3.7.1 所示。设系统输入序列 $x(n)=2u(n-2)$，且初始条件 $y(-1)=-2$，$y(-2)=1$，试用 MATLAB 求出系统的输出 $y(n)$。

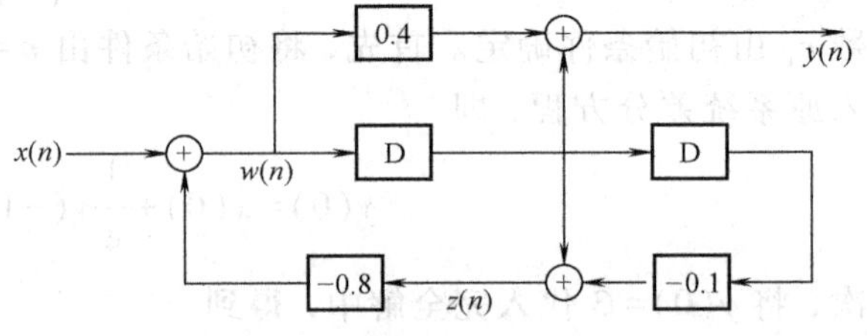

图 3.7.1　系统的框图

解：为了得到系统的差分方程，首先针对框图中三个加法器的输出端列写等式，可得到下列三个关系式：

$$y(n)=0.4w(n)+w(n-1) \tag{3.7.17}$$

$$w(n)=x(n)-0.8z(n-1) \tag{3.7.18}$$

$$z(n)=w(n-1)-0.1w(n-2) \tag{3.7.19}$$

将式(3.7.19)代入式(3.7.18)中，将结果再代入式(3.7.17)中，化简后得到系统的差分方程为

$$\begin{aligned}y(n)&=0.4\{-0.8w(n-1)-0.1w(n-2)+x(n)\}+\{-0.8w(n-12)-0.1w(n-3)+x(n-1)\}\\&=-0.8\{0.4w(n-1)+w(n-2)\}+0.08\{0.4w(n-2)+w(n-3)\}+0.4x(n)+x(n-1)\\&=-0.8y(n-1)+0.08y(n-2)+0.4x(n)+x(n-1)\end{aligned} \tag{3.7.20}$$

注意，式中最后的等式是迭代应用式(3.7.17)的结果。

求解系统差分方程的 MATLAB 递归源程序如下：

```
m=1:33;
```

```
n=m-3; % m=3 corresponds to n=0
ya=zeros(size(m));
ya(1)=1;ya(2)=-2;
us=0.* (n<2)+1.* (n>=2);
x=2* us;
for i=3:33;
    ya(i)=-0.8* ya(i-1)+0.08* ya(i-2)+0.4* x(i)+x(i-1);
end;
y(1:31)=ya(3:33);
stem(y)
```

运行该源程序，求出的输出序列如图 3.7.2 所示。

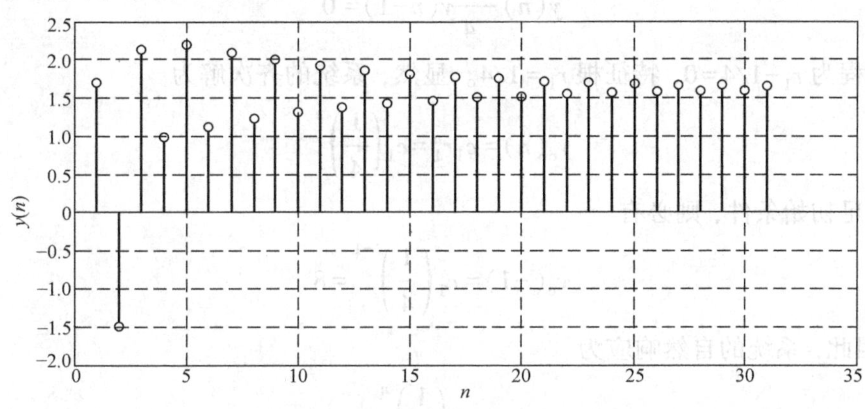

图 3.7.2　例 3.7.7 系统的输出序列

3. 表格(查询)法

建立系统输入和输出值的表格，然后对 n 的每一个取值，求解差分方程，这种方法只适合求解有限个输出值的情况。

4. 变换域方法

用 z 变换方法，这种方法将在第 6 章中讨论。

3.8　差分方程系统的特征

一种能够给出差分方程系统更多信息的方法是将差分方程描述的系统的输出序列(或响应序列)分解成两个输出分量的叠加：其中一个响应分量由系统的初始条件产生，另一个响应分量则由系统的输入信号序列产生。由系统初始条件产生的响应分量一般称为系统的自然响应，用 $y_n(n)$ 表示，而仅由系统输入信号序列产生的响应分量称为系统的强迫响应，用 $y_f(n)$ 表示。如此，差分方程系统的完全响应或全解就为

$$y(n)=y_n(n)+y_f(n) \tag{3.8.1}$$

3.8.1　自然响应

差分方程系统的自然响应(Natural Response)是系统输入序列 $x(n)=0$ 时的响应或者输

出序列，它直接给出了系统中由非零初始条件(例如系统储能或过去的存储值)所产生的一种耗散过程。由于自然响应假设了零输入的约束条件，故其解在形式上与差分方程的齐次解相同，而解中包含的待定系数仍然由初始条件确定。显然，自然响应与方程的特解无关。

例 3.8.1　求一阶递归系统

$$y(n)-\frac{1}{4}y(n-1)=x(n)$$

的自然响应。已知初始条件 $y(-1)=8$。

解：系统差分方程的齐次方程是

$$y(n)-\frac{1}{4}y(n-1)=0$$

它的特征方程为 $r_1-1/4=0$，特征根 $r_1=1/4$。显然，系统的齐次解为

$$y_c(n)=c_1r_1^n=c_1\left(\frac{1}{4}\right)^n$$

如果方程满足初始条件，则必有

$$y_c(-1)=c_1\left(\frac{1}{4}\right)^{-1}=8$$

即 $c_1=2$。因此，系统的自然响应为

$$y_n(n)=c_1\rho^n=2\left(\frac{1}{4}\right)^n,\quad n\geqslant-1$$

3.8.2　强迫响应

差分方程系统的强迫响应(Forced Response)是系统初始条件为零，完全由输入序列$x(n)$产生的响应或者输出序列。由于强迫响应假设了零初始条件的约束，故其解在形式上就与差分方程的特解相同。注意，初始条件为零是指系统处于零状态，这也就意味着系统中没有储能或过去的存储值。强迫响应直接给出了当系统处于零状态时系统输入序列施加的影响。

强迫响应与方程的特解紧密相关，它只在 $n\geqslant0$ 时成立。因此，求解处于零状态的离散时间系统的强迫响应就与确定系统的特解或完全解时一样，必须在求待定系数前将系统的初始条件 $y(-N)$，…，$y(-1)$变换成新的初始条件 $y(0)$，…，$y(N-1)$。

例 3.8.2　求一阶递归系统

$$y(n)-\frac{1}{4}y(n-1)=x(n)$$

的强迫响应。已知输入序列 $x(n)=(1/2)^nu(n)$。

解：在例 3.7.6 中已经求出该系统的完全解为

$$y(n)=y_c(n)+y_p(n)=2\left(\frac{1}{2}\right)^n+c_1\left(\frac{1}{4}\right)^n,\quad n\geqslant0$$

但本例与例 3.7.6 的不同之处在于初始条件，这里求 c_1 是通过

$$y(0)=x(0)+\frac{1}{4}y(-1)$$

将零状态条件 $y(-1)=0$ 施加于系统，也就是将 $y(-1)=0$ 由 $n=-1$ 变换到 $n=0$ 时刻，即

$$y(0)=x(0)+\frac{1}{4}\times 0=1$$

现将 $y(0)=1$ 代入完全解，得到

$$y(0)=2\left(\frac{1}{2}\right)^0+c_1\left(\frac{1}{4}\right)^0=1$$

解出 $c_1=-1$，因此系统的强迫响应为

$$y_f(n)=2\left(\frac{1}{2}\right)^n-\left(\frac{1}{4}\right)^n,\quad n\geqslant 0$$

3.8.3　线性和时不变性

1. 强迫响应对输入呈线性

由差分方程描述的 LTI 离散系统的强迫响应对系统的输入序列呈现线性性质。也就是说，假如 $y_f^{(1)}(n)$ 是系统针对输入序列 $x_1(n)$ 产生的强迫响应，$y_f^{(2)}(n)$ 是系统针对输入序列 $x_2(n)$ 产生的强迫响应，则线性加权组合输入序列 $\alpha x_1(n)+\beta x_2(n)$ 作用于系统时将产生线性加权组合的强迫响应 $\alpha y_f^{(1)}(n)+\beta y_f^{(2)}(n)$。

2. 自然响应对初始条件呈线性

由差分方程描述的 LTI 离散系统的自然响应对系统的初始条件呈现线性性质。也就是说，假如 $y_n^{(1)}(n)$ 是系统针对初始条件 I_1 产生的自然响应，$y_n^{(2)}(n)$ 是系统针对输入序列 I_2 产生的自然响应，则线性加权组合初始条件 $\alpha I_1+\beta I_2$ 作用于系统时将产生线性加权组合的自然响应 $\alpha y_n^{(1)}(n)+\beta y_n^{(2)}(n)$。

3. 强迫响应的时不变性和因果性

强迫响应具有时不变特性。这是因为强迫响应要求系统是零状态（初始条件）的，当系统输入序列移位或延迟一个时间，则强迫响应相应地也将移位或延迟同样的时间。可以证明，强迫响应还满足因果性，因为系统处于零状态时，系统的输出不可能超前于系统的输入序列。

另一方面，由差分方程描述的 LTI 离散系统的完全响应却不是时不变的，因为系统的初始条件将产生一个不随输入移位而移位的输出项。

4. 特征根

强迫响应既取决于系统的输入序列，也取决于系统特征方程的特征根，因为它既包含差分方程的特解，亦包含方程的齐次解。而自然响应则完全取决于系统特征方程的特征根。除此之外，系统的单位样值响应也取决于系统特征方程的特征根，因为它也包含有与自然响应的函数形式相同的项。因此，系统特征方程的特征根能够提供许多关于 LTI 系统特性的信息。

系统特征方程的特征根对系统的稳定性有重要的影响。因为系统的 BIBO 稳定性定义要求一个稳定系统对零输入的响应必须在任意初始条件下都是有界的，这就意味着系统的自然响应也必须有界。而要求自然响应有界，对于离散时间系统，其系统特征方程的特征根必须满足下述条件：

$$|r_k| < 1, \quad k=1, 2, \cdots, N \tag{3.8.2}$$

或

$$|r_k{}^n| < \infty, \quad k=1, 2, \cdots, N \tag{3.8.3}$$

差分方程系统的响应时间也取决于系统的特征根。一旦自然响应衰减到零，系统的动态特性将仅仅由(与系统输入序列有相同函数形式的)特解所决定。因此，自然响应描述系统的暂态特性，即描述系统由初始状态过渡到只由输入序列决定的平衡态的暂态过程。由此可见，LTI 离散时间系统对突变的响应时间就由系统自然响应衰减到零时所需要的时间决定，由于离散时间系统的自然响应包含有形如 $r_k{}^n$ 的项，则 LTI 离散时间系统对突变的响应时间正比于 $\max\{|r_k{}^n|\}$ 。

3.8.4　零输入响应和零状态响应

信号分析和处理中所涉及的差分方程一般是从 $n=0$ 处开始按离散时刻向前递推求解的，因此需要已知系统输入序列和输出序列的初始条件才能求出 $n\geqslant 0$ 时刻的系统输出响应 $y(n)$。

由式(3.7.4)可知 LTI 离散系统的差分方程为

$$y(n) = \sum_{k=0}^{M} b_k x(n-k) - \sum_{k=1}^{N} a_k y(n-k) \tag{3.8.4}$$

方程的初始条件为

$$\{y(n),\ -N\leqslant n\leqslant -1\} \text{和} \{x(n),\ -M\leqslant n\leqslant -1\}$$

除前面讨论过的系统解的几种分解形式外，式(3.8.4)的解还可以进一步表示成所谓的零输入响应 $y_{zi}(n)$ 和零状态响应 $y_{zs}(n)$ 的和的形式，即

$$y(n) = y_{zi}(n) + y_{zs}(n) \tag{3.8.5}$$

式中，零输入响应项 $y_{zi}(n)$ 由初始条件(假设存在)单独作用产生；零状态响应项 $y_{zs}(n)$ 则是由输入序列 $x(n)$(假设初始条件为零)单独作用所产生。多数情况下零输入响应项 $y_{zi}(n)$ 可以由系统的齐次方程求出，一般不存在问题；但是零状态响应项 $y_{zs}(n)$ 的确定则要复杂得多，在本书后续章节还会讨论。

3.9　数字滤波器

滤波器是用来进行频率选择或频率分辨操作的 LTI 系统的一个通称。因此 LTI 系统也可称为数字滤波器。一般而言，数字滤波器仍然可由差分方程

$$y(n) = \sum_{k=0}^{M} b_k x(n-k) - \sum_{k=1}^{N} a_k y(n-k) \tag{3.9.1}$$

描述。式中，$x(n)$、$y(n)$ 分别是系统的输入和输出序列；有限整数 M 和 N 分别表示输入及输出序列的最大延迟；a_k、b_k 是滤波器的系数，这里需注意 $y(n)$ 的系数 $a_0=1$。

式(3.9.1)描述的数字滤波器可以直接用数值计算方法求解。就是说，在整数 n 的一个

定义域中，输出 $y(n)$ 可以按照以下步骤递归求出：

第一步，设 $n=0$，计算

$$y(0)=\sum_{k=0}^{M}b_kx(-k)-\sum_{k=1}^{N}a_ky(-k)$$

于是在 $n=0$ 时刻，输出 $y(0)$ 是 $x(0)$，$x(-1)$，…，$x(-M)$ 和 $y(-1)$，$y(-2)$，…，$y(-N)$ 的线性组合。

第二步，设 $n=1$，计算

$$y(1)=\sum_{k=0}^{M}b_kx(1-k)-\sum_{k=1}^{N}a_ky(1-k)$$

于是在 $n=1$ 时刻，输出 $y(1)$ 是 $x(1)$，$x(0)$，$x(-1)$，…，$x(-M+1)$ 和 $y(0)$，$y(-1)$，…，$y(-N+1)$ 的线性组合。

第三步，继续上述过程，系统输出的下一个值将是前 N 个输出值和 $M+1$ 个输入值的线性组合。这里的每一步递归计算都必须存储前 N 个输出值（包括相应的输入值）。这个过程叫做 N 阶递归，上述方程因此描述了一个 N 阶递归滤波器，它的当前输出取决于输出的过去值 $y(n-K)$ 以及输入的过去和当前值。

通常，一个因果、可实现的递归系统又被描述成

$$y(n)=F[y(n-1),y(n-2),\cdots,y(n-N),x(n),x(n-1),\cdots,x(n-M)] \tag{3.9.2}$$

式中，$F[\cdot]$ 表示对方括号中各项的某种运算。

若根据系统单位样值响应的形式，数字滤波器可分为 FIR 和 IIR 两类。

3.9.1　FIR 滤波器

如果一个 LTI 系统的当前输出仅仅取决于系统的输入序列项，而与输出序列的过去值无关，即

$$y(n)=F[x(n),x(n-1),\cdots,x(n-M)] \tag{3.9.3}$$

则称其为非递归滤波器。特别要指出，在零初始条件下，即 $n\leqslant-1$ 时，$y(n)=0$，若设 $x(n)=\delta(n)$，则得出的系统单位样值响应 $h(n)$ 的长度为有限值，也就是说在 $n<0$ 和 $n>M$ 时，$h(n)=0$，故也称其为有限长度脉冲响应滤波器，简称为 FIR（Finite Impulse Response）滤波器。

式(3.9.1)等式右端中的第 2 项若为零，则描述的是一个因果 FIR 滤波器，即

$$y(n)=\sum_{k=0}^{M}b_kx(n-k) \tag{3.9.4}$$

式中，b_k（$k=0,1,\cdots,M$ 是实数）称为 FIR 滤波器线性项的权系数或权重。事实上，式(3.9.4)定义了一种 $M+1$ 个抽样值的加权移动平均，参数 M 是滤波器的阶次，滤波器权系数的个数也叫滤波器的长度，用 L 表示，由于长度比阶次大 1，故长度 $L=M+1$。

注意，如果所有的权系数等于 $1/L$，即 $b_k=1/L=1/(M+1)$，$k=0,1,\cdots,M$，则式(3.9.4)可简化成

$$y(n)=\frac{1}{L}\sum_{k=0}^{M}x(n-k) \tag{3.9.5}$$

由于 FIR 滤波器的响应 $y(n)$ 是 $L=M+1$ 点输入项 $x(n)$，$x(n-1)$，…，$x(n-M)$ 的加权和（移

动平均)，它也被称为 L 点滑动平均(Moving Average，MA)滤波器。

MA 滤波器可以平滑输入信号序列的快变信号，得到一个缓变的输出。例如，5 点 MA 滤波器的输出为

$$y(n)=\frac{1}{5}[x(n)+x(n-1)+x(n-2)+x(n-3)+x(n-4)]=\frac{1}{L}\sum_{i=0}^{4}x(n-i)$$

对最近的 5 个输入值相加，其和除以 5 得到各项的输出。为说明它的滤波效果，滤波器的输出用 Simulink 递归实现，如图 3.9.1 所示。

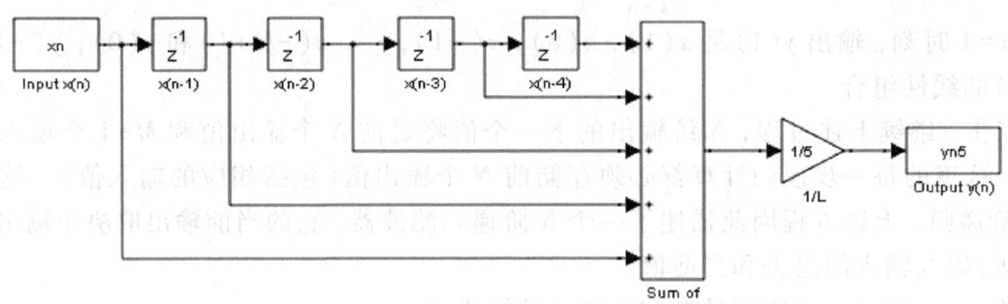

图 3.9.1　5 点 MA 滤波器的 Simulink 模型

设输入序列如图 3.9.2a 所示，从图中可以看出除个别样本值变化较大外，其他均为 1。滤波器的输出 $y(n)$ 如图 3.9.2b 所示。

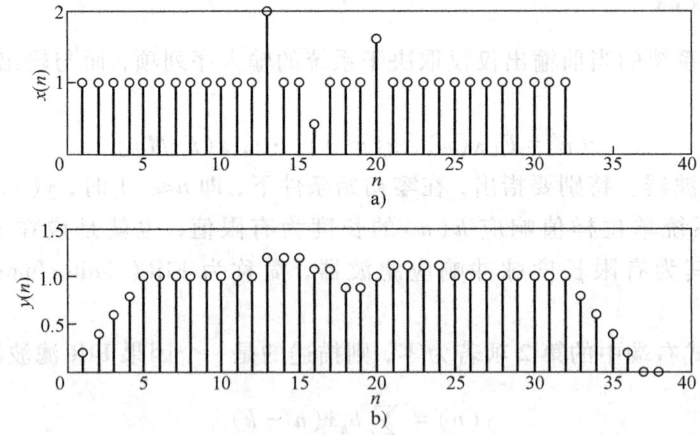

图 3.9.2　5 点 MA 滤波器的输入、输出

图 3.9.2 说明 5 点 MA 滤波器的输出波形中，其前后部分受到系统延迟的影响，这是由于在开始及结束时系统的单位样值响应和输入序列部分重叠。但输出的中间部分其样本值都接近 1，正是因为 MA 滤波器的滤波作用，滤除了输入序列中偏离 1 的大跳变。

式(3.9.4)还可用于定义所谓的 L 点指数加权滑动平均(Exponentially Weighted Moving Average，EWMA)滤波器，即

$$y(n)=\sum_{k=0}^{M}\alpha[\beta^{k}x(n-k)] \tag{3.9.6}$$

式中，β 是实数，$0<\beta<1$；α 为大于零的常数，$\alpha=\dfrac{1-\beta}{1-\beta^M}$。显然，式(3.9.6)的权系数 $b_k=\alpha\beta^k$，$k=0,1,\cdots,M$，且随 k 的增加 b_k 将减小。比如，当 $M=3$，$\beta=0.5$ 时，$\alpha=\dfrac{1-0.5}{1-0.5^3}=0.571$，$b_0=\alpha=0.571$，$b_1=\alpha\beta=0.286$，$b_2=\alpha\beta^2=0.143$，$b_3=\alpha\beta^3=0.0715$，则 4 点 EWMA 滤波器的输出为

$$y(n)=0.571x(n)+0.286x(n-1)+0.143x(n-2)+0.0715x(n-3)$$

3.9.2 IIR 滤波器

如果 LTI 系统的单位样值响应序列 $h(n)$ 具有无限长度，则将其称为无限冲激响应滤波器，简称为 IIR(Infinite Impulse Response)滤波器。此时，式(3.9.1)变为

$$y(n)+\sum_{k=1}^{N}a_k y(n-k)=\sum_{k=0}^{M}b_k x(n-k) \tag{3.9.7}$$

或

$$\sum_{k=0}^{N}a_k y(n-k)=\sum_{k=0}^{M}b_k x(n-k) \tag{3.9.8}$$

式中，滤波器的系数由 $\{a_k\}$ 和 $\{b_k\}$ 两部分构成，其中 a_k 称为反馈系数，b_k 称为前馈系数。显然该方程共有 $N+M+1$ 个系数。习惯上定义反馈项的数目，也就是 N 作为 IIR 系统的阶次。

注意，如果系数 $a_k=0$，$k=1,\cdots,N$，则式(3.9.7)就简化成一个 FIR 滤波器系统，因此，FIR 系统是 IIR 系统的特例。另外，由于该方程描述的是一个递归过程，其中当前输出 $y(n)$ 可用输出的过去值 $y(n-k)$ 递推得到，所以也称其为自回归(Autoregressive，AR)滤波器。显然，数字滤波器的通式(3.9.1)描述的就是一个 IIR 滤波器，它有两个部分：一个 AR 部分和一个 MA 部分。这样的滤波器称为自回归滑动平均(Autoregressive Moving Average，ARMA)滤波器。

3.9.3 递归与非递归滤波器的关系

对于递归及非递归的含义通过计算序列 $x(n)$ 在区间 $0\leqslant k\leqslant n$ 内的累积平均可以得到进一步的解释。现定义一个非递归系统

$$y(n)=\frac{1}{n+1}\sum_{k=0}^{n}x(k),\quad n=0,1,2,\cdots \tag{3.9.9}$$

正如式(3.9.9)所示，计算 $y(n)$ 需要存储所有的输入样本 $x(k)$，$0\leqslant k\leqslant n$。显然 n 是递增的，故需要的存储空间也将随时间线性递增。

更好的算法是，利用过去的一个输出样本 $y(n-1)$ 计算输出 $y(n)$，对式(3.9.9)进行简单的变形后可得

$$(n+1)y(n)=\sum_{k=0}^{n-1}x(k)+x(n)=ny(n-1)+x(n)$$

进一步整理得出

$$y(n)=\frac{n}{n+1}y(n-1)+\frac{1}{n+1}x(n) \tag{3.9.10}$$

根据式(3.9.10)，等式右端是将过去的输出样本 $y(n-1)$ 乘以 $n/(n+1)$（第一项）与当前输入样本 $x(n)$ 乘以 $1/(n+1)$（第二项）相加，从而递归计算出累积平均 $y(n)$。因此，式(3.9.10)已经变形为一个递归系统。

考察式(3.9.10)可以发现，输出序列 $y(n)$ 的计算取决于一组过去的输出样本值 $y(n-1)$，$y(n-2)$，…，实现这个过程需要一个加法器、两个乘法器以及一个移位存储单位，其递归实现的 Simulink 框图如图 3.9.3 所示。

非递归和递归系统之间的重要差异由图 3.9.4 给出。通过观察即可发现这两个系统之间的差别在于递归系统存在一个将系统的输出反馈到输入的反馈回路，而且该反馈回路还包含一个单位延迟环节。这是递归系统的一个重要特征。

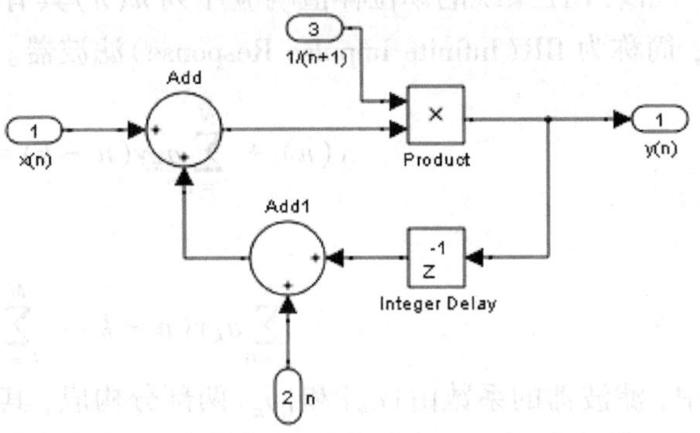

图 3.9.3 累积平均的 Simulink 递归实现

反馈环节的存在还提示递归和非递归系统之间的另一重要差异。例如，假设需要计算系统在 $n=0$ 时刻由输入引起的输出 $y(n_0)$，如果系统是递归的，则计算 $y(n_0)$ 需要按序计算所有的样本值 $y(0)$，$y(1)$，…，$y(n_0-1)$。反之，如果系统是非递归的，则直接计算 $y(n_0)$，不需要计算 $y(n_0-1)$，$y(n_0-2)$，…。

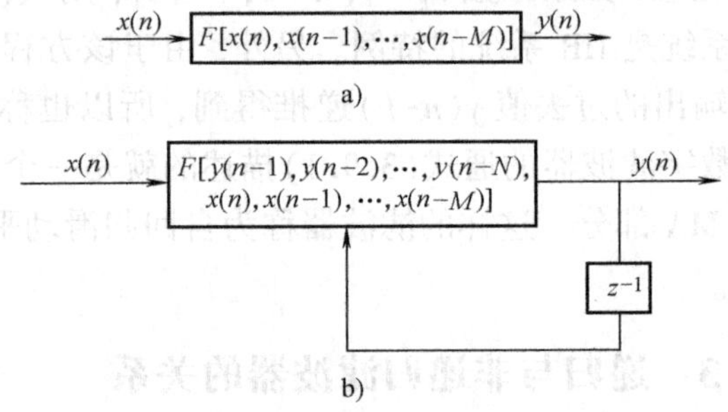

图 3.9.4 非递归和递归系统的基本特征

a) 非递归系统 b) 递归系统

非递归和递归系统的特征总结如下：

1) 递归系统存在一个反馈回路，其反馈系数等于单位延迟量。

2) 非递归系统不存在这样的反馈回路。

3) 递归系统的输出应该按顺序计算，即按序计算所有的样本值 $y(0)$，$y(1)$，…，$y(n_0-1)$。

4) 非递归系统的输出可以按任意顺序计算，也就是说可以直接计算 $y(n_0)$。

3.9.4 单位样值响应

离散时间系统的单位样值响应是指输入序列是单位样值 $\delta(n)$ 时系统的响应（输出），通常记作 $h(n)$。

对于式(3.9.4)定义的非递归滤波器，若用它来描述一个离散系统的单位样值响应，可令输入序列 $x(n)=\delta(n)$，根据定义就有系统的输出序列 $y(n)=h(n)$，代入式(3.9.4)可得到

$$h(n)=\sum_{k=0}^{M}b_k\delta(n-k)=b_0\delta(n)+b_1\delta(n-1)+\cdots+b_M\delta(n-M) \tag{3.9.11}$$

因此当 $\delta(n-k)=0(k\neq n)$ 且 $\delta(n-k)=1(k=n)$ 时，式(3.9.11)就变成

$$h(n)=b_n,\quad n\geqslant 0 \tag{3.9.12}$$

所以，单位样值响应在时刻 n 的值 $h(n)$ 就等于系统的权系数 b_n。

显然，该非递归滤波器的单位样值响应是有限长的，这也就是非递归滤波器又被称为有限长单位样值响应(FIR)滤波器的原因。

反之，式(3.9.10)的递归过程的单位样值响应是无限长的，这一点可以通过如下的一阶递归系统加以说明：

$$y(n)=ay(n-1)+x(n),\quad n=1,2,\cdots$$

该系统的初始条件为 $y(n)=0$，$n\leqslant -1$。现令 $x(n)=\delta(n)$ 并代入上式，通过直接递归得到

$$h(0)=1$$

$$h(1)=a$$

$$h(2)=a^2$$

$$\vdots$$

$$h(n)=a^n$$

可知对于任意非零实数 a，它的单位样值响应为无限长。这也就是递归滤波器又被称为无限长单位样值响应(IIR)滤波器的原因。

单位样值响应常用来描述离散系统或滤波器的特性，这是因为一旦确定了系统的单位样值响应 $h(n)$，就可以根据给定的输入序列 $x(n)$ 求出系统的响应或者输出序列。换句话说，单位样值响应完全刻画了离散时间系统的特性。

3.10 应用示例及 MATLAB 实践

3.10.1 QQQ 数据的下载

离散时间序列涉及工程、科学、生态、经济、政治和军事等领域。作为时间序列在经济学中的一个应用，我们将通过 Internet 资源，讨论关于 QQQ 历史数据的下载及 MATLAB 读取。

QQQ 是一种为与纳斯达克(Nasdaq)100 指数的价格与收益表现普遍对应而设计的指数交易基金，其价格通过跟踪纳斯达克上市的 100 家公司的股价。QQQ 指数基金可以在交易期内像普通股一样进行交易，故每日都有一个开盘价(09：30 的价格)、一个最高价、一个最低价和一个收盘价(16：00 的价格)。QQQ 每日价格的历史数据是典型的离散时间序列，虽然它不是工程时间序列，但股价数据分析的方法却可以应用于具有大量噪声特性的工程信号的研究中。

QQQ 历史数据可以从 Yahoo 网站获取。首先进入 Yahoo 财经主页 http://finance.yahoo.com，在网页左上角的搜索框内键入 QQQ，单击 GET QUOTES 按钮打开 QQQ 网页，然后单击 QQQ 网页左边项目栏中的 Historical Prices 条目，页面随之跳转到历史价格页。该页面给出了过去若干年在交易期间里 QQQ 每日的开盘价、最高价、最低价、收盘价和成交量，如图 3.10.1 所示。在 Web 页面的 SET DATE RANGE 区域指定起始和结束日期并且单击 Get Prices 按钮，即可获得 QQQ 在指定时期的历史数据。该数据可通过单击页面底部的 Download To Spreadsheet 按钮(指定文件名和存放路径)下载数据报表(导出 Excel 报表)。

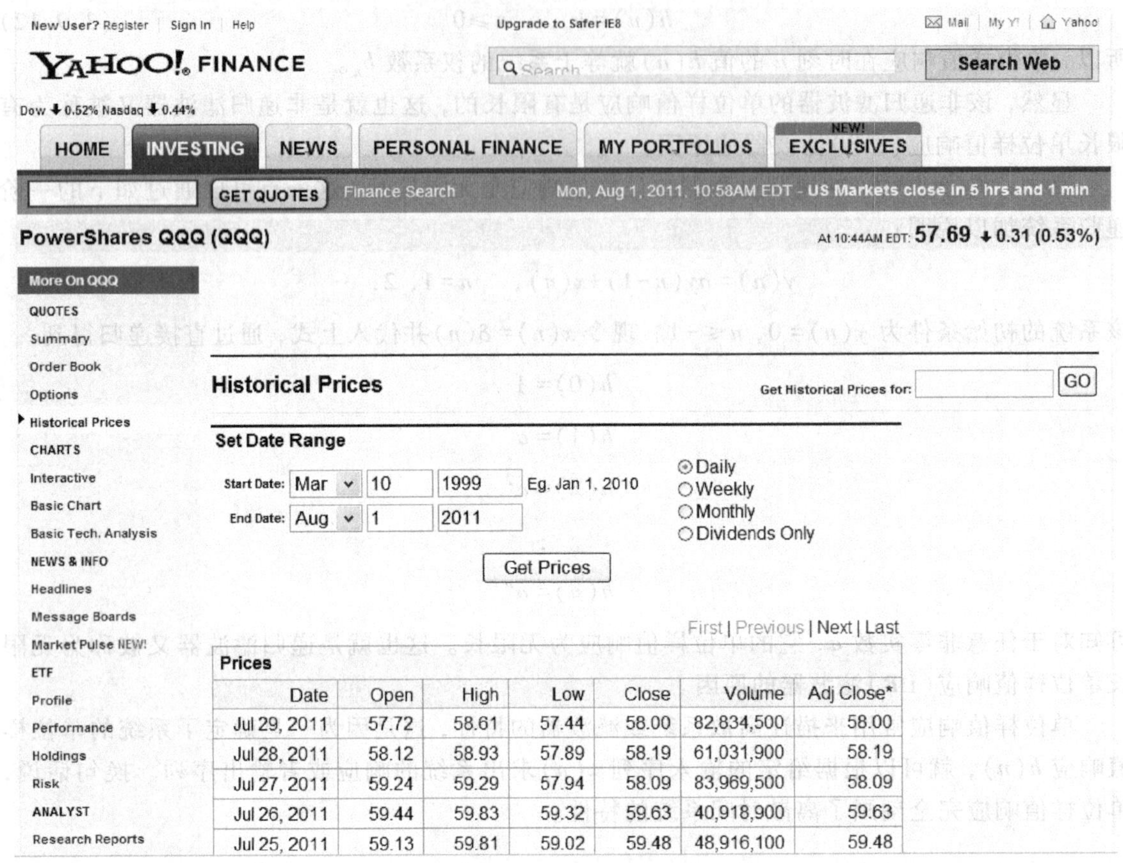

图 3.10.1　QQQ 历史价格页面

Excel 数据报表生成后(以文件名 QQQdata.csv 存于 MATLAB 搜索路径目录)，有两种方法将数据导入 MATLAB。第一种方法是，在 MATLAB 的当前目录中找到该文件，双击可打开一个数据导入向导，按照提示即可完成数据导入。之后切换到 MATLAB 工作空间，data.mat 即为导入的 QQQ 在指定时间段的历史数据。但须注意，按照日期从近到远，数据是按列自上而下排列的，因此在对数据处理时可根据需要变更排列规则。第二种导入数据的方法是用指令函数

M = csvread('文件名', R1, C1, [R1, C1, R2, C2])

其中，(R1, C1)是左上角数据位，(R2, C2)是右下角数据位。需要注意的是，图 3.10.1 所示报表中的第一行和第一列是表头，不包含有用数据。而 MATLAB 读数据指令(如 csvread)规定表中的第一行是 0 行，第一列是 0 列，因此图 3.10.1 所示报表中的有效数据是从行 1~行 5 和列 1~列 6 的范围内。表格中的任一数据值是由二维坐标(R, C)指定，如(1, 1)指示数据表格的左上角数据位，其值是 57.72；而(5, 6)指示数据表格的右下角数据位，其值是 59.48。

在 MATLAB 中通过编写如下程序可绘制出在指定交易期(本例交易期为 2011.06.20~2011.08.01)内 QQQ 每日的开盘价、最高价、最低价、收盘价、成交量及价格变化的趋势，结果如图 3.10.2 所示。

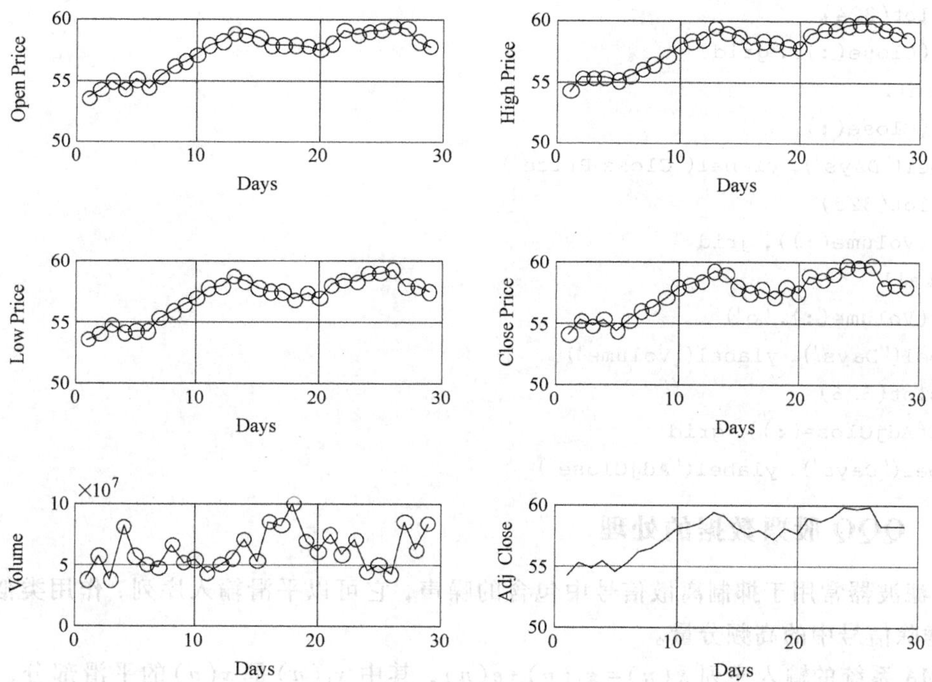

图 3.10.2　2011.06.20~2011.08.01 期间 QQQ 的价格及趋势图

```
% QQQ Historical Prices
% data from 2011.06.20 to 2011.08.01
Q4data=csvread('QQQ_2011_06_20_2011_08_01.csv', 1, 1, [1 1 29 6]);
Open=Q4data(29:-1:1, 1);High=Q4data(29:-1:1, 2);
Low=Q4data(29:-1:1, 3);Close=Q4data(29:-1:1, 4);
Volume=Q4data(29:-1:1, 5);AdjClose=Q4data(29:-1:1, 6);
subplot(321)
plot(Open(:)), grid
hold all
plot(Open(:),'o')
xlabel('Days'), ylabel('Open Price')
subplot(322)
plot(High(:)), grid
hold all
plot(High(:),'o')
xlabel('Days'), ylabel('High Price')
subplot(323)
plot(Low(:)), grid
hold all
plot(Low(:),'o')
```

```
xlabel('Days'), ylabel('Low Price')
subplot(324)
plot(Close(:)), grid
hold all
plot(Close(:),'o')
xlabel('Days'), ylabel('Close Price')
subplot(325)
plot(Volume(:)), grid
hold all
plot(Volume(:),'o')
xlabel('Days'), ylabel('Volume')
subplot(326)
plot(AdjClose(:)), grid
xlabel('Days'), ylabel('AdjClose')
```

3.10.2　QQQ 股票数据的处理

MA 滤波器常用于抑制离散信号中包含的噪声，它可以平滑输入序列，作用类似于低通滤波器滤除信号中的高频分量。

设 MA 系统的输入序列 $x(n)=x_1(n)+e(n)$，其中 $x_1(n)$ 是 $x(n)$ 的平滑部分，$e(n)$ 是 $x(n)$ 中的噪声或扰动部分，则 L 点 MA 滤波器输出的一种简化形式由下式给出：

$$y(n)=\frac{1}{L}[x_1(n)+x_1(n-1)+\cdots+x_1(n-M)]+\frac{1}{L}[e(n)+e(n-1)+\cdots+e(n-M)] \tag{3.10.1}$$

式中，等式右端第二项

$$\frac{1}{L}[e(n)+e(n-1)+\cdots+e(n-M)]$$

是 MA 输出序列 $y(n)$ 的噪声平均值。如果 $e(n)$ 的变化均值约为 0，则在理论上由式(3.10.1)给出的噪声平均值在 L 取值足够大时可以逼近到任意小。这时，MA 滤波器的输出序列将等于 $x(n)$ 的平滑部分 $x_1(n)$ 延迟 $M/2$ 个时延，因此平滑后的 MA 滤波器如下：

$$y(n)=\frac{1}{L}[x(n)+x(n-1)+\cdots+x(n-M)]=\frac{1}{L}\sum_{i=0}^{M}x(n-i) \tag{3.10.2}$$

显然，该式与标准 L 点 MA 滤波器[即式(3.9.5)]等价。

下面用例子说明 L 点 MA 滤波器产生的时延，其中 MA 过程被用于对 QQQ 股票数据的处理。

QQQ 交易期从 2011.05.06~2011.08.01，共 60 个交易日。设 $L=M+1=11$，则对 QQQ 的收盘价应用 11 点 MA 滤波器，MATLAB 源程序如下：

```
% QQQ 60 Historical Prices
% data from 2011.05.06 to 2011.08.01
Q4data=csvread('QQQ_2011_05_06_2011_08_01.csv', 1, 1, [1 1 60 6]);
```

```
Close=Q4data(60:-1:1, 4);
for i=11:60;
    y(i)=(1/11)* sum(Close(i-10:i));
end
n=11:60;
plot(Close(n)), grid
hold all
plot(Close(n),'o')
plot(y(n)), plot(y(n),'+')
xlabel('Days'), ylabel('Close & MA Price')
```

运行结果如图 3.10.3 所示。

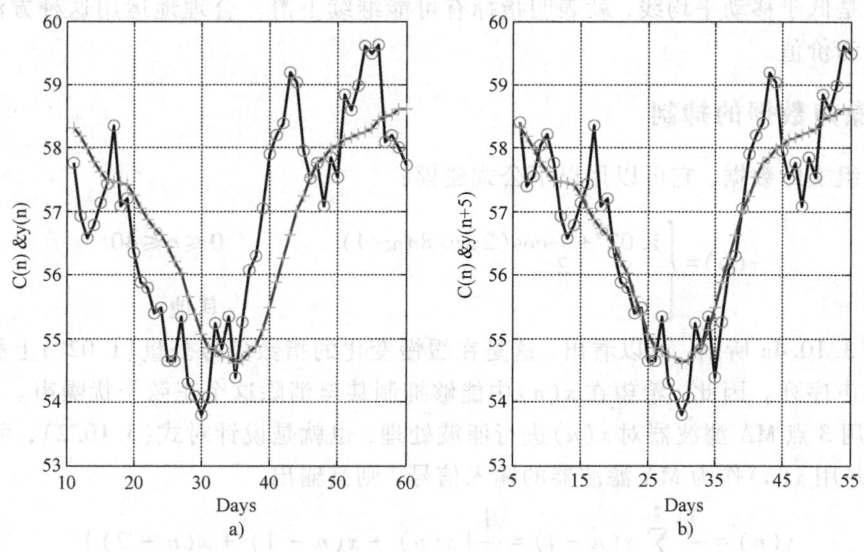

图 3.10.3 运行结果

a）2011.05.06~2011.08.01QQQ 的收盘价和 11 点 MA 滤波器的输出

b）2011.05.06~2011.08.01 QQQ 的收盘价和 MA 滤波器的左移输出

图 3.10.3a 中"o"型线是 2011.05.06~2011.08.01 期间的 60 个收盘价的数据 $C(n)$，作为 11 点 MA 滤波器的输入。"+"号线是 11 点 MA 滤波器的输出 $y(n)$。第 11 日的输出$y(11)$是滤波器的第一个值，需要由收盘价(作为输入)$c(1)$，$c(2)$，…，$c(10)$计算得到。从图中可见，虽然收盘价波动较大，但 11 点 MA 滤波器对输入数据(收盘价)有着很好的平滑效果。而且若将 $y(n)$左移 5 日[对应左移序列 $y(n+5)$]，可以发现左移后的输出 $y(n+5)$与输入数据 $c(n)$正好对应，如图 3.10.3b 所示。由此可见，MA 滤波器的输出序列对输入序列延迟 n 日，这个延迟在本例中等于 $M/2=10/2=5$。

需要注意，输出的左移序列 $y(n+5)$不能实时得到，因为需要计算输入 $c(n)$的未来值。但可以通过下面的程序实现数据的左移：

```
function [y, n]=seqshift(x, m, n0)
% implements y(n)=x(n-n0)
```

```
% --------------------------
% sequence x(n)
% shifting x(n) by n0 or -n0, and m is m1<=m<=m2
n=m+n0; y=x;
```

本例的意义在于，应用 MA 滤波技术对金融数据进行分析与预测时，其指标显示的是某一时间段平均工具性价格的数值。可以为任何一组时间序列进行移动平均线（滤波）的计算，包括开盘价、收盘价、最高价格、最低价格、交易量和任何其他的指标。而解释价格平均移动最普遍的方法就是将其动量（波动）与价格运动相比较。当工具性价格上升到其移动平均线之上时，购买信号出现了；当价格下落到移动平均线下面时，所得到的就是一个卖出信号。其实，移动平均线也可被运用于各种指标，也就是移动平均指标的解释和价格移动平均线解释相似的地方。如果指标上升到移动平均线上面的时候，就预示着上升的指标运动还将继续。指标若是低于移动平均线，就表明指标有可能继续下滑。合理地运用这种方法，将为我们创造机会和价值。

3.10.3 噪声数据的抑制

考虑一组实际数据，它可以用以下公式建模：

$$x(n)=\begin{cases}1.02^n+\dfrac{1}{2}\cos(2\pi n/8+\pi/4) & 0\leqslant n\leqslant 40\\ 0 & \text{其他}\end{cases} \tag{3.10.3}$$

该信号如图 3.10.4a 所示，可以看出，这是在缓慢变化的指数信号分量（1.02^n）上叠加了一个正弦干扰噪声序列。因此，希望在 $x(n)$ 中能够抑制甚至消除这个正弦干扰噪声。

现在，用 3 点 MA 滤波器对 $x(n)$ 进行滤波处理，也就是说针对式（3.10.2），令 $M=2(L=M+1=3)$，并用 $x(n)$ 作为 MA 滤波器的输入信号，则其输出

$$y(n)=\frac{1}{3}\sum_{i=0}^{2}x(n-i)=\frac{1}{3}[x(n)+x(n-1)+x(n-2)] \tag{3.10.4}$$

就是 3 个最近的输入值的数字平均。对式（3.10.4）构建 Simulink 模型，如图 3.10.5 所示，则 3 点 MA 滤波器的输出序列 $y(n)$ 如图 3.10.4a 所示。

观察 $x(n)$ 和 $y(n)$ 的波形，可以发现：

1）$n<0$ 时，$x(n)=0$，$y(n)=0$。

2）在 3 点 MA 滤波器的输出中，3 个样本值（即 n、$n-1$ 和 $n-2$ 时刻）的滑动窗决定了在计算 $y(n)$ 的过程中具体用哪 3 个样本值。因此在 $n=0$ 时，$y(n)\neq 0$ 且 $y(n)$ 的非零部分的长度（不是滤波器的长度）为 $M=2$ 个样本区间（图 3.10.4b 中左边矩形框部分），这个区间是输入 $x(n)$ 未完全进入 3 点 MA 滤波器的区间。对于区间 $0\leqslant n\leqslant 40$，在 3 点移动窗内的输入样本值均为非零。

3）$n>40$ 时，有另一个长度为 $M=2$ 个样本的区间（图 3.10.4b 中右边矩形框部分），其中 3 点 MA 滤波器窗口已经移出了输入序列 $x(n)$ 的区间。

4）可以看出正弦干扰噪声分量已被抑制（减小），但还没有被消除，不过表示慢变指数信号分量（1.02^n）的实线已经向右移了 $M/2=1$ 个样本延迟，这就解释了 MA 滤波器引起的移位及延迟。

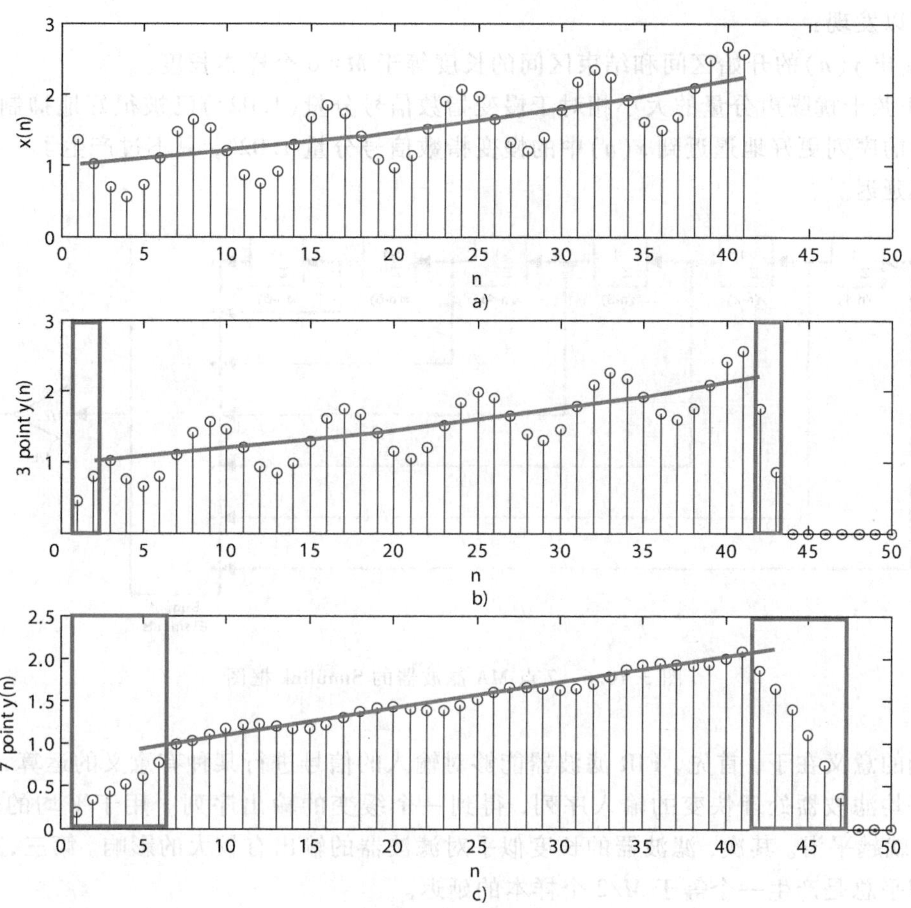

图 3.10.4　移动平均滤波器的干扰抑制

a）输入序列 $x(n)$　b）3 点移动平均滤波器的输出 $y(n)$　c）7 点移动平均滤波器的输出 $y(n)$

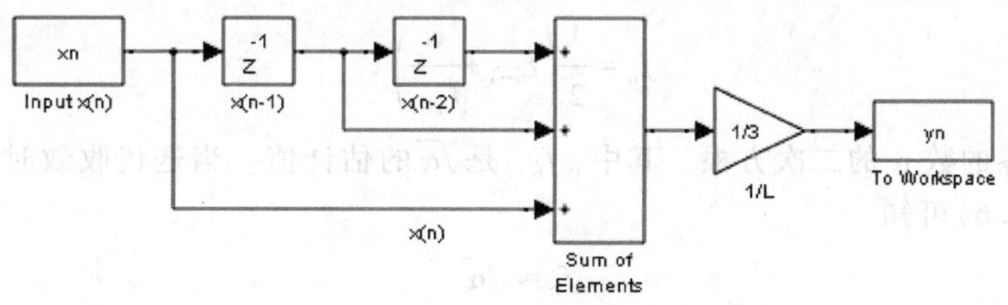

图 3.10.5　3 点 MA 滤波器的 Simulink 框图

显然，3 点 MA 滤波器抑制了输入序列的干扰或波动，但还没有恢复出希望获得的信号。从直觉上，我们有理由认为更长长度的 MA 滤波器有可能产生更好的噪声抑制效果，比如若选取 7 点 MA 滤波器，即

$$y(n) = \frac{1}{7}\sum_{i=0}^{6} x(n-i) \tag{3.10.5}$$

构建 Simulink 模型，如图 3.10.6 所示。它的输出，也就是 $y(n)$ 的波形如图 3.10.4c 所示，通过观察可以发现：

1）输出 $y(n)$ 的开始区间和结束区间的长度等于 $M=6$ 个样本长度。

2）正弦干扰噪声分量的大小相对于慢变指数信号分量（1.02^n）已被很好地抑制，从而使得滤波后的序列更好地逼近到 $x(n)$ 中的慢变指数信号分量 1.02^n，只不过产生了一个 $M/2=3$ 个的样本延迟。

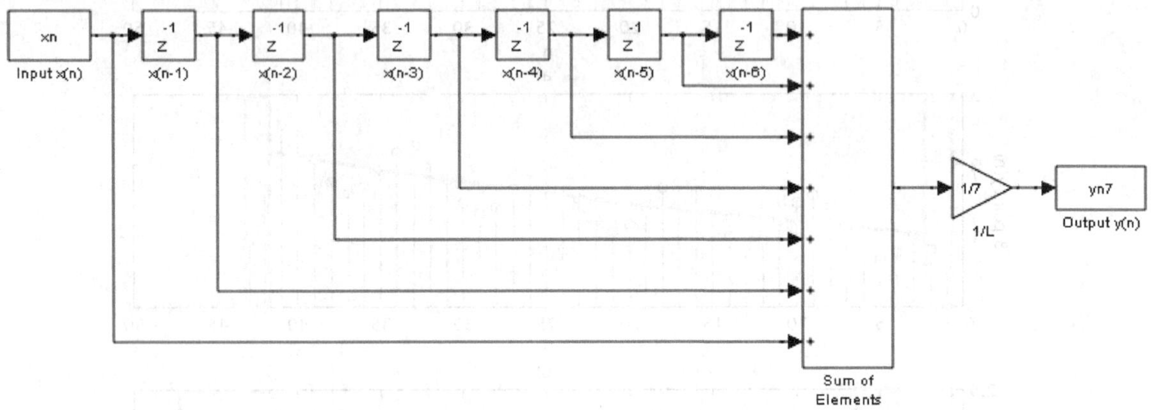

图 3.10.6　7 点 MA 滤波器的 Simulink 框图

本例的意义在于，首先，FIR 滤波器能够对输入的信号进行某种有意义的运算，比如用 7 点移动平均滤波器处理快变的输入序列，得到一个缓变的输出序列。用于平均的输入值越多，输出就越平滑。其次，滤波器的长度似乎对滤波器的输出有较大的影响。第三，移动平均滤波器似乎总是产生一个等于 $M/2$ 个样本的延迟。

3.10.4　二次方根的工程计算

科学计算器一般应用迭代公式

$$f_n=\frac{1}{2}\left(f_{n-1}+\frac{\alpha}{f_{n-1}}\right) \tag{3.10.6}$$

计算一个大于零的数 α 的二次方根。其中，f_{n-1} 是 $\sqrt{\alpha}$ 的估计值。当迭代收敛时，有 $f_n\approx f_{n-1}$，于是由式（3.10.6）可知

$$f_n\approx\sqrt{\alpha}$$

现设递归系统为

$$y(n)=\frac{1}{2}\left[y(n-1)+\frac{1}{y(n-1)}x(n)\right]$$

其二次方根的 Simulink 递归实现如图 3.10.7 所示。如果令系统输入 $x(n)=\alpha u(n)$，用系统初始估计值（初始条件）$y(-1)$ 逼近 $\sqrt{\alpha}$，则随着 n 的递增，

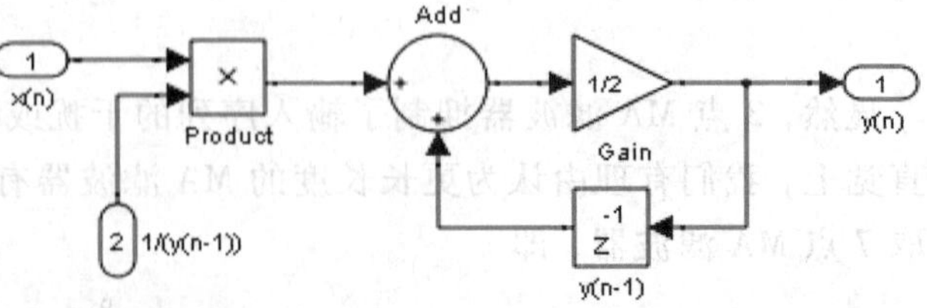

图 3.10.7　二次方根计算的 Simulink 递归实现

系统输出 $y(n)$ 将趋于 $\sqrt{\alpha}$。注意，与递归公式(3.10.6)不同，这里并不要求指定精确的初始值，只要给出粗略的估计就能获得很好的计算精度。

例如，若取 $\alpha=2$，任意给定初始值 $y(-1)=1$，则可递归算出

$$n=0,\quad y(-1)=1\quad y(0)=\frac{1}{2}\left(y(-1)+\frac{2}{y(-1)}\right)=1.5$$

$$n=1,\quad y(-1)=1\quad y(1)=\frac{1}{2}\left(y(0)+\frac{2}{y(0)}\right)=1.4166667$$

$$n=2,\quad y(-1)=1\quad y(2)=\frac{1}{2}\left(y(1)+\frac{2}{y(1)}\right)=1.4142157$$

$$\vdots \qquad\qquad \vdots$$

若给定初始值 $y(-1)=1.5$，则可递归算出

$$n=0,\quad y(-1)=1.5\quad y(0)=\frac{1}{2}\left(y(-1)+\frac{2}{y(-1)}\right)=1.4166667$$

$$n=1,\quad y(-1)=1.5\quad y(1)=\frac{1}{2}\left(y(0)+\frac{2}{y(0)}\right)=1.4142157$$

$$n=2,\quad y(-1)=1.5\quad y(2)=\frac{1}{2}\left(y(1)+\frac{2}{y(1)}\right)=1.4142136$$

$$\vdots \qquad\qquad \vdots$$

将它们与 $\sqrt{2}=1.414213562$ 的科学计算器给出值比较，可知初始估计值对最终计算结果影响甚微。

3.10.5 库存问题

某产品制造商生产一种产品，用 $y(0)$ 表示产品的初始库存，$y(n)$ 表示第 n 天产品的库存量，$p(n)$ 表示第 n 天生产的产品量，$d(n)$ 表示第 n 天出售给用户的产品数量。则第 n 天产品的库存量应该等于 $y(n-1)$ 加上 $p(n)$ 和 $d(n)$ 的差，即

$$y(n)=y(n-1)+p(n)-d(n),\quad n=1,2,\cdots \tag{3.10.7}$$

现令 $x(n)=p(n)-d(n)$，对式(3.7.15)，取 $a=-1$，$b=1$，则式(3.10.7)就等价于式(3.7.15)。因此，由式(3.7.16)可得到问题的解是

$$y(n)=y(0)+\sum_{k=1}^{n}x(k)=y(0)+\sum_{k=1}^{n}(p(k)-d(k)),\quad n=1,2,\cdots \tag{3.10.8}$$

厂商的目的是使产品的库存量最好保持一个常量，并尽量避免库存为零(库存为零将造成交货的延迟)。理论上，只有令 $p(n)=d(n)$ 就能使 $y(n)$ 维持常量，这就意味着厂商在第 n 天生产的产品量正好等于第 n 天售出的产品量。但这是不可能的，因为 $d(n)$ 不可预测，而且产品不可能即刻生产出来。如果假设厂商第 n 天生产的产品量 $p(n)$ 等于第 $n-1$ 天售出的产品量 $d(n-1)$，即

$$p(n)=d(n-1),\quad n=2,3,\cdots \tag{3.10.9}$$

则将式(3.10.9)代入式(3.10.8)中得到

$$y(n)=y(0)+\sum_{k=1}^{n}[p(k)-d(k)]$$
$$=y(0)+p(1)-d(1)+\sum_{k=2}^{n}[d(k-1)-d(k)]$$
$$=y(0)+p(1)-d(n),\quad n=2,3,\cdots$$

由此可见，如果产品的初始库存 $y(0)$ 足够大，就能够保证每天售出产品时库存量的变化不会为零。换句话说，只要保证

$$y(0)+p(1)-d(n)>0$$

或

$$y(0)>d(n)-p(1)$$

就不会出现库存为零的情况。

上述结论是有实际意义的，它告诉厂商产品的库存量与销售量之间的平衡关系。当考虑优化问题时，就可以达到既避免因库存不足导致交货的延迟，又有一个不至于造成产品积压的最佳库存量。

习　　题

3.1 思考题

3.1.1 离散时间序列是否可以认为是在时间上取离散值但不考虑其幅度是否离散化（或量化）的时间信号？

3.1.2 单位样值序列 $\delta(n)$ 和单位冲激函数 $\delta(t)$ 的不同之处是什么？

3.1.3 任何离散序列 $x(n)$ 是否都可以用单位样值序列来描述？

3.1.4 模拟频率 f（或角频率 $\omega=2\pi f$）与数字频率 F（或数字角频率 $\Omega=2\pi F$）之间的关系是什么？

3.1.5 为什么说离散时间正弦序列在时间上不一定是周期的，但它总是具有周期包络？

3.1.6 正弦序列及其谐波序列总是频率上的周期序列吗？

3.1.7 为什么说正弦序列只有在其数字频率 F 是一个有理分数时，才有时间上的周期性？

3.1.8 频率被 2π 的整数倍分割的离散时间序列是与原序列相同的序列吗？

3.1.9 离散时间序列的最高振荡频率是否出现在 $\omega=\pi$ 或 $\omega=-\pi$（对应频率 $f=1/2$ 或 $f=-1/2$）处？

3.1.10 若设两个序列 $x_1(n)$ 和 $x_2(n)$ 的样本数分别是 L_1 和 L_2，则其卷积和的样本数等于多少？与之对应的区间是什么？

3.1.11 函数相关与卷积和有何区别？

3.1.12 相关运算的典型应用是什么？

3.1.13 为什么说单位样值响应 $h(n)$ 表征了一个 LTI 系统的时域特征？

3.1.14 $\delta(n)$ 和 $u(n)$ 是两个常用离散信号，它们之间满足什么关系式？

3.1.15 设 $x_1(n)$ 和 $x_2(n)$ 分别是基本周期为 N_1 和 N_2 的周期序列，则使 $x(n)=x_1(n)+x_2(n)$ 的周期为 N 的条件是什么？

3.1.16 试画出由差分方程 $y(n)=\dfrac{1}{3}y(n-1)+\dfrac{1}{2}x(n)$ 描述的因果 LTI 系统的框图。

3.2 练习题

3.2.1 求下列信号的能量和功率：

1) $x_1(n)=\left(\dfrac{1}{2}\right)^n u(n)$　　2) $x_2(n)=e^{j(\pi/2n+\pi/8)}$

3) $x_3(n)=\cos\left(\frac{\pi}{4}n\right)$

3.2.2 试判断下列离散序列的周期性。若是周期的，给出它的基本周期。

1) $x(n)=\cos\left(\frac{3\pi n}{2}+\pi\right)$

2) $x(n)=\sum_{k=-\infty}^{\infty}\{\delta(n-4k)-\delta(n-1-4k)\}$

3) $x(n)=1+\cos\left(\frac{n\pi}{2}\right)$

4) $x(n)=\sin(3.15\pi n)$

5) $x(n)=u(n)+u(-n)$

6) $x(n)=e^{j7\pi n}$

7) $x(n)=3e^{j3\pi/5(n+1/2)}$

8) $x(n)=3e^{j3\pi/5(n+1/2)}$

9) $x(n)=1+e^{j4\pi n/7}-e^{j2\pi n/5}$

10) $x(n)=\cos\left(\frac{\pi}{2}n\right)\cos\left(\frac{\pi}{4}n\right)$

11) $x(n)=2\cos\left(\frac{\pi}{4}n\right)+\sin\left(\frac{\pi}{8}n\right)-2\cos\left(\frac{\pi}{2}n+\frac{\pi}{6}\right)$

3.2.3 设序列 $x(n)=\delta(n)+2\delta(n-1)-\delta(n-3)$，$h(n)=2\delta(n+1)+2\delta(n-1)$。试计算下列卷积和并画出结果：

1) $y(n)=x(n)*h(n)$

2) $y(n)=x(n+2)*h(n)$

3) $y(n)=x(n)*h(n+2)$

3.2.4 计算下列成对序列的卷积和 $y(n)=x(n)*h(n)$：

1) $x(n)=h(n)=\alpha^n u(n)$

2) $x(n)=\left(-\frac{1}{2}\right)^n u(n-4)$，　$h(n)=4^n u(2-n)$

3) $x(n)=\alpha^n u(n)$，　$h(n)=\beta^n u(n)$，　$\alpha\neq\beta$

3.2.5 令 $x_1(n)$ 和 $x_2(n)$ 是两个有限长度时间序列，其区间分别为 $[t_1, T_1]$ 和 $[t_2, T_2]$。试确定它们的卷积 $x(n)=x_1(n)*x_2(n)$ 的区间。

3.2.6 序列 $x_1(n)=u(n)$，$x_2(n)=a^n u(n)-a^{n-1}u(n-1)$，试求卷积和 $x_1(n)*x_2(n)$。

3.2.7 令 $h(n)=\{2, 5, 0, 4\}$，$x(n)=\{4, 1, 3\}$，试求其离散卷积 $y(n)=h(n)*x(n)$。

3.2.8 已知输入序列 $x(n)$ 和单位样值响应 $h(n)$ 分别为

$$x(n)=\left(\frac{1}{2}\right)^{n-2}u(n-2)$$

和

$$h(n)=u(n+2)$$

试求其离散卷积 $y(n)=x(n)*h(n)$，并画图。

3.2.9 计算离散卷积 $y(n)=x(n)*h(n)$ 并画图，其中

$$x(n)=\begin{cases}1 & 3\leqslant n\leqslant 8\\ 0 & 其他\end{cases},\quad h(n)=\begin{cases}1 & 4\leqslant n\leqslant 15\\ 0 & 其他\end{cases}$$

3.2.10 令 $x(n)=2^n$，$y(n)=\delta(n-3)$，如果 $z(n)=x(n)y(n)$，试求其和 $\sum z(n)$。

3.2.11 已知序列 $x_1(n)$ 和 $x_2(n)$ 如题图 3.2.1 所示，试画出两者卷积和 $y(n)=x_1(n)*x_2(n)$ 的波形。

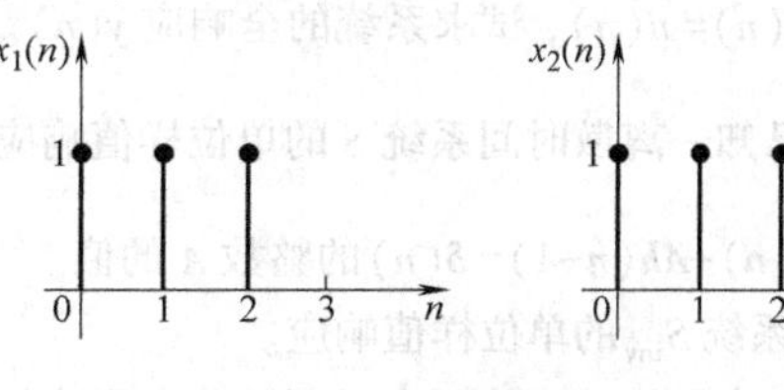

题图 3.2.1

3.2.12 下列各系统中，$x(n)$ 表示激励，$y(n)$ 表示响应。试判断系统的线性和时不变性。

1) $y(n)=nx(n)+3$　　2) $y(n)=x(n)\sin\left(\frac{2}{7}n+\frac{\pi}{6}\right)$

3) $y(n)=[x(n)]^2$　　4) $y(n)=\sum_{m=-\infty}^{n}x(m)$

5) $y(n)=x^2(n-2)$　　6) $y(n)=x(n+1)-x(n-1)$

3.2.13　试讨论由以下单位样值响应描述的离散时间 LTI 系统的因果性和稳定性。

1) $h(n)=(0.8)^n u(n+2)$　　2) $h(n)=(5)^n u(3-n)$

3) $h(n)=\left(\frac{1}{2}\right)^n u(-n)$　　4) $h(n)=\left(\frac{1}{5}\right)^n u(n)$

5) $h(n)=n\left(\frac{1}{3}\right)^n u(n-1)$　　6) $h(n)=\left(-\frac{1}{2}\right)^n u(n)+(1.01)^n u(1-n)$

7) $h(n)=\left(-\frac{1}{2}\right)^n u(n)+(1.01)^n u(n-1)$

3.2.14　离散时间系统可能具有：a) 无记忆性；b) 时不变性；c) 线性；d) 因果性；e) 稳定性。试判断以下系统[其中 $x(n)$ 和 $y(n)$ 分别为系统的输入和输出函数]具有上述哪些性质。

1) $y(n)=x(-n)$　　2) $y(n)=x(n-2)-2x(n-8)$

3) $y(n)=nx(n)$　　4) $y(n)=\begin{cases}x(n) & n\geqslant 1\\ 0 & n=0\\ x(n+1) & n\leqslant -1\end{cases}$

5) $y(n)=\begin{cases}x(n) & n\geqslant 1\\ 0 & n=0\\ x(n) & n\leqslant -1\end{cases}$　　6) $y(n)=x(4n+1)$

3.2.15　试判断以下系统是否可逆。若满足可逆性，求其逆系统。

1) $y(n)=nx(n)$　　2) $y(n)=x(n)x(n-1)$

3) $y(n)=x(1-n)$　　4) $y(n)=x(n-1)$

5) $y(n)=x(2n)$　　6) $y(n)=\sum_{k=-\infty}^{n}\left(\frac{1}{2}\right)^{n-k}x(k)$

7) $y(n)=\begin{cases}x(n+1) & n\geqslant 0\\ x(n) & n\leqslant -1\end{cases}$　　8) $y(n)=\begin{cases}x(n-1) & n\geqslant 1\\ 0 & n=0\\ x(n) & n\leqslant -1\end{cases}$

3.2.16　一离散时间 LTI 系统，若输入 $x(n)=u(n)$，输出 $y(n)=2\left(\frac{1}{3}\right)^n u(n)$，试求系统的单位样值响应 $h(n)$。

3.2.17　试对差分方程 $y(n)-2ay(n-1)+a^2y(n-2)=x(n-1)$ 所描述的离散系统，求其单位样值响应 $h(n)$。

3.2.18　描述某 LTI 离散系统的差分方程为 $y(n)+3y(n-1)+2y(n-2)=x(n)$，若设 $y(-1)=0$，$y(-2)=0.5$，$x(n)=u(n)$，试求系统的全响应 $y(n)$。

3.2.19　已知一离散时间系统 S 的单位样值响应为 $h(n)=\left(\frac{1}{5}\right)^n u(n)$，试求：

1) 满足 $h(n)-Ah(n-1)=\delta(n)$ 的整数 A 的值。

2) S 的逆系统 S_{inv} 的单位样值响应。

3.2.20　一离散线性系统 S 由以下差分方程建模：

$$y(n) = \sum_{k=-\infty}^{\infty} x(k)g(n-2k)$$

式中，$g(n)=u(n)-u(n-4)$。

1）当输入 $x(n)=\delta(n-1)$ 时，求系统的输出 $y(n)$。

2）当输入 $x(n)=\delta(n-2)$ 时，求系统的输出 $y(n)$。

3）当输入 $x(n)=u(n)$ 时，求系统的输出 $y(n)$。

4）S 是 LTI 系统吗？

3.2.21　一离散线性系统 S 由以下输入-输出差分方程建模：

$$y(n)=\frac{1}{4}y(n-1)+x(n)$$

若设系统输入 $x(n)=\delta(n-1)$，求系统输出 $y(n)$。

3.2.22　题图 3.2.2 给出两个离散 LTI 因果系统 S_1 和 S_2 的级联，框图中

$$w(n)=\frac{1}{2}w(n-1)+x(n)\text{，}y(n)=\alpha y(n-1)+\beta w(n)$$

若设系统的输入-输出差分方程为

$$y(n)=-\frac{1}{8}y(n-2)+\frac{3}{4}y(n-1)+x(n)$$

1）试求系数 α 和 β。

2）试求 S_1 和 S_2 级联后的单位样值响应。

题图 3.2.2

3.2.23　题图 3.2.3a 给出三个离散 LTI 因果子系统的级联，其中子系统 S_2 的单位样值响应 $h_2(n)=u(n)-u(n-2)$，而整个系统的单位样值响应如题图 3.2.3b 所示。

1）试求单位样值响应 $h_1(n)$。

2）试求整个系统对输入 $x(n)=\delta(n)-\delta(n-1)$ 的响应。

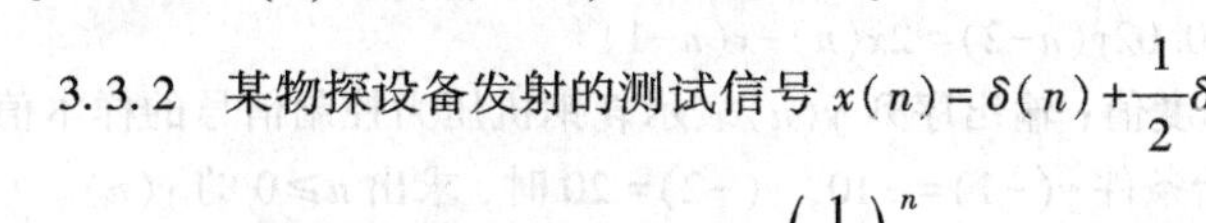

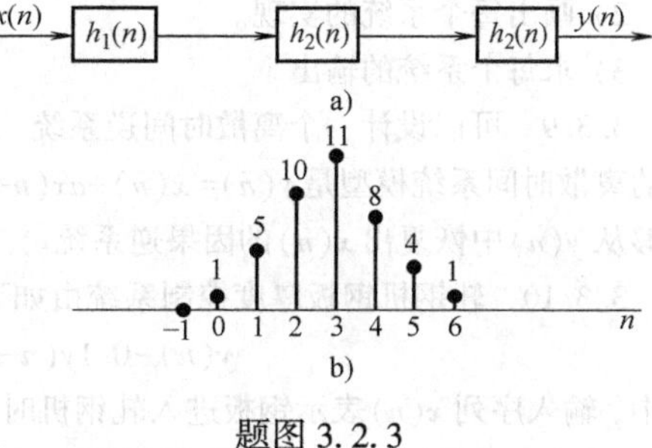

题图 3.2.3

3.3　综合题

3.3.1　设周期信号序列 $x_1(n)$ 和 $x_2(n)$ 有公共周期 N，如果 $x_1(n)$ 和 $x_2(n)$ 的卷积没有重叠，则可定义 $x_1(n)$ 和 $x_2(n)$ 的周期卷积为 $x(n)= x_1(n) \otimes x_2(n) = \sum_{k=0}^{N-1} x_1(k)x_2(n-k)$。试证明 $x(n)$ 是周期序列，且周期为 N。

3.3.2　某物探设备发射的测试信号 $x(n)=\delta(n)+\frac{1}{2}\delta(n-1)$，接收地层的回波信号是 $y(n)=\left(\frac{1}{2}\right)^n u(n)$。如果地层反射特性的单位样值响应用 $h(n)$ 表示，且满足 $y(n)=h(n)*x(n)$。

1）试求地层反射特性的单位样值响应 $h(n)$。

2）试以时延、相加和乘法运算为基本单元，画出系统的框图。

3.3.3　考虑周期离散指数时间序列 $x(n)=\mathrm{e}^{\mathrm{j}m(2\pi/N)n}$，试证明该指数序列的基本周期是 $N_0=N/\gcd(m, N)$［式中 $\gcd(m, N)$ 为 m、N 的最大公约数，也即 m 和 N 共有因子中最大的一个，例如 $\gcd(2, 3)=1$，$\gcd(2, 4)=2$，$\gcd(8, 12)=4$。注意：m、N 无公共因子，则 $N_0=N$］。

3.3.4　序列 $x(n)=\{x(0), x(1), x(2), x(3)\}$，$y(n)=\{y(0), y(1), y(2)\}$。试求序列的卷积和，并确定卷积和的长度。

3.3.5 系统如题图 3.3.1 所示(D 为单位延迟)。

1) 求系统差分方程。

2) 如果系统激励 $x(n)=u(n)$，系统全响应的初始值 $y(0)=9$，$y(1)=13.9$，求系统零输入响应 $y_{zi}(n)$。

3) 求系统零状态响应 $y_{zs}(n)$。

4) 求系统全响应 $y(n)$。

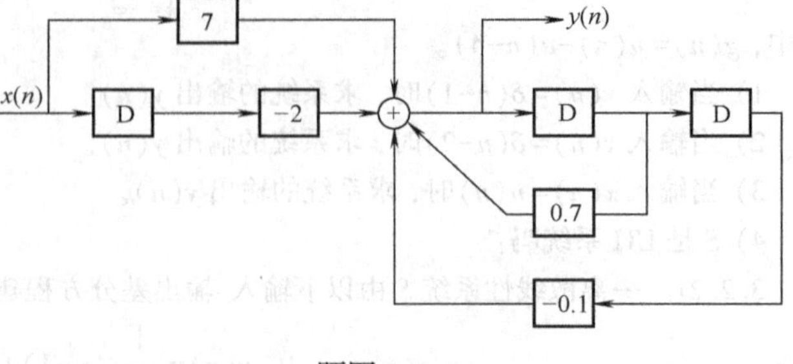

题图 3.3.1

3.3.6 某离散系统差分方程为 $y(n+2)-3y(n+1)+2y(n)=x(n+1)-2x(n)$，系统初始条件为 $y(0)=1$，$y(1)=1$，输入激励 $x(n)$ 为单位阶跃序列，试求系统：

1) 零输入响应 $y_{zi}(n)$。

2) 零状态响应 $y_{zs}(n)$。

3) 系统全响应 $y(n)$。

4) 画出系统的方框图。

3.3.7 给定一个连续时间信号为

$$x(t)=\begin{cases}1-|t| & -1\leqslant t\leqslant 1\\ 0 & 其他\end{cases}$$

若以如下采样间隔对 $x(t)$ 进行均匀采样，试确定得到的离散时间序列。

1) 0.25s

2) 0.5s

3) 1.0s

3.3.8 设系统如题图 3.3.2 所示。

1) 求逆系统的差分方程。

2) 画出每个系统的实现。

3) 求每个系统的输出。

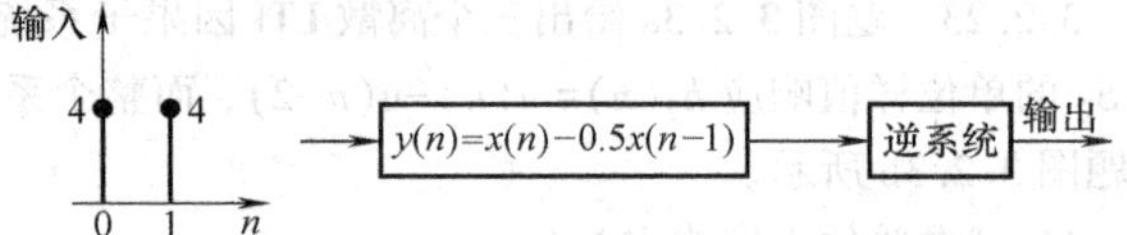

题图 3.3.2

3.3.9 可以设计一个离散时间逆系统，用于在数据传输中消除由多径效应导致的失真。设双径传播信道的离散时间系统模型是 $y(n)=x(n)+ax(n-1)$。式中，$x(n)$ 是输入序列；$y(n)$ 是传播信道的输出。试给出能够从 $y(n)$ 中恢复出 $x(n)$ 的因果逆系统。

3.3.10 轧钢机钢板厚度控制系统由如下二阶差分方程描述：

$$y(n)-0.1y(n-1)-0.02y(n-2)=2x(n)-x(n-1)$$

式中，输入序列 $x(n)$ 表示钢板进入轧钢机时的厚度值；输出序列 $y(n)$ 表示轧钢机压力控制信号的样本值。当 $x(n)=u(n)$（表示新钢板送入轧钢机），且初始条件 $y(-1)=-10$，$y(-2)=20$ 时，求出 $n\geqslant 0$ 的 $y(n)$。

3.3.11 考虑一离散时间系统 S，设其输入为 $x(n)$，输出为 $y(n)$。该系统是由子系统 S_1 和 S_2 经级联构成的，其中 S_1 和 S_2 的输入-输出关系为

S_1：$y_1(n)=2x_1(n)+4x_1(n-1)$

S_2：$y_2(n)=x_2(n-2)+\frac{1}{2}x_2(n-3)$

式中，序列 $x_1(n)$、$x_2(n)$ 均为子系统的输入序列。

1) 试求系统 S 的输入-输出关系。

2) 若子系统 S_1 和 S_2 的级联次序颠倒(即 S_1 在后)，系统的输入-输出关系会改变吗？

3.3.12 考虑一离散时间系统 S，若输入 $x(n)$ 与输出 $y(n)$ 的关系如下：

$$y(n)=x(n)\{g(n)+g(n-1)\}$$

1）对于所有 n，如果 $g(n)=1$，证明 S 满足时不变性。

2）如果 $g(n)=1+(-1)^n$，证明 S 满足时不变性。

3）如果 $g(n)=n$，证明 S 是时变的。

3.3.13　一离散线性系统 S 由以下输入-输出差分方程描述：

$$y(n)-\frac{1}{2}y(n-1)=x(n)$$

若系统输入序列 $x(n)=\left(\frac{1}{3}\right)^n u(n)$，又假设系统输出 $y(n)$ 的解由一个特解 $y_p(n)$ 和一个满足方程 $y_h(n)-\frac{1}{2}y_h(n-1)=0$的齐次解 $y_h(n)$ 组成。

1）证明系统的齐次解 $y_h(n)=A\left(\frac{1}{2}\right)^n$。

2）求出的特解满足 $y_p(n)-\frac{1}{2}y_p(n-1)=\left(\frac{1}{3}\right)^n u(n)$。

3）假设特解 $y_p(n)$ 具有形式 $B\left(\frac{1}{3}\right)^n$，$n\geqslant 0$，将其代入 2）中方程确定 B 值。

3.3.14　一离散线性系统 S 由以下输入-输出差分方程建模：

$$y(n)=\left(\frac{1}{2}\right)y(n-1)+x(n)$$

1）试证明若系统是松弛的[即若 $n<n_0$，$x(n)=0$，则有 $n<n_0$，$y(n)=0$]，则它是线性和时不变的。

2）试证明若系统不满足松弛条件，但若约束 $y(n)=0$，则系统不是因果的。

3.3.15　设一因果 LTI 系统 S 的输入-输出关系由下列差分方程描述：

$$y(n)=-ay(n-1)+b_0x(n)+b_1x(n-1)$$

1）证明系统 S 可以由两个因果 LTI 子系统 S_1 和 S_2 的级联构成，这里 S_1 和 S_2 的输入-输出关系分别为

S_1：$y_1(n)=b_0x_1(n)+b_1x_1(n-1)$

S_2：$y_2(n)=-ay_2(n-1)+x_2(n)$

2）试分别画出子系统 S_1 和 S_2 的框图描述。

3）将系统 S 的框图分别用子系统 S_1、S_2 和 S_2、S_1 的级联形式描述(即直接Ⅰ型实现)。

4）证明 3）中 S 的框图中的两个单位延迟单元可以合并成一个单位延迟单元(即直接Ⅱ型实现)。

3.4　计算机实践题

3.4.1　使用 MATLAB 产生复数值函数

$$x(n)=\mathrm{e}^{-(0.1-\mathrm{j}0.3)n},\quad -10\leqslant n\leqslant 10$$

分别在四个子图中画出其幅度、相位、实部和虚部的图形。

3.4.2　用 MATLAB 绘制离散时间函数

$$x(n)=10\mathrm{e}^{-n/4}\sin\left(\frac{3\pi n}{16}\right)u(n)$$

的图形，并比较经过以下变换后的函数图形：

$$x(2n),\ x\left(\frac{n}{3}\right)$$

3.4.3　使用 MATLAB 计算离散时间函数

$$x(n)=\cos\left(\frac{2\pi n}{18}\right)$$

的累加值。$n=0$，1，2，…，36，并假设 $n<0$ 时，累加值为 0。

3.4.4　使用 MATLAB 编程计算下列信号的信号能量及功率，并与解析计算结果进行比较。

1）$x(t)=tri\left(\frac{t-3}{10}\right)$。

2）$x(n)=e^{-|n/10|}\sin\left(\frac{2\pi n}{4}\right)$。

3）基本周期为 10 的周期信号在 $-5<t<5$ 内，函数形式为 $x(t)=-3t$。

3.4.5　令序列 $x(n)=\left[3,11,7,\underset{\uparrow}{0},-1,4,2\right]$。序列 $y(n)=x(n-2)+w(n)$ 是 $x(n)$ 加入噪声并经移位后的序列，其中 $w(n)$ 是零均值、单位方差高斯序列。试编程计算 $x(n)$ 和 $y(n)$ 的互相关函数，并解释结果。

3.4.6　数据文件 cat7hb. mat 采集自一只家猫在 2.5s 内心脏 7 次跳动的数据，其中向量 hb 包含心电图的 1251 个样本值，T 是采样间隔。注意，数据中包含工频 60Hz 的电源噪声（体现在波形中存在的规律且幅度较小的振荡杂波）。为了减少心电信号中的工频干扰，使用具有单位样值响应

$$h(n)=\begin{cases}\delta(n)-0.08\mathrm{sinc}(0.04\pi n)\cos(0.24\pi n) & -1250\leqslant n\leqslant 1250\\ 0 & \text{其他}\end{cases}$$

的滤波器对信号进行滤波。试用 MATLAB 画出原始心电图的波形及通过滤波器输出的波形。

3.4.7　从雅虎财经网址 http：//finance. yahoo. com 下载最新的 QQQ 数据，指定交易期为 90 日。试对 QQQ 的收盘价应用 9 点 MA 滤波器进行如下操作：

1）绘制交易期 90 日的 QQQ 收盘价和 9 点 MA 滤波器的输出。

2）绘制交易期 90 日的 QQQ 的收盘价和 MA 滤波器的左移输出。

3）讨论交易期间 QQQ 的价格及趋势图。

3.4.8　考虑一个离散 LTI 系统的 MATLAB 源程序：

```
y(1)=0;
    for n=1:6
        x(n)=0.7^(n-1);
    end
        for n=2:6
        y(n)=0.9* y(n-1)+x(n)-x(n-1);
    end
y
```

1）根据代码写出系统的差分方程。

2）解出 $y(n)$。

3）当输入序列 $x(n)=u(n)$ 时，求方程的特解。

4）编程计算系统的输出 $y(n)$。

3.4.9　已知差分方程 $y(n)-y(n-1)+0.8y(n-2)=f(n)$，请用 MATLAB 求解：

1）当 $f(n)=0.5^n u(n)$ 时，求零状态响应 $y(n)$。

2）当 $f(n)=\delta(n)$ 时，求单位响应 $h(n)$。

3.4.10　若 $f(n)=0.8^{n-5}u(n-5)$，到 $n=30$，$h(n)=R_{10}(n)$，请用 MATLAB 求解 $y(n)=f(n)*h(n)$，并绘出输出波形。

3.4.11　菲波那契数列{0，1，1，2，3，5，8，13，……}的数学模型为

$$y(n)-y(n-1)-y(n-2)=0$$

试求 $n=0\sim30$ 时 $y(n)$ 的值，并分别画出 $n=0\sim20$ 和 $n=0\sim30$ 时的曲线 $y(n)$。

3.4.12　请用 MATLAB 求解以下卷积和：

$f_1(n)=\delta(n+1)+2\delta(n)+\delta(n-1)$

$f_2(n)=\delta(n+2)+\delta(n+1)+\delta(n)+\delta(n-1)+\delta(n-2)$

3.4.13　已知 $y(n)-0.25y(n-1)+0.5y(n-2)=f(n)+f(n-1)$，$f(n)=\left(\frac{1}{2}\right)^k u(n)$，求零状态响应，范围为 0~20。

3.4.14　已知 $2y(n)-2y(n-1)+y(n-2)=f(n)+3f(n-1)+2f(n-2)$，画出单位响应波形。

3.4.15　已知 $y(n)+y(n-1)+0.25y(n-2)=f(n)$，输入 $f(t)=u(k)$，画出输出波形，范围为 0~15。

第 4 章 傅里叶分析

Chapter 4

Jean Baptiste Joseph Fourier(傅里叶, 1768—1830)是法国伟大的数学家、物理学家。1822年在其代表作《热的分析理论》中解决了热在非均匀加热固体中的分布传播问题，对 19 世纪理论物理学的发展产生了重大的影响。正是基于对热的传播和扩散的研究，最终使得傅里叶在现代信号谱分析中的两个重要方面(傅里叶级数展开和傅里叶积分变换)产生了极其深远的影响。

从数学角度考虑，傅里叶分析属于调和级数的范畴，它能将满足一定条件的函数表示成三角函数(正弦和/或余弦函数)或者它们的积分的线性组合。而从通俗的角度理解，傅里叶分析就是把看似杂乱无章的(时域)信号变换成具有频率、幅度和相位三要素的一组正弦(余弦)信号的确定组合。这种变换的目的就是找出这些(频域)基本正弦或余弦信号中振幅较大(能量较高)信号对应的频率，从而找出(时域)信号中主要信号分量的特性。

从应用角度看，傅里叶分析就是把一个信号分解成无数多个正弦波(或者余弦波)信号。但从另外一个角度考虑，是否可以用无数多个正弦波，合成出任何需要的信号？答案是肯定的，但需要满足两个条件，即已知每个正弦波的幅度以及每个正弦波之间的相位差。正因为如此，正弦信号在科学研究和工程应用的大量问题中都起着重要的作用。例如，交流电产生的电压和电流，行星运动的周期，气候的周期性变化等都很自然地用到正弦信号；海浪也可以认为是由不同波长的正弦函数的线性组合形成的；无线电台和广播电视发射的信号基本上也是正弦函数。甚至今天最新的短时 FFT、小波变换等也是以傅里叶变换为其理论基础的。

在不同的研究领域，傅里叶变换具有多种不同的变体形式，如连续傅里叶变换和离散傅里叶变换。

4.1 三角函数系

4.1.1 三角函数

在第 2 章中，曾介绍过函数的一个重要特性——周期性。周期函数反映了客观世界中的周期运动。三角函数系 1, $\cos x$, $\cos 2x$, $\cdots$, $\cos nx$, $\sin x$, $\sin 2x$, $\cdots$, $\sin nx$ 就是一类在科学及工程应用中具有重要作用的周期函数。

在对具有振荡或者振动特征的物理现象建模时，三角函数系是基础建模函数。傅里叶级数展开[也称傅里叶逼近(Fourier Approximation)]为科学研究及工程应用提供了使用三角级数的系统框架。

在本书中，术语正弦曲线(Sinusoid)是指正弦(Sine)函数和余弦(Cosine)函数，至于具体用哪个函数则不作约束，因为它们本质上是相同的(仅差 $\pi/2$ 相位)。下面给出正弦函数的一般描述：

$$f(t)=A_0+C_1\cos(\omega_0 t+\theta) \tag{4.1.1}$$

式(4.1.1)指出，正弦曲线可以用四个参数加以描述，如图4.1.1所示。其中，均值A_0给出曲线相对于横坐标的高度，幅值C_1给出曲线波动的幅度，角频率ω_0描述函数的周期特征，相位或相移则规定正弦曲线在水平方向的平移量。

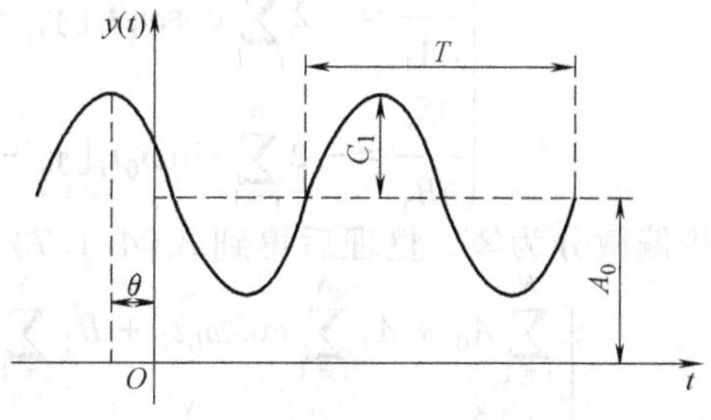

图4.1.1　正弦曲线$f(t)=A_0+C_1\cos(\omega_0 t+\theta)$

虽然式(4.1.1)在数学上可以完全描述一个正弦曲线，但从曲线逼近（或拟合）的角度考虑它还存在不足，因为相位参数包含在余弦函数的参数中。不过根据三角恒等运算$\cos(\omega_0 t+\theta)=\cos\omega_0 t\cos\theta-\sin\omega_0 t\sin\theta$，有

$$\begin{aligned}f(t)&=A_0+C_1\cos(\omega_0 t+\theta)=A_0+C_1(\cos\omega_0 t\cos\theta-\sin\omega_0 t\sin\theta)\\&=A_0+C_1\cos\theta\cos\omega_0 t-C_1\sin\theta\sin\omega_0 t\\&=A_0+A_1\cos\omega_0 t+B_1\sin\omega_0 t\end{aligned} \tag{4.1.2}$$

式中

$$\begin{cases}A_1=C_1\cos\theta\\B_1=-C_1\sin\theta\end{cases} \tag{4.1.3}$$

根据式(4.1.3)，可知函数的相位为

$$\theta=\arctan\left(-\frac{B_1}{A_1}\right) \tag{4.1.4}$$

同理可得

$$C_1=\sqrt{A_1^2+B_1^2} \tag{4.1.5}$$

显而易见，式(4.1.2)是式(4.1.1)的一种变形，但它已经映射成为一般线性最小二乘模型的形式。

注释：线性最小二乘模型的一般形式为

$$y=a_0z_0+a_1z_1+a_2z_2+\cdots+a_mz_m+e \tag{4.1.6}$$

式中，z_0，z_1，z_2，…，z_n是$n+1$个基函数；e为模型与观测值之间的误差，也就是残差。如果选择一组基函数$z_0=1$，$z_1=x_1$，$z_2=x_2$，…，$z_m=x_m$，则式(4.1.6)定义的是线性回归模型；如果基函数选择为$x^i(i=0, 1, 2, \cdots, m)$，即$z_0=x^0=1$，$z_1=x$，$z_2=x^2$，…，$z_m=x^m$，那么式(4.1.6)给出的就是多项式模型。

4.1.2　用正弦函数进行最小二乘拟合

式(4.1.2)可以认为是线性最小二乘模型的一种特例，即

$$y=a_0z_0+a_1z_1+a_2z_2+e=A_0+A_1\cos\omega_0 t+B_1\sin\omega_0 t+e \tag{4.1.7}$$

式中，$z_0=1$，$z_1=\cos\omega_0 t$，$z_2=\sin\omega_0 t$。显然，式(4.1.7)的残差二次方和

$$S_r=\sum_{i=1}^{N}e_i^2=\sum_{i=1}^{N}[y_i-(A_0+A_1\cos\omega_0 t_i+B_1\sin\omega_0 t_i)]^2 \tag{4.1.8}$$

的取值应为最小。其中，N为数据点的总数。

为了确定式(4.1.8)中的系数A_0，A_1和B_1，分别对式(4.1.8)中的每个系数A_0、A_1和B_1取偏微分，有

$$\begin{cases}\dfrac{\partial S_r}{\partial A_0}=-2\sum\limits_{i=1}^{N}[y_i-(A_0+A_1\cos\omega_0t_i+B_1\sin\omega_0t_i)]\\ \dfrac{\partial S_r}{\partial A_1}=-2\sum\limits_{i=1}^{N}\cos\omega_0t_i[y_i-(A_0+A_1\cos\omega_0t_i+B_1\sin\omega_0t_i)]\\ \dfrac{\partial S_r}{\partial B_1}=-2\sum\limits_{i=1}^{N}\sin\omega_0t_i[y_i-(A_0+A_1\cos\omega_0t_i+B_1\sin\omega_0t_i)]\end{cases}\tag{4.1.9}$$

令这些偏微分为零，整理后得到式(4.1.7)的正规方程组如下：

$$\begin{cases}\sum\limits_{i=1}^{N}A_0+A_1\sum\limits_{i=1}^{N}\cos\omega_0t_i+B_1\sum\limits_{i=1}^{N}\sin\omega_0t_i=\sum\limits_{i=1}^{N}y_i\\ A_0\sum\limits_{i=1}^{N}\cos\omega_0t_i+A_1\sum\limits_{i=1}^{N}\cos^2\omega_0t_i+B_1\sum\limits_{i=1}^{N}\cos\omega_0t_i\sin\omega_0t_i=\sum\limits_{i=1}^{N}\cos\omega_0t_iy_i\\ A_0\sum\limits_{i=1}^{N}\sin\omega_0t_i+A_1\sum\limits_{i=1}^{N}\sin\omega_0t_i\cos\omega_0t_i+B_1\sum\limits_{i=1}^{N}\sin^2\omega_0t_i=\sum\limits_{i=1}^{N}\sin\omega_0t_iy_i\end{cases}\tag{4.1.10}$$

将该极小值问题[也即式(4.1.10)]写成矩阵形式，注意到 $\sum\limits_{i=1}^{N}A_0=NA_0$，有

$$\begin{bmatrix}N & \sum\limits_{i=1}^{N}\cos\omega_0t_i & \sum\limits_{i=1}^{N}\sin\omega_0t_i\\ \sum\limits_{i=1}^{N}\cos\omega_0t_i & \sum\limits_{i=1}^{N}\cos^2\omega_0t & \sum\limits_{i=1}^{N}\cos\omega_0t\sin\omega_0t_i\\ \sum\limits_{i=1}^{N}\sin\omega_0t_i & \sum\limits_{i=1}^{N}\cos\omega_0t\sin\omega_0t_i & \sum\limits_{i=1}^{N}\sin^2\omega_0t_i\end{bmatrix}\begin{bmatrix}A_0\\A_1\\B_1\end{bmatrix}=\begin{bmatrix}\sum\limits_{i=1}^{N}y_i\\ \sum\limits_{i=1}^{N}y_i\cos\omega_0t_i\\ \sum\limits_{i=1}^{N}y_i\sin\omega_0t_i\end{bmatrix}\tag{4.1.11}$$

为方便起见，设有 N 个间隔为 Δt 且均匀分布的观测值，总的观测时间为 $T=(N-1)\Delta t$，则可以证明下列平均值：

$$\begin{cases}\dfrac{\sum\limits_{i=1}^{N}\sin\omega_0t}{N}=0\\ \dfrac{\sum\limits_{i=1}^{N}\cos\omega_0t}{N}=0\\ \dfrac{\sum\limits_{i=1}^{N}\sin^2\omega_0t}{N}=\dfrac{1}{2}\\ \dfrac{\sum\limits_{i=1}^{N}\cos^2\omega_0t}{N}=\dfrac{1}{2}\\ \dfrac{\sum\limits_{i=1}^{N}\cos\omega_0t\sin\omega_0t}{N}=0\end{cases}\tag{4.1.12}$$

因此，对于均匀分布的点，正规方程简化为

$$\begin{bmatrix} N & 0 & 0 \\ 0 & N/2 & 0 \\ 0 & 0 & N/2 \end{bmatrix}\begin{bmatrix} A_0 \\ A_1 \\ B_1 \end{bmatrix} = \begin{bmatrix} \sum_{i=1}^{N} y_i \\ \sum_{i=1}^{N} y_i\cos\omega_0 t_i \\ \sum_{i=1}^{N} y_i\sin\omega_0 t_i \end{bmatrix} \tag{4.1.13}$$

由此可解得

$$\begin{bmatrix} A_0 \\ A_1 \\ B_1 \end{bmatrix} = \begin{bmatrix} N & 0 & 0 \\ 0 & N/2 & 0 \\ 0 & 0 & N/2 \end{bmatrix}^{-1}\begin{bmatrix} \sum_{i=1}^{N} y_i \\ \sum_{i=1}^{N} y_i\cos\omega_0 t_i \\ \sum_{i=1}^{N} y_i\sin\omega_0 t_i \end{bmatrix}$$

$$= \begin{bmatrix} 1/N & 0 & 0 \\ 0 & 2/N & 0 \\ 0 & 0 & 2/N \end{bmatrix}\begin{bmatrix} \sum_{i=1}^{N} y_i \\ \sum_{i=1}^{N} y_i\cos\omega_0 t_i \\ \sum_{i=1}^{N} y_i\sin\omega_0 t_i \end{bmatrix} \tag{4.1.14}$$

或

$$\begin{cases} A_0 = \dfrac{1}{N}\sum_{i=1}^{N} y_i \\ A_1 = \dfrac{2}{N}\sum_{i=1}^{N} y_i\cos\omega_0 t_i \\ B_1 = \dfrac{2}{N}\sum_{i=1}^{N} y_i\sin\omega_0 t_i \end{cases} \tag{4.1.15}$$

例 4.1.1 设正弦曲线由函数 $f(t)=A_0+C_1\cos(\omega_0 t+\theta)$ 建模，其中 $\omega_0=2\pi/1.5=4.189$。表 4.1.1 给出该曲线在区间 $t\in(0, 1.35)$ 内等间隔生成的 10 个观测值，间隔 $\Delta t=0.15$。试用最小二乘法确定系数。

表 4.1.1 例 4.1.1 表

t	$f(t)$	$f(t)\cos\omega_0 t$	$f(t)\sin\omega_0 t$
0	2.200	2.200	0.000
0.15	1.595	1.291	0.938
0.30	1.031	0.319	0.980

（续）

t	$f(t)$	$f(t)\cos\omega_0 t$	$f(t)\sin\omega_0 t$
0.45	0.722	−0.223	0.687
0.60	0.786	−0.636	0.462
0.75	1.200	−1.200	0.000
0.90	1.805	−1.460	−1.061
1.05	2.369	−0.732	−2.253
1.20	2.678	0.829	−2.547
1.35	2.614	2.114	−1.536
$\sum_{i=1}^{10}$	17.00	2.502	−4.330

解：根据式(4.1.15)，可计算出

$$A_0=\frac{1}{10}\sum_{i=1}^{10}y_i=\frac{17.000}{10}=1.7$$

$$A_1=\frac{2}{10}\sum_{i=1}^{10}y_i\cos 4.189t_i=\frac{2}{10}\times 2.502\approx 0.5$$

$$B_1=\frac{2}{10}\sum_{i=1}^{10}y_i\sin 4.189t_i=\frac{2}{10}\times(-4.330)\approx -0.866$$

因此，最小二乘法给出的拟合模型为

$$f(t)=1.7+0.5\cos 4.189t-0.866\sin 4.189t$$

另外，由式(4.1.4)和式(4.1.5)可求出

$$\theta=\arctan\left(-\frac{B_1}{A_1}\right)=\arctan\left(-\frac{-0.866}{0.5}\right)=1.047$$

$$C_1=\sqrt{A_1^2+B_1^2}=\sqrt{0.5^2+(-0.866)^2}=1$$

故上式可改写成

$$f(t)=1.7+\cos(4.189t+1.047)$$

上述分析可以推广到一般线性最小二乘模型中。如果选择基函数1，$\cos\omega_0 t$，$\sin\omega_0 t$，$\cos 2\omega_0 t$，$\sin 2\omega_0 t$，…，$\cos m\omega_0 t$，$\sin m\omega_0 t$，则任意函数$f(t)$可以表示为基函数的线性加权组合，即

$$f(t)=A_0+A_1\cos\omega_0 t+B_1\sin\omega_0 t+A_2\cos 2\omega_0 t+B_2\sin 2\omega_0 t+\cdots+A_m\cos m\omega_0 t+B_m\sin m\omega_0 t \tag{4.1.16}$$

对于均匀分布数据，式(4.1.16)中的系数由下列公式计算：

$$\begin{cases}A_0=\dfrac{1}{N}\displaystyle\sum_{i=1}^{N}y_i \\ A_k=\dfrac{2}{N}\displaystyle\sum_{i=1}^{N}y_i\cos k\omega_0 t_i & k=1,2,\cdots,m \\ B_k=\dfrac{2}{N}\displaystyle\sum_{i=1}^{N}y_i\sin k\omega_0 t_i & k=1,2,\cdots,m\end{cases} \tag{4.1.17}$$

综上所述，从回归(即 $N>2m+1$)意义上讲，上述方法显然可以用于数据的拟合或建模；另外，若应用于插值或者配置(Collocation)算法中，则它适用于未知数个数(即 $2m+1$)等于数据点个数(即 N)的情况，即 $N=2m+1$。特别要说明的是，连续时间傅里叶级数展开就采用了这种思想。

4.2　傅里叶级数

4.2.1　两个问题

前一节中曾经指出，在一般线性最小二乘模型中，如果基函数由不同频率分量的正弦函数集

$$1,\ \cos\omega_0 t,\ \sin\omega_0 t,\ \cos 2\omega_0 t,\ \sin 2\omega_0 t,\ \cdots,\ \cos m\omega_0 t,\ \sin m\omega_0 t$$

构成，则函数 $f(t)$ 可以表示为基函数的线性加权组合，即

$$\begin{aligned} f(t) = A_0 + A_1\cos\omega_0 t + B_1\sin\omega_0 t + A_2\cos 2\omega_0 t + B_2\sin 2\omega_0 t + \cdots + \\ A_m\cos m\omega_0 t + B_m\sin m\omega_0 t \end{aligned} \tag{4.2.1}$$

其中，对于均匀分布数据，加权系数由下列公式计算：

$$\begin{cases} A_0 = \dfrac{1}{N}\sum\limits_{i=1}^{N} y_i \\ A_k = \dfrac{2}{N}\sum\limits_{i=1}^{N} y_i\cos k\omega_0 t_i & k = 1,\ 2,\ \cdots,\ m \\ B_k = \dfrac{2}{N}\sum\limits_{i=1}^{N} y_i\sin k\omega_0 t_i & k = 1,\ 2,\ \cdots,\ m \end{cases} \tag{4.2.2}$$

下面先提出两个问题，从而展开傅里叶级数理论。

问题1：哪些函数 $f(t)$ 可以用 $\cos kt$ 和 $\sin kt$ 的加权组合形式描述？

根据欧拉(Euler)公式，$\cos kt$ 和 $\sin kt$ 可以写成复指数函数形式：

$$\begin{cases} \cos kt = \dfrac{1}{2}(\mathrm{e}^{jkt} + \mathrm{e}^{-jkt}) \\ \sin kt = \dfrac{1}{2j}(\mathrm{e}^{jkt} - \mathrm{e}^{-jkt}) \end{cases} \tag{4.2.3}$$

反之，复指数函数 $\mathrm{e}^{\pm jkt}$ 也可以用 $\cos kt$ 和 $\sin kt$ 表示，即

$$\mathrm{e}^{\pm jkt} = \cos kt \pm \mathrm{j}\sin kt \tag{4.2.4}$$

因此，问题1的等价问题就是针对常数 c_k，哪些函数 $f(t)$ 可以用

$$f(t) = \sum_{k=-\infty}^{\infty} c_k \mathrm{e}^{jkt} \tag{4.2.5}$$

进行描述？

首先，注意到式(4.2.5)中对于每个整数 k，$\mathrm{e}^{jkt} = \cos kt + \mathrm{j}\sin kt$ 是以 2π 为周期的，所以等式右端必然是以 2π 为周期的。除非 $f(t)$ 以 2π 为周期，否则不可能用式(4.2.5)描述 $f(t)$。另一方面，一个已知的结论(后面将要讨论)告诉我们，每个以 2π 为周期的充分连续的函数都可以用式(4.2.5)表示。

问题2：假设已知某一特殊函数 $f(t)$ 可以用式(4.2.5)表示，那么系数 c_k 的值是什么？

解决这个问题并不困难，但需要一点技巧。因为式(4.2.5)是一个涉及无穷多个未知数(c_k)，且由无穷多个方程(每个时间 t 对应一个方程)构成的系统，如若对于每一个未知数，设法将该系统化简为一个简单方程，则问题就变得可解了。例如，假设求解 c_q，q 是整数(例如 $q=21$，则 $c_q\big|_{q=21}=c_{21}$)，当 $k\neq q$ 时可以利用如下关系：

$$\int_{-\pi}^{\pi}\mathrm{e}^{\mathrm{j}kt}\mathrm{e}^{-\mathrm{j}qt}\mathrm{d}t=\int_{-\pi}^{\pi}\mathrm{e}^{\mathrm{j}(k-q)t}\mathrm{d}t=\frac{1}{\mathrm{j}(k-q)}\mathrm{e}^{\mathrm{j}(k-q)t}\bigg|_{-\pi}^{\pi}=\frac{1}{\mathrm{j}(k-q)}[\mathrm{e}^{\mathrm{j}(k-q)\pi}-\mathrm{e}^{-\mathrm{j}(k-q)\pi}]$$

因为

$$\mathrm{e}^{\mathrm{j}(k-q)\pi}/\mathrm{e}^{-\mathrm{j}(k-q)\pi}=\mathrm{e}^{\mathrm{j}(k-q)2\pi}=1$$

故对于任意整数 k，有

$$\mathrm{e}^{\mathrm{j}(k-q)\pi}=\mathrm{e}^{-\mathrm{j}(k-q)\pi}$$

因此

$$\int_{-\pi}^{\pi}\mathrm{e}^{\mathrm{j}kt}\mathrm{e}^{-\mathrm{j}qt}\mathrm{d}t=\int_{-\pi}^{\pi}\mathrm{e}^{\mathrm{j}(k-q)t}\mathrm{d}t=0 \tag{4.2.6}$$

由此可见，利用式(4.2.6)可以从式(4.2.5)中消去所有 $k\neq q$ 的 c_k 项。要做到这一点，可将式(4.2.5)等式两端同乘 $\mathrm{e}^{-\mathrm{j}qt}$，并从 $-\pi$ 到 π 求积分，即

$$\int_{-\pi}^{\pi}f(t)\mathrm{e}^{-\mathrm{j}qt}\mathrm{d}t=\sum_{k=-\infty}^{\infty}c_k\int_{-\pi}^{\pi}\mathrm{e}^{\mathrm{j}kt}\mathrm{e}^{-\mathrm{j}qt}\mathrm{d}t \tag{4.2.7}$$

由式(4.2.6)可知，式(4.2.7)的等式右端对于 $k\neq q$ 的所有项都为0，因此，当 $k=q$ 时，有

$$\int_{-\pi}^{\pi}f(t)\mathrm{e}^{-\mathrm{j}qt}\mathrm{d}t=c_q\int_{-\pi}^{\pi}\mathrm{e}^{\mathrm{j}qt}\mathrm{e}^{-\mathrm{j}qt}\mathrm{d}t=c_q\int_{-\pi}^{\pi}\mathrm{d}t=2\pi c_q$$

这是一个带有一个未知数 c_q 的简单方程，解出 c_q 为

$$c_q=\frac{1}{2\pi}\int_{-\pi}^{\pi}f(t)\mathrm{e}^{-\mathrm{j}qt}\mathrm{d}t$$

依此类推，若用任意整数 k 置换 q，则有

$$c_k=\frac{1}{2\pi}\int_{-\pi}^{\pi}f(t)\mathrm{e}^{-\mathrm{j}kt}\mathrm{d}t \tag{4.2.8}$$

现在，已经求出式(4.2.5)中全部的(傅里叶级数)系数，并且可以回答问题1了。

4.2.2　周期函数的傅里叶级数

在针对不同类型的函数构建它们的傅里叶级数展开之前，需要首先说明什么是分段连续函数。

分段连续函数是指，如果一个函数 $f(t)$ 除去一些跳变的不连续点之外处处连续，则这个函数就是分段连续的。例如图4.2.1所示函数 $f(t)$ 除去 $t=1$ 和 $t=2.5$ 两点，其他点都处处连续。

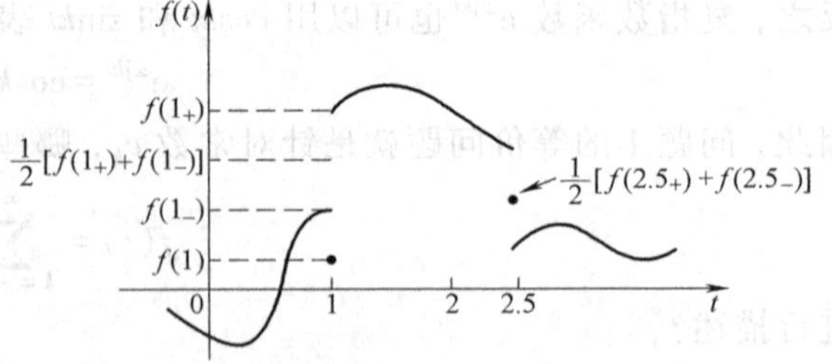

图 4.2.1　分段连续函数

如果一个函数 $f(t)$ 在 t_0 处存在跳变点，则需要定义从 t_0 左边和 t_0 右边逼近 t_0 时的 $f(t)$ 的取值，这些值分别是 $f(t_{0_-})=\lim\limits_{t\to t_{0_-}}f(t)$ 和 $f(t_{0_+})=\lim\limits_{t\to t_{0_+}}f(t)$。如果函数 $f(t)$ 在 t_0 处是连续的，则 $f(t_0)=f(t_{0_+})=f(t_{0_-})$。然而在跳变点处，$f(t_0)\neq f(t_{0_+})\neq f(t_{0_-})$。比如图4.2.1中，$f(1)$ 就不等于 $f(1_+)$ 和 $f(1_-)$。另一方面，函数

$f(t)$在跳变点的值有时用跳变点的中点值代替，也就是取$f(t_0)=\frac{1}{2}[f(t_{0_+})+f(t_{0_-})]$，在图 4.2.1 中，$t_0=2.5$ 处就是这种情况。

定理 4.2.1(傅里叶级数) 如果$f(t)$是以 2π 为周期的周期函数，若令$f(t)$及$\frac{df(t)}{dt}$在$[-\pi,\ \pi]$区间内分段连续，则对所有$-\infty<t<\infty$，当且仅当

$$c_k=\frac{1}{2\pi}\int_{-\pi}^{\pi}f(t)e^{-jkt}dt \tag{4.2.9}$$

时，对所有整数 k 存在

$$\sum_{k=-\infty}^{\infty}c_k e^{jkt}=\begin{cases}f(t) & f(t)\text{ 对所有 }t\text{ 连续}\\ \dfrac{f(t_+)+f(t_-)}{2} & \text{其他}\end{cases} \tag{4.2.10}$$

式(4.2.9)中的系数 c_k 一般为复常数，称为函数$f(t)$的指数型傅里叶系数，而式(4.2.10)则称为函数$f(t)$的指数型傅里叶级数。

例 4.2.1 函数$f(t)$的图形如图 4.2.2 所示，试确定其傅里叶级数的系数。

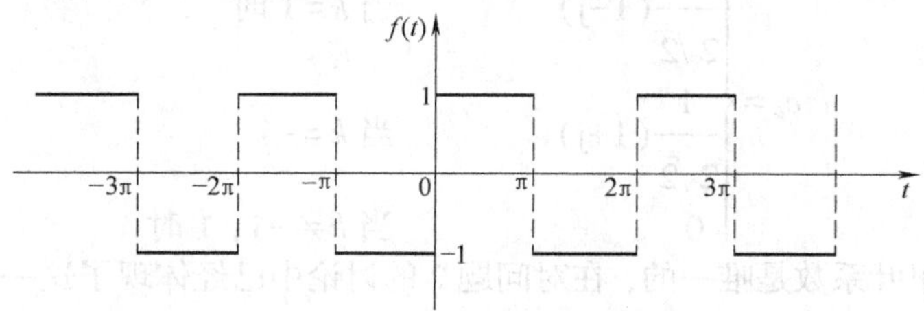

图 4.2.2 函数$f(t)$的图形

解：根据傅里叶级数理论有

$$c_k=\frac{1}{2\pi}\int_{-\pi}^{\pi}f(t)e^{-jkt}dt=\frac{1}{2\pi}\int_{0}^{\pi}e^{-jkt}dt+\frac{1}{2\pi}\int_{-\pi}^{0}(-1)e^{-jkt}dt$$

对于 $k=0$，则

$$c_k=\frac{1}{2\pi}\int_{0}^{\pi}dt-\frac{1}{2\pi}\int_{-\pi}^{0}dt=\frac{1}{2\pi}\pi-\frac{1}{2\pi}\pi=0$$

对于 $k\neq0$，则

$$c_k=\frac{1}{2\pi}\left[\frac{1}{-jk}e^{-jkt}\right]\Bigg|_{0}^{\pi}-\frac{1}{2\pi}\left[\frac{1}{-jk}e^{-jkt}\right]\Bigg|_{-\pi}^{0}=\frac{j}{2k\pi}\left[e^{-jk\pi}-1-1+e^{-jk(-\pi)}\right]$$

因为 $e^{jk\pi}$ 和 $e^{-jk\pi}$ 在当 k 为奇数时值为-1，当 k 为偶数时值为 1，所以

$$c_k=\begin{cases}-\dfrac{2}{k\pi}j & \text{当 }k\text{ 为奇数时}\\ 0 & \text{当 }k\text{ 为偶数时}\end{cases}$$

根据式(4.2.10)，$f(t)$的傅里叶级数展开为

$$f(t)=\sum_{k=-\infty}^{\infty}c_k e^{jkt}=\sum_{k=-\infty}^{\infty}\frac{2}{k\pi j}e^{jkt},\quad k\text{ 是奇数}$$

例 4.2.2　$f(t)=\sin\left(t+\dfrac{\pi}{4}\right)$是以 2π 为周期的函数，所以它有傅里叶级数展开式。试讨论傅里叶系数的计算方法。

解：如果根据傅里叶级数的系数公式直接求傅里叶系数 c_k，需要计算如下积分：

$$c_k=\frac{1}{2\pi}\int_{-\pi}^{\pi}f(t)\mathrm{e}^{-\mathrm{j}kt}\mathrm{d}t=\frac{1}{2\pi}\int_{-\pi}^{\pi}\sin\left(t+\frac{\pi}{4}\right)\mathrm{e}^{-\mathrm{j}kt}\mathrm{d}t$$

但若利用欧拉公式，将$f(t)$转换成复指数描述，则有

$$f(t)=\frac{1}{2\mathrm{j}}\left[\mathrm{e}^{\mathrm{j}\left(t+\frac{\pi}{4}\right)}-\mathrm{e}^{-\mathrm{j}\left(t+\frac{\pi}{4}\right)}\right]=\frac{1}{2\mathrm{j}}\mathrm{e}^{\mathrm{j}\frac{\pi}{4}}\mathrm{e}^{\mathrm{j}t}-\frac{1}{2\mathrm{j}}\mathrm{e}^{-\mathrm{j}\frac{\pi}{4}}\mathrm{e}^{-\mathrm{j}t}=\frac{1}{2\mathrm{j}}\frac{1}{\sqrt{2}}(1+\mathrm{j})\mathrm{e}^{\mathrm{j}t}-\frac{1}{2\mathrm{j}}\frac{1}{\sqrt{2}}(1-\mathrm{j})\mathrm{e}^{-\mathrm{j}t}$$

$$=\frac{1}{2\sqrt{2}}(1-\mathrm{j})\mathrm{e}^{\mathrm{j}t}+\frac{1}{2\sqrt{2}}(1+\mathrm{j})\mathrm{e}^{-\mathrm{j}t}$$

与傅里叶系数公式[式(4.2.9)]比较，可见上式右端已经成为典型的指数型傅里叶级数展开，即$f(t)=\sum\limits_{k=-\infty}^{\infty}c_k\mathrm{e}^{\mathrm{j}kt}$ 的形式，故其系数为

$$c_k=\begin{cases}\dfrac{1}{2\sqrt{2}}(1-\mathrm{j}) & \text{当 } k=1 \text{ 时}\\[2ex] \dfrac{1}{2\sqrt{2}}(1+\mathrm{j}) & \text{当 } k=-1\\[2ex] 0 & \text{当 } k\neq -1,\ 1 \text{ 时}\end{cases}$$

周期函数的傅里叶系数是唯一的，在对问题 2 的讨论中已经体现了这一点。本例中利用欧拉公式直接得到了$f(t)=\sin\left(t+\dfrac{\pi}{4}\right)$的傅里叶级数展开，自然没有必要再应用系数公式计算积分了。

讨论题 4.2.3　设函数

$$f(t)=\sum_{k=-\infty}^{\infty}c_k\mathrm{e}^{\mathrm{j}kt}\tag{4.2.11}$$

对所有$-\infty<t<\infty$ 均为实数。据此可以得到关于傅里叶系数 c_k 的什么结论呢？

一个数当且仅当与其复数共轭相同时才是实数。因此若$f(t)$是实数，则当且仅当$f(t)=f^*(t)$。若在式(4.2.11)中代入$f(t)=f^*(t)$，则可知当且仅当

$$\sum_{k=-\infty}^{\infty}c_k\mathrm{e}^{\mathrm{j}kt}=\sum_{k=-\infty}^{\infty}c_k^*\mathrm{e}^{-\mathrm{j}kt}=\sum_{k=-\infty}^{\infty}c_{-k}^*\mathrm{e}^{\mathrm{j}kt}\tag{4.2.12}$$

$f(t)$为实数。

式(4.2.12)中第二个等式右端的和式中用 k 替代了$-k$，这样做是合理的，因为 k 遍历了从$-\infty$ 到∞ 上所有的整数，而$-k$ 也遍历了所有整数。由于傅里叶系数的唯一性(定理 4.2.1 中的“必要仅当”部分)，对所有 k 值当且仅当 $c_k=c_{-k}^*$，也就是 c_k 和 c_{-k}是复数共轭对时，式(4.2.12)中的后两个求和式对所有 t 才是相等的。

结论：对所有$-\infty<t<\infty$，$f(t)$是实数等价于对所有整数$-\infty<k<\infty$，有 $c_k=c_{-k}^*$。

例如

$$\sin t=\frac{1}{2\mathrm{j}}[\mathrm{e}^{\mathrm{j}t}-\mathrm{e}^{-\mathrm{j}t}]=\sum_{k=-\infty}^{\infty}c_k\mathrm{e}^{\mathrm{j}kt}\text{，其中 } c_k=\begin{cases}\dfrac{1}{2\mathrm{j}} & \text{当 } k=1 \text{ 时}\\ -\dfrac{1}{2\mathrm{j}} & \text{当 } k=-1 \text{ 时}\\ 0 & \text{其他}\end{cases}$$

是一个实值函数并且 c_1 和 c_{-1} 是复数共轭对。

讨论题 4.2.4　函数

$$f(t)=\sum_{k=-\infty}^{\infty}c_k\mathrm{e}^{\mathrm{j}kt} \tag{4.2.13}$$

是以 2π 为周期的周期函数。假定它也是以 π 为周期的周期函数（例如函数 $\cos 2t$ 既以 2π 为周期也以 π 为周期）。据此可以得到关于傅里叶系数 c_k 的什么结论呢？

在式(4.2.13)中代入 $f(t)=f(t+\pi)$，则可知当且仅当

$$\sum_{k=-\infty}^{\infty}c_k\mathrm{e}^{\mathrm{j}kt}=\sum_{k=-\infty}^{\infty}c_k\mathrm{e}^{\mathrm{j}k(t+\pi)}=\sum_{k=-\infty}^{\infty}(c_k\mathrm{e}^{\mathrm{j}k\pi})\mathrm{e}^{\mathrm{j}kt} \tag{4.2.14}$$

函数 $f(t)$ 是 π 周期函数。

由于傅里叶系数的唯一性，对所有 k 值当且仅当 $c_k=c_k\mathrm{e}^{\mathrm{j}k\pi}$ 时，式(4.2.14)中的两个求和式对所有 t 才是相等的。因此，当 k 是偶数时，$\mathrm{e}^{\mathrm{j}k\pi}=1$ 及 $c_k=c_k\mathrm{e}^{\mathrm{j}k\pi}$ 显然成立。但是当 k 为奇数时，$\mathrm{e}^{\mathrm{j}k\pi}=-1$ 并且只有当 $c_k=0$ 时 $c_k=c_k\mathrm{e}^{\mathrm{j}k\pi}$ 才成立。

结论：$f(t)$ 是 π 周期函数等价于对所有的奇数 k 有 $c_k=0$。

例如

$$\cos 2t=\frac{1}{2}[\mathrm{e}^{\mathrm{j}2t}+\mathrm{e}^{-\mathrm{j}2t}]=\sum_{k=-\infty}^{\infty}c_k\mathrm{e}^{\mathrm{j}kt}\text{，其中 } c_k=\begin{cases}1/2 & \text{当 } k=\pm 2 \text{ 时}\\ 0 & \text{其他}\end{cases}$$

显然对所有奇数 k 有 $c_k=0$。

4.2.3　2*l* 周期函数和三角型傅里叶级数

利用定理 4.2.1，可以容易地得到一些推论。在这些推论中，假设函数 $f(t)$ 及其一阶导数 $\frac{\mathrm{d}f(t)}{\mathrm{d}t}$ 是分段连续的，且对所有 t 有 $f(t)=\frac{f(t_+)+f(t_-)}{2}$。

推论 1　2*l* 周期函数

2π 周期函数（傅里叶级数）的结论（定理 4.2.1）可以推广到 $2l(l>0)$ 周期函数上。这只需要在 2π 周期函数的傅里叶级数定理中将变量 t 重新命名为 τ，并且令 $\tau=\frac{\pi}{l}t$，则有

$$f(t)=\sum_{k=-\infty}^{\infty}c_k\mathrm{e}^{\mathrm{j}k\frac{\pi}{l}t}=\sum_{k=-\infty}^{\infty}c_k\mathrm{e}^{\mathrm{j}k\omega_0 t} \tag{4.2.15}$$

其中

$$c_k=\frac{1}{2l}\int_{-l}^{l}f(t)\mathrm{e}^{-\mathrm{j}k\frac{\pi}{l}t}\mathrm{d}t=\frac{1}{2l}\int_{-l}^{l}f(t)\mathrm{e}^{-\mathrm{j}k\omega_0 t}\mathrm{d}t \tag{4.2.16}$$

式中，ω_0 是函数的基波角频率，$\omega_0=\frac{\pi}{l}$。

证明上述结论并不困难，因为有 $e^{jk\frac{\pi}{l}(t+2l)}=e^{jk\frac{\pi}{l}t}e^{j2k\pi}=e^{jk\frac{\pi}{l}t}$，所以 $e^{jk\tau t}=e^{jk\frac{\pi}{l}t}$的周期为 $2l$。至于式(4.2.16)中的系数 c_k，可以用下式直接得到：

$$\int_{-l}^{l} e^{jk\frac{\pi}{l}t}e^{-jm\frac{\pi}{l}t}dt=\begin{cases}2l & \text{当 } k=m \text{ 时}\\ 0 & \text{当 } k\neq m \text{ 时}\end{cases}$$

用同样的方法也可以推导出式(4.2.8)。

推论 2　三角型(正弦和余弦)傅里叶级数

式(4.2.15)和式(4.2.16)给出的复指数型傅里叶级数形式可以利用欧拉公式直接将其转换为正弦和余弦函数型的三角级数。

对 $e^{jk\frac{\pi}{l}t}$应用欧拉公式，有

$$e^{jk\frac{\pi}{l}t}=\cos\left(\frac{k\pi t}{l}\right)+j\sin\left(\frac{k\pi t}{l}\right)$$

将上式代入式(4.2.15)，得到

$$f(t)=\sum_{k=-\infty}^{\infty}c_k e^{jk\frac{\pi}{l}t}=\sum_{k=-\infty}^{\infty}c_k\left[\cos\left(\frac{k\pi t}{l}\right)+j\sin\left(\frac{k\pi t}{l}\right)\right]$$

当 $k=0$ 时，和式为

$$c_0\left[\cos\left(\frac{0\pi t}{l}\right)+j\sin\left(\frac{0\pi t}{l}\right)\right]=c_0$$

当 $k=\pm1$ 时，因为 $\cos\left(-\frac{\pi t}{l}\right)=\cos\left(\frac{\pi t}{l}\right)$ 和 $\sin\left(-\frac{\pi t}{l}\right)=-\sin\left(\frac{\pi t}{l}\right)$，故有

$$c_1\left[\cos\left(\frac{\pi t}{l}\right)+j\sin\left(\frac{\pi t}{l}\right)\right]+c_{-1}\left[\cos\left(-\frac{\pi t}{l}\right)+j\sin\left(-\frac{\pi t}{l}\right)\right]$$

$$=[c_1+c_{-1}]\cos\left(\frac{\pi t}{l}\right)+j[c_1-c_{-1}]\sin\left(\frac{\pi t}{l}\right)$$

同理，当 $k=\pm2$ 时，有

$$c_2\left[\cos\left(\frac{2\pi t}{l}\right)+j\sin\left(\frac{2\pi t}{l}\right)\right]+c_{-2}\left[\cos\left(-\frac{2\pi t}{l}\right)+j\sin\left(-\frac{2\pi t}{l}\right)\right]$$

$$=[c_2+c_{-2}]\cos\left(\frac{2\pi t}{l}\right)+j[c_2-c_{-2}]\sin\left(\frac{2\pi t}{l}\right)$$

依此类推，可以得到

$$f(t)=c_0+[c_1+c_{-1}]\cos\left(\frac{\pi t}{l}\right)+j[c_1-c_{-1}]\sin\left(\frac{\pi t}{l}\right)+$$
$$[c_2+c_{-2}]\cos\left(\frac{2\pi t}{l}\right)+j[c_2-c_{-2}]\sin\left(\frac{2\pi t}{l}\right)+\cdots \tag{4.2.17}$$

对式(4.2.17)中的系数，若令

$$\begin{cases}c_0=\dfrac{a_0}{2}\\ a_k=[c_k+c_{-k}] & k=1,2,\cdots\\ b_k=j[c_k-c_{-k}] & k=1,2,\cdots\end{cases} \tag{4.2.18}$$

注意，式(4.2.18)中并未规定 c_k 和 c_{-k} 必须为实数，因此 b_k 可能为实数。将式(4.2.18)中的系数代入式(4.2.17)，得到

$$f(t)=\frac{a_0}{2}+\sum_{k=1}^{\infty}\left[a_k\cos\left(\frac{k\pi t}{l}\right)+b_k\sin\left(\frac{k\pi t}{l}\right)\right] \tag{4.2.19}$$

式(4.2.19)称为函数 $f(t)$ 的三角型傅里叶级数，其中系数 a_0，a_k，b_k 称为函数 $f(t)$ 的三角型傅里叶系数。这些系数(包括 a_0，因为 $a_0=2c_0$)可由下式得到：

$$\begin{cases}a_k=c_k+c_{-k}=\dfrac{1}{2l}\displaystyle\int_{-l}^{l}f(t)\left[\mathrm{e}^{-\mathrm{j}k\frac{\pi}{l}t}+\mathrm{e}^{\mathrm{j}k\frac{\pi}{l}t}\right]\mathrm{d}t=\dfrac{1}{l}\displaystyle\int_{-l}^{l}f(t)\cos\left(\dfrac{k\pi t}{l}\right)\mathrm{d}t\\ b_k=\mathrm{j}[c_k-c_{-k}]=\dfrac{1}{2l}\displaystyle\int_{-l}^{l}f(t)\mathrm{j}\left[\mathrm{e}^{-\mathrm{j}k\frac{\pi}{l}t}-\mathrm{e}^{\mathrm{j}k\frac{\pi}{l}t}\right]\mathrm{d}t=\dfrac{1}{l}\displaystyle\int_{-l}^{l}f(t)\sin\left(\dfrac{k\pi t}{l}\right)\mathrm{d}t\end{cases} \tag{4.2.20}$$

例 4.2.5　求周期函数 $f(t)=\cos^2 t$ 的傅里叶级数展开。

解：利用标准三角恒等式，$f(t)=\cos^2 t$ 可写成

$$f(t)=\cos^2 t=\frac{1}{2}+\frac{1}{2}\cos 2t$$

容易看出，等式右边是形如 $\dfrac{a_0}{2}+\sum\limits_{k=1}^{\infty}a_k\cos kt$ 的傅里叶余弦级数展开式，其中 $a_0=1$，$a_2=1/2$，并且其他 $a_k=0$。与复数情况一样，实数傅里叶展开式的系数也是唯一确定的。因此上式等式右边是 $f(t)=\cos^2 t$ 的傅里叶余弦级数展开式。

例 4.2.6　求函数

$$f(x)=\begin{cases}1 & -\pi<x<0\\ x & 0<x<\pi\end{cases}$$

的傅里叶级数展开。

解：函数 $f(x)$ 的波形如图 4.2.3 所示。注意到 $l=\pi$，由式(4.2.20)分别可求出系数

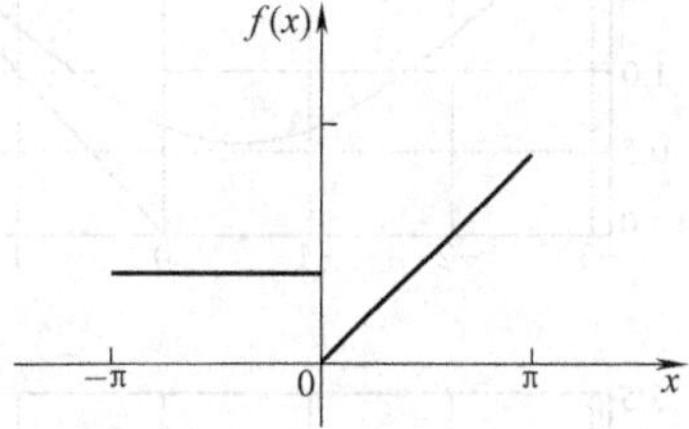

图 4.2.3　函数 $f(x)$ 的波形

$$a_0=\frac{1}{l}\int_{-l}^{l}f(x)\mathrm{d}x=\frac{1}{\pi}\int_{-\pi}^{\pi}f(x)\mathrm{d}x=\frac{1}{\pi}\int_{-\pi}^{0}\mathrm{d}x+\frac{1}{\pi}\int_{0}^{\pi}x\mathrm{d}x$$

$$=1+\frac{\pi}{2}$$

$$a_k=\frac{1}{l}\int_{-l}^{l}f(x)\cos\left(\frac{k\pi x}{l}\right)\mathrm{d}x$$

$$=\frac{1}{\pi}\int_{-\pi}^{\pi}f(x)\cos kx\mathrm{d}x=\frac{1}{\pi}\int_{-\pi}^{0}\cos kx\mathrm{d}x+\frac{1}{\pi}\int_{0}^{\pi}x\cos kx\mathrm{d}x$$

$$=\frac{1}{k\pi}\sin kx\Big|_{-\pi}^{0}+\frac{1}{\pi}\left[\frac{x}{k}\sin kx\right]\Big|_{0}^{\pi}-\frac{1}{k\pi}\int_{0}^{\pi}\sin kx\mathrm{d}x$$

$$=\frac{1}{k^2\pi}\cos kx\Big|_{0}^{\pi}=\frac{1}{k^2\pi}(\cos k\pi-1)=\frac{(-1)^k-1}{k^2\pi}$$

式中，$\cos k\pi=(-1)^k$。

$$b_k=\frac{1}{l}\int_{-l}^{l}f(x)\sin\left(\frac{k\pi x}{l}\right)\mathrm{d}x=\frac{1}{\pi}\int_{-\pi}^{\pi}f(x)\sin kx\mathrm{d}x=\frac{1}{\pi}\int_{-\pi}^{0}\sin kx\mathrm{d}x+\frac{1}{\pi}\int_{0}^{\pi}x\sin kx\mathrm{d}x$$

$$=\frac{(-1)^k(1-\pi)-1}{k\pi}$$

因此，函数$f(x)$的傅里叶三角级数展开为

$$f(x)=\frac{1}{2}+\frac{\pi}{4}+\sum_{k=1}^{\infty}\frac{(-1)^k-1}{k^2\pi}\cos kx+\sum_{k=1}^{\infty}\frac{(-1)^k(1-\pi)-1}{k\pi}\sin kx$$

如果用上式中的有限求和项

$$S_N(x)=\frac{1}{2}+\frac{\pi}{4}+\sum_{k=1}^{N}\frac{(-1)^k-1}{k^2\pi}\cos kx+\sum_{k=1}^{N}\frac{(-1)^k(1-\pi)-1}{k\pi}\sin kx$$

作为逼近函数[逼近函数$f(x)$]，则级数包含的项越多，其逼近函数$S_N(x)$对于信号$f(x)$的近似就越好。图 4.2.4 是当N取 1、5、18 和 50 时$f(x)$的傅里叶三角级数逼近。本例又一次证明，随着N的增加，函数$f(x)$的连续点近似越来越逼近$f(x)$的波形，但在$f(x)$的不连续点$x=0$处，傅里叶级数逼近中点 0.5。

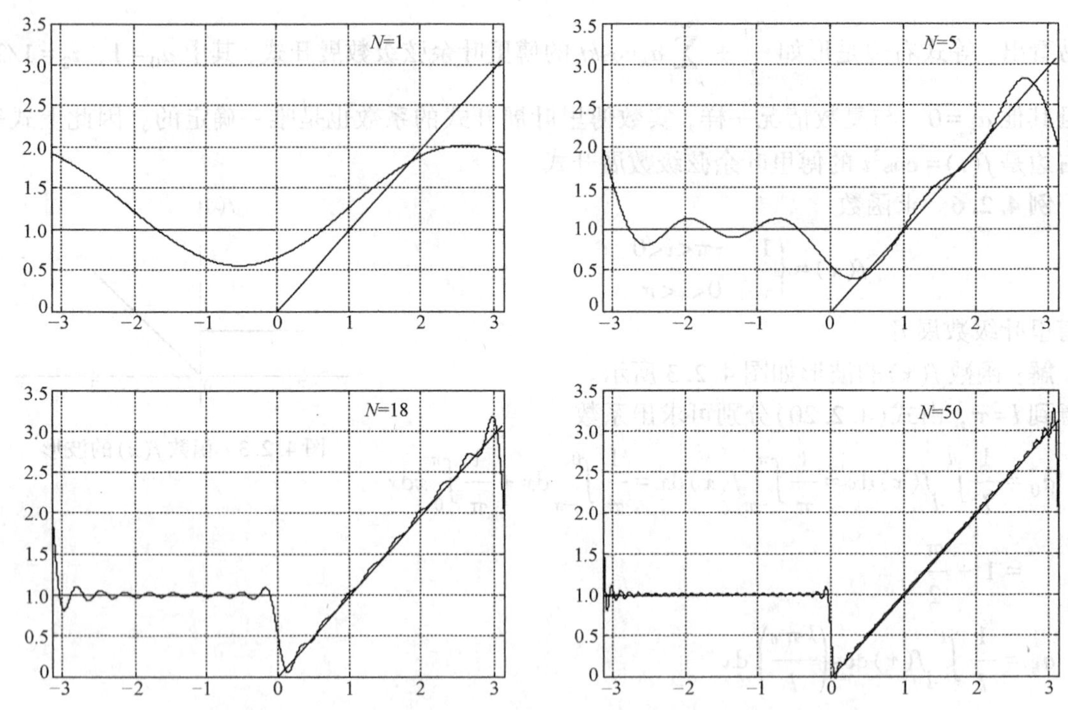

图 4.2.4　当N取 1、5、18 和 50 时$f(x)$的傅里叶三角级数逼近

4.2.4　物理建模与傅里叶级数

在为绝缘细长杆或者金属丝的热传导问题建模时，假定长度为L的杆放置于x轴上且$0<x<l$。沿着杆的长度方向的温度通常是随着位置x和时间t变化。问题是给定沿着杆的初始温度$u(x, 0)$ $f(x)$后确定$u(x, t)$，例如杆的一端热而另外一端冷，于是热将从热的一端流向冷的一端，如果希

望求解 1h 内的温度分布，则解法之一就是需要在非对称区间 $0<x<l$ 上的展开式

$$f(x)=\sum_{k=1}^{\infty}b_k\sin\frac{k\pi x}{l}$$

显然，上式符合傅里叶正弦级数形式。

4.3　傅里叶系数的对称性

4.3.1　傅里叶系数的奇偶性

由式(4.2.15)和式(4.2.16)可知，$2l$ 周期函数 $f(t)$ 的复指数傅里叶系数为

$$c_k=\frac{1}{2l}\int_{-l}^{l}f(t)\,\mathrm{e}^{-\mathrm{j}k\frac{\pi}{l}t}\mathrm{d}t \tag{4.3.1}$$

对式(4.3.1)运用欧拉公式，即可获得 $f(t)$ 的三角傅里叶级数展开式的系数 a_k 和 b_k 为

$$\begin{cases}a_k=c_k+c_{-k}=\dfrac{1}{l}\displaystyle\int_{-l}^{l}f(t)\cos\left(\frac{k\pi t}{l}\right)\mathrm{d}t\\ b_k=\mathrm{j}(c_k-c_{-k})=\dfrac{1}{l}\displaystyle\int_{-l}^{l}f(t)\sin\left(\frac{k\pi t}{l}\right)\mathrm{d}t\end{cases} \tag{4.3.2}$$

比较式(4.3.1)和式(4.3.2)，显见复指数傅里叶系数 c_k 和三角傅里叶系数 a_k 及 b_k 之间存在如下关系：

$$\begin{cases}c_k=\dfrac{1}{2}(a_k-\mathrm{j}b_k)\\ c_{-k}=\dfrac{1}{2}(a_k+\mathrm{j}b_k)\end{cases} \tag{4.3.3}$$

另一方面(见讨论题 4.2.3)，当 $f(t)$ 是实函数时已知其复指数傅里叶系数对所有整数($-\infty<k<\infty$)满足

$$c_k=c_{-k}^{*} \tag{4.3.4}$$

将式(4.3.4)写成极坐标形式，有

$$c_k=|c_k|\,\mathrm{e}^{\mathrm{j}\theta_k} \tag{4.3.5}$$

式(4.3.5)中系数 c_k 的模 $|c_k|$ 由式(4.3.3)可以直接得出，即

$$|c_k|=|c_{-k}|=\frac{1}{2}\sqrt{a_k^2+b_k^2} \tag{4.3.6}$$

而其相位 θ_k 为

$$\theta_k=\arctan\left(\frac{-b_k}{a_k}\right)=-\arctan\left(\frac{b_k}{a_k}\right)$$

同理，系数 c_{-k} 的相位 θ_{-k} 则为

$$\theta_{-k}=\arctan\left(\frac{b_k}{a_k}\right)$$

显然，c_k 的相位 θ_k 与 c_{-k} 的相位 θ_{-k} 存在如下关系：

$$\theta_k=-\theta_{-k} \tag{4.3.7}$$

由式(4.3.6)及式(4.3.7)给出的结果可知，对于实函数$f(t)$，其傅里叶系数的幅度是k的偶函数，即$|c_k|=|c_{-k}|$；而傅里叶系数的相位是k的奇函数，即$\theta_k=-\theta_{-k}$。

4.3.2 函数$f(t)$的奇、偶对称性

如果针对$2l$周期函数$f(t)$的复指数傅里叶系数$c_k=\dfrac{1}{2l}\displaystyle\int_{-l}^{l}f(t)\mathrm{e}^{-\mathrm{j}k\frac{\pi}{l}t}\mathrm{d}t$，代入$\mathrm{e}^{-\mathrm{j}k\frac{\pi}{l}t}=\cos\left(\dfrac{k\pi t}{l}\right)-\mathrm{j}\sin\left(\dfrac{k\pi t}{l}\right)$，则有

$$\begin{aligned}c_k&=\frac{1}{2l}\int_{-l}^{l}f(t)\mathrm{e}^{-\mathrm{j}k\frac{\pi}{l}t}\mathrm{d}t=\frac{1}{2l}\int_{-l}^{l}f(t)\left[\cos\left(\frac{k\pi t}{l}\right)-\mathrm{j}\sin\left(\frac{k\pi t}{l}\right)\right]\mathrm{d}t\\&=\frac{1}{2l}\int_{-l}^{l}f(t)\cos\left(\frac{k\pi t}{l}\right)\mathrm{d}t-\frac{\mathrm{j}}{2l}\int_{-l}^{l}f(t)\sin\left(\frac{k\pi t}{l}\right)\mathrm{d}t\end{aligned} \tag{4.3.8}$$

当$f(t)$为实函数时，式(4.3.8)中的第一项是复指数傅里叶系数c_k的实部，第二项是c_k的虚部。如果信号$f(t)$同时又是奇函数[满足$f(-t)=-f(t)$]，显然第一项中的$f(t)\cos(k\pi t/l)$是奇函数，而第二项中的$f(t)\sin(k\pi t/l)$是偶函数，在这种情况下容易证明对所有k有

$$a_k=\frac{1}{l}\int_{-l}^{l}f(t)\cos\left(\frac{k\pi t}{l}\right)\mathrm{d}t=0$$

和

$$b_k=\frac{1}{l}\int_{-l}^{l}f(t)\sin\left(\frac{k\pi t}{l}\right)\mathrm{d}t=\frac{2}{l}\int_{0}^{l}f(t)\sin\left(\frac{k\pi t}{l}\right)\mathrm{d}t$$

因此，如果$f(t)$是$2l$周期的且为奇函数，那么它的三角型傅里叶级数展开就可简化为

$$f(t)=\sum_{k=1}^{\infty}b_k\sin\left(\frac{k\pi t}{l}\right) \tag{4.3.9}$$

式中

$$b_k=\frac{2}{l}\int_{0}^{l}f(t)\sin\left(\frac{k\pi t}{l}\right)\mathrm{d}t \tag{4.3.10}$$

上述结果说明，当函数$f(t)$是实函数且为奇时，其傅里叶系数是虚数且为奇。

同理，如果$f(t)$是偶函数[满足$f(-t)=f(t)$]，显然第一项中的$f(t)\cos(k\pi t/l)$是偶函数，而第二项中的$f(t)\sin(k\pi t/l)$是奇函数，同样可证明对所有k有

$$b_k=\frac{1}{l}\int_{-l}^{l}f(t)\sin\left(\frac{k\pi t}{l}\right)\mathrm{d}t=0$$

和

$$a_k=\frac{1}{l}\int_{-l}^{l}f(t)\cos\left(\frac{k\pi t}{l}\right)\mathrm{d}t=\frac{2}{l}\int_{0}^{l}f(t)\cos\left(\frac{k\pi t}{l}\right)\mathrm{d}t$$

因此，如果$f(t)$是$2l$周期的且为偶函数，那么它的三角型傅里叶级数展开就可简化为

$$f(t)=\frac{a_0}{2}+\sum_{k=1}^{\infty}a_k\cos\left(\frac{k\pi t}{l}\right) \tag{4.3.11}$$

式中

$$a_k=\frac{2}{l}\int_{0}^{l}f(t)\cos\left(\frac{k\pi t}{l}\right)\mathrm{d}t \tag{4.3.12}$$

上述结果同样说明，当函数$f(t)$是实函数且为偶时，其傅里叶系数是实数且为偶。

例 4.3.1　重新给出例 4.2.1 中函数的图形，如图 4.3.1 所示。

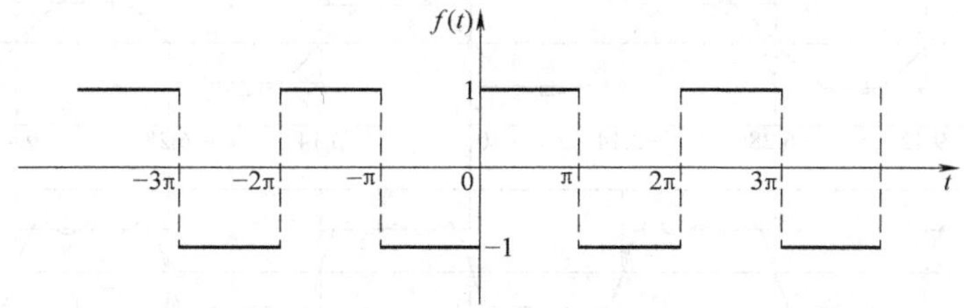

图 4.3.1　函数$f(t)$的图形

该矩形波函数是 2π 周期的，且当$-\pi<t<0$时函数值为-1，当$0<t<\pi$时函数值为 1。

容易看出函数$f(t)$是奇函数，因此它具有傅里叶正弦级数展开形式，其中$l=\pi$。$f(t)$的傅里叶系数为

$$a_k=\frac{1}{l}\int_{-l}^{l}f(t)\cos\left(\frac{k\pi t}{l}\right)\mathrm{d}t=0$$

$$b_k=\frac{2}{l}\int_0^l f(t)\sin\left(\frac{k\pi t}{l}\right)\mathrm{d}t=\frac{2}{\pi}\int_0^{\pi}f(t)\sin(kt)\mathrm{d}t=\frac{2}{\pi}\int_0^{\pi}\sin(kt)\mathrm{d}t$$

$$=-\frac{2}{k\pi}\cos(kt)\bigg|_0^{\pi}=-\frac{2}{k\pi}[(-1)^k-1]=\begin{cases}\dfrac{4}{k\pi} & \text{当 } k \text{ 为奇数时}\\ 0 & \text{当 } k \text{ 为偶数时}\end{cases}$$

因此，图 4.3.1 所示函数$f(t)$的傅里叶正弦级数展开为

$$f(t)=\sum_{k=1}^{\infty}b_k\sin kt=\sum_{k=1}^{\infty}\frac{4}{k\pi}\sin kt=\frac{4}{\pi}\sin t+\frac{4}{3\pi}\sin 3t+\frac{4}{5\pi}\sin 5t+\cdots\quad k\text{ 为奇数}\tag{4.3.13}$$

从图 4.3.1 可知，当t位于$f(t)$的任一跳变点，例如 π 的整数倍时，对于所有k都有$\sin kt=0$，且对于所有奇数k都有$f(t)=\sum\limits_{k=1}^{\infty}\frac{4}{k\pi}\sin kt=0$。正如前面已经规定的，$f(t)$在$t$取 π 的整数倍时的值正好落在跳变点的中点。

为了更好地说明傅里叶级数的逼近效果，图 4.3.2 给出了式(4.3.13)中有限求和项$S_N=\sum\limits_{k=1}^{N}\frac{4}{k\pi}\sin kt$（$k$为奇数）的图形。从图中可见，当$N=1$时，$S_1=\frac{4}{\pi}\sin t$并不能很好地拟合$f(t)$；当$N=3$时，$S_3=\frac{4}{\pi}\sin t+\frac{4}{3\pi}\sin 3t$的图形开始逼近$f(t)$；随着项数的增加，除去跳变点处存在“过冲振荡”外，S_N越来越逼近$f(t)$。显然，这个无穷级数包含的项越多，其合成的波形对于信号$f(t)$的近似就越好。但是，傅里叶级数的部分和在跳变点处的“过冲振荡”现象并不随求和项的增加而消除，这种现象叫吉布斯(Gibbs)现象，在后续章节中将专门讨论它。

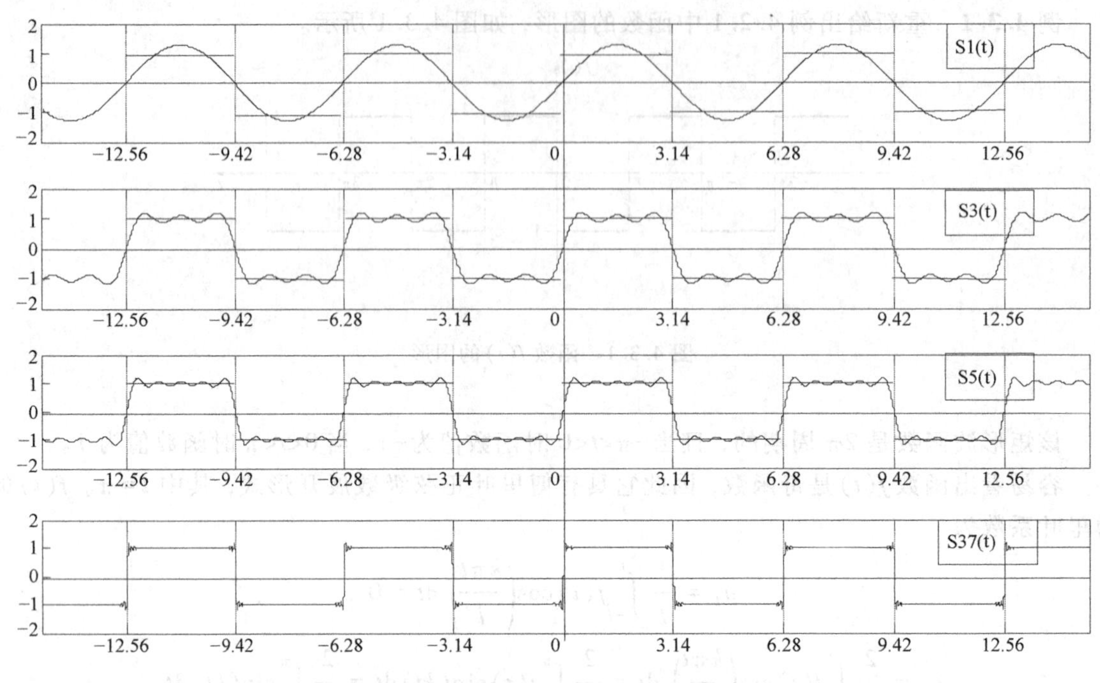

图 4.3.2　S_N 在 $N=1$, 3, 5, 37 时的逼近

4.3.3　半波对称函数 $f(t)$

如果令式(4.2.20)中的 $l=\dfrac{T}{2}$，这里 T 是函数的周期，并且周期函数 $f(t)$ 满足

$$f(t)=-f(t-T/2) \tag{4.3.14}$$

则称该函数是半波对称的。式(4.3.14)表明，半波对称周期函数沿时间轴平移半个周期并相对于时间轴上下翻转后，函数波形保持不变。

如果一个周期函数具有半波对称性，容易证明当 k 取零和偶数值时，a_k 和 b_k 的值均为零，即

$$\begin{cases} a_k=0, & k=0,\ 2,\ 4,\ 6,\ \cdots \\ b_k=0, & k=0,\ 2,\ 4,\ 6,\ \cdots \end{cases} \tag{4.3.15}$$

当 k 取奇数值时，傅里叶系数为

$$\begin{cases} a_k=\dfrac{4}{T}\displaystyle\int_0^{T/2} f(t)\cos k\omega t\mathrm{d}t & k=1,\ 3,\ 5,\ \cdots \\ b_k=\dfrac{4}{T}\displaystyle\int_0^{T/2} f(t)\sin k\omega t\mathrm{d}t & k=1,\ 3,\ 5,\ \cdots \end{cases} \tag{4.3.16}$$

式中，$\omega=2\pi/T$。

简言之，半波对称周期函数的傅里叶级数展开式中只包含奇次谐波项，直流分量为零。

4.3.4 四分之一波对称函数 $f(t)$

四分之一波对称函数是指具有半波对称性，且关于正、负半周期的中点对称的周期函数。图 4.3.3 所示函数 $f(t)$ 是关于正、负半周期的中点对称的四分之一波对称函数。

适当选择 $t=0$ 的位置，总是能够将一个四分之一波对称周期函数变换成偶函数或者奇函数。例如，图 4.3.3 所示四分之一波对称函数又是一个奇函数，但将它沿时间轴向左或向右平移四分之一周期，即 $T/4$，则该函数就成为一个偶函数。在计算四分之一波对称函数的傅里叶系数时，为了简化计算，利用四分之一波对称性时必须选择使函数成为奇函数或偶函数的 $t=0$ 的位置。

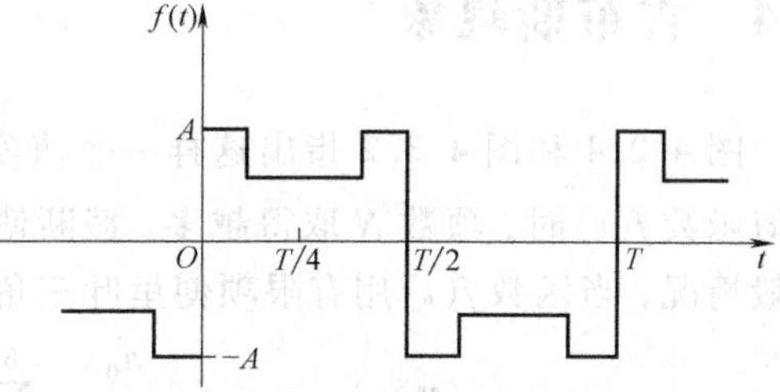

图 4.3.3 四分之一波对称函数

如果选择 $t=0$ 的位置使四分之一波对称函数成为偶函数，则：

$a_0=0$，因为 $f(t)$ 是半波对称函数；

$a_k=0$，因为 $k=2,4,6,\cdots$ 取偶数时，$f(t)$ 是半波对称函数；

$a_k=\dfrac{8}{T}\displaystyle\int_0^{T/4} f(t)\cos k\omega t\mathrm{d}t$，因为 $k=1,3,5,\cdots$ 为奇数；

$b_k=0$，因为对所有 k，$f(t)$ 是偶函数。

如果选择 $t=0$ 的位置使四分之一波对称函数成为奇函数，则：

$a_0=0$，因为 $f(t)$ 是奇函数；

$a_k=0$，因为对所有 k，$f(t)$ 是奇函数；

$b_k=0$，因为 $k=2,4,6,\cdots$ 取偶数时，$f(t)$ 是半波对称函数；

$b_k=\dfrac{8}{T}\displaystyle\int_0^{T/4} f(t)\sin k\omega t\mathrm{d}t$，因为 $k=1,3,5,\cdots$ 为奇数。

例 4.3.2 设电流函数的波形如图 4.3.4 所示。试求其傅里叶级数展开式。

解：考察电流函数 $i(t)$ 的对称性，可以看出 $i(t)$ 是奇函数且为半波对称和四分之一波对称函数。因为 $i(t)$ 是奇函数，故对所有 k 有 $a_k=0$。又因为该函数是半波对称的，所以当 k 取偶数时，$b_k=0$。另外，由于 $i(t)$ 又是四分之一波对称函数，故当 k 取奇数时，有

$$b_k=\frac{8}{T}\int_0^{T/4} i(t)\sin k\omega t\mathrm{d}t$$

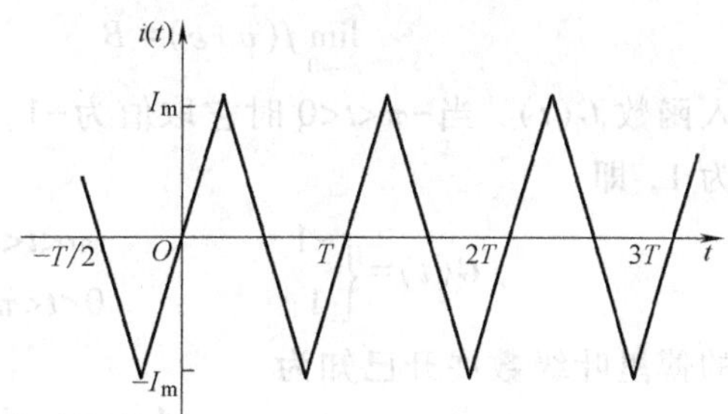

图 4.3.4 电流函数 $i(t)$ 的波形

在 $0\leqslant t\leqslant T/4$ 区间内，$i(t)=\dfrac{4I_\mathrm{m}}{T}t$，因此

$$b_k=\frac{8}{T}\int_0^{T/4}\frac{4I_\mathrm{m}}{T}t\sin k\omega t\mathrm{d}t=\frac{32I_\mathrm{m}}{T^2}\left(\frac{\sin k\omega t}{k^2\omega^2}-\frac{t\cos k\omega t}{k\omega}\right)\Bigg|_0^{T/4}=\frac{8I_\mathrm{m}}{k^2\pi^2}\sin\frac{k\pi}{2}\qquad k=1,3,5,\cdots$$

$i(t)$的傅里叶级数展开式为

$$i(t)=\frac{8I_m}{\pi^2}\sum_{k=1,3,5,\cdots}^{\infty}\frac{1}{k^2}\sin\frac{k\pi}{2}\sin k\omega t=\frac{8I_m}{\pi^2}\left(\sin\omega t-\frac{1}{9}\sin 3\omega t+\frac{1}{25}\sin 5\omega t-\frac{1}{49}\sin 7\omega t+\cdots\right)$$

4.4　吉布斯现象

图 4.2.4 和图 4.3.2 指出这样一个事实，当用截断的傅里叶级数(即有限求和项)$S_N(t)$近似函数$f(t)$时，项数 N 取得越多，截断傅里叶级数对于信号$f(t)$的近似程度就越好。针对一般情况，当函数$f(t)$用有限项傅里叶三角级数展开，即

$$f(t)\approx S_N(t)=\frac{a_0}{2}+\sum_{k=1}^{N}\left[a_k\cos\left(\frac{k\pi t}{l}\right)+b_k\sin\left(\frac{k\pi t}{l}\right)\right]\tag{4.4.1}$$

则在理论上当 $N\to\infty$ 时，可以预期用式(4.4.1)定义的傅里叶三角级数(等式右端)对信号$f(t)$(等式左端)进行建模(或逼近)，其建模误差将随着 N 的无限增加而趋于零。这个结论对于信号的所有连续点都是成立的。

但是，截断傅里叶级数虽然提供了对$f(t)$的合理逼近，但在函数的展开区间的端点，却存在一个差值。根据傅里叶级数理论(定理 4.2.1)，若周期信号$f(t)$在$t=t_0$处存在一个不连续点，则当 $N\to\infty$ 时 $S_N(t_0)$将收敛到信号在该不连续点的中点值(平均值)，即当 $S_N(t)$在 $N\to\infty$ 时，$S_N(t_0)$收敛到 $\dfrac{f(t_{0_+})+f(t_{0_-})}{2}$。除此之外，在这个不连续点的任意小的邻域内还有一个小的振荡衰减波纹存在，这个现象是由 W · 吉布斯(Willard Gibbs)在 1899 年首次发现的，因此被称为吉布斯现象。下面将证明，不论$f(t)$的近似值 $S_N(t)$取多少项(谐波)，在信号跳变点的一个邻域内存在的振荡衰减波纹比函数幅值几乎高出 18%。

设函数$y=f(t)$在$t=a$处有一间断点，如图 4.4.1 所示。又设

$$\lim_{\varepsilon\to 0}f(a-\varepsilon)=A \qquad \lim_{\varepsilon\to 0}f(a+\varepsilon)=B\tag{4.4.2}$$

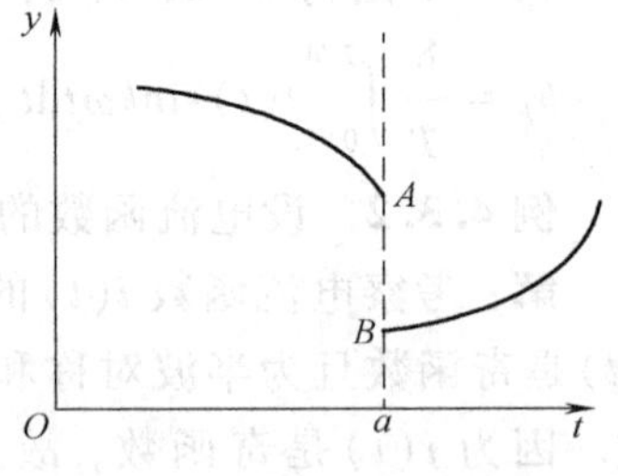

图 4.4.1　函数$y=f(t)$在$t=a$处有一间断点

引入函数 $G(t)$，当$-\pi<t<0$时它取值为-1，而当$0<t<\pi$时取值为 1，即

$$G(t)=\begin{cases}-1 & -\pi<t<0\\ 1 & 0<t<\pi\end{cases}\tag{4.4.3}$$

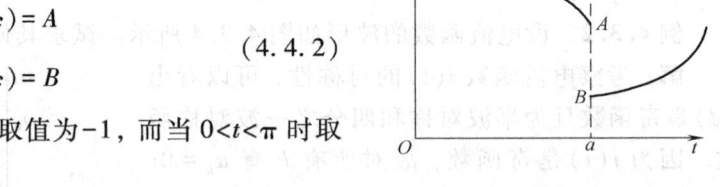

它的傅里叶级数展开已知为

$$G(t)=\frac{4}{\pi}\left[\frac{\sin t}{1}+\frac{\sin 3t}{3}+\cdots+\frac{\sin(2n-1)t}{2n-1}+\cdots\right]\tag{4.4.4}$$

现设函数$f(t)$由下式给出：

$$f(t)=\frac{B-A}{2}G(t-a)+f_1(t)\tag{4.4.5}$$

式中，$f_1(t)$是在$t=a$处不再有间断的函数，$f_1(a)=\dfrac{A+B}{2}$。因此，研究函数$f(t)$的展开式在

$t=a$处性质的问题，就转化成研究 $G(t)$ 在零点附近的性质问题。

$G(t)$ 在零点($t=0$)取值 1 还是-1，取决于 t 是从零点($t=0$)左侧还是右侧趋于零。但级数展开却一致性趋于零，这是因为级数展开是 t 的连续函数，在 $t=0$ 处不可能使函数取不同的值。

考察 $G(t)$ 展开式的前 N 项的和 $S_N(t)$，即

$$S_N(t)=\frac{4}{\pi}\left(\frac{\sin t}{1}+\frac{\sin 3t}{3}+\cdots+\frac{\sin(2N-1)t}{2N-1}\right) \tag{4.4.6}$$

由于 $\int_0^t \cos N\tau \mathrm{d}\tau=\frac{1}{N}\sin Nt$，故式(4.4.6)又为

$$\frac{\pi}{4}S_N(t)=\int_0^t[\cos\tau+\cos 3\tau+\cdots+\cos(2N-1)\tau]\mathrm{d}\tau \tag{4.4.7}$$

根据角度成等差级数的 m 个余弦函数求和公式，有

$$\cos t+\cos 3t+\cdots+\cos(2N-1)t=\frac{\cos Nt\sin Nt}{\sin t}=\frac{1}{2}\frac{\sin 2Nt}{\sin t} \tag{4.4.8}$$

于是

$$\frac{\pi}{4}S_N(t)=\frac{1}{2}\int_0^t\frac{\sin 2Nt}{\sin t}\mathrm{d}t \tag{4.4.9}$$

$S_N(t)$ 的极大、极小值可以给出如下：

由式(4.4.9)可知，$S_N(t)$ 在 $t=\frac{k\pi}{2N}$，$k=1,2,\cdots,N$ 时有极小值，即

$$\sin 2Nt=0,\quad t=\frac{k\pi}{2N},\quad k=1,2,\cdots,N \tag{4.4.10}$$

曲线 $S_N(t)$ 沿纵坐标 $y=1$ 上下波动，如图 4.4.2 所示。

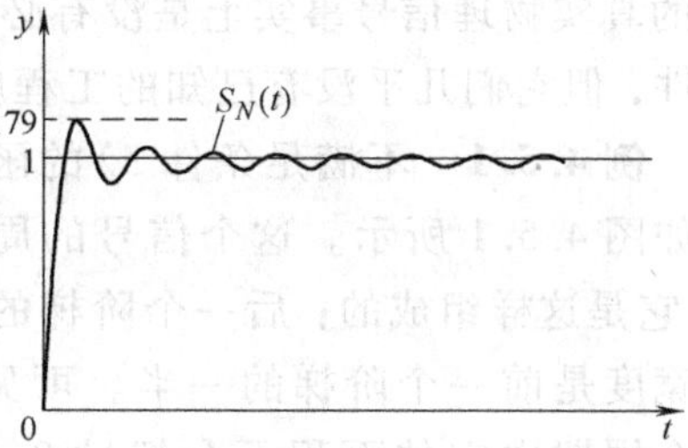

图 4.4.2　$S_N(t)$ 沿纵坐标 $y=1$ 上下波动

容易看出，波形上最大值就是第一个峰值，显然它就是 $S_N(t)$ 的极大值，其纵坐标为

$$\frac{4}{\pi}\times\frac{1}{2}\int_0^{\frac{\pi}{2N}}\frac{\sin 2Nt}{\sin t}\mathrm{d}t=\frac{2}{\pi}\int_0^{\pi}\frac{\sin y}{2N\sin\frac{y}{2N}}\mathrm{d}y \tag{4.4.11}$$

式中，设 $y=2Nt$。

对于式(4.4.11)中 N 的大值及 t 的小值，可以用$\frac{y}{2N}$近似 $\sin\left(\frac{y}{2N}\right)$，故当 $N\to\infty$ 和 $t\to 0$ 时，第一个极大值的纵坐标的极限为

$$\frac{2}{\pi}\int_0^{\pi}\frac{\sin y}{2N\sin\frac{y}{2N}}\mathrm{d}y\approx\frac{2}{\pi}\int_0^{\pi}\frac{\sin y}{y}\mathrm{d}y=\frac{2}{\pi}Si\pi\approx 1.179 \tag{4.4.12}$$

式中，$Six=\int_0^x \frac{\sin y}{y}dy$ 是正弦积分函数。注意，上式取值并不等于1。

综上所述可以得到结论：三角级数所代表的函数，当它们通过间断点时将会出现一个跳跃（过冲），这个跳跃（过冲）量大约是函数幅值的1.18倍，也就是说比函数幅值几乎高出18%（不是有些教科书中给出的9%）。

4.5　傅里叶级数的收敛条件

通过前面的讨论已知，当用傅里叶级数展开式中的有限求和项 $S_N(x)$（截断傅里叶级数）作为函数 $f(x)$ 的逼近函数，则级数包含的项越多，$S_N(x)$ 对于信号 $f(x)$ 的近似度就越好。但是，当 $N\to\infty$ 时得到的无穷傅里叶级数却不一定收敛到给定的周期函数。事实上，不是所有的周期信号都能展开成收敛的傅里叶级数。使周期信号（函数）的傅里叶级数满足收敛的条件称为狄利克雷（Dirichlet）条件。

一个周期信号 $x(t)$ 如果满足以下条件，则它具有收敛的傅里叶级数：

1）$x(t)$ 在一个周期 $t_0<t<t_0+T$ 内是绝对可积的，即

$$\int_{t_0}^{t_0+T} |x(t)|\,dt < \infty \tag{4.5.1}$$

2）函数在一个周期 $t_0<t<t_0+T$ 内有有限个极大值和极小值。

3）函数在一个周期 $t_0<t<t_0+T$ 内有有限个不连续点。

显然，狄利克雷条件保证了一个傅里叶级数在 $x(t)$ 的所有连续点都收敛到 $x(t)$，并在 $x(t)$ 的每个不连续点收敛到它的左极限和右极限的平均值。

在实际应用中，检查条件1）就足够了，因为要找到虽满足条件1）但又不满足条件2）和3）的真实物理信号事实上是没有必要的。换句话说，虽然有一些假设的信号不满足狄利克雷条件，但它们几乎没有已知的工程应用。

例4.5.1　不满足条件3）的函数例子如图4.5.1所示。这个信号的周期为8，它是这样组成的：后一个阶梯的高度和宽度是前一个阶梯的一半。可见，在一个周期内它的面积不会超过8，但不连续点的数目是无穷多个。

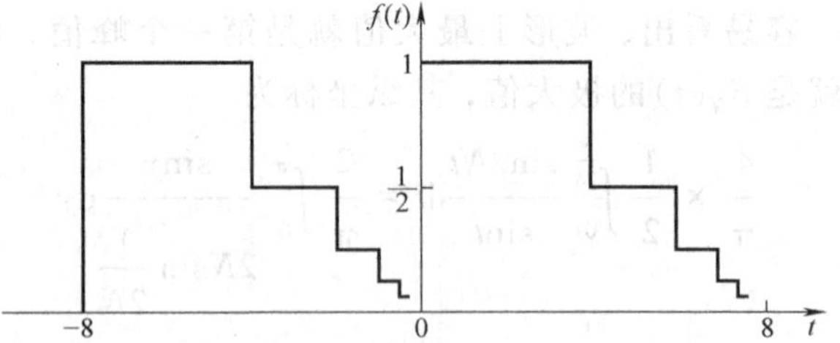

图4.5.1　不满足条件3）的函数

例4.5.2　不满足条件2）的一个函数是

$$f(t)=\sin\frac{2\pi}{t}\qquad 0<t\leqslant 1$$

其波形如图4.5.2所示。对此函数，其周期为1，有

$$\int_0^1 |f(t)|\,dt < 1$$

例4.5.3　不满足条件1）的一个函数是

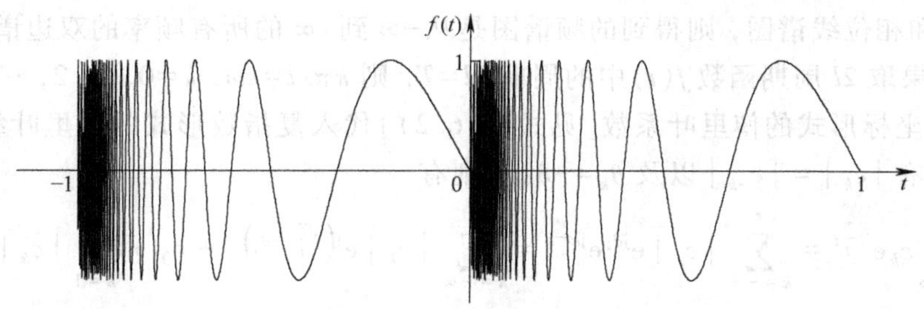

图 4.5.2 不满足条件 2)的函数

$$f(t)=\frac{1}{t} \qquad 0<t\leqslant 1$$

其波形如图 4.5.3 所示。该周期信号的周期为 1，不满足此条件。

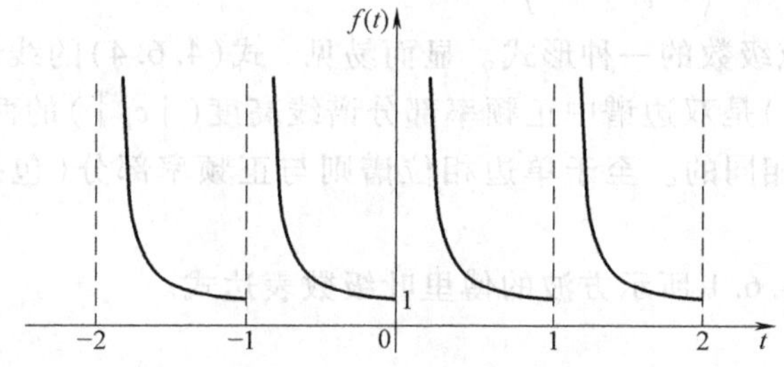

图 4.5.3 不满足条件 1)的函数

4.6 频谱的概念

在信号的傅里叶分析中，$2l$ 周期函数 $f(t)$ 的复指数傅里叶系数 c_k 为

$$c_k=\frac{1}{2l}\int_{-l}^{l}f(t)\,\mathrm{e}^{-\mathrm{j}k\frac{\pi}{l}t}\,\mathrm{d}t \tag{4.6.1}$$

它又被称为 $f(t)$ 的频谱系数。频谱系数 c_k 对信号 $f(t)$ 中包含的每一个频率分量(也称为谐波分量)的大小给出了度量。如果将 c_k 写成极坐标形式，即

$$c_k=|c_k|\,\mathrm{e}^{\mathrm{j}\theta_k} \tag{4.6.2}$$

式中，$|c_k|$ 是频谱系数 c_k 的模，也称为幅度；而 θ_k 是 c_k 的相位。通常，将式(4.6.2)的幅度 $|c_k|$ 和相位 θ_k 的频率图定义为线谱，则线谱可以分别针对幅度 $|c_k|$ 和相位 θ_k 绘图。因此，称前者为幅度谱并且后者为相位谱。幅度谱和相位谱通常简称为频谱。

对于实周期信号 $f(t)$，由式(4.3.6)和式(4.3.7)两式可知有

$$\begin{cases}|c_k|=|c_{-k}|\\ \theta_k=-\theta_{-k}\end{cases} \tag{4.6.3}$$

式(4.6.3)说明实周期信号 $f(t)$ 的幅度谱是 k 的偶函数，相位谱是 k 的奇函数。因此，由频谱的偶对称和奇对称性可以看出，如果对定义在 $\pm k\dfrac{\pi}{l}(k=0,1,2,\cdots)$ 的离散频率点(因为 k 取

整数)画幅度和相位线谱图，则得到的频谱图是从$-\infty$到$+\infty$的所有频率的双边谱。

注意，如果取$2l$周期函数$f(t)$中的周期$2l=T$，则$k\pi/l=k\omega$，$k=0, 1, 2, \cdots$。

如果将极坐标形式的傅里叶系数[见式(4.6.2)]代入复指数形式的傅里叶级数中，考虑到针对实信号有$|c_k|=|c_{-k}|$以及$\theta_k=-\theta_{-k}$，则有

$$f(t)=\sum_{k=-\infty}^{\infty}c_k e^{jk\frac{\pi}{l}t}=\sum_{k=-\infty}^{\infty}|c_k|e^{j\theta_k}e^{jk\frac{\pi}{l}t}=\sum_{k=-\infty}^{-1}|c_k|e^{j\left(k\frac{\pi}{l}t+\theta_k\right)}+c_0+\sum_{k=1}^{\infty}|c_k|e^{j\left(k\frac{\pi}{l}t+\theta_k\right)}$$

$$=c_0+\sum_{k=1}^{\infty}\left[|c_k|e^{j\left(k\frac{\pi}{l}t+\theta_k\right)}+|c_{-k}|e^{j\left(-k\frac{\pi}{l}t+\theta_{-k}\right)}\right]$$

$$=c_0+\sum_{k=1}^{\infty}2|c_k|\frac{e^{j\left(k\frac{\pi}{l}t+\theta_k\right)}+e^{j\left(-k\frac{\pi}{l}t+\theta_{-k}\right)}}{2}$$

$$=c_0+\sum_{k=1}^{\infty}2|c_k|\cos\left(k\frac{\pi}{l}t+\theta_k\right)\tag{4.6.4}$$

式(4.6.4)是傅里叶余弦级数的一种形式。显而易见，式(4.6.4)的线谱是单边谱，并且幅度谱中谱线的高度($2|c_k|$)是双边谱中正频率部分谱线高度($|c_k|$)的两倍，而当$k=0$时的谱线在两种谱中的高度是相同的。至于单边相位谱则与正频率部分(包括$k=0$)的双边相位谱相同。

例 4.6.1　讨论图4.6.1所示方波的傅里叶级数表达式。

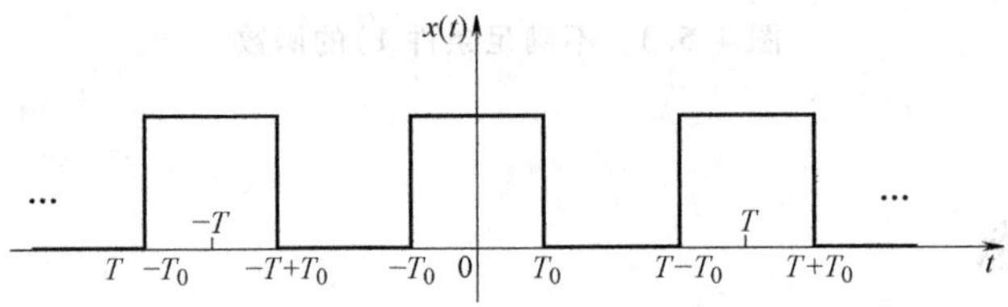

图4.6.1　方波信号

该信号$x(t)$的周期是$2l=T$，所以$k\dfrac{\pi}{l}=k\dfrac{\pi}{T/2}=k\dfrac{2\pi}{T}=k2\pi f=k\omega_0$。注意，$\omega_0=\dfrac{2\pi}{T}=2\pi f$是信号的基波角频率。另外，由于$x(t)$具有偶对称性，选取一个周期的积分区间$-T/2\leqslant t\leqslant T/2$可以使式(4.6.1)的计算更为简单，即

$$c_0=\frac{1}{2l}\int_{-l}^{l}f(t)\,dt=\frac{1}{T}\int_{-T/2}^{T/2}f(t)\,dt=\frac{1}{T}\int_{-T_0}^{T_0}dt=\frac{2T_0}{T}$$

$$c_k=\frac{1}{2l}\int_{-l}^{l}f(t)e^{-jk\frac{\pi}{l}t}dt=\frac{1}{T}\int_{-T/2}^{T/2}f(t)e^{-jk\omega_0 t}dt$$

$$=\frac{1}{T}\int_{-T_0}^{T_0}e^{-jk\omega_0 t}dt=\frac{-1}{Tjk\omega_0}e^{-jk\omega_0 t}\Bigg|_{-T_0}^{T_0}=\frac{2}{Tk\omega_0}\,\frac{e^{jk\omega_0T_0}-e^{-jk\omega_0T_0}}{2j}$$

$$=\frac{2\sin(k\omega_0T_0)}{Tk\omega_0}\qquad k\neq 0$$

对 c_k 利用洛比达(L'Hopital)法则，可以证明

$$\lim_{k\to 0}\frac{2\sin(k\omega_0 T_0)}{Tk\omega_0}=\frac{2T_0}{T}$$

因此，图示方波的复指数傅里叶系数为

$$c_k=\frac{2\sin(k\omega_0 T_0)}{Tk\omega_0}$$

上式中，c_k 是实数值，c_0 则是通过求极限得出的。代入 $\omega_0=2\pi/T$，则有

$$c_k=\frac{2\sin\left(2\pi k\dfrac{T_0}{T}\right)}{2\pi k} \tag{4.6.5}$$

式中，T_0/T 称为方波的占空比。

图 4.6.2 分别是占空比 $T_0/T=1/4$、$T_0/T=1/16$ 和 $T_0/T=1/32$ 三种情况下的频谱图。容易看出，当占空比 T_0/T 减小时，图 4.6.1 中的时域方波信号在每个周期内的能量将集中在一个较小的时间区间内，但它对应的傅里叶级数表示的能量却分布在一个较宽的频率区间；反之亦然。例如，c_k 的第一个过零点，对于 $T_0/T=1/4$，出现在 $k=2$；对于 $T_0/T=1/16$，出现在 $k=8$；对于 $T_0/T=1/32$，出现在 $k=16$。

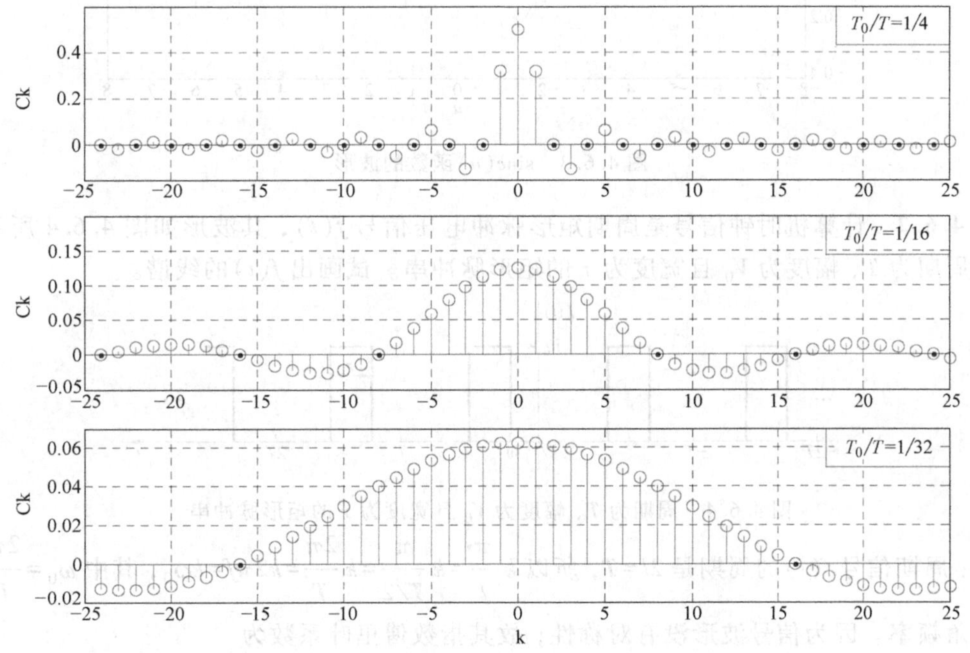

图 4.6.2　方波占空比 $\dfrac{T_0}{T}=\dfrac{1}{4}$、$\dfrac{T_0}{T}=\dfrac{1}{16}$ 和 $\dfrac{T_0}{T}=\dfrac{1}{32}$ 三种情况下的频谱图

式(4.6.5)中表现的函数是傅里叶分析中常用的一种函数形式。它有一个特殊的名称，称为抽样函数，用符号 sinc(u)或者 $Sa(u)$表示，定义为

$$\mathrm{sinc}(u)=\frac{\sin(\pi u)}{\pi u} \tag{4.6.6}$$

sinc(u)函数的图形如图 4.6.3 所示。由图可见，当 $u=0$ 时，sinc(u)函数有最大值 sinc

(0)= 1；它的过零点在 u 为整数值处，且幅度是按 $1/u$ 衰减的。sinc(u)函数在 $u=\pm1$ 的过零点之间的部分称为 sinc(u)函数的主瓣，主瓣之外的波纹部分称为旁瓣。利用 sinc(u)函数定义，方波函数 $x(t)$ 的复指数傅里叶系数表达式(4.6.4)可以重写为

$$c_k=\frac{2\sin\left(2\pi k\dfrac{T_0}{T}\right)}{2\pi k}=\frac{2T_0}{T}\frac{\sin\left(k\pi\dfrac{2T_0}{T}\right)}{k\pi\dfrac{2T_0}{T}}=\frac{2T_0}{T}\operatorname{sinc}\left(k\frac{2T_0}{T}\right)\tag{4.6.7}$$

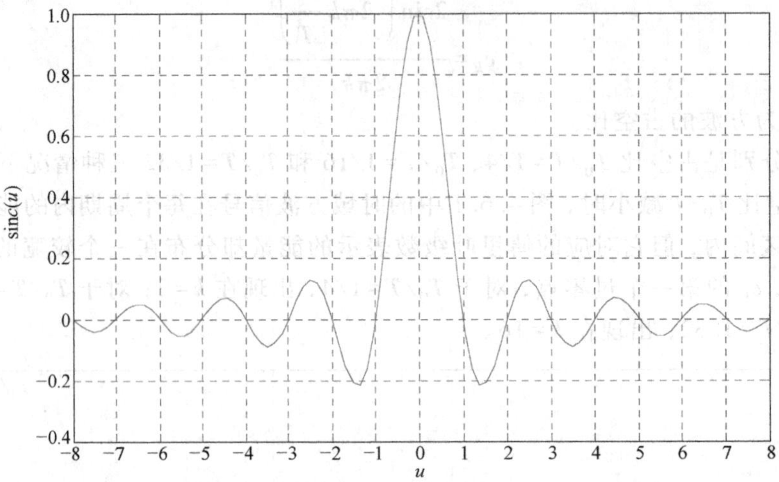

图 4.6.3　sinc(u)函数的波形

例 4.6.2　计算机时钟信号是周期矩形脉冲电压信号 $f(t)$，其波形如图 4.6.4 所示。这是一个周期为 T、幅度为 V_0 且宽度为 τ 的矩形脉冲串。试画出 $f(t)$ 的线谱。

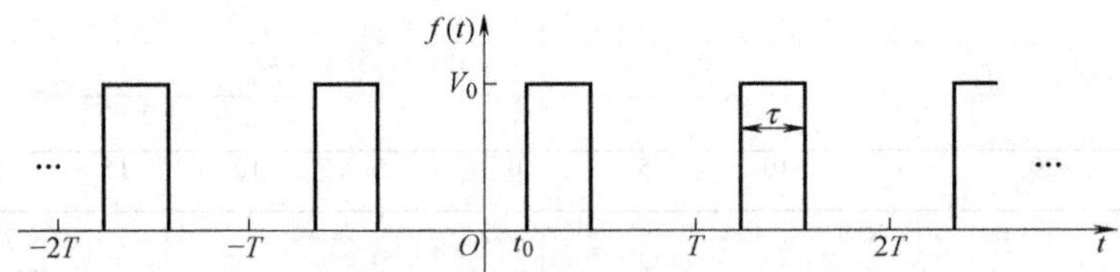

图 4.6.4　周期为 T、幅度为 V_0 且宽度为 τ 的矩形脉冲串

解：周期信号 $f(t)$ 的周期是 $2l=T$，所以 $k\dfrac{\pi}{l}=k\dfrac{\pi}{T/2}=k\dfrac{2\pi}{T}=k2\pi f=k\omega_0$，其中 $\omega_0=\dfrac{2\pi}{T}=2\pi f$ 是基波角频率。因为信号波形没有对称性，故其指数傅里叶系数为

$$c_0=\frac{1}{2l}\int_{-l}^{l}f(t)\,\mathrm{d}t=\frac{1}{T}\int_{-T/2}^{T/2}f(t)\,\mathrm{d}t=\frac{V_0}{T}\int_{t_0}^{t_0+\tau}\mathrm{d}t=\frac{V_0\tau}{T}$$

$$c_k=\frac{1}{2l}\int_{-l}^{l}f(t)\mathrm{e}^{-\mathrm{j}k\frac{\pi}{l}t}\mathrm{d}t=\frac{1}{T}\int_{-T/2}^{T/2}f(t)\mathrm{e}^{-\mathrm{j}k\omega_0 t}\mathrm{d}t$$

$$=\frac{V_0}{T}\int_{t_0}^{t_0+\tau}\mathrm{e}^{-\mathrm{j}k\omega_0 t}\mathrm{d}t=\frac{V_0}{-\mathrm{j}k\omega_0 T}\mathrm{e}^{-\mathrm{j}k\omega_0 t}\Big|_{t_0}^{t_0+\tau}=\frac{V_0}{-\mathrm{j}k\omega_0 T}\left(\mathrm{e}^{-\mathrm{j}k\omega_0(t_0+\tau)}-\mathrm{e}^{-\mathrm{j}k\omega_0 t_0}\right)$$

$$= \frac{2V_0}{k\omega_0 T}\sin\left(k\frac{\omega_0\tau}{2}\right)e^{-jk\omega_0(t_0+\tau/2)} = \frac{V_0\tau}{T}\frac{\sin\pi\left(k\frac{\omega_0\tau}{2\pi}\right)}{\pi\left(k\frac{\omega_0\tau}{2\pi}\right)}e^{-jk\omega_0(t_0+\tau/2)}$$

$$= \frac{V_0\tau}{T}\text{sinc}\left(k\frac{\omega_0\tau}{2\pi}\right)e^{-jk\omega_0(t_0+\tau/2)}, \quad k\neq 0$$

因此，周期信号$f(t)$的幅度频谱及相位频谱分别为

$$|c_k| = \frac{V_0\tau}{T}\left|\text{sinc}\left(k\frac{\omega_0\tau}{2\pi}\right)\right|$$

和
$$\theta_k = \arg\{c_k\} = \arg\left\{\frac{V_0\tau}{T}\right\} + \arg\left\{\text{sinc}\left(k\frac{\omega_0\tau}{2\pi}\right)\right\} + \arg\{e^{-jk\omega_0(t_0+\tau/2)}\}$$

$$= 0 + \arg\left\{\text{sinc}\left(k\frac{\omega_0\tau}{2\pi}\right)\right\} + \left[-k\omega_0\left(t_0+\frac{\tau}{2}\right)\right]$$

上式中，若取周期$T=2$、幅度$V_0=1$且脉冲宽度$\tau=0.1$，则计算信号线谱的MATLAB程序如下：

```
k=-30:30;
T=2;t=0.1;V0=1;t0=1;w0=2*pi/T;
Ck=(V0*t/T)*sinc(0.5*w0*t*k).*exp(-j*w0*k*(t0+t/2));
magCk=abs(Ck); angCk=angle(Ck);
subplot(211)
stem(k, magCk)
subplot(212)
stem(k, angCk)
```

图4.6.5给出了$f(t)$的幅度谱和相位谱。

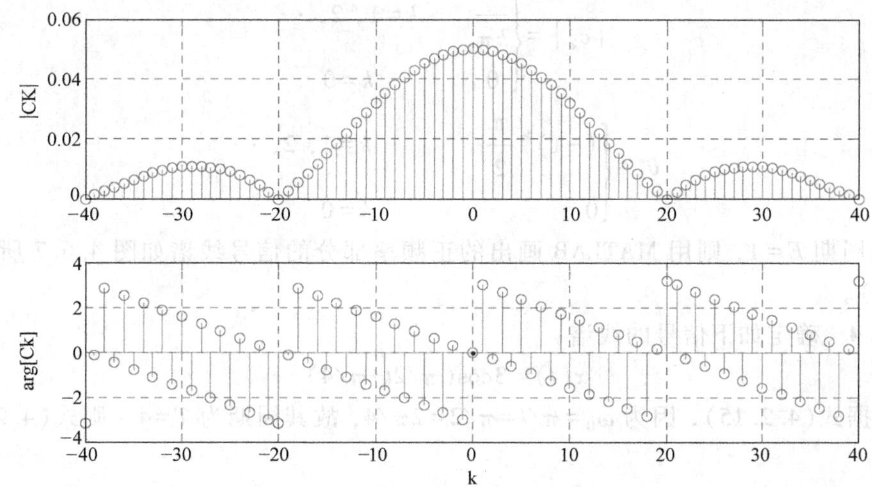

图 4.6.5 例4.6.2的幅度谱和相位谱

例 4.6.3 考虑图 4.6.6 所示的锯齿波信号，试画出它的线谱。

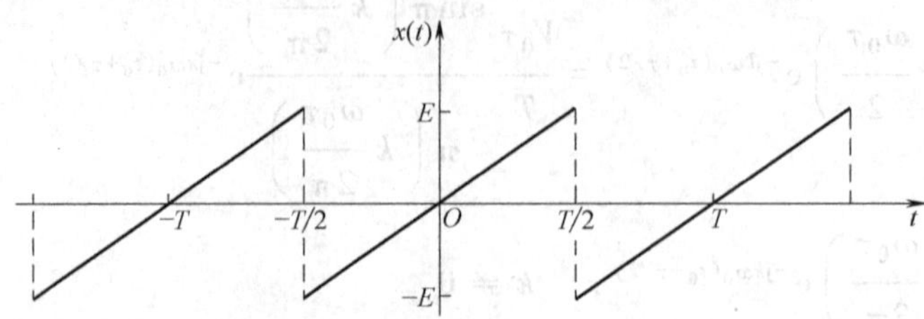

图 4.6.6 锯齿波信号的波形

解： 由图 4.6.6 可以看出信号是奇函数，因此根据对称性有 $a_k=0$。而系数 b_k 可由式(4.3.10)确定，即

$$b_k=\frac{2}{l}\int_0^l f(t)\sin\left(\frac{k\pi t}{l}\right)\mathrm{d}t=\frac{2}{T}\int_{-\frac{T}{2}}^{\frac{T}{2}}\frac{2E}{T}t\sin(k\omega_0 t)\mathrm{d}t$$

$$=\frac{4E}{T^2}\int_{-\frac{T}{2}}^{\frac{T}{2}}t\sin(k\omega_0 t)\mathrm{d}t=\frac{8E}{T^2}\int_0^{\frac{T}{2}}t\sin(k\omega_0 t)\mathrm{d}t$$

查标准积分表可知

$$\int t\sin(k\omega_0 t)\ \mathrm{d}t=\frac{1}{k^2\omega_0^2}\sin(k\omega_0 t)-\frac{1}{k\omega_0}\cos(k\omega_0 t)$$

代入相应的积分限，有

$$b_k=\frac{8E}{T^2}\frac{T}{2k\omega_0}(-1)\cos(k\pi)=\frac{2E}{k\pi}(-1)^{k+1}$$

由式(4.3.3)可求出复指数傅里叶系数 c_k 为

$$c_k=\frac{1}{2}(a_k-\mathrm{j}b_k)=\frac{-\mathrm{j}b_k}{2}=\frac{E}{k\pi}\mathrm{j}(-1)^k$$

因此，信号 $x(t)$ 的幅度线谱和相位线谱分别为

$$|c_k|=\begin{cases}\dfrac{E}{k\pi} & k=1,\ 2,\ \cdots\\ 0 & k=0\end{cases}$$

和

$$\theta_k=\begin{cases}(-1)^k\dfrac{\pi}{2} & k=1,\ 2,\ \cdots\\ 0 & k=0\end{cases}$$

上式中若取周期 $E=1$，则用 MATLAB 画出的正频率部分的信号线谱如图 4.6.7 所示（注意，$c_0=b_0/2=0$）。

例 4.6.4 确定如下信号的线谱：

$$x(t)=3\cos(\pi/2t+\pi/4)$$

解： 根据式(4.2.15)，因为 $\omega_0=\pi/l=\pi/2=2\pi/4$，故其周期为 $T=4$。则式(4.2.15)可以写成

$$x(t)=\sum_{k=-\infty}^{\infty}c_k\mathrm{e}^{\mathrm{j}k\frac{\pi}{2}t}\tag{4.6.8}$$

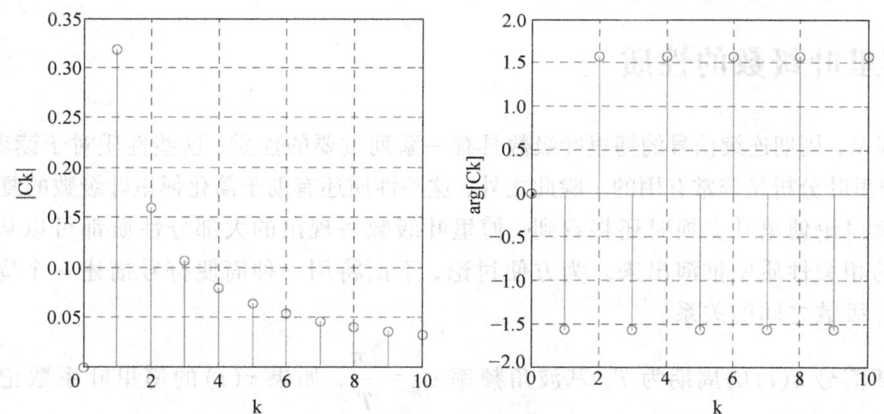

图 4.6.7 例 4.6.3 的幅度线谱和相位线谱

现将 $x(t)=3\cos(\pi/2t+\pi/4)$ 用欧拉公式展开，得到

$$x(t)=3\cos(\pi/2t+\pi/4)=3\frac{e^{j(\pi/2t+\pi/4)}+e^{-j(\pi/2t+\pi/4)}}{2}=\frac{3}{2}e^{j\pi/4}e^{j\pi/2t}+\frac{3}{2}e^{-j\pi/4}e^{-j\pi/2t}$$

若令上式的每一项与式(4.6.8)的对应项相等，即可得到 $x(t)$ 的傅里叶系数为

$$c_k=\begin{cases}\frac{3}{2}e^{-j\pi/4} & k=-1\\ \frac{3}{2}e^{j\pi/4} & k=1\\ 0 & \text{其他}\end{cases}$$

显然，$x(t)$ 的幅度线谱和相位线谱分别为

$$|c_k|=\frac{3}{2}\delta(k+1)+\frac{3}{2}\delta(k-1)=\begin{cases}\frac{3}{2} & k=-1,1\\ 0 & \text{其他}\end{cases}$$

和

$$\theta_k=-\frac{\pi}{4}\delta(k+1)+\frac{\pi}{4}\delta(k-1)=\begin{cases}-\frac{\pi}{4} & k=-1\\ \frac{\pi}{4} & k=1\\ 0 & \text{其他}\end{cases}$$

图 4.6.8 给出了信号的幅度谱和相位谱。注意，这个信号的全部能量集中在两个频率 $\omega=\pi/2$ 和 $\omega=-\pi/2$ 上。

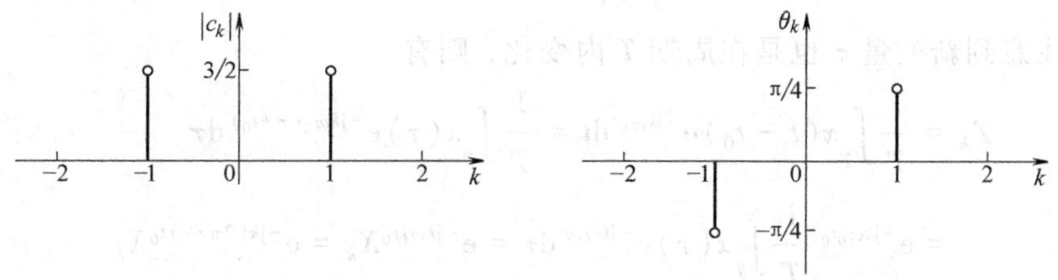

图 4.6.8 信号 $x(t)=3\cos(\pi/2t+\pi/4)$ 的幅度谱和相位谱

4.7　傅里叶级数的性质

前已提及，周期连续信号的傅里叶级数具有一系列重要的性质，这些性质对于读者在概念上深入理解傅里叶分析是非常有用的。除此之外，这些性质还有助于简化傅里叶级数的复杂计算。

在后续讨论傅里叶变换时还将看到，傅里叶级数表现出的大部分性质都可以从对应的傅里叶变换的相关性质中推演出来。为方便讨论，下面将用一种简便符号描述一个周期信号和它的傅里叶级数之间的关系。

设周期信号 $x(t)$ 的周期为 T，基波角频率 $\omega_0=\dfrac{2\pi}{T}$，如果 $x(t)$ 的傅里叶系数记为 X_k，则用：$x(t)\xleftrightarrow{FS}X_k$ 表示一个周期信号及其傅里叶系数的对应关系。

4.7.1　线性

设 $x(t)$ 和 $y(t)$ 是两个周期同为 T 的周期信号，它们的傅里叶系数分别为 X_k 和 Y_k，即

$$x(t)\xleftrightarrow{FS}X_k$$

$$y(t)\xleftrightarrow{FS}Y_k$$

则容易证明 $x(t)$ 和 $y(t)$ 的线性加权组合 $Ax(t)+By(t)$ 的傅里叶系数为

$$Ax(t)+By(t)\xleftrightarrow{FS}AX_k+BY_k \tag{4.7.1}$$

如果 $x(t)$ 和 $y(t)$ 的基波周期不同，则需用周期变换性质。

4.7.2　时移性质

如果

$$x(t)\xleftrightarrow{FS}X_k$$

则

$$x(t-t_0)\xleftrightarrow{FS}\mathrm{e}^{-\mathrm{j}k\omega_0t_0}X_k=\mathrm{e}^{-\mathrm{j}k(2\pi/T)t_0}X_k \tag{4.7.2}$$

时移性质表明，周期信号在时间轴上的移位对应于傅里叶系数乘以一个谐波次数为 k 的复函数。该性质的一个应用是，当一个周期信号在时间轴上移位时，其傅里叶系数的模（也即幅度频谱）保持不变。

证明： 设 $z(t)=x(t-t_0)$，则

$$Z_k=\frac{1}{T}\int_T x(t-t_0)\mathrm{e}^{-\mathrm{j}k\omega_0t}\mathrm{d}t$$

令 $\tau=t-t_0$，注意到新变量 τ 也是在周期 T 内变化，则有

$$Z_k=\frac{1}{T}\int_T x(t-t_0)\mathrm{e}^{-\mathrm{j}k\omega_0t}\mathrm{d}t=\frac{1}{T}\int_T x(\tau)\mathrm{e}^{-\mathrm{j}k\omega_0(\tau+t_0)}\mathrm{d}\tau$$

$$=\mathrm{e}^{-\mathrm{j}k\omega_0t_0}\frac{1}{T}\int_T x(\tau)\mathrm{e}^{-\mathrm{j}k\omega_0\tau}\mathrm{d}\tau=\mathrm{e}^{-\mathrm{j}k\omega_0t_0}X_k=\mathrm{e}^{-\mathrm{j}k(2\pi/T)t_0}X_k$$

例 4.7.1　求函数 $x(t)=\cos(50\pi t-\pi/4)$ 的傅里叶系数。

解：查附录 A 可知

$$\cos(m\omega_0 t) \xleftrightarrow{FS} \frac{1}{2}[\delta(k-m)+\delta(k+m)]$$

若将 $x(t)=\cos(50\pi t-\pi/4)$ 写成

$$x(t)=\cos[\omega_0(t-t_0)]=\cos\left[50\pi\left(t-\frac{1}{200}\right)\right]$$

上式中 $\omega_0=2\pi/T=2\pi f=50\pi$，$t_0=1/200$，因为已知

$$\cos(\omega_0 t)=\cos(50\pi t) \xleftrightarrow{FS} \frac{1}{2}[\delta(k-1)+\delta(k+1)]$$

故应用时移性质可得到

$$\begin{aligned}
x(t)=\cos\left[50\pi\left(t-\frac{1}{200}\right)\right] &\xleftrightarrow{FS} \frac{1}{2}e^{-j\omega_0 k t_0}[\delta(k-1)+\delta(k+1)]\\
&=\frac{1}{2}e^{-j50\pi\times 1/200k}[\delta(k-1)+\delta(k+1)]\\
&=\frac{1}{2}e^{-j\pi/4k}[\delta(k-1)+\delta(k+1)]\\
&=\frac{1}{2}[\delta(k-1)e^{-j\pi/4}+\delta(k+1)e^{j\pi/4}]
\end{aligned}$$

4.7.3　频移性质

如果

$$x(t) \xleftrightarrow{FS} X_k$$

则

$$e^{jk_0\omega_0 t}x(t)=e^{jk_0(2\pi/T)t}x(t) \xleftrightarrow{FS} X_{k-k_0} \tag{4.7.3}$$

注意时移和频移的对偶性，即一个域的移位对应另一个域乘以一个复指数。

证明：设 $z(t)=e^{jk_0\omega_0 t}x(t)$，其中 k_0 是整数，则

$$Z_k=\frac{1}{T}\int_T e^{jk_0\omega_0 t}x(t)e^{-jk\omega_0 t}dt=\frac{1}{T}\int_T x(t)e^{-j(k-k_0)\omega_0 t}dt=X_{k-k_0}$$

如果将周期信号的傅里叶系数 X_k 分别向左（或上）频移 k_0 个单位，得到 X_{k-k_0}，以及向右（或下）频移相同量 k_0，有 X_{k+k_0}，若令

$$Z_k=X_{k-k_0}+X_{k+k_0}$$

则利用线性和频移性质，有

$$z(t)=e^{jk_0\omega_0 t}x(t)+e^{-jk_0\omega_0 t}x(t)=x(t)(e^{jk_0\omega_0 t}+e^{-jk_0\omega_0 t})=2x(t)\cos(k_0\omega_0 t)$$

因此在频域（谐波项）中向左（或上）和向右（或下）频移相同量 k_0 等于在时域乘以该频率（谐波项）的余弦函数。这种运算就是在通信系统中具有重要意义的调制操作。

4.7.4　时间反转

如果

$$x(t) \stackrel{FS}{\longleftrightarrow} X_k$$

则 $$x(-t) \stackrel{FS}{\longleftrightarrow} X_{-k} \tag{4.7.4}$$

时间反转性质表明，连续时间信号的时间反转对应于它的傅里叶系数的谐波次数 k 的反转。该性质的一个应用是，若 $x(t)$ 为偶函数，即 $x(-t)=x(t)$，则其傅里叶系数也为偶，即 $X_{-k}=X_k$；若 $x(t)$ 为奇函数，即 $x(-t)=-x(t)$，则其傅里叶系数也为奇，即 $X_{-k}=-X_k$。

证明：如果设信号 $x(t)$ 的指数傅里叶级数展开式为

$$x(t)=\sum_{k=-\infty}^{\infty} X_k \mathrm{e}^{\mathrm{j}k\omega_0 t}$$

则其反转信号 $x(-t)$ 的指数傅里叶级数展开式就为

$$x(-t)=\sum_{k=-\infty}^{\infty} X_k \mathrm{e}^{\mathrm{j}k\omega_0(-t)}=\sum_{k=-\infty}^{\infty} X_k \mathrm{e}^{-\mathrm{j}k\omega_0 t}$$

作变量代换，令 $k=-m$，得到

$$x(-t)=\sum_{m=\infty}^{-\infty} X_{-m} \mathrm{e}^{\mathrm{j}m\omega_0 t}$$

因为求和的顺序不影响求和的结果，故有

$$x(-t)=\sum_{m=-\infty}^{\infty} X_{-m} \mathrm{e}^{\mathrm{j}m\omega_0 t}$$

上式即为时间反转信号 $x(-t)$ 的指数傅里叶级数展开式。令 $m=k$，则其傅里叶系数为 X_{-k}。

4.7.5 时间尺度变换

设 $z(t)=x(at)$，$a>0$，若假设 $x(t)$ 是基波周期为 T 的周期信号，则可知 $z(t)=x(at)$ 是基波周期为 T/a（或基波频率是 af）的周期信号。

情况 1：基波周期为 T/a

$z(t)=x(at)$，$a>0$ 的傅里叶系数为

$$Z_k=\frac{a}{T}\int_{t_0}^{t_0+T/a} z(t)\mathrm{e}^{-\mathrm{j}k\omega_0 at}\mathrm{d}t=\frac{a}{T}\int_{t_0}^{t_0+T/a} x(at)\mathrm{e}^{-\mathrm{j}k\omega_0 at}\mathrm{d}t$$

对上式作变量代换，令 $\gamma=at$，则有

$$Z_k=\frac{a}{T}\frac{1}{a}\int_{at_0}^{at_0+T} x(\gamma)\mathrm{e}^{-\mathrm{j}k\omega_0\gamma}\mathrm{d}\gamma=\frac{1}{T}\int_{at_0}^{at_0+T} x(\gamma)\mathrm{e}^{-\mathrm{j}k\omega_0\gamma}\mathrm{d}\gamma$$

因为积分下限可取任意起点，故有

$$Z_k=\frac{a}{T}\frac{1}{a}\int_{at_0}^{at_0+T} x(\gamma)\mathrm{e}^{-\mathrm{j}k\omega_0\gamma}\mathrm{d}\gamma=\frac{1}{T}\int_{T} x(\gamma)\mathrm{e}^{-\mathrm{j}k\omega_0\gamma}\mathrm{d}\gamma=X_k \tag{4.7.5}$$

因此，在周期 T/a 上描述 $z(t)=x(at)$，$a>0$ 的傅里叶系数与在周期 T 上描述 $x(t)$ 的傅里叶系数相同。

注意，在情况 1 下尽管 $x(t)$ 和 $z(t)=x(at)$ 的傅里叶系数相同，但因为两者的基波频率不同，故它们的傅里叶级数展开式是不同的，即

$$x(t)=\sum_{k=-\infty}^{\infty} X_k \mathrm{e}^{\mathrm{j}k\omega_0 t}$$

$$z(t)=x(at)=\sum_{k=-\infty}^{\infty}Z_k\mathrm{e}^{\mathrm{j}k\omega_0 at}=\sum_{k=-\infty}^{\infty}X_k\mathrm{e}^{\mathrm{j}k\omega_0 at}$$

情况 2: 基波周期为 T

$z(t)=x(at)$，$a>0$ 的傅里叶系数为

$$Z_k=\frac{1}{T}\int_{t_0}^{t_0+T}z(t)\mathrm{e}^{-\mathrm{j}k\omega_0 t}\mathrm{d}t=\frac{1}{T}\int_{t_0}^{t_0+T}x(at)\mathrm{e}^{-\mathrm{j}k\omega_0 t}\mathrm{d}t$$

对上式作变量代换，令 $\gamma=at$，则有

$$Z_k=\frac{1}{T}\frac{1}{a}\int_{at_0}^{at_0+aT}x(\gamma)\mathrm{e}^{-\mathrm{j}k\omega_0(1/a)\gamma}\mathrm{d}\gamma=\frac{1}{aT}\int_{at_0}^{at_0+aT}x(\gamma)\mathrm{e}^{-\mathrm{j}k\omega_0(1/a)\gamma}\mathrm{d}\gamma$$

设 a 为整数，则信号 $x(\gamma)$ 由频率为基波角频率 $\omega_0=2\pi/T=2\pi f$ 整数倍的频率分量组成。因此，当比值 k/a 不是整数时，$x(\gamma)$ 与 $\mathrm{e}^{-\mathrm{j}k\omega_0(1/a)\gamma}$ 在区间 $at_0<\gamma<at_0+aT$ 上正交，从而 $Z_k=0$。当比值 k/a 为整数时，上式就是在 a 个周期上的积分，因而这个积分就等于一个周期积分的 a 倍，即

$$\begin{aligned}Z_k&=\frac{1}{aT}\int_{at_0}^{at_0+aT}x(\gamma)\mathrm{e}^{-\mathrm{j}k\omega_0(1/a)\gamma}\mathrm{d}\gamma=a\left[\frac{1}{aT}\int_{at_0}^{at_0+T}x(\gamma)\mathrm{e}^{-\mathrm{j}(k/a)\omega_0\gamma}\mathrm{d}\gamma\right]\\&=\frac{1}{T}\int_{at_0}^{at_0+T}x(\gamma)\mathrm{e}^{-\mathrm{j}\frac{k}{a}\omega_0\gamma}\mathrm{d}\gamma=X_{\frac{k}{a}}\end{aligned}\tag{4.7.6}$$

式中，k/a 为整数。

综合考虑，当 a 为整数时，有

$$Z_k=\begin{cases}X_{\frac{k}{a}} & \dfrac{k}{a}\text{是整数}\\0 & \text{其他}\end{cases}\tag{4.7.7}$$

如果 a 不为整数，则两个傅里叶系数 Z_k 和 X_k 之间不存在简化的关系。

4.7.6 高次谐波

如果信号 $x(t)$ 在基波周期 T 上的傅里叶系数为 X_k，即

$$x(t)\xleftrightarrow{FS}X_k$$

则 $x(t)$ 在 m 次谐波 mT 上的傅里叶系数 $X_{m(k)}$ 为

$$\begin{aligned}X_{m(k)}&=\frac{1}{mT}\int_{mT}x(t)\mathrm{e}^{-\mathrm{j}k(2\pi/mT)t}\mathrm{d}t=\frac{1}{mT}\int_{mT}x(t)\mathrm{e}^{-\mathrm{j}k\omega_0(1/m)t}\mathrm{d}t\\&=\frac{1}{mT}\int_{mT}x(t)\mathrm{e}^{-\mathrm{j}\frac{k}{m}\omega_0 t}\mathrm{d}t\end{aligned}\tag{4.7.8}$$

与式(4.7.6)比较，可看出式(4.7.8)与正整数进行时间尺度变换的结果完全相同，即

$$X_{m(k)}=\begin{cases}X_{\frac{k}{m}} & \dfrac{k}{m}\text{是整数}\\0 & \text{其他}\end{cases}\tag{4.7.9}$$

其中，新的傅里叶系数的基波周期是 $T_F=mT$。

4.7.7 时域微分

如果

$$x(t) \xleftrightarrow{FS} X_k$$

则

$$\frac{\mathrm{d}}{\mathrm{d}t}x(t) \xleftrightarrow{FS} \mathrm{j}k\omega_0 X_k = \mathrm{j}k2\pi\frac{1}{T}X_k = \mathrm{j}k2\pi f X_k \tag{4.7.10}$$

证明： 令 $z(t)=\frac{\mathrm{d}}{\mathrm{d}t}x(t)$，则有

$$z(t) = \frac{\mathrm{d}}{\mathrm{d}t}x(t) = \frac{\mathrm{d}}{\mathrm{d}t}\left(\sum_{k=-\infty}^{\infty} X_k \mathrm{e}^{\mathrm{j}k\omega_0 t}\right) = \sum_{k=-\infty}^{\infty} \mathrm{j}k\omega_0 X_k \mathrm{e}^{\mathrm{j}k\omega_0 t}$$

如果

$$z(t) = \sum_{k=-\infty}^{\infty} Z_k \mathrm{e}^{\mathrm{j}k\omega_0 t}$$

则有

$$\sum_{k=-\infty}^{\infty} Z_k \mathrm{e}^{\mathrm{j}k\omega_0 t} = \frac{\mathrm{d}}{\mathrm{d}t}x(t) = \sum_{k=-\infty}^{\infty} \mathrm{j}k\omega_0 X_k \mathrm{e}^{\mathrm{j}k\omega_0 t}$$

比较可知

$$Z_k = \mathrm{j}k\omega_0 X_k \tag{4.7.11}$$

时域微分性质将时域中的微分运算变换为频域中的复数乘法运算。这个性质的意义在于，若将其应用于微分方程，则变换过程就将一个微分方程转换成为代数方程。傅里叶（及拉普拉斯）变换方法是求解微分方程问题的一种实用方法。

4.7.8 时域积分

如果

$$x(t) \xleftrightarrow{FS} X_k$$

则当 $X_0=0$ 时，有

$$\int_{-\infty}^{t} x(\lambda)\mathrm{d}\lambda \xleftrightarrow{FS} \frac{1}{\mathrm{j}k\omega_0}X_k = \frac{1}{\mathrm{j}k2\pi f}X_k, \quad X_0 = 0 \tag{4.7.12}$$

证明： 令 $z(t)=\int_{-\infty}^{t} x(\lambda)\mathrm{d}\lambda$ 。如果 $X_0=0$，则有

$$z(t) = \int_{-\infty}^{t} x(\lambda)\mathrm{d}\lambda = \int_{-\infty}^{t}\sum_{k=-\infty}^{\infty} X_k \mathrm{e}^{\mathrm{j}k\omega_0\lambda}\mathrm{d}\lambda$$

$$= \sum_{k=-\infty}^{\infty} X_k \int_{-\infty}^{t} \mathrm{e}^{\mathrm{j}k\omega_0\lambda}\mathrm{d}\lambda = \sum_{k=-\infty}^{\infty} X_k \frac{\mathrm{e}^{\mathrm{j}k\omega_0 t}}{\mathrm{j}k\omega_0}$$

如果

$$z(t) = \sum_{k=-\infty}^{\infty} Z_k \mathrm{e}^{\mathrm{j}k\omega_0 t}$$

则有

$$\sum_{k=-\infty}^{\infty} Z_k \mathrm{e}^{\mathrm{j}k\omega_0 t} = \int_{-\infty}^{t} x(\lambda)\mathrm{d}\lambda = \sum_{k=-\infty}^{\infty} \mathrm{j}k\omega_0 X_k \mathrm{e}^{\mathrm{j}k\omega_0 t}$$

比较可知

$$Z_k = \frac{1}{\mathrm{j}k\omega_0}X_k = \frac{1}{\mathrm{j}k2\pi f}X_k \tag{4.7.13}$$

如果 $X_0\neq 0$，即使 $x(t)$ 是周期信号，$z(t)$ 一般也不是周期信号。因此，也就不能在所有时间内用傅里叶级数进行描述。

时域积分性质将时域中的积分运算变换为频域中用复数除以傅里叶系数的运算。

4.7.9 信号相乘

设 $x(t)$ 和 $y(t)$ 是两个周期同为 T 的周期信号，它们的傅里叶系数分别为 X_k 和 Y_k，即

$$x(t) \xleftrightarrow{FS} X_k$$

$$y(t) \xleftrightarrow{FS} Y_k$$

则对于 $x(t)$ 和 $y(t)$ 的乘积 $z(t)=x(t)y(t)$，有

$$x(t)y(t) \xleftrightarrow{FS} \sum_{q=-\infty}^{\infty} Y_q X_{k-q} = X_k * Y_k \tag{4.7.14}$$

式中，$X_k * Y_k = \sum_{q=-\infty}^{\infty} Y_q X_{k-q}$ 定义为傅里叶系数 X_k 和 Y_k 的卷积和。式(4.7.14)表明连续时间周期信号的乘积对应于它们的傅里叶系数的卷积求和。

证明：设 $x(t)$ 和 $y(t)$ 是两个周期同为 T 的周期信号，则有

$$Z_k = \frac{1}{T}\int_T z(t)\mathrm{e}^{-\mathrm{j}k\omega_0 t}\mathrm{d}t = \frac{1}{T}\int_T x(t)y(t)\mathrm{e}^{-\mathrm{j}k\omega_0 t}\mathrm{d}t$$

由于 $y(t)$ 可以写成

$$y(t) = \sum_{k=-\infty}^{\infty} Y_k \mathrm{e}^{\mathrm{j}k\omega_0 t} = \sum_{q=-\infty}^{\infty} Y_q \mathrm{e}^{\mathrm{j}q\omega_0 t}$$

将其代入 Z_k 中，得到

$$Z_k = \frac{1}{T}\int_T x(t)y(t)\mathrm{e}^{-\mathrm{j}k\omega_0 t}\mathrm{d}t = \frac{1}{T}\int_T x(t)\left(\sum_{q=-\infty}^{\infty} Y_q \mathrm{e}^{\mathrm{j}q\omega_0 t}\right)\mathrm{e}^{-\mathrm{j}k\omega_0 t}\mathrm{d}t$$

交换积分与求和的顺序，有

$$Z_k = \frac{1}{T}\sum_{q=-\infty}^{\infty} Y_q \int_T x(t)\mathrm{e}^{\mathrm{j}q\omega_0 t}\mathrm{e}^{-\mathrm{j}k\omega_0 t}\mathrm{d}t = \sum_{q=-\infty}^{\infty} Y_q \frac{1}{T}\int_T x(t)\mathrm{e}^{-\mathrm{j}(k-q)\omega_0 t}\mathrm{d}t \tag{4.7.15}$$

式中

$$\frac{1}{T}\int_T x(t)\mathrm{e}^{-\mathrm{j}(k-q)\omega_0 t}\mathrm{d}t = X_{k-q}$$

代入式(4.7.15)，有

$$Z_k = \frac{1}{T}\sum_{q=-\infty}^{\infty} Y_q X_{k-q} = X_k * Y_k \tag{4.7.16}$$

如果 $x(t)$ 和 $y(t)$ 是两个不同周期的周期信号，则必须首先确定 $x(t)$ 和 $y(t)$ 的公共周期 T_0[最小值是 $x(t)$ 和 $y(t)$ 基本周期的最小公倍数]，之后计算 $x(t)$ 和 $y(t)$ 在该公共周期 T_0 上的傅里叶系数。这种情况下的傅里叶系数可以用高次谐波性质[式(4.7.9)]和式(4.7.14)计算。

若令 $Z_k = X_k Y_k$，且 $x(t)$ 和 $y(t)$ 是两个周期同为 T 的周期信号，则有

$$\begin{aligned} z(t) &= \sum_{k=-\infty}^{\infty} Z_k \mathrm{e}^{\mathrm{j}k\omega_0 t} = \sum_{k=-\infty}^{\infty} X_k Y_k \mathrm{e}^{\mathrm{j}k\omega_0 t} = \sum_{q=-\infty}^{\infty} \frac{1}{T}\int_T x(\lambda)\mathrm{e}^{-\mathrm{j}k\omega_0\lambda}\mathrm{d}\lambda\, Y_k \mathrm{e}^{\mathrm{j}k\omega_0 t} \\ &= \frac{1}{T}\int_T x(\lambda)\mathrm{d}\lambda \sum_{k=-\infty}^{\infty} Y_k \mathrm{e}^{\mathrm{j}k\omega_0(t-\lambda)} = \frac{1}{T}\int_T x(\lambda)y(t-\lambda)\mathrm{d}\lambda \end{aligned} \tag{4.7.17}$$

注意，式(4.7.17)中积分 $\int_T x(\lambda)y(t-\lambda)\mathrm{d}\lambda$ 类似于卷积积分，只不过积分限是 $t_0<\lambda<t_0+T$ 而不是 $-\infty<\lambda<\infty$。这个积分运算称为周期卷积(Periodic Convolution)，一般表示为

$$x(t)\circledast y(t)=\int_T x(\lambda)y(t-\lambda)\mathrm{d}\lambda \tag{4.7.18}$$

若用周期卷积符号来表示，式(4.7.17)又可表示成

$$z(t)=\sum_{k=-\infty}^{\infty}X_kY_k\mathrm{e}^{\mathrm{j}k\omega_0t}=\frac{1}{T}\int_T x(\lambda)y(t-\lambda)\mathrm{d}\lambda=\frac{1}{T}[x(t)\circledast y(t)] \tag{4.7.19}$$

如果定义周期信号 $x(t)$ 的第一个周期为该周期信号的主周期，用 $x_{ap}(t)$ 表示，即

$$x_{ap}(t)=\begin{cases}x(t) & 0\leqslant t\leqslant T\\ 0 & 其他\end{cases} \tag{4.7.20}$$

则周期信号 $x(t)$ 可以视为是非周期(主周期)信号 $x_{ap}(t)$ 的一个周期延拓，即

$$x(t)=\sum_{m=-\infty}^{\infty}x_{ap}(t-mT) \tag{4.7.21}$$

根据周期卷积的定义，将式(4.7.21)代入式(4.7.18)，有

$$\begin{aligned}x(t)\circledast y(t)&=\int_T x(\lambda)y(t-\lambda)\mathrm{d}\lambda=\int_T\left[\sum_{m=-\infty}^{\infty}x_{ap}(\lambda-mT)\right]y(t-\lambda)\mathrm{d}\lambda\\&=\sum_{m=-\infty}^{\infty}\int_{t_0}^{t_0+T}x_{ap}(\lambda-mT)y(t-\lambda)\mathrm{d}\lambda\end{aligned} \tag{4.7.22}$$

令 $\tau=\lambda-mT$，则 $\mathrm{d}\tau=\mathrm{d}\lambda$，有

$$x(t)\circledast y(t)=\sum_{m=-\infty}^{\infty}\int_{t_0+mT}^{t_0+(m+1)T}x_{ap}(\tau)y(t-\tau-mT)\mathrm{d}\tau \tag{4.7.23}$$

因为 $y(t)$ 也是基本周期为 T 的周期信号，故有 $y(t-\tau-mT)=y(t-\tau)$。又因为积分和 $\sum_{m=-\infty}^{\infty}\int_{t_0+mT}^{t_0+(m+1)T}$ 等价于无穷区间上的单积分 $\int_{-\infty}^{\infty}$，故有

$$x(t)\circledast y(t)=\int_{-\infty}^{\infty}x_{ap}(\tau)y(t-\tau)\mathrm{d}\tau=x_{ap}(t)*y(t) \tag{4.7.24}$$

式(4.7.24)说明，两个基本周期均为 T 的周期信号 $x(t)$ 和 $y(t)$ 的周期卷积等于主周期信号(非周期信号) $x_{ap}(t)$ 和周期信号 $y(t)$ 的卷积，且基本周期仍然为 T。

根据式(4.7.19)可知，两个基本周期均为 T 的周期信号 $x(t)$ 和 $y(t)$ 的周期卷积等于它们各自的傅里叶系数 X_k、Y_k 与基本周期 T 的乘积，即

$$x(t)\circledast y(t)\xleftrightarrow{FS}T(X_k*Y_k) \tag{4.7.25}$$

如果周期信号 $x(t)$ 和 $y(t)$ 的基本周期不相同，则需首先确定两者的公共周期 T。如果存在公共周期，就可以用式(4.7.25)计算在这个公共周期上的傅里叶系数。

例 4.7.2　求函数 $x(t)=5\cos10\pi t\cos10000\pi t$ 的傅里叶系数。

解：函数 $x(t)$ 的基本角频率 $\omega_0=2\pi f=2\pi\times5$，因此有

$$5\cos\omega_0t\xleftrightarrow{FS}\frac{5}{2}[\delta(k-1)+\delta(k+1)]$$

$$\cos m\omega_0t=\cos1000\omega_0t\xleftrightarrow{FS}\frac{1}{2}[\delta(k-1000)+\delta(k+1000)]$$

由式(4.7.14)可直接得到

$$5\cos 10\pi t\cos 10000\pi t \stackrel{FS}{\longleftrightarrow} \frac{5}{2}[\delta(k-1)+\delta(k+1)] * \frac{1}{2}[\delta(k-1000)+\delta(k+1000)]$$

$$\stackrel{FS}{\longleftrightarrow} \frac{5}{4}[\delta(k-999)+\delta(k-1001)+\delta(k+999)+\delta(k+1001)]$$

4.7.10　信号共轭

如果信号

$$x(t) \stackrel{FS}{\longleftrightarrow} X_k$$

则

$$x^*(t) \stackrel{FS}{\longleftrightarrow} X_{-k}^* \tag{4.7.26}$$

证明：设信号 $z(t)=x^*(t)$，则

$$z(t)=\sum_{k=-\infty}^{\infty} Z_k e^{jk\omega_0 t}=\left(\sum_{k=-\infty}^{\infty} X_k e^{jk\omega_0 t}\right)^*=\sum_{k=-\infty}^{\infty} X_k^* e^{-jk\omega_0 t}=\sum_{k=\infty}^{\infty} X_{-k}^* e^{jk\omega_0 t}$$

因为交换求和顺序不影响求和结果，故信号 $x(t)$ 的共轭的傅里叶级数展开式为

$$z(t)=x^*(t)=\sum_{k=-\infty}^{\infty} Z_k e^{jk\omega_0 t}=\sum_{k=-\infty}^{\infty} X_{-k}^* e^{jk\omega_0 t} \tag{4.7.27}$$

由式(4.7.27)显然有

$$Z_k=X_{-k}^* \tag{4.7.28}$$

如果信号 $x(t)$ 是实信号，则 $x(t)$ 满足以下对称性：

$$\begin{cases} X_k=X_{-k}^* \\ \mathrm{Re}\{X_k\}=\mathrm{Re}\{X_{-k}\} \\ \mathrm{Im}\{X_k\}=-\mathrm{Im}\{X_{-k}\} \\ |X_k|=|X_{-k}| \end{cases} \tag{4.7.29}$$

4.7.11　帕塞瓦尔定理

第2章中曾给出帕塞瓦尔定理[式(2.5.14)]。从能量守恒的角度出发，帕塞瓦尔定理指出任意周期信号 $x(t)$ 在其基本周期上的信号能量是

$$\frac{1}{T}\int_T |x(t)|^2 dt=\sum_{k=-\infty}^{\infty} |X_k|^2 \tag{4.7.30}$$

式(4.7.30)的左边是信号 $x(t)$ 的平均功率(即单位时间内的能量)，而等式右边的 $|X_k|^2$ 是 $x(t)$ 中第 k 次傅里叶系数(即第 k 次谐波)的平均功率。故式(4.7.30)说明周期信号的平均功率等于信号全部谐波分量(傅里叶系数)的平均功率之和。

例 4.7.3　已知某一信号 $x(t)$ 满足如下条件：

(1) $x(t)$ 是实信号。

(2) $x(t)$是周期 $T=4$ 的周期信号，其傅里叶系数是 X_k。

(3) $X_k=0$，$|k|>1$。

(4) 傅里叶系数 $Y_k=\mathrm{e}^{-\mathrm{j}\pi/2k}X_{-k}$的信号是奇信号。

(5) $\frac{1}{4}\int_4|x(t)|^2\mathrm{d}t=\frac{1}{2}$。

试问通过以上信息是否能够确定信号 $x(t)$。

解：根据条件 3 可知信号 $x(t)$至多具有三个非零的傅里叶系数 X_k，即 X_{-1}，X_0，X_1。又因为$x(t)$的基波频率 $\omega_0=2\pi/T=2\pi/4=\pi/2$，所以

$$x(t)=X_0+X_1\mathrm{e}^{\mathrm{j}\pi/2t}+X_{-1}\mathrm{e}^{-\mathrm{j}\pi/2t}$$

又由条件 1 知 $x(t)$是实信号，则由对称性式(4.7.29)可知 X_0 是实数，且 $X_1=X_{-1}^*$。因此有

$$x(t)=X_0+X_1\mathrm{e}^{\mathrm{j}\pi/2t}+(X_1\mathrm{e}^{\mathrm{j}\pi/2t})^*=X_0+2\mathrm{Re}\{X_1\mathrm{e}^{\mathrm{j}\pi/2t}\} \tag{4.7.31}$$

具有傅里叶系数 $Y_k=\mathrm{e}^{-\mathrm{j}\pi/2k}X_{-k}$的信号(条件 4)，利用时间反转性质知 X_{-k}对应信号 $x(-t)$；另外，时移性质又指出 k 阶傅里叶系数乘以 $\mathrm{e}^{-\mathrm{j}k\omega_0}=\mathrm{e}^{-\mathrm{j}\pi/2k}$等价于信号右移 1 个单位，即 $t\to t-1$。因此可知，傅里叶系数 Y_k 对应于信号 $x[-(t-1)]=x(-t+1)$，这个信号也必然是实信号(条件 1)且为奇(条件 4)。考虑到奇、实函数的傅里叶系数是虚数且为奇，于是有 $Y_0=0$ 以及 $Y_{-1}=-Y_1$。

又考虑到时间反转及时移运算不可能改变每个周期内信号的平均功率，所以条件 5 的存在就可保证用 $x(-t+1)$代替 $x(t)$后条件仍然成立，即

$$\frac{1}{4}\int_4|x(t)|^2\mathrm{d}t=\frac{1}{4}\int_4|x(-t+1)|^2\mathrm{d}t=\frac{1}{2}$$

根据帕塞瓦尔定理[式(4.7.30)]，上式又等价于

$$|Y_{-1}|^2+|Y_0|^2+|Y_1|^2=|Y_{-1}|^2+|Y_1|^2=2|Y_1|^2=\frac{1}{2}$$

故可知 $|Y_1|=1/2$。但由于 Y_1 已知是虚数，故 $Y_1=\pm\mathrm{j}\frac{1}{2}$。

以上获得的关于 Y_0 和 Y_1 的结论可以由条件 4 转化为关于 X_0 和 X_1 的等价条件。首先因为 $Y_0=0$，则有 $X_0=0$；其次，当 $k=1$ 时，有

$$Y_1=\mathrm{e}^{-\mathrm{j}\pi/2}X_{-1}=-\mathrm{j}X_{-1}=-\mathrm{j}X_1$$

或

$$X_1=\mathrm{j}Y_1$$

由此可知，若令 $Y_1=\mathrm{j}\frac{1}{2}$，$X_1=-\frac{1}{2}$，由式(4.7.31)可得

$$x(t)=X_0+2\mathrm{Re}\{X_1\mathrm{e}^{\mathrm{j}\pi/2t}\}=2\mathrm{Re}\left\{-\frac{1}{2}\mathrm{e}^{\mathrm{j}\pi/2t}\right\}=-\cos(\pi/2t)$$

若令 $Y_1=-\mathrm{j}\frac{1}{2}$，$X_1=\frac{1}{2}$，由式(4.7.31)可得

$$x(t)=X_0+2\mathrm{Re}\{X_1\mathrm{e}^{\mathrm{j}\pi/2t}\}=2\mathrm{Re}\left\{\frac{1}{2}\mathrm{e}^{\mathrm{j}\pi/2t}\right\}=\cos(\pi/2t)$$

根据上述讨论可知，除了信号的正负号不能确定外，所给条件能够完全确定信号的形态。

4.8　从傅里叶级数到傅里叶变换

到目前为止，已经介绍了周期信号傅里叶级数的三种形式，即

复指数型
$$f(t)=\sum_{k=-\infty}^{\infty}c_k\mathrm{e}^{\mathrm{j}k\frac{\pi}{l}t}=\sum_{k=-\infty}^{\infty}c_k\mathrm{e}^{\mathrm{j}k\omega_0t} \tag{4.8.1}$$

三角函数型
$$f(t)=\frac{a_0}{2}+\sum_{k=1}^{\infty}[a_k\cos(k\omega_0t)+b_k\sin(k\omega_0t)] \tag{4.8.2}$$

余弦函数型
$$f(t)=c_0+\sum_{k=1}^{\infty}2|c_k|\cos(k\omega_0t+\theta_k) \tag{4.8.3}$$

式中，ω_0 是周期信号的基本角频率，$\omega_0=\pi/l=2\pi/T$。

在具体应用中，傅里叶级数的第一种形式，即式(4.8.1)给出的复指数形式对于傅里叶级数的发展具有重要的理论意义。第二种形式，即具有实系数的傅里叶级数的三角形式展开[式(4.8.2)]则更适合于计算一个给定周期的信号的傅里叶级数。至于第三种形式，也就是具有复系数的傅里叶级数的三角函数形式[式(4.8.3)]适用于进行信号的谱分析(频域分析)，因为从式(4.8.1)得出的复系数 c_k 提供了关于信号频率 $k\omega_0=k\dfrac{\pi}{l}$ 与对应的信号幅度和相位的重要信息(信号线谱)；除此之外，在求解由周期正弦波输入产生的系统的零状态响应中，式(4.8.3)也起着关键的作用，因为式(4.8.3)基于如下事实：可以利用叠加原理来求由周期输入产生的系统响应。

傅里叶级数尽管可以用一组谐波函数的线性组合描述任何有限时间工程信号及无穷时间周期信号，但它却不能够对非周期无穷时间信号进行建模。本节通过将傅里叶级数的思想应用于非周期信号，平滑地引入傅里叶变换的概念，拓展了信号分析的范围。

4.8.1　从傅里叶级数到傅里叶变换的演变

傅里叶变换是为描述任意周期和非周期的无穷时间信号而引入的一种信号运算。这里周期信号和非周期信号的区别在于：周期信号每隔一个有限长时间 T(称为基本周期)重复一次；而非周期信号则不存在这样的周期，使得信号在一有限时间内重复。如果假设一个任意周期信号的基本周期为 T 且满足狄里赫里条件，若令该信号的基本周期 $T\to\infty$，显然其波形在有限长时间区间内将不再重复，因而信号也就不具备周期性条件了。换句话说，非周期信号可以认为是无限长周期的信号。

在讨论傅里叶变换的定义之前，首先考虑式(4.2.16)给出的复指数傅里叶级数的系数，为方便计，令 $\omega_0=\pi/l=2\pi/T$，即

$$c_k=\frac{1}{2l}\int_{-l}^{l}f(t)\mathrm{e}^{-\mathrm{j}k\omega_0t}\mathrm{d}t=\frac{1}{T}\int_{T}f(t)\mathrm{e}^{-\mathrm{j}k\omega_0t}\mathrm{d}t \tag{4.8.4}$$

对于式(4.8.4)，当 k 增大时，成谐波关系的各频率分量 $k\omega_0$ 将不断变化。如果将频率增量定义为

$$\Delta\omega=(k+1)\omega_0-k\omega_0=\omega_0 \tag{4.8.5}$$

可以看出，由于基本频率 $\omega_0=2\pi/T$ 是谱线间隔，故信号周期 T 增大时谱线间隔将减小，且 T 越大，谱线间隔 $\Delta\omega=\omega_0$ 越小。当 $T\to\infty$ 时，谱线间隔 $\Delta\omega=\omega_0$ 趋于一个频率的无穷小量 $\mathrm{d}\omega$，即

$$\lim_{T\to\infty}\Delta\omega=\lim_{T\to\infty}\frac{2\pi}{T}\to\mathrm{d}\omega$$

另一方面，随着周期 $T\to\infty$，频率分量 $k\omega_0=k2\pi/T, k=\pm1,\ \pm2,\ \cdots\pm\infty$ 也由原先的离散频率变成了连续频率 ω，即

$$\lim_{T\to\infty}k\omega_0\to\omega$$

因此，在极限情况下式(4.8.4)可写成

$$c_{k\to\infty}=\frac{1}{2\pi}\lim_{T\to\infty}\frac{2\pi}{T}\int_{-T/2}^{T/2}f(t)\mathrm{e}^{-\mathrm{j}k\omega_0 t}\mathrm{d}t=\frac{1}{2\pi}\left[\int_{-\infty}^{\infty}f(t)\mathrm{e}^{-\mathrm{j}\omega t}\mathrm{d}t\right]\mathrm{d}\omega=\frac{1}{2\pi}F(\omega)\mathrm{d}\omega \tag{4.8.6}$$

式(4.8.6)方括号中的积分运算

$$F(\omega)=\int_{-\infty}^{\infty}f(t)\mathrm{e}^{-\mathrm{j}\omega t}\mathrm{d}t \tag{4.8.7}$$

是角频率 ω 的函数，定义为函数 $f(t)$ 的傅里叶变换。

进一步，将式(4.8.6)代入复指数型的傅里叶级数展开式(4.8.1)中，则有

$$f(t)=\sum_{k=-\infty}^{\infty}c_k\mathrm{e}^{\mathrm{j}k\omega_0 t}=\sum_{k=-\infty}^{\infty}\frac{1}{2\pi}F(\omega)\mathrm{d}\omega\mathrm{e}^{\mathrm{j}k\omega_0 t}=\frac{1}{2\pi}\sum_{k=-\infty}^{\infty}F(\omega)\mathrm{e}^{\mathrm{j}k\omega_0 t}\mathrm{d}\omega \tag{4.8.8}$$

由于 $T\to\infty$ 时，频率分量将形成一个连续域，亦即 $k\omega_0\to\omega$，从而傅里叶级数的求和也就变成了一个积分 $\left(\sum\limits_{k=-\infty}^{\infty}\to\int_{-\infty}^{\infty}\right)$，则 $f(t)$ 又可写成

$$f(t)=\frac{1}{2\pi}\int_{-\infty}^{\infty}F(\omega)\mathrm{e}^{\mathrm{j}\omega t}\mathrm{d}\omega \tag{4.8.9}$$

注意，式(4.8.9)中用到了前面提到的关系式 $\lim\limits_{T\to\infty}k\omega_0\to\omega$。

式(4.8.7)和式(4.8.9)分别称之为傅里叶(正)变换(Fourier Transform)和傅里叶逆变换(Inverse Fourier Transform)。两个公式统称为傅里叶变换对，一般成对给出如下：

$$\begin{cases}\mathrm{F}\{f(t)\}=F(\omega)=\int_{-\infty}^{\infty}f(t)\mathrm{e}^{-\mathrm{j}\omega t}\mathrm{d}t\\[2ex]\mathrm{F}^{-1}\{F(\omega)\}=f(t)=\dfrac{1}{2\pi}\int_{-\infty}^{\infty}F(\omega)\mathrm{e}^{\mathrm{j}\omega t}\mathrm{d}\omega\end{cases} \tag{4.8.10}$$

注意，式(4.8.10)是以角频率 ω 的形式定义傅里叶变换的，其特点是角频率(在一定程度上)与系统的时间常数和系统的谐振频率之间存在直接关系，因此应用该式定义某些系统函数的傅里叶变换在表现形式上更为简单。如果考虑到 $\omega=2\pi f$，则可以给出傅里叶变换的第二种定义形式，即

$$\begin{cases}\mathrm{F}\{f(t)\}=F(f)=\int_{-\infty}^{\infty}f(t)\mathrm{e}^{-\mathrm{j}2\pi ft}\mathrm{d}t\\[2ex]\mathrm{F}^{-1}\{F(f)\}=f(t)=\int_{-\infty}^{\infty}F(f)\mathrm{e}^{\mathrm{j}2\pi ft}\mathrm{d}f\end{cases} \tag{4.8.11}$$

与式(4.8.10)比较，式(4.8.11)是以频率f定义傅里叶变换的，优点是正变换和逆变换形式基本一致，具有很好的对称性，差别仅仅在于积分变量不同。一些教科书和专著，特别是通信、傅里叶光学和图像处理专业的文献，习惯于用频率f而不是角频率ω表示傅里叶变换。但这两种定义形式没有本质的区别，通过$\omega=2\pi f$可以相互转换。

4.8.2　傅里叶变换的物理意义

通常称信号$x(t)$为时域信号是指其自变量是时间t，称它的傅里叶变换$X(\omega)$或$X(f)$为频域信号则是因为它的自变量ω或f代表频率。频率f是周期的倒数(即$f=1/T$)，而角频率ω则与周期的倒数成正比$\left(\omega=2\pi\dfrac{1}{T}\right)$。连续信号的傅里叶变换在数学、物理以及某些工程应用中，信号及其变换的自变量虽有可能不是周期和频率，但两者之间总是和对方的倒数存在正比关系。

傅里叶正变换

$$X(\omega)=\int_{-\infty}^{\infty}x(t)\mathrm{e}^{-\mathrm{j}\omega t}\mathrm{d}t \tag{4.8.12}$$

或

$$X(f)=\int_{-\infty}^{\infty}x(t)\mathrm{e}^{-\mathrm{j}2\pi ft}\mathrm{d}t \tag{4.8.13}$$

也被称为信号$x(t)$的谱分析，因为求一个信号的傅里叶变换就是提取出信号$x(t)$在连续角频率ω或连续频率f上的复分量$X(\omega)$或$X(f)$。反之，傅里叶逆变换

$$x(t)=\frac{1}{2\pi}\int_{-\infty}^{\infty}X(\omega)\mathrm{e}^{\mathrm{j}\omega t}\mathrm{d}\omega \tag{4.8.14}$$

或

$$x(t)=\int_{-\infty}^{\infty}X(f)\mathrm{e}^{\mathrm{j}2\pi ft}\mathrm{d}f \tag{4.8.15}$$

则被称为信号$x(t)$的合成或综合，因为求一个信号傅里叶变换的逆变换就是根据各频域分量$X(\omega)$或$X(f)$重构或者还原信号$x(t)$的过程。

傅里叶变换的物理意义与$X(\omega)$或$X(f)$的单位密切相关。我们先看$X(f)$的单位，它取决于信号$x(t)$的单位。为清楚起见，不妨假设$x(t)$为一电压信号，单位为V，傅里叶变换的过程是从$x(t)$乘以复指数因子$\mathrm{e}^{-\mathrm{j}2\pi ft}$开始，这里复指数因子$\mathrm{e}^{-\mathrm{j}2\pi ft}$是由复数$-\mathrm{j}2\pi$(无量纲)以及频率$f$和时间$t$组成的。由于频率$f$的单位是Hz或$\mathrm{s}^{-1}$，时间单位是s，所以$\mathrm{e}^{-\mathrm{j}2\pi ft}$就是无量纲的。然后用$x(t)$乘以复指数因子$\mathrm{e}^{-\mathrm{j}2\pi ft}$并在时间域上求积分，由于$x(t)$的单位为V，d$t$的单位是s，故这个积分的单位是V · s，因此$X(f)$的单位就是V · s。如果将$X(f)$的单位写成：$\mathrm{V\cdot s=V\cdot 1/s^{-1}=V/Hz}$，显然它的物理意义将更加清楚，因为$\mathrm{Hz=1/s=s^{-1}}$，并且它还是变量$f$的单位。与此类似，$X(\omega)$的单位是$\mathrm{V/rad\cdot s^{-1}}$。如果时域信号$x(t)$的单位不为V，则其傅里叶变换的单位相应地要变为$x(t)$的单位/Hz或者$x(t)$的单位/$\mathrm{rad\cdot s^{-1}}$。

图4.8.1给出信号$x(t)$的傅里叶变换[式(4.8.12)]的图形解释。它可以认为是输入信号$x(t)$与本地振荡$\mathrm{e}^{-\mathrm{j}2\pi ft}$或$\mathrm{e}^{-\mathrm{j}\omega t}$经混频(乘法器)后通过带通滤波器(积分器)的输出(频谱)。

信号从时域到频域，或者从频域到时域的变换是信号处理的核心运算。例如在工程上将微分方程从时域变换到频域后再求解，比单纯在时域求解要方便得多。$x(t)$与$X(\omega)$或$X(f)$之间的变换可以用下面的简单形式表示：

$$f(t)\overset{F}{\longleftrightarrow}F(\omega) \tag{4.8.16}$$

或

$$f(t)\overset{F}{\longleftrightarrow}F(f) \tag{4.8.17}$$

它们形成了一个傅里叶变换对。

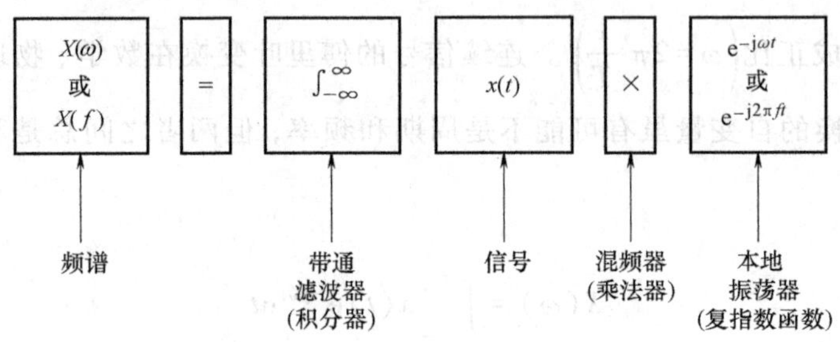

图 4.8.1　傅里叶变换的图形解释

由于上述傅里叶变换的两种描述形式可以用$\omega=2\pi f$进行转换，简便起见，今后以傅里叶变换的ω形式为主要研究对象。

例 4.8.1　求宽度为T的矩形脉冲信号$x(t)=\Pi(t/T)$的傅里叶变换。

解：因为矩形脉冲信号的宽度为T，故

$$x(t)=\Pi(t/T)=\begin{cases}1 & -T/2<t<T/2\\ 0 & \text{其他}\end{cases}$$

根据傅里叶变换的ω描述形式，有

$$X(\omega)=\int_{-\infty}^{\infty}x(t)\mathrm{e}^{-\mathrm{j}\omega t}\mathrm{d}t=\int_{-\infty}^{\infty}\Pi(t/T)\mathrm{e}^{-\mathrm{j}\omega t}\mathrm{d}t$$

$$=\int_{-T/2}^{T/2}\mathrm{e}^{-\mathrm{j}\omega t}\mathrm{d}t=\int_{-T/2}^{T/2}[\cos\omega t-\mathrm{j}\sin\omega t]\mathrm{d}t$$

上式方括号中$\cos\omega t$是偶函数，$\sin\omega t$是奇函数，因此

$$X(\omega)=\int_{-T/2}^{T/2}(\cos\omega t-\mathrm{j}\sin\omega t)\mathrm{d}t=2\int_{0}^{T/2}\cos\omega t\mathrm{d}t=\frac{2}{\omega}\sin\omega t\bigg|_{0}^{T/2}$$

$$=\frac{2}{\omega}\sin\left(\frac{\omega T}{2}\right)=T\frac{\sin[\pi(\omega T/2\pi)]}{\pi(\omega T/2\pi)}=T\mathrm{sinc}\left(\frac{\omega T}{2\pi}\right) \tag{4.8.18}$$

由傅里叶变换的f描述形式，有

$$X(f)=\int_{-\infty}^{\infty}x(t)\mathrm{e}^{-\mathrm{j}2\pi ft}\mathrm{d}t=\int_{-\infty}^{\infty}\Pi(t/T)\mathrm{e}^{-\mathrm{j}2\pi ft}\mathrm{d}t$$

$$=\int_{-T/2}^{T/2}\mathrm{e}^{-\mathrm{j}2\pi ft}\mathrm{d}t=\int_{-T/2}^{T/2}(\cos2\pi ft-\mathrm{j}\sin2\pi ft)\mathrm{d}t$$

$$=2\int_{0}^{T/2}\cos2\pi ft\mathrm{d}t=\frac{1}{\pi f}\sin2\pi ft\bigg|_{0}^{T/2}$$

$$= \frac{1}{\pi f}\sin(\pi f T) = T\frac{\sin(\pi f T)}{\pi f T} = T\mathrm{sinc}(fT) \tag{4.8.19}$$

可以看出，上面给出的傅里叶变换的两种描述形式 $X(\omega)$ 和 $X(f)$ 可以用 $\omega=2\pi f$ 进行转换，而且他们都是实函数。

4.8.3 幅度谱和相位谱

一般意义上的傅里叶变换 $X(\omega)$ 是关于实变量 ω(角频率)的复函数，它可以用以下形式进行描述：

$$X(\omega)=\mathrm{Re}\{X(\omega)\}+\mathrm{j}\mathrm{Im}\{X(\omega)\}=|X(\omega)|\mathrm{e}^{\mathrm{j}\phi(\omega)} \tag{4.8.20}$$

式中，$X(\omega)$ 又称为频谱函数，而其模函数 $|X(\omega)|$ 称为幅度谱，相位或幅角函数 $\phi(\omega)$ 称为相位谱。$|X(\omega)|$ 和 $\phi(\omega)$ 之所以称之为谱，是因为它们所描述的量都是频率的函数。当然，这个量是可以随其他物理量而变化的，如光学中它表示波长的谱，X 射线光谱学中它表示射线的能量谱。这里幅度谱和相位谱的概念是周期信号线谱概念的自然推广。例如，例 4.8.1 的频谱函数 $X(\omega)$ 是实函数，故其幅度谱和相位谱函数的 ω 形式分别为

$$|X(\omega)|=\left|T\mathrm{sinc}\left(\frac{\omega T}{2\pi}\right)\right| \tag{4.8.21}$$

和

$$\phi(\omega)=\arg\{X(\omega)\}=\begin{cases}0 & \dfrac{\sin(\omega T/2)}{\omega}>0\\ \pi & \dfrac{\sin(\omega T/2)}{\omega}<0\end{cases} \tag{4.8.22}$$

绘制 $X(\omega)$ 关于角频率 ω 的曲线，显然更为方便的是分别绘制幅度谱[即 $|X(\omega)|$ 与角频率 ω 的关系曲线]和相位谱[即 $\phi(\omega)$ 与角频率 ω 的关系曲线]。可以证明，对于实信号，$X(\omega)$ 与 $X(-\omega)=X^*(\omega)$ 呈共轭对称，这就表明幅度谱 $|X(\omega)|$ 或 $\mathrm{Re}\{X(\omega)\}$ 满足偶对称性，即

$$|X(\omega)|=|X(-\omega)| \tag{4.8.23}$$

而相位谱 $\phi(\omega)$ 或 $\mathrm{Im}\{X(\omega)\}$ 满足奇对称性，即

$$\phi(\omega)=-\phi(-\omega) \tag{4.8.24}$$

以角频率 ω 为横坐标分别画出 $|X(\omega)|$ 和 $\phi(\omega)$，就得到信号 $x(t)$ 的幅度谱和相位谱。在控制工程中这两幅图又被称为幅频特性和相频特性。

总之，能够进行傅里叶变换运算的实信号的幅度谱是偶函数，相位谱是奇函数。

例 4.8.2 在例 4.8.1 中，矩形脉冲信号 $x(t)=\Pi(t/T)$ 的频谱函数是函数 sinc，这是一个实函数。现设该矩形脉冲信号的宽度 $T=1$，并将其右移 2 个单位后得到 $x(t-2)=\Pi(t-2)$，试求出它的频谱。

解： 右移 2 个单位后 $x(t-2)$ 的傅里叶变换为

$$X(\omega)=\int_{-\infty}^{\infty}x(t-2)\mathrm{e}^{-\mathrm{j}\omega t}\mathrm{d}t=\int_{-\infty}^{\infty}\Pi(t-2)\mathrm{e}^{-\mathrm{j}\omega t}\mathrm{d}t$$

求上式的最好方法(在学习傅里叶变换的时移性质之前)是作变量代换，即令 $\lambda=t-2$，则有

$$X(\omega)=\int_{-\infty}^{\infty}\Pi(t-2)\mathrm{e}^{-\mathrm{j}\omega t}\mathrm{d}t=\int_{-\infty}^{\infty}\Pi(\lambda)\mathrm{e}^{-\mathrm{j}\omega(\lambda+2)}\mathrm{d}\lambda$$

$$=\mathrm{e}^{-\mathrm{j}2\omega}\int_{-1/2}^{1/2}\mathrm{e}^{-\mathrm{j}\omega\lambda}\mathrm{d}\lambda=\mathrm{sinc}\left(\frac{\omega}{2\pi}\right)\mathrm{e}^{-\mathrm{j}2\omega}$$

显然，延迟以后的矩形脉冲信号 $x(t-2)=\Pi(t-2)$ 的频谱函数已经不是一个实函数，它的幅度谱函数为

$$|X(\omega)|=\left|\mathrm{sinc}\left(\frac{\omega}{2\pi}\right)\right|$$

又因为

$$X(\omega)=\mathrm{sinc}\left(\frac{\omega}{2\pi}\right)\mathrm{e}^{-\mathrm{j}2\omega}=\mathrm{sinc}\left(\frac{\omega}{2\pi}\right)(\cos 2\omega-\mathrm{j}\sin 2\omega)$$

故其相位谱函数为

$$\phi(\omega)=\arg\{X(\omega)\}=-\arctan\left(\frac{\sin 2\omega}{\cos 2\omega}\right)$$

本例的幅度谱和相位谱可用以下程序计算：

```
w =-20 : 0.01 : 20;
X =sinc(w/2/pi). * exp(-j * 2 * w);
subplot(211), plot(w, abs(X))
angX =angle(X);
subplot(212), plot(w, angX)
```

程序绘制的幅度谱和相位谱如图 4.8.2 所示。

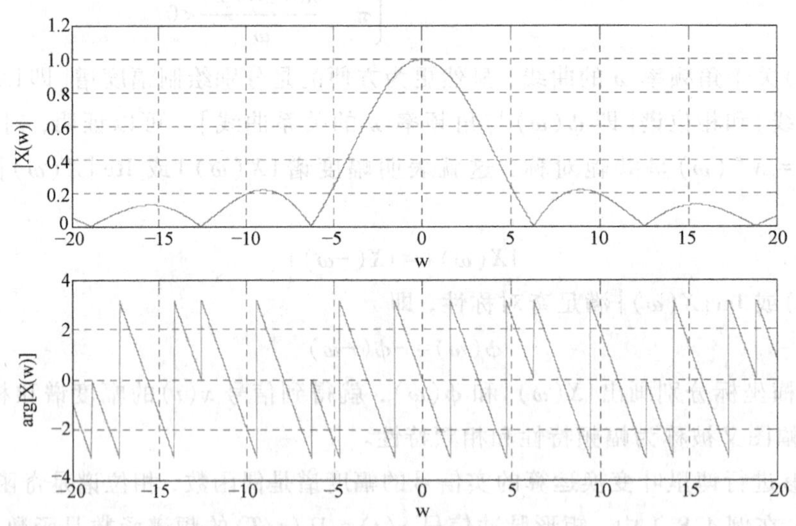

图 4.8.2　延迟矩形脉冲信号 $x(t-2)=\Pi(t-2)$ 的频谱

例 4.8.3　试证明图 4.8.3 所示奇函数 $x(t)=\Pi\left(t+\frac{1}{2}\right)-\Pi\left(t-\frac{1}{2}\right)$ 的频谱函数是虚奇函数。

证明：为证明这个结论，只需求出它的傅里叶变换。

根据式(4.8.12)，$x(t)$的傅里叶变换为

$$X(\omega)=\int_{-\infty}^{\infty}x(t)\mathrm{e}^{-\mathrm{j}\omega t}\mathrm{d}t=\int_{-1}^{0}\mathrm{e}^{-\mathrm{j}\omega t}\mathrm{d}t-\int_{0}^{1}\mathrm{e}^{-\mathrm{j}\omega t}\mathrm{d}t$$
$$=-\frac{1}{\mathrm{j}\omega}\left[\mathrm{e}^{-\mathrm{j}\omega t}\Big|_{-1}^{0}-\mathrm{e}^{-\mathrm{j}\omega t}\Big|_{0}^{1}\right]=\frac{\mathrm{j}}{\omega}(2-2\cos\omega)$$
$$=\frac{\mathrm{j}2}{\omega}(1-\cos\omega)=\frac{\mathrm{j}4}{\omega}\sin^2\left(\frac{\omega}{2}\right)=\mathrm{j}\omega\frac{\sin^2(\omega/2)}{(\omega/2)^2}$$
$$=\mathrm{j}\omega\,\mathrm{sinc}^2\left(\frac{\omega}{2}\right)$$

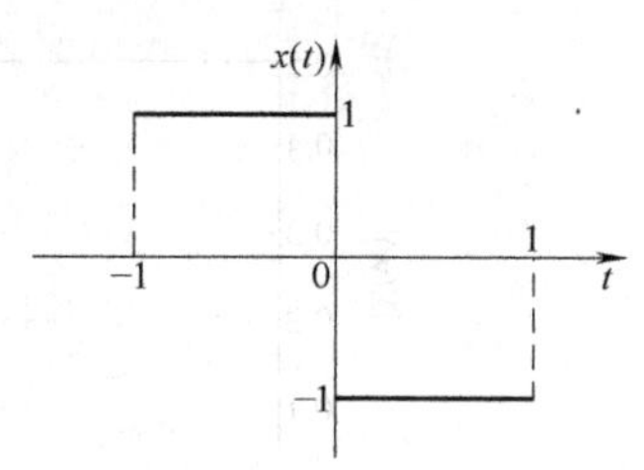

图 4.8.3 奇函数 $x(t)=\Pi\left(t+\frac{1}{2}\right)-\Pi\left(t-\frac{1}{2}\right)$ 的波形

上式显然是虚函数且是 ω 的奇函数。结论得证。

例 4.8.3 的幅度谱函数为

$$|X(\omega)|=\left|\omega\,\mathrm{sinc}^2\left(\frac{\omega}{2}\right)\right|$$

又因为它是虚函数，故其相位谱函数为

$$\phi(\omega)=\arg\{X(\omega)\}=\begin{cases}\dfrac{\pi}{2} & \omega>0\\ -\dfrac{\pi}{2} & \omega<0\end{cases}$$

例 4.8.3 的幅度谱和相位谱可用以下程序计算：

```
w = -6 : 0.01 : 6;
X =j * w. * sinc(w/2).^2;
subplot(211)
plot(w, abs(X))
angX =angle(X);
subplot(212)
plot(w, angX)
```

程序绘制的幅度谱和相位谱如图 4.8.4 所示。

例 4.8.4 求矩形脉冲频谱 $X(\omega)=\Pi(\omega/2T)$ 的傅里叶逆变换。

解：因为矩形脉冲频谱 $X(\omega)=\Pi(\omega/2T)$ 的宽度为 $2T$，即

$$X(\omega)=\Pi(\omega/2T)=\begin{cases}1 & -T<\omega<T\\ 0 & \text{其他}\end{cases}$$

根据傅里叶逆变换的定义式(4.8.9)，有

$$x(t)=\frac{1}{2\pi}\int_{-\infty}^{\infty}X(\omega)\mathrm{e}^{\mathrm{j}\omega t}\mathrm{d}\omega=\frac{1}{2\pi}\int_{-T}^{T}\mathrm{e}^{\mathrm{j}\omega t}\mathrm{d}\omega=\frac{1}{2\pi}\frac{1}{\mathrm{j}t}\mathrm{e}^{\mathrm{j}\omega t}\Big|_{-T}^{T}$$
$$=\frac{1}{\pi t}\sin Tt=\frac{T}{\pi}\frac{\sin[\pi(T/\pi)t]}{\pi(T/\pi)t}=\frac{T}{\pi}\mathrm{sinc}\left(\frac{Tt}{\pi}\right)$$

可以看出，矩形脉冲频谱 $X(\omega)=\Pi(\omega/2T)$ 的傅里叶逆变换 $x(t)$ 是抽样函数。

矩形脉冲频谱对应的时域函数 $x(t)$ 的波形可用以下程序绘制：

```
t = -2 * pi : 0.01 : 2 * pi;
T=pi;                                  % 矩形脉冲频谱的宽度
xt = T/pi. * sinc(T. * t/pi);
plot(t, xt)
```

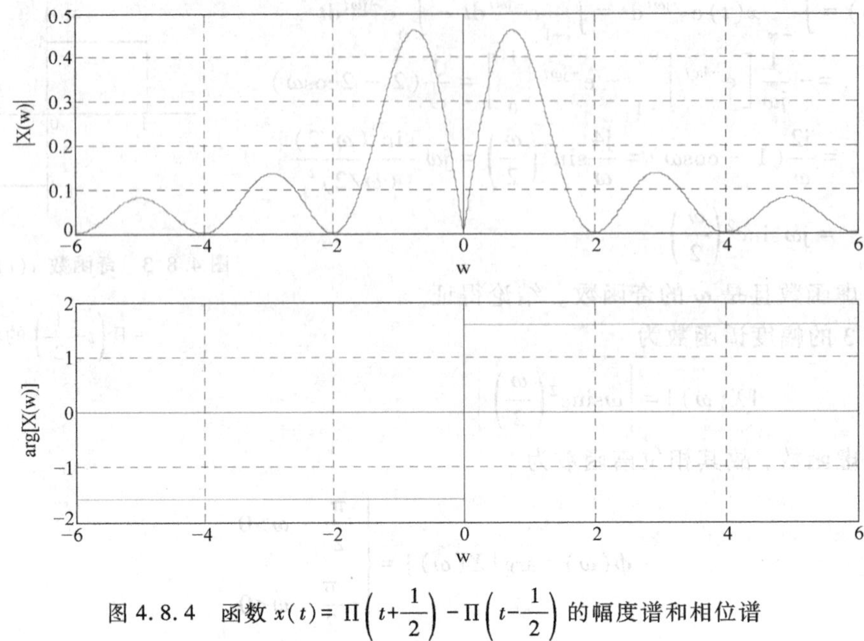

图 4.8.4　函数 $x(t)=\Pi\left(t+\frac{1}{2}\right)-\Pi\left(t-\frac{1}{2}\right)$ 的幅度谱和相位谱

图 4.8.5 给出了矩形脉冲的频谱及程序绘制的时域函数 $x(t)$ 的波形。

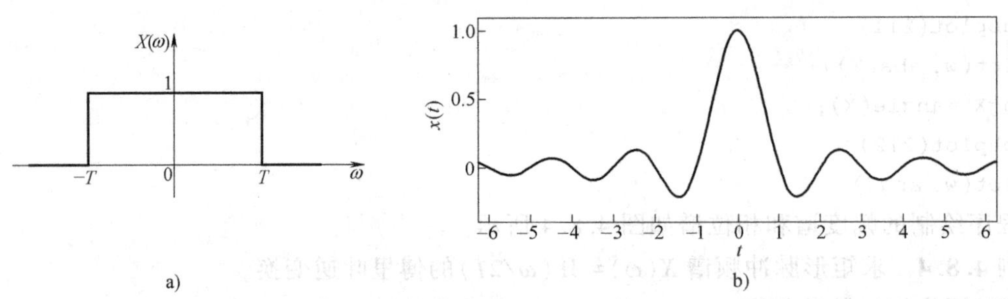

图 4.8.5　$X(\omega)$ 的频谱及对应的时域函数 $x(t)$ 的波形（$T=1$）

4.9　傅里叶变换与傅里叶级数的比较

4.9.1　傅里叶变换存在的条件

如前所述，傅里叶变换是用积分定义的，因此傅里叶变换存在的条件实际上就是傅里叶积分存在的条件，即

$$\left|\int_{-\infty}^{\infty} x(t)\mathrm{e}^{-\mathrm{j}\omega t}\mathrm{d}t\right| \leqslant \int_{-\infty}^{\infty} \left| x(t)\mathrm{e}^{-\mathrm{j}\omega t} \right| \mathrm{d}t \leqslant \int_{-\infty}^{\infty} |x(t)|\left|\mathrm{e}^{-\mathrm{j}\omega t}\right|\mathrm{d}t < \infty \tag{4.9.1}$$

由于 $|\mathrm{e}^{-\mathrm{j}\omega t}|=1$，式(4.9.1)又可等价于

$$\int_{-\infty}^{\infty} |x(t)|\mathrm{d}t < \infty \tag{4.9.2}$$

式(4.9.2)是傅里叶变换存在的主要条件，但还有其他的约束条件需要考虑。这些条件与傅里叶级数收敛的狄利克雷条件类似(信号在任何有限的时间区间内必须有有限个极大、极小值和有限个不连续点)。不过对于工程实践中常用的数学函数而言，确定其傅里叶变换是否存在往往只需检验式(4.9.2)就足够了。

需要指出的是，式(4.9.2)只是傅里叶变换存在的一个充分条件，这就意味着如果满足式(4.9.2)，那么函数的傅里叶变换就存在(针对一般数学函数)；但存在傅里叶变换的函数却不一定满足式(4.9.2)。在本章后续部分，将会看到一些标准信号不满足式(4.9.2)但从广义函数角度来看仍存在傅里叶变换。

4.9.2　傅里叶变换的收敛及广义傅里叶变换

首先考虑一个简单函数 $x(t)=1$，它的傅里叶积分为

$$X(\omega)=\int_{-\infty}^{\infty}x(t)\mathrm{e}^{-\mathrm{j}\omega t}\mathrm{d}t=\int_{-\infty}^{\infty}\mathrm{e}^{-\mathrm{j}\omega t}\mathrm{d}t$$

显然，这个积分不收敛。故严格地讲，常数 1 的傅里叶变换不能用公式求出。但是，借助逼近的思想，若先求出指数函数

$$x_\sigma(t)=\mathrm{e}^{-\sigma|t|}\qquad \sigma>0$$

的傅里叶变换，即

$$\begin{aligned}X_\sigma(\omega)&=\int_{-\infty}^{\infty}\mathrm{e}^{-\sigma|t|}\mathrm{e}^{-\mathrm{j}\omega t}\mathrm{d}t=\int_{-\infty}^{0}\mathrm{e}^{\sigma t}\mathrm{e}^{-\mathrm{j}\omega t}\mathrm{d}t+\int_{0}^{\infty}\mathrm{e}^{-\sigma t}\mathrm{e}^{-\mathrm{j}\omega t}\mathrm{d}t\\&=\int_{-\infty}^{0}\mathrm{e}^{(\sigma-\mathrm{j}\omega)t}\mathrm{d}t+\int_{0}^{\infty}\mathrm{e}^{(-\sigma-\mathrm{j}\omega)t}\mathrm{d}t=\frac{2\sigma}{\sigma^2+\omega^2}\end{aligned}$$

再令 $\sigma\to0$ 取极限，有

$$\lim_{\sigma\to0}X_\sigma(\omega)=\lim_{\sigma\to0}\frac{2\sigma}{\sigma^2+\omega^2}$$

如果 $\omega\neq0$，则极限

$$\lim_{\sigma\to0}X_\sigma(\omega)=\lim_{\sigma\to0}\frac{2\sigma}{\sigma^2+\omega^2}=0$$

上述结果说明，当 $\sigma\to0$ 时指数函数 $x_\sigma(t)=\mathrm{e}^{-\sigma|t|}$ 的连续时间傅里叶变换 $X_\sigma(\omega)$ 在 $\omega\neq0$ 处趋近于零。

下面继续讨论频谱函数 $X_\sigma(\omega)=\dfrac{2\sigma}{\sigma^2+\omega^2}$ 对 ω 轴覆盖的面积 S_σ。因为当 $\sigma\to0$ 时有

$$S_\sigma=\int_{-\infty}^{\infty}\frac{2\sigma}{\sigma^2+\omega^2}\mathrm{d}\omega$$

这个积分通过查表法或者复平面上的围线积分法(不在本书讨论范畴)求得为

$$S_\sigma=\left[\frac{2\sigma}{\sigma}\arctan\left(\frac{\omega}{\sigma}\right)\right]_{-\infty}^{\infty}=2\left(\frac{\pi}{2}+\frac{\pi}{2}\right)=2\pi$$

因此，$X_\sigma(\omega)$ 覆盖的面积是 2π，与 σ 无关。所以，在 $\sigma\to0$ 时常数 1 的频谱函数是一个在所有 $\omega\neq0$ 处为零且面积为 2π 的函数。根据冲激函数的定义，这是一个在 $\omega=0$ 处出现的且强度为 2π 的冲激函数。显然，常数 A 的傅里叶变换对为

$$A \xleftrightarrow{F} 2\pi A\delta(\omega) \tag{4.9.3}$$

指数函数 $x_{\sigma}(t)=\mathrm{e}^{-\sigma|t|}(\sigma>0)$ 的傅里叶积分总是收敛的。其中 $\mathrm{e}^{-\sigma|t|}$ 起收敛因子的作用。这种利用收敛因子计算函数傅里叶变换的思想引出了广义傅里叶变换的概念，并由此将连续时间傅里叶变换推广到一类重要的函数：常数和周期函数。例如，应用欧拉公式，可以直接获得余弦和正弦函数的傅里叶变换对

$$\cos\omega_0 t \xleftrightarrow{F} \pi[\delta(\omega-\omega_0)+\delta(\omega+\omega_0)] \tag{4.9.4}$$

和

$$\sin\omega_0 t \xleftrightarrow{F} \mathrm{j}\pi[\delta(\omega-\omega_0)-\delta(\omega+\omega_0)] \tag{4.9.5}$$

对于傅里叶变换的 f 形式，通过 $f=\omega/2\pi$ 并运用冲激函数的尺度性质，则可得到上述变换的 f 形式如下：

$$A \xleftrightarrow{F} A\delta(f) \tag{4.9.6}$$

$$\cos(2\pi f_0 t) \xleftrightarrow{F} \frac{1}{2}[\delta(f-f_0)+\delta(f+f_0)] \tag{4.9.7}$$

$$\sin(2\pi f_0 t) \xleftrightarrow{F} \frac{j}{2}[\delta(f-f_0)-\delta(f+f_0)] \tag{4.9.8}$$

4.9.3　连续时间傅里叶变换与连续时间傅里叶级数的比较

连续时间傅里叶级数用一组谐波函数（实函数或复函数）的线性组合描述任何有限时间工程信号及无穷时间周期信号。它的复指数形式为

$$x(t)=\sum_{k=-\infty}^{\infty} c_k \mathrm{e}^{\mathrm{j}k\frac{\pi}{l}t}=\sum_{k=-\infty}^{\infty} c_k \mathrm{e}^{\mathrm{j}k\omega_0 t} \tag{4.9.9}$$

而连续时间傅里叶变换是为描述任意周期和非周期的无穷时间信号而引入的一种信号运算。它将时域信号描述成用其傅里叶变换加权后的复数谐波函数的一个积分，即

$$x(t)=\frac{1}{2\pi}\int_{-\infty}^{\infty} X(\omega)\mathrm{e}^{\mathrm{j}\omega t}\mathrm{d}\omega \tag{4.9.10}$$

式(4.9.10)相当于对一个无穷大区间的复谐波函数的求和，当频率扫过整个频率区间时和式的极限就成为了一个积分。

连续时间傅里叶变换与连续时间傅里叶级数之间的关系，建立在一个非周期信号可以认为是周期无限长的周期信号这一点之上的。确切地讲，就是在一个周期信号的傅里叶级数描述中，随着信号周期 T 的增加，基本频率 $\omega=2\pi/T$ 或 $f=1/T$ 就减少，成谐波关系的各频率分量在间隔上愈趋接近，当信号周期趋于无穷大时，这些频率分量就形成了一个连续域，从而傅里叶级数的求和式也就变成了一个积分式。

根据定义，连续时间傅里叶级数把信号分解成离散频率点上复指数函数的一个无穷级数，而连续时间傅里叶变换则将信号分解成连续频率区间的复指数函数的无穷项的和（积分）。连续时间傅里叶级数把一个连续时间信号 $x(t)$ 变换成一个离散谐波序列 c_k，而连续时间傅里叶变换则将一个连续时间信号 $x(t)$ 变换成一个连续频率函数 $X(\omega)$。连续时间傅里叶级数和连续时间傅里叶变换都把时域信号变换到另一个域（即频域），但它们所表现的信号包含的信息不变。

4.9.4 正频率和负频率

当基于连续时间傅里叶级数获得连续时间傅里叶变换之后，其定义式对于所有频率(包括角频率 ω 和频率 f)均有意义，包括负频率(即$-\omega$ 和$-f$)。负频率的概念需要特别予以说明，因为傅里叶分析的基本应用就是把一个时域信号表示成频域的谐波信号的和。例如一个基本周期为 T_0 的正弦波信号可以用一个适当的谐波信号对它进行建模，这样容易认为能够唯一准确描述它的数学函数就是

$$x(t)=A\cos(\omega_0 t)=A\cos\left(\frac{2\pi}{T_0}t\right)=A\cos(2\pi f_0 t) \tag{4.9.11}$$

但事实上，用数学函数

$$x(t)=A\cos[(-\omega_0)t]=A\cos[2\pi(-f_0)t] \tag{4.9.12}$$

同样能够准确描述它。这里就出现了正频率 ω_0(或 f_0)和负频率$-\omega_0$(或$-f_0$)两个频率。

除此之外，数学函数

$$x(t)=A_1\cos(\omega_0 t)+A_2\cos[(-\omega_0)t],\quad A_1+A_2=A \tag{4.9.13}$$

以及

$$x(t)=A\frac{e^{j\omega_0 t}+e^{-j\omega_0 t}}{2} \tag{4.9.14}$$

也可以准确描述这个信号。如果该信号是一个谐波函数而不是余弦函数，则 $x(t)=A\sin(\omega_0 t)$ 或 $x(t)=-A\sin(-\omega_0 t)$ 也具有相同的数学意义。

更进一步讲，如果用傅里叶级数的三角函数形式

$$x(t)=\frac{a_0}{2}+\sum_{k=1}^{\infty}[a_k\cos(k\omega_0 t)+b_k\sin(k\omega_0 t)] \tag{4.9.15}$$

对该正弦波信号进行建模，通过比较系数(参见例 4.2.5)可知除了 a_1 不为零外，其他所有 a_k $(k>1)$和 b_k 均为零；这里 a_1 是 $\cos(\omega_0 t)$ 的幅度，是针对该正弦信号傅里叶级数展开式中的唯一非零项。但它同样不是唯一的，因为

$$x(t)=\frac{a_0}{2}+\sum_{k=1}^{\infty}\{a_k\cos[k(-\omega_0)t]-b_k\sin[k(-\omega_0)t]\} \tag{4.9.16}$$

也可以用来对该正弦波信号进行建模，式(4.9.15)和式(4.9.16)具有同样的数学意义。

通过以上讨论可知，在数学上负频率和正频率均有意义。但在物理意义上负频率究竟该如何理解呢？下面不妨考察一个以负频率形式描述的谐波信号：

$$x(t)=A\cos[(-\omega_0)t+\theta]=A\cos[2\pi(-f_0)t+\theta] \tag{4.9.17}$$

式(4.9.17)显然还可以改写成如下形式：

$$x(t)=A\cos[\omega_0(-t)+\theta]=A\cos[2\pi f_0(-t)+\theta] \tag{4.9.18}$$

在式(4.9.18)中，可以认为该谐波信号和正频率信号

$$x(t)=A\cos(\omega_0 t+\theta)=A\cos(2\pi f_0 t+\theta)$$

是一样的，只是它的时间被反转了。所以可以说，一个负频率谐波信号和对应的时间反转正频率谐波信号是等价的。当沿着时间反转谐波信号移动时，信号的周期没有发生变化，发生变化的只是时间的方向。因此，正频率信号与负频率信号具有完全相同的周期特性，但一般它们的相位特性是不同的。

在傅里叶分析的应用中，既可以视信号仅包含正频率(表现为单边频谱)，亦可以认为信号同时包含正和负的频率(表现为双边频谱)。具体采用哪种形式要视问题的需要，因为在通信系统、信号分析和控制工程等领域需求不尽相同，有时采用单边频谱有时又用双边频谱。两者各有所长，例如单边频谱分析方法的物理概念及意义清晰，而双边频谱分析方法则在数学对称性方面具有优势。特别是在运用正、负频率的对称性可以简化某些复杂信号或者系统分析工作的情况下，采用单边频谱(正频率)方法往往会增加这种分析工作的复杂性。

4.10　傅里叶变换的性质

傅里叶变换本质上是积分式的计算，因此积分运算的许多性质在傅里叶变换的计算中也将成立。应用这些性质，本节将讨论工程中常见信号的傅里叶变换。

根据傅里叶变换的定义式，即

$$\mathrm{F}\{f(t)\} = F(\omega) = \int_{-\infty}^{\infty} f(t)\mathrm{e}^{-\mathrm{j}\omega t}\mathrm{d}t \tag{4.10.1}$$

可以直接求出一些基本信号的傅里叶变换。现考虑下面的例题。

例 4.10.1　单位冲激信号 $\delta(t)$ 的傅里叶变换可以利用 $\delta(t)$ 的定义式以及 $\delta(t)$ 的性质直接得到

$$\mathrm{F}\{\delta(t)\} = \int_{-\infty}^{\infty} \delta(t)\mathrm{e}^{-\mathrm{j}\omega t}\mathrm{d}t = \int_{-\infty}^{\infty} \delta(t)\mathrm{d}t = 1 \tag{4.10.2}$$

式(4.10.2)表明，单位冲激信号 $\delta(t)$ 的傅里叶变换有一个极其简单的形式，即在频域中，对于所有 $-\infty<\omega<\infty$，相应的傅里叶变换恒等于常数 1。这个结果揭示了这样一个事实，即时域中一个无穷小宽度(带宽)的信号在频域中将有一个无穷大的宽度(带宽)。对于这个事实的一个解释，不妨注意一下大气中的闪电现象。作为最接近 $\delta(t)$ 的一个自然信号，一个闪电信号的冲激往往在无线电接收机中所有频段上引起噪声。单位冲激信号 $\delta(t)$ 和它的傅里叶变换如图 4.10.1 所示。

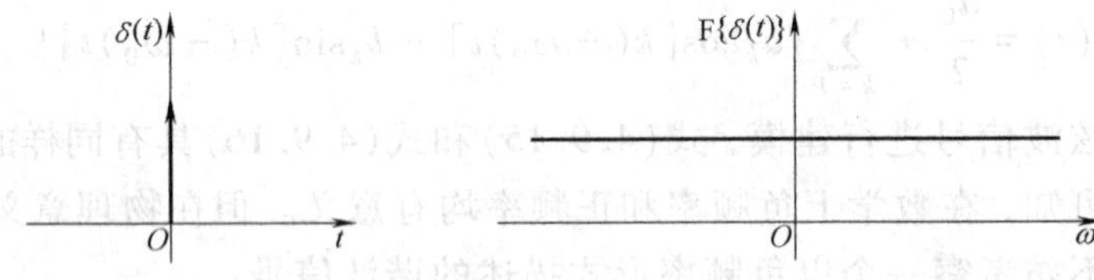

图 4.10.1　单位冲激信号 $\delta(t)$ 的傅里叶变换

例 4.10.2　单边指数信号 $e(t)=\mathrm{e}^{-at}u(t)$ 在 $a\leqslant 0$ 时不满足绝对可积条件，即

$$\int_0^{\infty} \mathrm{e}^{-at}\mathrm{d}t \to \infty$$

故其傅里叶变换不存在。

对于 $a>0$，则有

$$\mathrm{F}\{e(t)\} = E(\omega) = \int_{-\infty}^{\infty} \mathrm{e}^{-at}u(t)\mathrm{e}^{-\mathrm{j}\omega t}\mathrm{d}t$$

$$= \int_0^{\infty} \mathrm{e}^{-(a+\mathrm{j}\omega)t}\mathrm{d}t = -\frac{1}{a+\mathrm{j}\omega}\mathrm{e}^{-(a+\mathrm{j}\omega)t}\Big|_0^{\infty} = \frac{1}{a+\mathrm{j}\omega} \tag{4.10.3}$$

将式(4.10.3)转换成极坐标形式，可分别求出 $E(\omega)$的幅度谱和相位谱如下：

$$|E(\omega)| = \frac{1}{(a^2+\omega^2)^{1/2}} \tag{4.10.4}$$

和

$$\theta(\omega) = \arg\{E(\omega)\} = -\arctan\left(\frac{\omega}{a}\right) \tag{4.10.5}$$

需要指出的是，根据定义式得到的傅里叶变换通常是复函数，它的实部和虚部都是角频率 ω 的函数。容易证明偶信号[满足 $x(-t)=x(t)$]的傅里叶变换是 ω 的实函数，而奇信号[满足 $x(t)=-x(-t)$]的傅里叶变换是 ω 的纯虚函数。在例 4.10.1 中，单位冲激信号 $\delta(t)$可以视为是一个偶函数，所以它的傅里叶变换是实数。

另外，当试图求一些常用的基本信号(如正弦、余弦和单位阶跃)的傅里叶变换时，容易发现这些信号并不满足绝对可积性条件，因此它们的傅里叶变换不存在。但是，虽然这些信号的傅里叶变换在通常意义上不存在，但是它们的傅里叶变换在广义函数的意义上是存在的。正弦、余弦、单位阶跃和某些其他常用信号的傅里叶变换可以根据频域脉冲信号$\delta(\omega)$得到。

正因为许多常用信号在通常意义上不存在傅里叶变换，所以有必要研究傅里叶变换的性质。利用这些性质，结合已知的常用傅里叶变换对，将能够对相当广泛的信号在一般意义上或者广义上求出它们的傅里叶变换。

以下部分将介绍傅里叶变换的 15 个主要性质。这些性质按其特性被分成几大类，掌握这些性质对于学习电气工程、计算机、机械和生物工程等学科是绝对必要的。

为讨论性质方便起见，设信号 $x_1(t)$与其傅里叶变换 $X_1(\omega)$构成一个傅里叶变换对：

$$x_1(t) \leftrightarrow X_1(\omega) \tag{4.10.6}$$

信号 $x_2(t)$与其傅里叶变换 $X_2(\omega)$构成一个傅里叶变换对：

$$x_2(t) \leftrightarrow X_2(\omega) \tag{4.10.7}$$

注意，用 $\omega=2\pi f$ 进行转换，可以方便地给出傅里叶变换的 f 形式变换对。

4.10.1 尺度运算性质

1. 时间尺度变换

若设信号有傅里叶变换对 $x(t)\leftrightarrow X(\omega)$，或者 $x(t)\leftrightarrow X(f)$，则对于任意正实数 a，有

$$x(at) \leftrightarrow \frac{1}{|a|}X\left(\frac{\omega}{a}\right) \tag{4.10.8}$$

或

$$x(at) \leftrightarrow \frac{1}{|a|}X\left(\frac{f}{a}\right) \tag{4.10.9}$$

证明： 首先假设 $a>0$，对信号 $x(at)$求傅里叶变换，得到

$$x(at) \leftrightarrow \int_{-\infty}^{\infty} x(at)\mathrm{e}^{-\mathrm{j}\omega t}\mathrm{d}t$$

对上式右端积分进行变量代换，令 $\sigma=at$，代入上式有

$$x(at) \leftrightarrow \frac{1}{a}\int_{-\infty}^{\infty} x(\sigma)\mathrm{e}^{-\mathrm{j}\frac{\omega}{a}\sigma}\mathrm{d}\sigma \leftrightarrow \frac{1}{a}X\left(\frac{\omega}{a}\right)$$

其次，设 $a<0$，则有 $at=-|a|t$，在 $\mathrm{F}\{x(at)\}$的积分中做变量代换，令 $\sigma=-|a|t=at$，可得

$$x(at) \leftrightarrow \int_{-\infty}^{\infty} x(-|a|t)\mathrm{e}^{-\mathrm{j}\omega t}\mathrm{d}t \leftrightarrow \frac{1}{|a|}\int_{-\infty}^{\infty} x(\sigma)\mathrm{e}^{\mathrm{j}\frac{\omega}{a}\sigma}\mathrm{d}\sigma$$

$$\leftrightarrow \frac{1}{|a|}X\left(\frac{-\omega}{|a|}\right) \leftrightarrow \frac{1}{|a|}X\left(\frac{\omega}{a}\right)$$

其中，最后一步的结果是基于 $a<0$ 时，$-|a|=a$。

作为尺度变换的特例，当 $a=-1$ 时，即可直接得到时间反转性质，即

$$x(-t) \leftrightarrow X(-\omega) \tag{4.10.10}$$

或

$$x(-t) \leftrightarrow X(-f) \tag{4.10.11}$$

2. 频率尺度变换

与时间尺度变换的证明类似，连续时间傅里叶变换的频率尺度变换性质为

$$\frac{1}{|a|}x\left(\frac{t}{a}\right) \leftrightarrow X(a\omega) \tag{4.10.12}$$

或

$$\frac{1}{|a|}x\left(\frac{t}{a}\right) \leftrightarrow X(af) \tag{4.10.13}$$

时间尺度变换性质和频率尺度变换性质对于信号的一个显著效应是，在某个域内的压缩必然导致另一个域内的扩展，反之亦然。

讨论题 4.10.3　函数

$$x(t)=\mathrm{e}^{-\pi t^2} \tag{4.10.14}$$

有一个特性，即它与其 f 型傅里叶变换在形式上恰好相同，即

$$\mathrm{e}^{-\pi t^2} \leftrightarrow \mathrm{e}^{-\pi f^2} \tag{4.10.15}$$

若令 $t \to \dfrac{t}{4}$ 并进行时间尺度变换，则相应的傅里叶变换对为

$$\mathrm{e}^{-\pi(t/4)^2} \leftrightarrow 4\mathrm{e}^{-\pi(4f)^2} \tag{4.10.16}$$

图 4.10.2 分别给出了 t 为 1、$\dfrac{1}{4}$、$\dfrac{1}{10}$ 时，变换对的时域及频域波形。

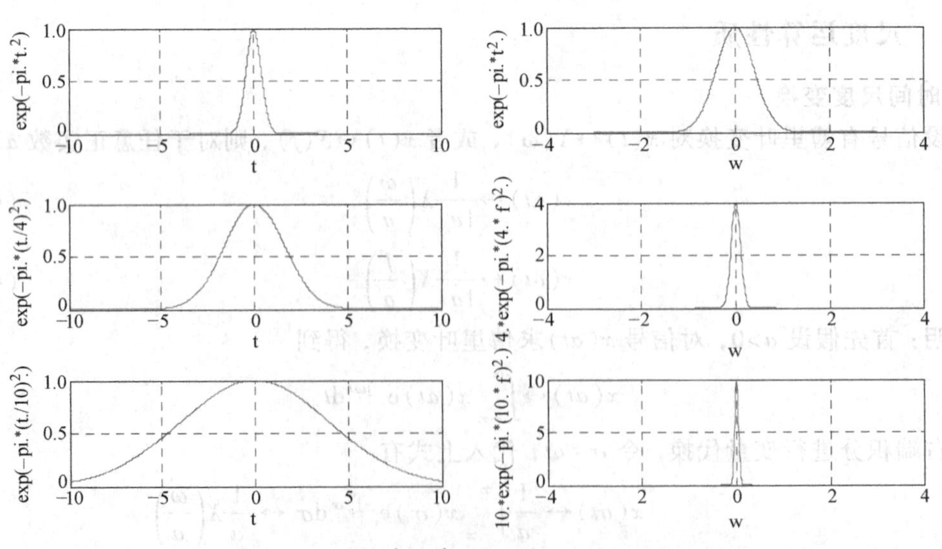

图 4.10.2　t 为 1、$\dfrac{1}{4}$、$\dfrac{1}{10}$ 时变换对的时域及频域波形

如图 4.10.2 所示，时域变换 $t\to\frac{t}{a}$，$a>1$ 是时间扩展运算，它在频域所引起的变化无疑是频率的压缩(乘一个幅度系数)。当该时域信号 $x(t)$ 经过扩展后，随着时间从坐标原点向 $\pm\infty$ 两边延伸，信号幅度从 1 减小的速率趋于缓慢，当 $t\to\pm\infty$ 时，这个幅度将趋于一个常数。信号在时域的这种变化，反映在频域中就是当 $x(t)$ 以某个系数进行扩展时，它的傅里叶变换在频域中被压缩并且幅度以相同的系数增大。在 $t\to\pm\infty$ 的极限情况下，它的傅里叶变换变成一个冲激，即

$$\lim_{a\to\infty}\mathrm{e}^{-\pi\left(\frac{t}{a}\right)^2}=1\leftrightarrow\lim_{a\to\infty}|a|\,\mathrm{e}^{-\pi(af)^2}=\delta(f)\tag{4.10.17}$$

这种在一个域内的压缩导致另一个域内的扩展的关系构成了傅里叶分析的不确定性原理。随着式(4.10.17)中 $a\to\infty$，时域信号的脉冲宽度由窄变宽，而频域函数则由宽变窄。极限情况下，信号将在频域中 $f=0$ 处变成一个(频域)冲激函数 $\delta(f)$，而在时域 $-\infty<t<\infty$ 内则成为幅值恒等的常数，这时对信号无法进行时域定位。反之，若对信号进行时域无限压缩，则时域信号的脉冲宽度将收窄到 $t=0$ 处的一个冲激，此时它的位置是精确确定的，不过这时它的傅里叶变换在区间 $-\infty<f<\infty$ 内其幅度恒为常数，因而对信号无法进行频域定位。

总之，对于任意信号 $x(t)$，若 $|a|>1$，则 $x(at)$ 是 $x(t)$ 的时域压缩，对应于 $X(\omega/a)$ 是 $X(\omega)$ 的频域扩展；若 $|a|<1$，则 $x(at)$ 是 $x(t)$ 的时域扩展，对应于 $X(\omega/a)$ 是 $X(\omega)$ 的频域压缩。因此，信号 $x(t)$ 的时域压缩对应其傅里叶变换 $X(\omega)$ 的频域扩展，$x(t)$ 的时域扩展对应其傅里叶变换 $X(\omega)$ 的频域压缩。物理意义上，时间尺度变换意味着短时信号的带宽比长时信号的带宽宽，换句话说长时信号的带宽较窄。

例 4.10.4 试求矩形脉冲信号 $x(t)=\Pi(3t/T)$ 的傅里叶变换。

解： 因为已知

$$\Pi\left(\frac{t}{T}\right)\leftrightarrow T\mathrm{sinc}\left(\frac{\omega T}{2\pi}\right)$$

直接利用时间尺度性质，有

$$\Pi\left(\frac{3t}{T}\right)\leftrightarrow\frac{1}{3}T\mathrm{sinc}\left(\frac{T}{2\pi}\frac{\omega}{3}\right)\leftrightarrow\frac{T}{3}\mathrm{sinc}\left(\frac{\omega T}{6\pi}\right)$$

本例如果用傅里叶变换的积分定义求解，则首先需要给出 $\Pi\left(\frac{3t}{T}\right)$ 的解析表达式，然后求积分。注意，$\Pi\left(\frac{3t}{T}\right)$ 可用分段函数描述，例如

$$\Pi\left(\frac{3t}{T}\right)=\begin{cases}1 & -\frac{T}{2}\leqslant 3t\leqslant\frac{T}{2}\\ 0 & \text{其他}\end{cases}=\begin{cases}1 & -\frac{T}{6}\leqslant t\leqslant\frac{T}{6}\\ 0 & \text{其他}\end{cases}$$

其次，利用傅里叶积分，得到

$$\begin{aligned}\mathrm{F}\left\{\Pi\left(\frac{3t}{T}\right)\right\}&=\int_{-\infty}^{\infty}\Pi\left(\frac{3t}{T}\right)\mathrm{e}^{-\mathrm{j}\omega t}\mathrm{d}t=\int_{-\frac{T}{6}}^{\frac{T}{6}}\mathrm{e}^{-\mathrm{j}\omega t}\mathrm{d}t\\&=-\frac{1}{\mathrm{j}\omega}\left(\mathrm{e}^{-\mathrm{j}\omega\frac{T}{6}}-\mathrm{e}^{\mathrm{j}\omega\frac{T}{6}}\right)=\frac{2}{\omega}\left(\frac{\mathrm{e}^{\mathrm{j}\omega\frac{T}{6}}-\mathrm{e}^{-\mathrm{j}\omega\frac{T}{6}}}{2\mathrm{j}}\right)\end{aligned}$$

$$=\frac{2}{\omega}\sin\left(\frac{\omega T}{6}\right)=\frac{T}{3}\frac{\sin\pi\left(\frac{\omega T}{6\pi}\right)}{\pi\frac{\omega T}{6\pi}}=\frac{T}{3}\mathrm{sinc}\left(\frac{\omega T}{6\pi}\right)$$

结果与运用时间尺度性质是一致的。

3. 时移性

在信号与系统理论中需要经常处理在时间上被移动的信号。若设信号有傅里叶变换对 $x(t)\leftrightarrow X(\omega)$，或者 $x(t)\leftrightarrow X(f)$，则信号 $x(t)$ 平移 t_0 个单位的傅里叶变换为

$$x(t-t_0)\leftrightarrow \mathrm{e}^{-\mathrm{j}\omega t_0}X(\omega) \tag{4.10.18}$$

或

$$x(t-t_0)\leftrightarrow \mathrm{e}^{-\mathrm{j}2\pi f t_0}X(f) \tag{4.10.19}$$

注意，当 $t_0>0$ 时，$x(t-t_0)$ 使 $x(t)$ 右移 t_0 个单位；当 $t_0<0$ 时，$x(t-t_0)$ 使 $x(t)$ 左移 t_0 个单位。因此，式(4.10.18)或式(4.10.19)是 $x(t)$ 左右移动的通式。

证明：对平移时间信号 $x(t-t_0)$ 求其傅里叶变换，有

$$x(t-t_0)\leftrightarrow\int_{-\infty}^{\infty}x(t-t_0)\mathrm{e}^{-\mathrm{j}\omega t}\mathrm{d}t$$

对上式右端的积分进行变量代换，即令 $t-t_0=\sigma$，代入上式得

$$x(t-t_0)\leftrightarrow\int_{-\infty}^{\infty}x(t-t_0)\mathrm{e}^{-\mathrm{j}\omega t}\mathrm{d}t\leftrightarrow\int_{-\infty}^{\infty}x(\sigma)\mathrm{e}^{-\mathrm{j}\omega(\sigma+t_0)}\mathrm{d}\sigma$$

$$\leftrightarrow\mathrm{e}^{-\mathrm{j}\omega t_0}\int_{-\infty}^{\infty}x(\sigma)\mathrm{e}^{-\mathrm{j}\omega\sigma}\mathrm{d}\sigma\leftrightarrow\mathrm{e}^{-\mathrm{j}\omega t_0}X(\omega)$$

性质得证。

式(4.10.19)的证明过程类似，故省略。

时移性质表明，求一个平移信号的傅里叶变换，只需要用 $\mathrm{e}^{-\mathrm{j}\omega t_0}$ 乘原始信号的傅里叶变换即可。

例 4.10.5 在例 4.8.1 中推导了宽度为 T 的矩形脉冲信号 $x(t)=\Pi(t/T)$ 的傅里叶变换。将该脉冲信号右移 19 个单位得到信号

$$x(t-19)=\Pi\left(\frac{t-19}{T}\right)$$

试求其傅里叶变换。

解：因为 $t_0=19$，根据时移性质，有

$$\Pi\left(\frac{t-19}{T}\right)\leftrightarrow\mathrm{e}^{-\mathrm{j}19\omega}T\mathrm{sinc}\left(\frac{\omega T}{2\pi}\right)$$

例 4.10.6 求延迟正弦信号 $x(t)=10\cos[200\pi(t-1.25\times10^{-3})]$ 的傅里叶变换。

解：根据题意，已知 $\omega=200\pi$ 且传播延迟时间 $t_0=1.25\mathrm{ms}$，因此

$$x(t)=10\cos[200\pi(t-1.25\times10^{-3})]=10\cos\left(200\pi t-\frac{\pi}{4}\right)$$

对上式利用线性及时移性质，可得

$$\begin{aligned}X(\omega)&=10\mathrm{F}\{\cos(200\pi t)\}\mathrm{e}^{-\mathrm{j}1.25\times10^{-3}\omega}\\&=10\pi[\delta(\omega-200\pi)+\delta(\omega+200\pi)]\mathrm{e}^{-\mathrm{j}1.25\times10^{-3}\omega}\\&=10\pi[\delta(\omega-200\pi)\mathrm{e}^{-\mathrm{j}\frac{\pi}{4}}+\delta(\omega+200\pi)\mathrm{e}^{\mathrm{j}\frac{\pi}{4}}]\end{aligned}$$

注意，式中利用了单位冲激函数的抽样性质

$$F(\omega)\delta(\omega-\omega_0)=F(\omega_0)\delta(\omega-\omega_0)$$

讨论题 4.10.7 考虑单边约束信号 $x(t)=\mathrm{e}^{-2t}u(t-3)$ 的傅里叶变换。

针对具有这种形式的信号，运用时移性质时必须首先对其进行变形，以便得到 $x(t)$ 的以下等价形式：

$$x(t)=\mathrm{e}^{-2t}u(t-3)=\mathrm{e}^{-6}\mathrm{e}^{-2(t-3)}u(t-3)$$

上式表明，信号 $x(t)$ 等价于单边指数信号 $\mathrm{e}^{-2t}u(t)$ 经 3 个单位的延迟并且乘以常数 e^{-6}。因此利用时移性质以及单边指数信号的傅里叶变换，得到

$$X(\omega)=\mathrm{F}\{x(t)\}=\mathrm{e}^{-6}\mathrm{F}\{\mathrm{e}^{-2(t-3)}u(t-3)\}=\mathrm{e}^{-6}\frac{\mathrm{e}^{-\mathrm{j}\omega 3}}{2+\mathrm{j}\omega}$$

4. 时间相乘(或频域微分)

若设信号有傅里叶变换对 $x(t)\leftrightarrow X(\omega)$，或 $x(t)\leftrightarrow X(f)$，则有

$$t^n x(t)\leftrightarrow(\mathrm{j})^n\frac{\mathrm{d}^n}{\mathrm{d}\omega^n}X(\omega) \tag{4.10.20}$$

或

$$t^n x(t)\leftrightarrow\left(\frac{\mathrm{j}}{2\pi}\right)^n\frac{\mathrm{d}^n}{\mathrm{d}f^n}X(f) \tag{4.10.21}$$

这个性质有时也称为时间加权性质。令 $n=1$，则可知时域乘以 t 与频域对 ω 微分并乘 j 等价。

证明：这个性质可以通过傅里叶变换的定义，并对等式两边关于 ω 求导数来证明，即

$$X(\omega)=\int_{-\infty}^{\infty}x(t)\mathrm{e}^{-\mathrm{j}\omega t}\mathrm{d}t$$

$$\frac{\mathrm{d}X(\omega)}{\mathrm{d}\omega}=\int_{-\infty}^{\infty}(-\mathrm{j}t)x(t)\mathrm{e}^{-\mathrm{j}\omega t}\mathrm{d}t$$

$$\vdots$$

$$\frac{\mathrm{d}^n X(\omega)}{\mathrm{d}\omega^n}=\int_{-\infty}^{\infty}(-\mathrm{j}t)^n x(t)\mathrm{e}^{-\mathrm{j}\omega t}\mathrm{d}t$$

它表明 $(-\mathrm{j}t)^n x(t)$ 和 $\mathrm{d}^n X(\omega)/\mathrm{d}\omega^n$ 是对应的傅里叶变换对。因此，有

$$t^n x(t)\leftrightarrow\frac{1}{(-\mathrm{j})^n}\frac{\mathrm{d}^n}{\mathrm{d}\omega^n}X(\omega)\leftrightarrow(\mathrm{j})^n\frac{\mathrm{d}^n}{\mathrm{d}\omega^n}X(\omega)$$

性质得证。式(4.10.21)的证明过程类似，作为练习，请读者自己证明。

例 4.10.8 设 $x(t)=t\Pi(t/2)$，波形如图 4.10.3a 所示。试求其傅里叶变换，并画出幅度谱。

解：已知 $\Pi(t/2)$ 的傅里叶变换为

$$\Pi(t/2)\leftrightarrow 2\mathrm{sinc}\left(\frac{\omega}{\pi}\right)$$

根据式(4.10.20)有

$$t\Pi(t/2)\leftrightarrow\mathrm{j}\frac{\mathrm{d}}{\mathrm{d}\omega}\left[2\mathrm{sinc}\left(\frac{\omega}{\pi}\right)\right]=\mathrm{j}2\frac{\mathrm{d}}{\mathrm{d}\omega}\left(\frac{\sin\omega}{\omega}\right)=\mathrm{j}2\frac{\omega\cos\omega-\sin\omega}{\omega^2}$$

幅度谱 $|X(\omega)|$ 如图 4.10.3b 所示。

5. 时间变换

时移性质和尺度变换性质结合即构成所谓的时间变换性质。现综合考虑具有时移和尺度变换特性的信号 $x(at-t_0)$，可以证明

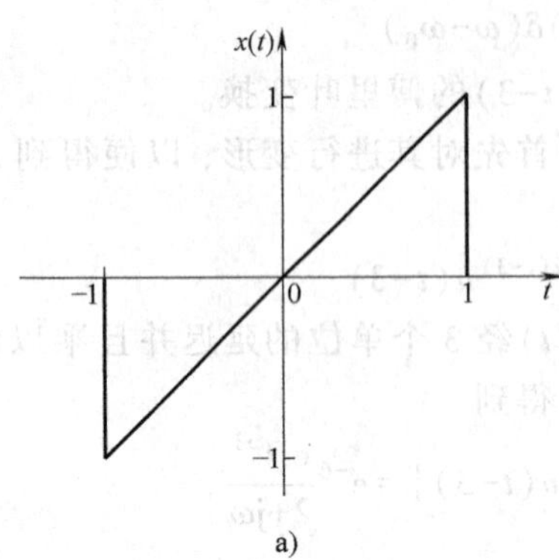

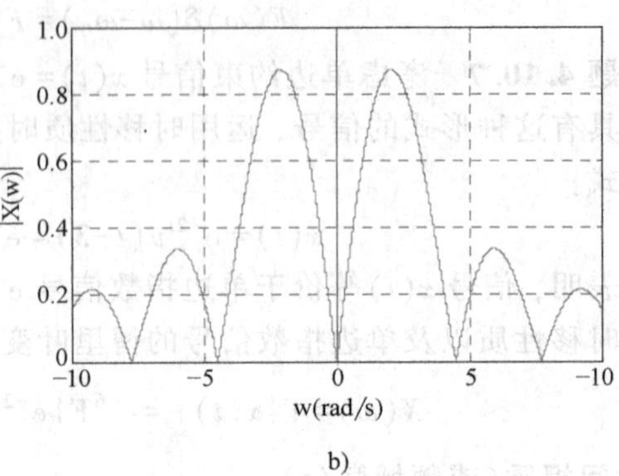

图 4.10.3　例 4.10.8 图

a）信号 $x(t)=t\Pi(t/2)$ 的波形　b）$x(t)$ 的幅度谱 $|X(\omega)|$

$$x(at-t_0)\leftrightarrow e^{-j\left(\frac{\omega}{a}\right)t_0}\frac{1}{|a|}X\left(\frac{\omega}{a}\right) \tag{4.10.22}$$

或

$$x(at-t_0)\leftrightarrow e^{-j\left(\frac{2\pi f}{a}\right)t_0}\frac{1}{|a|}X\left(\frac{f}{a}\right) \tag{4.10.23}$$

式中，a 为时间尺度变换因子；t_0 是延迟时间。

4.10.2　卷积性质

两个函数的卷积运算是一个非常有意义的物理概念，在谐波分析和图像处理等许多技术领域都有重要应用。

1. 时域卷积

任意两个连续时间信号的卷积定义为

$$x_1(t)*x_2(t)=\int_{-\infty}^{\infty}x_1(t-\tau)x_2(\tau)\mathrm{d}\tau \tag{4.10.24}$$

卷积性质指出，如果 $x_1(t)\leftrightarrow X_1(\omega)$，$x_2(t)\leftrightarrow X_2(\omega)$ 或 $x_1(t)\leftrightarrow X_1(f)$，$x_2(t)\leftrightarrow X_2(f)$，则两个时间函数卷积积分的傅里叶变换等于对应时间函数傅里叶变换的乘积，即

$$x_1(t)*x_2(t)\leftrightarrow X_1(\omega)X_2(\omega) \tag{4.10.25}$$

或

$$x_1(t)*x_2(t)\leftrightarrow X_1(f)X_2(f) \tag{4.10.26}$$

证明：卷积性质可以用傅里叶变换的定义式来证明。

$$x_1(t)*x_2(t)\leftrightarrow\int_{-\infty}^{\infty}\left[\int_{-\infty}^{\infty}x_1(t-\tau)x_2(\tau)\mathrm{d}\tau\right]e^{-j\omega t}\mathrm{d}t$$

交换积分顺序，得到

$$x_1(t)*x_2(t)\leftrightarrow\int_{-\infty}^{\infty}\left[\int_{-\infty}^{\infty}x_1(t-\tau)e^{-j\omega t}\mathrm{d}t\right]x_2(\tau)\mathrm{d}\tau$$

对上式方括号中的积分应用时移性质可得

$$x_1(t)*x_2(t)\leftrightarrow X_1(\omega)\int_{-\infty}^{\infty}x_2(\tau)e^{-j\omega\tau}\mathrm{d}\tau$$

$$\leftrightarrow X_1(\omega)X_2(\omega)$$

时域卷积的重要意义在于，时域信号的复杂卷积运算可以方便地转化为频域中的频谱的乘积运算。

例 4.10.9 设信号 $x(t)=A\Pi\left(\frac{t}{\tau}\right)$ 且 $A>0$，试求出信号 $f(t)=x(t)*x(t)$ 的傅里叶变换。

解： 因为

$$x(t)=A\Pi\left(\frac{t}{\tau}\right)\leftrightarrow A\tau\text{sinc}\left(\frac{\omega\tau}{2\pi}\right)$$

应用卷积性质，有

$$F(\omega)=X(\omega)X(\omega)=A^2\tau^2\text{sinc}^2\left(\frac{\omega\tau}{2\pi}\right)$$

讨论题 4.10.10 考虑一个 LTI 系统，它的输入和单位冲激响应分别为

$$x(t)=\frac{2\sin(20\pi t)}{\pi t}=40\text{sinc}(20t)$$

$$h(t)=\frac{5\sin(10\pi t)}{\pi t}=50\text{sinc}(10t)$$

它们均为 sinc 函数。

通过第 2 章的讨论已经知道，一个 LTI 系统的输入 $x(t)$ 和输出 $y(t)$ 是通过下面的卷积积分建立关系的：

$$y(t)=x(t)*h(t)=\int_{-\infty}^{\infty}x(\tau)h(t-\tau)\mathrm{d}\tau \tag{4.10.27}$$

因此，这个系统的输出为

$$y(t)=\int_{-\infty}^{\infty}x(\tau)h(t-\tau)\mathrm{d}\tau=\int_{-\infty}^{\infty}\left(\frac{2\sin(20\pi\tau)}{\pi\tau}\right)\left(\frac{5\sin[10\pi(t-\tau)]}{\pi(t-\tau)}\right)\mathrm{d}\tau$$

显然，上式积分不易计算。但若首先求出 $x(t)$ 和 $h(t)$ 的傅里叶变换，再用卷积性质，则计算就得到很大简化。

根据例 4.8.4，可知门宽为 $2T$ 的矩形脉冲的傅里叶变换对为

$$\Pi(\omega/2T)\leftrightarrow\frac{1}{\pi t}\sin Tt$$

$$\leftrightarrow\frac{T}{\pi}\text{sinc}\left(\frac{Tt}{\pi}\right)$$

由此可分别求出 $x(t)$ 和 $h(t)$ 的傅里叶变换，即

$$X(\omega)=\mathrm{F}\left\{\frac{2\sin(20\pi t)}{\pi t}\right\}=2\Pi\left(\frac{\omega}{2\times20\pi}\right)=2\Pi\left(\frac{\omega}{40\pi}\right)$$

$$H(\omega)=\mathrm{F}\left\{\frac{5\sin(10\pi t)}{\pi t}\right\}=5\Pi\left(\frac{\omega}{2\times10\pi}\right)=5\Pi\left(\frac{\omega}{20\pi}\right)$$

利用时域卷积性质，得到系统输出的傅里叶变换为

$$Y(\omega)=\mathrm{F}\{x(t)*h(t)\}=X(\omega)H(\omega)=10\Pi\left(\frac{\omega}{40\pi}\right)\Pi\left(\frac{\omega}{20\pi}\right)=10\Pi\left(\frac{\omega}{20\pi}\right)$$

图 4.10.4 对上式的结果进行了图解说明。从图中可见，由于 $x(t)$ 和 $h(t)$ 的傅里叶变换都是(频域)门函数，故它们的乘积还是一个门函数，只是这个门函数 $Y(\omega)$ 的截止频率是门函数 $X(\omega)$ 和 $H(\omega)$ 中截止频率低的那一个。

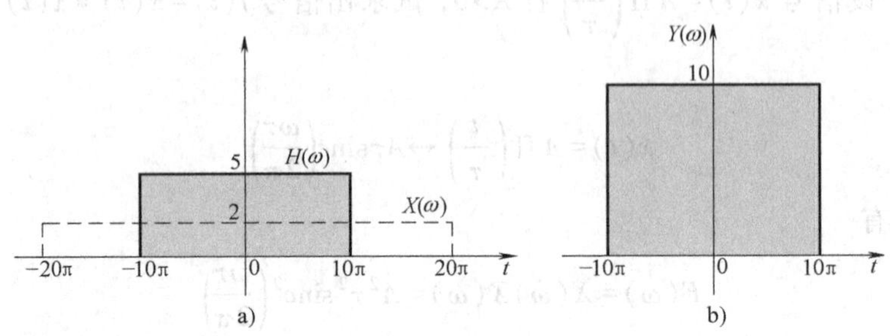

图 4.10.4　图解说明

a) $x(t)$ 和 $h(t)$ 的傅里叶变换　b) $Y(\omega)=\mathrm{F}[x(t)*h(t)]=X(\omega)H(\omega)$

上述结果说明，本题的 LTI 系统实际上是一个带宽为 $\pm 10\pi$ 的低通滤波器，它对输入信号的频谱进行了"滤波"。如果将 $Y(\omega)$ 再变换回时域，则可求出系统的响应 $y(t)$ 为

$$Y(\omega)=\mathrm{F}\{x(t)*h(t)\}=10\,\Pi\left(\frac{\omega}{20\pi}\right)$$

$$\leftrightarrow \frac{10\sin(10\pi t)}{\pi t}=100\mathrm{sinc}(10t)$$

2. 频域卷积

频域卷积也称为时域相乘，因为它是时域卷积性质的对偶性质。频域卷积说明在时域中两个信号乘积的傅里叶变换正比于在频域中它们的傅里叶变换的卷积，即

$$x_1(t)x_2(t)\leftrightarrow \frac{1}{2\pi}X_1(\omega)*X_2(\omega)=\frac{1}{2\pi}\int_{-\infty}^{\infty}X_1(\omega-\lambda)X_2(\lambda)\,\mathrm{d}\lambda \tag{4.10.28}$$

或

$$x_1(t)x_2(t)\leftrightarrow X_1(f)*X_2(f) \tag{4.10.29}$$

证明： 频域卷积性质的证明类似于时域卷积的证明。因为由定义有

$$\mathrm{F}^{-1}\{X_1(\omega)*X_2(\omega)\}=\frac{1}{2\pi}\int_{-\infty}^{\infty}\left[\frac{1}{2\pi}\int_{-\infty}^{\infty}X_1(\omega-\lambda)X_2(\lambda)\,\mathrm{d}\lambda\right]\mathrm{e}^{\mathrm{j}\omega t}\mathrm{d}\omega$$

交换积分顺序并应用频移性质，有

$$\begin{aligned}\mathrm{F}^{-1}\{X_1(\omega)*X_2(\omega)\}&=\frac{1}{2\pi}\int_{-\infty}^{\infty}X_2(\lambda)\left[\frac{1}{2\pi}\int_{-\infty}^{\infty}X_1(\omega-\lambda)\mathrm{e}^{\mathrm{j}\omega t}\mathrm{d}\omega\right]\mathrm{d}\lambda\\&=\frac{1}{2\pi}\int_{-\infty}^{\infty}X_2(\lambda)x_1(t)\mathrm{e}^{\mathrm{j}\lambda t}\mathrm{d}\lambda=x_1(t)x_2(t)\end{aligned}$$

式(4.10.28)或式(4.10.29)左端是时域中的一个信号乘以另一个信号，这个过程可以理解为用一个信号去调制另一个信号的幅度，因此两个信号的相乘运算也称为幅度调制。式(4.10.28)或式(4.10.29)有时称为调制性质。

3. 二维卷积定理

二维卷积在形式上与式(4.10.24)定义的一维卷积类似。定义积分

$$x_1(t,S) * x_2(t,S) = \int_{-\infty}^{\infty}\int_{-\infty}^{\infty} x_1(\tau,\nu)x_2(t-\tau,S-\nu)\mathrm{d}\tau\mathrm{d}\nu \tag{4.10.30}$$

为有两个二维函数 $x_1(t,S)$ 和 $x_2(t,S)$ 的卷积积分。相应地，二维卷积定理由下述傅里叶变换对确定

$$x_1(t,S) * x_2(t,S) \leftrightarrow X_1(\omega,g)X_2(\omega,g) \tag{4.10.31}$$

或

$$x_1(t,S) * x_2(t,S) \leftrightarrow X_1(f,g)X_2(f,g) \tag{4.10.32}$$

以及

$$x_1(t,S)x_2(t,S) \leftrightarrow \frac{1}{2\pi}X_1(\omega,g) * X_2(\omega,g) \tag{4.10.33}$$

或

$$x_1(t,S)x_2(t,S) \leftrightarrow X_1(f,g) * X_2(f,g) \tag{4.10.34}$$

二维卷积在图像处理中有重要的应用。比如图像常可以表示成灰度二元函数 $x_1(t,S)$，它的边缘或者其他锐利的跳跃(如噪声)对傅里叶变换的高频分量有较大的贡献，因此通过衰减它的傅里叶变换的高频分量，就可以实现对原始图像的平滑。而这种平滑过程，本质上就是通过寻找或者设计一个二维频域函数 $X_2(f,g)$，然后对 $X_1(f,g)X_2(f,g)$ 作逆傅里叶变换，从而达到对图像平滑的效果。这个过程的基础就是二维卷积定理。

4.10.3　LTI 性质

1. 线性(叠加)

傅里叶变换的定义式是一个积分[(式(4.10.1)]，而积分已知是线性运算，故线性性质适用于傅里叶变换，即如果 $x_1(t)\leftrightarrow X_1(\omega)$，$x_2(t)\leftrightarrow X_2(\omega)$ 或者 $x_1(t)\leftrightarrow X_1(f)$，$x_2(t)\leftrightarrow X_2(f)$，则对于任何实数或复数 α_1、α_2，有

$$\alpha_1x_1(t)+\alpha_2x_2(t)\leftrightarrow\alpha_1X_1(\omega)+\alpha_2X_2(\omega) \tag{4.10.35}$$

或

$$\alpha_1x_1(t)+\alpha_2x_2(t)\leftrightarrow\alpha_1X_1(f)+\alpha_2X_2(f) \tag{4.10.36}$$

例 4.10.11　求图 4.10.5a 所示信号的傅里叶变换。

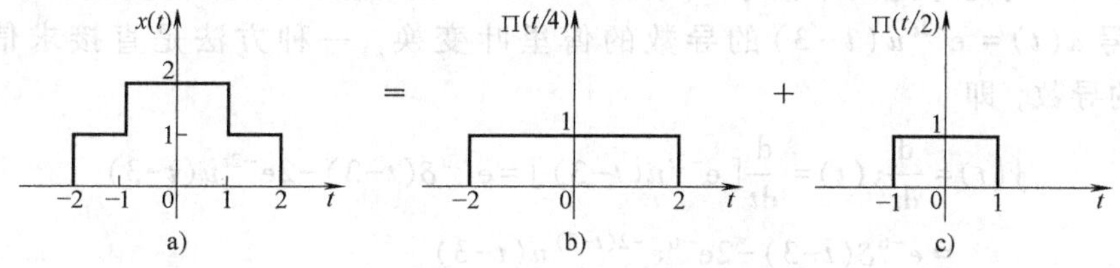

图 4.10.5　例 4.10.11 所示信号

解：图 4.10.5a 所示信号是由脉冲宽度分别为 $T=4$ 及 $T=2$ 的门函数组合而成的，即

$$x(t)=\Pi(t/4)+\Pi(t/2)$$

又由例 4.8.1 已知门宽为 T 的矩形脉冲信号 $\Pi(t/T)$ 的傅里叶变换为

$$\mathrm{F}\{\Pi(t/T)\}=\int_{-\infty}^{\infty}\Pi(t/T)\mathrm{e}^{-\mathrm{j}\omega t}\mathrm{d}t=\int_{-T/2}^{T/2}\mathrm{e}^{-\mathrm{j}\omega t}\mathrm{d}t=T\mathrm{sinc}\left(\frac{\omega T}{2\pi}\right)$$

因此信号 $x(t)$ 的傅里叶变换根据线性性质为

$$\begin{aligned}\mathrm{F}\{x(t)\}&=\mathrm{F}\{\Pi(t/4)\}+\mathrm{F}\{\Pi(t/2)\}\\&=4\mathrm{sinc}\left(\frac{4\omega}{2\pi}\right)+2\mathrm{sinc}\left(\frac{2\omega}{2\pi}\right)=4\mathrm{sinc}\left(\frac{2\omega}{\pi}\right)+2\mathrm{sinc}\left(\frac{\omega}{\pi}\right)\end{aligned}$$

2. 时域微分

若设信号有傅里叶变换对 $x(t)\leftrightarrow X(\omega)$，或 $x(t)\leftrightarrow X(f)$，则对于任意正整数 n，有

$$\frac{\mathrm{d}^n x(t)}{\mathrm{d}t^n}\leftrightarrow(\mathrm{j}\omega)^n X(\omega) \tag{4.10.37}$$

或

$$\frac{\mathrm{d}^n x(t)}{\mathrm{d}t^n}\leftrightarrow(\mathrm{j}2\pi f)^n X(f) \tag{4.10.38}$$

证明： 首先证明 $n=1$ 的情况。由傅里叶变换的定义知

$$\frac{\mathrm{d}x(t)}{\mathrm{d}t}\leftrightarrow\int_{-\infty}^{\infty}\frac{\mathrm{d}x(t)}{\mathrm{d}t}\mathrm{e}^{-\mathrm{j}\omega t}\mathrm{d}t$$

利用分部积分法计算上式右端积分，令 $v=\mathrm{e}^{-\mathrm{j}\omega t}$，$w=x(t)$，则有 $\mathrm{d}v=-\mathrm{j}\omega\mathrm{e}^{-\mathrm{j}\omega t}\mathrm{d}t$ 和 $\mathrm{d}w=\left[\frac{\mathrm{d}x(t)}{\mathrm{d}t}\right]\mathrm{d}t$。因此有

$$\int_{-\infty}^{\infty}\frac{\mathrm{d}x(t)}{\mathrm{d}t}\mathrm{e}^{-\mathrm{j}\omega t}\mathrm{d}t=vw\bigg|_{t=-\infty}^{t=\infty}-\int_{-\infty}^{\infty}w\mathrm{d}v=\mathrm{e}^{-\mathrm{j}\omega t}x(t)\bigg|_{t=-\infty}^{t=\infty}-\int_{-\infty}^{\infty}x(t)(-\mathrm{j}\omega)\mathrm{e}^{-\mathrm{j}\omega t}\mathrm{d}t$$

当 $t\to\pm\infty$ 时，如果 $x(t)\to0$，则

$$\int_{-\infty}^{\infty}\frac{\mathrm{d}x(t)}{\mathrm{d}t}\mathrm{e}^{-\mathrm{j}\omega t}\mathrm{d}t=(\mathrm{j}\omega)\int_{-\infty}^{\infty}x(t)\mathrm{e}^{-\mathrm{j}\omega t}\mathrm{d}t=(\mathrm{j}\omega)X(\omega)$$

对于 $n\geqslant2$ 的情况，可以重复应用分部积分法证明之。

注意： 时域微分性质说明一个信号 $x(t)$ 的(一阶)时域微分可以用 $\mathrm{j}\omega$ 乘该信号的傅里叶变换 $X(\omega)$。因此，从系统理论的观点看，对微分方程应用这个性质(以及后面将要讨论的积分性质)，就可以将时域的微分方程转化为频域的代数方程。这是变换域方法最重要的应用之一。

例 4.10.12　考虑单边约束信号 $x(t)=\mathrm{e}^{-2t}u(t-3)$ 的导数的傅里叶变换。

要求信号 $x(t)=\mathrm{e}^{-2t}u(t-3)$ 的导数的傅里叶变换，一种方法是直接求信号 $x(t)=\mathrm{e}^{-2t}u(t-3)$ 的导数，即

$$\begin{aligned}y(t)&=\frac{\mathrm{d}}{\mathrm{d}t}x(t)=\frac{\mathrm{d}}{\mathrm{d}t}[\mathrm{e}^{-2t}u(t-3)]=\mathrm{e}^{-2t}\delta(t-3)-2\mathrm{e}^{-2t}u(t-3)\\&=\mathrm{e}^{-6}\delta(t-3)-2\mathrm{e}^{-6}\mathrm{e}^{-2(t-3)}u(t-3)\end{aligned}$$

利用例 4.10.7 的结果以及延迟冲激函数的傅里叶变换，可以得到

$$Y(\omega)=\mathrm{e}^{-6}\mathrm{e}^{-\mathrm{j}\omega3}-\frac{2\mathrm{e}^{-6}\mathrm{e}^{-\mathrm{j}\omega3}}{2+\mathrm{j}\omega}=\mathrm{j}\omega\frac{\mathrm{e}^{-6}\mathrm{e}^{-\mathrm{j}\omega3}}{2+\mathrm{j}\omega}=\mathrm{j}\omega X(\omega)$$

第二种方法是对例 4.10.7 的结果直接运用时域微分性质，即可得到同样的结果。

例 4.10.13　高斯脉冲信号定义为

$$g(t)=\frac{1}{\sqrt{2\pi}}\mathrm{e}^{-\frac{t^2}{2}} \tag{4.10.39}$$

试求出 $g(t)$ 的傅里叶变换。

求出高斯脉冲信号 $g(t)$ 的傅里叶变换需要用到多个性质及计算技巧。首先对 $g(t)$ 求导，得到

$$\frac{\mathrm{d}}{\mathrm{d}t}g(t)=\frac{1}{\sqrt{2\pi}}\frac{\mathrm{d}}{\mathrm{d}t}(\mathrm{e}^{-\frac{t^2}{2}})=-\frac{t}{\sqrt{2\pi}}\mathrm{e}^{-\frac{t^2}{2}}=-tg(t) \tag{4.10.40}$$

根据时域微分性质，有

$$\frac{\mathrm{d}}{\mathrm{d}t}g(t)=-tg(t)\leftrightarrow \mathrm{j}\omega G(\omega) \tag{4.10.41}$$

又根据频域微分性质，有

$$-\mathrm{j}tg(t)\leftrightarrow\frac{\mathrm{d}}{\mathrm{d}\omega}G(\omega)$$

或

$$-tg(t)\leftrightarrow\frac{1}{\mathrm{j}}\frac{\mathrm{d}}{\mathrm{d}\omega}G(\omega) \tag{4.10.42}$$

其次，比较式(4.10.41)和式(4.10.42)，可知两式左边相等，因此右边也一定相等。于是

$$\frac{\mathrm{d}}{\mathrm{d}\omega}G(\omega)=-\omega G(\omega) \tag{4.10.43}$$

现在需要进一步比较式(4.10.40)和式(4.10.43)，显见 $G(\omega)$ 的微分与 $g(t)$ 的微分在数学形态上是相同的，因此可推知 $G(\omega)$ 的数学形态也与 $g(t)$ 的数学形态相同，即

$$G(\omega)=c\mathrm{e}^{-\frac{\omega^2}{2}} \tag{4.10.44}$$

式中，常数 c 可由 $g(t)$ 的傅里叶变换定义式确定，但需要用到如下的高斯积分公式：

$$\int_{-\infty}^{\infty}\mathrm{e}^{-\frac{x^2}{2\sigma^2}}\mathrm{d}x=\sigma\sqrt{2\pi}\quad \sigma>0$$

根据定义式，取 $\omega=0$，可求出

$$G(\omega)\big|_{\omega=0}=\int_{-\infty}^{\infty}\frac{1}{\sqrt{2\pi}}\mathrm{e}^{-\frac{t^2}{2}}\mathrm{d}t=1 \tag{4.10.45}$$

因此，常数 $c=1$。从而得出结论：高斯脉冲信号的傅里叶变换还是高斯(频域)脉冲信号，即

$$g(t)=\frac{1}{\sqrt{2\pi}}\mathrm{e}^{-\frac{t^2}{2}}\leftrightarrow\mathrm{e}^{-\frac{\omega^2}{2}} \tag{4.10.46}$$

3. 时域积分

若设信号有傅里叶变换对 $x(t)\leftrightarrow X(\omega)$，或 $x(t)\leftrightarrow X(f)$，则

$$\int_{-\infty}^{t}x(\tau)\mathrm{d}\tau\leftrightarrow\frac{X(\omega)}{\mathrm{j}\omega}+\pi X(0)\delta(\omega) \tag{4.10.47}$$

或

$$\int_{-\infty}^{t}x(\tau)\mathrm{d}\tau\leftrightarrow\frac{X(f)}{\mathrm{j}2\pi f}+\frac{1}{2}X(0)\delta(f) \tag{4.10.48}$$

其中，$X(0)$ 可由傅里叶变换的定义式求出，即

$$X(0)=X(\omega)\big|_{\omega=0}=\int_{-\infty}^{\infty}x(t)\mathrm{d}t$$

证明：考虑一个一般信号 $x(t)$ 和单位阶跃函数 $u(t)$ 的卷积，即

$$x(t) * u(t) = \int_{-\infty}^{\infty} x(\tau)u(t-\tau)\mathrm{d}\tau$$

式中

$$u(t-\tau)=\begin{cases}1 & \tau<t\\0 & \tau>t\end{cases}$$

因此，卷积积分可以写成

$$x(t) * u(t) = \int_{-\infty}^{\infty} x(\tau)u(t-\tau)\mathrm{d}\tau = \int_{-\infty}^{t} x(\tau)\mathrm{d}\tau$$

对上式运用卷积性质，有

$$\begin{aligned}x(t) * u(t) &\leftrightarrow X(\omega)U(\omega)\\&\leftrightarrow X(\omega)\left[\pi\delta(\omega)+\frac{1}{\mathrm{j}\omega}\right]\\&\leftrightarrow \frac{X(\omega)}{\mathrm{j}\omega}+\pi X(0)\delta(\omega)\end{aligned}$$

式中，单位阶跃信号 $u(t)$ 的傅里叶变换 $U(\omega)$ 为

$$u(t)\leftrightarrow\pi\delta(\omega)+\frac{1}{\mathrm{j}\omega} \tag{4.10.49}$$

例 4.10.14　试用积分性质证明式(4.10.49)。

证明：因为单位阶跃信号 $u(t)=\int_{-\infty}^{t}\delta(\tau)\mathrm{d}\tau$，且有 $\int_{-\infty}^{\infty}\delta(t)\mathrm{d}t=1$，根据积分性质，有

$$u(t)=\int_{-\infty}^{t}\delta(\tau)\mathrm{d}\tau \leftrightarrow \frac{\mathrm{F}\{\delta(t)\}}{\mathrm{j}\omega}+\pi\int_{-\infty}^{\infty}\delta(t)\mathrm{d}t\delta(\omega)=\pi\delta(\omega)+\frac{1}{\mathrm{j}\omega}$$

例 4.10.15　试计算符号函数

$$\mathrm{sgn}t=2u(t)-1=\begin{cases}1 & t>0\\-1 & t<0\end{cases}$$

的傅里叶变换。

解：本题有多种解法。比如由式(4.9.3)可知常数 1 的傅里叶变换为

$$1\leftrightarrow2\pi\delta(\omega)$$

而由例 4.10.14 已知单位阶跃函数的傅里叶变换，即

$$u(t)\leftrightarrow\pi\delta(\omega)+\frac{1}{\mathrm{j}\omega}$$

因此

$$\mathrm{sgn}t=2u(t)-1\leftrightarrow 2\left[\pi\delta(\omega)+\frac{1}{\mathrm{j}\omega}\right]-2\pi\delta(\omega)=\frac{2}{\mathrm{j}\omega}$$

第二种方法可以利用时域微分性质，因为

$$\frac{\mathrm{d}}{\mathrm{d}t}\{\mathrm{sgn}t\}=\frac{\mathrm{d}}{\mathrm{d}t}\{2u(t)-1\}=2\delta(t)$$

因此由时域微分性质，可得

$$\mathrm{F}\{\mathrm{sgn}t\}=\frac{2}{\mathrm{j}\omega}$$

例 4.10.16　利用矩形脉冲的傅里叶变换以及积分与时移性质，求三角脉冲信号的傅里叶变换。

三角脉冲信号一般定义为

$$tri\left(\frac{t}{T}\right)=\begin{cases}1-\dfrac{|t|}{T} & |t|<T\\ 0 & \text{其他}\end{cases} \tag{4.10.50}$$

注意，三角脉冲信号 $tri\left(\frac{t}{T}\right)$ 的脉冲宽度为 $2T$，而矩形脉冲信号 $\Pi\left(\frac{t}{T}\right)$ 的脉冲宽度为 T，两者是不同的。

考虑图 4.10.6a 所示的线性积分器系统。系统的输入信号是两个矩形脉冲信号，如图 4.10.6b 所示。容易证明，系统（积分器）的输出信号是一个图 4.10.6c 所示的三角脉冲信号。现需求出输出信号的频谱函数。

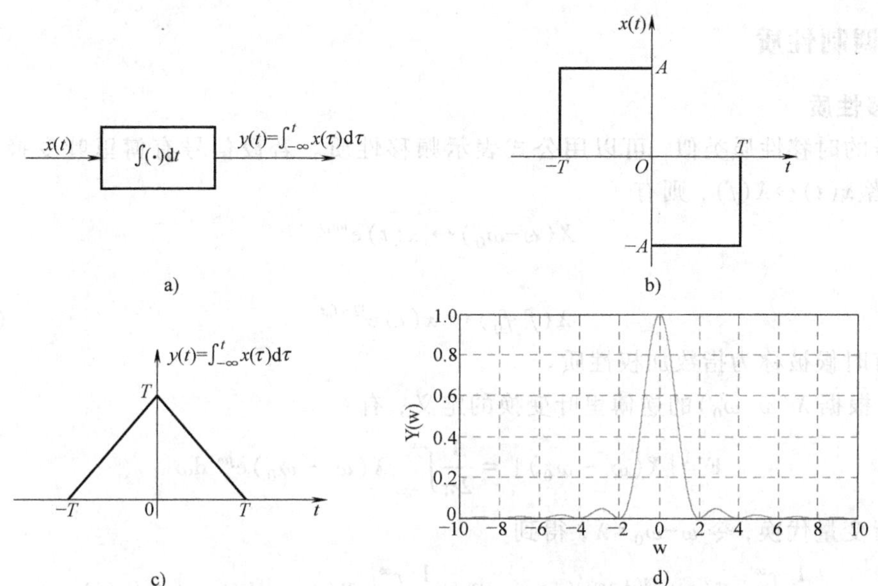

图 4.10.6　例 4.10.16 图

由于系统的输入和输出是积分关系，利用线性和时间移位性质，输入信号 $x(t)$ 可以表示为

$$x(t)=A\Pi\left[\frac{t+\frac{T}{2}}{T}\right]-A\Pi\left[\frac{t-\frac{T}{2}}{T}\right]$$

它的傅里叶变换（也就是频谱函数）为

$$X(\omega)=AT\mathrm{sinc}\left(\frac{\omega T}{2}\right)\mathrm{e}^{\mathrm{j}\omega T/2}-AT\mathrm{sinc}\left(\frac{\omega T}{2}\right)\mathrm{e}^{-\mathrm{j}\omega T/2}$$

$$=AT\mathrm{sinc}\left(\frac{\omega T}{2}\right)(\mathrm{e}^{\mathrm{j}\omega T/2}-\mathrm{e}^{-\mathrm{j}\omega T/2})$$

$$= 2\mathrm{j}AT\mathrm{sinc}\left(\frac{\omega T}{2}\right)\sin\left(\frac{\omega T}{2}\right)$$

$$= \mathrm{j}\omega AT^2\mathrm{sinc}\left(\frac{\omega T}{2}\right)\left[\frac{\sin\left(\frac{\omega T}{2}\right)}{\frac{\omega T}{2}}\right] = \mathrm{j}\omega AT^2\mathrm{sinc}^2\left(\frac{\omega T}{2}\right)$$

根据时域积分性质，有

$$y(t) = \int_{-\infty}^{t} x(\tau)\mathrm{d}\tau \leftrightarrow \frac{X(\omega)}{\mathrm{j}\omega} + \pi X(0)\delta(\omega)$$

因为信号 $x(t)$ 的均值为零，故 $X(0)=0$。所以，系统输出 $y(t)$ 的频谱函数为

$$Y(\omega)=\frac{X(\omega)}{\mathrm{j}\omega}+\pi X(0)\delta(\omega)=\frac{X(\omega)}{\mathrm{j}\omega}=AT^2\mathrm{sinc}^2\left(\frac{\omega T}{2}\right)$$

$y(t)$ 的频谱特性如图 4.10.6d 所示。

4.10.4 调制性质

1. 频移性质

与信号的时移性质类似，可以用公式表示频移性质。若设信号有傅里叶变换对 $x(t)\leftrightarrow X(\omega)$，或者 $x(t)\leftrightarrow X(f)$，则有

$$X(\omega-\omega_0)\leftrightarrow x(t)\mathrm{e}^{\mathrm{j}\omega_0 t} \tag{4.10.51}$$

或

$$X(f-f_0)\leftrightarrow x(t)\mathrm{e}^{\mathrm{j}2\pi f_0 t} \tag{4.10.52}$$

这个性质有时候被称为指数加权性质。

证明： 根据 $X(\omega-\omega_0)$ 的逆傅里叶变换的定义，有

$$\mathrm{F}^{-1}\{X(\omega-\omega_0)\} = \frac{1}{2\pi}\int_{-\infty}^{\infty} X(\omega-\omega_0)\mathrm{e}^{\mathrm{j}\omega t}\mathrm{d}\omega$$

对上式进行变量代换，令 $\omega-\omega_0=\lambda$，得到

$$\frac{1}{2\pi}\int_{-\infty}^{\infty} X(\lambda)\mathrm{e}^{\mathrm{j}(\lambda+\omega_0)t}\mathrm{d}\lambda = \mathrm{e}^{\mathrm{j}\omega_0 t}\frac{1}{2\pi}\int_{-\infty}^{\infty} X(\lambda)\mathrm{e}^{\mathrm{j}\lambda t}\mathrm{d}\lambda = \mathrm{e}^{\mathrm{j}\omega_0 t}x(t)$$

性质得证。式(4.10.52)的证明过程类似，作为练习，请读者自己证明。

注意到信号的时移和频移性质形式上是非常简单的，但从应用的角度看它们具有非常丰富的内涵。例如，时移和频移性质的综合应用直接导致了现代小波理论的发展。在信号处理和现代通信技术方面，小波理论是一个快速发展的研究领域。

例 4.10.17 求信号 $x(t)=\mathrm{e}^{-(\alpha-\mathrm{j}2\pi f_0)t}u(t)$，$\alpha>0$ 的傅里叶变换。

解： 因为

$$x(t)=\mathrm{e}^{-(\alpha-\mathrm{j}2\pi f_0)t}u(t)=[\mathrm{e}^{-\alpha t}u(t)]\mathrm{e}^{\mathrm{j}2\pi f_0 t}$$

上式方括号中是单边指数函数，它的傅里叶变换为

$$\mathrm{e}^{-\alpha t}u(t)\leftrightarrow\frac{1}{\alpha+\mathrm{j}2\pi f}$$

故由频移性质得到

$$x(t)=\mathrm{e}^{-\alpha t}u(t)\mathrm{e}^{\mathrm{j}2\pi f_0 t}\leftrightarrow \frac{1}{\alpha+\mathrm{j}2\pi(f-f_0)}$$

2. 信号调制

调制性质与频移性质有密切关系，正是因为它对通信理论的重要性，因而被单独提出。若设信号有傅里叶变换对 $x(t)\leftrightarrow X(\omega)$，或者 $x(t)\leftrightarrow X(f)$，则有

$$\begin{cases} x(t)\cos\omega_0 t \leftrightarrow \dfrac{1}{2}[X(\omega-\omega_0)+X(\omega+\omega_0)] \\ x(t)\sin\omega_0 t \leftrightarrow \dfrac{-1}{2\mathrm{j}}[X(\omega-\omega_0)-X(\omega+\omega_0)] \end{cases} \tag{4.10.53}$$

或

$$\begin{cases} x(t)\cos 2\pi f_0 t \leftrightarrow \dfrac{1}{2}[X(f-f_0)+X(f+f_0)] \\ x(t)\sin 2\pi f_0 t \leftrightarrow \dfrac{-1}{2\mathrm{j}}[X(f-f_0)-X(f+f_0)] \end{cases} \tag{4.10.54}$$

证明：由欧拉公式和频移性质，有

$$\mathrm{F}\{x(t)\cos(\omega_0 t)\}=\mathrm{F}\left\{x(t)\left(\frac{\mathrm{e}^{\mathrm{j}\omega_0 t}+\mathrm{e}^{-\mathrm{j}\omega_0 t}}{2}\right)\right\}=\frac{1}{2}\mathrm{F}\{x(t)\mathrm{e}^{\mathrm{j}\omega_0 t}\}+\frac{1}{2}\mathrm{F}\{x(t)\mathrm{e}^{-\mathrm{j}\omega_0 t}\}$$

$$=\frac{1}{2}X(\omega+\omega_0)+\frac{1}{2}X(\omega-\omega_0)$$

性质得证。式(4.10.54)的证明过程类似，作为练习，请读者自己证明。

式(4.10.53)中的角频率 ω_0 在这里又称为信号的载波角频率，式(4.10.54)中的频率 f_0 同样被称为信号的载波频率。

例 4.10.18　信号 $x(t)=m(t)\cos 2\pi t$ 是一个幅度为 $m(t)$ 的余弦信号，其中幅度 $m(t)$ 随时间变化。这样的信号称为双边带幅度调制信号，它传输正弦载波信号 $\cos 2\pi t$ 所携带的幅度调制信号的信息 $m(t)$。当包含信息的信号 $m(t)=2\mathrm{sinc}(t/2)$ 时，试用调制性质求出调制信号 $x(t)$ 的频谱。

解：由于包含信息的信号 $m(t)=2\mathrm{sinc}\left(\dfrac{t}{2}\right)$ 是抽样函数，故其傅里叶变换(也就是它的频谱函数)为

$$M(f)=4\Pi(2f)$$

又因为正弦载波信号 $\cos 2\pi t$ 的载波频率 $f_0=1$，因此利用调制性质，得到调制信号的频谱为

$$X(f)\leftrightarrow 2\Pi[2(f-1)]+2\Pi[2(f+1)]$$

$m(t)$ 及其频谱 $M(f)$ 以及 $x(t)$ 及其频谱 $X(f)$ 的波形如图 4.10.7 所示。

$x(t)=m(t)\cos 2\pi t$ 之所以称为双边带，是因为信息包含在载波频率左右两边的频带内，如图 4.10.7 中信号 $x(t)$ 的频谱 $X(f)$ 所示(其中载波频率 $f_0=1$)。注意，本例载波频率取 $f_0=1$ 是为了使 $x(t)$ 的载波容易看到。对于一个实际的双边带幅度调制通信系统，典型的载波频率一般是在“MHz”频率范围，当然频率也可以设计得更高，以便能够以合理的天线尺度提供一个较高的发射效率。

例 4.10.19　应用式(4.10.53)的调制性质，求周期余弦和正弦函数的傅里叶变换。

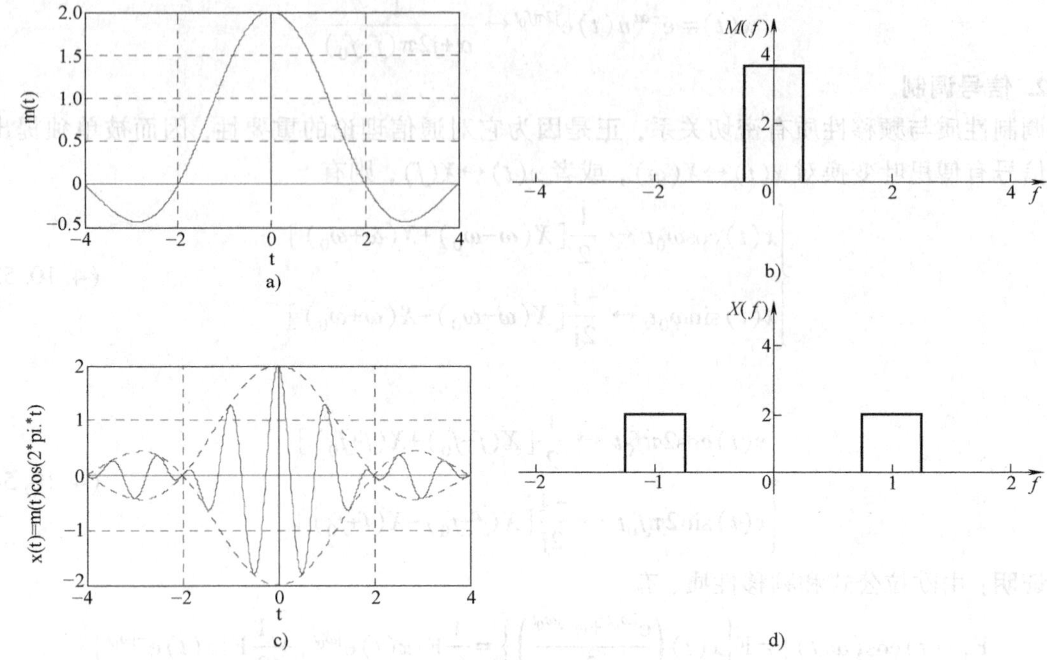

图 4.10.7　调制、调幅信号及其频谱

解：到目前为止，并未讨论过周期函数的傅里叶变换问题。但若将余弦函数改写成 $\cos\omega_0 t = 1\times\cos\omega_0 t$，因为已知常数 1 的傅里叶变换为 $2\pi\delta(\omega)$，运用调制性质，就有

$$\cos\omega_0 t = 1\times\cos\omega_0 t \leftrightarrow \frac{1}{2}[2\pi\delta(\omega+\omega_0)+2\pi\delta(\omega-\omega_0)]$$

$$\leftrightarrow \pi\delta(\omega+\omega_0)+\pi\delta(\omega-\omega_0)$$

同理可得

$$\sin\omega_0 t = 1\times\sin\omega_0 t \leftrightarrow \frac{1}{2\mathrm{j}}[2\pi\delta(\omega+\omega_0)-2\pi\delta(\omega-\omega_0)]$$

$$\leftrightarrow -\mathrm{j}\pi\delta(\omega+\omega_0)+\mathrm{j}\pi\delta(\omega-\omega_0)$$

上述关系容易应用其他方法确认，比如

$$\frac{1}{2\pi}\int_{-\infty}^{\infty}\pi[\delta(\omega+\omega_0)+\delta(\omega-\omega_0)]\mathrm{e}^{\mathrm{j}\omega t}\mathrm{d}\omega = \frac{1}{2}(\mathrm{e}^{\mathrm{j}\omega_0 t}+\mathrm{e}^{-\mathrm{j}\omega_0 t}) = \cos\omega_0 t$$

周期函数的傅里叶变换是一个广义变换问题，在后面还要专门讨论。

4.10.5　面积、能量和对偶性质

1. 面积公式

针对信号的正、反傅里叶变换对，即式(4.8.10)或式(4.8.11)，若取自变量为零则可以直接求出时域或者频域信号覆盖的总面积，即

$$\begin{cases} F(\omega)\big|_{\omega=0} = F(0) = \left[\int_{-\infty}^{\infty} f(t)\mathrm{e}^{-\mathrm{j}\omega t}\mathrm{d}t\right]_{\omega=0} = \int_{-\infty}^{\infty} f(t)\mathrm{d}t \\ f(t)\big|_{t=0} = f(0) = \left[\frac{1}{2\pi}\int_{-\infty}^{\infty} F(\omega)\mathrm{e}^{\mathrm{j}\omega t}\mathrm{d}\omega\right]_{t=0} = \frac{1}{2\pi}\int_{-\infty}^{\infty} F(\omega)\mathrm{d}\omega \end{cases} \tag{4.10.55}$$

或

$$\begin{cases} F(f)\big|_{f=0} = F(0) = \left[\int_{-\infty}^{\infty} f(t)\mathrm{e}^{-\mathrm{j}2\pi ft}\mathrm{d}t\right]_{f=0} = \int_{-\infty}^{\infty} f(t)\,\mathrm{d}t \\ f(t)\big|_{t=0} = f(0) = \left[\int_{-\infty}^{\infty} F(f)\mathrm{e}^{\mathrm{j}2\pi ft}\mathrm{d}f\right]_{t=0} = \int_{-\infty}^{\infty} F(f)\,\mathrm{d}f \end{cases} \tag{4.10.56}$$

例 4.10.20 试求函数 $x(t)=10\mathrm{sinc}\left(\frac{t+4}{7}\right)$ 包围的面积。

解：求一个连续时间信号的面积一般需要在整个区间对 t 求积分，即

$$S(t) = \int_{-\infty}^{\infty} x(t)\,\mathrm{d}t = 10\int_{-\infty}^{\infty} \mathrm{sinc}\left(\frac{t+4}{7}\right)\mathrm{d}t = 10\int_{-\infty}^{\infty} \frac{\sin[\pi(t+4)/7]}{\pi(t+4)/7}\mathrm{d}t$$

这个积分具有一个称为谐波积分函数的标准形式，即

$$Si(z) = \int_0^z \frac{\sin(t)}{t}\mathrm{d}t$$

它可以通过查询积分表获得结果。但若首先求出 $x(t)$ 的傅里叶变换，即

$$X(f) = 70\,\Pi(7f)\,\mathrm{e}^{\mathrm{j}8\pi f}$$

再对上式运用面积公式，则可直接得到面积为

$$S(t) = X(0) = 70$$

2. 帕塞瓦尔定理

信号的傅里叶变换(也就是频谱)的概念有时是模糊的。而信号的能量密度概念则更加直观一些，因为信号的能量就是信号能量密度函数之下的面积。信号能量密度函数通常称为信号的能量谱密度，或者能量密度谱。从傅里叶变换的频域卷积性质，可以建立时域和频域中信号能量之间的关系。这种关系在信号处理和通信中具有重要的应用意义。

现设信号 $x_1(t)$ 有傅里叶变换对 $x_1(t)\leftrightarrow X_1(\omega)$，信号 $x_2(t)$ 有傅里叶变换对 $x_2(t)\leftrightarrow X_2(\omega)$，则

$$x_1(t)x_2(t) \leftrightarrow \frac{1}{2\pi}\int_{-\infty}^{\infty} X_1^*(\omega)X_2(\omega)\,\mathrm{d}\omega \tag{4.10.57}$$

式中，$X_1^*(\omega)$ 是 $X_1(\omega)$ 的复共轭。式(4.10.57)称为帕塞瓦尔定理。

证明：信号乘积 $x_1(t)x_2(t)$ 的傅里叶变换为

$$x_1(t)x_2(t) \leftrightarrow \int_{-\infty}^{\infty} x_1(t)x_2(t)\mathrm{e}^{-\mathrm{j}\omega t}\mathrm{d}t$$

由信号的频域卷积性质，可得

$$x_1(t)x_2(t) \leftrightarrow \int_{-\infty}^{\infty} x_1(t)x_2(t)\mathrm{e}^{-\mathrm{j}\omega t}\mathrm{d}t \leftrightarrow \frac{1}{2\pi}\int_{-\infty}^{\infty} X_1(\omega-\lambda)X_2(\lambda)\,\mathrm{d}\lambda$$

上式对任意实 ω 都成立，取 $\omega=0$，则有

$$\int_{-\infty}^{\infty} x_1(t)x_2(t)\,\mathrm{d}t = \frac{1}{2\pi}\int_{-\infty}^{\infty} X_1(-\lambda)X_2(\lambda)\,\mathrm{d}\lambda$$

若信号 $x_1(t)$ 是实数，则存在 $X_1(-\omega)=X_1^*(\omega)$。故将上式等式右端积分变量用 ω 代替 λ，即

得式(4.10.57)。

特别当 $x_2(t)=x_1(t)=x(t)$ 时，帕塞瓦尔定理变成

$$\int_{-\infty}^{\infty} x^2(t)\,\mathrm{d}t = \frac{1}{2\pi}\int_{-\infty}^{\infty} X^*(\omega)X(\omega)\,\mathrm{d}\omega \tag{4.10.58}$$

又由复数性质知

$$X^*(\omega)X(\omega)=|X(\omega)|^2$$

所以，斯塞尔定理又可以写成

$$\int_{-\infty}^{\infty} x^2(t)\,\mathrm{d}t = \frac{1}{2\pi}\int_{-\infty}^{\infty} |X(\omega)|^2\mathrm{d}\omega \tag{4.10.59}$$

注意，式(4.10.59)等式左端是信号 $x(t)$ 的总能量。帕塞瓦尔定理指出，信号 $x(t)$ 的总能量既可以按每单位时间内的能量($|x(t)|^2$)在整个时间区间的积分计算，亦可以根据每单位频率内的能量$\left(\dfrac{|X(\omega)|^2}{2\pi}\right)$在整个频率区间的积分来计算。因此，$|X(\omega)|^2$ 就是信号$x(t)$的能量谱密度。

例 4.10.21　架空高压输电线路的电线会因风的影响产生振荡。设在两座塔架之间电线相对于静止位置的垂直位移可以用正弦函数 $y(t)=50\cos(6\pi t+\pi/3)$ cm 建模。求出垂直位移量 $y(t)$ 的频谱和密度谱，确定信号的能量。

解： 正弦函数 $y(t)=50\cos(6\pi t+\pi/3)$ 可以改写为

$$y(t)=50\cos\left[6\pi\left(t+\frac{1}{18}\right)\right]$$

利用例 4.10.19 的结果和时移性质，则 $y(t)$ 的傅里叶变换为

$$\begin{aligned}
Y(\omega)&=50[\pi\delta(\omega+6\pi)+\pi\delta(\omega-6\pi)]\mathrm{e}^{-\mathrm{j}\omega\left(-\frac{1}{18}\right)}\\
&=50\pi\delta(\omega+6\pi)\mathrm{e}^{-\mathrm{j}(-6\pi)\left(-\frac{1}{18}\right)}+50\pi\delta(\omega-6\pi)\mathrm{e}^{-\mathrm{j}6\pi\left(-\frac{1}{18}\right)}\\
&=50\pi\delta(\omega+6\pi)\mathrm{e}^{-\mathrm{j}\frac{\pi}{3}}+50\pi\delta(\omega-6\pi)\mathrm{e}^{\mathrm{j}\frac{\pi}{3}}
\end{aligned}$$

因此，$y(t)$ 的幅度谱为频域的两个冲激，即

$$|Y(\omega)|=50\pi\delta(\omega+6\pi)+50\pi\delta(\omega-6\pi)$$

相位谱是

$$\theta(\omega)=\arg\{Y(\omega)\}=\begin{cases}-\dfrac{\pi}{3} & \omega=-6\pi\\ \dfrac{\pi}{3} & \omega=6\pi\\ 0 & 其他\end{cases}$$

$y(t)$ 的能量密度谱则为

$$\begin{aligned}
|Y(\omega)|^2&=[50\pi\delta(\omega+6\pi)+50\pi\delta(\omega-6\pi)]^2\\
&=[50\pi\delta(\omega+6\pi)]^2+[50\pi\delta(\omega-6\pi)]^2
\end{aligned}$$

它们的谱图如图 4.10.8 所示。

3. 对偶性

比较信号的正、反傅里叶变换对，即式(4.8.10)或式(4.8.11)可以发现，正、反傅里叶变换对的公式在表现形式上具有很大的相似性，但又不完全一样。这种相似性直接引出了傅

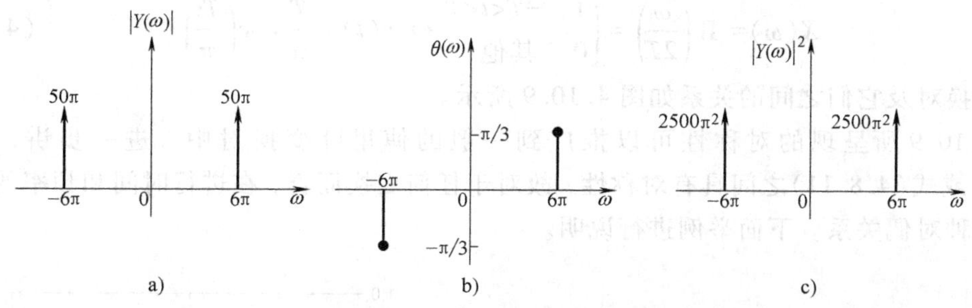

图 4.10.8　例 4.10.21 图

a) $y(t)$的幅度谱　b) $y(t)$的相位谱　c) $y(t)$的能量密度谱

里叶变换的一个特殊性质，即对偶性。对偶性质有助于针对非绝对可积信号求解其(广义)傅里叶变换。

若设信号有傅里叶变换对 $x(t) \leftrightarrow X(\omega)$，如果令 $\omega=t$，则可以定义一个新的连续时间信号 $X(t)$。对偶性表明这个新时间信号 $X(t)$ 的傅里叶变换等于 $2\pi x(-\omega)$，即

$$X(t) \leftrightarrow 2\pi x(-\omega) \tag{4.10.60}$$

或

$$X(-t) \leftrightarrow 2\pi x(\omega) \tag{4.10.61}$$

式中，$x(-\omega)$是通过令 $x(t)$ 中 $t=-\omega$ 后得到的一个频率函数。

注意，f形式的傅里叶变换的对偶性质为

$$X(t) \leftrightarrow x(-f) \tag{4.10.62}$$

或

$$X(-t) \leftrightarrow x(f) \tag{4.10.63}$$

证明：根据傅里叶变换的定义，有

$$X(\omega) = \mathrm{F}\{x(t)\} = \int_{-\infty}^{\infty} x(t)\mathrm{e}^{-\mathrm{j}\omega t}\mathrm{d}t$$

因为在这个积分中 t 是一个积分变量而 ω 是一个参数，故它们可以用新变量代替。因此，可令 $\omega=t$，$t=-\omega$，则有

$$X(t) = \int_{-\infty}^{\infty} x(-\omega)\mathrm{e}^{\mathrm{j}\omega t}\mathrm{d}\omega = \frac{1}{2\pi}\int_{-\infty}^{\infty} 2\pi x(-\omega)\mathrm{e}^{\mathrm{j}\omega t}\mathrm{d}\omega$$

显然，上式中时域信号 $X(t)$ 和频域信号 $2\pi x(-\omega)$ 形成了一个傅里叶变换对，即式(4.10.60)。

同理可证式 (4.10.61)、式(4.10.62)和式(4.10.63)。

例 4.10.22　在例 4.8.1 和例 4.8.4 中分别给出了宽度为 T 的矩形脉冲时域信号 $x(t)=\Pi(t/T)$的傅里叶变换以及宽度为 $2T$ 的矩形脉冲频域信号 $X(\omega)=\Pi(\omega/2T)$的傅里叶逆变换。如果注意到它们之间存在的关系，就不难发现题中已经暗示了对偶性。

例 4.8.1 给出宽度为 T 的矩形时域脉冲信号 $x(t)=\Pi(t/T)$的傅里叶变换对为

$$x(t)=\Pi\left(\frac{t}{T}\right)=\begin{cases}1 & -T/2<t<T/2\\ 0 & \text{其他}\end{cases} \leftrightarrow X(\omega)=T\mathrm{sinc}\left(\frac{\omega T}{2\pi}\right) \tag{4.10.64}$$

而在例 4.8.4 中则给出宽度为 $2T$ 的矩形脉冲频域信号 $X(\omega)=\Pi(\omega/2T)$的傅里叶逆变换对为

$$X(\omega)=\Pi\left(\frac{\omega}{2T}\right)=\begin{cases}1 & -T<t<T\\0 & 其他\end{cases}\leftrightarrow x(t)=\frac{T}{\pi}\mathrm{sinc}\left(\frac{Tt}{\pi}\right) \tag{4.10.65}$$

则两个变换对及它们之间的关系如图 4.10.9 所示。

图 4.10.9 所呈现的对称性可以推广到一般的傅里叶变换对中。进一步讲，由于式(4.8.10)或式(4.8.11)之间具有对称性，故对于任何变换而言，在进行时间和频率的交换之后都有一种对偶关系。下面举例进行说明。

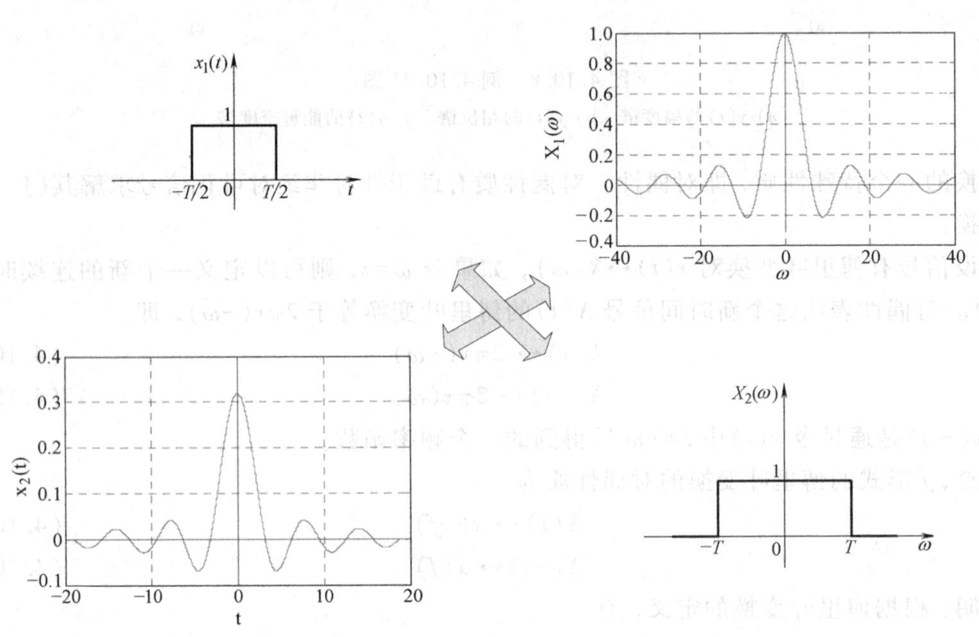

图 4.10.9　$x(t)=\Pi(t/T)$ 和 $X(\omega)=\Pi(\omega/2T)$ 的傅里叶变换之间的关系

例 4.10.23　试求信号

$$x(t)=\frac{1}{1+\mathrm{j}t} \tag{4.10.66}$$

的傅里叶变换。

解：运用对偶性质需要已知

$$f(t)=\mathrm{e}^{-t}u(t)\leftrightarrow F(\omega)=\frac{1}{1+\mathrm{j}\omega}$$

运用对偶性质，用 t 代替 ω，有

$$F(t)=\frac{1}{1+\mathrm{j}t} \tag{4.10.67}$$

对式(4.10.67)运用对偶性质，可得

$$F(t)=\frac{1}{1+\mathrm{j}t}\leftrightarrow 2\pi f(-\omega)$$

这就表明 $x(t)=\dfrac{1}{1+\mathrm{j}t}$ 的傅里叶变换为

$$X(\omega)=\mathrm{F}\left\{\frac{1}{1+\mathrm{j}t}\right\}\leftrightarrow 2\pi x(-\omega)=2\pi\mathrm{e}^{\omega}u(-\omega)$$

例 4.10.24 一个信号 $x(t)$ 的 Hilbert 变换定义为信号 $x(t)$ 和 $\frac{1}{\pi t}$ 的卷积，即

$$\hat{x}(t)=x(t)*\frac{1}{\pi t}=\frac{1}{\pi}\int_{-\infty}^{\infty}\frac{x(\tau)}{t-\tau}\mathrm{d}\tau \tag{4.10.68}$$

试求 $x(t)$ 的 Hilbert 变换的傅里叶变换。

解：根据卷积定理，有

$$\mathrm{F}\{\hat{x}(t)\}=\mathrm{F}\left\{x(t)*\frac{1}{\pi t}\right\}=X(\omega)\mathrm{F}\left\{\frac{1}{\pi t}\right\} \tag{4.10.69}$$

式中，$\mathrm{F}\left\{\frac{1}{\pi t}\right\}$ 可以用对偶性质求出。因为由例 4.10.15 已知符号函数的傅里叶变换为

$$\mathrm{sgn}(t)\leftrightarrow\frac{2}{\mathrm{j}\omega}$$

根据对偶性，可得

$$\frac{2}{\mathrm{j}t}\leftrightarrow 2\pi\mathrm{sgn}(-\omega)=-2\pi\mathrm{sgn}(\omega)$$

对上式，经整理可得

$$\frac{1}{\pi t}\leftrightarrow -\mathrm{j}\mathrm{sgn}(\omega)$$

因此，$x(t)$ 的 Hilbert 变换的傅里叶变换为

$$\mathrm{F}\{\hat{x}(t)\}=\mathrm{F}\left\{x(t)*\frac{1}{\pi t}\right\}=-\mathrm{j}\mathrm{sgn}(\omega)X(\omega) \tag{4.10.70}$$

式(4.10.70)说明，对任意信号的 Hilbert 变换进行傅里叶变换，等价于将信号频谱的所有正频率分量乘以-j，所有负频率分量乘以 j。因此，经过 Hilbert 变换，信号的幅度谱保持不变，但相位将发生 $\pi/2$ 相移。

4.11 广义傅里叶变换

前面讨论的信号傅里叶变换涉及的基本都是能量有限信号。如果在信号的傅里叶变换中存在冲激函数，则可以通过傅里叶变换的极限形式并根据广义函数理论，将前面的结论应用于非能量信号(即功率信号)中。

4.11.1 傅里叶变换的极限形式

常数的傅里叶变换可以通过傅里叶变换的极限形式计算，从而引入傅里叶变换的极限形式。首先考虑单位冲激函数 $\delta(t)$ 的傅里叶变换。$\delta(t)$ 的定义式为

$$\begin{cases}\delta(t)=0 & t\neq 0\\ \int_{-\infty}^{\infty}\delta(t)\mathrm{d}t=1\end{cases} \tag{4.11.1}$$

根据定义，$\delta(t)$ 的傅里叶变换为

$$\mathrm{F}\{\delta(t)\}=\int_{-\infty}^{\infty}\delta(t)\mathrm{e}^{-\mathrm{j}\omega t}\mathrm{d}t \tag{4.11.2}$$

因为 $\delta(t)\mathrm{e}^{-\mathrm{j}\omega t}=\delta(t)$，因此可得

$$\mathrm{F}\{\delta(t)\}=\int_{-\infty}^{\infty}\delta(t)\mathrm{e}^{-\mathrm{j}\omega t}\mathrm{d}t=\int_{-\infty}^{\infty}\delta(t)\mathrm{d}t=1 \tag{4.11.3}$$

换句话说，$\delta(t)$ 的傅里叶变换对是

$$\delta(t)\leftrightarrow 1 \tag{4.11.4}$$

下面对式(4.11.4)应用对偶性质，显然有

$$1\leftrightarrow 2\pi\delta(-\omega)=2\pi\delta(\omega) \tag{4.11.5}$$

或

$$1\leftrightarrow \delta(f) \tag{4.11.6}$$

式(4.11.5)[或式(4.11.6)]说明，常数1(等价于幅度为1的直流信号)的傅里叶变换等于频域面积为 2π(或者1)的冲激函数。但是，直流信号没有一般意义上的傅里叶变换，因此称频率函数 $2\pi\delta(\omega)$ 为直流信号 $x(t)=1$，$-\infty<t<\infty$ 的广义傅里叶变换。

傅里叶变换的极限形式具有傅里叶变换的所有性质。另外，例4.10.19中给出的周期余弦函数和周期正弦函数的傅里叶变换也是广义变换问题。

4.11.2 周期信号的傅里叶变换

在傅里叶级数的讨论中，任意一个满足狄利克雷条件的实周期信号都可以用余弦(或正弦)的线性加权组合形式来建模。因此，余弦信号的傅里叶变换自然就提示了周期信号的傅里叶变换应该具有什么样的形式。为了得到周期信号的傅里叶变换，现令 $x(t)$ 是周期为 T 的周期信号，那么 $x(t)$ 的复指数傅里叶级数展开就是

$$x(t)=\sum_{k=-\infty}^{\infty}c_k\mathrm{e}^{\mathrm{j}k\omega_0 t} \tag{4.11.7}$$

式中，ω_0 为信号的基本角频率，$\omega_0=2\pi f_0=\dfrac{2\pi}{T}$；$c_k$ 是傅里叶级数的系数。如果对式(4.11.7)求傅里叶变换，即

$$X(\omega)=\mathrm{F}\{x(t)\}=\sum_{k=-\infty}^{\infty}\mathrm{F}\{c_k\mathrm{e}^{\mathrm{j}k\omega_0 t}\} \tag{4.11.8}$$

因为 $c_k\leftrightarrow 2\pi c_k\delta(\omega)$，利用频移性质可得

$$X(\omega)=\mathrm{F}\{x(t)\}=2\pi\sum_{k=-\infty}^{\infty}c_k\delta(\omega-k\omega_0) \tag{4.11.9}$$

所以，周期信号的傅里叶变换(或频谱)是在 $\omega=k\omega_0, K=0$，±1，±2，…处的冲激序列。

同理可得，周期信号 $x(t)$ 的 f 形式傅里叶变换为

$$X(f)=\mathrm{F}\{x(t)\}=\sum_{k=-\infty}^{\infty}c_k\delta(f-kf_0) \tag{4.11.10}$$

如果与前面讨论的由周期信号的傅里叶级数定义的频谱概念比较，可知式(4.11.9)或式(4.11.10)是根据计算任意周期信号的傅里叶变换来定义信号的频谱的；而根据周期信号的傅里叶级数理论，它的频谱是由作为频率函数的傅里叶级数的系数的幅度及相位组成的。所以，同样的周期信号的频谱既可以由它的傅里叶级数的系数得到，亦可以根据其傅里叶变换求出，只是后者的幅度谱中包含冲激。

周期信号的傅里叶变换还可以表示成另外一种形式。为此首先定义一个生成函数(Generating Function)$g(t)$：

$$g(t)=\begin{cases}x(t) & -\frac{T}{2}\leqslant t\leqslant\frac{T}{2}\\ 0 & \text{其他}\end{cases} \tag{4.11.11}$$

式中，T 为周期信号 $x(t)$ 的基本周期，$T=\frac{1}{f_0}$。式(4.11.11)说明，在以 $t=0$ 为原点的一个周期内，生成函数 $g(t)$ 等于 $x(t)$，而在其他时间，$g(t)=0$。这样，周期信号 $x(t)$ 就可以用一个具有时间延迟的生成函数 $g(t-kT)$ 的无穷级数的和式来描述，即

$$x(t)=\sum_{k=-\infty}^{\infty}g(t-kT) \tag{4.11.12}$$

考虑到 $\delta(t)$ 的卷积特性，即

$$g(t)*\delta(t-t_0)=g(t-t_0)$$

则式(4.11.12)又可以写成

$$\begin{aligned}x(t)&=\sum_{k=-\infty}^{\infty}g(t-kT)=\sum_{k=-\infty}^{\infty}g(t)*\delta(t-kT)\\&=g(t)*\left[\sum_{k=-\infty}^{\infty}\delta(t-kT)\right]=g(t)*\delta_T(t)\end{aligned} \tag{4.11.13}$$

式中，$\delta_T(t)$ 是周期为 T 的冲激函数序列，$\delta_T(t)=\sum\limits_{k=-\infty}^{\infty}\delta(t-kT)$，它的傅里叶级数展开为

$$\delta_T(t)=\sum_{k=-\infty}^{\infty}\delta(t-kT)=\sum_{k=-\infty}^{\infty}c_k\mathrm{e}^{\mathrm{j}k\omega_0 t} \tag{4.11.14}$$

式中

$$c_k=\frac{1}{T}\int_{-T/2}^{T/2}\left[\sum_{m=-\infty}^{\infty}\delta(t-mT)\right]\mathrm{e}^{-\mathrm{j}k\omega_0 t}\mathrm{d}t$$

在积分区间(一个周期)内，只有 $m=0$ 时，$\delta(t-mT)\neq 0$，因此可得

$$\begin{aligned}c_k&=\frac{1}{T}\int_{-T/2}^{T/2}\left[\sum_{m=-\infty}^{\infty}\delta(t-mT)\right]\mathrm{e}^{-\mathrm{j}k\omega_0 t}\mathrm{d}t\\&=\frac{1}{T}\int_{-T/2}^{T/2}\delta(t)\mathrm{e}^{-\mathrm{j}k\omega_0 t}\mathrm{d}t=\frac{1}{T}\int_{-T/2}^{T/2}\delta(t)\mathrm{d}t=\frac{1}{T}\end{aligned} \tag{4.11.15}$$

将式(4.11.15)代入式(4.11.14)，可得冲激函数序列 $\delta_T(t)$ 的傅里叶级数展开为

$$\delta_T(t)=\sum_{k=-\infty}^{\infty}\delta(t-kT)=\frac{1}{T}\sum_{k=-\infty}^{\infty}\mathrm{e}^{\mathrm{j}k\omega_0 t} \tag{4.11.16}$$

现在对式(4.11.13)应用卷积定理，有

$$X(\omega)=\mathrm{F}\{x(t)\}=\mathrm{F}\{g(t)*\delta_T(t)\}=G(\omega)\mathrm{F}\{\delta_T(t)\}=G(\omega)\Delta_T(\omega)$$

注意，根据频移性质有 $\mathrm{F}\{\mathrm{e}^{\mathrm{j}k\omega_0 t}\}=\mathrm{F}\{1\times\mathrm{e}^{\mathrm{j}k\omega_0 t}\}=2\pi\delta(\omega-k\omega_0)$，故上式中的 $\Delta_T(\omega)$ 为

$$\begin{aligned}\Delta_T(\omega)&=\mathrm{F}\{\delta_T(t)\}=\mathrm{F}\left\{\sum_{k=-\infty}^{\infty}\delta(t-kT)\right\}\\&=\frac{1}{T}\mathrm{F}\left\{\sum_{k=-\infty}^{\infty}\mathrm{e}^{\mathrm{j}k\omega_0 t}\right\}=\frac{1}{T}\sum_{k=-\infty}^{\infty}2\pi\delta(\omega-k\omega_0)\end{aligned}$$

$$=\frac{2\pi}{T}\sum_{k=-\infty}^{\infty}\delta(\omega-k\omega_0)=\omega_0\sum_{k=-\infty}^{\infty}\delta(\omega-k\omega_0) \tag{4.11.17}$$

于是，周期信号 $x(t)$ 的傅里叶变换就等于

$$X(\omega)=G(\omega)\Delta_T(\omega)=\frac{2\pi}{T}G(\omega)\sum_{k=-\infty}^{\infty}\delta(\omega-k\omega_0) \tag{4.11.18}$$

式中，$G(\omega)$ 是生成函数 $g(t)$ 的傅里叶变换。可以看出，由于冲激函数的筛选特性，周期信号 $x(t)$ 的傅里叶变换（或频谱）$X(\omega)$ 仅仅在频率 ω 为 $x(t)$ 的基本频率的整数倍，即

$$\omega=k\omega_0,K=0,\pm1,\pm2,\cdots$$

处不为零。因此，针对形如式(4.11.12)给出的任一周期信号，其频谱函数为

$$X(\omega)=\mathrm{F}\{x(t)\}=\omega_0\sum_{k=-\infty}^{\infty}G(k\omega_0)\delta(\omega-k\omega_0) \tag{4.11.19}$$

显然，周期信号的频谱是由无穷多个位于该信号谐波频率处的冲激函数构成的，而这些脉冲的冲激强度则为生成函数 $g(t)$ 的频谱在该谐波频率处的值与周期信号基频的乘积。

如果用周期信号 $x(t)$ 的 f 形式傅里叶变换描述，则其频谱函数为

$$X(f)=\frac{1}{T}G(f)\sum_{k=-\infty}^{\infty}\delta(f-kf_0)=\frac{1}{T}\sum_{k=-\infty}^{\infty}G(kf_0)\delta(f-kf_0) \tag{4.11.20}$$

综上所述，任意一个周期信号的傅里叶变换（或频谱）都有两种表现形式，即

$$\begin{cases}X(\omega)=\mathrm{F}\{x(t)\}=2\pi\sum\limits_{k=-\infty}^{\infty}c_k\delta(\omega-k\omega_0)\\[2ex] X(\omega)=\mathrm{F}\{x(t)\}=\omega_0\sum\limits_{k=-\infty}^{\infty}G(k\omega_0)\delta(\omega-k\omega_0)\end{cases} \tag{4.11.21}$$

或

$$\begin{cases}X(f)=\mathrm{F}\{x(t)\}=\sum\limits_{k=-\infty}^{\infty}c_k\delta(f-kf_0)\\[2ex] X(f)=\mathrm{F}\{x(t)\}=\frac{1}{T}\sum\limits_{k=-\infty}^{\infty}G(kf_0)\delta(f-kf_0)\end{cases} \tag{4.11.22}$$

4.11.3　功率谱密度

对于能量信号，帕塞瓦尔定理指出，信号 $x(t)$ 的总能量既可以在时域对 $|x(t)|^2$ 进行积分计算，也可以在频域通过对 $|X(\omega)|^2$ 的积分来获得。因此，$|X(\omega)|^2$ 就定义为信号 $x(t)$ 的能量谱密度。

若定义函数 $\phi_x(\tau)$（这里用 τ 代替 t）满足傅里叶变换对

$$\phi_x(\tau)\leftrightarrow|X(\omega)|^2 \tag{4.11.23}$$

则有

$$\phi_x(\tau)=\mathrm{F}^{-1}\{|X(\omega)|^2\}=\mathrm{F}^{-1}\{X^*(\omega)X(\omega)\}$$

对上式运用卷积、复共轭及时间反转性质，可得

$$\begin{aligned}\phi_x(\tau)&=\mathrm{F}^{-1}\{X^*(\omega)\}*\mathrm{F}^{-1}\{X(\omega)\}=x^*(-\tau)x(\tau)\\&=\int_{-\infty}^{\infty}x^*(-\lambda)x(\tau-\lambda)\,\mathrm{d}\lambda=\int_{-\infty}^{\infty}x^*(t)*x(t+\tau)\,\mathrm{d}t\end{aligned}$$

对最后一个积分式作变量代换，令 $\lambda=-t$，因此上式可以写成

$$\phi_x(\tau)=\lim_{T\to\infty}\int_{-T}^{T}x^*(t)x(t+\tau)\mathrm{d}t \tag{4.11.24}$$

式(4.11.24)称为能量有限信号 $x(t)$ 的时间自相关函数。

注意，$\tau=0$ 时

$$\phi_x(0)=\lim_{T\to\infty}\int_{-T}^{T}|x(t)|^2\mathrm{d}t \tag{4.11.25}$$

是信号 $x(t)$ 的能量。

功率信号是指能量无限但功率有限的信号，它需满足归一化平均功率有限的条件，即

$$P=\lim_{T\to\infty}\frac{1}{2T}\int_{-T}^{T}|x(t)|^2\mathrm{d}t<\infty \tag{4.11.26}$$

因此，对于功率信号，同样可以定义一个时间自相关函数如下：

$$R_x(\tau)=\lim_{T\to\infty}\frac{1}{2T}\int_{-T}^{T}x^*(t)x(t+\tau)\mathrm{d}t \tag{4.11.27}$$

注意到 $\tau=0$ 时

$$R_x(0)=\lim_{T\to\infty}\frac{1}{2T}\int_{-T}^{T}|x(t)|^2\mathrm{d}t \tag{4.11.28}$$

是信号 $x(t)$ 的功率。因此，定义自相关函数 $R_x(\tau)$ 的傅里叶变换为信号 $x(t)$ 的功率谱密度 $S_x(\omega)$，即

$$S_x(\omega)=\mathrm{F}\{R_x(\tau)\} \tag{4.11.29}$$

从式(4.11.29)可以看出，当 $\tau=0$ 时根据定义有

$$R_x(0)=[\mathrm{F}^{-1}\{S_x(\omega)\}]_{\tau=0}=\int_{-\infty}^{\infty}S_x(\omega)\mathrm{e}^{\mathrm{j}\omega(0)}\mathrm{d}\omega=\int_{-\infty}^{\infty}S_x(\omega)\mathrm{d}\omega$$

显然，$S_x(\omega)$下面的面积就是信号的功率。

如果用 f 形式描述，则信号 $x(t)$ 的功率谱密度 $S_x(f)$ 为

$$S_x(f)=\mathrm{F}\{R_x(\tau)\} \tag{4.11.30}$$

它所对应的信号功率为

$$P_x=R_x(0)=\int_{-\infty}^{\infty}S_x(f)\mathrm{d}f \tag{4.11.31}$$

例 4.11.1 设电线随风振荡并在垂直方向产生的位移可以用正弦函数 $y(t)=8\cos(6\pi t+\pi/3)$ cm 建模，试计算其功率密度谱及功率。

解： 正弦函数 $y(t)=8\cos(6\pi t+\pi/3)$ 的自相关函数为

$$R_x(\tau)=\lim_{T\to\infty}\frac{1}{2T}\int_{-T}^{T}64\cos(6\pi t+\pi/3)\cos[6\pi(t+\tau)+\pi/3]\mathrm{d}t$$

利用三角恒等式

$$\cos x\cos y=\frac{1}{2}[\cos(x-y)+\cos(x+y)]$$

则

$$R_x(\tau)=\lim_{T\to\infty}\frac{1}{2T}\int_{-T}^{T}32\left[\cos 6\pi\tau+\cos\left(12\pi t+6\pi\tau+\frac{2\pi}{3}\right)\right]\mathrm{d}t$$

$$= \lim_{T\to\infty}\frac{16}{T}\cos 6\pi\tau\int_{-T}^{T}\mathrm{d}t + \lim_{T\to\infty}\frac{16}{T}\int_{-T}^{T}\cos\left(12\pi t + 6\pi\tau + \frac{2\pi}{3}\right)\mathrm{d}t$$
$$= 32\cos 6\pi\tau$$

注意，上式中积分 $\lim\limits_{T\to\infty}\dfrac{16}{T}\displaystyle\int_{-T}^{T}\cos\left(12\pi t + 6\pi\tau + \frac{2\pi}{3}\right)\mathrm{d}t = 0$。

根据功率谱密度 $S_x(f)$ 的定义，有

$$S_x(f) = \mathrm{F}\{R_x(\tau)\} = \mathrm{F}\{32\cos 6\pi\tau\} = 32\mathrm{F}\{\cos(2\pi(3)\tau)\}$$
$$= 16[\delta(f-3)+\delta(f+3)]$$

电线的功率谱如图 4.11.1 所示。

由图 4.11.1 可以看出，信号的全部功率集中在频率 $f=3\text{Hz}$ 处(不考虑负频率)，而信号功率为

$$P_x = \int_{-\infty}^{\infty} S_x(f)\,\mathrm{d}f = 32\text{cm}^2/\text{s}$$

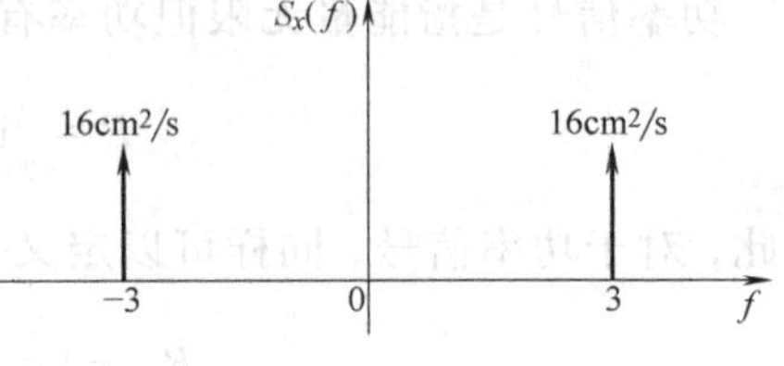

图 4.11.1　电线的功率谱

4.12　傅里叶逆变换

逆傅里叶变换的定义已在傅里叶变换对式(4.8.10)或式(4.8.11)中给出。显然，傅里叶逆变换是用包含复变量 jω 的积分定义的。因为复变量积分的运算一般都较为困难，故通常利用常用函数的傅里叶变换表(参见附录 A)并结合傅里叶变换的性质进行傅里叶逆变换的计算。另外，由于在分析系统与信号的相互作用时往往涉及线性常系数微分方程的频域求解，而此时傅里叶变换经常是以多项式比的形式出现的，因此傅里叶逆变换的计算又可以采用部分分式展开法。

部分分式展开法需将傅里叶变换 $X(\omega)$ 表示成角频率 ω(或频率 f)的多项式之比的形式，即

$$X(\omega) = \frac{b_M(\mathrm{j}\omega)^M + \cdots + b_1(\mathrm{j}\omega) + b_0}{(\mathrm{j}\omega)^N + a_{N-1}(\mathrm{j}\omega)^{N-1} + \cdots + a_1(\mathrm{j}\omega) + a_0}$$
$$= \frac{\sum\limits_{m=0}^{M} b_m(\mathrm{j}\omega)^m}{\sum\limits_{k=0}^{N} a_k(\mathrm{j}\omega)^k} = \frac{B(\omega)}{A(\omega)},\qquad a_N = 1 \tag{4.12.1}$$

如果 $M<N$，也就是分子多项式 $B(\omega)$ 的幂指数小于分母多项式 $A(\omega)$ 的幂指数，则可直接用部分分式展开$\dfrac{B(\omega)}{A(\omega)}$，将 $X(\omega)$ 表示成简单项的傅里叶变换的和的形式。由于傅里叶变换是线性变换，故 $X(\omega)$ 的傅里叶逆变换就是展开项的傅里叶逆变换的和。

展开$\dfrac{B(\omega)}{A(\omega)}$首先需要求出分母多项式 $A(\omega)$ 的特征根 $d_k, K=1, 2, \cdots, N$。特征根 d_k 是 $A(\omega)$ 的特征方程

$$[(\mathrm{j}\omega)^N + a_{N-1}(\mathrm{j}\omega)^{N-1} + \cdots + a_1(\mathrm{j}\omega) + a_0]_{\mathrm{j}\omega=\lambda} = 0 \tag{4.12.2}$$

或

$$\lambda^N+a_{N-1}\lambda^{N-1}+\cdots+a_1\lambda+a_0=0 \tag{4.12.3}$$

的根。

一旦求出分母多项式 $A(\omega)$ 的特征根 d_k，式(4.12.1)即可写成

$$X(\omega)=\frac{\sum_{m=0}^{M}b_m(\mathrm{j}\omega)^m}{\prod_{k=1}^{N}(\mathrm{j}\omega-d_k)} \tag{4.12.4}$$

如果假设 $d_k(k=1, 2, \cdots, N)$ 是单根，部分分式展开式(4.12.4)可得到

$$X(\omega)=\sum_{k=1}^{N}\frac{D_k}{\mathrm{j}\omega-d_k} \tag{4.12.5}$$

式中，系数 $D_k(k=1, 2, \cdots, N)$ 一般可通过解系统的线性方程或者求留数确定。对于 $d_k(k=1, 2, \cdots, N)$ 中包含重根和共轭复数根的情况，解法可参见第5章(拉普拉斯变换)中相应内容。

显然，式(4.12.5)的傅里叶逆变换只要假设每个 $d_k(k=1, 2, \cdots, N)$ 的实部都是负的，即

$$\mathrm{Re}\{d_k\}<0, K=1, 2, \cdots, N$$

利用线性性质即可得到

$$x(t)=\sum_{k=1}^{N}D_k\mathrm{e}^{d_kt}u(t)\leftrightarrow X(\omega)=\sum_{k=1}^{N}\frac{D_k}{\mathrm{j}\omega-d_k} \tag{4.12.6}$$

式(4.12.6)的正确性只需要证明以下的傅里叶变换对

$$\mathrm{e}^{dt}u(t)\leftrightarrow\frac{1}{\mathrm{j}\omega-d},\quad d<0$$

成立即可(包括 d 是复数)。

如果 $M\geqslant N$，也就是分子多项式 $B(\omega)$ 的幂指数大于或等于分母多项式 $A(\omega)$ 的幂指数，则必须用长除法将 $\frac{B(\omega)}{A(\omega)}$ 分解成一个关于 $\mathrm{j}\omega$ 的多项式及一个余项，即

$$X(\omega)=\frac{\sum_{m=0}^{M}b_m(\mathrm{j}\omega)^m}{\sum_{k=0}^{N}a_k(\mathrm{j}\omega)^k}=\sum_{k=0}^{M-N}f_k(\mathrm{j}\omega)^k+\frac{\widetilde{B}(\omega)}{A(\omega)},\quad a_N=1 \tag{4.12.7}$$

式中，余项 $\frac{\widetilde{B}(\omega)}{A(\omega)}$ 的分子多项式 $\widetilde{B}(\omega)$ 的幂指数小于分母多项式 $A(\omega)$ 的幂指数，因此可以用部分分式法将其展开。而 $\mathrm{j}\omega$ 的多项式 $\sum_{k=0}^{M-N}f_k(\mathrm{j}\omega)^k$ 则由微分性质可得到一个有用的变换对 $\frac{\mathrm{d}^k}{\mathrm{d}t^k}\delta(t)\leftrightarrow(\mathrm{j}\omega)^k$。因此，$X(\omega)$ 的傅里叶逆变换就是多项式项及展开项的傅里叶逆变换的和。

4.13 信号的采样和重构

信号采样是连续信号离散化的一个基本概念。通常，采样是通过一个采样-保持电路实现的，而量化则通过一个 A-D(模-数)转换器完成。实践中，这两部分功能往往集成在一个芯片中，而且在采样-保持电路之前一般需要接入一个模拟低通滤波器(称为抗混叠滤波器)以限制信号的带宽。由于量化过程会产生误差，且该误差一般以噪声形式表现出来(称为量化噪声)，故选择较高的 A-D(模-数)转换器位数有助于抑制量化噪声。例如，语音信号一般取 8 位[2^8(=256)个幅度量化值]，音乐信号取 16 位[2^{16}(=65536)个幅度量化值]，而地震信号采样就需要 24 位 A-D 转换器。

数学上将采样操作描述成信号与单位梳状函数 $\delta_p(t)$ 序列相乘的一个过程，而采样定理则给出了从采样的离散序列恢复到原来连续信号所必须的最低的采样频率。因此，采样定理说明了采样频率与信号频谱之间的关系，在序列分析、处理及离散系统的设计方面起到了重要的作用。

4.13.1 理想信号采样

令 $x(t)$ 为一绝对可积的模拟(连续时间)信号，其连续时间傅里叶变换对(Continuous Time Fourier Transform Pairs, CTFT Pairs)已知为

$$\begin{cases} \mathrm{F}\{x(t)\} = X(\Omega) = \int_{-\infty}^{\infty} x(t)\mathrm{e}^{-\mathrm{j}\Omega t}\mathrm{d}t \\ \mathrm{F}^{-1}\{X(\Omega)\} = x(t) = \dfrac{1}{2\pi}\int_{-\infty}^{\infty} X(\Omega)\mathrm{e}^{\mathrm{j}\Omega t}\mathrm{d}\Omega \end{cases} \tag{4.13.1}$$

注意，为方便下面引出数字频率 ω，式(4.13.1)是以连续(模拟)角频率 Ω 的形式定义傅里叶变换的。

概念上，采样操作可以用单位梳状函数 $\delta_p(t) = \sum_{n=-\infty}^{\infty}\delta(t-nT)$ 乘以模拟信号 $x(t)$，从而产生采样信号 $x_s(t)$ 来建模，如图 4.13.1 所示。

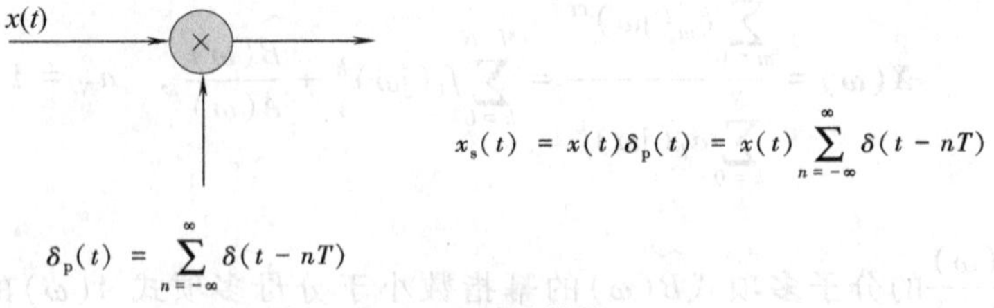

$x(t)$ → ⊗ → $x_s(t) = x(t)\delta_p(t) = x(t)\sum_{n=-\infty}^{\infty}\delta(t-nT)$

$\delta_p(t) = \sum_{n=-\infty}^{\infty}\delta(t-nT)$

图 4.13.1 理想采样器

由图 4.13.1 可知，采样器的输出信号 $x_s(t)$ 为

$$x_s(t) = x(t)\delta_p(t) = x(t)\sum_{n=-\infty}^{\infty}\delta(t-nT) = \sum_{n=-\infty}^{\infty}x(t)\delta(t-nT) \tag{4.13.2}$$

对式(4.13.2)，运用 δ 函数的抽样特性[式(3.1.6)]可得

$$x_s(t)=\sum_{n=-\infty}^{\infty}x(t)\delta(t-nT)=\sum_{n=-\infty}^{\infty}x(nT)\delta(t-nT)=\{x(nT)\} \tag{4.13.3}$$

式(4.13.3)是以时间间隔或者采样周期 T 对模拟信号 $x(t)$ 进行采样，得到它的离散时间序列$\{x(nT)\}$。虽然$\{x(nT)\}$是采样间隔 T 和整数 n 的函数，但将$\{x(nT)\}$表示为样本序号 n 的函数(函数波形是 n 的函数)而非采样时刻 nT 的函数(函数波形是 t 的函数)往往更为方便。其实，若将 $x(n)$ 视为是对信号 $x(nT)$ 进行时间归一化后的结果，其中归一化因子就是采样间隔 T，则直接可定义

$$x(n)\triangleq x(nT) \tag{4.13.4}$$

式中，时间间隔(或采样周期) T 的倒数$\frac{1}{T}=f_s$ 定义为采样频率，用每秒的采样数表示。显然，此时式(4.13.3)又可以写成

$$x_s(t)=\sum_{n=-\infty}^{\infty}x(nT)\delta(t-nT)=\{x(nT)\}=\{x(n)\} \tag{4.13.5}$$

可以看出，式中右端的$\{x(n)\}$是一个加权 $\delta(n)$ 脉冲序列，其加权值就是采样值正好等于信号$x(t)$在 $t=nT$ 处的信号(幅度)值。由于引入了 δ 函数，直观上式(4.13.5)不仅可以视采样信号为连续时间函数 $x_s(t)$，也可以看作是离散时间序列 $x(n)$。注意，$x_s(t)$在真实世界中并不存在，应用中采用的是对 $x_s(t)$的某种物理近似。

采样是一种线性运算，但它是时变的。例如，若对一个门宽 10s 的门函数(矩形脉冲)以采样间隔 $T=1s$ 采样，由于采样时间点的抖动，其非零采样值可能是 9 个，也可能是 10 个。

4.13.2　采样信号的频谱

根据傅里叶变换的定义，如果对式(4.13.5)取傅里叶变换，则可得出采样信号 $x_s(t)$的傅里叶变换，也即频谱函数为

$$X_s(\omega)=\mathrm{F}\{x_s(t)\}=\int_{-\infty}^{\infty}\sum_{n=-\infty}^{\infty}x(nT)\delta(t-nT)\mathrm{e}^{-\mathrm{j}\omega t}\mathrm{d}t \tag{4.13.6}$$

交换式(4.13.6)的求和与积分顺序，并经整理有

$$\begin{aligned}X_s(\omega)&=\sum_{n=-\infty}^{\infty}\int_{-\infty}^{\infty}x(nT)\delta(t-nT)\mathrm{e}^{-\mathrm{j}\omega t}\mathrm{d}t\\&=\sum_{n=-\infty}^{\infty}x(nT)\int_{-\infty}^{\infty}\delta(t-nT)\mathrm{e}^{-\mathrm{j}\omega t}\mathrm{d}t\\&=\sum_{n=-\infty}^{\infty}x(nT)\int_{-\infty}^{\infty}\delta(t-nT)\mathrm{e}^{-\mathrm{j}n\omega T}\mathrm{d}t\\&=\sum_{n=-\infty}^{\infty}x(nT)\mathrm{e}^{-\mathrm{j}n\omega T}\underbrace{\int_{-\infty}^{\infty}\delta(t-nT)\mathrm{d}t}_{=1}=\sum_{n=-\infty}^{\infty}x(nT)\mathrm{e}^{-\mathrm{j}n\omega T}\end{aligned} \tag{4.13.7}$$

式(4.13.7)给出了采样信号 $x_s(t)$的频谱函数。可以看出，该频谱函数是周期且连续的，ω 可以取任何值。考虑到式(4.13.4)，式(4.13.7)又可写成

$$X_s(\omega)=\sum_{n=-\infty}^{\infty}x(nT)\mathrm{e}^{-\mathrm{j}n\omega T}=\sum_{n=-\infty}^{\infty}x(n)\mathrm{e}^{-\mathrm{j}n\omega} \tag{4.13.8}$$

应用中为了强调周期性并且与 CTFT 有所区分，一般重新定义式(4.13.8)为离散时间傅里叶变换(Discrete Time Fourier Transform, DTFT)，并用新符号 $X(\mathrm{e}^{\mathrm{j}\omega})$ 表示，即

$$X(\mathrm{e}^{\mathrm{j}\omega})=X_s(\omega)=\sum_{n=-\infty}^{\infty}x(n)\mathrm{e}^{-\mathrm{j}\omega n} \tag{4.13.9}$$

在物理意义上，$X(\mathrm{e}^{\mathrm{j}\omega})$ 描述了离散序列 $x(n)$ 的频率成分，或者说 $X(\mathrm{e}^{\mathrm{j}\omega})$ 是 $x(n)$ 的一种分解。这里的(角)频率 ω 定义为数字频率，它是每个采样点间隔之间的弧度，单位是弧度(rad)。数字频率 ω 和模拟频率 Ω 之间的关系为

$$\omega=\Omega T \tag{4.13.10}$$

而采样频率 F 是

$$F=\frac{1}{T} \tag{4.13.11}$$

当然，式(4.13.8)的成立还需要假设离散序列 $x(n)$ 是绝对可求和(能量有限)的，即满足

$$\sum_{n=-\infty}^{\infty}|x(n)|<\infty \tag{4.13.12}$$

4.13.3 DTFT 与 CTFT 的比较

与 CTFT 比较，DTFT 有两个重要的特点。第一，对于模拟信号 $x(t)$，它的傅里叶变换 $X(\Omega)$ 和信号频谱的频率 Ω 的范围是 $(-\infty, \infty)$；然而对于离散时间序列 $x(n)$，其频谱 $X(\mathrm{e}^{\mathrm{j}\omega})$ 的(数字)频率 ω 的范围只在 $(-\pi, \pi)$ 或者 $(0, 2\pi)$ 频率区间。这一特点由 DTFT 的定义式可以直接反映出来，即

$$\begin{aligned}X(\mathrm{e}^{\mathrm{j}(\omega+2\pi k)})&=\sum_{n=-\infty}^{\infty}x(n)\mathrm{e}^{-\mathrm{j}(\omega+2\pi k)n}=\sum_{n=-\infty}^{\infty}x(n)\,\mathrm{e}^{-\mathrm{j}\omega n}\underbrace{\mathrm{e}^{-\mathrm{j}2\pi kn}}_{=1}\\&=\sum_{n=-\infty}^{\infty}x(n)\,\mathrm{e}^{-\mathrm{j}\omega n}=X(\mathrm{e}^{\mathrm{j}\omega})\end{aligned} \tag{4.13.13}$$

因此，$X(\mathrm{e}^{\mathrm{j}\omega})$ 是周期 2π 的周期函数。DTFT 的这个特点给出了一个约束，即任何离散时间序列的(数字)频率范围都被限制在 $(-\pi, \pi)$ 或者 $(0, 2\pi)$ 的频率区间，而且在 $(-\pi, \pi)$ 或 $(0, 2\pi)$ 区间以外的频率成分与该区间内的频率成分是相等的。

第二个特点其实是信号序列本身就具有的特点。因为离散序列与连续信号不同，它在时间上是离散的，从而导致序列信号的傅里叶变换是对展开项的求和而并非是对连续时间信号的积分。

式(4.13.9)的逆运算，即 $X(\mathrm{e}^{\mathrm{j}\omega})$ 的离散时间逆傅里叶变换(IDTFT)定义为

$$x(n)=\mathrm{F}^{-1}\{X(\mathrm{e}^{\mathrm{j}\omega})\}=\frac{1}{2\pi}\int_{-\pi}^{\pi}X(\mathrm{e}^{\mathrm{j}\omega})\mathrm{e}^{\mathrm{j}\omega n}\mathrm{d}\omega \tag{4.13.14}$$

式(4.13.14)可以看作是在频率区间 $-\pi<\omega\leqslant\pi$ 内把 $x(n)$ 分解成复指数的线性组合。而 DTFT 算子 $F[\cdot]$ 则通过时-频变换，将离散时间序列 $x(n)$ 变换成实变量 ω 的连续复函数 $X(\mathrm{e}^{\mathrm{j}\omega})$。显然，若已知 $X(\mathrm{e}^{\mathrm{j}\omega})$，则序列 $x(n)$ 可用其逆 DTFT 来恢复或重构。

需要说明的是，如果序列 $x(n)$ 的持续时间（也称宽度）及幅度有限，则 DTFT 定义式(4.13.8)中的无穷求和收敛。但当序列 $x(n)$ 的持续时间或宽度无限时，则求和仅仅对于某些类型的序列才收敛。因此，如果序列 $x(n)$ 是绝对可求和的，则式(4.13.8)中的无穷求和将一致收敛于 ω 的连续函数 $X(e^{j\omega})$［注意，这是连续时间信号傅里叶变换存在的第三个 Dirichlet 条件的离散化结果，至于前两个 Dirichlet 条件，由于序列 $x(n)$ 的离散性质，它们在这里不适用］。如果 $x(n)$ 不是绝对可求和的［不满足式(4.13.12)］，但却是绝对二次方可求和的，也就是满足

$$\sum_{n=-\infty}^{\infty} |x(n)|^2 < \infty \tag{4.13.15}$$

则序列 $x(n)$ 是有限能量的。应用中可以定义有限能量序列的傅里叶变换，但必须放宽一致收敛条件。而式(4.13.15)显然是比式(4.13.12)弱的条件，故针对这类序列运用均方收敛条件：

$$\lim_{N\to\infty}\int_{-\pi}^{\pi} |X(e^{j\omega}) - X_N(e^{j\omega})|^2 d\omega = 0 \tag{4.13.16}$$

则式(4.13.9)中的无穷求和将在均方意义上收敛，但并不保证每一点都收敛。

式(4.13.16)中的 $X_N(e^{j\omega})$ 定义为

$$X_N(e^{j\omega}) = \sum_{n=-N}^{N} x(n) e^{-j\omega n} \tag{4.13.17}$$

一致收敛的含义是，对于任意的 ω，当 $N\to\infty$ 时，都有 $X_N(e^{j\omega})\to X(e^{j\omega})$。

一致收敛和均方收敛的概念在工程实践中是非常有意义的，因为可获得的许多物理信号满足一致收敛条件，但确实有几个常用的非周期信号不满足一致收敛条件却满足均方收敛条件［如单位阶跃序列 $u(n)$］。下面讨论的例子将包括这种情况。

表 4.13.1 给出了一些常用的 DTFT 对。

表 4.13.1 一些常用的 DTFT 对

序　列	DTFT
$\delta(n)$	1
$\delta(n-n_0)$	$e^{-jn_0\omega}$
1	$2\pi\delta(\omega)$
$e^{jn\omega_0}$	$2\pi\delta(\omega-\omega_0)$
$a^n u(n)$, $\lvert a\rvert<1$	$\dfrac{1}{1-ae^{-j\omega}}$
$-a^n u(-n-1)$, $\lvert a\rvert>1$	$\dfrac{1}{1-ae^{-j\omega}}$
$(n+1)a^n u(n)$, $\lvert a\rvert<1$	$\dfrac{1}{(1-ae^{-j\omega})^2}$
$\cos n\omega_0$	$\pi\delta(\omega+\omega_0)+\pi\delta(\omega-\omega_0)$

例 4.13.1 求序列 $x(n)=a^n u(n)$ 的 DTFT。

解：根据 DTFT 的定义式，有

$$X(\mathrm{e}^{\mathrm{j}\omega})=\sum_{n-\infty}^{\infty}x(n)\mathrm{e}^{-\mathrm{j}\omega n}=\sum_{n=0}^{\infty}a^n\mathrm{e}^{-\mathrm{j}\omega n}$$

当$|a|\geqslant 1$时和式发散，但$|a|<1$时该和式收敛，这时

$$X(\mathrm{e}^{\mathrm{j}\omega})=\sum_{n=0}^{\infty}a^n\mathrm{e}^{-\mathrm{j}\omega n}=\frac{1}{1-a\mathrm{e}^{-\mathrm{j}\omega}}=\frac{\mathrm{e}^{\mathrm{j}\omega}}{\mathrm{e}^{\mathrm{j}\omega}-a}$$

如果 a 是实数，利用欧拉公式可将上式展开为

$$X(\mathrm{e}^{\mathrm{j}\omega})=\frac{1}{1-a\mathrm{e}^{-\mathrm{j}\omega}}=\frac{1}{1-a\cos\omega+\mathrm{j}a\sin\omega}$$

它的幅度谱和相位谱分别为

$$|X(\mathrm{e}^{\mathrm{j}\omega})|=\frac{1}{[(1-a\cos\omega)^2+a^2\sin^2\omega]^{1/2}}=\frac{1}{(a^2+1-2a\cos\omega)^{1/2}}$$

和

$$\arg\{X(\mathrm{e}^{\mathrm{j}\omega})\}=-\arctan\left(\frac{a\sin\omega}{1-a\cos\omega}\right)$$

图 4.13.2 给出了 $a=0.7$ 时的幅度谱和相位谱。注意，幅度谱是偶函数，相位谱是奇函数，周期均为 2π。

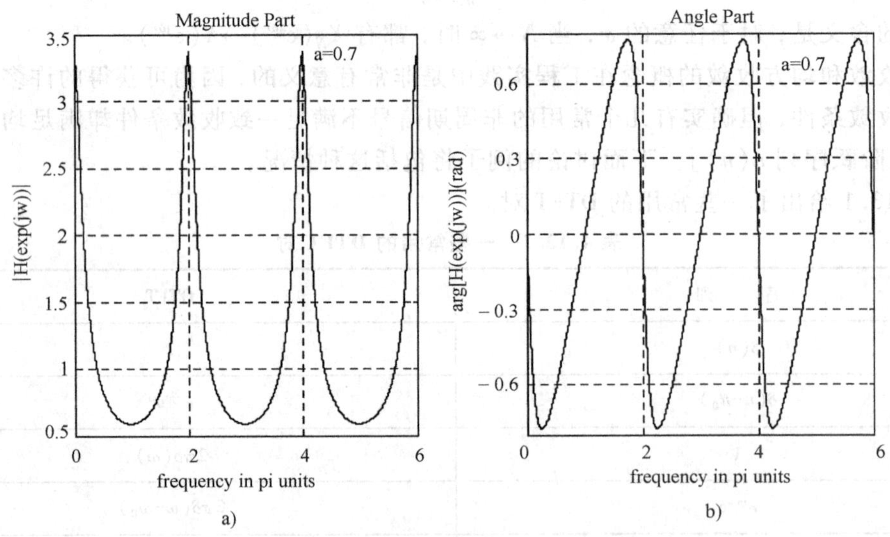

图 4.13.2 $x(n)=a^nu(n)$ 的 DTFT

a) $a=0.7$ 时的幅度谱 b) $a=0.7$ 时的相位谱

例 4.13.2 求序列 DTFT $X(\mathrm{e}^{\mathrm{j}\omega})=\delta(\omega-\omega_0)$ 的 IDTFT。

解：利用冲激函数的性质，根据逆 DTFT 的公式，有

$$x(n)=\frac{1}{2\pi}\int_{-\pi}^{\pi}X(\mathrm{e}^{\mathrm{j}\omega})\mathrm{e}^{\mathrm{j}\omega n}\mathrm{d}\omega=\frac{1}{2\pi}\int_{-\pi}^{\pi}\delta(\omega-\omega_0)\mathrm{e}^{\mathrm{j}\omega n}\mathrm{d}\omega=\frac{1}{2\pi}\mathrm{e}^{\mathrm{j}\omega_0 n}$$

注意，该序列 $x(n)$ 不是绝对可求和的，但由于它的 DTFT 包含脉冲，则可以考虑包含复指数序列的 DTFT。作为另一个例子，如果

$$X(e^{j\omega})=\pi\delta(\omega-\omega_0)+\pi\delta(\omega+\omega_0)$$

求逆 DTFT，可以得到

$$x(n)=\frac{1}{2}e^{j\omega_0 n}+\frac{1}{2}e^{-j\omega_0 n}=\cos(\omega_0 n)$$

例 4.13.3　研究序列

$$x(n)=\begin{cases}0 & n<0\\ a^n & 0\leqslant n\leqslant q\\ 0 & n>q\end{cases}$$

的 DTFT。式中，a 是非零实数；q 是正整数。

解：可以看出，$x(n)$是一个有限长序列，因此它的 DTFT 存在且为

$$X(e^{j\omega})=\sum_{n=-\infty}^{\infty}x(n)e^{-j\omega n}=\sum_{n=0}^{q}a^n e^{-j\omega n}=\sum_{n=0}^{q}(ae^{-j\omega})^n \tag{4.13.18}$$

继续解本例，需要利用下面给出的关系式：

$$\sum_{n=k_1}^{k_2}r^n=\frac{r^{k_1}-r^{k_2+1}}{1-r} \tag{4.13.19}$$

这里，k_1，k_2 均为整数且 $k_1<k_2$，r 可以是实数，也可以是复数。当 $k_1=0$，$k_2=q$ 且 $r=ae^{-j\omega}$时，式(4.13.18)可写成如下形式：

$$X(e^{j\omega})=\frac{1-(ae^{-j\omega})^{q+1}}{1-ae^{-j\omega}} \tag{4.13.20}$$

4.13.4　采样定理

上一节中，通过引入采样概念指出了将一个模拟信号 $x(t)$ 转换成离散时间序列 $x(n)$ 的路径。本节将讨论相反的路径，即如何由离散时间序列 $x(n)$ 重构出原来的模拟信号$x(t)$。为方便起见，下面首先定义有限带宽信号。

定义：如果模拟信号 $x(t)$ 存在一个角频率 Ω_0，当$|\Omega|>\Omega_0$ 时，有 $X(\Omega)=0$，则定义该信号是有限带宽信号。它的频率 $F_0=\Omega_0/2\pi$，称为信号带宽，单位为 Hz。

讨论题 4.13.4　设连续时间信号 $x(t)$ 的频谱如图 4.13.3 所示。该信号满足有限带宽信号条件，即$|\Omega|>\Omega_0$，有 $X(\Omega)=0$。

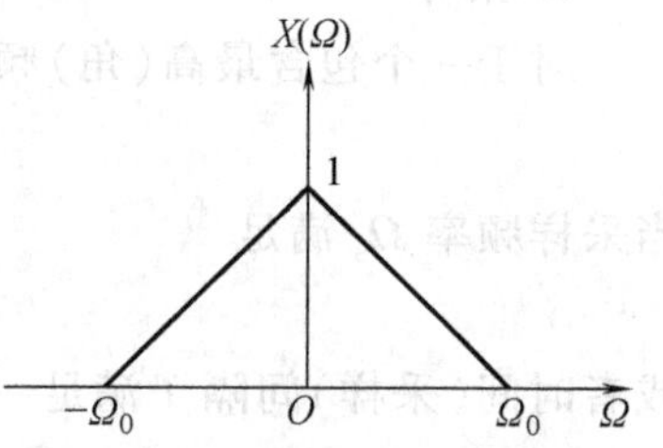

图 4.13.3　有限带宽信号的傅里叶变换

如果对 $x(t)$进行采样，设采样(角)频率 $\Omega_s\geqslant 2\Omega_0$，则采样信号 $x_s(t)$的傅里叶变换 $X(e^{j\omega})$(即 DTFT)可以通过周期地复制模拟信号 $x(t)$的频谱 $X(\Omega)$(称为频谱副本)生成，如图 4.13.4 所示。可以看出，此时采样信号的频谱没有产生混叠。

但是，如果 $\Omega_s<2\Omega_0$，如图 4.13.5 所示，$x_s(t)$的 DTFT $X(e^{j\omega})$将产生重叠。这是因为$X(e^{j\omega})$是周期频谱，ω 轴上的频点是 $\omega=\Omega T$ 或 $\Omega=\dfrac{\omega}{T}$，因此采样间隔 T 越大(对应采样频率越低)，则频谱副本之间的间隔越小。当采样频率 $\Omega_s<2\Omega_0$ 时，两个频谱副本之间将会发生重合。

这种谱成分(频谱副本)的重合叫做频谱混叠。当混叠发生时，$x(t)$的频率成分被混合，

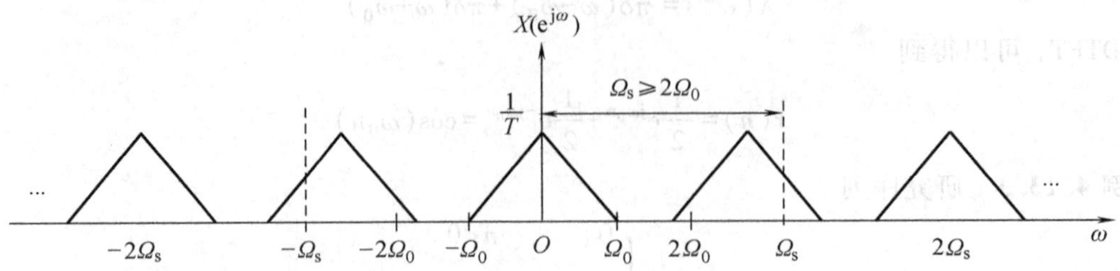

图 4.13.4　采样信号 $x_s(t)$ 的 DTFT

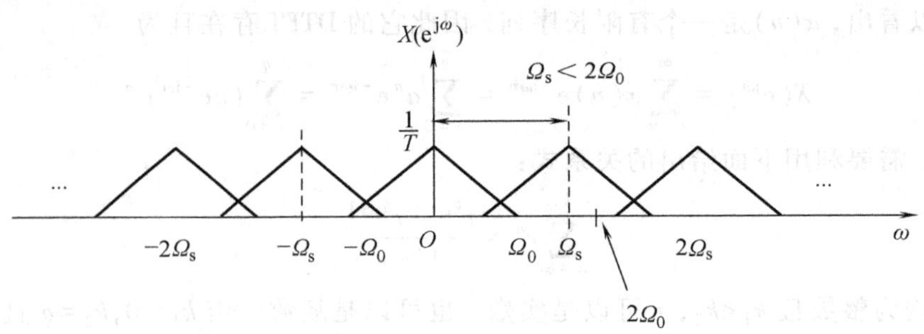

图 4.13.5　频谱混叠

显然此时 $X(\Omega)$ 不能从 $X(e^{j\omega})$ 中得到完全恢复。

本讨论题表明了这样一层意思，就是说如果模拟信号 $x(t)$ 是严格带限信号，它的最高频率成分是 Ω_0，则当采样频率 $\Omega_s \geqslant 2\Omega_0$ 时，混叠将不会发生。这就意味着在进行采样之前，可以用一个低通滤波器(也叫抗混叠滤波器)将信号限制在其带宽以内，从而可以唯一地从采样信号 $x_s(t)$ 中恢复出原模拟信号 $x(t)$。这样就可导出有限带宽信号的奈奎斯特采样定理。

1. 采样

对于一个包含最高(角)频率为 $\Omega_0(=2\pi F_0)$ 的模拟带限信号 $x(t)$，即

$$X(\Omega)=0,\ |\Omega|>\Omega_0$$

当采样频率 Ω_s 满足

$$\Omega_s \geqslant 2\Omega_0 \tag{4.13.21}$$

或者时间(采样)间隔 T 满足

$$T \leqslant \frac{1}{2\Omega_0} \tag{4.13.22}$$

时，$x(t)$ 可以唯一地从其采样序列 $x(n)=x(nT)$ 重构，或者说可以对 $x(t)$ 进行无失真采样。这里临界采样频率 $\Omega_s'=2\Omega_0$，又称为奈奎斯特率(Nyquist rate)或奈奎斯特频率(Nyquist frequency)，临界采样(时间)间隔 $T'=\frac{1}{\Omega_s'}=\frac{1}{2\Omega_0}$，则称之为奈奎斯特间隔(Nyquist interval)。

必须注意，在 $x(t)$ 被采样以后，$x(n)$ 表示的最高模拟频率为 $F_s/2$(或 $\omega=\pi$)。

例 4.13.5　设模拟信号 $x_a(t)=e^{-1000|t|}$，试用 MATLAB 求其 CTFT 并画图。

解：严格地讲，由于 MATLAB 是数值计算软件(Symbolics Toolbox 除外)，故用它对模拟信号进行分析计算存在着本质的困难。但若采用时间间隔或时间步距足够小的致密网格对模

拟信号 $x_a(t)$ 进行分割，就可在足够长的时间区间内得到一条平滑曲线来逼近 $x_a(t)$，这样就可以对模拟信号 $x_a(t)$ 进行高精度的近似计算和分析。现令 Δt 是时间间隔或网格，且有 $\Delta t \ll T$，定义

$$x_G(m) = x_a(m\Delta t) \tag{4.13.23}$$

是一个对信号 $x_a(t)$ 用时间间隔 Δt 进行分割后得到的数组，则可以用这个数组来逼近信号 $x_a(t)$。但需注意采样周期 T 和 Δt 在 MATLAB 中具有不同的含义，前者用来定义信号的采样周期，而后者用于描述模拟信号本身。类似地，模拟信号的傅里叶变换关系式(4.13.1)也可根据式(4.13.23)近似为

$$X_\alpha(\Omega) \approx \sum_m x_G(m)\mathrm{e}^{-\mathrm{j}\Omega m\Delta t}\Delta t = \Delta t\sum_m x_G(m)\mathrm{e}^{-\mathrm{j}\Omega m\Delta t} \tag{4.13.24}$$

由此可见，如果模拟信号 $x_a(t)$ 是有限长的，那么 $x_G(m)$ 也是有限长的，则式(4.13.24)与 DTFT 的定义式相似，因而可以用 MATLAB 来分析采样过程。

现在考虑本例，根据式(4.13.1)，有

$$\begin{aligned} X_a(\Omega) &= \int_{-\infty}^{\infty} x_a(t)\mathrm{e}^{-\mathrm{j}\Omega t}\mathrm{d}t = \int_{-\infty}^{0}\mathrm{e}^{1000t}\mathrm{e}^{-\mathrm{j}\Omega t}\mathrm{d}t + \int_{0}^{\infty}\mathrm{e}^{-1000t}\mathrm{e}^{-\mathrm{j}\Omega t}\mathrm{d}t \\ &= \frac{0.002}{1+\left(\dfrac{\Omega}{1000}\right)^2} \end{aligned} \tag{4.13.25}$$

因为 $x_a(t)$ 是一个实偶模拟信号，所以它是一个实值函数。为了用数值方法逼近 $X_a(\Omega)$，必须先用一个网格序列 $x_G(m)$ 逼近 $x_a(t)$。注意到 $|t|=0.005$ 时有 $\mathrm{e}^{-1000|t|}=\mathrm{e}^{-1000\times0.005}=\mathrm{e}^{-5}\approx 0$，故模拟信号 $x_a(t)$ 可以用一个在 $-0.005 \leqslant t \leqslant 0.005$ 之间的有限长度信号来近似。由式(4.13.25)可看出，当取 $\Omega \geqslant 2\pi\times2000$ 时，$X(\Omega)\approx 1.27\times10^{-5}\approx 0$。因此，网格间隔 Δt 可以选为

$$\Delta t = 5\times10^{-5} \ll \frac{1}{2\times2000} = 25\times10^{-5}$$

现在，将能得到 $x_G(m)$ 并用 MATLAB 计算式(4.13.24)，计算例程如下：

```
% Analog Signal
Dt=0.00005; t=-0.005: Dt: 0.005;Xa=exp(-1000 * abs(t));
% Continuous-time Fourier Transform
Wmax=2 * pi * 2000; K= 500; k=0: 1: K; W = k * Wmax/K;
Xa= xa * exp(-j * t'* W) * Dt; >Xa=real(Xa);
W=[-fliplr(W),W(2: 501)]; % Omega from-Wmax to Wmax
Xa=[fliplr(Xa), Xa(2: 501)];
subplot(2, 1, 1); plot(t * 1000, xa);
xlabel('t in msec. ');Ylabel('xa(t)'); title('Analog Signal')
subplot(2, 1, 2); plot(W/(2 * pi * 1000), Xa * 1000);
xlabel('Frequency in KHz');Ylabel('Xa(jW) * 1000')
title('Continuous-time Fourier Transform')
```

图 4.13.6 给出了 $x_a(t)$ 和 $X_a(\Omega)$。注意，为了减少计算量，只在$[0, 4000\pi]$ rad/s(等效为$[0, 2]$kHz)区间计算了 $X_a(\Omega)$，然后将它反折到$[-4000\pi, 0]$区间以便于绘图。

2. 重构

从采样定理和上述例子可以清楚地看到，若对有限带宽信号 $x(t)$ 以高于它的奈奎斯特频

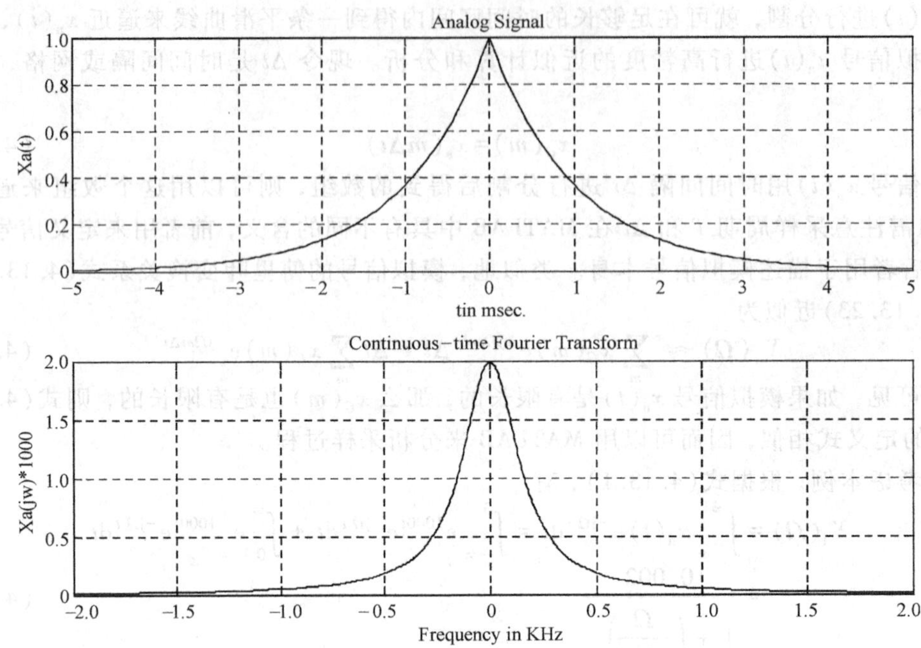

图 4.13.6　例 4.13.5 的采样信号及其 DTFT

率进行采样，则可从采样序列 $x(n)$ 中重构原模拟信号。这个重构过程如图 4.13.7 所示。

1）首先将序列 $x(n)$ 用一个移位冲激序列的加权和描述。

$$\sum_{n=-\infty}^{\infty} x(n)\delta(t-nT) = \cdots + x(-1)\delta(t+T) + x(0)\delta(t) + x(1)\delta(t-T) + \cdots$$

2）之后用一个带宽为 $[-F_s/2,\ F_s/2]$ 的理想低通滤波器对该冲激序列进行滤波。

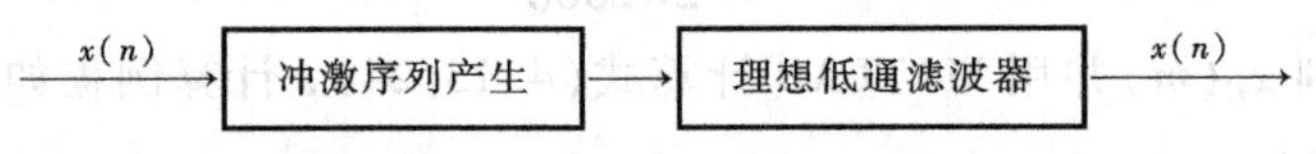

图 4.13.7　重构过程的实现

上述两个步骤可以用一个插值公式描述：

$$x(t) = \sum_{n=-\infty}^{\infty} x(n)\mathrm{sinc}[F_s(t-nT)] \tag{4.13.26}$$

其中 $\mathrm{sinc}(x) = \dfrac{\sin(\pi x)}{\pi x}$ 是一个内插函数。但由于 sinc 信号是一个非因果信号，故可知理想内插过程在物理上是不可实现的。

3. 实际的 D-A 转换器

对式(4.13.26)的一种折中方案是，仍然采用上述的两步过程，但用一个物理上可实现的模拟低通滤波器来代替图 4.13.7 中的理想低通滤波器。应用中有多种方法可以实现这种替换。

1）零阶保持器(ZOH)。零阶保持器实际上是一种内插运算。在这种插值运算中，每个样本值在采样间隔内保持不变，直到下一个样本值到达为止，即

$$\hat{x}_a(t) = x(n),\quad nT \leqslant n \leqslant (n+1)T \tag{4.13.27}$$

零阶保持插值可以将冲激序列通过一个形如

$$h_0(t)=\begin{cases}1 & 0\leqslant t\leqslant T\\ 0 & \text{其他}\end{cases}$$

的(矩形脉冲)内插滤波器而得到。零阶保持后的信号是一个阶梯形的分段函数，它还需要一个适当设计的后置模拟滤波器进行波形的正确重构，如图 4.13.8 所示。

$x(n)$ → ZOH → $\hat{x}(t)$ → 后置模拟滤波器 → $x(t)$

图 4.13.8　零阶保持和重构

2）一阶保持器(FOH)。一阶保持器在相邻的两个采样样本值之间用直线连接。这可以将冲激序列通过一个形如

$$h_1(t)=\begin{cases}1+\dfrac{t}{T} & 0<t<T\\ 1-\dfrac{t}{T} & T\leqslant t\leqslant 2T\\ 0 & \text{其他}\end{cases}$$

的内插滤波器而得到。这里同样需要一个适当设计的后置模拟滤波器进行波形的正确重构。

3）三次样条内插。上述内插运算还可以推广到高阶样条内插，它利用样条内插算法获得一个更平滑(但不一定更精确)的对任意两个样本间的模拟信号的逼近。因此，这种内插不要求后置滤波器。而样本间的平滑或重构是通过采样所谓的三次样条函数来得到，即

$$\begin{aligned}x(t)=&a_0(n)+a_1(n)(t-nT)+a_2(n)(t-nT)^2\\&+a_3(n)(t-nT)^3 nT\leqslant n\leqslant(n+1)T\end{aligned}\tag{4.13.28}$$

可以看出，这是一组分段连续的三阶多项式，其中$\{a_i(n),\ 0\leqslant i\leqslant 3\}$是多项式的系数，通过对样本值应用最小二乘运算获得。

附注：采样定理于 1928 年由美国电气工程师 H. 奈奎斯特(Harry Nyquist，1889—1976)首先提出，因此称为奈奎斯特采样定理。1933 年前苏联科学家科捷利尼科夫(弗拉基米尔·亚历山德罗维奇·科捷利尼)首次用公式严格描述这一定理。1948 年信息论的创始人 C. E. 香农(Claude Elwood Shannon，1914—2001)对这一定理加以明确解释并正式作为定理引用，因此在许多文献中又称为香农采样定理。采样定理有许多表述形式，但最基本的表述方式是时域采样定理和频域采样定理。

4.14　信号与系统的傅里叶分析

4.14.1　传递(系统)函数

第 2 章中已知，任何动态系统分析的主要目的是求系统针对特定输入(激励)信号的输出(响应)。系统的响应包括两部分分量：由系统本身具有的初始状态或者初始条件引起的零输入响应，以及由外部激励信号产生的零状态响应。一般而言，由于傅里叶变换不能处理系统的初始状态(条件)，故系统的傅里叶分析只适用于系统零状态响应的计算。

利用傅里叶变换在频域(复数域)分析线性时不变系统是基于传递或系统函数的概念。对连续时间 LTI 系统的 n 阶常系数微分方程模型

$$\sum_{k=0}^{n} a_k \frac{\mathrm{d}^k y(t)}{\mathrm{d}t^k} = \sum_{k=0}^{m} b_k \frac{\mathrm{d}^k x(t)}{\mathrm{d}t^k}, \qquad t \geqslant 0 \tag{4.14.1}$$

式中，$x(t)$ 和 $y(t)$ 分别是系统的输入和输出信号；$a_k(k=0,1,\cdots n$ 且 $a_n \neq 0)$ 和 $b_k(k=0,1,\cdots,m)$ 是与时间无关的实常数，对于物理可实现系统，还需要约束 $n>m$。若对式(4.14.1)等式两边取傅里叶变换，即

$$\mathrm{F}\left\{\sum_{k=0}^{n} a_k \frac{\mathrm{d}^k y(t)}{\mathrm{d}t^k}\right\} = \mathrm{F}\left\{\sum_{k=0}^{m} b_k \frac{\mathrm{d}^k x(t)}{\mathrm{d}t^k}\right\}$$

在零初始条件下利用傅里叶变换的微分性质，可得

$$\begin{aligned} &\{a_n(\mathrm{j}\omega)^n + a_{n-1}(\mathrm{j}\omega)^{n-1} + \cdots + a_1(\mathrm{j}\omega) + a_0\} Y(\omega) \\ &= \{b_m(\mathrm{j}\omega)^m + b_{m-1}(\mathrm{j}\omega)^{m-1} + \cdots + b_1(\mathrm{j}\omega) + b_0\} X(\omega) \end{aligned}$$

式中，$X(\omega)$ 和 $Y(\omega)$ 分别是系统输入信号 $x(t)$ 及零初始状态(条件)下输出信号 $y(t)$ 的傅里叶变换。将上式改写成系统输出的傅里叶变换 $Y(\omega)$ 和系统输入的傅里叶变换 $X(\omega)$ 之比的形式：

$$H(\omega) = \frac{Y(\omega)}{X(\omega)} = \frac{b_m(\mathrm{j}\omega)^m + b_{m-1}(\mathrm{j}\omega)^{m-1} + \cdots + b_1(\mathrm{j}\omega) + b_0}{a_n(\mathrm{j}\omega)^n + a_{n-1}(\mathrm{j}\omega)^{n-1} + \cdots + a_1(\mathrm{j}\omega) + a_0} \tag{4.14.2}$$

则称式(4.14.2)为 n 阶 LTI 系统的传递函数，也叫系统函数或传输传递。

显然，式(4.14.2)给出的是系统在零初始状态(条件)下由输入信号 $x(t)$ 的傅里叶变换 $X(\omega)$ 引起的响应。这个响应就是前面讨论过的系统零状态响应 $y_{\mathrm{zs}}(t)$ 的傅里叶变换 $Y_{\mathrm{zs}}(\omega)$，且 $Y(\omega)=Y_{\mathrm{zs}}(\omega)$ 并直接由式(4.14.2)得出如下：

$$Y_{\mathrm{zs}}(\omega) = H(\omega) X(\omega) \tag{4.14.3}$$

注意，式(4.14.3)的意义在于，系统微分方程的时域零状态解(响应) $y_{\mathrm{zs}}(t)$ 可以转换为复频域中的相乘运算。特别是，当系统输入信号 $x(t)=\delta(t)$ 时，由于此时 $X(\omega)=\mathrm{F}\{\delta(t)\}=1$，则有 $Y_{\mathrm{zs}}(\omega)=H(\omega)$，可知此时系统对单位冲激信号 $\delta(t)$ 的响应等于 $\mathrm{F}^{-1}\{H(\omega)\}$。数学上定义系统对于单位冲激信号 $\delta(t)$ 的响应为单位冲激响应 $h(t)$，即

$$h(t) = \mathrm{F}^{-1}\{H(\omega)\} \tag{4.14.4}$$

另外，对式(4.14.3)取傅里叶逆变换，根据卷积定理又可得到

$$y_{\mathrm{zs}}(t) = \mathrm{F}^{-1}\{H(\omega)X(\omega)\} = h(t) * x(t) = \int_{-\infty}^{\infty} h(\tau) x(t-\tau) \mathrm{d}\tau \tag{4.14.5}$$

式(4.14.5)再次表明，系统在零初始状态(条件)下的响应 $y_{\mathrm{zs}}(t)$ 等于系统输入信号 $x(t)$ 与系统单位冲激响应 $h(t)$ 的卷积。

式(4.14.1)~式(4.14.5)给出了 LTI 动态系统的基本结论。据此可知，为了求出 LTI 系统对任意输入的输出或者响应，首先应该求出系统对单位冲激信号 $\delta(t)$ 的响应[即单位冲激响应 $h(t)$]，之后计算 $h(t)$ 与给定的系统输入信号的卷积。特别需要注意的是，系统的单位冲激响应 $h(t)$ 是系统在静态(零初始)条件下得到的(根据定义)，且对于一个给定的 LTI 系统，$h(t)$ 是唯一的。换句话说，任何 LTI 系统唯一地由它的冲激响应 $h(t)$ 描述(或者由它在频域中的传递函数描述)。

讨论题 4.14.1　考虑由单位阶跃信号激励的一阶静止系统

$$\frac{\mathrm{d}y(t)}{\mathrm{d}t}+y(t)=u(t)$$

容易求出系统的传递函数 $H(\omega)$ 和相应的系统单位冲激响应 $h(t)$ 分别为

$$H(\omega)=\frac{1}{\mathrm{j}\omega+1}$$

$$h(t)=\mathrm{e}^{-t}u(t)$$

因为系统输入是单位阶跃信号 $u(t)$，故对应的频域响应根据式(4.14.3)有

$$Y_{\mathrm{zs}}(\omega)=H(\omega)X(\omega)=\frac{1}{\mathrm{j}\omega+1}\left[\frac{1}{\mathrm{j}\omega}+\pi\delta(\omega)\right]$$

$$=\frac{1}{(\mathrm{j}\omega+1)\mathrm{j}\omega}+\pi\delta(\omega)=-\frac{1}{\mathrm{j}\omega+1}+\frac{1}{\mathrm{j}\omega}+\pi\delta(\omega)$$

对上式求傅里叶逆变换，得到

$$y_{\mathrm{zs}}(t)=\int_{-\infty}^{\infty}\mathrm{e}^{-\tau}u(\tau)u(t-\tau)\mathrm{d}\tau=\int_{0}^{t}\mathrm{e}^{-\tau}\mathrm{d}\tau=1-\mathrm{e}^{-t},\ t\geqslant 0$$

显然在 $t\to\infty$ 时，$Y_{\mathrm{zs}}(t)=1$。而零状态响应中包含的 $-\mathrm{e}^{-t}(t>0)$ 项表示的是系统的瞬态响应。

本例的目的是说明通过傅里叶变换得到的系统响应一定是零状态响应，它一般不同于稳态响应。

4.14.2　特征函数

特征函数是线性系统理论中的一个基础概念，它一般和复指数 $\mathrm{e}^{\mathrm{j}\omega t}$ 紧密相关。

首先考虑下式定义的矩阵特征值问题：

$$\boldsymbol{A}\,v_i=\lambda_i\,v_i,\quad v_i\neq 0,\ i=1,2,\cdots,n \tag{4.14.6}$$

式中，$\boldsymbol{A}$ 是一个 $n\times n$ 方阵；v_i 是 n 维特征向量；λ_i 则称为特征值。与式(4.14.6)的定义类似，可以用线性微分/积分算子定义动态系统的特征值问题，即

$$\mathbf{L}\{x(t)\}=\lambda x(t) \tag{4.14.7}$$

式中，$\mathbf{L}$ 表示线性微分/积分算子(在这里是指系统)；$X(t)$ 称为系统特征函数；λ 是系统的特征值。在式(4.14.7)中，$\mathbf{L}\{x(t)\}$ 读作“$\mathbf{L}$ 作用于 $x(t)$”。

现用复指数函数 $\mathrm{e}^{\mathrm{j}\omega t}$ 作为 LTI 动态系统[式(4.14.1)]的输入信号，则由式(4.14.5)知系统的零状态响应为

$$y_{\mathrm{zs}}(t)=\mathbf{L}\{\mathrm{e}^{\mathrm{j}\omega t}\}=\int_{-\infty}^{\infty}h(\tau)\mathrm{e}^{\mathrm{j}\omega(t-\tau)}\mathrm{d}\tau=\mathrm{e}^{\mathrm{j}\omega t}\int_{-\infty}^{\infty}h(\tau)\mathrm{e}^{-\mathrm{j}\omega\tau}\mathrm{d}\tau=\mathrm{e}^{\mathrm{j}\omega t}H(\omega) \tag{4.14.8}$$

因此，针对 LTI 动态系统，存在如下关系：

$$\mathbf{L}\{\mathrm{e}^{\mathrm{j}\omega t}\}=H(\omega)\mathrm{e}^{\mathrm{j}\omega t} \tag{4.14.9}$$

式(4.14.9)说明 $\mathrm{e}^{\mathrm{j}\omega t}$ 实际上起着系统特征函数的作用，而 $H(\omega)$ 则扮演着系统特征值的角色。根据对偶性，易知如果系统特征值为 $H(-\omega)$，则其特征函数必为 $\mathrm{e}^{\mathrm{j}\omega t}$。

除此之外，式(4.14.8)还指出，如果复指数函数 $\mathrm{e}^{\mathrm{j}\omega t}$ 作为系统的输入，则系统的零状态响应将等于用系统函数 $H(\omega)$ 乘复指数 $\mathrm{e}^{\mathrm{j}\omega t}$。

4.14.3　频率特性与带宽

连续时间 LTI 系统的频谱又称为系统的频率特性或者频率响应，一般用它的系统函数

$H(\omega)$的幅度和相位的频率图描述。因为当给定系统的传递函数一个频率时它是一个复数，故其幅度和相位(角度)值均取决于频率，即

$$H(\omega)=\mathrm{Re}\{H(\omega)\}+\mathrm{j}\mathrm{Im}\{H(\omega)\}=|H(\omega)|\mathrm{e}^{\mathrm{j}\theta(\omega)} \tag{4.14.10}$$

式中

$$|H(\omega)|=\sqrt{(\mathrm{Re}\{H(\omega)\})^2+(\mathrm{Im}\{H(\omega)\})^2} \tag{4.14.11}$$

定义为系统的幅度频谱或者幅频特性；而

$$\theta(\omega)=\arctan\left(\frac{\mathrm{Im}\{H(\omega)\}}{\mathrm{Re}\{H(\omega)\}}\right) \tag{4.14.12}$$

定义为系统的相位频谱或者相频特性。

容易证明，幅频特性$|H(\omega)|$是ω的偶函数，相频特性$\theta(\omega)$是ω的奇函数。

讨论题 4.14.2　设系统的传递函数如下：

$$H(\omega)=\frac{1+\mathrm{j}\omega}{(\mathrm{j}\omega)^3+3(\mathrm{j}\omega)^2+2(\mathrm{j}\omega)+1}$$

试用 MATLAB 计算系统的幅频特性和相频特性。

幅频特性$|H(\omega)|$和相频特性$\theta(\omega)$可以利用 MATLAB 函数 freqs 得到。计算本题的 MATLAB 源程序如下：

```
w=0: 0.01: 4;              % defines the range of frequencies
num=[1 1]; den=[1 3 2 1];
H=freqs(num, den,W);    % calculates the values for H(jw)
magH=abs(H);
phaseH=angle(H)*180/pi;
```

图 4.14.1 用线性刻度画出了系统的幅频特性和相频特性。其中绘制幅频特性和相频特性的源程序如下：

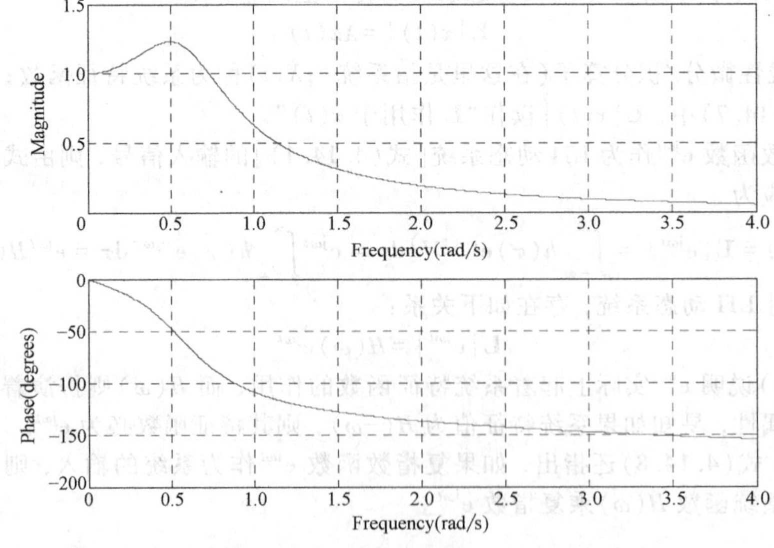

图 4.14.1　线性刻度频率特性

```
subplot(211);
```

```
plot(w,magH);
subplot(212);
plot(w, phaseH);
```

需要注意的是，工程和科研实践中习惯于使用对数刻度，即沿 ω 轴有…，0.1，1，10，100，…点的等距分布。图 4.14.2 用对数刻度重新绘制了系统的幅频特性和相频特性，绘图源程序如下：

```
w=logspace(-1, 1);          % defines the range of frequencies
num=[1 1]; den=[1 3 2 1];
freqs(num, den,W);
```

本例给出的是一个真实线性动态系统的典型频率特性。如果用图 4.14.1 与图 4.14.2 进行比较，则可以明显看出对数刻度使频率特性曲线在低频端得以扩展，而在高频端被压缩。这实际上说明输入信号通过该系统时其低频信号成分几乎未被衰减[因为幅频特性在低频端近似保持不变，即 $H(\mathrm{j}\omega)\approx 1$]，但高频信号成分则被系统快速地衰减[因为幅频特性在高频端趋于零，即 $H(\mathrm{j}\omega)\approx 0$]。正是基于这个原因，类似本例的 LTI 动态系统常被称为低通滤波器。

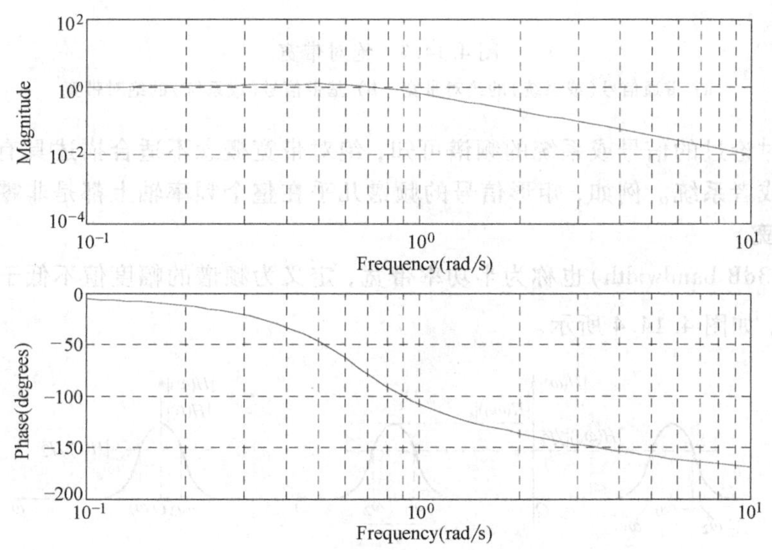

图 4.14.2 对数刻度频率特性

对于这样的典型幅频特性，它的极大值由下式确定：

$$\frac{\mathrm{d}|H(\omega)|}{\mathrm{d}\omega}=0 \tag{4.14.13}$$

相应的频率 ω_r 称为共振(谐振)频率，频率特性的最大值 $H(\omega_r)$ 被称为共振顶点。

对于实际的物理系统(即满足 $n>m$ 的系统)，系统传递函数的幅频特性随着频率增加将快速衰减到零，如图 4.14.1 所示，这就意味着系统对高频输入信号具有强的衰减作用。为了度量系统对信号的衰减作用，应用中需要引入一个重要的概念——带宽。例如在无线通信中，带宽是调制载波占据的频率范围；在光学中带宽是单个谱线宽度或者整个频谱范围；在表示系统带宽时，带宽就是系统传递函数的带宽。因此，带宽概念对于信号和系统都是适用的，并且针对不同的应用领域通常有不同的带宽定义。下面将介绍三种常用的带宽定义，并说明每种定义可能的适用对象。

1. 绝对带宽

针对图 4.14.3 所示信号或者系统的幅频特性，绝对带宽（Absolute bandwidth）B 定义为

$$B=\omega_2-\omega_1 \tag{4.14.14}$$

式（4.14.14）说明只有在频率区间 $\omega_1 \leqslant \omega \leqslant \omega_2$ 内，频谱为非零。注意，图 4.14.3a 给出的是所谓的带通信号（或带通系统），ω_1、ω_2 均为正值；若 $\omega_1=0$，则为典型的基带信号（或基带系统），如图 4.14.3b 所示。因此对于带通信号（或系统）和基带信号（或系统）而言，可将带宽定义为频谱非零的正频率区间。

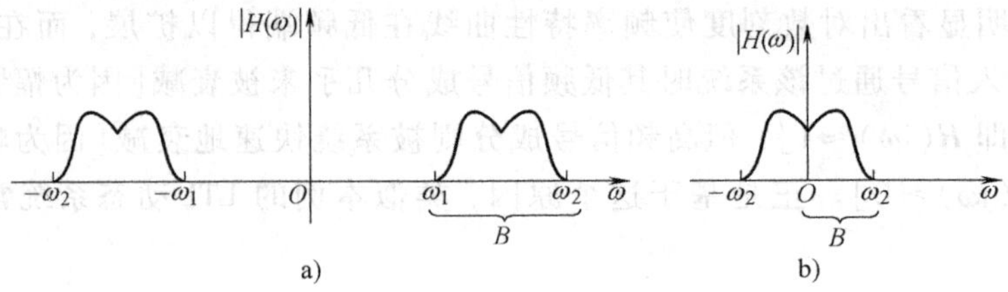

图 4.14.3　绝对带宽

a）带通信号（或系统）的绝对带宽　b）基带信号（或系统）的绝对带宽

根据前面讨论过的信号或系统的频谱可知，绝对带宽概念不适合描述具有非零频谱区间无穷大的信号或者系统。例如，矩形信号的频谱几乎在整个频率轴上都是非零的。

2. 3dB 带宽

3dB 带宽（3dB bandwidth）也称为半功率带宽，定义为频谱的幅度值不低于其最大值的 $1/\sqrt{2}$ 的频率区间，如图 4.14.4 所示。

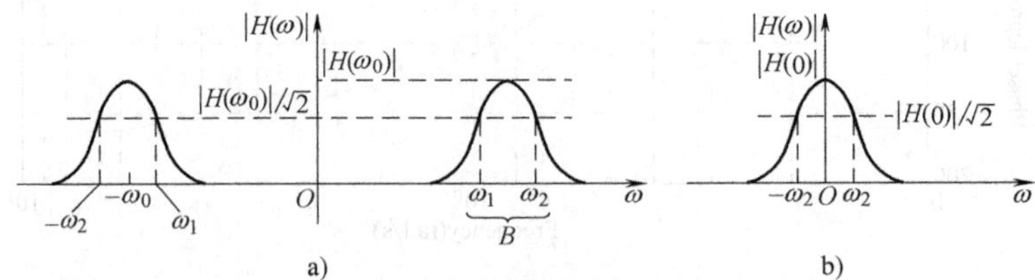

图 4.14.4　3dB 带宽

a）带通信号（或系统）的 3dB 带宽　b）基带信号（或系统）的 3dB 带宽

3dB 带宽基于关系

$$20\log_{10}\left(\frac{1}{\sqrt{2}}\right)=-3\text{dB} \tag{4.14.15}$$

而半功率带宽的含义是，当信号的电压或电流幅值下降到其最大值的 $1/\sqrt{2}$ 时，信号功率则降为原来的一半。这是因为

$$P_{-3\text{dB}}=\frac{(1/\sqrt{2}V_{\max})^2}{R}=(1/\sqrt{2}I_{\max})^2R=\frac{1}{2}P_{\max}$$

3dB 带宽或半功率带宽是电气工程领域常用的带宽定义。

3. 零点带宽

针对图 4.14.5 所示信号或者系统的幅频特性，零点带宽（null-to-null bandwidth）B 定义为

$$B=\omega_2-\omega_1 \tag{4.14.16}$$

注意，如果是基带信号（或系统），设 ω_m 为幅频特性曲线上最大幅值处的频率，则 ω_2 是大于 ω_m 且幅值为零的第一个频率点的频率值，同时 $\omega_1=0$；至于带通信号（或系统），ω_1 为小于 ω_m 且最靠近 ω_m、幅值为零的频率点的频率值。

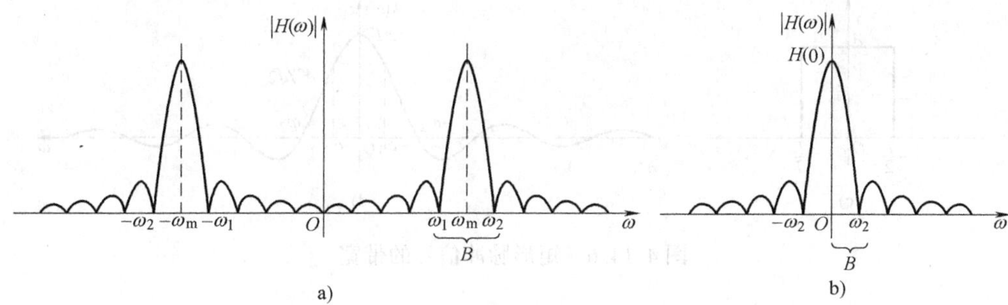

图 4.14.5 零点带宽

a）带通信号（或系统）的零点带宽 b）基带信号（或系统）的零点带宽

应用中零点带宽概念仅仅适用于在幅频特性曲线上存在幅度零点的信号与系统。

例 4.14.3 试确定图 4.14.6a 所示矩形脉冲信号的带宽。

解： 首先通过傅里叶变换求出矩形脉冲信号 $x(t)=A\prod\left(\frac{t}{T}\right)$ 的频谱，显然它为抽样函数 $X(\omega)=AT\mathrm{sinc}\left(\frac{T\omega}{2}\right)$，如图 4.14.6b 所示。观察频谱的形状可知，绝对带宽定义不适用这个信号，但可以用 3dB 带宽或者零点带宽给出 $x(t)=A\prod\left(\frac{t}{T}\right)$ 的带宽信息。

信号 $x(t)=A\prod\left(\frac{t}{T}\right)$ 的 3dB 带宽根据图 4.14.6d 为

$$B_{3\mathrm{dB}}=\omega_1$$

零点带宽根据图 4.14.6b 为

$$B_{\mathrm{null}}=\omega_2=\frac{2\pi}{T}$$

需要强调的是，由图 4.14.6 可以看出，不管用哪个带宽定义，带宽取决于时域矩形脉冲的宽度。时域矩形脉宽减小，频域带宽将增大；时域矩形脉宽增大，频域带宽将减小。换句话说，频域带宽是与其时域持续时间呈反比关系的。这就意味着，任何在时域中急剧变化的信号，映射到频域都具有较宽的带宽；相反，时域中变化缓慢的信号，映射到频域其带宽也较窄。冲激信号和正弦信号是上述规律的两种极端例子，因为冲激信号的时域持续时间（脉冲宽度）为零，映射到频域其带宽则为无穷大（在 $-\infty<\omega<\infty$ 频谱为常数）；而正弦信号变化缓慢（各阶导数均存在），映射到频域其带宽为零（频域冲激函数）。

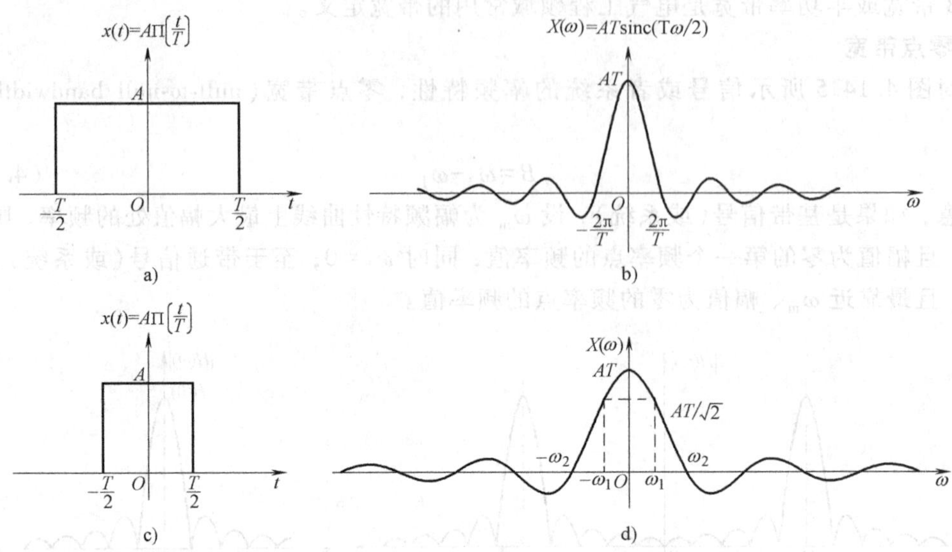

图 4.14.6　矩形脉冲信号的带宽

上述结论对于一般的信号与系统都是正确的，读者需要领会这一重要的知识点。

4.14.4　系统零状态响应的求解

系统的零状态响应描述了(输入)信号施加于系统时，作为信号频率函数的系统的特性，定义为系统(传递)函数 $H(\omega)$[或 $H(f)$]与输入信号的频谱函数 $X(\omega)$[或 $X(f)$]相乘时得到的系统零状态响应的频谱 $Y_{zs}(\omega)$[或 $Y_{zs}(f)$]，即

$$Y_{zs}(\omega)=H(\omega)X(\omega) \tag{4.14.17}$$

或

$$Y_{zs}(f)=H(f)X(f) \tag{4.14.18}$$

通常，如果 $X(\omega)$存在时 $Y_{zs}(\omega)$也存在，则系统具有响应。

根据定义，显然系统的系统函数或频率特性 $H(\omega)$[或 $H(f)$]就是输出信号频谱与输入信号频谱的比值。如果系统的频率特性 $H(\omega)$[或 $H(f)$]已知，则可以按照以下步骤求出系统对于任何具有可求或可测频谱的输入信号的零状态响应：

1）计算输入信号的傅里叶变换。

2）用系统的频率特性乘以输入信号的频谱，得到系统零状态响应的频谱。

3）计算系统频率响应的傅里叶逆变换，求出系统的零状态响应。

显而易见，频率特性完全描述了线性时不变系统的特性，条件是系统的初始状态为零。

例 4.14.4　设一系统的单位冲激响应 $h(t)=4\pi e^{-4\pi t}u(t)$，系统输入信号 $x(t)=4\cos4\pi t+4\cos12\pi t$，其中第二项是单频加性噪声。试求：(1) 系统的频率特性、幅频特性和相频特性；(2) 系统输出的频谱；(3) 系统的零状态响应。

解：(1) 系统的频率特性为

$$H(f)=\mathcal{F}\{h(t)\}=\frac{4\pi}{4\pi+j2\pi f}=\frac{1}{1+jf/2}$$

因此，系统的幅频特性是

$$|H(f)|=\frac{1}{\sqrt{1+(f/2)^2}}$$

而其相频特性为

$$\theta(f)=-\arctan\left(\frac{f}{2}\right)$$

幅频特性和相频特性如图 4.14.7 所示。

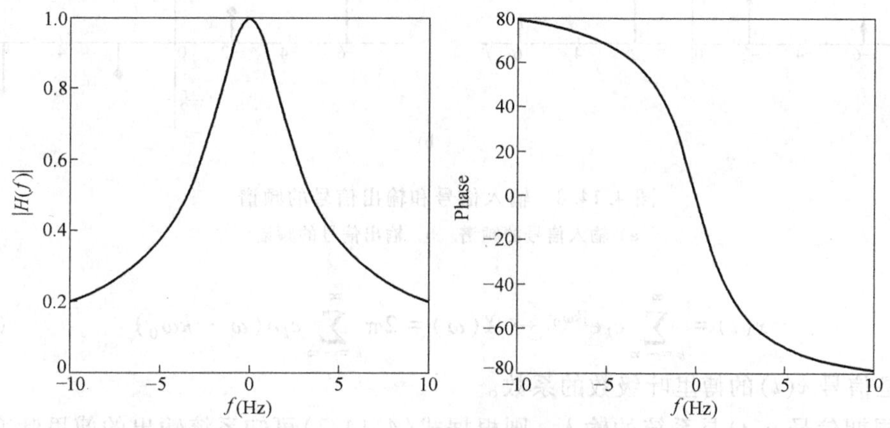

图 4.14.7 幅频特性和相频特性

(2) 因为系统输入信号 $x(t)=4\cos 4\pi t+4\cos 12\pi t$ 的频谱为

$$X(f)=\mathrm{F}\{x(t)\}=2\delta(f-2)+2\delta(f+2)+2\delta(f-6)+2\delta(f+6)$$

所以系统输出信号的频谱是

$$\begin{aligned}Y(f)&=H(f)X(f)\\&=2H(2)\delta(f-2)+2H(-2)\delta(f+2)+2H(6)\delta(f-6)+2H(-6)\delta(f+6)\\&=(2/\sqrt{2})\,\mathrm{e}^{-\mathrm{j}0.25\pi}\delta(f-2)+(2/\sqrt{2})\,\mathrm{e}^{\mathrm{j}0.25\pi}\delta(f+2)+\\&\quad(2/\sqrt{10})\,\mathrm{e}^{-\mathrm{j}0.398\pi}\delta(f-6)+(2/\sqrt{10})\,\mathrm{e}^{\mathrm{j}0.398\pi}\delta(f+6)\end{aligned}$$

输入信号和输出信号的频谱如图 4.14.8 所示。

(3) 对 $Y(f)$ 求傅里叶逆变换，即可求出系统的零状态响应为

$$\begin{aligned}y(t)&=\frac{4}{\sqrt{2}}\cos(4\pi t-0.25\pi)+\frac{4}{\sqrt{10}}\cos(12\pi t-0.398\pi)\\&=2.282\cos[4\pi(t-0.0625)]+1.265\cos[12\pi(t-0.033)]\end{aligned}$$

注意，输出信号的幅度谱说明系统对于单频加性噪声信号具有更大的衰减，因此该系统是一个低通滤波器。

4.14.5 周期输入的系统响应

在 4.11.2 节中已知，一个用复指数傅里叶级数展开的周期信号(周期为 T) $x(t)=\sum_{k=-\infty}^{\infty}c_k\mathrm{e}^{\mathrm{j}k\omega_0 t}$ 的傅里叶变换对为

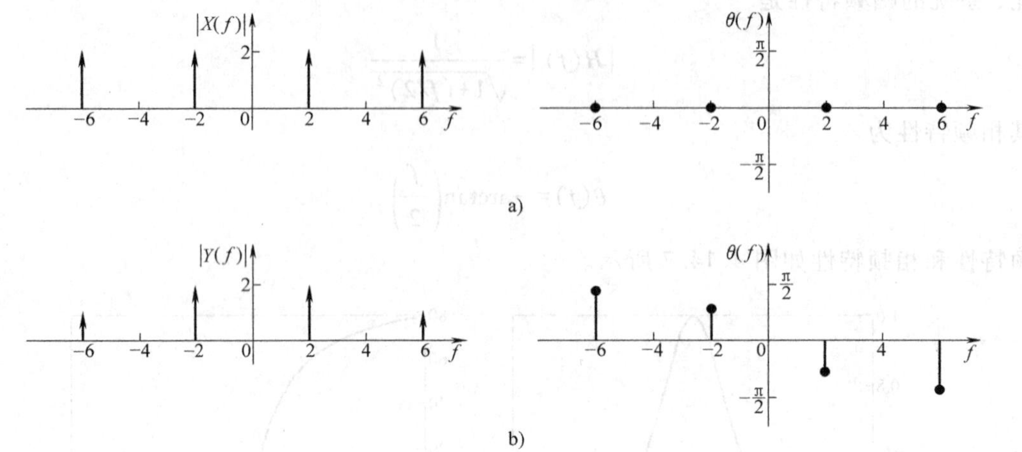

图 4.14.8　输入信号和输出信号的频谱

a）输入信号的频谱　b）输出信号的频谱

$$x(t)=\sum_{k=-\infty}^{\infty}c_k\mathrm{e}^{\mathrm{j}k\omega_0 t}\leftrightarrow X(\omega)=2\pi\sum_{k=-\infty}^{\infty}c_k\delta(\omega-k\omega_0)\tag{4.14.19}$$

式中，c_k 是信号 $x(t)$的傅里叶级数的系数。

如果周期信号 $x(t)$是系统的输入，则根据式(4.14.3)可知系统输出的傅里叶变换为

$$\begin{aligned}Y_{zs}(\omega)&=H(\omega)X(\omega)=2\pi H(\omega)\sum_{k=-\infty}^{\infty}c_k\delta(\omega-k\omega_0)\\&=2\pi\sum_{k=-\infty}^{\infty}c_kH(k\omega_0)\delta(\omega-k\omega_0)\end{aligned}\tag{4.14.20}$$

式(4.14.20)表明，系统的零状态响应 $y_{zs}(t)$也是周期的，这是因为它的傅里叶变换是无穷多个频域冲激信号 $\delta(\omega)$的加权和，相应的权系数就是 $y_{zs}(t)$的傅里叶级数展开的系数。经过变换之后，可以看到周期信号作用于系统将导致系统函数的动态特性受到约束，从而形成一个由频域冲激信号 $\delta(\omega-k\omega_0)$在筛选频点 $k\omega_0$ 处抽取出的复数值。这就使得系统响应完全由周期激励函数控制并且具有与激励信号相同的正弦函数形式。事实上，系统响应此时就是系统的稳态响应 $y_{ss}(t)$。

现用 Y_k 表示系统稳态响应 $y_{ss}(t)$的傅里叶级数的系数，由式(4.14.20)就可获得 $y_{ss}(t)$的傅里叶变换对为

$$y_{ss}(t)=\sum_{k=-\infty}^{\infty}Y_k\mathrm{e}^{\mathrm{j}k\omega_0 t}\leftrightarrow Y_{ss}(\omega)=2\pi\sum_{k=-\infty}^{\infty}c_kH(k\omega_0)\delta(\omega-k\omega_0)\tag{4.14.21}$$

式中，输出信号 $y_{ss}(t)$的傅里叶级数的系数为

$$Y_k=c_kH(k\omega_0)=|c_k|\mathrm{e}^{\mathrm{j}\theta_k}|H(k\omega_0)|\mathrm{e}^{\mathrm{j}\varphi_k}=|c_k||H(k\omega_0)|\mathrm{e}^{\mathrm{j}(\theta_k+\varphi_k)}=|Y_k|\mathrm{e}^{\mathrm{j}\theta(\omega)}\tag{4.14.22}$$

其中

$$\begin{cases} |Y_k| = |c_k|\,|H(k\omega_0)| \\ \theta(\omega) = \theta_k + \varphi_k \qquad k=0,\ \pm1,\ \pm2\cdots \\ \varphi_k = \arg H(k\omega_0) \end{cases} \tag{4.14.23}$$

相应地，式(4.14.21)的三角型傅里叶级数展开由下式给出：

$$y_{ss}(t) = Y_0 + 2\sum_{k=1}^{\infty}|Y_k|\cos[k\omega_0 t + \theta(\omega)] = Y_0 + 2\sum_{k=1}^{\infty}|Y_k|\cos[k\omega_0 t + (\theta_k + \varphi_k)] \tag{4.14.24}$$

通常，谱系数将很快衰减到零，因此若取有限和式(比如取前 N 次谐波项)逼近式(4.14.24)，则可得到如下近似公式：

$$y_{ss}(t) \approx Y_0 + 2\sum_{k=1}^{N}|Y_k|\cos[k\omega_0 t + \theta(\omega)] = Y_0 + 2\sum_{k=1}^{N}|Y_k|\cos[k\omega_0 t + (\theta_k + \varphi_k)] \tag{4.14.25}$$

讨论题 4.14.5　考虑下式给出的静态二阶 LTI 动态系统：

$$\frac{d^2y(t)}{dt^2} + 2\frac{dy(t)}{dt} + 3y(t) = x(t)$$

其中，周期输入信号 $x(t)$ 具有图 4.14.9 所示波形。

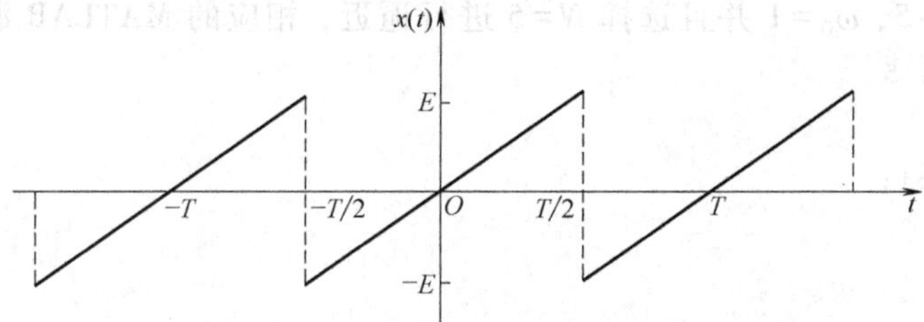

图 4.14.9　周期锯齿波信号

由式(4.14.2)可知系统的传递函数为

$$H(\omega) = \frac{1}{(j\omega)^2 + 2(j\omega) + 3} = \frac{1}{3-\omega^2+j2\omega} = |H(\omega)|e^{j\varphi(\omega)}$$

式中

$$|H(\omega)| = \frac{1}{\sqrt{(3-\omega^2)^2 + 4\omega^2}}$$

$$\varphi(\omega) = -\arctan\left(\frac{2\omega}{3-\omega^2}\right)$$

因为周期锯齿波输入信号的复指数傅里叶系数 c_k 已知为(见例 4.6.3)

$$c_k=\frac{E}{k\pi}\mathrm{j}(-1)^k \quad k=1,\ 2,\ \cdots$$

$$c_0=0$$

因此，c_k 的模和相角分别为

$$|c_k|=\frac{E}{k\pi},K=1,\ 2,\ \cdots$$

和
$$\theta_k=(-1)^k\frac{\pi}{2},K=1,\ 2,\ \cdots$$

根据式(4.14.22)可求出周期输出信号的傅里叶系数为

$$Y_k=c_kH(k\omega_0)=|c_k||H(k\omega_0)|\mathrm{e}^{\mathrm{j}(\theta_k+\varphi_k)}=|Y_k|\mathrm{e}^{\mathrm{j}\theta}$$

式中

$$|Y_k|=|c_k||H(k\omega_0)|=\frac{E}{k\pi}\frac{1}{\sqrt{(3-k^2\omega_0^2)^2+4k^2\omega_0^2}},K=1,\ 2,\ \cdots$$

$$\theta=\theta_k+\varphi_k=(-1)^k\frac{\pi}{2}-\arctan\left(\frac{2k\omega_0}{3-k^2\omega_0^2}\right),K=1,\ 2,\ \cdots$$

显然，如果给定 E 和 ω_0 的值，则可以计算周期信号作用下系统输出的傅里叶系数 $Y_k(k=1,\ 2,\ \cdots)$的值。注意，工程计算需要对傅里叶级数进行截短处理，即选择合适的谐波项进行近似计算。下面取 $E=5$，$\omega_0=1$ 并且选择 $N=5$ 进行逼近，相应的 MATLAB 源程序如下：

```
% Example 4.14.5
%
t=0: 0.01: 4*pi;
E=5; w0=1;
N=1;
yN=0;
for n=1: N
    Hm=1/sqrt((3-(n*w0)^2)^2+4*(n*w0)^2);
    Hp=-atan(2*n*w0/(3-(n*w0)^2));
    Xn=j*(-1)^n*E/(n*pi);
    Xnm=abs(Xn);
    Xnp=angle(Xn);
    Ynm=Xnm*Hm;
    Ynp=Xnp+Hp;
    yN=yN+2*Ynm*cos(n*w0*t+Ynp);
end
```

周期输出信号的傅里叶系数 Y_k 的量值随 k 的增加迅速衰减到零，其中 $k=1,\ 2,\ \cdots,\ 6$ 时的谱系数见表 4.14.1。

当 N 分别取 $N=1,\ 2,\ 3,\ 4$ 时的系统响应如图 4.14.10 所示。可以看出，当 $N=4$ 和 $N=5$ 时两条曲线已经基本重合，两者的最大误差大约是 0.0263。

表 4.14.1 讨论题 4.14.5 的傅里叶系数

k	$\|Y_k\|$	k	$\|Y_k\|$
1	0.563	4	0.026
2	0.193	5	0.013
3	0.063	6	0.008

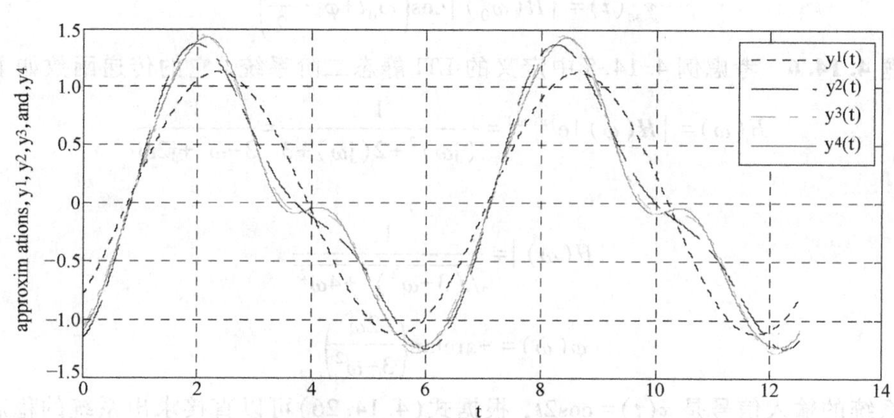

图 4.14.10 周期输入产生的系统周期输出(响应)的近似曲线

4.14.6 周期正弦波输入的系统响应

利用式(4.14.3)可以进一步研究由周期正弦波信号激励一个静态 LTI 动态系统时的系统稳态响应问题。因为正弦函数和余弦函数仅仅存在一个 π/2 相位差，故下面将只介绍余弦函数激励下的系统稳态响应。

设系统的输入信号 $x(t)=\cos\omega_0 t$，它的傅里叶变换 $X(\omega)$ 为

$$X(\omega)=\mathrm{F}\{\cos\omega_0 t\}=\pi\delta(\omega+\omega_0)+\pi\delta(\omega-\omega_0)$$

由式(4.14.3)可知，系统的零状态响应的傅里叶变换就是 $Y_{zs}(\omega)=H(\omega)X(\omega)$。但由于此时系统的响应完全是由周期余弦激励函数控制的，故系统的响应其实就是系统的稳态响应 $y_{ss}(t)$。因此有

$$Y_{ss}(\omega)=H(\omega)X(\omega)=\pi H(\omega)[\delta(\omega+\omega_0)+\delta(\omega-\omega_0)]$$

又根据 δ 函数的性质，上式进一步可表示成

$$\begin{aligned}Y_{ss}(\omega)&=H(\omega)X(\omega)=\pi H(\omega)[\delta(\omega+\omega_0)+\delta(\omega-\omega_0)]\\&=\pi H(-\omega_0)\delta(\omega+\omega_0)+\pi H(\omega_0)\delta(\omega-\omega_0)\\&=\pi|H(\omega_0)|\mathrm{e}^{-\mathrm{j}\varphi_k}\delta(\omega+\omega_0)+\pi|H(\omega_0)|\mathrm{e}^{\mathrm{j}\varphi_k}\delta(\omega-\omega_0)\end{aligned}$$

系统的稳态响应 $y_{ss}(t)$ 就是 $Y_{ss}(\omega)$ 的傅里叶逆变换，即

$$\begin{aligned}y_{ss}(t)&=\mathrm{F}^{-1}\{Y_{ss}(\omega)\}\\&=\pi|H(\omega_0)|\mathrm{e}^{-\mathrm{j}\varphi_k}\mathrm{F}^{-1}\{\delta(\omega+\omega_0)\}+\pi|H(\omega_0)|\mathrm{e}^{\mathrm{j}\varphi_k}\mathrm{F}^{-1}\{\delta(\omega+\omega_0)\}\end{aligned}$$

根据 $1\leftrightarrow 2\pi\delta(\omega)$ 和频移性质，上式可变为

$$y_{ss}(t)=\frac{1}{2}|H(\omega_0)|\mathrm{e}^{-\mathrm{j}\varphi_k}\mathrm{e}^{-\mathrm{j}\omega_0 t}+\frac{1}{2}|H(\omega_0)|\mathrm{e}^{\mathrm{j}\varphi_k}\mathrm{e}^{\mathrm{j}\omega_0 t}$$

$$=|H(\omega_0)|\cos(\omega_0 t+\varphi_k) \tag{4.14.26}$$

如果系统的输入信号是 $A\cos(\omega_0 t+\theta)$ 而不是 $\cos\omega_0 t$，则求解 $y_{ss}(t)$ 的过程是完全相同的，只不过系统的稳态响应变成

$$y_{ss}(t)=A|H(\omega_0)|\cos(\omega_0 t+\theta+\varphi_k) \tag{4.14.27}$$

同理，LTI 系统对正弦输入 $x(t)=\sin\omega_0 t$，产生的系统稳态响应为

$$y_{ss}(t)=|H(\omega_0)|\cos\left(\omega_0 t+\varphi_k-\frac{\pi}{2}\right) \tag{4.14.28}$$

讨论题 4.14.6 考虑例 4.14.5 中定义的 LTI 静态二阶系统，它的传递函数如下：

$$H(\omega)=|H(\omega)|e^{j\varphi(\omega)}=\frac{1}{(j\omega)^2+2(j\omega)+3}=\frac{1}{3-\omega^2+j2\omega}$$

式中

$$|H(\omega)|=\frac{1}{\sqrt{(3-\omega^2)^2+4\omega^2}}$$

$$\varphi(\omega)=-\arctan\left(\frac{2\omega}{3-\omega^2}\right)$$

如果系统的输入信号是 $x(t)=\cos 2t$，根据式(4.14.26)可以直接求出系统的稳态输出为

$$y_{ss}(t)=|H(\omega_0)|\cos(\omega_0 t+\varphi_k)$$

$$=\frac{1}{\sqrt{(3-2^2)+4\times 2^2}}\cos\left\{2t+\left[-\arctan\left(\frac{2\times 2}{3-2^2}\right)\right]\right\}$$

$$=\frac{1}{\sqrt{17}}\cos[2t-\arctan(-4)]=\frac{1}{\sqrt{17}}\cos(2t+75.96°)$$

讨论题 4.14.7 考虑图 4.14.11 所示的机械系统，它的数学模型由下式给出：

$$\frac{d^2y(t)}{dt^2}+\frac{c}{m}\frac{dy(t)}{dt}+\frac{k}{m}y(t)=\frac{1}{m}x(t)=\frac{1}{m}A\cos\left(\omega_0 t+\frac{\pi}{3}\right)$$

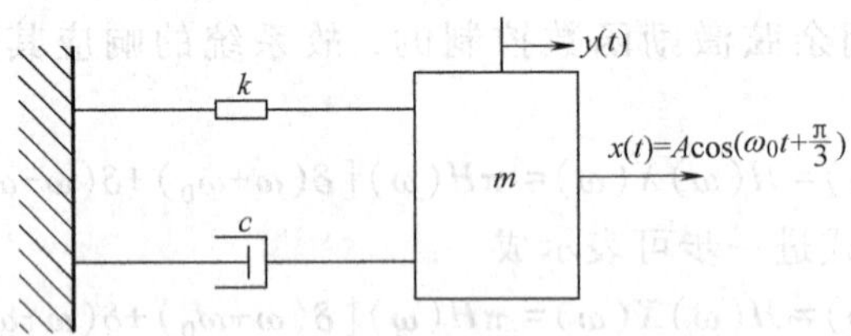

图 4.14.11 讨论题 4.14.7 机械系统

显然，该机械系统的传递函数可求出为

$$H(\omega)=\frac{\frac{1}{m}}{(j\omega)^2+\frac{c}{m}(j\omega)+\frac{k}{m}}=\frac{\frac{1}{m}}{\frac{k}{m}-j\omega^2+j\omega\frac{c}{m}}=|H(\omega)|e^{j\varphi(\omega)}$$

式中

$$|H(\omega)|=\frac{\frac{1}{m}}{\sqrt{\left(\frac{k}{m}-\omega^2\right)^2+\omega^2\frac{c^2}{m^2}}}$$

$$\varphi(\omega)=-\arctan\left(\frac{\frac{c}{m}\omega}{\frac{k}{m}-\omega^2}\right)$$

由于系统的输入信号为 $x(t)=A\cos\left(\omega_0 t+\frac{\pi}{3}\right)$，故由式(4.14.27)可得到系统的稳态响应如下：

$$y_{ss}(t)=\frac{\frac{1}{m}A}{\sqrt{\left(\frac{k}{m}-\omega_0^2\right)^2+\frac{c^2}{m^2}\omega_0^2}}\cos\left[\omega_0 t+\frac{\pi}{3}-\arctan\left(\frac{\frac{c}{m}\omega_0}{\frac{k}{m}-\omega_0^2}\right)\right]$$

上述例题表明，基于傅里叶变换求解 LTI 系统由正弦输入信号产生的系统稳态响应是较为方便的。

4.15　应用示例及 MATLAB 实践

本节介绍频域信号分析的基本概念和技术，通过模拟和实际数据的频域与时域描述深入讨论几个基本问题，例如：傅里叶变换的幅度和相位有何意义？信号有周期性吗？功率如何测量？某个频段上有一个还是多个信号？

频域分析是信号处理应用中的重要工具，被广泛应用于诸如通信、地质勘探、遥感遥测和图像处理等领域。众所周知，时域分析揭示了信号如何随时间变化，而频域分析则描述了信号的能量在频域中是如何分布的。除此之外，频域描述还包括依附在每个频率分量之上的相移信息，有了这个相移信息，就可以通过组合各个独立频率分量从而恢复或者重构原来的时间信号。

所谓变换的概念是指，一个信号可以通过一对数学算子实现时域和频域之间的转换。傅里叶变换是其中最重要的一对算子，它将一个时域函数分解成一组正弦函数频率分量(可能有无穷多项)的组合，频率分量的“谱”就是信号的频域描述。傅里叶逆变换则将频域函数转换回时域函数。MATLAB 中的 fft 函数和 ifft 函数分别允许计算信号的离散傅里叶变换(DFT)并对其求逆。

4.15.1　FFT 的幅度和相位信息

信号的频域描述给出了该信号在每个频率上的幅度和相位信息，这就是傅里叶变换的结果是复数的原因。一个复数 x 有一个实部 x_r 和一个虚部 x_i，并且满足 $x=x_r+ix_i$，它的幅度和相位分别由 $\sqrt{x_r^2+x_i^2}$ 和 $\arctan\left(\frac{x_i}{x_r}\right)$ 计算。调用 MATLAB 函数 abs 和 angle 即可分别获得任意复数的幅度和相位。

下面用一个音频信号说明信号的幅度和相位到底携带了什么信息？为此，需要加载一个长 15s 的吉他音频文件（文件名 guitartune. wav）。该音频信号的采样频率指定为 44. 1kHz，MATLAB 程序如下：

```
Fs = 44100;
y = audioread('guitartune.wav');
```

用 fft 对 y 求其傅里叶变换，可得到信号的频率分量：

```
NFFT = length(y);
Y = fft(y, NFFT);
F = ((0: 1/NFFT: 1-1/NFFT) * Fs)';
```

FFT 的输出是一个包含信号频率分量信息的复数向量。幅度说明了频率分量相对于其他分量的强度，相位则强调所有频率分量相对于正弦波（基于一个参考点）或者时间的角位移。

讨论信号频谱的幅度和相位分量是非常有用的。幅度一般采用对数刻度（dB）绘制，相位则习惯调用 unwrap 函数展开相位特性，以便频率是一个连续的函数。

```
magnitudeY = abs(Y);           % Magnitude of the FFT
phaseY = unwrap(angle(Y));     % Phase of the FFT

figure                         % create a new figure object
subplot(2, 1, 1)
plot(F(1: NFFT/2)/1e3, 20 * log10(magnitudeY(1: NFFT/2)));
xlabel('Frequency in kHz');Ylabel('dB')
title('Magnitude response of the audio signal')
grid on;
axis tight

subplot(2, 1, 2)
plot(F(1: NFFT/2)/1e3, phaseY(1: NFFT/2));
xlabel('Frequency in kHz');Ylabel('radians')
title('Phase response of the audio signal')
grid on;
axis tight
```

音频信号的频率响应如图 4. 15. 1 所示。

为重构时间信号，需要对频域向量 Y 应用傅里叶逆变换。在这个过程中，“symmetric”指标指示 ifft 现在处理的是一个实值时间信号，由于计算中存在数值误差，所以在逆变换运算中出现的小的虚部就归为零。注意，原始时间信号 y 和重构信号 y1 实际上是相同的（它们差的范数是 1e-15 的数量级），两者之间存在非常小的误差的原因，就在于上述的数值误差。

```
y1 = ifft(Y, NFFT, 'symmetric');
norm(y-y1)
ans =3.9112e-15
```

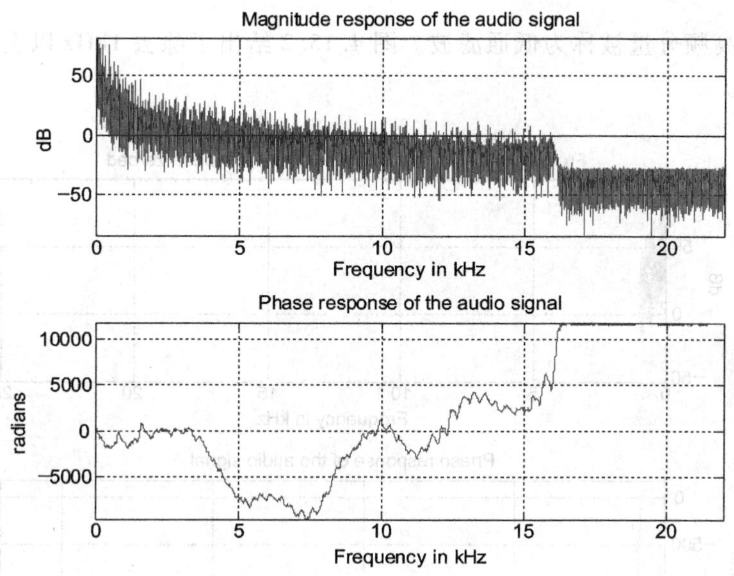

图 4.15.1 音频信号的频率响应

以下程序播放逆变换的信号 y1：

```
hplayer = audioplayer(y1, Fs);
play(hplayer);
```

改变信号幅频特性会带来什么影响呢？如果从 FFT 的输出中直接除去高于 1kHz 的频率分量（通过使幅度等于零），然后用下面程序播放音频文件，可以听出幅频特性变化对声音的影响：

```
Ylp = Y;
Ylp(F>=1000 & F<=Fs-1000) = 0;
magnitudeYlp = abs(Ylp);              % Magnitude of the FFT
phaseYlp = unwrap(angle(Ylp));        % Phase of the FFT

figure                                % create a new figure object
subplot(2, 1, 1)
plot(F(1: NFFT/2)/1e3, 20 * log10(magnitudeYlp(1: NFFT/2)));
xlabel('Frequency in kHz');Ylabel('dB')
title({'Magnitude response of the audio signal'; 'Frequency components above 1 kHz have been zeroed'})
grid on;
axis tight

subplot(2, 1, 2)
plot(F(1: NFFT/2)/1e3, phaseYlp(1: NFFT/2));
xlabel('Frequency in kHz');Ylabel('radians')
title('Phase response of the audio signal')
grid on;
```

```
axis tight
```

除去信号的高频分量被称为低通滤波。图 4.15.2 给出了除去 1kHz 以上频率分量的音频信号的频率响应。

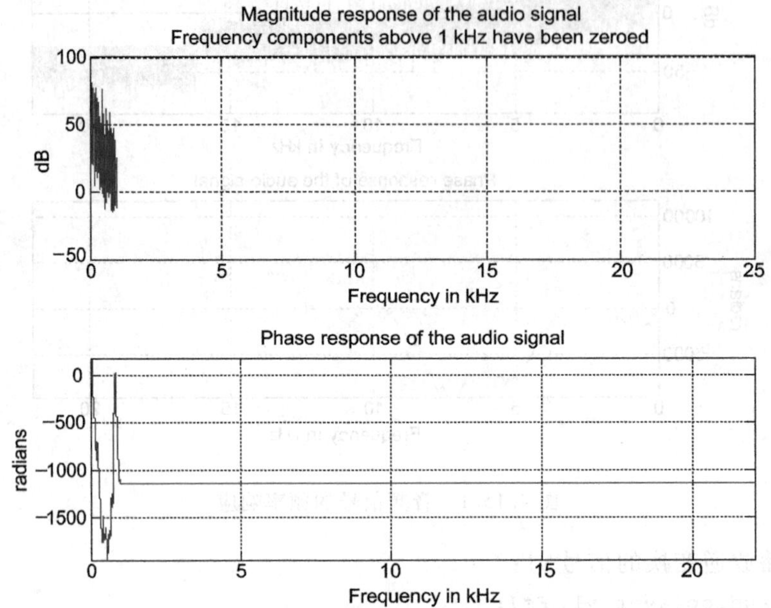

图 4.15.2　除去 1kHz 以上频率分量的音频信号的频率响应

下面使用 ifft 函数使滤波后的信号变换回时域：

```
ylp = ifft(Ylp,'symmetric');
```

播放这段信号，虽然仍然可以听到旋律，但它听起来像是捂住耳朵时听到的声音（当捂住耳朵时，效果如同过滤了高频音）。尽管吉他产生的是 400Hz 和 1kHz 音符，当拨动琴弦时，弦就以基频的倍数振动，那些更高频率的分量，就是前面提到过的谐波，它赋予吉他特别的音色。当去除这些高频分量时，会使声音变得“浑浊”。

```
hplayer = audioplayer(ylp, Fs);
play(hplayer);
```

信号的相位包含有关于声乐的音符在什么时间出现的重要信息。为了说明相位对音频信号的作用，通过对各频率分量取绝对值来彻底去除相位信息。注意，这样做的目的是保持幅度响应不变。

```
Yzp = abs(Y);
magnitudeYzp = abs(Yzp);                % Magnitude of the FFT
phaseYzp = unwrap(angle(Yzp));          % Phase of the FFT

figure                                  % create a new figure object
subplot(2,1,1)
plot(F(1:NFFT/2)/1e3,20*log10(magnitudeYzp(1:NFFT/2)));
xlabel('Frequency in kHz');Ylabel('dB')
title('Magnitude response of the audio signal')
```

```
grid on;
axis tight

subplot(2, 1, 2)
plot(F(1: NFFT/2)/1e3, phaseYzp(1: NFFT/2));
xlabel('Frequency in kHz');Ylabel('radians')
title({'Phase response of the audio signal'; 'Phase has been set to zero'})
grid on; ;
axis tight
```

音频信号的频率响应如图 4. 15. 3 所示。

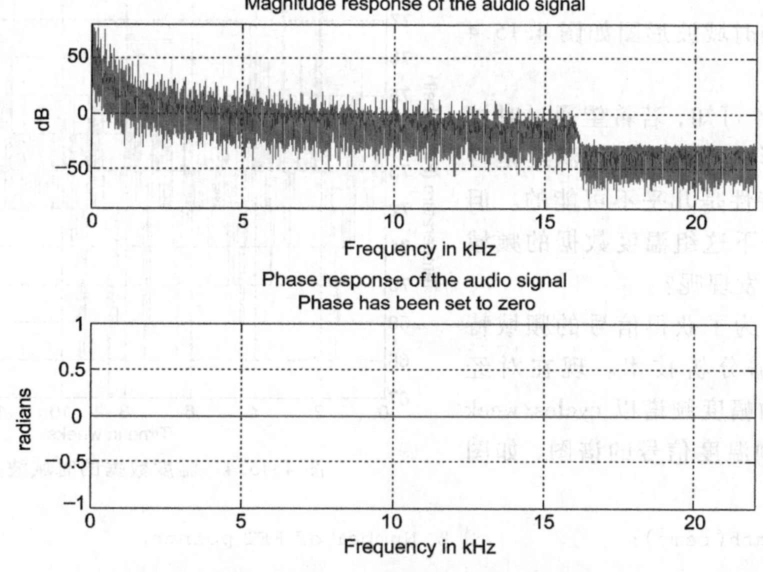

图 4. 15. 3　音频信号的频率响应(相位置零)

使信号逆变换回时域，并且播放音频，发现根本识别不出原来的声音。幅度响应相同，这次也没有去除频率成分，但是音符的层次已经完全消失了。这个信号现在由一组在 $t=0$ 点对齐的正弦信号组成。通常，滤波引起的相位失真可能会严重影响信号的可辨识度。

```
yzp = ifft(Yzp, 'symmetric');
hplayer = audioplayer(yzp, Fs);
play(hplayer);
```

4. 15. 2　分析信号的周期性

信号的频域描述可以观察到在时域中不易看到、甚至根本不可见的信号的若干特征。例如，频域分析对于寻找一个信号的周期性特性就非常有用。

以某建筑物冬季温度数据为例，分析其供暖的温度特征。该组数据是在某个冬季的 16.5 个星期内每 30 分钟测量一组办公楼的温度，观察以周为时间单位的时域数据，并分析在这个数据中是否有周期特性?

首先导入已经记录的温度数据(包括原始采样频率、时间间隔和华氏温度)：

```
load officetemp.mat
```

绘制信号的时域波形图：

```
Fs = 1/(60 * 30);   % Sample rate is 1 sample every 30 minutes
t = (0: length(temp)-1)/Fs;

figure
plot(t/(60 * 60 * 24 * 7), temp)
xlabel('Time in weeks');Ylabel('Temperature(Fahrenheit)')
title('A set of temperature measurements in an office building')
grid on
axis tight
```

温度数据的时域波形图如图 4.15.4 所示。

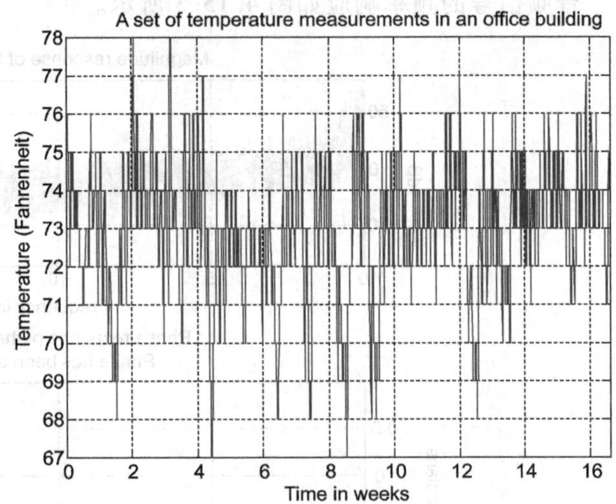

图 4.15.4　温度数据的时域波形图

由图 4.15.4 可知，若希望通过时域温度信号的波形来辨识办公楼温度是否具有周期循环特性是几乎不可能的。但是，如果分析一下这组温度数据的频域特性，会有什么发现呢？

显而易见，为了获得信号的频域特性，需要运用谱分析技术。现在对经 FFT 运算输出的幅度频谱以 cycles/week 为频率单位绘制温度信号的谱图，如图 4.15.5 所示。

```
NFFT = length(temp);                    % Number of FFT points
F = (0 : 1/NFFT : 1/2-1/NFFT) * Fs; % Frequency vector

TEMP = fft(temp, NFFT);
TEMP(1) = 0; % remove the DC component for better visualization

figure
plot(F * 60 * 60 * 24 * 7, abs(TEMP(1: NFFT/2)))
axis([0, 10, 0, 3000])
xlabel('Frequency (cycles/week)');Ylabel('Magnitude')
title('The frequency-domain representation of the signal in an office building')
grid on
```

由图 4.15.5 可见，有两条谱线明显比其他谱线大很多，其中一条谱线位于 1(cycles/week)，另一条谱线位于 7(cycles/week)。这就说明，第一条谱线预示办公楼的温度变化遵循每周一次的循环周期，这就解释了在一周中，周末的温度较低，工作日的温度较高；第二条谱线则显示，办公楼的温度还遵循每周七次即每天一次的周期，也就是白天(工作时间)办公室温度较高，夜间办公室温度较低。

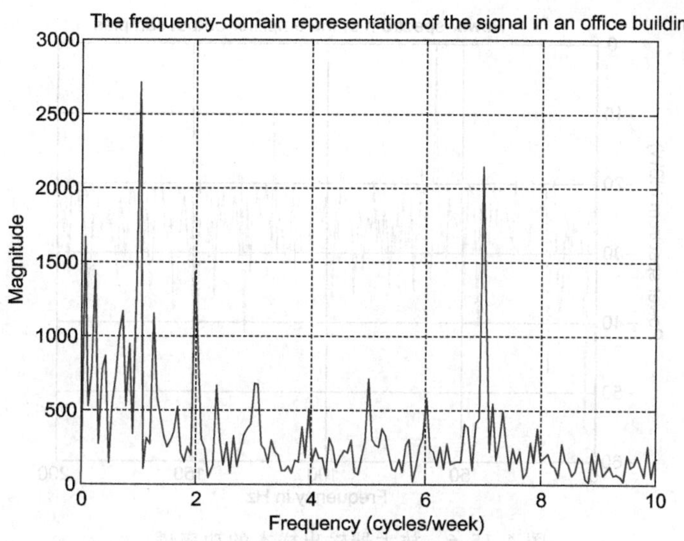

图 4.15.5　办公楼温度信号的谱图

4.15.3　测量功率

periodogram 函数计算测量信号的 FFT，并对输出规范化以获得功率谱或功率谱密度函数 PSD。PSD 给出时间信号的功率随频率分布的一个描述，单位是 W/Hz（瓦特/赫兹）。PSD 可以通过在整个频率区间积分 PSD 的每个点（例如在 PSD 的分辨带宽区间）来计算，单位为 W。此时，不需要对整个区间积分，就可以直接从功率谱上读取功率值。请注意，PSD 和功率谱是实数，所以它们不包含任何相位信息。

1. 测量非线性功率放大器的输出谐波

非线性功率放大器的输出测量数据具有形如 $v_o = v_i + 0.75v_i^2 + 0.5v_i^3$ 的三阶失真，其中 v_o 为输出电压，v_i 为输入电压。数据采样率是 3.6 kHz，输入 v_i 是一个幅度为 1 的 60Hz 正弦波。由于非线性失真的存在，可以预期放大器的输出信号包含直流分量、60Hz 分量、120Hz 的二次谐波和 180Hz 的三次谐波。

载入放大器输出的 3600 样本，计算功率谱，以对数刻度绘制结果如图 4.15.6 所示：

```
load ampoutput1.mat
Fs = 3600;
NFFT = length(y);
% Power spectrum is computed when you pass a 'power' flag input
[P, F] = periodogram(y, [], NFFT, Fs, 'power');

figure
plot(F, 10 * log10(P))
axis([-0.5, 200, -60, 0])
xlabel('Frequency in Hz');Ylabel('Power spectrum (dBW)')
title('Power spectrum of the amplifier output samples')
grid on
```

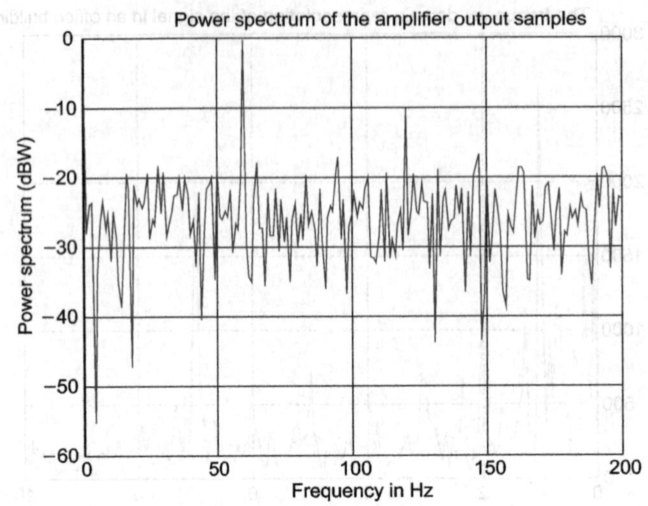

图 4.15.6　放大器输出样本的功率谱

功率谱图显示出四个期望峰值中的三个，即直流 DC、60Hz 和 120Hz。它还显示出更多个由信号中的噪声引起的杂散峰值。注意，180Hz 的谐波被完全埋没在噪声中了。

以下程序可以给出可见预期峰值的功率：

```
PdBW = 10 * log10(P);
power_at_DC_dBW = PdBW(F==0)  % dBW

[peakPowers_dBW, peakFreqIdx] = findpeaks(PdBW, ...
'minpeakheight', -11);
peakFreqs_Hz = F(peakFreqIdx)
peakPowers_dBW
```

2. 噪声信号功率测量的改进

正如图 4.15.6 所示，周期图（Periodogram）不但看上去杂乱无章，而且还显示出几个与人们感兴趣的信号不相关的频率峰值。究其原因，在于我们只是截取了噪声信号的一个有限区间进行分析。如果多次重复实验并取其平均，无疑随着次数的增加，pwelch 函数将生成更加平滑（更小方差）的功率谱，从而更加逼近期望的功率测量。

载入放大器输出的 5×10^5 点观测数据。执行 3600 点 FFT 以便 floor(500e3/3600) = 138 次 FFT 求平均，得到其功率谱，如图 4.15.7 所示：

```
load ampoutput2.mat
NFFT = 3600;
SegmentLength = NFFT;

% Power spectrum is computed when you pass a 'power' flag input
[P, F] = pwelch(y, ones(SegmentLength, 1), 0, NFFT, Fs, 'power');

figure
plot(F, 10 * log10(P))
```

```
axis([-0.5,200,-30,0])
xlabel('Frequency in Hz');Ylabel('Power spectrum (dBW)')
title('A smoother power spectrum')
grid on
```

如图 4.15.7 所示，pwelch 函数有效地消除了噪声引起的所有杂散频率峰值，特别是淹没在噪声中的 180Hz 频谱分量也重新出现了。取平均值运算去除了频谱中的偏差，从而得到更准确的功率测量值。

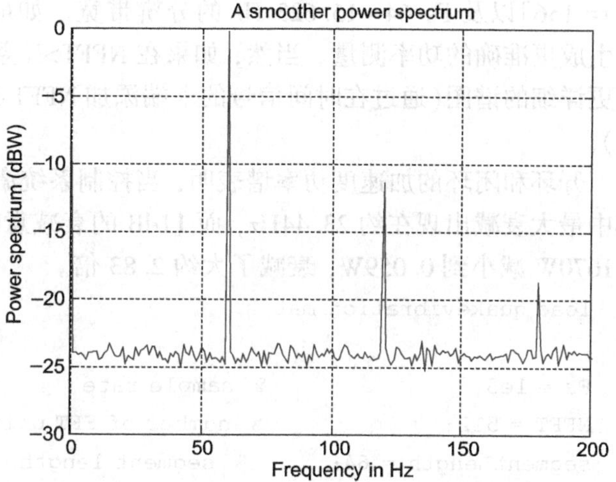

图 4.15.7 平滑后的功率谱更加逼近期望的功率测量

3. 计算总平均功率和带限功率

时域信号的总平均功率易于测量，例如，对于放大器的输出信号 y，时域中的总平均功率计算如下：

```
pwr = sum(y.^2)/length(y) % in watts
```

在频域中，总平均功率为信号所有频率分量的功率之和。以下程序中的变量 pwr1 的值由信号功率谱中所有可用频率分量的总和构成：

```
pwr1 = sum(P)        % in watts
```

注意，这个值与前面使用时域信号计算得到的变量 pwr 值是一致的。但是，如果希望测量带宽总功率呢？可以使用 bandpower 函数计算任何期望带宽的总功率。显然，可以将时域信号直接作为该函数的输入，从而获得指定频段的功率。在这种情况下，Bandpower 函数将基于周期图方法来估计功率谱。

计算 50~70Hz 频段的功率。其结果将包括 60Hz 功率以及在指定频段中的噪声功率：

```
pwr_band = bandpower(y, Fs, [50 70]);
pwr_band_dBW = 10 * log10(pwr_band) % dBW
```

如果希望在一个频带内控制用于测量功率的功率谱的计算，可以在 bandpower 函数中指定 PSD。例如，可以像前面计算 PSD 那样使用 pwelch 函数，并且对噪声影响求其平均：

```
% Power spectral density is computed when you specify the 'psd'option
[PSD, F]= pwelch(y, ones(SegmentLength, 1), 0, NFFT, Fs, 'psd');
pwr_band1 = bandpower(PSD, F, [50 70], 'psd');
pwr_band_dBW1 = 10 * log10(pwr_band1) % dBW
```

4. 分析建筑物抗震控制系统的频谱分量

信号可能由多个频率分量组成。探查所有频谱分量的能力取决于分析的频率分辨率。频率分辨率（或功率谱的分辨带宽）定义为 R = Fs/ N，这里 N 是信号观测长度。只有由一个大于频率分辨率的频率分隔频谱分量，频谱分量才能够被分辨。

主动质量驱动（Active Mass Driver，AMD）控制系统用于减少建筑物在地震中的振动，一般放置在建筑物的顶层。基于建筑物楼层位移和加速度的测量，AMD 控制系统向驱动器发送信号驱动质量块（配重）移动，从而衰减地面的震动。本案例在三层测试楼的底层测量并记录地震时的加速度，实验分不采用主动质量驱动控制系统（开环条件）和采用主动质量驱动控制系统（闭环条件）。

载入加速度数据，并计算一层加速度的功率谱。数据向量的长度是 1×10^3，采样频率为 1kHz。pwelch 函数调用含 64 个数据点长度的数据段，获得平均点数 156 点 FFT[floor(10e3/64) = 156] 以及 Fs/64 = 15.625 Hz 的分辨带宽。如前所示，取平均值能够降低噪声的影响，并生成更准确的功率测量。当然，如果在 NFFT>N 条件下用 512 点 FFT 内插频点，则可以获得更详细的谱图（通过在时间信号的末端添加 NFFT-N 个零，并取补零向量的 NFFT 点 FFT 实现）。

开环和闭环的加速度功率谱表明，当控制系统激活时，加速度的功率谱减小了 4~11dB，其中最大衰减出现在约 23.44Hz，而 11dB 的衰减意味着振动功率减小了 12.6 倍。总功率从 0.1670W 减小到 0.059W，衰减了大约 2.83 倍。

```
load quakevibration.mat

Fs = 1e3;                    % sample rate
NFFT = 512;                  % number of FFT points
segmentLength = 64;           % segment length

% open loop acceleration power spectrum
[P1_OL, F] = pwelch(gfloor1OL, ones(segmentLength, 1), 0, NFFT, Fs, 'power');

% closed loop acceleration power spectrum
P1_CL     = pwelch(gfloor1CL, ones(segmentLength, 1), 0, NFFT, Fs, 'power');

figure
plot(F, 10 * log10(P1_OL), '-ro', F, 10 * log10(P1_CL), '-b')
axis([0, 100, -50,-5])
xlabel('Frequency in Hz');Ylabel('Acceleration Power Spectrum in dB')
title('Resolution bandwidth = 15.625 Hz')
hleg1 = legend('Open loop', 'Closed loop');
grid on
```

频率分辨率为 15.625Hz 时的开环和闭环加速度功率谱如图 4.15.8 所示。

我们知道，振动一般存在某种循环行为，但为何上面显示的谱图不包含任何表征周期特性的尖锐谱线？是否是因为采用 64 点数据长度获得的分辨率太低，丢失了这些尖锐的线谱呢？为此，可提高频率分辨率，观察是否会出现之前未被分辨出来的谱线。比如不妨将 pwelch 函数数据段长度增加到 512 点，则分辨率提高到 Fs /512 = 1.9531Hz。在这种情况下，FFT 的平均值的数量减少到 floor(10e3/512) = 19。由此可见，当用 pwelch 函数时，在平均数和频率分辨率之间就会出现如何权衡的问题。

```
NFFT = 512;                  % number of FFT points
segmentLength = 512;   % segment length

[P1_OL, F] = pwelch(gfloor1OL, ones(segmentLength, 1), 0, NFFT, Fs, 'power');
```

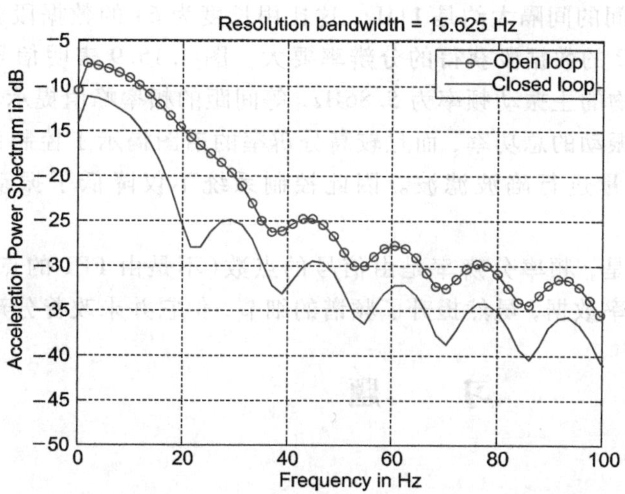

图 4.15.8 频率分辨率为 15.625Hz 时的开环和闭环加速度功率谱

```
P1_CL = pwelch(gfloor1CL, ones(segmentLength, 1), 0, NFFT, Fs, 'power');

figure
plot(F, 10 * log10(P1_OL), '-ro', F, 10 * log10(P1_CL), '-b')
axis([0, 100, -70, 0])
xlabel('Frequency in Hz');Ylabel('Acceleration Power Spectrum in dB')
title('Resolution bandwidth = 1.95Hz')
hleg1 = legend('Open loop', 'Closed loop');
grid on
```

频率分辨率为 1.9531Hz 时的开环和闭环加速度功率谱如图 4.15.9 所示。

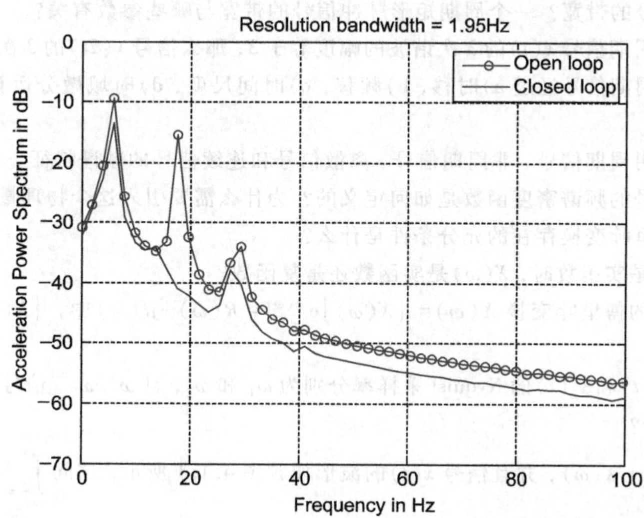

图 4.15.9 频率分辨率为 1.9531Hz 时的开环和闭环加速度功率谱

请注意，提高频率分辨率后观察到了开环谱上的三个峰值和闭环谱上的两个峰值，在此之前这些峰值并未被解析出来。

开环频谱两个峰间的间隔大约是 11Hz，这比用长度为 64 的数据段获得的频率分辨率要小，但比用长度为 512 的数据段获得的分辨率要大。图 4.15.9 表明信号的循环特性已经显而易见，地震时建筑物的主振动频率为 5.86Hz，等间距的频率峰值提示它们是谐相关的。另外，控制系统降低了振动的总功率，而且较高分辨率的谱图揭示了控制系统的另一个作用是对 17.58Hz 的谐波分量进行陷波滤波。因此控制系统不仅降低了振动，也使其更接近正弦波。

特别需要注意的是，频率分辨率是由信号的点数（不是由 FFT 的点数）确定。增加 FFT 的点数只是内插了频率数据，虽然提升了频谱的细节，但它并未改善分辨率。

习　　题

4.1 思考题

4.1.1 三角函数系为什么是最重要的一类周期函数？

4.1.2 周期信号的频谱有什么特点？它的傅里叶系数是否与信号的周期有关？

4.1.3 假设已知某一特殊函数 $f(t)$ 可以用公式 $f(t)=\sum\limits_{k=-\infty}^{\infty} c_k e^{jkt}$ 表示，那么系数 c_k 的值怎样确定？

4.1.4 试解释吉布斯现象，并说明它有什么特点。

4.1.5 周期信号的傅里叶级数满足收敛的条件是什么？

4.1.6 试说明狄利克雷条件。

4.1.7 狄利克雷条件保证一个傅里叶级数在 $x(t)$ 的所有连续点都收敛到 $x(t)$，并在 $x(t)$ 的每个不连续点收敛到它的左极限和右极限的平均值。这句话对吗？

4.1.8 离散时间正弦信号的归一化频率 φ_0 等于什么？

4.1.9 信号的时移对其幅度谱有影响吗？

4.1.10 信号经过微分运算后，其频谱中高频分量增加还是减少？

4.1.11 什么是信号的带宽？一个周期矩形脉冲信号的带宽与哪些参数有关？

4.1.12 假设一个周期信号 $x(t)$ 的 3 次谐波的幅度等于 3，那么信号 $x(2t)$ 的 3 次谐波的幅度等于多少？

4.1.13 如果一个周期信号经过 a）时移，b）频移，c）时间尺度，d）时域微分运算，其中哪些将使得信号的功率发生变化？

4.1.14 试简要说明周期信号、非周期信号、离散信号和连续信号的频谱特征。

4.1.15 非周期信号的频谱密度函数是如何定义的？为什么需要引入这个物理量？

4.1.16 函数的傅里叶变换存在的充分条件是什么？

4.1.17 信号 $x(t)$ 是实函数时，$X(\omega)$ 是实函数还是复函数？

4.1.18 信号 $x(t)$ 的傅里叶变换 $X(\omega)=|X(\omega)|e^{j\varphi(\omega)}=R(\omega)+jI(\omega)$ 中，$|X(\omega)|$、$\varphi(\omega)$、$R(\omega)$ 和 $I(\omega)$ 具有什么性质？

4.1.19 设信号 $x_1(t)$ 和 $x_2(t)$ 的 Nyquist 采样率分别为 ω_1 和 ω_2，且 $\omega_1>\omega_2$，信号 $x(t)=x_1(t+1)x_2(t+2)$ 的 Nyquist 采样率是多少？

4.1.20 已知 $x(t)\leftrightarrow X(\omega)$，并且信号 $x(t)$ 的波形如题图 4.1.1 所示，试问 $\int_{-\infty}^{\infty} X(\omega)d\omega=$？

4.1.21 已知 $x(t)\leftrightarrow X(\omega)$，并且信号 $X(\omega)$ 的波形如题图 4.1.2 所示，试问 $\int_{-\infty}^{\infty} x(t)dt=$？

4.1.22 单位冲激函数序列 $\delta_T(t)$ 是周期为 T 的周期函数，它的傅里叶级数展开是什么？

4.1.23 如果信号 $x(t)$ 的带宽是 $\Delta\omega$，试问 $x(2t)$、$x\left(\frac{1}{2}t\right)$ 和 $x(t-2)$ 的带宽各是多少？

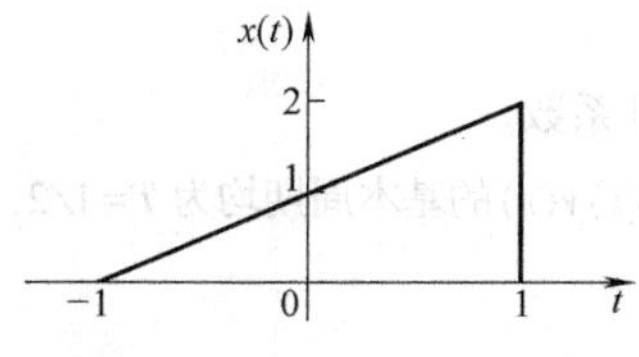

题图 4.1.1 信号 $x(t)$ 的波形

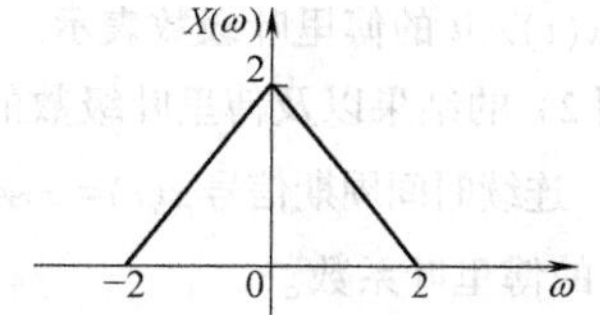

题图 4.1.2 频谱 $X(\omega)$ 的波形

4.1.24 已知 $x(t)\leftrightarrow X(\omega)$，试问 $\mathrm{F}^{-1}\{X(2\omega)\mathrm{e}^{\mathrm{j}2\omega}\}=?$ $\mathrm{F}^{-1}\{X(\omega+2\omega_0)\}=?$ $\mathrm{F}\{x(2t-3)\}=?$

4.1.25 信号 $x(t)$ 的能量谱密度函数是如何定义的？它和信号 $x(t)$ 的频谱函数 $X(\omega)$ 是什么关系？

4.1.26 系统的频率特性 $H(\omega)$ 如何计算？

4.1.27 周期非正弦连续时间信号的频谱的特点是什么？

4.1.28 某连续系统频率特性已知为 $H(\omega)=\begin{cases}\mathrm{j}, & \omega>0\\ -\mathrm{j}, & \omega<0\end{cases}$，试求出系统对信号 $x(t)=\sin 3t$ 的响应 $y(t)$。

4.1.29 线性系统对于谐波激励产生的响应具有何特点？

4.1.30 信号 $x(t)=2\cos 40\pi t+\sin 60\pi t$ 用 75Hz 频率采样，采样后的信号 $x(n)$ 的公共周期是多少？

4.2 练习题

4.2.1 产生直流电源的一种办法是将交流信号进行全波整流。这就是说，将交流信号 $x(t)$ 通过一个满足 $y(t)=|x(t)|$ 的系统。

1）若 $x(t)=\cos\omega t$，给出输入、输出信号的基本周期，并画出输入、输出波形。

2）若 $x(t)=\cos\omega t$，求 $y(t)$ 的傅里叶级数的系数。

3）试求出输入、输出信号中的直流分量。

4.2.2 试求以下周期信号的复指数型傅里叶级数的系数。

1）$x(t)=\cos\left(2t+\dfrac{\pi}{4}\right)$　　2）$x(t)=\cos 2t+3\cos 4t$

3）$x(t)=\cos 4t+\sin 6t$　　4）$x(t)=\sin^2 t$

5）$f(t)=\sin\left(t+\dfrac{\pi}{4}\right)$　　6）$f(t)=\sum\limits_{n=-\infty}^{\infty}\dfrac{1}{2}\mathrm{e}^{\mathrm{j}n\pi t}$

4.2.3 信号 $x(t)$ 是一基本周期为 T 的周期信号，其傅里叶级数的系数是 a_k，试用 a_k 表示信号 $x(t-t_0)+x(t+t_0)$ 的傅里叶级数的系数。

4.2.4 证明：

$$\int_{-\infty}^{\infty}u_0(t)\delta(t)\,\mathrm{d}t = 1/2$$

4.2.5 画出 $f(t)$ 的时域波形和频域波形。

$$f(t)=\cos\omega_0 t[u_0(t+T)-u_0(t-T)]$$

4.2.6 已知 $x[0]=x[1]=1$，$x[2]=x[3]=-1$，计算其 DFT。

4.2.7 设某系统的冲激响应 $h(t)=\mathrm{e}^{-4t}u(t)$，当系统输入 $x(t)=\sum\limits_{n=-\infty}^{\infty}\delta(t-n)$，$n=0,\ \pm1,\ \pm2\cdots$ 时，求系统输出 $y(t)$ 的傅里叶系数。

4.2.8 某一 LTI 系统的冲激响应 $h(t)=\mathrm{e}^{-4t}u(t)$，当系统输入信号为 $x(t)=\sin 4\pi t+\cos\left(6\pi t+\dfrac{\pi}{4}\right)$ 时，试求系统输出 $y(t)$ 的傅里叶级数。

4.2.9 设信号 $x(t)=\begin{cases}t, & 0\leqslant t\leqslant 1\\ 2-t, & 1\leqslant t\leqslant 2\end{cases}$ 是一个基本周期 $T=2$ 的周期信号，傅里叶系数为 a_k。

1）求 a_0。

2）求 $dx(t)/dt$ 的傅里叶级数表示。

3）利用2）的结果以及傅里叶级数的微分性质求 $x(t)$ 的傅里叶系数。

4.2.10　连续时间周期信号 $x(t)=\cos 4\pi t$，$Y(t)=\sin 4\pi t$ 和 $z(t)=x(t)y(t)$ 的基本周期均为 $T=1/2$，试求：

1）$x(t)$ 的傅里叶系数。

2）$y(t)$ 的傅里叶系数。

3）根据傅里叶级数的相乘性质，求 $z(t)=x(t)y(t)$ 的傅里叶系数。

4）直接用三角型级数展开 $z(t)$，并与3）的结果进行比较。

4.2.11　针对微分方程描述的LTI因果系统

$$\frac{d}{dt}y(t)+4y(t)=x(t)$$

式中，$x(t)$ 为系统输入；$Y(t)$ 为系统输出。在下面两种输入条件下，求输出 $y(t)$ 的傅里叶级数展开：

1）$x(t)=\cos 2\pi t$。

2）$x(t)=\sin 4\pi t+\cos(6\pi t+\pi/4)$。

4.2.12　设某LTI系统的单位冲激响应为 $h(t)=e^{-4|t|}$。在下面两种输入条件下，求输出 $y(t)$ 的傅里叶级数展开：

1）$x(t)=\sum_{n=-\infty}^{\infty}\delta(t-n)$。

2）$x(t)=\sum_{n=-\infty}^{\infty}(-1)^n\delta(t-n)$。

4.2.13　设某LTI系统的频率响应为

$$H(\omega)=\begin{cases}1, & |\omega|\geqslant 250\\ 0, & \text{其他}\end{cases}$$

当系统输入信号 $x(t)$ 是一个基本周期 $T=\pi/7$ 且其傅里叶系数为 a_k 的信号时，有系统输出 $y(t)=x(t)$。试问 k 值如何取值，才有 $a_k=0$。

4.2.14　试求以下信号的傅里叶变换。

1）$x(t)\delta(t-3)$　　2）$\sin(\omega_0 t-\theta_0)$

3）$u(t)-u(t-1)$　　4）$e^{j\omega_0 t}$

5）$x(6-2t)$　　6）$(1-t)x(1-t)$

7）$u(-t)$　　8）$e^{-a|t|}$，$a>0$

9）$\frac{d}{dt}\{[e^{-3t}u(t)]*[e^{-t}u(t-2)]\}$　　10）$e^{-\alpha t}\sin(\omega_0 t)u(t)$，$\alpha>0$

11）$\cos\left(2t+\frac{\pi}{4}\right)$　　12）$x(t)=e^{-(a-j2\pi f_0)t}u(t)$，　$a>0$

13）$\frac{1}{\pi t}$　　14）$\sin^2 t$

4.2.15　试求以下傅里叶变换的反变换。

1）$\frac{3}{(5+j\omega)^2+9}$　　2）$\cos 2\omega$

3）$e^{a\omega}u(-\omega)$　　4）$[u(\omega+2\pi)-u(\omega-2\pi)]e^{-j3\omega}$

5) $\mathrm{j}\dfrac{\mathrm{d}}{\mathrm{d}\omega}\left(\dfrac{\mathrm{e}^{\mathrm{j}2\omega}}{1+\mathrm{j}\dfrac{\omega}{3}}\right)$　　6) $X(\omega)=\dfrac{1}{(a+\mathrm{j}\omega)^2}$

4.2.16　已知 $f(t)=\mathrm{sgn}(t)$ 的傅里叶变换 $F(\omega)=\dfrac{2}{\mathrm{j}\omega}$，试求出 $F(\omega)=\mathrm{j}\pi\mathrm{sgn}(\omega)$ 的傅里叶反变换 $f_1(t)$。

4.2.17　已知 $f(t)=\sum\limits_{n=-\infty}^{\infty}\dfrac{1}{2}\mathrm{e}^{\mathrm{j}n\pi t}$，试给出 $f(t)$ 的三角形式的傅里叶级数和傅里叶变换，并画出 $f(t)$ 的波形。

4.2.18　设 $x(t)$ 的傅里叶变换为 $X(\omega)$，$h(t)$ 的傅里叶变换为 $H(\omega)$，且

$$y(t)=x(t)*h(t),z(t)=x(3t)*h(3t)$$

试证明存在常数 A 和 B，使 $z(t)=Ay(Bt)$。

4.2.19　试根据已知的傅里叶变换对 $\mathrm{e}^{-|t|}\leftrightarrow\dfrac{2}{\omega^2+1}$，分别求出信号 $f_1(t)=\dfrac{\mathrm{d}}{\mathrm{d}t}\mathrm{e}^{-|t|}$，$f_2(t)=\dfrac{1}{2\pi(t^2+1)}$ 和 $f_3(t)=\dfrac{4\cos 2t}{t^2+1}$ 的傅里叶变换。

4.2.20　试求函数 $f^2(t)\cos\omega_0 t$ 的频谱函数 $F(\omega)$。

4.2.21　求题图 4.2.1 所示三个矩形脉冲信号 $f(t)$ 的频谱函数 $F(\omega)$。

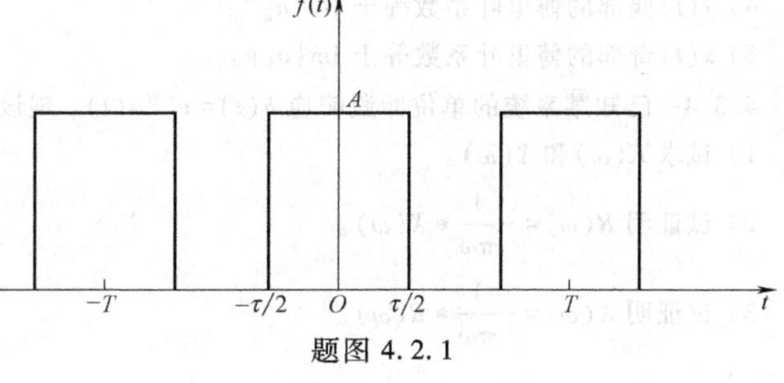

题图 4.2.1

4.2.22　设系统输入信号 $x(t)=\dfrac{1}{\pi t}\sin\pi t$，系统的冲激响应 $h(t)=\dfrac{1}{\pi t}\sin 2\pi t$。试求系统的输出 $y(t)$。

4.2.23　刮风会引起电话线的垂直振荡。设在两个电线杆之间，电话线相对于静止位置的垂直位移是 $z(t)=8\cos$

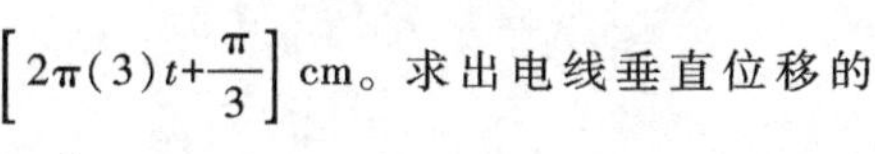

$\left[2\pi(3)t+\dfrac{\pi}{3}\right]$ cm。求出电线垂直位移的频谱。

4.2.24　设信号 $f(t)$ 的傅里叶变换为 $F(\omega)$，试证明：

1) $F(0)=\int_{-\infty}^{\infty}f(t)\mathrm{d}t$　　2) $\dfrac{1}{2\pi}\int_{-\infty}^{\infty}F(\omega)\mathrm{d}\omega$

4.2.25　信号的时宽和带宽之间存在着倒数关系。试以单位矩形脉冲信号 $x(t)=\begin{cases}1 & |t|\leqslant T_0\\ 0 & |t|>T_0\end{cases}$ 的傅里叶变换 $X(\omega)=\dfrac{2}{\omega}\sin(\omega T_0)$ 为例，说明时宽 T_0 减小，信号的带宽增大，并且时宽 T_0 与信号主瓣宽的乘积是一常数。

4.2.26　信号 $f(t)=\dfrac{(\sin 50\pi t)^2}{(\pi t)^2}$，其傅里叶变换记为 $F(\omega)$。如果用采样频率 $\omega_s=150\pi$ 对 $f(t)$ 进行采样，可得到一个采样信号 $g(t)$，它的傅里叶变换为 $G(\omega)$。若为保证 $G(\omega)=75F(\omega)$，$|\omega|\leqslant\omega_0$ 的条件成立，试问 ω_0 应满足的条件是什么。

4.2.27　试给出以下信号的最低抽样率和奈奎斯特(Nyquist)间隔。

1) $Sa(100t)$　　2) $Sa^2(100t)$

3) $f(t)=Sa(100t)+Sa^2(60t)$　　4) $\dfrac{\sin 4\pi t}{\pi t}$，$-\infty<t<\infty$

4.2.28　已知$f(t)$的频谱函数$F(\omega)=\begin{cases}1, & |\omega|\leqslant 2\text{rad/s}\\0, & |\omega|>2\text{rad/s}\end{cases}$，试求对$f(t)\cos 2t$进行均匀采样的Nyquist采样间隔$T_s$。

4.2.29　设$x(t)$是一实值信号，在采样频率$\omega_s=10000\pi$时，$x(t)$可用其样本值唯一确定的条件是：

1）$X(\omega)=0,\ \omega>5000\pi$　　2）$X(\omega)=0,\ \omega>10000\pi$

3）$X(\omega)=0,\ \omega>20000\pi$　　4）$X(\omega)=0,\ \omega=2500\pi$

4.3　综合题

4.3.1　试计算图4.3.1的三角傅里叶级数交替形式的前五项。

4.3.2　已知一个周期为3且傅里叶系数为a_k的连续时间周期信号具有如下特性：

1）$a_k=a_{k+2}$　　2）$a_k=a_{-k}$

3）$\int_{-0.5}^{0.5}x(t)\mathrm{d}t=1$　　4）$\int_{0.5}^{1.5}x(t)\mathrm{d}t=2$

试确定信号$x(t)$。

4.3.3　令$x(t)$是一个基本周期为T且傅里叶系数为a_k的实值信号。试证明：

1）$a_k=a_{-k}^*$，且a_0一定为实数。

2）若$x(t)$为偶函数，则其傅里叶系数一定为实且为偶。

3）若$x(t)$为奇函数，则其傅里叶系数是虚数且为奇函数，$a_0=0$。

4）$x(t)$偶部的傅里叶系数等于$\mathrm{Re}\{a_k\}$。

5）$x(t)$奇部的傅里叶系数等于$\mathrm{Im}\{a_k\}$。

4.3.4　已知某系统的单位冲激响应$h(t)=\mathrm{e}^{-at}u(t)$，现设其频谱函数为$h(\omega)=R(\omega)+\mathrm{j}X(\omega)$。

1）试求$R(\omega)$和$X(\omega)$。

2）试证明$R(\omega)=-\dfrac{1}{\pi\omega}*X(\omega)$。

3）试证明$X(\omega)=-\dfrac{1}{\pi\omega}*R(\omega)$。

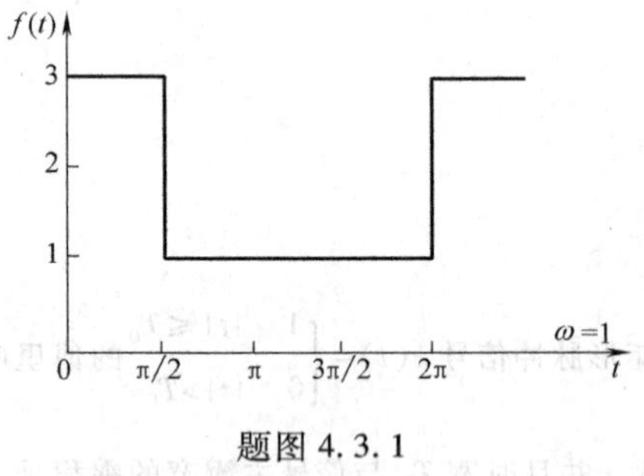

题图4.3.1

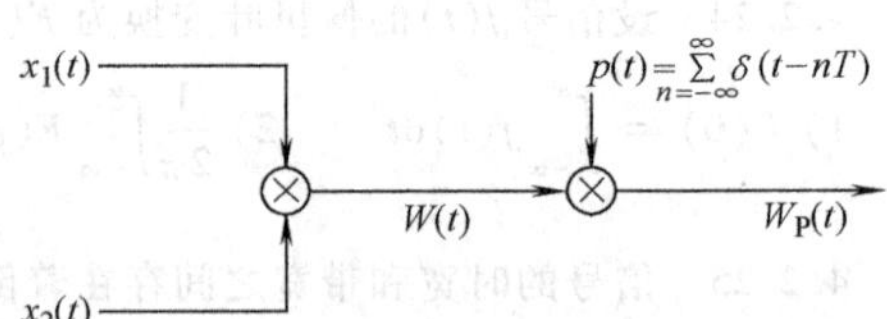

题图4.3.2

4.3.5　已知系统函数$H(\omega)=\dfrac{\mathrm{j}\omega}{-\omega^2+\mathrm{j}5\omega+6}$，系统的初始状态$y(0)=2, Y'(0)=1$，激励$f(t)=\mathrm{e}^{-t}/u(t)$。试求：

1）零输入响应$y_{zi}(t)$；2）零状态响应$y_{zs}(t)$；3）全响应$y(t)$。

4.3.6　在题图4.3.2所示系统中，两个时间函数$x_1(t)$和$x_2(t)$相乘，其乘积$W(t)$被一周期冲激序列$p(t)=\sum\limits_{n=-\infty}^{\infty}\delta(t-nT)$抽样，$x_1(t)$的频带宽度为$\omega_1$，$x_2(t)$的频带宽度为$\omega_2$，亦即满足$X_1(\mathrm{j}\omega)=0,\ |\omega|>\omega_1$，$X_2(\mathrm{j}\omega)=0,\ |\omega|>\omega_2$。

假设希望通过理想低通滤波器从$W_P(t)$中恢复乘积信号$W(t)$，试确定系统的最低抽样频率（称为

Nyquist 抽样频率）和最大抽样间隔（称为 Nyquist 抽样间隔）。

4.3.7 在通信信号的产生过程中，需要将两个信号 $g_1(t)=2\cos(200\pi t)$ 和 $g_2(t)=5\cos(1000\pi t)$ 进行相乘处理，从而得到信号 $g_3(t)=g_1(t)g_2(t)=10\cos(200\pi t)\cdot\cos(1000\pi t)$。

1）试求 $g_3(t)$ 的频谱 $G_3(\omega)$。

2）试绘制 $g_1(t)$、$g_2(t)$ 和 $g_3(t)$ 的频谱图。

3）试求 $G_3(\omega)$ 的傅里叶逆变换 $g_3(t)$。

4.3.8 设某信号 $x(t)$ 满足下述条件：

1）$x(t)$ 是实周期信号，且周期为 6。

2）$x(t)$ 的傅里叶系数为 a_k，且当 $k=0$ 和 $k>2$ 时，有 $a_k=0$。

3）$x(t)=-x(t-3)$。

4）$\frac{1}{6}\int_{-3}^{3}|x(t)|^2\mathrm{d}t=\frac{1}{2}$。

5）a_1 是正实数。

试证明：信号 $x(t)=A\cos(Bt+C)$，并求常数 A、B 和 C。

4.3.9 在一大厅中测得两次回声之间的间隔为 0.1s，并且每次反射后信号幅度按指数规律衰减为反射前的 60.7%。与第一个回声（在 $t=0$ 处）相比，回声的幅度可以建模为 $x(nT)=0.607^n u(nT)$，$T=0.1$s。试求回声信号的频谱，并画出该信号的频谱图。

4.3.10 考虑一个时域信号 $x(t)$，其傅里叶变换为 $X(\omega)$，现已知下列条件：

1）信号 $x(t)$ 是实值、非负的。

2）$F^{-1}[(1+\mathrm{j}\omega)X(\omega)]=A\mathrm{e}^{-2t}u(t)$，$A$ 与 t 无关。

3）$\int_{-\infty}^{\infty}|X(\omega)|^2\mathrm{d}\omega=2\pi$。

试求出时域信号 $x(t)$。

4.3.11 设一连续时间 LTI 系统的频率响应为

$$H(\omega)=\int_{-\infty}^{\infty}h(t)\mathrm{e}^{-\mathrm{j}\omega t}\mathrm{d}t=\frac{\sin(4\omega)}{\omega}$$

若系统输入信号 $x(t)$ 是一周期 $T=8$ 的信号，即

$$x(t)=\begin{cases}1, & 0\leqslant t<4\\ -1, & 4\leqslant t<8\end{cases}$$

试求系统的输出 $y(t)$。

4.3.12 根据题图 4.3.3 使用傅里叶变换，和系统函数 $H(w)$ 计算 $v_L(t)$。

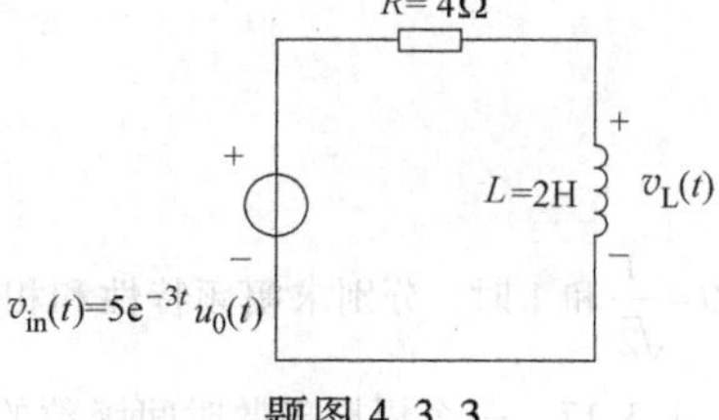

题图 4.3.3

4.3.13 在某雷达的天线指向控制系统中的反馈信号包含频率在 $0\leqslant\omega\leqslant 8.5$rad/s 的分量。如果在频率 2.75rad/s 附近的反馈分量的幅度是频率区间两端分量的 1.5 倍，则系统性能将得到改善。为此，可让反馈信号通过一个幅度响应为

$$|H(\omega)|=\sqrt{\frac{7.5+7.5\omega^2}{25+7.25\omega^2+0.25\omega^4}}$$

的滤波器。试求：

1）对应于期望幅度响应的稳定最小相位滤波器的系统函数。

2）画出滤波器的幅度响应。

3）画出零、极点图。

4.3.14　系统输入输出关系如下，使用傅里叶变换计算 $v_o(t)$，其中已知 $v_i(t)=2e^{-t}u_0(t)$。

$$\frac{d^2}{dt^2}v_o(t)+5\frac{d}{dt}v_{ot}(t)+6v_{ot}(t)=10v_i(t)$$

4.3.15　题图 4.3.4 是保密通信中使用的语音加密器。

现设加密器的所有输入都是实的带限信号，即 $X(\omega)=0$，$|\omega|>\omega_M$，则加密器就将该信号的频谱变换到不同的频带。另外，输出信号也是实信号而且带限于相同的频带，即 $Y(\omega)=0$，$|\omega|>\omega_M$。这种加密器的特定变换算法为

$$Y(\omega)=X(\omega-\omega_M),\quad \omega>0$$

$$Y(\omega)=X(\omega+\omega_M),\quad \omega<0$$

1）若 $X(\omega)$ 的频谱如题图 4.3.5 所示，试绘制加密后信号 $y(t)$ 的频谱。

题图 4.3.4　　题图 4.3.5

2）试用放大器、乘法器、加法器、振荡器和你认为必要的任何类型的理想滤波器，设计满足题目需求的理想加密器（给出设计框图）。

3）如同问题 2），设计满足题目需求的理想解密器（给出设计框图）。

4.3.16　二阶低通滤波器的特性为

$$H(\omega)=\frac{1}{1-\left(\frac{\omega}{\omega_0}\right)^2+j\frac{1}{Q}\left(\frac{\omega}{\omega_0}\right)}$$

即

$$|H(\omega)|=\frac{1}{\sqrt{\left[1-\left(\frac{\omega}{\omega_0}\right)\right]^2+\left(\frac{1}{Q}\frac{\omega}{\omega_0}\right)^2}}$$

和

$$\varphi(\omega)=-\arctan\left(\frac{\frac{1}{Q}\frac{\omega}{\omega_0}}{1-\left(\frac{\omega}{\omega_0}\right)^2}\right)$$

令 $Q=\frac{1}{\sqrt{2}}$ 和 1 时，分别求幅频特性和相频特性。

4.3.17　一个周期离散时间函数的周期是 0.125ms，等间距采样点数为 1024，此时满足抽样定理无混叠现象。

1）计算频谱周期；2）计算频率分量间隔；3）计算采样频率 f_s；4）计算奈奎斯特频率 f_n。

4.3.18　如果对一最高频率为 400Hz 的带限信号 $f(t)$ 进行抽样，并使抽样信号通过一个理想低通滤波器后能够完全恢复出 $f(t)$。

1）抽样间隔 T 应满足的条件是什么？

2）如果以 $T=1$ms 抽样，理想低通滤波器的截止频率 f_c 应满足的条件是什么？

4.3.19　考虑题图 4.3.6 所示系统，其中速度 $v(t)$ 和输入力 $f(t)$ 的关系由下列微分方程给出：

$$Bv(t)+K\int v(t)\,\mathrm{d}t=f(t)$$

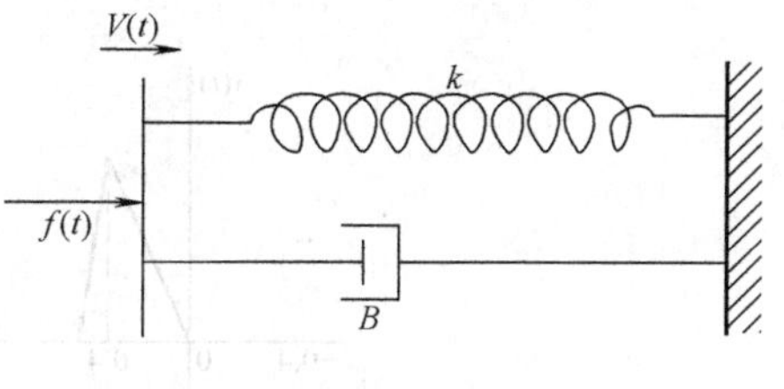

题图 4.3.6

1）假设系统输出是施加于弹簧上的压缩力 $f_s(t)$，试写出关于 $f_s(t)$ 和 $f(t)$ 的微分方程。

2）对 1）求系统的频率响应，并说明该系统近似是一个低通滤波器。

3）假设系统输出是施加于减震器上的压缩力 $f_d(t)$，试写出关于 $f_d(t)$ 和 $f(t)$ 的微分方程。

4）对 3）求系统的频率响应，并说明该系统近似是一个高通滤波器。

4.3.20　本(特)征函数(指某一函数经算子运算后等于原来函数的倍数)是关于 LTI 系统的一个重要概念。这个概念对于线性时变系统也是适用的。简言之，对于一个输入为 $x(t)$、输出为 $y(t)$ 的系统，如果有

$$\phi(t)\rightarrow\lambda\phi(t)$$

也即若 $x(t)=\phi(t)$，则 $y(t)=\lambda\phi(t)$，那么就说信号 $\phi(t)$ 是该系统的一个本征函数，其中 λ 是复常数且被称为与 $\phi(t)$ 相关的本征值。

1）假设系统的输入 $x(t)$ 能够表示为本征函数 $\phi_k(t)$ 的线性组合，即

$$x(t)=\sum_{k=-\infty}^{\infty}c_k\phi_k(t)$$

而且每一个本征函数都有相应的特征值 λ_k。试用 $\{c_k\}$、$\{\phi_k(t)\}$ 和 $\{\lambda_k\}$ 表示该系统的输出 $y(t)$。

2）考虑由下列微分方程描述的系统：

$$y(t)=t^2\frac{\mathrm{d}^2x(t)}{\mathrm{d}t^2}+t\frac{\mathrm{d}x(t)}{\mathrm{d}t}$$

试判断该系统是否满足线性及时不变性。

3）证明函数集

$$\phi_k(t)=t^k$$

是 2）中所述系统的本征函数，并对每一个 $\phi_k(t)$，确定其相应的本征值 λ_k。

4）如果系统输入为

$$x(t)=10t^{-10}+3t+\frac{1}{2}t^4+\pi$$

试求该系统的输出。

4.4　计算机实践题

4.4.1　运用傅里叶级数展开，用 MATLAB 编写一个具有周期 $T=4$，在 $0\leqslant t<2$ 区间幅度为 1，在 $2\leqslant t<4$ 区间幅度为 0 的矩形波。

4.4.2　用 MATLAB 编程计算信号 $x(t)=\mathrm{e}^{-0.1t}$ 在区间 $-5<t<15$ 的复指数傅里叶级数展开。画出 $x(t)$ 及 $N=4$ 的截断傅里叶级数[即 $\hat{x}_4(t)$]的波形。

4.4.3　对题 4.4.2 计算截断傅里叶展开 $\hat{x}_4(t)$ 的系数，画出 $\hat{x}_4(t)$ 和 $x(t)$ 在区间 $-10\leqslant t\leqslant 20$ 的波形，并对傅里叶逼近进行解释。

4.4.4　脉动喷水式推进器的脉动激励信号如题图 4.4.1 所示。

用 MATLAB 编程计算：

1）$x(t)$ 的频谱，并画出在 $-4\leqslant t\leqslant 4$ 区间的波形。

2）求出信号 $x(t)$ 的带宽。

3）计算信号 $x(t)$ 的功率，并求出在信号带宽中能量占比。

4）画出信号在带宽中的波形，其中 $-0.5\leqslant t\leqslant 3$，并在同一坐标中绘制 $x(t)$ 的波形。

4.4.5　用 MATLAB 编程，计算信号

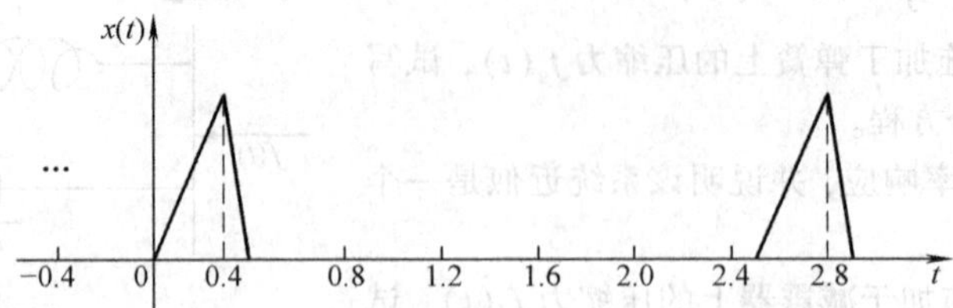

题图 4.4.1　脉动激励信号

$$y(t)=3u(t+3)-r(t+2)+2r(t)-r(t-3)-2u(t-4)$$

的频谱，其中 $|f|\leqslant 1.5\text{Hz}$。

4.4.6　某型光电扫描仪用信号

$$x_1(t)=0.6\{u(t+1)-(\cos\pi t+1)[u(t+1)-u(t-3)]-u(t-4)\}$$

控制其光源位置。

1）用 MATLAB 画出控制信号的波形以及它的频谱图。

2）用 MATLAB 画出从频谱的逆傅里叶变换得到的信号波形，比较看是否可以从频谱中恢复信号。

3）将控制信号变为

$$x_2(t)=0.6\{u(t+2)-(\cos\pi t+1)[u(t+1)-u(t-1)-u(t-3)]-u(t-4)\}$$

试画出控制信号的波形以及它的频谱图。

4.4.7　单词"should"和"we"的毫伏级电压信号分别以变量 sh 和 we 保存在数据文件 should. mat 和 we. mat 中，其中 T=0.000125s 是信号的采样间隔。画出信号的波形，并且计算 $0\leqslant f\leqslant 4000$ 区间内两个信号的能量谱，讨论信号的频率分布。

4.4.8　利用以下的 MATLAB 函数可以产生随机噪声信号：

```
function [N, n] =rn(t)
  N=size(t, 2);    rand('seed', 0);
  n(1)=rand-0.5;
  for i=2: N;
      n(i)=0.3*n(i-1)+1.5*(rand-0.5);
  end;
```

将该噪声加到三角脉冲信号 $x(t)=0.5[r(t-1)-2r(t-4)+r(t-6)]$ 中，并且

1）画出信号在区间 $0\leqslant t\leqslant 10$ 的波形。

2）画出信号在 $|f|\leqslant 5$ 内的幅度谱和相位谱，用时间向量 $t=0:0.02:10$。

3）计算均值信号 $w(t)=\dfrac{1}{9}\sum_{k=1}^{9}x(t-0.02k+0.1)$，画出 $w(t)$ 的波形以及幅度谱和相位谱。

4）根据信号波形及频谱讨论移位信号平均的效果。

4.4.9　傅里叶分析的用途之一就是找出隐藏或淹没在噪声时域信号中信号的频率成分。首先建立试验数据，设数据的采样频率为 1000Hz，给出时间坐标区间从 $t=0$ 到 $t=0.25$，步长 0.001s。其次生成一个含噪声且包含 50Hz 和 120Hz 两个频率成分的试验信号。用 MATLAB 画出信号波形，显然从含噪声的信号波形图上很难辨认它的频率成分。

1）计算含噪声信号的傅里叶变换。

2）计算功率谱密度。

3）分析结果。

4.4.10　信号 $s(t)=2\cos(204\pi t-0.5)+2\sin(196\pi t+0.1)$ 通过导线传输时引入了干扰噪声 $i(t)=\sin 80\pi t-\cos(500\pi t-1.2)$。信号接收端的干扰抑制网络的频率响应为

$$H(f)=\frac{\mathrm{j}1500f}{(39500-39.5f^2)+\mathrm{j}1500f}$$

1）画出干扰抑制网络的频率响应，其中 $|f|\leqslant 300\text{Hz}$。

2）画出原信号 $s(t)$、干扰信号 $i(t)$、接收端信号 $x(t)=s(t)+i(t)$ 以及干扰抑制网络的输出信号 $y(t)$。

3）讨论干扰抑制网络的特性。

4.4.11　数据文件 hum3hb. mat 采集自某人在 2.5s 内心脏 3 次跳动的心电图数据，其中 hb 是电压值向量，T 是采样间隔。为了减少心电信号中的高频干扰，使用具有冲激响应

$$h(t)=[568\mathrm{e}^{-300t}-\mathrm{e}^{-234t}(485\cos 176t-668\sin 176t)-\mathrm{e}^{-93t}(83\cos 285t+255\sin 285t)]u(t)$$

的滤波器对信号进行滤波。

1）试用 MATLAB 画出原始心电图的波形及其幅度谱。

2）给出滤波器的频率响应。

3）当 $|f|\leqslant 150\text{Hz}$ 时，画出幅度谱频率响应。

4.4.12　某传感器的输出电压为 $m(t)=1+0.6\sin 2\pi t-\cos 4\pi t$，该信号通过的传输路径是一个带通系统，具有以下频率响应：

$$H(f)=\left.\frac{1}{1+2.6131a+3.4142a^2+2.6131a^3+a^4}\right|_{a=(391-f^2)/\mathrm{j}6f}$$

它的半功率截止频率是 17Hz 和 23Hz。显然，欲使传感器信号顺利通过传输路径，信号的频率必须介于系统的截止频率之间。采用幅度调制技术，用载波信号 $c(t)=0.9\cos 40\pi t$ 与原信号进行调制，即 $x(t)=m(t)c(t)$，在接收端则用解调器即可恢复出传感信号 $m(t)$。

1）试用 MATLAB 画出传输路径频率响应。

2）计算传输路径的近似相位延迟和群延迟。

3）画出传感器信号 $m(t)$、载波信号 $c(t)$、传送信号 $x(t)=m(t)c(t)$ 和接收信号的波形，其中 $0\leqslant t\leqslant 1\text{s}$。针对波形说明相位延迟是载波的延迟，而群延迟是调制延迟。

4.4.13　请用 MATLAB 模拟脉冲采样的实现过程：

$$f(t)=Sa(t)\cdot p(t)$$

式中，$p(t)$ 的波形如题图 4.4.2 所示。

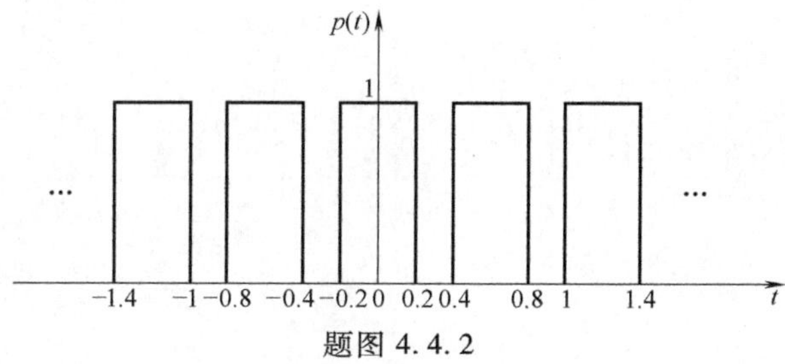

题图 4.4.2

4.4.14　用 MATLAB 求调制信号 $f(t)=AG_\tau(t)\cos\omega_0 t$ 的频谱，式中

$$A=4,\ \omega_0=12\pi,\ \tau=\frac{1}{2},\ G_\tau(t)=u\left(t+\frac{\tau}{2}\right)-u\left(t-\frac{\tau}{2}\right)$$

4.4.15　三阶归一化的 butterworth 低通滤波器的频率响应为

$$H(\omega)=\frac{1}{(\mathrm{j}\omega)^3+2(\mathrm{j}\omega)^2+2(\mathrm{j}\omega)+1}$$

试用 MATLAB 画出该系统的幅度响应 $|H(\mathrm{j}\omega)|$ 和相位响应 $\varphi(\omega)$。

4.4.16　用 MATLAB 分析 LTI 系统的输出响应。已知一 RC 电路如题图 4.4.3 所示，其输入电压为 $f(t)$，输出信号为电阻两端的电压 $y(t)$。当 $RC=0.04$，$f(t)=\cos 5t+\cos 100t$，$-\infty<t<+\infty$，试求该系统的响应

$y(t)$。

4.4.17　设 $H(\mathrm{j}\omega)=\dfrac{1}{0.08(\mathrm{j}\omega)^2+0.4\mathrm{j}\omega+1}$，试用 MATLAB 画出该系统的幅频特性 $|H(\mathrm{j}\omega)|$ 和相频特性 $\varphi(\omega)$，并分析系统具有什么滤波特性。

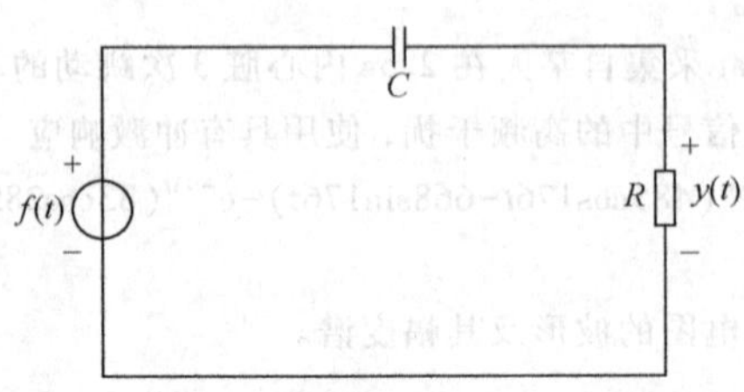

题图 4.4.3

4.4.18　信号 $f(t)=0.5*(1+\cos t)*[u(t+\pi)-u(t-\pi)]$ 不是严格的带限信号，但其频谱大部分集中在 $[0, 2]$ 之间，带宽 ω_m 可根据一定的精度要求做一些近似。试根据以下两种情况用 MATLAB 实现由 $f(t)$ 的抽样信号 $f_s(t)$ 重建 $f(t)$ 并求两者误差，分析两种情况下的结果。

1）$\omega_m=2$，$\omega_c=1.2\omega_m$，$T_s=1$。

2）$\omega_m=2$，$\omega_c=2$，$T_s=2.5$。

第5章 拉普拉斯变换与传递函数描述

Chapter 5

本章将要讨论的拉普拉斯变换(Laplace Transform)[㊀]和傅里叶变换之间存在着密切的关系。傅里叶变换的物理意义非常清晰，因为频率具有明确的物理意义。例如语音信号，成年男性声音低沉雄厚，这是因为男声中低频分量较多；女性声音高亢清脆，则是因为女声中高频分量更多。但针对具体分析而言，因为有的信号主要在时域表现其特性，如电容充放电过程；而有的信号则主要在频域表现其特性，如机械振动、音频信号等。若信号在频域具有显著的特征，则在时域观察很可能是杂乱无章的，因此在频域解读信号就非常方便。在实际中，当采集到一段信号时，在没有任何先验信息的情况下，直觉是首先在时域看看能否有所发现，其次就是将信号转换到频域进行谱分析。正因为如此，在信号与系统的分析过程中，傅里叶变换就成为一个重要的工具。

傅里叶变换虽然重要且物理意义明确，但应用中存在一个很大的问题，即函数傅里叶变换存在的条件较为苛刻(需要满足狄利克雷三个充分条件)。我们知道，数学中的指数函数e^{-x}是随自变量递增函数值衰减最快的信号之一，对信号乘上e^{-x}之后，就很容易满足狄利克雷三个充分条件之一：绝对可积性条件。因此将原始信号乘上指数信号之后一般都能满足傅里叶变换的条件，这时的傅里叶变换就是本章将要讨论的拉普拉斯变换。

傅里叶变换可以看作是拉普拉斯变换的一种特殊形式，即所乘的指数信号为e^0，也就是说拉普拉斯变换是傅里叶变换的推广，是一种更普遍的表达形式。在信号与系统的分析过程中，可以先得到拉普拉斯变换这种更普遍的形式，然后再得到傅里叶变换这种特殊的结果。这种由普遍到特殊的解决办法，已经证明在连续信号与系统的分析中能够带来很大的方便。更因为拉普拉斯变换能将微分方程转化为代数方程，在计算机还未发明的年代，意义非常重大。现在借助于计算机技术，拉普拉斯变换在现代工程系统的分析与综合中再度焕发出新的活力。

5.1 拉普拉斯变换

考虑到拉普拉斯变换的意义以及与傅里叶变换的内在联系，本节首先定义函数或者信号的双边拉普拉斯变换及对应的拉普拉斯逆变换；然后讨论双边拉普拉斯变换的特例——单边拉普拉斯变换。由于单边拉普拉斯变换在连续时间系统分析中具有非常重要的作用，故本章中将主要研究单边拉普拉斯变换。

5.1.1 拉普拉斯变换的定义

在由周期信号的傅里叶级数向非周期信号的傅里叶变换的演变中，是通过令周期信号的

㊀ 拉普拉斯变换是以法国数学家拉普拉斯命名的一种变换方法，主要针对连续时间系统的分析。

基波周期趋于无穷大，从而使得连续时间傅里叶级数展开中的离散角频率 $k\omega_0$（或离散频率 kf_0）变为连续时间傅里叶变换中的连续角频率 ω（或连续频率 f）。由此形成了傅里叶变换的两种定义，即

$$\begin{cases}\mathrm{F}\{f(t)\}=F(\omega)=\int_{-\infty}^{\infty}f(t)\mathrm{e}^{-\mathrm{j}\omega t}\mathrm{d}t\\ \mathrm{F}^{-1}\{F(\omega)\}=f(t)=\dfrac{1}{2\pi}\int_{-\infty}^{\infty}F(\omega)\mathrm{e}^{\mathrm{j}\omega t}\mathrm{d}\omega\end{cases}\tag{5.1.1}$$

和

$$\begin{cases}\mathrm{F}\{f(t)\}=F(f)=\int_{-\infty}^{\infty}f(t)\mathrm{e}^{-\mathrm{j}2\pi ft}\mathrm{d}t\\ \mathrm{F}^{-1}\{F(f)\}=f(t)=\int_{-\infty}^{\infty}F(f)\mathrm{e}^{\mathrm{j}2\pi ft}\mathrm{d}f\end{cases}\tag{5.1.2}$$

由式(5.1.1)或式(5.1.2)可见，傅里叶变换将时域信号表征为具有 $\mathrm{e}^{\mathrm{j}\omega t}$或者 $\mathrm{e}^{\mathrm{j}2\pi ft}$的复谐波函数的线性组合。可以推知，若用 $\mathrm{e}^{st}(s=\sigma+\mathrm{j}\omega)$形式的复指数函数代替复谐波函数应该能够使得傅里叶函数形式更为一般化。如果直接用复指数函数代替复谐波函数，则可以得到一般化的傅里叶正变换，即

$$\mathrm{L}\{f(t)\}\triangleq F(s)=\int_{-\infty}^{\infty}f(t)\mathrm{e}^{-st}\mathrm{d}t\tag{5.1.3}$$

式(5.1.3)给出了拉普拉斯正变换的定义，符号 L(·)表示“对·的拉普拉斯变换”。

式(5.1.3)提示，复变量 s 可以在整个复平面中任意取值，因此复变量 s 可以取实部和虚部的表现形式，即

$$s=\sigma+\mathrm{j}\omega\tag{5.1.4}$$

显然，当 s 的实部为零且函数 $f(t)$ 的傅里叶变换存在的情况下，式(5.1.3)给出的拉普拉斯正变换就等于傅里叶正变换。因此，对拉普拉斯正变换使用复变量 $s=\sigma+\mathrm{j}\omega$，可得

$$F(s)=\int_{-\infty}^{\infty}f(t)\mathrm{e}^{-(\sigma+\mathrm{j}\omega)t}\mathrm{d}t=\int_{-\infty}^{\infty}[f(t)\mathrm{e}^{-\sigma t}]\mathrm{e}^{-\mathrm{j}\omega t}\mathrm{d}t=\mathrm{F}\{f(t)\mathrm{e}^{-\sigma t}\}\tag{5.1.5}$$

所以，可以将拉普拉斯变换理解为函数 $f(t)$ 与一个实指数收敛因子 $\mathrm{e}^{-\sigma t}$相乘后的傅里叶变换。

在这里自然会提出一个问题，即在计算或变换过程中引入实指数收敛因子 $\mathrm{e}^{-\sigma t}$究竟起什么作用。一个直观的答案是，当函数 $f(t)$ 乘以收敛因子 $\mathrm{e}^{-\sigma t}$将允许在某些傅里叶变换中不收敛的函数在拉普拉斯变换意义上得到收敛。例如，阶跃函数 $g(t)=Au(t)$ 的傅里叶变换

$$G(\omega)=\int_{-\infty}^{\infty}Au(t)\mathrm{e}^{-\mathrm{j}\omega t}\mathrm{d}t=A\int_{0}^{\infty}\mathrm{e}^{-\mathrm{j}\omega t}\mathrm{d}t$$

在积分意义上并不收敛，因而根据傅里叶变换的定义式不能求出它的谱函数。但若给 $g(t)$ 乘以一个实指数收敛因子 $\mathrm{e}^{-|\sigma|t}$（其中 σ 是正的实常数），则可求出相乘后信号的傅里叶变换并计算当 $\sigma\to0$ 时的极限。由这种方法计算的傅里叶变换一般称为广义傅里叶变换，它甚至允许冲激作为变换运算的一部分。

从傅里叶变换推导拉普拉斯变换，是对函数

$$f_\sigma(t)=f(t)\mathrm{e}^{-\sigma t}\tag{5.1.6}$$

求其傅里叶变换，而并非是对原函数 $f(t)$ 求傅里叶变换。根据傅里叶变换的定义，有

$$\mathrm{F}\{f_\sigma(t)\} = \mathrm{F}\{f(t)\mathrm{e}^{-\sigma t}\} = F_\sigma(\omega) = \int_{-\infty}^{\infty} f_\sigma(t)\mathrm{e}^{-\mathrm{j}\omega t}\mathrm{d}t = \int_{-\infty}^{\infty} f(t)\mathrm{e}^{-(\sigma+\mathrm{j}\omega)t}\mathrm{d}t \quad (5.1.7)$$

显然，式(5.1.7)积分收敛与否将取决于函数$f(t)$的特性及σ的取值。为了找到式(5.1.7)收敛的条件，将$s=\sigma+\mathrm{j}\omega$代入式(5.1.7)中，则可得到

$$\mathrm{F}\{f_\sigma(t)\} = F_\sigma(\omega) = \int_{-\infty}^{\infty} f(t)\mathrm{e}^{-st}\mathrm{d}t \triangleq \mathrm{L}\{f(t)\} = F(s) \quad (5.1.8)$$

如果积分收敛，式(5.1.8)就是函数$f(t)$的拉普拉斯变换。

同理，可从傅里叶逆变换推导拉普拉斯逆变换。根据傅里叶逆变换的定义，有

$$\mathrm{F}^{-1}\{F_\sigma(\omega)\} = f_\sigma(t) = \frac{1}{2\pi}\int_{-\infty}^{\infty} F_\sigma(\omega)\mathrm{e}^{\mathrm{j}\omega t}\mathrm{d}\omega = \frac{1}{2\pi}\int_{-\infty}^{\infty} F(s)\mathrm{e}^{\mathrm{j}\omega t}\mathrm{d}\omega \quad (5.1.9)$$

由于$s=\sigma+\mathrm{j}\omega$且$\mathrm{d}s=\mathrm{j}\mathrm{d}\omega$，代入式(5.1.9)并经整理得到

$$f_\sigma(t) = \frac{1}{2\pi\mathrm{j}}\int_{\sigma-\mathrm{j}\infty}^{\sigma+\mathrm{j}\infty} F(s)\mathrm{e}^{(s-\sigma)t}\mathrm{d}s = \frac{1}{2\pi\mathrm{j}}\mathrm{e}^{-\sigma t}\int_{\sigma-\mathrm{j}\infty}^{\sigma+\mathrm{j}\infty} F(s)\mathrm{e}^{st}\mathrm{d}s \quad (5.1.10)$$

或

$$f_\sigma(t)\mathrm{e}^{\sigma t} = \frac{1}{2\pi\mathrm{j}}\int_{\sigma-\mathrm{j}\infty}^{\sigma+\mathrm{j}\infty} F(s)\mathrm{e}^{st}\mathrm{d}s = f(t) \quad (5.1.11)$$

利用拉普拉斯变换的定义，可以直接求出几个基本函数的拉普拉斯变换。

例 5.1.1　单位阶跃信号$u(t)$的拉普拉斯变换为

$$\mathrm{L}\{u(t)\} = \int_0^{\infty} u(t)\mathrm{e}^{-st}\mathrm{d}t = \int_0^{\infty}\mathrm{e}^{-st}\mathrm{d}t = \frac{1}{s} \quad (5.1.12)$$

例 5.1.2　指数衰减信号$\mathrm{e}^{-at}u(t)\ (a>0)$的拉普拉斯变换为

$$\mathrm{L}\{\mathrm{e}^{-at}u(t)\} = \int_0^{\infty}\mathrm{e}^{-at}\mathrm{e}^{-st}\mathrm{d}t = \int_0^{\infty}\mathrm{e}^{-(s+a)t}\mathrm{d}t = \frac{-1}{s+a}\mathrm{e}^{-(s+a)t}\bigg|_0^{\infty}$$

为求出$\mathrm{e}^{-(s+a)t}$的极限，利用$s=\sigma+\mathrm{j}\omega$写出

$$\mathrm{L}\{\mathrm{e}^{-at}u(t)\} = \frac{-1}{\sigma+\mathrm{j}\omega+a}\mathrm{e}^{-(\sigma+a)t}\mathrm{e}^{-\mathrm{j}\omega t}\bigg|_0^{\infty}$$

显然，若$\sigma+a>0$，或者$\sigma>-a$时，则当$t\to\infty$时有$\mathrm{e}^{-(\sigma+a)t}\to 0$，即

$$\mathrm{L}\{\mathrm{e}^{-at}u(t)\} = \frac{-1}{\sigma+\mathrm{j}\omega+a}(0-1),\qquad \sigma>-a$$

$$= \frac{1}{s+a},\qquad \mathrm{Re}(s)>-a \quad (5.1.13)$$

如果$\sigma\leqslant -a$，则$\mathrm{e}^{-at}u(t)\ (a>0)$的拉普拉斯变换不存在，因为积分不收敛。

5.1.2　本征函数和本征值

前面引入的复指数函数e^{st}，$s=\sigma+\mathrm{j}\omega$，根据欧拉公式可改写为

$$\mathrm{e}^{st} = \mathrm{e}^{\sigma t}(\cos\omega t+\mathrm{j}\sin\omega t) = \mathrm{e}^{\sigma t}\cos\omega t+\mathrm{j}\mathrm{e}^{\sigma t}\sin\omega t \quad (5.1.14)$$

如果假设$\sigma<0$，则e^{st}的实部是指数衰减余弦振荡，e^{st}的虚部为指数衰减正弦振荡。

考虑将复指数函数$x(t)=\mathrm{e}^{st}$施加到冲激响应为$h(t)$的LTI系统上，则系统的响应或输出必为输入信号$x(t)$与系统冲激响应$h(t)$的卷积积分，即

$$y(t)=h(t)*x(t)=\int_{-\infty}^{\infty}h(\tau)x(t-\tau)\mathrm{d}\tau=\int_{-\infty}^{\infty}h(\tau)\mathrm{e}^{s(t-\tau)}\mathrm{d}\tau=\mathrm{e}^{st}\int_{-\infty}^{\infty}h(\tau)\mathrm{e}^{-s\tau}\mathrm{d}\tau$$

若定义系统的传递函数为

$$H(s)=\int_{-\infty}^{\infty}h(\tau)\mathrm{e}^{-s\tau}\mathrm{d}\tau \tag{5.1.15}$$

则系统的响应就是

$$y(t)=h(t)*x(t)=H(s)\mathrm{e}^{st} \tag{5.1.16}$$

因此，系统对输入信号 e^{st} 的响应就是 e^{st} 直接与传递函数 $H(s)$ 相乘。

利用数学中本征函数（指某一函数经算子运算后等于原来函数的倍数）和本征值（指倍数）的概念，可以将 e^{st} 视为 LTI 系统的本征函数，而传递函数 $H(s)$ 则为相应的本征值。将 $s=\sigma+\mathrm{j}\omega$ 代入式(5.1.15)并将 t 作为积分变量，有

$$H(s)=H(\sigma+\mathrm{j}\omega)=\int_{-\infty}^{\infty}h(t)\mathrm{e}^{-(\sigma+\mathrm{j}\omega)t}\mathrm{d}t=\int_{-\infty}^{\infty}[h(t)\mathrm{e}^{-\sigma t}]e^{-\mathrm{j}\omega t}\mathrm{d}t$$

上式表明 $H(\sigma+\mathrm{j}\omega)$ 是 $h(t)\mathrm{e}^{-\sigma t}$ 的傅里叶变换，因此 $H(\sigma+\mathrm{j}\omega)$ 的傅里叶逆变换就是

$$h(t)\mathrm{e}^{-\sigma t}=\frac{1}{2\pi}\int_{-\infty}^{\infty}H(\sigma+\mathrm{j}\omega)\mathrm{e}^{\mathrm{j}\omega t}\mathrm{d}\omega$$

或

$$h(t)=\mathrm{e}^{\sigma t}\frac{1}{2\pi}\int_{-\infty}^{\infty}H(\sigma+\mathrm{j}\omega)\mathrm{e}^{\mathrm{j}\omega t}\mathrm{d}\omega=\frac{1}{2\pi}\int_{-\infty}^{\infty}H(\sigma+\mathrm{j}\omega)\mathrm{e}^{(\sigma+\mathrm{j}\omega)t}\mathrm{d}\omega \tag{5.1.17}$$

再将 $s=\sigma+\mathrm{j}\omega$ 以及 $\mathrm{d}\omega=\frac{\mathrm{d}s}{\mathrm{j}}$ 代入式(5.1.15)，得出

$$h(t)=\frac{1}{2\pi\mathrm{j}}\int_{\sigma-\infty}^{\sigma+\infty}H(s)\mathrm{e}^{st}\mathrm{d}s \tag{5.1.18}$$

式(5.1.18)给出的就是系统的单位冲激响应 $h(t)$。其实，式(5.1.15)已经指出，当式(5.1.18)将冲激响应 $h(t)$ 表示成 $H(s)$ 的函数时，LTI 系统对复指数输入信号 e^{st}（本征函数）的响应就是相同形式的复指数信号，只不过相乘了系统冲激响应 $h(t)$ 的拉普拉斯变换 $H(s)$（本征值）。应用中绝大多数工程信号都可以表示成复指数函数的线性组合，因此系统对输入的响应可以通过将输入的拉普拉斯变换（这里输入用复指数函数的线性组合描述）乘以冲激响应的拉普拉斯变换来得到。

5.2 收敛域及其性质

5.2.1 收敛域

前面已指出，拉普拉斯变换就是 $f(t)\mathrm{e}^{-\sigma t}$ 的傅里叶变换。因此，拉普拉斯变换存在或收敛的必要条件就是 $f(t)\mathrm{e}^{-\sigma t}$ 绝对可积，也就是说需满足

$$\int_{-\infty}^{\infty}|f(t)\mathrm{e}^{-\sigma t}|\mathrm{d}t<\infty$$

的绝对可积条件。这里使拉普拉斯变换存在的 σ 的取值范围称为收敛域（Region of Convergence，ROC）。例如，例 5.1.2 中指数衰减信号 $\mathrm{e}^{-at}u(t)$（$a>0$）的收敛域就是 $\sigma>-a$，或者等

价地是 $\mathrm{Re}(s)>-a$。

注意，某些不存在傅里叶变换（不满足绝对可积条件）的信号，有可能存在拉普拉斯变换。因为函数 $f(t)$ 本身可能不满足绝对可积条件，但通过限制 σ 的取值范围，就有可能保证 $f(t)\mathrm{e}^{-\sigma t}$ 绝对可积，从而求出拉普拉斯变换。例如，函数 $f(t)=\mathrm{e}^{t}u(t)$ 是一个实的升指数信号，它不满足绝对可积条件，故其傅里叶变换不存在。但若取 $\sigma>1$，则 $f(t)\mathrm{e}^{-\sigma t}=\mathrm{e}^{(1-\sigma)t}u(t)$ 是绝对可积的，因此它的拉普拉斯变换［也就是 $f(t)\mathrm{e}^{-\sigma t}=\mathrm{e}^{(1-\sigma)t}u(t)$ 的傅里叶变换］存在，如图 5.2.1 所示。

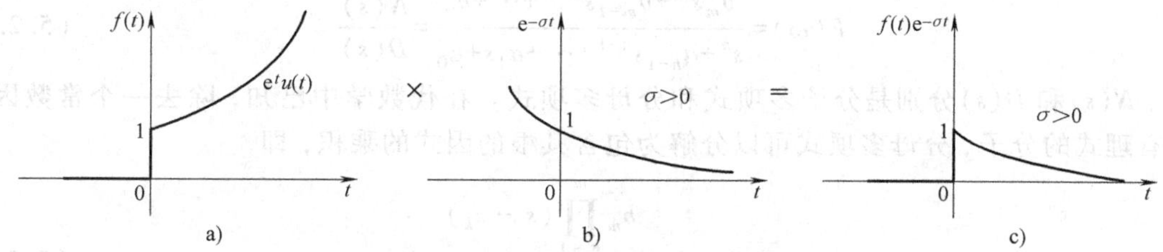

图 5.2.1　指数衰减因子 $\mathrm{e}^{-\sigma t}$ 对原函数的影响

描述收敛域的一种有效方法是以复变量 $s=\sigma+\mathrm{j}\omega$ 的实部 σ 作为水平轴，虚部 $\mathrm{j}\omega$ 作为纵轴作复平面图。可以看出，$\mathrm{j}\omega$ 轴将这个复平面分成了两半，称 $\mathrm{j}\omega$ 轴的左边区域为左半平面，$\mathrm{j}\omega$ 轴的右边区域为右半平面，而整个复平面称为 s 平面。

注意，如果函数 $f(t)$ 满足绝对可积条件，则令 $\sigma=0$ 就可以直接从其拉普拉斯变换中得到［$f(t)$ 的］傅里叶变换，即

$$F(\omega)=F(s)\big|_{\sigma=0} \tag{5.2.1}$$

由于 s 平面上 $\sigma=0$ 对应于虚轴，因此可以说只要沿虚轴对 $f(t)$ 的拉普拉斯变换求值就可以得到 $f(t)$ 的傅里叶变换。

例 5.2.1　求信号 $f(t)=\mathrm{e}^{-2t}u(t)+\mathrm{e}^{-t}\cos(3t)u(t)$ 的拉普拉斯变换。

解： 利用欧拉公式，有

$$f(t)=\left[\mathrm{e}^{-2t}+\frac{1}{2}\mathrm{e}^{-(1-3\mathrm{j})t}+\frac{1}{2}\mathrm{e}^{-(1+3\mathrm{j})t}\right]u(t)$$

因此

$$\begin{aligned}F(s)&=\int_{-\infty}^{\infty}\mathrm{e}^{-2t}u(t)\mathrm{e}^{-st}\mathrm{d}t+\frac{1}{2}\int_{-\infty}^{\infty}\mathrm{e}^{-(1-3\mathrm{j})t}u(t)\mathrm{e}^{-st}\mathrm{d}t+\frac{1}{2}\int_{-\infty}^{\infty}\mathrm{e}^{-(1+3\mathrm{j})t}u(t)\mathrm{e}^{-st}\mathrm{d}t\\&=\int_{0}^{\infty}\mathrm{e}^{-2t}\mathrm{e}^{-st}\mathrm{d}t+\frac{1}{2}\int_{0}^{\infty}\mathrm{e}^{-(1-3\mathrm{j})t}\mathrm{e}^{-st}\mathrm{d}t+\frac{1}{2}\int_{0}^{\infty}\mathrm{e}^{-(1+3\mathrm{j})t}\mathrm{e}^{-st}\mathrm{d}t\end{aligned}$$

注意到上式中的三项积分都是例 5.1.2 中拉普拉斯变换的形式，故有

$$\mathrm{e}^{-2t}u(t)\leftrightarrow\frac{1}{s+2},\quad \mathrm{Re}(s)>-2$$

$$\mathrm{e}^{-(1-3\mathrm{j})t}u(t)\leftrightarrow\frac{1}{s+(1-3\mathrm{j})},\quad \mathrm{Re}(s)>-1$$

$$\mathrm{e}^{-(1+3\mathrm{j})t}u(t)\leftrightarrow\frac{1}{s+(1+3\mathrm{j})},\quad \mathrm{Re}(s)>-1$$

为使上述三个拉普拉斯变换同时收敛，必须有 $\mathrm{Re}(s)>-1$，因此信号 $f(t)$ 的拉普拉斯变换为

$$e^{-2t}u(t)+e^{-t}\cos(3t)u(t) \leftrightarrow \frac{1}{s+2}+\frac{1}{2}\frac{1}{s+(1-3j)}+\frac{1}{2}\frac{1}{s+(1+3j)},\quad \mathrm{Re}(s)>-1$$

或者

$$e^{-2t}u(t)+e^{-t}\cos(3t)u(t) \leftrightarrow \frac{2s^2+5s+12}{(s^2+2s+10)(s+2)},\quad \mathrm{Re}(s)>-1$$

例 5.2.1 给出的拉普拉斯变换是关于 s 的一个有理式，也即为复变量 s 的两个多项式的比。这种情况在工程应用中很普遍，而且一般具有如下形式：

$$F(\omega)=\frac{b_m s^m+b_{m-1}s^{m-1}+\cdots+b_0}{s^n+a_{n-1}s^{n-1}+\cdots+a_1 s+a_0}=\frac{N(s)}{D(s)} \tag{5.2.2}$$

式中，$N(s)$和 $D(s)$分别是分子多项式和分母多项式。在代数学中已知，除去一个常数因子外，有理式的分子、分母多项式可以分解为包含其根的因式的乘积，即

$$F(\omega)=\frac{b_m\prod_{k=1}^{m}(s-z_k)}{\prod_{k=1}^{n}(s-p_k)} \tag{5.2.3}$$

式中，$z_k(k=1,\ 2,\ \cdots m)$是分子多项式 $N(s)$的根，由于在这些根上有 $F(s)=0$，故称其为 $F(s)$的零点；$p_k(k=1,\ 2,\ \cdots n)$是分母多项式 $D(s)$的根，由于在这些根上有 $F(s)\to\infty$，故称其为 $F(s)$的极点。在 s 平面，一般用符号“o”标记零点的位置，用符号“×”标记极点的位置。例如，例 5.2.1 中的零点是 $z_{1,\ 2}\approx-1.25\pm j2.11$，极点为 $p_{1,\ 2}=-1\pm j3$ 和 $p_3=-2$，标记出的零、极点如图 5.2.2 所示。除常数因子 $b_m=2$ 之外，s 平面零点和极点的位置唯一地描述了 $F(s)$。

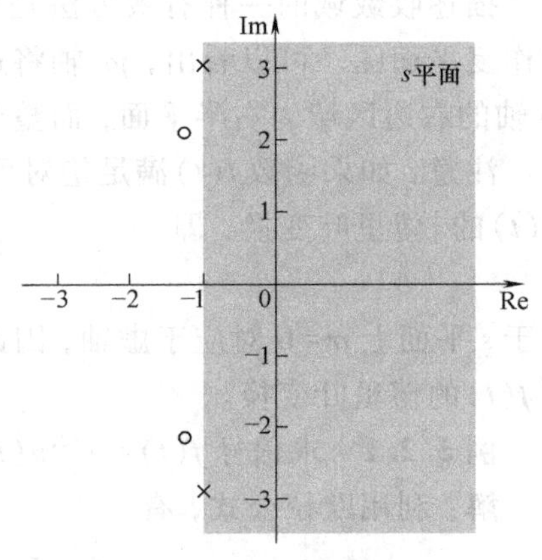

图 5.2.2　例 5.2.1 中的零、极点

注：阴影区域是收敛域。

然而，如果没有说明收敛域，则对应信号 $f(t)$的拉普拉斯变换的表达式却不是唯一的，即两个不同信号可能存在相同的拉普拉斯变换，但收敛域不同。下面举例说明这一点。

例 5.2.2　对于反因果信号 $x(t)$，当 $t>0$ 时，有 $x(t)=0$。试确定反因果信号 $x(t)=-e^{-at}u(-t)$的拉普拉斯变换。

解：根据拉普拉斯变换的定义，有

$$X(s)=\int_{-\infty}^{\infty}x(t)e^{-st}dt=\int_{-\infty}^{\infty}[-e^{-at}u(-t)]e^{-st}dt=-\int_{-\infty}^{0}e^{-(s+a)t}dt=\frac{1}{s+a}e^{-(s+a)t}\Big|_{-\infty}^{0}$$

或者

$$X(s)=\frac{1}{s+a}$$

对于本例，为保证积分收敛，要求 $\mathrm{Re}(s+a)<0$，或者 $\mathrm{Re}(s)<-a$，即

$$-e^{-at}u(-t) \leftrightarrow \frac{1}{s+a},\quad \mathrm{Re}(s)<-a \tag{5.2.4}$$

比较式(5.1.13)和式(5.2.4)可见，完全不同的两个信号 $e^{-at}u(t)$ 和 $-e^{-at}u(-t)$，它们的拉普拉斯变换的代数表达式是相同的，但是两个表达式成立的 s 域却完全不同，如图 5.2.3 所示。

图 5.2.3 说明，在计算一个函数或者系统的拉普拉斯变换时，不但要计算(拉普拉斯变换的)代数表达式，而且还必须给出使该代数表达式成立的复变量 s 的取值区间，也就是收敛域。要使函数或者系统的拉普拉斯变换为唯一，必须指明它的收敛域。

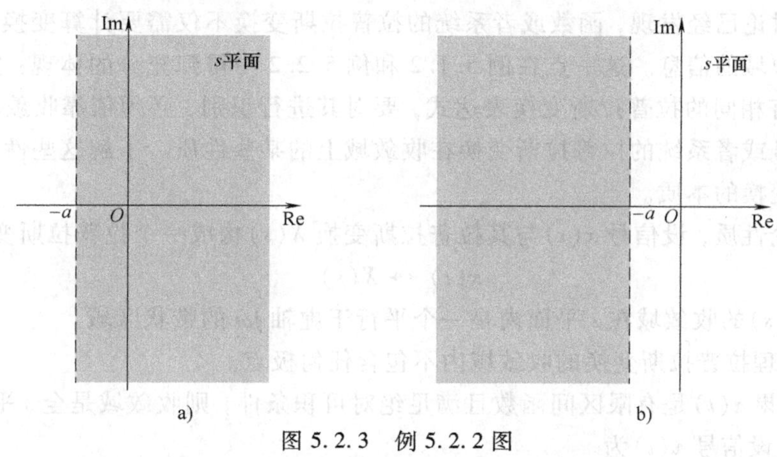

图 5.2.3　例 5.2.2 图

a)式(5.1.13)的收敛域　b)式(5.2.4)的收敛域

例 5.2.3　设有信号

$$x(t)=\delta(t)-\frac{4}{3}e^{-t}u(t)+\frac{1}{3}e^{2t}u(t)$$

试求其拉普拉斯变换，并讨论其 ROC。

解：单位冲激信号 $\delta(t)$ 的拉普拉斯变换根据定义可直接求出为

$$L\{\delta(t)\}=\int_{0_-}^{\infty}\delta(t)e^{-st}dt=1$$

$\delta(t)$ 的拉普拉斯变换对任意 s 值均成立，也就是说 $L\{\delta(t)\}$ 的收敛域是整个 s 平面。

而 $\frac{4}{3}e^{-t}u(t)$ 和 $\frac{1}{3}e^{2t}u(t)$ 的拉普拉斯变换根据例 5.1.2 可知为

$$\frac{4}{3}e^{-t}u(t)\leftrightarrow\frac{4}{3}\frac{1}{s+1},\quad \mathrm{Re}(s)>-1$$

和

$$\frac{1}{3}e^{2t}u(t)\leftrightarrow\frac{1}{3}\frac{1}{s-2},\quad \mathrm{Re}(s)>2$$

因此，$x(t)$ 的拉普拉斯变换为

$$X(s)=1-\frac{4}{3}\frac{1}{s+1}+\frac{1}{3}\frac{1}{s-2}=\frac{(s-1)^2}{(s+1)(s-2)}$$

它的收敛域是对 $x(t)$ 的 3 项拉普拉斯变换都必须收敛的 s 取值的集合，故收敛域为 $\mathrm{Re}(s)>2$。

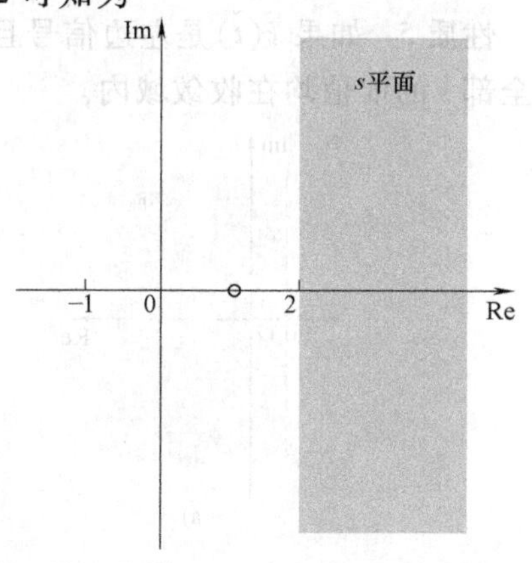

图 5.2.4　收敛域不包括虚轴 jω

式(5.2.1)指出，当 $s=j\omega$(对应 $\sigma=0$)时函数的拉普拉斯变换就等价于它的傅里叶变换。然而，如果这个拉普拉斯变换的收敛域不包括虚轴 $j\omega$[即 $\mathrm{Re}(s)=0$]，那么它所对应的傅里叶变换就不收敛。例如，例 5.2.3 的零、极点如图 5.2.4 所示，由于 ROC 不包括虚轴 $j\omega$，故没有傅里叶变换[其实 $x(t)$ 中的第 3 项，即 $\frac{1}{3}e^{2t}u(t)$ 是升指数函数，没有傅里叶变换]。

5.2.2 收敛域的性质

从前面的讨论已经发现，函数或者系统的拉普拉斯变换不仅需要计算变换表达式，还必须给出关于收敛域的信息。这一点在例 5.1.2 和例 5.2.2 中得到充分的体现：完全不同的两个信号可能具有相同的拉普拉斯变换表达式，要对其进行识别，必须依靠收敛域。本节不加证明地讨论信号或者系统的拉普拉斯变换在收敛域上的某些性质。了解这些性质有助于深入理解拉普拉斯变换的本质。

为方便讨论性质，设信号 $x(t)$ 与其拉普拉斯变换 $X(s)$ 构成一个拉普拉斯变换对：

$$x(t) \leftrightarrow X(s) \tag{5.2.5}$$

性质 1：$X(s)$ 的收敛域在 s 平面内是一个平行于虚轴 $j\omega$ 的带状区域。

性质 2：有理拉普拉斯变换的收敛域内不包含任何极点。

性质 3：如果 $x(t)$ 是有限区间函数且满足绝对可积条件，则收敛域是全 s 平面。

例 5.2.4 设信号 $x(t)$ 为

$$x(t)=\begin{cases} e^{-at} & 0<t<T \\ 0 & \text{其他} \end{cases}$$

试求其拉普拉斯变换，并讨论收敛域。

解：$x(t)$ 的拉普拉斯变换 $X(s)$ 为

$$X(s)=\int_0^T e^{-at}e^{-st}\mathrm{d}t=\int_0^T e^{-(s+a)t}\mathrm{d}t=\frac{1}{s+a}[1-e^{-(s+a)T}]$$

由于 $x(t)$ 是有限区间信号，根据性质 3，可知其收敛域是整个 s 平面。

性质 4：如果 $x(t)$ 是右边信号且垂线 $\mathrm{Re}(s)=\sigma_r$（σ_r 是常数）位于收敛域内，则 $\mathrm{Re}(s)>\sigma_r$ 的全部 s 的取值均在收敛域内。

所谓右边信号是指，在某有限时间 T_r 之前，有 $x(t)=0$。右边信号的收敛域如图 5.2.5a 所示。

性质 5：如果 $x(t)$ 是左边信号且垂线 $\mathrm{Re}(s)=\sigma_l$（σ_l 是常数）位于收敛域内，则 $\mathrm{Re}(s)<\sigma_l$ 的全部 s 的取值均在收敛域内。

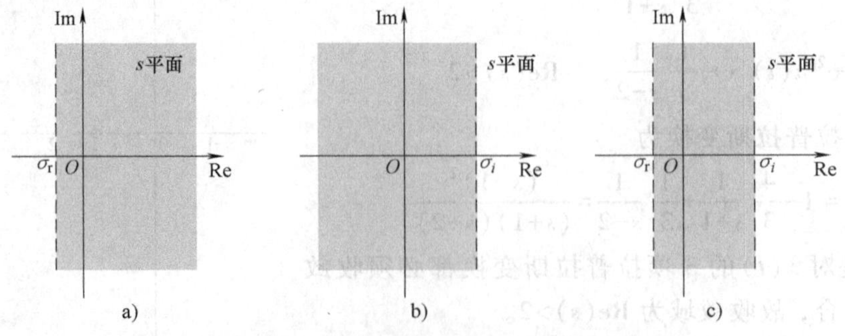

图 5.2.5 右边信号、左边信号和双边信号的 ROC

a）右边信号的收敛域 b）左边信号的收敛域 c）双边信号的收敛域

所谓左边信号是指，在某有限时间 T_l 之后，有 $x(t)=0$。左边信号的收敛域如图 5.2.5b 所示。

性质 6：如果 $x(t)$ 是双边信号且垂线 $\mathrm{Re}(s)=\sigma_0$（σ_0 是常数）位于收敛域内，则其收敛域是 s 平面上的一个带状区域，垂线 $\mathrm{Re}(s)=\sigma_0$ 位于这个带状区域内。

所谓双边信号是指：对 $t>0$ 和 $t<0$ 都具有无限范围的信号。由于双边信号 $x(t)$ 可以分解成右边信号 $x_r(t)$ 和左边信号 $x_l(t)$ 之和的形式，故 $x(t)$ 的拉普拉斯变换的收敛域就是能使 $x_r(t)$ 和 $x_l(t)$ 两者的拉普拉斯变换都收敛的区域。如果假设 $\sigma_r<\sigma_l$，根据性质 4 可知，$\mathrm{L}\{x_r(t)\}=X_r(s)$ 的收敛域对于某 σ_r 值，是由 $\mathrm{Re}(s)>\sigma_r$ 的 s 半平面组成的；而根据性质 5，$\mathrm{L}\{x_l(t)\}=X_l(s)$ 的收敛域对于某 σ_l 值，是由 $\mathrm{Re}(s)<\sigma_l$ 的 s 半平面组成的。因此，若假设 $\sigma_r<\sigma_l$，则 $\mathrm{L}\{x(t)\}=X(s)$ 的收敛域就是这两个半平面的重叠部分，如图 5.2.5c 所示。如果 $\sigma_r>\sigma_l$（即两个半平面没有重叠部分），即使 $x_r(t)$ 和 $x_l(t)$ 的拉普拉斯变换都存在，$x(t)$ 的拉普拉斯变换也不存在。

例 5.2.5　设信号 $x(t)$ 为 $x(t)=\mathrm{e}^{-a|t|}$，试求其拉普拉斯变换，并讨论收敛域。

解：$a>0$ 时和 $a<0$ 时的 $x(t)$ 如图 5.2.6 所示，这是一个双边信号，但显然可以分解为右边信号和左边信号之和，即

$$x(t)=\mathrm{e}^{-at}u(t)+\mathrm{e}^{at}u(-t)$$

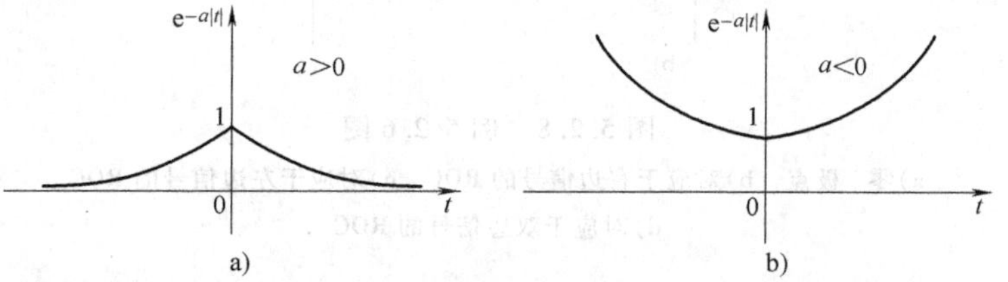

图 5.2.6　$a>0$ 和 $a<0$ 时 $x(t)=\mathrm{e}^{-a|t|}$ 的波形

$x(t)$ 中的两个指数项函数的拉普拉斯变换分别为

$$\mathrm{e}^{-at}u(t)\leftrightarrow\frac{1}{s+a},\quad \mathrm{Re}(s)>-a$$

和

$$\mathrm{e}^{at}u(-t)\leftrightarrow\frac{-1}{s-a},\quad \mathrm{Re}(s)<a$$

虽然信号 $x(t)=\mathrm{e}^{-at}u(t)+\mathrm{e}^{at}u(-t)$ 中的两个指数项函数的拉普拉斯变换都有一个收敛域，但若 $a\leqslant0$，将不存在公共收敛域，因而 $x(t)$ 也就没有拉普拉斯变换。对于 $a>0$，$x(t)$ 的拉普拉斯变换及收敛域为

$$\mathrm{e}^{-a|t|}\leftrightarrow\frac{1}{s+a}-\frac{1}{s-a}=\frac{-2a}{s^2-a^2},\qquad -a<\mathrm{Re}(s)<a$$

$X(s)$ 的零、极点如图 5.2.7 所示，图中阴影区域就是收敛域。

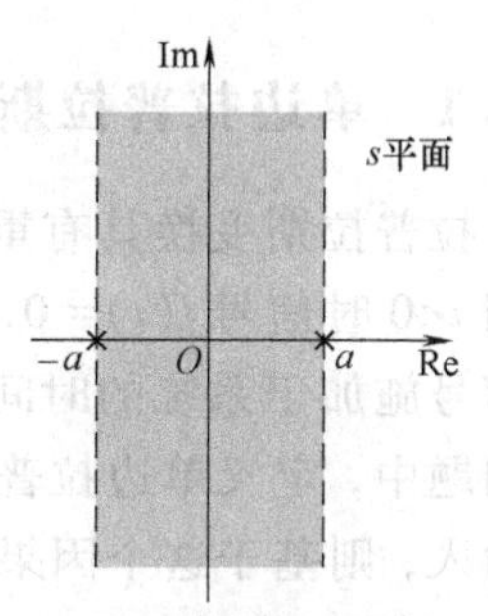

图 5.2.7　例 5.2.5 的零、极点和收敛域

前面的性质实际上隐含着这样一个事实，即存在拉普拉斯变换的信号一定属于由性质 3～性质 6 所界定的四种情况中的一

种。因此，对于具有拉普拉斯变换的某个信号而言，其收敛域一定是整个 s 平面（针对有限区间信号）、某一左半平面（针对左边信号）、某一右半平面（针对右边信号）或者一个带状区域（针对双边信号）四种情况中的一种。

性质 7：有理拉普拉斯变换 $X(s)$ 的收敛域被极点所界定或者延伸至无穷远，其收敛域内不包含任何极点。

性质 8：有理拉普拉斯变换 $X(s)$，若 $x(t)$ 是右边信号，则收敛域在 s 平面上位于最右边极点的右边；若 $x(t)$ 是左边信号，则收敛域在 s 平面上位于最左边极点的左边。

例 5.2.6　设信号 $x(t)$ 的拉普拉斯变换为 $X(s)=\dfrac{1}{(s+1)(s+2)}$，试讨论其收敛域。

解：$X(s)=\dfrac{1}{(s+1)(s+2)}$有两个极点 $p_1=-1$ 和 $p_2=-2$，它的零、极点如图 5.2.8a 所示。

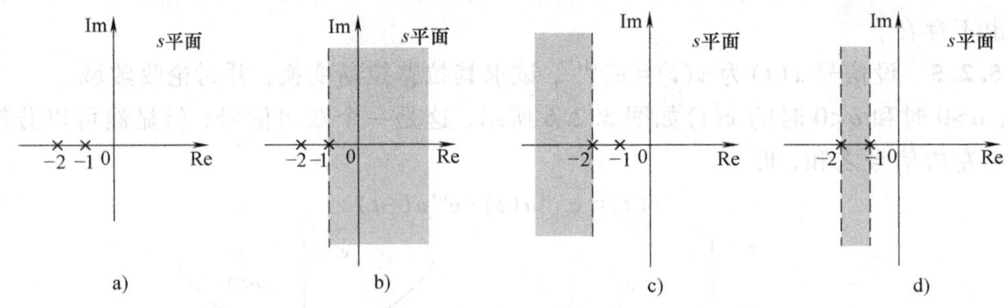

图 5.2.8　例 5.2.6 图

a)零、极点　b)对应于右边信号的 ROC　c)对应于左边信号的 ROC

d)对应于双边信号的 ROC

由于信号 $x(t)$ 未给出界定条件，因此其拉普拉斯变换 $X(s)$ 的收敛域就存在三种可能，分别对应右边信号、左边信号和双边信号这三种情况。图 5.2.8b 对应于右边信号，因为收敛域包括虚轴 $j\omega$，故对应于右边信号时其傅里叶变换存在。图 5.2.8c 对应于左边信号，图 5.2.8d 对应于双边信号，因为它们的收敛域都不包括虚轴 $j\omega$，故不存在对应的傅里叶变换。

5.3　单边拉普拉斯变换及其性质

5.3.1　单边拉普拉斯变换的定义

拉普拉斯变换具有重要的应用意义。由于工程应用中所涉及的信号通常都是因果的，即时间 $t<0$ 时信号 $f(t)=0$，而且初始时刻的选择也往往是任意的。因此，时间 $t=0$ 一般就规定为信号施加于系统的时间，而时间 $t\geqslant 0$ 时系统的输出行为（响应）才是人们所关心的。在这类问题中，定义单边拉普拉斯变换更有意义，因为若以非负时间 $t\geqslant 0$（因果）的信号作为系统的输入，则基于这个因果信号就可以除去在双边拉普拉斯变换存在的不唯一性，因而也就不必考虑收敛域的问题。至于工程上最重要的应用——解存在初始条件的因果系统的微分方程，单边变换的微分性质则赋予了解方程过程的最大便利。

信号 $f(t)$ 的单边拉普拉斯变换定义为：

$$\mathrm{L}\{f(t)\} = F(s) = \int_{0_-}^{\infty} f(t)\mathrm{e}^{-st}\mathrm{d}t \tag{5.3.1}$$

式中，积分下限 0_- 意味着积分中允许包含 $t=0$ 时出现的不连续(或间断)点及冲激。因此，对于 $t \geqslant 0$，$F(s)$ 就唯一地由 $f(t)$ 确定。由于式(5.1.11)给出的拉普拉斯逆变换仅取决于 $F(s)$，故单边拉普拉斯逆变换仍然由该式定义，即

$$\mathrm{L}^{-1}\{F(s)\} = f(t) = \frac{1}{2\pi \mathrm{j}}\int_{\sigma-\mathrm{j}\infty}^{\sigma+\mathrm{j}\infty} F(s)\mathrm{e}^{st}\mathrm{d}s \tag{5.3.2}$$

注意，对于时间 $t<0$ 时 $f(t)=0$ 的信号，单边和双边变换是等价的。

信号 $x(t)$ 与其拉普拉斯变换 $F(s)$ 构成一个拉普拉斯变换对，表示为

$$f(t) \leftrightarrow F(s)$$

5.3.2 单边拉普拉斯变换的性质

下面讨论拉普拉斯变换的13个主要性质。掌握这些性质对于进一步理解变换的思想是非常必要的。注意，拉普拉斯变换的大多数性质类似于傅里叶变换的相应性质，而且证明过程也相似，但从完整性方面考虑，下面将给出这些变换性质的证明。

1. 线性性质

若函数 $f_i(t)(i=1, 2, \cdots, n)$ 的拉普拉斯变换为 $\mathrm{L}\{f_i(t)\}=X_i(s)$，$i=1, 2, \cdots, n$，则对于任何常数 $\alpha_i(i=1, 2, \cdots, n)$，下式成立：

$$\begin{aligned}\mathrm{L}\{\alpha_1 f_1(t) \pm \alpha_2 f_2(t) \pm \cdots \pm \alpha_n f_n(t)\} &= \alpha_1 \mathrm{L}\{f_1(t)\} \pm \alpha_2 \mathrm{L}\{f_2(t)\} \pm \cdots \pm \alpha_n \mathrm{L}\{f_n(t)\} \\ &= \alpha_1 F_1(s) \pm \alpha_2 F_2(s) \pm \cdots \pm \alpha_n F_n(s)\end{aligned} \tag{5.3.3}$$

证明：利用拉普拉斯的定义及积分性质即可直接证明线性性质，即

$$\begin{aligned}\mathrm{L}\{\alpha_1 f_1(t) \pm \alpha_2 f_2(t) \pm \cdots \pm \alpha_n f_n(t)\} &= \int_0^{\infty} [\alpha_1 f_1(t) \pm \alpha_2 f_2(t) \pm \cdots \pm \alpha_n f_n(t)]\mathrm{e}^{-st}\mathrm{d}t \\ &= \alpha_1 \int_0^{\infty} f_1(t)\mathrm{e}^{-st}\mathrm{d}t \pm \alpha_2 \int_0^{\infty} f_2(t)\mathrm{e}^{-st}\mathrm{d}t \pm \cdots \\ &\quad \pm \alpha_n \int_0^{\infty} f_n(t)\mathrm{e}^{-st}\mathrm{d}t \\ &= \alpha_1 F_1(s) \pm \alpha_2 F_2(s) \pm \cdots \pm \alpha_n F_n(s)\end{aligned}$$

上式表明，连续时间函数的线性组合的拉普拉斯变换等于函数拉普拉斯变换的线性组合。

2. 时移性质

设信号有拉普拉斯变换对 $f(t)u(t) \leftrightarrow F(s)$，则对于具有 t_0 个单位延迟的时移信号 $f(t-t_0)u(t-t_0)$，有

$$f(t-t_0)u(t-t_0) \leftrightarrow \mathrm{e}^{-st_0}F(s), \quad t_0>0 \tag{5.3.4}$$

需要注意的是，在时间上左移信号定义为 $f(t+t_0)u(t+t_0)$，$t_0>0$，它一般不满足信号的因果性，故单边拉普拉斯变换在这种情况下就不能使用。但若时间左移信号具有因果性，则时移性质仍然是适用的。例如，矩形脉冲 $\Pi[(t-3)/2]$ 左移两个单位后仍保持因果关系。

证明：由拉普拉斯变换的定义，有

$$L\{f(t-t_0)u(t-t_0)\}=\int_0^{\infty}f(t-t_0)u(t-t_0)e^{-st}dt=\int_{t_0}^{\infty}f(t-t_0)e^{-st}dt$$

作变量代换，令 $t-t_0=\tau$，则 $t=\tau+t_0$，$dt=d\tau$，代入上式得到

$$\int_{t_0}^{\infty}f(t-t_0)e^{-st}dt=\int_0^{\infty}f(\tau)e^{-s(\tau+t_0)}d\tau=e^{-st_0}\int_0^{\infty}f(\tau)e^{-s\tau}d\tau=e^{-st_0}F(s)$$

这里必须强调正确使用时移性质的条件。考虑一个时间函数平移的几种情况，图 5.3.1a 是原函数，它是过原点的一条直线；图 5.3.1b 是函数 $f(t)u(t)$ 的波形，它满足

$$f(t)u(t)=\begin{cases}f(t) & t>0\\ 0 & t<0\end{cases}$$

图 5.3.1c 是函数 $f(t-t_0)$ 的波形，其中 $t_0>0$。另外，函数 $f(t-t_0)u(t)$ 的波形如图 5.3.1d 所示，至于函数 $f(t-t_0)u(t-t_0)$，因为满足

$$f(t-t_0)u(t-t_0)=\begin{cases}x(t-t_0) & t>t_0\\ 0 & t<t_0\end{cases}$$

故其波形如图 5.3.1e 所示。

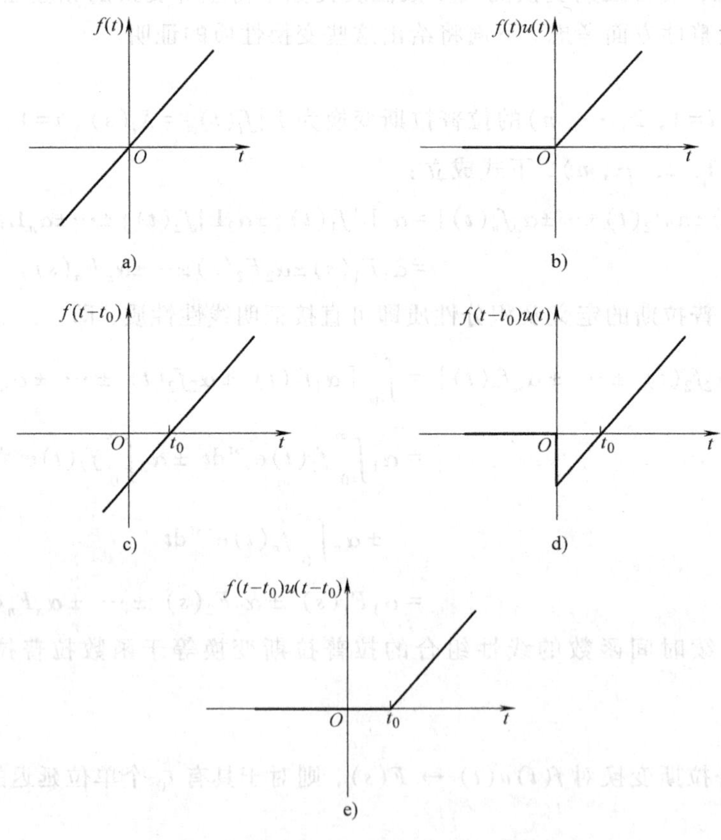

图 5.3.1　时间函数平移的几种情况

观察图 5.3.1 中时间函数之间存在的差异，需要明确单边拉普拉斯变换是针对图 5.3.1b 中的函数定义的，而时移性质通过证明已知仅适用于图 5.3.1e 所示的一类函数。

例 5.3.1　试求函数 $f(t)=5e^{-0.3t}u(t-2)$ 的拉普拉斯变换。

解：该函数不满足式(5.3.4)中定义的形式，但通过如下变形：

$$f(t)=5\mathrm{e}^{-0.3t}u(t-2)$$
$$=5\mathrm{e}^{-0.3t}[\mathrm{e}^{0.3(2)}\mathrm{e}^{-0.3(2)}]u(t-2)=(5\mathrm{e}^{-0.6})\mathrm{e}^{-0.3(t-2)}u(t-2)$$

则使得函数符合时移性质的适用条件，即

$$F(s)=\mathrm{L}\{f(t)\}=\mathrm{L}\{(5\mathrm{e}^{-0.6})\mathrm{e}^{-0.3(t-2)}u(t-2)\}=5\mathrm{e}^{-0.6}\frac{\mathrm{e}^{-2s}}{s+0.3}$$

例 5.3.2　试求信号$(t^2+1)u(t-1)$的拉普拉斯变换。

解：根据时移性质的适用条件，有

$$\begin{aligned}\mathrm{L}\{(t^2+1)u(t-1)\}&=\mathrm{L}\{(t^2+2t-2t+1)u(t-1)\}\\&=\mathrm{L}\{[(t-1)^2+2t]u(t-1)\}\\&=\mathrm{L}\{(t-1)^2u(t-1)\}+\mathrm{L}\{2tu(t-1)\}\\&=\mathrm{e}^{-s}\mathrm{L}\{t^2u(t)\}+\mathrm{L}\{2(t-1+1)u(t-1)\}\\&=\frac{2\mathrm{e}^{-s}}{s^3}+\mathrm{L}\{2(t-1)u(t-1)\}+\mathrm{L}\{2u(t-1)\}\\&=\frac{2\mathrm{e}^{-s}}{s^3}+\frac{2\mathrm{e}^{-s}}{s^2}+\frac{2\mathrm{e}^{-s}}{s}\end{aligned}$$

注意，解题时需将每一项变成式(5.3.4)中定义的形式。

3. 尺度变换性质

设信号有拉普拉斯变换对$f(t)\leftrightarrow F(s)$，则有

$$f(at)\leftrightarrow\frac{1}{a}F\left(\frac{s}{a}\right)\tag{5.3.5}$$

式中，a是一个时间尺度参数，$a>0$。注意，如果a是负数，则因果信号$f(t)$就变成一个非因果信号$f(-|a|t)$(通过时间反转和时间尺度变换)，故单边拉普拉斯变换将不能应用。

证明：对信号$f(at)$取拉普拉斯变换并引入变量代换，令$\sigma=at$，$t>0$，则有

$$\mathrm{L}\{f(at)\}=\int_0^\infty f(at)\mathrm{e}^{-st}\mathrm{d}t=\frac{1}{a}\int_0^\infty f(\sigma)\mathrm{e}^{-\frac{s}{a}\sigma}\mathrm{d}\sigma=\frac{1}{a}F\left(\frac{s}{a}\right),\ a>0$$

如果综合考虑尺度变换和时移，则存在下面的性质：

$$f(at-b)u(at-b)\leftrightarrow\frac{1}{a}F\left(\frac{s}{a}\right)\mathrm{e}^{-\frac{b}{a}s},\ a>0,\ b>0\tag{5.3.6}$$

证明：对于一个具有尺度变换和时移的函数$f(at-b)$，由于考虑的是它的单边拉普拉斯变换，故要求$a>0$，$b\geqslant0$。同时，时移性即式(5.3.4)要求$f(at-b)$需与具有尺度变换和时移的单位阶跃函数$u(at-b)$相乘。因此，$f(at-b)u(at-b)$的单边拉普拉斯变换根据定义为

$$\mathrm{L}\{f(at-b)u(at-b)\}=\int_0^\infty f(at-b)u(at-b)\mathrm{e}^{-st}\mathrm{d}t$$

对上式作变量代换，令$\sigma=at-b$，则有$t=\dfrac{\sigma+b}{a}$，$\mathrm{d}t=\dfrac{\mathrm{d}\sigma}{a}$，代入上式可得

$$\mathrm{L}\{f(at-b)u(at-b)\}=\int_0^\infty f(\sigma)u(\sigma)\mathrm{e}^{-s\frac{\sigma+b}{a}}\frac{\mathrm{d}\sigma}{a}$$
$$=\frac{1}{a}\mathrm{e}^{-s\frac{b}{a}}\int_0^\infty f(\sigma)\mathrm{e}^{-\left(\frac{s}{a}\right)\sigma}\mathrm{d}\sigma=\frac{1}{a}F\left(\frac{s}{a}\right)\mathrm{e}^{-s\frac{b}{a}}$$

例 5.3.3　试研究时间尺度变换单位阶跃函数 $u(at)(a>0)$ 的拉普拉斯变换。

解：根据尺度变换性质，显然有

$$u(at) \leftrightarrow \frac{1}{a}\left(\frac{1}{s/a}\right)=\frac{1}{s}$$

这个结果其实不意外，因为对于任意 $a>0$，根据单位阶跃函数的定义都有 $u(at)=u(t)$。另外，如果再考虑移位，还可以证明下面的关系式：

$$u(at-b)=u\left(t-\frac{b}{a}\right) \tag{5.3.7}$$

例 5.3.4　试求出函数 $\sin\left[3\left(4t-\frac{\pi}{6}\right)\right]u\left(4t-\frac{\pi}{6}\right)$ 的拉普拉斯变换。

解：查表已知

$$f(t)=\sin 3t \leftrightarrow \frac{3}{s^2+9}=F(s)$$

根据式(5.3.6)，可知 $a=4$，$b=\pi/6$，因此有

$$\sin\left[3\left(4t-\frac{\pi}{6}\right)\right]u\left(4t-\frac{\pi}{6}\right) \leftrightarrow \frac{1}{4}F\left(\frac{s}{4}\right)\mathrm{e}^{-s\frac{\pi}{24}}$$

也就是

$$\mathrm{L}\left\{\sin\left[3\left(4t-\frac{\pi}{6}\right)\right]u\left(4t-\frac{\pi}{6}\right)\right\}=\frac{1}{4}F\left(\frac{s}{4}\right)\mathrm{e}^{-s\frac{\pi}{24}}=\frac{1}{4}\mathrm{e}^{-s\frac{\pi}{24}}\frac{3}{(s/4)^2+9}$$

$$=\frac{12\mathrm{e}^{-s\frac{\pi}{24}}}{s^2+144}$$

本题还有一种解法，即先将原函数变形如下：

$$\sin\left[3\left(4t-\frac{\pi}{6}\right)\right]u\left(4t-\frac{\pi}{6}\right)=\sin\left[12\left(t-\frac{\pi}{24}\right)\right]u\left(t-\frac{\pi}{24}\right)$$

上式利用了关系式(5.3.7)。根据时移性质并查表，有

$$\mathrm{L}\left\{\sin\left[3\left(4t-\frac{\pi}{6}\right)\right]u\left(4t-\frac{\pi}{6}\right)\right\}=\mathrm{L}\left\{\sin\left[12\left(t-\frac{\pi}{24}\right)\right]u\left(t-\frac{\pi}{24}\right)\right\}$$

$$=\mathrm{e}^{-s\frac{\pi}{24}}\mathrm{L}\{\sin 12t\}=\frac{12\mathrm{e}^{-s\frac{\pi}{24}}}{s^2+144}$$

4. 乘 t 性质

设信号有拉普拉斯变换对 $f(t) \leftrightarrow F(s)$，则有

$$t^n f(t) \leftrightarrow (-1)^n \frac{\mathrm{d}^n F(s)}{\mathrm{d}s^n} \tag{5.3.8}$$

式中，t 是时间；S 是复频率。

证明：由拉普拉斯变换的定义，有

$$\mathrm{L}\{tf(t)\}=\int_0^{\infty} tf(t)\mathrm{e}^{-st}\mathrm{d}t \tag{5.3.9}$$

根据莱布尼茨法则，可得

$$(-1)\frac{\mathrm{d}F(s)}{\mathrm{d}s}=-\frac{\mathrm{d}}{\mathrm{d}s}\left[\int_0^{\infty} f(t)\mathrm{e}^{-st}\mathrm{d}t\right]=\int_0^{\infty} tf(t)\mathrm{e}^{-st}\mathrm{d}t \tag{5.3.10}$$

比较式(5.3.9)和式(5.3.10)，显然有

$$\mathrm{L}\{tf(t)\}=(-1)\frac{\mathrm{d}F(s)}{\mathrm{d}s} \tag{5.3.11}$$

再对式(5.3.11)用归纳法，求 n 次导数后得到

$$\frac{\mathrm{d}^nF(s)}{\mathrm{d}s^n}=\int_0^{\infty}(-t)^nf(t)\mathrm{e}^{-st}\mathrm{d}t$$

乘以$(-1)^n$ 即可证明式(5.3.8)。

例 5.3.5　求 $t^nu(t)(n=1, 2, \cdots)$的拉普拉斯变换。

解：已知

$$\mathrm{L}\{u(t)\}=\frac{1}{s}$$

根据乘 t 性质，显然有

$$tu(t)\leftrightarrow(-1)\frac{\mathrm{d}}{\mathrm{d}s}\left(\frac{1}{s}\right)=\frac{1}{s^2}$$

连续应用乘 t 性质，可得

$$t^2u(t)=t[tu(t)]\leftrightarrow(-1)^2\frac{\mathrm{d}^2}{\mathrm{d}s^2}\left(\frac{1}{s}\right)=\frac{2}{s^3}$$

$$\vdots$$

$$t^nu(t)=t[t^{n-1}u(t)]\leftrightarrow(-1)^n\frac{\mathrm{d}^n}{\mathrm{d}s^n}\left(\frac{1}{s}\right)=\frac{n!}{s^{n+1}}$$

5. 除 t 性质

设信号有拉普拉斯变换对$f(t)\leftrightarrow F(s)$，则有

$$\frac{f(t)}{t}\leftrightarrow\int_s^{\infty}F(\lambda)\mathrm{d}\lambda \tag{5.3.12}$$

证明：对拉普拉斯变换定义式的等式两边取复变量 s 的积分，可得

$$\mathrm{L}\{F(s)\}=\int_s^{\infty}F(\lambda)\mathrm{d}\lambda=\int_0^{\infty}f(t)\left[\int_s^{\infty}\mathrm{e}^{-\lambda t}\mathrm{d}\lambda\right]\mathrm{d}t=\int_0^{\infty}f(x)\frac{\mathrm{e}^{-st}}{t}\mathrm{d}t$$

性质得证。该性质适合分析形如$\dfrac{f(t)}{t}$的函数类。

例 5.3.6　试求单边抽样信号$f(t)=\dfrac{\sin t}{t}u(t)$的拉普拉斯变换。

解：已知单边正弦函数的拉普拉斯变换为

$$\sin(t)u(t)\leftrightarrow\frac{1}{s^2+1}$$

根据除 t 性质，有

$$\frac{\sin t}{t}u(t)\leftrightarrow\int_s^{\infty}\frac{1}{\lambda^2+1}\mathrm{d}\lambda=\arctan\lambda\bigg|_s^{\infty}=\frac{\pi}{2}-\arctan s$$

6. 频移性质

设信号有拉普拉斯变换对$f(t)\leftrightarrow F(s)$，则有

$$e^{-at}f(t) \leftrightarrow F(s+a) \tag{5.3.13}$$

式中，a 表示频移量。

证明：由拉普拉斯变换的定义，直接可得

$$L\{e^{-at}f(t)\} = \int_0^\infty f(t)e^{-at}e^{-st}dt = \int_0^\infty f(t)e^{-(s+a)t}dt = F(s+a)$$

该性质与傅里叶变换中的频移性质是对应的。

例 5.3.7　指数衰减正弦信号通常出现在储能系统中，试求 $z(t)=e^{-at}\sin(\omega_0 t)u(t)$ 的拉普拉斯变换。

解：已知

$$L\{\sin(\omega_0 t)\} = \frac{\omega_0}{s^2+\omega_0^2}$$

根据频移性质，可得 $z(t)=e^{-at}\sin(\omega_0 t)u(t)$ 的拉普拉斯变换为

$$Z(s) = \frac{\omega_0}{(s+a)^2+\omega_0^2}$$

例 5.3.8　试求信号 $f(t)=e^{-at}\frac{\sin t}{t}u(t)\ (a>0)$ 的拉普拉斯变换。

解：例 5.3.6 中已经求出单边抽样函数的拉普拉斯变换为

$$\frac{\sin t}{t}u(t) \leftrightarrow \frac{\pi}{2} - \arctan s$$

利用频移性质，即可得到 $f(t)$ 的拉普拉斯变换为

$$e^{-at}\frac{\sin t}{t}u(t) \leftrightarrow \frac{\pi}{2} - \arctan(s+a)$$

7. 调制性质

傅里叶域（jω 域）中的调制性质对现代通信系统具有重要意义，但对于线性系统而言，拉普拉斯域中相应的性质却没有应用。这个性质多用于计算某些信号的拉普拉斯变换。调制性质一般可基于函数 $F(s)$ 的 $\pm j\omega_0$ 频移性质，并利用欧拉公式直接证明，即

$$f(t)e^{-j\omega_0 t} = f(t)[\cos\omega_0 t - j\sin\omega_0 t] \leftrightarrow F(s+j\omega_0)$$

和

$$f(t)e^{j\omega_0 t} = f(t)[\cos\omega_0 t + j\sin\omega_0 t] \leftrightarrow F(s-j\omega_0)$$

分别加、减上两式，整理后即可得到调制性质，即

$$\begin{cases} f(t)\cos\omega_0 t \leftrightarrow \dfrac{1}{2}[F(s+j\omega_0)+F(s-j\omega_0)] \\ f(t)\sin\omega_0 t \leftrightarrow \dfrac{j}{2}[F(s+j\omega_0)-F(s-j\omega_0)] \end{cases} \tag{5.3.14}$$

例 5.3.9　余弦和正弦函数的拉普拉斯变换可以利用调制性质求出如下：

解：因为已知

$$u(t) \leftrightarrow \frac{1}{s}$$

因此应用调制性质，可得

$$\begin{cases} u(t)\cos\omega_0 t \leftrightarrow \dfrac{1}{2}\left[\dfrac{1}{s+\mathrm{j}\omega_0}+\dfrac{1}{s-\mathrm{j}\omega_0}\right]=\dfrac{s}{s^2+\omega_0^2} \\ u(t)\sin\omega_0 t \leftrightarrow \dfrac{\mathrm{j}}{2}\left[\dfrac{1}{s+\mathrm{j}\omega_0}-\dfrac{1}{s-\mathrm{j}\omega_0}\right]=\dfrac{\omega_0}{s^2+\omega_0^2} \end{cases} \tag{5.3.15}$$

例 5.3.10　试求信号 $t\mathrm{e}^{-2t}\sin(\pi t)u(t-2)$ 的拉普拉斯变换。

解：由三角公式可得

$$\sin[\pi(t-2+2)]=\sin[\pi(t-2)]\cos 2\pi+\cos[\pi(t-2)]\sin 2\pi=\sin[\pi(t-2)]$$

因此

$$\begin{aligned} \mathrm{L}\{t\mathrm{e}^{-2t}\sin(\pi t)u(t-2)\} &= \mathrm{L}\{(t+2-2)\mathrm{e}^{-2(t-2+2)}\sin[\pi(t+2-2)]u(t-2)\} \\ &= \mathrm{e}^{-4}\mathrm{L}\{(t-2)\mathrm{e}^{-2(t-2)}\sin[\pi(t-2)]u(t-2)\}+ \\ &\quad 2\mathrm{e}^{-4}\mathrm{L}\{\mathrm{e}^{-2(t-2)}\sin[\pi(t-2)]u(t-2)\} \end{aligned}$$

根据平移性质，有

$$\begin{aligned} \mathrm{L}\{t\mathrm{e}^{-2t}\sin(\pi t)u(t-2)\} &= \mathrm{e}^{-4}\mathrm{e}^{-2s}\mathrm{L}\{t\mathrm{e}^{-2t}\sin(\pi t)u(t)\}+2\mathrm{e}^{-4}\mathrm{e}^{-2s}\mathrm{L}\{\mathrm{e}^{-2t}\sin(\pi t)u(t)\} \\ &= \mathrm{e}^{-4}\mathrm{e}^{-2s}\frac{2\pi(s+2)}{[(s+2)^2+\pi^2]^2}+2\mathrm{e}^{-4}\mathrm{e}^{-2s}\frac{\pi}{(s+2)^2+\pi^2} \end{aligned}$$

8. 时域微分性质

时域微分性质是拉普拉斯变换的最重要的性质之一。LTI 系统的常系数微分方程通过应用微分性质，就可转换到 s 域成为复系数代数方程。一旦解出 s 域的代数方程，再求其拉普拉斯逆变换，即又变换回时域并且获得相应的时域系统的解。

设信号有拉普拉斯变换对 $f(t)\leftrightarrow X(s)$，时域微分性质指出函数的时域微分的拉普拉斯变换由下面的表达式给出：

$$\begin{cases} \dfrac{\mathrm{d}}{\mathrm{d}t}f(t) \leftrightarrow sF(s)-f(0_-) \\ \dfrac{\mathrm{d}^2}{\mathrm{d}t^2}f(t) \leftrightarrow s^2F(s)-sf(0_-)-\dfrac{\mathrm{d}}{\mathrm{d}t}f(t)\Big|_{t=0_-} \\ \qquad\vdots \\ \dfrac{\mathrm{d}^n}{\mathrm{d}t^n}f(t) \leftrightarrow s^nF(s)-s^{n-1}f(0_-)-s^{n-2}\dfrac{\mathrm{d}}{\mathrm{d}t}f(t)\Big|_{t=0_-}-\cdots-\dfrac{\mathrm{d}^{n-1}}{\mathrm{d}t^{n-1}}f(t)\Big|_{t=0_-} \\ \qquad\qquad \leftrightarrow s^nF(s)-\displaystyle\sum_{i=0}^{n-1}s^{n-1-i}f^{(i)}(0_-) \end{cases} \tag{5.3.16}$$

式中

$$f^{(i)}(0_-)=\frac{\mathrm{d}^i}{\mathrm{d}t^i}f(t)\Big|_{t=0_-} \tag{5.3.17}$$

证明：一阶微分的拉普拉斯变换根据定义并进行分部积分，即

$$\begin{aligned} \mathrm{L}\left\{\frac{\mathrm{d}f(t)}{\mathrm{d}t}\right\} &= \int_{0_-}^{\infty}\frac{\mathrm{d}f(t)}{\mathrm{d}t}\mathrm{e}^{-st}\mathrm{d}t=\int_{0_-}^{\infty}\mathrm{e}^{-st}\mathrm{d}f(t) \\ &= f(\infty)\mathrm{e}^{-\infty}-f(0_-)\mathrm{e}^{0}+s\int_{0_-}^{\infty}f(t)\mathrm{e}^{-st}\mathrm{d}t=sF(s)-f(0_-) \end{aligned}$$

通过 n 次分部积分，即可证明式(5.3.16)给出的 n 阶微分拉普拉斯变换的通式。

式(5.3.16)的证明显示函数$f(t)$在$t=0_-$点的各阶导数$\frac{\mathrm{d}}{\mathrm{d}t}f(t)\Big|_{0_-}$，…，$\frac{\mathrm{d}^{n-1}}{\mathrm{d}t^{n-1}}f(t)\Big|_{0_-}$以及$\frac{\mathrm{d}^n}{\mathrm{d}t^n}f(t)$必须存在。特别是这个性质不能应用在单位阶跃函数的各阶导数上。

注意，时域微分性质是单边拉普拉斯变换最重要的性质之一。由于单边拉普拉斯变换在时间坐标上有起点而傅里叶变换没有，所以傅里叶变换中没有类似的性质。正是因为拉普拉斯变换具有这一特性，才使得在求解微分方程时不但用拉普拉斯变换比用傅里叶变换更方便，而且还避开了初始值跳变(0_-时刻的值不等于0_+时刻的值)问题。事实上，在用微分性质求解微分方程时，变换过程在数学上已经保证包含了系统的初始条件，也就是说系统的初始条件$\frac{\mathrm{d}}{\mathrm{d}t}f(t)\Big|_{0_-}$，…，$\frac{\mathrm{d}^{n-1}}{\mathrm{d}t^{n-1}}f(t)\Big|_{0_-}$将在变换过程中作为系统的内在成分出现。

例 5.3.11　试求单位冲激信号$\delta(t)$的拉普拉斯变换。

解：令$f(t)=u(t)$，则$\frac{\mathrm{d}}{\mathrm{d}t}f(t)=\delta(t)$，由于$\frac{\mathrm{d}}{\mathrm{d}t}f(t)$是位于$t=0$处的单位冲激信号，故可以用式(5.3.16)计算$\frac{\mathrm{d}}{\mathrm{d}t}f(t)$的拉普拉斯变换，即

$$\frac{\mathrm{d}}{\mathrm{d}t}f(t)=\delta(t)\leftrightarrow s\frac{1}{s}-u(0_-)=1-0=1$$

或

$$\delta(t)\leftrightarrow 1$$

9. 积分性质

设信号有拉普拉斯变换对$f(t)\leftrightarrow F(s)$，积分性质指出函数的时域积分的拉普拉斯变换由下式给出：

$$\int_0^t f(\tau)\mathrm{d}\tau\leftrightarrow\frac{1}{s}F(s)\tag{5.3.18}$$

证明：积分性质可以直接用上面给出的微分性质得到。令$v(t)$代表$f(t)$的积分，即

$$v(t)=\begin{cases}\int_0^t f(\tau)\mathrm{d}\tau & t\geqslant 0\\ 0 & t<0\end{cases}$$

则当$t>0$时，$f(t)=\frac{\mathrm{d}}{\mathrm{d}t}v(t)$；$t<0$时，$v(t)=0$。由微分性质[式(5.3.16)]可知，$F(s)=sV(s)$，所以有

$$V(s)=\mathrm{L}\left\{\int_0^t f(\tau)\mathrm{d}\tau\right\}=\frac{1}{s}F(s)$$

特别地，如果积分下限为$-\infty$，则积分区间可分割成

$$\int_{-\infty}^t f(\tau)\mathrm{d}\tau=\int_{-\infty}^0 f(\tau)\mathrm{d}\tau+\int_0^t f(\tau)\mathrm{d}\tau$$

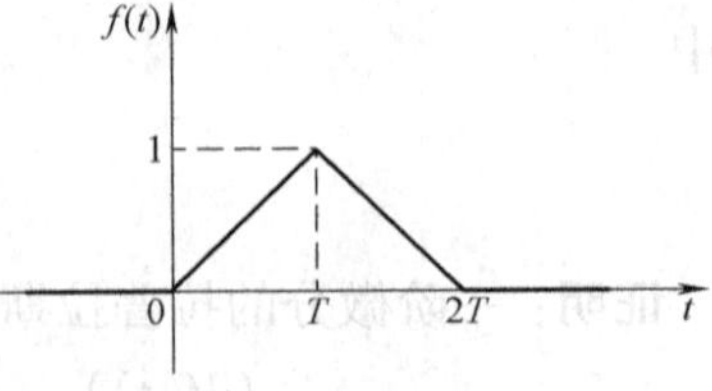

图 5.3.2　三角脉冲信号

其中等式右端第一项$\int_{-\infty}^0 f(\tau)\mathrm{d}\tau$是一个常量，而第二项则可直接利用上面的结论，故其拉普拉斯变换为

$$\int_{-\infty}^t f(\tau)\mathrm{d}\tau\leftrightarrow\frac{1}{s}\int_{-\infty}^0 f(\tau)\mathrm{d}\tau+\frac{F(s)}{s}\tag{5.3.19}$$

例 5.3.12　试求图 5.3.2 所示三角脉冲信号的拉普拉斯变换。

解：当信号波形可由分段函数描述时，信号导数的波形通常都较为简单，适合应用积分性质。图 5.3.2 所示的三角脉冲信号可以用分段函数描述为

$$f(t)=\frac{1}{T}t[u(t)-u(t-T)]+\left(2-\frac{1}{T}t\right)[u(t-T)-u(t-2T)]$$

对上式求导，可得

$$\frac{\mathrm{d}f(t)}{\mathrm{d}t}=\frac{1}{T}[u(t)-u(t-T)]-\frac{1}{T}[u(t-T)-u(t-2T)]$$

由时移单位阶跃函数的拉普拉斯变换可知，上式的拉普拉斯变换对为

$$\frac{\mathrm{d}f(t)}{\mathrm{d}t}\leftrightarrow F_1(s)=\frac{1}{T}\ \frac{1-\mathrm{e}^{-Ts}}{s}-\frac{1}{T}\ \frac{\mathrm{e}^{-Ts}-\mathrm{e}^{-2Ts}}{s}=\frac{1}{Ts}(1-\mathrm{e}^{-Ts})^2$$

注意到三角脉冲信号是一个因果信号，所以根据积分性质可知 $f(t)$ 的拉普拉斯变换为

$$F(s)=\frac{F_1(s)}{s}=\frac{1}{Ts^2}(1-\mathrm{e}^{-Ts})^2$$

10. 时域卷积定理

设信号 $f_1(t)$ 有拉普拉斯变换对 $f_1(t)\leftrightarrow F_1(s)$，信号 $f_2(t)$ 有拉普拉斯变换对 $f_2(t)\leftrightarrow F_2(s)$，则 $x_1(t)$ 和 $x_2(t)$ 卷积的拉普拉斯变换为

$$f_1(t)*f_2(t)\leftrightarrow F_1(s)F_2(s) \tag{5.3.20}$$

时域卷积定理指出，两个信号时域卷积的拉普拉斯变换等于拉普拉斯变换的乘积。但该性质仅适用于因果信号，即 $t<0$ 时 $f_1(t)=0$ 和 $f_2(t)=0$ 的情况。

证明：因果信号 $f_1(t)$ 和 $f_2(t)$ 的卷积运算定义为

$$f_1(t)*f_2(t)=\int_0^{\infty}f_1(\tau)f_2(t-\tau)\mathrm{d}\tau=\int_0^{\infty}f_1(t-\tau)f_2(\tau)\mathrm{d}\tau$$

取拉普拉斯变换，有

$$\mathrm{L}\{f_1(t)*f_2(t)\}=\int_0^{\infty}\left[\int_0^{\infty}f_1(t-\tau)f_2(\tau)\mathrm{d}\tau\right]\mathrm{e}^{-st}\mathrm{d}t$$

为清楚起见，公式中插入平移的单位阶跃函数，即

$$\mathrm{L}\{f_1(t)*f_2(t)\}=\int_0^{\infty}\left[\int_0^{\infty}f_1(t-\tau)u(t-\tau)f_2(\tau)\mathrm{d}\tau\right]\mathrm{e}^{-st}\mathrm{d}t$$

对上式交换积分顺序，得到

$$\begin{aligned}\mathrm{L}\{f_1(t)*f_2(t)\}&=\int_0^{\infty}f_2(\tau)\left[\int_0^{\infty}f_1(t-\tau)u(t-\tau)\mathrm{e}^{-st}\mathrm{d}t\right]\mathrm{d}\tau\\&=\int_0^{\infty}f_2(\tau)\left[\int_{\tau}^{\infty}f_1(t-\tau)\mathrm{e}^{-st}\mathrm{d}t\right]\mathrm{d}\tau\end{aligned}$$

作变量代换，令 $t-\tau=\sigma$，则 $\mathrm{d}t=\mathrm{d}\sigma$，可得到

$$\begin{aligned}\mathrm{L}\{f_1(t)*f_2(t)\}&=\int_0^{\infty}f_2(\tau)\left[\int_0^{\infty}f_1(\sigma)\mathrm{e}^{-s(\sigma+\tau)}\mathrm{d}\sigma\right]\mathrm{d}\tau\\&=F_1(s)\int_0^{\infty}f_2(\tau)\mathrm{e}^{-s\tau}\mathrm{d}\tau=F_1(s)F_2(s)\end{aligned}$$

卷积性质在应用中具有重要的作用。例如，LTI 系统的零状态响应就是系统输入信号与

系统单位冲激响应的卷积积分。当系统满足因果性且输入信号在 $t<0$ 时为零，则用卷积性质求解系统的零状态响应是非常方便的。因为卷积性质使用变换、相乘及逆变换运算代替了时域的卷积积分运算，在大多数情况下，这三种运算比时域的卷积积分运算要容易得多。

例 5.3.13　求 $f(t)=[e^{3t}u(t)]*[tu(t)]$ 的拉普拉斯变换。

解：因为已知

$$e^{3t}u(t)\leftrightarrow\frac{1}{s-3}$$

和

$$u(t)\leftrightarrow\frac{1}{s}$$

又根据式(5.3.11)给出的乘 t 性质，得出

$$tu(t)\leftrightarrow\frac{1}{s^2}$$

最后应用式(5.3.18)给出的卷积性质，得到

$$f(t)=[e^{3t}u(t)]*[tu(t)]\leftrightarrow F(s)=\frac{1}{s^2(s-3)}$$

例 5.3.14　重新考虑图 5.3.2 所示三角脉冲信号，试用卷积定理求其拉普拉斯变换。

解：根据卷积积分的特性，可知该三角脉冲信号可等价为两个矩形脉冲信号的卷积，即

$$f(t)=f_1(t)*f_2(t)=\frac{1}{\sqrt{T}}[u(t)-u(t-T)]*\frac{1}{\sqrt{T}}[u(t)-u(t-T)]$$

式中，$f_1(t)=f_2(t)=\frac{1}{\sqrt{T}}[u(t)-u(t-T)]$，对应的拉普拉斯变换为

$$F_1(s)=F_2(s)=\frac{1}{\sqrt{T}}\frac{1-e^{-Ts}}{s}$$

根据时域卷积定理，信号 $f(t)=f_1(t)*f_2(t)$ 的拉普拉斯变换为

$$F(s)=F_1(s)F_2(s)=\frac{1}{Ts^2}(1-e^{-Ts})^2$$

11. 频域卷积定理

设信号 $f_1(t)$ 有拉普拉斯变换对 $f_1(t)\leftrightarrow F_1(s)$，信号 $f_2(t)$ 有拉普拉斯变换对 $f_2(t)\leftrightarrow F_2(s)$，则 $f_1(t)$ 与 $f_2(t)$ 相乘的拉普拉斯变换为

$$f_1(t)f_2(t)\leftrightarrow\frac{1}{2\pi j}F_1(s)*F_2(s)\tag{5.3.21}$$

证明：时域函数 $f_1(t)$ 与 $f_2(t)$ 相乘的拉普拉斯变换根据定义为

$$L[f_1(t)f_2(t)]=\int_{0_-}^{\infty}f_1(t)f_2(t)e^{-st}dt=\int_{0_-}^{\infty}\left[\frac{1}{2\pi j}\int_{\sigma-j\infty}^{\sigma+j\infty}F_1(\lambda)e^{\lambda t}d\lambda\right]f_2(t)e^{-st}dt$$

式中，σ 取 $F_1(s)$ 和 $F_2(s)$ 都存在的区间。如果先对 t 积分，即

$$L[f_1(t)f_2(t)]=\frac{1}{2\pi j}\int_{\sigma-j\infty}^{\sigma+j\infty}F_1(\lambda)\left[\int_{0_-}^{\infty}f_2(t)e^{-(s-\lambda)t}dt\right]d\lambda$$

假设 $F_2(s)$ 存在，则有

$$\int_{0_-}^{\infty} f_2(t)\mathrm{e}^{-(s-\lambda)t}\mathrm{d}t = F_2(s-\lambda)$$

因此

$$\mathrm{L}[f_1(t)f_2(t)] = \frac{1}{2\pi \mathrm{j}}\int_{\sigma-\mathrm{j}\infty}^{\sigma+\mathrm{j}\infty} F_1(\lambda)F_2(s-\lambda)\mathrm{d}\lambda = \frac{1}{2\pi \mathrm{j}}F_1(s) * F_2(s) \tag{5.3.22}$$

注解：式(5.3.22)中的积分从卷积意义上看似乎是一个非周期卷积，但事实上不是。这个积分其实是复平面上的一个围线积分，对它的讨论已经超出了本书的范围，感兴趣的读者可以参考复变函数类的书籍。

12. 初值定理

定义函数$f(t)$的初值$f(0_+)$为t从0点的右侧趋于零时的极限。初值定理可以根据$f(t)$的拉普拉斯变换$F(s)$直接求出$f(0_+)$。初值定理表述如下：

$$f(0_+) = \lim_{t\to 0_+}\{f(t)\} = \lim_{s\to\infty} sF(s) \tag{5.3.23}$$

证明：根据时间微分性质，有

$$\mathrm{L}\left\{\frac{\mathrm{d}f(t)}{\mathrm{d}t}\right\} = \int_{0_-}^{\infty}\frac{\mathrm{d}f(t)}{\mathrm{d}t}\mathrm{e}^{-st}\mathrm{d}t = sF(s) - f(0_-)$$

令$s\to\infty$，对上式取极限可得

$$\lim_{s\to\infty}\int_{0_-}^{\infty}\frac{\mathrm{d}f(t)}{\mathrm{d}t}\mathrm{e}^{-st}\mathrm{d}t = \int_{0_-}^{\infty}\lim_{s\to\infty}\left\{\frac{\mathrm{d}f(t)}{\mathrm{d}t}\mathrm{e}^{-st}\right\}\mathrm{d}t = \lim_{s\to\infty}[sF(s) - f(0_-)] \tag{5.3.24}$$

情况1：$f(t)$在$t=0$处连续。如果当$\mathrm{Re}(s)=\sigma>\sigma_0$时$f(t)$的拉普拉斯变换$F(s)$存在，则必有$\lim\limits_{s\to\infty}\left\{\frac{\mathrm{d}f(t)}{\mathrm{d}t}\mathrm{e}^{-st}\right\}=0$[因为$\frac{\mathrm{d}f(t)}{\mathrm{d}t}\mathrm{e}^{-st}$是指数函数]，所以有

$$0 = \lim_{s\to\infty}[sF(s) - f(0_-)]$$

或者

$$f(0_-) = \lim_{s\to\infty} sF(s)$$

又因为$f(t)$在$t=0$处连续，故有$f(0_-)=f(0_+)$，因此

$$f(0_+) = \lim_{s\to\infty} sF(s)$$

情况2：$f(t)$在$t=0$处不连续。$f(t)$在$t=0$处不连续意味着$f(t)$的导数在$t=0$处存在一个冲激，此时根据式(5.3.24)有

$$\begin{aligned}
\lim_{s\to\infty}[sF(s) - f(0_-)] &= \lim_{s\to\infty}\int_{0_-}^{\infty}\frac{\mathrm{d}f(t)}{\mathrm{d}t}\mathrm{e}^{-st}\mathrm{d}t \\
&= \lim_{s\to\infty}\int_{0_-}^{0_+}\frac{\mathrm{d}f(t)}{\mathrm{d}t}\mathrm{e}^{-st}\mathrm{d}t + \lim_{s\to\infty}\int_{0_+}^{\infty}\frac{\mathrm{d}f(t)}{\mathrm{d}t}\mathrm{e}^{-st}\mathrm{d}t \\
&= \lim_{s\to\infty} f(t)\Big|_{0_-}^{0_+} + \lim_{s\to\infty}\int_{0_+}^{\infty}\frac{\mathrm{d}f(t)}{\mathrm{d}t}\mathrm{e}^{-st}\mathrm{d}t \\
&= \lim_{s\to\infty}[f(0_+) - f(0_-)] + \lim_{s\to\infty}\int_{0_+}^{\infty}\frac{\mathrm{d}f(t)}{\mathrm{d}t}\mathrm{e}^{-st}\mathrm{d}t
\end{aligned}$$

整理后得到

$$\lim_{s\to\infty} sF(s) = f(0_+) + \lim_{s\to\infty}\int_{0_+}^{\infty}\frac{\mathrm{d}f(t)}{\mathrm{d}t}\mathrm{e}^{-st}\mathrm{d}t = f(0_+) + \int_{0_+}^{\infty}\frac{\mathrm{d}f(t)}{\mathrm{d}t}(\lim_{s\to\infty}\mathrm{e}^{-st})\mathrm{d}t = f(0_+)$$

这里因为$\lim\limits_{s\to\infty} e^{-st}=0$。

讨论题 5.3.15　上述情况 2 中函数在 $t=0$ 处不连续可以用单位阶跃信号 $u(t)$ 进行说明。因为根据单位阶跃函数的定义，有 $u(0_+)=1$ 和 $u(0_-)=0$。这就说明信号 $u(t)$ 在零点处有一个跳跃不连续点，由式(5.3.19)可求出单位阶跃信号 $u(t)$ 的初值为

$$u(0_+)=\lim_{s\to\infty}\{sU(s)\}=\lim_{s\to\infty}\left\{s\frac{1}{s}\right\}=1$$

这是符合单位阶跃函数定义的。

13. 终值定理

终值定理是非常有用的，因为它使得信号在时域的稳态值(终值)可以从它的拉普拉斯变换得到而不用求逆拉普拉斯变换。但终值定理的使用需要满足两个条件：①函数 $f(t)$ 和它的导数$\frac{\mathrm{d}}{\mathrm{d}t}f(t)$的拉普拉斯变换存在；②$sF(s)$对于 $\mathrm{Re}(s)\geqslant 0$ 没有奇异点[奇异点是使$sF(s)\to\infty$ 的点]。那么终值定理表示为

$$f(\infty)=\lim_{t\to\infty}f(t)=\lim_{s\to 0}sF(s) \tag{5.3.25}$$

证明：根据时域微分性质，一阶微分的拉普拉斯变换为

$$\mathrm{L}\left\{\frac{\mathrm{d}f(t)}{\mathrm{d}t}\right\}=\int_{0_-}^{\infty}\frac{\mathrm{d}f(t)}{\mathrm{d}t}\mathrm{e}^{-st}\mathrm{d}t=sF(s)-f(0^-)$$

因此

$$\lim_{s\to 0}[sF(s)-f(0^-)]=\lim_{s\to 0}\int_{0_-}^{\infty}\frac{\mathrm{d}f(t)}{\mathrm{d}t}\mathrm{e}^{-st}\mathrm{d}t=\int_{0_-}^{\infty}\frac{\mathrm{d}f(t)}{\mathrm{d}t}(\lim_{s\to 0}\mathrm{e}^{-st})\mathrm{d}t$$

$$=\int_{0_-}^{\infty}\frac{\mathrm{d}f(t)}{\mathrm{d}t}\mathrm{d}t=\int_{0_-}^{\infty}\mathrm{d}f(t)=f(t)\Big|_{0_-}^{\infty}=f(\infty)-f(0_-)$$

整理后得到

$$\lim_{s\to 0}sF(s)-f(0^-)=f(\infty)-f(0_-)$$

或

$$f(\infty)=\lim_{s\to 0}sF(s)$$

注意：终值定理只对那些在无限区域上极限存在的时间函数是适用的。例如：$\sin t$ 在无穷远处没有极限，因此终值定理对 $\sin t$ 不适用。其实，$\sin t$ 的拉普拉斯变换在虚轴上有一对共轭复数极点。在复数域中，判断一个时间函数 $f(t)$ 是否在无穷远处有极限的简易方法是检查它的拉普拉斯变换的极点。就是说，如果函数 $sF(s)$ 在虚轴上或 s 的右半平面中没有极点[使 $sF(s)=\infty$ 的 s 的值]，则终值定理将是适用的。换句话说，如果一个函数 $F(s)$ 的所有极点都在 s 的左半平面且在原点只存在一个单极点(独立极点)，则终值定理可以使用(一旦学习了系统稳定性的概念后这个问题将更加清楚)。

讨论题 5.3.16　函数 $y(t)=(2+\mathrm{e}^{-3t})u(t)$ 的终值显然为 $y(\infty)=2$，试讨论是否可以用终值定理来求它的终值。

函数 $y(t)=(2+\mathrm{e}^{-3t})u(t)$ 的微分是

$$\frac{\mathrm{d}}{\mathrm{d}t}y(t)=2\delta(t)+\mathrm{e}^{-3t}\delta(t)-3\mathrm{e}^{-3t}u(t)=3\delta(t)-3\mathrm{e}^{-3t}u(t)$$

因此，$y(t)$和$\frac{\mathrm{d}}{\mathrm{d}t}y(t)$的拉普拉斯变换分别为

$$Y(s)=\mathrm{L}\{(2+\mathrm{e}^{-3t})u(t)\}=\frac{2}{s}+\frac{1}{s+3}=\frac{3s+6}{s(s+3)}$$

和

$$\mathrm{L}\left\{\frac{\mathrm{d}}{\mathrm{d}t}y(t)\right\}=3-\frac{3}{s+3}=\frac{3s+6}{s+3}$$

上式中 $Y(s)$的收敛域为 $\mathrm{Re}(s)>0$，$\mathrm{L}\left\{\frac{\mathrm{d}y(t)}{\mathrm{d}t}\right\}$的收敛域为 $\mathrm{Re}(s)>-3$。因为 $sY(s)=(3s+6)/(s+3)$，故它在 $s=-3+\mathrm{j}0$ 处有一个奇异点，满足终值条件且终值为

$$y(\infty)=\lim_{s\to 0}s\left[\frac{3s+6}{s(s+3)}\right]=2$$

讨论题 5.3.17 函数 $f(t)=\sin(2t)$在 $t\to\infty$ 时其幅值在±1 之间振荡，因此它没有终值。如果不加思考就使用终值定理，将有

$$\mathrm{L}\{f(t)\}=\frac{2}{s^2+4}$$

运用终值定理，可得

$$f(\infty)=\lim_{s\to 0}sF(s)=\lim_{s\to 0}s\left(\frac{2}{s^2+4}\right)=0$$

显然这是一个错误的结果。其实，$sX(s)$在 $s=0\pm\mathrm{j}2$ 处拥有两个奇异点，所以对于奇异点 $\mathrm{Re}(s)=0$，不能应用终值定理。

5.4 拉普拉斯逆变换

直接利用定义式(5.3.2)求拉普拉斯逆变换需要用到围线积分，这已超出了本书要求的数学范围。但若基于信号与其单边拉普拉斯变换对的关系，利用若干基本变换对以及拉普拉斯变换的性质，就可以求出几乎所有出现在线性系统理论及应用中的拉普拉斯逆变换问题。

在 LTI 系统的微分方程求解问题中，拉普拉斯变换域方法会出现关于 s 的多项式之比的形式。针对这种情况，通过部分分式展开，将 $F(s)$表示成已知基本函数的各个部分分式之和，即可获得拉普拉斯逆变换。

部分分式展开法适用于严格真有理函数 $F(s)$，即

$$F(s)=\frac{b_m s^m+b_{m-1}s^{m-1}+\cdots b_1 s+b_0}{s^n+a_{n-1}s^{n-1}+\cdots a_1 s+a_0}=\frac{N(s)}{D(s)} \tag{5.4.1}$$

式中，$m<n$。通常情况下，物理可实现的信号和系统的拉普拉斯变换是严格真有理函数。如果 $F(s)$是非有理函数，也就是 $m\geqslant n$，则需用长除法将 $F(s)$展开成

$$F(s)=\sum_{i=0}^{m-n}c_i s^i+\frac{\tilde{N}(s)}{D(s)}=\sum_{i=0}^{m-n}c_i s^i+\tilde{F}(s) \tag{5.4.2}$$

的形式，其中

$$\tilde{F}(s)=\frac{\tilde{N}(s)}{D(s)} \tag{5.4.3}$$

的分子多项式 $\tilde{N}(s)$ 的阶次低于分母多项式的阶次，是一个严格真有理函数。因此长除法从一个有理函数中提取严格真的部分（即可以部分分式展开的部分），再用部分分式展开法确定 $\tilde{F}(s)$ 的逆变换。由于已知 $t=0_-$ 时刻的冲激函数及其导数为零，根据 $\delta(t)\leftrightarrow 1$ 的结论以及微分性质[式(5.3.16)]，就可以给出 $F(s)$ 中求和项 $\sum_{i=0}^{m-n} c_i s^i$ 的各项的逆变换：

$$\sum_{i=0}^{m-n} c_i \delta^{(i)}(t) \leftrightarrow \sum_{i=0}^{m-n} c_i s^i \tag{5.4.4}$$

式中，$\delta^{(i)}(t)$ 表示单位冲激函数 $\delta(t)$ 的第 i 阶导数。

讨论题 5.4.1 设函数 $f(t)$ 的拉普拉斯变换为

$$F(s)=\frac{s^2+s+1}{s^2+2s+1}$$

这是一个非严格真的有理分式。对 $F(s)$ 作长除，得到

$$F(s)=1-\frac{s}{s^2+2s+1}$$

式中，等式右边第一项是常数，它的拉普拉斯逆变换是 $\delta(t)$；等式右边第二项则成为一个真有理式。因此，当 $F(s)$ 中有 $m=n$ 时，映射到时域则出现了一个冲激，即时域信号包含一个 $\delta(t)$ 信号。注意：长除运算也可以在 MATLAB 中利用函数 deconv 来实现。

现将式(5.4.3)中的分母多项式分解为极点因式连乘的形式，即

$$\tilde{F}(s)=\frac{\tilde{N}(s)}{D(s)}=\frac{b_p s^p + b_{p-1}s^{p-1} + \cdots b_1 s + b_0}{\prod_{i=1}^{n}(s-p_i)} \tag{5.4.5}$$

式中，$p<n$，所以式(5.4.5)是严格真有理分式。在对式(5.4.5)进行部分分式展开的过程中根据极点的取值又需要分为几种情况考虑。

情况 1：实数单极点

假设函数 $\tilde{F}(s)=\dfrac{\tilde{N}(s)}{D(s)}$ 的极点 $p_i(i=1,\cdots n)$ 是实数单极点，即

$$\tilde{F}(s)=\frac{\tilde{N}(s)}{D(s)}=\frac{\tilde{N}(s)}{(s-p_1)(s-p_2)\cdots(s-p_n)},\quad p_1\neq p_2\neq\cdots\neq p_n$$

则用部分分式法展开 $\tilde{F}(s)$，得到

$$\tilde{F}(s)=\frac{k_1}{s-p_1}+\frac{k_2}{s-p_2}+\cdots+\frac{k_n}{s-p_n}=\sum_{i=1}^{n}\frac{k_i}{s-p_i} \tag{5.4.6}$$

式中，系数 k_i 可以用留数法确定。但直接用亥维赛系数公式

$$k_i=\lim_{s\to p_i}\{(s-p_i)F(s)\},\ i=1,\ 2,\ \cdots,\ n \tag{5.4.7}$$

计算系数 k_i 则更为简单。如果用 $(s-p_i)$ 乘式(5.4.6)的等式两边并求 $s\to p_i$ 的极限即可证明这个公式。

考虑到单边指数信号的拉普拉斯变换对 $e^{-at}u(t)\leftrightarrow\dfrac{1}{s+a}$，则可发现式(5.4.6)的右边每一项均表示一个时域中的指数信号，即

$$k_i e^{p_i t}u(t)\leftrightarrow\frac{k_i}{s-p_i}$$

因此，$\tilde{F}(s)$的拉普拉斯逆变换就是

$$\begin{aligned}\tilde{f}(t) &= \mathrm{L}^{-1}\{\tilde{F}(s)\}\\ &= (k_1 e^{p_1 t} + k_2 e^{p_2 t} + \cdots + k_n e^{p_n t})u(t) = \left(\sum_{i=1}^{n} k_i e^{p_i t}\right)u(t)\end{aligned} \tag{5.4.8}$$

式中，括号外面的$u(t)$是对$\tilde{f}(t)$进行单边约束的，强调$\tilde{f}(t)$仅在$t>0$时成立。

例 5.4.2 设函数$f(t)$的拉普拉斯变换为$F(s)=\dfrac{s+4}{(s+1)(s+2)(s+3)}$，试用部分分式展开法求逆变换。

解：根据式(5.4.6)，它的部分分式展开是

$$F(s)=\frac{k_1}{s+1}+\frac{k_2}{s+2}+\frac{k_3}{s+3}$$

其中系数则由系数公式(5.4.7)确定，即

$$k_1=\lim_{s\to-1}\left\{(s+1)\frac{(s+4)}{(s+1)(s+2)(s+3)}\right\}=\lim_{s\to-1}\left\{\frac{(s+4)}{(s+2)(s+3)}\right\}=\frac{3}{2}$$

$$k_2=\lim_{s\to-2}\left\{(s+2)\frac{(s+4)}{(s+1)(s+2)(s+3)}\right\}=\lim_{s\to-2}\left\{\frac{(s+4)}{(s+1)(s+3)}\right\}=-2$$

$$k_1=\lim_{s\to-3}\left\{(s+3)\frac{(s+4)}{(s+1)(s+2)(s+3)}\right\}=\lim_{s\to-3}\left\{\frac{(s+4)}{(s+1)(s+2)}\right\}=\frac{1}{2}$$

因此

$$F(s)=\frac{3}{2}\frac{1}{s+1}-\frac{2}{s+2}+\frac{1}{2}\frac{1}{s+3}$$

上式的逆变换显然为

$$f(t)=\mathrm{L}^{-1}\{F(s)\}=\left(\frac{3}{2}e^{-t}-2e^{-2t}+\frac{1}{2}e^{-3t}\right)u(t)$$

情况 2：实数多重极点

假设函数$\tilde{F}(s)$有r重实数极点和$n-r$个单实数极点，即

$$\tilde{F}(s)=\frac{\tilde{N}(s)}{D(s)}=\frac{N_m(s)}{(s-p_1)^r(s-p_{r+1})(s-p_{r+2})\cdots(s-p_n)}$$

$$p_1\neq p_{r+1}\neq p_{r+2}\neq\cdots\neq p_n$$

则包含重根(极点)的$\tilde{F}(s)$经部分分式展开后为

$$\begin{aligned}\tilde{F}(s)&=\frac{k_{11}}{s-p_1}+\frac{k_{12}}{(s-p_1)^2}+\cdots+\frac{k_{1r}}{(s-p_1)^r}+\frac{k_{r+1}}{s-p_{r+1}}+\frac{k_{r+2}}{s-p_{r+2}}+\cdots+\frac{k_n}{s-p_n}\\ &=\sum_{i=1}^{r}\frac{k_{1i}}{(s-p_1)^i}+\sum_{j=1}^{n-r}\frac{k_{r+j}}{s-p_{r+j}}\end{aligned} \tag{5.4.9}$$

式中，系数$k_{r+j}(j=1,\cdots,n-r)$对应于单实数极点，故由式(5.4.7)可以直接计算。至于对应多重极点p_1的系数$k_{1i}(i=1,\cdots,r)$，同样可由亥维赛系数公式计算，即由

$$k_{1i}=\frac{1}{(r-i)!}\lim_{s\to p_1}\left\{\frac{d^{r-i}}{ds^{r-i}}[(s-p_1)^r\tilde{F}(s)]\right\},\quad i=1,\cdots,r-1,r \tag{5.4.10}$$

确定。式(5.4.10)的证明可参见相关文献，如文献[11，12]。

一旦得到了式(5.4.9)给出的$\widetilde{F}(s)$的展开式，则可以通过查询拉普拉斯变换表求出$\widetilde{F}(s)$的逆变换。因为通过查表知

$$\frac{1}{(s+a)^{r+1}} \leftrightarrow \frac{1}{r!}t^r e^{-at}u(t) \tag{5.4.11}$$

故可求出$\widetilde{F}(s)$的拉普拉斯逆变换为

$$\begin{aligned}\widetilde{f}(t) &= \mathrm{L}^{-1}\{\widetilde{F}(s)\}\\ &= \left[k_{11}e^{p_1 t} + k_{12}te^{p_1 t} + \cdots + k_{1r}\frac{1}{(r-1)!}t^{r-1}e^{p_1 t}\right]u(t) + \\ &\quad (k_{r+1}e^{p_{r+1}t} + k_{r+2}e^{p_{r+2}t} + \cdots + k_n e^{p_n t})u(t)\\ &= \left[\sum_{i=1}^{r}\frac{k_{1i}}{(i-1)!}t^{i-1}e^{p_1 t} + \sum_{j=1}^{n-r}k_{r+j}e^{p_{r+j}t}\right]u(t)\end{aligned} \tag{5.4.12}$$

例 5.4.3　设$F(s)$有一个三重极点$s_{1,2,3}=-1$和一个单极点$s_4=-2$，即

$$F(s)=\frac{1}{(s+1)^3(s+2)}$$

试用部分分式展开法求逆变换。

解：根据式(5.4.9)，它的部分分式展开

$$F(s)=\frac{k_{11}}{(s+1)}+\frac{k_{12}}{(s+1)^2}+\frac{k_{13}}{(s+1)^3}+\frac{k_4}{(s+2)}$$

其中三重极点$s_{1,2,3}=-1$的系数由式(5.4.10)计算，有

$$k_{11}=\frac{1}{2}\lim_{s\to-1}\left\{\frac{d^2}{ds^2}\left[(s+1)^3\frac{1}{(s+1)^3(s+2)}\right]\right\}=\frac{1}{2}\lim_{s\to-1}\left\{\frac{d^2}{ds^2}\left[\frac{1}{(s+2)}\right]\right\}=\lim_{s\to-1}\left\{\frac{1}{(s+2)^3}\right\}=1$$

$$k_{12}=\lim_{s\to-1}\left\{\frac{d}{ds}\left[(s+1)^3\frac{1}{(s+1)^3(s+2)}\right]\right\}=\lim_{s\to-1}\left\{\frac{d}{ds}\left[\frac{1}{(s+2)}\right]\right\}=\lim_{s\to-1}\left\{\frac{-1}{(s+2)^2}\right\}=-1$$

$$k_{13}=\lim_{s\to-1}\left\{(s+1)^3\frac{1}{(s+1)^3(s+2)}\right\}=1$$

而系数k_4，因为是一个单极点，则由式(5.4.7)计算，即

$$k_4=\lim_{s\to-2}\left\{(s+2)\frac{1}{(s+1)^3(s+2)}\right\}=\frac{1}{(-2+1)^3}=-1$$

因此

$$F(s)=\frac{1}{(s+1)}-\frac{1}{(s+1)^2}+\frac{1}{(s+1)^3}-\frac{1}{(s+2)}$$

故其逆变换由式(5.4.12)可知为

$$f(t)=\mathrm{L}^{-1}\{F(s)\}=\left(e^{-t}-te^{-t}+\frac{1}{2}t^2e^{-t}-e^{-2t}\right)u(t)$$

情况 3：复数共轭对极点

假设函数$\widetilde{F}(s)$的分母多项式中包含有二次因子$s^2+\lambda s+\gamma$。如果该二次因子有一对共轭复数根(即有一对共轭复数极点)，最简单的方法是不要将该二次因子进行因式分解，以避免出现复数根(极点对)。例如，假设$F(s)$为

$$F(s)=\frac{n(s)}{s(s^2+\lambda s+\gamma)} \tag{5.4.13}$$

式中，$\lambda\geqslant0$；$\gamma\geqslant0$。如果 $s^2+\lambda s+\gamma=0$ 有一对共轭复数根，则可将 $F(s)$ 展开成如下的分项分式形式：

$$F(s)=\frac{n(s)}{s(s^2+\lambda s+\gamma)}=\frac{k}{s}+\frac{cs+d}{s^2+\lambda s+\gamma}=\frac{k}{s}+F_1(s)$$

对式中分项分式的第二项，一般可以利用完全二次方法将 $s^2+\lambda s+\gamma$ 等价为 $(s+a)^2+b^2$ 的形式，即

$$F_1(s)=\frac{cs+d}{s^2+\lambda s+\gamma}=\frac{cs+d}{(s+a)^2+b^2}$$

$F_1(s)$ 还可以写成

$$F_1(s)=\frac{c(s+a)-ca+d}{(s+a)^2+b^2}=\frac{c(s+a)}{(s+a)^2+b^2}+\frac{d-ca}{b}\,\frac{b}{(s+a)^2+b^2} \tag{5.4.14}$$

由于已知（如通过查表）

$$\mathrm{e}^{-at}\cos\omega t u(t)\leftrightarrow\frac{s+a}{(s+a)^2+\omega^2}$$

和

$$\mathrm{e}^{-at}\sin\omega t u(t)\leftrightarrow\frac{\omega}{(s+a)^2+\omega^2}$$

则显然 $F_1(s)$ 中的第一项对应于时域中的指数衰减余弦信号，而第二项对应于指数衰减正弦信号。因此，$F_1(s)$ 的拉普拉斯逆变换为

$$f_1(t)=\mathrm{L}^{-1}\{F_1(s)\}=\left(c\mathrm{e}^{-at}\cos bt+\frac{d-ca}{b}\mathrm{e}^{-at}\sin bt\right)u(t) \tag{5.4.15}$$

例 5.4.4　试求 $F(s)=\dfrac{s+1}{s^2+4s+7}$ 的拉普拉斯逆变换。

解： 注意到 $s^2+4s+7=(s+2)^2+3$，因此有

$$F(s)=\frac{s+1}{s^2+4s+7}=\frac{s+1}{(s+2)^2+3}=\frac{s+2-1}{(s+2)^2+3}=\frac{s+2}{(s+2)^2+3}-\frac{1}{(s+2)^2+3}$$

根据式（5.4.14），可得

$$F(s)=\frac{s+1}{s^2+4s+7}=\frac{s+2}{(s+2)^2+3}-\frac{1}{(s+2)^2+3}\leftrightarrow\left(\mathrm{e}^{-2t}\cos\sqrt{3}t-\frac{1}{\sqrt{3}}\mathrm{e}^{-2t}\sin\sqrt{3}t\right)u(t)$$

讨论题 5.4.5　考虑在原点有一个单极点和一对复数共轭极点的拉普拉斯逆变换的问题。

设函数 $f(t)$ 的拉普拉斯变换 $F(s)$ 为

$$F(s)=\frac{s^2+3}{s(s^2+2s+3)}$$

利用二次因子的部分分式展开有

$$F(s)=\frac{s^2+3}{s(s^2+2s+3)}=\frac{k_1}{s}+\frac{cs+d}{s^2+2s+3} \tag{5.4.16}$$

式中，系数 k_1 由式（5.4.7）计算，即

$$k_1=\lim_{s\to 0}\{sF(s)\}=\left.\frac{s^2+3}{s^2+2s+3}\right|_{s=0}=1$$

确定系数 c 和 d 的方法有三种：

1）在式(5.4.16)中代入 s 的特殊值。

2）将式(5.4.16)右端两项通分，比较等式两端中分子同次幂的系数并令其相等。

3）将 $F(s)$减去 $1/s$ 项即可得到式(5.4.16)右端的第二项。

本例采用第 3 种方法，即将 $F(s)$减去 $1/s$ 项即可得到

$$\frac{s^2+3}{s(s^2+2s+3)}-\frac{1}{s}=\frac{cs+d}{s^2+2s+3}$$

等式左边通分后得到

$$\frac{s^2+3}{s(s^2+2s+3)}-\frac{1}{s}=\frac{s^2+3-(s^2+2s+3)}{s(s^2+2s+3)}$$

$$=\frac{-2s}{s(s^2+2s+3)}=\frac{-2}{s^2+2s+3}=\frac{cs+d}{s^2+2s+3}$$

比较系数，有 $c=0$，$d=-2$，因此

$$F(s)=\frac{s^2+3}{s(s^2+2s+3)}=\frac{1}{s}+\frac{0s+(-2)}{s^2+2s+3}=\frac{1}{s}-\frac{2}{(s+1)^2+2}=\frac{1}{s}+F_1(s)$$

由式(5.4.15)即可求出 $F(s)$的逆变换为

$$f(t)=\mathrm{L}^{-1}\{F(s)\}=\mathrm{L}^{-1}\left\{\frac{1}{s}+F_1(s)\right\}$$

$$=\left(1+c\mathrm{e}^{-at}\cos bt+\frac{d-cb}{b}\mathrm{e}^{-at}\sin bt\right)u(t)$$

$$=\left(1-\frac{2}{\sqrt{2}}\mathrm{e}^{-t}\sin\sqrt{2}t\right)u(t)=(1-\sqrt{2}\mathrm{e}^{-t}\sin\sqrt{2}t)u(t)$$

情况 4：多重复数共轭极点

对于含多重复数共轭极点的拉普拉斯逆变换，一般是综合运用情况 2 和情况 3 中的方法。但是，困难在于计算相应部分的部分分式展开系数。因此，工程应用中应该利用 MATLAB 进行部分分式的展开及其系数计算。

情况 5：包含时延成分

根据拉普拉斯变换的时延性质，如果信号包含时延成分，则其拉普拉斯变换对为

$$f(t-t_0)u(t-t_0)\leftrightarrow \mathrm{e}^{-t_0 s}F(s)$$

式中，复指数项 $\mathrm{e}^{-t_0 s}$定义了 t_0 个单位的时延。显然，包含时延的信号的拉普拉斯变换不是有理函数，因而也就不能用有理部分分式来分解。在这种情况下，可以先求出 $F(s)$的拉普拉斯逆变换 $f(t)u(t)$，然后对信号 $f(t)u(t)$ 延迟 t_0 个单位。

例 5.4.6　试求 $F(s)=\dfrac{\mathrm{e}^{-5s}}{(s+1)^3(s+2)}=F_1(s)\mathrm{e}^{-5s}$的拉普拉斯逆变换。

解：在例 5.4.3 中已经得到函数 $F_1(s)$的拉普拉斯逆变换，即

$$F_1(s)\leftrightarrow\left(\mathrm{e}^{-t}-t\mathrm{e}^{-t}+\frac{1}{2}t^2\mathrm{e}^{-2t}\right)u(t)$$

对上式应用拉普拉斯变换的时延性质，即可得到 $F(s)$ 的拉普拉斯变换对

$$\frac{e^{-5s}}{(s+1)^3(s+2)} \leftrightarrow \left[e^{-(t-5)}-(t-5)e^{-(t-5)}+\frac{1}{2}(t-5)^2e^{-(t-5)}-e^{-2(t-5)}\right]u(t-5)$$

注解：以上几种情况基本涵盖了 LTI 系统的拉普拉斯逆变换的计算问题。但是，如果 $F(s)$ 不属于上面讨论过的五种类型，则只能根据逆变换的定义式直接求复变量积分或者围线积分。

5.5　求解含初始条件的微分方程

单边拉普拉斯变换在 LTI 系统分析中的重要应用就是求解非零初始条件下系统微分方程的解。由于单边拉普拉斯变换的微分性质中，初始条件作为等效于零负时刻（$t=0_-$）的激励连同其导数值一并归入解中，从而避免了有跳跃间断点输入时系统初始状态的跳变问题。换句话说，拉普拉斯变换可以直接用于求解 LTI 系统的微分方程，不管输入信号是否存在跳跃间断点。与傅里叶变换只能求解系统的零状态响应不同，拉普拉斯变换能够求出系统的零输入响应和零状态响应，因此也就能够给出系统的完全解。

式（2.10.6）给出了 n 阶 LTI 常系数微分方程的一般形式，即

$$\begin{aligned}&a_n\frac{d^ny(t)}{dt^n}+a_{n-1}\frac{d^{n-1}y(t)}{dt^{n-1}}+\cdots+a_1\frac{dy(t)}{dt}+a_0y(t)\\&=b_m\frac{d^mx(t)}{dt^m}+b_{m-1}\frac{d^{m-1}x(t)}{dt^{m-1}}+\cdots+b_1\frac{dx(t)}{dt}+b_0x(t)\end{aligned}$$

上式的紧凑形式为

$$\sum_{k=0}^{n}a_k\frac{d^ky(t)}{dt^k}=\sum_{k=0}^{m}b_k\frac{d^kx(t)}{dt^k} \tag{5.5.1}$$

式中，$a_k(k=0,1,\cdots n$，且 $a_n\neq0)$ 和 $b_k(k=0,1,\cdots,m)$ 是与时间无关的实常数；$x(t)$ 是系统的输入信号；$y(t)$ 是系统的输出信号。

对式（5.5.1）等式两边同取单边拉普拉斯变换，即

$$L\left\{\sum_{k=0}^{n}a_k\frac{d^ky(t)}{dt^k}\right\}=L\left\{\sum_{k=0}^{m}b_k\frac{d^kx(t)}{dt^k}\right\} \tag{5.5.2}$$

则应用拉普拉斯变换的微分性质［式（5.3.16）］，式（5.5.2）中输入信号 $x(t)$ 的第 k 阶微分的拉普拉斯变换为

$$\frac{d^k}{dt^k}x(t)\leftrightarrow s^kX(s)-\sum_{i=0}^{k-1}s^{k-1-i}x^{(i)}(0_-) \tag{5.5.3}$$

式中

$$x^{(i)}(0_-)=\frac{d^i}{dt^i}x(t)\bigg|_{t=0_-} \tag{5.5.4}$$

是 $x(t)$ 的第 k 阶微分在 $t=0_-$ 的值。显然，它是作为输入的初始条件包括在 $x(t)$ 的第 k 阶微分中的，如果 $x(t)$ 是因果信号，则该项为零。同理可得，输出信号 $y(t)$ 的第 k 阶微分的拉普拉斯变换为

$$\frac{d^k}{dt^k}y(t)\leftrightarrow s^kY(s)-\sum_{i=0}^{k-1}s^{k-1-i}y^{(i)}(0_-) \tag{5.5.5}$$

式中

$$y^{(i)}(0_-)=\frac{\mathrm{d}^i}{\mathrm{d}t^i}y(t)\bigg|_{t=0_-} \tag{5.5.6}$$

是 $y(t)$ 的第 k 阶微分在 $t=0_-$ 的值，它同样作为输出的初始条件包括在 $y(t)$ 的第 k 阶微分中。将式(5.5.3)和式(5.5.5)代入式(5.5.2)中，经整理并写成矩阵形式即得到 n 阶 LTI 常系数微分方程的拉普拉斯变换的矩阵形式，即

$$A(s)Y(s)-I(s)=B(s)X(s) \tag{5.5.7}$$

或

$$Y(s)=\frac{B(s)}{A(s)}X(s)+\frac{1}{A(s)}I(s) \tag{5.5.8}$$

式中

$$\begin{cases}A(s)=s^n+a_{n-1}s^{n-1}+\cdots+a_1s+a_0\\ B(s)=b_ms^m+b_{m-1}s^{m-1}+\cdots+b_1s+b_0\\ I(s)=\displaystyle\sum_{k=1}^{n}\sum_{i=0}^{k-1}a_{k-1}s^{k-1-i}\frac{\mathrm{d}^i}{\mathrm{d}t^i}y(t)\bigg|_{t=0_-}\end{cases} \tag{5.5.9}$$

式中已经假定 $t<0$ 时输入 $x(t)=0$。另外，如果系统是松弛的，即关于系统输出 $y(t)$ 的初始条件全部为零，则 $I(s)=0$；如果系统输入 $x(t)=0$，则 $B(s)X(s)=0$。

现在，将式(5.5.8)中的初始条件以及输入的影响分开，则有

$$Y(s)=\frac{B(s)}{A(s)}X(s)+\frac{I(s)}{A(s)}=Y_{\mathrm{f}}(s)+Y_{\mathrm{n}}(s) \tag{5.5.10}$$

式中，$Y_{\mathrm{f}}(s)$ 仅仅与输入的拉普拉斯变换有关，是系统对输入的响应分量，称为强迫响应，$Y_{\mathrm{f}}(s)=\dfrac{B(s)}{A(s)}X(s)$；$Y_{\mathrm{n}}(s)$ 是由系统初始条件引起的输出或响应分量，称为自然响应，$Y_{\mathrm{n}}(s)=\dfrac{I(s)}{A(s)}$。

注意，强迫响应描述的是初始条件为零时系统的输出，而自然响应描述的是输入为零时系统的输出。在 $t=0$ 时输入信号施加于系统，即可获得系统的完全响应——由系统初始条件和输入信号共同作用于系统时产生的响应 $Y(s)$。当然，要得到时域解，还必须利用拉普拉斯逆变换，即 $y(t)=\mathrm{L}^{-1}\{Y(s)\}$。

例 5.5.1 图 2.6.2 所示的微加速度计(MEMS)模型的二阶微分方程为

$$\frac{\mathrm{d}^2y(t)}{\mathrm{d}t^2}+\frac{\omega_{\mathrm{n}}}{Q}\frac{\mathrm{d}y(t)}{\mathrm{d}t}+\omega_{\mathrm{n}}^2y(t)=x(t) \tag{5.5.11}$$

式中，系数 ω_{n} 为加速度计的固定频率，$\omega_{\mathrm{n}}=\sqrt{\dfrac{K}{M}}$（$M$ 为检测块质量，单位为 g，K 为等效弹簧的弹性模量，单位为 g/s²）；Q 为加速度计的品质因数，$Q=\dfrac{\sqrt{KM}}{D}$（D 为阻尼系数，单位为 g/s）；$x(t)$ 为外部加速度；$y(t)$ 为检测块位置。

现已知 $\omega_{\mathrm{n}}=10000\mathrm{rad/s}$，$Q=1/2$，试求加速度计的强迫响应和自然响应。系统的初始条

件为：$y(0_-)=-2\times10^{-7}\text{m}$（检测块初始位置），$\left.\frac{\mathrm{d}}{\mathrm{d}t}y(t)\right|_{t=0_-}=0$（检测块初始速度），输入为外部加速度 $x(t)=20[u(t)-u(t-3\times10^{-4})]\text{m/s}^2$。

解：对加速度计的微分方程等式两边取单边拉普拉斯变换，得到

$$(s^2+\omega_n/Qs+\omega_n^2)Y(s)-\left.\frac{\mathrm{d}}{\mathrm{d}t}y(t)\right|_{t=0_-}-sy(0_-)-\frac{\omega_n}{Q}y(0_-)=X(s)$$

由于

$$X(s)=\mathrm{L}\{x(t)\}=\frac{20(1-\mathrm{e}^{-3\times10^{-4}s})}{s}$$

代入已知条件，整理后有

$$Y(s)=Y_f(s)+Y_n(s)=\frac{1}{s^2+20000s+10000^2}X(s)-\frac{2\times10^{-7}s+4\times10^{-3}}{s^2+20000s+10000^2}$$

$$=\frac{20}{s(s^2+20000s+10000^2)}(1-\mathrm{e}^{-3\times10^{-4}s})-\frac{2\times10^{-7}s+4\times10^{-3}}{s^2+20000s+10000^2}$$

上式中强迫响应 $Y_f(s)$ 和自然响应 $Y_n(s)$ 分别为

$$Y_f(s)=\frac{1}{s^2+20000s+10000^2}X(s)=\frac{20(1-\mathrm{e}^{-3\times10^{-4}s})}{s(s^2+20000s+10000^2)}$$

$$=(1-\mathrm{e}^{-3\times10^{-4}s})\frac{20}{10^8}\left[\frac{1}{s}-\frac{1}{s+10000}-\frac{10000}{(s+10000)^2}\right]$$

和

$$Y_n(s)=\frac{2\times10^{-7}s+4\times10^{-3}}{s^2+20000s+10000^2}=\frac{-2\times10^{-7}}{s+10000}+\frac{-2\times10^{-3}}{(s+10000)^2}$$

它们的拉普拉斯逆变换分别为

$$\begin{aligned}y_f(t)=\mathrm{L}^{-1}\{Y_f(s)\}=\frac{20}{10^8}[&u(t)-u(t-3\times10^{-4})-\mathrm{e}^{-10000t}u(t)+\\&\mathrm{e}^{-(10000t-3)}u(t-3\times10^{-4})-10000t\mathrm{e}^{-10000t}u(t)+\\&(10000t-3)\mathrm{e}^{-(10000t-3)}u(t-3\times10^{-4})]\end{aligned}$$

和

$$y_n(t)=\mathrm{L}^{-1}\{Y_n(s)\}=-[2\times10^{-7}\mathrm{e}^{-10000t}+2\times10^{-3}t\mathrm{e}^{-10000t}]u(t)$$

5.6 传递函数与单位冲激响应

利用拉普拉斯变换法在 s 域（复数域）对 LTI 系统进行分析是基于系统传递函数的概念。传递函数概念已经在傅里叶分析（$\mathrm{j}\omega$ 域）中引入过，本节在 s 域中还要重新定义传递函数，并推导关于由任意输入信号和任意初始条件引起的系统响应的一般表达式。

5.6.1 传递函数

令系统的初始条件 $I(s)=0$，将引入 LTI 系统分析中的一个重要概念——传递函数（亦称

系统函数、传输函数)。如果令系统的初始条件 $I(s)=0$，则式(5.5.8)变为

$$Y(s)=\frac{B(s)}{A(s)}X(s) \tag{5.6.1}$$

将式(5.6.1)写成输出的拉普拉斯变换 $Y(s)$ 与输入的拉普拉斯变换 $X(s)$ 的比值形式(注意，初始条件必须为零)，则有

$$\frac{Y(s)}{X(s)}=\frac{B(s)}{A(s)}=\frac{b_m s^m+b_{m-1}s^{m-1}+\cdots+b_1 s+b_0}{s^n+a_{n-1}s^{n-1}+\cdots+a_1 s+a_0} \tag{5.6.2}$$

对于上式，若令

$$H(s)=\left.\frac{Y(s)}{X(s)}\right|_{I(s)=0}=\frac{b_m s^m+b_{m-1}s^{m-1}+\cdots+b_1 s+b_0}{s^n+a_{n-1}s^{n-1}+\cdots+a_1 s+a_0} \tag{5.6.3}$$

则定义 $H(s)$ 为系统的传递函数。

传递函数的概念是 LTI 系统分析中的一个核心概念，因为对于任意输入信号，它可以提供完全描述系统行为属性的方法。需要特别注意的是，在定义传递函数 $H(s)$ 时，初始条件 $I(s)=0$是一个强的约束条件。只有在系统的所有初始条件均为零时，LTI 系统的输出的拉普拉斯变换与输入的拉普拉斯变换的比值才可以定义为传递函数。

根据式(5.6.3)可知，传递函数是一个有理分式。如果将 $H(s)$ 写成分子、分母多项式因式相乘的形式，则有

$$H(s)=K\frac{(s-z_1)(s-z_2)\cdots(s-z_m)}{(s-p_1)(s-p_2)\cdots(s-p_n)},\quad K=b_m \tag{5.6.4}$$

式中，$z_i(i=1,2,\cdots,m)$ 是传递函数的零点，因为有 $H(z_i)=0$；$p_j(j=1,2,\cdots,n)$ 是传递函数的极点，因为有 $H(p_i)=\infty$。传递函数的零、极点通常也称为系统的零点和极点。K 称为静态增益。这里需要假设对于所有的 i、j 有 $z_i\neq p_j$，也就是说传递函数的分子、分母多项式之间没有公因子，因此系统有 n 个极点和 m 个零点。但是，一旦分子、分母间存在公因子，则将出现零、极点的对消。这种对消映射回系统的微分方程，就会导致方程的阶次降低，这时的系统就称为降阶系统。如果对消发生在稳定的系统中，则降阶系统可以认为是对原系统微分方程的一种简化；如果对消的是不稳定的零、极点，则有可能改变系统的性态。在 LTI 系统的分析中，后一种情况一般是要避免的。

传递函数 $H(s)$ 还可以由一个冲激响应为 $h(t)$ 的 LTI 松弛(即初始状态为零)系统对输入信号 $x(t)$ 的响应 $y(t)$ 的关系来定义。因为这时的系统响应 $y(t)$ 是由卷积积分

$$y(t)=h(t)*x(t) \tag{5.6.5}$$

给出的。根据卷积定理，有

$$Y(s)=\mathrm{L}\{y(t)\}=\mathrm{L}\{x(t)*h(t)\}=H(s)X(s) \tag{5.6.6}$$

或者

$$H(s)=\frac{Y(s)}{X(s)} \tag{5.6.7}$$

由于在确定冲激响应 $h(t)$ 时已经约束系统为 LTI 松弛的，也就是系统的初始状态为零，因此式(5.6.7)就是系统传递函数的又一种定义。

由于传递函数的定义式(5.6.3)或者式(5.6.7)对于任意输入信号均成立，因此如果假

设系统的输入信号是单位冲激信号 $x(t)=\delta(t)$，则 $X(s)=\mathrm{L}\{\delta(t)\}=1$。根据系统冲激响应的概念，显然此时的 $H(s)$ 就是系统单位冲激响应 $h(t)$ 的拉普拉斯变换，即

$$h(t) \leftrightarrow H(s) \tag{5.6.8}$$

这里需要注意以下几点：

1）传递函数 $H(s)$ 是 LTI 系统本身固有的属性，与任何输入信号均无关。

2）传递函数 $H(s)$ 受零初始条件约束。

3）LTI 系统的传递函数 $H(s)$ 是 s 的有理函数。

4）对于因果系统，令 $s=\mathrm{j}\omega$，可以由 $H(s)$ 直接得到系统的频率响应 $H(\mathrm{j}\omega)$。

5.6.2　系统的三种描述形式

综上所述，LTI 松弛系统可以有三种描述形式，它们是微分方程描述形式、传递函数描述形式和冲激响应描述形式。给出其中任意一种形式，均能利用时域方法或者(复)频域变换得到其他形式。例如，对于冲激响应 $h(t)$，求其拉普拉斯变换即可得到它的传递函数 $H(s)$；如果将传递函数 $H(s)$ 表示为 $H(s)=\dfrac{Y(s)}{X(s)}$，则用交叉相乘和逆变换就能够得出松弛系统的微分方程。

LTI 松弛系统的三种描述形式及其关系如下：

传递函数描述形式：根据定义，有 $H(s)=\dfrac{Y(s)}{X(s)}$。

微分方程描述形式：根据传递函数的定义 $H(s)=\dfrac{Y(s)}{X(s)}$，用交叉相乘和拉普拉斯逆变换计算。

冲激响应描述形式：对传递函数 $H(s)=\dfrac{Y(s)}{X(s)}$ 求其逆，得到 $h(t)=\mathrm{L}^{-1}\{H(s)\}$。

例 5.6.1　设系统的传递函数为

$$H(s)=\frac{(s+1)(s+3)}{s(s+2)(s+3)(s+4)}=\frac{s+1}{s(s+2)(s+4)}$$

该系统有两个零点 $z_{1,2}=\{-1,-3\}$ 和四个极点 $p_{1,2,3,4}=\{0,-2,-3,-4\}$。但在系统的零点和极点中存在一个公因子 $(s+3)$，在消去这个公因子后，系统的零点和极点变为 $z_1=-1$ 和 $p_{1,2,3}=\{0,-2,-4\}$。显然，系统的阶次因为对消被降了一阶。

如果考察未降阶前的 $H(s)=\dfrac{Y(s)}{X(s)}$，根据交叉相乘可知为

$$[s(s+2)(s+3)(s+4)]Y(s)=(s+1)(s+3)X(s)$$

或

$$(s^4+9s^3+26s^2+24s)Y(s)=(s^2+4s+3)X(s)$$

对上式求拉普拉斯逆变换，由微分性质 $\dfrac{\mathrm{d}^i y(t)}{\mathrm{d}t^i} \leftrightarrow s^i X(s)$（初始条件为零），可得到系统的微分方程为

$$\frac{\mathrm{d}^4y(t)}{\mathrm{d}t^4}+9\frac{\mathrm{d}^3y(t)}{\mathrm{d}t^3}+26\frac{\mathrm{d}^2y(t)}{\mathrm{d}t^2}+24\frac{\mathrm{d}y(t)}{\mathrm{d}t}=\frac{\mathrm{d}^2x(t)}{\mathrm{d}t^2}+4\frac{\mathrm{d}x(t)}{\mathrm{d}t}+3x(t)$$

当降阶发生后，降阶系统的传递函数为

$$H_{\mathrm{d}}(s)=\frac{Y(s)}{X(s)}=\frac{s+1}{s(s+2)(s+4)}$$

交叉相乘可得

$$[s(s+2)(s+4)]Y(s)=(s+1)X(s)$$

或

$$(s^3+6s^2+8s)Y(s)=(s+1)X(s)$$

对上式求拉普拉斯逆变换，则可得到降阶系统的微分方程为

$$\frac{\mathrm{d}^3y(t)}{\mathrm{d}t^3}+6\frac{\mathrm{d}^2y(t)}{\mathrm{d}t^2}+8\frac{\mathrm{d}y(t)}{\mathrm{d}t}=\frac{\mathrm{d}x(t)}{\mathrm{d}t}+x(t)$$

由于本例的对消发生在稳定的系统中（对消的零极点分布在 s 的左半平面，原因见后续内容），则降阶系统可以认为是对原系统微分方程的一种简化。

例 5.6.2 图 2.6.2 所示的微加速度计模型的二阶微分方程为

$$\frac{\mathrm{d}^2y(t)}{\mathrm{d}t^2}+\frac{\omega_{\mathrm{n}}}{Q}\frac{\mathrm{d}y(t)}{\mathrm{d}t}+\omega_{\mathrm{n}}^2y(t)=x(t)$$

现已知 $\omega_{\mathrm{n}}=10000\mathrm{rad/s}$，$Q=1/2$，系统的初始条件为 $y(0_-)=-2\times10^{-7}\mathrm{m}$，$\left.\frac{\mathrm{d}}{\mathrm{d}t}y(t)\right|_{t=0_-}=0$，输入为外部加速度 $x(t)=20[u(t)-u(t-3\times10^{-4})]\mathrm{m/s^2}$。试求系统的传递函数和冲激响应。

解：例 5.5.1 已给出加速度计微分方程的拉普拉斯变换，即

$$(s^2+\omega_{\mathrm{n}}/Qs+\omega_{\mathrm{n}}^2)Y(s)-\left.\frac{\mathrm{d}}{\mathrm{d}t}y(t)\right|_{t=0_-}-sy(0_-)-\omega_{\mathrm{n}}/Q\ y(0_-)=X(s)$$

根据系统传递函数的定义，要求系统的初始条件全部为零，即令

$$y(0_-)=0$$
$$y'(0_-)=0$$

因此在零初始条件下系统微分方程的拉普拉斯变换为

$$(s^2+\omega_{\mathrm{n}}/Qs+\omega_{\mathrm{n}}^2)Y(s)=X(s)$$

故系统的传递函数为

$$H(s)=\frac{Y(s)}{X(s)}=\frac{1}{s^2+\omega_{\mathrm{n}}/Qs+\omega_{\mathrm{n}}^2}$$

代入已知条件，有

$$H(s)=\frac{Y(s)}{X(s)}=\frac{1}{s^2+20000s+10000^2}=\frac{1}{(s+10000)^2}$$

系统的单位冲激响应 $h(t)$ 是系统传递函数 $H(s)$ 的逆变换，查表得

$$h(t)=\mathrm{L}^{-1}\{H(s)\}=t\mathrm{e}^{-10000t}u(t)$$

注意：按定义求系统的单位冲激响应时，系统的初始条件必须设定为零。

例 5.6.3 设 LTI 系统的单位冲激响应如图 5.6.1 所示，计算其单位阶跃响应。

解：系统的单位冲激响应 $h(t)$ 可以表示为

$$h(t)=u(t)-u(t-1)$$

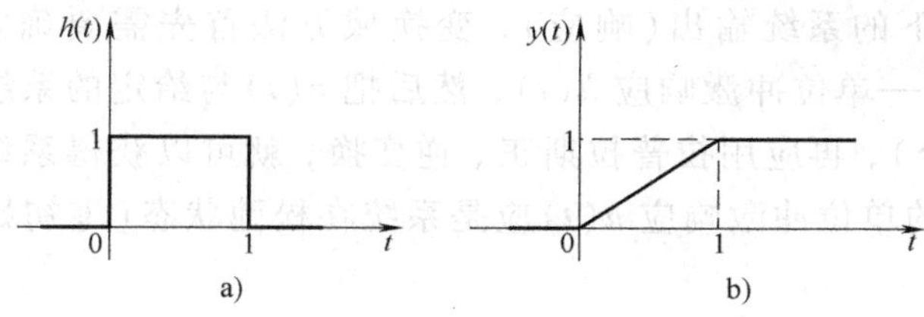

图 5.6.1　例 5.6.3 图

a) 单位冲激响应　b) 单位阶跃响应

利用时移性质，可求出 $h(t)$ 的拉普拉斯变换，也就是系统的传递函数 $H(s)$ 为

$$H(s)=\mathrm{L}\{h(t)\}=\mathrm{L}\{u(t)-u(t-1)\}=\frac{1}{s}-\frac{1}{s}\mathrm{e}^{-s}=\frac{1}{s}(1-\mathrm{e}^{-s})$$

注意，传递函数不是有理分式。

由式(5.6.7)可知，系统响应的复频域解为

$$Y(s)=H(s)X(s)=\frac{1}{s}(1-\mathrm{e}^{-s})X(s)$$

因为阶跃响应的输入 $x(t)=u(t)$，故有 $X(s)=1/s$，代入上式得到

$$Y(s)=H(s)X(s)=\frac{1}{s^2}(1-\mathrm{e}^{-s})$$

查拉普拉斯变换表并利用时移性质，可求出系统的阶跃响应为

$$y(t)=\mathrm{L}^{-1}\{Y(s)\}=tu(t)-(t-1)u(t-1)$$

这个结果可以用如下 MATLAB 的符号运算工具箱来验证：

```
syms F s
F=(1-exp(-s))/(s^2);
ilaplace (F)
```

5.7　系统的响应

5.7.1　系统零状态响应

在 2.8.2 节中已经指出，松弛系统的响应 $y(t)$ 是任意输入信号 $x(t)$ 与系统单位冲激响应 $h(t)$ 的卷积积分，即

$$y(t)=\int_{-\infty}^{\infty}x(\tau)h(t-\tau)\mathrm{d}\tau=h(t)*x(t) \tag{5.7.1}$$

由于系统的松弛性限定其初始状态为零，因此式(5.7.1)中的 $y(t)$ 就是 LTI 系统的零状态响应 $y_{zs}(t)$。

对式(5.7.1)应用拉普拉斯变换的卷积定理，得到

$$Y_{zs}(s)=\mathrm{L}\{h(t)*x(t)\}=H(s)X(s) \tag{5.7.2}$$

它的逆变换就是系统的零状态响应 $y_{zs}(t)$，即

$$y_{zs}(t)=h(t)*x(t)=\mathrm{L}^{-1}\{H(s)X(s)\} \tag{5.7.3}$$

式(5.7.1)~式(5.7.3)建立了 LTI 动态系统理论的基本结果。由这些结果可见，为求

解任意输入信号作用下的系统输出（响应），变换域方法首先需要确定由单位冲激信号 $\delta(t)$ 激励的系统响应——单位冲激响应 $h(t)$，然后把 $h(t)$ 与给定的系统输入信号进行卷积（不需要计算卷积积分），再应用拉普拉斯正、逆变换，就可以获得系统微分方程的时域零状态解。注意，系统的单位冲激响应 $h(t)$ 应是系统在松弛状态（零初始状态）下得到的（或定义的）。

讨论题 5.7.1　设 LTI 系统的微分方程为

$$y'''(t)+3y''(t)+2y'(t)=x'(t)+3x(t),\ t\geqslant 0$$

输入信号 $x(t)=e^{-5t}u(t)$，试讨论其零状态响应。

若令系统的初始条件为零，则可求出系统的传递函数以及输入信号的拉普拉斯变换，即

$$H(s)=\frac{s+3}{s^3+3s^2+2s}=\frac{s+3}{s(s+1)(s+2)}$$

以及

$$X(s)=\frac{1}{s+5}$$

由式(5.7.3)，有

$$\begin{aligned}y_{zs}(t)&=L^{-1}\{H(s)X(s)\}=L^{-1}\left\{\frac{(s+3)}{s(s+1)(s+2)(s+5)}\right\}\\&=L^{-1}\left\{\frac{3/10}{s}-\frac{1/2}{s+1}+\frac{1/6}{s+2}+\frac{1/30}{s+5}\right\}\\&=\left(\frac{3}{10}-\frac{1}{2}e^{-t}+\frac{1}{6}e^{-2t}+\frac{1}{30}e^{-5t}\right)u(t)\end{aligned}$$

系统的零状态响应 $y_{zs}(t)$ 也可以用 MATLAB 函数 lsim 求解，源程序为

```
t=0：0.1：10；
num=[1 3]；den=[1 3 2 0]；
x=exp(-5*t)；
lsim(num，den，x，t)
```

MATLAB 绘制的零状态响应和输入信号的波形如图 5.7.1 所示。

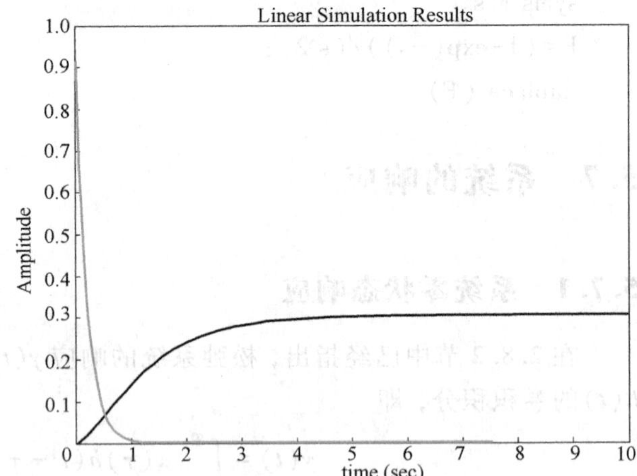

图 5.7.1　讨论题 5.7.1 的零状态响应

5.7.2　单位阶跃响应和斜坡响应

系统由单位阶跃输入信号驱动的响应称为单位阶跃响应。如果假设系统的初始条件为零，则系统的单位阶跃响应与系统的单位冲激响应之间存在确定的关系。由式(5.7.3)可知，当系统输入信号 $x(t)=u(t)$，显然有

$$y_{zs}(t)=h(t)*u(t)=\int_{0_-}^{t}u(t-\tau)h(\tau)\,d\tau=\int_{0_-}^{t}h(\tau)\,d\tau \tag{5.7.4}$$

由于这时的 $y_{zs}(t)$ 是零初始条件下的系统阶跃响应，用 $y_{step}(t)$ 来表示，式(5.7.4)就可以写成

$$y_{\mathrm{step}}(t)=h(t)*u(t)=\int_{0_-}^{t}u(t-\tau)h(\tau)\mathrm{d}\tau=\int_{0_-}^{t}h(\tau)\mathrm{d}\tau \tag{5.7.5}$$

对式(5.7.5)求微分，得到

$$h(t)=\frac{\mathrm{d}y_{\mathrm{step}}(t)}{\mathrm{d}t} \tag{5.7.6}$$

求其拉普拉斯变换，则得到单位阶跃响应 $y_{\mathrm{step}}(t)$ 和系统冲激响应 $h(t)$ 在复频域中的关系为

$$Y_{\mathrm{step}}(s)=\frac{1}{s}H(s) \tag{5.7.7}$$

式(5.7.7)表明时域中的单位阶跃响应 $y_{\mathrm{step}}(t)$ 可以通过变换域方法在复频域中用传递函数 $H(s)$ 与 $1/s$ 相乘，再求其逆变换获得。因此，式(5.7.7)是求系统单位阶跃响应的一种简便方法。

同理，可以得到系统在零初始条件下的单位斜坡响应。这时，输入信号 $x(t)$ 是单位斜坡函数 $x(t)=r(t)=tu(t)=\begin{cases}t & t>0\\0 & t<0\end{cases}$，因此由式(5.7.3)有

$$\begin{aligned}y_{\mathrm{zs}}(t)&=y_{\mathrm{ramp}}(t)=h(t)*r(t)\\&=\int_{0_-}^{t}(t-\tau)u(t-\tau)h(\tau)\mathrm{d}\tau=\int_{0_-}^{t}(t-\tau)h(\tau)\mathrm{d}\tau\end{aligned} \tag{5.7.8}$$

对式(5.7.8)用分部积分公式

$$\int uv'\mathrm{d}x=\int(uv)'\mathrm{d}x-\int u'v\mathrm{d}x$$

或

$$\int u\mathrm{d}v=uv-\int v\mathrm{d}u$$

以及式(5.7.6)，得到

$$\begin{aligned}\int_{0_-}^{t}(t-\tau)h(\tau)\mathrm{d}\tau&=\int_{0_-}^{t}(t-\tau)\mathrm{d}y_{\mathrm{step}}=(t-\tau)y_{\mathrm{step}}(\tau)\Big|_{\tau=0_-}^{\tau=t}-\int_{0_-}^{t}y_{\mathrm{step}}(\tau)\mathrm{d}(t-\tau)\\&=0-0-\int_{0_-}^{t}y_{\mathrm{step}}(\tau)(-\mathrm{d}\tau)=\int_{0_-}^{t}y_{\mathrm{step}}(\tau)\mathrm{d}\tau\end{aligned} \tag{5.7.9}$$

因此有

$$y_{\mathrm{ramp}}(t)=h(t)*r(t)=\int_{0_-}^{t}y_{\mathrm{step}}(\tau)\mathrm{d}\tau \tag{5.7.10}$$

如果对式(5.7.10)取微分，将有

$$y_{\mathrm{step}}(t)=\frac{\mathrm{d}y_{\mathrm{ramp}}(t)}{\mathrm{d}t} \tag{5.7.11}$$

结合式(5.7.6)和式(5.7.11)，即可建立冲激响应和斜坡响应之间的关系为

$$h(t)=\frac{\mathrm{d}y_{\mathrm{step}}(t)}{\mathrm{d}t}=\frac{\mathrm{d}^2y_{\mathrm{ramp}}(t)}{\mathrm{d}t^2} \tag{5.7.12}$$

求其拉普拉斯变换，则得到单位阶跃响应 $y_{\mathrm{step}}(t)$、单位斜坡响应 $y_{\mathrm{rmap}}(t)$ 和系统冲激响应 $h(t)$ 在复频域中的关系为

$$H(s)=sY_{\mathrm{step}}(s)=s^2Y_{\mathrm{ramp}}(s) \tag{5.7.13}$$

或
$$Y_{\text{step}}(s)=\frac{1}{s}H(s) \tag{5.7.14}$$
和
$$Y_{\text{ramp}}(s)=\frac{1}{s^2}H(s) \tag{5.7.15}$$
根据前面的讨论结果还可以得出
$$y_{\text{ramp}}(t)=\int_{0_-}^{t}y_{\text{step}}(\tau)\mathrm{d}\tau=\int_{0_-}^{t}\int_{0_-}^{\tau}h(\sigma)\mathrm{d}\sigma\mathrm{d}\tau \tag{5.7.16}$$

例 5.7.2 求例 5.7.1 中系统在松弛状态的阶跃响应。

解：本例可以通过对系统的单位冲激响应求其积分来得到。

例 5.7.1 中已经求出该系统的传递函数为
$$H(s)=\frac{s+3}{s^3+3s^2+2s}$$
因此，系统的单位冲激响应就是 $H(s)$ 的逆，即
$$h(t)=\mathrm{L}^{-1}\{H(s)\}=\mathrm{L}^{-1}\left\{\frac{s+3}{s^3+3s^2+2s}\right\}=\mathrm{L}^{-1}\left\{\frac{s+3}{s(s+1)(s+2)}\right\}$$
$$=\mathrm{L}^{-1}\left\{\frac{1.5}{s}-\frac{2}{s+1}+\frac{0.5}{s+2}\right\}=(1.5-2\mathrm{e}^{-t}+0.5\mathrm{e}^{-2t})u(t)$$
根据式(5.7.7)，系统的阶跃响应为
$$y_{\text{step}}(t)=\int_0^t h(\tau)\mathrm{d}\tau=\int_0^t(1.5-2\mathrm{e}^{-\tau}+0.5\mathrm{e}^{-2\tau})\mathrm{d}\tau$$
$$=(1.5t+2\mathrm{e}^{-t}-2-0.25\mathrm{e}^{-2t}+0.25)u(t)$$
$$=(-1.75+1.5t+2\mathrm{e}^{-t}-0.25\mathrm{e}^{-2t})u(t)$$
同理，零初始状态的斜坡响应求得为
$$y_{\text{ramp}}(t)=\int_0^t y_{\text{step}}(\tau)\mathrm{d}\tau=\int_0^t(-1.75+1.5\tau+2\mathrm{e}^{-\tau}-0.25\mathrm{e}^{-2\tau})\mathrm{d}\tau$$
$$=1.875-1.75t+0.75t^2-2\mathrm{e}^{-t}+0.125\mathrm{e}^{-2t},\ t\geqslant 0$$

求系统阶跃响应 $y_{\text{step}}(t)$ 的 MATLAB 源代码为
```
num=[1 2];den=[1 2 2];
t=0:0.1:10;
step(num,den,t);
```
求系统斜坡响应 $y_{\text{ramp}}(t)$ 的 MATLAB 源代码为
```
t=0:0.1:10;
num=[1 2];den=[1 2 2];
lsim(num,den,t,t)
```
MATLAB 绘制的系统阶跃响应和斜坡响应的波形如图 5.7.2 所示。

5.7.3 系统的完全响应

在第 2 章中已经指出，系统的完全解是系统零输入解和零状态解之和，即
$$y(t)=y_{\text{zi}}(t)+y_{\text{zs}}(t) \tag{5.7.17}$$

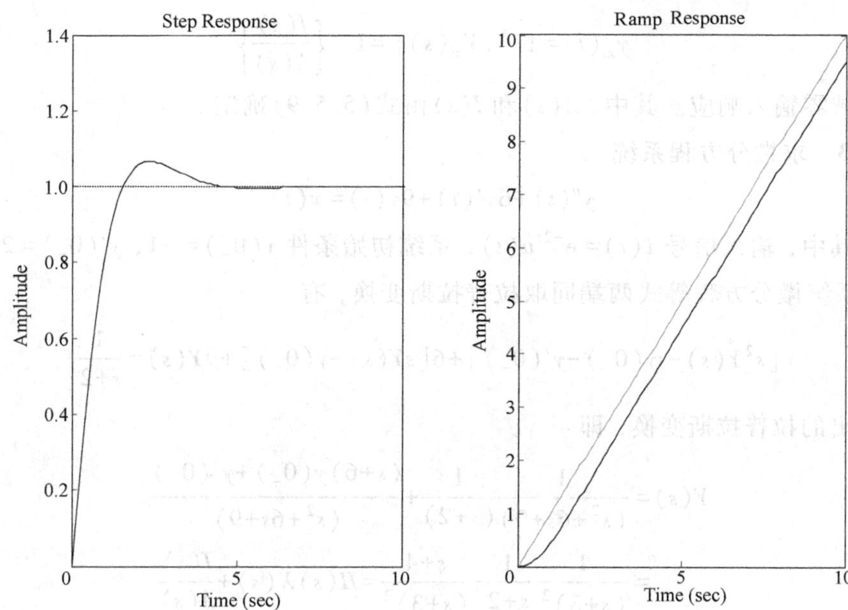

图 5.7.2　系统的阶跃响应和斜坡响应

但需要根据系统初始状态确定出零输入解中的待定系数，从而使系统的完全解 $y(t)=y_{zi}(t)+y_{zs}(t)$ 满足系统的初始状态。

从系统分析的变换域方法考虑，拉普拉斯变换能够计算系统的初始状态并得到由初始状态和外部激励函数驱动的系统响应。由式(5.5.8)，并根据系统传递函数的定义，显然可以将系统的响应用下式描述：

$$Y(s)=\frac{B(s)}{A(s)}X(s)+\frac{1}{A(s)}I(s)=H(s)X(s)+\frac{1}{A(s)}I(s) \tag{5.7.18}$$

式中，$A(s)=s^n+a_{n-1}s^{n-1}+\cdots+a_1s+a_0$ 定义为系统的特征多项式。

考察式(5.7.18)可以发现，等式右端的第 1 项 $H(s)X(s)$ 只受输入信号的变换式的影响，因此是系统的零状态响应项；而第 2 项 $\frac{I(s)}{A(s)}$ 只受系统初始条件的变换式的影响，因此是系统的零输入响应项。这样，式(5.5.18)可以重写为

$$Y(s)=H(s)X(s)+\frac{I(s)}{A(s)}=Y_{zs}(s)+Y_{zi}(s) \tag{5.7.19}$$

所以，系统的完全响应就是系统零状态响应和零输入响应之和。通过求式(5.7.19)的拉普拉斯逆变换，即可得到时域中系统微分方程的完全解，也即系统的完全响应为

$$\begin{aligned} y(t)&=\mathrm{L}^{-1}\{Y(s)\}\\ &=\mathrm{L}^{-1}\{H(s)X(s)\}+\mathrm{L}^{-1}\left\{\frac{I(s)}{A(s)}\right\}=y_{zs}(t)+y_{zi}(t) \end{aligned} \tag{5.7.20}$$

式中

$$y_{zs}(t)=\mathrm{L}^{-1}\{Y_{zs}(s)\}=\mathrm{L}^{-1}\{H(s)X(s)\} \tag{5.7.21}$$

是系统的时域零状态响应，并且

$$y_{zi}(t)=\mathrm{L}^{-1}\{Y_{zi}(s)\}=\mathrm{L}^{-1}\left\{\frac{I(s)}{A(s)}\right\} \tag{5.7.22}$$

是系统的时域零输入响应。其中，$A(s)$和$I(s)$由式(5.5.9)确定。

例 5.7.3　求微分方程系统

$$y''(t)+6y'(t)+9y(t)=x(t)$$

的全响应。其中，输入信号$x(t)=\mathrm{e}^{-2t}u(t)$，系统初始条件$y(0_-)=-1$，$y'(0_-)=2$。

解：对系统微分方程等式两端同取拉普拉斯变换，有

$$[s^2Y(s)-sy(0_-)-y'(0_-)]+6[sY(s)-y(0_-)]+9Y(s)=\frac{1}{s+2}$$

解出系统输出的拉普拉斯变换，即

$$\begin{aligned}Y(s)&=\frac{1}{(s^2+6s+9)}\frac{1}{(s+2)}+\frac{(s+6)y(0_-)+y'(0_-)}{(s^2+6s+9)}\\&=\frac{1}{(s+3)^2}\frac{1}{s+2}-\frac{s+4}{(s+3)^2}=H(s)X(s)+\frac{I(s)}{A(s)}\end{aligned}$$

式中，系统传递函数$H(s)$和特征多项式$A(s)$分别是

$$H(s)=\frac{1}{s^2+6s+9}=\frac{1}{(s+3)^2}$$

$$A(s)=s^2+6s+9$$

故由式(5.7.21)和式(5.7.22)可分别求出系统的零状态响应和零输入响应为

$$\begin{aligned}y_{zs}(t)&=\mathrm{L}^{-1}\{H(s)X(s)\}=\mathrm{L}^{-1}\left\{\frac{1}{s+2}-\frac{1}{s+3}-\frac{1}{(s+3)^2}\right\}\\&=(\mathrm{e}^{-2t}-\mathrm{e}^{-3t}-t\mathrm{e}^{-3t})u(t)\end{aligned}$$

$$y_{zi}(t)=\mathrm{L}^{-1}\left\{\frac{I(s)}{A(s)}\right\}=\mathrm{L}^{-1}\left\{-\frac{1}{s+3}-\frac{1}{(s+3)^2}\right\}=(-\mathrm{e}^{-3t}-t\mathrm{e}^{-3t})u(t)$$

因此，系统的完全响应为

$$y(t)=y_{zs}(t)+y_{zi}(t)=(\mathrm{e}^{-2t}-2\mathrm{e}^{-3t}-2t\mathrm{e}^{-3t})u(t)$$

5.8　电路的传递函数

拉普拉斯变换的微分和积分性质也可以应用于求解包含电容及电感的动态电路。如果用信号和电路元件的拉普拉斯变换的等效形式表示电路，则不需列写电路的微分方程即可求解电路。这里电路元件的拉普拉斯变换的等效形式是指电路基本元件(R，L，C)端口特性的拉普拉斯变换。等效后的电路图称为s域的电路模型或者变换电路图。

5.8.1　电路基本元件的 s 域等效模型

电路的基本元件有三种，它们是电阻R、电容C和电感L。为了用拉普拉斯变换方法求解电路问题，需要得到这三种基本元件的等效s域模型。表5.8.1给出了这些基本元件的时域模型和s域的等效模型。

表 5.8.1　基本元件的时域模型和 s 域的等效模型

	时域	s 域
电阻 R	$v_R(t)=Ri_R(t)$ 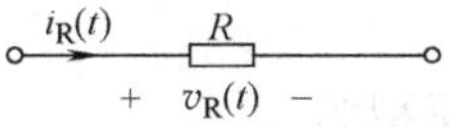	$V_R(s)=RI_R(s)$ 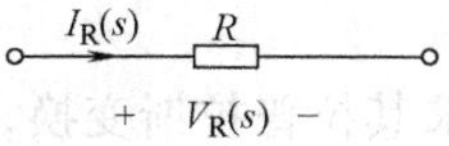
电感 L	$v_L(t)=L\dfrac{d}{dt}i_L(t)$ 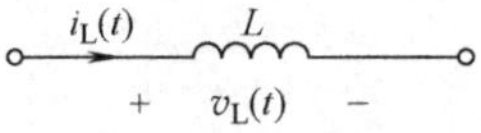	$V_L(s)=sLI_L(s)-Li_L(0_-)$ 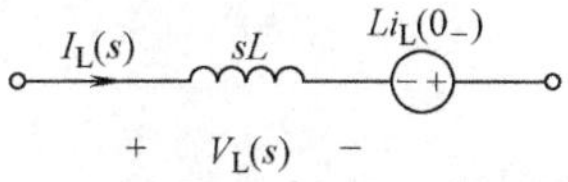 或 $I_L(s)=\dfrac{V_L(s)}{Ls}+\dfrac{1}{s}i_L(0_-)$ 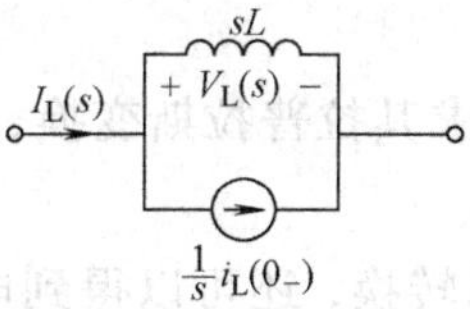
电容 C	$v_C(t)=\dfrac{1}{C}\int_{0_-}^{t}i_C(\tau)d\tau+v_C(0_-)$ 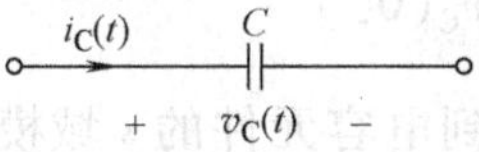	$V_C(s)=\dfrac{1}{sC}I_C(s)+\dfrac{v_C(0_-)}{s}$ 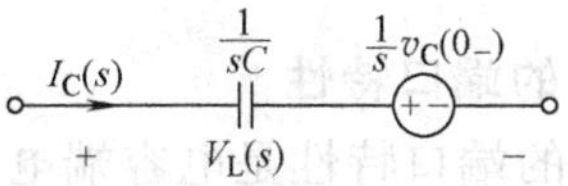 或 $I_C(s)=sCV_C(s)-Cv_C(0_-)$ 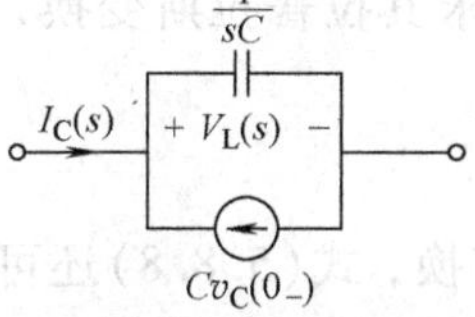
耦合电感	$u_1=L_1\dfrac{di_1}{dt}+M\dfrac{di_2}{dt}$ $u_2=L_2\dfrac{di_2}{dt}+M\dfrac{di_1}{dt}$ 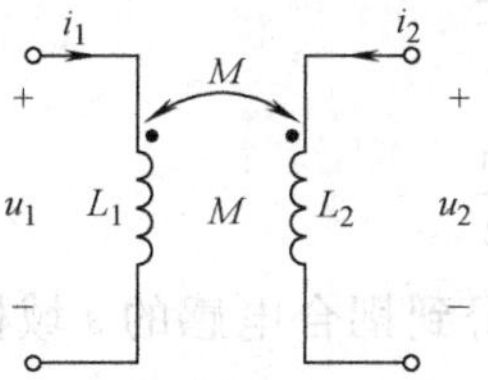	$U_1(s)=sL_1I_1(s)-L_1i_1(0_-)+sMI_2(s)-Mi_2(0_-)$ $U_2(s)=sL_2I_2(s)-L_2i_2(0_-)+sMI_1(s)-Mi_1(0_-)$ 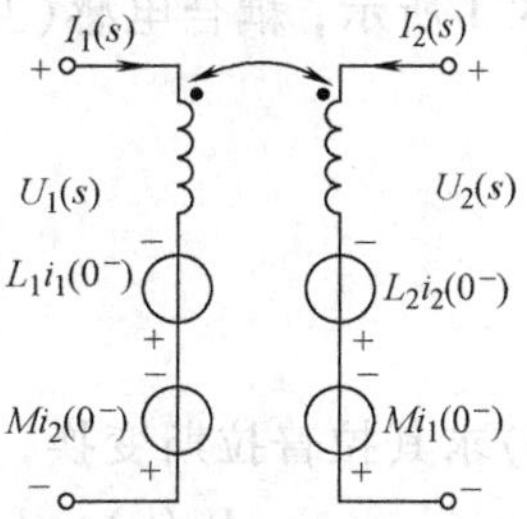
电压源	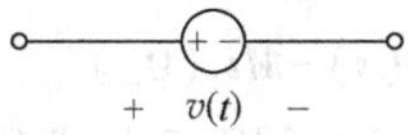 $v(t)$	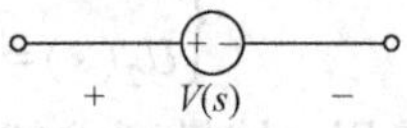 $V(s)$
电流源	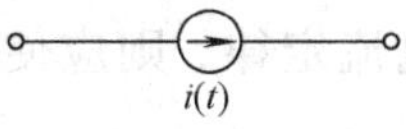 $i(t)$	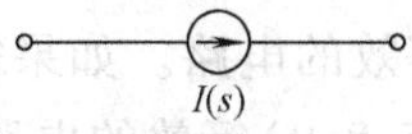 $I(s)$

1. 电阻的端口特性

电阻 R 的端口特性就是电阻端电压 $v_{\mathrm{R}}(t)$ 与流过电阻的电流 $i_{\mathrm{R}}(t)$ 之间的关系（欧姆定律），即

$$v_{\mathrm{R}}(t)=Ri_{\mathrm{R}}(t) \tag{5.8.1}$$

对式(5.8.1)求其拉普拉斯变换，得到电阻元件的 s 域模型为

$$V_{\mathrm{R}}(s)=RI_{\mathrm{R}}(s) \tag{5.8.2}$$

或

$$I_{\mathrm{R}}(s)=\frac{V_{\mathrm{R}}(s)}{R} \tag{5.8.3}$$

2. 电感的端口特性

电感 L 的端口特性是电感端电压 $v_{\mathrm{L}}(t)$ 与流过电感的电流 $i_{\mathrm{L}}(t)$ 之间的关系，即

$$v_{\mathrm{L}}(t)=L\frac{\mathrm{d}}{\mathrm{d}t}i_{\mathrm{L}}(t) \tag{5.8.4}$$

对式(5.8.4)求其拉普拉斯变换，利用微分性质即可得到电感元件的 s 域模型为

$$V_{\mathrm{L}}(s)=sLI_{\mathrm{L}}(s)-Li_{\mathrm{L}}(0_-) \tag{5.8.5}$$

如果利用电源转换，还可以得到电流源形式的 s 域模型，即

$$I_{\mathrm{L}}(s)=\frac{V_{\mathrm{L}}(s)}{Ls}+\frac{1}{s}i_{\mathrm{L}}(0_-) \tag{5.8.6}$$

3. 电容的端口特性

电容 C 的端口特性是电容端电压 $v_{\mathrm{C}}(t)$ 与流过电容的电流 $i_{\mathrm{C}}(t)$ 之间的关系，即

$$v_{\mathrm{C}}(t)=\frac{1}{C}\int_{0_-}^{t}i_{\mathrm{C}}(\tau)\,\mathrm{d}\tau+v_{\mathrm{C}}(0_-) \tag{5.8.7}$$

对式(5.8.7)求其拉普拉斯变换，利用积分性质即可得到电容元件的 s 域模型为

$$V_{\mathrm{C}}(s)=\frac{1}{sC}I_{\mathrm{C}}(s)+\frac{v_{\mathrm{C}}(0_-)}{s} \tag{5.8.8}$$

若利用电源转换，式(5.8.8)还可以写成电流源形式的 s 域模型，即

$$I_{\mathrm{C}}(s)=sCV_{\mathrm{C}}(s)-Cv_{\mathrm{C}}(0_-) \tag{5.8.9}$$

4. 耦合电感

由表 5.8.1 所示，耦合电感（互感）是双端口网络，因此它的端口特性为

$$\begin{cases}u_1=L_1\dfrac{\mathrm{d}i_1}{\mathrm{d}t}+M\dfrac{\mathrm{d}i_2}{\mathrm{d}t}\\[2ex] u_2=L_2\dfrac{\mathrm{d}i_2}{\mathrm{d}t}+M\dfrac{\mathrm{d}i_1}{\mathrm{d}t}\end{cases} \tag{5.8.10}$$

对式(5.8.10)求其拉普拉斯变换，利用微分性质即可得到耦合电感的 s 域模型为

$$\begin{cases}U_1(s)=sL_1I_1(s)-L_1i_1(0_-)+sMI_2(s)-Mi_2(0_-)\\ U_2(s)=sL_2I_2(s)-L_2i_2(0_-)+sMI_1(s)-Mi_1(0_-)\end{cases} \tag{5.8.11}$$

在对电路用 s 域模型求解时，s 域基尔霍夫电压定律适用于由式(5.8.2)、式(5.8.5)和式(5.8.8)等效的电路。如果需要使用 s 域基尔霍夫电流定律，则应使用由式(5.8.3)、式(5.8.6)和式(5.8.9)等效的电路。

电路的 s 域模型还可以用于其他电路元件，例如理想变压器等。

5.8.2　电路系统的 s 域模型

在分析电路问题时，首先需要获得描述该电路的数学模型。这一步其实就是对系统进行建模的过程。电路的数学模型可以通过对给定电路应用基尔霍夫定律得到。对于电路分析问题，有意义的变量是电路中不同节点之间的电压和通过各节点的电流。

1. 无负载串联元件的传递函数

由无负载串联元件组成的系统，其系统的总传递函数可以通过消除中间变量而得到。例如，图 5.8.1a 所示系统中，各元件的传递函数分别为

$$H_1(s)=\frac{X_2(s)}{X_1(s)}$$

$$H_2(s)=\frac{X_3(s)}{X_2(s)}$$

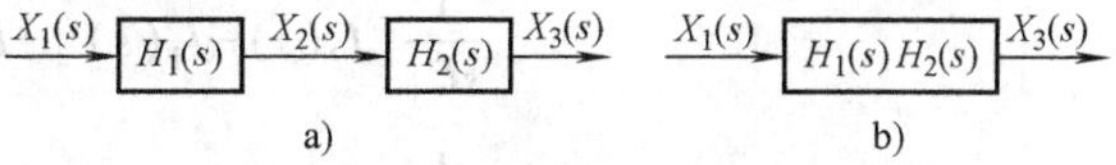

图　5.8.1

a) 由两个无负载串联元件组成的系统　b) 等价系统

若假设 $H_2(s)$ 的输入阻抗为无穷大，则 $H_1(s)$ 的输出就不受与之相连的 $H_2(s)$ 的影响，故整个系统的传递函数为

$$H(s)=\frac{X_3(s)}{X_1(s)}=\frac{X_2(s)X_3(s)}{X_1(s)X_2(s)}=H_1(s)H_2(s) \tag{5.8.12}$$

显然，整个系统的传递函数是各个元件传递函数的乘积，如图 5.8.1b 所示。

讨论题 5.8.1　考虑图 5.8.2 所示系统。电路中插入一个隔离放大器可以获得无负载特性，这在集成不同的电路功能中有应用。

因为隔离放大器具有高输入阻抗，因此在两个电路之间接入隔离放大器模拟无负载的假设就是合理的。图 5.8.2 所示电路中的两个简单 RC 电路由隔离放大器进行隔离，由于隔离放大器的高输入阻抗，使其负载效应可以忽略，故整个电路的传递函数将等于两个 RC 电路传递函数的乘积，因此

$$\frac{V_o(s)}{V_i(s)}=\left(\frac{1}{R_1C_1s+1}\right)K\left(\frac{1}{R_2C_2s+1}\right)=\frac{K}{(R_1C_1s+1)(R_2C_2s+1)} \tag{5.8.13}$$

式中，K 是隔离放大器的增益。

2. 一般串联元件的传递函数

一般系统（如反馈系统）的各个部分（子系统）往往相互影响。考虑图 5.8.2 所示带隔离放大器的电气系统，若去掉系统中的隔离放大器，则电路将如图 5.8.3 所示。

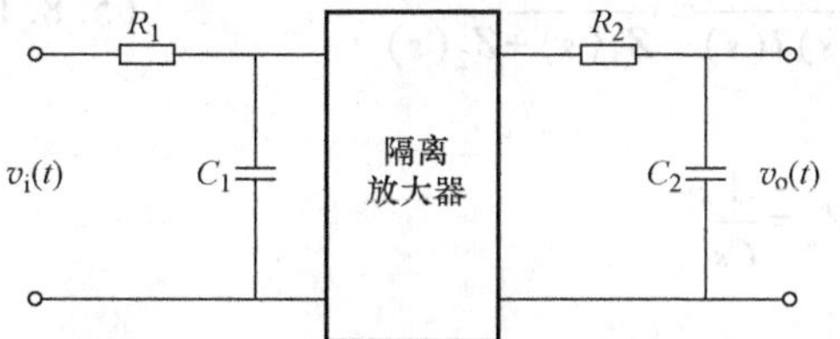

图 5.8.2　带隔离放大器的电气系统

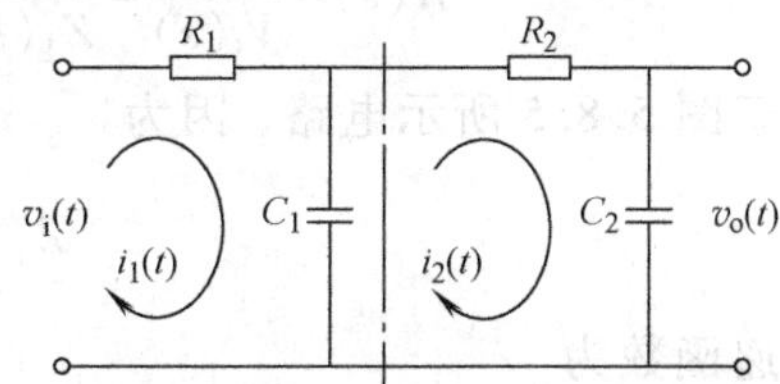

图 5.8.3　无隔离放大器的电气系统

针对图 5.8.3，若设系统的初始状态为零，即 $v_{c1}(0_-)=0$ 和 $v_{c2}(0_-)=0$，则电路中虚线右边部分（R_2C_2 部分）对虚线左边部分（R_1C_1 部分）将产生负载效应，因此系统的微分方程为

$$\frac{1}{C_1}\int[i_1(t)-i_2(t)]\mathrm{d}t+R_1i_1(t)=v_i(t)$$

$$\frac{1}{C_1}\int[i_2(t)-i_1(t)]\mathrm{d}t+R_2i_2(t)+\frac{1}{C_2}\int i_2(t)\mathrm{d}t=0$$

$$\frac{1}{C_2}\int i_2(t)\mathrm{d}t=v_0(t)$$

对上式求拉普拉斯变换，有

$$\frac{1}{sC_1}[I_1(s)-I_2(s)]+R_1I_1(s)=V_i(s)$$

$$\frac{1}{sC_1}[I_2(s)-I_1(s)]+R_2I_2(s)+\frac{1}{sC_2}I_2(s)=0$$

$$\frac{1}{sC_2}I_2(s)=V_o(s)$$

消去中间变量 $I_1(s)$，则 $V_i(s)$ 的表达式中包含 $I_2(s)$，求出 $V_o(s)$ 和 $V_i(s)$ 之比，即可得到电路的传递函数为

$$H(s)=\frac{V_o(s)}{V_i(s)}=\frac{1}{(R_1C_1s+1)(R_2C_2s+1)+R_1C_2s}$$

$$=\frac{1}{R_1C_1R_2C_2s^2+(R_1C_1+R_2C_2+R_1C_2)s+1}\tag{5.8.14}$$

式中，分母中的 R_1C_2s 项表示图 5.8.3 虚线左右两边 RC 电路的相互作用。又因为 $(R_1C_1+R_2C_2+R_1C_2)^2>4R_1C_1R_2C_2$，故系统传递函数的两个极点均为实根。

上述分析表明，尽管图 5.8.3 虚线左右两边的 RC 电路是串联连接，即虚线左边 RC 电路的输出是虚线右边 RC 电路的输入，但电路总的传递函数并不是两个 RC 电路传递函数 $\frac{1}{R_1C_1s+1}$ 和 $\frac{1}{R_2C_2s+1}$ 的乘积。这是因为当第二个 RC 电路作为第一个 RC 电路的输出负载时，第二个 RC 电路将消耗一定的功率，这就与无负载串联的假设不符。因此，负载效应决定系统传递函数包含一个修正量。

3. 复阻抗电路的传递函数

电路的传递函数还可以表达为复阻抗的比值形式。例如，对于图 5.8.4 所示电路系统，其传递函数为

$$H(s)=\frac{V_o(s)}{V_i(s)}=\frac{Z_2(s)I(s)}{Z_1(s)I(s)+Z_2(s)I(s)}=\frac{Z_2(s)}{Z_1(s)+Z_2(s)}\tag{5.8.15}$$

对于图 5.8.5 所示电路，因为

$$Z_1=Ls+R,\quad Z_2=\frac{1}{Cs}$$

则其传递函数为

$$H(s)=\frac{V_o(s)}{V_i(s)}=\frac{\frac{1}{Cs}}{Ls+R+\frac{1}{Cs}}=\frac{1}{LCs^2+RCs+1}\tag{5.8.16}$$

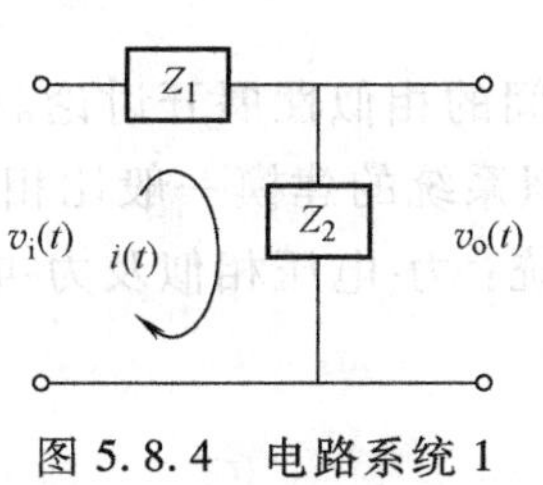

图 5.8.4 电路系统 1

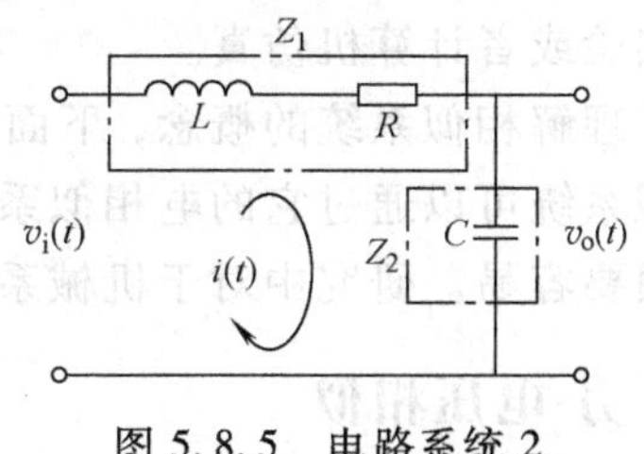

图 5.8.5 电路系统 2

例 5.8.2 对于图 5.8.3 所示的无隔离放大器电路，试用复阻抗法求出系统的传递函数 $H(s)=\dfrac{V_o(s)}{V_i(s)}$。

解：将图 5.8.3 所示电路中的元件用阻抗代替，给出它的 s 域模型如图 5.8.6 所示。由图可知

$$Z_2I_1=(Z_3+Z_4)I_2$$

$$I_1+I_2=I$$

因此可求出

$$I_1=\frac{Z_3+Z_4}{Z_2+Z_3+Z_4}I$$

$$I_2=\frac{Z_2}{Z_2+Z_3+Z_4}I$$

图 5.8.6 电路的 s 域模型

又因为

$$V_i(s)=Z_1I+Z_2I_1=\left[Z_1+\frac{Z_2(Z_3+Z_4)}{Z_2+Z_3+Z_4}\right]I$$

$$V_o(s)=Z_4I_2=\frac{Z_2Z_4}{Z_2+Z_3+Z_4}I$$

所以有

$$H(s)=\frac{V_o(s)}{V_i(s)}=\frac{Z_2Z_4}{Z_1(Z_2+Z_3+Z_4)+Z_2(Z_3+Z_4)}$$

代入复阻抗的值，可知系统的传递函数与式(5.8.14)相同。

5.9 电气系统与机电系统的相似性

5.9.1 相似系统的概念

所谓相似系统是指可以用相同的数学模型描述但其物理意义不同的系统。因此，相似系统可以用相同的微分方程或者传递函数来描述。

相似系统的概念之所以重要，是因为：

1）一个物理系统的数学解可以直接应用于其他领域的任何相似系统。

2）基于第一点，对于需要建模和分析的某类系统（如机械、液压、流体或者生命系统），可以建模和分析与其相关的某种相似系统（如电相似系统）。一般而言，电气或者电子系统易

于进行实验或者计算机仿真。

为了理解相似系统的概念，下面基于机械-电气系统之间的相似性展开讨论。

机械系统可以通过它的电相似系统来研究，而对电相似系统的建模一般比相应的机械系统的建模要容易。研究中对于机械系统有两种电的相似系统：力-电压相似及力-电流相似。

5.9.2　力-电压相似

考虑图 5.9.1a 所示的机械系统和图 5.9.1b 所示的电气系统。

在图 5.9.1a 所示的机械系统中，p 是施加在质量块 m 上的外力，描述这个机械系统的微分方程为

$$m\frac{\mathrm{d}^2x}{\mathrm{d}t^2}+b\frac{\mathrm{d}x}{\mathrm{d}t}+kx=p \tag{5.9.1}$$

式中，x 是质量块 m 从平衡点开始的位移；b 是阻尼器的粘性摩擦系数；k 为弹簧的弹性模量。

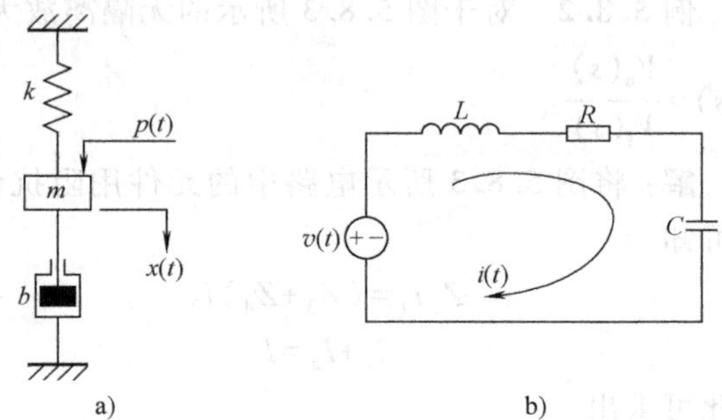

图 5.9.1　机械系统和电气系统一

在图 5.9.1b 所示的电气系统中，$v(t)$ 是施加在电路输入端的电压源。描述这个电气系统的微分、积分方程为

$$L\frac{\mathrm{d}i}{\mathrm{d}t}+Ri+\frac{1}{C}\int i\mathrm{d}t=v$$

如果变量用电荷 q，则上述方程变为

$$L\frac{\mathrm{d}^2q}{\mathrm{d}t^2}+R\frac{\mathrm{d}q}{\mathrm{d}t}+\frac{1}{C}q=v \tag{5.9.2}$$

式中，L 是电感；R 是电阻；C 为电容。

比较式(5.9.1)和式(5.9.2)可以发现，不同的两个系统具有相同形式的微分方程，因此这两个系统是相似系统。方程中相对应的变量称为相似量，列于表 5.9.1 中。力-电系统的这种相似称为力-电压相似，也称为质量-电感相似。

表 5.9.1　力-电压相似

机械系统	电气系统	机械系统	电气系统
力 p(力矩 T)	电压 v	弹性模量 k	电容的倒数$\frac{1}{C}$
质量 m(转动惯量 J)	电感 L	位移 x(角位移 θ)	电荷 q
粘性摩擦系数 b	电阻 R	速度$\frac{\mathrm{d}x}{\mathrm{d}t}$$\left(角速度\frac{\mathrm{d}\theta}{\mathrm{d}t}\right)$	电流 i

5.9.3　力-电流相似

机械系统和电气系统还存在另外一种相似，即力-电流相似。

考虑图 5.9.2a 所示的机械系统，描述这个机械系统的微分方程为

$$m\frac{\mathrm{d}^2x}{\mathrm{d}t^2}+b\frac{\mathrm{d}x}{\mathrm{d}t}+kx=p \tag{5.9.3}$$

式中，p 是施加在质量块 m 上的外力；x 是质量块 m 从平衡点开始的位移；b 是阻尼器的粘性摩擦系数；k 为弹簧的弹性模量。

在图 5.9.2b 所示的电气系统中，$i_s(t)$ 是施加在电路输入端的电流源。根据基尔霍夫电流定律，有

$$\begin{cases} i_L + i_R + i_C = i_s \\ i_L = \dfrac{1}{L}\int v\mathrm{d}t \\ i_R = \dfrac{v}{R} \\ i_C = C\dfrac{\mathrm{d}v}{\mathrm{d}t} \end{cases} \tag{5.9.4}$$

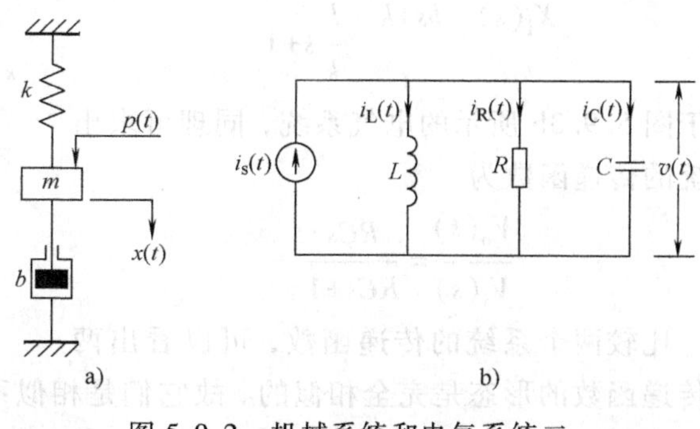

图 5.9.2　机械系统和电气系统二

或者

$$\frac{1}{L}\int v\mathrm{d}t + \frac{v}{R} + C\frac{\mathrm{d}v}{\mathrm{d}t} = i_s \tag{5.9.5}$$

因为磁通 Φ 与电压 v 存在以下关系：

$$\frac{\mathrm{d}\Phi}{\mathrm{d}t}=v$$

故式(5.9.5)可以改写成

$$C\frac{\mathrm{d}^2\Phi}{\mathrm{d}t^2}+\frac{1}{R}\frac{\mathrm{d}\Phi}{\mathrm{d}t}+\frac{1}{L}\Phi=i_s \tag{5.9.6}$$

比较式(5.9.3)和式(5.9.6)不难发现这两个系统是相似系统。力-电系统的这种相似称为力-电流相似，也称为质量-电容相似。方程中相对应的相似量列于表 5.9.2 中。

表 5.9.2　力-电流相似

机械系统	电气系统	机械系统	电气系统
力 p(力矩 T)	电流 i	弹性模量 k	电感的倒数$\dfrac{1}{L}$
质量 m(转动惯量 J)	电容 C	位移 x(角位移 θ)	磁通 Φ
粘性摩擦系数 b	电阻的倒数$\dfrac{1}{R}$	速度$\dfrac{\mathrm{d}x}{\mathrm{d}t}\left(角速度\dfrac{\mathrm{d}\theta}{\mathrm{d}t}\right)$	电压 v

例 5.9.1　试证明图 5.9.3 所示的两个系统是相似系统。

解：对于图 5.9.3a 所示的机械系统，其运动微分方程为

$$b\left(\frac{\mathrm{d}x_i}{\mathrm{d}t}-\frac{\mathrm{d}x_o}{\mathrm{d}t}\right)=kx_o$$

或

$$b\frac{\mathrm{d}x_i}{\mathrm{d}t}=b\frac{\mathrm{d}x_o}{\mathrm{d}t}+kx_o$$

对上式求拉普拉斯变换，令初始状态为零，有

$$bsX_i(s)=(bs+k)X_o(s)$$

因此，该机械系统的传递函数为

$$\frac{X_o(s)}{X_i(s)}=\frac{bs}{bs+k}=\frac{\frac{b}{k}s}{\frac{b}{k}s+1}$$

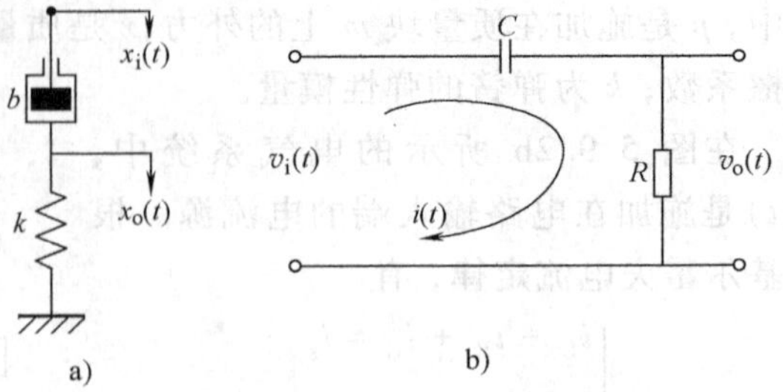

对于图 5.9.3b 所示的电气系统，同理可求出系统的传递函数为

$$\frac{V_o(s)}{V_i(s)}=\frac{RCs}{RCs+1}$$

图 5.9.3　例 5.9.1 图

a) 机械系统　b) 电气系统

比较两个系统的传递函数，可以看出两个传递函数的形态是完全相似的，故它们是相似系统。

5.9.4　机电系统的 *s* 域建模

可以用电路/机械元件的拉普拉斯变换的等效形式描述一个机电系统。这里电路元件的拉普拉斯变换的等效形式是指电路基本元件(R, L, C)端口特性的拉普拉斯变换，机械元件的拉普拉斯变换的等效形式是指机械基本元件(粘性摩擦系数 b，质量 m 或转动惯量 J，弹性模量 k)端口特性的拉普拉斯变换。等效后的机电系统框图称为 s 域的机电系统模型。

考虑如图 5.9.4 所示的直流伺服电动机控制问题。

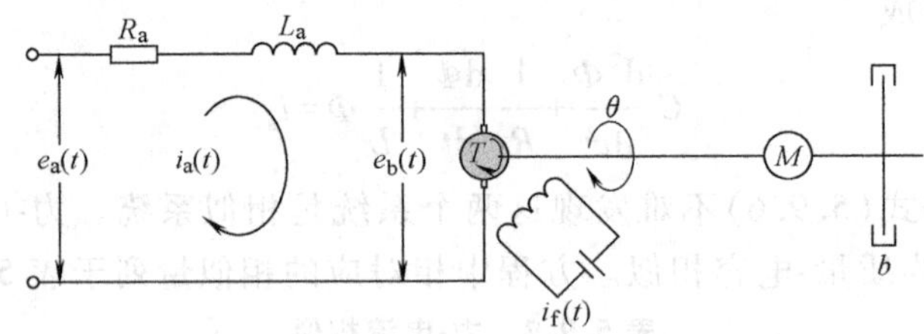

图 5.9.4　直流伺服电动机的控制

R_a—电枢电阻(Ω)　L_a—电枢电感(H)　i_a—电枢电流(A)　i_f—励磁电流(A)

e_a—外加电枢电压(V)　e_b—反向电动势(V)　θ—转子角位移(rad)　T—电动机转矩(N·m)

M—电动机转动惯量(kg·m²)　b—电动机轴负载粘性摩擦系数[N·m/(rad/s)]

电动机产生的转矩 T 与电枢电流 i_a 及气隙磁通 Φ 的乘积成正比，气隙磁通 Φ 与励磁电流 i_f 成正比，即

$$\Phi=K_f i_f$$

式中，K_f 是常数。因此，转矩 T 可以写成

$$T=K_f i_f K_1 i_a$$

式中，K_1 是常数。

对于常数励磁电流，磁通量亦为常数，并且转矩也与电枢电流 i_a 成正比，即

$$T=Ki_a$$

式中，K 是电动机转矩常数。注意，如果电枢电流 i_a 变符号，则转矩 T 的符号也改变，电动机反转。

当电枢转动时，电枢电压与磁通及角速度的乘积成正比。如果磁通量是常数，感应电动

势 e_b 与角速度$\frac{d\theta}{dt}$成正比，即

$$e_b = K_b \frac{d\theta}{dt} \tag{5.9.7}$$

式中，e_b 是反向电动势；K_b 是反向电动势常数。

电枢控制直流伺服电动机的转速（由电枢电压 e_a 控制）由电枢电路微分方程给出

$$L_a \frac{di_a}{dt} + R_a i_a + e_b = e_a \tag{5.9.8}$$

电枢电流产生惯性和摩擦转矩，因此

$$M \frac{d^2\theta}{dt^2} + b\frac{d\theta}{dt} = T = Ki_a \tag{5.9.9}$$

假设电动机的初始状态为零，求出式(5.9.7)~式(5.9.9)的拉普拉斯变换，得到

$$\begin{cases} K_b s\theta(s) = E_b(s) \\ (L_a s + R_a) I_a(s) + E_b(s) = E_a(s) \\ (Ms^2 + bs)\theta(s) = T(s) = KI_a(s) \end{cases} \tag{5.9.10}$$

若设 $E_a(s)$ 为输入，$\theta(s)$ 为输出，消去式(5.9.10)中的中间变量 $I_a(s)$ 和 $E_b(s)$，则可得到直流伺服电动机的传递函数为

$$\frac{\theta(s)}{E_a(s)} = \frac{K}{s[L_a Ms^2 + (L_a b + R_a M)s + R_a b + KK_b]} \tag{5.9.11}$$

通常，电枢电路中的电感 L_a 很小并可忽略，故式(5.9.11)可以简化为

$$\frac{\theta(s)}{E_a(s)} = \frac{K}{s(R_a Ms + R_a b + KK_b)} = \frac{\frac{K}{R_a M}}{s\left(s + \frac{R_a b + KK_b}{R_a M}\right)} \tag{5.9.12}$$

注意，式(5.9.12)中的$\frac{R_a b + KK_b}{R_a M}$项相当于阻尼项，因此反向电动势增加了电动机的有效阻尼。如果将式(5.9.12)改写成

$$\frac{\theta(s)}{E_a(s)} = \frac{K_m}{s(T_m s + 1)} \tag{5.9.13}$$

式中，$K_m = \frac{K}{R_a b + KK_b}$称为电动机增益；$T_m = \frac{R_a b + KK_b}{R_a M}$称为电动机时间常数。式(5.9.13)就是以电枢电压 $e_a(t)$ 为输入，角位移 $\theta(t)$ 为输出时的直流伺服电动机的传递函数模型。

5.10　LTI 系统的性质和框图描述

本节将基于拉普拉斯变换讨论 LTI 系统的因果性、稳定性、可逆性及频率响应问题。除此之外，还将研究 LTI 系统的互连及框图描述。

5.10.1 因果性

单边拉普拉斯变换要求函数在 $t<0$ 时为零，因此系统的单位冲激响应 $h(t)$ 也必须在 $t<0$ 时为零。显然这也正是系统的因果性条件，故单边拉普拉斯变换仅仅适用于因果系统。至于非因果系统，可以运用双边拉普拉斯变换。

5.10.2 稳定性

前面讨论过的系统 BIBO 稳定性与系统的传递函数概念有密切的联系。设系统输入信号有拉普拉斯变换对 $x(t) \leftrightarrow X(s)$，即

$$x(t) \leftrightarrow X(s) = \frac{\prod_{l=1}^{u}(s-z_l)}{\prod_{k=1}^{v}(s-p_k)} \tag{5.10.1}$$

而系统单位冲激响应 $h(t)$ 与系统传递函数 $H(s)$ 亦形成一个拉普拉斯变换对，即

$$h(t) \leftrightarrow H(s) = \frac{\prod_{j=1}^{m}(s-z_j)}{\prod_{i=1}^{n}(s-p_i)} \tag{5.10.2}$$

其中，$p_k(k=1, 2, \cdots, v)$ 是输入信号的极点；$p_i(i=1, 2, \cdots, n)$ 则是系统传递函数的极点(为方便计均设为单极点)。系统(零状态)响应的拉普拉斯变换 $Y(s)$ 为

$$Y(s) = H(s)X(s) = \frac{\prod_{j=1}^{m}(s-z_j)}{\prod_{i=1}^{n}(s-p_i)} \frac{\prod_{l=1}^{u}(s-z_l)}{\prod_{k=1}^{v}(s-p_k)} \tag{5.10.3}$$

对式(5.10.3)进行部分分式展开，有

$$Y(s) = H(s)X(s) = \sum_{k=1}^{v}\frac{A_k}{s-p_k} + \sum_{i=1}^{n}\frac{A_i}{s-p_i} \tag{5.10.4}$$

式(5.10.4)中等式右边第一个求和项是与输入信号极点 $p_k(k=1, 2, \cdots, v)$ 相关的部分，第二个求和项是与传递函数极点 $p_i(i=1, 2, \cdots, n)$ 相关的部分。对式(5.10.4)求逆变换，得到

$$\begin{aligned} y(t) &= \mathrm{L}^{-1}\{Y(s)\} \\ &= \sum_{i=1}^{n}A_i \mathrm{e}^{p_i t}u(t) + \sum_{k=1}^{v}A_k \mathrm{e}^{p_k t}u(t) = y_{\text{natural}}(t) + y_{\text{forced}}(t) \end{aligned} \tag{5.10.5}$$

式中，$y_{\text{natural}}(t) = \sum_{i=1}^{n}A_i \mathrm{e}^{p_i t}u(t)$ 是展开式中关于传递函数极点的响应分量，称为系统的自由(自然)响应，它与系统的输入信号 $x(t)$ 没有关系；$y_{\text{forced}}(t) = \sum_{k=1}^{v}A_k \mathrm{e}^{p_k t}u(t)$ 则为展开式中关于输入信号极点的响应分量，称为系统的强迫响应。自由响应中每个分量的函数形式 $\mathrm{e}^{p_i t}(i=1, 2, \cdots, n)$ 称为系统的模态。注意，在微分方程的经典解中，$Y_{\text{natural}}(t)$ 就是系统微分方程的

齐次解，而 $y_{\text{forced}}(t)$ 则为系统微分方程的特解。

系统的 BIBO 稳定性要求有界输入产生有界输出，因此如果输入信号 $x(t)$ 有界，则强迫响应 $y_{\text{forced}}(t)$ 也一定有界，这是因为 $y_{\text{forced}}(t)$ 和输入 $x(t)$ 具有相同的函数形式，即 $Y_{\text{forced}}(s)$ 与 $X(s)$ 有相同的极点。但若系统的输出为无界，则系统的自由响应中当且仅当存在至少一个分量 $e^{p_i t}$ 是无界的。这种情况下只有 $Y_{\text{natural}}(s)$ 包含至少一个非负实部极点 p_i 时，系统的输出才为无界。

综上所述可以得出如下关于稳定性的结论：LTI 系统是稳定的，当且仅当系统传递函数的全部极点位于 s 的左半平面，即

$$\text{Re}\{p_i\}<0, \quad i=1,\ 2,\ \cdots,\ n \tag{5.10.6}$$

注释：根据系统传递函数确定一个系统是否具有 BIBO 稳定性是有条件的。对于一般的 LTI 系统，进行稳定性判别必须满足两个条件。第一个条件是，系统传递函数分子的阶数不能大于分母的阶数，也就是说系统传递函数必须是有理真分式。要证明一点，不妨考虑分子阶数比分母阶数大 k 的一个传递函数 $H(s)$，用长除法相除，得到

$$H(s)=\frac{B(s)}{A(s)}=C_k s^k+\cdots+C_1 s+C_0+\frac{B_1(s)}{A(s)}$$

式中，$\dfrac{B_1(s)}{A(s)}$ 是真分式。如果对该系统施加一个有界的单位阶跃信号 $u(t)$，则系统响应的拉普拉斯变换为

$$Y(s)=H(s)X(s)=\frac{1}{s}H(s)=C_k s^{k-1}+\cdots+C_1+\frac{C_0}{s}+\frac{B_1(s)}{sA(s)}$$

对上式求拉普拉斯逆变换，有

$$y(t)=C_k\delta^{(k-1)}(t)+\cdots+C_1\delta(t)+C_0 u(t)+\text{L}^{-1}\left\{\frac{B_1(s)}{sA(s)}\right\}$$

若假设上式中 $\text{L}^{-1}\left\{\dfrac{B_1(s)}{sA(s)}\right\}$ 是系统的有界输出分量，则显然其余项就不是有界的。这就意味着当 $k>1$ 时有界输入将产生无界输出，所以 $k>1$ 时系统不是 BIBO 稳定的。

传递函数必须满足的第二个条件是它的全部极点必须位于 s 的左半平面。这个条件等价于系统的单位冲激响应是绝对可积的。

满足 BIBO 稳定性的系统也有可能产生无界的零输入响应。这种情况一般发生在系统传递函数的分子多项式 $B(s)$ 中包含有 s 的右半平面零点，并且分母多项式 $A(s)$ 在相同位置具有单极点的特例。由式(5.7.18)可以看出，传递函数 $H(s)=\dfrac{B(s)}{A(s)}$ 中可能存在零、极点的对消。如果这种对消发生在 s 的右半平面(也就是说在 s 的右半平面的相同位置存在一个极点和至少一个零点)，则对消后系统将满足 BIBO 稳定性。但是，零输入响应的极点全部包含在 $A(s)$ 中，所以零输入响应是无界的。

5.10.3　可逆性

对于一个传递函数为 $H(s)$ 的 LTI 系统，其对应的逆系统定义为：传递函数为 $H_{\text{inv}}(s)$ 的

逆系统与 $H(s)$ 级联后，总的系统传递函数为 1，即

$$H(s)H_{\text{inv}}(s)=1 \tag{5.10.7}$$

或者

$$H_{\text{inv}}(s)=\frac{1}{H(s)} \tag{5.10.8}$$

系统及其逆系统如图 5.10.1 所示。

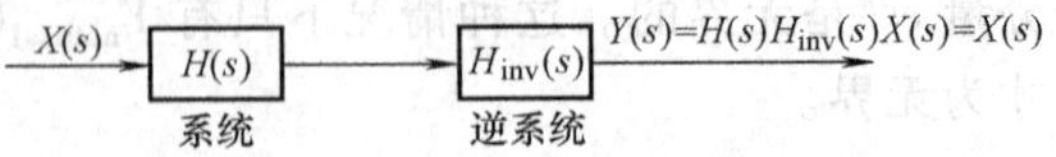

图 5.10.1 系统及其逆系统

由于一个因果系统的传递函数 $H(s)$ 可以描述为

$$H(s)=\frac{b_m s^m+b_{m-1}s^{m-1}+\cdots+b_1 s+b_0}{s^n+a_{n-1}s^{n-1}+\cdots+a_1 s+a_0}$$

因此，它的逆系统的传递函数就为

$$H_{\text{inv}}(s)=\frac{1}{H(s)}=\frac{s^n+a_{n-1}s^{n-1}+\cdots+a_1 s+a_0}{b_m s^m+b_{m-1}s^{m-1}+\cdots+b_1 s+b_0} \tag{5.10.9}$$

因为式(5.10.9)是单边传递函数，故其逆系统也是一个因果系统。

如果系统传递函数式所描述的系统是稳定的，那么它的极点必定全部位于 s 的左半平面。若要求逆系统也保持稳定，则要求逆系统 $H_{\text{inv}}(s)$ 的全部极点也位于 s 的左半平面。显然，一个 LTI 系统及其逆系统均稳定的条件是系统传递函数 $H(s)$ 的零、极点都在 s 的左半平面上。

另外，由于系统传递函数的系数就是系统微分方程的系数，故根据式(5.10.9)就可以方便地写出逆系统的微分方程。

5.10.4 频率响应

在第 4 章中曾经给出频率域的系统传递函数的概念，即定义系统输出的傅里叶变换 $Y(\omega)$ 和系统输入的傅里叶变换 $X(\omega)$ 之比的形式

$$H_{\text{F}}(\omega)=\frac{Y(\omega)}{X(\omega)}=\frac{b_m(\text{j}\omega)^m+b_{m-1}(\text{j}\omega)^{m-1}+\cdots+b_1(\text{j}\omega)+b_0}{a_n(\text{j}\omega)^n+a_{n-1}(\text{j}\omega)^{n-1}+\cdots+a_1(\text{j}\omega)+a_0} \tag{5.10.10}$$

为 n 阶 LTI 系统的传递函数。显然，式(5.10.10)给出的是系统在零初始状态(条件)下由输入信号 $x(t)$ 驱动的响应。

而在式(5.6.3)中又在复频域定义了系统的传递函数，即

$$H_{\text{L}}(s)=\left.\frac{Y(s)}{X(s)}\right|_{I(s)=0}=\frac{b_m s^m+b_{m-1}s^{m-1}+\cdots+b_1 s+b_0}{s^n+a_{n-1}s^{n-1}+\cdots+a_1 s+a_0} \tag{5.10.11}$$

比较两个不同域中的系统传递函数的定义，如果取式(5.10.10)的分母为首一多项式(即 $a_n=1$)则容易发现两者之间存在关系

$$H_{\text{F}}(\omega)=H_{\text{L}}(s)\big|_{s=\text{j}\omega}=H_{\text{L}}(\text{j}\omega) \tag{5.10.12}$$

为了有所区别，这里对不同域的传递函数标注了下标，因为不加下标，式(5.10.12)将出现 $H(\omega)=H(\text{j}\omega)$ 的表述矛盾。但习惯上在傅里叶分析中一般用 $H(\omega)$ 表示频率响应，而在拉普拉斯变换应用中则通常用 $H(\text{j}\omega)$ 表示频率响应，两者只是在不同域中符号的表达存在差异

而已。

由此可见，s 域的频率响应可以表示为

$$H(j\omega)=\frac{Y(j\omega)}{X(j\omega)}=\frac{b_m(j\omega)^m+b_{m-1}(j\omega)^{m-1}+\cdots+b_1(j\omega)+b_0}{(j\omega)^n+a_{n-1}(j\omega)^{n-1}+\cdots+a_1(j\omega)+a_0} \tag{5.10.13}$$

第 4 章 4.14 节中曾指出，当输入是周期正弦信号 $x(t)=\cos\omega_0 t$ 时，根据式(4.14.26)可知系统的稳态响应 $y_{ss}(t)$ 为

$$y_{ss}(t)=|H(\omega_0)|\cos(\omega_0 t+\varphi_k) \tag{5.10.14}$$

式中

$$\varphi_k=\arg H(j\omega) \tag{5.10.15}$$

是复频率函数 $H(j\omega)$的相位。因此，通过测量正弦信号作用下系统的稳态响应，就可以获得系统的频率响应。

例 5.10.1　某飞机喷气发动机对激励信号 $x(t)$的响应 $y(t)$可以用微分方程

$$\frac{1}{2}\frac{d^2y}{dt^2}+\frac{3}{2}\frac{dy}{dt}+y(t)=3\frac{dx}{dt}+9x(t)$$

建模。求：(1)系统传递函数和系统冲激响应；(2)系统的频率响应，其中 $0\leqslant\omega\leqslant\frac{1}{2\pi}$rad/s。

解：(1) 令系统初始状态为零，对系统微分方程求拉普拉斯变换，根据传递函数定义有

$$H(s)=\frac{Y(s)}{X(s)}=\frac{3s+9}{0.5s^2+1.5s+1}=\frac{6s+18}{s^2+3s+2}$$

对 $H(s)$用部分分式展开，用亥维赛系数公式[式(5.4.7)]待定系数，得到

$$H(s)=\frac{6s+18}{s^2+3s+2}=\frac{12}{s+1}+\frac{-6}{s+2}$$

则可求出系统的单位冲激响应为

$$h(t)=12e^{-t}u(t)-6e^{-2t}u(t)$$

(2) 由于系统传递函数 $H(s)$的极点是 $p_1=-1$ 和 $p_2=-2$，故系统是 BIBO 稳定的。因此，根据式(5.10.12)，令 $s=j\omega$ 代入 $H(s)$中，得到系统的频率响应为

$$H(j\omega)=H(s)\big|_{s=j\omega}=\frac{6(j\omega)+18}{(j\omega)^2+3(j\omega)+2}$$

绘制系统幅度响应和相位响应的 MATLAB 源代码如下：

```
f=0: 0.005: 1; w=j * 2 * pi * f;
Hw=(6 * w+18). /(w. ^2+3 * w+2);
subplot(121)
plot(f, abs(Hw));
subplot(122)
plot(f, angle(Hw));
```

图 5.10.2 是 MATLAB 给出的飞机喷气发动机姿态控制系统的频率响应。

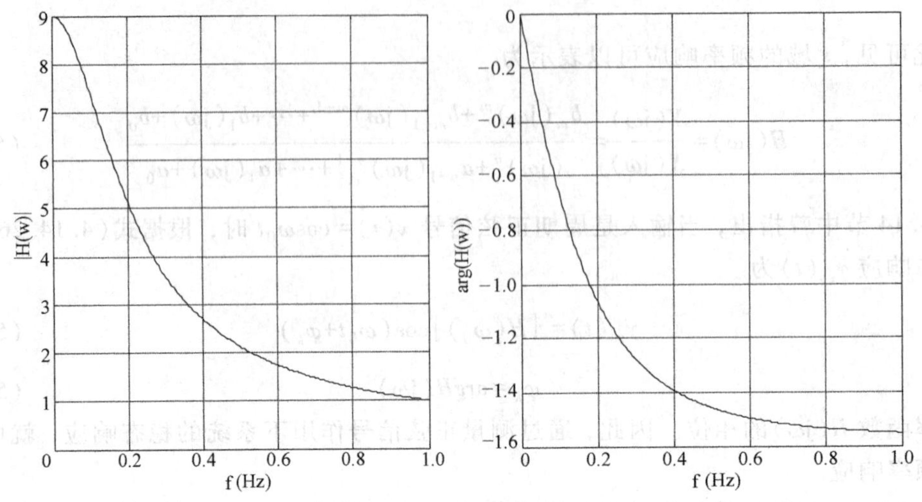

图 5.10.2 飞机喷气发动机姿态控制系统的频率响应

5.10.5 框图

系统的框图描述是系统数学模型和系统原理图模型的结合，它不但可以给出系统中各个子系统部分的方程，而且还能够描述系统各个组成部分彼此之间的相互联系。因此，系统的框图为系统的结构以及为确定系统方程或者传递函数提供了全部信息。

根据系统传递函数的定义，对于一个松弛系统，输入 $X(s)$ 对系统产生的输出是零状态响应 $Y_{zs}(s)$，即

$$Y_{zs}(s)=H(s)X(s) \tag{5.10.16}$$

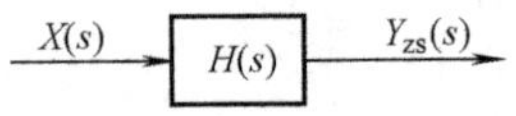

图 5.10.3 基本框图单元

式(5.10.16)的等价框图形式如图 5.10.3 所示。

注意，图 5.10.3 给出的基本框图也称为开环单元，它还可以应用于初始状态不为零的系统。这时，由系统初始状态产生的响应分量将叠加到系统的输出中。因此，不加说明的话，下面框图中的输出均用 $Y(s)$ 表示。

反馈系统，也称为闭环系统结构，如图 5.10.4 所示。其中，从 $X(s)$ 到 $Y(s)$ 的直接通道称为前向(馈)通道，传递函数是 $H_1(s)$，而从 $Y(s)$ 到 $E(s)$ 的反向通道称为反馈通道，其传递函数为 $H_2(s)$；反馈输出端的负号表示系统是负反馈。如果 $H_2(s)=1$，则系统就是单位反馈系统。

在图 5.10.4 所示的反馈结构中，利用式(5.10.16)并根据框图中箭头指向信号，在零初始状态下，有

$$Y(s)=H_1(s)E(s)=H_1(s)[X(s)-H_2(s)Y(s)]$$

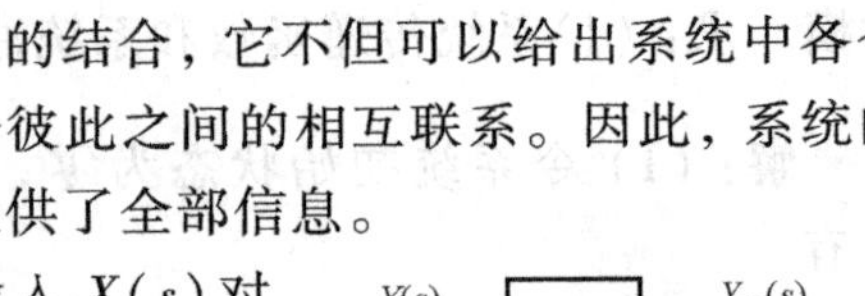

图 5.10.4 反馈系统的框图

整理后得

$$Y(s)=\frac{H_1(s)}{1+H_2(s)H_1(s)}X(s) \tag{5.10.17}$$

或

$$T(s)=\left.\frac{Y(s)}{X(s)}\right|_{I(s)=0}=\frac{H_1(s)}{1+H_2(s)H_1(s)} \tag{5.10.18}$$

式(5.10.18)中的 $T(s)$ 称为系统的闭环传递函数。

其他系统的框图结构通常可以通过级(串)联或并联形式进行组合，如图 5.10.5 所示。通过级联、并联和反馈连接形式，还可以构成包含多个反馈环的更复杂的反馈结构。

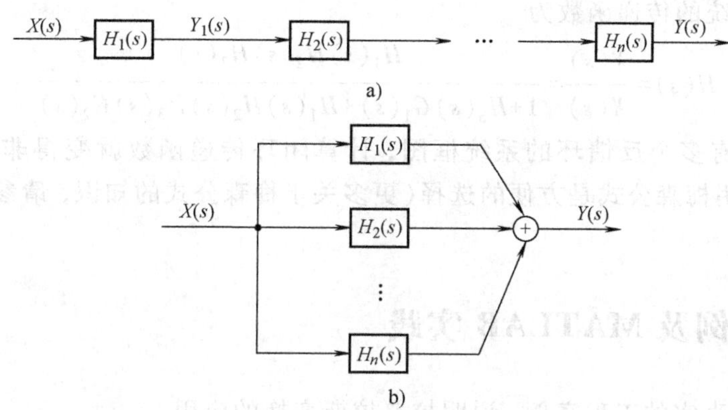

图 5.10.5　组合系统框图

a）级联形式　b）并联形式

针对图 5.10.5a 所示系统的级联形式，容易导出等效的开环传递函数为

$$H(s)=H_1(s)H_2(s)\cdots H_n(s) \tag{5.10.19}$$

它是各个子系统传递函数的乘积。

图 5.10.5b 所示系统的并联等效传递函数为

$$H(s)=H_1(s)+H_2(s)+\cdots+H_n(s) \tag{5.10.20}$$

它是各个子系统传递函数的和。

利用式(5.10.17)~式(5.10.20)，可以化简更为复杂的系统。具体方法见例题。

例 5.10.2　考虑图 5.10.6 所示的反馈系统，试求其闭环传递函数。

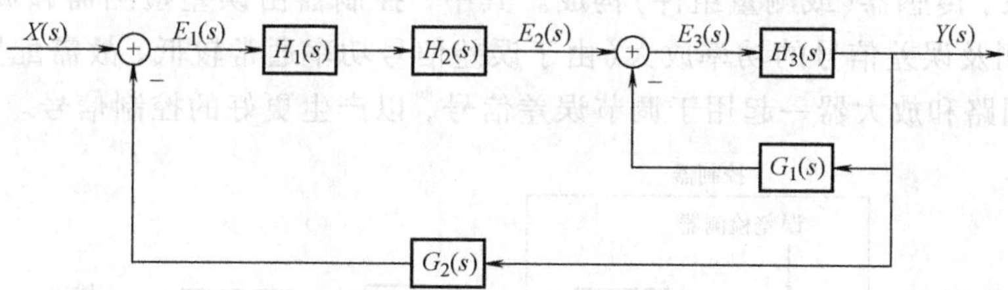

图 5.10.6　例 5.10.2 反馈系统框图

解：根据式(5.10.19)，可得

$$Y(s)=H_3(s)E_3(s)$$

$$E_2(s)=H_1(s)H_2(s)E_1(s)$$

又因为

$$E_1(s)=X(s)-G_2(s)Y(s)$$

$$E_3(s)=E_2(s)-G_1(s)Y(s)$$

则可求出

$$Y(s)=H_3(s)[E_2(s)-G_1(s)Y(s)]$$

$$=H_3(s)\{H_1(s)H_2(s)[X(s)-G_2(s)Y(s)]-G_1(s)Y(s)\}$$
$$=H_1(s)H_2(s)H_3(s)X(s)-H_1(s)H_2(s)H_3(s)G_2(s)Y(s)-H_3(s)G_1(s)Y(s)$$
$$=H_1(s)H_2(s)H_3(s)X(s)-[H_3(s)G_1(s)+H_1(s)H_2(s)H_3(s)G_2(s)]Y(s)$$

整理后得到闭环系统的传递函数为

$$H(s)=\frac{Y(s)}{X(s)}=\frac{H_1(s)H_2(s)H_3(s)}{1+H_3(s)G_1(s)+H_1(s)H_2(s)H_3(s)G_2(s)}$$

注意，对于具有多个反馈环的系统框图，计算闭环传递函数就变得非常单调乏味。这时，基于图论，利用梅森公式是方便的选择(更多关于梅森公式的知识，请参考自动控制原理类的参考书)。

5.11 应用示例及 MATLAB 实践

本节通过几个真实的工程案例，说明拉普拉斯变换的应用。

5.11.1 自动控制器

控制器将被控对象的输出值与一个理想值进行比较，确定一个偏差。根据偏差值产生一个消除或者减小这个偏差的控制信号。控制器产生控制信号的过程称为控制作用。

工程上常见的控制作用有开-关，比例，积分，微分，以及比例、积分、微分的组合。根据控制作用，工业控制器分为以下几类：①开-关(或者二位)控制器；②比例控制器；③积分控制器；④比例、积分控制器；⑤比例、微分控制器；⑥比例、积分、微分控制器。

显然，对不同控制作用基本特性的理解，是系统工程师选择控制器的基本要求。

1. 控制器、执行器和传感器

一个典型的工业控制系统的组成框图如图 5.11.1 所示。该工业控制系统由控制器、执行器、被控对象、传感器(或测量组件)构成。其中，控制器由误差检测器和放大器组成，进行误差信号检测及误差信号的功率放大(由于误差信号功率通常较低，故需配置放大器)。一般而言，反馈回路和放大器一起用于调节误差信号，以产生更好的控制信号。

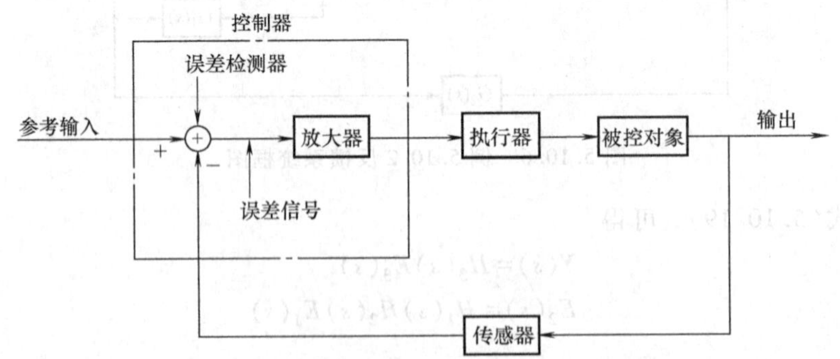

图 5.11.1 典型工业控制系统的组成框图

执行器则是一个根据控制信号(放大以后的误差信号)对被控对象产生激励的组件，以便反馈信号和参考输入信号相对应。传感器组件位于反馈回路上，它将输出变量转换成另一种变量，比如转换成位移、压力、温度或者电压。转换变量可将输出信号和参考输入信号进行比较。控制器必须保证参考输入量的单位与反馈信号的单位相同。

2. 比例、积分、微分控制作用

除开-关控制作用外，比例(Proportional，P)、积分(Integral，I)和微分(Derivative，D)控制作用是工业自动控制器的基本控制作用。如图5.11.2所示，对于比例、积分和微分的每个控制作用，控制器的输出$M(s)$(输出的拉普拉斯变换)与误差信号$E(s)$之间存在确定的传递函数关系。下面针对比例控制、积分控制和微分控制作用以及比例-积分-微分(PID)控制作用描述它们的传递函数$M(s)/E(s)$。

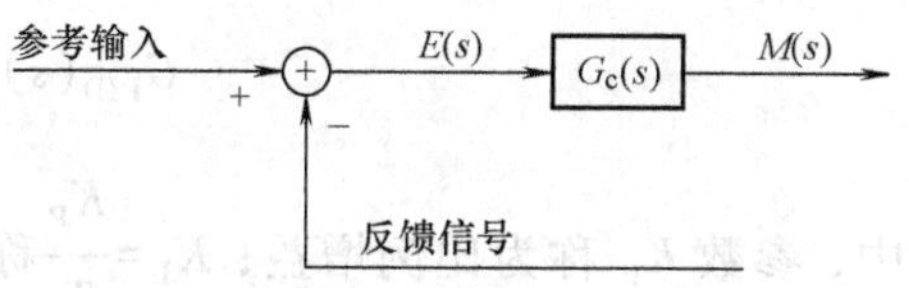

图5.11.2　控制器的框图

考虑图5.11.2所示控制器。所谓比例控制是指，控制器$G_c(s)$的传递函数[也就是输出信号$M(s)$与误差信号输入$E(s)$之比]是一个比例常数K_P，即

$$G_c(s)=\frac{M(s)}{E(s)}=K_P \tag{5.11.1}$$

积分控制作用下，控制器$G_c(s)$的传递函数为

$$G_c(s)=\frac{M(s)}{E(s)}=\frac{K_I}{s} \tag{5.11.2}$$

式中，K_I是积分器增益。而比例积分控制作用的传递函数为

$$G_c(s)=\frac{M(s)}{E(s)}=K_P\left(1+\frac{1}{T_i s}\right) \tag{5.11.3}$$

式中，K_P是比例常数；T_i则称为积分时间常数。

比例微分控制作用下，控制器$G_c(s)$的传递函数为

$$G_c(s)=\frac{M(s)}{E(s)}=K_P(1+T_d s) \tag{5.11.4}$$

式中，K_P是比例常数；T_d称为微分时间常数。

如果针对PID控制作用，控制器$G_c(s)$的传递函数为

$$G_c(s)=\frac{M(s)}{E(s)}=K_P\left(1+\frac{1}{T_i s}+T_d s\right) \tag{5.11.5}$$

式中，K_P是比例常数；T_i为积分时间常数；T_d是微分时间常数。

3. PID调节器

具有PID控制作用的控制器就是众所周知的PID调节器。PID调节器是工业过程控制系统中应用最为普遍的控制器，它的数学模型可以由式(5.11.5)的PID传递函数描述，即

$$G_{PID}(s)=\frac{M(s)}{E(s)}=K_P\left(1+\frac{1}{T_i s}+T_d s\right) \tag{5.11.6}$$

如果对式(5.11.6)进行交叉相乘，则有

$$M(s)=K_P\left(1+\frac{1}{T_i s}+T_d s\right)E(s) \tag{5.11.7}$$

若设$e(t)$是PID调节器的输入信号，求式(5.11.7)的拉普拉斯逆变换，则得到控制器的输出

信号 $m(t)$ 为

$$m(t)=K_{\mathrm{P}}\left[e(t)+\frac{1}{T_{\mathrm{i}}}\int_{-\infty}^{t}e(t)\mathrm{d}t+T_{\mathrm{d}}\frac{\mathrm{d}e(t)}{\mathrm{d}t}\right] \tag{5.11.8}$$

式中，常数 K_{P}、T_{i} 和 T_{d} 是 PID 调节器的参数。

如果将式(5.11.6)改写成

$$G_{\mathrm{PID}}(s)=\frac{M(s)}{E(s)}=K_{\mathrm{P}}+\frac{K_{\mathrm{I}}}{s}+K_{\mathrm{D}}s \tag{5.11.9}$$

式中，参数 K_{P} 称为比例增益；$K_{\mathrm{I}}=\dfrac{K_{\mathrm{P}}}{T_{\mathrm{i}}}$ 称为积分增益；$K_{\mathrm{D}}=K_{\mathrm{P}}T_{\mathrm{d}}$ 称为微分增益，是 PID 调节器的控制参数。在实际的 PID 调节器中，比例控制参数通常不是直接调整 K_{P}，而是调整与 $1/K_{\mathrm{P}}$ 成比例的、称为比例带的参数。

4. PID 调节器实例

图 5.11.3 给出了用运算放大器实现的 PID 调节器。

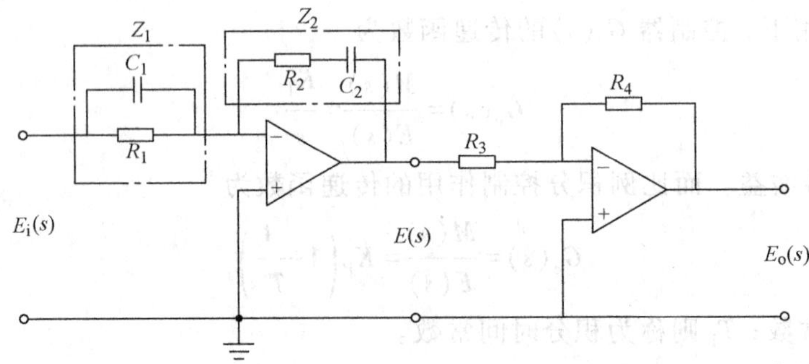

图 5.11.3　用运算放大器实现的 PID 调节器

由图 5.11.3 可见，两个运算放大器均构成反相器形式。由于 $Z_1=\dfrac{R_1}{R_1C_1s+1}$，$Z_2=\dfrac{R_2C_2s+1}{C_2s}$，故第一个运放反相器的传递函数为

$$\frac{E(s)}{E_{\mathrm{i}}(s)}=-\frac{Z_2}{Z_1}=-\frac{R_2C_2s+1}{C_2s}\frac{R_1C_1s+1}{R_1}$$

而第二个运放反相器的传递函数为

$$\frac{E_{\mathrm{o}}(s)}{E(s)}=-\frac{R_4}{R_3}$$

因此，整个 PID 调节器的传递函数为

$$\frac{E_{\mathrm{o}}(s)}{E_{\mathrm{i}}(s)}=\frac{E_{\mathrm{o}}(s)}{E(s)}\frac{E(s)}{E_{\mathrm{i}}(s)}=\left(-\frac{R_4}{R_3}\right)\left(-\frac{R_2C_2s+1}{C_2s}\frac{R_1C_1s+1}{R_1}\right)$$
$$=\frac{R_4}{R_3}\frac{(R_2C_2s+1)(R_1C_1s+1)}{R_1C_2s}$$

$$=\frac{R_4R_2}{R_3R_1}\left(\frac{R_1C_1+R_2C_2}{R_2C_2}+\frac{1}{R_2C_2s}+R_1C_1s\right)$$

$$=\frac{R_4(R_1C_1+R_2C_2)}{R_3R_1C_2}\left[1+\frac{1}{(R_1C_1+R_2C_2)s}+\frac{R_1C_1R_2C_2}{R_1C_1+R_2C_2}s\right]$$

与式(5.11.7)比较，可知

$$K_{\mathrm{P}}=\frac{R_4(R_1C_1+R_2C_2)}{R_3R_1C_2},\qquad T_{\mathrm{i}}=R_1C_1+R_2C_2,\qquad T_{\mathrm{d}}=\frac{R_1C_1R_2C_2}{R_1C_1+R_2C_2}$$

如果根据式(5.11.9)给出的PID参数，则有

$$K_{\mathrm{P}}=\frac{R_4(R_1C_1+R_2C_2)}{R_3R_1C_2},\qquad K_{\mathrm{I}}=\frac{R_4}{R_3R_1C_2},\qquad K_{\mathrm{D}}=\frac{R_4R_2C_1}{R_3}$$

5.11.2　飞机俯仰角的动态特性分析

本节通过分析民用飞机的俯仰角动态特性，说明求解LTI系统响应的步骤。

描述民用飞机的线性化运动方程(参见文献[21])：

$$\begin{cases}\dfrac{\mathrm{d}\alpha(t)}{\mathrm{d}t}=-0.313\alpha(t)+56.7q(t)+0.232f_{\mathrm{e}}(t)\\ \dfrac{\mathrm{d}q(t)}{\mathrm{d}t}=-0.0139\alpha(t)-0.426q(t)+0.0203f_{\mathrm{e}}(t)\\ \dfrac{\mathrm{d}\theta(t)}{\mathrm{d}t}=56.7q(t)\end{cases}\tag{5.11.10}$$

式中，$\alpha(t)$是飞机的攻角；$q(t)$为俯仰速率；$\theta(t)$是俯仰角；$f_{\mathrm{e}}(t)$是发动机推力，控制升降舵的偏转角。在实际中飞机俯仰速率$q(t)$是通过适当选择输入信号$f_{\mathrm{e}}(t)$进行控制的。对式(5.11.10)给出的三个一阶线性微分方程组继续求微分，消去中间变量$\alpha(t)$和$q(t)$，可获得一个由三阶线性微分方程描述、以俯仰角$\theta(t)$作为输入、以发动机推力$f_{\mathrm{e}}(t)$作为输出的系统方程，即

$$\frac{\mathrm{d}^3\theta(t)}{\mathrm{d}t^3}+0.739\frac{\mathrm{d}^2\theta(t)}{\mathrm{d}t^2}+0.921\frac{\mathrm{d}\theta(t)}{\mathrm{d}t}=1.151\frac{\mathrm{d}f_{\mathrm{e}}(t)}{\mathrm{d}t}+0.1774f_{\mathrm{e}}(t)\tag{5.11.11}$$

对于这个三阶系统，假设系统的初始状态$\theta(0_-)=10°$，$\theta'(0_-)=0$，$\theta''(0_-)=0$，且升降舵偏差角度(系统输入)设定为$f_{\mathrm{e}}(t)=3°$。试求系统的完全响应(由激励函数和系统初始状态共同引起的全系统响应)。

由式(5.7.20)可知，式(5.11.11)的完全响应为

$$\theta(t)=\mathrm{L}^{-1}\{H(s)X(s)\}+\mathrm{L}^{-1}\left\{\frac{I(s)}{A(s)}\right\}=\theta_{\mathrm{zs}}(t)+\theta_{\mathrm{zi}}(t)\tag{5.11.12}$$

根据传递函数的定义，可求出式(5.11.11)的系统传递函数为

$$H(s)=\frac{1.151s+0.1774}{s^3+0.739s^2+0.921s}=\frac{b_1s+b_0}{s^3+a_2s^2+a_1s}\tag{5.11.13}$$

输入信号$f_{\mathrm{e}}(t)$的拉普拉斯变换$F_{\mathrm{e}}(s)=\mathrm{L}\{3u(t)\}=3/s$，而系统特征多项式$A(s)$则由$A(s)=$

$s^3+0.739s^2+0.921s$ 给出。至于系统初始状态的拉普拉斯变换 $I(s)$，可以直接从系统的微分方程式(5.11.10)得到，当然也可以利用式(5.5.9)获得。如果用式(5.5.9)，则有

$$\begin{aligned}I(s)&=\alpha_1\theta(0_-)+s\alpha_2\theta(0_-)+s^2\theta(0_-)\\&=0.921\times10+0.739\times10s+10s^2=10s^2+7.39s+9.21\end{aligned}$$

因此，系统的全响应为

$$\theta(t)=\mathrm{L}^{-1}\left\{\frac{1.151s+0.1774}{s(s^2+0.739s+0.921)}\frac{3}{s}+\frac{10s^2+7.39s+9.21}{s(s^2+0.739+0.921)}\right\}=\theta_{zs}(t)+\theta_{zi}(t)$$

上式括号中的第一项是系统零状态响应的拉普拉斯变换，第二项是系统零输入响应的拉普拉斯变换。利用 MATLAB 函数 residue，可将括号中的第一项(系统零状态响应)展开成部分分式，即

$$\theta_{zs}(s)=\frac{3.2855}{s}+\frac{0.5779}{s^2}+\frac{-1.6428+\mathrm{j}1.0115}{s+0.3695-\mathrm{j}0.8857}+\frac{-1.6428-\mathrm{j}1.0115}{s+0.3695+\mathrm{j}0.8857}$$

则其时域等价的零状态响应为

$$\theta_{zs}(t)=\{3.2855+0.5779t+3.854\mathrm{e}^{-0.3697t}\cos(0.8557t+2.5897)\}$$

由于存在公因子的相消，故系统零输入响应被简化为

$$\theta_{zi}(s)=\frac{10}{s}\leftrightarrow\theta_{zi}(t)=10u(t)$$

根据 $\theta_{zs}(t)$ 的表达式可知，对于给定的常值输入信号，由于解中存在一个斜坡函数项，故系数的零状态响应是不收敛的。这个结果说明，系统本身是不稳定的。下面将要说明，针对这个不稳定的系统，可以通过提供一条反馈路径，并使系统形成闭环回路来保证稳定性。

考虑对飞机的俯仰角模型采用单位反馈控制策略。基于式(5.10.18)，令 $H_2(s)=1$，可得系统的闭环传递函数为

$$T(s)=\left.\frac{\theta(s)}{F_e(s)}\right|_{I(s)=0}=\frac{H(s)}{1+H(s)}=\frac{1.151s+0.1774}{s^3+0.739s^2+2.072s+0.1774}$$

图 5.11.4 是用 Simulink 对该反馈系统构建的仿真模型，可以打开每个方框设置参数。例如，在打开 Step 方框后设置阶跃初始时间为 0 和阶跃幅度为 3，这是系统的输入信号。零状态响应用示波器观察，并且得到的数据通过 To Workspace 方框传递到 MATLAB 的工作空间中。

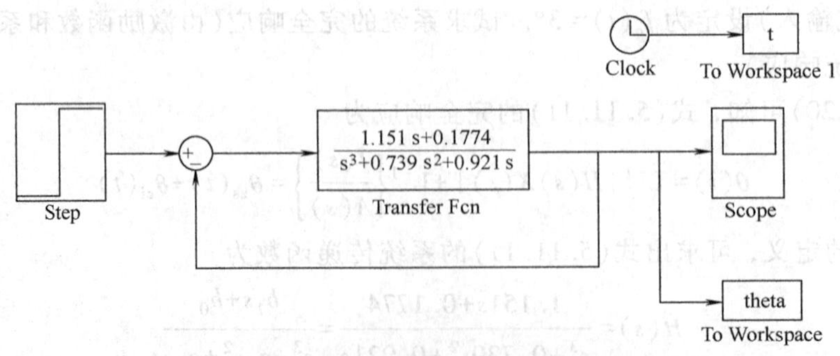

图 5.11.4 飞机俯仰角反馈控制的 Simulink 框图

图 5.11.5 示出了系统的零状态响应曲线。可以看出，经过单位反馈后系统的闭环零状态响应在时域中是收敛的且随时间变化，它稳定到稳态值 $\theta_{ss}=3$。这就说明通过反馈，完全可能使系统的输出保持在稳态，也就是收敛状态。注意：此时输入信号 $f_e(t)=3u(t)$ 产生的稳态输出信号 $\theta_{ss}=3$。

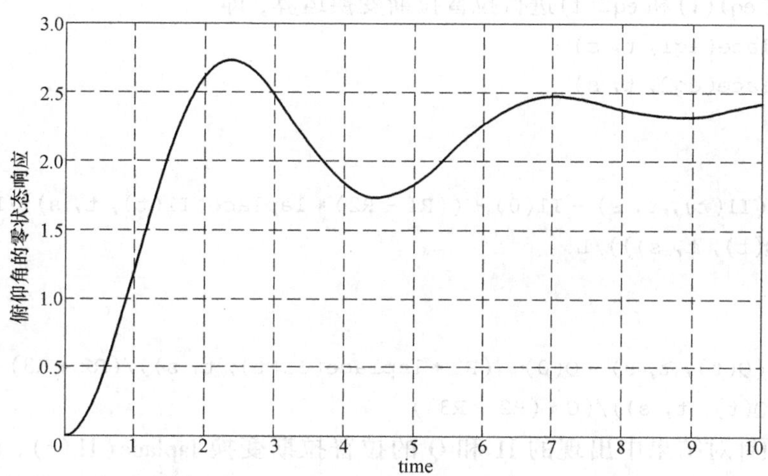

图 5.11.5　飞机俯仰角闭环零状态响应曲线

最后，利用 MATLAB 函数 residue，同样可以求出闭环传递函数的部分分式展开，并得到闭环系统的零状态响应为

$$\theta_{ss}(t)=\{3-1.319e^{-0.088t}+2\times0.874e^{-0.841t}\cos(1.382+2.863)\}u(t)$$

5.11.3　解常微分方程

考虑图 5.11.6 所示的 *RLC* 电路。其中 $R_j(j=1,2,3)$ 是电阻(Ω)；$I_j(j=1,2,3)$ 是电流(A)，L 和 C 分别是电感(H)和电容(F)；$E(t)$ 是电动势；$Q(t)$ 为电荷。

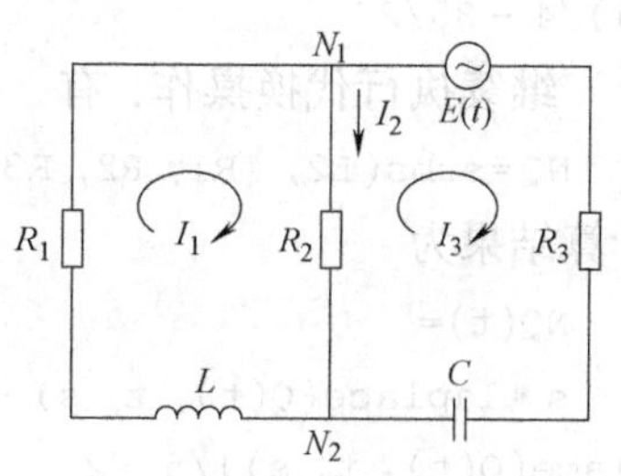

图 5.11.6　*RLC* 电路

应用基尔霍夫(Kirchhoff's)定律、法拉第(Faraday)定律和欧姆(Ohm)定律，可以得出下列常微分方程组

$$\frac{dI_1}{dt}+\frac{R_2}{L}\frac{dQ}{dt}=\frac{R_2-R_1}{L}I_1,\quad I_1(0)=I_0$$

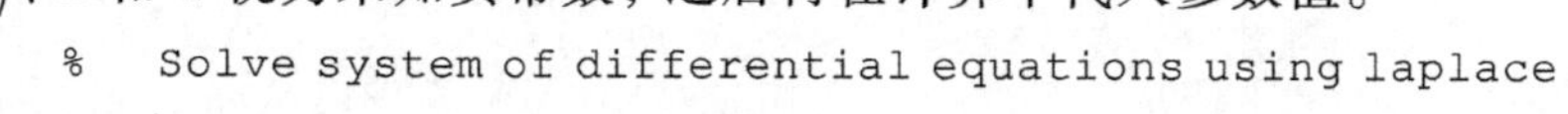

$$\frac{dQ}{dt}=\frac{1}{R_3+R_2}\left(E(t)-\frac{1}{C}Q(t)\right)+\frac{1}{R_3+R_2}I_1,\quad Q(0)=Q_0$$

若用拉普拉斯符号算子解上述方程组，首先需将电路元件 R_j、L 和 C 视为未知实常数，之后再在计算中代入参数值。

```
%   Solve system of differential equations using laplace.
clear E
syms R1 R2 R3 L C real;
syms I1(t) Q(t) s;
dI1(t)=diff(I1(t), t);
dQ(t)=diff(Q(t), t);
```

```
E(t)=sin(t);        % Voltage
eq1(t)=dI1(t)+R2*dQ(t)/L-(R2-R1)*I1(t)/L;
eq2(t)=dQ(t)-(E(t)-Q/C)/(R2+R3)-R2*I1(t)/(R2+R3);
```

上面程序为我们在MATLAB工作空间定义了方程组。如果用拉普拉斯变换解这个微分方程组，需要对eq1(t)和eq2(t)进行拉普拉斯变换运算，即

```
L1(t)=laplace(eq1, t, s)
L2(t)=laplace(eq2, t, s)
```

计算结果为

```
L1(t)=
s*laplace(I1(t), t, s)-I1(0)+((R1-R2)*laplace(I1(t), t, s))/L-(R2*(Q(0)
-s*laplace(Q(t), t, s)))/L

L2(t)=
s*laplace(Q(t), t, s)-Q(0)-(R2*laplace(I1(t), t, s))/(R2+R3)-(C/(s^2+1)
-laplace(Q(t), t, s))/(C*(R2+R3))
```

显然，必须针对结果中出现的I1和Q的拉普拉斯变换laplace(I1(t), t, s)和laplace(Q(t), t, s)解方程组L1=0和L2=0，要完成这一步，还需要执行多步代换运算。为方便计，取R1=4Ω，R2=2Ω，R3=3Ω，C=1/4F，L=1.6H，I1(0)=15A以及Q(0)=2A代入L1(t)中：

```
syms LI1 LQ
NI1=subs(L1(t), {R1, R2, R3, L, C, I1(0), Q(0)}, {4, 2, 3, 1.6, 1/4, 15, 2})
```

计算结果为

```
NI1=
s*laplace(I1(t), t, s)+(5*s*laplace(Q(t), t, s))/4+(5*laplace(I1(t), t,
s))/4-35/2
```

继续执行代换操作，有

```
NQ=subs(L2, {R1, R2, R3, L, C, I1(0), Q(0)}, {4, 2, 3, 1.6, 1/4, 15, 2})
```

计算结果为

```
NQ(t)=
s*laplace(Q(t), t, s)-1/(5*(s^2+1))-(2*laplace(I1(t), t, s))/5+(4*la-
place(Q(t), t, s))/5-2
```

为最终解出laplace(I1(t), t, s)和laplace(Q(t), t, s)，还需要进行一组代换，也就是说用sym对象LI1和LQ代换字符串laplace(I1(t), t, s)和laplace(Q(t), t, s)，即

```
NI1=subs(NI1, {laplace(I1(t), t, s), laplace(Q(t), t, s)}, {LI1, LQ})
```

计算结果为

```
NI1=
(5*LI1)/4+LI1*s+(5*LQ*s)/4-35/2
```

结合项

```
NI1=collect(NI1, LI1)
```

给出

```
NI1 =
(s + 5/4) * LI1 + (5 * LQ * s)/4 - 35/2
```

类似的字符串代换如下：

```
NQ=subs(NQ, {laplace(I1(t), t, s), laplace(Q(t), t, s)}, {LI1, LQ})
```

给出

```
NQ(t)=
(4 * LQ)/5 - (2 * LI1)/5 + LQ * s - 1/(5 * (s^2 + 1)) - 2
```

继续对其结合项

```
NQ=collect(NQ, LQ)
```

给出

```
NQ(t)=
(s + 4/5) * LQ - (2 * LI1)/5 - 1/(5 * (s^2 + 1)) - 2
```

现在，可以解出 LI1 和 LQ，即

```
[LI1, LQ]=solve(NI1, NQ, LI1, LQ)
```

给出

```
LI1 =
(5 * (60 * s^3 + 56 * s^2 + 59 * s + 56))/((s^2 + 1) * (20 * s^2 + 51 * s + 20))

LQ =
(40 * s^3 + 190 * s^2 + 44 * s + 195)/((s^2 + 1) * (20 * s^2 + 51 * s + 20))
```

对 LI1 和 LQ 求其逆拉普拉斯变换，即

```
I1=ilaplace(LI1, s, t)
Q=ilaplace(LQ, s, t)
```

则可求出 I1 和 Q 如下：

```
I1 =
15 * exp(-(51 * t)/40) * (cosh((1001^(1/2) * t)/40) - (293 * 1001^(1/2) * sinh((1001
^(1/2) * t)/40))/21879) - (5 * sin(t))/51

Q =
(4 * sin(t))/51 - (5 * cos(t))/51 + (107 * exp(-(51 * t)/40) * (cosh((1001^(1/2) *
t)/40) + (2039 * 1001^(1/2) * sinh((1001^(1/2) * t)/40))/15301))/51
```

以下程序给出在 $0 \leqslant t \leqslant 10$ 和 $5 \leqslant t \leqslant 25$ 区间电流 I1(t) 和电荷 Q(t) 的波形，如图 5.11.7 所示。

```
subplot(2, 2, 1); ezplot(I1, [0, 10]);
title('Current'); ylabel('I1(t)'); grid
subplot(2, 2, 2); ezplot(Q, [0, 10]);
title('Charge'); ylabel('Q(t)'); grid
subplot(2, 2, 3); ezplot(I1, [5, 25]);
title('Current'); ylabel('I1(t)'); grid
text(7, 0.25, 'Transient'); text(16, 0.125, 'Steady State');
subplot(2, 2, 4); ezplot(Q, [5, 25]);
title('Charge'); ylabel('Q(t)'); grid
```

```
text(7, 0.25, 'Transient'); text(15, 0.16, 'Steady State');
```

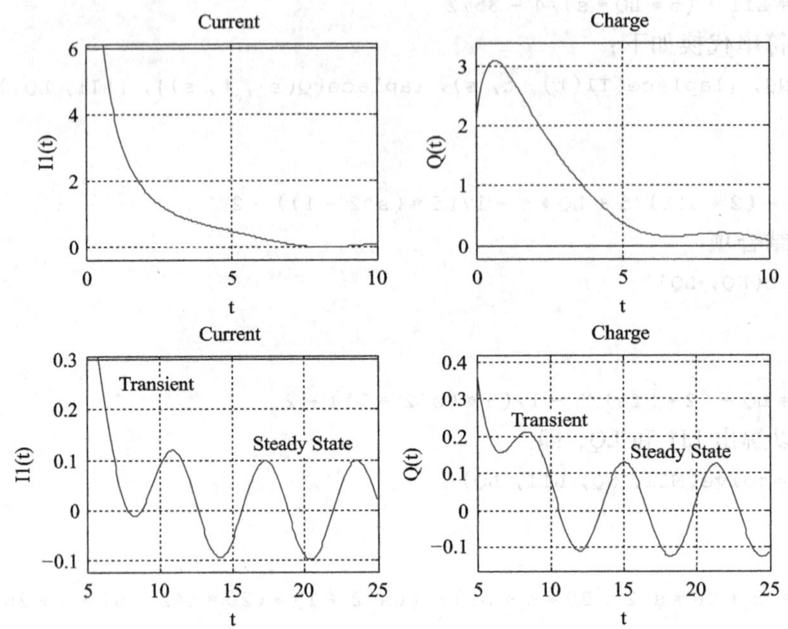

图 5.11.7　在 $0\leqslant t\leqslant 10$ 和 $5\leqslant t\leqslant 25$ 区间电流 I1(t)和电荷 Q(t)的波形

习　　题

5.1　思考题

5.1.1　为什么说拉普拉斯变换是傅里叶变换的推广？

5.1.2　从信号 $x(t)$ 的傅里叶变换 $X(\omega)$ 求出其拉普拉斯变换 $X(s)$，可通过在 $j\omega$ 轴（$\sigma=0$）上用 $j\omega$ 直接替换 s 得到，但须满足的条件是什么？

5.1.3　因果信号、反因果信号和双边信号的收敛域分别分布在 s 平面的什么区域？

5.1.4　在什么情况下 $X(s)$ 的拉普拉斯逆变换 $x(t)$ 中将出现冲激函数及其各阶导函数？

5.1.5　设信号 $x(t)$ 的拉普拉斯变换有两个极点 $s=-1$ 和 $s=-3$。若 $g(t)=e^{2t}x(t)$，其傅里叶变换 $G(\omega)$ 收敛，试问 $x(t)$ 是左边、右边还是双边的？

5.1.6　周期函数的单边拉普拉斯变换怎样计算？

5.1.7　如果 $X(s)$ 存在一对共轭复数根，则其拉普拉斯逆变换 $x(t)$ 中存在的对应项将具有何种形式？

5.1.8　证明：若 $x(t)$ 是偶函数，$x(t)=x(-t)$，则 $X(s)=X(-s)$。

5.1.9　证明：若 $x(t)$ 是奇函数，$x(t)=-x(-t)$，则 $X(s)=-X(-s)$。

5.1.10　传递函数 $H(s)$ 是否只与系统的结构和参数有关？

5.1.11　传递函数 $H(s)$、单位冲激响应 $h(t)$ 以及频率特性 $H(\omega)$ 之间存在什么关系？

5.1.12　在定义传递函数 $H(s)$ 时，必须满足的一个约束条件是什么？

5.1.13　传递函数 $H(s)$ 如果出现零、极点的对消，试讨论系统的性态会发生什么情况。

5.1.14　传递函数 $H(s)$ 的零、极点与系统的特性有什么关系？

5.1.15　强迫响应描述的是否为初始条件为零时系统的输出？自然响应描述的是否是输入为零时系统的输出？

5.1.16　系统的完全响应 $Y(s)$ 是由系统初始条件和输入信号共同作用于系统时产生的响应。如果在

$t=0$时输入信号施加于系统，是否能够获得系统的完全响应？

5.1.17　对于因果系统，如何由 $H(s)$ 直接求出系统的频率响应 $H(\omega)$？

5.1.18　什么是电路的 s 域模型？怎样在 s 域求解系统？

5.1.19　什么是相似系统？为什么需要引入相似系统的概念？

5.1.20　力-电压相似和力-电流相似的特征是什么？

5.1.21　如何判定 LTI 系统的稳定性？

5.1.22　根据系统传递函数确定一个系统是否具有 BIBO 稳定性是有条件的。对于一般的 LTI 系统，进行 BIBO 稳定性判别必须满足的两个条件是什么？

5.1.23　LTI 连续稳定的因果系统，其传输函数 $H(s)$ 的极点应满足什么条件？

5.2　练习题

5.2.1　确定下列时间函数的拉普拉斯变换和收敛域，画出零、极点图：

1) $u(2t-1)$　　2) $e^{-2t}u(t)+e^{-3t}u(t)$

3) $e^{-4t}u(t)+e^{-5t}\sin(5t)u(t)$　　4) $e^{2t}u(-t)+e^{3t}u(-t)$

5) $te^{-2|t|}$　　6) $(t^2+1)u(t-1)$

7) $5e^{-0.3t}u(t-2)$　　8) $|t|e^{2t}u(-t)$

9) $te^{-2|t|}u(t)$　　10) $\delta(t)+u(t)$

11) $e^{-2t}u(t+1)$　　12) $\delta(at+b)$

13) $\delta(3t)+u(3t)$　　14) $\delta(t+1)+\delta(t)+e^{-2(t+3)}u(t+1)$

15) $x(t)=\begin{cases}1 & 0\leqslant t\leqslant 1\\ 0 & \text{其他}\end{cases}$　　16) $x(t)=\begin{cases}t & 0\leqslant t\leqslant 1\\ 2-t & 1\leqslant t\leqslant 2\end{cases}$

5.2.2　对下列每个信号的拉普拉斯变换及其收敛域，确定其对应的连续时间函数 $f(t)$：

1) $F(s)=\dfrac{s}{(s-1)^2+\omega_0^{\ 2}}$, $\sigma>1$　　2) $F(s)=\dfrac{1}{s^2+9}$, $\sigma>0$

3) $F(s)=\dfrac{s}{s^2+9}$, $\sigma<0$　　4) $F(s)=\dfrac{s^3+s^2+1}{(s+1)(s+2)}$, $\sigma>-1$

5) $F(s)=\dfrac{s+1}{(s+1)^2+9}$, $\sigma<-1$　　6) $F(s)=\dfrac{s+2}{s^2+7s+12}$, $-4<\sigma<-3$

7) $F(s)=\dfrac{(s+1)^2}{s^2-s+1}$, $\sigma>\dfrac{1}{2}$　　8) $F(s)=\dfrac{s+1}{s^2+5s+6}$, $-3<\sigma<-2$

9) $F(s)=\dfrac{s^2-s+1}{(s+1)^2}$, $\sigma>-1$　　10) $F(s)=\dfrac{1}{s}-\dfrac{e^{-2s}}{s+1}$

11) $F(s)=\dfrac{s^2e^{-2s}+e^{-3s}}{s(s^2+3s+2)}$　　12) $F(s)=\dfrac{se^{-2s}+1}{(s+1)(s+2)}$

13) $F(s)=\dfrac{s}{(s^2+1)^2}$, $\sigma>0$　　14) $F(s)=\dfrac{1-e^{-2s}}{s(s+3)}$

5.2.3　如题图 5.2.1 所示，计算锯齿波 $f_{ST}(t)$ 的拉普拉斯变换。

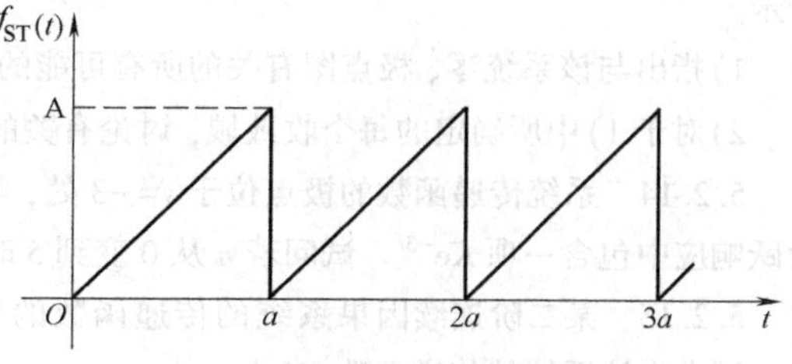

题图 5.2.1

5.2.4　已知信号 $x(t)$ 的拉普拉斯变换为 $X(s)=\dfrac{1}{s+1}$, $\sigma>-1$，试求出卷积信号 $x_2(t)=x(2t)*x(2t)$ 的拉普拉斯变换。

5.2.5　设一个实信号 $x(t)$ 的拉普拉斯变换是 X

(s)，现已知下述五个条件：

1) $X(s)$只有两个极点。

2) $X(s)$在有限s平面上没有零点。

3) $X(s)$有一个极点在$s=-1+\mathrm{j}$处。

4) $\mathrm{e}^{2t}x(t)$不是绝对可积的。

5) $X(0)=8$。

试确定$X(s)$，并给出其收敛域。

5.2.6　设一个信号$x(t)$有拉普拉斯变换$X(s)$，现已知下述四个条件：

1) $x(t)$是实偶信号。

2) $X(s)$在有限s平面上没有零点。

3) $X(s)$在有限s平面内有四个极点，其中一个极点在$s=(1/2)\mathrm{e}^{\mathrm{j}\pi/4}$。

4) $\int_{-\infty}^{\infty} x(t)\,\mathrm{d}t = 4$。

试确定$X(s)$，并给出其收敛域。

5.2.7　设信号$x(t)$和$y(t)$是两个连续右边时间函数，它们满足下面的两个微分方程：

$$\frac{\mathrm{d}x(t)}{\mathrm{d}t}=-2y(t)+\delta(t)$$

和

$$\frac{\mathrm{d}y(t)}{\mathrm{d}t}=2x(t)$$

试确定信号$x(t)$和$y(t)$的拉普拉斯变换$X(s)$和$Y(s)$，指出其收敛域。

5.2.8　某连续时间信号$y(t)$与连续时间信号$x_1(t)$和$x_2(t)$之间存在如下卷积关系：

$$y(t)=x_1(t-2) * x_2(-t+3)$$

式中，$x_1(t)=\mathrm{e}^{-2t}u(t)$；$x_2(t)=\mathrm{e}^{-3t}u(t)$。试求出系统输出$y(t)$的拉普拉斯变换$Y(s)$。

5.2.9　试用部分分式法简化$F_1(s)$，并计算其所对应的$f_1(t)$。

$$F_1(s)=\frac{3s+2}{s^2+3s+2}$$

5.2.10　计算逆拉普拉斯函数$f(t)$，其中：

$$F(s)=\frac{s^2+2s+2}{s+1}$$

5.2.11　已知拉普拉斯变换$F(s)$有两个不同的极点，分别位于$s=0$和$s=-1$处，而且其在$s=1$处具有一个零点，此外$\lim_{t\to\infty}f(t)=10$，试求$F(s)$和$f(t)$。

5.2.12　已知$H(s)=\dfrac{2s(s+1)}{(s+3)(s^2+4)(s^2+4s+5)}$，试求出它的零、极点，并作图。

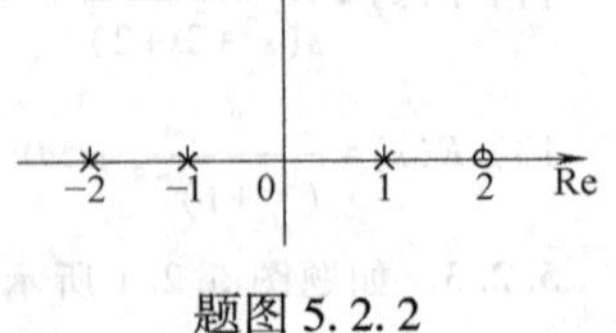

题图 5.2.2

5.2.13　某一LTI系统的传递函数$H(s)$的零、极点分布如题图5.2.2所示。

1) 指出与该系统零、极点图有关的所有可能的收敛域。

2) 对于1)中所确定的每个收敛域，讨论有关的系统是否是稳定和因果的。

5.2.14　系统传递函数的极点位于$s=-3$处，零点位于$s=-a(a>0)$处，另外已知$H(\infty)=1$，此系统的阶跃响应中包含一项$K\mathrm{e}^{-3t}$。试问若a从0变到5时，K值如何变化。

5.2.15　某二阶连续因果系统的传递函数的极点位于$-2\pm\mathrm{j}1$处，若该系统是全通系统，且$h(0_+)=-4$，试求出该系统的传递函数$H(s)$。

5.2.16　根据初值和终值性质，求下列相函数的初值$f(0_+)$及终值$f(\infty)$（如果存在）。

1）$F(s)=\dfrac{s^2+2s+3}{(s+1)(s^2+4)}$　　2）$F(s)=\dfrac{2s+1}{s^2+4}$

3）$F(s)=\dfrac{12(s+1)}{s(s^2+4)}$　　4）$X(s)=\dfrac{1-e^{-2s}}{s(s^2+4)}$

5.2.17　传递函数为$H(s)$的因果系统，其中$H(s)=\dfrac{s^3+2s^2+2s+1}{s^2+12s+1}$，当激励$f(t)=e^{-t}u(t)$时，求系统全响应$y(t)$的初值$y(0_+)$。

5.2.18　系统传递函数分别如下：

1）$H_1(s)=\dfrac{8}{s^2+25}$　　2）$H_2(s)=\dfrac{4s}{s^4+2s^3+3s^2+4s+5}$

3）$H_3(s)=\dfrac{7s+1}{s^2+3s+2}$　　4）$H_4(s)=\dfrac{5s^2+8s+2}{7s^2+14s+3}$

试确定它们的稳定性。

5.2.19　某一因果LTI系统，已知其输出的拉普拉斯变换为$Y(s)=F_1(s)H_1(s)+F_2(s)H_2(s)$。又已知当$t>0$时该系统有以下性质：

1）$f_1(t)=0$。

2）当输入$f_2(t)=(e^{-t}+2e^{-2t})u(t)$时，输出响应为$y(t)=(e^{-t}+5e^{-2t})u(t)$。

3）当输入$f_2(t)=(2e^{-t}+e^{-2t})u(t)$时，输出响应为$y(t)=(5e^{-t}+e^{-2t})u(t)$。

4）当输入$f_2(t)=(e^{-t}+e^{-2t})u(t)$时，输出响应为$y(t)=(e^{-t}+e^{-2t})u(t)$。

则当$t>0$时，求系统输入为$f_2(t)=(e^{-t}-e^{-2t})u(t)$时系统的输出响应$y(t)$。

5.2.20　已知LTI系统的输入信号$x(t)$的拉普拉斯变换$X(s)=\dfrac{s+2}{s-2}$，$x(t)=0$，$t>0$，系统输出$y(t)=-\dfrac{2}{3}e^{2t}u(-t)+\dfrac{1}{3}e^{-t}u(t)$。

1）求传递函数$H(s)$，并确定其收敛域。

2）求系统的冲激响应$h(t)$。

3）根据1）中求出的$H(s)$，确定当输入$x(t)=e^{3t}(-\infty<t<\infty)$时的输出$y(t)$。

5.2.21　已知LTI系统的输入信号$x(t)=e^{-t}u(t)$，系统的单位冲激响应为$h(t)=e^{-2t}u(t)$。

1）求出$x(t)$和$h(t)$的拉普拉斯变换。

2）用卷积性质确定输出$y(t)$的拉普拉斯变换$Y(s)$。

3）对$Y(s)$经反变换求$y(t)$。

4）直接计算$x(t)$和$h(t)$的卷积，验证3）的结果。

5.2.22　一个单位冲激响应为$h(t)$的因果LTI系统有下列性质。

1）当系统的输入为$x(t)=e^{2t}$时，输出为$y(t)=\dfrac{1}{6}e^{2t}$。

2）单位冲激响应$h(t)$满足下列微分方程：

$$\frac{dh(t)}{dt}+2h(t)=(e^{-4t})u(t)+bu(t)$$

式中，b是一个未知常数。试确定该系统的传递函数$H(s)$。

5.2.23　已知一因果LTI系统的传递函数为

$$H(s)=\frac{s+1}{s^2+2s+2}$$

当系统输入 $x(t)=\mathrm{e}^{-|t|}(-\infty<t<\infty)$ 时，试求出系统输出 $y(t)$。

5.2.24　设因果稳定的 LTI 系统的单位冲激响应 $h(t)$，具有一个有理的传递函数 $H(s)$。

1) 试判断单位冲激响应为 $\dfrac{\mathrm{d}h(t)}{\mathrm{d}t}$ 的系统是否是因果和稳定的。

2) 试判断单位冲激响应为 $\int_{-\infty}^{t}h(\tau)\mathrm{d}\tau$ 的系统是否是因果和稳定的。

5.2.25　设传递函数 $H(s)=\dfrac{s+2}{s^2+7s+12}$，试画出该系统模拟图的级联形式。

5.2.26　系统如题图 5.2.3 所示，其中系统传递函数 $G(s)=\dfrac{1}{s^2+3s+2}$。

1) 当 K 满足什么条件时，系统是稳定的？

2) 当 $K=-1$ 时，试求系统的冲激响应。

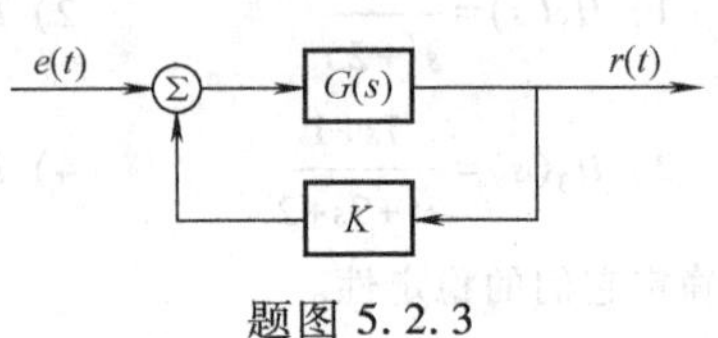

题图 5.2.3

5.2.27　一个压力计可以用一个 LTI 系统来仿真，当输入为单位阶跃信号时，其响应为 $(1-\mathrm{e}^{-t}-t\mathrm{e}^{-t})u(t)$。现在某一输入 $x(t)$ 驱动下，输出是 $(2-3\mathrm{e}^{-t}+\mathrm{e}^{-3t})u(t)$，请确定该压力计的真正压力输入 $x(t)$（作为时间的函数）。

5.2.28　设 $H(s)$ 为一因果稳定 LTI 系统的传递函数。该系统的输入信号是由三个信号之和组成的，其中之一是一个冲激信号 $\delta(t)$，而其他两个则具有 e^{s_0t} 的复指数形式，这里 s_0 是一个复常数。系统的输出为

$$y(t)=-6\mathrm{e}^{-t}u(t)+\frac{4}{34}\mathrm{e}^{4t}\cos3t+\frac{18}{34}\mathrm{e}^{4t}\sin3t+\delta(t)$$

试依据上述条件确定系统的 $H(s)$。

5.2.29　设因果稳定的 LTI 系统的单位冲激响应 $h(t)$，具有一个有理的传递函数 $H(s)$。证明：$g(t)=\mathrm{Re}\{h(t)\}$ 也是一个因果稳定系统的单位冲激响应。

5.2.30　针对题图 5.2.4 所示的 *RLC* 电路，设输入为 $x(t)$，输出为 $y(t)$。试证明，若 R、L 和 C 的取值全部为大于零的正数，则这个 LTI 系统是稳定的。

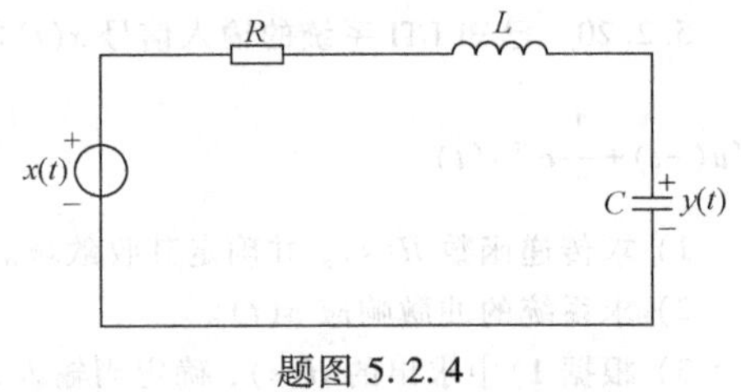

题图 5.2.4

5.3　综合题

5.3.1　已知系统的零、极点分布如题图 5.3.1 所示。

1) 试判断该系统的稳定性。

2) 若 $|H(\omega)|_{\omega=0}=10^{-4}$，试画出系统的级联型模拟图。

3) 求该系统的阶跃响应。

4) 试定性画出该系统的幅频特性。

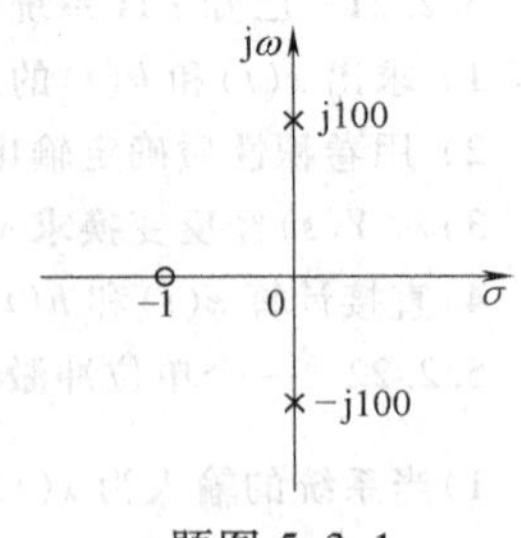

题图 5.3.1

5.3.2　在滤波器设计中，可方便地将一个低通滤波器变换为一个高通滤波器，反之亦然。现设 $H(s)$ 为原滤波器的传递函数，$G(s)$ 为已被变换的滤波器的传递函数，则有关系 $G(s)=H\left(\dfrac{1}{s}\right)$。

1) 若 $H(s)=\dfrac{1}{s+1/2}$，画出幅度频谱 $|H(\mathrm{j}\omega)|$ 和 $|G(\mathrm{j}\omega)|$。

2) 确定与 $H(s)$ 和 $G(s)$ 有关的线性常系数微分方程。

3) 现考虑一般情况，其中传递函数 $H(s)$ 对应下面一般形式的线性常系数微分方程：

$$\sum_{k=0}^{N} a_k \frac{\mathrm{d}^k y(t)}{\mathrm{d}t^k} = \sum_{k=0}^{N} b_k \frac{\mathrm{d}^k x(t)}{\mathrm{d}t^k}$$

不失一般性地，假定上式等式两边的最高阶导数阶次 N 相等，求 $H(s)$ 和 $G(s)$。

4）根据 3）的结果，确定与 $G(s)$ 相对应的线性常系数微分方程。

5.3.3　题图 5.3.2 所示反馈系统中，$H_p(s)$ 是被控对象，$H_c(s)$ 是设计的补偿器。设计 $H_c(s)$ 的目的是希望输出 $y(t)$ 跟踪输入 $x(t)$；特别是，需要首先稳定该反馈系统，并使其对某些给定的输入，误差 $e(t)$ 衰减到零。

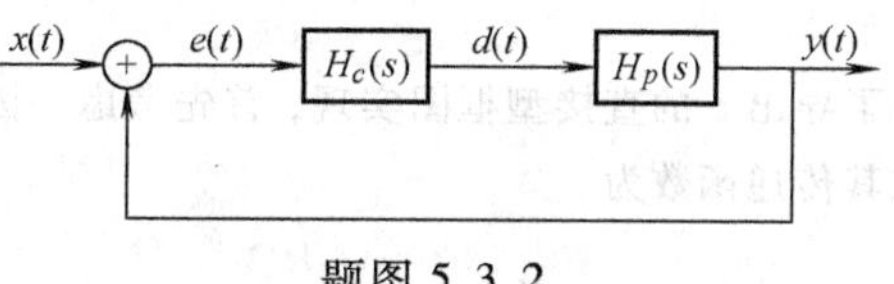

题图 5.3.2

1）设 $H_p(s)=\dfrac{\alpha}{s+\alpha}$，$\alpha\neq 0$，证明：若 $H_c(s)=K$[称为比例（P）控制]，可选择 K 使系统稳定，且在 $x(t)=\delta(t)$ 时，有 $e(t)\to 0$。

2）设 $H_p(s)=\dfrac{\alpha}{s+\alpha}$，$\alpha\neq 0$，证明：若 $H_c(s)=K_1+\dfrac{K_2}{s}$[称为比例-积分（PI）控制]，可选择 K_1 和 K_2 使系统稳定，且在 $x(t)=u(t)$ 时，有 $e(t)\to 0$。

3）设 $H_p(s)=\dfrac{1}{(s-1)^2}$，证明：用一个 PI 控制器不能稳定该系统。但若采用 $H_c(s)=K_1+\dfrac{K_2}{s}+K_3 s$[（称为比例-积分-微分（PID）控制]，可选择 K_1、K_2 和 K_3 使系统稳定，且在 $x(t)=u(t)$ 时，有 $e(t)\to 0$。

5.3.4　如图 5.3.3 所示电路，在 $t=0$ 时开关 S_1 闭合，同时 S_2 打开。使用拉普拉斯变换计算 $v_{\text{out}}(t)$（$t>0$）。

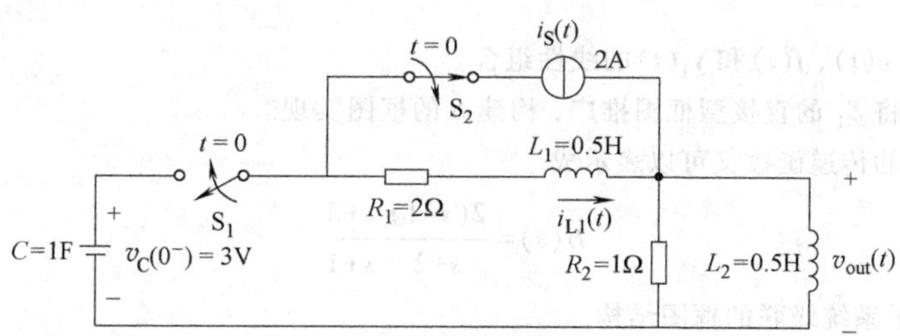

题图 5.3.3

5.3.5　如图 5.3.4 所示的电路，单位为欧姆，计算输入阻抗 $Z(s)$：

1）使用节点分析法。

2）使用串联和并联阻抗结合计算。

5.3.6　题图 5.3.5 所示的因果 LTI 系统中，输入 $x(t)$ 为电流源，系统的输出是流经电感的电流 $y(t)$。

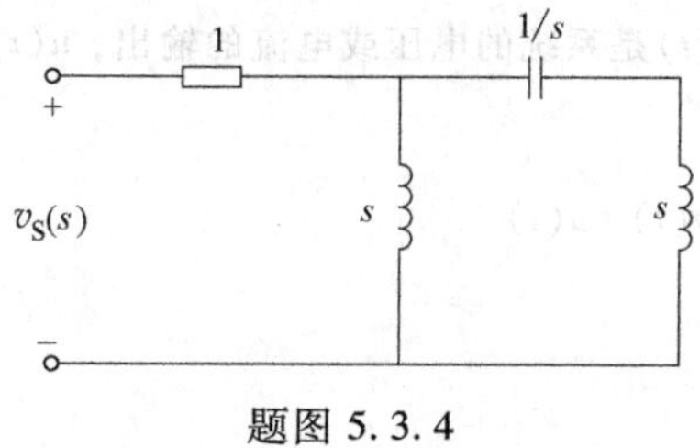

题图 5.3.4

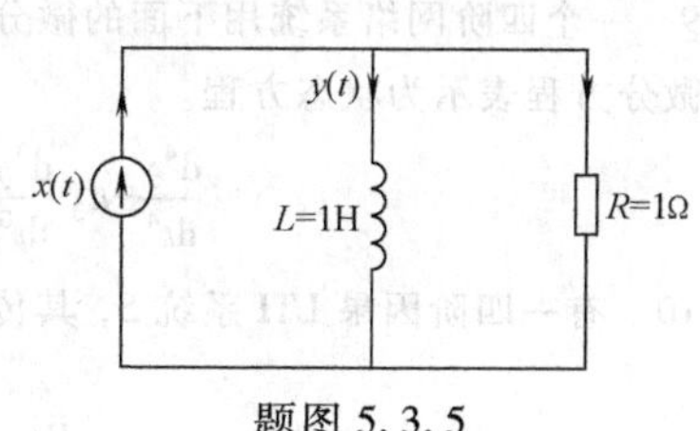

题图 5.3.5

1）当输入电流 $x(t)=\mathrm{e}^{-2t}u(t)$ 时，试求电路的零状态响应。

2）若已知 $y(0_-)=1$，试求电路在 $t>0_-$ 时的零输入响应。

3）当输入电流 $x(t)=e^{-2t}u(t)$ 且 $y(0_-)=1$ 时，试求电路的输出 $y(t)$。

5.3.7　设因果 LTI 系统 S 的输入为 $x(t)$、输出为 $y(t)$ 且其传递函数为

$$H(s)=\frac{2s^2+4s-6}{s^2+3s+2}$$

为了导出 S 的直接型框图实现，首先考虑一因果 LTI 子系统 S_1，其输入为 $x(t)$（与系统 S 的输入相同），但取其传递函数为

$$H_1(s)=\frac{1}{s^2+3s+2}$$

若子系统 S_1 的输出为 $y_1(t)$，则 S_1 的直接型框图如题图 5.3.6 所示，图中 $e(t)$ 和 $f(t)$ 分别是两个积分器的输入。

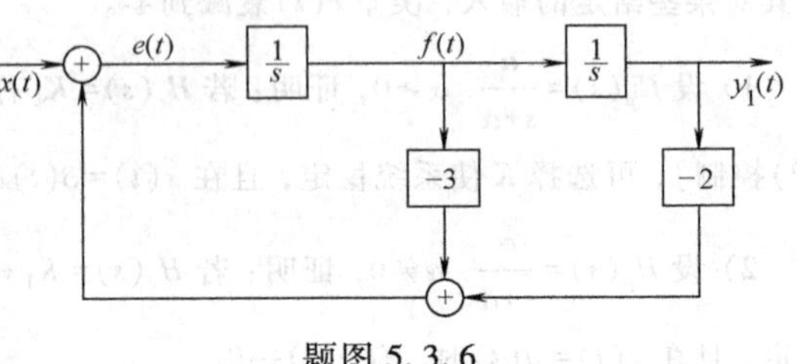

题图 5.3.6

1）将系统 S 的输出 $y(t)$ 表示成 $y_1(t)$、$\frac{dy_1(t)}{dt}$ 和 $\frac{d^2y_1(t)}{dt^2}$ 的线性加权组合。

2）$\frac{dy_1(t)}{dt}$ 与 $f(t)$ 如何关联？

3）$\frac{d^2y_1(t)}{dt^2}$ 与 $e(t)$ 如何相关联？

4）将 $y(t)$ 表示成 $e(t)$，$f(t)$ 和 $y_1(t)$ 的线性组合。

5）根据上述结果将 S_1 的直接型框图推广，构建 S 的框图实现。

6）注意到系统 S 的传递函数又可以表示成

$$H(s)=\frac{2(s-1)}{s+2}\ \frac{s+3}{s+1}$$

试画出将 S 作为两个子系统级联的框图结构。

7）又注意到系统 S 的传递函数还可以表示成

$$H(s)=2+\frac{6}{s+2}-\frac{8}{s+1}$$

试画出将 S 作为三个子系统级联的框图结构。

5.3.8　画出具有下列传递函数的因果 LTI 系统的直接型描述：

1）$H_1(s)=\frac{s+1}{s^2+5s+6}$　2）$H_2(s)=\frac{s^2-5s+6}{s^2+7s+10}$　3）$H_3(s)=\frac{s}{(s+2)^2}$

5.3.9　一个四阶网络系统用下面的微分形式表示，其中 $y(t)$ 是系统的电压或电流的输出，$u(t)$ 是输入信号，将微分方程表示为状态方程。

$$\frac{d^4y}{dt^4}+a_3\frac{d^3y}{dt^3}+a_2\frac{d^2y}{dt^2}+a_1\frac{dy}{dt}+a_0y(t)=u(t)$$

5.3.10　有一四阶因果 LTI 系统 S，其传递函数为

$$H(s)=\frac{1}{(s^2-s+1)(s^2+2s+1)}$$

1）证明：若用四个一阶子系统级联组成 S 的直接型实现中，包含有复数的系数相乘。

2）给出用两个二阶子系统级联组成 S 的框图设计，其中每一个二阶子系统都用直接型表示，要求所得到的框图均为实系数的相乘。

3）给出用两个二阶子系统并联组成 S 的框图设计，其中每一个二阶子系统都用直接型表示，要求所得到的框图均为实系数的相乘。

5.3.11　一个 LTI 系统 $H(s)$ 的逆系统是指，当它与 $H(s)$ 级联后，其等效系统的传递函数为 1；或者说，等效系统的单位冲激响应是一个单位冲激函数 $\delta(t)$。

1）若用 $H_1(s)$ 表示 $H(s)$ 的逆系统的传递函数，确定 $H(s)$ 和 $H_1(s)$ 之间的关系。

2）题图 5.3.7 是一个因果稳定系统 $H(s)$ 的零、极点图，试画出其逆系统的零、极点图。

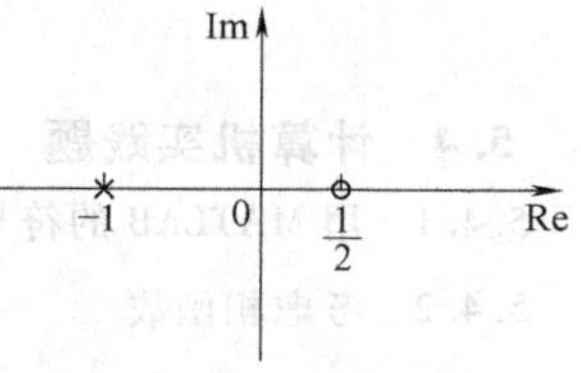

题图 5.3.7

5.3.12　一个信号 $x(t)$ 的自相关函数定义为

$$\phi_{xx}(\tau) = \int_{-\infty}^{\infty} x(t)x(t+\tau)\mathrm{d}t$$

1）求当输入为 $x(t)$、输出为 $\phi_{xx}(t)$ 时 LTI 系统（见题图 5.3.8a）的单位冲激响应 $h(t)$。

2）根据 1）的结果，求出 $\phi_{xx}(\tau)$ 的拉普拉斯变换 $\Phi_{xx}(s)$ 以及 $\phi_{xx}(\tau)$ 的傅里叶变换 $\Phi_{xx}(\omega)$。

3）如果 $X(s)$ 具有题图 5.3.8b 所示的零、极点图和收敛域，试画出 $\Phi_{xx}(s)$ 的零、极点图并指出其收敛域。

5.3.13　题图 5.3.9 所示的 RLC 电路有初始条件 $v_o(0_+) = 1$ 和 $\left.\frac{\mathrm{d}v_o(t)}{\mathrm{d}t}\right|_{t=0_+} = 2$。

1）给出 RLC 电路关于输入 $v_i(t)$ 和输出 $v_o(t)$ 之间的微分方程。

2）设 $v_i(t) = \mathrm{e}^{-3t}u(t)$，用单边拉普拉斯变换求 $t>0$ 时的 $v_o(t)$。

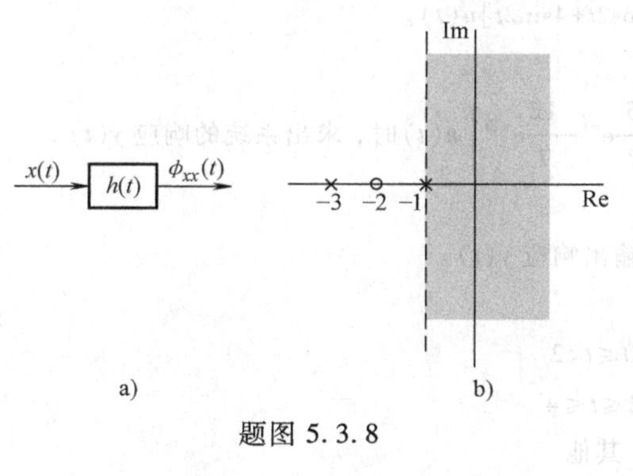

题图 5.3.8

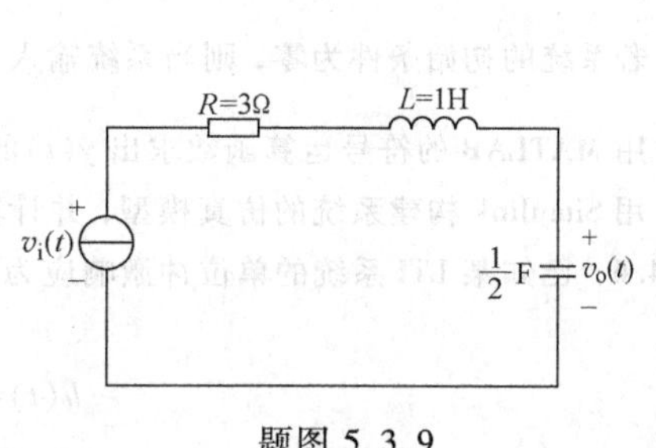

题图 5.3.9

5.3.14　在题图 5.3.10 所示的 RLC 电路中，假设电流 $i(t)$ 在开关位于 A 时已到达稳态。在 $t=0$，开关由 A 移至 B。

1）确定 $t>0_-$ 时，$i(t)$ 和 v_2 之间的微分方程，并给出初始条件 $i(0_-)$。

2）用单边拉普拉斯变换性质，针对下列 v_1 和 v_2 的取值，计算 $i(t)$ 并画出波形：

a) $v_1 = 0\text{V}$，$v_2 = 2\text{V}$　　b) $v_1 = 4\text{V}$，$v_2 = 0\text{V}$　　c) $v_1 = 4\text{V}$，$v_2 = 2\text{V}$

3）利用 a）、b）和 c）的答案，证明：$i(t)$ 可以表示成电流的零状态响应和零输入响应之和。

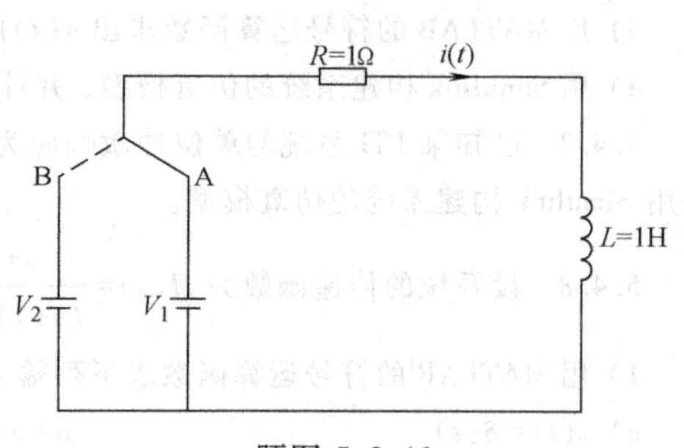

题图 5.3.10

5.3.15　如题图 5.3.11 所示电路，所有初始条件为 0，使用逆拉普拉斯变换法计算状态转移矩阵 e^{At}。

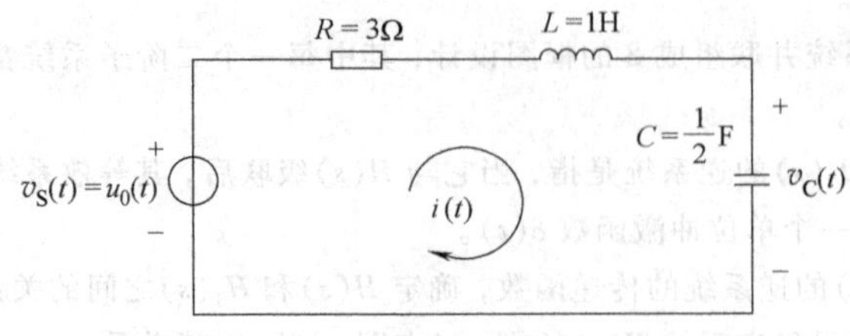

题图 5.3.11

5.4 计算机实践题

5.4.1 用 MATLAB 的符号运算函数解析计算 $\cos\omega_0 t$ 和 $\sin\omega_0 t$ 的拉普拉斯变换。

5.4.2 考虑相函数

$$X(s)=\frac{s+8}{(s+3)^2+4}$$

用 MATLAB 的符号运算函数解析计算其拉普拉斯反变换 $x(t)$。

5.4.3 设系统输入信号的拉普拉斯变换为 $X(s)=\frac{1}{s}$，系统的传递函数为 $H(s)=\frac{2}{s^2+4s+4}$，试用符号运算函数计算系统的输出 $y(t)$。

5.4.4 设系统的传递函数为 $H(s)=\frac{s^2+2s+16}{s^3+4s^2+8s}$。用 Simulink 构建系统的仿真模型，并在零初始条件下根据输入信号 $x(t)=e^{-2t}u(t)$ 计算系统的输出响应 $y(t)$。

5.4.5 已知某 LTI 系统的单位冲激响应为 $h(t)=[\cos 2t+4\sin 2t]u(t)$。

1）确定系统的传递函数。

2）若系统的初始条件为零，则当系统输入 $x(t)=\left[\frac{5}{7}e^{-t}-\frac{12}{7}e^{-8t}\right]u(t)$ 时，求出系统的响应 $y(t)$。

3）用 MATLAB 的符号运算函数求出 $y(t)$ 的解析解。

4）用 Simulink 构建系统的仿真模型，并计算系统的输出响应 $y(t)$。

5.4.6 已知某 LTI 系统的单位冲激响应为

$$h(t)=\begin{cases}e^{-t} & 0\leqslant t<2\\ e^{t-4} & 2\leqslant t\leqslant 4\\ 0 & 其他\end{cases}。$$

1）确定系统的传递函数。

2）若系统的初始条件为零，则当系统输入 $x(t)=\sin t u(t)$ 时，求出系统的响应 $y(t)$。

3）用 MATLAB 的符号运算函数求出 $y(t)$ 的解析解。

4）用 Simulink 构建系统的仿真模型，并计算系统的输出响应 $y(t)$。

5.4.7 已知某 LTI 系统的单位冲激响应为 $h(t)=[e^{-t}\cos(2t-45°)]u(t)-tu(t)$，确定系统的微分方程，并用 Simulink 构建系统的仿真模型。

5.4.8 设系统的传递函数为 $H(s)=\frac{s+2}{(s+1)^2+4}$。

1）用 MATLAB 的符号运算函数求下列输入信号产生的响应：

a）$x(t)=\delta(t)$　　b）$x(t)=u(t)$

c）$x(t)=u(t)-u(t-5)$　　d）$x(t)=\sin(2t)u(t)$

2）用 Simulink 构建系统的仿真模型，并计算系统的输出响应 $y(t)$。

5.4.9 用 MATLAB 对 $F(s)=\dfrac{2s+1}{s^3+2s^2+5s}$ 进行部分分式展开。

5.4.10 用 MATLAB 求解以下两式的拉普拉斯逆变换：

1）$F(s)=\dfrac{2s+1}{s^2+7s+10}$ 2）$F(s)=\dfrac{s^2}{s^2+3s+2}$

5.4.11 请用 MATLAB 进行零极点分析：

1）$H(s)=\dfrac{s+2}{s^2+4s+5}$，求零、极点并画出零、极点图，并求阶跃响应 $s(t)$ 和冲激响应 $h(t)$。

2）$H(s)=\dfrac{s+2}{s^3+3s^2+2s+1}$，求 $H(s)$ 的零、极点分布。

5.4.12 某带阻二阶系统如题图 5.4.1 所示，已知 $R=50\Omega$，$C=470\text{pF}$，$L=50\mu\text{H}$。试用 MATLAB：

1）画出零、极点图。

2）画出幅频特性和相频特性（对数）。

5.4.13 某导弹自动跟踪系统框图如题图 5.4.2 所示。其传递函数为

$$H(s)=\frac{34.5s^2+119.7s+98.1}{s^3+35.714s^2+119.741s+98.1}$$

试用 MATLAB 求其阶跃响应 $s(t)$。

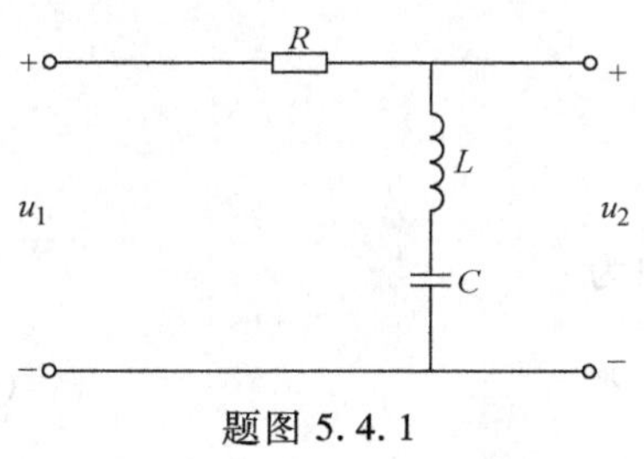

题图 5.4.1

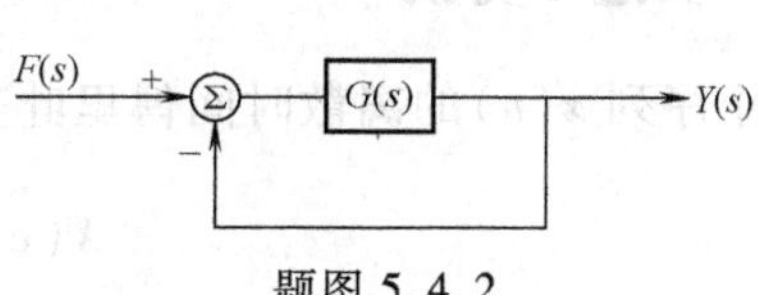

题图 5.4.2

5.4.14 某卫星角度跟踪天线控制系统的传递函数为

$$H(s)=\frac{13750}{20s^4+174s^3+2268s^2+13400s+13750}$$

试用 MATLAB 画出其零、极点图，并求其冲激响应 $h(t)$。

5.4.15 已知某系统的传递函数为 $H(s)=\dfrac{1}{s^3+2s^2+2s+1}$，试用 MATLAB 画出其零、极点分布图，求系统的单位冲激响应 $h(t)$ 和频率响应 $H(\text{j}\omega)$，并判断系统是否稳定。

Chapter 6

第 6 章 z变换

众所周知，在信号与系统的分析方法中除时域方法外，变换域方法起着更为重要的作用。连续时间信号与系统中由于输入与输出之间的关系可以用微分方程来描述，其变换域方法就是大家熟知的傅里叶变换和拉普拉斯变换。而在离散时间信号与系统中，类似地可以用差分方程来描述系统输入与输出之间的关系，故 z 变换法亦成为一种重要的变换域方法。z 变换的概念既可以从理想采样信号的拉普拉斯变换得出，也可以独立地对离散时间信号(序列)直接定义 z 变换。前者常见于自动控制系统的分析，后者则源于数字信号处理。在这一章中，将直接给出离散序列的 z 变换的定义，再介绍如何用 z 变换来解决各种实际问题。

6.1 双边 z 变换及其收敛域

6.1.1 双边 z 变换

一个序列 $x(n)$ 的离散时间傅里叶变换(DTFT)已知为

$$X(\mathrm{e}^{\mathrm{j}\omega}) = \sum_{n=-\infty}^{\infty} x(n)\mathrm{e}^{-\mathrm{j}\omega n} \tag{6.1.1}$$

为使式(6.1.1)收敛，序列 $x(n)$ 必须绝对可求和，即

$$\sum_{n=-\infty}^{\infty} |x(n)| < \infty \tag{6.1.2}$$

但在实际工作中的许多信号，如 $x(n)=u(n)$，$x(n)=\sin n\omega_0$，$x(n)=(1/2)^n u(-n)$ 等，却不满足这个条件，因而它们也就不存在 DTFT。但若采用与连续时间信号同样的处理方法，将 $x(n)$ 乘以一个指数衰减序列 r^{-n}，使 $r^{-n}x(n)$ 满足绝对可求和条件，然后求其 DTFT，即

$$\mathrm{DTFT}[r^{-n}x(n)] = \sum_{n=-\infty}^{\infty} x(n)r^{-n}\mathrm{e}^{-\mathrm{j}\omega n} = \sum_{n=-\infty}^{\infty} x(n)(r\mathrm{e}^{\mathrm{j}\omega})^{-n} \tag{6.1.3}$$

引入复变量 z，并令 $z=r\mathrm{e}^{\mathrm{j}\omega}$，式(6.1.3)就变为

$$\mathrm{DTFT}[r^{-n}x(n)] = \sum_{n=-\infty}^{\infty} x(n)z^{-n} \tag{6.1.4}$$

式(6.1.4)右端记为 $X(z)$，则可定义离散序列 $x(n)$ 的双边 z 变换为

$$X(z) = Z[x(n)] = \sum_{n=-\infty}^{\infty} x(n)z^{-n} \tag{6.1.5}$$

简记为

$$x(n) \leftrightarrow X(z)$$

式中，$x(n)$和$X(z)$构成了一个变换对，双箭头表示两者之间的一一对应关系。

序列$x(n)$的双边z变换还可以用z的正幂来定义，此时有

$$X(z)=Z[x(n)]=\sum_{n=-\infty}^{\infty}x(n)z^{n} \tag{6.1.6}$$

从式(6.1.5)可以看出，双边z变换的定义是关于z^{-1}或z的一个幂级数，这个级数其实就是复变函数中的洛朗级数，序列的每一项的样本值$x(n)$，就是该级数对应项的系数[其中第n项的形式是序列样本值$x(n)$和z^{-n}的乘积]。如序列$x(n)=\{-7,3,\underset{\uparrow}{1},4,-8,5\}$的$z$变换可写成

$$X(z)=-7z^{2}+3z^{1}+z^{0}+4z^{-1}-8z^{-2}+5z^{-3}$$

比较这个序列$x(n)$和它的z变换$X(z)$，不难发现复变量z^{-1}起着单位延迟因子的作用，假如取$n=2$，那么$x(2)=-8$，它和$X(z)$中的z^{-2}项对应。因此，理论上如果所有给出的序列值都是有限的样值，就可以方便地在序列及其z变换中互相转换。

根据z变换的定义式(6.1.5)，可知复变量z的值能够在修正的笛卡儿平面上进行几何表示，这个平面就是所谓的z平面(z-plane)。由于$X(z)$是关于z^{-1}的一个幂级数，所以它就不能保证对所有的z的取值都收敛。为了保证收敛性，就必须引入收敛域(ROC)的概念。

在z平面上使$X(z)$存在，亦即幂级数收敛的所有z值的集合称为收敛域。两个完全不同的信号序列有可能具有相同的双边z变换，但收敛域不同。需要强调的是，与拉普拉斯变换不同，z变换的收敛域和$X(z)$有密切关系，在处理双边z变换时必须注意。

6.1.2 常用序列的z变换对

表6.1.1列出了一些常用信号的双边z变换。对于有限长度序列，z变换可以写成z的有限项的多项式形式；对于长度较大的序列(项数较多)，如果不能求出闭合形式的z变换，则其多项式形式将会较为复杂。

表6.1.1 一些常用序列的双边z变换

	序号	序列	z变换	收敛域(ROC)
有限长序列	1	$\delta(n)$	1	所有z
	2	$u(n)-u(n-K)$	$\frac{1-z^{-K}}{1-z^{-1}}$	$z\neq 0$
因果序列	3	$u(n)$	$\frac{z}{z-1}$	$\|z\|>1$
	4	$a^{n}u(n)$	$\frac{z}{z-a}$	$\|z\|>\|a\|$
	5	$(-a)^{n}u(n)$	$\frac{z}{z+a}$	$\|z\|>\|a\|$
	6	$nu(n)$	$\frac{z}{(z-1)^{2}}$	$\|z\|>1$
	7	$na^{n}u(n)$	$\frac{az}{(z-a)^{2}}$	$\|z\|>\|a\|$

（续）

	序号	序列	z 变换	收敛域(ROC)
因果序列	8	$\cos(\omega n)u(n)$	$\dfrac{z^2-z\cos\omega}{z^2-2z\cos\omega+1}$	$\vert z\vert>1$
	9	$\sin(\omega n)u(n)$	$\dfrac{z\sin\omega}{z^2-2z\cos\omega+1}$	$\vert z\vert>1$
	10	$a^n\cos(\omega n)u(n)$	$\dfrac{z^2-az\cos\omega}{z^2-2az\cos\omega+a^2}$	$\vert z\vert>\vert a\vert$
	11	$a^n\sin(\omega n)u(n)$	$\dfrac{az\sin\omega}{z^2-2az\cos\omega+a^2}$	$\vert z\vert>\vert a\vert$
	12	$\{Ba^n\cos(bn)+Da^n\sin(bn)\}u(n)$ $a=+\sqrt{c_2}$, $b=\cos^{-1}[c_1/(-2a)]$ $D=(C+Ba\cos b)/a\sin b$	$\dfrac{Bz^2+Cz}{z^2+c_1z+c_2}$	$\vert z\vert>\vert a\vert$
反因果序列	13	$-u(-n-1)$	$\dfrac{z}{z-1}$	$\vert z\vert<1$
	14	$-nu(-n-1)$	$\dfrac{z}{(z-1)^2}$	$\vert z\vert<1$
	15	$-a^nu(-n-1)$	$\dfrac{z}{z-a}$	$\vert z\vert<\vert a\vert$
	16	$-na^nu(-n-1)$	$\dfrac{az}{(z-a)^2}$	$\vert z\vert<\vert a\vert$

下面用 z 变换的定义式求几个简单序列的双边 z 变换。

例 6.1.1　令离散序列 $x(n)=2\delta(n+1)+\delta(n)-5\delta(n-1)+4\delta(n-2)$，该序列的等价形式可写为 $x(n)=\{2,\underset{\uparrow}{1},-5,4\}$。它的 z 变换是 $X(z)=2z+1-5z^{-1}+4z^{-2}$，显然该式无法写成闭式。它的收敛域是除 $z=0$ 和 $z=\infty$（或 $0<|z|<\infty$）外的整个 z 平面。

例 6.1.2　离散序列 $x(n)=u(n)-u(n-N)$，这是一个有 N 个样本值的矩形或窗函数序列，其 z 变换可写为 $X(z)=1+z^{-1}+z^{-2}+\cdots+z^{-(N-1)}$。根据定义式，可写出它的闭式解为

$$X(z)=\sum_{n=0}^{N-1}z^{-n}=\frac{1-z^{-N}}{1-z^{-1}},\ z\neq1\qquad \text{ROC}: z\neq0$$

例 6.1.3　单位样值序列 $x(n)=u(n)$，试用定义式计算 z 变换并确定其收敛域。

解：$x(n)$ 的 z 变换如下：

$$X(z)=\sum_{n=0}^{\infty}z^{-n}=\sum_{n=0}^{\infty}(z^{-1})^n$$

$X(z)$ 是一个无限长几何级数，所以有

$$X(z)=\frac{1}{1-z^{-1}}=\frac{z}{z-1}$$

显然，当 z 满足 $|z^{-1}|<1$ 或 $|z|>1$ 时，$X(z)$ 收敛。

例 6.1.4 指数序列 $x(n)=a^n u(n)$，试用定义式计算 z 变换并确定其收敛域。

解：

$$X(z)=\sum_{n=-\infty}^{\infty}x(n)z^{-n}=\sum_{n=0}^{\infty}a^n z^{-n}=\sum_{n=0}^{\infty}(az^{-1})^n$$

上式是一个无限长几何级数，所以有

$$X(z)=\frac{1}{1-az^{-1}}=\frac{z}{z-a} \tag{6.1.7}$$

显然，当 z 满足 $|az^{-1}|<1$ 或 $|z|>|a|$ 时，$X(z)$ 收敛。

例 6.1.4 讨论的指数序列非常重要，因为许多系统差分方程的解中就包括这种指数序列。指数序列的两个特例在系统的分析中扮演着十分重要的角色，其中一个是令 $a=\mathrm{e}^{-\alpha}$ 得到的序列，即

$$x(n)=\mathrm{e}^{-\alpha n}u(n) \tag{6.1.8}$$

式(6.1.8)给出的序列是由连续时间指数信号 $x(t)=\mathrm{e}^{-\alpha t}u(t)$ 经过抽样后得到的。根据式(6.1.7)，只要代入 $a=\mathrm{e}^{-\alpha}$ 就可以给出它的 z 变换为

$$X(z)=\frac{1}{1-\mathrm{e}^{-\alpha}z^{-1}}=\frac{z}{z-\mathrm{e}^{-\alpha}}$$

收敛域为 $|z|>\mathrm{e}^{-\alpha}$。

第二个特例是令 $a=1$，这时就得到了单位样值序列 $x(n)=u(n)$ 的 z 变换。

例 6.1.5 已知一个有界序列 $x(n)=\{5,3,\underset{\uparrow}{-2},0,4,-3\}$，试用定义式计算 z 变换并确定其收敛域。

解：由 z 变换的定义式，有

$$\begin{aligned}X(z)&=\sum_{n=-\infty}^{\infty}x(n)z^{-n}=\sum_{n=-2}^{3}x(n)z^{-n}\\&=x(-2)z^2+x(-1)z^1+x(0)z^0+x(1)z^{-1}+x(2)z^{-2}+x(3)z^{-3}\\&=5z^2+3z-2+4z^{-2}-3z^{-3}\end{aligned}$$

可以看出，如果 z 不等于0或无穷大，则 $X(z)$ 中的每一项都是有界的，因此 $X(z)$ 收敛，即收敛域：$0<|z|<\infty$。

6.1.3 收敛域

由 z 变换的定义可知 $X(z)$ 是关于 z 或 z^{-1} 的一个幂级数，这就要求在运用 z 变换时需讨论它的收敛域。

现令复变量 $z=r\mathrm{e}^{\mathrm{j}\omega}$，它的 z 变换为

$$X(z)=Z[x(n)]=\sum_{n=-\infty}^{\infty}x(n)z^{-n}=\sum_{n=-\infty}^{\infty}x(n)r^{-n}\mathrm{e}^{-\mathrm{j}n\omega} \tag{6.1.9}$$

在 $X(z)$ 的收敛域内，$|X(z)|<\infty$，但由于

$$\begin{aligned}|X(z)|&=\left|\sum_{n=-\infty}^{\infty}x(n)r^{-n}\mathrm{e}^{-\mathrm{j}n\omega}\right|\leqslant\sum_{n=-\infty}^{\infty}\left|x(n)r^{-n}\mathrm{e}^{-\mathrm{j}n\omega}\right|=\sum_{n=-\infty}^{\infty}\left|x(n)r^{-n}\right|\\&=\sum_{n=-\infty}^{-1}\left|x(n)r^{-n}\right|+\sum_{n=0}^{\infty}\left|x(n)r^{-n}\right|=\sum_{n=1}^{\infty}\left|x(-n)r^{n}\right|+\sum_{n=0}^{\infty}\left|\frac{x(n)}{r^n}\right|\end{aligned} \tag{6.1.10}$$

故只要序列 $x(n)r^{-n}$ 满足绝对可求和条件，$|X(z)|$ 就是有限的。由此可知，$X(z)$ 的收敛域问题等价于确定使序列 $x(n)r^{-n}$ 满足绝对可求和条件的 r 的取值范围。因此，若 $X(z)$ 在复平面上的某个区域收敛，则式(6.1.10)中不等式右端的两个求和项必定在该区域上有界。显见，如果式(6.1.10)中不等式右端的第一个求和项收敛，则一定存在一个足够小的 r 值使 $\sum_{n=1}^{\infty}|x(-n)r^n|<\infty$ 成立，那么该项的收敛域自然就由位于半径 $r<r_1$ 的圆内部分组成，如图 6.1.1a 所示。除此之外，如果式(6.1.10)中不等式右端的第二个求和项收敛，则一定存在一个足够大的 r 值使 $\sum_{n=0}^{\infty}\left|\frac{x(n)}{r^n}\right|<\infty$ 成立，那么该项的收敛域也就由位于半径 $r>r_2$ 的圆外部分组成，如图 6.1.1b 所示。

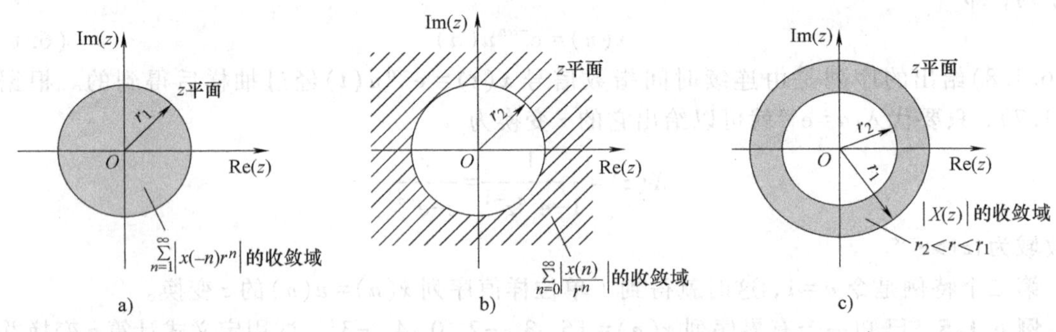

图 6.1.1　$X(z)$ 的收敛域

由于 $X(z)$ 的收敛要求式(6.1.10)中的两个求和项都有界，又由于 z 变换是复变量的函数，可以方便地用复 z 平面描述，故在 z 平面上 $X(z)$ 的收敛域就是由两个求和项都有界的公共区域，也就是它们的交集所构成。通常这个公共区域(交集)是 z 平面上的一个环状区域 $r_2<r<r_1$，如图 6.1.1c 所示。如果 $r_2>r_1$，式(6.1.10)中的两个求和项就没有共同的收敛域，此时 $X(z)$ 也就不存在。

综上所述，收敛域是形如 $r_2<|z|<r_1$ 的环形域。如果 $r_2=0$，收敛域还包括 $z=0$ 点；如果 $r_1=\infty$，收敛域还包括无穷大。如果 $X(z)$ 是 z 的有理函数，它的收敛域还取决于 $x(n)$ 是单边的还是双边的，如图 6.1.2 所示。

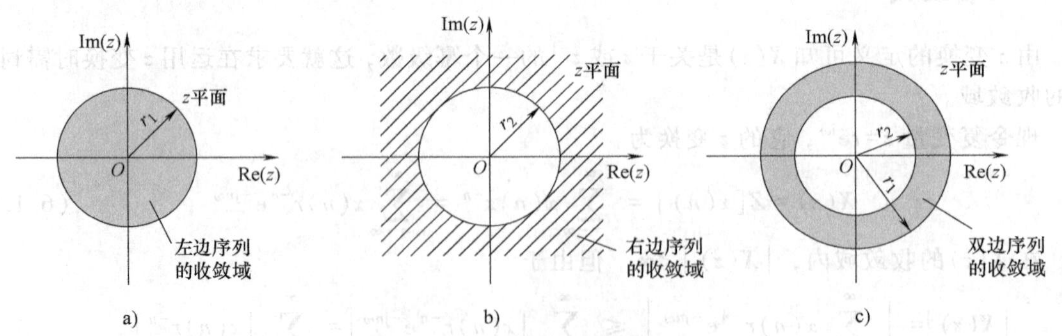

图 6.1.2　$X(z)$ 的收敛域

a) 左边序列的收敛域　b) 右边序列的收敛域　c) 双边序列的收敛域

需要注意的是，左边序列也称为反因果序列。这种反因果序列一般具有如下形式：

$$x(n)=Aa^n u(-n-1),\ 0<|a|<\infty$$

它的 z 变换是

$$X(z)=\sum_{n=-\infty}^{\infty} Aa^n u(-n-1)z^{-n}=A\sum_{n=-\infty}^{-1} a^n z^{-n}$$

对上式进行求和上下限的变量代换，即令 $l=-n$，并将下限由 1 扩展到 0，则有

$$\begin{aligned}X(z)&=\sum_{n=-\infty}^{\infty} Aa^n u(-n-1)z^{-n}=A\sum_{n=-\infty}^{-1} a^n z^{-n}=A\sum_{n=-\infty}^{-1}(az^{-1})^n\\&=A\sum_{l=1}^{\infty}(a^{-1}z)^l\Big|_{l=-n}=A\left[-1+\sum_{l=0}^{\infty}(a^{-1}z)^l\right]\\&=A\left(-1+\frac{1}{1-a^{-1}z}\right)=\frac{-Az}{z-a}\end{aligned}$$

根据表 6.1.1 所述，它的收敛域是 $|z|<|a|$。

特别提示，这个反因果序列的 z 变换与表 6.1.1 中的因果指数序列 $x(n)=a^n u(n)$ 的 z 变换在形式上很相似，差别只是正负号及收敛域不同。

例 6.1.6 设 $x_1(n)=-a^n u(-n-1)$，$0<|a|<\infty$（这种序列称为左边序列），试用定义式计算 z 变换并确定其收敛域。

解：$x_1(n)$ 的 z 变换如下：

$$\begin{aligned}X_1(z)&=-\sum_{n=-\infty}^{-1} a^n z^{-n}=-\sum_{n=-\infty}^{-1}\left(\frac{a}{z}\right)^n=-\sum_{l=1}^{\infty}\left(\frac{z}{a}\right)^l\\&=1-\sum_{l=0}^{\infty}\left(\frac{z}{a}\right)^l=1-\frac{1}{1-z/a}=\frac{1}{1-az^{-1}}\\&=\frac{z}{z-a}\qquad \text{ROC}:0<|z|<|a|\end{aligned}$$

式中，$l=-n$。对应于图 6.1.2a。

例 6.1.7 设 $x_2(n)=b^n u(n)$，$0<|b|<\infty$（这种序列称为右边序列），试用定义式计算 z 变换并确定其收敛域。

解：$x_2(n)$ 的 z 变换如下：

$$X_2(z)=\sum_{n=0}^{\infty} b^n z^{-n}=\sum_{n=0}^{\infty}(bz^{-1})^n=\frac{1}{1-bz^{-1}}=\frac{z}{z-b}$$

$$\text{ROC}:|z|>|b|，\text{或者}\ |b|<|z|<\infty$$

对应于图 6.1.2b。

为什么需要讨论 z 变换的收敛域呢？不妨比较一下例 6.1.6 与例 6.1.7，可以发现若令 $a=b$，则有 $X_1(z)=X_2(z)$，但显然它们的收敛域是完全不同的。这就说明，不能仅凭 z 变换来确定一个序列，还必须弄清楚它的收敛域。因此，收敛域是保证 z 变换唯一性的重要指标。

例 6.1.8 设 $x_3(n)=x_1(n)-x_2(n)=-a^n u(-n-1)-b^n u(n)$（这种序列称为双边序列），试用定义式计算 z 变换并确定其收敛域。

解：$x_3(n)$ 的 z 变换如下：

$$X_3(z)=-\sum_{n=-\infty}^{-1}a^n z^{-n}-\sum_{n=0}^{\infty}b^n z^{-n}$$

$$=\left\{\frac{1}{1-az^{-1}},\ \mathrm{ROC}_2:|z|<|a|\right\}-\left\{\frac{1}{1-bz^{-1}},\ \mathrm{ROC}_1:|z|>|b|\right\}$$

$$=\frac{1}{1-az^{-1}}-\frac{1}{1-bz^{-1}}=\frac{b-a}{a+b-z-abz^{-1}}$$

收敛域 ROC_3 为 $\mathrm{ROC}_1\cap\mathrm{ROC}_2$，对应于图 6.1.2c。若 $|a|<|b|$，则收敛域 ROC_3 是一个空集，$X_3(z)$ 不存在；若 $|b|<|a|$，则 ROC_3 为 $|a|<z<|b|$，且 $X_3(z)$ 存在于一个环状区域，如图 6.1.3 所示。

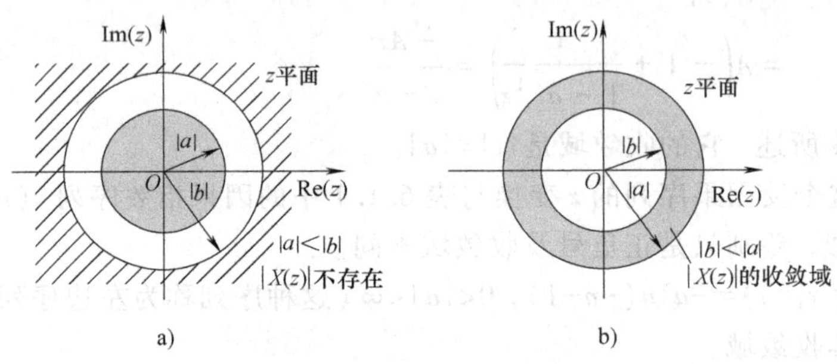

图 6.1.3　双边序列的收敛域

a）$X(z)$ 的收敛域不存在　b）$X(z)$ 存在环状收敛域

通过观察以上示例中的收敛域，可以总结出收敛域的性质如下：

1）由于收敛条件均由 z 的模 $|z|$ 所决定，故收敛域总以某个圆为边界。

2）如果存在一个序列，在 $n<n_1$ 和 $n>n_2$ 时其值为零，则称为有限长度序列。有限长度序列的 z 变换的收敛域是整个 z 平面。若 $n_1<0$，则 $z=\infty$ 不属于收敛域；若 $n_2>0$，则 $z=0$ 不属于收敛域。

3）当 n 小于某个特定的 n_0，即 $n<n_0$ 时，序列 $x(n)$ 的值为零，称之为右边序列。右边序列的 z 变换的收敛域位于以最大极点的模为半径的圆外。如果 $n_0\geqslant 0$，右边序列也称为因果序列。

4）当 n 大于某个特定的 n_0，即 $n>n_0$ 时，序列 $x(n)$ 的值为零，称之为左边序列。左边序列的 z 变换的收敛域位于以最小极点的模为半径的圆内。如果 $n_0\leqslant 0$，左边序列也称为非因果序列。

5）若双边序列 $x(n)(-\infty<n<\infty)$ 的 z 变换的收敛域存在，则它位于最大极点半径和最小极点半径构成的圆环内。

6）由于 $X(z)$ 在收敛域内一致收敛，故其收敛域内不能包含极点。

7）$X(z)$ 若为有理函数，则其收敛域边界上至少有一个极点。

8）收敛域一定是连通的区域，也就是说收敛域不可分割成几片。

事实上信号与系统所涉及的序列一般都假设是因果的（因为序列几乎都来源于实时获取），因此人们更关注的收敛域是上述的第三种，也就是右边信号序列。

例 6.1.9　设 $X(z)=\dfrac{z}{z-2}+\dfrac{z}{z+3}$，试确定其收敛域。

解：z 变换的收敛域取决于序列的性质，因此：

假设序列 $x(n)$ 是右边序列，则其 z 变换的收敛域是 $|z|>3$（因为系统最大极点的模 $|z|_{\max}=3$）。

假设序列 $x(n)$ 是左边序列，则其 z 变换的收敛域是 $|z|<2$（因为系统最小极点的模 $|z|_{\min}=2$）。

假设序列 $x(n)$ 是双边序列，则其 z 变换的收敛域是 $2<|z|<3$。

$|z|<2$ 和 $|z|>3$ 不为收敛域，因为这两个区域没有连通。

6.1.4　DTFT 与 z 变换的关系

z 变换可以看作是指数加权序列的离散时间傅里叶变换（DTFT）。这是因为当 $z=re^{j\omega}$ 时，由式（6.1.3）知 $X(z)$ 的 z 变换就是序列 $r^{-n}x(n)$ 的 DTFT，即

$$X(z)=\sum_{n=-\infty}^{\infty}x(n)z^{-n}=\sum_{n=-\infty}^{\infty}x(n)r^{-n}\mathrm{e}^{-\mathrm{j}\omega n}=\mathrm{DTFT}[x(n)r^{-n}]$$

此时，收敛域由 r 的取值确定，但需满足

$$\sum_{n=-\infty}^{\infty}|x(n)r^{-n}|<\infty$$

又由于 z 变换是复变量的函数，若令 $z=\mathrm{Re}(z)+\mathrm{j}\mathrm{Im}(z)=re^{j\omega}$，则以 z 的实部和虚部为坐标作出的 z 平面中对应于 $|z|=1$ 的围线是半径为 1 的单位圆。当 $x(n)$ 满足绝对可求和条件时，令 $X(z)$ 中的 $|r|=1$（即 $z=\mathrm{e}^{\mathrm{j}\omega}$）就可得到 $x(n)$ 的 DTET 为 $X(\mathrm{e}^{\mathrm{j}\omega})$，即

$$X(\mathrm{e}^{\mathrm{j}\omega})=X(z)\big|_{z=\mathrm{e}^{\mathrm{j}\omega}} \tag{6.1.11}$$

于是，DTFT 就是 z 平面中半径为 1 的（单位）圆上的 z 变换。

注意到 $X(\mathrm{e}^{\mathrm{j}\omega})$ 通常是关于频率 ω 的复函数，因此可以用其实部和虚部进行描述，即

$$X(\mathrm{e}^{\mathrm{j}\omega})=X_R(\mathrm{e}^{\mathrm{j}\omega})+\mathrm{j}X_I(\mathrm{e}^{\mathrm{j}\omega})=|X(\mathrm{e}^{\mathrm{j}\omega})|\mathrm{e}^{\mathrm{j}\phi(\omega)} \tag{6.1.12}$$

式中，$X_R(\mathrm{e}^{\mathrm{j}\omega})$ 和 $X_I(\mathrm{e}^{\mathrm{j}\omega})$ 都是 ω 的实函数，而

$$\phi(\omega)=\tan^{-1}\frac{X_I(\mathrm{e}^{\mathrm{j}\omega})}{X_R(\mathrm{e}^{\mathrm{j}\omega})} \tag{6.1.13}$$

因此，通过计算单位圆上各点的 $X(z)$ 值（离散时间频率 ω 为 $-\pi\sim\pi$，正好绕单位圆一周）就可以得到 $-\pi\leqslant\omega\leqslant\pi$ 的 $X(\mathrm{e}^{\mathrm{j}\omega})$ 值，如图 6.1.4 所示。需要注意的是，为保证一个序列的 DTFT 存在，z 平面上的单位圆必须包括在 $X(z)$ 的收敛域内。

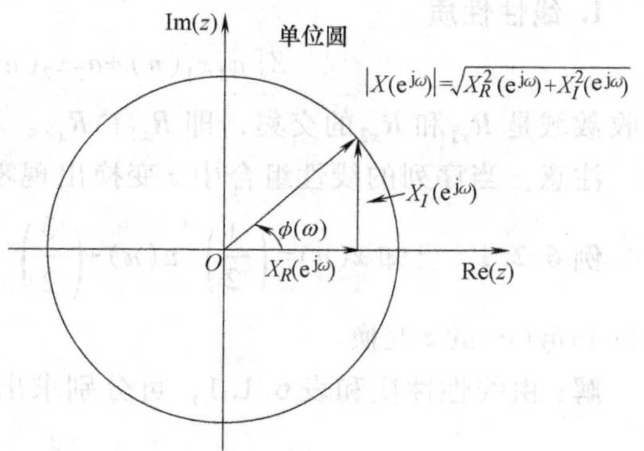

图 6.1.4　由单位圆上各点的 $X(z)$ 值计算 $X(\mathrm{e}^{\mathrm{j}\omega})$ 值

总之，通过上面的讨论可以得出以下结论：

1）单位圆是由 $z=\mathrm{e}^{\mathrm{j}\omega}$ 描述的一个圆心位于原点、半径为 1 的圆。DTFT 中的离散角频率 ω 就是对应于单位圆上与 z 平面实轴正方向夹角为 ω 的点。

2）序列 $x(n)$ 的 z 变换就是 $r^{-n}x(n)$ 的 DTFT。

3）序列 $x(n)$ 的DTFT就是 z 平面中单位圆上的 z 变换，它也是以序列样本值为系数的离散时间傅里叶级数。

4）序列 $x(n)$ 的 z 变换就是以序列样本值为系数的洛朗级数。

例 6.1.10　设序列 $x(n)=\begin{cases}1, & n=-1\\ 2, & n=0\\ -1, & n=1\\ 1, & n=2\\ 0, & 其他\end{cases}$，试求出 $x(n)$ 的DTFT。

解：对给出的序列 $x(n)$，将其代入 z 变换的定义式，便可得到

$$X(z)=Z[x(n)]=\sum_{n=-1}^{2}x(n)z^{-n}=z+2-z^{-1}+z^{-2}$$

现令 $z=\mathrm{e}^{\mathrm{j}\omega}$ 并代入上式，就可直接从 $X(z)$ 得到 $x(n)$ 的DTFT：

$$X(z)\big|_{z=\mathrm{e}^{\mathrm{j}\omega}}=X(\mathrm{e}^{\mathrm{j}\omega})=\mathrm{e}^{\mathrm{j}\omega}+2-\mathrm{e}^{-\mathrm{j}\omega}+\mathrm{e}^{-\mathrm{j}2\omega}$$

6.2　双边 z 变换的性质及综合应用

6.2.1　双边 z 变换的性质

z 变换是一种线性算子，具有叠加性。现不加证明地给出 z 变换的若干重要性质。

在以下讨论中，记 $x(n)$ 的 z 变换 $X(z)$ 的收敛域为 R_x，R_x 代表一个满足 $r_2<|z|<r_1$ 的 z 值的集合。对于涉及两个序列的 z 变换，记 $x_1(n)$ 的 z 变换 $X_1(z)$ 的收敛域为 R_{x1}，$x_2(n)$ 的 z 变换 $X_2(z)$ 的收敛域为 R_{x2}。至于考虑多个序列的 z 变换时，只要记住整体的 z 变换的收敛域至少是单个序列 z 变换的收敛域的交集即可。

1. 线性性质

$$Z[a_1x_1(n)+a_2x_2(n)]=a_1X_1(z)+a_2X_2(z) \tag{6.2.1}$$

其收敛域是 R_{x1} 和 R_{x2} 的交集，即 $R_{x1}\cap R_{x2}$。

注意，当序列的线性组合中 z 变换出现零、极点的对消时，则收敛域可能会扩大。

例 6.2.1　已知 $x(n)=\left(\frac{1}{2}\right)^n u(n)+\left(\frac{3}{2}\right)^n u(-n-1)$，$y(n)=\left(\frac{1}{4}\right)^n u(n)-\left(\frac{1}{2}\right)^n u(n)$，试求 $ax(n)+by(n)$ 的 z 变换。

解：由线性性质和表6.1.1，可分别求出

$$X(z)=\frac{-z}{\left(z-\frac{1}{2}\right)\left(z-\frac{3}{2}\right)},\ \mathrm{ROC}:\frac{1}{2}<|z|<\frac{3}{2}$$

$$Y(z)=\frac{-\frac{1}{4}z}{\left(z-\frac{1}{4}\right)\left(z-\frac{1}{2}\right)},\ \mathrm{ROC}:|z|>\frac{1}{2}$$

应用线性性质，有

$$Z[ax(n)+by(n)]=aX(z)+bY(z)$$

$$=a\frac{-z}{\left(z-\frac{1}{2}\right)\left(z-\frac{3}{2}\right)}+b\frac{-\frac{1}{4}z}{\left(z-\frac{1}{4}\right)\left(z-\frac{1}{2}\right)}$$

一般而言，上式的收敛域是等式右端两项收敛域的交集，也就是 $1/2<|z|<3/2$。但是，当 $a=b$时，序列线性组合的 z 变换将出现零、极点的对消，即

$$aX(z)+bY(z)=a\left(\frac{-z}{\left(z-\frac{1}{2}\right)\left(z-\frac{3}{2}\right)}+\frac{-\frac{1}{4}z}{\left(z-\frac{1}{4}\right)\left(z-\frac{1}{2}\right)}\right)$$

$$=a\frac{-\frac{5}{4}z\left(z-\frac{1}{2}\right)}{\left(z-\frac{1}{4}\right)\left(z-\frac{1}{2}\right)\left(z-\frac{3}{2}\right)}$$

注意，上式中 $z=1/2$ 处的零点将和 $z=1/2$ 处的极点相抵消，因此有

$$aX(z)+aY(z)=a\frac{-\frac{5}{4}z}{\left(z-\frac{1}{4}\right)\left(z-\frac{3}{2}\right)}$$

这个被抵消掉的极点将影响收敛域的边界，使得发生抵消后的收敛域扩大到 $1/4<|z|<3/2$。

其实，当 $a=b$ 时，序列的线性组合为

$$ax(n)+ay(n)=a\left[-\left(\frac{3}{2}\right)^n u(-n-1)+\left(\frac{1}{4}\right)^n u(n)\right]$$

可以看出，在时域序列中 $(1/2)^n u(n)$ 这一项被抵消了，此时收敛域为 $1/4<|z|<3/2$，这个收敛域比原来各个收敛域的交集要大，这是因为在 $x(n)$ 和 $y(n)$ 中都有的 $(1/2)^n u(n)$ 项在线性组合运算后已经不存在了。

2. 移位性质

$$Z[x(n-n_0)]=z^{-n_0}X(z) \tag{6.2.2}$$

收敛域为 R_x（可能增加或除去 $z=0$ 或者 $z=\infty$ 点）。这里 n_0 是一个整数，如果 $n_0>0$，$z^{-n_0}X(z)$ 表明在 $z=0$ 处引入了一个 n_0 阶极点，这时即便 R_x 包含 $z=0$，收敛域也不能包含 $z=0$，除非 $X(z)$ 在 $z=0$ 处有一个至少 n_0 阶的零点抵消掉所有的新极点。若 $n_0<0$，$z^{-n_0}X(z)$ 表明在无穷远处引入 n_0 阶极点，在 $X(z)$ 中，如果这些极点不能被无穷远处的零点抵消，那么 $z^{-n_0}X(z)$ 的收敛域就不能包括 $|z|=\infty$。

运算中，如果 $n_0>0$，则原序列 $x(n)$ 将向右移；如果 $n_0<0$，则原序列 $x(n)$ 将向左移。

例 6.2.2 证明序列的移位性质。

证明：由 z 变换的定义式，有

$$Z[x(n-n_0)]=\sum_{n=-\infty}^{\infty}x(n-n_0)z^{-n}$$

对上式作变量代换，令 $m=n-n_0$，则

$$Z[x(n-n_0)]=\sum_{m=-\infty}^{\infty}x(m)z^{-(m+n_0)}=z^{-n_0}\sum_{m=-\infty}^{\infty}x(m)z^{-m}=z^{-n_0}X(z)$$

性质得证。

例 6.2.3　设序列 $x_1(n)=\{\underset{\uparrow}{1},2,5,7,0,1\}$，$x_2(n)=\{1,2,\underset{\uparrow}{5},7,0,1\}$，$x_3(n)=\{\underset{\uparrow}{0},0,1,2,5,7,0,1\}$，试用 $x_1(n)$ 的 z 变换求 $x_2(n)$ 和 $x_3(n)$ 的 z 变换。

解： 容易看出 $x_2(n)=x_1(n+2)$ 以及 $x_3(n)=x_1(n-2)$。

因为由定义式可以直接得到

$$X_1(z)=1+2z^{-1}+5z^{-2}+7z^{-3}+z^{-5},\quad \text{ROC}:|z|>0$$

所以根据移位性质可得

$$X_2(z)=z^2X_1(z)=z^2+2z+5+7z^{-1}+z^{-3},\quad \text{ROC}:0<|z|<\infty$$

$$X_3(z)=z^{-2}X_1(z)=z^{-2}+2z^{-3}+5z^{-4}+7z^{-5}+z^{-7},\quad \text{ROC}:|z|>0$$

注意，$X_2(z)$ 的收敛域是 $0<|z|<\infty$，这是因为乘 z^2 的缘故。

3. 指数(或缩放)性质

$$Z[a^nx(n)]=X(a^{-1}z)\tag{6.2.3}$$

指数性质相当于对 z 域进行尺度变换，其收敛域为 $|a|R_x$，表示收敛域是 R_x，但被 $|a|$ 改变了尺度。也就是说，如果 R_x 代表一个满足 $\alpha<|z|<\beta$ 的 z 值的集合，那么 $|a|R_x$ 就是 $\alpha<|a^{-1}z|<\beta$ 的 z 值的集合。

如果 $a=-1$，则得到一个有用的结果：

$$Z[(-1)^nx(n)]=X(-z)$$

另外，当 $a=\mathrm{e}^{-\alpha}$ 时，指数性质就是拉普拉斯变换中的 s 域尺度变换性质。

例 6.2.4　试求出指数变化的正弦序列 $x(n)=a^n\sin(bn)u(n)$ 的 z 变换。

解： 查表 6.1.1 可知

$$X(z)=Z[\sin(bn)u(n)]=\frac{z\sin b}{z^2-2z\cos b+1}$$

根据指数性质可得

$$X(z)=\frac{(z/a)\sin b}{(z/a)^2-2(z/a)\cos b+1}=\frac{az\sin b}{z^2-2az\cos b+a^2}$$

例 6.2.5　试求出序列 $x(n)=na^{(n-1)}u(n)$ 的 z 变换。

解： 序列 $x(n)$ 可改写为

$$x(n)=a^{-1}a^nnu(n)$$

式中，单位斜变序列 $nu(n)$ 的 z 变换为

$$Z[nu(n)]=\sum_{n=0}^{\infty}nz^{-n}=z^{-1}+2z^{-2}+3z^{-3}+\cdots=z^{-1}(1+2z^{-1}+3z^{-2}+\cdots)$$

用长除法可以验证，上式括号中的无穷级数项的和等于 $1/(1-2z^{-1}+z^{-2})$，因此单位斜变序列的 z 变换为

$$Z[nu(n)]=\frac{z^{-1}}{1-2z^{-1}+z^{-2}}=\frac{z^{-1}}{(1-z^{-1})^2}$$

最后利用指数性质，有

$$X(z)=Z[a^{-1}a^n nu(n)]=a^{-1}Z[a^n nu(n)]$$
$$=a^{-1}\frac{(a^{-1}z)^{-1}}{[1-(a^{-1}z)^{-1}]^2}=a^{-1}\frac{az^{-1}}{(1-az^{-1})^2}=\frac{z^{-1}}{(1-az^{-1})^2}$$

4. 时间反转(或映射)性质

$$Z[x(-n)]=X(z^{-1}) \tag{6.2.4}$$

收敛域为 $1/R_x$。

时间反转(或映射)性质对应于用 z^{-1} 代替 z，因此如果 R_x 具有 $|z|>|a|$ 的形式，则其映射序列的收敛域就为 $1/|z|>|a|$，或 $|z|<1/|a|$；如果 R_x 具有 $|a|<|z|<|b|$ 的形式，则其映射序列的收敛域就为 $|a|<1/|z|<|b|$，或 $1/|b|<|z|<1/|a|$。

时间反转性质主要有以下两方面的应用：

第一种应用与序列的对称性有关，就是说如果需要根据序列的 z 变换来检验信号的对称性，就会用到反转性质。对于偶对称序列，有 $x(n)=x(-n)$，则由反转性质得 $X(z)=X(z^{-1})$；对于奇对称序列，有 $x(n)=-x(-n)$，则由反转性质得 $X(z)=-X(z^{-1})$。

第二种应用与反因果序列有关，就是说如果需要寻找反因果序列的 z 变换，也可以借助反转性质。从因果序列对 $x(n)u(n)\leftrightarrow X(z)$ (ROC: $|z|>|a|$) 出发，应用反转性质可以直接得到它的反转变换对 $x(-n)u(-n)\leftrightarrow X(z^{-1})$ (ROC: $|z|<1/|a|$)。因此，反因果序列 $y(n)=x(-n)u(-n-1)$（注意，它在 $n=0$ 处没有样本值）就可以写成 $y(n)=x(-n)u(-n)-x(0)\delta(n)$，因此有如下结论：

若已知

$$x(n)u(n)\leftrightarrow X(z),\ \text{ROC}: |z|>|a| \tag{6.2.5}$$

则有

$$x(-n)u(-n-1)\leftrightarrow X(z^{-1})-x(0),\ |z|<1/|a| \tag{6.2.6}$$

上述结论的几何意义如图 6.2.1 所示。

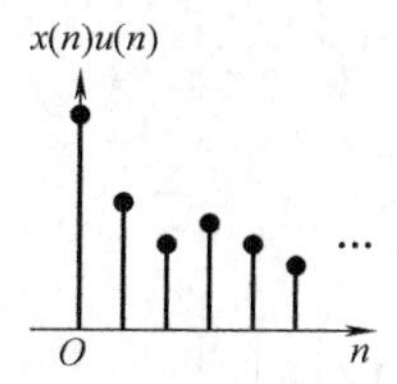

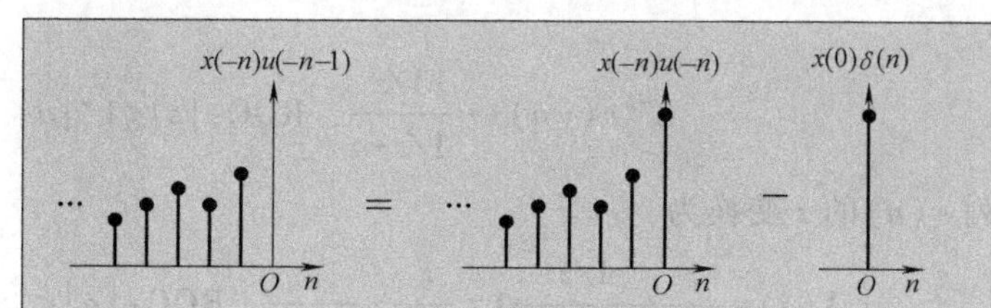

图 6.2.1　反转性质与反因果序列

例 6.2.6　试用反转性质求出序列 $x(n)=a^{-n}u(-n-1)$ 的 z 变换。

解：从表 6.1.1 可查出 $a^n u(n)$ 的 z 变换对为

$$a^n u(n)\leftrightarrow\frac{z}{z-a},\ \text{ROC}: |z|>|a|$$

则由式 (6.2.6)，有

$$a^{-n}u(-n-1)\leftrightarrow\frac{1/z}{1/z-a}-1=\frac{az}{1-az},\ \mathrm{ROC}:|z|<\frac{1}{|a|}$$

式中，$x(0)=1$。

这个例子还有一个有意思的推论，即用 $1/a$ 替换 a，可得到

$$\left(\frac{1}{a}\right)^{-n}u(-n-1)\leftrightarrow\frac{1/z}{1/z-1/a}-1=\frac{(1/a)z}{1-(1/a)z},\ \mathrm{ROC}:|z|<\frac{1}{1/|a|}$$

整理后得

$$a^{n}u(-n-1)\leftrightarrow\frac{-z}{z-a},\ \mathrm{ROC}:|z|<|a|$$

或

$$-a^{n}u(-n-1)\leftrightarrow\frac{z}{z-a},\ \mathrm{ROC}:|z|<|a|$$

例 6.2.7　试用时间反转性质求出序列 $x(n)=a^{|n|}(|a|<1)$ 的 z 变换。注意，$x(n)$ 是双边指数衰减序列。

解：为运用反转性质，可将原式改写成

$$x(n)=a^{n}u(n)+a^{-n}u(-n)-\delta(n)$$

上式是一个单边指数衰减序列和它的反转形式，这样可避免在原点包括额外的样本值，如图 6.2.2 所示。

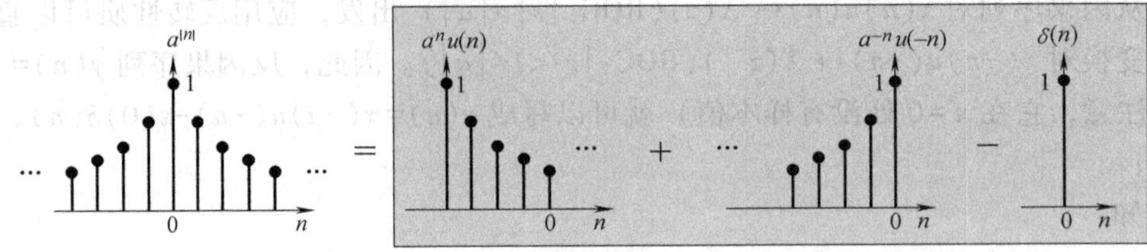

图 6.2.2　$x(n)$ 由单边指数衰减序列和它的反转形式组成

对上式中的 $a^{-n}u(-n)$ 项，可针对变换对 $a^{n}u(n)\leftrightarrow\dfrac{z}{z-a}$（$\mathrm{ROC}:|z|>|a|$）运用时间反转性质得到：

$$a^{-n}u(-n)\leftrightarrow\frac{1/z}{1/z-a},\ \mathrm{ROC}:|z|<1/|a|$$

因此，序列 $x(n)$ 的 z 变换为

$$X(z)=\frac{z}{z-a}+\frac{1/z}{1/z-a}-1=\frac{z}{z-a}-\frac{z}{z-1/a},\ \mathrm{ROC}:|a|<|z|<1/|a|$$

注意，收敛域是环状的且 $|a|<1$，它对应于一个双边序列。

5. 复共扼性质

$$Z[x^{*}(n)]=X^{*}(z^{*})\tag{6.2.7}$$

收敛域为 R_x。

作为一个推论，注意到如果 $x(n)$ 是实数序列，则有 $x(n)=x^{*}(n)$，那么

$$X(z)=X^{*}(z^{*})$$

6. 微分性质

$$Z[nx(n)]=-z\frac{\mathrm{d}X(z)}{\mathrm{d}z} \tag{6.2.8}$$

收敛域为 R_x(可能增加或除去 $z=0$ 或者 $z=\infty$ 点)。该性质说明序列与 n 相乘对应于在 z 域中对 $X(z)$ 微分后再乘以 $-z$，并且收敛域不变。

反复应用微分性质，就可得到当 k 为任意整数时 $n^kx(n)$ 的 z 变换，即

$$Z[n^kx(n)]=(-z)^k\left(\frac{\mathrm{d}}{\mathrm{d}z}\right)^kX(z)$$

例 6.2.8 求 $x(n)=na^nu(n)$ 的 z 变换。

解：设 $x_1(n)=a^nu(n)$，则已知(如通过查表)

$$X_1(z)=Z[a^nu(n)]=\frac{1}{1-az^{-1}},\ \mathrm{ROC}:|z|>|a|$$

再对 $x(n)=nx_1(n)$ 运用微分性质，得

$$X(z)=-z\frac{\mathrm{d}}{\mathrm{d}z}X_1(z)=-z\frac{\mathrm{d}}{\mathrm{d}z}\left(\frac{1}{1-az^{-1}}\right)=\frac{az^{-1}}{(1-az^{-1})^2}=\frac{az}{(z-a)^2},\ \mathrm{ROC}:|z|>|a|$$

如果在上式中令 $a=1$,则得到单位斜坡序列 $nu(n)$ 的 z 变换为

$$X(z)=Z[nu(n)]=\frac{z^{-1}}{(1-z^{-1})^2}=\frac{z}{(z-1)^2},\ \mathrm{ROC}:|z|>1$$

7. 卷积定理

$$Z\{x_1(n)*x_2(n)\}=X_1(z)X_2(z) \tag{6.2.9}$$

收敛域是 R_{x1} 和 R_{x2} 的交集，即 $R_{x1}\cap R_{x2}$。

注意，如果序列 z 变换的乘积 $X_1(z)X_2(z)$ 中出现零、极点的对消，则收敛域可能会扩大。

卷积定理将时域中的卷积运算映射成 z 域中两个函数的乘积运算，这个性质在许多方面都很有用。比如 LTI 系统的零状态响应就是输入序列与系统单位样值响应的卷积。

例 6.2.9 计算以下序列的卷积：

$$x_1(n)=\{\underset{\uparrow}{1},-2,1\},\ x_2(n)=\begin{cases}1 & 0\leqslant n\leqslant 5\\ 0 & \text{其他}\end{cases}$$

解：$x_1(n)$ 和 $x_2(n)$ 的 z 变换分别为

$$X_1(z)=1-2z^{-1}+z^{-2}$$
$$X_2(z)=1+z^{-1}+z^{-2}+z^{-3}+z^{-4}+z^{-5}$$

用卷积定理计算 $X_1(z)$ 和 $X_2(z)$ 的乘积：

$$\begin{aligned}X(z)&=Z[x_1(n)*x_2(n)]=X_1(z)X_2(z)\\&=1-z^{-1}-z^{-6}+z^{-7}\end{aligned}$$

因此 $$x(n)=x_1(n)*x_2(n)=\{\underset{\uparrow}{1},\ -1,\ 0,\ 0,\ 0,\ 0-1,\ 1\}$$

8. 相关性质

根据式(3.4.14)，已知序列 $x_1(n)$ 和 $x_2(n)$ 的互相关为

$$r_{x_1x_2}(n)=x_1(n)\circledast x_2(n)=x_1(n)*x_2(-n)$$

则时域中的相关运算在 z 域中就存在相乘的关系：

$$Z[r_{x_1x_2}(n)]=Z[x_1(n)*x_2(-n)]=X_1(z)X_2(z^{-1}) \tag{6.2.10}$$

收敛域是 R_{x1} 和 R_{x2} 的交集，即 $R_{x1}\cap R_{x2}$。

特别地，针对自相关运算，z 域之间的关系就简化为

$$Z[r_{xx}(n)]=Z[x(n)*x(-n)]=X(z)X(z^{-1}) \tag{6.2.11}$$

可见，z 变换也可用于求自相关。

另外，如果序列 $x(n)$ 是归一化不相关的(归一化不相关，是指对任意 $k\neq 0$，有 $r_{xx}(k)=0$；对 $k=0$，则有 $r_{xx}(0)=c$，这里 c 为不等于零的常数。如果这个常数 $c=1$，则称为归一化不相关)，对应在 z 变换域中，这个条件就等价于

$$X(z)X(z^{-1})=1 \tag{6.2.12}$$

例 6.2.10　计算序列 $x(n)=a^nu(n)(|a|<1)$ 的自相关序列 $r_{xx}(n)$。

解：可以先求出

$$X(z)=Z[a^nu(n)]=\frac{1}{1-az^{-1}}=\frac{z}{z-a},\ \text{ROC}:|z|>|a|$$

以及

$$X(z^{-1})=Z[a^{-n}u(-n)]=\frac{1}{1-az},\ \text{ROC}:|z|<\frac{1}{|a|}$$

由自相关式(6.2.11)可得到

$$R_{xx}(z)=Z\{x(n)*x(-n)\}=X(z)X(z^{-1})$$

$$=\frac{1}{1-az^{-1}}\frac{1}{1-az}=\frac{1}{1-a(z+z^{-1})+a^2},\ \text{ROC}:|a|<|z|<\frac{1}{|z|}$$

由上式可知 $R_{xx}(z)$ 的收敛域是一圆环，所以自相关序列 $r_{xx}(n)$ 是一个双边序列。为求出 $r_{xx}(n)$，不妨令例 6.1.8 中的 $b=1/a$ 并将它与上式进行比较，可以发现它的 z 变换是 $(1-a^2)R_{xx}(z)$，由此可直接得到

$$r_{xx}(n)=\frac{1}{1-a^2}a^{|n|},-\infty<n<\infty$$

9. 求和性质

序列 $x(n)$ 的累加(求和)的 z 变换为

$$Z\left[\sum_{i=-\infty}^{\infty}x(i)\right]=\frac{1}{1-z^{-1}}X(z)=\frac{z}{z-1}X(z) \tag{6.2.13}$$

注意，$\sum\limits_{i=-\infty}^{\infty}x(i)$ 是时域积分的离散时间形式。

例 6.2.11　求卷积 $x(n)*u(n)$ 的 z 变换，证明应用卷积定理可以直接得到式 (6.2.13)。

解：设 $X(z)=Z[x(n)]$

又因为

$$U(z)=Z[u(n)]=\frac{1}{1-z^{-1}}$$

应用卷积定理，有

$$Z[x(n)*u(n)]=X(z)\frac{1}{1-z^{-1}}=\frac{z}{z-1}X(z)$$

因此任一序列 $x(n)$ 与单位样值序列 $u(n)$ 的卷积的 z 变换，就是该序列累加的 z 变换。

6.2.2 双边 z 变换性质的综合应用

利用 z 变换的定义及其性质，往往可以简化 z 变换的运算。下面给出运用性质求解 z 变换的一些例子。

例 6.2.12 求 $x(n)=a^n nu(n)$ 的 z 变换。

解： 例 6.2.8 已经求出 $x(n)=nu(n)$ 的 z 变换为

$$Z[nu(n)]=\frac{z}{(z-1)^2}$$

运用指数(或缩放)性质，可得到

$$X(z)=\frac{z/a}{[(z/a)-1]^2}=\frac{za}{(z-a)^2}$$

例 6.2.13 求 N 点指数冲激序列 $x(n)=a^n\{u(n)-u(n-N)\}$ 的 z 变换。

解： 令 $g(n)=u(n)-u(n-N)$ 是一矩形或窗序列，查表知其 z 变换为

$$G(z)=\frac{1-z^{-N}}{1-z^{-1}},\quad |z|\neq 1$$

根据指数性质，$x(n)=a^n g(n)$ 的 z 变换为

$$X(z)=\frac{1-(z/a)^{-N}}{1-(z/a)^{-1}},\quad |z|\neq a$$

例 6.2.14 求 $x(n)=\cos(n\omega_0)u(n)$ 的 z 变换。

解： 根据欧拉公式，序列可写为

$$x(n)=\cos(n\omega_0)u(n)=\frac{1}{2}[\mathrm{e}^{\mathrm{j}n\omega_0}+\mathrm{e}^{-\mathrm{j}n\omega_0}]u(n)$$

所以它的 z 变换为

$$X(z)=\frac{1}{2}\left[\frac{1}{1-\mathrm{e}^{\mathrm{j}\omega_0}z^{-1}}+\frac{1}{1-\mathrm{e}^{-\mathrm{j}\omega_0}z^{-1}}\right]$$

收敛域为 $|z|>1$。两项合并并化简可得

$$X(z)=\frac{1-(\cos\omega_0)z^{-1}}{1-2(\cos\omega_0)z^{-1}+z^{-2}},\ |z|>1$$

例 6.2.15 求 $x(n)=\left(\frac{1}{3}\right)^n\cos(n\omega_0)u(n)$ 的 z 变换。

解： 由上例结果，运用指数性质可得

$$X(z)=\frac{1-\frac{1}{3}(\cos\omega_0)z^{-1}}{1-\frac{2}{3}(\cos\omega_0)z^{-1}+\frac{1}{9}z^{-2}},\quad |z|>\frac{1}{3}$$

例 6.2.16　已知序列 $x(n)$ 的 z 变换为

$$X(z)=\frac{z+2z^{-2}+z^{-3}}{1-3z^{-4}+z^{-5}}$$

如果收敛域包括单位圆，求该序列在 $\omega=\pi$ 处的 DTFT。

解：已知单位圆在收敛域内，则 $x(n)$ 的 DTFT 可通过计算单位圆上的 $X(z)$ 得到，即

$$X(\mathrm{e}^{\mathrm{j}\omega})=X(z)\big|_{z=-1}$$

因此，$\omega=\pi$ 处的 DTFT 为

$$X(\mathrm{e}^{\mathrm{j}\omega})\big|_{\omega=\pi}=X(z)\big|_{z=\mathrm{e}^{\mathrm{j}\pi}}=X(z)\big|_{z=-1}$$

由此可得

$$X(\mathrm{e}^{\mathrm{j}\omega})\big|_{\omega=\pi}=\left.\frac{z+2z^{-2}+z^{-3}}{1-3z^{-4}+z^{-5}}\right|_{z=\mathrm{e}^{\mathrm{j}\pi}}=\frac{-1+2-1}{1-3-1}=0$$

例 6.2.17　求 $x(n)=(n(-1/2)^n u(n))*(1/4)^{-n}u(-n)$ 的 z 变换。

解：令 $w(n)=n(-1/2)^n u(n)$，先求出 $w(n)$ 的 z 变换。由例 6.1.4 可得

$$\left(\frac{-1}{2}\right)^n u(n)\leftrightarrow\frac{z}{z+1/2},\ \mathrm{ROC}:|z|>\frac{1}{2}$$

因此，根据 z 域微分性质，有

$$n\left(\frac{-1}{2}\right)^n u(n)\leftrightarrow -z\frac{\mathrm{d}}{\mathrm{d}z}\left(\frac{z}{z+1/2}\right)=-z\left(\frac{z+1/2-z}{(z+1/2)^2}\right)=\frac{-(1/2)z}{(z+1/2)^2},\ \mathrm{ROC}:|z|>\frac{1}{2}$$

其次求 $(1/4)^{-n}u(-n)$ 的 z 变换，这一项可以用时间反转性质和例 6.1.4 的结果来求，步骤如下。

因为

$$\left(\frac{1}{4}\right)^n u(n)\leftrightarrow\frac{z}{z-1/4},\ \mathrm{ROC}:|z|>\frac{1}{4}$$

所以

$$\left(\frac{1}{4}\right)^{-n}u(-n)\ \leftrightarrow\ \frac{1/z}{1/z-1/4},\ \mathrm{ROC}:\frac{1}{|z|}>\frac{1}{4}$$

$$=\frac{-4}{z-4},\ \mathrm{ROC}:|z|<4$$

最后由卷积定理，可得到 $X(z)$ 如下：

$$X(z)=Z\left\{\left[n\left(\frac{-1}{2}\right)^n u(n)\right]*\left(\frac{1}{4}\right)^{-n}u(-n)\right\}=Z\left\{n\left(\frac{-1}{2}\right)^n u(n)\right\}Z\left\{\left(\frac{1}{4}\right)^{-n}u(-n)\right\}$$

$$=\frac{-(1/2)z}{(z+1/2)^2}\frac{-4}{z-4}=\frac{2z}{(z-4)(z+1/2)^2},\ \mathrm{ROC}:\frac{1}{2}<|z|<4$$

6.3　零点、极点和 z 平面

在 6.1 节中曾提到 z 变换中一个重要的类别是所谓的有理函数 z 变换，即 $X(z)$ 是关于 z^{-1} 或 z 的一个多项式的比。本节讨论关于这一类有理 z 变换的一些重要问题。

6.3.1　z 平面和零点、极点分布

z 变换 $X(z)$ 的零点是指使 $X(z)=0$ 的 z 的全部取值；z 变换 $X(z)$ 的极点是指使 $X(z)\to\infty$ 的 z 的全部取值。如果 $X(z)$ 是有理分式，则其 z 变换可以表示成如下关于 z^{-1} 或 z 的形式：

$$X(z)=\frac{B(z)}{A(z)}=\frac{b_0+b_1z^{-1}+b_2z^{-2}+\cdots+b_mz^{-m}}{a_0+a_1z^{-1}+a_2z^{-2}+\cdots+a_nz^{-n}}=\frac{\sum_{k=0}^{m}b_kz^{-k}}{\sum_{l=0}^{n}a_lz^{-l}} \tag{6.3.1}$$

式中，$a_0\neq 0$，$b_0\neq 0$。为方便对式(6.3.1)进行因式分解，可进行如下操作：

$$X(z)=\frac{B(z)}{A(z)}=\frac{b_0z^{-m}}{a_0z^{-n}}\,\frac{z^m+(b_1/b_0)z^{m-1}+\cdots+b_m/b_0}{z^n+(a_1/a_0)z^{n-1}+\cdots+a_n/a_0}$$

$$=Gz^{n-m}\frac{z^m+(b_1/b_0)z^{m-1}+\cdots+b_m/b_0}{z^n+(a_1/a_0)z^{n-1}+\cdots+a_n/a_0}$$

式中，$G=b_0/a_0$。现对上式因式分解，得到

$$X(z)=\frac{B(z)}{A(z)}=Gz^{n-m}\frac{(z-z_1)(z-z_2)\cdots(z-z_m)}{(z-p_1)(z-p_2)\cdots(z-p_n)} \tag{6.3.2}$$

或

$$X(z)=\frac{B(z)}{A(z)}=Gz^{n-m}\frac{\prod_{k=1}^{m}(z-z_k)}{\prod_{l=1}^{n}(z-p_l)} \tag{6.3.3}$$

显然，$X(z)$ 在 $z=z_k(k=1,2,\cdots,m)$(分子多项式的根)处有 m 个有限零点，在 $z=p_l(l=1,2,\cdots,n)$(分母多项式的根)处有 n 个有限极点。特别是，若 $n>m$(分母阶次高于分子阶次)，则在 $z=0$(原点)处有 $n-m$ 个零点；若 $n<m$(分母阶次低于分子阶次)，则在 $z=0$(原点)处有 $m-n$ 个极点。极点和零点还有可能出现在 $z\to\infty$ 处。换句话说，如果 $X(\infty)=0$，则在 $z=\infty$ 处存在零点；如果 $X(\infty)=\infty$，则在 $z=\infty$ 处存在极点。考虑到位于原点($z=0$)和无穷远点($z=\infty$)处的零、极点，将会发现 $X(z)$ 的极点和零点数目正好相等。

由于零、极点提供了一个有理 z 变换的函数表达式，所以 $X(z)$ 可用 z 平面上的零、极点图来表示。在零、极点图中用×描述极点位置，用 o 描述零点位置；高阶零、极点的阶数由位于记号旁的数字表示，而且由定义可知 z 变换的收敛域中不包含任何极点。

例 6.3.1　试绘制序列 $x(n)=\begin{cases}a^n, & 0\leqslant n\leqslant M-1\\ 0, & 其他\end{cases}$ 的零、极点图，其中 $a>0$。

解：由定义知

$$X(z)=\sum_{n=0}^{M-1}(az^{-1})^{-n}=\frac{1-(az^{-1})^M}{1-az^{-1}}=\frac{z^M-a^M}{z^{M-1}(z-a)}$$

先求 $X(z)$ 的零点。当 $a>0$ 时 $z^M-a^M=0$ 具有如下 M 个根：

$$z_k=a\mathrm{e}^{\mathrm{j}2\pi k/M},\ k=0,\ 1,\ \cdots,\ M-1$$

注意，$k=0$ 的零点 $z_0=a$ 正好抵消了 $z=a$ 处的极点，因此

$$X(z)=\frac{(z-z_1)(z-z_2)\cdots(z-z_{M-1})}{z^{M-1}}$$

上式具有 $M-1$ 个零点并在原点有 $M-1$ 个极点。当 $M=8$ 时的零、极点图如图 6.3.1 所示。收敛域是不含 $z=0$ 这一点的整个 z 平面，因为在 z 平面的原点有 $M-1$ 个极点。

例 6.3.2　设 $X(z)$ 的零、极点分布如图 6.3.2 所示，求出其对应的 z 变换及序列 $x(n)$。

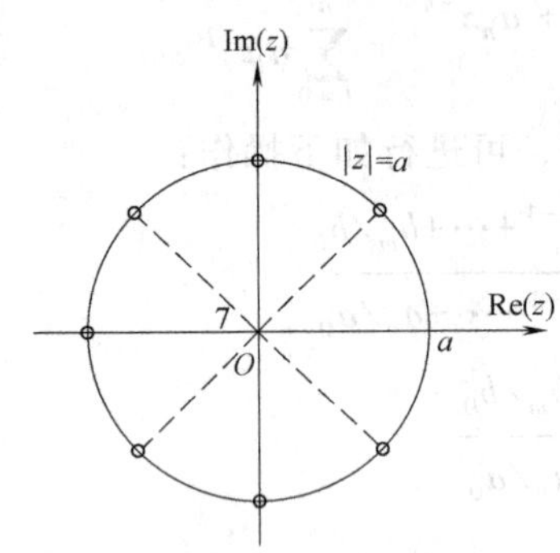

图 6.3.1　有限长序列 $x(n)=a^n(0\leqslant n\leqslant M-1)$ 在 $M=8$ 时的零、极点图

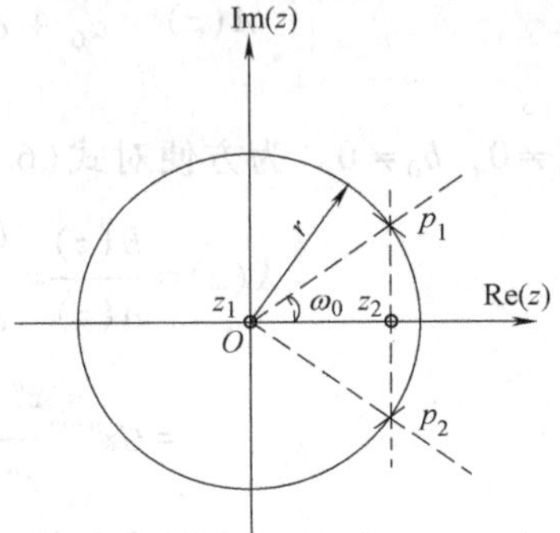

图 6.3.2　$X(z)$ 的零、极点分布

解：从图 6.3.2 中可知，在 $z_1=0$ 和 $z_2=r\cos\omega_0$ 处共有两个零点（$M=2$），在 $p_1=r\mathrm{e}^{\mathrm{j}\omega_0}$ 和 $p_2=r\mathrm{e}^{-\mathrm{j}\omega_0}$ 处共有两个极点（$N=2$）。注意，它们是一对共轭复数根。根据式(6.3.2)，有

$$X(z)=G\frac{(z-z_1)(z-z_2)}{(z-p_{p_1})(z-p_{p_2})}=G\frac{z(z-r\cos\omega_0)}{(z-r\mathrm{e}^{\mathrm{j}\omega_0})(z-r\mathrm{e}^{-\mathrm{j}\omega_0})},\ \mathrm{ROC}:|z|>r$$

上式可化简为

$$X(z)=G\frac{1-rz^{-1}\cos\omega_0}{1-2rz^{-1}\cos\omega_0+r^2z^{-2}},\ \mathrm{ROC}:|z|>r$$

查表得

$$x(n)=G(r^n\cos\omega_0 n)u(n)$$

从本例可以看出，当存在一对共轭复数根 p_1 和 p_2 时，将分母中的乘积项 $(z-p_{p_1})(z-p_{p_2})$ 展开，其结果是一个实系数多项式。这个结果有一般意义，就是说如果一个多项式的系数均为实数，则其根或者是实数，或者是共轭复数对。

6.3.2　零点和极点的几何意义

零点和极点概念的几何意义可以通过对序列 $x(n)$ 的 z 变换 $X(z)$，求出其对数幅度函数 $20\log_{10}|X(z)|$ 进行讨论。$20\log_{10}|X(z)|$ 是复变量 z 的实部 $\mathrm{Re}(z)$ 和虚部 $\mathrm{Im}(z)$ 的二维函数，在 z 平面上该二维函数［对有理函数的实部 $\mathrm{Re}(z)$ 和虚部 $\mathrm{Im}(z)$］的图形是一个曲面，如图 6.3.3 所示。

图 6.3.3 中，$X(z)=\dfrac{1-2.4z^{-1}+2.88z^{-2}}{1-0.8z^{-1}+0.64z^{-2}}$，它的极点是 $p_{1,2}=0.4\pm\mathrm{j}0.6928$，零点是 $z_{1,2}=$

1.2±j1.2。可以看出在两个极点处出现了两个极大值(峰值),在两个零点处出现了两个下陷的极小值(谷值)。

例 6.3.3 令 $H(z)=\dfrac{2(z^2+z)}{z^5+2.7z^4+4z^3-0.76z^2+0.76z-0.3}$,试求出零、极点并画图。

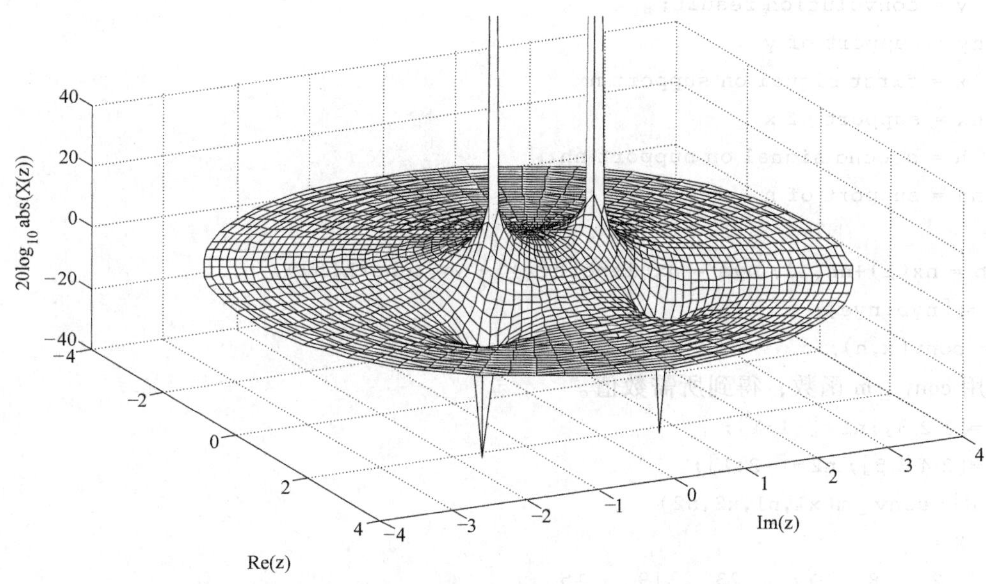

图 6.3.3 $20\log_{10}|X(z)|$的零、极点曲面

解: 运用 MATLAB 函数 roots 求出系统的零、极点。

```
1b=[1 1 0];
a=[1 2.7 4 -0.76 0.76 -0.3];
zero=roots(b)
   zeros=
      0
      -1
poles=roots(a)
  poles=
      -1.4911+1.5533i
      -1.4911-1.5533i
      -0.0112+0.4607i
      -0.0112-0.4607i
      0.3047
```

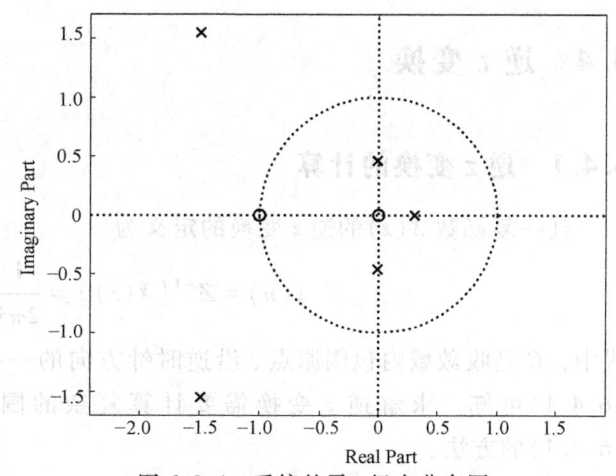

图 6.3.4 系统的零、极点分布图

运用 MATLAB 函数 zplane 画出系统的零、极点图,如图 6.3.4 所示。

例 6.3.4 两个非因果序列的 z 变换分别为 $X_1(z)=z+2+3z^{-1}$,$X_2(z)=2z^2+4z+3+5z^{-1}$。求 $X(z)=X_1(z)X_2(z)$。

解: 根据 z 变换的定义,可知 $x_1(n)=\{1,\ \underset{\uparrow}{2},\ 3\}$ 和 $x_2(n)=\{2,\ 4,\ \underset{\uparrow}{3},\ 5\}$,由于是非因果序列,故用 MATLAB 给出的卷积函数 conv,求其乘积并不方便。本节给出一个针对非

因果序列求取卷积的 conv _ m 函数，用它可以方便地求取它们的乘积。

```
function [y,ny] = conv_m(x,nx,h,nh)
% Modified convolution routine for signal processing
% [y,ny] = conv_m(x,nx,h,nh)
%   y = convolution result;
% ny = support of y
%   x = first signal on support nx
% nx = support of x
%   h = second signal on support nh
% nh = support of h
%
nyb = nx(1)+nh(1); nye = nx(length(x))+ nh(length(h));
ny = [nyb:nye];
y = conv(x,h);
```

运用 conv _ m 函数，得到所需数值。

```
x1=[1 2 3];n1=[-1:1];
x2=[2 4 3 5]; n2=[-2:1];
[X N]=conv_m(x1,n1,x2,n2)
    X =
      2    8    17    23    19    15
N =
    -3    -2    -1    0    1    2
```

因此

$$X(z)=2z^3+8z^2+17z+23+19z^{-1}+15z^{-2}$$

6.4　逆 z 变换

6.4.1　逆 z 变换的计算

任一复函数 $X(z)$ 的逆 z 变换的定义为

$$x(n)=Z^{-1}[X(z)]=\frac{1}{2\pi \mathrm{j}}\oint_C X(z)z^{n-1}\mathrm{d}z \tag{6.4.1}$$

式中，C 是收敛域内包围原点、沿逆时针方向的一条围线，它包含 $X(z)$ 的所有极点。由式(6.4.1)可知，求解逆 z 变换需要计算复杂的围线积分，因此本书不讨论直接计算式(6.4.1)的方法。

在线性时不变集总参数系统中出现的大多数实数信号序列的 z 变换一般都是关于 z^{-1}(也可以是 z)的有理函数，亦即序列 $x(n)$ 的 z 变换 $X(z)$ 是关于 z^{-1} 的一个形如

$$X(z)=\frac{b_k z^{-k}+b_{(k+1)}z^{-(k+1)}+\cdots+b_r z^{-r}}{a_0+a_1 z^{-1}+\cdots+a_m z^{-m}} \tag{6.4.2}$$

的有理分式。式中，系数 a_i、b_i 均为实数，若只限于因果右边序列，还有 $0\leqslant k\leqslant r$。

式(6.4.2)可改写成如下的分子、分母因式连乘的形式：

$$X(z)=\frac{z^m[b_kz^{(r-k)}+b_{(k+1)}z^{(r-k-1)}+\cdots+b_r]}{z^r(a_0z^m+a_1z^{m-1}+\cdots+a_m)}$$

$$=\frac{b_kz^m(z-z_1)\cdots(z-z_{(r-k)})}{a_0z^r(z-p_1)\cdots(z-p_m)} \tag{6.4.3}$$

式中，p_1，p_2，…，p_m 是 $X(z)$的 m 个极点；z_1，z_2，…，$z_{(r-k)}$ 是 $X(z)$的 $r-k$ 个零点。此外，$X(z)$还有 r 个位于原点$(z=0)$的极点，m 个位于原点$(z=0)$的零点。因此，$X(z)$总共有 $m+r$ 个极点和 $m+r-k$ 个零点。如果 $X(z)$是有理真分式，则 $X(z)$分子的阶次将小于或等于分母的阶次，也即 $m+r-k\leqslant m+r$，这里 $k\geqslant 0$。

关于零、极点，还有两点需要说明。首先是零、极点的相消问题，这个问题不仅出现在此处，在本书的其他章节也有涉及。观察式(6.4.3)可以发现位于原点$(z=0)$的零、极点将会发生抵消，当 $m\geqslant r$ 时零点、极点抵消后剩余 $m-r$ 个零点；当 $m<r$ 时零点、极点抵消后剩余 $r-m$ 个极点。事情到此并未结束，在 $X(z)$的其余 m 个极点(p_1，p_2，…，p_m)和 $r-k$ 个零点(z_1，z_2，…，$z_{(r-k)}$)中间也有可能存在部分值相同的情况，这部分值相同的零、极点一旦发生抵消，式(6.4.3)的系统阶次就将被降低(系统被降维)。如果发生抵消的零、极点是稳定极点($|p_i|<1$，$i=1$，2，$\cdots m$)，则系统只是单纯的降维，不会影响到稳定性；反之抵消的是不稳定极点($|p_i|>1$，$i=1$，2，$\cdots m$)，则将导致系统有失稳的危险。零、极点相消是很复杂的问题，感兴趣的读者可以参考关于系统稳定性方面的文献资料。

第二点是在 $X(z)$的极点(p_1，p_2，…，p_m)和零点(z_1，z_2，…，$z_{(r-k)}$)中间可能存在部分复数零、极点的情况。简单起见，不妨假设有一个极点 p_i 是复数，那么必定有另外一个复数极点 p_i^* 为其共轭形态以便形成一个共轭复数对，从而保证分母的因子相乘后的多项式的系数 $a_i(i=1$，2，$\cdots m)$均为实数。同理，对于零点 z_i 是复数的情况，上述讨论亦成立。总之，$X(z)$的任何复数零、极点必定是以共轭复数对的形态出现的。这个结论与拉普拉斯变换中关于有理函数的讨论是一致的。

6.4.2 有理函数的逆 z 变换

因为很多在工程中有用的离散信号的 z 变换都是关于 z^{-1} 的有理函数，故需掌握有理函数逆 z 变换的计算。应用中一般用到四种求逆 z 变换的方法，它们是用定义、部分分式展开法、幂级数展开法和用计算机求解。

1. 用定义求逆 z 变换

如果序列 $x(n)$的 z 变换 $X(z)$是关于 z 或 z^{-1} 的有理多项式，例如

$$X(z)=3z^3+2z^2+z+z^0+z^{-1}+2z^{-2}$$

只要考虑到 $\delta(n-k)$的 z 变换是 z^{-k}，则由单位样值函数描述的对应序列就是

$$x(n)=3\delta(n+3)+2\delta(n+2)+\delta(n+1)+\delta(n)+\delta(n-1)+2\delta(n-2)$$

2. 部分分式展开法

部分分式展开法是先将 $X(z)$展开成为低阶的部分分式之和，这些被展开的部分分式可以直接或者通过查表获得其逆 z 变换，再利用线性性质就可得到序列 $x(n)$。

首先讨论具有一阶、二阶实数极点和一对共轭复数极点的有理分式的部分分式展开，因为这些极点涵盖了信号与系统研究范畴中遇到的大多数 z 变换的极点类型。更重要的是，有理分式部分分式展开法经适当的修改，就可以应用于求解具有高阶极点的逆 z 变换。限于篇幅，本节虽不涉及部分分式的修改问题，但对于极点中的共轭复数对，一般还是将其表示成二次因子的形式，这与拉普拉斯变换中的处理类同。

下面用一般性的示例说明基于部分分式展开法求解逆 z 变换的基本步骤。设序列 $x(n)$ 的有理 z 变换为

$$X(z)=\frac{b_0+b_1z^{-1}+b_2z^{-2}+b_6z^{-6}}{a_0+a_1z^{-1}+a_2z^{-2}+a_3z^{-3}+a_4z^{-4}+a_5z^{-5}} \tag{6.4.4}$$

求解逆 z 变换的基本步骤如下：

步骤 1：对 $X(z)$ 的分子、分母乘以 z^6，将其分子、分母多项式变换为按 z 的降幂排列的多项式，即

$$X(z)=\frac{b_0z^6+b_1z^5+b_2z^4+b_6}{a_0z^6+a_1z^5+a_2z^4+a_3z^3+a_4z^2+a_5z} \tag{6.4.5}$$

步骤 2：将分母多项式化为首一多项式，即

$$X(z)=\frac{(b_0/a_0)z^6+(b_1/a_0)z^5+(b_2/a_0)z^4+(b_6/a_0)}{z^6+(a_1/a_0)z^5+(a_2/a_0)z^4+(a_3/a_0)z^3+(a_4/a_0)z^2+(a_5/a_0)z} \tag{6.4.6}$$

步骤 3：对分母多项式进行因式分解。考虑到一般性，假设分母多项式中包含一个 $z=0$ 的极点，一个一阶实极点 $z=p_1$，一个二阶实极点 $z=p_2$ 以及一对共轭复数极点，由 $z^2+c_1z+c_2=0$ 给出。这样 $X(z)$ 分母多项式的因式分解中就包括了应用上常见的形式，即

$$X(z)=\frac{(b_0/a_0)z^6+(b_1/a_0)z^5+(b_2/a_0)z^4+(b_6/a_0)}{z(z-p_1)(z-p_2)^2(z^2+c_1z+c_2)} \tag{6.4.7}$$

步骤 4：考虑到 z 变换的基本形式为 $\dfrac{z}{z-a}$，因此一般是先对 $\dfrac{X(z)}{z}$ 进行展开，也就是说用 $\dfrac{1}{z}$ 乘以 $X(z)$，得到

$$\frac{X(z)}{z}=\frac{1}{z}\frac{(b_0/a_0)z^6+(b_1/a_0)z^5+(b_2/a_0)z^4+(b_6/a_0)}{z(z-p_1)(z-p_2)^2(z^2+c_1z+c_2)} \tag{6.4.8}$$

步骤 5：对 $\dfrac{X(z)}{z}$ 进行部分分式展开，有

$$\frac{X(z)}{z}=\frac{A_{1,1}}{z}+\frac{A_{1,2}}{z^2}+\frac{A_2}{z-p_1}+\frac{A_{3,1}}{z-p_2}+\frac{A_{3,2}}{(z-p_2)^2}+\frac{Bz+C}{z^2+c_1z+c_2} \tag{6.4.9}$$

式(6.4.9)中除一阶极点外，高阶极点展开项中的系数 $A_{i,j}$ 的下角标表示第 i 阶极点对应的第 j 个系数。

步骤 6：对 $\dfrac{X(z)}{z}$ 乘以 z，就可恢复 $X(z)$，即

$$X(z)=A_{1,1}+\frac{A_{1,2}}{z}+\frac{A_2 z}{z-p_1}+\frac{A_{3,1}z}{z-p_2}+\frac{A_{3,2}z}{(z-p_2)^2}+\frac{Bz^2+Cz}{z^2+c_1z+c_2} \tag{6.4.10}$$

可见 $X(z)$ 已被展开成 $\frac{z}{z-a}$ 的基本形式，利用表 6.1.1 给出的 z 变换，最后得到序列 $x(n)$。

在求解逆 z 变换的操作中，执行步骤 1 和步骤 2 的目的是将 $X(z)$ 转变成关于 z 的分子、分母多项式比的形式，且使分母成为首一多项式。当然，对 $X(z)$ 直接进行部分分式展开也是可以的，但得到的展开式将包括因子 $(1-\alpha_i z^{-1})$ 及 $(1+\beta_i z^{-1}+\gamma_i z^{-2})$，显然这里使用的符号较为复杂，运算自然也就容易出错。

为什么在部分分式的运算中不直接展开 $X(z)$ 呢？观察步骤 4 和步骤 5 可知，展开 $X(z)/z$ 一般比较方便，得到的部分分式展开式在后续操作中可直接转化为一阶或二阶 z 变换的形式，而这类简单的形式通过查 z 变换表就可得到相应的逆 z 变换。第二个原因是，当 $X(z)$ 是单边 z 变换时，$X(z)/z$ 就是严格意义上的有理真分式，这时它的分子的阶数小于或至多等于分母的阶数。一旦 $X(z)/z$ 为有理真分式且只含一阶极点，则 $X(z)/z$ 可展开为

$$\frac{X(z)}{z}=\sum_{m=0}^{K}\frac{A_m}{z-p_m}$$

或者

$$X(z)=\sum_{m=0}^{K}\frac{A_m z}{z-p_m} \tag{6.4.11}$$

式中，p_m 是 $\frac{X(z)}{z}$ 的极点；A_m 是 p_m 的留数，即

$$A_m=\text{Res}\left[\frac{X(z)}{z}\right]_{z=p_m}=\left[(z-p_m)\frac{X(z)}{z}\right]_{z=p_m} \tag{6.4.12}$$

更复杂一点的是 $X(z)/z$ 中除含有 M 个一阶极点外，在 $z=p_i$ 处还含有一个 s 阶极点，这时 $X(z)/z$ 可展开为

$$X(z)=\sum_{m=0}^{M}\frac{A_m z}{z-p_m}+\sum_{j=1}^{s}\frac{B_j z}{(z-p_i)^j} \tag{6.4.13}$$

式中，A_m 定义同前，而 B_j 则为

$$B_j=\frac{1}{(s-j)!}\left[\frac{\mathrm{d}^{s-j}}{\mathrm{d}z^{s-j}}(z-p_i)^s\frac{X(z)}{z}\right]_{z=p_i} \tag{6.4.14}$$

限于篇幅，其他情况这里不再讨论。

下面用三个例子说明部分分式展开法在求解有理函数逆 z 变换中的应用。

例 6.4.1　设 $X(z)=\frac{z^{-3}}{2-3z^{-1}+z^{-2}}$，试求其逆 z 变换 $x(n)$。

解：首先将 $X(z)$ 写成如下形式：

$$X(z)=\frac{z^{-3}}{2-3z^{-1}+z^{-2}}=\frac{1}{2z^3-3z^2+z}$$

$$=\frac{0.5}{z(z-1)(z-0.5)}$$

用 $1/z$ 乘以 $X(z)$ 并进行部分分式展开，有

$$\frac{X(z)}{z}=\frac{0.5}{z^2(z-1)(z-0.5)}=\frac{A_{1,1}}{z}+\frac{A_{1,2}}{z^2}+\frac{A_2}{z-1}+\frac{A_3}{z-0.5}$$

式中各项的系数为

$$A_{1,2}=z^2\left[\frac{X(z)}{z}\right]\Bigg|_{z=0}=\frac{0.5}{(0-1)(0-0.5)}=1$$

$$A_2=(z-1)\left[\frac{X(z)}{z}\right]\Bigg|_{z=1}=\frac{0.5}{(1)^2(1-0.5)}=1$$

$$A_3=(z-0.5)\left[\frac{X(z)}{z}\right]\Bigg|_{z=0.5}=\frac{0.5}{(0.5)^2(0.5-1)}=-4$$

至于 $A_{1,1}$，可以通过令 $z=-1$[注意，$z=-1$ 不是 $X(z)/z$ 的极点]获得，即

$$\frac{0.5}{(-1)^2(-1-1)(-1-0.5)}=\frac{A_{1,1}}{-1}+\frac{1}{(-1)^2}+\frac{1}{(-1-1)}+\frac{-4}{(-1-0.5)}$$

由上式可解出 $A_{1,1}=3$。因此，$X(z)/z$ 的部分分式展开为

$$\frac{X(z)}{z}=\frac{3}{z}+\frac{1}{z^2}+\frac{1}{z-1}+\frac{-4}{z-0.5}$$

等式两边同乘 z，得到

$$X(z)=3+\frac{1}{z}+\frac{z}{z-1}+\frac{-4z}{z-0.5}$$

或

$$X(z)=3+z^{-1}+\frac{1}{1-z^{-1}}-4\cdot\frac{1}{1-0.5z^{-1}}$$

查询 z 变换表就可求出 $X(z)$ 的逆 z 变换为

$$x(n)=3\delta(n)+\delta(n-1)+u(n)-4(0.5)^n u(n)$$

例 6.4.2　设 $X(z)=\dfrac{1}{(1+0.2z^{-1})(1-0.2z^{-1})^2}$，试求其逆 z 变换 $x(n)$。

解：首先将 $X(z)$ 写成如下形式：

$$X(z)=\frac{z^3}{(z+0.2)(z-0.2)^2}$$

用 $1/z$ 乘以 $X(z)$ 并进行部分分式展开，有

$$\frac{X(z)}{z}=\frac{z^2}{(z+0.2)(z-0.2)^2}=\frac{A_1}{(z+0.2)}+\frac{A_{2,1}}{(z-0.2)}+\frac{A_{2,2}}{(z-0.2)^2}$$

式中各项的系数为

$$A_1=(z+0.2)\left[\frac{X(z)}{z}\right]\Bigg|_{z=-0.2}=\frac{(0.2)^2}{(-0.2-0.2)^2}=0.25$$

$$A_{2,2}=(z-0.2)^2\left[\frac{X(z)}{z}\right]\bigg|_{z=0.2}=\frac{(0.2)^2}{(0.2+0.2)}=0.1$$

至于$A_{2,1}$，可以通过在展开式中令$z=0$[注意，$z=0$不是$X(z)/z$的极点]获得，即

$$\frac{(0)^2}{(0+0.2)(0-0.2)}=\frac{0.25}{(0+0.2)}+\frac{A_{2,1}}{(0-0.2)}+\frac{0.1}{(0-0.2)^2}$$

由上式可解出$A_{2,1}=0.75$。因此，$\dfrac{X(z)}{z}$的部分分式展开为

$$\frac{X(z)}{z}=\frac{0.25}{(z+0.2)}+\frac{0.75}{(z-0.2)}+\frac{0.1}{(z-0.2)^2}$$

等式两边同乘z，得到

$$X(z)=\frac{0.25z}{(z+0.2)}+\frac{0.75z}{(z-0.2)}+\frac{0.1z}{(z-0.2)^2}$$

或

$$X(z)=\frac{0.25}{(1+0.2z^{-1})}+\frac{0.75}{(1-0.2z^{-1})}+\frac{0.1}{0.2}\frac{0.2z^{-1}}{(1-0.2z^{-1})^2}$$

查询z变换表就可求出$X(z)$的逆z变换为

$$x(n)=0.25(-0.2)^n u(n)+0.75(0.2)^n u(n)+0.5n(0.2)^n u(n)$$

例 6.4.3　设$X(z)=\dfrac{2z^3-1.5z^2}{z^3-2z^2+1.5z-0.5}$，试求其逆$z$变换$x(n)$。

解：本例中的分子、分母多项式是关于z的降幂排列且分母多项式已是首一的，故直接对分母多项式因式分解后再对$X(z)/z$进行部分分式展开，得到

$$\frac{X(z)}{z}=\frac{2z^2-1.5z}{(z-1)(z^2-z+0.5)}=\frac{A}{z-1}+\frac{Bz+C}{z^2-z+0.5}$$

注意展开式的第二项，其分母仍保留为一个二次项，如果继续将其展开则是一个共轭复数对。至于展开式中各项的系数A、B和C，则为

$$A=(z-1)\left[\frac{X(z)}{z}\right]\bigg|_{z=1}=\frac{2(1)^2-1.5(1)}{(1)^2-1+0.5}=1$$

系数C可以通过在展开式中令$z=0$[注意，$z=0$不是$X(z)/z$的极点]获得，即

$$\frac{2(0)^2-1.5(0)}{(0-1)(0^2-0+0.5)}=\frac{1}{0-1}+\frac{B(0)+C}{(0^2-0+0.5)}$$

由上式可解出$C=0.5$。

同理，系数B可以通过在展开式中令$z=-1$[$z=-1$也不是$X(z)/z$的极点]获得，即

$$\frac{2(-1)^2-1.5(-1)}{(-1-1)[(-1)^2-(-1)+0.5]}=\frac{1}{-1-1}+\frac{B(-1)+0.5}{(-1)^2-(-1)+0.5}$$

由上式解出$B=1$。因此，$X(z)/z$的部分分式展开为

$$\frac{X(z)}{z}=\frac{2z^2-1.5z}{(z-1)(z^2-z+0.5)}=\frac{1}{z-1}+\frac{z+0.5}{z^2-z+0.5}$$

或
$$X(z)=\frac{z}{z-1}+\frac{z^2+0.5z}{z^2-z+0.5}=\frac{1}{1-z^{-1}}+\frac{1+0.5z^{-1}}{1-z^{-1}+0.5z^{-2}}$$

利用 z 变换表可知，$X(z)$ 展开式的第二项 $\frac{z^2+0.5z}{z^2-z+0.5}$ 的逆 z 变换是 $\{Ba^n\cos(bn)+Da^n\sin(bn)\}u(n)$，这里 $c_1=-1$，$c_2=0.5$，$B=1$，$C=0.5$，并且有

$$a=+\sqrt{c_2}=\sqrt{0.5}=\sqrt{1/2}$$

$$\begin{aligned}b&=\arccos[c_1/(-2a)]=\arccos[-1/(-2\sqrt{1/2})]\\&=\arccos\left(\frac{\sqrt{2}}{2}\right)=\frac{\pi}{4}\end{aligned}$$

$$D=\frac{C+Ba\cos b}{a\sin b}=\frac{0.5+1\times\sqrt{1/2}\cos(\pi/4)}{\sqrt{1/2}\sin(\pi/4)}=2$$

注意，b 一般取主值(弧度)，即 $0\leqslant b\leqslant\pi$。

查询 z 变换表并且利用线性性质，可得出 $X(z)$ 的逆 z 变换为

$$x(n)=u(n)+\left(1/\sqrt{2}\right)^n\cos(n\pi/4)u(n)+2\left(1/\sqrt{2}\right)^n\sin(n\pi/4)u(n)$$

3. 幂级数展开法

z 变换实际上是幂级数的展开，即

$$\begin{aligned}X(z)&=\sum_{n=-\infty}^{\infty}x(n)z^{-n}\\&=\cdots+x(-2)z^2+x(-1)z+x(0)+x(1)z^{-1}+x(2)z^{-2}+\cdots\end{aligned}\tag{6.4.15}$$

该展开式中，序列值 $x(n)$ 是 z^{-n} 的系数。所以，若能够得到 $X(z)$ 的幂级数展开式，序列值 $x(n)$ 就可以由 z^{-n} 的系数求出。显然，若只需要获得有限个序列的值时，长除法就可方便地用于展开这个幂级数。

现设一因果序列 $x(n)$ 的 z 变换 $X(z)$ 可以写成如下形式：

$$X(z)=\frac{N(z)}{D(z)}\tag{6.4.16}$$

式中，$N(z)$ 和 $D(z)$ 是关于 z 或 z^{-1} 的多项式。如果用长除法将 $X(z)$ 表示成关于 z 的降幂(对 z^{-1} 就是升幂)的有限项幂级数，显然有

$$X(z)=a_0z^0+a_1z^{-1}+a_2z^{-2}+a_3z^{-3}+\cdots\tag{6.4.17}$$

同样考虑到 $\delta(n-k)$ 的 z 变换是 z^{-k}，则由单位样值函数描述的对应序列，也就是 $X(z)$ 的逆 z 变换就是

$$x(n)=a_0\delta(n)+a_1\delta(n-1)+a_2\delta(n-2)+a_3\delta(n-3)+\cdots\tag{6.4.18}$$

由于单边 z 变换具有唯一性，由式(6.4.2)可以看出，通过长除法获得的 z^{-1} 的有限项幂级数与序列 $x(n)$ 的 z 变换相等。换句话说，序列 $x(n)$ 的样本值与有限项幂级数中关于 z^{-1} 的 n 次幂的系数相等，因此用长除法就可以确定序列的系数。但须注意的是，为保证经长除法后得到的序列是一个右边序列，在进行长除法运算之前，需将分子、分母多项式按 z^{-1} 升幂排序(若按 z 则为降幂)。

下面举例说明用长除法进行幂级数展开的过程。

例 6.4.4 用长除法进行幂级数展开，求出 $X(z)=\dfrac{4-z^{-1}}{2-2z^{-1}+z^{-2}}$ 的逆 z 变换对应的序列的前四个系数。

解：用长除法进行幂级数展开，可得

$$
\begin{array}{r|l}
 & 2+1.5z^{-1}+0.5z^{-2}-0.25z^{-3}+\cdots \\
\hline
2-2z^{-1}+z^{-2} & 4-z^{-1} \\
 & 4-4z^{-1}+2z^{-2} \\
\cline{2-2}
 & 3z^{-1}-2z^{-2} \\
 & 3z^{-1}-3z^{-2}+1.5z^{-3} \\
\cline{2-2}
 & z^{-2}-1.5z^{-3} \\
 & z^{-2}-z^{-3}+0.5z^{-4} \\
\cline{2-2}
 & -0.5z^{-3}-0.5z^{-4} \\
 & \vdots
\end{array}
$$

因此，$X(z)$ 的四项幂级数展开式为

$$X(z)=\sum_{n=0}^{3}x(n)z^{-n}=2+1.5z^{-1}+0.5z^{-2}-0.25z^{-3}$$

对应的序列 $x(n)$，也就是 $X(z)$ 的逆变换的前四项为

$$x(n)=2\delta(n)+1.5\delta(n-1)+0.5\delta(n-2)-0.25\delta(n-3)$$

例 6.4.5 设 z 变换 $X(z)=\dfrac{z^{-2}+z^{-1}}{z^{-3}-z^{-2}+2z^{-1}+1}$，用长除法求其逆 z 变换对应的序列 $x(n)$。

解：对本例，由于 $X(z)$ 的分子、分母多项式是按 z^{-1} 的降幂（对 z 是升幂）排列，故在用长除法进行幂级数展开之前，必须将 $X(z)$ 的分子、分母多项式由原先的按 z^{-1} 的降幂改写成按升幂排序，即

$$X(z)=\frac{z^{-2}+z^{-1}}{z^{-3}-z^{-2}+2z^{-1}+1}=\frac{z^{-1}+z^{-2}}{1+2z^{-1}-z^{-2}+z^{-3}}$$

用长除法进行幂级数展开，可得

$$
\begin{array}{r|l}
 & z^{-1}-z^{-2}+3z^{-3}+\cdots \\
\hline
1+2z^{-1}-z^{-2}+z^{-3} & z^{-1}+z^{-2} \\
 & z^{-1}+2z^{-2}-z^{-3}+z^{-4} \\
\cline{2-2}
 & -z^{-2}+z^{-3}-z^{-4} \\
 & -z^{-2}-2z^{-3}+z^{-4}-z^{-5} \\
\cline{2-2}
 & 3z^{-3}-2z^{-4}+z^{-5} \\
 & \vdots
\end{array}
$$

因此，$X(z)$ 的幂级数展开式为

$$X(z)=\sum_{n=0}^{\infty}x(n)z^{-n}=z^{-1}-z^{-2}+3z^{-3}+\cdots$$

对应的 $X(z)$ 的逆变换 $x(n)$ 为

$$x(n)=\delta(n-1)-\delta(n-2)+3\delta(n-3)+\cdots$$

例 6.4.6　考虑 z 变换 $X(z)=\log(1+az^{-1})$，$|z|>|a|$。试求其逆变换 $x(n)$。

解：这个函数的幂级数展开为

$$X(z)=\log(1+az^{-1})=\sum_{n=1}^{\infty}\frac{1}{n}(-1)^{n+1}a^{n}z^{-n}$$

因此和这个 z 变换对应的序列 $x(n)$ 为

$$x(n)=\begin{cases}\dfrac{1}{n}(-1)^{n-1}a^{n} & n>0\\ 0 & n\leqslant 0\end{cases}$$

6.4.3　逆 z 变换和收敛域

根据 z 变换的线性性质可以推知，$X(z)$ 的收敛域是其部分分式展开式中各项对应的收敛域的交集。因此，为了获得正确的逆 z 变换，必须从 $X(z)$ 的收敛域中分别找出与每一项对应的收敛域，这只要将每个极点的位置与 $X(z)$ 的收敛域进行比较即可。具体而言，如果 $X(z)$ 的收敛域的半径大于给定项的所有极点的半径，则 $X(z)$ 的逆变换对应的序列是右边序列；如果 $X(z)$ 的收敛域的半径小于给定项的所有极点的半径，则 $X(z)$ 的逆变换对应的序列是左边序列；如果 $X(z)$ 的收敛域半径介于最大极点半径和最小极点半径之间，则 $X(z)$ 的逆变换对应的序列是双边序列。上述结论可以直接由图 6.1.2 看出。

本节开始时就指出大多数实数信号序列 $x(n)$ 一般都可用 z^{-1}（也可以是 z）的有理函数形式来表示其 z 变换。不失一般性，令 $x(n)$ 的 z 变换 $X(z)$ 为：

$$X(z)=\frac{b_0+b_1z^{-1}+\cdots+b_rz^{-r}}{a_0+a_1z^{-1}+\cdots+a_mz^{-m}}=\frac{\sum_{k=0}^{r}b_kz^{-k}}{\sum_{j=0}^{m}a_jz^{-j}} \tag{6.4.19}$$

式中，系数 a_j、b_k 均为实数。

若将其按照标准的部分分式法展开，则可以把 $X(z)$ 重新写成一次项的和式：

$$X(z)=\sum_{k=1}^{m}\frac{A_kz}{z-p_k} \tag{6.4.20}$$

式中，假设 p_k 是 $X(z)$ 的单阶极点。显然，在求出每一项的逆 z 变换之前，需要考虑每一项的收敛域以及 $X(z)$ 的总收敛域。

针对式(6.4.20)，其中任一项的逆 z 变换必然符合以下三种情况之一，即：

1）$|z|>\max\{p_k\}$

2）$|z|<\min\{p_k\}$

3）$\min\{p_k\}<|z|<\max\{p_k\}$

显然，第一种情况对应的序列是右边序列，这时 $X(z)$ 中第 k 项的逆 z 变换为

$$A_k(p_k)^n u(n),\quad \text{ROC}: |z|>p_k \tag{6.4.21}$$

第二种情况对应的序列是左边序列，这时 $X(z)$ 中第 k 项的逆 z 变换为

$$-A_k(p_k)^n u(-n-1),\quad \text{ROC}: |z|<p_k \tag{6.4.22}$$

第三种情况由于其收敛域介于最大极点半径和最小极点半径之间(可以是介于最大极点半径和最小极点半径之间的任意两个极点)，这时 $X(z)$ 的逆变换对应的序列一定是由右边序列和左边序列组成的一个双边序列。

因此，对于 $X(z)$ 中的每一项，收敛域和每个极点之间的关系就决定了该项逆 z 变换对应的序列是左边的还是右边的。但对于 $X(z)$ 本身而言，式(6.4.20)的和式还可能包含第三种模式，这时 $X(z)$ 的逆 z 变换还必须考虑各项和的总收敛域，这个总收敛域一般是全部收敛域的一个交集。

另外，如果 $X(z)$ 中存在高阶极点，比如有一个 r 阶极点，则部分分式展开中有 r 项与此极点相关，这些相关的极点是

$$\frac{A_{i,1}z}{z-p_i},\frac{A_{i,2}z}{(z-p_i)^2},\cdots,\frac{A_{i,r}z}{(z-p_i)^r}$$

同理，$X(z)$ 的收敛域决定了其逆 z 变换对应的序列是左边的还是右边的。也就是说，若收敛域为 $|z|>p_i$，则高阶极点项的逆 z 变换对应的序列是右边的，即

$$A\frac{(n+1)\cdots(n+r-1)}{(r-1)!}(p_i)^n u(n),\quad \text{ROC}: |z|>p_i \tag{6.4.23}$$

若收敛域为 $|z|<p_i$，则高阶极点项的逆 z 变换对应的序列是左边的，即

$$-A\frac{(n+1)\cdots(n+r-1)}{(r-1)!}(p_i)^n u(-n-1),\quad \text{ROC}: |z|<p_i \tag{6.4.24}$$

例 6.4.7　求 $X(z)=\dfrac{-9z^2-13z}{(z+1)(z+2)(z-3)}$ 的逆 z 变换。

解：因为收敛域都是以极点为边界的，故对本例的三个极点，需考虑四种不同的收敛域，它们是：① $|z|<1$；② $1<|z|<2$；③ $2<|z|<3$；④ $|z|>3$。各收敛域的图形和极点分布如图 6.4.1 所示。

按下面方法分别求各收敛域对应的逆 z 变换。

首先将 $X(z)$ 部分分式展开，有

$$\frac{X(z)}{z}=\frac{-9z-13}{(z+1)(z+2)(z-3)}=\frac{1}{z+1}+\frac{1}{z+2}-\frac{2}{z-3}$$

或

$$X(z)=\frac{z}{z+1}+\frac{z}{z+2}-\frac{2z}{z-3}$$

第一种情况，ROC：$|z|<1$

因为 $|z|<1$，所以 $X(z)$ 部分分式展开式中的各项均对应于左边序列，这时

$$x(n)=[-(-1)^n-(-2)^n+2(3)^n]u(-n-1)$$

第二种情况，ROC：$1<|z|<2$

因为 $1<|z|<2$ 是介于最大和最小极点之间的一个圆环，所以对应的序列一定是由右

边序列和左边序列组成的一个双边序列。这时就必须判断 $X(z)$ 的部分分式展开式中哪些项对应于左边序列，哪些项对应于右边序列。从展开式中可以看出，第一项的极点 $z=-1$，对应的收敛域为 $|z|>1$，因此它对应的序列是右边的；第二项的极点 $z=-2$，对应的收敛域为 $|z|<2$，因此它对应的序列是左边的；第三项的极点 $z=3$ 不在收敛域的边界上，且不满足 $|z|>1$ 的收敛域，这是因为收敛域中不能包含任何极点，但极点 $z=3$ 却是在 $|z|>1$ 的部分，不符合条件，因此第三项对应的收敛域只能属于 $|z|<2$，即对应左边序列。这时

$$x(n)=(-1)^n u(n)+[-(-2)^n+2(3)^n]u(-n-1)$$

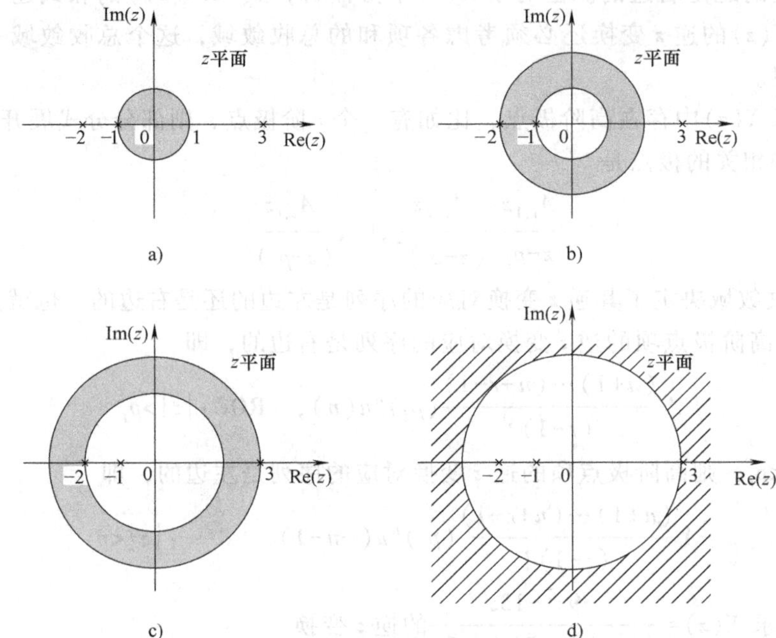

图 6.4.1　例 6.4.7 的收敛域

第三种情况，ROC：$2<|z|<3$

因为 $2<|z|<3$ 同样是介于最大和最小极点之间的一个圆环，故对应的序列亦为双边序列。可以看出，第一、二项极点 $z=-1$ 和 $z=-2$ 对应的收敛域只能属于 $|z|>2$，因此它们对应右边序列；而第三项对应的收敛域是 $|z|<3$，故对应左边序列。这时

$$x(n)=[(-1)^n+(-2)^n]u(n)+2(3)^n u(-n-1)$$

第四种情况，ROC：$|z|>3$

因为 $|z|>3$，所以 $X(z)$ 展开式中的各项均对应于右边序列，即

$$x(n)=[(-1)^n+(-2)^n-2(3)^n]u(n)$$

6.4.4　用 MATLAB 函数 residue 和 residuez 求逆 z 变换

从上面的例题可以看出，逆 z 变换的计算一般是比较复杂的，但部分分式的展开却很容易用 MATLAB 函数 residue 和 residuez 来实现。设 $X(z)$ 是待展开的 z 的有理函数，则 $X(z)/z$ 的分子和分母多项式的系数以 z^{-1} 的升幂排列并作为 residue 函数的输入变元，那么 residue 将

给出 $X(z)/z$ 的极点和部分分式的系数。如果希望直接对部分分式展开，则将 $X(z)$ 的分子多项式 $A(z)$ 和分母多项式 $B(z)$ 以 z^{-1} 的升幂排列，其系数分别用向量 a 和 b 表示并作为 residuez 函数的输入变元，那么语句 [R，p，C] = residuez(b，a) 将给出 $X(z)$ 的极点（向量 p）、部分分式的系数（向量 R）和直接项（向量 C）。类似地，语句 [b，a] = residuez(R，p，C) 用 $X(z)$ 的极点（向量 p）、部分分式的系数（向量 R）和直接项（向量 C）作为输入变元，则可将部分分式转换回系数行向量 b 和 a。

例 6.4.8　求 $x(z)=\dfrac{z}{3z^2-4z+1}$ 的逆 z 变换，并讨论收敛域。

解：首先将 $X(z)$ 按 z^{-1} 的升幂排列，即

$$X(z)=\frac{z^{-1}}{3-4z^{-1}+z^{-2}}=\frac{0+z^{-1}}{3-4z^{-1}+z^{-2}}$$

调用 residez 函数，源程序为

```
b = [0,1]; a = [3,-4,1];
[R,p,C] = residuez(b,a)
```

计算得到的系数及极点为

```
R =
    0.5000
   -0.5000
p =
    1.0000
    0.3333
C =
    []      (不含直接项)
```

由 residez 给出的结果，有

$$X(z)=\frac{1/2}{1-z^{-1}}-\frac{1/2}{1-1/3z^{-1}}$$

由此可知，$X(z)$ 有两个极点为 $z_1=1$ 及 $z_2=\dfrac{1}{3}$。

由于收敛域未给定，故存在三种可能的收敛域：

1）ROC_1：$1<|z|<\infty$，此时两个极点均位于 ROC_1 的内部，对应的是右边序列，即

$$x(n)=\frac{1}{2}u(n)-\frac{1}{2}\left(\frac{1}{3}\right)^n u(n)$$

2）ROC_2：$0<|z|<1/3$，此时两个极点均位于 ROC_2 的外部，对应的是左边序列，即

$$x_2(n)=-\frac{1}{2}u(-n-1)+\frac{1}{2}\left(\frac{1}{3}\right)^n u(-n-1)$$

3）ROC_3：$1/3<|z|<1$，此时极点 $z_1=1$ 在 ROC_3 的外部，而极点 $z_2=1/3$ 在 ROC_3 的内部，因此它对应的是一个双边序列

$$x_3(n)=-\frac{1}{2}u(-n-1)-\frac{1}{2}\left(\frac{1}{3}\right)^n u(n)$$

类似地，再用语句[b，a]=residuez(R，p，C)，则可将部分分式转换回系数行向量 b 和 a。

```
[b,a] = residuez(R,p,C)
b =
    -0.0000    0.3333
a =
    1.0000    -1.3333    0.3333
```

由此可得到原来的形式为

$$X(z)=\frac{0+0.3333z^{-1}}{1-1.3333z^{-1}+0.3333z^{-2}}\approx\frac{z^{-1}}{3-4z^{-1}+z^{-2}}$$

6.5　极点位置和序列的形式

6.5.1　极点的模式与序列的敛散性

为不失一般性，令 $x(n)$ 的 z 变换 $X(z)$ 为

$$X(z)=\frac{b_0+b_1z^{-1}+\cdots+b_rz^{-r}}{a_0+a_1z^{-1}+\cdots+a_mz^{-m}}=\frac{\sum_{k=0}^{r}b_kz^{-k}}{\sum_{j=0}^{m}a_jz^{-j}} \tag{6.5.1}$$

式中，系数 a_j、b_k 均为实数。

若继续将式(6.5.1)改写成分子、分母多项式关于 z 的降幂和首一化形式，整理后有

$$X(z)=Gz^{m-r}\frac{z^r+(b_1/b_0)z^{r-1}+\cdots+b_r/b_0}{z^m+(a_1/a_0)z^{m-1}+\cdots+a_m/a_0}$$

式中，$a_0\neq0$；$b_0\neq0$；$G=\dfrac{b_0}{a_0}$。

现对上式因式分解，得到

$$X(z)=Gz^{m-r}\frac{(z-z_1)(z-z_2)\cdots(z-z_r)}{(z-p_1)(z-p_2)\cdots(z-p_m)}=Gz^{m-r}\frac{\prod_{k=1}^{r}(z-z_k)}{\prod_{j=1}^{m}(z-p_j)} \tag{6.5.2}$$

式中，p_1，p_2，…，p_m 是 $X(z)$ 的 m 个有限极点；z_1，z_2，…，z_r 是 $X(z)$ 的 r 个有限零点。此外，$X(z)$ 还有 r 个位于原点($z=0$)的极点，m 个位于原点($z=0$)的零点，并且这些零、极点可能发生抵消。根据 $z=0$ 处的零极点数的不同，抵消会有两种情况。第一种情况是，对于 $m>r$(分母阶次高于分子阶次)，零点、极点抵消后剩余 $m-r$ 个位于原点 $z=0$ 处的零点，这时 $X(z)/z$ 将不会有任何位于 $z=0$ 处的极点；第二种情况是，当 $m\leqslant r$ 时(分母阶次低于或

等于分子阶次），零点、极点抵消后剩余 $r-m$ 个位于原点 $z=0$ 处的极点，这时$X(z)/z$一定有 $r-m+1$ 个位于 $z=0$ 处的极点。

再回到部分分式展开法中讨论过的示例，见式(6.4.4)。该示例经部分分式展开后为

$$X(z)=A_{1,1}+\frac{A_{1,2}}{z}+\frac{A_2 z}{z-p_1}+\frac{A_{3,1}z}{z-p_2}+\frac{A_{3,2}z}{(z-p_2)^2}+\frac{Bz^2+Cz}{z^2+c_1z+c_2} \tag{6.5.3}$$

显然，位于原点的极点使得部分分式展开式中存在如下形式的项：

$$\sum_{i=0}^{1} A_{1,i+1}z^{-i} \tag{6.5.4}$$

它们对应的序列形式，也就是逆 z 变换，是如下所示的样值序列的和：

$$\sum_{i=0}^{1} A_{1,i+1}\delta(n-i) \tag{6.5.5}$$

系数 A_i 的值是由常数 $G=b_0/a_0$ 和其他零点、极点的位置确定的。

式(6.5.3)中存在的位于 $z\neq0$ 处的单阶极点，如 $z-p_1=0$ 和 $z^2+c_1z+c_2=0$，利用 z 变换表可知对应的序列形式分别是

$$x_{p1}(n)=A_2(p_1)^n u(n) \tag{6.5.6}$$

$$x_c(n)=\{Ba^n\cos(bn)+Da^n\sin(bn)\}u(n) \tag{6.5.7}$$

式中，$a=+\sqrt{c_2}$；$b=\cos^{-1}[c_1/(-2a)]$；$D=(C+Ba\cos b)/a\sin b$。它们都由常数 G 和其他零点、极点的位置确定。

对于位于 $z\neq0$ 处的高阶极点，可以进行类似的推导。在这种情况下，对应的序列形式为

$$x_h(n)=f_1(n)(p_h)^n u(n) \tag{6.5.8}$$

式中，$f_1(n)$是关于 n 的一个多项式，且$f_1(n)$的阶次比极点的阶次小 1。而$f_1(n)$的系数同样是由常数 G 和其他零点、极点的位置确定的。比如示例中的二阶极点$(z-p_2)^2=0$，就有对应的序列 $x(n)=An(p_2)^n u(n)$。

通过上述讨论可知，序列 z 变换极点的模式决定了该极点对应的序列分量随离散时间 n 发散或者收敛的快慢。极点的模$|p|>1$，序列发散；$|p|<1$ 且越接近单位圆，相应序列分量随 n 增大或衰减的速度将越慢。至于共轭复数极点，则由其相角的大小决定序列中振荡分量的振荡形态。

6.5.2 极点位置和因果序列的时域行为

本节基于上述内容，在 z 平面上针对特定的极点，讨论与其对应的时域序列的动态行为。为方便起见，只考虑实数因果序列且认为它的动态特性完全取决于 z 变换的极点分布，即考虑极点是分布于单位圆内、单位圆外还是单位圆上。

情况 1：单极点

设实信号序列的 z 变换具有一个极点，那么该极点一定是实数极点。显然，这个极点对

应的序列只有一个，它就是实数指数序列 $a^n u(n)$。这个序列的 z 变换对是

$$x(n)=a^n u(n) \leftrightarrow X(z)=\frac{1}{1-az^{-1}}, \quad |z|>|a|$$

$X(z)$ 显然有一个零点 $z=0$ 和一个极点 $p=a$。如果极点位于单位圆内，即 $|a|<1$，则序列是指数衰减的；如果极点位于单位圆上，即 $|a|=1$，则序列是恒定的；如果极点位于单位圆外，即 $|a|>1$，则序列是指数增长的，或者说是发散的。另外，极点若为负，即 $a<0$，则对应序列的样本值将随 n 正负交替变化。图 6.5.1 说明了这些情况。

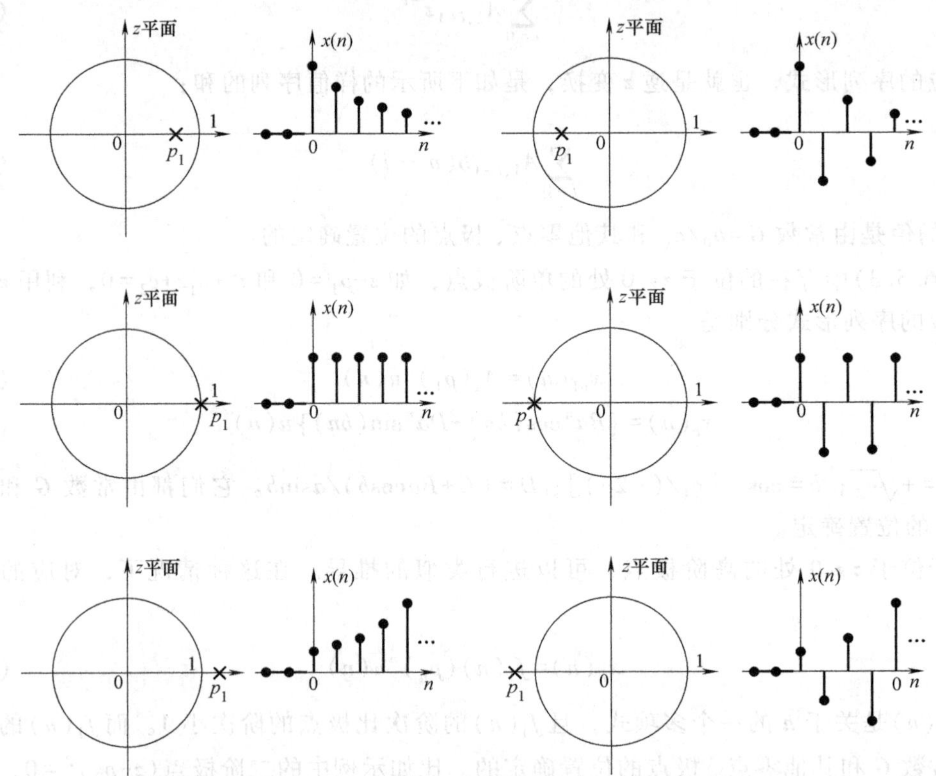

图 6.5.1　极点位置与序列的形态(单极点实数序列)

情况 2：双重极点

设实信号序列的 z 变换具有一个二阶极点，那么该二阶极点同样是实数极点。显然，这个二阶极点对应的序列是 $na^n u(n)$，它的 z 变换对是

$$x(n)=na^n u(n) \leftrightarrow X(z)=\frac{az}{(z-a)^2}, \quad |z|>|a|$$

$X(z)$ 显然有一个零点 $z=0$ 和一个二阶极点 $p_{1,2}=a$。如果该二阶极点位于单位圆内，也就是 $|a|<1$，则序列是衰减的；如果该二阶极点位于单位圆上，即 $|a|=1$，则序列是直线增长(单位斜坡)的；如果该二阶极点位于单位圆外，即 $|a|>1$，则序列随 n 快速增长，或者说是发散的。另外，该二阶极点若为负，即 $a<0$，则对应序列的样本值将随 n 正负交替变化。图 6.5.2 说明了这些情况。

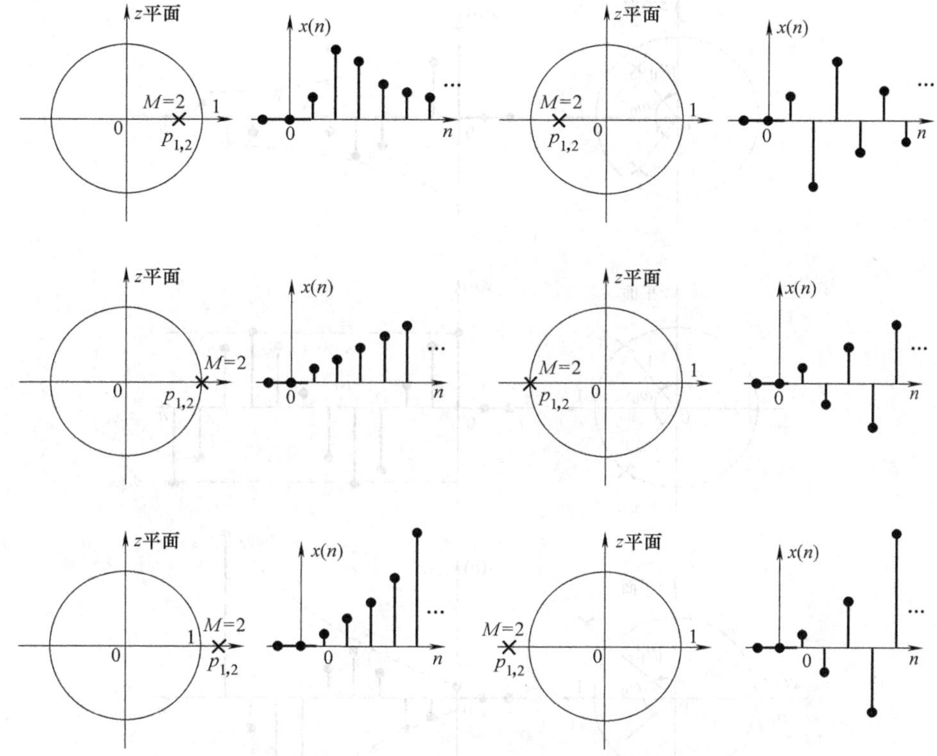

图 6.5.2 极点位置与序列的形态(二阶极点实数序列)

注意，与单极点不同的是，位于单位圆上的双重极点对应的序列是发散的。

情况 3：复数共轭极点

设实信号序列的 z 变换具有一对复数共轭极点，那么该复数共轭极点对对应的序列是指数增或减的组合正弦信号序列$\{Ba^n\cos(bn)+Da^n\sin(bn)\}u(n)$，它的 z 变换对是

$$x(n)=\{Ba^n\cos(bn)+Da^n\sin(bn)\}u(n)\leftrightarrow X(z)=\frac{Bz^2+Cz}{z^2+c_1z+c_2},\quad |z|>|a|$$

$X(z)$的极点的模$|p_{1,2}|$是极点距离原点的距离，它决定了正弦信号序列的包络，而极点与正实轴之间的夹角则决定了序列的频率。如果极点位于单位圆内，也就是$|p_{1,2}|<1$，则序列是指数正弦衰减的；如果复数共轭极点$p_{1,2}=\alpha\pm j\beta$位于单位圆上，即$|p_{1,2}|=1$，则序列是正弦振荡的；如果复数共轭极点$p_{1,2}=\alpha\pm j\beta$位于单位圆外，即$|p_{1,2}|>1$，则序列随 n 指数正弦快速增长，或者说是发散的。图 6.5.3 说明了这些情况。

综上所述，实数极点和共轭复数极点在 z 平面上的分布情况与它们对应的序列的动态行为是密切相关的。这些极点如果分布在单位圆内或者单位圆上，则对应的序列样本值总是有界的，而且距离原点近的极点比靠近单位圆的极点其信号序列衰减更快。因此，序列的时域动态行为主要取决于它的极点相对于单位圆的位置。零点虽然也影响序列的行为，但要远小于极点的影响，比如正弦序列的零点及其分布就只影响序列的相位。

最后，对单位圆上存在双重极点的情况，可以通过图 6.5.4 进行说明。这时，序列样本值随 n 发散。因此，一旦涉及多重极点问题，就必须特别小心。

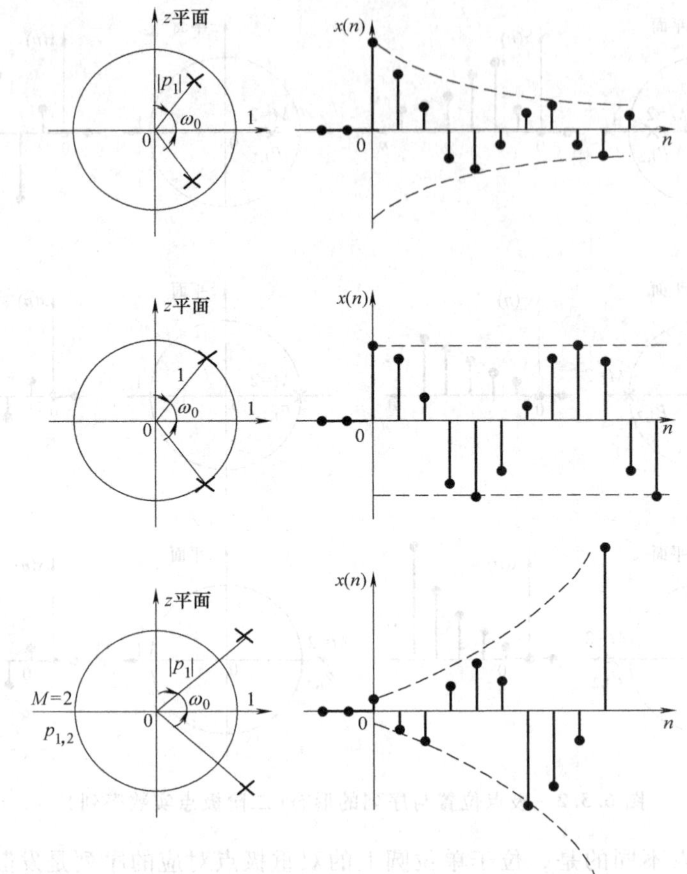

图 6.5.3　极点位置与序列的形态(共轭复数极点实数序列)

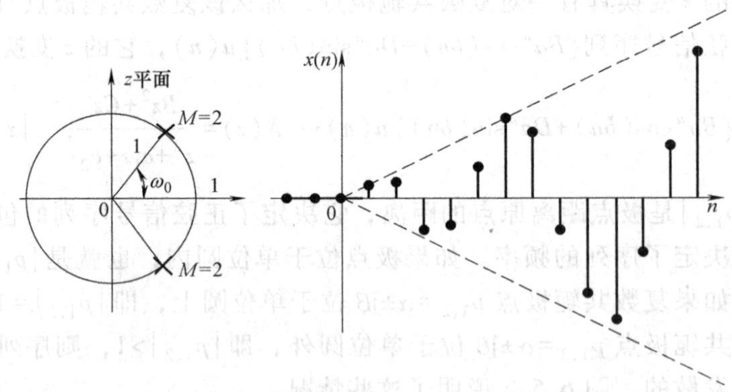

图 6.5.4　极点位置与序列的形态(单位圆上有双重极点)

6.6　传递函数

6.6.1　概念

本节研究传递函数与线性时不变离散系统的输入、输出之间的关系。前面章节中曾经指出，线性时不变离散系统针对任意输入序列 $x(n)$ 所产生的输出（响应）序列 $y(n)$，可以通过计算 $x(n)$ 和系统的单位样值（冲激）响应 $h(n)$ 的卷积和

$$y(n)=x(n)*h(n)$$

来获得。现对上式取 z 变换，应用卷积性质，就有

$$Y(z)=X(z)H(z) \tag{6.6.1}$$

从应用角度考虑，如果已知 $h(n)$ 和 $x(n)$，则由式(6.6.1)直接可以求出系统输出序列 $y(n)$ 的 z 变换 $Y(z)$，再经过逆 z 变换得到系统的输出 $y(n)$。另外，如果已知系统的输入序列 $x(n)$，并经观察或测试得到系统的输出序列 $y(n)$，则由式(6.6.1)可得到

$$H(z)=\frac{Y(z)}{X(z)} \tag{6.6.2}$$

通过求 $H(z)$ 的逆 z 变换即可获得系统的单位样值响应 $h(n)$。

由定义知系统单位样值响应 $h(n)$ 的 z 变换为

$$H(z)=\sum_{n=-\infty}^{\infty}h(n)z^{-n} \tag{6.6.3}$$

因此 $H(z)$ 描述了一个系统的 z 域特性，而其逆变换 $h(n)$ 却表示该系统对应的时域特性，故 $H(z)$ 和 $h(n)$ 是一个系统在两个域上的等价描述。$H(z)$ 在这里被称为传递函数或系统函数，单位样值响应 $h(n)$ 是传递函数的逆 z 变换。为了根据传递函数 $H(z)$ 来唯一地确定单位样值响应 $h(n)$，显然还必须知道收敛域。如果收敛域也是未知的，那么就必须了解系统的其他特性，如系统的稳定性、因果性等，以便能够唯一地确定单位样值响应 $h(n)$。

传递函数 $H(z)$ 一般可以认为是系统输出的 z 变换 $Y(z)$ 与系统输入的 z 变换 $X(z)$ 的比值，但需要附加一个约束条件，即限定系统的初始条件为零。当然，$H(z)$ 也可以直接定义为系统的单位样值响应 $h(n)$ 的 z 变换。

注意，传递函数这个概念仅仅在线性时不变系统中有意义。

例 6.6.1 已知一个系统的输入序列是 $x(n)=(-1/3)^n u(n)$，系统的输出序列是 $y(n)=3(-1)^n u(n)+(1/3)^n u(n)$。试求出描述系统行为特征的数学模型。

解：根据系统的输入、输出数据建立系统数学模型的问题称为系统辨识。系统的传递函数就是系统数学模型的一种表示形式。首先求出输入和输出序列的 z 变换

$$X(z)=Z[x(n)]=\frac{1}{1-(-1/3)z^{-1}},\quad \text{ROC}:|z|>\frac{1}{3}$$

$$Y(z)=Z[y(n)]=\frac{3}{1-(-1)z^{-1}}+\frac{1}{1-(1/3)z^{-1}}=\frac{4}{(1+z^{-1})[1-(1/3)z^{-1}]},\quad \text{ROC}:|z|>1$$

根据式(6.6.2)，可得到传递函数为

$$H(z)=\frac{Y(z)}{X(z)}=\frac{4[1+(1/3)z^{-1}]}{(1+z^{-1})[1-(1/3)z^{-1}]}=\frac{2}{1+z^{-1}}+\frac{2}{1-(1/3)z^{-1}},\quad \text{ROC}:|z|>1$$

对上式求逆变换，即可获得系统的单位样值响应 $h(n)$ 为

$$h(n)=Z^{-1}[H(z)]=2(-1)^n u(n)+2(1/3)^n u(n)$$

6.6.2 传递函数和差分方程

当线性时不变系统由以下 N 阶差分方程描述时，若限定系统初始条件为零，则用式

(6.6.2)求其传递函数 $H(z)$ 就显得特别有意义。因为

$$y(n)=\sum_{m=0}^{M}b_m x(n-m)-\sum_{k=1}^{N}a_k y(n-k) \tag{6.6.4}$$

对式(6.6.4)等式两端同取 z 变换，运用时移性质可得到

$$Y(z)=\sum_{m=0}^{M}b_m X(z)z^{-m}-\sum_{k=1}^{N}a_k Y(z)z^{-k}$$

整理后可得

$$H(z)=\frac{Y(z)}{X(z)}=\frac{\sum_{m=0}^{M}b_m z^{-m}}{1+\sum_{k=1}^{N}a_k z^{-k}} \tag{6.6.5}$$

式(6.6.5)是用差分方程描述线性时不变系统时，其传递函数 $H(z)$ 的一般表现形式。可以看出，$H(z)$ 是 z^{-1} 的多项式的比，其分子多项式中 z^{-m} 前面的系数就是差分方程中 $x(n-m)$ 的系数，而分母多项式中 z^{-k} 前面的系数就是差分方程中 $y(n-k)$ 的系数。这样的对应关系不仅可以根据给定的差分方程得出传递函数，而且可以从给定的有理传递函数得出系统的差分方程。

由传递函数 $H(z)$ 的一般形式，可以获得系统两种重要的特殊形式。

第一种特殊形式：当 $1\leqslant k\leqslant N$ 时，如果 $a_k=0$，式(6.6.5)将简化为

$$H(z)=\frac{Y(z)}{X(z)}=\sum_{m=0}^{M}b_m z^{-m}=\frac{1}{z^M}\sum_{m=0}^{M}b_m z^{M-m} \tag{6.6.6}$$

这时，$H(z)$ 包含了 M 个零点以及在原点 $z=0$ 处的一个 M 阶极点，其中零点的值将由系统的参数集 $\{b_k\}$ 确定。由于方程中仅含位于原点 $z=0$ 处的极点以及 M 个非零值的零点，故式(6.6.6)称为全零点系统。显然，全零点系统具有有限长度的单位样值响应(Finite Impulse Response，FIR)，因而又称为FIR系统或滑动平均(MA)系统。

第二种特殊形式：当 $1\leqslant m\leqslant M$ 时，如果 $b_m=0$，式(6.6.5)将简化为

$$H(z)=\frac{Y(z)}{X(z)}=\frac{b_0}{1+\sum_{k=1}^{N}a_k z^{-k}}=\frac{b_0 z^N}{\sum_{k=0}^{N}a_k z^{N-k}} \tag{6.6.7}$$

式中，$a_0=1$。这时，$H(z)$ 包含了 N 个极点以及在原点 $z=0$ 处的一个 N 阶零点，其中极点的值将由系统的参数集 $\{a_k\}$ 确定。由于一般不考虑在原点 $z=0$ 处的零点，式(6.6.7)也就仅包含非零值的极点，故称为全极点系统。由于这些极点的存在，导致全极点系统具有无限长的单位样值响应(Infinite Impulse Response，IIR)，因此它是IIR系统。

另外，由式(6.6.5)描述的传递函数的一般形式因为同时包含有 N 个极点和 M 个零点，故其对应的线性时不变系统就称为零、极点系统。需要注意的是，位于 $z=0$ 和 $z=\infty$ 处的极点和/或零点是隐含的，通常不必考虑。由于极点的存在，一个零、极点系统是IIR系统。

例 6.6.2 设因果线性时不变系统由以下差分方程描述

$$y(n)-1/4y(n-1)-3/8y(n-2)=-x(n)+2x(n-1)$$

试求该系统的传递函数 $H(z)$ 和单位样值响应 $h(n)$。

解：如前所述，根据式(6.6.5)可以直接写出传递函数为

$$H(z)=\frac{\sum_{k=0}^{1}b_kz^{-k}}{1+\sum_{l=1}^{2}a_lz^{-l}}=\frac{-1+2z^{-1}}{1-(1/4)z^{-1}-(3/8)z^{-2}}=\frac{-2}{1+(1/2)z^{-1}}+\frac{1}{1-(3/4)z^{-1}}$$

因为系统是因果的(对应右边序列)，故单位样值响应 $h(n)$ 可以通过求 $H(z)$ 的逆变换得到，即

$$h(n)=Z^{-1}(H(z))=-2(-1/2)^nu(n)+(3/4)^nu(n)$$

例 6.6.3　设传递函数 $H(z)=\frac{5z+2}{z^2+3z+2}$，试求出对应的系统差分方程。

解：首先将 $H(z)$ 写成关于 z^{-1} 的多项式之比的形式，即对其分子、分母多项式同乘 z^{-2} 后得

$$H(z)=\frac{5z^{-1}+2z^{-2}}{1+3z^{-1}+2z^{-2}}$$

将上式与式(6.6.5)比较，可知 $M=2$，$N=2$，$b_0=0$，$b_1=5$，$b_2=2$，$a_1=3$，$a_2=2$，因此系统的差分方程为

$$y(n)+3y(n-1)+2y(n-2)=5x(n-1)+2x(n-2)$$

6.6.3　系统描述的不同形式

线性时不变离散系统可以由不同的系统描述形式来表达，比如可用它的差分方程形式来描述，可以用传递函数的形式来表达，还可以用系统的单位样值响应序列来给出。当给定系统的一种描述形式时运用时域或者频域方法就不难得到其他的系统描述形式。

应用中有以下三种重要的线性时不变系统的描述形式：

差分方程：可以通过对传递函数 $H(z)=\frac{Y(z)}{X(z)}=\frac{\sum_{m=0}^{M}b_mz^{-m}}{1+\sum_{k=1}^{N}a_kz^{-k}}$ 运用交叉相乘和逆 z 变换来得到(系统的差分方程)。

传递函数：可以通过对系统的单位样值响应序列 $h(n)$ 进行 z 变换来得到。

单位样值响应序列：可以通过对传递函数 $H(z)=\frac{Y(z)}{X(z)}$ 的逆 z 变换来得到。

例 6.6.4　令 $y(n)=0.8y(n-1)+2x(n)$，试用不同的系统描述形式来表示。

解：对原差分方程进行 z 变换，得到

$$Y(z)=0.8z^{-1}Y(z)+2X(z)$$

经整理后得

传递函数：　$$H(z)=\frac{Y(z)}{X(z)}=\frac{2}{1-0.8z^{-1}}=\frac{2z}{z-0.8}$$

单位样值响应：　$$h(n)=2(0.8)^nu(n)$$

例 6.6.5　令 $h(n)=\delta(n)-0.4(0.5)^n u(n)$，试用不同的系统描述形式来表示。

解： 对原差分方程进行 z 变换，经整理后得传递函数为

$$H(z)=\frac{Y(z)}{X(z)}=1-\frac{0.4z}{z-0.5}=\frac{0.6z-0.5}{z-0.5}$$

或

$$H(z)=\frac{Y(z)}{X(z)}=\frac{0.6-0.5z^{-1}}{1-0.5z^{-1}}$$

运用交叉相乘，得到

$$(z-0.5)Y(z)=(0.6z-0.5)X(z)$$

或

$$(1-0.5z^{-1})Y(z)=(0.6-0.5z^{-1})X(z)$$

运用前向差分或后向差分可以得到系统的差分方程为

$$y(n+1)-0.5y(n)=0.6x(n+1)-0.5x(n)\quad（前向差分形式）$$

或

$$y(n)-0.5y(n-1)=0.6x(n)-0.5x(n-1)\quad（后向差分形式）$$

6.6.4　因果性和稳定性

6.5 节已经建立起一个序列的极点的位置和单位圆之间的关系。一个因果线性时不变系统是一个单位样值响应 $h(n)$ 满足 $h(n)=0$，$n<0$ 的系统。因此，因果线性时不变系统的单位样值响应 $h(n)$ 可以通过对传递函数 $H(z)$ 求右边序列的逆 z 变换得到。由图 6.5.1 可以看出，在 z 平面中分布于单位圆内的一个极点构成了单位样值响应中的一个指数衰减项，而单位圆外的一个极点构成了单位样值响应中的一个指数递增项。单位圆上的一个极点则构成一个复正弦信号序列。

除此之外，一个因果序列 z 变换的收敛域是以 r 为半径的圆的圆外部分，因此当且仅当传递函数 $H(z)$ 的收敛域是以 r 为半径的圆的圆外部分（包括 $z=\infty$ 点）时，系统就是因果的。

时域中线性时不变系统的有界输入、有界输出（BIBO）稳定性的定义要求系统的单位样值响应序列 $h(n)$ 是绝对可求和的。前面已经指出，如果连续时间因果系统的传递函数为有理函数，且满足以下两个条件，则系统具有 BIBO 稳定性：①分子多项式的阶次小于或等于分母多项式的阶次；②所有极点位于 s 的左半平面。

离散时间因果系统的单位样值响应是右边序列。因此，如果传递函数是有理的，那么它的分子多项式的阶次一定小于或等于分母多项式的阶次，这就意味着因果离散系统不用附加任何条件，本身就已经满足 BIBO 稳定性的第一个条件。至于满足 BIBO 稳定性的第二个条件，由于 s 域中的左半开平面映射到 z 域中的单位圆内，故针对一个因果系统，这就等价于要求传递函数 $H(z)$ 的极点位于 z 平面的单位圆内，系统就满足 BIBO 稳定性。这种等价性可以通过对下面问题的讨论得到说明。

1）输入信号即使有界，分布于单位圆外的极点（$|z|>1$）也将导致系统的输出以指数形式递增。例如系统函数为 $H(z)=\dfrac{z}{z-3}$ 的系统输出有递增指数 $(3)^n u(n)$。

2）分布于单位圆上的多重极点也将导致系统的输出以指数形式递增。例如传递函数为 $H(z)=\dfrac{1}{z(z-1)^2}$ 的系统将在 $h(n)$ 中产生一个斜坡函数。

3）分布于单位圆上的单极点(即无重根)也将导致系统的无界输出。例如单位圆 $z=1$ 上的单极点一般由形如 $H(z)=\dfrac{z}{z-1}$ 的系统函数给出。如果系统输入 $X(z)$ 在 $z=1$ 上也有极点，则系统输出(响应) $Y(z)$ 将含有 $\dfrac{z}{(z-1)^2}$，这就意味着系统输出有递增项存在。

上述形式中的时域项均不满足绝对可求和条件，因此这些项的存在就直接导致了系统的不稳定。

对于任意有界输入序列及任意的初始条件，如果希望系统的输出序列也是有界函数，则系统的全部极点必须位于 z 平面的单位圆内。满足这个条件，就称系统具有渐进稳定性。渐进稳定性的概念还隐含着当 n 趋于无穷大时，系统的零输入响应趋于零的结论。顺便说明一下，由渐进稳定性可以推导出 BIBO 稳定性，但由 BIBO 稳定性不一定能够推出渐进稳定性。

注意，一个稳定的单位样值响应是不能包含任意的指数增加项或者正弦信号项的。

如果一个系统在单位圆上有单极点(无重根)，则有时也称其为临界(或边界)稳定。

非因果系统的稳定性结论与因果系统的稳定性讨论相似，只不过它要求传递函数 $H(z)$ 的全部极点必须位于 z 平面的单位圆外。

例 6.6.6　试讨论传递函数为 $H(z)=\dfrac{z}{z-a}$ 的递归滤波器的稳定性。

解： 如果系统的收敛域为 $|z|>|a|$，则系统单位样值响应 $h(n)=a^n u(n)$，因此系统是因果的。系统如果稳定，则要求 $|a|<1$。

如果系统的收敛域为 $|z|<|a|$，则系统单位样值响应 $h(n)=-a^n u(-n-1)$，因此系统是非因果的。系统如果稳定，则要求 $|a|>1$。

例 6.6.7　已知一个系统的传递函数为

$$H(z)=\frac{3}{1+2z^{-1}}+\frac{2}{1-0.9\mathrm{e}^{\mathrm{j}\pi/4}z^{-1}}+\frac{2}{1-0.9\mathrm{e}^{-\mathrm{j}\pi/4}z^{-1}}$$

求系统的单位样值响应。假设系统是：①稳定的；②因果的。

解： 系统的三个极点是 $p_{1,2}=0.9\mathrm{e}^{\pm\mathrm{j}\pi/4}$ 和 $p_3=-2$。如果系统是稳定的，那么收敛域应包括单位圆。显然，位于单位圆内的共轭复数极点对 $p_{1,2}=0.9\mathrm{e}^{\pm\mathrm{j}\pi/4}$ 构成系统单位样值响应中的右边序列项，而位于圆外的极点 $p_3=-2$ 则构成系统单位样值响应中的左边序列项。因此，对于情况①，系统是稳定的，而且有

$$\begin{aligned}h(n)&=2(0.9\mathrm{e}^{\mathrm{j}\pi/4})^n u(n)+2(0.9\mathrm{e}^{-\mathrm{j}\pi/4})^n u(n)-3(-2)^n u(-n-1)\\&=4(0.9)^n\cos\left(\frac{\pi}{4}n\right)u(n)-3(-2)^n u(-n-1)\end{aligned}$$

对于情况②，因为系统是因果的，系统所有的极点构成了单位样值响应中的右边序列项，故有

$$\begin{aligned}h(n)&=2(0.9\mathrm{e}^{\mathrm{j}\pi/4})^n u(n)+2(0.9\mathrm{e}^{-\mathrm{j}\pi/4})^n u(n)+3(-2)^n u(n)\\&=4(0.9)^n\cos\left(\frac{\pi}{4}n\right)u(n)+3(-2)^n u(n)\end{aligned}$$

另外，由于极点 $p_3=-2$ 位于单位圆外，因此该系统不是稳定的因果系统。

6.6.5　逆系统

如果系统的输入序列可由系统的输出序列唯一地恢复，就称为可逆系统。可逆系统意味着存在一个将原系统的输出作为输入并且能够输出原系统的输入的逆系统。若将讨论限制在线性时不变离散系统，则可逆系统的概念可用图 6.6.1 说明。

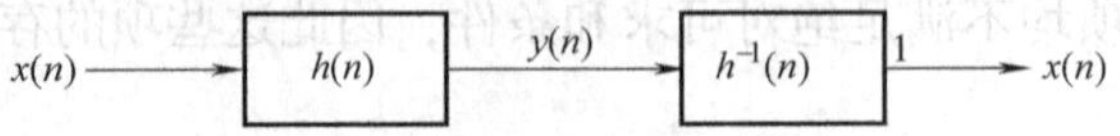

$$x(n) \rightarrow \boxed{h(n)} \xrightarrow{y(n)} \boxed{h^{-1}(n)} \xrightarrow{1} x(n)$$

图 6.6.1　可逆系统的解释

由图 6.6.1 可知，级联系统的单位样值响应等于 $h(n)$ 与逆系统 $h^{-1}(n)$ 的卷积和，同时要求该级联系统的输出等于输入，即

$$x(n) * [h(n) * h^{-1}(n)] = x(n) \tag{6.6.8}$$

显然满足式(6.6.8)的条件是

$$h(n) * h^{-1}(n) = \delta(n) \tag{6.6.9}$$

对式(6.6.9)两边取 z 变换，可得到逆系统的传递函数满足

$$H(z)H^{-1}(z) = 1 \tag{6.6.10}$$

或

$$H^{-1}(z) = \frac{1}{H(z)} \tag{6.6.11}$$

因此，线性非时变离散逆系统的传递函数，就是原系统传递函数的逆。如果 $H(z)$ 由式(6.7.1)描述，则其逆系统的传递函数为

$$H^{-1}(z) = \frac{X(z)}{Y(z)} = \frac{1 + \sum\limits_{l=1}^{N} a_l z^{-l}}{\sum\limits_{k=0}^{M} b_k z^{-k}}$$

$$= \frac{1 + a_1 z^{-1} + a_2 z^{-2} + \cdots + a_N z^{-N}}{b_0 + b_1 z^{-1} + b_2 z^{-2} + \cdots + b_M z^{-M}} = \frac{A(z)}{B(z)} \tag{6.6.12}$$

$H(z)$ 的零点是 $H^{-1}(z)$ 的极点，而 $H(z)$ 的极点是 $H^{-1}(z)$ 的零点。任何一个有理传递函数都存在这样的一个逆系统。

应用中对于一个稳定的因果系统，可以设计一个逆系统 $H^{-1}(z)$，用于消除 $H(z)$ 本身对传输信号引入的失真。如果逆系统 $H^{-1}(z)$ 的全部极点均位于单位圆内，则它既是稳定的又是因果的。由于 $H^{-1}(z)$ 的极点是 $H(z)$ 的零点，故可以得出一个结论：当且仅当线性非时变离散系统 $H(z)$ 的所有零点都位于单位圆内时，才存在 $H(z)$ 的稳定的因果逆系统。若 $H(z)$ 有任何一个零点位于单位圆外，就不存在稳定的因果逆系统。如果一个系统的所有零点和极点均分布于单位圆内，则称其为最小相位系统。

例 6.6.8　已知一个系统的差分方程为

$$y(n) - y(n-1) + \frac{1}{4}y(n-2) = x(n) + \frac{1}{4}x(n-1) - \frac{1}{8}x(n-2)$$

求出逆系统的系统函数，并且判断该系统是否存在稳定的因果逆系统。

解：系统的传递函数为

$$H(z)=\frac{1+(1/4)z^{-1}-(1/8)z^{-2}}{1-z^{-1}+(1/4)z^{-2}}=\frac{[1-(1/4)z^{-1}][1+(1/2)z^{-1}]}{[1-(1/2)z^{-1}]^2}$$

系统函数的零点是 $z_1=1/4$ 和 $z_2=-1/2$，二阶极点为 $p_{1,2}=\frac{1}{2}$。求出的逆系统的系统函数为

$$H^{-1}(z)=\frac{[1-(1/2)z^{-1}]^2}{[1-(1/4)z^{-1}][1+(1/2)z^{-1}]}$$

显然，逆系统的系统函数的零点是二阶零点 $z_{1,2}=1/2$，极点为 $p_1=1/4$ 和 $p_2=-1/2$。由于极点都在单位圆内，故逆系统是稳定的因果系统；又由于逆系统的二阶零点也在单位圆内，故该系统又是最小相位系统。

例 6.6.9 已知一个二径信道的差分方程为

$$y(n)=x(n)+ax(n-1)$$

求出其逆系统的传递函数及差分方程描述形式。要使逆系统是稳定的因果系统，参数 a 应满足什么条件？

解：二径信道的传递函数为

$$H(z)=1+az^{-1}$$

二径信道逆系统的传递函数为

$$H^{-1}(z)=\frac{1}{H(z)}=\frac{1}{1+az^{-1}}$$

它满足如下的差分方程：

$$y(n)+ay(n-1)=x(n)$$

当 $|a|<1$ 时，逆系统是稳定的因果系统。

6.7 系统的响应

6.7.1 有理传递函数的系统响应

考虑由式(6.6.5)给出的线性时不变系统的传递函数 $H(z)$：

$$H(z)=\frac{Y(z)}{X(z)}=\frac{\sum_{m=0}^{M}b_m z^{-m}}{1+\sum_{k=1}^{N}a_k z^{-k}}$$

$$=\frac{b_0+b_1z^{-1}+b_2z^{-2}+\cdots+b_Mz^{-M}}{1+a_1z^{-1}+a_2z^{-2}+\cdots+a_Nz^{-N}}=\frac{B(z)}{A(z)} \tag{6.7.1}$$

式中，$B(z)$是 $H(z)$的分子多项式；$A(z)$是 $H(z)$的分母多项式。为清楚起见，设输入序列 $x(n)$的有理 z 变换为

$$X(z)=\frac{N(z)}{Q(z)}$$

如果系统具有零初始状态，则系统输出序列 $y(n)$的 z 变换就具有如下的有理形式：

$$Y(z)=H(z)X(z)=\frac{B(z)N(z)}{A(z)Q(z)} \tag{6.7.2}$$

现假设传递函数 $H(z)$ 具有 N 个单极点 $p_k(k=1, 2, \cdots, N)$，$X(z)$ 具有 L 个单极点 $q_i(i=1, 2, \cdots, L)$，且对所有的 k 和 i 满足 $p_k \neq q_i$。另外，还假设式(6.7.2)的分子多项式和分母多项式不存在零、极点的对消，也就是说它们没有相同的零、极点，则 $Y(z)$ 的部分分式展开为

$$Y(z)=\sum_{k=1}^{N}\frac{A_k}{1-p_k z^{-1}}+\sum_{i=1}^{L}\frac{Q_i}{1-q_i z^{-1}} \tag{6.7.3}$$

对式(6.7.3)求其逆 z 变换，可获得系统的输出响应 $y(n)$ 如下：

$$y(n)=\sum_{k=1}^{N}A_k(p_k)^n u(n)+\sum_{i=1}^{L}Q_i(q_i)^n u(n) \tag{6.7.4}$$

通过观察式(6.7.4)，显见系统的输出序列 $y(n)$ 被分成了两部分。其中，等式右端第一项是系统极点 $\{p_k\}$(称为系统的自然频率)的函数，因与外加激励无关，故称之为系统的自然响应；而输入序列对该部分的影响则由系数或尺度因子 $\{A_k\}$ 所施加。等式右端第二项是输入序列的极点 $\{q_i\}$ 的函数，因是外加激励项，故称之为系统的强迫响应；至于系统本身对第二部分的影响则由系数或尺度因子 $\{Q_i\}$ 所施加。

需要强调的是，系数 $\{A_k\}$ 和 $\{Q_i\}$ 都是极点 $\{p_k\}$ 和 $\{q_i\}$ 的函数。比如，若令 $x(n)=0$，就有 $X(z)=0$，因而 $Y(z)=0$，输出 $y(n)=0$。显然，此时系统的自然响应也是零。这就意味着系统的自然响应与系统的零输入响应是不同的。

当 $X(z)$ 和/或 $H(z)$ 包含多重极点时，$Y(z)$ 中将包括特定形式的因子 $1/(1-p_l z^{-1})^r$，$r=1, 2, \cdots, m$，其中 m 是极点的阶次，这些因子的逆 z 变换将使系统的输出项 $y(n)$ 中出现形如 $n^{r-1}p_l{}^n$ 的项。

6.7.2　系统的暂态响应和稳态响应

如上所述，系统的零状态响应通过式(6.7.4)分成了自然响应和强迫响应两项。其中，因果信号的自然响应具有如下形式：

$$y_{\mathrm{nr}}(n)=\sum_{k=1}^{N}A_k(p_k)^n u(n) \tag{6.7.5}$$

式中，$p_k(k=1, 2, \cdots, N)$ 是系统的极点；$A_k(k=1, 2, \cdots, N)$ 是由初始条件和输入序列特性所决定的系数或尺度因子。如果对于所有的 k，有 $|p_k|<1(k=1, 2, \cdots, N)$，则可看出随着 n 的增长，自然响应 $y_{\mathrm{nr}}(n)$ 将呈指数衰减。在这种情况下，系统的自然响应又可称为暂态响应。

由式(6.7.4)知，系统的强迫响应具有如下形式：

$$y_{\mathrm{fr}}(n)=\sum_{i=1}^{L}Q_i(q_i)^n u(n) \tag{6.7.6}$$

式中，$q_i(i=1, 2, \cdots, L)$ 是强迫函数的极点；$Q_i(i=1, 2, \cdots, L)$ 是由输入序列和系统特性所决定的系数或尺度因子。对于因果正弦输入序列，它的极点位于单位圆上，而且强迫响应也是正弦信号，对所有 $n\geqslant 0$ 其值均不为零，此时系统的强迫响应又被称为稳态响应。

例 6.7.1　当输入序列 $x(n)=10\cos(\pi n/4)u(n)$ 时，求出由差分方程 $y(n)=0.5y(n-1)+$

$x(n)$描述的系统的响应。设系统的初始状态为零。

解：传递函数为

$$H(z)=\frac{1}{1-0.5z^{-1}}$$

因此系统在 $z=0.5$ 处有一个极点。输入序列的 z 变换(查表)是

$$X(z)=\frac{10(1-(1/\sqrt{2})z^{-1})}{1-\sqrt{2}z^{-1}+z^{-2}}$$

因此

$$\begin{aligned}Y(z)=H(z)X(z)&=\frac{10(1-(1/\sqrt{2})z^{-1})}{(1-0.5z^{-1})(1-e^{j\pi/4}z^{-1})(1-e^{-j\pi/4}z^{-1})}\\&=\frac{6.3}{1-0.5z^{-1}}+\frac{6.78e^{-j28.7°}}{1-e^{j\pi/4}z^{-1}}+\frac{6.78e^{j28.7°}}{1-e^{-j\pi/4}z^{-1}}\end{aligned}$$

自然(或暂态)响应为

$$y_{nr}(n)=6.3(0.5)^n u(n)$$

强迫(或稳态)响应为

$$y_{fr}(n)=(6.78e^{-j28.7°}e^{jn\pi/4}+6.78e^{j28.7°}e^{-jn\pi/4})u(n)=13.56\cos\left(\frac{\pi}{4}n-28.7°\right)u(n)$$

6.7.3 系统的正弦输入响应

如前所述，线性时不变系统的传递函数 $H(z)$ 一般可以用一个关于 z 的有理函数形式来描述：

$$H(z)=\frac{B(z)}{A(z)}=\frac{b_M z^M+b_{M-1}z^{M-1}+\cdots+b_1 z+b_0}{a_N z^N+a_{N-1}z^{N-1}+\cdots+a_1 z+a_0} \tag{6.7.7}$$

现设系统是因果、稳定的，也就是说 $H(z)$ 的全部极点均位于单位圆内，则系统的频率响应特性可以通过正弦输入的响应来确定。因此，不妨令系统输入序列 $x(n)$ 为

$$x(n)=C\cos\omega_0 n, n=0,1,2,\cdots$$

式中，C 和 ω_0 均为实数。查表可知 $x(n)$ 的 z 变换为

$$X(z)=\frac{C(z^2-z\cos\omega_0)}{z^2-2z\cos\omega_0+1}$$

如果初始条件为零，则系统输出 $y(n)$ 的 z 变换为

$$Y(z)=H(z)X(z)=\frac{B(z)}{A(z)}\frac{C(z^2-z\cos\omega_0)}{z^2-2z\cos\omega_0+1} \tag{6.7.8}$$

可以看出，该响应的极点是 $H(z)$ 的极点加上 $z^2-2z\cos\omega_0+1=0$ 的根。而求解方程

$$\begin{aligned}z^2-2z\cos\omega_0+1&=(z-\cos\omega_0-j\sin\omega_0)(z-\cos\omega_0+j\sin\omega_0)\\&=(z-e^{j\omega_0})(z-e^{-j\omega_0})=0\end{aligned}$$

可解出一对共轭复数根 $p_{1,2}=e^{\pm j\omega_0}$。

现对 $Y(z)/z$ 进行部分分式展开，得到

$$\frac{Y(z)}{z}=\frac{1}{z}\ \frac{CB(z)(z^2-z\cos\omega_0)}{A(z)(z-e^{j\omega_0})(z-e^{-j\omega_0})}=\frac{B_1(z)}{A(z)}+\frac{c}{z-e^{j\omega_0}}+\frac{c^*}{z-e^{-j\omega_0}}$$

式中，$B_1(z)$是z的多项式，其阶次低于N；系数c是待定系数；c^*是c的共轭复数，根据系数公式有

$$c=(z-e^{j\omega_0})\frac{Y(z)}{z}\bigg|_{z=e^{j\omega_0}}$$

$$=\frac{CB(z)(z-\cos\omega_0)}{A(z)(z-e^{-j\omega_0})}\bigg|_{z=e^{j\omega_0}}=\frac{CB(e^{j\omega_0})(e^{j\omega_0}-\cos\omega_0)}{A(e^{j\omega_0})(e^{j\omega_0}-e^{-j\omega_0})}$$

$$=\frac{CB(e^{j\omega_0})(j\sin\omega_0)}{A(e^{j\omega_0})(j2\sin\omega_0)}=\frac{CB(e^{j\omega_0})}{2A(e^{j\omega_0})}=\frac{C}{2}H(e^{j\omega_0}) \tag{6.7.9}$$

$$c^*=\frac{C}{2}H^*(e^{j\omega_0}) \tag{6.7.10}$$

因此，系统输出$y(n)$的z变换$Y(z)$为

$$Y(z)=\frac{B_1(z)z}{A(z)}+\frac{cz}{z-e^{j\omega_0}}+\frac{c^*z}{z-e^{-j\omega_0}} \tag{6.7.11}$$

对式（6.7.11）取逆z变换：

$$y(n)=Z^{-1}\left[\frac{zB_1(z)}{A(z)}\right]+Z^{-1}\left[\frac{cz}{z-e^{j\omega_0}}+\frac{c^*z}{z-e^{-j\omega_0}}\right]$$

$$=y_{tr}(n)+y_{ss}(n) \tag{6.7.12}$$

式中，等式右端第一项$y_{tr}(n)$是$\frac{zB_1(z)}{A(z)}$的逆z变换，因为系统已知是稳定的，$A(z)=0$的根全部位于单位圆内，故当$n\to\infty$时，$y_{tr}(n)\to 0$，所以$y_{tr}(n)$就是在正弦输入序列$x(n)=C\cos\omega_0 n$作用下的暂态响应。等式右端第二项是由一对共轭复数极点$p_{1,2}=e^{\pm j\omega_0}$形成的一对共轭复数项，它的逆$z$变换$y_{ss}(n)$可写成通式：

$$y_{ss}(n)=c(p_1)^n+c^*(p_1^*)^n,n\geqslant 0 \tag{6.7.13}$$

式(6.7.13)中的系数和极点可分别写成它的极坐标(幅度和相角)的形式：

$$c=|c|e^{j\alpha}=\frac{C}{2}|H(e^{j\omega_0})|e^{j\angle H(e^{j\omega_0})}$$

$$p_1=re^{j\beta}=e^{j\omega_0}$$

将上述关系式代入式(6.7.13)，并利用欧拉公式得到

$$c(p_1)^n+c^*(p_1^*)^n=|c|r^n[e^{j(\beta n+\alpha)}+e^{-j(\beta n+\alpha)}]=2|c|r^n\cos(\beta n+\alpha)$$

$$=C|H(e^{j\omega_0})|\cos[\omega_0 n+\angle H(e^{j\omega_0})],\quad n\geqslant 0$$

因此，有

$$y_{ss}(n)=Z^{-1}\left[\frac{cz}{z-e^{j\omega_0}}+\frac{c^*z}{z-e^{-j\omega_0}}\right]$$

$$=C|H(e^{j\omega_0})|\cos[\omega_0 n+\angle H(e^{j\omega_0})],\quad n\geqslant 0 \tag{6.7.14}$$

显然，当 $n\to\infty$ 时，响应 $y_{ss}(n)$ 并不趋于零，所以 $y_{ss}(n)$ 就是在正弦序列 $x(n)=C\cos\omega_0 n$ 作用下系统的稳态响应。

6.8 频率响应函数

如果传递函数 $H(z)$ 的收敛域包括单位圆（$z=\mathrm{e}^{\mathrm{j}\omega}$），则可以在这个单位圆上计算 $H(z)$，并得到频率响应函数或传递函数 $H(\mathrm{e}^{\mathrm{j}\omega})$，它正好是系统的单位样值响应序列 $h(n)$ 的 DTFT。现将式(6.6.5)的分子、分母写成 z 的降幂形式并进行因式分解，即

$$H(z)=\frac{Y(z)}{X(z)}=\frac{\sum_{k=0}^{M}b_k z^{-k}}{1+\sum_{l=1}^{N}a_l z^{-l}}=\frac{B(z)}{A(z)}$$

$$=\frac{b_0 z^{-M}\left(z^M+\cdots+\frac{b_M}{b_0}\right)}{z^{-N}(z^N+\cdots+a_N)}=b_0 z^{(N-M)}\frac{\prod_{k=1}^{M}(z-z_k)}{\prod_{l=1}^{N}(z-p_l)} \tag{6.8.1}$$

则频率响应为

$$H(z)\big|_{z=\mathrm{e}^{\mathrm{j}\omega}}=H(\mathrm{e}^{\mathrm{j}\omega})=b_0\mathrm{e}^{\mathrm{j}(N-M)\omega}\frac{\prod_{k=1}^{M}(\mathrm{e}^{\mathrm{j}\omega}-z_k)}{\prod_{l=1}^{N}(\mathrm{e}^{\mathrm{j}\omega}-p_l)} \tag{6.8.2}$$

式中，分子中的因子 $\mathrm{e}^{\mathrm{j}\omega}-z_k$ 可视为 z 平面中由零点 z_k 指向单位圆上 $z=\mathrm{e}^{\mathrm{j}\omega}$ 处的向量；分母中因子 $\mathrm{e}^{\mathrm{j}\omega}-p_l$ 可视为 z 平面中由极点 p_l 指向单位圆上 $z=\mathrm{e}^{\mathrm{j}\omega}$ 处的向量，如图 6.8.1 所示。

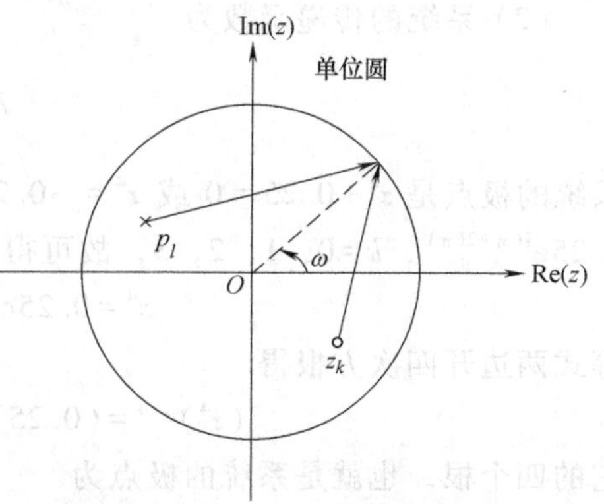

图 6.8.1 零点和极点向量

由式(6.8.2)可知，幅度响应函数为

$$|H(\mathrm{e}^{\mathrm{j}\omega})|=|b_0|\frac{|\mathrm{e}^{\mathrm{j}\omega}-z_1|\cdots|\mathrm{e}^{\mathrm{j}\omega}-z_M|}{|\mathrm{e}^{\mathrm{j}\omega}-p_1|\cdots|\mathrm{e}^{\mathrm{j}\omega}-p_N|} \tag{6.8.3}$$

相位响应函数是

$$\underline{/H(\mathrm{e}^{\mathrm{j}\omega})}=\underbrace{[0\ \text{ or }\ \pi]}_{\text{常数项}}+\underbrace{[(N-M)\omega]}_{\text{线性项}}+\underbrace{\sum_{k=1}^{M}\underline{/(\mathrm{e}^{\mathrm{j}\omega}-z_k)}-\sum_{l=1}^{N}\underline{/(\mathrm{e}^{\mathrm{j}\omega}-p_l)}}_{\text{非线性项}} \tag{6.8.4}$$

式(6.8.4)可看成是常数项、线性相位项与非线性相位项三个部分的线性和形式。

如果已知离散系统的单位样值响应 $h(n)$，则还可以根据定义直接求出系统的频率响应，即

$$H(z)\big|_{z=\mathrm{e}^{\mathrm{j}\omega}}=H(\mathrm{e}^{\mathrm{j}\omega})=\sum_{n=-\infty}^{\infty}h(n)\mathrm{e}^{-\mathrm{j}n\omega} \tag{6.8.5}$$

幅度和相位响应(即幅频和相频特性)的确定还可调用 MATLAB 函数 freqz. m。该函数的基本调用格式是

$$[H,w]=freqz(b,a,N)$$

其中，b 和 a 分别表示分子、分母多项式的系数向量，N 是指定的 N 点频率向量 ω 和 N 点复频率响应向量 H，频率响应在单位圆的上半圆的 N 个等间距点上求值。freqz 的第二种调用形式为[H，W]=freqz(b，a，N，'whole')，它在整个单位圆上的 N 个等间距点计算。freqz 的第三种调用形式为[H，W]=freqz(b，a，w)，它给出在尺度向量 w 中设置的频率点上的频率响应，一般推荐在[0、π]区间。

例 6.8.1　求出以下系统的频率响应：

(1) 单位样值响应描述的非递归滤波器：$h(n)=2\delta(n)-3\delta(n-1)+4\delta(n-2)$。

(2) 差分方程描述的带通滤波器：$y(n)+0.25y(n-4)=x(n)-x(n-2)$。

解：(1) 由式(6.8.5)，代入 $z=e^{j\omega}$，得到系统的频率响应为

$$\begin{aligned}H(z)\big|_{z=e^{j\omega}}=H(e^{j\omega})&=\sum_{n=-\infty}^{\infty}h(n)e^{-jn\omega}\\&=\sum_{n=-\infty}^{\infty}[2\delta(n)-3\delta(n-1)+4\delta(n-2)]e^{-jn\omega}\\&=2-3e^{-j\omega}+4e^{-j2\omega}\end{aligned}$$

(2) 系统的传递函数为

$$H(z)=\frac{z^2(z^2-1)}{z^4+0.25}$$

系统的极点是 $z^4+0.25=0$ 或 $z^4=-0.25$ 的根，利用棣莫弗(De Moiver)定理，有 $-0.25=0.25e^{j(\pi+2k\pi)}$，$k=0，1，2，3$，故可得出

$$z^4=0.25e^{j(\pi+2k\pi)},\ k=0,1,2,3$$

等式两边开四次方根得

$$(z^4)^{1/4}=(0.25)^{1/4}e^{j(\pi+2k\pi)/4},\ k=0,1,2,3$$

它的四个根，也就是系统的极点为

$$z_1=0.707e^{j\pi/4},\ z_2=0.707e^{j3\pi/4},\ z_3=0.707e^{j5\pi/4},\ z_4=0.707e^{j7\pi/4}$$

因为极点的模均小于 1，故因果系统是稳定的。对于频率响应，可令 $z=e^{j\omega}$ 并代入，有

$$H(z)\big|_{z=e^{j\omega}}=H(e^{j\omega})=\frac{e^{j2\omega}(e^{j2\omega}-1)}{e^{j4\omega}+0.25}$$

频率响应有两个重要的性质，此处不加证明地陈述如下：

周期性：频率响应 $H(e^{j\omega})$ 是以 2π/rad 为周期的周期函数。

对称性：频率响应 $H(e^{j\omega})$ 的幅度响应 $|H(e^{j\omega})|$ 是偶函数，它的相位响应 $\underline{/H(e^{j\omega})}$ 是奇函数。

6.9　单边 z 变换

在第 2 章中，提到过求解线性常系数差分方程的两种形式：求通解和特解以及求零输入

响应和零状态响应。而 z 变换则可给出得到这两种形式的一种变换域的方法。另外，在离散信号处理应用中，差分方程一般是右边序列(即按正 n 方向递归)，其解大都是对 $n\geq 0$ 给出的。为此，可定义双边 z 变换的简化形式，即单边 z 变换。

6.9.1 单边 z 变换的定义

单边 z 变换的定义为

$$Z[x(n)]=Z[x(n)u(n)]=X[z]=\sum_{n=0}^{\infty}x(n)z^{-n} \tag{6.9.1}$$

式中，积分下限为零意味着任意序列 $x(n)$ 的单边 z 变换和它的因果形式 $x(n)u(n)$ 是一致的。由于 $x(n)u(n)$ 是因果的，因而它的 z 变换收敛域和 $x(n)$ 的单边 z 变换收敛域同在以最大极点 r 为半径的圆外部分，这就表明单边 z 变换的收敛域问题比较简单，运算中不必单独讨论。

大部分双边 z 变换的性质也适用于单边 z 变换，但移位性质是个例外。另外，单边 z 变换还扩展了一些新的性质，如初值定理和终值定理。表 6.9.1 总结了这些性质。

表 6.9.1 单边 z 变换的特有性质

性质	序列	单边 z 变换
右移	$x(n-1)$	$z^{-1}X(z)+x(-1)$
	$x(n-2)$	$z^{-2}X(z)+z^{-1}x(-1)+x(-2)$
	$x(n-k)$	$z^{-k}X(z)+z^{-(k-1)}x(-1)+\cdots+x(-k)=z^{-k}\left[X(z)+\sum_{n=1}^{k}x(-n)z^{n}\right]$
左移	$x(n+1)$	$zX(z)-zx(0)$
	$x(n+2)$	$z^{2}X(z)-z^{2}x(0)-zx(1)$
	$x(n+k)$	$z^{K}X(z)-z^{k}x(0)-z^{k-1}x(1)-\cdots-zx(k-1)=z^{k}\left[X(z)-\sum_{n=0}^{k-1}x(n)z^{-n}\right]$
初值定理		$x(0)=\lim_{z\to\infty}X(z)$
终值定理		$x(\infty)=\lim_{z\to 1}(1-z^{-1})X(z)$

6.9.2 单边 z 变换的右移性质

序列 $x(n)$ 的右移(时延)将 $n<0$ 的抽样样本值变换到 $n\geq 0$ 的区域，如图 6.9.1 所示，从而得到它们的 z 变换为

$$\begin{cases}Z[x(n-1)]=z^{-1}X(z)+x(-1)\\ Z[x(n-2)]=z^{-2}X(z)+z^{-1}x(-1)+x(-2)\end{cases} \tag{6.9.2}$$

这些结果可以推广为

$$\begin{aligned}Z[x(n-k)]&=z^{-k}X(z)+z^{-(k-1)}x(-1)+z^{-(k-2)}x(-2)+\cdots+x(-k)\\&=z^{-k}\left[X(z)+\sum_{n=1}^{k}x(-n)z^{n}\right]\end{aligned} \tag{6.9.3}$$

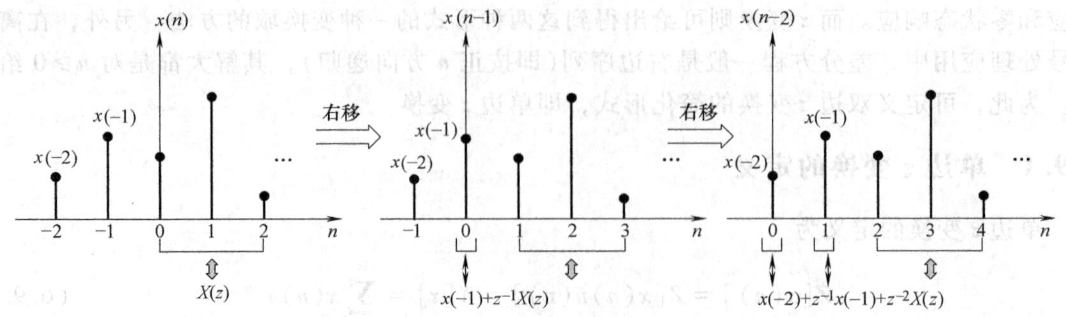

图 6.9.1　单边 z 变换的右移特性

对于因果序列 $x(n)=0$，$n<0$，式(6.9.3)可以简化为

$$Z[x(n-k)]=z^{-k}X(z)$$

式(6.9.3)可用于求解具有初始条件的常系数差分方程，一般可求解如下形式的差分方程：

$$y(n)+\sum_{k=1}^{N}a_k y(n-k)=\sum_{m=0}^{M}b_m x(n-m),\ n\geqslant 0$$

它的初始条件为

$$\{y(i),\ i=-1,\ -2,\ \cdots,\ -N\}\text{ 以及 }\{x(j),\ j=-1,\ -2,\ \cdots,\ -M\}$$

下面将用例子说明解法。

单边 z 变换的左移性质见表 6.9.1。

例 6.9.1　解差分方程 $y(n)-\dfrac{3}{2}y(n-1)+\dfrac{1}{2}(n-2)=x(n)=\left(\dfrac{1}{4}\right)^n u(n)$，$n\geqslant 0$。初始条件为 $y(-1)=4$，$y(-2)=10$。

解：对差分方程两边同取单边 z 变换，得

$$Y(z)-\frac{3}{2}[y(-1)+z^{-1}Y(z)]+\frac{1}{2}[y(-2)+z^{-1}y(-1)+z^{-2}Y(z)]=\frac{1}{1-\dfrac{1}{4}z^{-1}}$$

代入初始条件并整理得

$$Y(z)\left(1-\frac{3}{2}z^{-1}+\frac{1}{2}z^{-2}\right)=\frac{1}{1-\dfrac{1}{4}z^{-1}}+(1-2z^{-1})$$

因此

$$Y(z)=\frac{\dfrac{1}{1-\dfrac{1}{4}z^{-1}}}{1-\dfrac{3}{2}z^{-1}+\dfrac{1}{2}z^{-2}}+\frac{1-2z^{-1}}{1-\dfrac{3}{2}z^{-1}+\dfrac{1}{2}z^{-2}}$$

或

$$Y(z)=\frac{2-\dfrac{9}{4}z^{-1}+\dfrac{1}{2}z^{-2}}{\left(1-\dfrac{1}{2}z^{-1}\right)(1-z^{-1})\left(1-\dfrac{1}{4}z^{-1}\right)}$$

部分分式展开后得

$$Y(z)=\frac{1}{1-\frac{1}{2}z^{-1}}+\frac{\frac{2}{3}}{1-z^{-1}}+\frac{\frac{1}{3}}{1-\frac{1}{4}z^{-1}}$$

对上式取逆 z 变换，得到解为

$$y(n)=\left[\left(\frac{1}{2}\right)^n+\frac{2}{3}+\frac{1}{3}\left(\frac{1}{4}\right)^n\right]u(n)$$

6.9.3 单边 z 变换的左移性质

给定序列 $x(n)$ 以及正整数 k，设 $x(n)$ 的单边 z 变换为 $X(z)$，则

$$\begin{aligned}Z[x(n+k)]&=z^kX(z)-z^kx(0)-z^{k-1}x(1)-\cdots-zx(k-1)\\&=z^k\left[X(z)-\sum_{n=0}^{k-1}x(n)z^{-n}\right]\end{aligned}\tag{6.9.4}$$

例 6.9.2 求单位阶跃序列的左移 z 变换。

解： 考虑单位阶跃序列 $u(n)$ 左移一个单位的情况，根据式(6.9.4)，$u(n+1)$ 的 z 变换为

$$Z[u(n+1)]=Z[u(n)]z-zu(0)=\frac{z^2}{z-1}-z=\frac{z}{z-1}$$

可以看出，$u(n+1)$ 的 z 变换等于 $u(n)$ 的 z 变换。这不矛盾，因为当 $n=0$，1，2，…时，$u(n+1)=u(n)$。

6.9.4 初值定理和终值定理

初值定理和终值定理只适用于单边 z 变换及有理 z 变换中的真分式部分。

1. 初值定理

如果 $n<0$ 时，$x(n)=0$，即序列是因果的或右边的，则有

$$x(0)=\lim_{z\to\infty}X(z)\tag{6.9.5}$$

初值定理很容易理解，因为当 $X(z)$ 由定义式(6.9.1)展开时，显然当 $z\to\infty$ 时，有

$$\lim_{z\to\infty}X(z)=\lim_{z\to\infty}\sum_{n=0}^{\infty}x(n)z^{-n}=\lim_{z\to\infty}[x(0)+x(1)z^{-1}+x(2)z^{-2}+\cdots]=x(0)$$

2. 终值定理

如果 $x(n)\leftrightarrow X(z)$，且 $(1-z^{-1})X(z)$ 的全部极点均位于单位圆内，则

$$x(\infty)=\lim_{z\to 1}(1-z^{-1})X(z)\tag{6.9.6}$$

注意，只有当 $X(z)$ 的全部极点（可不含 $z=1$）均位于单位圆内时，才可以用终值定理计算序列 $x(n)$ 的终值 $x(\infty)$。同时，只有当 $X(z)$ 存在 $z=1$ 处的极点时，用终值定理求出的有限终值 $x(\infty)\neq 0$。

关于终值定理，有以下几点结论：

1）如果 $X(z)$ 的全部极点均位于单位圆内［这时 $x(n)$ 只包含指数衰减项］，则 $x(\infty)=0$。

2）如果 $X(z)$ 在 $z=1$ 处有单极点[这时 $x(n)$ 将包含一个单位阶跃]，则 $x(\infty)$ 是常数。

3）如果 $X(z)$ 在单位圆上有共轭复数极点[这时 $x(n)$ 将包含正弦项]，则 $x(\infty)$ 不能确定。

6.9.5　双边 z 变换和单边 z 变换的关系

单边 z 变换仅适用于因果信号或者系统。本节从双边 z 变换出发，探讨如何利用双边 z 变换和单边 z 变换表求解具有非因果输入或者非因果冲激响应的系统响应。

已知序列 $x(n)$ 的双边 z 变换为

$$X(z)=\sum_{n=-\infty}^{\infty}x(n)z^{-n}=\sum_{n=-\infty}^{-1}x(n)z^{-n}+\sum_{n=0}^{\infty}x(n)z^{-n}$$

对于右端第一个求和式，令 $n\to -m$，则

$$X(z)=\sum_{m=1}^{\infty}x(-m)z^{m}+\sum_{n=0}^{\infty}x(n)z^{-n}$$

或

$$X(z)=-x(0)+\sum_{m=0}^{\infty}x(-m)z^{m}+\sum_{n=0}^{\infty}x(n)z^{-n}$$

如果分别定义

$$X_c(z)=\sum_{n=0}^{\infty}x(n)z^{-n}$$

$$X_{ac}(z)=\sum_{m=0}^{\infty}x(-m)z^{m}$$

则

$$X(z)=-x(0)+X_{ac}(z)+X_c(z)$$

若对于 $X_{ac}(z)$ 再令 $z\to 1/z$，$m\to n$，则

$$X_{ac}(z)\bigg|_{\substack{z\to 1/z\\ m\to n}}=X_{ac}\left(\frac{1}{z}\right)=\sum_{n=0}^{\infty}x(-n)z^{-n}\tag{6.9.7}$$

是离散序列 $x(n)$ 反折后的单边 z 变换。因此，序列 $x(n)$ 的双边 z 变换是 $x(n)u(n)$ 的 z 变换加 $x(-n)u(n)$ 的 z 变换(其中 z 用 $1/z$ 代替)再减去 $x(0)$。

由此可见，用单边 z 变换求双边 z 变换的步骤如下：

1）求出因果序列 $x(n)u(n)$ 的单边 z 变换 $X_c(z)$ 及其收敛域，它是以 z 平面上最远极点与原点间距离为半径的圆外部分。

2）求出因果序列 $x(-n)u(n)$ 的单边 z 变换 $X_{ac}(1/z)$ 及其收敛域，它是以 z 平面上最远极点与原点间距离为半径的圆外部分。

3）对 $X_{ac}(1/z)$ 及其收敛域作变量代换($z\to 1/z$)，求出 $X_{ac}(z)$ 及其收敛域，它是以 z 平面上最近极点与原点间距离为半径的圆内部分。

4）$X(z)=-x(0)+X_{ac}(z)+X_c(z)$，这里 $X(z)$ 的收敛域是 $X_c(z)$ 和 $X_{ac}(z)$ 的收敛域在 z 平面上的交集。如果该交集不存在，则序列 $x(n)$ 的双边 z 变换亦不存在。

例 6.9.3　求序列 $x(n)=a^{|n|}$ 的双边 z 变换。

解： 首先计算 $x(n)u(n)$ 的单边 z 变换

$$X_c(z)=Z[a^{|n|}u(n)]=Z[a^n u(n)]=\frac{z}{z-a},\quad |z|>|a|$$

第二步求出 $x(-n)u(n)$ 的单边 z 变换

$$X_{ac}\left(\frac{1}{z}\right)=Z[a^{|-n|}u(n)]=Z[a^n u(n)]=\frac{z}{z-a},|z|>|a|$$

对 $X_{ac}(1/z)$ 及其收敛域作变量代换($z\to 1/z$)，求出 $X_{ac}(z)$

$$X_{ac}(z)=\frac{1/z}{1/z-a},\left|\frac{1}{z}\right|>|a|$$

或

$$X_{ac}(z)=\frac{1}{1-az},|z|<\left|\frac{1}{a}\right|$$

因此，$x(n)=a^{|n|}$的双边 z 变换为

$$X(z)=-x(0)+X_{ac}(z)+X_c(z)=-x(0)+\frac{1}{1-az}+\frac{z}{z-a},|a|<|z|<\left|\frac{1}{a}\right|$$

或

$$X(z)=\frac{z}{z-a}-\frac{z}{z-1/a},|a|<|z|<\left|\frac{1}{a}\right|$$

6.9.6　小结

单边 z 变换的主要特点是在离散系统的分析中可以考虑系统的起始条件，既可以求系统的零输入响应，也可以获得系统的零状态响应，这对于自动控制应用中瞬态响应的求解非常有用。由于实际离散信号多为因果序列，而且单边 z 变换容易收敛，因此在应用中单边 z 变换应用得较多。而对于双边 z 变换而言，时间 n 源自$-\infty$，难以给出初始条件，但在数字信号处理中，一般关注的是系统的稳态响应，并非一定要考虑初值。另外，对于因果序列或者在零状态条件下，单边 z 变换实际上是双边 z 变换的特例，而双边 z 变换有助于更全面地讨论问题(如收敛域)，而且双边 z 变换对信号的时间序列没有什么限制($-\infty<n<\infty$)，便于与双边拉普拉斯变换，特别是与傅里叶变换直接联系。因此在信号处理应用中，双边 z 变换应用较多。但双边 z 变换的收敛域复杂，逆变换较困难，故其在理论研究方面的意义更大一些。

6.10　系统方程与 z 变换解

z 变换可用于求解由差分方程描述的因果线性时不变系统。解方程时首先求出差分方程等式两边各项(序列各次移位项)对应的 z 变换，整理后得到关于 z 的一个代数方程；第二步用代数方法解该代数方程，得到系统输出序列的 z 变换 $Y(z)$；再计算其逆 z 变换即可获得需要的时域解 $y(n)$，$n\geqslant 0$。

为了得到 M 阶差分方程的时域解，必须已知系统的 M 个初始条件及输入序列 $x(n)$。初始条件可以分为两种情况：①已知待求解输出序列 $y(n)$ 的前 M 个值[即区间 $0\leqslant n\leqslant M-1$ 内的 $y(n)$]；②已知系统本身已存在的初始状态 $y(-1)$，$y(-2)$，…，$y(-M)$。以上这些初始条件是利用递归法求解差分方程时，所必需的 $y(n)$ 的前 M 个值。

例 6.10.1 某轧钢机钢板厚度控制系统由一个二阶差分方程描述

$$y(n)-0.1y(n-1)-0.02y(n-2)=2x(n)-x(n-1)$$

式中，输入序列 $x(n)$ 表示钢板进入轧钢机时的厚度值；输出序列 $y(n)$ 表示轧钢机压力控制信号的样本值。当 $x(n)=u(n)$（表示新钢板送入轧钢机），且初始条件 $y(-1)=-10$，$y(-2)=20$ 时，求出 $n\geqslant 0$ 的 $y(n)$。

解：首先计算差分方程的 z 变换，有

$$\begin{aligned}&Y(z)-0.1[z^{-1}Y(z)+y(-1)]-0.02[z^{-2}Y(z)+z^{-1}y(-1)+y(-2)]\\&=2X(z)-[z^{-1}X(z)+x(-1)]\end{aligned}$$

因为 $x(n)=u(n)\leftrightarrow \dfrac{1}{1-z^{-1}}$，考虑到 $x(-1)=0$ 并代入初始条件，上式简化为

$$Y(z)-0.1[z^{-1}Y(z)-10]-0.02[z^{-2}Y(z)-10z^{-1}+20]=\frac{2-z^{-1}}{1-z^{-1}}$$

或

$$(1-0.1z^{-1}-0.02z^{-2})Y(z)=\frac{2-z^{-1}}{1-z^{-1}}-0.2z^{-1}-0.6$$

整理后得

$$\begin{aligned}Y(z)&=\frac{1.4-0.6z^{-1}+0.2z^{-2}}{(1-z^{-1})(1-0.1z^{-1}-0.02z^{-2})}=\frac{1.4-0.6z^{-1}+0.2z^{-2}}{(1-z^{-1})(1-0.2z^{-1})(1+0.1z^{-1})}\\&=\frac{1.4z^3-0.6z^2+0.2z}{(z-1)(z-0.2)(z+0.1)}\end{aligned}$$

对上式部分方式展开得

$$\frac{Y(z)}{z}=\frac{1.4z^2-0.6z+0.2}{(z-1)(z-0.2)(z+0.1)}=\frac{A_1}{z-1}+\frac{A_2}{z-0.2}+\frac{A_3}{z+0.1}$$

其中系数为

$$A_1=(z-1)\frac{Y(z)}{z}\bigg|_{z=1}=\frac{1.4\times(1)^2-0.6\times(1)+0.2}{(1-0.2)\times(1+0.1)}=1.136$$

$$A_2=(z-0.2)\frac{Y(z)}{z}\bigg|_{z=0.2}=\frac{1.4\times(0.2)^2-0.6\times(0.2)+0.2}{(0.2-1)\times(0.2+0.1)}=-0.567$$

$$A_3=(z+0.1)\frac{Y(z)}{z}\bigg|_{z=-0.1}=\frac{1.4\times(-0.1)^2-0.6\times(-0.1)+0.2}{(-0.1-1)\times(-0.1-0.2)}=0.830$$

因此

$$\frac{Y(z)}{z}=\frac{1.136}{z-1}-\frac{0.567}{z-0.2}+\frac{0.830}{z+0.1}$$

它的逆 z 变换为

$$y(n)=1.136u(n)-0.567(0.2)^n u(n)+0.830(-0.1)^n u(n)$$

例 6.10.2 某离散时间数据的传输路径的框图如图 6.10.1 所示。当输入信号序列为单位样值序列时，求出该传输路径的输出序列 $y(n)$。系统初始条件 $w(-1)=0.125$，$v(-1)=-0.25$，表示在 $n=0$ 时刻系统中的两个时延单元存储的初始储能。

解：首先，对每个加法器的输出列写方程，得到一组描述系统特征的差分方程，它们是

$$w(n)=0.25x(n)+0.4v(n-1)$$
$$v(n)=w(n-1)+0.5x(n)+0.3v(n-1)$$
$$y(n)=0.1x(n)+0.2v(n-1)$$

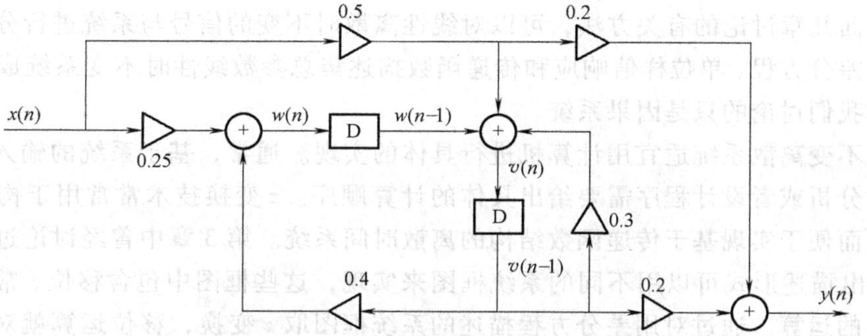

图 6.10.1 离散时间数据的传输路径

它们的 z 变换分别为

$$W(z)=0.25X(z)+0.4[z^{-1}V(z)+v(-1)]$$
$$V(z)=[z^{-1}W(z)+w(-1)]+0.5X(z)+0.3[z^{-1}V(z)+v(-1)]$$
$$Y(z)=0.2[z^{-1}V(z)+v(-1)]+0.1X(z)$$

因为已知 $x(n)=\delta(n)\leftrightarrow 1$，代入初始条件并经整理后得

$$W(z)=0.25+0.4z^{-1}V(z)-0.1$$
$$V(z)=z^{-1}W(z)+0.125+0.5+0.3z^{-1}V(z)-0.075$$
$$Y(z)=0.2z^{-1}V(z)-0.05+0.1$$

消去中间变量 $W(z)$ 和 $V(z)$，得到输出序列的 z 变换为

$$Y(z)=\frac{0.05+0.095z^{-1}+0.01z^{-2}}{1-0.3z^{-1}-0.4z^{-2}}=\frac{0.05z^2+0.095z+0.01}{z^2-0.3z-0.4}$$

对上式进行部分方式展开得

$$\frac{Y(z)}{z}=\frac{0.05z^2+0.095z+0.01}{z(z-0.8)(z+0.5)}=\frac{A_1}{z}+\frac{A_2}{z-0.8}+\frac{A_3}{z+0.5}$$

其中系数为

$$A_1=z\left.\frac{Y(z)}{z}\right|_{z=0}=\frac{0.05\times(0)^2-0.095\times(0)+0.1}{(0-0.8)\times(0+0.5)}=-0.025$$

$$A_2=(z-0.8)\left.\frac{Y(z)}{z}\right|_{z=0.8}=\frac{0.05\times(0.8)^2-0.095\times(0.8)+0.1}{(0.8)\times(0.8+0.5)}=0.114$$

$$A_3=(z+0.5)\left.\frac{Y(z)}{z}\right|_{z=-0.5}=\frac{0.05\times(-0.5)^2-0.095\times(-0.5)+0.1}{(-0.5)\times(-0.5-0.8)}=-0.038$$

所以

$$\frac{Y(z)}{z}=\frac{-0.025}{z}+\frac{0.114}{z-0.8}+\frac{0.038}{z+0.5}$$

它的逆 z 变换为

$$y(n)=-0.025\delta(n)+0.114(0.8)^n u(n)-0.038(-0.5)^n u(n)$$

6.11　系统的框图与仿真

利用前面几章讨论的有关方法，可以对线性离散时不变的信号与系统进行分析。这些方法使得利用差分方程、单位样值响应和传递函数描述集总参数线性时不变系统成为可能，尽管截至目前我们讨论的只是因果系统。

线性时不变离散系统适宜用计算机进行具体的实现。通常，基于系统的输入、输出信息编写系统的分析或者设计程序需要给出具体的计算顺序。z 变换技术常常用于构建系统的迭代结构，从而便于实现基于传递函数结构的离散时间系统。第 3 章中曾经讨论过，对于系统的输入、输出描述形式可以用不同的系统框图来实现，这些框图中包含移位、常数相乘及求和三种基本的运算。通过对用差分方程描述的系统框图取 z 变换，移位运算就对应于在 z 域中乘以 z^{-1}，而标量乘和求和运算都是线性运算，取 z 变换后运算形式不变，故差分方程描述的框图取 z 变换后只需要将其移位算子用 z^{-1} 代替即可。

6.11.1　系统类型

根据系统单位样值响应的长度可以对系统进行分类，即单位样值响应为无限长的系统称为无限冲激响应(IIR)系统，单位样值响应为有限长的系统称为有限冲激响应(FIR)系统。

除此之外，还可以根据系统实现过程中是否包含反馈环节(即传递函数中是否包含极点)来分类，即系统的实现过程中若包含反馈环节，则定义为递归系统，不包含反馈环节的系统定义为非递归系统。一般 IIR 系统需要递归实现，而 FIR 系统则可以非递归实现。

6.11.2　系统实现

所谓系统实现，是指能够完成或实现系统功能的软、硬件配置。所实现的系统的输出信号序列与输入信号序列之间的关系是由系统实现的结构形式及系统的参数配置约束的。

例如，图 6.11.1 所示的框图给出了一个由以下差分方程描述的系统：

$$y(n)+a_1y(n-1)+a_2y(n-2)=b_0x(n)+b_1x(n-1)+b_2x(n-2) \tag{6.11.1}$$

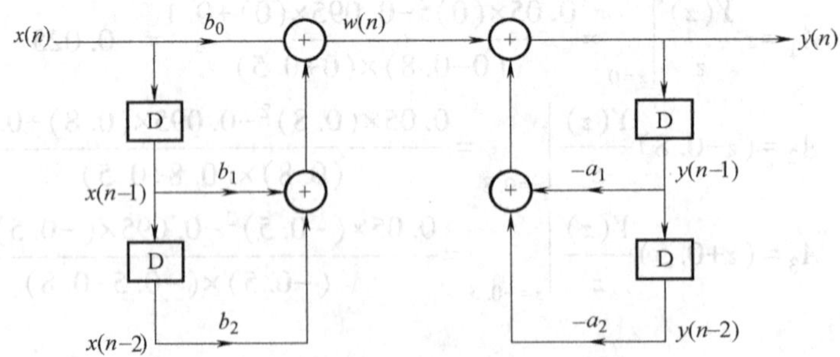

图 6.11.1　由二阶差分方程描述的 LTI 离散系统的框图

对这个差分方程取 z 变换，设系统初始条件为零，可得

$$(1+a_1z^{-1}+a_2z^{-2})Y(z)=(b_0+b_1z^{-1}+b_2z^{-2})X(z)$$

则系统的传递函数为

$$H(z)=\frac{Y(z)}{X(z)}=\frac{b_0+b_1z^{-1}+b_2z^{-2}}{1+a_1z^{-1}+a_2z^{-2}} \tag{6.11.2}$$

图 6.11.2 给出了实现式(6.11.2)的框图，它是通过用 z^{-1} 代替图 6.11.1 中的移位操作而直接得到的。

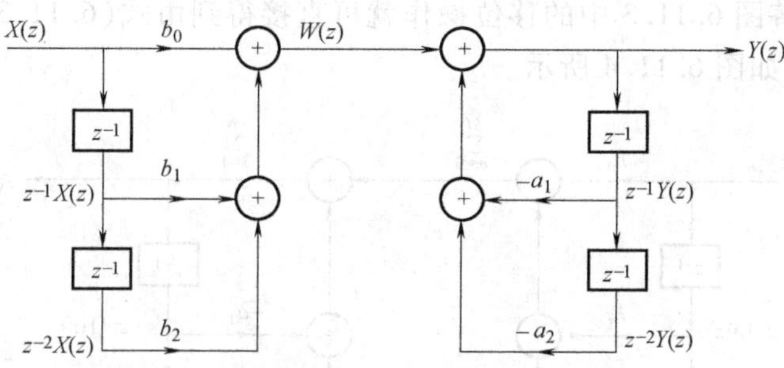

图 6.11.2　对应于图 6.11.1 的传递函数的框图

1. 直接实现

通过直接实现由差分方程描述的系统，得到系统的直接 I 型实现。当线性时不变系统由式(3.7.4)给出的 N 阶差分方程 $y(n)=\sum_{m=0}^{M}b_m x(n-m)-\sum_{k=1}^{N}a_k y(n-k)$ 描述时，其系统的直接 I 型实现由图 6.11.3 给出。

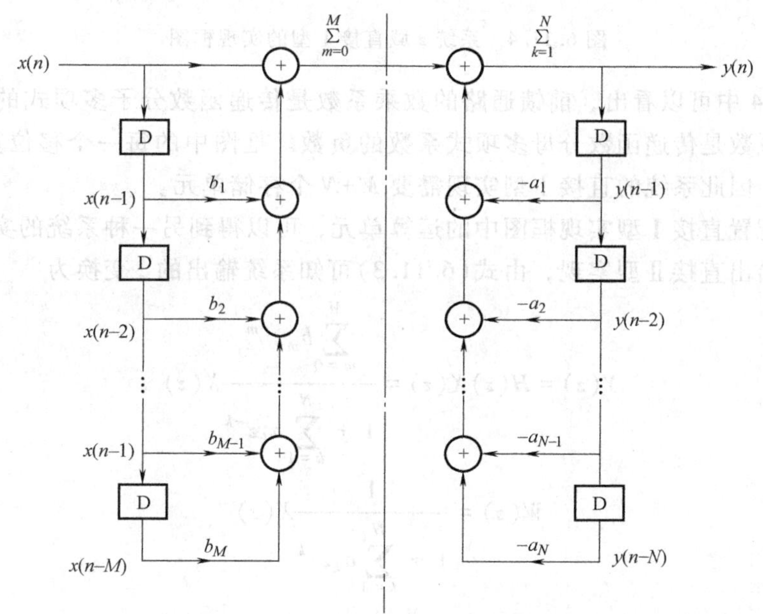

图 6.11.3　系统的直接 I 型实现

图 6.11.3 中点画线左边实现了式(3.7.4)的第一个求和项，点画线右边则实现式(3.7.4)的第二个求和项。完成系统特定功能所必须执行的加法次数就是系统所需要的加法器的个数，并且根据框图还可以估算顺序执行相关运算所占用的运算时间。

与式(3.7.4)所示差分方程对应的传递函数的标准形式为

$$H(z)=\frac{Y(z)}{X(z)}=\frac{\sum_{m=0}^{M}b_m z^{-m}}{1+\sum_{k=1}^{N}a_k z^{-k}} \tag{6.11.3}$$

因此，通过用z^{-1}代替图 6.11.3 中的移位操作就可直接得到由式(6.11.3)给出的系统 z 域直接 I 型的实现框图，如图 6.11.4 所示。

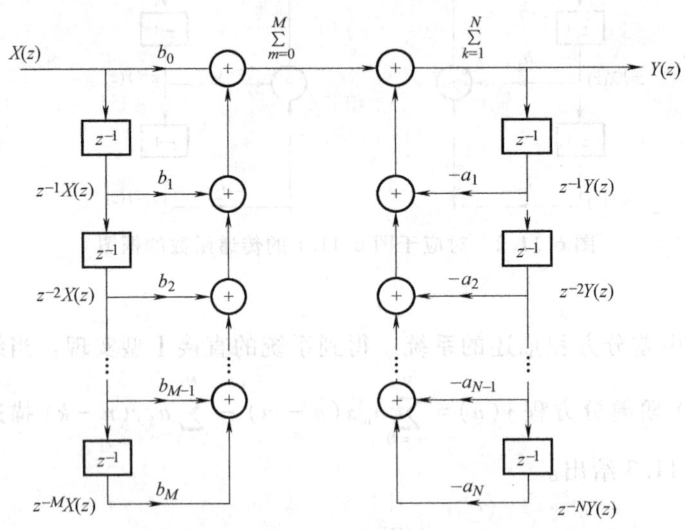

图 6.11.4 系统 z 域直接 I 型的实现框图

从图 6.11.4 中可以看出，前馈通路的数乘系数是传递函数分子多项式的各项系数，反馈通路的数乘系数是传递函数分母多项式系数的负数。框图中的每一个移位算子 z^{-1} 都对应一个存储单元，因此系统的直接 I 型实现需要 $M+N$ 个存储单元。

如果重新配置直接 I 型实现框图中的运算单元，可以得到另一种系统的实现形式——直接Ⅱ型。为了给出直接Ⅱ型实现，由式(6.11.3)可知系统输出的 z 变换为

$$Y(z)=H(z)X(z)=\frac{\sum_{m=0}^{M}b_m z^{-m}}{1+\sum_{k=1}^{N}a_k z^{-k}}X(z) \tag{6.11.4}$$

令

$$W(z)=\frac{1}{1+\sum_{k=1}^{N}a_k z^{-k}}X(z) \tag{6.11.5}$$

则

$$Y(z)=\left[\sum_{m=0}^{M}b_m z^{-m}\right]W(z) \tag{6.11.6}$$

显然，式(6.11.6)的逆 z 变换为

$$y(n)=\sum_{m=0}^{M}b_m w(n-m) \tag{6.11.7}$$

另外，若将式(6.11.5)改写成

$$W(z)=X(z)-\sum_{k=1}^{N}a_k z^{-k}W(z) \tag{6.11.8}$$

则其逆 z 变换为

$$w(n)=x(n)+\sum_{k=1}^{N}(-a_k)w(n-k) \tag{6.11.9}$$

式(6.11.7)和式(6.11.9)的差分方程实际上已经给出了直接Ⅱ型的实现，如图6.11.5所示。图中左、右两边的加法器分别与式(6.11.7)和式(6.11.9)对应。可以看出，直接Ⅱ型所需的存储单元数是 $\max\{N,M\}$，显然比直接Ⅰ型所需的移位操作运算次数少。

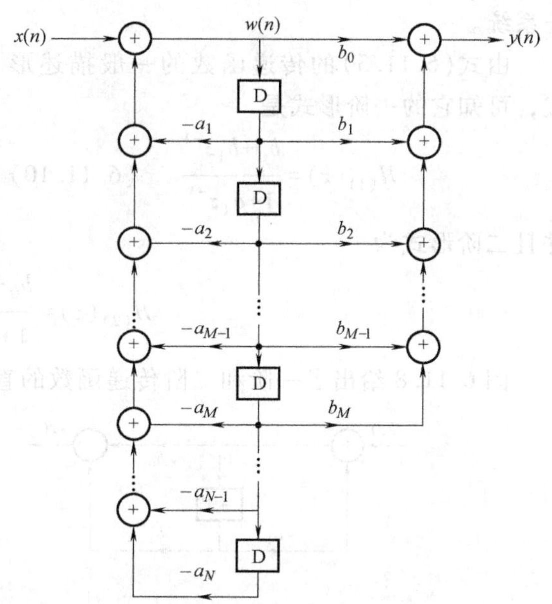

图 6.11.5　直接Ⅱ型的实现

同样，通过用 z^{-1} 代替图6.11.6中的移位操作就可直接得到系统 z 域的直接Ⅱ型实现。其中前馈通路的数乘系数是传递函数分子多项式的各项系数，反馈通路的数乘系数是传递函数分母多项式系数的负数。

例 6.11.1　设系统的传递函数为 $H(z)=\dfrac{6z(z^2-4)}{5z^3-4.5z^2+1.4z-0.8}$，试给出系统直接Ⅰ型和直接Ⅱ型的实现框图。

解：将传递函数分子、分母同乘以 $0.2z^{-3}$，可得到传递函数的标准形式如下：

$$H(z)=\frac{1.2-4.8z^{-2}}{1-0.9z^{-1}+0.28z^{-2}-0.16z^{-3}}$$

对于给出的 $H(z)$ 的标准形式，它的分子多项式的系数是前馈通路的数乘系数，分母多项式系数的负数是反馈通路的数乘系数。因此，根据传递函数的标准形式即可画出系统的直接Ⅰ型的框图，如图6.11.6所示。

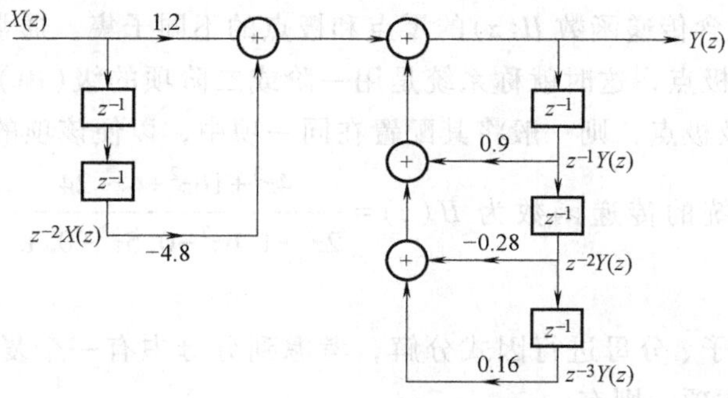

图 6.11.6　系统的直接Ⅰ型框图

同理可画出直接Ⅱ型的框图，如图6.11.7所示。

2. 串联和并联实现

通过对传递函数进行分解，可以得到系统的串联及并联实现。在串联及并联的实现过程中，将包含以串联形式或者并联形式连接的低阶子系统。通常使用的低阶系统是一阶子系统，但若传递函数包括复数共轭极点或零点，为了避免系数出现复数也常常使用二阶子系统。

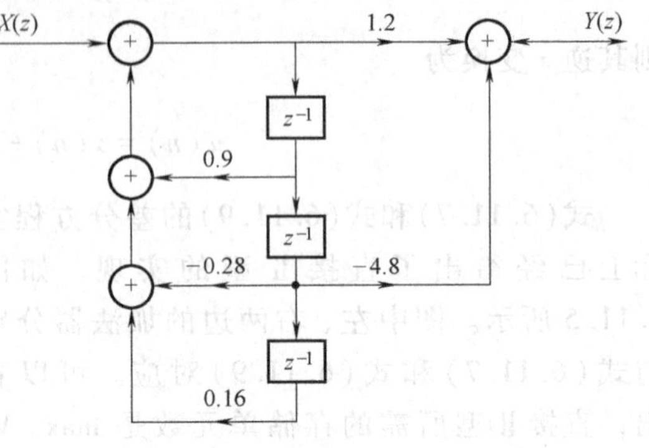

图 6.11.7　系统的直接Ⅱ型框图

由式(6.11.3)的传递函数的一般描述形式，可知它的一阶形式是

$$H_{(1)}(z)=\frac{b_0+b_1z^{-1}}{1+a_1z^{-1}} \qquad (6.11.10)$$

并且二阶形式为

$$H_{(2)}(z)=\frac{b_0+b_1z^{-1}+b_2z^{-2}}{1+a_1z^{-1}+a_2z^{-2}} \qquad (6.11.11)$$

图 6.11.8 给出了一阶和二阶传递函数的直接Ⅱ型实现。

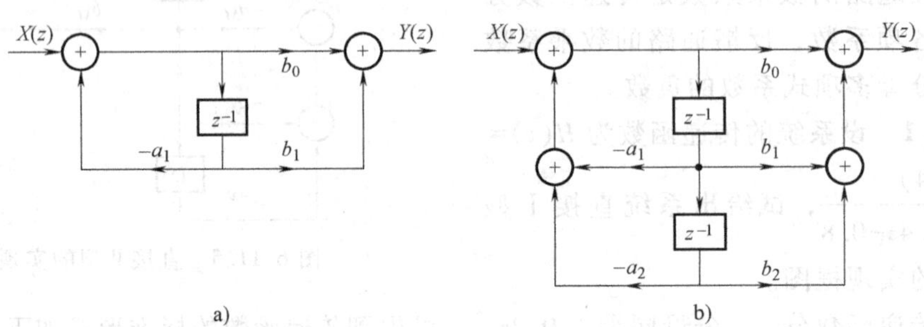

图 6.11.8　一阶和二阶传递函数的直接Ⅱ型实现

a）一阶系统　b）二阶系统

（1）串联实现　在串联形式中，可以将传递函数 $H(z)$ 写成子系统级联的形式：

$$H(z)=\prod_{i=1}^{P}H_i(z) \qquad (6.11.12)$$

式中，子系统 $H_i(z)$ 包含传递函数 $H(z)$ 的零点和极点的不同子集。通常每个 $H_i(z)$ 配置一个或两个 $H(z)$ 的零点和极点，这时就称系统是用一阶或二阶项的级(串)联来表示的。如果存在复数共轭对的零点及极点，则一般将其配置在同一项中，以便该项的系数是实数值。

例 6.11.2　设系统的传递函数为 $H(z)=\dfrac{4z^3+16z^2+4z-24}{2z^4+1.6z^3+0.5z^2+0.1z}$，试给出系统的级联实现。

解：对 $H(z)$ 的分子、分母进行因式分解，考虑到分母中有一个复数共轭极点对，因此在分子中配置一个二次项，则有

$$H(z)=\frac{2(z-1)(z^2+5z+6)}{z(z+0.5)(z^2+0.3z+0.1)}$$

将上式写成关于 z^{-1} 的形式，同时进行一阶和二阶项的配置，就可得到系统级联实现的传递函数为

$$H(z)=H_1(z)H_2(z)H_3(z)=2(z^{-1})\left(\frac{1-z^{-1}}{1+0.5z^{-1}}\right)\left(\frac{1+5z^{-1}+6z^{-2}}{1+0.3z^{-1}+0.1z^{-2}}\right)$$

与上述传递函数对应的系统级联实现如图 6.11.9 所示。

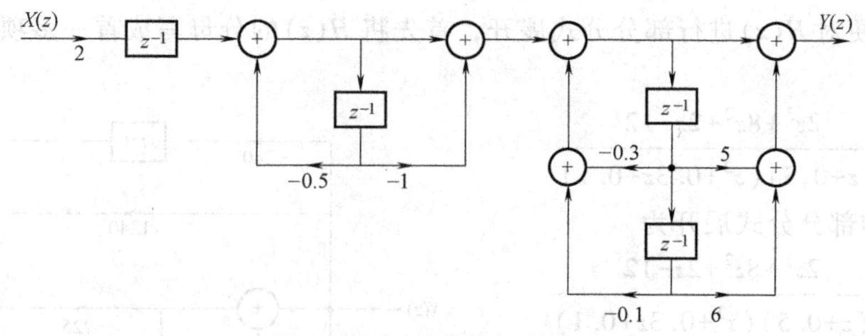

图 6.11.9 系统的级联实现

注意，通过互换 $H_i(z)(i=1,2,3)$ 的顺序，或者互换零点、极点对，可以得到不同系统的级联实现，因此该题的解不是唯一的。

例 6.11.3 设某系统的传递函数具有如下形式：

$$H(z)=\frac{(1+jz^{-1})(1-jz^{-1})(1+z^{-1})}{(1-1/2e^{j\pi/4}z^{-1})(1-1/2e^{-j\pi/4}z^{-1})(1-3/4e^{j\pi/8}z^{-1})(1-3/4e^{-j\pi/8}z^{-1})}$$

试用实数值二阶项描述该系统的级联形式。假设每个二阶项都用直接Ⅱ型表示。

解：首先将共轭复数零点及极点对配置到相同的项中，得到

$$H_1(z)=\frac{(1+z^{-2})}{1-\cos(\pi/4)z^{-1}+1/4z^{-2}}$$

$$H_2(z)=\frac{(1+z^{-1})}{1-3/2\cos(\pi/8)z^{-1}+9/16z^{-2}}$$

对应于级联形式 $H(z)=H_1(z)H_2(z)$，其框图如图 6.11.10 所示。

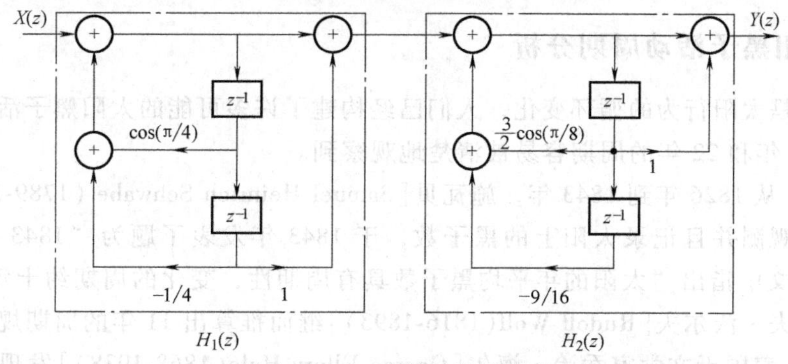

图 6.11.10 系统的级联实现

(2) 并联实现 在并联形式中，将传递函数 $H(z)$ 进行部分分式展开，即

$$H(z)=\sum_{i=1}^{P}H_i(z) \tag{6.11.13}$$

其中子系统 $H_i(z)$ 包含一个传递函数 $H(z)$ 的极点的不同子集。通常每个 $H_i(z)$ 配置一个或二个 $H(z)$ 的极点，这时就称系统是用一阶或二阶项的并联来表示的。

例 6.11.4　例 6.11.2 已给出系统的传递函数为 $H(z)=\dfrac{4z^3+16z^2+4z-24}{2z^4+1.6z^3+0.5z^2+0.1z}$，试求出系统的并联实现。

解：为方便对 $H(z)$ 进行部分分式展开，首先将 $H(z)$ 的分母写成首一多项式并进行因式分解，得到

$$H(z)=\frac{2z^3+8z^2+2z-12}{z(z+0.5)(z^2+0.3z+0.1)}$$

因此 $H(z)/z$ 的部分分式展开为

$$\frac{H(z)}{z}=\frac{2z^3+8z^2+2z-12}{z^2(z+0.5)(z^2+0.3z+0.1)}$$

$$=\frac{A_1}{z^2}+\frac{A_0}{z}+\frac{B}{z+0.5}+\frac{C_0z+C_1}{z^2+0.3z+0.1}$$

计算出式中系数（用系数公式和查表）后，得出传递函数的部分分式展开式为

$$H(z)=-240z^{-1}+1240-\frac{225}{1+0.5z^{-1}}-\frac{1015+175z^{-1}}{z^2+0.3z+0.1}$$

图 6.11.11 给出了传递函数并联实现的框图。可以看出，系统的并联实现和例 6.11.2 中的系统级联实现在功能上两者是等价的。

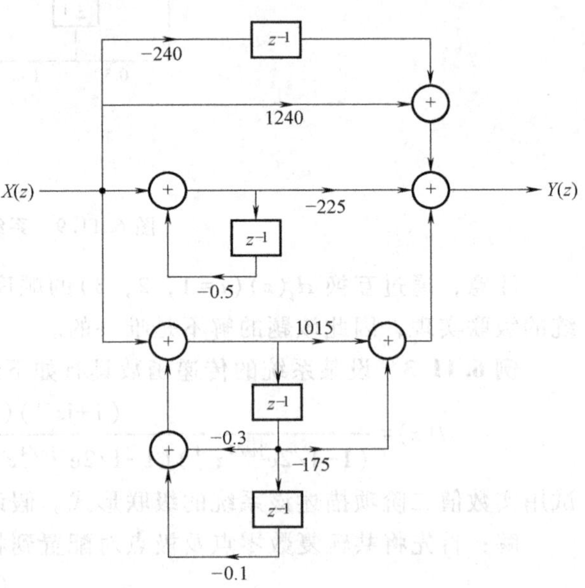

图 6.11.11　传递函数的并联实现

6.12　应用示例及 MATLAB 实践

6.12.1　太阳黑子活动周期分析

太阳周期是太阳行为的循环变化，人们已经构建了许多可能的太阳黑子活动模型，但在观测上只有 11 年和 22 年的周期容易被清楚地观察到。

- 11 年：从 1826 年到 1843 年，施瓦贝[Samuel Heinrich Schwabe（1789-1875）]经过 17 年的长期艰辛观测并且记录太阳上的黑子数，于 1843 年发表了题为“1843 年间的太阳观测”的论文。文中指出“太阳的年平均黑子数具有周期性，变化的周期约十年”。伯尔尼天文台台长鲁道夫·沃尔夫[Rudolf Wolf(1816-1893)]继而推算出 11 年的周期规律。
- 22 年：美国天文学家乔治·海尔[George Ellery Hale(1868-1938)]发现在每一个施瓦贝周期，太阳的磁场都会扭转，因此磁极需要经过两次扭转才会回到相同磁极的状态，他因此发现了 22 年周期。
- 87 年(70~100 年)：格莱斯堡周期(因沃尔夫冈·格莱斯堡而得名)，被认为是施瓦贝 11 年周期的调幅(1990，2005)。

- 210 年：Suess 周期(2005)。
- 2300 年：哈尔斯塔周期。

其他曾经被发现的模型：

- 碳-14：105、131、232、385、504、805、2241 年(1991)。
- 2500 年：2 亿 4 千万年前的前二叠纪时期，在卡斯提尔的矿物层显示有 2500 年的周期。

依据模型的预测：

- 以 11 年周期的二次方程为基础，以其谐振建立的一个简单模型，显示在全新世呈现类似的行为。推测在未来的数个世纪内，气温将断断续续的略微上升，并在 500 年之内逐渐进入小冰期的状况。这种较低的温度也许会从现在起回归然后跟随着大约 1500 年的高温期，情况与早先全新世的最高温期间相似。
- 因为碳-14 有类似的周期，Damon 和 Sonett(1989)据此预测未来的气候，见表 6.12.1。

表 6.12.1 据碳-14 预测未来的气候

周期长度/年	周期名称	碳-14 异常	预测的“暖化”
232	未命名	公元 1922 年(低温)	公元 2038 年
208	Suess	公元 1898 年(低温)	公元 2002 年
88	Gleisberg	公元 1986 年(低温)	公元 2030 年

太阳黑子数据可以从比利时皇家天文台(Royal Observatory of Belgium)的太阳影响数据分析中心(Solar Influences Data Analysis Center-SIDC)下载，网址是：http://sidc.oma.be/silso/home。下载数据的时间段从 1700 年一直到当前。

太阳黑子的观测数据通过点击 SIDC 主页上端的下拉菜单 Data→Data Files，进入 Sunspot Number 数据下载区。如果选择月度数据分析太阳黑子，则可以下载从 1749.01-当前的 .txt 数据文件或者 .csv 数据文件，下载默认的文件名是 SN_m_tot_V2.0.txt 或者 SN_m_tot_V2.0.csv(数据来源：WDC-SILSO，Royal Observatory of Belgium，Brussels)。为了将数据导入 MATLAB 的 Workspace，既可以调用 importdata 函数，也可以在 Home 标签页的 VARIABLE 段单击 Import Data，在打开的文件夹浏览器搜寻并双击下载的数据文件，将启动数据导入模板，如图 6.12.1 所示。如果选择打开 SN_m_tot_V2.0.csv 文件，则 B 列是 3205 个月(截至 2016.01)的太阳黑子月平均数。选择 B 列后再单击 Import Selection，就将这 3205 个月的太阳黑子月平均数作为一个变量(比如 VarName2)导入到 Workspace 中。

下面的分析选择 1960 年 1 月至 2016 年 1 月共 673 个月的数据。首先用如下程序语句装载 673 个月的太阳黑子月度数据：

```
Sundata_673=VarName2(2533:3205);
```

该时间段的太阳黑子数据时序图由以下程序给出：

```
stem(Sundata_673)
grid
xlabel('Month'),ylabel('Average Number of Sunspots')
```

结果如图 6.12.2a 所示，可见太阳黑子数据似乎具有周期性。通过确定图 6.12.2a 中任意两个峰值之间的月份数可以找到“周期”的一个近似估计，比如第三个峰值出现在第 237

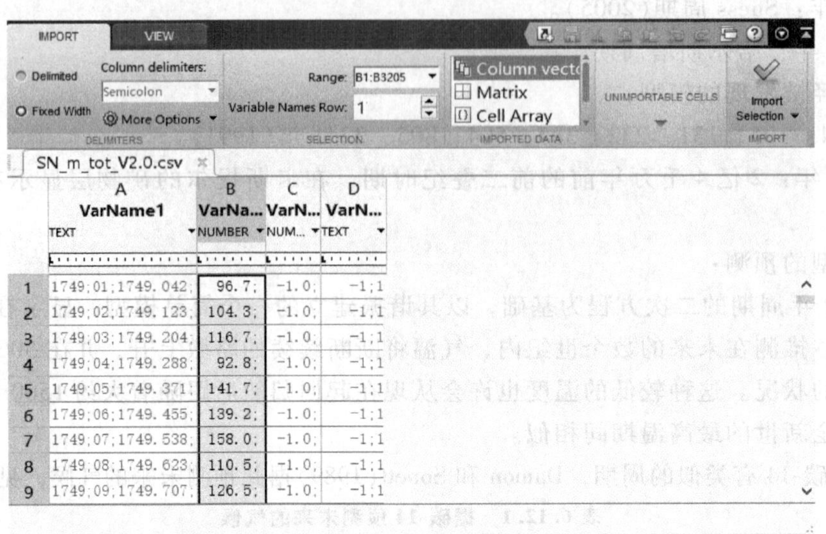

图 6.12.1　数据导入模板

个月，并且第四个峰值出现在第 368 个月，因此“周期”的近似值是 368－237＝131 个月，也就是 131/12≈10.9 年。这个周期的近似值与实际周期 11 年是非常接近的。

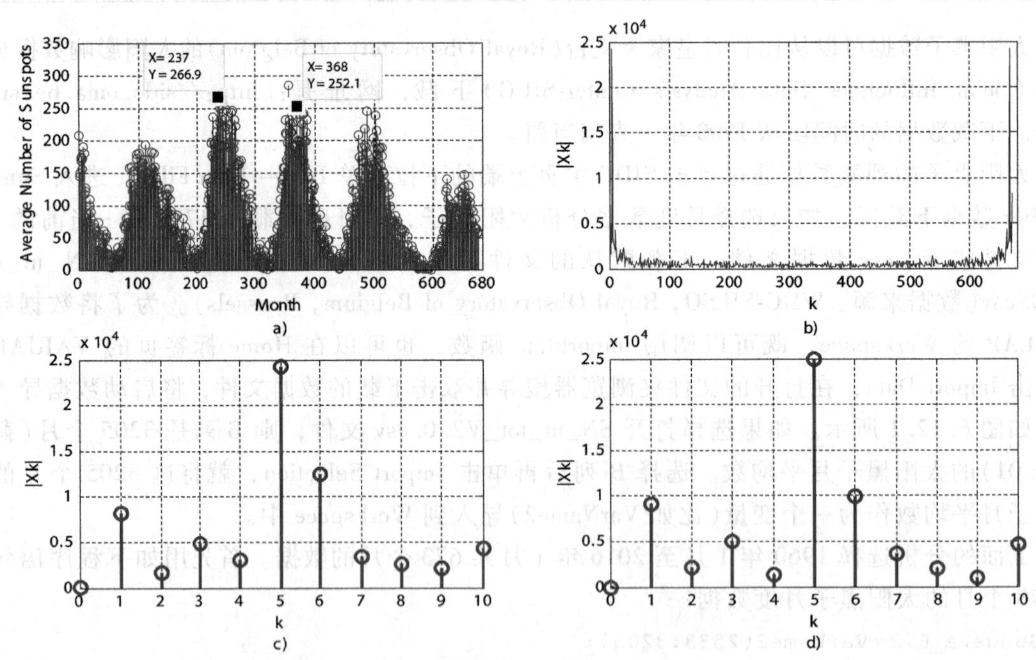

图 6.12.2　673 个月的太阳黑子月度数据分析

太阳黑子数据的科学分析可以用到傅里叶变换。观察图 6.12.2a，显然可以发现数据 $Sundata(n)$ 中存在一个平均值，该平均值是数据 $Sundata(n)$ 从 $n=1$ 到 $n=673$ 区间的一个常数，数据分析一般会要求去除这个常数的影响，也就是在 $Sundata(n)$ 中减去这个平均值，即

$$x(n)=sundata(n)-\frac{1}{673}\sum_{k=1}^{673}sundata(k) \qquad (6.12.1)$$

现在，用下面程序计算 $x(n)$ 的幅度谱 $|X_k|$（直接调用 fft 函数）：

```
x= Sundata_673-(1/673) * sum(Sundata_673);
X=abs(fft(x));
k=0:672;
H=plot(k,X(k+1));
xlabel('k'),ylabel('|Xk|');
```

如图 6.12.2b 所示，$x(n)$ 的幅度谱 $|X_k|$ 中存在一个主尖峰，这就表明 $x(n)$ 中确实存在一个主周期成分。为了确定图中主峰值对应的频率，放大主峰对应频率附近的幅度谱（k 从 0 到 10），并且画出 $|X_k|$ 的杆状图：

```
k=0:10;
H=stem(k,X(k+1));
xlabel('k'),ylabel('|Xk|')
```

结果如图 6.12.2c 所示。可以看出图中有一个主正弦成分，频率为 $k=5$ 时的 $2\pi k/N=2\pi(5)/673=10\pi/673$ 弧度/月。另外，由于消除了平均值的影响，图中的 $|X_0|=0$

需要特别说明的是，靠近主峰值 $k=6$ 处的频谱峰值[$2\pi k/N=2\pi(6)/673=12\pi/673$ 弧度/月]是由泄漏产生的，因为数据或者 $x(n)(n=0\sim673)$ 的范围并未覆盖周期成分的周期的一个整数倍。要消除泄漏，必须考虑一个覆盖太阳黑子活动周期 $11\times12=132$ 个月的整数倍的数据范围。现取整数倍 5，则数据范围选自 $n=13\sim673$ 共计 $N=5\times132=660$ 个数据点。这个范围的数据可以用 MATLAB 命令 Sundata(13：673)来获得。因为，针对 $n=13$，14，…，673 取 $Sundata(n)$ 的 FFT，并用 $v(n)$ 表示 $Sundata(n)$，则有

$$v(n)=Sundata(n+13),\quad n=1,2,\cdots,660 \qquad (6.12.2)$$

故从 $Sundata(n)$ 到 $v(n)$，数据点数 N 将从 673 变为 660。

若在区间 $n=1$，2，…，660 内减去 $v(n)$ 的均值，可得到信号 $w(n)$

$$w(n)=v(n)-\frac{1}{660}\sum_{i=1}^{660}v(i) \qquad (6.12.3)$$

$w(n)$ 的幅度谱可以用如下程序给出：

```
1for n=1:660;
    v(n)= Sundata_673(n+13);
end;
w=v-(1/660) * sum(v);
W=abs(fft(w));
k=0:10;
H=stem(k,W(k+1));
xlabel('k'),ylabel('|Xk|')
```

图 6.12.2d 是在 $k=0$，1，2，…，10 区间内 $w(n)$ 的幅度谱 $|W_k|$ 的杆状值。注意到 $|W_k|$ 的峰值 $|W_5|$ 仍然出现在 $k=5$ 处，并且它比 $k=6$ 附近的值大得多。这就说明频率为 $\Omega=2\pi k/N=2\pi(5)/660=10\pi/660$ 弧度/月的正弦分量是 $w(n)$[或 $v(n)$]中唯一的主周期分量。这个频率对应于一个 $2\pi/\Omega=132$ 个月的周期，正好等于 11 年。另外，$|W_k|$ 在 $k\neq5$ 处的

值主要是由太阳黑子数据中的噪声引起的。可是，与 $|W_k|$ 在 $k\neq5$ 处的值相比，图 6.12.2d 中较大的 $|W_1|$ 和 $|W_3|$ 的值表明太阳黑子数据中除去频率为 $10\pi/660$ 的主分量外，还可能包含其他正弦分量。这就说明太阳黑子的活动并不是一个只包含单一频率 $10\pi/660$(或者周期 11 年)的纯正弦运动。关于这一点更全面的讨论，感兴趣的读者可参考数据分析的高级教程。

6.12.2　噪声序列的滤波

设时间序列 $x(n)=x_1(n)+e(n)$，其中 $x_1(n)$ 是 $x(n)$ 的平滑部分，$e(n)$ 是 $x(n)$ 中的噪声或扰动成分。所谓对 $x(n)$ 滤波就是希望抑制 $x(n)$ 中包含的噪声 $e(n)$，并使 $x_1(n)$ 通过滤波器时失真和时延尽可能小。根据前面章节的讨论，可知用因果低通滤波器滤除信号中的噪声 $e(n)$ 是一种解决方案。

考虑 3.9.1 节(FIR 滤波器)中讨论过的指数加权移动平均(EWMA)滤波器[式(3.9.6)]。可求出它的单位样值响应 $h(n)$ 为

$$h(n)=a\beta^n,\ n=0,\ 1,\ \cdots,\ M$$

因为 $h(n)$ 为有限值，所以 EWMA 是一个 FIR 滤波器。

如果令 $M\to\infty$，则可以将 L 点 EWMA 滤波器扩展成一个 IIR 滤波器。因此，IIR EWMA 滤波器的单位样值响应 $h(n)$ 就为

$$h(n)=a\beta^n,\ n=0,\ 1,\ 2,\ \cdots \tag{6.12.4}$$

对式(6.12.4)求 z 变换，就可得到 IIR EWMA 滤波器的传递函数 $H(z)$ 为

$$H(z)=Z[a\beta^n]=\frac{az}{z-\beta} \tag{6.12.5}$$

式中，$0<\beta<1$。

由式(6.1.11)又知，单位圆上的 $H(z)$ 的 z 变换与其对应的 DTFT(即系统的频率响应) $H(\mathrm{e}^{\mathrm{j}\omega})$ 等价，故有

$$H(z)\big|_{z=\mathrm{e}^{\mathrm{j}\omega}}=H(\mathrm{e}^{\mathrm{j}\omega}) \tag{6.12.6}$$

所以，通过计算单位圆上 $H(\mathrm{e}^{\mathrm{j}\omega})$ 的值(见图 6.1.4)，就可以得到 $H(z)$ 的值。具体讲，只要使频率响应 $H(\mathrm{e}^{\mathrm{j}\omega})$ 在 $\phi(\omega)=0$ 时满足 $H(\mathrm{e}^{\mathrm{j}\omega})\big|_{\phi(\omega)=0}=1$，在单位圆上取 $z=1$ 并利用式(6.12.4)，就有

$$H(\mathrm{e}^{\mathrm{j}\omega})\Bigg|_{\substack{\phi(\omega)=0\\ z=1}}=\frac{a}{1-\beta}=1$$

或

$$a=1-\beta$$

当 $a=1-\beta$ 时，由式(6.12.5)可得到 IIR EWMA 滤波器的递归方程如下：

$$y(n+1)-\beta y(n)=(1-\beta)x(n+1) \tag{6.12.7}$$

式(6.12.7)在金融领域又被称为 EMA(Exponential Moving Average)滤波器或指数移动平均线，一般用下面的标准形式给出：

$$y(n)=\beta y(n-1)+(1-\beta)x(n) \tag{6.12.8}$$

对式(6.12.8)重新整理，得其等价形式为

$$y(n)=y(n-1)+(1-\beta)[x(n)-y(n-1)] \tag{6.12.9}$$

由式(6.12.9)可知，如果 $\beta=0$，则 $y(n)=x(n)$，这将意味着系统没有滤波作用。如果

β从0开始增大，且ω从0到π增加，则系统的频率响应曲线有一个陡降。下面程序给出了IIR EWMA或EMA滤波器的频率响应：

```
a=0.2;
W=0:.01:1;
omega=W*pi;
z=exp(j*omega);
H=a*z./(z-(1-a));
magH = abs(H); angH = 180/pi*unwrap(angle(H));
subplot(211); plot(W,magH); grid on; axis([0,1,0,1])
xlabel('frequency in pi units'); ylabel('|H|');
subplot(212); plot(W,angH); grid on
xlabel('frequency in pi units'); ylabel('Phase in pi Radians');
```

IIR EWMA滤波器的幅度响应和相位响应如图6.12.3所示，其中实线对应$\beta=0.7$的情况，虚线对应$\beta=0.8$的情况。

需要对上述结果作一些解释。由图6.12.3左边的幅度响应知，当ω从0到π增加时，系统的幅度响应曲线有一个陡降，这表明IIR EWMA滤波器具有优良的低通滤波特性；而图6.12.3右边的相位响应给出的相位特性曲线则显示IIR EWMA对输入数据$x(n)=x_1(n)+e(n)$中的低频分量[平滑部分$x_1(n)$]产生了一个明显的延迟。比如当$\beta=0.8$且$\omega=0.1\pi$时，相位约为$-45°=-0.25\pi$，这就意味着当ω分布在$[0, 0.1\pi]$区间时，相位曲线的斜率约等于$-0.25\pi/0.1\pi=-2.5$。换句话说，当$\beta=0.8$时，IIR EWMA滤波器对输入数据$x(n)$中的低频分量$x_1(n)$延迟了2.5个时间单位，若针对QQQ股价数据，该滤波器对股价数据的平滑分量将延迟2.5日。可以调用QQQ从2011.05.06到2011.08.01期间的60个交易日的收盘价数据$Close(n)$，作为IIR EWMA滤波器的输入来证明这一点。

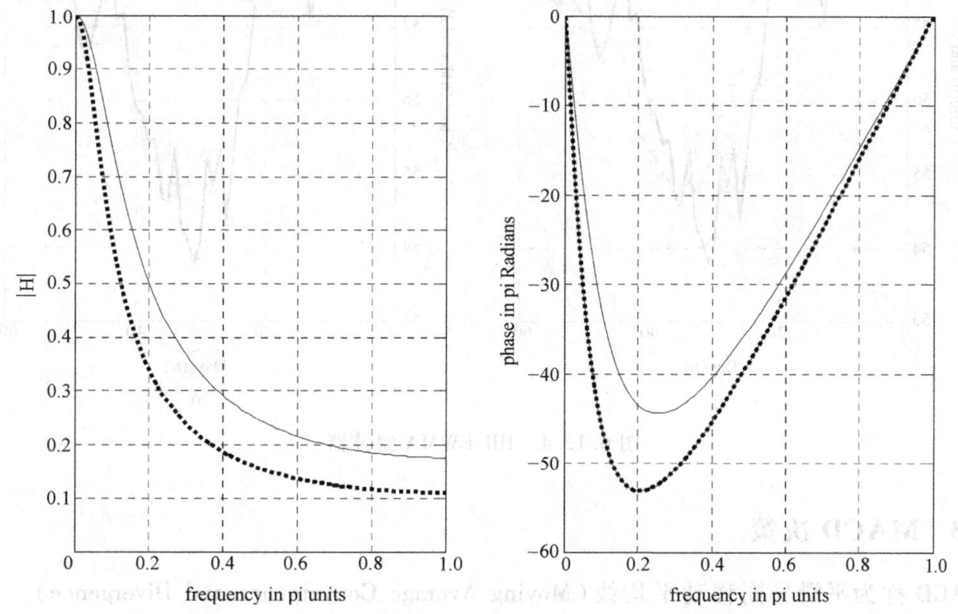

图6.12.3 IIR EWMA滤波器的幅度响应(左图)和相位响应(右图)

注：实线对应$\beta=0.7$，虚线对应$\beta=0.8$。

设 IIR EWMA 滤波器由式(6.12.9)定义，则将 QQQ 60 个交易日的收盘价作为滤波器的输入信号，并应用 IIR EWMA 滤波器，其 MATLAB 程序如下：

```
% QQQ 60 Historical Prices
% data from 2011.05.06 to 2011.08.01
beta=0.8;
Close = csvread('QQQ_2011_05_06_2011_08_01.csv',1,4,[1 4 60 4]);
y(1)=Close(1);
for n=2:60;
  y(n)=y(n-1)+(1-beta)*(Close(n)-y(n-1));
end;
n=2:60;
plot(n,Close(n),'b',n,Close(n),'ob',n,y(n),'--r',n,y(n),'--r*');
xlabel('Day(n)');ylabel('Close[n] and y[n]')
```

图 6.12.4 中“+”号线是 IIR EWMA 滤波器的输出 $y(n)$。从图 6.12.4a 可见，虽然收盘价波动较大，但 IIR EWMA 滤波器对输入收盘价数据(圆圈线)有很好的平滑作用；图 6.12.4b 是将 $y(n)$ 左移 2 日后的滤波器的输出，对应左移序列 $y(n+2)$，可以发现左移 2 日后的输出 $y(n)$ 与输入数据 $Close(n)$ 已经能够很好地对应。由此可见，IIR EWMA 滤波器的输出序列对输入序列延迟 2.5 日。

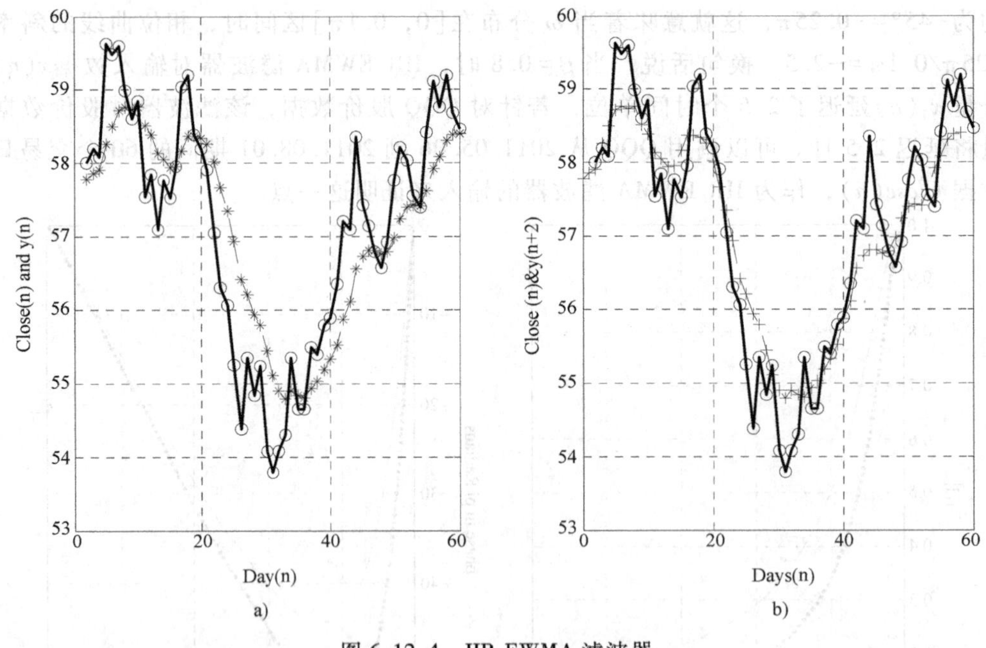

图 6.12.4　IIR EWMA 滤波器

6.12.3　MACD 决策

MACD 称为平滑异同移动平均线(Moving Average Convergence and Divergence)。它吸收了指数移动平均线(滤波器)的优点，根据两条不同速度(长期与中期)的指数移动平均线来计算两者之间的离差状况作为行动决策的基础，实际是运用快速与慢速移动平均线聚合与分离的征兆，做出是行动还是放弃(如判断股票的买卖时机)的决定。根据移动平均线原理并加以双重平滑运算发展出来的MACD，一则去除了移动平均线频繁发出假信号的缺陷，二则保留了移动平均线的效果，因此MACD指标具有均线趋势性、稳重性、安定性等特点，是用来研判行动与否(如买卖股票的时机、预测股票价格涨跌)的技术分析指标。

在金融数据的分析中，前面讨论过的IIR EWMA滤波器其实就是EMA滤波器，只不过定义式(6.12.8)中的参数$\beta=\frac{L-1}{L+1}$，并且$a=1-\beta=\frac{2}{L+1}$。因此，标准的L点EMA滤波器，也就是所谓的L点指数移动平均线的定义如下：

$$y(n)=\beta y(n-1)+(1-\beta)x(n)=\frac{L-1}{L+1}y(n-1)+\frac{2}{L+1}x(n) \tag{6.12.10}$$

注意，由式(6.12.10)可知，L点EMA滤波器是一个递归滤波器。

现为参数β设置两个值β_1和β_2，并且满足$\beta_1<\beta_2$，令

$$y_1(n)=\beta_1 y(n-1)+(1-\beta_1)x(n)=\frac{L_1-1}{L_1+1}y(n-1)+\frac{2}{L_1+1}x(n) \tag{6.12.11}$$

$$y_2(n)=\beta_2 y(n-1)+(1-\beta_2)x(n)=\frac{L_2-1}{L_2+1}y(n-1)+\frac{2}{L_2+1}x(n) \tag{6.12.12}$$

分别是$\beta=\beta_1$和$\beta=\beta_2$时的EMA滤波器的输出。可以看出，由于$\beta_1<\beta_2$，故EMA滤波器的输出$y_1(n)$比$y_2(n)$要“快”。作决策的依据就是，当$y_1(n)$超越$y_2(n)$时是利好的征兆（如“牛市”），上升趋势出现，可以跟进(如买进股票)；当$y_1(n)$下降到$y_2(n)$下面时是衰落的征兆(如“熊市”)，下跌趋势出现，应该退出(如卖出股票)。

这种决策的适用范围取决于参数β_1和β_2的取值。当需要对某种事物或现象进行预测时(如选择一支股票)，β_1和β_2的理想值将依据利益最大化的原则而定，其值取决于指标数据的变化率及模式，并无精确的科学方法，通常是追溯事件的历史数据，根据经验甚至直觉选择β_1和β_2。

为了说明这种决策方法，仍然调用QQQ历史数据，将收盘价数据$Close(n)$作为EMA滤波器的输入，交易时间是从2008.01.01~2009.02.13的283个交易日。MACD信号则是快变(短数据)和慢变(长数据)的两个EMA滤波器输出$y_1(n)$和$y_2(n)$的差值信号：

$$D(n)=y_1(n)-y_2(n) \tag{6.12.13}$$

如果假设快变参数$\beta_1=\frac{L_1-1}{L_1+1}$，取$L_1=12$天，慢变参数$\beta_2=\frac{L_2-1}{L_2+1}$，取$L_2=26$天，那么$\beta_1\approx 0.8$及$\beta_2\approx 0.9$，EMA滤波器由式(6.12.10)定义，则计算MACD差值信号$D(n)$的MATLAB程序如下：

```
Q4data = csvread('QQQ_2008_01_01_2009_02_13.csv',1,1,[1 1 283 6]);
Close= Q4data(283:-1:1,4);
y1(1)=Close(1);
for n=2:283;
  y1(n)=y1(n-1)+.2*(Close(n)-y1(n-1));
end;
y2(1)=Close(1);
```

```
for n=2:283;
  y2(n)=y2(n-1)+.1*(Close(n)-y2(n-1));
  D(n)=y1(n)-y2(n);
end;
n=2:283;
subplot(211),plot(n,D(n),'b',n,D(n),'b.')
grid
xlabel('Day (n)')
ylabel('D (n)=y1(n)-y2(n)')
subplot(212),plot(n,Close(n),'b',n,Close(n),'b.')
grid
xlabel('Day (n)')
ylabel('Close[n]')
```

图 6.12.5a 所示的是 $n=2, 3, \cdots, 283$ 时的差值信号，图 6.12.5b 则给出同期(即 281 日)QQQ 的收盘价以作比价。可见，当 $D(n)=y_1(n)-y_2(n)>0$(对应图 6.12.5a 中粗实线的上方)时，EMA 滤波器在 $\beta_1=0.8$ 时的输出 $y_1(n)$ 大于 $\beta_2=0.9$ 时的输出 $y_2(n)$，此时图 6.12.5b 提示股价在上涨；当 $D(n)=y_1(n)-y_2(n)<0$(对应图 6.12.5a 中粗实线的下方)时，EMA 滤波器在 $\beta_1=0.8$ 时的输出 $y_1(n)$ 小于 $\beta_2=0.9$ 时的输出 $y_2(n)$，此时图 6.12.5b 提示股价在下跌。具体操作建议是，由于 $D(n)$ 在第 $n=47$ 日时开始由负转正，一直持续到 $n=112$ 日，

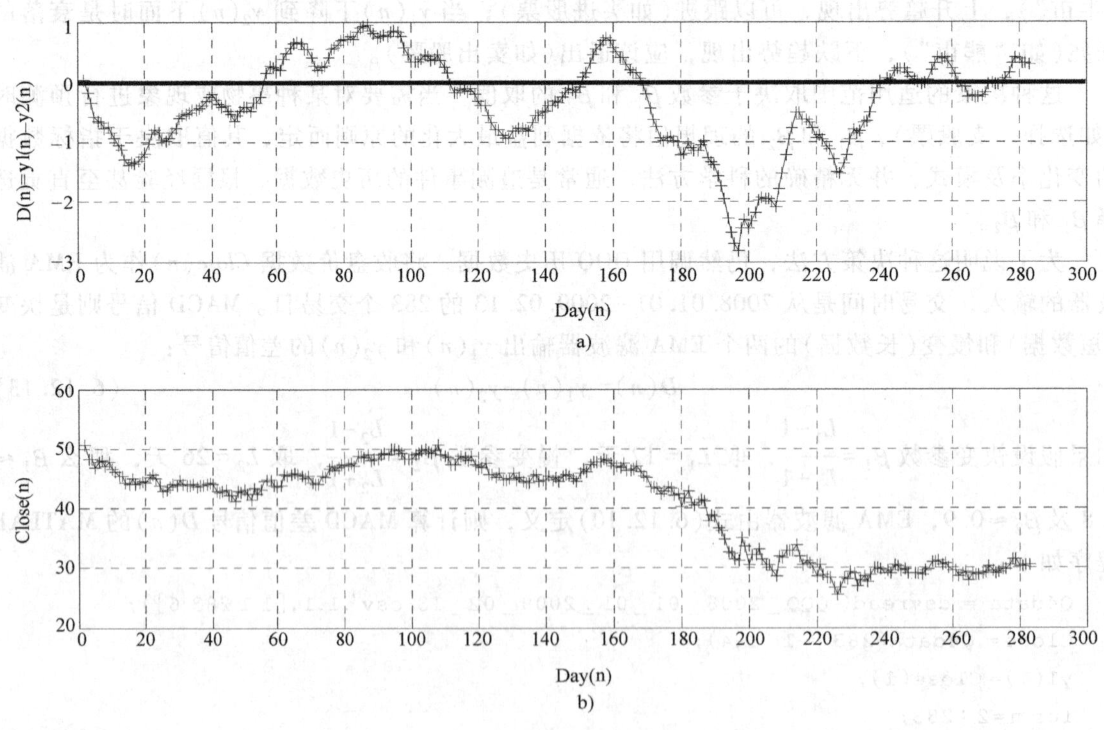

图　6.12.5

a）MACD 的差值信号 $D(n)=y_1(n)-y_2(n)$　b）同时期的 QQQ 收盘价

之后变负[应该检查具体的 $D(n)$ 加以确认]，因此在第 47 日之前考虑买入，在接近 112 日时应该卖出。这样，每股得利为 $Close(112)-Close(47)=47.37$ 美元-41.26 美元$=6.11$ 美元(不包括交易费、佣金等)，收益率为$[Close(112)-Close(47)]/Close(47)*100=14.81\%$。

通常，如果 QQQ 收盘价是周期的，即在实际报价的峰值与谷值之间股价是波动的，但两个峰值之间的时间长度不超过 100 天的话，取 $\beta_1=0.8$ 及 $\beta_2=0.9$ 将在决策点附件产生亏损。为验证方便起见，不妨取过去的 QQQ 历史数据为例，例如取 2004.03.01 ~ 2004.07.22 的 100 个交易日的收盘价示于图 6.12.6。若取 $\beta_1=0.8$ 及 $\beta_2=0.9$，将 MACD 策略运用到图 6.12.6 中将产生亏损。读者可运用上述过程验证这一点。造成这种局面的原因是，参数取 $\beta_1=0.8$ 及 $\beta_2=0.9$ 时对应的是短期数据 12 天($L_1=12$)和长期数据 26 天($L_2=26$)的情况，而 QQQ 的收盘价在这一年里大约有一个 60 天的周期，EMA 滤波器的输出不能及时跟随价格的这种快速变动。

解决这个问题的途径是调整参数 β_1 和 β_2，以使 EMA 滤波器具有较快的响应。如果调整 EMA 滤波器参数 $\beta_1=0.6$($L_1=4$ 天)及 $\beta_2=0.8$($L_2=10$ 天)，获得的 MACD 的差值信号 $D(n)=y_1(n)-y_2(n)$ 如图 6.12.6 所示。但是，根据图 6.12.6 所示的 MACD 信号提示的信息进行(投资)决策，从收益角度看效果还是不够理想。要想基于信号处理技术获得有价值的决策策略，针对股票交易案例，决策(交易)策略可以进行如下改进：

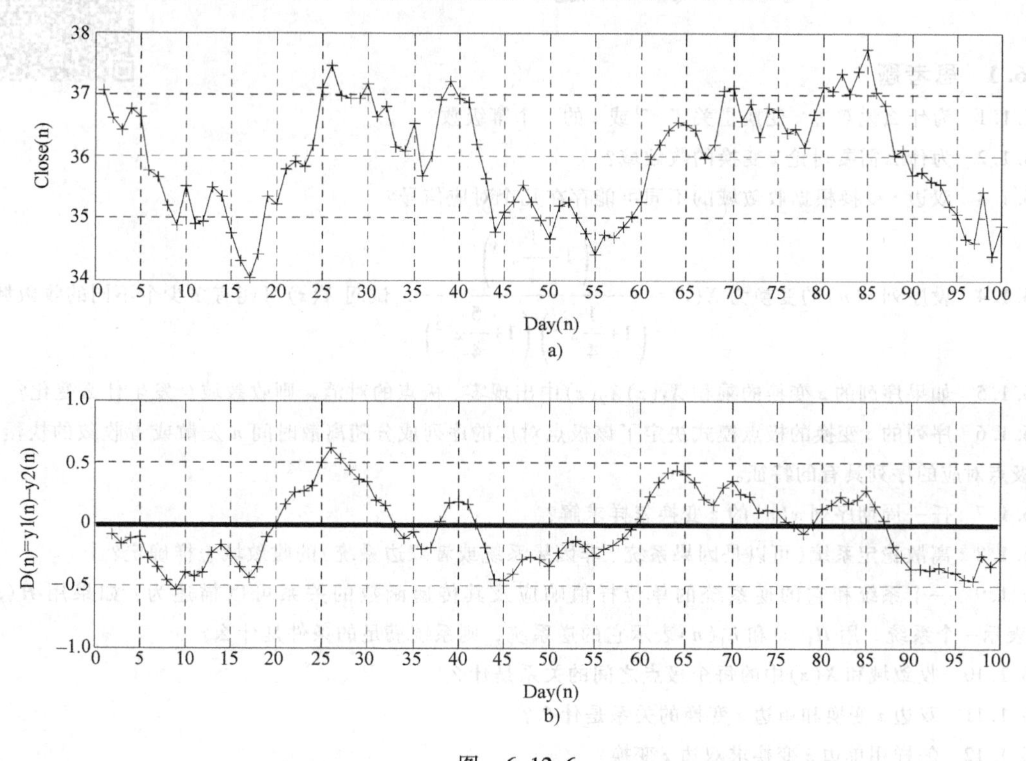

图 6.12.6

a) 100 个交易日的收盘价 b) $\beta_1=0.6$ 和 $\beta_2=0.8$ 时的 MACD 的差值信号

1) 在日期 n 的前一日，如果 MACD 的差值信号 $D(n)=y_1(n)-y_2(n)>-\varepsilon$，并且 $D(n-1)=y_1(n-1)-y_2(n-1)<-\varepsilon$，则在该日收盘时考虑买进并持股等待，其中 $\varepsilon>0$ 是一个小阈值参数。

2）当某日期 n 使 $D(n)<D(n-1)$ 时，可考虑在该日收盘时卖出所持股票。

3）等到下一个日期 n，当决策条件满足时，即 $D(n)>-\varepsilon$ 且 $D(n-1)<-\varepsilon$，则考虑在该日收盘时再买进并持股等待。

4）这个过程可以反复进行。

作为上述改进决策方法的验证，可以取 $\varepsilon=0.05$ 并将此策略应用到 2004.03.01～2004.07.22 的 100 个交易日的收盘价数据中，可以看出在第 20 日、第 38 日、第 59 日及第 79 日买进股票，而在第 27 日、第 41 日、第 65 日及第 83 日卖出股票，结果将获得净收益每股 3.53 美元（不含交易费等）。请读者自己进行验证。

应用 MACD 方法在实际操作中还可以用其他滤波器，如二阶 IIR 滤波器，代替本节的 EMA 滤波器。

特别提示，用上述改进的 MACD 方法进行交易决策是有一定风险的，它不能保证总是获利。本节基于信号分析实践的目的讨论这个问题，只是希望告诉大家信号分析和处理的广泛用途及拓展读者的知识面。作者及出版社对于应用本书讨论的技术及交易策略造成的任何损失将不负责。

习　题

6.1　思考题

6.1.1　为什么说双边 z 变换是关于 z^{-1} 或 z 的一个幂级数？

6.1.2　为什么需要讨论 z 变换的收敛域？

6.1.3　双边 z 变换根据收敛域的不同可能存在几个对应信号？

6.1.4　设序列 $x(n)$ 的变换为 $X(z)=\dfrac{\left(1-\dfrac{1}{4}z^{-2}\right)}{\left(1+\dfrac{1}{4}z^{-2}\right)\left(1+\dfrac{5}{4}z^{-2}\right)}$，试问 $X(z)$ 可能有多少个不同的收敛域？

6.1.5　如果序列的 z 变换的乘积 $X_1(z)X_2(z)$ 中出现零、极点的对消，则收敛域会发生什么变化？

6.1.6　序列的 z 变换的极点模式决定了该极点对应的序列成分随离散时间 n 发散或者收敛的快慢。试讨论极点对应的序列具有的特征。

6.1.7　任一周期序列 $x(n)$ 的 z 变换怎样求解？

6.1.8　离散稳定系统（可以是因果系统、非因果系统或者双边系统）的收敛域怎样确定？

6.1.9　一个系统和它的逆系统的单位样值响应及其传递函数的关系可以描述为：如果用 $H(z)$ 和 $h(n)$ 表示一个系统，用 $H_1(z)$ 和 $h_1(n)$ 表示它的逆系统，则系统满足的条件是什么？

6.1.10　收敛域和 $X(z)$ 中的每个极点之间的关系是什么？

6.1.11　双边 z 变换和单边 z 变换的关系是什么？

6.1.12　怎样用单边 z 变换求双边 z 变换？

6.1.13　传递函数对应 $H(z)$ 的逆系统的传递函数如何定义？

6.1.14　设 $x(n)$ 是一个绝对可求和的信号，其有理 z 变换为 $X(z)$。若已知 $X(z)$ 在 $z=\dfrac{1}{2}$ 有一个极点，则 $x(n)$ 是什么信号（有限长 \ 左边 \ 右边 \ 区间）？

6.1.15　为使题图 6.1.1 所示系统稳定，常数 K 应取为多少？

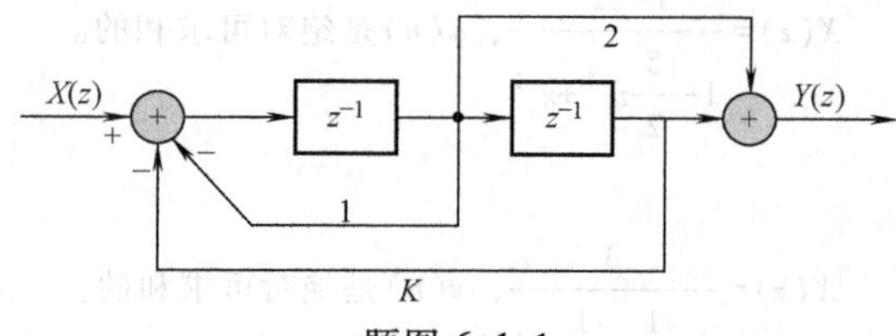

题图 6.1.1

6.2　练习题

6.2.1　设有界序列 $x(n)=\{5,\ 3,\ \underset{\uparrow}{-2},\ 0,\ 4,\ -3\}$，试求它的 z 变换 $X(z)$，并确定其收敛域。

6.2.2　已知序列 $f(n)$ 的 z 变换为 $F(z)=\dfrac{-3z^{-1}}{2-5z^{-1}+2z^{-2}}$，试求：

1）收敛域为 $|z|>2$ 时的序列 $f(n)$。

2）收敛域为 $0<|z|<0.5$ 时的序列 $f(n)$。

3）收敛域为 $0.5<|z|<2$ 时的序列 $f(n)$。

6.2.3　设 $x(n)$ 的有理 z 变换 $X(z)$ 包含一个极点 $z=\dfrac{1}{2}$，已知 $x_1(n)=\left(\dfrac{1}{4}\right)^n x(n)$ 是绝对可求和的，而 $x_2(n)=\left(\dfrac{1}{8}\right)^n x(n)$ 不是绝对可求和的。试确定序列 $x(n)$ 是左边、右边还是双边的。

6.2.4　设离散序列 $x(n)=\left(\dfrac{1}{5}\right)^n u(n-3)$，试求该序列的 z 变换，并确定其收敛域。

6.2.5　设序列 $x(n)=(-1)^n u(n)+\alpha^n u(-n-N)$，已知该序列 z 变换的收敛域 ROC 满足 $1<|z|<2$，试确定系数 α 和整数 N 应满足的条件。

6.2.6　求序列 $x(n)=\delta(n)-0.95\delta(n-6)$ 的 z 变换，并画出 z 变换的零、极点图。

6.2.7　有一序列 $y(n)$，它与另两个序列 $x_1(n)$ 和 $x_2(n)$ 存在以下关系：

$$y(n)=x_1(n+3)*x_2(-n+1)$$

其中，$x_1(n)=\left(\dfrac{1}{2}\right)^n u(n)$，$x_2(n)=\left(\dfrac{1}{3}\right)^n u(n)$。试利用 z 变换的性质求出 $y(n)$ 的 z 变换 $Y(z)$。

6.2.8　求下列序列的 z 变换，画出零、极点图并指出收敛域。

1）$\delta(n+5)$　　2）$\delta(n-5)$

3）$(-1)^n u(n)$　　4）$\left(\dfrac{1}{2}\right)^{n+1} u(n+3)$

5）$\left(-\dfrac{1}{3}\right)^{n+1} u(-n-3)$　　6）$\left(-\dfrac{1}{4}\right)^n u(3-n)$

7）$2^n u(-n)+\left(\dfrac{1}{4}\right)^n u(n-1)$　　8）$\left(-\dfrac{1}{3}\right)^{n-2} u(n-2)$

6.2.9　求下列序列的 z 变换，画出零、极点图并指出收敛域。

1）$\left(\dfrac{1}{2}\right)^n [u(n+4)-u(n-5)]$　　2）$n\left(\dfrac{1}{2}\right)^{|n|}$

3）$|n|\left(\dfrac{1}{2}\right)^{|n|}$　　4）$4^n\cos\left(\dfrac{2\pi}{6}+\dfrac{\pi}{4}\right)u(-n-1)$

6.2.10　试用下面要求的方法，求出各 z 变换对应的序列 $x(n)$。

1）部分分式展开法：

$$X(z)=\frac{1-2z^{-1}}{1-\frac{5}{2}z^{-1}+z^{-2}}$$，$x(n)$是绝对可求和的。

2）部分分式展开法：

$$X(z)=\frac{3}{z-\frac{1}{4}-\frac{1}{8}z^{-1}}$$，$x(n)$是绝对可求和的。

3）长除法：

$$X(z)=\frac{1-\frac{1}{2}z^{-1}}{1+\frac{1}{2}z^{-1}}$$，$x(n)$为右边序列。

6.2.11　用部分分式展开法计算 $F(z)$ 的逆 z 变换。

$$F(z)=\frac{1}{(1-0.5z^{-1})(1-0.75z^{-1})(1-z^{-1})}$$

6.2.12　求出 $X(z)=\frac{z}{(z-0.25)(z-0.5)}$的全部逆变换。

6.2.13　设序列 $x(n)$ 为右边序列，其 z 变换为

$$X(z)=\frac{1}{\left(1-\frac{1}{2}z^{-1}\right)(1-z^{-1})}$$

1）将 $X(z)$ 表示成 z^{-1} 的多项式之比的形式，经部分分式展开求 $x(n)$。

2）将 $X(z)$ 表示成 z 的多项式之比的形式，经部分分式展开求 $x(n)$。

6.2.14　有一左边序列 $x(n)$，其 z 变换为

$$X(z)=\frac{1}{\left(1-\frac{1}{2}z^{-1}\right)(1-z^{-1})}$$

1）将 $X(z)$ 写成 z 的多项式之比的形式。

2）将 $X(z)$ 部分分式展开，其中每一项都含 1）中结果的一个极点。

3）求出该序列 $x(n)$。

6.2.15　一右边序列 $x(n)$ 的 z 变换已知为

$$X(z)=\frac{3z^{-10}+z^{-7}-5z^{-2}+4z^{-1}+1}{z^{-10}-5z^{-7}+z^{-3}}$$

试求出 $n<0$ 时的序列 $x[n]$。

6.2.16　设一序列 $x(n)$ 的 z 变换为 $X(z)=\frac{(1+z^{-1})}{\left(1+\frac{1}{3}z^{-1}\right)}$，如果：

1）ROC 为 $|z|>\frac{1}{3}$，用长除法求 $x(0)$、$x(1)$ 和 $x(2)$的值。

2）ROC 为 $|z|<\frac{1}{3}$，用长除法求 $x(0)$、$x(-1)$ 和 $x(-2)$的值。

6.2.17　对下列每个 z 变换，分别用部分分式展开法和长除法求逆 z 变换：

a) $X(z)=\dfrac{1-z^{-1}}{1-\dfrac{1}{4}z^{-2}},\ |z|>\dfrac{1}{2}$ b) $X(z)=\dfrac{1-z^{-1}}{1-\dfrac{1}{4}z^{-2}},\ |z|<\dfrac{1}{2}$

c) $X(z)=\dfrac{z^{-1}-\dfrac{1}{2}}{1-\dfrac{1}{2}z^{-1}},\ |z|>\dfrac{1}{2}$ d) $X(z)=\dfrac{z^{-1}-\dfrac{1}{2}}{1-\dfrac{1}{2}z^{-1}},\ |z|<\dfrac{1}{2}$

e) $X(z)=\dfrac{z^{-1}-\dfrac{1}{2}}{\left(1-\dfrac{1}{2}z^{-1}\right)^{2}},\ |z|>\dfrac{1}{2}$ f) $X(z)=\dfrac{z^{-1}-\dfrac{1}{2}}{\left(1-\dfrac{1}{2}z^{-1}\right)^{2}},\ |z|<\dfrac{1}{2}$

6.2.18 针对下列离散LTI系统的传递函数 $H(z)$，试判断系统的稳定性和因果性。

1) $\dfrac{1-\dfrac{4}{3}z^{-1}+\dfrac{1}{2}z^{-2}}{z^{-1}\left(1-\dfrac{1}{2}z^{-1}\right)\left(1-\dfrac{1}{3}z^{-1}\right)}$ 2) $\dfrac{z-\dfrac{1}{2}}{z^{2}+\dfrac{1}{2}z-\dfrac{3}{16}}$ 3) $\dfrac{z+1}{z+\dfrac{4}{3}-\dfrac{1}{2}z^{2}-\dfrac{2}{3}z^{-3}}$

6.2.19 设某离散LTI系统的单位样值响应 $h(n)$ 为

$$h(n)=\begin{cases}a^{n} & n\geqslant 0\\ 0 & n<0\end{cases}$$

系统输入为

$$x(n)=\begin{cases}1 & 0\leqslant n\leqslant N-1\\ 0 & \text{其他}\end{cases}$$

1) 用卷积和方法求系统输出 $y(n)$。

2) 用 z 变换法求系统输出 $y(n)$。

6.2.20 求下列序列的单边 z 变换，并标出收敛域：

1) $x_1(n)=\left(\dfrac{1}{4}\right)^{n}u(n+5)$

2) $x_2(n)=\delta(n+3)+\delta(n)+2^{n}u(-n)$

3) $x_3(n)=\left(\dfrac{1}{2}\right)^{|n|}$

6.2.21 针对如下离散系统的差分方程，已知输入序列 $x(n)$ 和初始条件 $y(-1)$，试用单边 z 变换求系统的零输入响应和零状态响应。

1) $y(n)+3y(n-1)=x(n),x(n)=\left(\dfrac{1}{2}\right)^{n}u(n),y(-1)=1$

2) $y(n)-\dfrac{1}{2}y(n-1)=x(n)-\dfrac{1}{2}x(n-1),\ x(n)=u(n),\ y(-1)=0$

3) $y(n)-\dfrac{1}{2}y(n-1)=x(n)-\dfrac{1}{2}x(n-1),x(n)=u(n),y(-1)=1$

6.2.22 序列 $x(n)$ 的自相关序列定义为 $r_{xx}(n)=\sum\limits_{k=-\infty}^{\infty}x(k)x(n+k)$。试利用 $x(n)$ 的 z 变换求出 $r_{xx}(n)$ 的 z 变换。

6.2.23 已知离散因果序列 $x(n)$ 的 z 变换为 $X(z)=\dfrac{z(z+1)}{(z^{2}-1)(z+0.5)}$，试用 z 变换的初值和终值性质确

定离散序列 $x(n)$ 的初值 $x(0)$ 和终值 $x(\infty)$。

6.2.24　某系统由差分方程

$$y(n)-\frac{1}{2}y(n-1)+\frac{1}{4}y(n-2)=x(n)$$

描述。

1）试求系统的传递函数。

2）若系统输入序列 $x(n)=\left(\frac{1}{2}\right)^n u(n)$，试求系统的输出序列 $y(n)$。

6.2.25　下面给出四个因果离散系统的传递函数 $H(z)$，试分别判断它们的稳定性。

1）$\frac{z+2}{8z^2-2z-3}$　　2）$\frac{2z-4}{2z^2+z-1}$

3）$\frac{8(1-z^{-1}-z^{-2})}{2+5z^{-1}+2z^{-2}}$　　4）$\frac{1+z^{-1}}{1-z^{-1}+z^{-2}}$

6.2.26　设一因果离散 LTI 系统由差分方程

$$y(n)=y(n-1)+y(n-2)+x(n-1)$$

描述。

1）求该系统的传递函数 $H(z)$，画出 $H(z)$ 的零、极点图，并指出收敛域。

2）求系统的单位样值响应 $h(n)$。

3）判断系统是否稳定，若系统不稳定，试确定一个满足该差分方程的稳定（非因果）单位样值响应。

6.2.27　某离散 LTI 系统由差分方程

$$y(n-1)-\frac{10}{3}y(n)+y(n+1)=x(n)$$

描述。试求系统的单位样值响应 $h(n)$，并确定系统的稳定性。

6.2.28　某离散 LTI 系统，其输入 $x(n)$ 和输出 $y(n)$ 满足下列差分方程：

$$y(n-1)+2y(n)=x(n)$$

1）若 $y(-1)=2$，求系统的零输入响应。

2）若 $x(n)=\left(\frac{1}{4}\right)^n u(n)$，求系统的零状态响应。

3）当 $x(n)=\left(\frac{1}{4}\right)^n u(n)$ 和 $y(-1)=2$ 时，求 $n\geqslant 0$ 时的系统的输出。

6.2.29　已知传递函数 $H(z)$ 如下式，试写出其差分方程。

$$H(z)=\frac{z+2}{8z^2-2z-3}$$

6.2.30　设一离散 LTI 系统的差分方程是 $y(k)=\alpha y(k-1)+x(k)$，试求其逆系统 $H^{-1}(z)$。

6.2.31　试计算三点滑动平均(MA)滤波器 $y(n)=\frac{1}{3}[x(n+1)+x(n)+x(n-1)]$ 的幅度响应和相位响应。

6.3　综合题

6.3.1　一个 z 变换为 $X(z)$ 的离散时间序列 $x(n)$ 满足如下四个条件：

1）$x(n)$ 是实的右边序列。

2）$X(z)$ 有两个极点，其中一个极点已知为 $z=\frac{1}{2}e^{j\pi/3}$。

3）$X(z)$ 在原点有二阶零点。

4) $X(1)=\dfrac{8}{3}$。

试求序列 $x(n)$ 的 z 变换 $X(z)$，并给出它的收敛域。

6.3.2 已知某离散线 LTI 系统可用如下一对差分方程描述：

$$y(n)+\frac{1}{4}y(n-1)+w(n)+\frac{1}{2}w(n-1)=\frac{2}{3}x(n)$$

$$y(n)-\frac{5}{4}y(n-1)+2w(n)-2w(n-1)=-\frac{5}{3}x(n)$$

其中，$x(n)$ 为输入序列，$y(n)$ 为输出序列，$w(n)$ 为中间变量，试求：

1) 该系统的传递函数 $H(z)$ 和单位样值响应 $h(n)$。

2) 以 $x(n)$ 和 $y(n)$ 为变量的输入、输出差分方程。

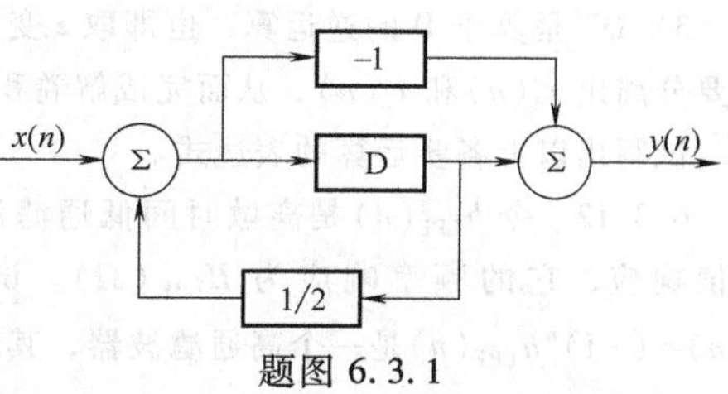

题图 6.3.1

6.3.3 针对题图 6.3.1 所示的离散系统：

1) 试求其频率响应函数。

2) 粗略绘制出其幅频特性和相频特性。

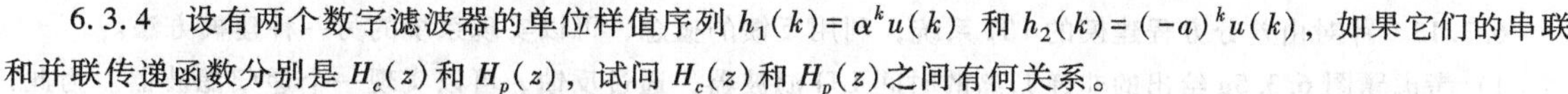
6.3.4 设有两个数字滤波器的单位样值序列 $h_1(k)=\alpha^k u(k)$ 和 $h_2(k)=(-a)^k u(k)$，如果它们的串联和并联传递函数分别是 $H_c(z)$ 和 $H_p(z)$，试问 $H_c(z)$ 和 $H_p(z)$ 之间有何关系。

6.3.5 已知一离散因果线性系统的差分方程为

$$y(n)+0.2y(n-1)-0.24y(n-2)=f(n)+f(n-1)$$

1) 求系统的传递函数 $H(z)$。

2) 画出零、极点图，并说明其收敛域以及系统的稳定性。

3) 求出系统的单位样值响应 $h(n)$。

4) 当系统输入 $f(n)=u(n)$ 时，求系统的零状态响应 $y_{zs}(n)$。

6.3.6 设离散时间系统如题图 6.3.2 所示，试问 k 值为何值时可以使系统稳定。

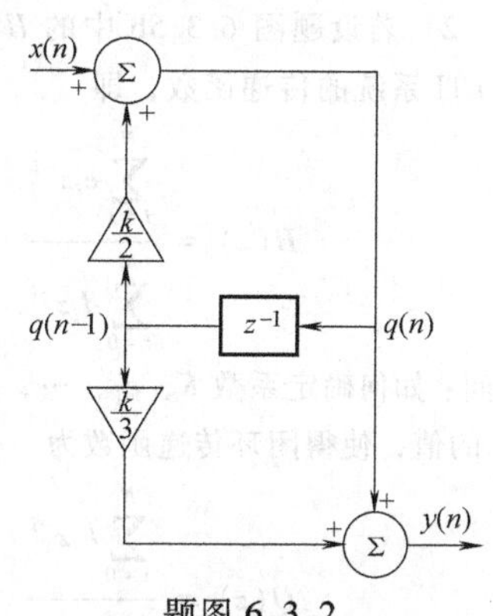

题图 6.3.2

6.3.7 用计算机对测量数据 $x(n)$ 进行平均处理，具体步骤为：每接收一个数据，计算机自动将这一次数据和前三次收到的数据进行平均。试给出这一运算过程的频率响应。

6.3.8 离散因果系统如题图 6.3.3 所示。

1) 求传递函数 $H(z)$。

2) 绘制系统的零、极点图。

3) p 取何值时，系统是稳定的？

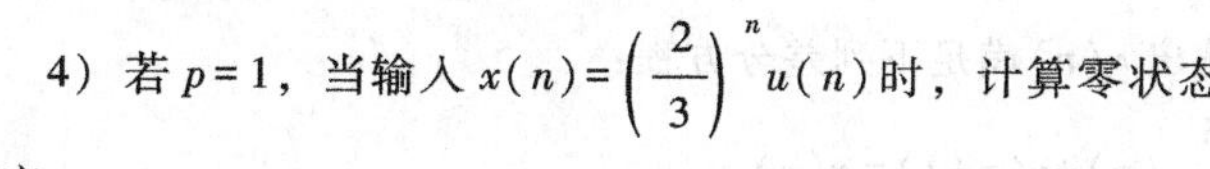
4) 若 $p=1$，当输入 $x(n)=\left(\dfrac{2}{3}\right)^n u(n)$ 时，计算零状态响应。

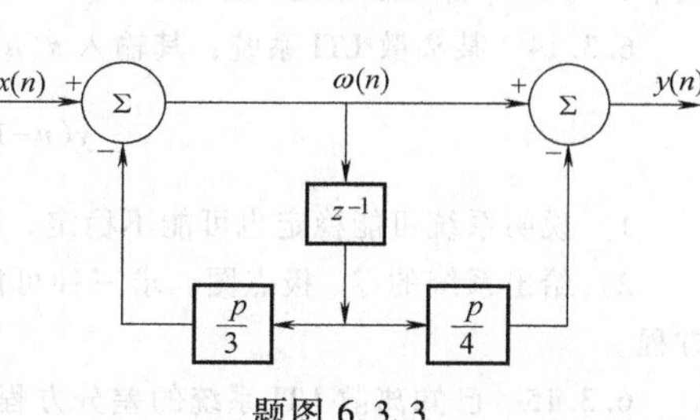

题图 6.3.3

6.3.9 一个实序列 $x(n)$，其有理 z 变换已知为 $X(z)$。

1) 证明：$X(z)=X^*(z^*)$。

2) 证明：若 $z=z_0$ 是 $X(z)$ 的一个零点，则 $z=z_0^*$ 也是 $X(z)$ 的零点。

6.3.10 设离散系统的差分方程如下所示：

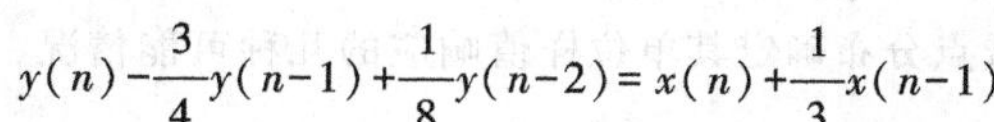

$$y(n)-\frac{3}{4}y(n-1)+\frac{1}{8}y(n-2)=x(n)+\frac{1}{3}x(n-1)$$

1) 求传递函数和单位样值响应。

2）画出传递函数的零、极点图。

3）画出系统的幅频特性。

4）画出系统的结构框图。

6.3.11　设 $x(n)=x_1(n)*x_2(n)$，如果需要直接从卷积运算 $x_1(n)*x_2(n)$ 中分离出信号 $x_1(n)$ 和 $x_2(n)$ 显然是困难的。但是，借助某种线性滤波方法则易于分离出两个相加信号。题图 6.3.4 给出了所谓的同态滤波解卷积的原理框图，其中各模块的作用如下：

1）算子 D 表示对 $x(n)$ 取 z 变换、取对数和逆 z 变换，得到包含 $x_1(n)$ 和 $x_2(n)$ 信息的相加形式。

2）L 为线性滤波器，可以将两个相加项分离，提取出所需的信号。

3）D^{-1} 是算子 D 的逆运算，也即取 z 变换、取指数和逆 z 变换，至此，可从 $x(n)=x_1(n)*x_2(n)$ 中按需要分离出 $x_1(n)$ 和 $x_2(n)$，从而完成解卷积过程。

试写出以上各步运算的表达式。

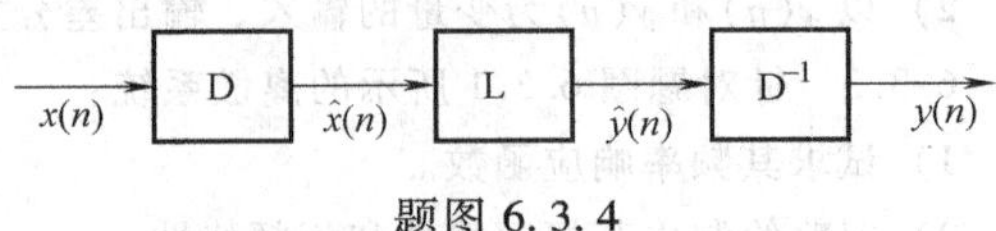

题图 6.3.4

6.3.12　令 $h_{\mathrm{LPF}}(n)$ 是离散时间低通滤波器的单位样值响应，它的频率响应为 $H_{\mathrm{LPF}}(\Omega)$。试证明系统 $h(n)=(-1)^n h_{\mathrm{LPF}}(n)$ 是一个高通滤波器，其频率响应为 $H(\Omega)=H_{\mathrm{LPF}}(\Omega-\pi)$。

6.3.13　针对由差分方程建模的 LTI 系统，利用反馈的概念，可以实现系统的另一种建模方法。

1）考虑题图 6.3.5a 给出的非递归离散时间 LTI 滤波器，通过反馈，可以实现一个递归滤波器。为此，考虑题图 6.3.5b 所示的结构，其中 $H(z)$ 是题图 6.3.5a 所示系统的传递函数。试求该反馈系统的传递函数，并求出关于整个系统输入和输出的差分方程。

2）若设题图 6.3.5b 中的 $H(z)$ 是一个递归 LTI 系统的传递函数，即

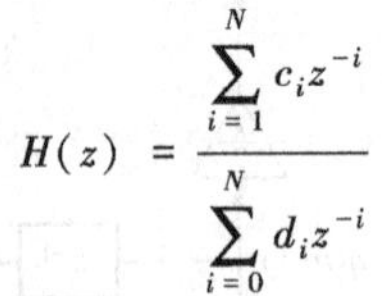

$$H(z)=\frac{\sum_{i=1}^{N}c_i z^{-i}}{\sum_{i=0}^{N}d_i z^{-i}}$$

试问：如何确定系数 K，c_1，…，c_N 和 d_0，…，d_N 的值，使得闭环传递函数为

$$Q(z)=\frac{\sum_{i=0}^{N}b_i z^{-i}}{\sum_{i=0}^{N}a_i z^{-i}}$$

式中，a_i 和 b_i 都是已给定的系数。

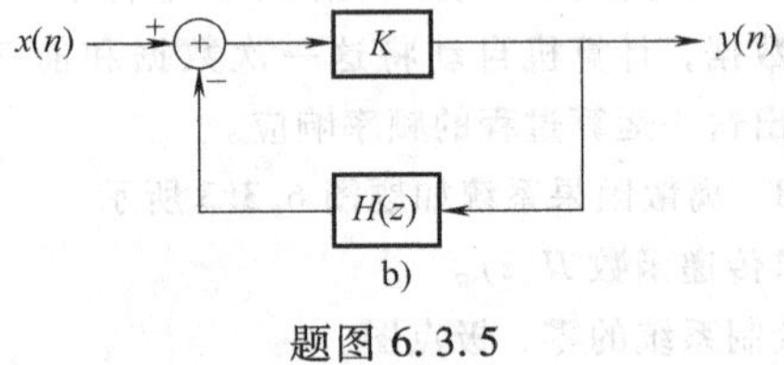

题图 6.3.5

6.3.14　某离散 LTI 系统，其输入 $x(n)$ 和输出 $y(n)$ 满足下列差分方程：

$$y(n-1)-\frac{5}{2}y(n)+y(n+1)=x(n)$$

1）说明系统可能稳定也可能不稳定，可能因果也可能非应果。

2）给出系统的零、极点图，求三种可能的系统单位样值响应，并证明其中每一个都满足系统的差分方程。

6.3.15　已知离散 LTI 系统的差分方程为

$$y(n+1)-5y(n)+6y(n-1)=x(n)$$

试根据该系统差分方程的零、极点分布确定其单位样值响应的几种可能情况，并证明每种情况都满足上述差分方程。

6.3.16　考虑如下输入输出方程描述的两个移动平均系统：

$$y_1(n)=\frac{1}{2}[x(n)+x(n-1)] \tag{1}$$

和

$$y_2(n)=\frac{1}{2}[x(n)-x(n-1)] \tag{2}$$

显见，式(1)对输入信号序列求平均，式(2)则对其进行差分运算。试求出：

1）两个系统的单位样值响应。

2）两个系统的频率响应。

3）试画出两个系统的幅度响应图。

4）试解释两个系统的滤波作用。

6.3.17 考虑设计一个离散时间逆系统，用于消除数据在信道中传输时由多径效应引起的失真。现设一个二径传播信道的系统模型是

$$y(n)=x(n)+ax(n-1)$$

要求：①设计能从 $y(n)$ 中恢复 $x(n)$ 的因果逆系统；②检验该逆系统是否稳定。

6.3.18 试设计一个系统，使其输出 $y(n)$ 是 n，$n-1$，…，$n-M+1$ 各点输入的平均。

1）给出描述系统输出 $y(n)$ 与输入 $x(n)$ 之间关系的系统差分方程。

2）求系统的传递函数 $H(z)$。

3）绘出 $M=3$ 时的系统零、极点图。

4）当 $M=3$ 时，用加法器、乘法器和延迟器给出系统的框图。

6.3.19 设离散 LTI 系统 S 的单位样值响应为 $h(n)$，取其 z 变换为 $H(z)$，已知系统满足以下条件：

1）单位样值响应 $h(n)$ 是实的右边序列。

2）$\lim\limits_{z\to\infty}H(z)=1$。

3）$H(z)$ 有两个零点。

4）$H(z)$ 的极点中有一个位于 $|z|=\frac{3}{4}$ 圆上的非实数位置。

试判断系统的因果性和稳定性。

6.3.20 针对下列三个离散因果 LTI 系统的传递函数：

$$H_1(z)=\frac{1}{\left(1-z^{-1}+\frac{1}{4}z^{-2}\right)\left(1-\frac{2}{3}z^{-1}+\frac{1}{9}z^{-2}\right)}$$

$$H_2(z)=\frac{1}{\left(1-z^{-1}+\frac{1}{2}z^{-2}\right)\left(1-\frac{1}{2}z^{-1}+z^{-2}\right)}$$

$$H_3(z)=\frac{1}{\left(1-z^{-1}+\frac{1}{2}z^{-2}\right)\left(1-z^{-1}+\frac{1}{4}z^{-2}\right)}$$

1）试针对每个系统的传递函数画出直接型框图实现。

2）试针对每个系统的传递函数画出两个二阶系统级联的框图，其中每个二阶子系统应该都是直接型实现。

3）对每个传递函数，判断是否都存在可由四个实系数相乘的一阶系统级联的框图实现。

6.3.21 考虑下面两个序列：

$$x_1(n)=\left(\frac{1}{2}\right)^{n+1}u(n+1)$$

和

$$x_2(n)=\left(\frac{1}{4}\right)^n u(n)$$

设序列 $x_1(n)$ 的单边和双边 z 变换分别为 $X_1(z)$ 和 $X_{1d}(z)$，序列 $x_2(n)$ 的单边和双边 z 变换分别为 $X_2(z)$ 和 $X_{2d}(z)$。

1）根据双边 z 变换的定义和卷积定理，求出 $g(n)=x_1(n)*x_2(n)$。

2）根据单边 z 变换的定义和卷积定理，求出 $g(n)=x_1(n)*x_2(n)$。

3）解释 1)和 2)的结果为何不同。

6.3.22　设输入序列 $s(n)$ 作用于一离散 LTI 系统，其输出序列为 $x(n)$。该系统由差分方程

$$x(n)=s(n)-e^{8a}s(n-8)$$

建模，其中 $0<a<1$。

1）求传递函数 $H_1(z)=\dfrac{X(z)}{S(z)}$，画出零、极点图并指出收敛域。

2）若希望用另一个离散 LTI 系统从输出 $x(n)$ 中恢复出输入 $s(n)$，求传递函数 $H_2(z)=\dfrac{Y(z)}{X(z)}$ 以便有 $y(n)=s(n)$。试求 $H_2(z)$ 的所有可能的收敛域，并分别判断其因果性和稳定性。

6.3.23　有一实数序列 $x(n)$，设其有理 z 变换为 $X(z)$。由 z 变换定义，证明：

1）$X(z)=X^*(z^*)$。

2）如果 $X(z)$ 在 $z=z_0$ 处有一个极点(零点)，则在 $z=z_0^*$ 也一定有一个极点(零点)。

3）分别用序列 $x(n)=\left(\frac{1}{2}\right)^n u(n)$ 和 $x(n)=\delta(n)-\frac{1}{2}\delta(n-1)+\frac{1}{4}\delta(n-2)$ 验证 2)的结果。

6.3.24　设序列 $x_1(n)$ 和 $x_2(n)$ 的 z 变换分别为 $X_1(z)$ 和 $X_2(z)$，这里 $x_2(n)=x_1(-n)$。证明：

1）$X_2(z)=X_1\left(\frac{1}{z}\right)$。

2）若 $X_1(z)$ 在 $z=z_0$ 处有一个极点(零点)，则 $X_2(z)$ 一定在 $z=\frac{1}{z_0}$ 处有一个极点(零点)，$X_2(z)=X_1\left(\frac{1}{z}\right)$。并由此证明：若 $X_1(z)$ 在 $z=z_0$ 有一个极点(零点)，那么 $X_2(z)$ 一定有一个极点(零点)在 $z=\frac{1}{z_0}$ 处。

6.3.25　离散时间系统的差分方程如下，且初始条件为 0，试计算：

$$y(n)-0.5y(n-1)+0.125y(n-2)=x(n)+x(n-1)$$

1）传递函数 $H(z)$。

2）离散时间脉冲响应。

3）输入为离散单位阶跃信号 $u_0(n)$ 时的响应。

6.3.26　利用幂级数展开式

$$\log(1-w)=-\sum_{i=1}^{\infty}\frac{w^i}{i},\ |w|<1$$

求以下 z 变换的反变换：

1）$X(z)=\log(1-2z),\ |z|<\frac{1}{2}$。

2）$X(z)=\log\left(1-\frac{1}{2}z^{-1}\right),\ |z|>\frac{1}{2}$。

6.3.27　双线性变换是一种从有理拉普拉斯变换 $H_c(s)$ 映射到有理 z 变换 $H_d(z)$ 的运算，这种映射具有两个重要性质：

1）如果 $H_c(s)$ 是一个因果稳定 LTI 系统的拉普拉斯变换，那么 $H_d(z)$ 就是一个因果稳定 LTI 系统的 z 变换。

2）$|H_c(\omega)|$ 的某些重要特性在 $|H_d(e^{j\omega})|$ 中仍然成立。

下面针对全通滤波器，证明：

a）设 $H_c(s)=\dfrac{a-s}{s+a}$，式中 $a>0$ 且为实数。证明

$$|H_c(\omega)|=1$$

b）对 $H_c(s)$ 作双线性变换，求出 $H_d(z)$，即

$$H_d(z)=H_c(z)\Big|_{s=\frac{1-z^{-1}}{1+z^{-1}}}$$

证明：$H_d(z)$ 有一个位于单位圆内的极点和一个位于单位圆外的零点。

c）对于传递函数 $H_d(z)$，证明 $|H_d(e^{j\omega})|=1$。

6.4 计算机实践题

现代计算机通信网络中传送数据包（数据包是通信网络传送信息的最小数据单元，通常具有固定长度）的主要技术之一是所谓的异步传输模式（ATM）。假设存储于缓存中的数据包队列长度为 $q(n)$，数据包到达 ATM 交换机的到达率是 $y(n)$，则存储数据和/或安排数据包路径的数学模型可以用差分方程描述如下：

$$\begin{cases}q(n+1)=q(n)+y(n+1-d)-f(n)\\ y(n+1)=y(n)-\sum\limits_{j=0}^{l}\alpha_j[q(n-j)-q^0]-\sum\limits_{i=0}^{d}\beta_i y(n-i)\end{cases}\tag{1}$$

式中，$f(n)$ 是缓存的服务率（表示容量有限的交换存储）；q^0 是期望的缓存区稳态队列长度；d 是信源和交换机之间的往返传送时延；α_j 和 β_i 是网络工程师设置的增益（为保证网络稳定并消除数据包流动拥塞）。通常，$\sum\limits_{i=0}^{d}\beta_i=0$ 且 $\sum\limits_{j=0}^{d}\alpha_j>0$，并且还可以假设服务率 $f(n)=\mu$（常数），且仅当 $q(n)\geqslant\mu$ 时系统才提供该服务率。另外，如果 $q(n)<\mu$，则 ATM 服务率 $f(n)=q(n)$。

现针对上述 ATM 交换机的模型，假设在信源和交换机之间没有时延，即 $d=0$，则简化后的 ATM 交换机的模型为

$$\begin{cases}q(n+1)=q(n)+y(n+1)-f(n)\\ y(n+1)=y(n)-\alpha_0[q(n)-q^0]-\alpha_1[q(n-1)-q^0]\end{cases}\tag{2}$$

式中，$\alpha_j(j=0,\ 1)$ 是设置的数据包传输增益，并且假设服务率 $f(n)=\mu$（常数）。

注意，式(1)和式(2)给出的是前向（或左）移位差分算子方程。若将式(2)改写成后向（右）移位运算，则 ATM 交换机的模型又可以写成

$$\begin{cases}q(n)=q(n-1)+y(n)-f(n-1)\\ y(n)=y(n-1)-\alpha_0[q(n-1)-q^0]-\alpha_1[q(n-2)-q^0]\end{cases}\tag{3}$$

引入变量 $e(n-i)=q(n-i)-q^0$，$i=0,\ 1,\ 2$，表示队列长度与其要求的稳态值之间的偏差，则有

$$\begin{cases}e(n)=e(n-1)+y(n)-f(n-1)\\ y(n)=y(n-1)-\alpha_0 e(n-1)-\alpha_1 e(n-2)\end{cases}\tag{4}$$

6.4.1 考虑式(4)给出的 ATM 交换机模型。求以缓存服务率 $f(n)=12u(n)$ 为输入序列，系统初始条件为 $e(-2)=5, e(-1)=5$，$y(-1)=10$ 时的系统完全响应。用 MATLAB 画出 ATM 交换机平均到达率的响应，以及缓存队列长度与要求值之间的偏差。

6.4.2 用 MATLAB 和 Simulink 研究式(4)给出的 ATM 交换机的动态过程。假设缓存服务率满足

$$f(n)=\begin{cases}q(n) & q(n)<10=\mu\\ \mu & q(n)\geqslant 10=\mu\end{cases}$$

系统初始条件为 $e(-2)=5, e(-1)=5, y(-1)=10$。

6.4.3 对式（3）建立 ATM 交换机的 Simulink 仿真模型。假设系统初始条件为 $q(-2)=0$，$q(-1)=0$，$y(-1)=10$，对队列长度和到达率进行仿真，并对仿真结果进行评估。

6.4.4 一国的国民收入可由以下差分方程建模：

$$\begin{cases} y(n)=c(n)+i(n)+f(n) \\ c(n)=\alpha y(n-1) \\ i(n)=\beta[c(n)-c(n-1)] \end{cases} \tag{5}$$

式中，α、β 是正的常数；$y(n)$ 为国民收入；$c(n)$ 是消费支出；$i(n)$ 为投资；而 $f(n)$ 则为政府的支出。

对式(5)经过简单运算，可以得到反映国民收入的差分方程模型为

$$y(n+2)-\alpha(1+\beta)y(n+1)+\alpha\beta y(n)=f(n+2) \tag{6}$$

其中，系统的输入是政府的支出，输出是国民收入。注意，式(6)称为 Samuelson 模型。

1）求出系统的单位样值响应和阶跃响应的解析解。

2）选择几组 α、β 的参数值，用 MATLAB 画出 10 年间的单位阶跃响应，假设时间间隔为 3 个月（即 $n=0, 1, 2, \cdots, 35$）。选择怎样一组参数可以保证国民收入稳步增长？

6.4.5 设国民收入模型的输入为 $f(n)=u(n)+\gamma r(n)$，其中 $r(n)=\begin{cases} k & k\geqslant 0 \\ 0 & k<0 \end{cases}$ 是单位斜坡序列。重做 6.4.4 题中的问题。为简单起见，设系统初始条件为零。另外，当 γ 取不同值（例如 $\gamma=0.01, 0.05, 0.1, 0.2$），用 MATLAB 画出相应的响应。

6.4.6 请用 MATLAB 对 $F(z)=\dfrac{z(2.5z-0.9)}{(z-0.6)(z-0.3)}$ 进行部分分式展开。

6.4.7 请用 MATLAB 求解反变换 $F(z)=\dfrac{z+0.6}{z^2-1.2z+0.4}=\dfrac{z^{-1}+0.6z^{-2}}{1-1.2z^{-1}+0.4z^{-2}}$，计算到 $n=40$，画出 $f(n)$ 曲线。

6.4.8 设数字滤波器的传递函数为

$$H(z)=\frac{z^2+2z+1}{z^3-0.5z^2-0.005z+0.3}=\frac{z^{-1}+2z^{-2}+z^{-3}}{1-0.5z^{-1}-0.005z^{-2}+0.3z^{-3}}$$

请用 MATLAB：

1）画出零、极点图。

2）求系统单位样值响应 $h(n)$。

3）求系统的幅频特性 $H(e^{j\Omega})$ 和相频特性 $\phi(\Omega)$。

6.4.9 请用 MATLAB 求传递函数的零、极点图，$H(z)=\dfrac{z+1}{3z^5-z^4+1}$。

6.4.10 某离散时间系统的传递函数为 $H(z)=1+5z^{-1}+5z^{-2}+z^{-3}$，请用 MATLAB 求出其频率响应。

附　　录

附录 A　傅里叶变换及其性质

表 A-1　基本傅里叶级数对

时　域	频　域
$x(t)=\sum_{k=-\infty}^{\infty} X_k e^{jk\omega_0 t}$　　周期为 T	$X_k = \frac{1}{T}\int_0^T x(t)e^{-jk\omega_0 t}dt$　　$\omega_0=\frac{2\pi}{T}$
$x(t)=\begin{cases}1 & \lvert t\rvert\leq T_0 \\ 0 & T_0<\lvert t\rvert\leq T/2\end{cases}$	$X_k=\frac{\sin(k\omega_0 T_0)}{k\pi}$
$x(t)=e^{jm\omega_0 t}$	$X_k=\delta(k-m)$
$x(t)=\cos(m\omega_0 t)$	$X_k=\frac{1}{2}\delta(k-m)+\frac{1}{2}\delta(k+m)$
$x(t)=\sin(m\omega_0 t)$	$X_k=\frac{1}{2j}\delta(k-m)-\frac{1}{2j}\delta(k+m)$
$x(t)=\sum_{k=-\infty}^{\infty}\delta(t-kT)$	$X_k=\frac{1}{T}$

表 A-2　傅里叶变换的性质

性质	傅里叶变换 $x(t)\leftrightarrow X(\omega)$　　$y(t)\leftrightarrow Y(\omega)$	傅里叶级数 $x(t)\xleftrightarrow{FS}X_k$　　$y(t)\xleftrightarrow{FS}Y_k$
线性	$ax(t)+by(t)\leftrightarrow aX(\omega)+bY(\omega)$	$ax(t)+by(t)\xleftrightarrow{FS}aX_k+bY_k$
时移	$x(t-t_0)\leftrightarrow e^{-j\omega t_0}X(\omega)$	$x(t-t_0)\xleftrightarrow{FS}e^{-jk\omega_0 t_0}X_k$
频移	$x(t)e^{j\omega_0 t}\leftrightarrow X(\omega-\omega_0)$	$e^{jk_0\omega_0 t}x(t)\xleftrightarrow{FS}X_{k-k_0}$
尺度变换	$x(at)\leftrightarrow\frac{1}{\lvert a\rvert}X\left(\frac{\omega}{a}\right)$　　$\frac{1}{\lvert a\rvert}x\left(\frac{t}{a}\right)\leftrightarrow X(a\omega)$	$x(at)\xleftrightarrow{FS}Z_k=\begin{cases}X_{\frac{k}{a}} & \frac{k}{a}\text{是整数} \\ 0 & \text{其他}\end{cases}$
时间变换	$x(at-t_0)\leftrightarrow e^{-j(\omega/a)t_0}\frac{1}{\lvert a\rvert}X\left(\frac{\omega}{a}\right)$	—
时域微分	$\frac{d^n x(t)}{dt^n}\leftrightarrow(j\omega)^n X(\omega)$　　$\frac{dx(t)}{dt}\leftrightarrow j\omega X(\omega)$	$\frac{dx(t)}{dt}\xleftrightarrow{FS}jk\omega_0 X_k$
频域微分	$-jtx(t)\leftrightarrow\frac{d}{d\omega}X(\omega)$	—
积分/求和	$\int_{-\infty}^{t}x(\tau)d\tau\leftrightarrow\frac{X(\omega)}{j\omega}+\pi X(0)\delta(\omega)$	$\int_{-\infty}^{t}x(\lambda)d\lambda\xleftrightarrow{FS}\frac{1}{jk\omega_0}X_k, X_0=0$

（续）

性质	傅里叶变换 $x(t) \leftrightarrow X(\omega) \qquad y(t) \leftrightarrow Y(\omega)$	傅里叶级数 $x(t) \overset{FS}{\longleftrightarrow} X_k \qquad y(t) \overset{FS}{\longleftrightarrow} Y_k$
卷积	$x(t) * y(t) \leftrightarrow X(\omega)Y(\omega)$ $x(t)y(t) \leftrightarrow \frac{1}{2\pi}X(\omega) * Y(\omega)$	$\int_0^T x(\tau)y(t-\tau)\mathrm{d}\tau \overset{FS}{\longleftrightarrow} TX_kY_k$ $x(t)y(t) \overset{FS}{\longleftrightarrow} \sum_{q=-\infty}^{\infty} Y_qX_{k-q} = X_k * Y_k$
相乘	$x(t)y(t) \leftrightarrow \frac{1}{2\pi}\int_{-\infty}^{\infty} X(\nu)Y(\omega-\nu)\mathrm{d}\nu$	$x(t)y(t) \overset{FS}{\longleftrightarrow} \sum_{l=-\infty}^{\infty} X_lY_{k-l}$
帕塞瓦尔	$\int_{-\infty}^{\infty} \lvert x(t) \rvert^2\mathrm{d}t = \frac{1}{2\pi}\int_{-\infty}^{\infty} \lvert X(\omega) \rvert^2\mathrm{d}\omega$	$\frac{1}{T}\int_0^{t.} \lvert x(t) \rvert^2\mathrm{d}t = \sum_{k=-\infty}^{\infty} \lvert X_k \rvert^2$
对偶性	$X(t) \leftrightarrow 2\pi x(-\omega)$	$x(n) \overset{DTFT}{\longleftrightarrow} X(\mathrm{e}^{\mathrm{j}\omega}) \qquad X(\mathrm{e}^{\mathrm{j}t}) \overset{FS}{\longleftrightarrow} x(-k)$
对称性	实函数:$x(t) \leftrightarrow X^*(\omega)=X(-\omega)$ 虚函数:$x(t) \leftrightarrow X^*(\omega)=-X(-\omega)$ 实偶函数:$x(t) \leftrightarrow \mathrm{Im}[X(\omega)]=0$ 实奇函数:$x(t) \leftrightarrow \mathrm{Re}[X(\omega)]=0$	实函数:$x(t) \overset{FS}{\longleftrightarrow} X_k^*=X_{-k}$ 虚函数:$x(t) \overset{FS}{\longleftrightarrow} X_k^*=-X_{-k}$ 实偶函数:$x(t) \overset{FS}{\longleftrightarrow} \mathrm{Im}[X_k]=0$ 实奇函数:$x(t) \overset{FS}{\longleftrightarrow} \mathrm{Re}[X_k]=0$

表 A-3　常用的傅里叶变换对

	时域 $x(t) = \frac{1}{2\pi}\int_{-\infty}^{\infty} X(\omega)\mathrm{e}^{\mathrm{j}\omega t}\mathrm{d}\omega$	频域 $X(\omega) = \int_{-\infty}^{\infty} x(t)\mathrm{e}^{-\mathrm{j}\omega t}\mathrm{d}t$
1	$x(t) = \Pi\left(\frac{t}{\tau}\right)$	$X(\omega) = \tau\mathrm{sinc}\left(\frac{\omega\tau}{2\pi}\right)$
2	$x(t)=tri\left(\frac{t}{\tau}\right)=\begin{cases}1-\frac{\lvert t \rvert}{\tau} & \lvert t \rvert<\tau \\ 0 & \text{其他}\end{cases}$	$X(\omega)=\tau\mathrm{sinc}^2\left(\frac{\omega\tau}{2\pi}\right)$
3	$x(t)=\mathrm{sinc}(at), a>0$	$X(\omega) = \frac{1}{a}\Pi\left(\frac{\omega}{2\pi a}\right)$
4	$x(t)=\mathrm{e}^{-at}u(t), \mathrm{Re}\{a\}>0$	$X(\omega)=\frac{1}{a+\mathrm{j}\omega}$
5	$x(t)=t\mathrm{e}^{-at}u(t), \mathrm{Re}\{a\}>0$	$X(\omega)=\frac{1}{(a+\mathrm{j}\omega)^2}$
6	$x(t)=\mathrm{e}^{-a\lvert t \rvert}, \mathrm{Re}\{a\}>0$	$X(\omega)=\frac{2a}{a^2+\omega^2}$
7	$x(t)=\mathrm{e}^{-a^2t^2}$	$X(\omega)=\frac{1}{a+\mathrm{j}\omega}\mathrm{e}^{-(\omega/2a)^2}$
8	$x(t)=\delta(t)$	$X(\omega)=1$
9	$x(t)=1$	$X(\omega)=2\pi\delta(\omega)$

（续）

	时域 $x(t)=\frac{1}{2\pi}\int_{-\infty}^{\infty}X(\omega)e^{j\omega t}d\omega$	频域 $X(\omega)=\int_{-\infty}^{\infty}x(t)e^{-j\omega t}dt$
10	$x(t)=u(t)$	$X(\omega)=\frac{1}{j\omega}+\pi\delta(\omega)$
11	$x(t)=\mathrm{sgn}(t)$	$X(\omega)=\frac{2}{j\omega}$
12	$x(t)=\cos(\omega_0 t+\theta)$	$X(\omega)=e^{-j\theta}\pi\delta(\omega+\omega_0)+e^{j\theta}\pi\delta(\omega-\omega_0)$
13	$x(t)=\sum_{n=-\infty}^{\infty}\delta(t-nT)$	$X(\omega)=\frac{2\pi}{T}\sum_{k=-\infty}^{\infty}\delta(\omega-k\omega_0)=\omega_0\sum_{k=-\infty}^{\infty}\delta(\omega-k\omega_0)$

表 A-4　周期信号的傅里叶变换对

	时域 $x(t)=\sum_{k=-\infty}^{\infty}c_k e^{jk\omega_0 t}$	频域 $X(\omega)=2\pi\sum_{k=-\infty}^{\infty}c_k\delta(\omega-k\omega_0)$
1	$x(t)=\cos\omega_0 t$	$X(\omega)=\pi\delta(\omega+\omega_0)+\pi\delta(\omega-\omega_0)$
2	$x(t)=\sin\omega_0 t$	$X(\omega)=-\frac{\pi}{j}\delta(\omega+\omega_0)+\frac{\pi}{j}\delta(\omega-\omega_0)$
3	$x(t)=e^{j\omega_0 t}$	$X(\omega)=2\pi\delta(\omega-\omega_0)$
4	$x(t)=\sum_{n=-\infty}^{\infty}\delta(t-nT)$	$X(\omega)=\frac{2\pi}{T}\sum_{k=-\infty}^{\infty}\delta\left(\omega-k\frac{2\pi}{T}\right)=\omega_0\sum_{k=-\infty}^{\infty}\delta(\omega-k\omega_0)$

附录 B　拉普拉斯变换及其性质

表 B-1　拉普拉斯变换的性质

信号	单边变换	双边变换	收敛域
$ax(t)+by(t)$	$aX(s)+bY(s)$	$aX(s)+bY(s)$	至少 $R_x\cap R_y$
$x(t-t_0)$	$x(t-t_0)u(t-t_0)$ $\leftrightarrow e^{-st_0}X(s),t_0>0$	$e^{-st_0}X(s)$	R_x
$e^{s_0 t}x(t)$	$X(s-s_0)$	$X(s-s_0)$	$R_x+\mathrm{Re}\{s_0\}$
$x(at)$	$\frac{1}{a}X\left(\frac{s}{a}\right),a>0$	$\frac{1}{a}X\left(\frac{s}{a}\right)$	$\frac{R_x}{\lvert a\rvert}$
$x(t)*y(t)$	$X(s)Y(s)$ $x(t)=y(t)=0,t<0$	$X(s)Y(s)$	至少 $R_x\cap R_y$
$-tx(t)$	$\frac{d}{ds}X(s)$	$\frac{d}{ds}X(s)$	R_x
$\frac{dx(t)}{dt}$	$sX(s)-x(0_-)$	$sX(s)$	至少 R_x
$\int_{-\infty}^{t}x(\tau)d\tau$	$\frac{X(s)}{s}+\frac{1}{s}\int_{-\infty}^{0_-}x(\tau)d\tau$	$\frac{X(s)}{s}$	至少 $R_x\cap\{\mathrm{Re}\{s_0\}>0\}$

（续）

信号	单边变换	双边变换	收敛域
初值定理	$\lim\limits_{s\to\infty} sX(s)=x(0_+)$		
终值定理	$\lim\limits_{s\to 0} sX(s)=\lim\limits_{t\to\infty} x(t)$		

表 B-2　常用的拉普拉斯变换对

信号 $x(t)=\dfrac{1}{2\pi j}\int_{\sigma-j\infty}^{\sigma+j\infty}X(s)e^{st}ds$	变换 $X(s)=\int_{0_-}^{\infty}x(t)e^{-st}dt$	收敛域
$u(t)$	$\dfrac{1}{s}$	$\mathrm{Re}\{s\}>0$
$tu(t)$	$\dfrac{1}{s^2}$	$\mathrm{Re}\{s\}>0$
$\delta(t-t_0)$	e^{-st_0}	所有 s
$e^{-at}u(t)$	$\dfrac{1}{s+a}$	$\mathrm{Re}\{s\}>-a$
$te^{-at}u(t)$	$\dfrac{1}{(s+a)^2}$	$\mathrm{Re}\{s\}>-a$
$\cos(\omega_0 t)u(t)$	$\dfrac{s}{s^2+\omega_0^2}$	$\mathrm{Re}\{s\}>0$
$\sin(\omega_0 t)u(t)$	$\dfrac{\omega_0}{s^2+\omega_0^2}$	$\mathrm{Re}\{s\}>0$
$e^{-at}\cos(\omega_0 t)u(t)$	$\dfrac{s+a}{(s+a)^2+\omega_0^2}$	$\mathrm{Re}\{s\}>-a$
$e^{-at}\sin(\omega_0 t)u(t)$	$\dfrac{\omega_0}{(s+a)^2+\omega_0^2}$	$\mathrm{Re}\{s\}>-a$

表 B-3　双边拉普拉斯变换对

信号 $x(t)=\dfrac{1}{2\pi j}\int_{\sigma-j\infty}^{\sigma+j\infty}X(s)e^{st}ds$	变换 $X(s)=\int_{-\infty}^{\infty}x(t)e^{-st}dt$	收敛域
$-u(-t)$	$\dfrac{1}{s}$	$\mathrm{Re}\{s\}<0$
$-tu(-t)$	$\dfrac{1}{s^2}$	$\mathrm{Re}\{s\}<0$
$\delta(t-t_0),t_0<0$	e^{-st_0}	所有 s
$-e^{-at}u(-t)$	$\dfrac{1}{s+a}$	$\mathrm{Re}\{s\}<-a$
$-te^{-at}u(-t)$	$\dfrac{1}{(s+a)^2}$	$\mathrm{Re}\{s\}>-a$

附录C　z变换及其性质

表 C-1　z变换的性质

信号	单边变换	双边变换	收敛域
$ax(n)+by(n)$	$aX(z)+bY(z)$	$aX(z)+bY(z)$	至少 $R_x\cap R_y$
$x(-n)$	—	$X\left(\frac{1}{z}\right)$	$\frac{1}{R_x}$
$nx(n)$	$-z\frac{\mathrm{d}}{\mathrm{d}z}X(z)$	$-z\frac{\mathrm{d}}{\mathrm{d}z}X(z)$	R_x,可能增加或除去 $z=0$ 或者 $z=\infty$ 点
$x(n-k)$	$z^{-k}\left[X(z)+\sum_{n=1}^{k}x(-n)z^{n}\right]$	$z^{-k}X(z)$	R_x,可能增加或除去 $z=0$ 或者 $z=\infty$ 点
$x(n+k)$	$z^{k}\left[X(z)-\sum_{n=0}^{k-1}x(n)z^{-n}\right]$	$z^{-k}X(z)$	R_x,可能增加或除去 $z=0$ 或者 $z=\infty$ 点
$a^n x(n)$	$X\left(\frac{z}{a}\right)$	$X\left(\frac{z}{a}\right)$	$\|a\|R_x$
$x(n)*y(n)$	$X(z)Y(z)$ $x(n)=y(n)=0,n<0$	$X(z)Y(z)$	至少 $R_x\cap R_y$
初值定理	$x(0)=\lim_{z\to\infty}X(z)$		
终值定理	$x(\infty)=\lim_{z\to1}(1-z^{-1})X(z)$		

表 C-2　常用的z变换对

信号 $x(n)=\frac{1}{2\pi\mathrm{j}}\oint X(z)z^{n-1}\mathrm{d}z$	变换 $X(s)=\sum_{n=-\infty}^{\infty}x(n)z^{-n}$	收敛域
$u(n)$	$\frac{1}{1-z^{-1}}$	$\|z\|>1$
$a^n u(n)$	$\frac{1}{1-az^{-1}}$	$\|z\|>\|a\|$
$na^n u(n)$	$\frac{az^{-1}}{(1-az^{-1})^2}$	$\|z\|>\|a\|$
$\delta(n)$	1	所有 z
$\cos(\omega_0 n)u(n)$	$\frac{1-z^{-1}\cos\omega_0}{1-z^{-1}2\cos\omega_0+z^{-2}}$	$\|z\|>1$
$\sin(\omega_0 n)u(n)$	$\frac{z^{-1}\sin\omega_0}{1-z^{-1}2\cos\omega_0+z^{-2}}$	$\|z\|>1$
$r^n\cos(\omega_0 n)u(n)$	$\frac{1-z^{-1}r\cos\omega_0}{1-z^{-1}2r\cos\omega_0+r^2z^{-2}}$	$\|z\|>1$
$r^n\sin(\omega_0 n)u(n)$	$\frac{z^{-1}r\sin\omega_0}{1-z^{-1}2r\cos\omega_0+r^2z^{-2}}$	$\|z\|>1$

表 C-3　双边 z 变换对

信号	变换	收敛域
$u(-n-1)$	$\frac{1}{1-z^{-1}}$	$\lvert z\rvert<1$
$-a^{n}u(-n-1)$	$\frac{1}{1-az^{-1}}$	$\lvert z\rvert<\lvert a\rvert$
$-na^{n}u(-n-1)$	$\frac{az^{-1}}{(1-az^{-1})^{2}}$	$\lvert z\rvert<\lvert a\rvert$

参考文献

[1] Vinay K Ingle，John G Proakis. Digital Signal Processing Using MATLAB[M]. 北京：科学出版社，2003.

[2] 张延华，黎玉玲. 离散信号处理——应用与实践[M]. 2版. 北京：机械工业出版社，2009.

[3] 张延华，姚林泉，郭玮. 数字信号处理——基础与应用[M]. 北京：机械工业出版社，2005.

[4] A V 奥本海姆，R W 谢弗. 离散时间信号处理[M]. 黄建国，等译. 北京：科学出版社，2000.

[5] Simon Haykin，Barry Van Veen. Signals and Systems[M]. New Jersey：John Wiley & Sons，1999.

[6] Simon Haykin，Barry Van Veen. 信号与系统[M]. 林秩盛，黄元福，等译. 2版. 北京：电子工业出版社，2004.

[7] Alan V Oppenheim，Alan S Willsky，With S Hamid Nawab. 信号与系统[M]. 刘树棠，译. 2版. 西安：西安交通大学出版社，1998.

[8] Rodger E Ziemer，Willianm H Tranter，D Ronald Fannin. 信号与系统-连续与离散[M]. 肖志涛，等译. 4版. 北京：电子工业出版社，2005.

[9] Edward A Lee，Pravin Varaiya. Structure and Interpretation of Signals and Systems[M]. 北京：机械工业出版社，2004.

[10] Ronald N Bracewell. The Fourier Transform and Its Applications（Third Edition）[M]. 北京：机械工业出版社，2002.

[11] 安德烈·安戈. 电工电信工程师数学：上[M]. 陆志刚，等译. 北京：人民邮电出版社，1979.

[12] 安德烈·安戈. 电工电信工程师数学：下[M]. 陆志刚，等译. 北京：人民邮电出版社，1979.

[13] Edward W Kamen，Nonnie S Heck. Fundamentals of Signals and Systems Using the Wbe and MATLAB（Third Edition）[M]. 北京：电子工业出版社，2007.

[14] Michael J Roberts. 信号与系统[M]. 胡剑凌，译. 北京：机械工业出版社，2006.

[15] A Ambardar. 信号、系统与信号处理[M]. 冯博琴，等译. 北京：机械工业出版社，2001.

[16] Charles L Phillips，John M Parr，Eve A Riskin. Signals，Systems，and Transforms（Third Edition）[M]. 北京：机械工业出版社，2004.

[17] 徐伯勋，白旭滨，傅孝毅. 信号处理中的数学变换和估计方法[M]. 北京：清华大学出版社，2004.

[18] 吴京，王展，等. 信号分析与处理[M]. 北京：电子工业出版社，2008.

[19] 郑君里，应启珩. 信号与系统[M]. 2版. 北京：高等教育出版社，2000.

[20] Gordon E Carlson. 信号与线性系统分析[M]. 曾朝阳，王卫国，等译. 北京：机械工业出版社，2004.

[21] Zoran Gajic. 线性动态系统与信号[M]. 王立琦，康欣，译. 西安：西安交通大学出版社，2004.

[22] Katsuhiko Ogata. 系统动力学[M]. 韩建友，李威，等译. 北京：机械工业出版社，2004.

[23] James H McClellan，Ronald W Schafer，Mark A Yoder. 信号处理引论[M]. 周利清，等译，北京：电子工业出版社，2005.

[24] Hwei P Hsu. 信号与系统[M]. 骆丽，胡建，等译. 北京：科学出版社，2002.

[25] The MathWorks，Inc. MATLAB Getting Started Guide[J/OL]. http://www.mathworks.com,2012.

[26] The MathWorks，Inc. Simulink Getting Started Guide[J/OL]. http://www.mathworks.com,2012.

[27] The MathWorks，Inc. Simulink User's Guide[J/OL]. http://www.mathworks.com,2012.

[28] The MathWorks，Inc. DSP System Toolbox Getting Started Guide[J/OL]. http://www.mathworks.com,2012.

[29] The MathWorks，Inc. DSP System Toolbox User's Guide[J/OL]. http://www.mathworks.com,2012.

[30] The MathWorks，Inc. Signal Processing Toolbox Getting Started Guide[J/OL]. http://www.mathworks.com,2017.

[31]　The MathWorks, Inc. Signal Processing Toolbox User's Guide[J/OL]. http://www.mathworks.com,2017.

[32]　S C Chapra. 工程数值方法[M]. 唐玲艳，田尊华，译. 5版. 北京：清华大学出版社，2007.

[33]　张延华，刘鹏宇. 信号与系统[M]. 北京：机械工业出版社，2013.

[34]　Simon Haykin, Barry Van Veen. Signals and Systems[M]. New Jersey: John Wiley & Son, 1999.

[35]　R K Rao Yarlagadda. Analog and Digital Signals and Systems[M]. Berlin: Springer Science+Business Media, 2010.

[36]　Steven T Karris. Signals and Systems with MATLAB Computing and Simulink Modeling[M]. 4th ed. USA: Orchard Publications, 2008.

[37]　Mrinal Mandal, Amir Asif. Continuous and Discrete Time Signals and Systems[M]. London: Cambridge University Press, 2007.

[38]　Andreas Antoniou. Digital Signal Processing-Signals, Systems and Filters[M]. New York: McGraw Hill, 2006.

[39]　Yuriy Shmaliy. Continuous-Time Systems[M]. Netherlands: Springer, 2007.

[40]　D Sundararajan. Practical approach to signals and systems[M]. Singapore: John Wiley & Sons(Asia) Pte Ltd, 2008.